Cálculo

Fórmulas básicas de diferenciação

$D_x u^n = n u^{n-1} D_x u$

$D_x(u+v) = D_x u + D_x v$

$D_x(uv) = u D_x v + v D_x u$

$D_x\left(\dfrac{u}{v}\right) = \dfrac{v D_x u - u D_x v}{v^2}$

$D_x \operatorname{sen} u = \cos u \, D_x u$

$D_x \cos u = -\operatorname{sen} u \, D_x u$

$D_x \tan u = \sec^2 u \, D_x u$

$D_x \cot u = -\csc^2 u \, D_x u$

$D_x \sec u = \sec u \tan u \, D_x u$

$D_x \csc u = -\csc u \cot u \, D_x u$

$D_x \operatorname{sen}^{-1} u = \dfrac{D_x u}{\sqrt{1-u^2}}$

12. $D_x \cos^{-1} u = \dfrac{-D_x u}{\sqrt{1-u^2}}$

13. $D_x \tan^{-1} u = \dfrac{D_x u}{1+u^2}$

14. $D_x \cot^{-1} u = \dfrac{-D_x u}{1+u^2}$

15. $D_x \sec^{-1} u = \dfrac{D_x u}{|u|\sqrt{u^2-1}}$

16. $D_x \csc^{-1} u = \dfrac{-D_x u}{|u|\sqrt{u^2-1}}$

17. $D_x \displaystyle\int_a^u f(t)\,dt = f(u) D_x u$

18. $D_x \ln u = \dfrac{D_x u}{u}$

19. $D_x e^u = e^u D_x u$

20. $D_x a^u = a^u \ln a \, D_x u$

21. $D_x \log_a u = \dfrac{D_x u}{u \ln a}$

22. $D_x \operatorname{senh} u = \cosh u \, D_x u$

23. $D_x \cosh u = \operatorname{senh} u \, D_x u$

24. $D_x \tanh u = \operatorname{sech}^2 u \, D_x u$

25. $D_x \coth u = -\operatorname{csch}^2 u \, D_x u$

26. $D_x \operatorname{sech} u = -\operatorname{sech} u \tanh u \, D_x u$

27. $D_x \operatorname{csch} u = -\operatorname{csch} u \coth u \, D_x u$

Fórmulas básicas da integração

$\displaystyle\int u^n\,du = \dfrac{u^{n+1}}{n+1} + C \quad (n \neq -1)$

$\displaystyle\int \dfrac{du}{u} = \ln|u| + C$

$\displaystyle\int \operatorname{sen} u\,du = -\cos u + C$

$\displaystyle\int \cos u\,du = \operatorname{sen} u + C$

$\displaystyle\int \sec^2 u\,du = \tan u + C$

$\displaystyle\int \csc^2 u\,du = -\cot u + C$

$\displaystyle\int \sec u \tan u\,du = \sec u + C$

$\displaystyle\int \csc u \cot u\,du = -\csc u + C$

$\displaystyle\int \tan u\,du = -\ln|\cos u| + C$

10. $\displaystyle\int \cot u\,du = \ln|\operatorname{sen} u| + C$

11. $\displaystyle\int \sec u\,du = \ln|\sec u + \tan u| + C$

12. $\displaystyle\int \csc u\,du = \ln|\csc u - \cot u| + C$

13. $\displaystyle\int \operatorname{sen}^2 u\,du = \tfrac{1}{2}u - \tfrac{1}{4}\operatorname{sen} 2u + C$

14. $\displaystyle\int \cos^2 u\,du = \tfrac{1}{2}u + \tfrac{1}{4}\operatorname{sen} 2u + C$

15. $\displaystyle\int \dfrac{du}{\sqrt{a^2-u^2}} = \operatorname{sen}^{-1}\dfrac{u}{a} + C$

16. $\displaystyle\int \dfrac{du}{a^2+u^2} = \dfrac{1}{a}\tan^{-1}\dfrac{u}{a} + C$

17. $\displaystyle\int \dfrac{du}{u\sqrt{u^2-a^2}} = \dfrac{1}{a}\sec^{-1}\left|\dfrac{u}{a}\right| + C$

18. $\displaystyle\int \operatorname{senh} u\,du = \cosh u + C$

19. $\displaystyle\int \cosh u\,du = \operatorname{senh} u + C$

20. $\displaystyle\int \operatorname{sech}^2 u\,du = \tanh u + C$

21. $\displaystyle\int \operatorname{csch}^2 u\,du = -\coth u + C$

22. $\displaystyle\int \operatorname{sech} u \tanh u\,du = -\operatorname{sech} u + C$

23. $\displaystyle\int \operatorname{csch} u \coth u\,du = -\operatorname{csch} u + C$

24. $\displaystyle\int u\,dv = uv - \int v\,du + C$

25. $\displaystyle\int e^u\,du = e^u + C$

26. $\displaystyle\int a^u\,du = \dfrac{a^u}{\ln a} + C$

O GEN | Grupo Editorial Nacional reúne as editoras Guanabara Koogan, Santos, Roca, AC Farmacêutica, Forense, Método, LTC, E.P.U. e Forense Universitária, que publicam nas áreas científica, técnica e profissional.

Essas empresas, respeitadas no mercado editorial, construíram catálogos inigualáveis, com obras que têm sido decisivas na formação acadêmica e no aperfeiçoamento de várias gerações de profissionais e de estudantes de Administração, Direito, Enfermagem, Engenharia, Fisioterapia, Medicina, Odontologia, Educação Física e muitas outras ciências, tendo se tornado sinônimo de seriedade e respeito.

Nossa missão é prover o melhor conteúdo científico e distribuí-lo de maneira flexível e conveniente, a preços justos, gerando benefícios e servindo a autores, docentes, livreiros, funcionários, colaboradores e acionistas.

Nosso comportamento ético incondicional e nossa responsabilidade social e ambiental são reforçados pela natureza educacional de nossa atividade, sem comprometer o crescimento contínuo e a rentabilidade do grupo.

CÁLCULO

Mustafa A. Munem
Macomb County Community College

David J. Foulis
University of Massachusetts

Traduzido por
André Lima Cordeiro
André Vidal Pessoa
Evandro Henrique Magalhães de Almeida Filho
José Miranda Formigli Filho

Sob a supervisão de
Mario Ferreira Sobrinho

Todos do Instituto Militar de Engenharia

Volume 1

Os autores e a editora empenharam-se para citar adequadamente e dar o devido crédito a todos os detentores dos direitos autorais de qualquer material utilizado neste livro, dispondo-se a possíveis acertos caso, inadvertidamente, a identificação de algum deles tenha sido omitida.

Não é responsabilidade da editora nem dos autores a ocorrência de eventuais perdas ou danos a pessoas ou bens que tenham origem no uso desta publicação.

Apesar dos melhores esforços dos autores, dos tradutores, do editor e dos revisores, é inevitável que surjam erros no texto. Assim, são bem-vindas as comunicações de usuários sobre correções ou sugestões referentes ao conteúdo ou ao nível pedagógico que auxiliem o aprimoramento de edições futuras. Os comentários dos leitores podem ser encaminhados à **LTC — Livros Técnicos e Científicos Editora** pelo e-mail faleconosco@grupogen.com.br.

Calculus
with Analytic Geometry
Copyright © 1978 by
Worth Publishers, Inc.
444 Park Avenue South
New York, New York 100016 — USA

Direitos exclusivos para a língua portuguesa
Copyright © 1982 by
LTC — Livros Técnicos e Científicos Editora Ltda.
Uma editora integrante do GEN | Grupo Editorial Nacional

Reservados todos os direitos. É proibida a duplicação ou reprodução deste volume, no todo ou em parte, sob quaisquer formas ou por quaisquer meios (eletrônico, mecânico, gravação, fotocópia, distribuição na internet ou outros), sem permissão expressa da editora.

Travessa do Ouvidor, 11
Rio de Janeiro, RJ — CEP 20040-040
Tels.: 21-3543-0770 / 11-5080-0770
Fax: 21-3543-0896
faleconosco@grupogen.com.br
www.grupogen.com.br

CIP-BRASIL. CATALOGAÇÃO-NA-FONTE
SINDICATO NACIONAL DOS EDITORES DE LIVROS, RJ.

M982c

Munem, Mustafa A.
 Cálculo / Mustafa Munem, David J. Foulis ; tradução André Lima Cordeiro... [et al.]. - [Reimpr.]. - Rio de Janeiro : LTC, 2019.
 Tradução de : Calculus with analytic geometry

Apêndice
ISBN 978-85-216-1054-0

1. Cálculo. I. Foulis, David J. I. Título.

07-4660. CDD: 515.84
          CDU: 517.57

PREFÁCIO

OBJETIVO

Este livro-texto destina-se aos cursos de graduação normais em cálculo, e oferece o fundamento indispensável em cálculo e geometria analítica para os estudantes de matemática, engenharia, física, química, economia e ciências biológicas.

PRÉ-REQUISITOS

Os estudantes usuários deste livro devem ter conhecimento dos princípios básicos de álgebra, de geometria e de trigonometria apresentados nos cursos usuais de formação em matemática. Não é necessário o estudo prévio de geometria analítica, que é introduzida, à medida do conveniente, durante o curso.

OBJETIVOS

O livro foi escrito tendo em vista dois objetivos principais: primeiro, o de expor todas as explicações com a clareza e acessibilidade apropriadas, de modo que os alunos não tivessem qualquer dificuldade na leitura e no aprendizado do livro; segundo, o de possibilitar que os estudantes aplicassem os princípios apreendidos à resolução de problemas práticos, graças à facilidade adquirida mediante o estudo do livro. Para conseguir estes objetivos, foram introduzidos novos tópicos, em linguagem informal e quotidiana, com ilustrações de exemplos simples e familiares. As definições formais e os teoremas técnicos foram introduzidos somente depois de os alunos terem tido a oportunidade de compreender os novos conceitos e apreciar a respectiva utilidade. Alguns teoremas são provados rigorosamente, mas a razoabilidade de outros aparece mediante apelo à intuição geométrica. Algumas definições, teoremas e provas formais, que se julgam estar dentro do alcance dos estudantes motivados, mas que podem desencaminhar ou confundir o aluno, são introduzidas em subseções separadas, no final de cada seção, ou então são relegadas a uma seção separada, no término do capítulo. Com esta disposição, o professor pode introduzir ou omitir certas demonstrações, sem interromper o fluxo da matéria que é crítico em cada capítulo.

ASPECTOS ESPECIAIS

São especialmente relevantes as seguintes características do livro:
1. A matéria é desenvolvida sistematicamente por intermédio de exemplos resolvidos e questões geométricas, seguidos por definições cla-

ras, por demonstrações seqüenciadas, pelo enunciado preciso dos teoremas e pelas demonstrações gerais. O livro tem cerca de 950 exemplos resolvidos e mais de 850 figuras e gráficos. Os procedimentos detalhados das demonstrações ajudam o aluno a compreender técnicas importantes que causam, com freqüência, bastante dificuldade (por exemplo, traçado de gráficos, mudança de variáveis e integração por partes).

2. Em virtude de o aprendizado de boa parte do cálculo se fazer por intermédio da resolução de problemas, dedicou-se especial atenção aos conjuntos de problemas no final de cada seção e aos conjuntos de problemas de revisão no final de cada capítulo. Existem para mais de 6.300 problemas, incluindo aplicações a uma grande diversidade de campos e que estão cuidadosamente organizados, de modo que o aluno possa avançar dos problemas mais simples para os problemas mais dificultosos. Os problemas de número ímpar são, em geral, do tipo "repetição" e visam a consolidar o nível de entendimento desejado pela maior parte dos usuários. Os problemas resolvidos no texto são semelhantes aos problemas ímpares, e as respostas a estes problemas aparecem no final do livro. Alguns dos problemas pares, especialmente os que estão no final dos conjuntos de problemas, exigem compreensão consideravelmente maior e constituem material suficiente para atender às exigências dos professores mais dedicados e dos estudantes com a maior motivação. Com esta disposição do conjunto de problemas fica simplificada a tarefa de se organizarem listas de exercícios.

   Os conjuntos de problemas de revisão, no final de cada capítulo, focalizam o material essencial do capítulo. Estes problemas adicionais ajudam o aluno a conquistar confiança sobre a compreensão da matéria exposta e indicam-lhe as áreas onde talvez seja preciso um estudo adicional.

3. O poder e a elegância do cálculo são amplamente demonstrados pelas aplicações abundantes, não apenas da geometria, da engenharia, da física e da química, mas também da economia, de finanças, de biologia, ecologia, sociologia e medicina.

4. Os conceitos e os instrumentos necessários aos estudantes de engenharia e de ciência — de derivadas, de integrais e as equações diferenciais — são desenvolvidos no início da exposição do texto.

5. *Não é* um pré-requisito para o estudo o acesso a uma calculadora manual. No entanto, se este acesso for viável, é possível resolver e verificar, com maior facilidade, muitos exemplos e problemas numéricos.

6. Para realçar diferenças, usa-se cor diferente — para acentuar definições, teoremas, propriedades, regras, procedimentos práticos, enunciados importantes e partes de figuras.

7. A fim de oferecer comodidade aos estudantes, as fórmulas da álgebra, da geometria, da trigonometria e do cálculo estão listadas nas contracapas do livro.

8. Todo o manuscrito foi usado em classe, diversas vezes, durante um período de dois anos, pelo autor ou por alguns colegas.

CONTEÚDO

O livro é apresentado em dois volumes: a parte 1 vai do Capítulo 0 até o 12, e a parte 2 do Capítulo 13 ao 17.*

Embora o Índice dê indicação adequada da ordem em que o material é apresentado, os seguintes comentários podem ser úteis para o usuário potencial do livro.

O Capítulo 0 fornece uma revisão da matemática básica que precede o cálculo, incluindo desigualdades, coordenadas cartesianas, trigonometria e funções. O material sobre as funções compostas e as funções inversas está no final do Capítulo 0, para facilitar as referências.

O cálculo propriamente dito principia no Capítulo 1, com os limites e a

---

*Nesta edição brasileira optou-se por essa divisão da obra em dois volumes. Procedeu-se assim com o intuito de melhor atender ao conteúdo programático dos diversos cursos da disciplina nas universidades brasileiras.

continuidade de funções. As fórmulas de diferenciação, para as funções trigonométricas, são introduzidas informalmente no Capítulo 2, de modo a serem acessíveis ao aluno que não vai seguir todo o curso de cálculo, e para facilitar o estudo dos alunos de engenharia e de física, que precisam destas fórmulas tão cedo quanto possível. Os professores que preferirem um tratamento *formal* antecipado da derivação das funções trigonométricas podem abordar as Seções 1 e 2 do Capítulo 8 imediatamente depois da Seção 4 do Capítulo 2 e depois retornar à Seção 5 do Capítulo 2, sem perda de continuidade. As aproximações lineares aparecem no Capítulo 2 e são usadas para se ter uma prova rigorosa da regra da cadeia.

O Capítulo 4 apresenta uma exposição resumida, mas razoavelmente completa, sobre as seções cônicas e respectivas propriedades — no Capítulo 11 aparece mais matéria sobre as cônicas (formas polares e rotação de eixos).

As equações diferenciais simples constituem o tema principal do Capítulo 5. Inicialmente trata-se do problema de determinar a área sob uma curva como um problema de armar e resolver uma equação diferencial. Com esta abordagem não só se mostra como as equações diferenciais podem aparecer em conexão com a resolução de problemas práticos, mas também se tem uma primeira visão informal sobre as integrais definidas e sobre o teorema fundamental do cálculo. No Capítulo 6 aparece a definição corrente da integral definida como um limite de somas de Riemann.

Durante todo o decorrer do livro, o leitor é estimulado continuamente a visualizar as relações analíticas em forma geométrica. Nos Capítulos 14 e 15 a formulação geométrica direta dos diversos problemas é realçada pela introdução de vetores. Todos os conceitos que envolvem vetores são introduzidos, inicialmente, de *forma geométrica*. Depois, deduz-se o tratamento "analítico" dos vetores em termos dos componentes escalares a partir de considerações geométricas simples. O Capítulo 14 aborda somente os vetores no plano, de modo que o aluno pode familiarizar-se sem maior dificuldade com as configurações planas, mais fáceis de visualizar, antes de estudar os vetores no espaço tridimensional, o que aparece no Capítulo 15.

O Capítulo 17 inclui três seções (9, 10 e 11) sobre integrais de linha, integrais de superfície, teorema de Green, teorema da divergência, de Gauss, e teorema de Stokes. Esta matéria deve ser especialmente benéfica para os alunos que não estudarão tópicos mais avançados de cálculo e de análise nos cursos subseqüentes.

Também há um capítulo sobre equações diferenciais. Neste capítulo suplementar os autores cobrem as técnicas de resolução de equações diferenciais homogêneas, exatas, lineares de primeira e de segunda ordem e equações de Bernoulli. Também se expõe sucintamente o emprego de séries de potências para resolver equações diferenciais.

ANDAMENTO DO CURSO

O andamento do curso, e também a escolha dos tópicos a abordar ou a realçar, serão diferentes de escola para escola, de acordo com as exigências do currículo, com o calendário acadêmico e com as predileções individuais dos professores. Com estudantes adequadamente preparados, o livro todo pode ser abordado em três semestres ou em cinco quadrimestres.

Em geral, os Capítulos de 0 até 5 incluem material suficiente para um curso de primeiro semestre, os Capítulos de 6 até 13 são apropriados para o segundo semestre e os capítulos restantes podem ser cobertos no terceiro semestre. Os professores que desejarem relegar os Capítulos 12 e 13 para o terceiro semestre podem substituí-los pelo Capítulo 14.

O livro está escrito, deliberadamente, para ter a máxima flexibilidade; existem muitas formas de dispor coerentemente a matéria para acomodar-se a uma ampla variedade de situações possíveis.

AGRADECIMENTOS

Desejamos agradecer às seguintes pessoas, que revisaram o manuscrito e contribuíram com muitas sugestões valiosas:

Professores Gerald L. Bradley, *Claremont Men's College*

Richard Dahlke, *University of Michigan,* Dearborn

Garret J. Etgen, *University of Houston*

Frank D. Farmer, *Arizona State University*

Brauch Fugate, *University of Kentucky*

Douglas W. Hall, *Michigan State University*

Franz X. Hiergeist, *West Virginia University*

Frank E. Higginbotham, *University of Puerto Rico*

Laurence D. Hoffman, *Claremont Men's College*

George W. Johnson, *University of South Carolina.*

Kenneth Kalmanson, *Montclair State College*

Joseph F. Krebs, *Boston College*

Lynn C. Kurtz, *Arizona State University*

Stanley M. Lukawecki, *Clemson University*

George E. Mitchell, *University of Alabama*

Barbara Price, *Wayne State University*

Russell J. Rowlett, *University of Tennessee,* Knoxville

David Ryeburn, *Simon Fraser University*

Nevin Savage, *Arizona State University*

David A. Schedler, *Virginia Commonwealth University*

Jerry Silver, *Ohio State University*

Harold T. Slaby, Wayne State *University*

Gilbert Steiner, *Fairleigh Dickinson University,* Teaneck

Donald G. Stewart, *Arizona State University*

Neil A. Weiss, *Arizona State University*

Desejamos também exprimir o nosso reconhecimento aos professores Donald Catlin, Thurlow Cook, Charles Randall e Karen Zak, da Universidade de Massachusetts pela especial ajuda que nos deram.

Desejamos, especialmente, agradecer aos alunos que usaram versões preliminares deste livro. Cada idéia didática que aparece neste livro justifica-se por ter funcionado em classe. Algumas idéias, à primeira vista, pareciam boas, mas foram abandonadas, pois não ajudavam aos alunos. Somos gratos aos nossos alunos por nos assinalarem cada frustração e por concordarem em experimentar novas idéias.

Devem-se agradecimentos especiais ao professor Steve Fasbinder, da Universidade Estadual de Wayne, pela revisão do manuscrito, pela leitura das provas de página e pela resolução de muitos problemas. Também somos devedores de Hyla Gold Foulis pela revisão do manuscrito, pela leitura das provas de página e pela resolução de todos os problemas do livro. Finalmente, desejamos exprimir nosso sincero agradecimento a Paula Fasulo pela hábil datilografia de todo o manuscrito, e ao corpo editorial da Worth Publishers pela ajuda e encorajamento constantes.

Mustafa A. Munem
David J. Foulis

ÍNDICE

Volume 1

0   Revisão, 1

1 Números Reais, 1
2 Solução de Inequações, Intervalos e Valor Absoluto, 4
3 O Sistema de Coordenadas Cartesianas, 10
4 Retas e Coeficiente Angular, 13
5 Funções e seus Gráficos, 20
6 Tipos de Funções, 28
7 Funções Trigonométricas, 34
8 Álgebra de Funções e Composições de Funções, 39
9 Funções Inversas, 43

1   Limites e Continuidades de Funções, 51

1 Limite e Continuidade, 51
2 Propriedades dos Limites de Funções, 57
3 Continuidade — Limites Laterais, 61
4 Propriedades de Funções Contínuas, 67
5 Limites Envolvendo Infinito, 71
6 Assíntotas Horizontais e Verticais, 78
7 Demonstração das Propriedades Básicas de Limites e de Funções
    Contínuas, 82

2   A Derivada, 90

1 Taxa de Variação e Coeficientes Angulares das Retas Tangentes, 90
2 Derivada de uma Função, 97
3 Regras Básicas para a Diferenciação, 104
4 A Regra da Cadeia, 115
5 A Regra da Função Inversa e Regra da Potência Racional, 120

6 As Equações de Retas e Tangentes Normais, 127
7 O Uso de Derivadas para Valores Aproximados de Funções, 130

3 Aplicações da Derivada, 143

1 O Teorema do Valor Intermediário e o Teorema do Valor Médio, 143
2 Derivadas de Ordem Superior, 151
3 Propriedades Geométricas dos Gráficos e Funções — Funções Crescentes e Decrescentes e Concavidade dos Gráficos, 157
4 Valores de Máximo e Mínimo Relativos de Funções, 167
5 Extremos Absolutos, 175
6 Máximos e Mínimos — Aplicações à Geometria, 181
7 Máximos e Mínimos — Aplicações à Física, Engenharia, Comércio e Economia, 186
8 Funções Implícitas e Diferenciação Implícita, 194
9 Taxas Relacionadas, 200

4 Geometria Analítica e as Cônicas, 212

1 O Círculo e a Translação de Eixos, 212
2 Elipse, 218
3 Parábola, 226
4 Hipérbole, 234
5 As Seções Cônicas, 241

5 Antidiferenciação, Equações Diferenciais e Área, 251

1 Diferenciais, 251
2 Antiderivadas, 256
3 Equações Diferenciais Simples e suas Soluções, 265
4 Aplicações das Equações Diferenciais, 273
5 Áreas de Regiões do Plano pelo Método de Fracionamento, 282
6 Área sob o Gráfico de uma Função — A Integral Definida, 286

6 A Integral Definida ou de Riemann, 297

1 Notação Sigma para Somas, 297
2 A Integral Definida (de Riemann) — Definição Analítica, 303
3 Propriedades Básicas da Integral Definida, 311
4 O Teorema Fundamental do Cálculo, 322
5 Aproximação de Integrais Definidas — Regras de Simpson e Trapezoidal, 331
6 Áreas de Regiões Planas, 338

7 Aplicações da Integral Definida, 349

1 Volumes de Sólidos de Revolução, 349
2 O Método das Camadas Cilíndricas, 358
3 Volumes pelo Método de Divisão em Fatias, 361
4 Comprimento do Arco e Área de Superfície, 369
5 Aplicações às Ciências Econômicas e Biológicas, 378
6 Força, Trabalho e Energia, 381

8 Funções Trigonométricas e suas Inversas, 392

1 Limites e Continuidade das Funções Trigonométricas, 392
2 Derivadas das Funções Trigonométricas, 397
3 Aplicações de Derivadas das Funções Trigonométricas, 402
4 Integração de Funções Trigonométricas, 406
5 Funções Trigonométricas Inversas, 410
6 Diferenciação de Funções Trigonométricas Inversas, 416
7 Integrais que Produzem Funções Trigonométricas Inversas, 421

9 Funções Logarítmicas, Exponenciais e Hiperbólicas, 427

1 A Função Logarítmica Natural, 427
2 Propriedades da Função Logarítmica Natural, 433
3 A Função Exponencial, 438
4 Funções Exponenciais e Logarítmicas com Bases Diferentes de e, 444
5 Funções Hiperbólicas, 452
6 As Funções Hiperbólicas Inversas, 458
7 Crescimento Exponencial, 464
8 Outras Aplicações dos Logaritmos e das Exponenciais, 469

10 Técnicas de Integração, 479

1 Integrais que Envolvem Produtos de Potências de Senos e Co-senos, 479
2 Integrais que Envolvem Produtos de Potências de Funções Trigonométricas Diferentes de Seno e Co-seno, 485
3 Integração por Substituição Trigonométrica, 491
4 Integração por Partes, 496
5 Integração de Funções Racionais por Frações Parciais — Caso Linear, 504
6 Integração de Funções Racionais por Frações Parciais — Caso Quadrático, 512
7 Integração por Substituições Especiais, 520

11 Coordenadas Polares e Rotação de Eixos, 529

1 Coordenadas Polares, 529
2 Esboço de Gráficos Polares, 536
3 Cônicas na Forma Polar e Interseção de Curvas Polares, 544
4 Área e Comprimento de Arcos em Coordenadas Polares, 550
5 Rotação de Eixos, 556
6 A Equação Geral do Segundo Grau e Invariantes por Rotação, 561

12 Formas Indeterminadas, Integrais Impróprias e Fórmulas de Taylor, 570

1 A Forma Indeterminada 0/0, 570
2 Outras Formas Indeterminadas, 577
3 Integrais Impróprias com Limites Infinitos, 582
4 Integrais Impróprias com Integrandos Ilimitados, 588
5 Fórmulas de Taylor, 594

Apêndice — Tabelas, A 1 a A 8

Respostas dos Problemas Selecionados, P 1 a P 44

Índice Alfabético, I 1 a I 6

Volume 2

13 Séries Infinitas, 606

1 Seqüências, 606
2 Séries Infinitas, 616
3 Propriedades de Séries Infinitas, 625
4 Séries de Termos Não-negativos, 633
5 Séries Cujos Termos Mudam de Sinal, 643
6 Séries de Potências, 653
7 Continuidade, Integração e Diferenciação de Séries de Potências, 659
8 Séries de Taylor e Maclaurin, 668
9 A Série Binomial, 676

14   Vetores no Plano, 686

    1 Vetores e Adição de Vetores, 686
    2 Multiplicação de Vetores por Escalares, 689
    3 Produto Escalar, Comprimento e Ângulos, 697
    4 Equações na Forma Vetorial, 705
    5 Equações Paramétricas, 711
    6 Funções de Valor Vetorial de um Escalar, 718
    7 Velocidade, Aceleração e Comprimento de Arco, 726
    8 Vetores Normais e Curvatura, 731

15   Sistemas de Coordenadas e Vetores no Espaço Tridimensional, 748

    1 Sistema de Coordenadas Cartesianas no Espaço Tridimensional, 748
    2 Vetores no Espaço Tridimensional, 756
    3 Produto Vetorial e Produto Misto de Vetores no Espaço, 763
    4 Identidades Algébricas e Aplicações Geométricas para Produto Vetorial e Misto, 770
    5 Equações de Retas e Planos no Espaço, 775
    6 Geometria de Retas e Planos no Espaço, 784
    7 Funções Vetoriais e Curvas no Espaço, 795
    8 Esferas, Cilindros e Superfícies de Revolução, 806
    9 Superfícies Quádricas, 812
   10 Coordenadas Cilíndricas e Esféricas, 822

16   Funções de Várias Variáveis e Derivadas Parciais, 837

    1 Funções de Várias Variáveis, 837
    2 Limites e Continuidade, 844
    3 Derivadas Parciais, 853
    4 Aplicações Elementares das Derivadas Parciais, 859
    5 Aproximação Linear e Funções Diferenciáveis, 863
    6 As Regras da Cadeia, 872
    7 Derivadas Direcionais, Gradientes, Retas Normais e Planos Tangentes, 883
    8 Derivadas Parciais de Ordem Superior, 896
    9 Extremo para Funções de Mais de Uma Variável, 905
   10 Multiplicadores de Lagrange, 914

17   Integração Múltipla, 927

    1 Integrais Repetidas, 927
    2 A Integral Dupla, 932
    3 Cálculo de Integrais Duplas por Iteração, 942
    4 Aplicações Elementares das Integrais Duplas, 952
    5 Integrais Duplas em Coordenadas Polares, 964
    6 Integrais Triplas, 972
    7 A Integral Tripla em Coordenadas Cilíndricas e Esféricas, 981
    8 Aplicações Elementares de Integrais Triplas, 990
    9 Integrais de Linhas e Teorema de Green, 997
   10 Área de Superfície e Integrais de Superfície, 1010
   11 O Teorema da Divergência e o Teorema de Stokes, 1021

Apêndice — Tabelas, A 1 a A 8

Respostas dos Problemas Selecionados, P 1 a P 19

Índice Alfabético, I 1 a I 6

Cálculo

0 REVISÃO

O objetivo deste capítulo é fornecer a base matemática necessária para a boa compreensão do cálculo. Inicia-se pela apresentação de algumas propriedades do conjunto dos números reais, sem no entanto se deter demais neste tópico. Desenvolvem-se também alguns tópicos da geometria analítica básica; expõe-se a noção de função e se introduz a **álgebra de funções**. Através de um tratamento conciso, incluímos aqui as funções trigonométricas. Embora grande parte da matéria abordada neste capítulo já deva ser familiar a muitos dos leitores, é preciso advertir que ela deve ser revista, ainda que rapidamente, a fim de proporcionar uma melhor compreensão dos capítulos seguintes.

1 Números Reais

Talvez a aproximação mais intuitiva da noção do conjunto de números reais seja considerá-los como correspondendo a pontos situados ao longo de uma reta infinita. Suponha que um ponto fixo O, chamado de *origem*, e um outro ponto fixo U, chamado *ponto unidade*, sejam escolhidos na linha reta L (Fig. 1). A distância entre O e U é chamada *distância unitária*, que pode ser de 1 polegada, 1 centímetro, 1 milha, 1 parsec, ou qualquer outra unidade de medida desejada. Se a linha reta L é horizontal, é costume tomar U à direita de O.

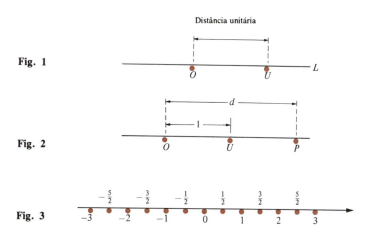

A cada ponto P na linha reta L é agora associada uma *coordenada* x representando sua *distância orientada* da origem O. Assim, $x = \pm d$, onde d é a distância de O a P medida em termos da unidade adotada (Fig. 2). O sinal $+$ é usado quando P está à direita de O, e o sinal $-$ é usado quando P está à esquerda de O. A origem O é associada à coordenada 0, e o ponto unidade, à coordenada 1.

Quando a cada ponto na linha reta L tiver sido associada uma coordenada, de acordo com o que foi descrito acima, a linha é chamada uma *escala numérica,* uma *reta numérica* ou ainda um *eixo de coordenadas.* Tal eixo de coordenadas aparece na Fig. 3, onde as coordenadas numéricas de alguns poucos pontos selecionados são mostradas explicitamente. É conveniente colocar-se uma ponta de seta no eixo de coordenadas a fim de indicar a direção (para a *direita* na Fig. 3) na qual crescem as coordenadas numéricas.

Não é possível mostrar as coordenadas de todos os pontos na escala numérica de modo explícito, já que eles são em número infinitamente grande e em breve esgotaríamos todo o espaço, a tinta e a paciência disponíveis. No entanto, é conveniente *imaginar* todas essas coordenadas dispostas de uma só vez ao longo da reta L. Chamaremos o conjunto de todas essas coordenadas de *conjunto dos números reais,* e representaremos esse conjunto infinito pelo símbolo $\mathbb{R}$.

Dois números reais x e y de $\mathbb{R}$ podem ser combinados através das operações aritméticas usuais a fim de se obterem novos números reais $x + y$, xy, $x - y$ e (desde que $y \neq 0$) $x \div y$. (No estudo de álgebra e do cálculo é geralmente mais adequado utilizar $\frac{x}{y}$ ou x/y do que $x \div y$). É possível também comparar x e y para observar qual é o maior. Por exemplo, se y é maior que x, escrevemos $y > x$ (ou $x < y$). Uma proposição da forma $y > x$ (ou $x < y$) é denominada *desigualdade* e pode ser geometricamente interpretada como significando que, na escala numérica, o ponto P cuja coordenada é x está situado à esquerda do ponto Q, cuja coordenada é y (Fig. 4). Intuitivamente, dados dois pontos na escala numérica, ou eles são iguais ou um deles está situado à esquerda do outro. Isto pode ser expresso simbolicamente da seguinte forma:

Fig. 4

Princípio da tricotomia

Se x e y são quaisquer números reais, então uma e somente uma das afirmativas abaixo é verdadeira:

1. $x < y$,
2. $y < x$, ou
3. $x = y$.

Se fixamos $y = 0$ no princípio da tricotomia, observamos que uma e somente uma das condições abaixo é verdadeira:

1. $x < 0$, e neste caso nós dizemos que x é um número real *negativo*;
2. $x > 0$, neste caso dizemos que x é um número real *positivo*; ou
3. $x = 0$, neste caso x não é nem positivo nem negativo.

Numa escala numérica horizontal, os números positivos são coordenadas de pontos situados à direita da origem, e os números negativos são coordenadas de pontos situados à esquerda da origem (Fig. 5).

Fig. 5

As seguintes regras para se trabalhar com desigualdades devem ser familiares ao leitor.

Regras para se trabalhar com desigualdades

Suponha que a, b, c e d sejam números reais.

1. Se $a < b$, então $a + c < b + c$.
2. Se $a < b$ e $c < d$, então $a + c < b + d$.
3. Se $a < b$ e $c > 0$, então $ac < bc$ e $\frac{a}{c} < \frac{b}{c}$.

REVISÃO

4 Se $a < b$ e $c < 0$, então $ac > bc$ e $\dfrac{a}{c} > \dfrac{b}{c}$.

5 Se $a < b$ e $b < c$, então $a < c$.

A regra 5 é denominada de *Lei da Transitividade*. A condição $a < b$ e $b < c$ na lei da transitividade é freqüentemente representada na forma mais simples $a < b < c$. De acordo com a regra 3, uma desigualdade pode ser multiplicada e dividida em ambos os membros por um número *positivo;* contudo, pela regra 4, a multiplicação ou divisão de ambos os membros de uma desigualdade por um número *negativo* resulta na inversão de tal desigualdade.

EXEMPLO   Mostre que $-2/9 < -13/59$

SOLUÇÃO
Observe que $13(9) = 117$, enquanto $59(2) = 118$, e assim $13(9) < 59(2)$. Dividindo-se ambos os membros desta desigualdade pelo número positivo $59(9)$, obtemos:

$$\frac{13(9)}{59(9)} < \frac{59(2)}{59(9)}.$$

Reduzindo as frações, obtém-se $13/59 < 2/9$. Multiplicando-se ambos os membros pelo número negativo -1 inverte-se a desigualdade e chegamos a $-13/59 > -2/9$, ou seja $-2/9 < -13/59$.

Às vezes torna-se necessário trabalhar com afirmativas que asseguram a não-validade de certas desigualdades. Assim, pelo princípio da tricotomia, se a desigualdade $a < b$ não é verdadeira, então ou $a > b$ ou $a = b$. Neste caso, dizemos que a é *maior ou igual a* b e escrevemos $a \geq b$. Por definição $b \leq a$ significa o mesmo que $a \geq b$. Se $b \leq a$, dizemos que b é *menor ou igual a* a.

Assim como as desigualdades descritas anteriormente, afirmativas da forma $a \leq b$ ou $b \geq a$ são também denominadas *desigualdades,* apesar de incluir uma possível igualdade. Uma desigualdade da forma $a < b$ é denominada desigualdade *estrita,* enquanto que a desigualdade da forma $a \leq b$ é denominada desigualdade *não-estrita.* As regras para se trabalhar com desigualdades não-estritas são virtualmente as mesmas que as regras das desigualdades estritas. É possível também combinar desigualdades estritas e não-estritas, por exemplo, $a < x \leq b$ significa que $a < x$ e $x \leq b$.

Conjunto de Problemas 1

1 Responda se são falsas ou verdadeiras as afirmações abaixo. Justifique as afirmativas verdadeiras citando as regras aplicadas e dê exemplos para mostrar que as afirmativas falsas foram erroneamente deduzidas.
(a) Se x é um número positivo, então $5x$ é um número positivo.
(b) Se $x < 3$ e $y > 3$, então $x < y$.
(c) Se $x \leq y$, então $-5x \leq -5y$.
(d) Se $x^2 \leq 9$, então $x \leq 3$.
(e) Se $x \geq 2$ e $y > x$, então $y > 0$.
2 Prove que se $x \neq 0$ então $x^2 > 0$. (*Sugestão*: Pelo princípio da tricotomia, se $x \neq 0$, então $x > 0$ ou $x < 0$. Considere os dois casos $x > 0$ e $x < 0$ separadamente).
3 Mostre que $3/28 < 25/233$.
4 Prove que se $0 < x < y$, então $1/x > 1/y$.
5 (a) Sob que condições $-x > 0$? Explique.
(b) Sob que condições $-x < 0$? Explique.
(c) Sob que condições $-x = 0$? Explique.
6 Suponha que $a > 0, b > 0, c > 0$ e $d > 0$. Prove então que se $a < b$ e $c < d$, então $ac < bd$.
7 Prove que se $0 < x < y$, então $x^2 < y^2$. (*Sugestão*: Primeiro multiplique a desigualdade $x < y$ por x, em seguida por y, e conclua usando a lei da transitividade).

8 Prove que se $0 < x < y$, então $\sqrt{x} < \sqrt{y}$.
9 Qual número é maior, $\sqrt{7}$ ou 2,646? Justifique sua resposta.
10 Prove que se $x < 0$, então $x^3 < 0$.
11 Se $x^2 \geq 9$, é verdade que $x \geq 3$? Explique.
12 Suponha que x e y sejam positivos e que $x < y$. Mostre que $-1/x < -1/y$. Ilustre com um exemplo.
13 Explique por que o produto de dois números é positivo se e somente se ambos os números são positivos ou negativos.
14 Prove que se $0 < x < 1$, então $x^3 < x$.
15 Prove que se $x > 0$, então $1/x > 0$.
16 Prove que se $x > 1$, então $0 < 1/x < 1$.

2 Solução de Inequações, Intervalos e Valor Absoluto

Se alguém é requisitado para resolver uma equação, geralmente é pedido que se ache o valor (ou os valores) da variável (ou variáveis) que tornem a equação verdadeira. Analogamente, para resolver uma inequação é necessário determinar todos os valores da variável (ou variáveis) que tornam verdadeira a desigualdade. Este conjunto de valores é denominado *conjunto-solução* da inequação.

EXEMPLO Resolva a inequação $x + 3 < 5x - 1$

SOLUÇÃO

$$
\begin{array}{ll}
x + 3 < 5x - 1 & \\
3 < 4x - 1 & \text{somando-se } -x \text{ a ambos os lados} \\
4 < 4x & \text{adicionando-se 1 a ambos os lados} \\
1 < x & \text{dividindo ambos os lados por 4}
\end{array}
$$

Fig. 1

Portanto, a solução é o conjunto de todos números reais que são maiores que 1 (Fig. 1).

Na Fig. 1, observe que o conjunto solução consiste em um trecho contínuo da linha reta L. Tais conjuntos, denominados *intervalos*, sempre surgem como conjunto-solução de inequações. Os intervalos são classificados da seguinte forma.

Intervalos limitados

Sejam a e b números reais com $a < b$.
1 O *intervalo aberto* de a até b, denotado (a,b), é o conjunto de todos os números reais tais x que $a < x < b$ (Fig. 2). Observe que os *pontos extremos* a e b não pertencem ao intervalo aberto (a,b).
2 O *intervalo fechado* de a até b, denotado $[a,b]$, é o conjunto de todos os números reais x tal que $a \leq x \leq b$ (Fig. 3). Observe que o intervalo fechado $[a,b]$ contém ambos os *extremos* a e b.
3 O *intervalo aberto à direita* de a até b, denotado $[a,b)$, é o conjunto de todos os números reais x tal que $a \leq x < b$ (Fig. 4). Aqui, o *ponto extremo à esquerda* do intervalo a pertence ao intervalo, mas o *ponto extremo à direita*, b, não.
4 O *intervalo aberto à esquerda* de a até b, denotado $(a,b]$, é o conjunto de todos os números reais x, tal que $a < x \leq b$ (Fig. 5). Aqui o *ponto extremo à direita* b pertence ao intervalo, mas o *extremo à esquerda* não.

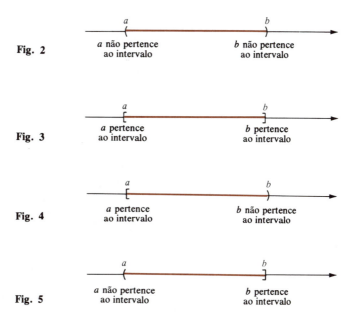

Fig. 2 — a não pertence ao intervalo / b não pertence ao intervalo

Fig. 3 — a pertence ao intervalo / b pertence ao intervalo

Fig. 4 — a pertence ao intervalo / b não pertence ao intervalo

Fig. 5 — a não pertence ao intervalo / b pertence ao intervalo

Intervalos não-limitados

Os intervalos não-limitados são representados com o auxílio dos símbolos $+\infty$ e $-\infty$, denominado *infinito positivo* e *infinito negativo*, respectivamente. Seja a um número real:

1. O *intervalo aberto* de a até $+\infty$, denotado $(a, +\infty)$, é o conjunto de todos os números reais x tal que $x > a$ (Fig. 6).
2. O *intervalo aberto* de $-\infty$ até a, denotado $(-\infty, a)$, é o conjunto de todos os números reais x tal que $x < a$ (Fig. 7).
3. O *intervalo fechado* de a até $+\infty$, denotado $[a, +\infty)$, é o conjunto de todos os números reais x tal que $x \geq a$ (Fig. 8).
4. O *intervalo fechado* de $-\infty$ até a, denotado $(-\infty, a]$, é o conjunto de todos os números reais x tal que $x \leq a$ (Fig. 9).
5. A notação de intervalo $(-\infty, +\infty)$ é utilizada para denotar o conjunto $\mathbb{R}$ de todos os números reais.

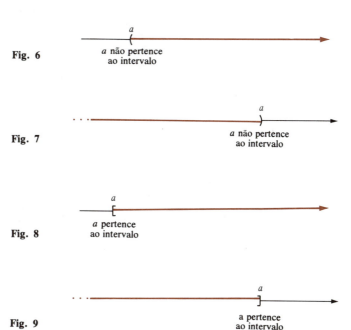

Fig. 6 — a não pertence ao intervalo

Fig. 7 — a não pertence ao intervalo

Fig. 8 — a pertence ao intervalo

Fig. 9 — a pertence ao intervalo

Deve ser ressaltado que $+\infty$, e $-\infty$ *são apenas símbolos convenientes e não números reais*. Quando estes símbolos são utilizados para descrever os intervalos não-limitados conforme foi visto acima, geralmente se escreve apenas ∞, ao invés de $+\infty$. Por exemplo, $(5,\infty)$ representa o conjunto de todos os números reais que são maiores que 5.

EXEMPLOS

Resolva a inequação abaixo e mostre o conjunto-solução na escala de números.

1 $x^2 + 3x + 2 \geq 0$

SOLUÇÃO

Visto que $x^2 + 3x + 2 = (x + 1)(x + 2)$, a condição $x^2 + 3x + 2 \geq 0$ é equivalente a $(x + 1)(x + 2) \geq 0$. Aqui a igualdade ocorre somente se $x = -1$ ou $x = -2$. Pode-se afirmar também que a desigualdade estrita $(x + 1)(x + 2) > 0$ ocorre se e somente se $x + 1$ e $x + 2$ têm o mesmo sinal algébrico. Primeiro, consideremos a situação em que $x + 1$ e $x + 2$ são ambos positivos, ou seja, $x > -1$ e $x > -2$. Note que se $x > -1$, então $x > -2$ ocorre automaticamente; portanto $x + 1$ e $x + 2$ serão ambos positivos precisamente quando $x > -1$.

Finalmente, consideremos a situação em que $x + 1$ e $x + 2$ são ambos negativos, ou seja, $x < -1$ e $x < -2$. Observe que se $x < -2$, então $x < -1$ ocorre automaticamente; portanto $x + 1$ e $x + 2$ serão ambos negativos precisamente quando $x < -2$.

As considerações acima mostram que

$$x^2 + 3x + 2 \geq 0$$

acontece precisamente quando $x \leq -2$ ou $x \geq -1$. Portanto, os dois intervalos $(-\infty, -2]$ e $[-1, \infty)$ constituem o conjunto-solução (Fig. 10).

Fig. 10

2 $\dfrac{3x + 5}{x - 5} < 0$

SOLUÇÃO

A inequação será verdadeira se o numerador $3x + 5$ e o denominador $x - 5$ apresentarem sinais algébricos opostos. Primeiro, consideremos a situação em que $3x + 5$ é positivo e $x - 5$ é negativo, ou seja, $x > -5/3$ e $x < 5$. Esta situação é obtida precisamente quando x pertence ao intervalo aberto $(-5/3, 5)$. Observe que a situação oposta, na qual $3x + 5$ é negativo e $x - 5$ é positivo, não pode ser obtida nunca, já que isto obrigaria a $x < -5/3$ e $x > 5$ ao mesmo tempo. Portanto o conjunto-solução da inequação $(3x + 5)/(x - 5) < 0$ é o intervalo aberto $(-5/3, 5)$ (Fig. 11).

Fig. 11

2.1 Valor absoluto

A noção de valor absoluto desempenha um importante papel na geometria analítica e no cálculo, especialmente em expressões que apresentem a distância entre dois pontos numa reta. A definição de valor absoluto é bem simples.

DEFINIÇÃO 1

Valor absoluto

Se x é um número real, então o *valor absoluto* de x, representado por $|x|$, é definido a seguir:

$$|x| = \begin{cases} x & \text{se } x \geq 0 \\ -x & \text{se } x < 0. \end{cases}$$

Por exemplo, $|7| = 7$ porque $7 \geq 0$, $|0| = 0$ porque $0 \geq 0$ e $|-3| = -(-3) = 3$ porque $-3 < 0$.

Observe que o valor absoluto de um número real é sempre não-negativo. Relembrando a definição de raiz quadrada (principal), vimos que $|x| = \sqrt{x^2}$. Evidentemente, $|x|^2 = x^2$.

Geometricamente, o valor absoluto de um número real x é a distância entre o ponto P cuja coordenada é x e a origem O, não importando se P está à direita ou à esquerda de O (Fig. 12). Mais genericamente, se P e Q são dois pontos de reta numérica com coordenadas a e b, respectivamente, então a distância entre P e Q é dada por $|a - b|$ (Fig. 13). A título de simplificação, nos referimos a esta distância como "a distância entre dois números a e b". Por exemplo, a distância entre 4 e 7 é $|4 - 7| = |-3| = 3$, a distância entre -2 e 2 é $|-2 - 2| = |-4| = 4$, e assim por diante.

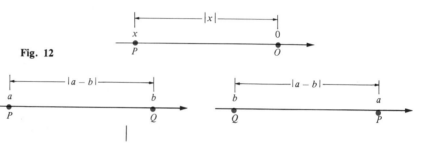

Fig. 12

Fig. 13

Muitas das propriedades do valor absoluto podem ser estabelecidas considerando-se todos os casos possíveis nos quais as quantidades em questão são positivas, negativas ou iguais a zero.

EXEMPLO Mostre que $-|x| \leq x \leq |x|$ é verdadeiro para qualquer número real x.

SOLUÇÃO
Se $x \geq 0$, então $|x| = x$, assim $x \leq |x|$ é verdadeiro. Também se $x \geq 0$ então $-|x| = -x \leq 0 \leq x$, assim $-|x| \leq x$ é verdadeiro. Logo, $-|x| \leq x \leq |x|$ é verdadeiro se $x \geq 0$.

Por outro lado, se $x < 0$, então $|x| = -x$, assim $-|x| = x < 0 < -x = |x|$, portanto $-|x| \leq x \leq |x|$ é verdadeiro se $x < 0$.

Uma das mais importantes propriedades do valor absoluto é a *desigualdade triangular* mostrada no seguinte teorema:

TEOREMA 1 **Desigualdade triangular**
Se a e b são números reais, então $|a + b| \leq |a| + |b|$.

PROVA
Do exemplo imediatamente anterior, $-|a| \leq a \leq |a|$ e $-|b| \leq b \leq |b|$. Somando-se estas desigualdades, obtemos

$$-(|a| + |b|) \leq a + b \leq (|a| + |b|).$$

Se $a + b \geq 0$, então $|a + b| = a + b \leq (|a| + |b|)$. Se, por outro lado, $a + b < 0$, então $|a + b| = -(a + b) \leq (|a| + |b|)$. Em ambos os casos $|a + b| \leq |a| + |b|$.

EXEMPLO Use a desigualdade triangular para mostrar que $|a - b| \leq |a| + |b|$ para quaisquer números reais a e b.

SOLUÇÃO
Utilizando a desigualdade triangular e o fato elementar de que $|-b| = |b|$, temos:

$$|a - b| = |a + (-b)| \leq |a| + |-b| = |a| + |b|.$$

Para futuros cálculos em que se apresenta o valor absoluto, tem-se a seguinte lista de propriedades básicas:

Propriedades do valor absoluto

Suponha que x e y são números reais. Então:

1 $-|x| \leq x \leq |x|$.

2 $|x + y| \leq |x| + |y|$.

3 $|xy| = |x| \cdot |y|$.

4 $\left|\dfrac{x}{y}\right| = \dfrac{|x|}{|y|}$ se $y \neq 0$.

5 $|x| = |y|$ se, e somente se $x = \pm y$.

6 $|x| < y$ se, e somente se $-y < x < y$.

7 $|x| \geq y$ se, e somente se $x \geq y$ ou $x \leq -y$.

As propriedades 1 e 2 já foram apresentadas anteriormente. As propriedades 3, 4 e 5 devem ser evidentes para o leitor, e as propriedades 6 e 7 podem ser compreendidas geometricamente se imaginarmos que $|x|$ é a distância entre x e 0.

EXEMPLOS Use as propriedades de 1 a 7 para achar os valores de x em cada exemplo.

1 $|x - 5| = |3x + 7|$

SOLUÇÃO
Pela propriedade 5, a equação dada é equivalente a

$$x - 5 = +(3x + 7) \text{ ou } x - 5 = -(3x + 7)$$

e assim $2x = -12$ ou $4x = -2$. Logo $x = -6$ ou $x = -1/2$.

2 $|3x - 2| < 4$

SOLUÇÃO
Pela propriedade 6, a desigualdade acima é equivalente a $-4 < 3x - 2 < 4$; ou seja, $-2 < 3x < 6$. A última desigualdade é equivalente a $-2/3 < x < 2$; assim, o conjunto-solução é $(-2/3, 2)$.

3 $|3x + 2| \geq 5$

SOLUÇÃO
Pela propriedade 7, a desigualdade acima é equivalente a $3x + 2 \geq 5$ ou $3x + 2 \leq -5$, ou seja, $x \geq 1$ ou $x \leq -7/3$. Logo, o conjunto-solução consiste em dois intervalos $(-\infty, -7/3]$ e $[1, \infty)$.

Conjunto de Problemas 2

1 Os seguintes conjuntos são soluções para determinadas inequações. Represente cada conjunto-solução na reta dos reais com o grifo adequado.
  (a) $[-2,3)$.
  (b) Todos os números x tais que $-3 < x \leq 4$ e $-6 \leq x < 2$ simultaneamente.
  (c) Todos os números pertencentes a $[-2,0]$ ou a $[-1/2,1]$ ou a ambos os intervalos.
  (d) Todos os números pertencentes a $(0,\infty)$ ou a $(-\infty,0)$.
  (e) Todos os números x que pertencem a ambos os intervalos $(0,\infty)$ e $(3,\infty)$ simultaneamente.
  (f) Todos os números x que pertencem a ambos os intervalos $(-\infty,-2]$ e $(-\infty,-5)$ simultaneamente.

2 Use a notação de intervalos para representar cada conjunto assinalado na Fig. 14.

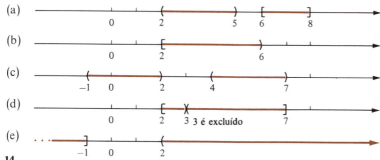
Fig. 14

Nos problemas 3 a 21, ache todos os números reais que satisfazem a desigualdade. Expresse a solução com a notação de intervalos e represente-a na reta dos reais.

3 $10x < 18 + 4x$

4 $\frac{9}{4} < \frac{5}{2} + \frac{2}{3}x$

5 $2 \leq 5 - 3x < 11$

6 $3 < 5x \leq 2x + 11$

7 $3 > -4 - 4x \geq -8$

8 $\frac{2}{x} - 4 < \frac{3}{x} - 8$

9 $\frac{3}{1-x} \leq 1$

10 $\frac{5}{3-x} \geq 2$

11 $x^2 > 9$

12 $x^2 \leq 4$

13 $x^2 - x - 2 < 0$

14 $2x^2 + 5x - 12 > 0$

15 $3x^2 - 13x \geq 10$

16 $2x \geq 3x^2 - 16$

17 $\frac{3+x}{3-x} \leq 1$

18 $0 < \frac{x-1}{2x-1} < 2$

19 $2 \geq \frac{3x+1}{x} > \frac{1}{x}$

20 $\frac{1}{3x-7} \leq \frac{4}{3-2x}$

21 $\frac{x+2}{x-1} \leq \frac{x}{x+4}$

22 Mostre que se $x \neq y$, então $x^2 + 2xy < 2x^2 + y^2$.

Nos problemas 23 a 28, resolva a equação em x.

23 $|x - 3| = 2$

24 $|3x + 2| = 5$

25 $|x - 5| = |3x - 1|$

26 $|x - 2| = |3 - 5x|$

27 $|5x| = 3 - x$

28 $|3x - 7| = x + 2$

Nos problemas 29 a 35, determine todos os números reais que satisfazem a desigualdade, expresse a solução com a notação de intervalos e represente-a na reta dos reais.

29 $|2x - 5| < 1$

30 $|4x - 6| \leq 3$

31 $|3x + 5| > 2$

32 $|9 - 2x| \geq |7x|$

33 $|3x + 5| \leq |2x + 1|$

34 $|x - 2| \geq 4x + 1$

35 $|5 - 1/x| \leq 2$

36 Suponha que a e b são números reais com $a < b$. Mostre que todo número real x que pertence ao intervalo $[a,b]$ pode ser expresso sob a forma $x = ta + (1 - t)b$, onde t é um número real que pertence ao intervalo $[0,1]$.

37 Se $0 < k < 1$; resolva a inequação $|(1/x) - 1| < k$ em x.

38 Prove que se x e y são números reais:

(a) $|x| - |y| \leq |x - y|$ (b) $||x| - |y|| \leq |x - y|$

Nos problemas 39 a 41, use a desigualdade triangular para mostrar que as desigualdades se verificam sob as condições dadas:

39 se $|x - 2| < \frac{1}{2}$ e $|y - 2| < \frac{1}{3}$, então $|x - y| < \frac{5}{6}$.

40 se $|x + 2| < \frac{1}{2}$ e $|y + 2| < \frac{1}{3}$, então $|x - y| < \frac{5}{6}$.

41 se $|x - y| < \frac{1}{2}$ e $|x + 2| < \frac{1}{3}$, então $|y + 2| < \frac{5}{6}$.

42 Um carro pode viajar 220 quilômetros com um tanque cheio de gasolina. Quantos tanques *cheios* de gasolina seriam necessários para viajar 1314 quilômetros?

43 Uma das dimensões de um piso retangular é 4 metros e sua área é menor que 132 metros quadrados, sendo x a outra dimensão do piso:

(a) Determine uma inequação a qual x deva satisfazer.
(b) Resolva tal inequação.

44 Uma caixa de banco tem direito a 2 semanas de férias para cada 1 dos 5 primeiros anos de emprego. Depois disto, ela tem direito a 3 semanas de férias para cada ano completo que ela trabalha. Quantos anos completos ela deve trabalhar, sem tirar férias, para ter direito a um mínimo de 30 semanas de férias?

3 O Sistema de Coordenadas Cartesianas

Na seção 1 vimos como um ponto P da reta numérica pode ser localizado especificando-se um número real x chamado *coordenada do ponto P*. Analogamente, podem-se localizar pontos num plano especificando-se dois números reais denominados *coordenadas*. Isto é realizado estabelecendo-se um *sistema de coordenadas* adequado no plano, de modo que se faça corresponder, aos pontos, pares de números reais de modo sistemático. Descreve-se agora o *sistema de coordenadas cartesianas*, assim denominado em homenagem ao filósofo e matemático francês do século 17, René Descartes.

O sistema de coordenadas cartesianas tem por base duas retas perpendiculares L_1 e L_2 no plano (Fig. 1). Geralmente a primeira reta L_1 é considerada horizontal, e a segunda reta L_2, vertical. O ponto O onde estas duas retas concorrem é chamado *origem*. Cada uma das retas L_1 e L_2 é transformada numa escala numérica como na seção 1 escolhendo-se adequadamente os pontos-unidade U_1 e U_2, respectivamente. É tradicional escolher-se U_1 à *direita* da origem e U_2 *acima* da origem, como na Fig. 2, de modo que a direção positiva de L_1 seja para a direita e a de L_2 para cima. Usualmente escolhe-se a *mesma* distância unitária (embora em algumas de nossas figuras venha a ser conveniente usar diferentes unidades para os eixos coordenados). Quando duas retas L_1 e L_2 são transformadas em escalas numéricas, elas são denominadas *eixos coordenados*.

O eixo horizontal é denominado *eixo dos "x"*, e a coordenada do ponto genérico P_1 neste eixo é denotada por x. Da mesma forma, o eixo coordenado vertical é denominado o *eixo dos "y"*, e a coordenada do ponto genérico P_2 é denotada por y (Fig. 3).

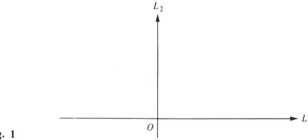

Fig. 1

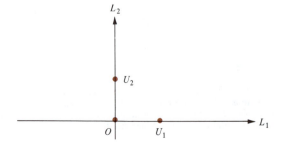

Fig. 2

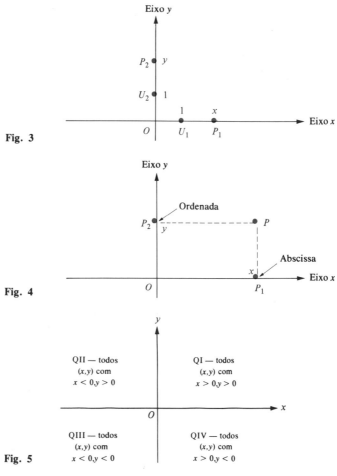

Fig. 3

Fig. 4

Fig. 5

Agora, seja P um ponto genérico ao plano. Trace perpendiculares por P aos eixos "x" e "y" (Fig. 4).

Sejam os pontos P_1 e P_2 aqueles em que estas perpendiculares encontram os eixos "x" e "y" respectivamente. A coordenada x de P_1 no eixo horizontal é denominada *abscissa* de P, enquanto que a coordenada y de P_2 no eixo vertical é denominada *ordenada* de P. Os números reais "x" e "y" são as *coordenadas* do ponto P. Geralmente estas coordenadas são representadas por um *par ordenado* (x,y) com a abscissa em primeiro lugar e a ordenada em segundo, entre parênteses. (Infelizmente esta é a mesma simbologia utilizada para denotar um intervalo aberto; contudo, no contexto em questão não haverá possibilidade de dupla interpretação.)

Um sistema de coordenadas cartesianas estabelece uma correspondência binumérica entre os pontos P no plano e os pares ordenados (x,y) de números reais. Se o ponto geométrico P corresponde ao par ordenado (x,y), indicamos $P = (x,y)$. Assim, o conjunto de todos os pares ordenados de números reais é denominado *plano cartesiano, plano xy* ou *plano coordenado*, e um par ordenado (x,y) é referido como um *ponto*.

Os eixos "x" e "y" dividem o plano em quatro regiões disjuntas denominadas *quadrantes*, denotadas por Q_I, Q_{II}, Q_{III} e Q_{IV} e denominadas de *primeiro, segundo, terceiro* e *quarto* quadrantes, respectivamente (Fig. 5).

3.1 A fórmula da distância

Uma das propriedades mais notáveis do sistema de coordenadas cartesianas é a facilidade com a qual a distância entre dois pontos P_1 e P_2 pode ser calculada em função de suas coordenadas. Simboliza-se o segmento de reta entre P_1 e P_2 por $\overline{P_1P_2}$ e utiliza-se a notação $|\overline{P_1P_2}|$ para o comprimento deste segmento, de tal modo que $d = |\overline{P_1P_2}|$. Assim podemos enunciar o seguinte teorema:

TEOREMA 1 **A fórmula da distância**

Se $P_1 = (x_1, y_1)$ e $P_2 = (x_2, y_2)$ são dois pontos no plano cartesiano, então

$$|\overline{P_1P_2}| = \sqrt{(x_2 - x_1)^2 + (y_2 - y_1)^2}.$$

A fórmula da distância é simplesmente conseqüência do teorema de Pitágoras, o que pode ser comprovado pela Fig. 6.

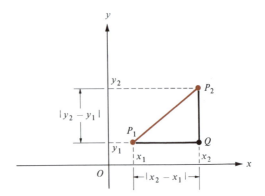

Fig. 6

Observe que $\overline{P_1P_2}$ é a hipotenusa do triângulo retângulo P_1QP_2, onde $Q = (x_2, y_1)$, então

$$|\overline{P_1Q}| = |x_2 - x_1| \quad \text{e} \quad |\overline{QP_2}| = |y_2 - y_1|;$$

portanto, pelo teorema de Pitágoras,

$$|\overline{P_1P_2}|^2 = |x_2 - x_1|^2 + |y_2 - y_1|^2$$
$$= (x_2 - x_1)^2 + (y_2 - y_1)^2.$$

Considerando a raiz quadrada de ambos os membros da última equação, obtemos a fórmula da distância do Teorema 1.

EXEMPLO Determine a distância $d = |\overline{P_1P_2}|$ se $P_1 = (-1, 2)$ e $P_2 = (3, -2)$. Represente P_1 e P_2 no plano cartesiano.

SOLUÇÃO

$$d = \sqrt{[3 - (-1)]^2 + (-2 - 2)^2}$$
$$= \sqrt{4^2 + (-4)^2} = \sqrt{32} = 4\sqrt{2}.$$

Usa-se um sinal de igual estilizado $\approx$, significando aproximadamente igual a; isto é, na Fig. 7 temos $d = 4\sqrt{2} \approx 5,657$ unidades de comprimento.

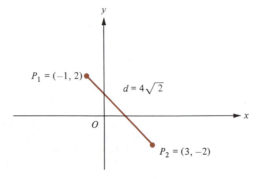

Fig. 7

Conjunto de Problemas 3

Nos problemas 1 e 2, represente o ponto M no plano cartesiano e dê as coordenadas N, R e S tais que:
(a) O segmento de reta $\overline{MN}$ é perpendicular ao eixo x e é dividido ao meio por este.
(b) O segmento de reta $\overline{MR}$ é perpendicular ao eixo y e é dividido ao meio por este.
(c) O segmento de reta $\overline{MS}$ é dividido ao meio pela origem.

1 $M = (3,2)$ **2** $M = (-4,-3)$

Nos problemas 3 a 7, ache a distância entre os dois pontos dados.

3 $(-3,-4)$ e $(-5,-7)$ **4** $(-1,7)$ e $(2,11)$ **5** $(7,-1)$ e $(7,3)$
6 $(0,4)$ e $(-4,0)$ **7** $(0,0)$ e $(-8,-6)$

8 Verifique a validade da fórmula da distância para o caso em que um ponto está no terceiro e o outro no segundo quadrante.

Nos problemas 9 até 12, utilize a fórmula da distância e a aplicação do teorema de Pitágoras para mostrar que o triângulo com os vértices dados é um triângulo retângulo.

9 $(1,1), (5,1),$ e $(5,7)$ **10** $(0,0), (-3,3),$ e $(2,2)$
11 $(-1,-2), (3,-2),$ e $(-1,-7)$ **12** $(-4,-4), (0,0),$ e $(5,-5)$

13 Mostre que a distância entre os pontos (x_1,y_1) e (x_2,y_2) é igual à distância entre o ponto $(x_1 - x_2, y_1 - y_2)$ e a origem.
14 Se P, P_2 e P_3 são três pontos no plano, então P_2 pertence ao segmento de reta estabelecido por P_1 e P_3 se, e somente se, $|\overline{P_1P_3}| = |\overline{P_1P_2}| + |\overline{P_2P_3}|$. Ilustre geometricamente este fato com diagramas.

Nos problemas 15 a 17 determine se P_2 pertencerá ao segmento de reta estabelecido em P_1 e P_3, verificando se $|\overline{P_1P_3}| = |\overline{P_1P_2}| + |\overline{P_2P_3}|$. (Veja o problema 14).

15 $P_1 = (1,2), P_2 = (0,\frac{5}{2}), P_3 = (-1,3)$ **16** $P_1 = (-\frac{7}{2},0), P_2 = (-1,5), P_3 = (2,11)$
17 $P_1 = (2,3), P_2 = (3,-3), P_3 = (-1,-1)$

Nos problemas 18 e 19, use a fórmula da distância para determinar se o triângulo ABC é ou não isósceles.

18 $A = (-5,1), B = (-6,5), C = (-2,4)$ **19** $A = (6,-13), B = (8,-2), C = (21,-5)$

20 O ponto $P = (x,y)$ pertence à reta passando por $P_1 = (-3,5)$ e $P_2 = (-1,2)$, e P satisfaz $|\overline{PP_1}| = 4|\overline{P_1P_2}|$. Utilize a fórmula da distância para achar as coordenadas de P. (Há *duas* soluções.)

4 Retas e Coeficiente Angular

As linhas retas, num plano, têm equações muito simples, relativamente a um sistema de coordenadas cartesianas. Estas equações podem ser deduzidas utilizando-se o conceito de *inclinação*.

Considere o segmento de reta inclinado $\overline{AB}$ na Fig. 1.

A distância horizontal entre A e B é chamada *passo*, e a distância vertical entre A e B é denominada *elevação*. A razão entre a elevação e o passo é chamada de *inclinação* ou *coeficiente angular* do segmento de reta e é tradicionalmente denotado pelo símbolo m. Portanto, por definição:

$$\text{inclinação de } AB = m = \frac{\text{elevação}}{\text{passo}}$$

Se girarmos o segmento de reta $\overline{AB}$ de modo que este se aproxime da vertical, aumentaremos a inclinação e conseqüentemente o passo diminui, aumentando-se indefinidamente a inclinação. Quando o segmento de reta se

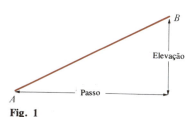

Fig. 1

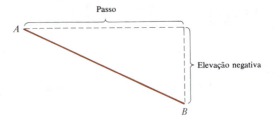

Fig. 2

torna vertical, a inclinação m = elevação/passo torna-se indefinida, já que o denominador é zero. Neste caso algumas vezes dizemos que o coeficiente angular é *infinito* e denota-se $m = \infty$.

Se a reta $\overline{AB}$ é horizontal, sua elevação é zero, e assim a inclinação m = elevação/passo é zero. Se $\overline{AB}$ aponta para baixo e para a direita, como na Fig. 2, sua elevação é considerada negativa, e portanto sua inclinação m = elevação/passo é negativa. (O passo é sempre considerado não-negativo.)

Agora seja um sistema de coordenadas cartesianas e o segmento de reta $\overline{AB}$, onde $A = (x_1, y_1)$ e $B = (x_2, y_2)$ (Fig. 3). Nesse caso a elevação é $y_2 - y_1$, e o passo é $x_2 - x_1$, e assim o coeficiente angular m é dado por

$$m = \frac{y_2 - y_1}{x_2 - x_1}.$$

É claro que a Fig. 3 representa uma situação particular na qual B está situado acima e à direita de A; contudo, o leitor pode verificar os outros casos possíveis e ver que a inclinação m de $\overline{AB}$ é sempre dada pela fórmula acima. Isso nos conduz ao seguinte teorema.

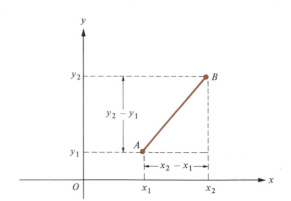

Fig. 3

TEOREMA 1 **A fórmula da inclinação**

Sejam $A = (x_1, y_1)$ e $B = (x_2, y_2)$ dois pontos do plano cartesiano. Então, visto que $x_1 \neq x_2$, o coeficiente angular m do segmento de reta $\overline{AB}$ é dado por

$$m = \frac{y_2 - y_1}{x_2 - x_1}.$$

EXEMPLO Se $A = (8, -2)$ e $B = (3, 7)$ determine o coeficiente angular m de $\overline{AB}$.

Solução

$$m = \frac{7 - (-2)}{3 - 8} = \frac{9}{-5} = -\frac{9}{5}.$$

Considerando os triângulos semelhantes na Fig. 4, observa-se que dois segmentos de reta paralelos $\overline{AB}$ e $\overline{CD}$ têm o mesmo coeficiente angular. Analogamente, se dois segmentos de reta $\overline{AB}$ e $\overline{CD}$ estão sobre a mesma reta,

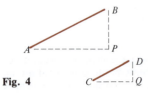

Fig. 4

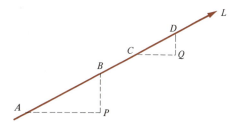

Fig. 5

como na Fig. 5, eles têm o mesmo coeficiente angular. A inclinação comum a *todos* os segmentos de reta L é denominada de *inclinação* ou *coeficiente angular de L*.

Como dois *segmentos* de reta paralelos têm o mesmo coeficiente angular, conclui-se que duas retas paralelas têm o mesmo coeficiente angular. Conseqüentemente, é fácil ver que duas retas que possuem o mesmo coeficiente angular são paralelas, o que conduz ao seguinte teorema:

TEOREMA 2 **Condição de paralelismo**
Duas retas não-verticais, distintas, são paralelas se, e somente se, possuem o mesmo coeficiente angular.

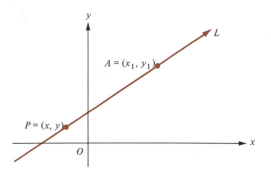

Fig. 6

Considere uma reta L não-vertical, com inclinação m e contendo um ponto $A = (x_1, y_1)$ (Fig. 6). Se $P = (x,y)$ é um outro ponto em L, então, pelo Teorema 1, $m = (y - y_1)/(x - x_1)$; portanto

$$y - y_1 = m(x - x_1).$$

Observe que a equação é válida mesmo quando $P = A$, quando ela se reduz a $O = 0$. De fato, afirma-se que esta é a *equação da reta L*, entendendo-se que tal equação é satisfeita pelos pontos (x,y) em L. Reciprocamente, qualquer ponto (x,y) que satisfaça a essa equação pertence a reta L. (A última afirmação é conseqüência do Teorema 2.) A equação

$$y - y_1 = m(x - x_1)$$

é chamada de *forma do ponto coeficiente angular* para a equação de L.

EXEMPLO Seja L a reta de coeficiente angular 5 contendo o ponto (3,4). Represente a equação de L sob a forma do ponto coeficiente angular, determine onde L intercepta o eixo dos y, desenhe um gráfico mostrando L e os eixos coordenados e decida se o ponto (4,9) pertence ou não a L.

Solução
A forma de ponto coeficiente angular da equação da reta L é $y - 4 = 5(x - 3)$. Esta equação pode ser colocada na forma $y = 5x - 11$. Se L intercepta o eixo y no ponto $(0,b)$, então $b = 5(0) - 11 = -11$. Visto que $(0,-11)$ e $(3,4)$ pertencem a L, é fácil traçar L unindo-se estes dois pontos por uma reta (Fig.

7). Se fizermos $x = 4$ e $y = 9$ na equação para L, obteremos $9 = 5(4) - 11$, o que é verdadeiro. Logo $(4,9)$ pertence a L.

Suponha que L seja uma reta genérica não-vertical com coeficiente angular m. Visto que L não é paralela ao eixo "y", ela deve interceptá-lo em algum ponto $(0,b)$ (Fig. 8). A ordenada b deste ponto de interseção é denominada *ordenada à origem* ou *coeficiente linear*. Visto que $(0,b)$ pertence a L, pode-se representar a equação sob a forma ponto coeficiente angular como $y - b = m(x - 0)$ para L, que simplificada dá

$$y = mx + b,$$

que é chamada de *forma do ponto coeficiente angular* da equação para L.

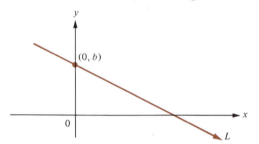

Fig. 7 **Fig. 8**

EXEMPLO Em 1977 a Solar Electric Company obteve um lucro de Cr$ 3,17 por ação e se espera que este aumente de Cr$ 0,24 por ano por ação. Contando-se os anos de modo que 1977 corresponda a $x = 0$ e os sucessivos anos a $x = 1, 2, 3$ e assim por diante, ache a equação $y = mx + b$ da linha reta que habilita a companhia a predizer seus lucros nos próximos anos. Esboce um gráfico mostrando esta reta e estime seu lucro por ação no ano de 1985.

Solução
Quando $x = 0$, $y = 3,17$; logo $3,17 = m(0) + b$, e assim $b = 3,17$. Ora, então $y = mx + 3,17$. Quando x aumenta de 1, y aumenta de 0,24, logo $m = 0,24$. A equação portanto é $y = 0,24x + 3,17$. Em 1985, $x = 8$ e $y = (0,24)(8) + 3,17 = 5,09$. O lucro previsto por ação em 1985 é Cr$ 5,09 (Fig. 9).

Uma reta horizontal tem inclinação zero; portanto tal reta tem a equação $y = 0(x) + b$, ou mais simplesmente $y = b$, na forma reduzida (Fig. 10). A equação $y = b$ não impõe nenhuma restrição à abscissa x do ponto (x,y) na reta horizontal mas exige que todas as ordenadas y tenham o mesmo valor b.

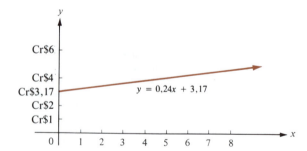

Fig. 9

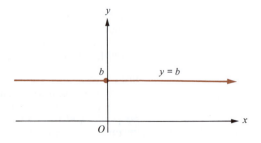

Fig. 10

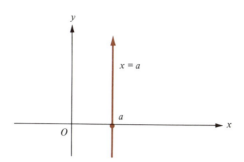

Fig. 11

Evidentemente, uma reta vertical tem inclinação indefinida, de modo que sua equação não pode ser representada de modo algum sob a forma reduzida. Contudo, já que todos os pontos numa linha reta vertical devem ter a mesma abscissa, a equação de tal reta pode ser representada sob a forma $x = a$, onde a é o valor comum a todas estas abscissas (Fig. 11).

A equação de qualquer linha reta pode ser colocada na forma

$$Ax + By + C = 0,$$

onde A, B e C são constantes e A e B não são simultaneamente nulos. Essa é denominada a *forma geral* da equação da reta. Se $B \neq 0$, a equação $Ax + By + C = 0$ pode ser colocada na forma

$$y = -\frac{A}{B}x + -\frac{C}{B},$$

que portanto representa uma reta com coeficiente angular $m = -A/B$ e intercepta y em $b = -C/B$. Por outro lado, se $B = 0$, então $A \neq 0$ e a equação pode ser colocada na forma $x = -C/A$, o que corresponde a uma reta vertical.

4.1 Retas perpendiculares

No Teorema 2 vimos que duas retas são paralelas se e somente se possuem a mesma inclinação. O teorema seguinte estabelece a condição para que duas retas sejam perpendiculares.

TEOREMA 3 **Condição de perpendicularidade**

Duas retas não-verticais são perpendiculares se e somente se o coeficiente angular de uma das retas é o simétrico do inverso do coeficiente angular da outra reta.

DEMONSTRAÇÃO

Sejam duas retas L_1 e L_2 e suponha que seus coeficientes angulares são m_1 e m_2, respectivamente. A condição para que o coeficiente angular de uma reta seja o simétrico do inverso da outra é equivalente à condição $m_1 \cdot m_2 = -1$ (por quê?). Nem o ângulo entre as duas retas nem suas inclinações são afetadas se a origem O do sistema de coordenadas é colocada na interseção das duas retas (Fig. 12). O ponto $A = (1, m_1)$ pertence a L_1, e o ponto $B = (1, m_2)$ pertence a L_2. Pelo teorema de Pitágoras e sua recíproca, o ângulo AOB é reto se e somente se

$$|\overline{AB}|^2 = |\overline{OA}|^2 + |\overline{OB}|^2,$$

ou seja, se e somente se

$$(m_1 - m_2)^2 = [(1-0)^2 + (m_1 - 0)^2] + [(1-0)^2 + (m_2 - 0)^2].$$

Simplificando-se a equação

$$m_1^2 - 2m_1 m_2 + m_2^2 = 1 + m_1^2 + 1 + m_2^2,$$

Ou $m_1 m_2 = -1$, o que completa a demonstração.

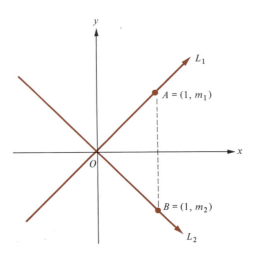

Fig. 12

EXEMPLO Determine:
(a) A equação de reta L_1 que contém o ponto $(-1,2)$ e é paralela à reta $L: 3x - y - 1 = 0$.
(b) A equação de reta L_2 que contém o ponto $(-1,2)$ e é perpendicular à reta $L: 3x - y - 1 = 0$.
Esboce os gráficos destas retas.

Solução
(a) Na forma reduzida, a equação de L é $y = 3x - 1$; logo, L tem coeficiente $m = 3$. Como L_1 deve ser paralela a L, a inclinação de L_1 deve ser a mesma de L, logo $m_1 = m = 3$. Como L_1 contém o ponto $(-1,2)$, a equação deve ser $y - 2 = 3[x - (-1)]$ na forma ponto coeficiente angular, ou seja, $y = 3x + 5$, na forma reduzida.
(b) Já que L_2 é perpendicular a L, segue que o coeficiente angular de L_2 deve ser $m_2 = -1/m = -1/3$. Por conseguinte, como L_2 deve conter $(-1,2)$ a equação da reta é $y - 2 = -1/3[x - (-1)]$ ou, na forma reduzida, $y = -1/3 x + 5/3$ (Fig. 13).

4.2 Retas concorrentes

Se duas retas distintas no plano não são paralelas, então elas se interceptam num único ponto. Por exemplo, na Fig. 13 as retas L_1 e L_2 se interceptam no ponto $(-1,2)$. Para se localizar o ponto no qual duas retas não-paralelas se

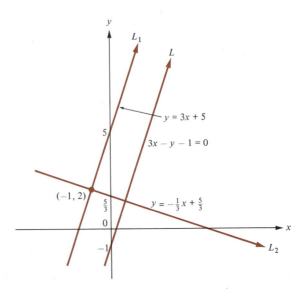

Fig. 13

REVISÃO

interceptam, é somente necessário resolver as equações das retas simultaneamente.

EXEMPLO Determine as coordenadas do ponto (x,y) no qual a reta cuja equação é $3x + 2y + 8 = 0$ intercepta a reta $y = \frac{1}{5}(2x - 1)$.

SOLUÇÃO
Colocando-se a segunda equação na forma geral, $2x - 5y - 1 = 0$, obtemos as duas equações simultâneas.

$$\begin{cases} 3x + 2y + 8 = 0 \\ 2x - 5y - 1 = 0. \end{cases}$$

Multiplicando-se a primeira equação por 2 e a segunda por 3, temos

$$\begin{cases} 6x + 4y + 16 = 0 \\ 6x - 15y - 3 = 0. \end{cases}$$

Subtraindo-se a segunda equação da primeira, acha-se que $19y + 19 = 0$, ou seja, $y = -1$. Substituindo-se $y = -1$ na equação original $3x + 2y + 8 = 0$, obtém-se $3x + 6 = 0$, ou seja, $x = -2$. Logo $(x,y) = (-2,-1)$.

Conjunto de Problemas 4

Nos problemas de 1 a 6 determine a inclinação da reta que contém os dois pontos dados:

1 $(6,2)$ e $(3,7)$ **2** $(3,-2)$ e $(5,-6)$ **3** $(14,7)$ e $(2,1)$

4 $(2,2)$ e $(-4,-1)$ **5** $(-5,3)$ e $(6,8)$ **6** $(1,3)$ e $(-1,-1)$

Nos problemas de 7 a 10 determine a equação da reta com coeficiente angular m e contendo (x_1,y_1). Esboce os gráficos das retas.

7 $m = 2, (x_1, y_1) = (5,4)$ **8** $m = -4, (x_1, y_1) = (6,1)$

9 $m = \frac{1}{4}, (x_1, y_1) = (3,2)$ **10** $m = 0, (x_1, y_1) = (-5,-1)$

Nos problemas de 11 a 13 determine o coeficiente angular da reta que passa pelos dois pontos dados e a equação da reta sob a forma ponto coeficiente angular. Esboce o gráfico.

11 $(x_1, y_1) = (3,-5)$ e $(x_2, y_2) = (6,8)$ **12** $(x_1, y_1) = (7,11)$ e $(x_2, y_2) = (-1,1)$

13 $(x_1, y_1) = (3,2)$ e $(x_2, y_2) = (4,8)$

14 Mostre que se $x_1 \neq x_2$, a equação da reta contendo os dois pontos (x_1,y_1) e (x_2,y_2) é

$$y = \frac{y_2 - y_1}{x_2 - x_1} x + \frac{x_2 y_1 - x_1 y_2}{x_2 - x_1}.$$

15 Uma agência de publicidade afirma que as vendas de uma loja de móveis aumentarão em Cr$ 20,00 por mês por cruzeiro adicional gasto em publicidade. A venda média mensal é de Cr$ 140.000,00 com uma despesa de Cr$ 100,00 por mês para publicidade. Determine a equação que descreve a venda média mensal "y" em relação ao total gasto "x" em publicidade. Determine o valor de y se o gerente da loja decide gastar Cr$ 400,00 por mês em publicidade.

16 Prove que $\left(\dfrac{x_1 + x_2}{2}, \dfrac{y_1 + y_2}{2} \right)$ é o ponto médio do segmento de reta entre (x_1,y_1) e (x_2,y_2).

CÁLCULO

17 Use o resultado do problema 16 para determinar o ponto médio dos segmentos de reta entre dois pontos dados.

(a) $(8, 1)$ e $(7, 3)$ (b) $(9, 3)$ e $(-5, 7)$ (c) $(-1, 1)$ e $(5, 3)$ (d) $(1, -3)$ e $(5, 8)$

18 Mostre que para cada número real t o ponto $(tx_1 + (1 - t)x_2, ty_1 + (1 - t)y_2)$ pertence à reta que passa pelos pontos distintos (x_1, y_1) e (x_2, y_2). Observe que $t = 1$ conduz a (x_1, y_1), enquanto $t = 0$ conduz à (x_2, y_2).

19 A *abscissa à origem* de uma reta no plano cartesiano é definida pela abscissa do ponto onde a reta corta o eixo "x". Determine a abscissa à origem das seguintes retas.

(a) $3x - 2y = 6$ (b) $y = 3x + 9$ (c) $y = \frac{2}{3}x - 1$ (d) $y = mx + b$, onde $m \neq 0$

20 (a) Mostre que a equação da reta cuja abscissa à origem é $a \neq 0$ e a ordenada origem é $b \neq 0$ pode ser colocada na forma $x/a + y/b = 1$. Esta equação é denominada *forma secundária* ou *equação segmentar* da reta.
(b) Determine a equação da reta passando pelos pontos $(3,0)$ e $(0,8)$ na forma segmentária conforme descrição no item (a).

Nos problemas 21 a 24, suponha que m_1 e m_2 são os coeficientes angulares de duas retas distintas L_1 e L_2, respectivamente. Indique se as retas são (a) paralelas, (b) perpendiculares ou (c) nem paralelas nem perpendiculares. Supondo então que L_1 contenha o ponto $(3,2)$ e que L_2 contenha o ponto $(-2,5)$, esboce L_1 e L_2 num mesmo diagrama.

21 $m_1 = \frac{2}{3}$ e $m_2 = \frac{4}{6}$ **22** $m_1 = \frac{2}{3}$ e $m_2 = \frac{3}{2}$ **23** $m_1 = \frac{3}{2}$ e $m_2 = -\frac{2}{3}$ **24** $m_1 = -1$ e $m_2 = 1$

Nos problemas 25 até 27 ache o ponto (x,y) no qual as duas retas dadas se encontram. Ilustre graficamente.

25 $\begin{cases} 3x - 2y = 1 \\ 2x + y = 0 \end{cases}$ **26** $\begin{cases} y = \frac{1}{6}x - \frac{2}{3} \\ y = -\frac{1}{6}x + \frac{2}{3} \end{cases}$ **27** $\begin{cases} y = x \\ y = \frac{57}{61}x \end{cases}$

28 Se $m_1 \neq m_2$, mostre que a reta $y = m_1 x + b_1$ intercepta $y = m_2 x + b_2$ no ponto

$$\left(\frac{b_2 - b_1}{m_1 - m_2}, \frac{m_1 b_2 - m_2 b_1}{m_1 - m_2} \right).$$

29 Mostre que o quadrilátero $ABCD$ é um paralelogramo se $A = (-5,-2)$, $B = (1,-1)$, $C = (4,4)$ e $D = (-2,3)$. (*Sugestão:* mostre que os lados opostos têm a mesma inclinação.)

30 Determine a distância (medida perpendicularmente) entre o ponto $(-4,3)$ e a reta $y = 3x - 5$ seguindo o esquema abaixo.
(a) Determine a equação de reta que passa por $(-4,3)$ e que é perpendicular a reta $y = 3x - 5$.
(b) Determine o ponto $(x_1 y_1)$ no qual a reta do item (a) encontra a reta $y = 3x - 5$.
(c) Use a fórmula da distância para achar a distância entre $(-4,3)$ e (x_1, y_1).

31 (a) Determine d de tal modo que a reta contendo $A = (d,3)$ e $B = (-2,1)$ seja perpendicular à reta contendo $C = (5,-2)$ e $D = (1,4)$.
(b) Determine k de tal modo que a reta contendo $E = (k,3)$ e $B = (-2,1)$ seja paralela à reta contendo $C = (5,-2)$ e $D = (1,4)$.

32 Considere o quadrilátero $ABCD$ com $A = (3,1)$, $B = (2,4)$, $C = (7,6)$ e $d = (8,3)$.
(a) Use o conceito de inclinação para determinar se as diagonais $\overline{AC}$ e $\overline{BD}$ são ou não perpendiculares.
(b) $ABCD$ é um paralelogramo? É um retângulo? É um losango? É um quadrado? Justifique a resposta.

33 Mostre que a reta $Ax + By + C = 0$ é perpendicular à reta $-Bx + Ay + D = 0$.

5 Funções e Seus Gráficos

O conceito de função é tão fundamental no cálculo que as funções são quase literalmente o objetivo de tal estudo. De fato, muitos dos mais sofisticados tópicos em cálculo são estudados sob o nome de *teoria das funções*.

Embora o conceito de função seja introduzido e brevemente explorado nesta seção, ele será desenvolvido ao longo do livro.

A idéia geral de função é simples. Suponha que uma quantidade variável, digamos y, dependa de um modo bem definido de uma outra quantidade variável, digamos x. Portanto, para cada valor particular de x existe um único valor correspondente de y. Tal correspondência é denominada *função* e se diz que *a variável y é uma função da variável x*.

Por exemplo, se x simboliza o raio de um círculo e y simboliza a área deste círculo, então y depende de x de um modo bem definido, formalmente $y = \pi x^2$. Por conseguinte, diz-se que a área de um círculo é função de seu raio.

As letras do alfabeto são freqüentemente utilizadas para simbolizar as funções, são elas f, g e h, bem como F, G e H. As letras do alfabeto grego são também utilizadas. Se f é uma função, é comum representar-se o valor de y que corresponde a x como $f(x)$, lê-se "f de x". Por exemplo, se f é uma função que fornece a área do círculo em função do seu raio, então $f(x) = \pi x^2$. De um modo mais geral, pode-se usar a seguinte definição:

DEFINIÇÃO 1 **Função como regra ou correspondência**

Uma *função f* é uma regra ou uma correspondência que faz associar um e somente um valor da variável y para cada valor de variável x. Deve ser bem compreendido que a variável x é denominada *variável independente*, pode tomar qualquer valor num certo conjunto de números denominados *domínio de f*. Para cada valor de x no domínio de f, o valor correspondente de y é denotado por $f(x)$ tal que $y = f(x)$. A variável y é denominada *variável dependente*, visto que seu valor depende do valor de x. O conjunto de valores assumidos por y à medida que x varia no domínio é denominado *imagem de f*.

Usualmente, *mas não sempre*, utiliza-se x para a variável independente e y para a variável dependente. Uma equação que fornece y em termo de x determina uma função f, e diz-se que a função f é *definida pela equação* (ou *dada pela equação*).

Se a função f é definida por uma equação, então (a não ser que recomendações explícitas sejam feitas) compreende-se que o domínio de f consiste naqueles valores de x para os quais a equação faz corresponder um e somente um y (diz-se que f é definida no ponto). Portanto, a imagem de f é automaticamente determinada, visto que esta consiste naqueles valores de y que correspondem, pela equação de definição, aos valores de x no domínio.

DEFINIÇÃO 2 **Gráfico de uma função**

O *gráfico* de uma função f é o conjunto de todos os pontos (x,y) no plano xy tal que x pertence ao domínio de f e y a imagem de f, e $y = f(x)$.

EXEMPLO Esboce o gráfico da função f definida pela equação $y = 2x^2$ com a restrição $x > 0$.

SOLUÇÃO
Comecemos assinalando um pequeno número de valores positivos de x e calculando os respectivos valores de $y = f(x) = 2x^2$, como na tabela da Fig. 1.

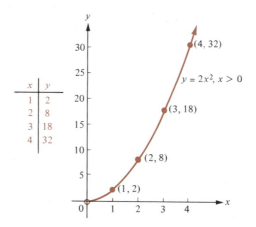

Fig. 1

Aqui, $f(1) = 2(1)^2 = 2$, $f(2) = 2(2)^2 = 8$, $f(3) = 2(3)^2 = 18$ e $f(4) = 2(4)^2 = 32$; portanto, os quatro pontos (1,2), (2,8), (3,18) e (4,32) pertencem ao gráfico. Visto que o domínio de f consiste somente em números *positivos* (devido à restrição $x > 0$), o ponto (0,0) é excluído do gráfico. Este ponto excluído é indicado por um pequeno círculo aberto.

Tal procedimento para o esboço de gráficos, localizando uns poucos pontos bem escolhidos e ligando-os por uma curva contínua, nem *sempre* funciona, já que deveria ter em mente a suposição de que se conhece a forma do gráfico entre os pontos estabelecidos. Se a forma da função é simples, isto geralmente funciona bem; contudo, funções mais complicadas requerem métodos mais sofisticados, que estudaremos mais tarde.

Na definição 1, a necessidade de que uma função f associe um e *somente um* valor de y para cada valor de x em seu domínio corresponde à condição geométrica de que dois pontos distintos de um gráfico não podem possuir a mesma abscissa. Portanto, a curva na Fig. 2 não pode corresponder ao gráfico de uma função, porque os dois pontos P e Q têm a mesma abscissa. O gráfico de uma função não pode passar acima ou abaixo de si mesma.

O domínio e a imagem de uma função podem ser facilmente determinados no gráfico da função. Assim, o domínio de uma função é o conjunto de todas as abscissas dos pontos sobre o gráfico (Fig. 3a), enquanto sua imagem é o conjunto de todas as ordenadas dos pontos de seu gráfico (Fig. 3b).

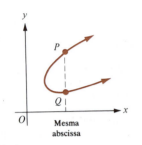

Fig. 2

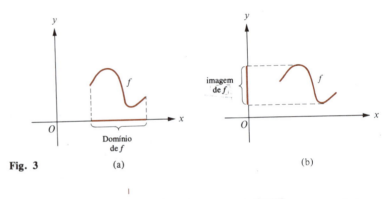

Fig. 3   (a)   (b)

EXEMPLO   Seja f uma função definida pela equação $y = \sqrt{x - 1}$ com a restrição $x \leq 2$. Esboce o gráfico de f e determine seu domínio e imagem, assinalando-os nos eixos x e y respectivamente.

SOLUÇÃO
Visto que $y = f(x) = \sqrt{x - 1}$, é necessário que $x - 1 \geq 0$, ou seja, $x \geq 1$. Tem-se também que $x \leq 2$ (restrição imposta acima) e assim $1 \leq x \leq 2$. Escolhendo-se valores de x entre 1 e 2, determina-se os valores correspondentes de $y = \sqrt{x - 1}$. (Uma calculadora manual ou uma tabela de raízes quadradas seriam úteis aqui.) Localizando os pontos correspondentes e ligando-os por uma curva contínua, obtém-se o gráfico mostrado na Fig. 4. Evidentemente, o domínio de f é o intervalo [1,2], e a imagem de f é o intervalo [0,1].

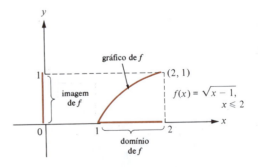

Fig. 4

Os seguintes exemplos ilustram a afirmação de que, quando uma função f é definida por uma equação e nenhuma restrição é estabelecida, o domínio de f consiste nos valores de x para os quais a função existe.

EXEMPLO Determine o domínio e a imagem de f definida pela equação e esboce o gráfico da função.

1 $y = 3x + 1$

SOLUÇÃO
Nesse caso $y = f(x) = 3x + 1$ e a variável independente x pode assumir qualquer valor, então o domínio de f é o conjunto $\mathbb{R}$ de todos os números reais. Analogamente a variável dependente pode assumir qualquer valor. De fato, se quisermos que y tenha qualquer valor por exemplo v, isto é, se quisermos que $v = 3x + 1$. Determinando-se nesta equação, obtemos o valor $x = \frac{1}{3}(v - 1)$. Portanto, se x tiver o valor $\frac{1}{3}(v - 1)$, y terá o desejado valor v. Portanto, a imagem de f é o conjunto $\mathbb{R}$ (Fig. 5).

2 $y = \sqrt{4 - x}$

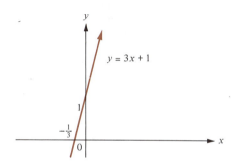

Fig. 5

SOLUÇÃO
Já que $\sqrt{4 - x}$ é definido somente para $4 - x \geq 0$, isto é, para $x \leq 4$, o domínio de f é o intervalo $(-\infty, 4]$. Assim, se $y = \sqrt{4 - x}$, segue-se da própria definição de raiz quadrada principal que $y \geq 0$. Observe que a variável dependente y pode assumir qualquer valor não-negativo v (simplesmente faça $x = 4 - v^2$); portanto, a imagem de f é o intervalo $[0, \infty)$ (Fig. 6).

3 $y = |x|$

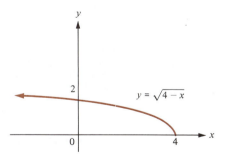

Fig. 6

SOLUÇÃO
A variável independente x pode assumir qualquer valor, portanto o domínio é o conjunto dos números reais $\mathbb{R}$. Para $x < 0$, tem-se $y = -x$, enquanto que para $x \geq 0$ tem-se $y = x$. A variável dependente y não pode ser negativa mas pode assumir qualquer valor não-negativo. Assim a imagem de f é $[0, \infty)$ (Fig. 7).

4 $y = \begin{cases} x + 2 & \text{se } x \geq 3 \\ x^2 - 4 & \text{se } x < 3 \end{cases}$

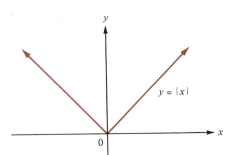

Fig. 7

SOLUÇÃO
A variável independente x pode assumir qualquer valor, portanto o domínio é o conjunto $\mathbb{R}$. Ao se esboçar o gráfico, deve-se considerar separadamente a porção à direita da reta vertical $x = 3$ e a porção à esquerda desta reta. Para a direita de $x = 3$, o gráfico é a porção de reta com inclinação 1 e que contém o ponto $(3,5)$. Para a esquerda de $x = 3$, o gráfico é parte de uma curva (denominada *parábola*). A *reunião das duas porções* se constitui no gráfico de f (Fig. 8). Deste gráfico vemos que a variável dependente y pode assumir qualquer valor maior ou igual a -4; portanto, a imagem de f é $[-4,+\infty)$.

5 $\quad y = \dfrac{x^2 - 4}{x - 2}$

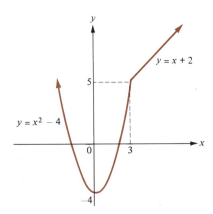

Fig. 8

SOLUÇÃO
A função é definida para todos os valores de x, excetuando-se $x = 2$ (que anula o denominador da fração); portanto, o domínio consiste em dois intervalos $(-\infty,2)$ e $(2,+\infty)$. Observe que

$$x^2 - 4 = (x + 2)(x - 2);$$

portanto, para $x \neq 2$

$$\frac{x^2 - 4}{x - 2} = \frac{(x + 2)(x - 2)}{x - 2} = x + 2.$$

Concluímos então que a condição $y = \dfrac{x^2 - 4}{x - 2}$ é equivalente a $y = x + 2$, desde que $x \neq 2$.

Logo, o gráfico consiste em todos os pontos da reta $y = x + 2$ *exceto o ponto* $(2,4)$, que é excluído (Fig. 9). Evidentemente, a imagem de f são todos os números reais exceto o 4, ou seja, a imagem consiste em dois intervalos: $(-\infty,4)$ e $(4,\infty)$.

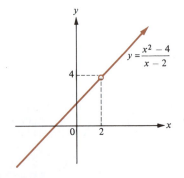

Fig. 9

Se *f* é uma função e *x* pertence ao domínio de *f*, então *f(x)* é um número dependente de *x* e não a função *f*. Tampouco é a equação *y* = *f(x)* o mesmo que a função *f*. Algumas vezes, usando maior simplicidade permite-se falar da "função *f(x)*" ou da "função *y* = *f(x)*", ainda que incorretamente.

Provavelmente não se causa nenhum dano com esta prática desde que aquele que fala (e sua audiência) saiba do que se trata realmente. Embora devamos evitar tal prática quando se deseja precisão absoluta, devemos também aceitá-la, quando for conveniente.

EXEMPLOS 1 Considere a função $f(x) = 1/(1 - x)$. Calcule $f(-3), f(-2), f(-1), f(0), f(\pi)$ e $f(^3/_2)$. O que é $f(1)$? Esboce o gráfico de *f* e calcule o domínio e a imagem de *f*.

SOLUÇÃO
Nesse caso,

$$f(-3) = \frac{1}{1-(-3)} = \frac{1}{4}.$$

Analogamente, $f(-2) = {}^1/_3, f(-1) = {}^1/_2, f(0) = 1, f(\pi) = 1/(1 - \pi)$ e $f(^3/_2) = -2$. Visto que o denominador é nulo quando $x = 1, f(1)$ é indefinida, isto é, 1 não pertence ao domínio de *f*. O domínio de *f* consiste em dois intervalos $(-\infty, 1)$ e $(1, \infty)$. Se *x* está próximo de 1, porém um pouco menor, então $1 - x$ é muito pequeno e positivo, de modo que $f(x) = 1/(1 - x)$ é grande e positivo. Do mesmo modo, se *x* é um pouco maior que 1, então $1 - x$ é pequeno e negativo; assim, $f(x) = 1/(1 - x)$ é muito grande e negativo. Se *x* é muito grande em valor absoluto, então *f(x)* é muito pequeno em valor absoluto. Tendo isto em mente, determine uns poucos pontos e podemos construir o gráfico de *f* como na Fig. 10. Neste gráfico podemos observar que a imagem de *f* consiste em todos os valores de *y* exceto $y = 0$; portanto, a imagem consiste em dois intervalos $(-\infty, 0)$ e $(0, \infty)$.

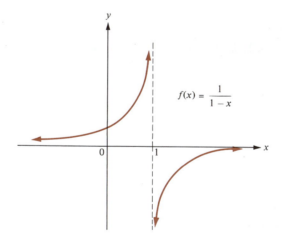

Fig. 10

2 Considere a função $g(x) = 4x + 7$. Calcule $\dfrac{g(3 + h) - g(3)}{h}$ para $h \neq 0$ e simplifique sua resposta.

SOLUÇÃO

$$\frac{g(3 + h) - g(3)}{h} = \frac{[4(3 + h) + 7] - [4(3) + 7]}{h}$$

$$= \frac{12 + 4h + 7 - 12 - 7}{h} = \frac{4h}{h} = 4.$$

Na notação para as funções não é essencial a escolha de *x* e *y* para representar as variáveis independentes e dependentes, respectivamente. Assim, podemos denotá-las por $y = f(t)$, $s = f(t)$ ou mesmo $x = f(y)$. Por exemplo, o volume V de uma esfera é uma função de seu raio r, assim $V = f(r)$, onde $f(r) = \dfrac{4\pi r^3}{3}$.

5.1 Funções como conjuntos de pares ordenados

O conceito de função como uma regra ou correspondência é fácil de compreender e portanto será usado ao longo deste livro. Contudo, para propósitos mais formais, esta idéia pode ser algo intangível. Assim, matemáticos desenvolveram uma definição alternativa, que é mais concreta. Resumindo a idéia é que o gráfico da função a determina de modo único; portanto, pode ser interpretado como *se fosse* a função. Tem-se então a seguinte definição alternativa:

DEFINIÇÃO 3   **Função como um conjunto de pares ordenados**

Uma *função* é um conjunto de pares ordenados no qual dois pares distintos não possuem nunca o mesmo primeiro membro. Se (x,y) é um par ordenado neste conjunto, diz-se que y *corresponde* a x pela função f.

EXEMPLO   De acordo com a definição 3, que conjunto é uma função?
(a) O conjunto de todos os pares ordenados (x,y) tal que $xy^2 = 1$.
(b) O conjunto de todos os pares ordenados (x,y) tal que $xy = 1$.

SOLUÇÃO
O conjunto descrito em (a) não pode ser uma função já que dois pares diferentes $(1,1)$ e $(1,-1)$, ambos pertencentes ao conjunto, possuem a mesma abscissa 1. O conjunto descrito em (b) é uma função, já que, se (x,y_1) e (x,y_2) pertencem ambos ao conjunto, então $xy_1 = 1$ e $xy_2 = 1$, e portanto $xy_2 = xy_1 = 1$; logo, $y_1 = y_2$ e os pares são os mesmos.

Conjunto de Problemas 5

Nos problemas de 1 a 14 ache o domínio e a imagem da função definida pela equação dada e esboce o seu gráfico.

1 $y = -5x + 7$ **2** $y = |3x|$ **3** $y = |-2x|$ **4** $y = -\sqrt{4 - x}$

5 $y = \sqrt{1 - x^2}$ **6** $y = |2x - 3|$ **7** $y = \dfrac{9x^2 - 4}{3x - 2}$ **8** $y = \begin{cases} -1 & \text{se } x \le 2 \\ 1 & \text{se } x > 2 \end{cases}$

9 $y = \begin{cases} -3 & \text{se } x < -1 \\ -1 & \text{se } -1 \le x \le 1 \\ 2 & \text{se } x > 1 \end{cases}$ **10** $y = \begin{cases} 6x + 7 & \text{se } x \le -2 \\ 4 - x & \text{se } x > -2 \end{cases}$ **11** $y = \begin{cases} x^2 - 4 & \text{se } x < 3 \\ 2x - 1 & \text{se } x \ge 3 \end{cases}$ **12** $y = \dfrac{x^3 - 4x^2}{x - 4}$

13 $y = \dfrac{(x^2 - 4x + 3)(x^2 - 4)}{(x^2 - 5x + 6)(x + 2)}$ **14** $y = \dfrac{x^3 - 7x + 6}{x^2 + x - 6}$

15 Seja f a função definida pela equação $y = x + 1/x$.
  (a) Qual o domínio de f?
  (b) Qual a imagem de f?
  (c) Esboce o gráfico de f.
  (d) Quais dos seguintes pontos pertencem ao gráfico de f: $(-1,-2)$, $(2,1)$, $(1,2)$, $(-2,-5/2)$, $(3,7/2)$.
16 Seja f uma função. Explique com suas próprias palavras a distinção entre f, $f(x)$ e $y = f(x)$.
17 Seja f uma função definida pela equação $f(x) = x^2 - 3x - 4$. Esboce o gráfico f, determine o domínio e a imagem de f e calcule o seguinte:

  (a) $f(1)$ (b) $f(2)$ (c) $f(-1)$ (d) $f(4)$
  (e) $f(a)$ (f) $f(a + b)$ (g) $f(a - b)$ (h) $f(x_0)$

REVISÃO

18 Seja f a função definida pela equação $f(x) = x^2$. Determine $f(f(2))$ e $f(f(3))$. O que é $f(f(x))$?

19 Seja f uma função definida por $f(x) = \dfrac{x-2}{3x+7}$. Qual é o domínio de f? Calcule.

(a) $f(\frac{1}{2})$ (b) $f(-\frac{1}{2})$ (c) $f(a/3)$ (d) $f(4/a)$
(e) $f(a+2)$ (f) $f(a^2)$ (g) $[f(a)]^2$ (h) $f(x_0)$

20 Uma função f é denominada *aditiva* se o domínio de f é $\mathbb{R}$ e $f(a+b) = f(a) + f(b)$ é verdadeiro para todos os números reais a e b.
(a) Dê um exemplo de função aditiva.
(b) Dê um exemplo de função não-aditiva.
(c) Mostre que se f é uma função aditiva, então $f(0) = 0$ (*Sugestão:* Faça $a = b = 0$).
(d) Mostre que uma função aditiva deve satisfazer a $f(-x) = -f(x)$ (*Sugestão*: Faça $a = x$ e $b = -x$, usando a parte (c)).

21 Se g é uma função definida pela equação $g(x) = \sqrt{3x+5}$, qual o domínio de g? Calcule:

(a) $g(-\frac{1}{3})$ (b) $g(\frac{4}{3})$ (c) $g(\frac{1}{3})$ (d) $g(-1)$
(e) $g(a^2)$ (f) $[g(a)]^2$ (g) $g(2x+1)$ (h) $g(x_0 + h)$

22 Determine o domínio e a imagem da função F definida por $F(x) = |x+2|$. Calcule:

(a) $F(-2)$ (b) $F(2)$ (c) $F(-3)$
(d) $[F(-3)]^2$ (e) $F(2) - F(-3)$ (f) $F(a^2)$

23 Se G é uma função definida por $G(t) = \dfrac{3t-1}{1+2t}$, qual o domínio de G? Calcule:

(a) $G(2)$ (b) $G(-3)$ (c) $G(a)$ (d) $G(a^2)$
(e) $G(-a^2)$ (f) $G(2) - G(-3)$ (g) $G(x)$

24 Seja h a função definida por $h(x) = \begin{cases} |x|/x & \text{se } x \neq 0 \\ 1 & \text{se } x = 0. \end{cases}$ Calcule:

(a) $h(-4)$ (b) $h(4)$ (c) $h(-1)$
(d) $h(1)$ (e) $h(x^2)$ (f) $h(-x^2)$
(g) $h(a+1)$ (h) $h(a-1)$ (i) $h(h(x))$

25 Seja g a função definida por $g(x) = x(x+1)(x+2)(x+3)$.
(a) Calcule $g(a+1)$.
(b) Calcule $g(a+2)$.
(c) Mostre que para $a \neq -1$ e $a \neq -5$, $\dfrac{g(a+1)}{a+1} = \dfrac{g(a+2)}{a+5}$.

26 Quais dos gráficos da Fig. 11 são gráficos de funções?

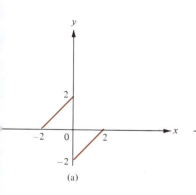
(a)

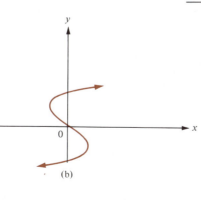
(b)

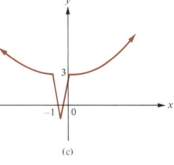
(c)

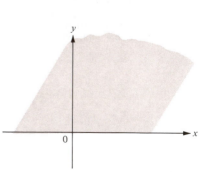
(d)

Fig. 11

CÁLCULO

27 O raio r de um círculo é função de sua área A? Se descrita, e em caso afirmativo, descreva a função através de uma equação.

28 Uma caixa fechada com base quadrada de x centímetros por x centímetros tem um volume de 100 centímetros cúbicos? Expresse a área total A do exterior desta caixa em função de x. (Suponha que a espessura da parede da caixa é desprezível.)

29 A velocidade v de um carro é medida durante um certo intervalo de tempo e varia de acordo com a seguinte equação

$$v = \begin{cases} 60t & \text{para } 0 \le t < 5 \\ 300 & \text{para } t \ge 5, \end{cases}$$

onde v é medida em metros por minuto e o tempo t é medido em segundos. Se V é a velocidade medida em quilômetros por hora e T é o intervalo de tempo medido em minutos, determinar V como função de T.

30 Uma quadra de beisebol é um quadrado de 90 metros de lado. Um jogador está correndo da base inicial *(home base)* para a primeira base a uma velocidade de 30 metros por segundo. Expresse a distância corrida s da segunda base como uma função do tempo t em segundos contados a partir do instante em que o corredor deixou a base inicial.

31 É necessário que um retângulo tenha área de 25 centímetros quadrados, mas suas dimensões podem variar. Se um lado tem comprimento x, expresse o perímetro p como função de x.

32 Um retângulo com dimensões $2x$ por $2y$ está inscrito num círculo de raio 10. Expresse y e a área A do retângulo como função de x.

Nos problemas de 33 a 38, determine a expressão simplificada de

$$\frac{f(x_0 + h) - f(x_0)}{h}, \text{ com } h \ne 0.$$

33 $f(x) = 3$ **34** $f(x) = 5x - 10$ **35** $f(x) = -8x + 3$

36 $f(x) = \frac{1}{3}x^2$ **37** $f(x) = 2/x$ **38** $f(x) = \sqrt{1 + x}$

39 De acordo com a definição 3, quais das seguintes relações são funções?
(a) $y^2 = x^2$
(b) O conjunto de pares ordenados (x,y) com $x = y$.
(c) O conjunto de pares ordenados (x,y) com $y = x^2$.
(d) O conjunto de pares ordenados (x,y) com $x = y^2$.
(e) x^2
(d) y

40 Para cada equação determine se o conjunto dos pares ordenados (x,y) que satisfazem a equação é uma função de acordo com a definição 3.
(a) $x^2y = 5$ (b) $y = 2/x^2$
(c) $x^2 + y^2 = 4$ (d) $y = \sqrt{16 - x^2}$
(e) $y^2 = x^3$ (f) $y = 5\sqrt[3]{x}$
(g) $3|x| + 2|y| = 6$ (h) $3|x| + 2y = 6$
(i) $y^2 = 1 + x^2$ (j) $y = |x|/x$

41 Verdadeiro ou falso? Se f é uma função, o gráfico de f consiste em todos os pontos no plano xy da forma $(x, f(x))$ à medida que x percorre o domínio de f.

42 Verifique se cada um dos conjuntos de pares ordenados abaixo é uma função (de acordo com a definição 3).
(a) O conjunto que consiste em $(0,1)$ e $(0,-1)$.
(b) O conjunto que consiste em $(1,0)$ e $(-1,0)$.
(c) O conjunto que consiste de todos os pares ordenados (x,y) tais que x é um inteiro positivo e y é o maior inteiro positivo mais próximo.
(d) O conjunto consistindo em todos os pares ordenados (x,y) tais que x é um inteiro positivo e y é um múltiplo inteiro exato de x.

6   Tipos de Funções

Nesta seção descrevemos certos tipos ou classes de funções que são importantes ao cálculo. Entre estas estão as funções *pares*, as *ímpares*, as *polinomiais*, as *racionais*, as *algébricas* e as *transcendentais*.

6.1 Funções pares e ímpares

Considere as funções f e g, definidas pelas equações $f(x) = x^2 - 4$ e $g(x) = x^3$ (Fig. 1). Na Fig. 1a observe que $f(-x) = f(x)$; portanto, o gráfico de f é *simétrico em relação ao eixo y*, isto é, que se o ponto (x,y) pertence ao gráfico, o ponto $(-x,y)$ também pertence. Na Fig. 1b observe que $g(-x) = -g(x)$; portanto, o gráfico de g é *simétrico em relação à origem* isto é, se o ponto (x,y) pertence ao gráfico, o ponto $(-x,-y)$ também pertence.

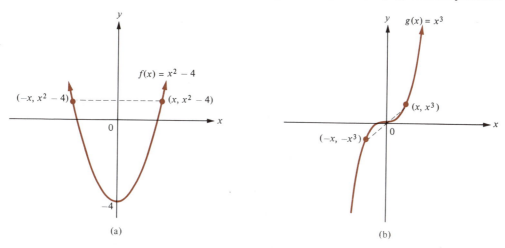

Fig. 1

De modo mais geral podemos definir estes tipos de funções do seguinte modo:

DEFINIÇÃO 1   **Funções pares e ímpares**
(a) Uma função f é *par* se, para todo x no domínio de f, $-x$ pertence também ao domínio de f e $f(-x) = f(x)$.
(b) Uma função f é *ímpar* se, para todo x no domínio de f, $-x$ pertence também ao domínio de f e $f(-x) = -f(x)$.

Obviamente as funções pares são, precisamente, as funções cujos gráficos são simétricos em relação ao eixo vertical, enquanto que as funções ímpares são aquelas cujos gráficos são simétricos em relação à origem.

EXEMPLOS   **1**   Mostre que as funções abaixo são pares

(a) $g(x) = x^4$ (b) $f(t) = 2t^2 + 3|t|$

Solução
(a) $g(-x) = (-x)^4 = x^4 = g(x)$, portanto g é uma função par.
(b) $f(-t) = 2(-t)^2 + 3|-t| = 2t^2 + 3|t| = f(t)$, portanto f é uma função par.

2   Mostre que as funções abaixo são ímpares

(a) $g(x) = x^5$ (b) $f(x) = x|x|$

Solução
(a) $g(-x) = (-x)^5 = -x^5 = -g(x)$, portanto g é uma função ímpar.
(b) $f(-x) = -x|-x| = -x|x| = -f(x)$, portanto f é uma função ímpar.

Há muitas funções que não são nem pares nem ímpares. Por exemplo, as funções dadas pelas equações $f(x) = 1 + x$ e $g(x) = \sqrt{x}$ não são nem pares nem ímpares, portanto nenhum dos gráficos correspondentes são simétricos em relação ao eixo y ou à origem (Fig. 2). Contudo, se a função for par ou ímpar, a construção do seu gráfico será facilitada devido à simetria envolvida.

6.2 Funções polinomiais

Uma função definida por uma equação da forma

$$f(x) = a_0 + a_1 x + a_2 x^2 + \cdots + a_{n-1} x^{n-1} + a_n x^n,$$

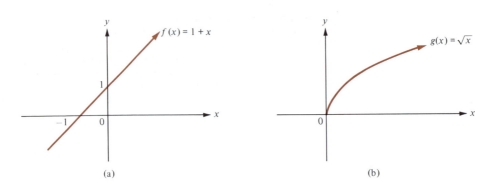

Fig. 2   (a)   (b)

onde n é um inteiro não-negativo e os coeficientes $a_0, a_1, a_2, \ldots, a_n$ são números reais constantes é denominada *função polinomial*. Se $a_n \neq 0$ diz-se que esta função polinomial é de *grau n*. Por exemplo, $f(x) = 7 + 5x - 3x^2 + 8x^3$ é uma função polinomial de grau 3 com coeficientes $a_0 = 7$, $a_1 = 5$, $a_2 = -3$ e $a_3 = 8$.

Uma função polinomial da forma $f(x) = a_0$ é denominada *função constante*, seu gráfico é uma reta com coeficiente angular nulo e cuja ordenada do ponto de interseção com o eixo y é igual a a_0. Se $a_0 \neq 0$, a função polinomial $f(x) = a_0$ tem grau zero; no entanto, à função polinomial $f(x) = 0$ (isto é, aquela função constante cujo valor é zero) não é atribuído nenhum grau.

Uma função polinomial da forma $f(x) = a_0 + a_1x$, onde $a_1 \neq 0$, é denominada *função afim*, e seu gráfico é uma reta com coeficiente angular a_1 e ordenada à origem a_0. Evidentemente, as funções afins são as funções polinomiais de grau 1. Uma função afim particularmente importante é a *função identidade*, definida pela equação $f(x) = x$. É claro que o gráfico da função identidade é uma linha reta, com coeficiente angular 1, passando pela origem (Fig. 3).

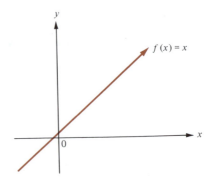

Fig. 3

6.3 Funções racionais e algébricas

A soma, diferença ou produto de duas funções polinomiais é ainda uma função polinomial, mas o quociente de duas polinomiais não é, geralmente, uma polinomial. Por exemplo, $\dfrac{3x^2 - x + 1}{4x^5 - x^3 + 1}$ não é uma função polinomial. Esta observação motiva a seguinte definição:

DEFINIÇÃO 2   **Função racional**
A função f definida pela equação $f(x) = p(x)/q(x)$, onde p e q são funções polinomiais e q não é uma função constante nula, é denominada *função racional* (*Lembrete:* quando se vê a palavra "*racio*nal" pensa-se em "*razão*".)

REVISÃO

O domínio da função racional definida por $f(x) = p(x)/q(x)$ consiste em todos os valores de x para os quais $q(x) \neq 0$. Os gráficos das funções racionais, que podem assumir uma grande variedade de formas, serão discutidos mais tarde no Cap. 1, seção 6, e novamente no Cap. 3, Seção 3.

Observe que as próprias funções polinomiais são casos particulares de funções racionais — bastando para isso fazer $q(x) = 1$ na definição 2. Alguns exemplos de funções racionais são: $f(x) = x/(x + 1)$, $g(x) = 2/x$, $h(x) = x^2 + 2x + 1$, $F(x) = x$, e $H(x) = (x^2 - 1)/(x - 1)$.

Pode-se observar que se f e g são funções racionais, então as funções S, P, D e Q, definidas por $S(x) = f(x) + g(x)$, $P(x) = f(x) \cdot g(x)$, $D(x) = f(x) - g(x)$ e $Q(x) = f(x)/g(x)$ também o são, ou seja, a soma, o produto, a diferença e o quociente de funções racionais são ainda funções racionais. Contudo, extraindo-se a raiz de uma função racional, pode-se encontrar uma função que não seja racional. Um exemplo disso é a função dada por $h(x) = \sqrt{x^2} = |x|$, que é a função modular (valor absoluto).

O conjunto das funções racionais não é o suficiente para incluir muitas das funções que encontraremos no cálculo, o que conduz à seguinte definição:

DEFINIÇÃO 3 **Funções algébricas elementares**

Uma *função algébrica elementar* é uma função que pode ser obtida através de um número finito de operações algébricas (sendo estas operações a adição, a multiplicação, a subtração, a divisão e a radiciação com índice inteiro positivo), começando pelas funções identidade e constantes.

Alguns exemplos de funções algébricas elementares

$$ f(x) = \sqrt{x^2}, \qquad g(x) = \frac{x}{\sqrt{x^2 + 5}}, \qquad F(x) = \frac{\sqrt[3]{x + 1} + 1}{\sqrt[5]{\sqrt{x^2 - 2} + 2}} . $$

Ainda se poderia observar que qualquer função racional é, automaticamente, uma função algébrica elementar.

Em cursos mais avançados, um conjunto de funções mais abrangente, denominado conjunto das *funções algébricas* (sem o adjetivo "elementar"), é definido. Genericamente, estas são as funções acessíveis através de operações algébricas. As funções restantes, aquelas que não são algébricas, são denominadas *funções transcendentes,* já que elas transcendem aos métodos algébricos. Por exemplo, as funções trigonométricas que serão revistas na Seção 7 são funções transcedentais, bem como as funções exponencial, logarítmica e hiperbólica, que serão estudadas no Cap. 9.

6.4 Funções descontínuas

Muitas funções consideradas no cálculo elementar têm gráficos que são "conexos", entendendo-se com isso que constituem uma única curva contínua. Tais funções são denominadas *funções contínuas* e serão discutidas detalhadamente no Cap. 1, Seção 4. A fim de compreender e apreciar completamente a natureza das funções contínuas, é conveniente examinar funções específicas que não são contínuas. Uma das mais interessantes funções descontínuas é a *função maior inteiro,* que, assim como a função valor absoluto, tem seu próprio símbolo especial.

DEFINIÇÃO 4 **Função maior valor inteiro**

Se x é um número real, o símbolo $[\![x]\!]$ denota o maior inteiro que não é maior que x, ou seja, $[\![x]\!]$ é o inteiro que está mais próximo de x mas que é menor ou igual a x. A *função maior inteiro* é a função f definida por $f(x) = [\![x]\!]$.

Observe que $[\![x]\!]$ é o único inteiro que satisfaz a condição $[\![x]\!] \leq x < [\![x]\!] + 1$. Por exemplo, $[\![3,7]\!] = 3$, $[\![2 + \frac{9}{10}]\!] = 2$, $[\![3,234334]\!] = 3$, $[\![-2,7]\!] = -3$, $[\![-2,34334]\!] = -3$, $[\![-\frac{1}{2}]\!] = -1$, $[\![\sqrt{3}]\!] = 1$, $[\![2]\!] = 2$, e $[\![-2]\!] = -2$. Uma tabela de valores de $[\![x]\!]$ para $-3 \leq x < 4$ é dada abaixo, e o gráfico correspondente a $f(x) = [\![x]\!]$ é visto na Fig. 4.

$$[\![x]\!] = \begin{cases} -3 & \text{para} -3 \leq x < -2 \\ -2 & \text{para} -2 \leq x < -1 \\ -1 & \text{para} -1 \leq x < 0 \\ 0 & \text{para } 0 \leq x < 1 \\ 1 & \text{para } 1 \leq x < 2 \\ 2 & \text{para } 2 \leq x < 3 \\ 3 & \text{para } 3 \leq x < 4 \end{cases}$$

Na Fig. 4, usamos pequenos pontos cheios para enfatizar que os pontos na extremidade à esquerda dos segmentos horizontais pertencem ao mesmo. A descontinuidade da função do maior valor inteiro pode ser constatada pelo próprio gráfico.

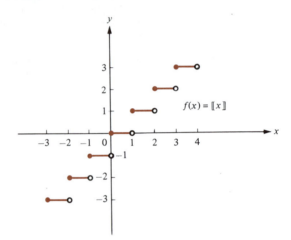

Fig. 4

Conjunto de Problemas 6

Nos problemas de 1 a 9, verifique se a função dada é par, ímpar ou nem par nem ímpar.

1 $f(x) = x^4 + 3$ **2** $g(x) = -x^4 + 2x^2 + 1$ **3** $f(x) = x^4 + x$

4 $g(t) = t^2 + |t|$ **5** $F(x) = 5x^3 + 7x$ **6** $f(t) = -t^3 + 7t$

7 $h(x) = \sqrt{8x^3 + x}$ **8** $f(y) = \dfrac{\sqrt{y^2 + 1}}{|y|}$ **9** $f(x) = \dfrac{x+1}{x^2+1}$

10 Discuta a simetria dos gráficos das funções nos problemas de 1 a 9.

Nos problemas 11 a 18, verifique se a função é uma função polinomial. Em caso afirmativo, indique o grau e identifique os coeficientes.

11 $f(x) = 6x^2 - 3x - 8$ **12** $f(x) = x^{-3} + 2x$ **13** $g(x) = (x-3)(x-2) - x^3$

14 $f(x) = 2^{-1}$ **15** $F(x) = \sqrt{2}x^4 - 5^{-1}x^3 + 20$ **16** $f(x) = 210x^{117} - 11x - 40$

17 $g(x) = 0$ **18** $h(x) = \sqrt[3]{x^3 - 6x^2 + 12x - 8}$

19 Explique com as suas próprias palavras a distinção entre a função constante f, definida pela equação $f(x) = 2$, e o número real 2.

20 A função f definida pela equação $f(x) = x^{-1} + \dfrac{x-1}{x}$ é uma função constante?

Nos problemas 21 a 24, determine a função afim que satisfaz as condições:

REVISÃO

21 $f(2) = 5$ e $f(-3) = 7$

22 $f(2x + 3) = 2f(x) + 3$

23 $f(5x) = 5f(x)$

24 $f(x + 7) = f(x) + f(7)$

25 Um número r é denominado *raiz* (ou *zero*) de uma função se $f(r) = 0$. Prove que toda função afim tem uma raiz.

26 Seja f uma função afim. Prove que

$$f(tc + (1 - t)d) = tf(c) + (1 - t)f(d)$$

é verdadeiro para quaisquer números reais c, d e t.

Nos problemas 27 a 31, especifique se a função algébrica é ou não uma função racional. Em cada caso especifique o domínio de f.

27 $f(x) = \dfrac{3x}{x - 1}$

28 $g(x) = \dfrac{x + 1}{\sqrt[3]{2x^2 + 5}}$

29 $f(x) = x^2 + 2x + 1$

30 $f(t) = \dfrac{t^2}{2t^3 + 5}$

31 $f(t) = \dfrac{6t^2}{\sqrt[5]{t + 1}}$

32 Mostre que $f(x) = \dfrac{x}{1 - x} - \dfrac{1}{1 + x}$ é uma função racional representando tal função por uma razão entre funções polinomiais. Qual o domínio de f?

33 A *função sinal* (abreviada sgn) é definida por

$$\text{sgn } x = \begin{cases} \dfrac{|x|}{x} & \text{se } x \neq 0 \\ 0 & \text{se } x = 0 \end{cases}$$

(a) Calcule sgn(-2), sgn(-3), sgn(0), sgn(2), sgn(3) e sgn(151).
(b) Prove que $|x| = x \text{ sgn } x$ para todos os valores de x.
(c) Prove que sgn(ab) = sgn$(a)\cdot$sgn(b) para todos os valores a e b.
(d) Esboce o gráfico de função sinal.
(e) Determine o domínio e a imagem da função sinal.
(f) Esboce o gráfico da função definida por $f(x) = \text{sgn}(x - 1)$.
(g) Explique por que a função sinal é descontínua.

Nos problemas 34 a 45, esboce o gráfico da função e especifique o domínio e a imagem.

34 $f(x) = |x| + 1$

35 $f(x) = |3x| - 3x$

36 $f(x) = -|3x - 2|$

37 $H(x) = |x + 1| - |x|$

38 $h(x) = -3|x| + x$

39 $f(x) = [\![3x]\!]$

40 $h(x) = [\![x]\!] + x$

41 $f(x) = [\![\frac{1}{2}x]\!]$

42 $G(x) = [\![|x|]\!]$

43 $g(x) = |[\![x]\!]|$

44 $f(x) = \dfrac{x}{|x|} - \dfrac{|x|}{x}$

45 $f(x) = 3^{-1}$

46 Seja f uma função com domínio $\mathbb{R}$.

(a) Define-se uma função g pela equação $g(x) = \dfrac{f(x) + f(-x)}{2}$. Prove que g é par.

(b) Define-se uma função h pela equação $h(x) = \dfrac{f(x) - f(-x)}{2}$. Prove que h é ímpar.

(c) Prove que $f(x) = g(x) + h(x)$ é verdadeiro para todo x. Assim conclua então que *qualquer função com domínio $\mathbb{R}$ é a soma de uma função par e uma função ímpar*.

(d) Suponha que G é uma função com domínio $\mathbb{R}$, que H é uma função ímpar com domínio $\mathbb{R}$, e $f(x) = G(x) + H(x)$ é verdadeiro para todo x. Prove que $G(x) = g(x)$ e que $H(x) = h(x)$ para todo x.

(e) Mostre que f é par se e somente se $f(x) = g(x)$ para todo x.
(f) Mostre que é ímpar se e somente se $f(x) = h(x)$ para todo x.
(g) É possível que f seja par e ímpar ao mesmo tempo?

7 Funções Trigonométricas

As seis funções trigonométricas, seno, co-seno, tangente, secante, co-secante e co-tangente (abreviadas, sen, cos, tan, sec, csc e cot, respectivamente) são, provavelmente, já bastante familiares ao leitor, e assim nos restringimos a uma breve revisão.

Certas fórmulas fundamentais do cálculo tornam-se muito mais simples se os ângulos são medidos em *radianos* e não em graus. Por definição, a medida de um ângulo θ em radianos (Fig. 1) é o número de vezes que o raio como unidade de comprimento está contido no arco s subentendido pelo ângulo θ num círculo de raio r. Isto é

$$\theta \text{ (em radianos)} = \frac{s}{r}.$$

Visto que o comprimento da circunferência $s = 2\pi r$ e o arco subentendido é 360°, tem-se: $360° = 2\pi r/r$ radianos, isto é, $360° = 2\pi$ radianos, ou

$$\pi \text{ radianos} = 180°.$$

Portanto, 1 radiano = $(180/\pi)° \approx 57°18'$.

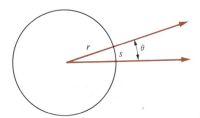

Fig. 1

A Tabela 1 nos apresenta as medidas em graus e em radianos correspondentes a certos ângulos particulares. Doravante, *todos os ângulos serão medidos em radianos,* a não ser que estejam explicitamente indicados pelo uso do símbolo para graus.

Tabela 1

Graus	30°	45°	60°	90°	120°	135°	150°	180°	270°	360°
Radianos	$\frac{\pi}{6}$	$\frac{\pi}{4}$	$\frac{\pi}{3}$	$\frac{\pi}{2}$	$\frac{2\pi}{3}$	$\frac{3\pi}{4}$	$\frac{5\pi}{6}$	π	$\frac{3\pi}{2}$	2π

Passemos a definição das seis funções trigonométricas.

DEFINIÇÃO 1 **Funções trigonométricas de qualquer número real t**

Seja t um número real qualquer e associado a um ângulo de $|t|$ radianos, com vértice na origem contado a partir do eixo dos x positivo, no sentido contrário ao dos ponteiros do relógio se $t \geq 0$, e no sentido contrário se $t < 0$. Constrói-se então um círculo de raio 1, com centro na origem (Fig. 2). Seja (x,y) o ponto onde a reta-suporte do lado do ângulo encontra a circunferência. As seis funções trigonométricas relativas ao ângulo t estão discriminadas abaixo:

$$\cos t = x \qquad \sec t = \frac{1}{x}$$

$$\tan t = \frac{y}{x} \qquad \cot t = \frac{x}{y}.$$

$$\operatorname{sen} t = y \qquad \csc t = \frac{1}{y}$$

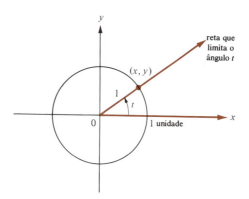

Fig. 2

O domínio das funções seno e co-seno é $\mathbb{R}$. Os domínios das outras quatro funções são os conjuntos dos valores de t para os quais o denominador da fração é diferente de zero.

Como auxílio desta definição e um pouco de raciocínio geométrico, os valores das funções trigonométricas associadas a certos valores particulares de t podem ser determinados. Estes valores estão indicados na Tabela 2. (Os traços em algumas das colunas da tabela indicam que a função não está definida para aquele valor de t.)

Tabela 2

Valor de t	0	$\frac{\pi}{6}$	$\frac{\pi}{4}$	$\frac{\pi}{3}$	$\frac{\pi}{2}$	π
Graus	0°	30°	45°	60°	90°	180°
sen	0	$\frac{1}{2}$	$\frac{\sqrt{2}}{2}$	$\frac{\sqrt{3}}{2}$	1	0
cos	1	$\frac{\sqrt{3}}{2}$	$\frac{\sqrt{2}}{2}$	$\frac{1}{2}$	0	-1
tan	0	$\frac{\sqrt{3}}{3}$	1	$\sqrt{3}$	—	0
sec	1	$\frac{2\sqrt{3}}{3}$	$\sqrt{2}$	2	—	-1
csc	—	2	$\sqrt{2}$	$\frac{2\sqrt{3}}{3}$	1	—
cot	—	$\sqrt{3}$	1	$\frac{\sqrt{3}}{3}$	0	—

As seis funções trigonométricas satisfazem certas identidades que são deduzidas das definições anteriores.

Identidades trigonométricas padrão

As seguintes identidades são válidas para todos os números reais s e t que pertencem aos domínios das funções em questão:

$$1 \quad \tan t = \frac{\text{sen } t}{\cos t}$$

$$2 \quad \sec t = \frac{1}{\cos t}$$

$$3 \quad \csc t = \frac{1}{\text{sen } t}$$

$$4 \quad \cot t = \frac{\cos t}{\text{sen } t}$$

$$5 \quad \text{sen } t = \cos\left(\frac{\pi}{2} - t\right)$$

$$6 \quad \cos t = \text{sen}\left(\frac{\pi}{2} - t\right)$$

$$7 \quad \text{sen}(-t) = -\text{sen } t$$

$$8 \quad \cos(-t) = \cos t$$

$$9 \quad \text{sen}^2 t + \cos^2 t = 1$$

$$10 \quad \tan^2 t + 1 = \sec^2 t$$

$$11 \quad \cot^2 t + 1 = \csc^2 t$$

12 $\text{sen}(t + s) = \text{sen } t \cos s + \text{sen } s \cos t$ (fórmula do seno do arco-soma)

13 $\cos(t + s) = \cos t \cos s - \text{sen } t \text{ sen } s$ (fórmula do co-seno do arco-soma)

14 $\text{sen}(t - s) = \text{sen } t \cos s - \text{sen } s \cos t$

15 $\cos(t - s) = \cos t \cos s + \text{sen } t \text{ sen } s$

$$16 \quad \tan(t + s) = \frac{\tan t + \tan s}{1 - \tan t \tan s} \quad \text{(fórmula da soma para tangente)}$$

$$17 \quad \tan(t - s) = \frac{\tan t - \tan s}{1 + \tan t \tan s}$$

18 $\text{sen } 2t = 2 \text{ sen } t \cos t$ (fórmula do seno do arco duplo)

19 $\begin{aligned} &\cos 2t = \cos^2 t - \text{sen}^2 t, \text{ ou} \\ &\cos 2t = 2\cos^2 t - 1, \text{ ou} \\ &\cos 2t = 1 - 2\text{sen}^2 t \end{aligned}\Bigg\}$ (fórmula do co-seno do arco duplo)

$$20 \quad \text{sen}^2\left(\frac{t}{2}\right) = \tfrac{1}{2}(1 - \cos t) \quad \text{(fórmula do seno do arco-metade)}$$

$$21 \quad \cos^2\left(\frac{t}{2}\right) = \tfrac{1}{2}(1 + \cos t) \quad \text{(fórmula do co-seno do arco-metade)}$$

Exemplos   Utilizando as identidades trigonométricas fundamentais, simplifique as expressões dadas.

1 $(\text{sen } t + \cos t)^2 - \text{sen } 2t$

SOLUÇÃO

$$\begin{aligned}
(\text{sen } t + \cos t)^2 - \text{sen } 2t &= \text{sen}^2 t + 2 \text{ sen } t \cos t + \cos^2 t - \text{sen } 2t \\
&= 1 + 2 \text{ sen } t \cos t - \text{sen } 2t \\
&= 1 + \text{sen } 2t - \text{sen } 2t \\
&= 1.
\end{aligned}$$

2 $\text{sen}(t + \pi)$

SOLUÇÃO

$\text{sen}(t + \pi) = \text{sen } t \cos \pi + \text{sen } \pi \cos t = (\text{sen } t)(-1) + (0)\cos t = -\text{sen } t.$

3 $\cos \dfrac{7\pi}{12}$

SOLUÇÃO

$$\cos\frac{7\pi}{12} = \cos\left(\frac{\pi}{3}+\frac{\pi}{4}\right) = \cos\frac{\pi}{3}\cos\frac{\pi}{4} - \operatorname{sen}\frac{\pi}{3}\operatorname{sen}\frac{\pi}{4}$$

$$= \left(\frac{1}{2}\right)\left(\frac{\sqrt{2}}{2}\right) - \left(\frac{\sqrt{3}}{2}\right)\left(\frac{\sqrt{2}}{2}\right)$$

$$= \frac{\sqrt{2}-\sqrt{6}}{4}.$$

Os gráficos das seis funções trigonométricas são apresentadas na Fig. 3.
Observe semelhança com ondas, periodicamente espaçadas, destes gráficos. Quando os gráficos são construídos em grandes intervalos, verifica-se que as formas geométricas apresentadas na Fig. 3 se repetem indefinidamente. É precisamente esta forma de onda das funções seno e co-seno que são responsáveis pela sua tão grande utilidade nas aplicações da matemática. Além disso, muitos fenômenos naturais, desde ondas eletromagnéticas ao fluxo e o refluxo das marés, são periódicos, e por isso estas funções são indispensáveis à construção de descrições matemáticas ou modelos associados a tais fenômenos.

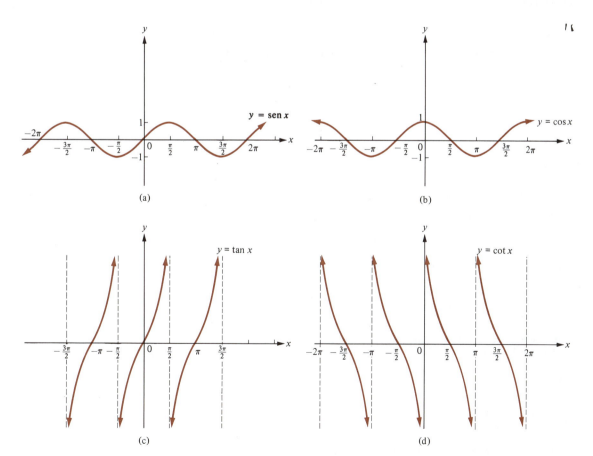

Fig. 3 (a), (b), (c) e (d)

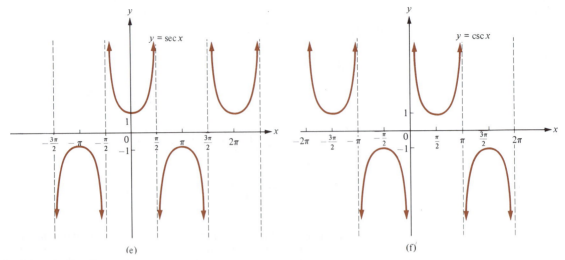

Fig. 3 (cont.), (e) e (f)

Conjunto de Problemas 7

1 (a) Dada a medida do ângulo em graus, determine a medida correspondente em radianos.

  (i) $-45°$ (ii) $175°$ (iii) $-300°$

(b) Dada a medida do ângulo em radianos, determine a medida correspondente em graus.

  (i) $\dfrac{2\pi}{9}$ (ii) $-\dfrac{7\pi}{8}$ (iii) $\dfrac{43\pi}{6}$

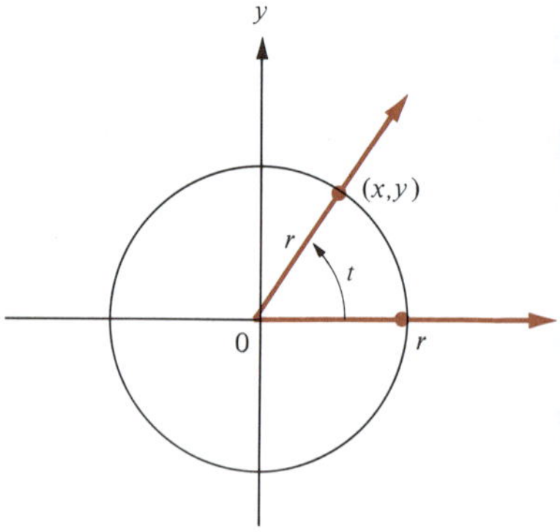

2 (a) Na Fig. 4 mostre que

  (i) $x = r \cos t$ (ii) $y = r \operatorname{sen} t$

  (iii) $r^2 = x^2 + y^2$ (iv) $\tan t = \dfrac{y}{x}$

Fig. 4

(b) Determine x e y para cada valor de r e t.

  (i) $r = 1, t = 0$

  (ii) $r = 6, t = -\dfrac{7\pi}{4}$ (iii) $r = 5, t = \dfrac{\pi}{6}$

3 Se $\cos \theta = -4/5$ e a semi-reta que contém o lado do ângulo está no terceiro quadrante, determine:

(a) $\operatorname{sen} \theta$ (b) $\tan \theta$ (c) $\cot \theta$
(d) $\sec \theta$ (e) $\csc \theta$

4 Considerando que as funções trigonométricas são periódicas — isto é $T(t) = T(t + 2\pi k)$, onde k é um inteiro — determine o valor de:

(a) $\operatorname{sen} \dfrac{43\pi}{4}$ (b) $\cos \dfrac{31\pi}{6}$ (c) $\tan\left(-\dfrac{22\pi}{3}\right)$

(d) $\cot\left(-\dfrac{31\pi}{4}\right)$ (e) $\sec \dfrac{71\pi}{6}$ (f) $\csc\left(-\dfrac{91\pi}{3}\right)$

5 Use as identidades fundamentais para simplificar cada expressão.

  (a) $(1 - \cos t)(1 + \cos t)$ (b) $2 \operatorname{sen} t \cos t \csc t$ (c) $\sec^2 t (\csc^2 t - 1)(\operatorname{sen} t + 1) - \csc t$

REVISÃO 39

(d) $\dfrac{1 + \cot^2 t}{\sec^2 t}$ (e) $\dfrac{\cos t - 1}{\sec t - 1}$

6 Mostre que

(a) $\cos\left(\dfrac{\pi}{2} - t\right) = \text{sen } t$ (b) $\text{sen}\left(\dfrac{\pi}{2} - t\right) = \cos t$ (c) $\tan(t + \pi) = \tan t$ (d) $\tan\left(t + \dfrac{\pi}{2}\right) = -\cot t$

7 (a) Considerando $\dfrac{5\pi}{6} + \dfrac{\pi}{4} = \dfrac{13\pi}{12}$, achar sen $\dfrac{13\pi}{12}$ e cos $\dfrac{13\pi}{12}$.

(b) Determine $\tan 195^\circ$. (*Sugestão*: $195^\circ = 150^\circ + 45^\circ$.)

8 Seja t um número real qualquer, e $s = t - 2\pi\ [\![t/2\pi]\!]$ e suponha que f seja uma função trigonométrica qualquer. Prove que $0 \le s < 2\pi$ e que $f(t) = f(s)$.

9 Simplifique as expressões abaixo

(a) $\dfrac{\text{sen}^2\, 2t}{(1 + \cos 2t)^2} + 1$ (b) $\dfrac{\cos^4 t - \text{sen}^4 t}{\text{sen } 2t}$

(c) $\cos^2 2t - \text{sen}^2 t$ (d) $\tan t - \csc t (1 - 2\cos^2 t)\sec t$

(e) $\cos(s - t)\cos t - \text{sen}(s - t)\,\text{sen}\, t$

10 Prove a identidade sen $a \cos b = \frac{1}{2}[\text{sen}(a + b) + \text{sen}(a - b)]$. E, com auxílio desta, prove que sen $x + $ sen $y = 2[\text{sen}(x + y)/2][\cos(x - y)/2]$.

11 Se sen $t = \frac{12}{13}$ e cos $s = -\frac{4}{5}$, onde $\pi/2 < t < \pi$ e $\pi/2 < s < \pi$, com o auxílio das identidades calcule o valor de cada expressão.

(a) sen $(s - t)$ (b) $\cos(s + t)$ (c) $\cot(s - t)$

12 Prove a identidade $\cos 3t = 4\cos^3 t - 3\cos t$. Com o auxílio desta mostre que cos $(\pi/9)$ é a solução da equação $8x^3 - 6x - 1 = 0$.

13 Esboce o gráfico de cada função no intervalo $[-2\pi, 2\pi]$.

(a) $f(x) = $ sen $2x$ (b) $g(x) = 2\cos x$

14 Mostre que a tangente, co-tangente e co-secante são funções ímpares. E sobre a secante, o que se pode dizer?

8 Álgebra de Funções e Composição de Funções

Nesta seção veremos como as funções podem ser combinadas de vários modos visando à obtenção de novas funções. Em particular, veremos como as funções podem ser *somadas, subtraídas, multiplicadas, divididas e compostas*.

8.1 Álgebra de funções

Se $f(x) = x^2 - 2$ e $g(x) = -\frac{1}{2}x + 1$, pode-se obter uma nova função h definida por $h(x) = f(x) + g(x) = x^2 - \frac{1}{2}x - 1$, simplesmente ao somar $f(x)$ e $g(x)$. Naturalmente nós nos referimos à função h como a soma das funções f e g e denotamos $h = f + g$ (Fig. 1). Observe que o gráfico de h provém dos gráficos de f e de g, simplesmente pela soma das ordenadas correspondentes; por exemplo, $h(-2) = f(-2) + g(-2)$.

Seria claro que duas funções genéricas cujos domínios se sobreponham possam ser somadas conforme foi supracitado. Este conceito é crucial, na matemática aplicada, já que as funções que descrevem os fenômenos naturais (por exemplo, ondas de luz ou som) quase sempre se somam quando os fenômenos são combinados.

Se tais funções podem ser somadas, deve ser possível também multiplicá-las, subtraí-las ou dividi-las. A definição seguinte mostra exatamente como isto pode ser feito.

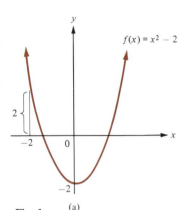 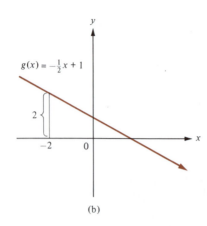 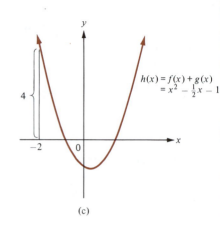

Fig. 1   (a)   (b)   (c)

DEFINIÇÃO 1   **Soma, diferença, produto e quociente de funções**

Sejam f e g duas funções cujos domínios se sobreponham. Definem-se as funções $f + g$, $f - g$, $f \cdot g$ e f/g pelas seguintes equações:

$$(f + g)(x) = f(x) + g(x)$$
$$(f - g)(x) = f(x) - g(x)$$
$$(f \cdot g)(x) = f(x) \cdot g(x)$$
$$\left(\frac{f}{g}\right)(x) = \frac{f(x)}{g(x)}.$$

Em cada caso, o domínio da função definida consiste em todos os valores de x comuns aos domínios de f e g, exceto que no quarto caso os valores para os quais $g(x) = 0$ serão excluídos.

Geometricamente, o gráfico da soma, diferença, produto ou quociente de f e g tem em cada ponto uma ordenada que é respectivamente a soma, diferença, produto ou quociente das ordenadas dos gráficos de f e g nos pontos correspondentes.

Para a soma ou diferença, isto é relativamente simples de visualizar.

EXEMPLO   Sejam $f(x) = x^2 + 3$ e $g(x) = 2x - 1$. Calcule   (a) $(f + g)(x)$ (b) $(f - g)(x)$ (c) $(f \cdot g)(x)$ (d) $\left(\dfrac{f}{g}\right)(x)$

SOLUÇÃO

(a) $(f + g)(x) = f(x) + g(x) = (x^2 + 3) + (2x - 1) = x^2 + 2x + 2$
(b) $(f - g)(x) = f(x) - g(x) = (x^2 + 3) - (2x - 1) = x^2 - 2x + 4$
(c) $(f \cdot g)(x) = f(x) \cdot g(x) = (x^2 + 3)(2x - 1) = 2x^3 - x^2 + 6x - 3$
(d) $\left(\dfrac{f}{g}\right)(x) = \dfrac{f(x)}{g(x)} = \dfrac{x^2 + 3}{2x - 1}$

8.2 Composição de funções

Dadas as equações

$$y = t^2 \text{ e } t = 2x - 5$$

é possível determinar y em função de x pela substituição da segunda equação na primeira, obtendo

$$y = (2x - 5)^2.$$

A equação $y = t^2$ define a função $f(t) = t^2$, enquanto a equação $t = 2x - 5$ define a função $g(x) = 2x - 5$. As equações originais podem ser colocadas na

REVISÃO

forma $y = f(t)$ e $t = g(x)$; desse modo, determina-se y em função de x, obtendo:

$$y = f(g(x)).$$

Para evitar confusão de parêntesis, geralmente substituímos os parêntesis externos na equação anterior por colchetes e escrevemos

$$y = f[g(x)].$$

A equação $y = f[g(x)]$ define uma nova função h, de tal modo que $h(x) = f[g(x)]$. A função h obtida pelo "encadeamento" de f e g nesta ordem é denominada *composição* de f e g e é simbolizada por $h = f \circ g$. A definição mais precisa da noção da composição é dada abaixo.

DEFINIÇÃO 2

Composição de funções

Sejam f e g duas funções que satisfazem a condição de que pelo menos um número da imagem de g pertence ao domínio de f. Então a composição de f e g, simbolizada por $f \circ g$, é a função definida pela equação

$$(f \circ g)(x) = f[g(x)].$$

Evidentemente, o domínio da função composta $f \circ g$ é conjunto de todos os valores de x no domínio de g, tais que $g(x)$ pertence ao domínio de f. A imagem de $f \circ g$ é justamente o conjunto de todos os números da forma $f[g(x)]$, construída à medida que x percorre o domínio de $f \circ g$.

EXEMPLOS

Nos exemplos de 1 a 5, seja $f(x) = 3x - 1$, $g(x) = x^3$ e $p(x) = \frac{1}{3}(x + 1)$

1 Calcule $(f \circ g)(2)$ e $(g \circ f)(2)$.

SOLUÇÃO

$$(f \circ g)(2) = f[g(2)] = f(2^3) = f(8) = 3(8) - 1 = 23$$
$$(g \circ f)(2) = g[f(2)] = g[(3)(2) - 1] = g(5) = 5^3 = 125.$$

2 Ache $(f \circ g)(x)$ e $(g \circ f)(x)$.

SOLUÇÃO

$$(f \circ g)(x) = f[g(x)] = f[x^3] = 3x^3 - 1$$
$$(g \circ f)(x) = g[f(x)] = g[3x - 1] = (3x - 1)^3 = 27x^3 - 27x^2 + 9x - 1.$$

3 Ache $(f \circ p)(x)$ e $(p \circ f)(x)$.

SOLUÇÃO

$$(f \circ p)(x) = f[p(x)] = f[\tfrac{1}{3}(x + 1)] = 3[\tfrac{1}{3}(x + 1)] - 1 = x$$
$$(p \circ f)(x) = p[f(x)] = p[3x - 1] = \tfrac{1}{3}(3x - 1 + 1) = x.$$

4 Ache $(f \circ f)(x)$.

SOLUÇÃO

$$(f \circ f)(x) = f[f(x)] = f[3x - 1] = 3(3x - 1) - 1 = 9x - 4.$$

5 Ache $[f \circ (g + p)](x)$ e $[(f \circ g) + (f \circ p)](x)$.

CÁLCULO

SOLUÇÃO

$$[f \circ (g + p)](x) = f[(g + p)(x)] = f[g(x) + p(x)] = f[x^3 + \tfrac{1}{3}(x + 1)]$$
$$= 3[x^3 + \tfrac{1}{3}(x + 1)] - 1 = 3x^3 + x$$
$$[(f \circ g) + (f \circ p)](x) = (f \circ g)(x) + (f \circ p)(x) = (3x^3 - 1) + x$$
$$= 3x^3 + x - 1.$$

Embora o símbolo $f \circ g$, para composição de funções, lembre vagamente algum tipo de produto, não deve ser confundido com o produto real $f \cdot g$ de f com g. Se bem que $f \cdot g = g \cdot f$, observe (no exemplo 2) que $f \circ g \neq g \circ f$. Ainda que $f \cdot (g + p) = f \cdot g + f \cdot p$, observe (no exemplo 5) que $f \circ (g + p) \neq f \circ g + f \circ p$.

O exemplo 3 ilustra uma situação interessante e importante na qual duas funções f e p são inversas uma em relação à outra, entendendo-se com isso que $f \circ p$ e $p \circ f$ fornecem a função identidade. Estudaremos tal situação com mais detalhe na seção. 9.

Conjunto de Problemas 8

Nos problemas de 1 a 4 utilize os gráficos das funções f e g para esboçar o gráfico de $f + g$, somando-se as ordenadas.

1 $f(x) = 3x$ e $g(x) = 3$ **2** $f(x) = 2x^2$ e $g(x) = 5$

3 $f(x) = -2x$ e $g(x) = 1$ **4** $f(x) = x^3$ e $g(x) = -2x^2$

5 Sejam as funções f e g definidas por $f(x) = x^2 + 1$ para $-3 \leq x \leq {}^3/_2$ e $g(x) = 2x + 1$ para $-1 \leq x \leq 2$.
(a) Determine $(f + g)(1)$, $(f - g)(1)$, $(f \cdot g)(1)$ e $(f/g)(1)$.
(b) Determine os domínios de $f + g$, $f - g$, $f \cdot g$ e f/g.

Nos problemas de 6 a 10, determine $f + g$, $f - g$, $f \cdot g$ e f/g. Determine também os domínios de $f + g$, $f - g$, $f \cdot g$ e f/g.

6 $f(x) = 2x - 5$ e $g(x) = x^2 + 1$ **7** $f(x) = \sqrt{x}$ e $g(x) = x^2 + 4$ **8** $f(x) = 3x + 5$ e $g(x) = 7 - 4x$

9 $f(x) = \sqrt{x - 3}$ e $g(x) = 1/x$ **10** $f(x) = |x|$ e $g(x) = |x - 2|$

11 Suponha que f e g sejam funções pares. Mostre que $f + g$, $f - g$, $f \cdot g$ e f/g são também funções pares.

Nos problemas de 12 a 16, seja $f(x) = \operatorname{sen} x$, $g(x) = x^2$, e $h(x) = \cos x$. Determine a fórmula da função dada.

12 $f + g + h$ **13** $f \cdot (g - h)$ **14** $f \cdot f$

15 f/h **16** $2 \cdot f \cdot h$

17 Seja f uma função constante definida por $f(x) = c$, onde c é um número real fixo. Seja g a função identidade, isto é $g(x) = x$. Determine

(a) $f + g$ (b) $f - g$ (c) $f \cdot g$
(d) f/g (e) g/f

18 Sejam a, b, c e d constantes reais. Definem-se as funções f e g por $f(x) = ax + b$ e $g(x) = cx + d$. Determine:

(a) $f + g$ (b) $f - g$ (c) $f \cdot g$ (d) f/g

19 Sejam f e g definidas por $f(x) = \sqrt{4 - x^2}$ e $g(x) = -\sqrt{4 - x^2}$. Esboce o gráfico:

(a) f (b) g (c) $f + g$
(d) $f - g$ (e) $f \cdot g$ (f) f/g

REVISÃO

20 Seja f definida por $f(x) = x - 3$ e g por $g(x) = x^2 + 4$. Determine

(a) $(f \circ g)(4)$ (b) $(f \circ g)(2)$ (c) $(g \circ f)(4)$ (d) $(g \circ f)(2)$

(e) $(g \circ f)(5)$ (f) $(f \circ g)(5)$ (g) $(f \circ g)(x)$ (h) $(g \circ f)(x)$

21 Sejam $f(x) = \text{sen}\,(x)$, $g(x) = x^2$ e $h(x) = \cos x$. Determine a fórmula para a função dada.

(a) $f \circ g$ (b) $g \circ f$ (c) $g \circ g$ (d) $g \circ (f + h)$

(e) $g \circ (f/h)$ (f) $(f/h) \circ (h/f)$ (g) $f \circ (g \circ h)$ (h) $(f \circ g) \circ h$

22 Sejam f, g e h definidas por $f(x) = 4x$, $g(x) = x - 3$ e $h(x) = \sqrt{x}$. Expresse cada uma das funções abaixo através das composições de funções escolhidas entre f, g e h.

(a) $F(x) = 4\sqrt{x}$ (b) $G(x) = \sqrt{x - 3}$ (c) $H(x) = 4x - 12$

(d) $J(x) = x - 6$ (e) $K(x) = \sqrt{4x}$

23 Seja f uma função definida por $f(x) = 5x + 3$ e seja g a função definida por $g(x) = 3x + k$, onde k é uma constante real. Determine o valor de k de tal modo que $f \circ g = g \circ f$.

24 Seja I a função identidade, isto é $I(x) = x$, para todos os valores de x. Mostre que se f é uma função genérica, então $I \circ f = f \circ I = f$.

25 Se I denota a função identidade, então $I \circ I = I$. (Por quê?) Determine uma outra função f tal que $f \circ f = I$. Explique por que a função dada por $f(x) = 1/x$ não tem a propriedade de $f \circ f = I$.

26 Um campo de beisebol é um quadrado de 90 metros de lado. Uma bola é arremessada da terceira base com uma velocidade de 50 metros/segundo. Seja y a distância em metros da bola para a primeira base e seja x sua distância à base inicial. Seja t o intervalo de tempo, contado em segundos a partir do momento em que a bola é arremessada. Nesse caso é função de x, isto é, $y = f(x)$, e x é função de t, isto é, $x = g(t)$. Determine $f(x)$ e $g(t)$ explicitamente. Determine $(f \circ g)(t)$ explicitamente. Explique por que $y = (f \circ g)(t)$.

27 Sejam as funções f e g dadas por $f(x) = -7x + 23$ e $g(x) = -{}^1/_7 x + {}^{23}/_7$. Determine $(f \circ g)(x)$ e $(g \circ f)(x)$.

28 Uma *função linear fracionária* é definida por $f(x) = \dfrac{ax + b}{cx + d}$, onde a, b, c e d são constantes e $ad \neq bc$. A composição de duas funções lineares fracionárias é uma outra função linear fracionária?

9   Funções Inversas

Na seção 8 (exemplo 3) dissemos que as duas funções $f(x) = 3x - 1$ e $p(x) = {}^1/_3(x + 1)$ se constituem na inversa uma em relação à outra no sentido de que o que f faz a x, p desfaz e dá $p[f(x)] = x$, enquanto que o que p faz a x f desfaz, isto é, $f[p(x)] = x$. Duas funções que se constituem no inverso, uma em relação a outra, são ditas *inversas* uma da outra. Observe agora as funções abaixo:

$$f(x) = \sqrt{x}$$

$$g(x) = x^2 \quad \text{para } x \geq 0.$$

Portanto, se $x \geq 0$, temos

$$(f \circ g)(x) = f[g(x)] = \sqrt{x^2} = x$$

$$(g \circ f)(x) = g[f(x)] = (\sqrt{x})^2 = x.$$

Estes exemplos nos conduzem à definição abaixo.

DEFINIÇÃO 1   **Funções inversas uma da outra**

Duas funções f e g são *inversas*, se as quatro condições seguintes são satisfeitas.

(i) A imagem de g está contida no domínio de f.
(ii) Para todo número real x no domínio de g, (f ∘ g)(x) = x
(iii) A imagem de f está contida no domínio de g.
(iv) Para todo número x no domínio de f, (g ∘ f)(x) = x
Uma função f para a qual exista a tal função g é dita *invertível*.

EXEMPLOS Suponha que f e g sejam definidas pelas equações abaixo. Prove que f e g são inversas.

1 $f(x) = 3x$ e $g(x) = x/3$

SOLUÇÃO
$\mathbb{R}$ é a imagem e também domínio de f e g, de modo que as condições (i) e (iii) também são satisfeitas.

$$(f \circ g)(x) = f[g(x)] = f\left(\frac{x}{3}\right) = 3\left(\frac{x}{3}\right) = x$$

$$(g \circ f)(x) = g[f(x)] = g(3x) = \frac{3x}{3} = x;$$

portanto, as condições (ii) e (iv) são satisfeitas. Logo f e g são inversas.

2 $f(x) = x - 4$ para $-1 \leq x \leq 1$ e $g(x) = x + 4$ para $-5 \leq x \leq -3$

SOLUÇÃO
O domínio de f é $[-1,1]$ e a imagem de g é o mesmo intervalo $[-1,1]$ (Fig. 1); portanto, a condição (i) da definição 1 está satisfeita. O domínio de g é $(-5,-3)$ e a imagem de f é o mesmo intervalo $[-5,-3]$; logo, a condição (iii) da definição 1 também está satisfeita.

Já que

$$(f \circ g)(x) = f[g(x)] = f[x+4] = (x+4) - 4 = x$$

para todo x em $[-5,-3]$ a condição (ii) também foi verificada. Do mesmo modo,

$$(g \circ f)(x) = g[f(x)] = g[x-4] = (x-4) + 4 = x$$

para todo x em $[-1,1]$, de modo que a condição (iv) também foi verificada. Portanto concluímos que f e g são inversas, uma em relação à outra.

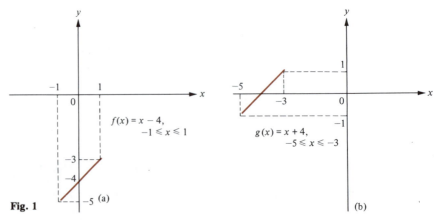

Fig. 1

Segue-se a definição 1, que se f e g são inversas, o domínio de f deve coincidir com a imagem de g e a imagem de f com o domínio de g.
Geometricamente, é fácil verificar se duas funções são inversas. De fato, as funções f e g são inversas precisamente quando o gráfico de g é o simétrico do gráfico de f em relação à linha reta $y = x$ (Fig. 2).

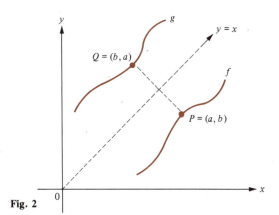
Fig. 2

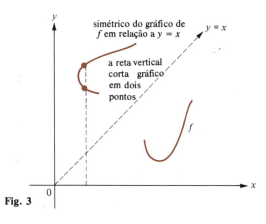
Fig. 3

De fato, o simétrico de um ponto $P = (a,b)$ em relação à reta $y = x$ é o ponto $Q = (b,a)$. Mas se f e g são inversas e se o ponto $P = (a,b)$ pertence ao gráfico de f, então $b = f(a)$ e $g(b) = g[f(a)] = a$, isto é, $Q = (b,a)$ pertence ao gráfico de g; por outro lado, é fácil ver se f e g são inversas e se $Q = (b,a)$ pertence ao gráfico de g, então $P = (a,b)$ pertence ao gráfico de f. Se os gráficos de f e g são simétricos em relação à reta $y = x$, então não é difícil mostrar, da mesma forma, que f e g são inversas (Problema 17). Desta característica geométrica das funções inversas podem-se tirar duas conclusões imediatas:

1. Nem toda função é invertível. De fato considere a função f cujo gráfico é apresentado pela Fig. 3. O simétrico do gráfico de f em relação a $y = x$ não é o gráfico de uma função, já que a reta vertical corta o gráfico em dois pontos. Logo f não pode ser invertida.
2. Se uma função f é invertível, existe uma e somente uma função g tal que f e g sejam inversas uma da outra. De fato, g deve ser a única função cujo gráfico é simétrico do gráfico de f em relação a $y = x$. É comum denominar-se g de *a inversa de f* e utilizar a notação $g = f^{-1}$. O fato precedente pode ser formalizado através da definição seguinte:

DEFINIÇÃO 2   **A inversa de uma função**

Suponha que f seja uma função invertível. Define-se *a inversa da função f*, simbolizada por f^{-1}, como a função cujo gráfico é simétrico do gráfico de f em relação a reta $y = x$ (Fig. 4). A função f^{-1} é denominada a inversa de f.

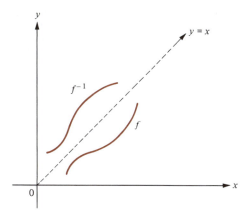
Fig. 4

EXEMPLO   Seja f a função definida pela equação $f(x) = 2x + 1$. Esboce o gráfico da função inversa f^{-1} e determine a fórmula para $f^{-1}(x)$.

SOLUÇÃO

O gráfico de f é uma reta de coeficiente angular 2 com ordenada na origem igual a 1. O simétrico de uma reta em relação à reta $y = x$ é novamente uma reta, visto que (0,1) e (1,3) pertencem ao gráfico de f, (1,0) e (3,1) pertencem ao simétrico do gráfico em relação a $y = x$, ou seja, ao gráfico de f^{-1}. Portanto, o gráfico de f^{-1} é uma reta de coeficiente angular $\dfrac{1-0}{3-1} = \dfrac{1}{2}$ contendo o ponto (1,0). Da forma ponto-coeficiente angular de uma reta $y - y_1 = m(x - x_1)$, temos que

$$y = \tfrac{1}{2}(x - 1), \text{ isto é, } f^{-1}(x) = \tfrac{1}{2}(x - 1) \text{ (Fig. 5)}.$$

Observe que f^{-1}, a inversa de f, não tem o mesmo significado que $1/f$, o *inverso de f*. No exemplo acima, $f^{-1}(x) = \tfrac{1}{2}(x-1)$, enquanto

$$\left(\frac{1}{f}\right)(x) = \frac{1}{f(x)} = \frac{1}{2x+1}.$$

Se f é uma função invertível, o gráfico de f^{-1} é o conjunto de todos os pares ordenados (b,a) tal que (a,b) pertence ao gráfico de f. Esta observação estabelece a base para o seguinte método de determinação de f^{-1}:

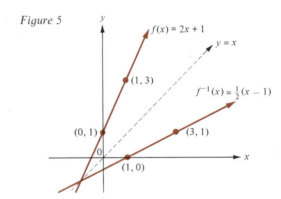

Figure 5

Fig. 5

Método algébrico para determinar f^{-1}
Passo 1 Escreva a equação $y = f(x)$ que define f.
Passo 2 Resolva a equação no Passo 1 para x em função de y para obter $x = f^{-1}(y)$. Esta equação define f^{-1}.
Passo 3 (Opcional) Se você prefere obter x como a variável independente na equação para f^{-1} ou se pretende esboçar os gráficos de f e de f^{-1} no mesmo diagrama, então troque x por y na equação obtida no passo 2.

EXEMPLOS Utilize o método algébrico para determinar a inversa da função dada. Execute o passo 3.

1 $f(x) = 2x + 1$

Solução
$y = 2x + 1$, $2x = y - 1$ e $x = \tfrac{1}{2}(y - 1)$. Em seguida, trocando x por y na última equação, obtém-se $y = \tfrac{1}{2}(x - 1)$. Portanto f^{-1} é definida pela equação

$$f^{-1}(x) = \tfrac{1}{2}(x - 1).$$

(Os gráficos de f e f^{-1} aparecem na Fig. 5).

2 $f(x) = x^3 - 8$

Solução
$y = x^3 - 8$, $x^3 = y + 8$ e $x = \sqrt[3]{y + 8}$. Em seguida, trocando x por y na última equação, obtém-se $y = \sqrt[3]{x + 8}$. Portanto, f^{-1} é definida pela equação

$$f^{-1}(x) = \sqrt[3]{x + 8}.$$

Se estivermos utilizando certas variáveis para especificar determinadas quantidades físicas ou geométricas, é melhor não executar o terceiro passo do método algébrico, mas simplesmente parar ao término do segundo passo. Por exemplo, o volume V de uma esfera de raio r é dado pela equação $V = {}^4/_3\pi r^3$. Seja f a função definida por $f(r) = {}^4/_3\pi r^3$, então $V = f(r)$. Utilizando o método algébrico, deve-se resolver a equação $V = f(r)$ com r em função de V a fim de obter $r = f^{-1}(V)$. Tem-se então $V = {}^4/_3\pi r^3$, $r^3 = 3V/4\pi$, $r = \sqrt[3]{3V/4\pi}$; portanto, f^{-1} é a função definida por $f^{-1}(V) = \sqrt[3]{3V/4\pi}$. Não se devem trocar as variáveis r e V na equação $r = \sqrt[3]{3V/4\pi}$, sob o risco de abandonar nossas considerações iniciais — a interpretação de que r é o raio da esfera e V o seu volume.

Conjunto de Problemas 9

Nos problemas de 1 a 6, a função dada f tem uma inversa f^{-1}. Em cada caso, determine f^{-1} pelo método algébrico e então verifique diretamente que $(f \circ f^{-1})(x) = x$ para todo x no domínio de f^{-1} e que $(f^{-1} \circ f)(x) = x$ para todo x no domínio de f.

1 $f(x) = 7x - 13$

2 $f(x) = mx, m \neq 0$

3 $f(x) = x^2 - 3, x \geq 0$

4 $f(x) = \dfrac{5}{x}$

5 $f(x) = \dfrac{2x - 3}{3x - 2}$

6 $f(x) = \dfrac{ax + b}{cx + d}, ad \neq bc$

7 Mostre que as funções f e g definidas por $f(x) = \dfrac{3x - 7}{x + 1}$ e $g(x) = \dfrac{7 + x}{3 - x}$ são inversas uma da outra.

8 Prove que se m e b são constantes com $m \neq 0$, as funções afins dadas por $f(x) = mx + b$ e $g(x) = \dfrac{1}{m}x - \dfrac{b}{m}$ são inversas uma da outra.

9 Seja f a função definida por $f(x) = \sqrt{4 - x^2}$ para $x \geq 0$. Mostre que f é a sua própria inversa.

10 Seja I a função identidade e seja f uma função qualquer tal que I e f sejam inversas uma da outra. O que se pode concluir sobre f?

11 Verifique se as funções f e g, definidas por $f(x) = \dfrac{1 + \sqrt{x}}{1 - \sqrt{x}}$ para $x \geq 0$ e $g(x) = \left(\dfrac{x - 1}{x + 1}\right)^2$ para $x \neq \pm 1$, são inversas uma da outra.

12 Suponha que f seja uma função invertível e que os números reais a e b pertençam ao domínio de f. Prove que se $f(a) = f(b)$, então $a = b$.

13 Mostre geometricamente que a função f é invertível se e somente se nenhuma reta horizontal intercepta seu gráfico em mais de um ponto. (*Sugestão:* Ao se considerar o simétrico de uma reta horizontal em relação a $y = x$, obtém-se uma reta vertical.)

14 Quais das seguintes funções são invertíveis?
(a) f consiste em quatro pares ordenados (0,1), (1,2), (2,1) e (3,2).
(b) f é definida por $f(x) = 3x + 5$.
(c) f é definida por $f(x) = x^2 + 1$

15 Mostre que a função f é invertível se e somente se possuem a seguinte propriedade: se a e b são dois números reais distintos no domínio de f, então $f(a)$ e $f(b)$ são sempre números reais distintos.

16 Determine se cada uma das funções f cujos gráficos são apresentados pela Fig. 6 admitem uma inversa f^{-1}. Em caso afirmativo, esboce o gráfico da função inversa em relação ao mesmo sistema de coordenadas xy.

17 Suponha que f e g sejam funções tais que os gráficos de f e g sejam simétricos em relação à reta $y = x$. Utilize a definição 1 e mostre diretamente que f e g são inversas uma da outra.

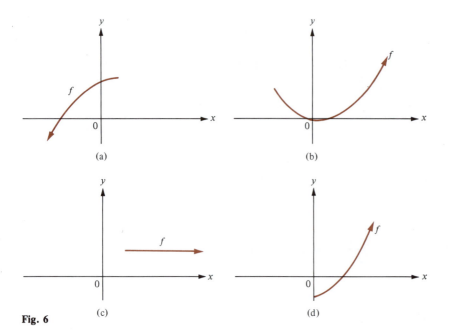

Fig. 6

Conjunto de Problemas de Revisão

1 Suponha que a e b sejam números reais tais que $a < b$. Quais das seguintes afirmações são verdadeiras ou falsas?

(a) $a < 5b$
(b) $-3a < -3b$
(c) $5a < -(-5b)$
(d) $a + 5 < b + 5$
(e) $1/a > 1/b$
(f) $a - 7 > b - 7$

Nos problemas de 2 a 13, resolva a inequação e represente a solução na reta numérica.

2 $x - 5 \leq 7$

3 $3x + 2 > 8$

4 $3x - 2 \geq 1 + 2x$

5 $\dfrac{2x - 6}{3} \geq 0$

6 $\dfrac{x - 1}{3} \geq 2 + \dfrac{x}{2}$

7 $x^2 + x - 20 < 0$

8 $x^2 - 6x - 7 \leq 0$

9 $2x^2 + 9 < 5$

10 $\dfrac{x - 2}{x + 3} > 0$

11 $\dfrac{2x - 1}{x - 6} < 0$

12 $\dfrac{5x - 1}{x - 2} \leq 1$

13 $\dfrac{x - 4}{x + 2} \geq 3$

14 Assinale as condições sob as quais as seguintes desigualdades são verdadeiras:

(a) $\dfrac{1}{x} < \dfrac{1}{10}$
(b) $\dfrac{1}{x} < \dfrac{1}{100}$
(c) $\dfrac{1}{x^2 - 1} < \dfrac{1}{1000}$
(d) $-x < x$
(e) $-x^2 < x^2$

15 Dê dois exemplos diferentes de números reais a, b, c e d com $a < b$ e $c < d$, porém $ac > bd$.

16 Mostre que $\dfrac{2ab}{a + b} \leq \sqrt{ab} \leq \dfrac{a + b}{2}$ para a e b, números reais positivos.

17 Use a notação de valor absoluto para obter uma expressão para a distância entre os dois números dados numa reta numérica. Simplifique sua resposta.

(a) -6 e 5
(b) $\dfrac{1}{x}$ e $\dfrac{1}{x + 1}$
(c) $\tfrac{3}{13}$ e $\tfrac{4}{17}$
(d) $\dfrac{x}{x + 1}$ e $\dfrac{x - 1}{x}$

REVISÃO

Nos problemas de 18 a 23, resolva a equação de valor absoluto.

18 $|x + 1| = 3$ **19** $|2x - 3| = 5$ **20** $|x - 6| = -1$

21 $|x + 2| = 0$ **22** $|x + \frac{5}{6}| = \frac{1}{6}$ **23** $|x - \frac{4}{3}| = 0$

24 Comprove ou rejeite as seguintes afirmações: Se x é um número real,

(a) $|x^2| = |x|^2$ (b) $|x^3| = |x|^3$

Nos problemas de 25 a 32, resolva a inequação de valor absoluto e indique a solução na reta com números.

25 $|2x + 5| \le 6$ **26** $|3x + 4| \le 2$ **27** $|1 - x| > |x|$ **28** $|1 - 4x| \le x$

29 $|7x - 6| > x$ **30** $\dfrac{1}{|x - 1|} \ge 3$ **31** $\dfrac{1}{|2x + 3|} \le \dfrac{1}{4}$ **32** $\dfrac{1}{|3x - 1|} \ge 5$

33 Mostre que os pontos $(12,9)$, $(20,-6)$, $(5,-14)$ e $(-3,1)$ são os vértices de um quadrado.

34 Mostre que os pontos $(8,1)$, $(-6,-7)$ e $(2,7)$ são os vértices de um triângulo isósceles.

35 Utilize o conceito de coeficiente angular para mostrar que os pontos $A = (-2,1)$, $B = (2,3)$ e $C = (10,7)$ são colineares.

36 Utilize a fórmula da distância e o conceito de coeficiente angular para mostrar que os pontos $(6,1)$, $(5,6)$, $(-4,3)$ e $(-3,-2)$ são os vértices de um paralelogramo.

Nos problemas 37 a 41, determine a equação da reta que satisfaz a condição dada.

37 O coeficiente angular é -12 e a reta contém o ponto $(1,3)$.

38 A reta contém os pontos $(5,6)$ e $(-1,2)$.

39 O coeficiente angular é zero e a reta contém o ponto $(3,-7)$.

40 A reta é paralela à reta $4x - 5y + 6 = 0$ e contém o ponto $(5,-3)$.

41 A reta é perpendicular à reta $6x - 2y + 7 = 0$ e contém o ponto $(-8,3)$.

Nos problemas de 42 a 47, determine o domínio da função dada e verifique se existe simétrico deste gráfico em relação ao eixo y e em relação à origem. Esboce também o gráfico da função.

42 $f(x) = \sqrt{x^2 - 4}$ **43** $g(x) = (x^2 - 1)^{3/2}$ **44** $f(x) = |x^2 - 9|$

45 $f(x) = |3x + 7|$ **46** $g(x) = \dfrac{x}{x^2 + 1}$ **47** $h(x) = \dfrac{|x|}{1 - x}$

48 Mostre que o simétrico do ponto (a,b) em relação a $y = x$ é (b,a).

49 A função f definida por $f(x) = \dfrac{x}{|x|} - \dfrac{|x|}{x}$ é uma função nula? Explique.

50 Seja f a função definida por $f(x) = \sqrt{\dfrac{x - 3}{x + 3}}$ e seja $g(x)$ a função definida por $g(x) = \dfrac{\sqrt{x - 3}}{\sqrt{x + 3}}$.

(a) Determine os domínios de f e de g.

(b) f e g são funções algébricas?

(c) É verdade que $f = g$? Explique.

51 Seja f a função definida por $f(x) = 4x^2$. Calcule.

(a) $f(-1)$ (b) $f(1)$ (c) $f(-3)$ (d) $f(3)$

(e) $f(4t)$ (f) $f(3x)$ (g) $f(x + h)$ (h) $f(x + h) - f(x)$

(i) $f(\sqrt{a})$ (j) $\sqrt{f(a)}$

52 Para a função f, determine se $[f(x)]^2 = f(x^2)$ é satisfeita para todos os valores de x. Se não for satisfeita tal condição, determine os valores de x para os quais ela é falsa.

(a) $f(x) = x$ (b) $f(x) = |x|$ (c) $f(x) = [\![x]\!]$

Nos problemas 53 a 56, determine o domínio da função e determine se ela é par, ímpar ou nem par nem ímpar. Esboce o gráfico.

50 CÁLCULO

53 $f(x) = |7x|$ **54** $g(x) = |x| - x$ **55** $h(x) = [\![2x]\!]$ **56** $F(x) = x^2 + 5$

Nos problemas 57 a 62, determine as identidades trigonométricas comuns para simplificar as expressões dadas.

57 $\cos(x - y)\cos y - \text{sen}(x - y)\,\text{sen}\,y$ **58** $\text{sen}\,2\theta\cos\theta + \cos 2\theta\,\text{sen}\,\theta$

59 $\dfrac{\sec t + \tan t}{\cos t - \tan t - \sec t}$ **60** $\dfrac{\text{sen}\,x(\sec x - 1)\cos x}{\cos x - 1}$

61 $\dfrac{(\text{sen}^2\,t - \cos^2\,t)^2}{\text{sen}^4\,t - \cos^4\,t}$ **62** $\dfrac{1}{1 + \text{sen}\,t} + \dfrac{1}{1 - \text{sen}\,t}$

63 Seja f uma função definida por $f(x) = 5x^2 - 1$ e g definida por $g(x) = 5x + 7$. Determine cada expressão

(a) $(f + g)(4)$ (b) $(f + 5g)(3)$ (c) $(f - 3g)(2)$ (d) $(f \cdot g)(2)$

(e) $\left(\dfrac{f}{g}\right)(3)$ (f) $(f + 2g)(x)$ (g) $\left(\dfrac{g}{2f}\right)(x)$ (h) $(f \cdot f)(x)$

(i) $\dfrac{f(x + h) - f(x)}{h}$ (j) $\dfrac{g(x + h) - g(x)}{h}$

64 Seja f a função definida por $f(x) = \dfrac{5x - 2}{x^2 - 4}$. Determine constantes A e B tais que $f(x) = \dfrac{A}{x - 2} + \dfrac{B}{x + 2}$.

Nos problemas 65 a 67, ache $f \circ g$ e $g \circ f$ se:
65 $f(x) = \sqrt{x}$ e $g(x) = \sqrt{x}$
66 $f(x) = x^2 + 7$ e $g(x) = \sqrt{3 - x}$
67 $f(x) = x^2 + 2x$ e $g(x) = 3x + 4$
68 Suponha que f fornece a área de um quadrado em função do comprimento de uma de suas diagonais. Expresse f como composição de duas outras funções.

Nos problemas de 69 a 71, mostre que f e g são inversas uma da outra.
69 $f(x) = x^4$ para $x \geq 0$ e $g(x) = \sqrt[4]{x}$.

70 $f(x) = x^2 - 3x + 2$ para $x \leq \frac{3}{2}$ e $g(x) = \dfrac{3 - \sqrt{1 + 4x}}{2}$ para $x \geq -\frac{1}{4}$.

71 $f(x) = \dfrac{1}{1 - x}$ e $g(x) = \dfrac{x - 1}{x}$.

72 Seja g a função definida por $g(x) = |x + 2|$. g é invertível? Por quê?
73 Se f é invertível, mostre que f^{-1} é também invertível e $(f^{-1})^{-1} = f$.
74 Suponha que A, B e C sejam constantes com $A > 0$. Seja f a função definida por $f(x) = Ax^2 + Bx + C$ com $x \geq -B/2A$. Mostre que a função inversa é dada por

$$f^{-1}(x) = \frac{-B + \sqrt{B^2 - 4AC + 4Ax}}{2A} \quad \text{para} \quad x \geq \frac{4AC - B^2}{4A}.$$

75 Use o método "algébrico" para determinar a inversa de cada uma das funções abaixo:

(a) $f(x) = 7x - 19$ (b) $g(x) = -7x^3$ (c) $h(x) = \dfrac{13}{x}$

76 Suponha que f, g e h sejam funções cujo domínio é $\mathbb{R}$. Prove que $(f + g) \circ h = f \circ h + g \circ h$. A afirmação $f \circ (g + h) = f \circ g + f \circ h$ é verdadeira ou falsa? Explique.

1 LIMITES E CONTINUIDADES DE FUNÇÕES

O conceito básico sobre o qual o cálculo se apóia é o de *limite* de função. Neste capítulo apresentamos a idéia de limite e a usamos para estudar a noção de *continuidade* de função. Em capítulos subseqüentes a noção de limite será usada na formulação das definicões de *derivada* e *integral*. O cálculo é o estudo dessas idéias específicas — limite, continuidade, derivada e integral.

1 Limite e Continuidade

A idéia de limite é fácil de ser captada intuitivamente. Por exemplo, imagine uma placa metálica quadrada que se expande uniformemente porque está sendo aquecida. Se x é o comprimento do lado, a área da placa é dada por $A = x^2$. Evidentemente, quanto mais x se avizinha de 3, a área A tende a 9 centímetros. Expressamos isto dizendo que quando x se aproxima de 3, x^2 se aproxima de 9 como um *limite*. Simbolicamente, escrevemos

$$\lim_{x \to 3} x^2 = 9,$$

onde a notação "$x \to 3$" indica que x tende a 3 e "lim" significa "o limite de".

EXEMPLO   Se $f(x) = x^2$, mostre graficamente que $\lim_{x \to 3} x^2 = 9$

SOLUÇÃO
Do gráfico da Fig. 1, podemos ver claramente que se x tende a 3, o valor da função $f(x)$ tende a 9 como um limite.

Generalizando, se f é uma função e a é um número, entende-se a notação

$$\lim_{x \to a} f(x) = L,$$

como "o limite de $f(x)$ quando x tende a a é L", isto é, $f(x)$ se aproxima do número L quando x se aproxima de a. Embora não apresentemos uma definição mais formal na Seção 1.1, uma compreensão prática de limites pode ser adquirida tomando em considerações os próximos exemplos e ilustrações geométricas.

EXEMPLO   Determine $\lim_{x \to 4} (5x + 7)$.

SOLUÇÃO
Quando x tende a 4, $5x$ tende a 20, e $5x + 7$ tende a 27. Logo, $\lim_{x \to 4} (5x + 7) = 27$.

Infelizmente, não é possível a determinação do limite de uma função por

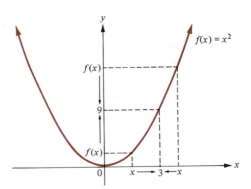

Fig. 1

simples considerações aritméticas, como no exemplo anterior. Primeiramente, os valores das funções variam tão desordenadamente que nunca se estabelecem e tendem a um limite, quando dizemos que o *limite não existe*. (Na Seção 3 daremos alguns exemplos onde não existe limite; entretanto, na presente Seção nossos exemplos são escolhidos de maneira que todos os limites requeridos existam). Em segundo lugar, a função pode ser tão complicada que o limite, mesmo que exista, não é evidente por simples inspeção.

Por exemplo, seja $f(x) = \dfrac{3x^2 - 4x - 4}{x - 2}$ e considere o problema da determinação do $\lim\limits_{x \to 2} f(x)$. Aqui o comportamento de $f(x)$ não é tão claro quando $x \to 2$; entretanto, podemos, intuitivamente, ter idéia do comportamento calculando alguns valores de $f(x)$ quando x chega bem perto do valor 2, mas sem assumi-lo. Esses valores são mostrados na seguinte tabela:

x	1	1,25	1,50	1,75	1,90	1,99	1,999
$f(x) = \dfrac{3x^2 - 4x - 4}{x - 2}$	5	5,75	6,50	7,25	7,70	7,97	7,997

Igualmente, a próxima tabela nos mostra alguns valores de $f(x)$ quando x se aproxima de 2, mas permanece maior que 2:

x	3	2,75	2,50	2,25	2,10	2,01	2,001
$f(x) = \dfrac{3x^2 - 4x - 4}{x - 2}$	11	10,25	9,50	8,75	8,30	8,03	8,003

Evidentemente, quando x tende a 2, $f(x)$ tende a 8. Somos levados a supor que:

$$\lim_{x \to 2} \frac{3x^2 - 4x - 4}{x - 2} = 8.$$

Esta suposição pode ser verificada por álgebra elementar, como no exemplo a seguir.

EXEMPLO Determine $\lim\limits_{x \to 2} \dfrac{3x^2 - 4x - 4}{x - 2}$.

SOLUÇÃO

Se $f(x) = \dfrac{3x^2 - 4x - 4}{x - 2}$ o domínio de f abrange todos os números reais x

LIMITES E CONTINUIDADES DE FUNÇÕES

exceto para $x = 2$ (que anula o denominador). Estamos interessados com o valor de $f(x)$ quando x *se aproxima* de 2. O que acontece quando x *alcança* 2 não está em questão aqui. Para $x \neq 2$

$$f(x) = \frac{3x^2 - 4x - 4}{x - 2} = \frac{(3x + 2)(x - 2)}{x - 2} = 3x + 2.$$

Em conseqüência, quando x tende a 2, $f(x)$ tende a 8, isto é,

$$\lim_{x \to 2} f(x) = \lim_{x \to 2} \frac{3x^2 - 4x - 4}{x - 2} = \lim_{x \to 2} (3x + 2) = 8.$$

O limite achado no exemplo anterior pode ser ilustrado geometricamente com o traçado do gráfico da função $f(x) = \dfrac{3x^2 - 4x - 4}{x - 2}$ (Fig. 2).

Desde que $f(x) = 3x + 2$ é válido para $x \neq 2$, este gráfico é uma linha reta com o ponto (2,8) excluído. A Fig. 2 nos mostra claramente que $f(x)$ pode assumir valores tão próximos de 8 quanto desejarmos pela simples escolha de x suficientemente perto de 2 (mas não igual a 2).

Vimos na Fig. 2 que na determinação do limite de $f(x)$, quando x tende para a, não interessa como f está definido em a (nem mesmo se f está realmente definido). A única coisa que interessa é como f está definido para valores de x na vizinhança de a. De fato, podemos distinguir três casos possíveis como segue:

Suponha que $\lim_{x \to a} f(x) = L$. Então exatamente um dos três casos é válido:

Caso 1 f está definido em a e $f(a) = L$.
Caso 2 f não está definido em a.
Caso 3 f está definido em a e $f(a) \neq L$.

Os três casos são ilustrados pelos exemplos seguintes.

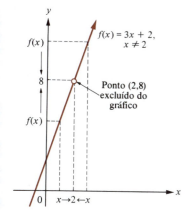
Fig. 2

EXEMPLO Determine $\lim_{x \to 2} f(x)$ e trace um gráfico da função para ilustrar o limite envolvido.

1 $f(x) = x + 2$

Solução
Aqui, f está definido em 2 e $f(2) = 4$. Quando x tende a 2, $x + 2$ claramente tende a 4, então $\lim_{x \to 2} f(x) = 4$, o mesmo valor que a função f assume em $x = 2$ (Fig. 3).

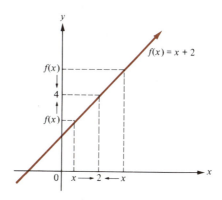
Fig. 3

2 $f(x) = \dfrac{x^2 - 4}{x - 2}$

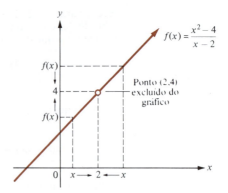

Fig. 4

SOLUÇÃO

Aqui, f não está definida em 2, mas para $x \neq 2$,

$$f(x) = \frac{x^2 - 4}{x - 2} = \frac{(x - 2)(x + 2)}{x - 2} = x + 2;$$

conseqüentemente, $\lim_{x \to 2} f(x) = \lim_{x \to 2} (x + 2) = 4$ (Fig. 4).

3 $f(x) = \begin{cases} x + 2 & \text{se } x \neq 2 \\ 6 & \text{se } x = 2 \end{cases}$

SOLUÇÃO
No cálculo de tal limite, fazemos x se aproximar de 2, mas obrigando que $x \neq 2$. Então temos $\lim_{x \to 2} f(x) = \lim_{x \to 2} (x + 2) = 4$. Conseqüentemente, $f(2) = 6 \neq 4$, de tal maneira que o limite de $f(x)$ quando x tende a 2 não é o mesmo que o valor da função em $x = 2$ (Fig. 5).

Nos Exemplos 2 e 3, a função f "porta-se mal" em $x = 2$, enquanto que no Exemplo 1, o valor $f(2)$ de f em 2 coincide com o valor limite, isto é, $\lim_{x \to 2} f(x) = f(2)$. Em geral, se $\lim_{x \to a} f(x) = f(a)$, dizemos que a função f é contínua em a. Assim, as funções traçadas nas Figs. 4 e 5 não são contínuas em 2, enquanto que a função traçada na Fig. 3 é contínua em 2. A idéia de continuidade será estudada mais detalhadamente na Seção 3.

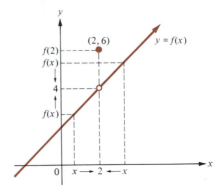

Fig. 5

1.1 Definição formal de limite

Na discussão anterior tratamos da idéia de limite intuitivamente, porém, os cálculos realizados numa firma de fundações exigem uma definição mais formal de limites. Dizer "$f(x)$ tende a L quando x tende para a" carece de precisão. O quanto próximo de $f(x)$ está L? O quanto próximo de x está a?

Em considerações rigorosas envolvendo limites, os matemáticos costumam utilizar as letras gregas ε e δ (chamadas épsilon e delta, respectivamente) para denotar números reais que indicam o quanto perto de $f(x)$ L está e o quanto x está perto de a, respectivamente. Evidentemente, dizer que $f(x)$ está perto de L é equivalente a dizer que $|f(x) - L|$ é pequeno. Analogamente, x está perto de a quando $|x - a|$ é pequeno. Sendo assim, afirmar que $\lim_{x \to a} f(x)$
$= L$ é afirmar que, para qualquer número positivo ε, por menor que ele seja, haverá sempre um número positivo δ suficientemente pequeno tal que $|f(x) - L| < \varepsilon$ válido sempre que $0 < |x - a| < \delta$. Na maioria dos casos o valor de δ dependerá do valor de ε, e quanto menor for o ε escolhido, menor será o δ necessário.

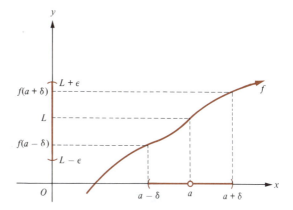

Fig. 6

Na discussão realizada acima, a condição $0 < |x - a|$ significa que $x \neq a$ e reflete nossa afirmação anterior de que, ao achar o limite de $f(x)$ quando x tende a a, o valor de $f(x)$ quando $x = a$ não tem importância.

A Fig. 6 mostra que a condição $0 < |x - a| < \delta$ significa que x se encontra no intervalo aberto $(a - \delta, a + \delta)$, mas $x \neq a$. Igualmente, a condição $|f(x) - L| < \varepsilon$ significa que $f(x)$ se encontra no intervalo aberto $(L - \varepsilon, L + \varepsilon)$. Geometricamente, $\lim_{x \to a} f(x) = L$ significa que, para $x \neq a$, podemos garantir que $f(x)$ se encontra em qualquer pequeno intervalo aberto em torno de L se garantirmos que x está em um intervalo aberto escolhido em torno de a.

Resumamos, agora, estas considerações em uma definição formal.

DEFINIÇÃO 1 **Limite**

Seja f uma função definida em um intervalo aberto qualquer que contenha a, excluindo o valor a. A afirmação $\lim_{x \to a} f(x) = L$ significa que, para cada número positivo ε, há um número positivo δ tal que $|f(x) - L| < \varepsilon$ sempre que $0 < |x - a| < \delta$.

EXEMPLOS 1 Dado $\varepsilon = 0{,}03$, determine um δ positivo tal que $|(3x + 7) - 1| < \varepsilon$ sempre que $0 < |x - (-2)| < \delta$.

SOLUÇÃO
Temos

$$|(3x + 7) - 1| = |3x + 6| = |3(x + 2)| = 3|x + 2| \quad \text{e}$$

$$|x - (-2)| = |x + 2|;$$

Assim, devemos determinar um δ positivo tal que $3|x + 2| < 0{,}03$ seja válido sempre que $0 < |x + 2| < \delta$.
A condição $3|x + 2| < 0{,}03$ é equivalente a $|x + 2| < 0{,}03/3 = 0{,}01$; assim,

devemos determinar um δ positivo tal que $|x + 2| < 0{,}01$ é válido sempre que $0 < |x + 2| < δ$. Obviamente, $δ = 0{,}01$ serve, bem como qualquer outro valor positivo *menor*.

2 Use a Definição 1 para provar que $\lim_{x \to -2}(3x + 7) = 1$.

SOLUÇÃO
Seja $ε > 0$. Devemos determinar $δ > 0$ tal que $|(3x + 7) - 1| < ε$ sempre que $0 < |x - (-2)| < δ$, isto é, sempre que $0 < |x + 2| < δ$. Como no Exemplo 1, temos $|(3x + 7) - 1| = 3|x + 2|$.

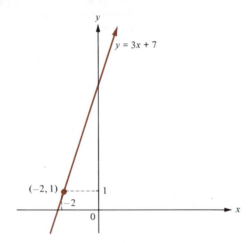

Fig. 7

Conseqüentemente, a condição $|(3x + 7) - 1| < ε$ é equivalente a $3|x + 2| < ε$, isto é, $|x + 2| < ε/3$. Assim, devemos determinar um δ positivo tal que $|x + 2| < ε/3$ sempre que $0 < |x + 2| < δ$. Obviamente, $δ = ε/3$ serve, assim como qualquer outro valor positivo *menor* para δ. Isto prova que

$$\lim_{x \to -2}(3x + 7) = 1$$

(Fig. 7).

Conjunto de Problemas 1

Nos problemas 1 a 6, determine o limite e trace o gráfico de cada função para ilustrar o limite envolvido.

1 $\lim_{x \to 4} 3x$

2 $\lim_{x \to 1}(3x - 6)$

3 $\lim_{x \to -2}(2 - 3x)$

4 $\lim_{x \to 5} \dfrac{2}{x}$

5 $\lim_{x \to 1/2}|1 - 2x|$

6 $\lim_{x \to 3} \dfrac{x^2 - 9}{x - 3}$

Nos problemas 7 a 12, determine cada limite. (Tente simplificar fatorando e cancelando se possível.)

7 $\lim_{x \to 2} \dfrac{x^2 - 5x + 6}{x - 2}$

8 $\lim_{t \to 0} \dfrac{t^2 + 2t + 1}{t + 5}$

9 $\lim_{x \to 1} \dfrac{x^3 - 1}{x^2 - 1}$

10 $\lim_{x \to -2} \dfrac{x^2 - 4}{x + 2}$

11 $\lim_{x \to 1} \dfrac{x^2 - 2x + 1}{x - 1}$

12 $\lim_{x \to 3} \dfrac{x^2 - 2x - 3}{x - 3}$

LIMITES E CONTINUIDADES DE FUNÇÕES

13 Use os gráficos dos problemas 1 a 6 e diga quais das funções são contínuas nos valores de x dados:

(a) $f(x) = 3x$ para $x = 4$

(b) $g(x) = 3x - 6$ para $x = 1$

(c) $F(x) = 2 - 3x$ para $x = -2$

(d) $f(x) = \dfrac{2}{x}$ para $x = 5$

(e) $h(x) = |1 - 2x|$ para $x = \frac{1}{2}$

(f) $f(x) = \dfrac{x^2 - 9}{x - 3}$ para $x = 3$

Nos problemas 14 a 20, para o ε dado, determine um δ positivo tal que $|f(x) - L| < \varepsilon$ sempre que $0 < |x - a| < \delta$.

14 $f(x) = x + 3, L = 5, a = 2, \varepsilon = 0,01, \lim_{x \to 2} (x + 3) = 5$

15 $f(x) = 4x - 1, L = 11, a = 3, \varepsilon = 0,01, \lim_{x \to 3} (4x - 1) = 11$

16 $f(x) = 3 - 4x, L = 7, a = -1, \varepsilon = 0,02, \lim_{x \to -1} (3 - 4x) = 7$

17 $f(x) = \dfrac{x^2 - 25}{x - 5}, L = 10, a = 5, \varepsilon = 0,01, \lim_{x \to 5} \dfrac{x^2 - 25}{x - 5} = 10$

18 $f(x) = x - 1, L = 0, a = 1, \varepsilon = 0,1, \lim_{x \to 1} (x - 1) = 0$

19 $f(x) = \dfrac{x + 1}{2}, L = 3, a = 5, \varepsilon = 0,1, \lim_{x \to 5} \dfrac{x + 1}{2} = 3$

20 $f(x) = x^2, L = 4, a = 2, \varepsilon = 0,1, \lim_{x \to 2} x^2 = 4$

Nos problemas 21 a 26, verifique se cada limite está correto, pelo uso direto da Definição 1. Isto é, para $\varepsilon > 0$, ache $\delta > 0$ de tal maneira que $|f(x) - L| < \varepsilon$ válido sempre que $0 < |x - a| < \delta$

21 $\lim_{x \to 4} (2x - 5) = 3$

22 $\lim_{x \to 0} (2 - 5x) = 2$

23 $\lim_{x \to 3} (4x - 1) = 11$

24 $\lim_{x \to 4} \dfrac{x^2 - 16}{x - 4} = 8$

25 $\lim_{x \to 3} a = a$, onde a é constante

26 $\lim_{x \to 2} |x - 2| = 0$

2 Propriedades dos Limites de Funções

Até agora, temos estimado os limites das funções por intuição, com auxílio do gráfico da função, com o uso de álgebra elementar, ou pelo uso direto da definição de limites em termos de ε e δ. Na prática, entretanto, os limites são usualmente achados pelo uso de certas propriedades, que vamos estabelecer agora.

Propriedades básicas de limites

Suponha que $\lim_{x \to a} f(x) = L$ e que $\lim_{x \to a} g(x) = M$, então:

1 $\lim_{x \to a} [f(x) + g(x)] = \lim_{x \to a} f(x) + \lim_{x \to a} g(x) = L + M$ e

$\lim_{x \to a} [f(x) - g(x)] = \lim_{x \to a} f(x) - \lim_{x \to a} g(x) = L - M.$

2 $\lim\limits_{x \to a} [cf(x)] = c \lim\limits_{x \to a} f(x) = cL$ (c é uma constante qualquer).

3 $\lim\limits_{x \to a} [f(x) \cdot g(x)] = \left[\lim\limits_{x \to a} f(x) \right] \cdot \left[\lim\limits_{x \to a} g(x) \right] = L \cdot M.$

4 Se $\lim\limits_{x \to a} g(x) = M \neq 0$, então $\lim\limits_{x \to a} \dfrac{f(x)}{g(x)} = \dfrac{\lim\limits_{x \to a} f(x)}{\lim\limits_{x \to a} g(x)} = \dfrac{L}{M}.$

5 $\lim\limits_{x \to a} [f(x)]^n = \left[\lim\limits_{x \to a} f(x) \right]^n = L^n$ (n é um inteiro positivo qualquer).

6 $\lim\limits_{x \to a} \sqrt[n]{f(x)} = \sqrt[n]{\lim\limits_{x \to a} f(x)} = \sqrt[n]{L}$ se $L > 0$ e n é um inteiro positivo,

ou se $L \leq 0$ e n é um inteiro positivo ímpar.

7 $\lim\limits_{x \to a} |f(x)| = \left| \lim\limits_{x \to a} f(x) \right| = |L|.$

8 $\lim\limits_{x \to a} c = c$ (c é uma constante qualquer)

9 $\lim\limits_{x \to a} x = a.$

10 Se h é uma função tal que $h(x) = f(x)$ é válido para todos os valores de x pertencentes a algum intervalo ao redor de a, excluindo o valor $x = a$, então

$$\lim\limits_{x \to a} h(x) = \lim\limits_{x \to a} f(x) = L.$$

As propriedades 1 e 3 podem ser estendidas (por indução matemática) para um número finito qualquer de funções. Todas as propriedades acima devem parecer bastante razoáveis para os leitores que adquiriram um conceito intuitivo de idéia de limite. As propriedades 1 a 10 podem ser demonstradas a partir da definição formal de limite. Entretanto, **devemos adiar essas provas até a Seção 7** e aceitar tais propriedades, por agora, como verdadeiras.

EXEMPLOS Nos exemplos 1 a 5, ache cada limite e indique quais das Propriedades de 1 a 10 você usou.

1 Seja $\lim\limits_{x \to 3} f(x) = 9$ e $\lim\limits_{x \to 3} g(x) = 4$. Ache:

(a) $\lim\limits_{x \to 3} [f(x) + g(x)]$ (b) $\lim\limits_{x \to 3} [3f(x) - 2g(x)]$

(c) $\lim\limits_{x \to 3} \sqrt{f(x) \cdot g(x)}$ (d) $\lim\limits_{x \to 3} \left| \dfrac{f(x)}{g(x)} \right|$

Solução

(a) $\lim\limits_{x \to 3} [f(x) + g(x)] = \lim\limits_{x \to 3} f(x) + \lim\limits_{x \to 3} g(x)$ (Propriedade 1)

$$= 9 + 4 = 13.$$

(b) $\lim\limits_{x \to 3} [3f(x) - 2g(x)] = \lim\limits_{x \to 3} 3f(x) - \lim\limits_{x \to 3} 2g(x)$ (Propriedade 1)

$$= 3 \lim\limits_{x \to 3} f(x) - 2 \lim\limits_{x \to 3} g(x)$$ (Propriedade 2)

$$= 3(9) - 2(4) = 19.$$

LIMITES E CONTINUIDADES DE FUNÇÕES

(c) $\displaystyle\lim_{x\to 3} \sqrt{f(x)\cdot g(x)} = \sqrt{\lim_{x\to 3}\left[f(x)\cdot g(x)\right]}$ (Propriedade 6)

$$= \sqrt{\left[\lim_{x\to 3} f(x)\right]\cdot\left[\lim_{x\to 3} g(x)\right]} \quad \text{(Propriedade 3)}$$

$$= \sqrt{9(4)} = \sqrt{36} = 6.$$

(d) $\displaystyle\lim_{x\to 3}\left|\frac{f(x)}{g(x)}\right| = \left|\lim_{x\to 3}\frac{f(x)}{g(x)}\right|$ (Propriedade 7)

$$= \left|\frac{\displaystyle\lim_{x\to 3} f(x)}{\displaystyle\lim_{x\to 3} g(x)}\right| \quad \text{(Propriedade 4)}$$

$$= \left|\frac{9}{4}\right| = \frac{9}{4}.$$

2 $\displaystyle\lim_{t\to 2}\left(4t^2 + 5t - 7\right)$

SOLUÇÃO

$$\lim_{t\to 2}\left(4t^2 + 5t - 7\right) = \lim_{t\to 2} 4t^2 + \lim_{t\to 2} 5t + \lim_{t\to 2}\left(-7\right) \quad \text{(Propriedade 1)}$$

$$= 4\lim_{t\to 2} t^2 + 5\lim_{t\to 2} t + \lim_{t\to 2}\left(-7\right) \quad \text{(Propriedade 2)}$$

$$= 4\lim_{t\to 2} t^2 + 5(2) + \lim_{t\to 2}\left(-7\right) \quad \text{(Propriedade 9)}$$

$$= 4\lim_{t\to 2} t^2 + 10 + \left(-7\right) \quad \text{(Propriedade 8)}$$

$$= 4\left(\lim_{t\to 2} t\right)^2 + 3 \quad \text{(Propriedade 5)}$$

$$= 4(2)^2 + 3 = 19 \quad \text{(Propriedade 9)}.$$

3 $\displaystyle\lim_{y\to 3}\sqrt[3]{\frac{y^2 + 5y + 3}{y^2 - 1}}$

SOLUÇÃO
Procedendo com no Exemplo 2, temos

$$\lim_{y\to 3}\left(y^2 + 5y + 3\right) = 3^2 + 5(3) + 3 = 27$$

$$\lim_{y\to 3}\left(y^2 - 1\right) = 3^2 - 1 = 8;$$

Assim, pela **Propriedade 4**,

$$\lim_{y\to 3}\frac{y^2 + 5y + 3}{y^2 - 1} = \frac{27}{8}.$$

Conseqüentemente, usando a Propriedade 6, obtemos

$$\lim_{y\to 3}\sqrt[3]{\frac{y^2 + 5y + 3}{y^2 - 1}} = \sqrt[3]{\lim_{y\to 3}\frac{y^2 + 5y + 3}{y^2 - 1}}$$

$$= \sqrt[3]{\frac{27}{8}} = \frac{3}{2}.$$

60 CÁLCULO

4 $\lim\limits_{x \to 7} \dfrac{x^2 - 49}{x - 7}$

SOLUÇÃO

A Propriedade 4 não é aplicável aqui, pois $\lim\limits_{x \to 7} (x - 7) = 0$. Entretanto, $\dfrac{x^2 - 49}{x - 7} = x + 7$ é válido para todos os valores de x com exceção do valor $x = 7$; assim, pela Propriedade 10,

$$\lim_{x \to 7} \frac{x^2 - 49}{x - 7} = \lim_{x \to 7} (x + 7) = 7 + 7 = 14.$$

5 $\lim\limits_{x \to 0} \dfrac{\sqrt{4 + x} - 2}{x}$

SOLUÇÃO

Note que, novamente, não podemos aplicar a Propriedade 4, pois o denominador tende a 0. Aqui devemos aplicar o seguinte artifício — multiplicar o numerador e o denominador por $\sqrt{4 + x} + 2$ para racionalizar o numerador. Temos

$$\frac{\sqrt{4 + x} - 2}{x} = \frac{(\sqrt{4 + x} - 2)(\sqrt{4 + x} + 2)}{x(\sqrt{4 + x} + 2)}$$

$$= \frac{(\sqrt{4 + x})^2 - 2^2}{x(\sqrt{4 + x} + 2)} = \frac{4 + x - 4}{x(\sqrt{4 + x} + 2)}$$

$$= \frac{x}{x(\sqrt{4 + x} + 2)} = \frac{1}{\sqrt{4 + x} + 2} \quad \text{para } x \neq 0.$$

Assim, pela Propriedade 10

$$\lim_{x \to 0} \frac{\sqrt{4 + x} - 2}{x} = \lim_{x \to 0} \frac{1}{\sqrt{4 + x} + 2} = \frac{\lim\limits_{x \to 0} 1}{\lim\limits_{x \to 0} (\sqrt{4 + x} + 2)}$$

$$= \frac{1}{\sqrt{4} + 2} = \frac{1}{4}.$$

Conjunto de Problemas 2

Nos problemas 1 a 6, ache cada limite. Suponha que $\lim\limits_{x \to 2} f(x) = 4$ e $\lim\limits_{x \to 2} g(x) = 3$

1 $\lim\limits_{x \to 2} [f(x) + g(x)]$

2 $\lim\limits_{x \to 2} [f(x) - g(x)]$

3 $\lim\limits_{x \to 2} [f(x) \cdot g(x)]$

4 $\lim\limits_{x \to 2} \left[\dfrac{f(x)}{g(x)} \right]$

5 $\lim\limits_{x \to 2} \sqrt{f(x) \cdot g(x)}$

6 $\lim\limits_{x \to 2} \left| \dfrac{f(x)}{g(x)} \right|$

Nos problemas 7 a 27, avalie cada limite. Indique quais das Propriedades de 1 a 10 são usadas.

7 $\lim\limits_{x \to -1} (5 - 3x - x^2)$

8 $\lim\limits_{x \to 3} (5x^2 - 7x - 3)$

9 $\lim\limits_{x \to 2} \dfrac{x^2 + x + 1}{x^2 + 2x}$

LIMITES E CONTINUIDADES DE FUNÇÕES

10 $\lim\limits_{y \to -1} (3y^3 - 2y^2 + 5y - 1)$

11 $\lim\limits_{x \to 5/2} \dfrac{4x^2 - 25}{2x - 5}$

12 $\lim\limits_{t \to 2} \dfrac{2 - t^2}{4t}$

13 $\lim\limits_{t \to 1/2} \dfrac{t^2 + 1}{1 + \sqrt{2t + 8}}$

14 $\lim\limits_{x \to -2} \dfrac{x^3 - 5x}{x + 3}$

15 $\lim\limits_{y \to 1} \sqrt[3]{\dfrac{27y^3 + 4y - 4}{y^{10} + 4y^2 + 3y}}$

16 $\lim\limits_{x \to 1} \dfrac{\sqrt{4 - x^2}}{2 + x}$

17 $\lim\limits_{z \to -1} \dfrac{z^2 + 4z + 3}{z^2 - 1}$

18 $\lim\limits_{x \to 1} \sqrt{\dfrac{8x + 1}{x + 3}}$

19 $\lim\limits_{x \to 8/3} \dfrac{9x^2 - 64}{3x - 8}$

20 $\lim\limits_{t \to -7} \dfrac{t^2 - 49}{t + 7}$

21 $\lim\limits_{x \to -3} \sqrt[3]{\dfrac{x - 4}{6x^2 + 2}}$

22 $\lim\limits_{x \to -3} \left| \dfrac{x^2 + 4x + 3}{x + 3} \right|$

23 $\lim\limits_{h \to 0} \dfrac{(3 + h)^2 - 9}{h}$

24 $\lim\limits_{x \to 0} \dfrac{\sqrt{x + 2} - \sqrt{2}}{x}$

25 $\lim\limits_{t \to 0} \left[\sqrt{1 + \dfrac{1}{|t|}} - \sqrt{\dfrac{1}{|t|}} \right]$

26 $\lim\limits_{h \to 0} \dfrac{2 - \sqrt{4 - h}}{h}$

27 $\lim\limits_{x \to 1} \dfrac{(1/\sqrt{x}) - 1}{1 - x}$

28 Um ponto P está se movendo ao longo do gráfico de f definido pela equação $f(x) = x^2$ em torno da origem O. Se a mediatriz do segmento de reta $\overline{OP}$ intercepta o eixo y no ponto D, qual o limite de D quando P tende à origem O?

3 Continuidade — Limites Laterais

Mencionamos na Seção 1 que quando o $\lim\limits_{x \to a} f(x) = f(a)$, a função f é *contínua em a*.

De agora em diante consideraremos isto uma definição oficial.

DEFINIÇÃO 1   **Função contínua**

Dizemos que a função f é contínua em um número a se e somente se as seguintes condições forem válidas.

(i) $f(a)$ é definido,

(ii) $\lim\limits_{x \to a} f(x)$ existe, e

(iii) $\lim\limits_{x \to a} f(x) = f(a)$.

EXEMPLOS 1   A função f definida por $f(x) = x^2 - 3$ é contínua em 0?

Solução
Como $f(0) = 0^2 - 3 = -3$, $f(0)$ é definida. Também,

$$\lim\limits_{x \to 0} f(x) = \lim\limits_{x \to 0} (x^2 - 3) = \lim\limits_{x \to 0} x^2 - \lim\limits_{x \to 0} 3$$

$$= \left(\lim\limits_{x \to 0} x \right)^2 - 3 = 0^2 - 3 = -3;$$

Assim,

$$\lim\limits_{x \to 0} f(x) = -3 = f(0).$$

Como as condições de (i) a (iii) da Definição 1 foram satisfeitas, concluímos que f é contínua em 0 (Fig. 1).

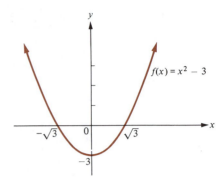

Fig. 1

2 Mostre que a função f no Exemplo 1 é contínua para qualquer valor de a.

SOLUÇÃO
Aqui, $f(a) = a^2 - 3$ é definido. Como no Exemplo 1,

$$\lim_{x \to a} f(x) = \lim_{x \to a} (x^2 - 3) = a^2 - 3 = f(a);$$

assim, f é contínua para todo número a.

Se qualquer uma das condições (i) a (iii) da Definição 1 falha, dizemos que f é *descontínua* no número a.

EXEMPLO Verifique se a função f definida por

$$f(x) = \begin{cases} \dfrac{2x^2 + 3x + 1}{x + 1} & \text{se } x \neq -1 \\ 3 & \text{se } x = -1 \end{cases}$$

é contínua para o número -1.

SOLUÇÃO
Para $x \neq -1$, temos

$$f(x) = \frac{2x^2 + 3x + 1}{x + 1} = \frac{(2x + 1)(x + 1)}{x + 1}$$

$$= 2x + 1,$$

assim a reta $y = 2x + 1$ representa o gráfico de f para todos os pontos de x com exceção do ponto $x = -1$, onde surge um "buraco". O valor definido da função f em -1 é -3, surgindo, então, um ponto $(-1, 3)$ no gráfico da função f, acima do "buraco" (Fig. 2). Como $f(x) = 2x + 1$ para todos os valores de x, com exceção de $x = -1$, a Propriedade 10 da Seção 2 dá

$$\lim_{x \to -1} f(x) = \lim_{x \to -1} (2x + 1) = -1.$$

Assim, $f(-1) = 3 \neq -1$, então temos

$$\lim_{x \to -1} f(x) \neq f(-1).$$

Conclui-se que f é descontínua no número -1.
Outro exemplo de função descontínua é dado por

$$f(x) = \begin{cases} 3x - 2 & \text{se } x < 3 \\ 5 - x & \text{se } x \geq 3. \end{cases}$$

LIMITES E CONTINUIDADES DE FUNÇÕES

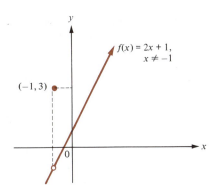

Fig. 2

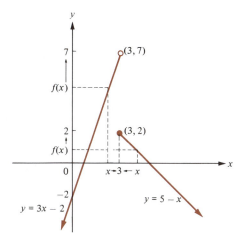

Fig. 3

O gráfico de f (Fig. 3) indica visualmente uma descontinuidade em $x = 3$. Com o fim de estudar esta descontinuidade, é conveniente a introdução da idéia de *limite lateral*, ou seja, um limite de $f(x)$ quando x tende a 3 através de valores em um único lado de 3. A Fig. 3 mostra claramente que o valor numérico $f(x)$ tende a 7 quando x tende a 3 para valores menores que 3. Denotamos tal fato simbolicamente como

$$\lim_{x \to 3^-} f(x) = 7,$$

a condição de x tender a 3 *pela esquerda* sendo denotado por $x \to 3^-$.

Da mesma maneira, a condição de x tender a 3 para valores sempre maiores que 3, isto é, x tender a 3 *pela direita*, é denotado por $x \to 3^+$.

Da Figura 3 vemos que

$$\lim_{x \to 3^+} f(x) = 2.$$

Se os dois limites laterais de $f(x)$ quando $x \to 3^-$ e quando $x \to 3^+$ não são iguais, não é possível haver $\lim_{x \to 3} f(x)$. Conseqüentemente (como já esperávamos por inspeção da Fig. 3), f é descontínua no número 3.

Não obstante nós darmos definições formais de limites laterais na Seção 3.1, o leitor deve ter uma idéia bem clara de limite pela esquerda e pela direita. De fato, $\lim_{x \to a^-} f(x) = L$ significa que podemos fazer $|f(x) - L|$ tão pequeno quanto desejarmos ao se fazer x suficientemente perto de a, porém menor que a. Da mesma maneira, $\lim_{x \to a^+} f(x) = R$ significa que podemos fazer $|f(x) - R|$ tão pequeno quanto desejarmos ao tomarmos x suficientemente perto de a, porém maior que a. Se os dois limites laterais $\lim_{x\to a^-} f(x)$ e $\lim_{x\to a^+} f(x)$ existem e têm o mesmo valor, é claro que $\lim_{x\to a} f(x)$ existe e que todos os três limites têm o mesmo valor (Problema 29).

Se $\lim_{x\to a} f(x)$ existe, os dois limites laterais $\lim_{x\to a^-} f(x)$ e $\lim_{x\to a^+} f(x)$ existem e todos os três limites são iguais (Problema 27). Conseqüentemente, se os dois limites laterais $\lim_{x\to a^-} f(x)$ e $\lim_{x\to a^+} f(x)$ existem, mas têm valores diferentes, então $\lim_{x\to a} f(x)$ não pode existir. (Por quê?) Este método de mostrar que um certo limite não existe foi usado para a função traçada na Fig. 3.

Pode ser mostrado que limite lateral satisfaz propriedades análogas às Propriedades 1 a 10 de limites, dadas na Seção 2. Por exemplo, suponha que $\lim_{x\to a^+} f(x) = L$ e que $\lim_{x\to a^+} g(x) = M$. Então temos

$$\lim_{x\to a^+} [f(x) + g(x)] = L + M,$$

$$\lim_{x\to a^+} [f(x) \cdot g(x)] = L \cdot M, \quad \text{e assim por diante.}$$

EXEMPLOS Em cada exemplo, (a) trace o gráfico da função, (b) ache os limites laterais da função quando $x \to a^-$ e quando $x \to a^+$, (c) determine o limite da função quando $x \to a$ (se ele existe) e (d) diga se a função é contínua no número a.

1 $f(x) = \begin{cases} 2x + 1 & \text{se } x < 3 \\ 10 - x & \text{se } x \geq 3 \end{cases}; a = 3$

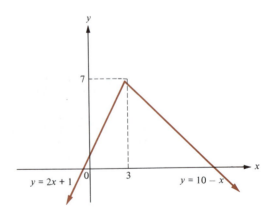

Fig. 4

Solução

(a) A Fig. 4 mostra o gráfico de f.

(b) $\lim_{x\to 3^-} f(x) = \lim_{x\to 3^-} (2x + 1) = 7$

$\lim_{x\to 3^+} f(x) = \lim_{x\to 3^+} (10 - x) = 7$

(c) Como os dois limites laterais existem e têm o mesmo valor 7, então

$$\lim_{x\to 3} f(x) = 7.$$

(d) Como $f(3) = 10 - 3 = 7$, então f está definido em 3. Como $\lim_{x\to 3} f(x)$ existe e $\lim_{x\to 3} f(x) = 7 = f(3)$, então f é contínua em 3.

2 $f(x) = \begin{cases} |x-2| & \text{se } x \neq 2 \\ 1 & \text{se } x = 2 \end{cases}; a = 2$

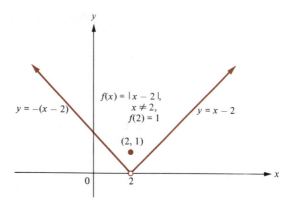

Fig. 5

Solução
(a) A Fig. 5 mostra o gráfico de f.
(b) Pela Propriedade 10 da Seção 2,

$$\lim_{x \to 2} f(x) = \lim_{x \to 2} |x-2|;$$

Assim pela Propriedade 7 da Seção 2,

$$\lim_{x \to 2} f(x) = \left| \lim_{x \to 2} (x-2) \right| = |0| = 0.$$

Segue-se que

$$\lim_{x \to 2^-} f(x) = \lim_{x \to 2^+} f(x) = \lim_{x \to 2} f(x) = 0.$$

(c) Como já vimos no item (b), $\lim_{x \to 2} f(x) = 0$.

(d) $f(2) = 1$, $\lim_{x \to 2} f(x) = 0 \neq 1$; assim, f é descontínuo em 2.

3 $f(x) = \begin{cases} 3 - x^2 & \text{se } x \leq 1 \\ 1 + x^2 & \text{se } x > 1 \end{cases}; a = 1$

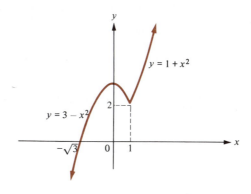

Fig. 6

Solução
(a) A Fig. 6 mostra o gráfico de f.

66 **CÁLCULO**

(b) $\lim_{x \to 1^{-}} f(x) = \lim_{x \to 1^{-}} (3 - x^2) = 2$

$\lim_{x \to 1^{+}} f(x) = \lim_{x \to 1^{+}} (1 + x^2) = 2$

(c) Como os dois limites laterais existem e têm o mesmo valor 2, segue-se que $\lim_{x \to 1} f(x) = 2$.

(d) Como $f(1) = 3 - 1^2 = 2$, então f está definido em 1. Como $\lim_{x \to 1} f(x)$ existe e $\lim_{x \to 1} f(x) = 2 = f(1)$, então f é contínua em 1.

3.1 Definições formais de limite lateral

As definições formais dos limites laterais em termos de ε e δ são obtidas por algumas modificações da Definição 1 da Seção 1.1.

DEFINIÇÃO 2 **Limite à direita**

Seja f uma função definida em pelo menos um intervalo aberto (a, b). Dizemos que L é o limite de $f(x)$ quando x tende a a pela direita e escrevemos $\lim_{x \to a+} f(x) = L$ se, para cada número positivo ε, existe um número positivo δ tal que $|f(x) - L| < \varepsilon$ sempre que $0 < x - a < \delta$.

DEFINIÇÃO 3 **Limite à esquerda**

Seja f uma função definida em pelo menos um intervalo aberto (c, a). Dizemos que L é o limite de $f(x)$ quando x tende para a pela esquerda e escrevemos $\lim_{x \to a-} f(x) = L$ se, para cada número positivo ε, existe um número positivo δ tal que $|f(x) - L| < \varepsilon$ sempre que $-\delta < x - a < 0$.

A relação existente entre limite, limite lateral à direita e limite lateral à esquerda é dada pelo próximo teorema, cuja demonstração deixamos a cargo do leitor (Problemas 28 e 30).

TEOREMA 1 **Limite e limites laterais**

O limite $\lim_{x \to a} f(x)$ existe e é igual a L se e somente se ambos os limites laterais $\lim_{x \to a-} f(x)$ e $\lim_{x \to a+} f(x)$ existem e têm o valor comum L.

Conjunto de Problemas 3

Nos problemas 1 a 14, (a) trace o gráfico das funções dadas, (b) ache os limites laterais das funções dadas quando x tende para a pela direita e pela esquerda, (c) determine o limite da função quando x tende para a (se o limite existe) e (d) use a definição de continuidade e diga se a função dada é contínua em a.

1 $f(x) = \begin{vmatrix} 5 + x & \text{se } x \leq 3 \\ 9 - x & \text{se } x > 3 \end{vmatrix}; a = 3$

2 $F(x) = \begin{cases} -1 & \text{se } x < 0 \\ 0 & \text{se } x = 0 \\ 1 & \text{se } x > 0 \end{cases}; a = 0$

3 $g(x) = \begin{vmatrix} 3 + x & \text{se } x \leq 1 \\ 3 - x & \text{se } x > 1 \end{vmatrix}; a = 1$

4 $G(x) = \begin{vmatrix} 2x - 1 & \text{se } x < 1 \\ x^2 & \text{se } x \geq 1 \end{vmatrix}; a = 1$

5 $H(x) = \begin{vmatrix} |x - 5| & \text{se } x \neq 5 \\ 2 & \text{se } x = 5 \end{vmatrix}; a = 5$

6 $H(x) = \begin{cases} \dfrac{x - 2}{|x - 2|} & \text{se } x \neq 2 \\ 1 & \text{se } x = 2 \end{cases}; a = 2$

7 $f(x) = \begin{vmatrix} 2 - x & \text{se } x > 1 \\ x^2 & \text{se } x \leq 1 \end{vmatrix}; a = 1$

8 $Q(x) = \begin{cases} \dfrac{1}{x - 2} & \text{se } x \neq 2 \\ 0 & \text{se } x = 2 \end{cases}; a = 2$

9 $F(x) = \begin{cases} \dfrac{x^2 - 9}{x - 3} & \text{se } x \neq 3 \\ 2 & \text{se } x = 3 \end{cases}; \ a = 3$ **10** $R(x) = \begin{cases} 3 + x^2 & \text{se } x < -2 \\ 0 & \text{se } x = -2 \\ 11 - x^2 & \text{se } x > -2 \end{cases}; \ a = -2$

11 $S(x) = 5 + |6x - 3|, \ a = \frac{1}{2}$ **12** $g(x) = [\![x]\!] + [\![5 - x]\!], \ a = 4$

13 $f(x) = \dfrac{x^2 - 2x - 3}{x + 1}, \ a = -1$ **14** $T(x) = [\![1 - x]\!] + [\![x - 1]\!], \ a = 1$

Nos problemas 15 a 21, trace o gráfico de cada função e determine os números a nos quais a função é contínua.

15 $f(x) = |2x|$ **16** $f(x) = 3x + |3x|$ **17** $F(x) = |x^5|$ **18** $f(x) = 3x^2 - 4x + 5$

19 $G(x) = |x| - x$ **20** $G(x) = [\![3x]\!]$ **21** $H(x) = \dfrac{x}{|x|}$

22 Explique: Se f é uma função racional e se f está definida em um número a, então $\lim\limits_{x \to a} f(x) = f(a)$.

23 (a) Explique por que freqüentemente achamos $\lim\limits_{x \to a} f(x)$ apenas pelo cálculo do valor de f no ponto a.
(b) Dê um exemplo para mostrar que $\lim\limits_{x \to a} f(x) = f(a)$ pode não ocorrer.

24 Dada uma função g definida pela equação

$$g(x) = \begin{cases} \dfrac{x^3 - 1}{x - 1} & \text{se } x \neq 1 \\ a & \text{se } x = 1, \end{cases}$$

determine o valor de a para que g seja contínua em 1.

25 Ache $\lim\limits_{x \to 2+} \sqrt{x - 2}$ e diga por que $\lim\limits_{x \to 2} \sqrt{x - 2}$ não existe.

26 Ache $\lim\limits_{x \to 0^-} \dfrac{|x|}{x}$ e explique por que $\lim\limits_{x \to 0} \dfrac{|x|}{x}$ não existe.

27 Suponha que $\lim\limits_{x \to a} f(x) = L$. Dê um argumento intuitivo que explique por que necessariamente $\lim\limits_{x \to a+} f(x) = L$.

28 Suponha que $\lim\limits_{x \to a} f(x) = L$. Dê um argumento formal usando a definição de limite com ε, δ para provar que $\lim\limits_{x \to a+} f(x) = L$.

29 Suponha que $\lim\limits_{x \to a+} f(x) = \lim\limits_{x \to a-} f(x) = L$. Dê um argumento intuitivo para explicar por que, conseqüentemente, $\lim\limits_{x \to a} f(x) = L$.

30 Suponha que $\lim\limits_{x \to a+} f(x) = \lim\limits_{x \to a-} f(x) = L$. Dê um argumento formal usando a definição de limite com ε e δ para provar que $\lim\limits_{x \to a} f(x) = L$.

31 Estabeleça a propriedade análoga à Propriedade 3 da Seção 2 para limites à esquerda.

32 Estabeleça a propriedade análoga à Propriedade 10 da Seção 2 para limites à direita.

4 Propriedades das Funções Contínuas

Suponha que f e g sejam duas funções contínuas no número a. Então tanto $f(a)$ como $g(a)$ são definidas, e conseqüentemente $(f + g)(a) = f(a) + g(a)$ é definida. Além disso, pela Propriedade 1 da Seção 2, temos que

$$\lim_{x \to a} (f+g)(x) = \lim_{x \to a} [f(x) + g(x)] = \lim_{x \to a} f(x) + \lim_{x \to a} g(x)$$
$$= f(a) + g(a) = (f+g)(a).$$

Concluímos que $f + g$ é contínua em a. Analogamente para diferença, produto, quociente e composição de f e g (para maiores detalhes veja Seção 7), obtemos as seguintes propriedades.

Propriedades básicas de funções contínuas
1 Se f e g são contínuas em a, então $f + g$, $f - g$ e $f \cdot g$ também o são.
2 Se f e g são contínuas em a e $g(a) \neq 0$, então f/g é contínua em a.
3 Se g é contínua em a e f é contínua em $g(a)$, então $f \circ g$ é contínua em a.
4 Uma função polinomial é contínua em todos os números.
5 Uma função racional é contínua em todo número no qual está definida.

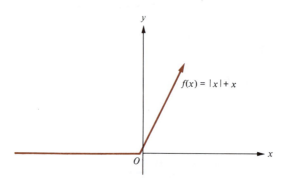

Fig. 1

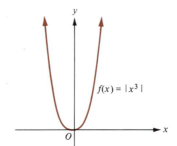

Fig. 2

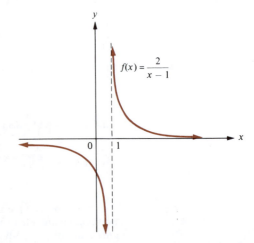

Fig. 3

EXEMPLOS Use as propriedades básicas de função contínua para determinar em quais números as funções dadas são contínuas. Trace o gráfico das funções.

1 $f(x) = |x| + x$

SOLUÇÃO
Note que $f = g + h$, onde $g(x) = |x|$ e $h(x) = x$. Pela Propriedade 4, a função polinomial h é contínua em todos os números. Pela Propriedade 7 na Seção 2,

$$\lim_{x \to a} g(x) = \lim_{x \to a} |x| = \left| \lim_{x \to a} x \right|$$
$$= |a| = g(a);$$

assim, g é contínua em todo número a. Segue-se pela Propriedade 1 que $f = g + h$ é contínua em todos os números (Fig. 1).

2 $f(x) = |x^3|$

SOLUÇÃO
Aqui, $f = g \circ h$ onde $h(x) = x^3$ e $g(x) = |x|$. No Exemplo 1 vimos que o valor absoluto da função g é contínua em todos os números, enquanto a função polinomial h também é contínua pela Propriedade 4. Conseqüentemente, pela Propriedade 3, $f = g \circ h$ é contínua (Fig. 2).

3 $f(x) = \dfrac{2}{x - 1}$

SOLUÇÃO
Aqui, f é uma função racional que está definida para todos os números x exceto para $x = 1$. Pela Propriedade 5, f é contínua em todos os números x, exceto para $x = 1$ (Fig. 3).

4.1 Continuidade em um intervalo

Dizer que uma função f é *contínua em um intervalo aberto I* significa, por definição, que f é contínua em todos os números no intervalo I. Por exemplo, a função $f(x) = \sqrt{9 - x^2}$ é contínua no intervalo aberto $(-3,3)$ (Fig. 4).

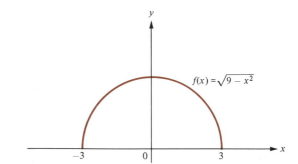

Fig. 4

Da mesma maneira, dizer que uma função f é *contínua em um intervalo fechado* $[a,b]$ significa, por definição, que f é contínua no intervalo aberto (a,b) e que f satisfaz as seguintes condições de continuidade nos pontos finais a e b:

$$\lim_{x \to a^+} f(x) = f(a) \quad \text{e} \quad \lim_{x \to b^-} f(x) = f(b).$$

Por exemplo, a função $f(x) = \sqrt{9 - x^2}$ é contínua no intervalo fechado $[-3,3]$ (Fig. 4).

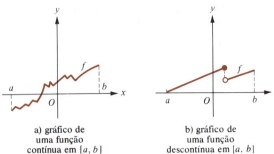

Fig. 5 a) gráfico de uma função contínua em [a, b]   b) gráfico de uma função descontínua em [a, b]

Intuitivamente a afirmação de ser a função f contínua em um intervalo (aberto ou fechado) I significa que, se x é um número em I, então mudanças suficientemente pequenas em x produzem somente mudanças pequenas no valor da função $f(x)$. Em tais funções contínuas, os valores da função $f(x)$ nunca "pulam" repentinamente quando x se move regularmente ao longo do intervalo; assim, podemos dizer que a ponta de nosso lápis não sai por um único instante do papel ao desenharmos o gráfico da função f (Fig. 5).

EXEMPLO Determine se a função racional $f(x) = \dfrac{x+7}{x^2 - 36}$ é contínua ou não nos intervalos a seguir: $(-\infty, -6)$, $[-6, 6]$, $(-6, 6)$ e $(6, \infty)$.

SOLUÇÃO
Aqui, $f(x)$ é definido para todos os números reais x exceto para os valores $x = -6$ e $x = 6$ (que anulam o denominador). Assim, a função racional f é contínua em $(-\infty, -6)$, $(-6, 6)$ e $(6, \infty)$ pela Propriedade 5 de funções contínuas como -6 e 6 não pertencem ao domínio de f, segue-se que f não é contínua no intervalo fechado $[-6, 6]$.

Conjunto de Problemas 4

Nos problemas 1 a 10, trace o gráfico das funções dadas e determine os números a nos quais a função é contínua. Use as propriedades de funções contínuas quando for necessário.

1 $f(x) = 2|x|$

2 $g(x) = |1 - x|$

3 $h(x) = x - 2|x|$

4 $F(x) = \dfrac{x+1}{x-1}$

5 $G(x) = \dfrac{1}{x}$

6 $f(x) = \left|\dfrac{1}{x}\right|$

7 $g(x) = \dfrac{x^2 - 4x + 3}{x - 1}$

8 $h(x) = \begin{cases} x^3 & \text{se } x \leq 0 \\ x^2 & \text{se } x > 0 \end{cases}$

9 $F(x) = \dfrac{x^2 - 4x + 3}{x - 1} - \dfrac{x^2 - 2x - 3}{x + 1} + 1$

10 $G(x) = \dfrac{1}{|x| + 1}$

11 Sejam f e g definidas pelas relações

$$f(x) = \begin{cases} 3 - x & \text{se } x < 1 \\ 2 & \text{se } x \geq 1 \end{cases} \quad \text{e} \quad g(x) = \begin{cases} 2 & \text{se } x < 1 \\ 1 + x & \text{se } x \geq 1 \end{cases}$$

Quais das seguintes funções são contínuas em 1?

(a) $f + g$ (b) $f - g$ (c) $f \cdot g$

LIMITES E CONTINUIDADES DE FUNÇÕES

(d) $f \circ g$ (e) $\dfrac{f}{g}$

12 Suponha que f é contínua no número a, mas que g é descontínua no número a. A função $f + g$ é contínua ou descontínua no número a? Ilustre com um exemplo.

Nos problemas 13 a 19, determine se cada função é contínua ou descontínua em cada intervalo.

13 $f(x) = \sqrt{4 - x^2}$ em $[-2, 2]$, $[2, 3]$, $(-2, 2)$, e $(-1, 5)$

14 $g(x) = \dfrac{3}{x + 1}$ em $(-\infty, 1)$, $(-3, -1)$, $(-\infty, -1)$, $(-1, \infty)$, $[-1, \infty)$, e $[-2, 2]$

15 $F(x) = \dfrac{x + 6}{x^2 - 36}$ em $(-\infty, 6]$, $(-\infty, -4]$, $(-6, \infty)$, $[-6, 9]$, e $[-7, \infty)$

16 $f(x) = \dfrac{|x - 5|}{x - 5}$ em $[-1, 1]$, $(-1, 1)$, $(-5, \infty)$, $(-\infty, 5]$, e $[-8, 6]$

17 $G(x) = \dfrac{4x - 3}{16x^2 - 9}$ em $[-\frac{3}{4}, 0]$, $[-\frac{1}{2}, 0]$, $(-\frac{3}{4}, \infty)$, $[-2, \infty)$, e $(-1, -\frac{3}{4})$

18 $f(x) = \dfrac{5(2x + 1)}{4x^2 - 1}$ em $[-\frac{1}{2}, \frac{1}{2}]$, $(-\frac{1}{2}, \frac{1}{2})$, $(-\infty, 1)$, $[-\frac{1}{2}, 0]$, e $[\frac{1}{2}, \infty)$

19 $F(x) = \dfrac{3(2x - 3)}{4x^2 - 9}$ em $[-\frac{3}{2}, \frac{3}{2}]$, $(-\frac{3}{2}, \frac{3}{2})$, $(-\frac{3}{2}, \infty)$, $(\frac{3}{2}, \infty)$, e $(\frac{5}{2}, \infty)$

20 O peso de um objeto é dado por

$$w(x) = \begin{cases} ax & \text{se } x \leq R \\ \dfrac{b}{x^2} & \text{se } x > R, \end{cases}$$

onde x é a distância do objeto ao centro da Terra, R o raio da Terra e a e b são constantes. Que relação deve existir entre estas constantes para que w seja uma função contínua?

21 Se uma esfera oca de raio a é carregada com uma unidade de eletricidade estática, a intensidade do campo E no ponto P depende da distância x do centro da esfera a P pela seguinte lei:

$$E(x) = \begin{cases} 0 & \text{se } 0 \leq x < a \\ \dfrac{1}{2a^2} & \text{se } x = a \\ \dfrac{1}{x^2} & \text{se } x > a. \end{cases}$$

(a) Trace o gráfico de E.
(b) Discuta a continuidade de E.

5 Limites Envolvendo Infinito

Na Seção 1 introduzimos a noção de limite, $\lim\limits_{x \to a} f(x) = L$, dos valores da função $f(x)$ quando x tende ao número a. Uma extensão conveniente dessa idéia é sugerida pelo comportamento da função f definida por $f(x) = 1/x^2$ perto de $x = 0$. (Obviamente f não é definido em 0). Certos valores de $f(x)$ correspondentes a valores cada vez menores de x são mostrados na seguinte tabela:

x	1	0,5	0,25	0,1	0,01	0,001	0,0001
$f(x) = 1/x^2$	1	4	16	100	10.000	1.000.000	100.000.000

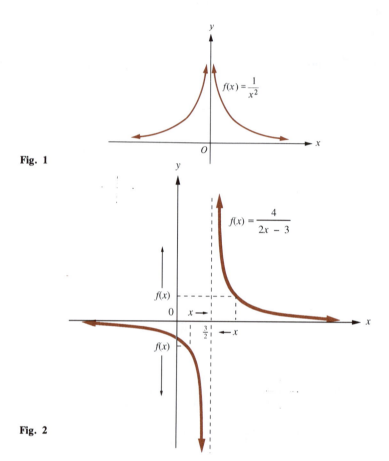

Fig. 1

Fig. 2

Para correspondentes valores negativos de x, a tabela seria idêntica, pois f é uma função par.

Vemos pela tabela ou pelo gráfico de f (Fig. 1) que os valores numéricos de $f(x)$ tornam-se grandes quando x se aproxima de 0. Expressamos isto, simbolicamente, escrevendo $\lim_{x \to 0} 1/x^2 = +\infty$.

(*Atenção:* $+\infty$ não é um número real; logo o símbolo $\lim_{x \to 0} \frac{1}{x^2} = +\infty$ deve ser usado com cuidado!)

Agora considere a função racional f definida pela equação $f(x) = \frac{4}{2x - 3}$. Note que f está definida para todos os números x, exceto para $x = 3/2$. O gráfico de f (Fig. 2) mostra que quando x se aproxima à esquerda de $3/2$, $f(x)$ decresce ilimitadamente. De fato, $f(x)$ pode ser feito menor que qualquer número prefixado, tomando x perto o bastante, porém menor que $3/2$. Isto é expresso simbolicamente escrevendo

$$\lim_{x \to (3/2)^-} \frac{4}{2x - 3} = -\infty.$$

(Novamente, $-\infty$ não é um número real!)

LIMITES E CONTINUIDADES DE FUNÇÕES

A Fig. 2 nos mostra também que, quando x se aproxima de $3/2$ pela direita, $f(x)$ cresce ilimitadamente. De fato, $f(x)$ pode se tornar maior que qualquer outro número prefixado ao tomarmos x suficientemente próximo de $3/2$ por valores maiores que $3/2$. Isto se expressa simbolicamente escrevendo

$$\lim_{x \to (3/2)^+} \frac{4}{2x-3} = +\infty.$$

Em geral, há quatro possibilidades para limites laterais infinitos:

1 O limite de $f(x)$ quando x tende para a pela direita é infinito e positivo

$$\lim_{x \to a^+} f(x) = +\infty \quad \text{(Fig. 3a)}.$$

2 O limite de $f(x)$ quando x tende para a pela esquerda é infinito e positivo,

$$\lim_{x \to a^-} f(x) = +\infty \quad \text{(Fig. 3b)}.$$

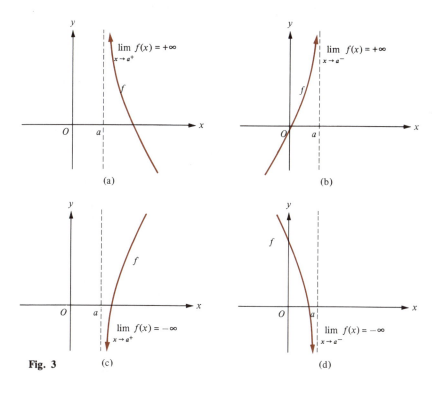

Fig. 3

3 O limite de $f(x)$ quando x tende para a pela direita é infinito e negativo,

$$\lim_{x \to a^+} f(x) = -\infty \quad \text{Fig. 3c)}.$$

4 O limite de $f(x)$ quando x tende para a pela direita é infinito e negativo,

$$\lim_{x \to a^-} f(x) = -\infty \quad \text{(Fig. 3d)}.$$

Não obstante as definições formais de limites infinitos sejam dadas na Seção 5.2, normalmente determinaremos tais limites informalmente por simples inspeção das funções envolvidas. (Em um curso rigoroso de análise matemática, deve-se proceder mais cuidadosamente.)

Ao se trabalhar com funções da forma $f(x) = p(x)/q(x)$, deve-se sempre lembrar que, se o denominador da fração tende a zero enquanto o numerador

CÁLCULO

tende a um número qualquer diferente de zero, a fração tenderá a ter um enorme valor absoluto. Mais precisamente, se

$$\lim_{x \to a} p(x) = L \neq 0 \quad \text{e} \quad \lim_{x \to a} q(x) = 0, \quad \text{então} \quad \lim_{x \to a} \left| \frac{p(x)}{q(x)} \right| = +\infty.$$

Naturalmente, o mesmo é válido para limites à direita e limites à esquerda.

EXEMPLOS   (a) $\lim_{x \to a+} f(x)$, (b) $\lim_{x \to a-} f(x)$ e (c) $\lim_{x \to a} f(x)$ para as funções dadas

1 $f(x) = \dfrac{2x^2 + 5x + 1}{x^2 - x - 6}; \ a = 3$

SOLUÇÃO
Note, inicialmente, que $\lim_{x \to 3} (2x^2 + 5x + 1) = 34$ e $\lim_{x \to 3} (x^2 - x - 6) = 0$; conseqüentemente

$$\lim_{x \to 3} \left| \frac{2x^2 + 5x + 1}{x^2 - x - 6} \right| = +\infty.$$

(a) Quando x tende a 3 pela direita, tal que $x > 3$, o numerador tende a 34; sendo assim, o sinal algébrico da fração é controlado pelo sinal algébrico do denominador,

$$x^2 - x - 6 = (x - 3)(x + 2).$$

Mas se $x > 3$, então $x - 3 > 0$ e $x + 2 > 0$, então

$$x^2 - x - 6 > 0.$$

Em conseqüência disso, para valores de x perto de 3, porém maiores que 3, temos $f(x) > 0$. Segue-se que

$$\lim_{x \to 3+} \frac{2x^2 + 5x + 1}{x^2 - x - 6} = +\infty.$$

(b) Quando x tende a 3 sujeito à condição $x < 3$, o numerador tende a 34 enquanto o denominador tende a zero. Para $-2 < x < 3$ temos $x - 3 < 0$ e $x + 2 > 0$, sendo, então, o denominador $x^2 - x - 6 = (x - 3)(x + 2)$ negativo. Assim, quanto x tende a 3 pela esquerda, temos $f(x) < 0$. Conseqüentemente,

$$\lim_{x \to 3-} \frac{2x^2 + 5x + 1}{x^2 - x - 6} = -\infty.$$

(c) Pelos itens (a) e (b) vemos que $\lim_{x \to a+} f(x) = +\infty$ e $\lim_{x \to a-} f(x) = -\infty$. Segue-se que $f(x)$ não tem limite, finito ou infinito, quando $x \to 3$.

2 $f(x) = \dfrac{4x}{(x - 5)^2}; \ a = 5$

SOLUÇÃO
O limite do numerador é $\lim_{x \to 5} 4x = 20$. Quando x tende a 5, o denominador $(x - 5)^2$ se aproxima de zero por valores positivos; assim, para valores de x perto de 5, a fração é positiva e muito grande. Conseqüentemente,

(a) $\lim_{x \to 5+} f(x) = +\infty$ (b) $\lim_{x \to 5-} f(x) = +\infty$ e   (c) $\lim_{x \to 5} f(x) = +\infty$.

5.1 Limites no infinito

Considere a função $f(x) = 1/x$. Cada vez que x cresce ilimitadamente, o valor da função $f(x)$ se aproxima de zero (Fig. 4); simbolicamente,

$$\lim_{x \to +\infty} f(x) = 0.$$

Quando x decresce ilimitadamente, o valor da função $f(x)$ tende a zero; simbolicamente,

$$\lim_{x \to -\infty} f(x) = 0.$$

Generalizando, $\lim_{x \to +\infty} f(x) = L$ significa que $|f(x) - L|$ pode ficar tão pequeno quanto desejarmos ao se tomar x suficientemente grande. Da mesma maneira, $\lim_{x \to -\infty} f(x) = L$ significa que $|f(x) - L|$ pode tornar-se tão pequeno quanto desejarmos ao se tomar x negativo com $|x|$ suficientemente grande. (Definições formais de limites no infinito podem ser achadas na Seção 5.2).

Naturalmente, a definição $\lim_{x \to +\infty} f(x) = +\infty$ significa que $f(x)$ pode se tornar bastante grande se escolhermos x adequadamente grande. Definições análogas podem ser aplicadas a expressões tais como $\lim_{x \to +\infty} f(x) = -\infty$, $\lim_{x \to -\infty} f(x) = -\infty$, e assim por diante (Problema 23).

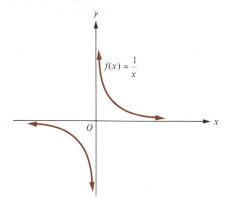

Fig. 4

No cálculo de limites no infinito, é de utilidade termos em mente que, para qualquer inteiro positivo p,

$$\lim_{x \to +\infty} \left(\frac{1}{x}\right)^p = \lim_{x \to +\infty} \frac{1}{x^p} = 0 \quad \text{e} \quad \lim_{x \to -\infty} \left(\frac{1}{x}\right)^p = \lim_{x \to -\infty} \frac{1}{x^p} = 0.$$

Esses fatos estão ilustrados para valores ímpares de p na Fig. 5a e para valores pares na Fig. 5b.

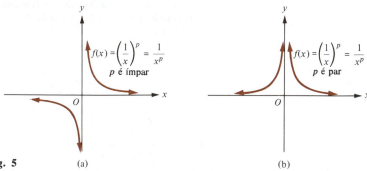

Fig. 5 (a) (b)

CÁLCULO

É bastante útil também, ao se trabalhar com limites no infinito de funções racionais, dividir o numerador e o denominador pela variável independente elevada à maior potência que apareça na fração. Os exemplos que vêm a seguir ilustram esta técnica.

EXEMPLOS Calcule o limite dado

1 $\lim\limits_{x \to +\infty} \dfrac{5x^2}{2x^2 - 3}$

SOLUÇÃO
Quando x cresce, tanto o numerador como o denominador crescem, ficando difícil dizer em um simples relance o que realmente acontece à fração. Entretanto, dividindo tanto o numerador como o denominador por x^2, temos

$$\frac{5x^2}{2x^2 - 3} = \frac{\dfrac{5x^2}{x^2}}{\dfrac{2x^2}{x^2} - \dfrac{3}{x^2}} = \frac{5}{2 - \dfrac{3}{x^2}}.$$

Quando $x \to +\infty$, $1/x^2$ tende a 0 (Fig. 5b), então $3/x^2$ tende a 0. Conseqüentemente,

$$\lim_{x \to +\infty} \frac{5x^2}{2x^2 - 3} = \lim_{x \to +\infty} \frac{5}{2 - \dfrac{3}{x^2}} = \frac{5}{2 - 0} = \frac{5}{2}.$$

2 $\lim\limits_{x \to -\infty} \dfrac{x^3 + 1}{x^2 - 1}$

SOLUÇÃO

$$\lim_{x \to -\infty} \frac{x^3 + 1}{x^2 - 1} = \lim_{x \to -\infty} \frac{\dfrac{x^3}{x^3} + \dfrac{1}{x^3}}{\dfrac{x^2}{x^3} - \dfrac{1}{x^3}} = \lim_{x \to -\infty} \frac{1 + \dfrac{1}{x^3}}{\dfrac{1}{x} - \dfrac{1}{x^3}}.$$

Na última fração, quando x tende a $-\infty$ o numerador tende a 1 enquanto o denominador tende a 0. Então, o valor absoluto da fração tende a $+\infty$. O fato da fração tender a $+\infty$ ou $-\infty$ depende do denominador $1/x - 1/x^3$ ser positivo ou negativo quando x é negativo e tem um valor absoluto grande (isto é, quando $x \to -\infty$). De qualquer modo

$$\frac{1}{x} - \frac{1}{x^3} = \frac{1}{x}\left(1 - \frac{1}{x^2}\right);$$

assim, se x é negativo (de tal maneira que $1/x$ seja negativo) e se $|x|$ é grande (estando $1 - 1/x^2$ bem perto de 1), então $1/x - 1/x^3$ é negativo. Conseqüentemente,

$$\lim_{x \to -\infty} \frac{x^3 + 1}{x^2 - 1} = \lim_{x \to -\infty} \frac{1 + \dfrac{1}{x^3}}{\dfrac{1}{x} - \dfrac{1}{x^3}} = -\infty.$$

3 $\lim\limits_{x \to +\infty} \dfrac{5x}{\sqrt[3]{7x^3 + 3}}$

LIMITES E CONTINUIDADES DE FUNÇÕES

SOLUÇÃO

Neste exemplo a função não é racional; não obstante, tentemos nosso artifício de dividir o numerador e o denominador por uma potência de x. Dividindo por x, o numerador simplifica para 5. Assim,

$$\lim_{x \to +\infty} \frac{5x}{\sqrt[3]{7x^3 + 3}} = \lim_{x \to +\infty} \frac{5}{\frac{1}{x}\sqrt[3]{7x^3 + 3}} = \lim_{x \to +\infty} \frac{5}{\sqrt[3]{\frac{1}{x^3}(7x^3 + 3)}}$$

$$= \lim_{x \to +\infty} \frac{5}{\sqrt[3]{7 + \frac{3}{x^3}}} = \frac{5}{\sqrt[3]{7}}.$$

4 $\lim_{x \to -\infty} (7x^2 + 3x^3)$

SOLUÇÃO

Fatorando, temos $7x^2 + 3x^3 = x^2(7 + 3x)$. Se x é negativo e tem um valor absoluto grande, então x^2 é positivo e grande. Além disso, se $x < -7/3$, então $7 + 3x$ é negativo. Segue-se que

$$\lim_{x \to -\infty} (7x^2 + 3x^3) = \lim_{x \to -\infty} x^2(7 + 3x) = -\infty.$$

5.2 Definições formais de limites envolvendo infinito

Propriedades envolvendo limites podem ser desenvolvidas rigorosamente baseadas nas seguintes definições formais.

DEFINIÇÃO 1 **Limites infinitos pela direita**

Suponha que a função f esteja definida em pelo menos um intervalo (a,b). Então $\lim_{x \to a+} f(x) = +\infty$ (respectivamente, $\lim_{x \to a+} f(x) = -\infty$) significa que para cada número positivo M há um número positivo δ tal que $f(x) > M$ (respectivamente, $f(x) < -M$) sempre que $0 < x - a < \delta$.

DEFINIÇÃO 2 **Limites infinitos pela esquerda**

Suponha que a função f seja definida em pelo menos um intervalo aberto (c,a). Então, $\lim_{x \to a-} f(x) = +\infty$ (respectivamente, $\lim_{x \to a-} f(x) = -\infty$) significa que para cada número positivo M há um número positivo δ tal que $f(x) > M$ (respectivamente, $f(x) < -M$) sempre que $-\delta < |x - a| < 0$.

DEFINIÇÃO 3 **Limites infinitos**

Dizer $\lim_{x \to a} f(x) = +\infty$ (respectivamente, $\lim_{x \to a} f(x) = -\infty$) significa que $\lim_{x \to a+} f(x) = +\infty$ e $\lim_{x \to a-} f(x) = +\infty$ (respectivamente, $\lim_{x \to a+} f(x) = -\infty$ e $\lim_{x \to a-} f(x) = -\infty$).

DEFINIÇÃO 4 **Limites no infinito**

Suponha que a função f esteja definida em pelo menos um intervalo aberto ilimitado (a, ∞) (respectivamente, $(-\infty, a)$). Definir $\lim_{x \to +\infty} f(x) = L$ (respectivamente, $\lim_{x \to -\infty} f(x) = L$) significa que para cada número positivo ε há um número positivo N tal que $|f(x) - L| < \varepsilon$ sempre que $x > N$ (respectivamente, $x < -N$).

Conjunto de Problemas 5

Nos problemas 1 a 22, calcule o limite.

1 $\lim_{x \to 1+} \frac{2x}{x - 1}.$

2 $\lim_{x \to 2-} \frac{x^2}{x - 2}$

3 $\lim_{x \to 0+} \frac{\sqrt{4 + 3x^2}}{5x}$

4 $\lim_{x \to 3+} \frac{x^2 + 5x + 1}{x^2 - 2x - 3}$

5 $\lim\limits_{x \to 4^-} \dfrac{2x^2 + 3x - 2}{x^2 - 3x - 4}$
6 $\lim\limits_{t \to 5^-} \dfrac{\sqrt{25 - t^2}}{t - 5}$
7 $\lim\limits_{x \to 1^-} \dfrac{x^2 - 1}{|x^2 - 1|}$
8 $\lim\limits_{x \to 2^-} \dfrac{[\![2 - x]\!]}{2 - x}$

9 $\lim\limits_{x \to 2^-} \dfrac{x^2 + 1}{x - 2}$
10 $\lim\limits_{z \to 2^+} \dfrac{z^2 + 1}{z - 2}$
11 $\lim\limits_{x \to +\infty} \dfrac{1 + 6x}{-2 + x}$
12 $\lim\limits_{x \to -\infty} \dfrac{2x^2 + x + 1}{-4x^2 + 5x + 10}$

13 $\lim\limits_{x \to +\infty} \dfrac{5x^2 - 7x + 3}{8x^2 + 5x + 1}$
14 $\lim\limits_{x \to -\infty} \dfrac{7x^3 + 3x + 1}{x^3 - 2x + 3}$
15 $\lim\limits_{x \to -\infty} \dfrac{x^{100} + x^{99}}{x^{101} - x^{100}}$
16 $\lim\limits_{x \to +\infty} \dfrac{x^{99} + x^{98}}{x^{100} - x^{99}}$

17 $\lim\limits_{t \to +\infty} \dfrac{8t}{\sqrt[4]{3t^4 + 5}}$
18 $\lim\limits_{x \to -\infty} \dfrac{6x^2}{\sqrt[3]{5x^6 - 1}}$
19 $\lim\limits_{x \to +\infty} (5x^2 - 3x)$
20 $\lim\limits_{x \to -\infty} \dfrac{x^3 - 5x^2}{3x}$

21 $\lim\limits_{t \to -1^+} \left(\dfrac{3}{t + 1} - \dfrac{5}{t^2 - 1} \right)$
22 $\lim\limits_{x \to +\infty} \dfrac{7x^3 - 15x^2}{13x}$

23 Escreva rigorosamente definições formais, baseado naquelas dadas no texto, para:
(a) $\lim\limits_{x \to +\infty} f(x) = +\infty$
(b) $\lim\limits_{x \to -\infty} f(x) = +\infty$
(c) $\lim\limits_{x \to +\infty} f(x) = -\infty$
(d) $\lim\limits_{x \to -\infty} f(x) = -\infty$

24 Prove que $\lim\limits_{t \to 0^+} f(1/t) = L$ se e somente se $\lim\limits_{x \to +\infty} f(x) = L$.

6 Assíntotas Horizontais e Verticais

Limites envolvendo infinito são úteis no traçado de gráfico porque podem ser usados para a localização das *assíntotas* dos gráficos. Por exemplo, considere o gráfico de $f(x) = \dfrac{2x - 6}{x - 5}$ (Fig. 1). Note a maneira pela qual o gráfico se aproxima da linha reta vertical $x = 5$ imediatamente à direita da linha e imediatamente à esquerda da linha; isto é,

$$\lim\limits_{x \to 5^+} f(x) = +\infty \quad \text{e} \quad \lim\limits_{x \to 5^-} f(x) = -\infty.$$

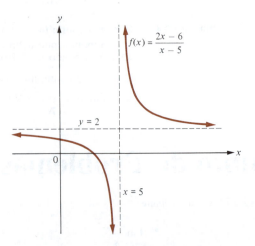

Fig. 1

LIMITES E CONTINUIDADES DE FUNÇÕES

Tal reta é chamada de *assíntota vertical* do gráfico. Da mesma maneira, a linha horizontal $y = 2$ é chamada *assíntota horizontal* do gráfico, pois

$$\lim_{x \to +\infty} f(x) = 2 \quad \text{e} \quad \lim_{x \to -\infty} f(x) = 2.$$

Mais precisamente, façamos as seguintes definições.

DEFINIÇÃO 1   **Assíntota vertical**

A linha reta vertical $x = a$ é chamada de assíntota vertical do gráfico da função f se pelo menos uma das seguintes condições for válida:

(i) $\lim\limits_{x \to a^+} f(x) = +\infty.$

(ii) $\lim\limits_{x \to a^-} f(x) = +\infty.$

(iii) $\lim\limits_{x \to a^+} f(x) = -\infty.$

(iv) $\lim\limits_{x \to a^-} f(x) = -\infty.$

DEFINIÇÃO 2   **Assíntota horizontal**

A linha reta horizontal $y = b$ é chamada de assíntota horizontal do gráfico de uma função f se pelo menos uma das seguintes condições for válida:

$$\lim_{x \to +\infty} f(x) = b \quad \text{ou} \quad \lim_{x \to -\infty} f(x) = b.$$

Note, por exemplo, na Fig. 5 da Seção 5 que os eixos coordenados $x = 0$ e $y = 0$ são assíntotas verticais e horizontais do gráfico de $y = (1/x)^p = 1/x^p$, sendo p um inteiro positivo.

Assíntotas verticais envolvem limites infinitos, enquanto que assíntotas horizontais envolvem limites no infinito. Fica, então, bem claro como se devem achar assíntotas horizontais — simplesmente calculando os limites apropriados quando $x \to +\infty$ e quando $x \to -\infty$. Para localizar as possíveis assíntotas verticais $x = a$ de funções da forma f/g, devemos simplesmente procurar valores de a para os quais $g(a) = 0$. Deve-se ter cuidado, pois podem existir valores de a que não dêem assíntotas verticais, assim como nem todas as possíveis assíntotas verticais são obrigatoriamente determinadas por este processo (veja problema 11).

EXEMPLOS   Ache as assíntotas horizontais e verticais do gráfico da função f e trace este gráfico.

1 $f(x) = \dfrac{3x}{x - 1}$

Solução

Para achar uma assíntota horizontal, calculemos

$$\lim_{x \to +\infty} f(x) = \lim_{x \to +\infty} \frac{3x}{x - 1} = \lim_{x \to +\infty} \frac{3}{1 - 1/x} = 3;$$

assim, $y = 3$ é uma assíntota horizontal. Note que também temos

$$\lim_{x \to -\infty} \frac{3x}{x - 1} = \lim_{x \to -\infty} \frac{3}{1 - 1/x} = 3.$$

Como $\lim\limits_{x \to 1^+} \dfrac{3x}{x - 1} = +\infty$ segue-se que $x = 1$ é uma assíntota vertical. Note que também temos

$$\lim_{x \to 1} \frac{3x}{x - 1} = -\infty$$

(Fig. 2).

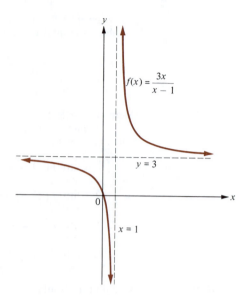

Fig. 2

2 $f(x) = \dfrac{2x}{\sqrt{x^2 + 4}}$

Solução

$$\lim_{x \to +\infty} f(x) = \lim_{x \to +\infty} \dfrac{2}{\dfrac{1}{x}\sqrt{x^2 + 4}} = \lim_{x \to +\infty} \dfrac{2}{\sqrt{\dfrac{x^2 + 4}{x^2}}} = \lim_{x \to +\infty} \dfrac{2}{\sqrt{1 + \dfrac{4}{x^2}}} = 2.$$

Assim, $y = 2$ é uma assíntota horizontal. Para valores negativos de x, temos $\sqrt{1/x^2} = 1/(-x)$, e então

$$\lim_{x \to -\infty} f(x) = \lim_{x \to -\infty} \dfrac{-2}{\dfrac{1}{-x}\sqrt{x^2 + 4}} = \lim_{x \to -\infty} \dfrac{-2}{\sqrt{\dfrac{x^2 + 4}{x^2}}}$$

$$= \lim_{x \to -\infty} \dfrac{-2}{\sqrt{1 + \dfrac{4}{x^2}}} = -2.$$

Sendo assim, $y = -2$ é outra assíntota horizontal. O gráfico (Fig. 3) não mostra assíntotas verticais. (Note novamente que o denominador $\sqrt{x^2 + 4}$ não é nunca igual a 0.)

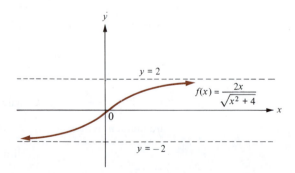

Fig. 3

3 $f(x) = \dfrac{2x^2 + 1}{2x^2 - 3x}$

SOLUÇÃO
Como

$$\lim_{x \to +\infty} \frac{2x^2 + 1}{2x^2 - 3x} = \lim_{x \to +\infty} \frac{2 + 1/x^2}{2 - 3/x} = \frac{2}{2} = 1,$$

então $y = 1$ é uma assíntota horizontal. $\bigg($Note, também, que $\lim_{x \to -\infty} \dfrac{2x^2 + 1}{2x^2 - 3x} = 1.\bigg)$ O denominador se fatora em $2x^2 - 3x = x(2x - 3)$, então há suspeita de existência de assíntotas verticais em $x = 0$ e em $x = 3/2$. Para pequenos valores positivos de x, $2x - 3 < 0$, então

$$\frac{2x^2 + 1}{x(2x - 3)} < 0$$

e

$$\lim_{x \to 0^+} \frac{2x^2 + 1}{2x^2 - 3x} = \lim_{x \to 0^+} \frac{2x^2 + 1}{x(2x - 3)} = -\infty.$$

Do mesmo modo,

$$\lim_{x \to 0^-} \frac{2x^2 + 1}{2x^2 - 3x} = \lim_{x \to 0^-} \frac{2x^2 + 1}{x(2x - 3)} = +\infty,$$

$$\lim_{x \to (3/2)^+} \frac{2x^2 + 1}{2x^2 - 3x} = \lim_{x \to (3/2)^+} \frac{2x^2 + 1}{x(2x - 3)} = +\infty,$$

e

$$\lim_{x \to (3/2)^-} \frac{2x^2 + 1}{2x^2 - 3x} = \lim_{x \to (3/2)^-} \frac{2x^2 + 1}{x(2x - 3)} = -\infty,$$

confirmando a existência das assíntotas verticais. Na Fig. 4 está traçado o gráfico mostrando as assíntotas. Note que o gráfico *corta sua própria assíntota* no ponto $(-1/3, 1)$.

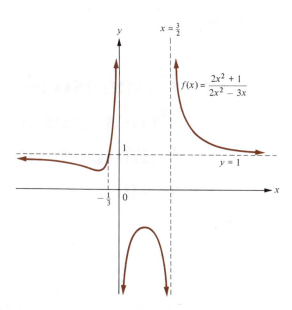

Fig. 4

Conjunto de Problemas 6

Dos problemas 1 a 10, ache as assíntotas horizontais e verticais do gráfico de cada função e trace o gráfico.

1 $f(x) = \dfrac{7x}{2x - 5}$

2 $F(x) = \dfrac{-2}{(x - 1)^2}$

3 $g(x) = \dfrac{1 - 2x}{3 + 5x}$

4 $G(x) = \dfrac{3x^2 + 1}{2x^2 - 7x}$

5 $f(x) = \dfrac{3x}{\sqrt{2x^2 + 1}}$

6 $f(x) = \sqrt{\dfrac{x}{x - 2}}$

7 $F(x) = \dfrac{-2x}{\sqrt{x^2 + 4}}$

8 $f(x) = \dfrac{x + 2}{\sqrt{1 - x}}$

9 $f(x) = \dfrac{x^2 - 1}{x}$

10 $f(x) = \dfrac{4x^2}{\sqrt{x^2 + 5x + 4}}$

11 (a) Mostre que mesmo que $x = 0$ anule o denominador x de $\dfrac{\sqrt{1 + x} - 1}{x}$ zero, $x = 0$ não é uma assíntota vertical da função f definida pela equação $f(x) = \dfrac{\sqrt{1 + x} - 1}{x}$.

(b) Mostre que não obstante $x = 0$ não anular o denominador $1 + x$ de $\dfrac{1 + 1/x}{1 + x}$, $x = 0$ é uma assíntota vertical da função F definida pela equação $F(x) = F(x) = \dfrac{1 + 1/x}{1 + x}$.

12 A amplitude $A(x)$ de uma partícula forçada a oscilar em um meio resistente é dada pela equação

$$A(x) = \dfrac{1}{\sqrt{(1 - x^2)^2 + kx^2}},$$

onde x é a razão da freqüência forçada com a freqüência natural de oscilação e k é uma constante que mede o amortecimento causado pelo meio resistente.
(a) Trace o gráfico de A para valores $k = 0$, $k = \frac{1}{2}$ e $k = 1$.
(b) Mostre que o gráfico de A tem uma assíntota vertical quando $k = 0$, mas que para $0 < k < 4$ o gráfico de A não tem assíntota vertical.

13 Suponha que A, B, C, a, b e c são constantes tais que $ax^2 + bx + c \neq 0$ para todos valores de x, com $b^2 - 4ac < 0$. Ache todas as assíntotas horizontais e verticais do gráfico da função f definida por $f(x) = \dfrac{Ax^2 + Bx + C}{ax^2 + bx + c}$.

14 Seja f uma função definida por $f(x) = (\operatorname{sen} x)/x$. Mostre que o gráfico de f atravessa sua própria assíntota infinitas vezes.

7 Demonstrações das Propriedades Básicas de Limites e de Funções Contínuas

Embora fosse melhor deixar as demonstrações rigorosas de muitos dos teoremas de cálculo, é interessante a apresentação de algumas demonstrações típicas para que o leitor possa se familiarizar com algumas técnicas envolvidas. Começamos com a demonstração de parte da Propriedade 1 na Seção 2.

LIMITES E CONTINUIDADES DE FUNÇÕES

TEOREMA 1   **Adição de limites**

Se $\lim_{x \to a} f(x) = L$ e $\lim_{x \to a} g(x) = M$, então

$$\lim_{x \to a} [f(x) + g(x)] = \lim_{x \to a} f(x) + \lim_{x \to a} g(x) = L + M.$$

PROVA

De acordo com a definição de limite (Seção 1.1,), dado um número positivo ε, devemos mostrar que existe um número positivo δ tal que

$$|[f(x) + g(x)] - [L + M]| < \varepsilon \text{ sempre que } 0 < |x - a| < \delta.$$

Pela desigualdade triangular, temos

$$|[f(x) + g(x)] - [L + M]| = |[f(x) - L] + [g(x) - M]|$$
$$\leq |f(x) - L| + |g(x) - M|;$$

isto é o bastante para determinarmos um número positivo δ tal que

$$|f(x) - L| + |g(x) - M| < \varepsilon \text{ sempre que } 0 < |x - a| < \delta.$$

Agora, para garantir que

$$|f(x) - L| + |g(x) - M| < \varepsilon,$$

basta termos

$$|f(x) - L| < \tfrac{1}{2}\varepsilon \quad \text{e} \quad |g(x) - M| < \tfrac{1}{2}\varepsilon.$$

Note que $\tfrac{1}{2}\varepsilon$ é um número positivo; daqui, como $\lim_{x \to a} f(x) = L$, existe (pela definição de limite) um número positivo δ_1 tal que

$$|f(x) - L| < \tfrac{1}{2}\varepsilon \text{ sempre que } 0 < |x - a| < \delta_1.$$

Da mesma forma, como $\lim_{x \to a} g(x) = M$, existe um número positivo δ_2 tal que

$$|g(x) - M| < \tfrac{1}{2}\varepsilon \text{ sempre que } 0 < |x - a| < \delta_2.$$

Seja δ o menor dos dois números δ_1 e δ_2 (ou o valor comum se forem iguais). Então

$$\delta \leq \delta_1 \text{ e } \delta \leq \delta_2$$

de tal maneira que, se $0 < |x - a| < \delta$, ambas as condições

$$0 < |x - a| < \delta_1 \quad \text{e} \quad 0 < |x - a| < \delta_2$$

são válidas, e segue-se que

$$|[f(x) + g(x)] - [L + M]| < \varepsilon,$$

como desejado.

A demonstração do teorema a seguir pode ser bastante útil para o estabelecimento das propriedades restantes de limites.

TEOREMA 2   **Teorema da limitação**

Se $\lim_{x \to a} f(x)$ existe, então existem números positivos N e δ_1 tal que $|f(x)| < N$ sempre que $0 < |x - a| < \delta_1$.

PROVA

Suponha que $\lim_{x \to a} f(x) = L$. Então, como 1 é um número positivo, existe um número positivo δ_1 tal que

$$|f(x) - L| < 1 \text{ sempre que } 0 < |x - a| < \delta_1.$$

(Não há nada de especial na escolha do número 1 — qualquer número positivo dará certo.) Agora, seja $N = 1 + |L|$. Se $|f(x) - L| < 1$, então, adicionando $|L|$ a ambos os lados, temos

$$|f(x) - L| + |L| < 1 + |L| = N; \text{ conseqüentemente,}$$
$$|f(x) - L| + |L| < N \text{ sempre que } 0 < |x - a| < \delta_1.$$

Mas, pela desigualdade triangular,

$$|f(x)| = |f(x) - L + L| \le |f(x) - L| + |L|,$$

e segue-se que

$$|f(x)| < N \text{ sempre que } 0 < |x - a| < \delta_1.$$

O Teorema 2 é usado no decorrer da demonstração do próximo teorema, que estabelece a Propriedade 3 da Seção 2.

TEOREMA 3 **Propriedade multiplicativa dos limites**

Se $\lim_{x \to a} f(x) = L$ e $\lim_{x \to a} g(x) = M$, então

$$\lim_{x \to a} [f(x) \cdot g(x)] = \left[\lim_{x \to a} f(x) \right] \cdot \left[\lim_{x \to a} g(x) \right] = LM.$$

PROVA
Seja $\varepsilon > 0$ dado. Devemos mostrar que existe um número positivo δ tal que

$$|f(x)\, g(x) - LM| < \varepsilon \text{ sempre que } 0 < |x - a| < \delta.$$

Usando um pouco de álgebra elementar e a desigualdade triangular, temos

$$\begin{aligned} |f(x)g(x) - LM| &= |f(x)g(x) + 0 - LM| \\ &= |f(x)g(x) + [-f(x)M + f(x)M] - LM| \\ &= |f(x)g(x) - f(x)M + f(x)M - LM| \\ &= |f(x)[g(x) - M] + [f(x) - L]M| \\ &\le |f(x)[g(x) - M]| + |[f(x) - L]M| \\ &= |f(x)||g(x) - M| + |f(x) - L||M|. \end{aligned}$$

Conseqüentemente, para garantir que $|f(x)\, g(x) - LM| < \varepsilon$, é suficiente que

(i) $|f(x)||g(x) - M| < \tfrac{1}{2}\varepsilon$ e (ii) $|f(x) - L||M| < \tfrac{1}{2}\varepsilon$.

Para obter a primeira condição, podemos usar o Teorema 2 para fazer $|f(x)|$ menor que qualquer número positivo N fixado, e depois fazer $|g(x) - M|$ menor que $1/N$ vezes $^{1}/_{2}\,\varepsilon$. Assim, pelo Teorema 2, existem números positivos N e δ_1 tal que

$$|f(x)| < N \text{ sempre que } 0 < |x - a| < \delta_1.$$

Também, como $\varepsilon/(2N)$ é um número positivo e $\lim_{x \to a} g(x) = M$, existe um número positivo δ_2 tal que

$$|g(x) - M| < \varepsilon/2N \text{ sempre que } 0 < |x - a| < \delta_2.$$

LIMITES E CONTINUIDADES DE FUNÇÕES

Se ambas as desigualdades $|f(x)| < N$ e $|g(x) - M| < \varepsilon/(2N)$ são válidas, então

$$|f(x)|\,|g(x) - M| < N\left(\frac{\varepsilon}{2N}\right) = \frac{1}{2}\varepsilon$$

é sempre válida; conseqüentemente, a condição (i) vale se

$$0 < |x - a| < \delta_1 \text{ e } 0 < |x - a| < \delta_2.$$

Para a obtenção da condição (ii), usamos o fato de que $\lim\limits_{x \to a} f(x) = L$ mostra que existe um número positivo δ_3 tal que

$$|\, f(x) - L|\,|M| < \tfrac{1}{2}\,\varepsilon \text{ sempre que } 0 < |\,x - a| < \delta_3.$$

Se $M = 0$, a última condição garante para qualquer δ_3 escolhido, restando apenas analisar o caso em que $M \neq 0$. Então, como $\varepsilon/(2|M|)$ é um número positivo e $\lim f(x) = L$, existirá um número positivo δ_3 tal que

$$|f(x) - L| < \frac{\varepsilon}{2|M|} \qquad \text{sempre que} \qquad 0 < |x - a| < \delta_3.$$

Conseqüentemente,

[a condição (ii) é válida se $0 < |x - a| < \delta_3$.]

Agora, para finalizar a demonstração, façamos δ o menor dos três números δ_1, δ_2, e δ_3, tal que, se $0 < |x - a| < \delta$, então

$$0 < |x - a| < \delta_1, \qquad 0 < |x - a| < \delta_2, \qquad 0 < |x - a| < \delta_3.$$

Conseqüentemente, as condições (i) e (ii) são válidas sempre que $0 < |x - a| < \delta$. Segue-se que

$|\, f(x)\, g(x) - LM| < \varepsilon$ é válido sempre que $0 < |x - a| < \delta$, como desejávamos.

Usando as propriedades de limites e a definição de continuidade (Seção 3), não é difícil estabelecer as propriedades básicas de funções contínuas. A demonstração do próximo teorema ilustra a técnica geral.

TEOREMA 4 **Continuidade de um produto**

Se ambas as funções f e g são contínuas no número a, então a função produto $f.g$ também é contínua em a.

PROVA

Como ambas as funções f e g são contínuas em a, ambas são definidas em a; sendo assim, $f \cdot g$ é definido em a e

$$(f \cdot g)\,(a) = f(a) \cdot g(a).$$

Como tanto f quanto g são contínuas em a, então tanto $\lim\limits_{x \to a} f(x)$ quanto $\lim\limits_{x \to a} g(x)$ existem e $\lim\limits_{x \to a} f(x) = f(a)$ enquanto $\lim\limits_{x \to a} g(x) = g(a)$. Sendo assim, pelo teorema 3, $\lim\limits_{x \to a} [f(x) \cdot g(x)]$ existem e temos

$$\lim_{x \to a} (f \cdot g)(x) = \lim_{x \to a} [f(x)g(x)] = \left[\lim_{x \to a} f(x)\right]\left[\lim_{x \to a} g(x)\right]$$

$$= f(a)g(a) = (f \cdot g)(a).$$

Segue-se que $f \cdot g$ é contínua em a.

Conjunto de Problemas 7

1 Se c é uma constante e f é uma função constante definida por $f(x) = c$, prove que $\lim\limits_{x \to a}$ $f(x) = c$ é válido para cada número a.

2 Se f é uma função identidade, isto é, se f é definido por $f(x) = x$, prove que $\lim\limits_{x \to a} f(x) = a$ válido para cada número a.

3 Combine o problema 1 com o Teorema 3 para provar que se c é uma constante e se o limite $\lim\limits_{x \to a} g(x)$ existe, então $\lim\limits_{x \to a} [cg(x)] = c \lim\limits_{x \to a} g(x)$.

4 Prove que, se $\lim\limits_{x \to a} f(x)$ existe, então $\lim\limits_{x \to a} |f(x)| = |\lim\limits_{x \to a} f(x)|$.

5 O Teorema 1 fornece uma prova de parte da Propriedade 1 de limites da Seção 2. Complete a demonstração da Propriedade 1 mostrando que, se $\lim\limits_{x \to a}$ $f(x) = L$ e $\lim\limits_{x \to a} g(x) = M$, então $\lim\limits_{x \to a} [f(x) - g(x)] = L - M$.

6 Seja $\lim\limits_{x \to a} g(x) = M \neq 0$. Prove que existem números positivos N e δ_0 tal que

(i) $g(x) \neq 0$ é válido para $0 < |x - a| < \delta_0$, e
(ii) $1/g(x) < N$ é válido para $0 < |x - a| < \delta_0$.
(*Sugestão:* selecione δ_0 tal que $|g(x) - M| < |M|/2$ seja válido sempre que $0 < |x - a| < \delta_0$. Faça $N = 2/|M|$.)

7 Suponha que $\lim\limits_{x \to a} f(x)$, $\lim\limits_{x \to a} g(x)$ e $\lim\limits_{x \to a} h(x)$ existam. Prove que

$$\lim_{x \to a} [f(x) + g(x) + h(x)] = \lim_{x \to a} f(x) + \lim_{x \to a} g(x) + \lim_{x \to a} h(x).$$

8 Seja $\lim\limits_{x \to a} g(x) = M \neq 0$. Prove que $\lim\limits_{x \to a} 1/g(x) = 1/M$. (*Sugestão:* escolha N e δ_0 como no problema 6. Note que $|1/g(x) - 1/M|$ pode ser escrito como $\dfrac{1}{|g(x)|} \cdot \dfrac{1}{|M|} \cdot |g(x) - M|$. Dado $\varepsilon > 0$, selecione δ_1 tal que $|g(x) - M| <$ $(|M| \varepsilon)/N$ seja válido sempre que $0 < |x - a| < \delta_1$. Escolha δ como o menor dos dois números δ_0 e δ_1).

9 Combine o Teorema 3 e o problema 8 e estabeleça a propriedade 4 de limites de funções da Seção 2.

10 Seja $\lim\limits_{x \to b} f(x) = f(b) = L$ e $\lim\limits_{x \to a} g(x) = b$. Prove que $\lim\limits_{x \to a} (f \circ g)(x) = L$.

11 Com o resultado do problema 10, estabeleça a Propriedade 3 de continuidade de funções da Seção 4.

12 Quando falamos *do* limite de $f(x)$ se x se aproxima de a e usamos a notação $\lim\limits_{x \to a} f(x) = L$, implicitamente supomos que existe no máximo um número L tal que, para cada $\varepsilon > 0$, existe $\delta > 0$ com a propriedade $|f(x) - L| < \varepsilon$ válida sempre que $0 < |x - a| < \delta$. Prove que esta suposição é verdadeira. (*Sugestão:* suponha a existência de dois valores diferentes de L, como L_1 e L_2, satisfazendo as condições dadas, e faça $\varepsilon = {}^1/_2 |L_1 - L_2|$.)

Conjunto de Problemas de Revisão

Dos problemas 1 ao 6, determine um número positivo δ para o ε dado tal que $|f(x) - L| < \varepsilon$ sempre que $0 < |x - a| < \delta$. Desenhe o gráfico de f para ilustrar o limite envolvido.

1 $f(x) = 2x - 7$, $a = -1$, $L = -9$, $\varepsilon = 0,01$

2 $f(x) = 1 - 5x$, $a = 3$, $L = -14$, $\varepsilon = 0,02$

3 $f(x) = 5x + 1$, $a = -2$, $L = -9$, $\varepsilon = 0,002$

4 $f(x) = \dfrac{4x^2 - 9}{2x - 3}$, $a = \frac{3}{2}$, $L = 6$, $\varepsilon = 0,001$

5 $f(x) = \dfrac{25x^2 - 1}{5x + 1}$, $a = -\frac{1}{5}$, $L = -2$, $\varepsilon = 0,01$

LIMITES E CONTINUIDADES DE FUNÇÕES

6 $f(x) = 2x - 7, a = -1, L = -9$, ε um número positivo pequeno arbitrário.

Nos problemas 7 a 12, use as propriedades de limites (Seção 2) para calcular cada limite, dado que $\lim_{x \to 3} f(x) = 12$ e $\lim_{x \to 3} g(x) = 3$.

7 $\lim_{x \to 3} [f(x) + g(x)]$

8 $\lim_{x \to 3} [f(x) - g(x)]$

9 $\lim_{x \to 3} \sqrt{f(x) \cdot g(x)}$

10 $\lim_{x \to 3} \sqrt{\dfrac{f(x)}{g(x)}}$

11 $\lim_{x \to 3} [f(x) - g(x)]^{3/2}$

12 $\lim_{x \to 3} \dfrac{f(x) + g(x)}{f(x) - g(x)}$

Nos problemas 13 a 24, use as propriedades de limites para calcular cada limite

13 $\lim_{t \to 5} (6t^2 + t - 4)$

14 $\lim_{y \to 2} \dfrac{3y + 5}{4y^2 + 5y - 4}$

15 $\lim_{t \to 1} \dfrac{1 - t^3}{1 - t^2}$

16 $\lim_{z \to 5/2} \dfrac{4z^2 - 25}{2z - 5}$

17 $\lim_{h \to 0} \dfrac{1}{h} \left(\dfrac{6 + h}{3 + 2h} - 2 \right)$

18 $\lim_{x \to 0} \dfrac{1}{x} \left[1 - \dfrac{1}{(x + 1)^2} \right]$

19 $\lim_{t \to 1} \dfrac{\sqrt{4 - t^2}}{2 + t}$

20 $\lim_{h \to -1} \dfrac{3 - \sqrt{h^2 + h + 9}}{h^3 + 1}$

21 $\lim_{x \to 1} \dfrac{1 - x}{2 - \sqrt{x^2 + 3}}$

22 $\lim_{t \to 0} \dfrac{\sqrt{6 + t} - \sqrt{6}}{t}$

23 $\lim_{x \to 9} \dfrac{\sqrt{x} - 3}{x - 9}$

24 $\lim_{t \to 0} \dfrac{\sqrt[3]{5 + t} - \sqrt[3]{5}}{t}$

Nos problemas 25 a 28, calcule cada limite lateral.

25 $\lim_{t \to 3^-} \dfrac{t}{t^2 - 9}$

26 $\lim_{y \to 2^+} \dfrac{\sqrt{y - 2}}{y^2 - 4}$

27 $\lim_{x \to 0^+} \dfrac{x^2 - 3}{x^2 - x}$

28 $\lim_{x \to 2^-} (3 + [\![2x - 4]\!])$

Nos problemas 29 a 32, trace o gráfico da função dada e ache, se existir, o limite indicado. Se o limite não existe, dê as razões.

29 $f(x) = \begin{vmatrix} 2x - 3 & \text{se } x \geq \frac{3}{2} \\ 6 - 4x & \text{se } x < \frac{3}{2} \end{vmatrix}$; $\lim_{x \to (3/2)^-} f(x)$, $\lim_{x \to (3/2)^+} f(x)$, e $\lim_{x \to 3/2} f(x)$

30 $h(x) = \begin{vmatrix} x^2 + 2 & \text{se } x < 1 \\ 4 - x & \text{se } x \geq 1 \end{vmatrix}$; $\lim_{x \to 1^-} h(x)$, $\lim_{x \to 1^+} h(x)$, e $\lim_{x \to 1} h(x)$

31 $g(x) = \begin{cases} \dfrac{x^2 - 4}{x - 2} & \text{se } x \neq 2 \\ 1 & \text{se } x = 2 \end{cases}$; $\lim_{x \to 2^-} g(x)$, $\lim_{x \to 2^+} g(x)$, e $\lim_{x \to 2} g(x)$

32 $f(x) = \begin{cases} \dfrac{5x - 5}{|x + 2|} & \text{se } x \neq -2 \\ 0 & \text{se } x = -2 \end{cases}$; $\lim_{x \to -2^-} f(x)$, $\lim_{x \to -2^+} f(x)$, e $\lim_{x \to -2} f(x)$

Nos problemas 33 a 38, calcule, se existir, o limite dado.

33 $\lim_{x \to +\infty} \dfrac{x^2 + 1}{5x + 3}$

34 $\lim_{t \to +\infty} \dfrac{5t}{t^2 + 1}$

35 $\lim_{y \to -\infty} \dfrac{4y^2 + y - 3}{(2y + 3)(3y + 4)}$

36 $\lim_{h \to -\infty} \dfrac{h^2 - 3h}{\sqrt{5h^4 + 7h^2 + 3}}$

37 $\lim_{t \to +\infty} \dfrac{3t^{-2} + 7t^{-3}}{7t^{-2} + 5t^{-3}}$

38 $\lim_{x \to -\infty} \dfrac{\sqrt{7x^6 + 5x^4 + 7}}{x^4 + 2}$

39 Seja $f(x) = 3x - 1$. Sabemos que $\lim_{x \to a} (3x - 1) = 3a - 1$.

(a) Diga o quanto perto de a devemos escolher x para que $f(x)$ alcance o valor $3a - 1$ com $\varepsilon > 0$.

(b) Se $\varepsilon = 0,01$, o quanto perto de a devemos escolher x?
Estaria o x no intervalo $a - 0,1 < x < a + 0,1$ perto o suficiente? Explique.

88   CÁLCULO

40   Mostre que se $\lim\limits_{x \to 0} \dfrac{f(x)}{x} = L$ e $b \neq 0$, então $\lim\limits_{x \to 0} \dfrac{f(bx)}{x} = bL$.

Nos problemas 41 a 44, trace o gráfico da função dada e indique se a função é contínua em $x = a$.

41 $f(x) = \begin{cases} \dfrac{x^2 - 9}{x - 3} & \text{se } x \neq 3 \\ 6 & \text{se } x = 3 \end{cases}$; $a = 3$ **42** $g(x) = \begin{cases} \dfrac{x^2 - 1}{x - 1} & \text{se } x \neq 1 \\ \frac{1}{2} & \text{se } x = 1 \end{cases}$; $a = 1$

43 $f(x) = \begin{cases} \sqrt{\dfrac{x - 1}{x^2 - 1}} & \text{se } x \neq 1 \\ \frac{1}{2}\sqrt{2} & \text{se } x = 1 \end{cases}$; $a = 1$ **44** $h(x) = \begin{cases} \dfrac{2 - x}{2 - |x|} & \text{se } x \neq 2 \\ 1 & \text{se } x = 2 \end{cases}$; $a = 2$

45 A bandeirada do táxi é 60 centavos e mais 10 centavos para cada quarto de quilômetro ou porção dele. Se denotarmos $f(x)$ da bandeirada para uma viagem de x quilômetros, trace o gráfico de f e indique onde é descontínuo.

46 Assuma que se gasta 0,5 de caloria de calor para levantar a temperatura de 1 grama de gelo de 1 grau Celsius, que gastam-se 80 calorias para derreter o gelo a $0°C$, e que gasta-se 1 caloria para levantar a temperatura de 1 grama de água de 1 grau Celsius. Suponha que $-40 \leq x \leq 20$ e seja $Q(x)$ o número de calorias de calor requerido para levantar 1 grama de água da temperatura de $-40°C$ para $x°C$. Trace o gráfico de Q e indique onde Q é descontínua.

47 Dada a função f definida por

$$f(x) = \begin{cases} -x & \text{se } x \leq 0 \\ x & \text{se } 0 < x \leq 1 \\ 2 - x & \text{se } 1 < x < 2 \\ 0 & \text{se } x \geq 2. \end{cases}$$

(a) Trace o gráfico de f e discuta a continuidade de f nos números 0, 1 e 2.

(b) Determine as constantes A, B, C, D e E tal que

$$f(x) = Ax + B + C|x| + D|x - 1| + E|x - 2|.$$

48 Determine os valores das constantes A e B, de tal forma que a função f seja contínua no intervalo $(-\infty, \infty)$, e trace o gráfico resultante da função.

$$f(x) = \begin{cases} 3x & \text{se } x \leq 2 \\ Ax + B & \text{se } 2 < x < 5 \\ -6x & \text{se } x \geq 5. \end{cases}$$

49 Determine se cada função é contínua ou descontínua em cada um dos intervalos indicados.

(a) $f(x) = \dfrac{3}{2x - 1}$; $[-1, 1]$, $[-\frac{1}{2}, \frac{1}{2}]$, $(-1, \frac{1}{2})$, $[\frac{1}{2}, \infty)$

(b) $g(x) = \begin{cases} 3x - 2 & \text{se } x < 1 \\ 2 - x & \text{se } 1 \leq x \leq 2 \end{cases}$; $(-\infty, 1)$, $(1, 2)$, $[1, 2]$

50 (a) Sejam f e g funções definas por $f(x) = \dfrac{1}{x - 1}$ e $g(x) = \sqrt[3]{x}$. Determine todos os valores de x para os quais cada uma das funções $f \circ g$ e $g \circ f$ é contínua.

(b) Mesmo enunciado da parte (a), para $g(x) = \sqrt{x}$.

Nos problemas 51 a 52, ache todas as assíntotas do gráfico de cada função e trace o gráfico.

51 $f(x) = \dfrac{1}{x(x + 1)} - \dfrac{1}{x}$ **52** $g(x) = \dfrac{x + 3}{2x + 1}$

53 Suponha que $\lim_{x \to a} f(x)$, $\lim_{x \to a} g(x)$ e $\lim_{x \to a} h(x)$ existam. Prove que

$$\lim_{x \to a} [f(x)g(x)h(x)] = \left[\lim_{x \to a} f(x) \right] \left[\lim_{x \to a} g(x) \right] \left[\lim_{x \to a} h(x) \right].$$

54 Suponha que $\lim_{x \to a} f(x) = L \neq 0$. Prove que existem número positivos A, B e δ tais que $A < |f(x)| < B$ sempre que $0 < |x - a| < \delta$.

55 Se n é um inteiro positivo e $\lim_{x \to a} (f(x) = L$, prove que $\lim_{x \to a} [f(x)]^n = L^n$. (*Sugestão:* use indução matemática em n).

56 Trace o gráfico da função definida por $f(x) = [|1/x|]$ para $x > 0$, indique onde há descontinuidade.

2 A DERIVADA

O conceito de limite, introduzido no Cap. 1, será usado neste capítulo para definir um processo matemático chamado *diferenciação*. Uma quantidade de problemas que não podem ser tratados por técnicas estritamente algébricas — incluindo problemas envolvendo a taxa de variação de uma quantidade variável — podem ser resolvidos usando este procedimento. Do ponto de vista geométrico, tais problemas podem ser interpretados como questões envolvendo uma reta tangente ao gráfico de uma função. As regras usuais para a diferenciação também serão relacionadas.

1 Taxas de Variação e Coeficientes Angulares das Retas Tangentes

Nesta seção usaremos o conceito de limite para resolvermos dois problemas aparentemente não relacionados; mais tarde, veremos que eles são na verdade o mesmo problema em discussão. O primeiro problema é o de acharmos a taxa de variação de uma quantidade variável — por exemplo a taxa de variação da distância no tempo (velocidade). O segundo problema é o de acharmos o coeficiente angular da reta tangente ao gráfico de uma função em um ponto dado.

1.1 Velocidade de um automóvel

Um automóvel é dirigido através de uma estrada da cidade A para a cidade B, possivelmente com uma taxa variável de velocidade r. A distância d do automóvel à cidade A depende do tempo t gasto desde o início da jornada (Fig. 1). Suponhamos que as funções f e g nos dão a distância d e a velocidade r, respectivamente, em termos de t, então

$$d = f(t) \text{ e } r = g(t).$$

Fig. 1

Por exemplo, se a taxa de velocidade r é constante, digamos $r = 55$ milhas por hora, teremos a fórmula familiar

$$\text{distância} = \text{taxa} \times \text{tempo ou } d = rt = 55\,t;$$

assim, neste caso, f e g são dadas por

$$f(t) = 55\,t \text{ e } g(t) = 55.$$

No caso mais geral no qual a velocidade do automóvel é variável, as funções f e g são mais complicadas.

Acharemos agora a relação entre a função de distância f e a função de velocidade g. Escolha e fixe (temporariamente) um valor t de tempo variável. Assim, no tempo t o automóvel está a $d = f(t)$ milhas da cidade A e o velocímetro indica $r = g(t)$ milhas por hora. Agora, deixe decorrer um pequeno intervalo de tempo adicional h. No tempo $t + h$ o automóvel está a uma distância $f(t + h)$ milhas da cidade A (Fig. 2) e sua velocidade é $g(t + h)$ milhas por hora. Evidentemente, o automóvel andou $f(t + h) - f(t)$ milhas durante o intervalo de tempo h; então, sua *velocidade média* (distância dividida por tempo) durante o intervalo de tempo h é $\dfrac{f(t + h) - f(t)}{h}$ milhas por hora.

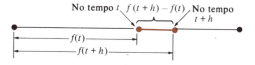

Fig. 2

Se o intervalo de tempo h é suficientemente pequeno, a leitura $g(t)$ do velocímetro no tempo t não irá diferir apreciavelmente da leitura $g(t + h)$ do velocímetro no tempo logo após $t + h$. Além disso, durante este pequeno intervalo de tempo a leitura do velocímetro deverá ser aproximadamente igual à taxa média de velocidade $\dfrac{f(t + h) - f(t)}{h}$. Quando o intervalo de tempo h vai diminuindo, essas aproximações ficam mais e mais precisas, e a velocidade no instante é dada por

$$g(t) = \lim_{h \to 0} \frac{f(t + h) - f(t)}{h}.$$

Essa equação expressa a relação prometida entre as funções f e g; de fato, ela mostra que poderemos calcular ou derivar a velocidade instantânea $g(t)$ em função de distância f pelo cálculo de um limite apropriado.

1.2 Taxa de variação instantânea em geral

As considerações acima a respeito da taxa de variação da distância em relação ao tempo poderão ser generalizadas e assim serão aplicáveis para quaisquer quantidades variáveis de qualquer espécie. Desta maneira, sejam x e y quantidades variáveis e suponha que y depende de x, tal que $y = f(x)$, onde f é uma função conveniente.

Para calcularmos a taxa de variação de y por unidade de variação de x, naturalmente começaremos por considerar uma variação em x, digamos de um valor x_1 para um valor x_2. Agora, seja

$$y_1 = f(x_1) \quad \text{e} \quad y_2 = f(x_2),$$

tal que, enquanto x varia de x_1 para x_2, y experimenta uma variação correspondente de y_1 para y_2.

É tradicional denotarmos a variação em x pelo símbolo Δx (lê-se "delta x"); então teremos

$$\Delta x = x_2 - x_1.$$

CÁLCULO

Analogamente a variação resultante em y é denotada pelo símbolo Δy (lê-se "delta y"); então teremos

$$\Delta y = y_2 - y_1 = f(x_2) - f(x_1).$$

A taxa de variação em y para a variação em x que é formada é chamada *taxa de variação média de y por unidade de variação de x* (ou*em relação a x*). Mais formalmente, teremos as seguintes definições.

DEFINIÇÃO 1
Taxa de variação média
A razão

$$\frac{\Delta y}{\Delta x} = \frac{y_2 - y_1}{x_2 - x_1} = \frac{f(x_2) - f(x_1)}{x_2 - x_1}$$

é chamada de *taxa de variação média de y em relação a x quando x varia de x_1 para x_2.*
Desde que $\Delta x = x_2 - x_1$, então $x_2 = x_1 + \Delta x$, e também poderemos escrever

$$\frac{\Delta y}{\Delta x} = \frac{f(x_1 + \Delta x) - f(x_1)}{\Delta x}.$$

Se a taxa de variação média de y em relação a x tende a um valor limitado quando Δx tende a 0, parece razoável nos referirmos a este valor limitado como*taxa de variação instantânea de y em relação a x;* desta forma, faremos a seguinte definição.

DEFINIÇÃO 2
Taxa de variação instantânea
Se $y = f(x)$, definiremos taxa de *variação instantânea de y em relação a x no instante em que $x = x_1$* como

$$\lim_{\Delta x \to 0} \frac{\Delta y}{\Delta x} = \lim_{\Delta x \to 0} \frac{f(x_1 + \Delta x) - f(x_1)}{\Delta x}.$$

EXEMPLO
Um cubo de metal com aresta x é expandido uniformemente como conseqüência de ter sido aquecido. Calcule:
(a) A taxa de variação média de seu volume em relação à aresta quando x aumenta de 2 para 2,01 centímetros.
(b) A taxa de variação instantânea de seu volume em relação à aresta no instante em que $x = 2$ centímetros.

SOLUÇÃO
Seja y o volume do cubo, então $y = x^3$ centímetros cúbicos.
(a) Quando $x = 2$ centímetros, $y = 2^3 = 8$ centímetros cúbicos. Se x aumenta de $\Delta x = 0,01$ centímetros para 2,01 centímetros, y aumenta para $(2,01)^3$ centímetros cúbicos. Assim, uma variação em x de $\Delta x = 0,01$ centímetros produz uma variação correspondente em y de

$$\Delta y = (2,01)^3 - 8 = 0,120601 \text{ centímetros cúbicos.}$$

Então a taxa de variação média de y em relação a x sobre o intervalo Δx é dada por

$$\frac{\Delta y}{\Delta x} = \frac{0,120601}{0,01} = 12,0601 \text{ centímetros cúbicos por comprimento da aresta}$$

(b) Mais geralmente, se x varia de uma quantidade Δx de 2 para $2 + \Delta x$ centímetros, então y varia de uma quantidade correspondente.

$$\Delta y = (2 + \Delta x)^3 - 2^3 = 8 + 12\,\Delta x + 6(\Delta x)^2 + (\Delta x)^3 - 8$$
$$= 12\,\Delta x + 6(\Delta x)^2 + (\Delta x)^3 \text{ centímetros cúbicos.}$$

Conseqüentemente, a taxa de variação instantânea de y em relação a x desejada é dada por

$$\lim_{\Delta x \to 0} \frac{\Delta y}{\Delta x} = \lim_{\Delta x \to 0} \frac{12\,\Delta x + 6(\Delta x)^2 + (\Delta x)^3}{\Delta x} = \lim_{\Delta x \to 0} [12 + 6\,\Delta x + (\Delta x)^2]$$

$$= 12 \underline{\text{centímetros}} \text{ cúbicos por comprimento da aresta em centímetro.}$$

No cálculo da taxa de variação de uma variável em relação a outra variável da qual depende, não é necessário o uso dos símbolos y e x para as duas variáveis. Por exemplo, suponhamos que uma partícula P se move sobre uma linha reta e está a uma distância s do ponto de partida A no tempo t (Fig. 3). Se $s = f(t)$, a velocidade da partícula no instante em que $t = t_1$ é dada por

Fig. 3

$$\lim_{\Delta t \to 0} \frac{\Delta s}{\Delta t} = \lim_{\Delta t \to 0} \frac{f(t_1 + \Delta t) - f(t_1)}{\Delta t}.$$

EXEMPLO Uma partícula se move sobre uma linha reta de modo que, no final de t segundos, sua distância s em metros do ponto de partida é dada por $s = 3t^2 + t$. Calcule a velocidade da partícula no instante em que $t = 2$ segundos.

SOLUÇÃO
Aqui, $s = f(t)$, onde $f(t) = 3t^2 + t$. A velocidade quando $t = 2$ é desta forma dada por

$$\lim_{\Delta t \to 0} \frac{f(2 + \Delta t) - f(2)}{\Delta t} = \lim_{\Delta t \to 0} \frac{[3(2 + \Delta t)^2 + (2 + \Delta t)] - [3(2)^2 + 2]}{\Delta t}$$

$$= \lim_{\Delta t \to 0} \frac{[12 + 12\,\Delta t + 3(\Delta t)^2 + 2 + \Delta t] - 14}{\Delta t}$$

$$= \lim_{\Delta t \to 0} \frac{3(\Delta t)^2 + 13\,\Delta t}{\Delta t}$$

$$= \lim_{\Delta t \to 0} (3\,\Delta t + 13) = 13 \text{ metros por segundo.}$$

1.3 Coeficiente angular da reta tangente a um gráfico em um ponto

Suponhamos que $P = (x_1, y_1)$ é um ponto no gráfico de uma função f, tal que $y_1 = f(x_1)$, e que queremos calcular a reta tangente ao gráfico de f em P (Fig. 4). Desde que essa reta tangente é a linha reta que contém o ponto P e "melhor aproxima" o gráfico de f nas vizinhanças de P, é fácil desenhá-la grosseiramente "a olho".

No entanto, suponhamos que precisássemos desenhar esta reta tangente

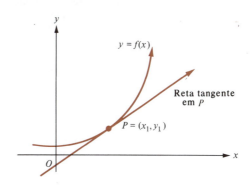

Fig. 4

precisamente. Já que uma linha reta no plano é completamente determinada quando sabemos o seu coeficiente angular e um ponto P pertencente a ela, só precisaremos calcular o coeficiente angular da reta tangente.

A Fig. 5 mostra um ponto Q no gráfico de f próximo ao ponto P. O segmento de reta $\overline{PQ}$ que liga dois pontos de uma curva é chamado *secante* e a linha reta contendo P e Q é chamada *reta secante* ao gráfico de f. A coordenada x de P é x_1 e, se a coordenada x de Q difere da coordenada x de P por uma pequena quantidade Δx, então a coordenada x de Q é $x_1 + \Delta x$.

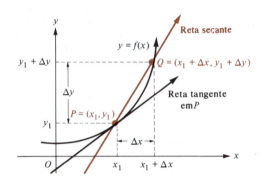

Fig. 5

Como Q pertence ao gráfico de f, segue-se que a coordenada y de Q é $f(x_1 + \Delta x)$. De novo, a coordenada y de Q difere da coordenada y de P por uma pequena quantidade Δy, onde

$$\Delta y = f(x_1 + \Delta x) - y_1 = f(x_1 + \Delta x) - f(x_1).$$

Assim,

$$Q = (x_1 + \Delta x, f(x_1 + \Delta x))$$
$$= (x_1 + \Delta x, y_1 + \Delta y).$$

Pela fórmula do coeficiente angular, a inclinação da secante $\overline{PQ}$ é

$$\frac{f(x_1 + \Delta x) - y_1}{(x_1 + \Delta x) - x_1} = \frac{f(x_1 + \Delta x) - f(x_1)}{\Delta x} = \frac{\Delta y}{\Delta x}.$$

Assim, a reta secante também tem inclinação $\dfrac{\Delta y}{\Delta x}$.

Agora, se fizermos Δx tender a 0, o ponto Q se moverá sobre a curva $y = f(x)$ e tenderá ao ponto P; além disso, a reta secante irá girar em torno do ponto P e tenderá para a reta tangente. Assim, enquanto Δx tende a 0, a inclinação $\Delta y / \Delta x$ da reta secante tende para a inclinação m da reta tangente; ou seja

$$m = \lim_{\Delta x \to 0} \frac{\Delta y}{\Delta x} = \lim_{\Delta x \to 0} \frac{f(x_1 + \Delta x) - f(x_1)}{\Delta x}.$$

As considerações anteriores nos levam para a seguinte definição formal de uma reta tangente ao gráfico de uma função.

DEFINIÇÃO 3 **Reta tangente a um gráfico**

Seja f uma função definida pelo menos em algum intervalo contendo o número x_1 e seja $y_1 = f(x_1)$. Se o limite

$$m = \lim_{\Delta x \to 0} \frac{f(x_1 + \Delta x) - f(x_1)}{\Delta x}$$

A DERIVADA

existe, diremos que a linha reta no plano xy contendo o ponto (x_1, y_1) e tendo coeficiente angular m é a *reta tangente ao gráfico de f em (x_1, y_1)*.

EXEMPLOS Calculemos o coeficiente angular m da reta tangente ao gráfico das funções f dadas no ponto indicado P. Esquematizemos um gráfico de f mostrando a reta tangente em P.

1 $f(x) = x^2$, $P = (1, 1)$

SOLUÇÃO

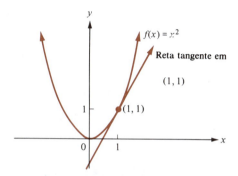

Fig. 6

$$m = \lim_{\Delta x \to 0} \frac{f(1 + \Delta x) - f(1)}{\Delta x}$$

$$= \lim_{\Delta x \to 0} \frac{(1 + \Delta x)^2 - 1^2}{\Delta x}$$

$$= \lim_{\Delta x \to 0} \frac{1 + 2\Delta x + (\Delta x)^2 - 1}{\Delta x}$$

$$= \lim_{\Delta x \to 0} (2 + \Delta x) = 2 \quad \text{(Fig. 6)}.$$

2 $f(x) = \sqrt{x - 3}$, $P = (7, 2)$

SOLUÇÃO

$$m = \lim_{\Delta x \to 0} \frac{f(7 + \Delta x) - f(7)}{\Delta x}$$

$$= \lim_{\Delta x \to 0} \frac{\sqrt{(7 + \Delta x) - 3} - \sqrt{7 - 3}}{\Delta x}$$

$$= \lim_{\Delta x \to 0} \frac{\sqrt{4 + \Delta x} - 2}{\Delta x}$$

$$= \lim_{\Delta x \to 0} \frac{(\sqrt{4 + \Delta x} - 2)(\sqrt{4 + \Delta x} + 2)}{\Delta x(\sqrt{4 + \Delta x} + 2)}$$

$$= \lim_{\Delta x \to 0} \frac{4 + \Delta x - 4}{\Delta x(\sqrt{4 + \Delta x} + 2)}$$

$$= \lim_{\Delta x \to 0} \frac{1}{\sqrt{4 + \Delta x} + 2} = \frac{1}{4} \quad \text{(Fig. 7)}.$$

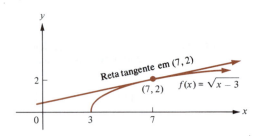

Fig. 7

Naturalmente, se a função f é contínua em x_1 e

$$\lim_{\Delta x \to 0} \left| \frac{f(x_1 + \Delta x) - f(x_1)}{\Delta x} \right| = +\infty,$$

diremos que *a reta vertical $x = x_1$ é a reta tangente ao gráfico de f no ponto $(x_1, f(x_1))$.* Para um exemplo de um gráfico com uma reta tangente vertical, veremos o Problema 18.

Conjunto de Problemas 1

1. Num certo instante o velocímetro de um automóvel indica r milhas por hora. Durante o próximo $1/4$ de segundo o automóvel percorre 20 pés. Estimar r a partir dessa informação.
2. Explique por que a resposta no problema 1 é apenas uma estimativa para r e não precisa ser exatamente igual a r.

Nos problemas 3 e 4, suponha $y = f(x)$ como dado.
(a) Calcule a taxa de variação média de y em relação a x quando se varia de x_1 para x_2.
(b) Calcule a taxa de variação instantânea de y em relação a x no instante em que $x = x_1$.

3. $y = f(x) = x^2 + x + 1$, $x_1 = 3$, $x_2 = 3,5$

4. $y = f(x) = \dfrac{4}{x}$, $x_1 = 5$, $x_2 = 6$

Nos problemas 5 a 8, uma partícula se move sobre uma linha reta de acordo com a equação dada, onde s é a distância em metros da partícula ao seu ponto de partida no final de t segundos. Calcule
(a) A velocidade média $\Delta s/\Delta t$ da partícula durante o intervalo de tempo desde $t = t_1$ até $t = t_2$.
(b) A velocidade instantânea da partícula quando $t = t_1$.

5. $s = 6t^2$, $t_1 = 2$, $t_2 = 3$

6. $s = 7t^3$, $t_1 = 1$, $t_2 = 2$

7. $s = t^2 + t$, $t_1 = 3$, $t_2 = 4$

8. $s = \sqrt{t}$, $t_1 = 9$, $t_2 = 16$

Nos problemas 9 a 18, calcule o coeficiente angular m da reta tangente ao gráfico de cada função no ponto indicado, esquematize o gráfico e mostre a reta tangente no ponto.

9. $f(x) = 2x - x^2$ em $(1, 1)$

10. $f(x) = (x - 2)^2$ em $(-2, 16)$

11. $f(x) = x^2 - 4x$ em $(3, -3)$

12. $f(x) = x^3$ em $(-1, -1)$

13. $f(x) = 3 + 2x - x^2$ em $(0, 3)$

14. $f(x) = \dfrac{1}{\sqrt{x}}$ em $(4, \tfrac{1}{2})$

15. $f(x) = \sqrt{x + 1}$ em $(3, 2)$

16. $f(x) = \sqrt{9 - 4x}$ em $(-4, 5)$

17. $f(x) = \dfrac{3}{x + 2}$ em $(1, 1)$

18. $f(x) = \sqrt[3]{x}$ em $(0, 0)$

A DERIVADA

19 Um objeto cai do repouso de acordo com a equação $s = 16t^2$, onde s é o número de metros que o objeto cai durante os primeiros t segundos depois de ser solto. Calcule: (a) A velocidade média durante os primeiros 5 segundos de queda. (b) A velocidade instantânea no final deste intervalo de 5 segundos.

20 Um projétil é lançado verticalmente para cima e está a s metros acima do solo t segundos depois de ser lançado, onde $s = 256t - 16t^2$. Calcule:
(a) A velocidade do projétil 4 segundos após o lançamento.
(b) O tempo em segundos necessário para que o projétil atinja a sua altura máxima (no ponto em que sua velocidade é 0 metro por segundo).
(c) A altura máxima que o projétil atinge.

21 Um triângulo equilátero feito de uma folha de metal é expandido pois foi aquecido. Sua área A é dada por $A = (\sqrt{3}/4)x^2$ centímetros quadrados, onde x é o comprimento de um lado em centímetros. Calcule a taxa de variação instantânea de A em relação a x no instante em que $x = 10$ centímetros.

22 Um balão esférico de raio R centímetros tem volume $V = {}^4/_3\pi R^3$ centímetros cúbicos. Calcule a taxa de variação instantânea de V em relação a R no momento em que $R = 5$ centímetros.

23 A pressão P de um gás depende do seu volume V de acordo com a lei de Boyle, $P = C/V$, onde C é uma constante. Suponha que $C = 2.000$, que P é medida em quilos por centímetro quadrado e que V é medido em centímetros cúbicos. Calcule:
(a) A taxa de variação média de P em relação a V quando V aumenta de 100 centímetros cúbicos para 125 centímetros cúbicos.
(b) A taxa de variação instantânea de P em relação a V no instante em que $V = 100$ centímetros cúbicos.

24 Calcule a equação da reta tangente ao gráfico da função $f(x) = 2x^2 - 5x + 1$ no ponto $(2, -1)$.

25 Esquematize o gráfico da função f definida por $f(x) = \sqrt{x}$. Compute o valor da razão $\dfrac{f(0 + h) - f(0)}{h}$ para números positivos h. Identifique essas razões como coeficientes angulares de certas retas secantes. O que acontece a estes coeficientes angulares quando h tende a 0?

2   A Derivada de Uma Função

Na Seção 1.2 mostramos que se x e y são duas variáveis relacionadas por uma equação $y = f(x)$, então a taxa de variação instantânea de y em relação a x quando x tem o valor x_1 é dada por

$$\lim_{\Delta x \to 0} \frac{\Delta y}{\Delta x} = \lim_{\Delta x \to 0} \frac{f(x_1 + \Delta x) - f(x_1)}{\Delta x}.$$

Por outro lado, mostramos na Seção 1.3 que o coeficiente angular m da reta tangente ao gráfico de f no ponto $(x_1, f(x_1))$ também é dado por $m = \lim\limits_{\Delta x \to 0} \dfrac{\Delta y}{\Delta x}$. Assim, o problema de encontrarmos a taxa de variação de uma variável em relação a outra e o problema de encontrarmos coeficiente angular da reta tangente a um gráfico são ambos resolvidos pelo cálculo do mesmo limite.

Limites da forma $\lim\limits_{\Delta x \to 0} \Delta y / \Delta x$ aparecem com tanta freqüência em cálculo que é necessário introduzir uma notação e uma terminologia especial para eles. Um quociente da forma

$$\frac{\Delta y}{\Delta x} = \frac{f(x + \Delta x) - f(x)}{\Delta x}$$

é chamado um *quociente de diferença*. O limite quando Δx tende a 0 de um quociente de diferença define uma nova função f', leia-se *"f linha"*, pela equação

$$f'(x) = \lim_{\Delta x \to 0} \frac{f(x + \Delta x) - f(x)}{\Delta x}.$$

Desde que a função f' é derivada da função original f, é chamada "*derivada*" de f. Assim, temos as seguintes definições.

DEFINIÇÃO 1 **A derivada**
Dada uma função f, a função f' definida por

$$f'(x) = \lim_{\Delta x \to 0} \frac{f(x + \Delta x) - f(x)}{\Delta x} = \lim_{\Delta x \to 0} \frac{\Delta y}{\Delta x}$$

é chamada a *derivada* de f.
Na definição subentendeu-se que o domínio da função derivada f' é o conjunto de todos os números x no domínio de f para os quais o limite do quociente de diferença existe. No cálculo desse limite, devemos tomar cuidado em tratar x como uma constante enquanto se faz Δx tender a zero.

EXEMPLOS Calcule $f'(x)$ para a função dada usando diretamente a Definição 1.

1 $f(x) = x^3$

SOLUÇÃO

$$f'(x) = \lim_{\Delta x \to 0} \frac{f(x + \Delta x) - f(x)}{\Delta x} = \lim_{\Delta x \to 0} \frac{(x + \Delta x)^3 - x^3}{\Delta x}$$

$$= \lim_{\Delta x \to 0} \frac{x^3 + 3x^2 \Delta x + 3x(\Delta x)^2 + (\Delta x)^3 - x^3}{\Delta x}$$

$$= \lim_{\Delta x \to 0} [3x^2 + 3x \Delta x + (\Delta x)^2] = 3x^2.$$

2 $f(x) = \dfrac{1}{3x - 2}$

SOLUÇÃO

$$f'(x) = \lim_{\Delta x \to 0} \frac{f(x + \Delta x) - f(x)}{\Delta x} = \lim_{\Delta x \to 0} \frac{\dfrac{1}{3(x + \Delta x) - 2} - \dfrac{1}{3x - 2}}{\Delta x}$$

$$= \lim_{\Delta x \to 0} \frac{(3x - 2) - [3(x + \Delta x) - 2]}{[3(x + \Delta x) - 2](3x - 2) \, \Delta x}$$

$$= \lim_{\Delta x \to 0} \frac{-3}{[3(x + \Delta x) - 2](3x - 2)} = \frac{-3}{(3x - 2)^2}.$$

2.1 Notações da derivada

A derivada foi criada independentemente por Isaac Newton e Gottfried Leibniz no século XVII. Newton usou a notação $\dot{s}$ para denotar a taxa de variação no tempo $\lim\limits_{\Delta t \to 0} \dfrac{\Delta s}{\Delta t}$ de uma quantidade variável s, onde $s = f(t)$.
Assim, Newton escreveu $\dot{s}$ para o que escrevemos como $f'(t)$, o valor da derivada f' no tempo t. A notação de Newton ainda é usada em muitos livros técnicos.
Por outro lado, Leibniz, idealizando que o valor numérico da derivada é

o limite de $\dfrac{\Delta y}{\Delta x}$, escrito como $\dfrac{dy}{dx}$; isto é

$$\frac{dy}{dx} = \lim_{\Delta x \to 0} \frac{\Delta y}{\Delta x} = f'(x).$$

De agora em diante, vamos fazer uso da notação de Leibniz; no entanto, antes das "diferenciais" dy e dx terem significação separadas (Seção 1 do Cap. 5), não veremos dy/dx como uma fração, somente como um símbolo conveniente para o valor de uma derivada.

A notação f' para a derivada de função f, que foi introduzida por Joseph Lagrange no século XVIII, é a notação preferida sempre que são necessárias a precisão e absoluta clareza. No entanto, usando a notação f', pode-se facilmente distinguir entre a derivada f' (que é uma função) e o valor numérico $f'(x)$ da função derivada para o número x.

A operação de calcular a derivada f' de uma função f (ou de calcular o valor $f(x)$) é chamada *diferenciação*. Assim, o símbolo incompleto $\dfrac{d}{dx}$ pode ser visto como uma instrução para diferenciar o que lhe acompanhar. Por exemplo, o resultado do Exemplo 1 acima pode ser escrito na notação de Leibniz como $\dfrac{d}{dx} x^3 = 3x^2$.

Uma notação popular alternativa para o símbolo $\dfrac{d}{dx}$ é o símbolo simplificado D_x (ou algumas vezes apenas D se a variável independente é subentendida), o qual é chamado *operador diferenciação*. Dessa forma, se $y = x^3$, então $D_x y = D_x x^3 = 3x^2$.

EXEMPLO Reescreva o resultado do Exemplo 2 nas notações de Leibniz e do operador.

SOLUÇÃO

$$\frac{d}{dx}\left(\frac{1}{3x - 2}\right) = D_x\left(\frac{1}{3x - 2}\right) = \frac{-3}{(3x - 2)^2}.$$

Preferência por uma ou outra notação é normalmente apenas um problema de gosto e conveniência. No restante desse livro, usaremos a simbologia que parecer mais apropriada para o problema em mãos. Também, como mostram os exemplos a seguir, poderemos usar outros símbolos além de y e x para denotarmos as variáveis dependentes e independentes.

EXEMPLO Se $s = 1/2\, gt^2$, onde g é uma constante, calcule $\dfrac{ds}{dt}$.

SOLUÇÃO

$$\frac{ds}{dt} = \lim_{\Delta t \to 0} \frac{\frac{1}{2}g(t + \Delta t)^2 - \frac{1}{2}gt^2}{\Delta t} = \lim_{\Delta t \to 0} \left(gt + \tfrac{1}{2}g\, \Delta t\right) = gt.$$

Até aqui, temos tido o cuidado de distinguir a derivada f' de uma função f e o valor $f'(x)$ dessa função derivada para um número x. Na prática, no entanto, é comum a palavra "derivada" para a função derivada f' e para o valor $f'(x)$ dessa função para um número x. Daqui em diante, seguiremos esta prática comum, desde que normalmente pode-se saber o que é pretendido do contexto.

Em suma, se $y = f(x)$, então a taxa de variação instantânea de y em relação a x, ou, o que é a mesma coisa, o coeficiente angular da reta tangente ao gráfico de *f* em um ponto *(x,y)*, é dada por

$$\frac{dy}{dx} = D_x y = f'(x) = \lim_{\Delta x \to 0} \frac{f(x + \Delta x) - f(x)}{\Delta x} = \lim_{\Delta x \to 0} \frac{\Delta y}{\Delta x},$$

desde que o limite exista.

2.2 Diferenciabilidade e continuidade

Considere a função *f* definida pela equação

$$f(x) = \begin{cases} 5 - 2x & \text{se } x < 3 \\ 4x - 13 & \text{se } x \geq 3 \end{cases} \quad \text{(Fig. 1)}.$$

Desde que $\lim_{x \to 3} f(x) = -1 = f(3)$, segue que *f* é contínua em 3.

No entanto, se formarmos o quociente de diferença

$$\frac{f(3 + \Delta x) - f(3)}{\Delta x} = \frac{f(3 + \Delta x) + 1}{\Delta x}$$

e calcularmos seus limites quando Δ*x* tende a zero, à direita e à esquerda, obteremos

$$\lim_{\Delta x \to 0^+} \frac{f(3 + \Delta x) - f(3)}{\Delta x} = \lim_{\Delta x \to 0^+} \frac{[4(3 + \Delta x) - 13] + 1}{\Delta x} = \lim_{\Delta x \to 0^+} \frac{4 \Delta x}{\Delta x} = 4,$$

enquanto

$$\lim_{\Delta x \to 0^-} \frac{f(3 + \Delta x) - f(3)}{\Delta x} = \lim_{\Delta x \to 0^-} \frac{[5 - 2(3 + \Delta x)] + 1}{\Delta x} = \lim_{\Delta x \to 0^-} \frac{-2 \Delta x}{\Delta x} = -2.$$

Desde que os limites à direita e à esquerda do quociente de diferença não são iguais, segue que o limite do quociente de diferença não existe; ou seja, a derivada *f'*(3) não existe. A não-existência da derivada de *f* em 3 pode ser antecipada do gráfico na Fig. 1, desde que esse gráfico *não tem reta tangente* em (3,−1).

Em geral, definimos a *derivada à direita* de uma função *f* por

$$f'_+(x) = \lim_{\Delta x \to 0^+} \frac{f(x + \Delta x) - f(x)}{\Delta x}.$$

Similarmente, a *derivada à esquerda* de *f* é definida por

$$f'_-(x) = \lim_{\Delta x \to 0^-} \frac{f(x + \Delta x) - f(x)}{\Delta x}.$$

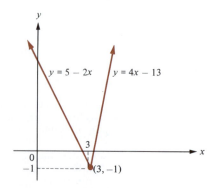

Fig. 1

Assim, para a função na Fig. 1, $f'_+(3) = 4$ e $f'_-(3) = -2$; então, $f'(3)$ não existe. De uma maneira geral, a derivada $f'(x)$ existe e tem o valor A se e somente se ambas as derivadas $f'_+(x)$ e $f'_-(x)$ existem e têm o valor comum A.

EXEMPLO Seja a função f definida por

$$f(x) = \begin{cases} x^2 & \text{se } x < 1 \\ 2x - 1 & \text{se } x \geq 1 \end{cases}$$

(Fig. 2). Calcule as derivadas $f'_+(1)$ e $f'_-(1)$ e determine $f'(1)$, se existir.

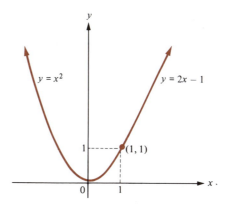

Fig. 2

SOLUÇÃO
Aqui,

$$f'_+(1) = \lim_{\Delta x \to 0^+} \frac{f(1 + \Delta x) - f(1)}{\Delta x}$$

$$= \lim_{\Delta x \to 0^+} \frac{[2(1 + \Delta x) - 1] - 1}{\Delta x}$$

$$= \lim_{\Delta x \to 0^+} \frac{2\Delta x}{\Delta x} = 2.$$

Também,

$$f'_-(1) = \lim_{\Delta x \to 0^-} \frac{f(1 + \Delta x) - f(1)}{\Delta x} = \lim_{\Delta x \to 0^-} \frac{(1 + \Delta x)^2 - 1}{\Delta x} = \lim_{\Delta x \to 0^-} (2 + \Delta x) = 2.$$

Desde que $f'_+(1) = f'_-(1) = 2$, concluímos que $f'(1)$ existe e é igual a 2. Esse exemplo mostra que uma função definida em intervalos pode ter uma derivada na vizinhança do número entre os intervalos.

DEFINIÇÃO 2 **Função diferenciável**

Uma função é dita *diferenciável* em um número x se f é definida pelo menos em algum intervalo aberto contendo x e $f'(x)$ existe e é finita.

Evidentemente, f é diferenciável em x se e somente se ambas as derivadas laterais $f'_+(x)$ e $f'_-(x)$ existem e têm o mesmo valor finito. Uma função f é dita ser *diferenciável no intervalo aberto (a,b)* se é diferenciável para cada número nesse intervalo. Se uma função é diferenciável para cada número em seu domínio, é chamada uma *função diferenciável*.

Geometricamente, dizer que uma função f é diferenciável em um número x é dizer que o gráfico de f tem uma reta tangente com coeficiente angular $f'(x)$

no ponto *(x,f(x))*. Obviamente, se um gráfico tem uma reta tangente em um ponto, não pode ter uma descontinuidade no ponto. O teorema a seguir confirma isso analiticamente.

TEOREMA 1 **Continuidade de uma função diferenciável**
Se uma função *f* é diferenciável em um número *x*, então ela é contínua em *x*.

PROVA
Considere que *f* é diferenciável em *x*. Mostraremos que *f* é contínua em *x* demonstrando que $\lim_{\Delta x \to 0} f(x + \Delta x) = f(x)$. Desde que o limite de um produto é o produto dos limites, temos

$$\lim_{\Delta x \to 0} [f(x + \Delta x) - f(x)] = \lim_{\Delta x \to 0} \left[\frac{f(x + \Delta x) - f(x)}{\Delta x} \Delta x \right]$$

$$= \left[\lim_{\Delta x \to 0} \frac{f(x + \Delta x) - f(x)}{\Delta x} \right] \left[\lim_{\Delta x \to 0} \Delta x \right]$$

$$= f'(x) \cdot 0 = 0.$$

Todavia, desde que o limite de uma soma é a soma dos limites, temos

$$\lim_{\Delta x \to 0} f(x + \Delta x) = \lim_{\Delta x \to 0} [f(x + \Delta x) - f(x) + f(x)]$$

$$= \lim_{\Delta x \to 0} [f(x + \Delta x) - f(x)] + \lim_{\Delta x \to 0} f(x) = 0 + f(x) = f(x).$$

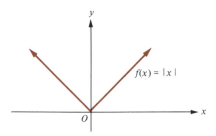

Fig. 3

Embora, como mostra o Teorema 1, uma função diferenciável seja automaticamente contínua, existem funções contínuas que não são diferenciáveis. O exemplo mais simples é a função definida por $f(x) = |x|$ (Fig. 3). Note que *f* é contínua para o número 0, mas não é diferenciável em 0 desde que $f'_+(0) = 1$ e $f'_-(0) = -1$. Um exemplo semelhante é dado pela função mostrada na Fig. 1.

Conjunto de Problemas 2

Nos problemas 1 a 6, calcule *f'(x)* diretamente de definição de derivada.

1 $f(x) = x^2 + 4x$ **2** $f(x) = 2x^3 - 1$ **3** $f(x) = 2x^3 - 4x$

4 $f(x) = \frac{x^3}{2} + \frac{3}{2}x$ **5** $f(x) = \frac{2}{x}$ **6** $f(x) = \frac{-7}{x-3}$

A DERIVADA

Nos problemas 7 a 12, calcule a derivada pedida diretamente da definição

7 $s = \dfrac{3}{t-1}, \dfrac{ds}{dt} = ?$

8 $s = \dfrac{t}{t+1}, D_t s = ?$

9 $f(v) = \sqrt{v-1}, f'(v) = ?$

10 $\dfrac{d}{du}(\sqrt{1-9u^2}) = ?$

11 $y = \dfrac{2}{x+1}, D_x y = ?$

12 $h(t) = \dfrac{1}{\sqrt{t+1}}, h'(t) = ?$

Nos problemas 13 a 16, calcule $f'(x_1)$ para o valor dado de x_1 pelo cálculo direto do

$$\lim_{\Delta x \to 0} \frac{f(x_1 + \Delta x) - f(x_1)}{\Delta x}.$$

13 $f(x) = 1 - 2x^2; x_1 = -1$

14 $f(x) = 7x^3; x_1 = -2$

15 $f(x) = \dfrac{7}{2x-1}; x_1 = 3$

16 $f(x) = \dfrac{8}{7x-1}; x_1 = -5$

Nos problemas 17 a 19, calcule o valor da derivada de cada função para o número indicado.

17 $f'(4)$ se $f(x) = \dfrac{1}{x-1}$

18 $D_t s$ em $t = 3$ e se $s = \sqrt{2t+3}$

19 $\dfrac{dy}{dx}$ em $x = 2$ se $y = \dfrac{2}{2x+1}$

20 Calcule $D_t P$ se $P = I^2 R$ e R é uma constante.

21 Reescreva suas respostas aos problemas ímpares 1 ao 11 em ambas as notações de Leibniz e de operadores.

22 Dado que $y = f(x)$, escreva o valor da derivada $f'(x)$ de tantas maneiras diferentes quanto possível.

Nos problemas 23 e 24, calcule a derivada indicada para cada função.

23 $D_t s$ se $s = 16t^2 + 30t + 10$

24 $\dfrac{du}{dv}$ se $u = 16v^2 + 30v + 10$

Nos problemas 25 a 32, (a) trace o gráfico de f, (b) determine quando f é contínua no número x_1, e (c) determine quando f é diferenciável em x_1 pelo cálculo de $f'_+(x_1)$ e $f'_-(x_1)$.

25 $f(x) = x^2 - 2x; x_1 = 3$

26 $f(x) = \begin{cases} 2x + 9 & \text{se } x \leq -1 \\ 5 - 2x & \text{se } x > -1 \end{cases}; x_1 = -1$

27 $f(x) = \begin{cases} 3x - 2 & \text{se } x \leq 3 \\ 10 - x & \text{se } x > 3 \end{cases}; x_1 = 3$

28 $f(x) = \begin{cases} \sqrt{4-x} & \text{se } x < 4 \\ (4-x)^2 & \text{se } x \geq 4 \end{cases}; x_1 = 4$

29 $f(x) = \begin{cases} x^2 & \text{se } x \leq 2 \\ 6 - x & \text{se } x > 2 \end{cases}; x_1 = 2$

30 $f(x) = \begin{cases} |x+2| & \text{se } x \geq -2 \\ 0 & \text{se } x < -2 \end{cases}; x_1 = -2$

31 $f(x) = \begin{cases} (x-1)^3 & \text{se } x > 0 \\ \frac{3}{2}x^2 + 3x - 1 & \text{se } x \leq 0 \end{cases}; x_1 = 0$

32 $f(x) = 1 - |x - 3|; x_1 = 3$

33 (a) Explique, com suas próprias palavras, por que é geometricamente razoável que uma função diferenciável deva ser contínua.

(b) É geometricamente razoável acreditar que toda função contínua seja diferenciável? Por que ou por que não?

34 Calcule os valores das constantes a e b para que $f'(-1)$ exista, onde

$$f(x) = \begin{cases} x^2 & \text{se } x < -1 \\ ax + b & \text{se } x \geq -1. \end{cases}$$

35 Trace os gráficos de cada uma das seguintes funções e indique onde as funções não são diferenciáveis.

(a) $f(x) = |3x - 1|$

(b) $f(x) = |x^3 - 1|$

3 Regras Básicas Para a Diferenciação

Na Seção 2 diferenciamos funções tais como $f(x) = 1/(3x - 2)$ pelo uso direto da definição de uma derivada (como um limite de um quociente diferencial). O cálculo direto das derivadas desta maneira pode ser cansativo, mesmo para as funções relativamente simples que temos considerado. Socorro para este cansaço está por chegar — existem regras gerais para diferenciação que permitem cálculos corretos de tais derivadas. Nessa seção apresentaremos regras para diferenciação de somas, produtos e quocientes de funções cujas derivadas já são conhecidas. De início, vamos simplesmente estabelecer essas regras informalmente e ilustrar suas aplicações em exemplos. Mais tarde, na Seção 3.1, vamos estabelecê-las precisamente e dar-lhes provas rigorosas.

REGRA 1 **Regra da constante**

A derivada de uma função constante é a função nula simbolicamente, se c é uma constante, então

$$D_x c = 0 \quad \text{ou} \quad \frac{dc}{dx} = 0.$$

No uso da regra da constante, é freqüente confundirmos deliberadamente um número constante tal como 7 e a função f constante que o determina de acordo com a equação $f(x) = 7$. Desta forma, normalmente escrevemos "$D_x(7) = 0$" ou "$d/dx\ (7) = 0$" ao invés de escrevermos "f" é a função definida pela equação $f'(x) = 0$". Desde que *só podemos diferenciar funções — nunca números* — uma expressão da forma $D_x(7) = 0$ somente poderia ter sido interpretada como o foi acima. Assim, abreviaríamos a regra da constante como $D_x c = 0$ ou $dc/dx = 0$.

EXEMPLOS 1 Seja f uma função constante definida pela equação $f(x) = 5 + \pi$. Calcule f'.

SOLUÇÃO
Pela regra da constante, f' é a função constante definida pela equação $f'(x) = 0$.

2 Calcule $D_t(5 + \sqrt{3})$

SOLUÇÃO
Pela regra da constante, $D_t(5 + \sqrt{3}) = 0$.

REGRA 2 **Regra da identidade**

A derivada da função identidade é a função constante 1. Simbolicamente,

$$D_x x = 1 \quad \text{ou} \quad \frac{dx}{dx} = 1.$$

A DERIVADA

EXEMPLO Se f é a função definida por $f(x) = x$, calcule f'.

SOLUÇÃO
Pela regra da identidade, f' é a função constante definida por $f'(x) = 1$.

REGRA 3 **Regra da potência**
A derivada de uma potência inteira positiva de x é o expoente de x vezes x elevado à potência inferior seguinte. Simbolicamente, se n é um inteiro positivo fixado, então

$$D_x x^n = nx^{n-1} \quad \text{ou} \quad \frac{d}{dx} x^n = nx^{n-1}.$$

EXEMPLOS 1 Diferencie a função $f(x) = x^7$.

SOLUÇÃO
Pela regra da potência, $f'(x) = 7x^{7-1} = 7x^6$.

2 Se $u = t^{13}$, calcule du/dt.

SOLUÇÃO

Pela regra da potência, $du/dt = d/dt\ t^{13} = 13t^{12}$.

REGRA 4 **Regra da homogeneidade**
A derivada de uma constante vezes uma função é a constante vezes a derivada da função. Simbolicamente, se c é uma constante e u é uma função diferenciável de x, então

$$D_x(cu) = cD_x u \quad \text{ou} \quad \frac{d}{dx}(cu) = c\frac{du}{dx}.$$

EXEMPLOS 1 Diferencie a função $f(x) = 5x^4$.

SOLUÇÃO
Usando ambas as regras da homogeneidade e da potência, temos

$$f'(x) = D_x(5x^4) = 5D_x x^4 = 5(4x^3) = 20x^3.$$

2 Calcule $D_x(^2/_3 x^7)$.

SOLUÇÃO
Pelas regras da homogeneidade e da potência,

$$D_x\left(\frac{2}{3} x^7\right) = \frac{2}{3} D_x(x^7) = \frac{2}{3}(7x^6) = \frac{14}{3} x^6.$$

3 Se c é uma constante e n é um inteiro positivo, calcule $d/dx\ (cx^n)$.

SOLUÇÃO

$$\frac{d}{dx}(cx^n) = c\frac{d}{dx} x^n = c(nx^{n-1}) = ncx^{n-1}.$$

Uma conseqüência importante da regra da homogeneidade é que $D_x(-u) = -D_x u$. Isso segue ao fazermos $c = -1$ na regra 4.

Muitas funções encontradas na prática são (ou podem ser reescritas como) somas de funções simples. Por exemplo, a função polinomial $f(x) = 2x^2 + 5x - 1$ é uma soma de $2x^2$, $5x$ e -1. Dessa forma, uma das mais úteis regras de diferenciação é a seguinte.

CÁLCULO

REGRA 5

Regra da soma

A derivada de uma soma é a soma das derivadas. Simbolicamente, se u e v são funções diferenciáveis de x, então

$$D_x(u + v) = D_x u + D_x v \quad \text{ou} \quad \frac{d}{dx}(u + v) = \frac{du}{dx} + \frac{dv}{dx}.$$

EXEMPLO

Calcule $D_x(3x^5 + 11x^8)$.

SOLUÇÃO
Temos

$$
\begin{aligned}
D_x(3x^5 + 11x^8) &= D_x(3x^5) + D_x(11x^8) && \text{(regra da soma)} \\
&= 3D_x x^5 + 11 D_x x^8 && \text{(regra da homogeneidade)} \\
&= 3(5x^4) + 11(8x^7) && \text{(regra da potência)} \\
&= 15x^4 + 88x^7.
\end{aligned}
$$

Se u, v e w são três funções diferenciáveis de x, então, pela regra da soma,

$$
\begin{aligned}
D_x(u + v + w) &= D_x[u + (v + w)] \\
&= D_x u + D_x(v + w) \\
&= D_x u + D_x v + D_x w.
\end{aligned}
$$

De maneira mais geral, *a derivada da soma de qualquer número finito de funções diferenciáveis é a soma de suas derivadas*. Essa regra também é chamada de *regra da soma*.

Usando as regras da soma, homogeneidade, potência, identidade e das constantes, podemos diferenciar qualquer função polinomial termo a termo. Isto é ilustrado pelos exemplos seguintes.

EXEMPLOS 1

Dado $f(x) = 3x^{100} - 24x^3 + 7x^2 - x - 2$, calcule f'.

SOLUÇÃO

$$
\begin{aligned}
f'(x) &= D_x(3x^{100} - 24x^3 + 7x^2 - x - 2) \\
&= D_x(3x^{100}) + D_x(-24x^3) + D_x(7x^2) + D_x(-x) + D_x(-2) \\
&= 300x^{99} - 72x^2 + 14x - 1.
\end{aligned}
$$

2 Calcule $\dfrac{dy}{du}$ se $y = \sqrt{2}\, u^5 - u^4/4 + 5u^3 + u + \pi^2$.

SOLUÇÃO

$$\frac{dy}{du} = 5\sqrt{2}\, u^4 - \tfrac{1}{4}(4u^3) + 15u^2 + 1 + 0 = 5\sqrt{2}\, u^4 - u^3 + 15u^2 + 1.$$

A regra para a diferenciação do produto de duas funções é mais complicada que a regra para a diferenciação de sua soma. No início do desenvolvimento do cálculo, Leibniz descobriu que, em geral, *a derivada de um produto não é o produto das derivadas* (veja Problema 51). Leibniz conseguiu achar a regra correta, que é a seguinte.

REGRA 6

Regra da multiplicação, regra do produto, ou regra de Leibniz

A derivada do produto de duas funções é a primeira função vezes a derivada da segunda função mais a derivada da primeira função vezes a segunda função. Simbolicamente, se u e v são funções diferenciáveis de x,

A DERIVADA

então

$$D_x(uv) = u(D_x v) + (D_x u)v \quad \text{ou} \quad \frac{d}{dx}(uv) = u\frac{dv}{dx} + \frac{du}{dx}v.$$

EXEMPLOS 1 Calcule $D_x[(3x^2 + 1)(7x^3 + x)]$ pelo uso da regra de multiplicação.

SOLUÇÃO

$$\begin{aligned} D_x[(3x^2 + 1)(7x^3 + x)] &= (3x^2 + 1)[D_x(7x^3 + x)] + [D_x(3x^2 + 1)](7x^3 + x) \\ &= (3x^2 + 1)(21x^2 + 1) + (6x)(7x^3 + x) \\ &= (63x^4 + 24x^2 + 1) + (42x^4 + 6x^2) \\ &= 105x^4 + 30x^2 + 1. \end{aligned}$$

2 Suponha que f e g são funções diferenciáveis no número 2 e que $f(2) = 1, g(2) = 10, f'(2) = \frac{1}{2}$ e $g'(2) = 3$. Se $h = f \cdot g$, calcule $h'(2)$.

SOLUÇÃO
Pela regra da multiplicação

$$h'(x) = f(x) \cdot g'(x) + f'(x) \cdot g(x),$$

então

$$h'(2) = f(2) \cdot g'(2) + f'(2) \cdot g(2)$$

ou

$$h'(2) = (1)(3) + (\tfrac{1}{2})(10) = 8.$$

REGRA 7 **Regra da inversa aritmética***

A derivada da inversa aritmética de uma função é a razão negativa da derivada da função para o quadrado da função. Simbolicamente se v é uma função diferenciável de x, então

$$D_x\left(\frac{1}{v}\right) = -\frac{D_x v}{v^2} \quad \text{ou} \quad \frac{d}{dx}\left(\frac{1}{v}\right) = -\frac{dv/dx}{v^2}.$$

EXEMPLO Calcule $D_x(1/x)$.

SOLUÇÃO
Pela regra da inversão aritmética

$$D_x\left(\frac{1}{x}\right) = -\frac{D_x x}{x^2} = -\frac{1}{x^2}.$$

REGRA 8 **Regra do quociente**

A derivada de um quociente de duas funções é o denominador vezes a derivada do numerador menos o numerador vezes a derivada do denominador tudo dividido pelo quadrado do denominador. Simbolicamente, se u e v são funções diferenciáveis de x, então

$$D_x\left(\frac{u}{v}\right) = \frac{vD_x u - uD_x v}{v^2} \quad \text{ou} \quad \frac{d}{dx}\left(\frac{u}{v}\right) = \frac{v\dfrac{du}{dx} - u\dfrac{dv}{dx}}{v^2}.$$

---

*N. do T. Por inversa aritmética de uma função f, entende-se a função $1/f$. Não confundir com a noção de função inversa, que aparece a seguir.

EXEMPLOS 1 Calcule $D_x\left(\dfrac{x^2}{x^3 + 7}\right)$.

SOLUÇÃO
Pela regra do quociente

$$D_x\left(\frac{x^2}{x^3 + 7}\right) = \frac{(x^3 + 7)D_x(x^2) - x^2 D_x(x^3 + 7)}{(x^3 + 7)^2} = \frac{(x^3 + 7)(2x) - x^2(3x^2)}{(x^3 + 7)^2}$$

$$= \frac{14x - x^4}{(x^3 + 7)^2}.$$

2 Suponha que f e g são funções diferenciáveis no número 3 e que $f(3) = -2$, $g(3) = -5, f'(3) = 3$ e $g'(3) = 1$. Se $h = f/g$, calcule o coeficiente angular da reta tangente ao gráfico de h no ponto $(3, {}^2/_5)$.

SOLUÇÃO
Pela regra do quociente

$$h'(x) = \frac{g(x)f'(x) - f(x)g'(x)}{[g(x)]^2},$$

assim, o coeficiente angular desejado é dado por

$$h'(3) = \frac{g(3)f'(3) - f(3)g'(3)}{[g(3)]^2} = \frac{(-5)(3) - (-2)(1)}{(-5)^2} = -\frac{13}{25}.$$

Desde que uma função racional é uma razão de funções polinomiais e podemos diferenciar qualquer função polinomial, podemos usar a regra do quociente para diferenciar qualquer função racional. O Exemplo 1 acima ilustra essa técnica.

A regra 3, regra da potência, pode se generalizada para potências inteiras arbitrárias como se segue.

REGRA 9 **Regra da potência para expoentes inteiros**
Se n é um inteiro fixado, então

$$D_x x^n = nx^{n-1} \quad \text{ou} \quad \frac{d}{dx} x^n = nx^{n-1}.$$

Para $n = 1$, essa fórmula nos dá $d/dx\, x = 1 \cdot x^0 = 1$, em conformidade com a regra da identidade, exceto quando $x = 0$, desde que 0^0 é indefinido. É tradicional passarmos por cima dessa pequena dificuldade e simplesmente interpretar 0^0 como sendo 1 *para propósito desta regra somente*. A regra 9 nos permite usar a mesma fórmula como na regra 3, mesmo quando n é um inteiro negativo ou zero.

EXEMPLOS 1 Dada $f(x) = -2/x^3$, calcule $f'(x)$.

SOLUÇÃO
Usando a regra da homogeneidade e a regra da potência para expoentes inteiros, temos

$$f'(x) = D_x\left(\frac{-2}{x^3}\right) = D_x(-2x^{-3}) = -2D_x(x^{-3}) = (-2)(-3x^{-3-1}) = 6x^{-4}.$$

2 Calcule $\dfrac{d}{dx}\left(x^2 + \dfrac{\sqrt{5}}{x^2} - \dfrac{\pi}{x^5}\right)$.

A DERIVADA

Solução

$$\frac{d}{dx}\left(x^2 + \frac{\sqrt{5}}{x^2} - \frac{\pi}{x^5}\right) = \frac{d}{dx}(x^2 + \sqrt{5}\,x^{-2} - \pi x^{-5}) = 2x - 2\sqrt{5}\,x^{-3} + 5\pi x^{-6}.$$

Em resumo temos as seguintes regras básicas para a diferenciação:

$$1 \quad \frac{dc}{dx} = 0$$

$$2 \quad \frac{dx}{dx} = 1$$

$$3 \quad \frac{d}{dx}\,x^n = nx^{n-1}$$

$$4 \quad \frac{d}{dx}\,(cu) = c\,\frac{du}{dx}$$

$$5 \quad \frac{d}{dx}\,(u + v) = \frac{du}{dx} + \frac{dv}{dx}$$

$$6 \quad \frac{d}{dx}\,(uv) = u\,\frac{dv}{dx} + \frac{du}{dx}\,v$$

$$7 \quad \frac{d}{dx}\left(\frac{1}{v}\right) = \frac{-\left(\dfrac{dv}{dx}\right)}{v^2}$$

$$8 \quad \frac{d}{dx}\left(\frac{u}{v}\right) = \frac{v\,\dfrac{du}{dx} - u\,\dfrac{dv}{dx}}{v^2}$$

Nessas regras, c denota uma constante, n é um inteiro, e u e v são funções diferenciáveis de x.

3.1 Provas das regras básicas da diferenciação

Destinamos essa seção ao estabelecimento preciso e a provas rigorosas das regras básicas da diferenciação. É conveniente provar os teoremas em uma diferente da qual as regras foram estabelecidas.

TEOREMA 1　**Regra da constante**

Se c é um número constante e f é a função constante definida por $f(x) = c$, então f é diferenciável para todo número x e f' é a função definida por $f'(x) = 0$.

Prova

$$f'(x) = \lim_{\Delta x \to 0}\frac{f(x + \Delta x) - f(x)}{\Delta x} = \lim_{\Delta x \to 0}\frac{c - c}{\Delta x} = \lim_{\Delta x \to 0} 0 = 0.$$

TEOREMA 2　**Regra da identidade**

Se f é a função definida por $f(x) = x$, então f é diferenciável para todo número x e f' é a função constante definida por $f'(x) = 1$.

Prova

$$f'(x) = \lim_{\Delta x \to 0}\frac{f(x + \Delta x) - f(x)}{\Delta x} = \lim_{\Delta x \to 0}\frac{x + \Delta x - x}{\Delta x} = \lim_{\Delta x \to 0} 1 = 1.$$

TEOREMA 3 **Regra da soma**

Sejam f e g funções diferenciáveis em um número x_1 e seja $h = f + g$. Então h é diferenciável em x_1 e

$$h'(x_1) = f'(x_1) + g'(x_1).$$

PROVA

$$h'(x_1) = \lim_{\Delta x \to 0} \frac{h(x_1 + \Delta x) - h(x_1)}{\Delta x}$$

$$= \lim_{\Delta x \to 0} \frac{[f(x_1 + \Delta x) + g(x_1 + \Delta x)] - [f(x_1) + g(x_1)]}{\Delta x}$$

$$= \lim_{\Delta x \to 0} \frac{f(x_1 + \Delta x) - f(x_1) + g(x_1 + \Delta x) - g(x_1)}{\Delta x}$$

$$= \lim_{\Delta x \to 0} \left[\frac{f(x_1 + \Delta x) - f(x_1)}{\Delta x} + \frac{g(x_1 + \Delta x) - g(x_1)}{\Delta x} \right]$$

$$= \lim_{\Delta x \to 0} \frac{f(x_1 + \Delta x) - f(x_1)}{\Delta x} + \lim_{\Delta x \to 0} \frac{g(x_1 + \Delta x) - g(x_1)}{\Delta x}$$

$$= f'(x_1) + g'(x_1).$$

TEOREMA 4 **Regra do produto**

Sejam f e g funções ambas diferenciáveis em um número x_1, e seja $h = f \cdot g$. Então h também é diferenciável em x_1 e

$$h'(x_1) = f(x_1) \cdot g'(x_1) + f'(x_1) \cdot g(x_1).$$

PROVA

$$h'(x_1) = \lim_{\Delta x \to 0} \frac{h(x_1 + \Delta x) - h(x_1)}{\Delta x}$$

$$= \lim_{\Delta x \to 0} \frac{f(x_1 + \Delta x) \cdot g(x_1 + \Delta x) - f(x_1) \cdot g(x_1)}{\Delta x}$$

Usaremos agora um curioso mas eficiente artifício algébrico — a expressão $f(x_1 + \Delta x) \cdot g(x_1)$ é subtraída do numerador e depois adicionada de novo (o que, é claro, mantém o valor do numerador sem alteração).

O resultado é

$$h'(x_1) = \lim_{\Delta x \to 0} \frac{f(x_1 + \Delta x) \cdot g(x_1 + \Delta x) - f(x_1 + \Delta x) \cdot g(x_1) + f(x_1 + \Delta x) \cdot g(x_1) - f(x_1) \cdot g(x_1)}{\Delta x}$$

$$= \lim_{\Delta x \to 0} \left[\frac{f(x_1 + \Delta x) \cdot g(x_1 + \Delta x) - f(x_1 + \Delta x) \cdot g(x_1)}{\Delta x} + \frac{f(x_1 + \Delta x) \cdot g(x_1) - f(x_1) \cdot g(x_1)}{\Delta x} \right]$$

$$= \lim_{\Delta x \to 0} \left[f(x_1 + \Delta x) \frac{g(x_1 + \Delta x) - g(x_1)}{\Delta x} + \frac{f(x_1 + \Delta x) - f(x_1)}{\Delta x} g(x_1) \right]$$

$$= \left[\lim_{\Delta x \to 0} f(x_1 + \Delta x) \right] \cdot \left[\lim_{\Delta x \to 0} \frac{g(x_1 + \Delta x) - g(x_1)}{\Delta x} \right]$$

$$+ \left[\lim_{\Delta x \to 0} \frac{f(x_1 + \Delta x) - f(x_1)}{\Delta x} \right] \cdot \left[\lim_{\Delta x \to 0} g(x_1) \right]$$

$$= \left[\lim_{\Delta x \to 0} f(x_1 + \Delta x) \right] \cdot g'(x_1) + f'(x_1) \left[\lim_{\Delta x \to 0} g(x_1) \right].$$

A DERIVADA

Desde que f é diferenciável em x_1 ela é contínua em x_1 (Teorema 1, Seção 2.2); assim,

$$\lim_{\Delta x \to 0} f(x_1 + \Delta x) = \lim_{x \to x_1} f(x) = f(x_1).$$

Também, desde que $g(x_1)$ é uma constante,

$$\lim_{\Delta x \to 0} g(x_1) = g(x_1).$$

Segue que

$$h'(x_1) = f(x_1) \cdot g'(x_1) + f'(x_1) \cdot g(x_1).$$

TEOREMA 5   **Regra da homogeneidade**

Seja g uma função diferenciável em um número x_1 e seja c uma constante. Seja a função h definida por $h(x) = cg(x)$. Então h é diferenciável em x_1 e

$$h'(x_1) = cg'(x_1).$$

PROVA

Seja f a função constante definida por $f(x) = c$. Pelo Teorema 1, $f'(x) = 0$. Evidentemente,

$$h(x) = cg(x) = f(x) \cdot g(x).$$

Desta forma, pelo Teorema 4,

$$h'(x_1) = f(x_1) \cdot g'(x_1) + f'(x_1) \cdot g(x_1) = cg'(x_1) + 0 \cdot g(x_1) = cg'(x_1).$$

TEOREMA 6   **Regra da potência**

Seja n um número inteiro maior que 1 e seja f a função definida por $f(x) = x^n$. Então f é diferenciável para todo número x e f' é a função definida por

$$f'(x) = nx^{n-1}.$$

PROVA

A prova se processa por indução matemática, iniciando com $n = 2$. Para $n = 2$ temos, pelas regras do produto e da identidade,

$$f'(x) = D_x(x^2) = D_x(x \cdot x) = x \cdot (D_x x) + (D_x x)x$$
$$= x + x = 2x = 2x^{2-1};$$

assim, o teorema é válido quando $n = 2$. Agora, assumindo que n é maior que 2 e que o teorema seja válido para expoentes menores que n, os Teoremas 4 e 2 implicam que

$$f'(x) = D_x(x^n) = D_x(x^{n-1} \cdot x) = x^{n-1} \cdot (D_x x) + (D_x x^{n-1}) \cdot x$$
$$= x^{n-1} + [(n-1)x^{n-2}] \cdot x = x^{n-1} + (n-1)x^{n-1}$$
$$= nx^{n-1}.$$

TEOREMA 7   **Regra da inversa aritmética**

Seja g uma função diferenciável em x_1 e suponha que $g(x_1) \neq 0$. Seja h a função definida por $h(x) = 1/g(x)$. Então h é diferenciável em x_1 e

$$h'(x_1) = -\frac{g'(x_1)}{[g(x_1)]^2}.$$

PROVA

Desde que g é diferenciável em x_1, ela é definida em algum intervalo aberto ao redor de x_1 e é contínua em x_1. Desta forma, para valores de x próximos a x_1, o valor numérico $g(x)$ fica próximo de $g(x_1)$. Desde que $g(x_1) \neq 0$, o valor numérico $g(x)$ deve ser diferente de zero para valores de x bem próximos de x_1. Isso mostra que $h(x) = 1/g(x)$ é definida em pelo menos um pequeno intervalo aberto ao redor de x_1. Temos

$$h'(x_1) = \lim_{\Delta x \to 0} \frac{h(x_1 + \Delta x) - h(x_1)}{\Delta x} = \lim_{\Delta x \to 0} \frac{\dfrac{1}{g(x_1 + \Delta x)} - \dfrac{1}{g(x_1)}}{\Delta x}$$

$$= \lim_{\Delta x \to 0} \frac{1}{\Delta x} \left[\frac{g(x_1)}{g(x_1) \cdot g(x_1 + \Delta x)} - \frac{g(x_1 + \Delta x)}{g(x_1) \cdot g(x_1 + \Delta x)} \right]$$

$$= \lim_{\Delta x \to 0} \frac{1}{\Delta x} \cdot \frac{g(x_1) - g(x_1 + \Delta x)}{g(x_1) \cdot g(x_1 + \Delta x)}$$

$$= \lim_{\Delta x \to 0} (-1) \left[\frac{g(x_1 + \Delta x) - g(x_1)}{\Delta x} \cdot \frac{1}{g(x_1) \cdot g(x_1 + \Delta x)} \right]$$

$$= (-1) \left[\lim_{\Delta x \to 0} \frac{g(x_1 + \Delta x) - g(x_1)}{\Delta x} \right] \cdot \left[\lim_{\Delta x \to 0} \frac{1}{g(x_1) \cdot g(x_1 + \Delta x)} \right]$$

$$= (-1)g'(x_1) \cdot \frac{1}{g(x_1) \lim_{\Delta x \to 0} g(x_1 + \Delta x)}.$$

Desde que g é contínua em x_1,

$$\lim_{\Delta x \to 0} g(x_1 + \Delta x) = \lim_{x \to x_1} g(x) = g(x_1),$$

segue que

$$h'(x_1) = (-1)g'(x_1) \cdot \frac{1}{g(x_1) \cdot g(x_1)} = - \frac{g'(x_1)}{[g(x_1)]^2}.$$

TEOREMA 8   **Regra do quociente**

Sejam f e g funções ambas diferenciáveis em um número x_1 e suponha que $g(x_1) \neq 0$. Então, se $h = f/g$, segue que h é diferenciável em x_1 e

$$h'(x_1) = \frac{g(x_1) \cdot f'(x_1) - f(x_1) \cdot g'(x_1)}{[g(x_1)]^2}.$$

PROVA
Note que $h = f \cdot (1/g)$; assim, pelas regras do produto e da inversa aritmética,

$$h'(x_1) = f(x_1) \cdot \frac{-g'(x_1)}{[g(x_1)]^2} + f'(x_1) \cdot \frac{1}{g(x_1)}$$

$$= \frac{-f(x_1) \cdot g'(x_1)}{[g(x_1)]^2} + \frac{g(x_1) \cdot f'(x_1)}{[g(x_1)]^2}$$

$$= \frac{g(x_1) \cdot f'(x_1) - f(x_1) \cdot g'(x_1)}{[g(x_1)]^2}.$$

TEOREMA 9   **Regra da potência para coeficientes inteiros**

Se a função f é definida por $f(x) = x^n$, onde n é qualquer inteiro fixado, então f é diferenciável e

$$f'(x) = nx^{n-1}.$$

A DERIVADA

Aqui entenderemos que:
- (a) Se $n \leq 0$, então x pode ser qualquer número exceto 0.
- (b) Se $n = 1$, interpretaremos 0^0 como sendo o número 1 (apenas para o objetivo desse teorema).

PROVA

O teorema 6 cuida do caso $n \geq 2$, enquanto o Teorema 2 cuida do caso $n = 1$. Para $n = 0$, $x^n = x^0 = 1$ (exceto para $x = 0$); assim, para $x \neq 0$ e $n = 0$, $f'(x) = D_x(x^n) = D_x(1) = 0 = 0 \cdot x^{-1} = 0 \cdot x^{0-1} = nx^{n-1}$, como desejado. Finalmente, suponha que $n < 0$ e que $x \neq 0$. Note que $-n$ é um inteiro positivo; dessa forma, pelo que acaba de ser provado para expoentes positivos e pelo Teorema 7,

$$f'(x) = D_x(x^n) = D_x\left(\frac{1}{x^{-n}}\right) = -\frac{D_x(x^{-n})}{(x^{-n})^2} = -\frac{-nx^{-n-1}}{x^{-2n}}$$

$$= nx^{-n-1+2n} = nx^{n-1}.$$

Conjunto de Problemas 3

Nos problemas 1 a 31, diferencie cada função aplicando as regras básicas para diferenciação.

1 $f(x) = x^5 - 3x^3 + 1$

2 $f(x) = \frac{5}{6}x^6 - 9x^4$

3 $f(x) = \frac{x^{10}}{2} + \frac{x^5}{5} + 6$

4 $F(x) = \frac{x^4}{4} - \frac{x^3}{3} + 1$

5 $f(t) = t^8 - 2t^7 + 3t + 1$

6 $f(t) = 3t^2 + 7t + 17$

7 $F(x) = \frac{3}{x^2} + \frac{4}{x}$

8 $f(t) = \frac{1}{3t^3} - \frac{1}{2t^2} + 1$

9 $f(y) = \frac{5}{y^5} - \frac{25}{y}$

10 $f(u) = \frac{1}{u} - \frac{3}{u^3}$

11 $g(x) = 3x^{-2} - 7x^{-1} + 6$

12 $G(x) = \frac{1}{3}x^{-3} - \frac{1}{2}x^{-2} + 11$

13 $f(x) = \frac{2}{5x} - \frac{\sqrt{2}}{3x^2}$

14 $f(x) = \sqrt{3}(x^3 - x)$

15 $F(x) = x^2(3x^3 - 1)$

16 $f(x) = (x^2 + 1)(2x^3 + 5)$

17 $G(x) = (x^2 + 3x)(x^3 - 9x)$

18 $g(x) = (3x - x^2)(3x^3 - 4)$

19 $f(y) = (2y - 1)(4y^2 + 7)$

20 $f(t) = (6t^2 + 7)^2$

21 $f(x) = (x^3 - 8)\left(\frac{2}{x} - 1\right)$

22 $f(x) = \left(\frac{1}{x} + 3\right)\left(\frac{2}{x} + 7\right)$

23 $g(x) = \left(\frac{1}{x^2} + 3\right)\left(\frac{2}{x^3} + x\right)$

24 $g(u) = \left(u^2 + \frac{1}{u}\right)\left(u - \frac{1}{u^3}\right)$

25 $f(x) = \frac{2x + 7}{3x - 1}$

26 $f(x) = \frac{3x^2}{x - 2}$

27 $g(x) = \frac{2x^2 + x + 1}{x^2 - 3x + 2}$

28 $G(t) = \frac{t^3}{2t^4 + 5}$

29 $F(t) = \frac{3t^2 + 7}{t^2 - 1}$

30 $f(x) = \frac{x^2 - 19}{x^2 + 19}$

31 $f(x) = \left(\frac{3x + 1}{x + 2}\right)(x + 7)$

32 Suponha que f e g são funções diferenciáveis. Define uma função h por $h(x) = f(x) - g(x)$. Mostre que $h'(x) = f'(x) - g'(x)$.

114 CÁLCULO

33 Calcule $f'(2)$ em cada caso.

(a) $f(x) = \frac{1}{3}x^3 - 1$

(b) $f(x) = \dfrac{1}{x^3} - 1$

(c) $f(x) = (x^2 + 1)(1 - x)$

(d) $f(x) = \left(\dfrac{1}{x} + 2\right)\left(\dfrac{3}{x} - 1\right)$

(e) $f(x) = \dfrac{x}{x^2 + 2}$

(f) $f(x) = \dfrac{2x^2}{x + 7}$

34 Suponha que f, g e h são funções diferenciáveis. Seja k uma função definida por $k(x) = f(x) \cdot g(x) \cdot h(x)$. Use a regra do produto para mostrar que

$$k'(x) = f(x) \cdot g(x) \cdot h'(x) + f(x) \cdot g'(x) \cdot h(x) + f'(x) \cdot g(x) \cdot h(x).$$

35 Use o resultado do problema 34 para diferenciar as seguintes funções:

(a) $f(x) = (2x - 5)(x + 2)(x^2 - 1)$

(b) $f(x) = (1 - 3x)^2(2x + 5)$

(c) $f(x) = \left(\dfrac{1}{x^2} + 1\right)(3x - 1)(x^2 - 3x)$

(d) $f(x) = (2x^2 + 7)^3$

36 Seja $f(t) = t^2 + t$ e $g(t) = t^2 - 1$. Calcule $D_t[\frac{1}{2}f(t) - \frac{2}{3}g(t)]$.

37 Sejam f e g funções diferenciáveis para o número 1 e seja $f(1) = 1$, $f'(1) = 2$, $g(1) = \frac{1}{2}$ e $g'(1) = -3$. Use as regras de diferenciação para calcular:

(a) $(f + g)'(1)$

(b) $(f - g)'(1)$

(c) $(2f + 3g)'(1)$

(d) $(fg)'(1)$

(e) $\left(\dfrac{f}{g}\right)'(1)$

(f) $\left(\dfrac{g}{f}\right)'(1)$

38 Suponha que f, g e h sejam funções diferenciáveis no número 2 e seja $f(2) = -2$, $f'(2) = 3$, $g(2) = -5$, $g'(2) = 1$, $h(2) = 2$ e $h'(2) = 4$. Use as regras de diferenciação para calcular:

(a) $(f + g + h)'(2)$

(b) $(2f - g + 3h)'(2)$

(c) $(fgh)'(2)$

(d) $\left(\dfrac{fg}{h}\right)'(2)$

39 Calcule o coeficiente angular da reta tangente ao gráfico da função f no ponto cuja coordenada x é 4.

(a) $f(x) = x^3 - 4x^2 - 1$

(b) $f(x) = \dfrac{3}{4x - 2}$

40 Determine a taxa de variação do volume em relação ao raio (a) de uma esfera e (b) de um cilindro circular reto com altura constante h.

41 Calcule o coeficiente angular da reta tangente ao gráfico de $f(x) = x/x^3 - 2$ no ponto $(1, -1)$.

42 Para uma lente fina de comprimento local constante p, a distância do objeto x e a distância da imagem y estão relacionadas pela fórmula $1/x + 1/y = 1/p$.
(a) Resolva para y em termos de x e p.
(b) Calcule a taxa de variação de y em relação a x.

43 Um objeto está se movendo ao longo de uma linha reta de tal maneira que, ao final de t segundos, sua distância em metros do seu ponto de partida é dada por $s = 8t + 2/t$, com $t > 0$. Determine a velocidade do objeto no instante em que $t = 2$ segundos.

44 A fórmula $D_x(x^n) = nx^{n-1}$, que vale para valores inteiros de n, sugere que talvez

$$D_x(x^{1/2}) = \frac{1}{2} x^{(1/2)-1} = 1/(2x^{1/2}); \text{ ou seja}, D_x(\sqrt{x}) = \frac{1}{2\sqrt{x}}. \text{ Use a definição de}$$

derivada (como um limite de um quociente diferencial) para mostrar que isso é verdadeiro para $x > 0$.

45 Critique os seguintes argumentos errados: Desejamos computar o valor da derivada de $f(x) = 2x^2 + 3x - 1$ para $x = 2$. Para este fim, colocamos $x = 2$ e temos $f(2) = 2(2)^2 + 3(2) - 1 = 13$. Mas $D_x(13) = 0$, então $f'(2) = 0$.

46 Mostre que a regra da inversa aritmética é um caso particular da regra do quociente quando o numerador é a função constante $f(x) = 1$.

47 Seja m um inteiro dado. Se possível, calcule uma constante c e um inteiro n tal que $D_x(cx^n) = x^m$, pelo menos para $x \neq 0$. Para que valor (ou valores) de m isso não é possível?

A DERIVADA

48 Suponha que a, b, c e d são constantes; que ambas c e d não são zero; e que o valor

de $\dfrac{ax + b}{cx + d}$ é independente do valor de x (desde que $cx + d \neq 0$). Prove que $ad = bc$.

49 Use a regra do produto para provar que $D_x[f(x)]^2 = 2f(x) \cdot D_x[f(x)]$.

50 Use a regra do produto para provar que $D_x[f(x)]^3 = 3[f(x)]^2 \cdot D_x[f(x)]$.

51 Seja $f(x) = x$ e $g(x) = 1$. Mostre que:
   (a) A derivada do produto $f \cdot g$ não é o produto das derivadas de f e g.
   (b) A derivada do quociente f/g não é o quociente das derivadas de f e g.

4 A Regra da Cadeia

Suponhamos que $y = (x^2 + 5x)^3$ e que desejamos determinar dy/dx. Uma saída é expandir $(x^2 + 5x)^3$ e então diferenciarmos o polinômio resultante. Assim,

$$y = (x^2 + 5x)^3 = x^6 + 15x^5 + 75x^4 + 125x^3,$$

Então

$$\frac{dy}{dx} = 6x^5 + 75x^4 + 300x^3 + 375x^2.$$

Outro método é fazermos $u = x^2 + 5x$, tal que $y = u^3$, $dy/du = 3u^2$, $du/dx = 2x + 5$. Então,

$$\frac{dy}{dx} = \frac{dy}{du}\frac{du}{dx} = 3u^2(2x + 5) = 3(x^2 + 5x)^2(2x + 5) = 6x^5 + 75x^4 + 300x^3 + 375x^2.$$

O último cálculo produziu a resposta certa, mas existe um detalhe nele. As expressões dy/du e du/dx são apenas símbolos para as derivadas nas quais os "numeradores" e "denominadores" ainda não tiveram nenhum significado quando vistos separadamente, logo não estávamos realmente seguros

em supor que $\dfrac{dy}{dx} = \dfrac{dy}{du}\dfrac{du}{dx}$. De fato, a legitimidade desse cálculo é garantida

por uma das mais importantes regras de diferenciação em cálculo — a *regra da cadeia*.

Apesar de darmos uma definição e prova precisa da regra da cadeia mais tarde (Teorema 3 na Seção 7), começaremos com a seguinte versão informal.

A regra da cadeia
Se y é uma função diferenciável de u e se u é uma função diferenciável de x, então y é uma função diferenciável de x e

$$\frac{dy}{dx} = \frac{dy}{du}\frac{du}{dx}.$$

O leitor é questionado a assumir como verdadeira a regra da cadeia por agora e se familiarizar com ela antes de entrarmos em sua prova.

EXEMPLO   Se $y = u^3$ e $u = 2x^2 + 3x - 1$, determine dy/dx.

S_OLUÇÃO_

$$\frac{dy}{dx} = \frac{dy}{du}\frac{du}{dx} = 3u^2(4x + 3) = 3(2x^2 + 3x - 1)^2(4x + 3).$$

CÁLCULO

É claro, a regra da cadeia pode ser escrita na notação de operador como

$$D_x\, y = (D_u\, y)(D_x u).$$

Se fizermos $y = f(u)$, onde u é uma função de x, faremos

$$D_x\, f(u) = f'(u)D_x u.$$

EXEMPLO Use o fato de que, se $f(u) = \sqrt{u}$, então $f'(u) = 1/(2\sqrt{u})$ (problema 44 no Conjunto de Problemas 3), e a regra da cadeia para determinar $D_x\sqrt{x^2 + 1}$.

SOLUÇÃO
Se fizermos $f(u) = \sqrt{u}$ e $u = x^2 + 1$, então $f(u) = \sqrt{x^2 + 1}$. Dessa maneira,

$$D_x\sqrt{x^2 + 1} = D_x\, f(u) = f'(u)D_x u = \frac{1}{2\sqrt{u}}(2x) = \frac{x}{\sqrt{x^2 + 1}}.$$

A regra da cadeia é comumente utilizada para calcular derivadas da forma $D_x u^n$, onde u é uma função diferenciável de x e n é um inteiro. Assim, fazendo $f(u) = u^n$, tal que $f'(u) = nu^{n-1}$, obteremos a importante fórmula

$$D_x\, u^n = nu^{n-1}D_x u.$$

EXEMPLOS 1 Calcule $D_x(x^2 + 5x)^{100}$.

SOLUÇÃO
Aqui $u = x^2 + 5x$ e $n = 100$, assim

$$D_x(x^2 + 5x)^{100} = 100(x^2 + 5x)^{99}D_x(x^2 + 5x) = 100(x^2 + 5x)^{99}(2x + 5).$$

2 Se $F(x) = \dfrac{1}{(3x - 1)^4}$, calcule $F'(x)$.

SOLUÇÃO
Aqui $F(x) = (3x - 1)^{-4}$, então

$$F'(x) = D_x\, F(x) = D_x(3x - 1)^{-4} = (-4)(3x - 1)^{-4-1}D_x(3x - 1)$$
$$= (-4)(3x - 1)^{-5}(3) = -12(3x - 1)^{-5}.$$

3 Calcule $D_x\left(\dfrac{3x}{x^2 + 7}\right)^{10}$.

SOLUÇÃO

$$D_x\left(\frac{3x}{x^2 + 7}\right)^{10} = 10\left(\frac{3x}{x^2 + 7}\right)^{9}D_x\left(\frac{3x}{x^2 + 7}\right)$$
$$= 10\left(\frac{3x}{x^2 + 7}\right)^{9}\left[\frac{(x^2 + 7)(3) - (3x)(2x)}{(x^2 + 7)^2}\right]$$
$$= \frac{(3x)^9(210 - 30x^2)}{(x^2 + 7)^{11}}.$$

4 Calcule $g'(t)$ se $g(t) = (2t^2 - 5t + 1)^{-7}$.

SOLUÇÃO

$$g'(t) = -7(2t^2 - 5t + 1)^{-8}(4t - 5) = \frac{35 - 28t}{(2t^2 - 5t + 1)^8}.$$

A DERIVADA

5 Calcule $D_x[(x^2 + 6x)^{10}(1 - 3x)^4]$.

SOLUÇÃO

$$
\begin{aligned}
D_x[(x^2 + 6x)^{10}(1 - 3x)^4] &= [D_x(x^2 + 6x)^{10}](1 - 3x)^4 + (x^2 + 6x)^{10}[D_x(1 - 3x)^4] \\
&= [10(x^2 + 6x)^9(2x + 6)](1 - 3x)^4 \\
&\qquad\qquad + (x^2 + 6x)^{10}[4(1 - 3x)^3(-3)] \\
&= (x^2 + 6x)^9(1 - 3x)^3[10(2x + 6)(1 - 3x) - 12(x^2 + 6x)] \\
&= (x^2 + 6x)^9(1 - 3x)^3(-72x^2 - 232x + 60).
\end{aligned}
$$

No cálculo de derivadas algumas vezes é necessário usar a regra da cadeia repetidamente. Por exemplo, se y é uma função de v, v é uma função de u, e u é uma função de x, então $\dfrac{dy}{dx} = \dfrac{dy}{du}\dfrac{du}{dx}$ e $\dfrac{dy}{du} = \dfrac{dy}{dv}\dfrac{dv}{du}$, e daí

$$
\frac{dy}{dx} = \frac{dy}{dv}\frac{dv}{du}\frac{du}{dx}.
$$

EXEMPLOS 1 Seja $y = (\sqrt{1 + x^2})^3$. Use o fato de que $\dfrac{d}{du}\sqrt{u} = \dfrac{1}{2\sqrt{u}}$ e a regra da cadeia para determinar dy/dx.

SOLUÇÃO
Seja $u = 1 + x^2$, $v = \sqrt{u}$ e $y = v^3$, tal que $y = (\sqrt{u})^3 = (\sqrt{1 + x^2})^3$. Assim,

$$
\frac{dy}{dx} = \frac{dy}{dv}\frac{dv}{du}\frac{du}{dx} = (3v^2)\left(\frac{1}{2\sqrt{u}}\right)(2x) = 3(\sqrt{u})^2\,\frac{x}{\sqrt{u}} = 3x\sqrt{u} = 3x\sqrt{1 + x^2}.
$$

2 Calcule $D_x[1 + (1 + x^5)^6]^7$.

SOLUÇÃO
Usando a regra da cadeia repetidamente, temos

$$
\begin{aligned}
D_x[1 + (1 + x^5)^6]^7 &= 7[1 + (1 + x^5)^6]^6 D_x[1 + (1 + x^5)^6] \\
&= 7[1 + (1 + x^5)^6]^6[6(1 + x^5)^5 D_x(1 + x^5)] \\
&= 7[1 + (1 + x^5)^6]^6[6(1 + x^5)^5(5x^4)] \\
&= 210x^4[1 + (1 + x^5)^6]^6(1 + x^5)^5.
\end{aligned}
$$

A regra da cadeia é realmente uma regra para a diferenciação da composta $f \circ g$ de duas funções. Para ver isso, seja $y = f(u)$ e $u = g(x)$, tal que

$$
y = f(u) = f[g(x)] = (f \circ g)(x).
$$

Desta forma, pela regra da cadeia,

$$
\frac{dy}{dx} = \frac{dy}{du}\frac{du}{dx} = f'(u)g'(x) = f'[g(x)]g'(x).
$$

Denotando a composta $f \circ g$ por h, podemos escrever a regra da cadeia como a seguir:

$$
\text{Se } h = f \circ g, \text{então } h'(x) = (f \circ g)'(x) = f'[g(x)]g'(x).
$$

Aqui, é claro, estamos assumindo que g é diferenciável no número x e f é diferenciável no número $g(x)$.

CÁLCULO

EXEMPLOS 1   Seja $g(x) = {}^1/_4x^8 - {}^2/_3x^6 + x - \sqrt{2}$, $f(u) = u^4$. Calcule $(f \circ g)'(x)$.

SOLUÇÃO
$f'(u) = 4u^3$ e $g'(x) = 2x^7 - 4x^5 + 1$; assim, pela regra da cadeia

$$(f \circ g)'(x) = f'[g(x)]g'(x) = 4[g(x)]^3 g'(x)$$
$$= 4(\tfrac{1}{4}x^8 - \tfrac{2}{3}x^6 + x - \sqrt{2})^3(2x^7 - 4x^5 + 1).$$

2   Sejam f e g funções diferenciáveis tais que $g(7) = {}^1/_4$, $g'(7) = {}^2/_3$ e $f'({}^1/_4) = 10$. Se $h = f \circ g$, determine $h'(7)$.

SOLUÇÃO
Pela regra da cadeia

$$h'(7) = (f \circ g)'(7) = f'[g(7)]g'(7) = f'(\tfrac{1}{4})g'(7) = (10)(\tfrac{2}{3}) = \tfrac{20}{3}.$$

Se tivermos uma função composta $f \circ g$ tal que, $(f \circ g)(x) = f[g(x)]$, chamemos g de "função interna" e f de "função externa" nessa composta (devido às posições que ocupam na expressão $f[g(x)]$). Então poderemos estabelecer a regra da cadeia nas palavras que se seguem:
A derivada da composta de duas funções é a derivada da função externa tomada no valor da função interna vezes a derivada da função interna.
O leitor deve memorizar essas palavras e deve ver exatamente como elas correspondem à definição formal

$$(f \circ g)'(x) = f'[g(x)]g'(x).$$

EXEMPLOS   Mais tarde (na Seção 2 do Cap. 8) mostraremos que se $f(x) = \operatorname{sen} x$, onde x é um ângulo qualquer em radianos, então $f'(x) = \cos x$. Em palavras, a derivada da função seno é a função co-seno. Assuma isso por hora e calcule $h'(x)$ para a função h dada nos Exemplos 1 a 4 abaixo.

1 $h(x) = \operatorname{sen}(x^3) = \operatorname{sen} x^3$

SOLUÇÃO
Aqui a função externa é a função seno e a função interna é $g(x) = x^3$. A derivada da função externa é a função co-seno e a derivada da função interna é $g'(x) = 3x^2$. Dessa forma, pela regra da cadeia,

$$h'(x) = [\cos(x^3)][3x^2] = 3x^2 \cos(x^3).$$

2 $h(x) = (\operatorname{sen} x)^3 = \operatorname{sen}^3 x$

SOLUÇÃO
Aqui a função externa é $f(u) = u^3$ e a função interna é a função seno. A derivada da função externa é $f'(u) = 3u^2$ e a derivada da função interna é a função co-seno. Dessa forma, pela regra da cadeia,

$$h'(x) = 3(\operatorname{sen} x)^2 \cos x = 3\operatorname{sen}^2 x \cos x.$$

3 $h(x) = \cos x$

SOLUÇÃO
Desde que $\cos x = \operatorname{sen}(\pi/2 - x)$, começamos escrevendo

$$h(x) = \operatorname{sen}\left(\frac{\pi}{2} - x\right).$$

Aqui, a função externa é a função seno, enquanto a função interna é $g(x) = \pi/2 - x$. A derivada da função externa é a função co-seno e a derivada da função interna é $g'(x) = -1$. Dessa forma, pela regra da cadeia,

$$h'(x) = \left[\cos\left(\frac{\pi}{2} - x\right)\right](-1) = -\cos\left(\frac{\pi}{2} - x\right) = -\operatorname{sen} x.$$

A DERIVADA

Concluímos que $D_x \cos x = -\operatorname{sen} x$; isto é, *a derivada da função co-seno é o negativo da função seno*.

4 $h(x) = \cos^4 (3x)$

SOLUÇÃO

$$h'(x) = 4 \cos^3 (3x)[-\operatorname{sen}(3x)](3) = -12 \cos^3 3x \operatorname{sen} 3x.$$

Conjunto de Problemas 4

Pode-se assumir neste conjunto de problemas que, para $x > 0$, $D_x \sqrt{x} = 1/(2\sqrt{x})$. Nos problemas 1 a 4, calcule a derivada pedida pelo uso da regra da cadeia.

1 $y = \sqrt{u}$, $u = x^2 + x + 1$, calcule dy/dx.

2 $y = u^3 - 2u^{1/2}$, $u = x^2 + 2x$, calcule dy/dx.

3 $y = u^{-5}$, $u = x^4 + 1$, calcule dy/dx.

4 $y = u$, $u = (7 - x^2)(7 + x^2)^{-1}$, calcule $D_x y$.

Nos problemas 5 a 32, calcule a derivada de cada função com o auxílio da regra da cadeia.

5 $f(x) = (5 - 2x)^{10}$

6 $f(x) = (2x - 3)^8$

7 $f(y) = \dfrac{1}{(4y + 1)^5}$

8 $F(t) = (2t^4 - t + 1)^{-4}$

9 $f(u) = (u^3 + 2)^{15}$

10 $g(y) = (y^2 - 3y + 2)^7$

11 $F(x) = (x^5 - 2x^2 + x + 1)^{-7}$

12 $g(t) = (\sqrt{3}\, t^2 + t - \sqrt{11})^{-8}$

13 $g(x) = (3x^2 + 7)^2(5 - 3x)^3$

14 $G(t) = (5t^2 + 1)^2(3t^4 + 2)^4$

15 $f(x) = \left(3x + \dfrac{1}{x}\right)^2 (6x - 1)^5$

16 $f(t) = (3t - 1)^{-1}(2t + 5)^{-3}$

17 $g(y) = (7y + 3)^{-2}(2y - 1)^4$

18 $f(u) = \left(6u + \dfrac{1}{u}\right)^{-5} (2u - 2)^7$

19 $f(x) = \left(\dfrac{x^2 + x}{1 - 2x}\right)^4$

20 $f(t) = \left(\dfrac{1 + t^2}{1 - t^2}\right)^5$

21 $F(x) = \left(\dfrac{3x + 1}{x^2}\right)^3$

22 $G(x) = \left(\dfrac{7x + 1/x}{x^2 + 2x - 1}\right)^2$

23 $g(t) = \left(\dfrac{7t + 1/t}{t^3 + 2}\right)^7$

24 $f(x) = \left(\dfrac{16x}{x^2 - 7}\right)^{-3}$

25 $f(x) = \dfrac{1}{\sqrt{x}}$

26 $F(x) = \dfrac{1}{\sqrt{x^2 + 1}}$

27 $g(x) = \sqrt{x^2 + 2x - 1}$

28 $f(x) = \sqrt{\sqrt{x}} = x^{1/4}$

29 $f(t) = \sqrt{t^4 - t^2 + \sqrt{3}}$

30 $g(y) = \sqrt{y^3 - y + \sqrt{y}}$

31 $f(x) = (x + \sqrt{x})(x - 2\sqrt{x})$

32 $F(x) = (x - \sqrt{x})^4$

33 Se $u = vw$, $v = \sqrt{t}$, $t = x^2 + 2$, $w = s^5$, e $s = x + 1$, calcule du/dx.

34 Se $w = yz$, $y = \sqrt{u}$, $u = x^2 + 7$, $z = \dfrac{2t + 1}{t + 1}$, e $t = \sqrt{x}$, calcule $D_x w$.

35 Se y depende de x e x depende de t, use a regra da cadeia para mostrar que a taxa de variação de y em relação a t é o produto da taxa de variação de y em relação a x e a taxa de variação de x em relação a t.

36 Seja $f(u) = u^3$ e $g(x) = \sqrt[3]{x}$. Supondo que g é diferenciável para todo número exceto 0, use o fato de que $(f \circ g)(x) = x$ e a regra da cadeia para mostrar que $D_x(\sqrt[3]{x}) = g'(x) = \frac{1}{3}\sqrt[3]{1/x^2}$.

37 Suponha que f e g são funções tais que $g(2) \doteq 123$, g é diferenciável no número 2, $g'(2) = 7$, f é diferenciável no número 123 e $f'(123) = \frac{1}{2}$. Seja $h = f \circ g$. Calcule $h'(2)$.

38 Sejam f e g funções tais que $f(5) = -3$, $f'(5) = 10$, $f'(7) = 20$, $g(5) = 7$, $g'(5) = \frac{1}{4}$ e $g'(7) = \frac{2}{3}$. Calcule $(f \circ g)'(5)$.

39 Suponha que f é uma função par; então $f(x) = f(-x)$ vale para todos os valores de x. Supondo que f é diferenciável, mostre que f' é uma função ímpar; ou seja, mostre que $f'(-x) = -f'(x)$ vale para todos os valores de x. (*Sugestão:* Faça $g(x) = -x$ e note que $f = f \circ g$; então $f' = (f \circ g)'$. Aplique a regra da cadeia.)

40 Mostre que se f é uma função ímpar diferenciável, então f' é uma função par.

41 Admita as fórmulas seguintes, as quais fornecem as derivadas das seis funções trigonométricas para todo valor de x para o qual as funções respectivas são definidas.

(i) $\quad D_x \operatorname{sen} x = \cos x$

(ii) $\quad D_x \cos x = -\operatorname{sen} x$

(iii) $\quad D_x \tan x = \sec^2 x$

(iv) $\quad D_x \cot x = -\csc^2 x$

(v) $\quad D_x \sec x = \sec x \tan x$

(vi) $\quad D_x \csc x = -\csc x \cot x$

Use essa informação para determinar as derivadas de cada uma das funções seguintes:

(a) $f(x) = \operatorname{sen} 5x$

(b) $F(x) = \cos(8x - 1)$

(c) $g(t) = \tan(3t)$

(d) $F(x) = \cot(9x)$

(e) $f(t) = \sec(2t + 9)$

(f) $g(x) = \csc(15x - 2)$

(g) $f(\theta) = \operatorname{sen}^3 \theta$

(h) $f(\theta) = \operatorname{sen} \sqrt{\theta}$

(i) $g(x) = \operatorname{sen}^2 \dfrac{2\pi x}{360}$

(j) $g(\theta) = \sqrt{\cos \theta}$

(k) $f(\theta) = \operatorname{sen}^2 \theta + \cos^2 \theta$

(l) $f(\theta) = 2 \operatorname{sen} \theta \cos \theta$

42 Use o fato de que $|u| = \sqrt{u^2}$ para calcular cada uma das seguintes derivadas.

(a) $\dfrac{d}{dx} |x|$

(b) $\dfrac{d}{dx} |3x + 1|$

(c) $\dfrac{d}{dx} \left(\dfrac{x}{|x|} \right)$

(d) $D_x |x^3 + 2|$

43 Seja g uma função diferenciável, faça $u = g(x)$, $f(u) = 1/u$. Use a regra da cadeia junto com o fato de que $f'(u) = -1/u^2$ para dar outra prova para a regra da inversa.

$$D_x \left[\frac{1}{g(x)} \right] = - \frac{g'(x)}{[g(x)]^2}.$$

44 A demanda D para um certo produto está relacionada com o seu preço P pela equação $D = 500/\sqrt{P - 1}$. Determine a taxa instantânea à qual a demanda está variando em relação ao preço quando o preço é Cr\$ 3,50.

45 Uma partícula se move sobre uma linha reta e s denota sua distância em metros do ponto de partida depois de t segundos. Calcule ds/dt em cada um dos casos seguintes.

(a) $s = \sqrt{t}(1 + t + t^2)$

(b) $s = \dfrac{\sqrt{t}}{1 + t + t^2}$

46 Explique a distinção entre $D_x[f(7x + 3)]$ e $f'(7x + 3)$.

47 Determine o coeficiente angular da reta tangente ao gráfico da função f definido pela equação $f(x) = 1/\sqrt{2x + 7}$ no ponto $(1, \frac{1}{3})$.

48 Mostre que a regra da cadeia pode ser expressa como $(f \circ g)' = (f' \circ g) \cdot g'$.

5 A Regra da Função Inversa e a Regra da Potência Racional

Nessa seção daremos uma regra, chamada *regra da função inversa*, que nos dará condições de determinar a derivada da inversa de uma função, e usaremos essa regra para determinar derivadas da forma $D_x x^r$, onde r é um número racional.

Se resolvermos a equação $y = x^3$ para x, obteremos $x = \sqrt[3]{y}$; em outras palavras, as funções

$$f(x) = x^3 \quad \text{e} \quad g(y) = \sqrt[3]{y}$$

A DERIVADA

são inversas uma da outra (Seção 9 do Cap. 0). Admitindo que g é diferenciável, acharemos sua derivada. Desde que $x = g(y)$, queremos calcular $dx/dy = g'(y)$. Pela regra da cadeia,

$$\frac{dx}{dy}\frac{dy}{dx} = \frac{dx}{dx} = 1;$$

assim

$$\frac{dx}{dy} = \frac{1}{dy/dx}.$$

Mas, $y = x^3$, então $dy/dx = 3x^2 = 3(\sqrt[3]{y})^2 = 3y^{2/3}$. Desta forma,

$$\frac{dx}{dy} = \frac{1}{3y^{2/3}},$$

desde que $y \neq 0$.

Pela generalização do argumento acima, obteremos a regra da função inversa. Na Seção 5.1 iremos estabelecer esta regra precisamente como um teorema; no entanto, por agora, daremos a seguinte definição informal.

A regra da função inversa usando a notação de Leibniz

$$\text{Se } \frac{dy}{dx} \neq 0, \text{ então } \frac{dx}{dy} = \frac{1}{dy/dx}.$$

O exemplo seguinte ilustra a utilidade da regra da função inversa. Nesse exemplo, calculamos a derivada de uma função inversa por "força bruta" e comparamos com o mesmo cálculo usando a regra da função inversa.

EXEMPLO Seja $y = 3x^2 - 4x + 2$ para $x > 2/3$. Calcule dx/dy quando $y = 2$:
(a) Resolvendo para x em termos de y e depois diferenciando.
(b) Usando a regra da função inversa.

Solução
(a) Usando a fórmula quadrática, solucionamos a equação $3x^2 - 4x + 2 - y = 0$ para x para obter

$$x = \frac{4 \pm \sqrt{16 - 12(2 - y)}}{6} \quad \text{ou} \quad x = \frac{2}{3} \pm \frac{1}{3}\sqrt{3y - 2}.$$

Desde que desejamos $x > 2/3$, devemos usar o sinal positivo na última equação, então

$$x = \frac{2}{3} + \frac{1}{3}\sqrt{3y - 2}.$$

Recorde que $\dfrac{d}{du}\sqrt{u} = \dfrac{1}{2\sqrt{u}}$ (problema 44 no Conjunto de Problemas 3); assim, pela regra da cadeia,

$$\frac{dx}{dy} = \frac{1}{3} \cdot \frac{d}{dy}\sqrt{3y - 2} = \frac{1}{3} \cdot \frac{1}{2\sqrt{3y - 2}}\frac{d}{dy}(3y - 2) = \frac{1}{2\sqrt{3y - 2}}.$$

Desta forma, quando $y = 2$,

$$\frac{dx}{dy} = \frac{1}{2\sqrt{6 - 2}} = \frac{1}{4}.$$

(b) Pela regra da função inversa,

$$\frac{dx}{dy} = \frac{1}{dy/dx} = \frac{1}{\dfrac{d}{dx}(3x^2 - 4x + 2)} = \frac{1}{6x - 4}.$$

Quando $y = 2$, $x = {}^4\!/_3$ (Por quê?), e então

$$\frac{dx}{dy} = \frac{1}{6\left(\frac{4}{3}\right) - 4} = \frac{1}{4}.$$

5.1 Teorema da função inversa

Agora estabeleceremos precisamente a regra da função inversa na forma de um teorema.

Para entendermos esse teorema, suponha que $y = f(x)$, onde f é uma função diferenciável e invertível. Resolvendo a equação $y = f(x)$ para x em termos de y, obteremos $x = g(y)$, onde g é a inversa de f. Aqui, $dy/dx = f'(x)$ e, supondo que g é diferenciável, $dx/dy \doteq g'(y)$. Se $f'(x) \neq 0$, a regra da função inversa $\dfrac{dx}{dy} = \dfrac{1}{dy/dx}$ pode ser reescrita como $g'(y) = \dfrac{1}{f'(x)}$, ou, desde que

$$x = g(y),\ g'(y) = \frac{1}{f'[g(y)]}.$$

Nas aplicações da função inversa, nossa maior preocupação é calcularmos a derivada g'. Se o uso de y como variável independente na expressão $g'(y)$ é inconveniente, poderemos usar a letra x ao invés da letra y na fórmula obtida acima.

O resultado é $g'(x) = \dfrac{1}{f'[g(x)]}$. Nossa motivação está completa, e agora podemos estabelecer o teorema.

TEOREMA 1

Regra da função inversa ou teorema da função inversa

Seja f uma função cujo domínio é um intervalo aberto I, suponha que f é diferenciável em I, e suponha que $f'(c) \neq 0$ para todo número c em I. Então f tem uma inversa g, g é diferenciável, e

$$g'(x) = \frac{1}{f'[g(x)]}$$

é válido para todo número x no domínio de g.

O teorema da função inversa não só nos dá a fórmula para calcular a derivada g' da inversa de f como também garante a existência de g bem como a sua *diferenciabilidade*. Por essa razão sua prova é muito sofisticada para ser dada aqui. No entanto, é possível ter uma idéia intuitiva para a diferenciabilidade de g pela consideração da Fig. 1. Observe que o gráfico de g é a imagem simétrica do gráfico de f em relação à reta $y = x$ (Seção 9 do Cap. 0). Por hipótese, f é diferenciável; assim, o gráfico de f tem uma tangente em cada ponto (u,v) com $v = f(u)$. Evidentemente, sua imagem simétrica — o gráfico de g — também tem uma tangente em cada ponto (v,u) com $u = g(v)$. Mas dizer que o gráfico de g tem uma tangente em cada ponto é dizer que g é diferenciável.

Recordando da Seção 9 do Cap. 0, se uma função f possui inversa g, escrevemos $g = f^{-1}$ e lê-se "inversa de f". Usando a notação f^{-1}, podemos reescrever a fórmula no teorema da função inversa como

$$(f^{-1})'(x) = \frac{1}{f'[f^{-1}(x)]}.$$

A DERIVADA

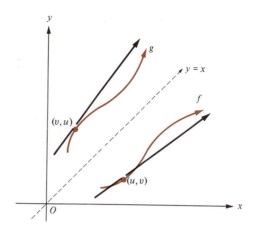

Fig. 1

EXEMPLO Seja $f(x) = x^2$ para $x > 0$. Determine $(f^{-1})'(x)$.

SOLUÇÃO
Já que f é definida e diferenciável no intervalo aberto $(0, \infty)$, e como $f'(x) = 2x \neq 0$ para todos os valores de x no intervalo, segue do Teorema 1 que f é inversível, f^{-1} é diferenciável e

$$(f^{-1})'(x) = \frac{1}{f'[f^{-1}(x)]} = \frac{1}{2f^{-1}(x)}$$

válido para todo x no domínio de f^{-1}. Desde que $f(x) = x^2$ para $x > 0$, segue que $f^{-1}(x) = \sqrt{x}$. Então $(f^{-1})'(x) = \frac{1}{2f^{-1}(x)}$ simplesmente significa que $D_x \sqrt{x} = \frac{1}{2\sqrt{x}}$.

5.2 A regra da potência para expoentes racionais

No exemplo anterior usamos o teorema da função inversa para determinarmos a derivada da função raiz quadrada. Generalizando esse argumento, obteremos o seguinte teorema

TEOREMA 2 **Regra da raiz**

Se n é um inteiro positivo, então

$$D_x \sqrt[n]{x} = D_x x^{1/n} = \frac{1}{n} x^{(1/n) - 1} = \frac{\sqrt[n]{x}}{nx}$$

válido para todos os valores de x para os quais $\sqrt[n]{x}$ é definida, exceto para $x = 0$.

PROVA
Seja $f(x) = x^n$, sabendo-se que x é positivo se n é par, não havendo restrições caso n seja ímpar. Se resolvermos a equação $y = f(x)$ para x em termos de y, obteremos $x = \sqrt[n]{y}$; assim, a função $g(y) = \sqrt[n]{y}$ é a inversa da função f. Usando a letra x para a variável independente na equação definindo g, encontramos que $f^{-1}(x) = g(x) = \sqrt[n]{x}$. Pelo Teorema 1, temos

$$D_x \sqrt[n]{x} = (f^{-1})'(x) = \frac{1}{f'[f^{-1}(x)]} = \frac{1}{f'(\sqrt[n]{x})} = \frac{1}{n(\sqrt[n]{x})^{n-1}}$$

$$= \frac{\sqrt[n]{x}}{n(\sqrt[n]{x})^n} = \frac{\sqrt[n]{x}}{nx} = \frac{1}{n} x^{(1/n) - 1}, \quad \text{desde que } x \neq 0.$$

EXEMPLOS 1   Determine $D_x \sqrt[9]{x}$.

SOLUÇÃO

Usando o Teorema 2, temos $D_x \sqrt[9]{x} = \dfrac{1}{9} x^{(1/9)-1} = \dfrac{1}{9} x^{-8/9} = \dfrac{\sqrt[9]{x}}{9x}$.

2   Se $y = x^{1/8}$, calcule dy/dx.

SOLUÇÃO

$$\frac{dy}{dx} = \frac{d}{dx} x^{1/8} = \frac{1}{8} x^{(1/8)-1} = \frac{1}{8} x^{-7/8}.$$

Usando a regra da raiz e a regra da cadeia, agora estabeleceremos a regra para diferenciação de potências racionais de x. Como mostra o teorema a seguir, essa regra é formalmente a mesma regra para diferenciação de potências inteiras de x.

TEOREMA 3   **Regra da potência para expoentes racionais**
Seja $r = m/n$ um número racional, reduzido aos seus menores termos tal que n é um inteiro positivo e os inteiros m e n não têm fatores em comum. Então

$$D_x x^r = rx^{r-1}$$

é válido para todos os valores de x para os quais $x^r = (x^{1/n})^m$ é definida, exceto possivelmente para $x = 0$. Também será válido para $x = 0$, desde que n seja ímpar e $m > n$.

PROVA
Pela regra da cadeia e Teorema 2, temos

$$D_x x^r = D_x(x^{1/n})^m = m(x^{1/n})^{m-1} D_x(x^{1/n}) = \left(mx^{(m-1)/n}\right)\left(\frac{1}{n} x^{(1/n)-1}\right)$$

$$= \frac{m}{n} x^{(m-1)/n + (1/n) - 1} = \frac{m}{n} x^{(m/n)-1} = rx^{r-1},$$

desde que x^r é definido e $x \neq 0$. Para completar a prova, suponha que $m > n$ e n seja ímpar. Seja $f(x) = x^r$, notando que $r > 1$. Dessa forma, quando $x = 0$, $rx^{r-1} = 0$, e devemos provar que $f'(0) = 0$.
Temos

$$f'(0) = \lim_{\Delta x \to 0} \frac{f(0 + \Delta x) - f(0)}{\Delta x} = \lim_{\Delta x \to 0} \frac{[(\Delta x)^{1/n}]^m - 0}{\Delta x}$$

$$= \lim_{\Delta x \to 0} \frac{[(\Delta x)^{1/n}]^m}{[(\Delta x)^{1/n}]^n} = \lim_{\Delta x \to 0} [(\Delta x)^{1/n}]^{m-n} = 0.$$

Se combinarmos a regra do expoente racional com a regra da cadeia, obteremos o seguinte resultado importante: Se r é um número racional e u é uma função diferenciável de x, então

$$D_x u^r = ru^{r-1} D_x u \quad \text{ou} \quad \frac{d}{dx} u^r = ru^{r-1} \frac{du}{dx}.$$

EXEMPLOS 1   Determine $D_x x^{3/2}$.

SOLUÇÃO

$$D_x x^{3/2} = \tfrac{3}{2} x^{(3/2)-1} = \tfrac{3}{2} x^{1/2} = \tfrac{3}{2}\sqrt{x}.$$

A DERIVADA

2 Se $y = \sqrt[3]{2x^2 - 3}$, calcule dy/dx.

SOLUÇÃO

$$\frac{dy}{dx} = \frac{d}{dx}\sqrt[3]{2x^2 - 3} = \frac{d}{dx}(2x^2 - 3)^{1/3} = \frac{1}{3}(2x^2 - 3)^{(1/3)-1}\frac{d}{dx}(2x^2 - 3)$$

$$= \tfrac{1}{3}(2x^2 - 3)^{-2/3}(4x) = \tfrac{4}{3}x(2x^2 - 3)^{-2/3}.$$

3 Se $f(x) = (1 - x)^{4/5}(1 + x^2)^{-2/3}$, calcule $f'(x)$.

SOLUÇÃO
Usando a regra do produto, a regra da função racional e a regra da cadeia, temos

$$f'(x) = \tfrac{4}{5}(1 - x)^{-1/5}(-1)(1 + x^2)^{-2/3} + (1 - x)^{4/5}(-\tfrac{2}{3})(1 + x^2)^{-5/3}(2x)$$

$$= (1 - x)^{-1/5}(1 + x^2)^{-5/3}[-\tfrac{4}{5}(1 + x^2) - \tfrac{2}{3}(1 - x)(2x)]$$

$$= \tfrac{4}{15}(1 - x)^{-1/5}(1 + x^2)^{-5/3}(2x^2 - 5x - 3).$$

4 Se u é uma função diferenciável de x, mostre que

$$D_x|u| = \frac{u}{|u|}D_xu \quad \text{vale para} \quad u \neq 0.$$

SOLUÇÃO
Desde que $|u| = (u^2)^{1/2}$, então, para $u \neq 0$.

$$D_x|u| = D_x(u^2)^{1/2} = \tfrac{1}{2}(u^2)^{-1/2}D_xu^2 = \tfrac{1}{2}(u^2)^{-1/2}(2uD_xu)$$

$$= \frac{u}{(u^2)^{1/2}}D_xu = \frac{u}{|u|}D_xu.$$

5.3 Outros exemplos do teorema da função inversa

Mais tarde neste livro, em particular na Seção 5 do Cap. 8 e na Seção 3.2 do Cap. 9, usaremos o teorema da função inversa para calcular certas derivadas. Aqui, daremos outros exemplos do seu uso.

EXEMPLOS **1** Seja f a função definida por $f(x) = x^3 + x + 1$.
(a) Mostre que f^{-1} existe
(b) Determine $(f^{-1})'(1)$.

SOLUÇÃO
(a) Já que $f'(x) = 3x^2 + 1 \neq 0$ para todos os números reais x, segue do Teorema 1 que f^{-1} existe.
(b) Evidentemente, $f(0) = 1$, então $f^{-1}(1) = f^{-1}[f(0)] = 0$. Assim, pelo Teorema 1,

$$(f^{-1})'(1) = \frac{1}{f'[f^{-1}(1)]} = \frac{1}{f'(0)} = \frac{1}{3(0)^2 + 1} = 1.$$

2 Suponha que as hipóteses do teorema da função inversa são satisfeitas pela função f, que $f(3) = 7$ e que $f'(3) = 2$. Determine $(f^{-1})'(7)$.

SOLUÇÃO
Já que $f(3) = 7$, segue que $f^{-1}(7) = 3$. (Por quê?) Assim

$$(f^{-1})'(7) = \frac{1}{f'[f^{-1}(7)]} = \frac{1}{f'(3)} = \frac{1}{2}.$$

Conjunto de Problemas 5

Nos problemas 1 a 8, use a notação de Leibniz e a regra da função inversa para achar o valor de dx/dy quando y tem o valor a.

1 $a = 1, y = x^5$

2 $a = 64, y = x^6, x > 0$

3 $a = 4, y = x^2 + 2x + 1, x > -1$

4 $a = -3, y = \dfrac{2x + 3}{x - 1}$

5 $a = -1, y = \dfrac{7x - 2}{2x - 7}$

6 $a = \frac{1}{2}, y = \operatorname{sen} x, -\dfrac{\pi}{2} < x < \dfrac{\pi}{2}$ $\left(\text{Assuma que } \dfrac{d}{dx} \operatorname{sen} x = \cos x \right)$

7 $a = \frac{2}{3}\sqrt{3}, y = \dfrac{x}{\sqrt{x^2 - 1}}, x > 1$

8 a é arbitrário, $y = mx + b, m \neq 0$

Nos problemas 9 a 26, determine a derivada de cada função. (Use a regra da raiz e a regra da potência racional juntamente com as regras básicas para diferenciação.)

9 $f(x) = \sqrt[5]{x}$

10 $f(x) = \sqrt[7]{x^2}$

11 $g(x) = 36x^{-4/9}$

12 $f(x) = 21x^{5/7}$

13 $h(t) = (1 - t)^{-2/3}$

14 $f(x) = \dfrac{1}{\sqrt[5]{x^4}}$

15 $g(s) = \sqrt{\dfrac{9 - s^2}{9 + s^2}}$

16 $f(u) = \left(1 + \dfrac{2}{u} \right)^{3/4}$

17 $g(x) = x^{-1/2} + x^{-1/3} + x^{-1/4}$

18 $f(x) = \sqrt{x} + \sqrt[3]{x} + \sqrt[4]{x}$

19 $f(t) = \sqrt[5]{t^3} - \sqrt[4]{t}$

20 $g(y) = \sqrt{y^4 - y + \sqrt[3]{y}}$

21 $g(x) = \sqrt[10]{\dfrac{x}{x + 1}}$

22 $f(x) = (x + \sqrt{x})(x - 2\sqrt{x})$

23 $h(x) = (1 + x)^{-3/4}(2x + 1)^{1/2}$

24 $f(t) = \dfrac{t}{\sqrt{36 - t^2}}$

25 $f(t) = \sqrt[4]{t + 2}\,\sqrt[5]{t + 5}$

26 $g(x) = \sqrt[3]{x}(1 + 2\sqrt{x})$

Nos problemas 27 a 30, determine a derivada da função dada. Suponha as derivadas das funções trigonométricas como dadas no problema 41 do Conjunto de Problemas 4.

27 $f(t) = \sqrt[5]{\operatorname{sen} t}$

28 $g(x) = \sqrt[7]{\cos 3x}$

29 $g(x) = \cos^{3/4} x$

30 $h(t) = \operatorname{sen}^{5/7}(4t - 1)$

31 Calcule $D_x (\sqrt[4]{x})$:
   (a) Escrevendo $\sqrt[4]{x} = \sqrt{\sqrt{x}}$ e usando a regra da cadeia.
   (b) Pela regra da função inversa.
   (c) Escrevendo $\sqrt[4]{x} = x^{1/4}$ e usando a regra da potência para expoentes racionais.

32 Na última parte da prova do Teorema 3, (a) onde foi que usamos a suposição de que n é ímpar, e (b) onde foi que usamos a suposição de que $m > n$?

33 Se $f(x) = x|x|$, determine $f'(x)$. (Para determinar $f'(0)$, use a definição de $f'(0)$ como um limite de um quociente de diferença.)

34 Se f é a função definida por

$$f(x) = \begin{cases} x & \text{se } x < 1 \\ x^2 & \text{se } 1 \le x \le 9 \\ 27\sqrt{x} & \text{se } x > 9, \end{cases}$$

determine $(f^{-1})'(x)$ se existir.

Nos problemas 35 a 40, use a informação dada e o teorema da função inversa para calcular $(f^{-1})'(a)$. (Você pode supor que as hipóteses do teorema são satisfeitas.)

A DERIVADA

35 $a = 7$, $f(3) = 7$, $f'(3) = 2$

36 $a = 2$, $f(2) = 5$, $f(5) = 2$, $f'(5) = 7$, $f'(2) = 6$

37 $a = -1$, $f(-1) = -2$, $f(4) = -1$, $f'(-1) = -3$, $f'(4) = \frac{1}{7}$

38 $a = \frac{1}{3}$, $f(\frac{1}{3}) = \frac{2}{3}$, $f(1) = \frac{1}{3}$, $f'(1) = \frac{2}{3}$, $f'(\frac{1}{3}) = 1$

39 $a = \dfrac{\sqrt{2}}{2}$, $f\left(\dfrac{\pi}{4}\right) = \dfrac{\sqrt{2}}{2}$, $f'\left(\dfrac{\pi}{4}\right) = \dfrac{\sqrt{2}}{2}$

40 $a = 0$, $f(0) = 0$, $f'(0) = 1$

41 Seja f a função definida por $f(x) = \dfrac{2x - 1}{3x - 2}$.

  (a) Mostre que $f^{-1} = f$.
  (b) Calcule $(f^{-1})'(x)$ usando o item (a) e a regra do quociente.
  (c) Calcule $(f^{-1})'(x)$ usando o teorema da função inversa.

42 Seja f a função definida por $f(x) = \dfrac{x + 1}{2x - 3}$.

  (a) Mostre que $f^{-1}(x) = \dfrac{3x + 1}{2x - 1}$.

  (b) Calcule $(f^{-1})'(0)$ usando o item (a) e a regra do quociente.
  (c) Calcule $(f^{-1})'(0)$ usando o teorema da função inversa.

43 Seja f a função definida pela equação $y = f(x) = 2x^2 - x + 1$, $x > \frac{1}{4}$.
  (a) Use a fórmula quadrática para resolver a equação para x em termos de y.
  (b) Use o item (a) para determinar uma equação definindo f^{-1}.
  (c) Calcule $(f^{-1})'(y)$ usando o item (b).
  (d) Determine $(f^{-1})'(y)$ usando o teorema da função inversa.

44 Seja f a função definida pela equação $f(x) = x^3 - x^2 + 1$, $x > \frac{2}{3}$. Use o teorema da função inversa para determinar $(f^{-1})'(5)$. (Note que $f(2) = 5$, então $f^{-1}(5) = 2$.)

45 Seja f a função definida pela equação $f(x) = \dfrac{x^3 - 1}{x^2 + 1}$ para $x > 0$. Desde que $f(1) = 0$, então $f^{-1}(0) = 1$. Use a regra da função inversa para determinar $(f^{-1})'(0)$.

6   As Equações de Retas Tangentes e Normais

Suponha que a função f é diferenciável em x_1, então $f'(x_1)$ é o coeficiente angular da tangente ao gráfico de f no ponto $(x_1, f(x_1))$. Se $y_1 = f(x_1)$, a equação da tangente na forma ponto-coeficiente angular é

$$y - y_1 = f'(x_1)(x - x_1).$$

EXEMPLO   Determine a equação da tangente ao gráfico de $f(x) = 4 - x^2$ no ponto $(1,3)$. Esquematize o gráfico.

SOLUÇÃO
Aqui, $f'(x) = -2x$, então $f'(1) = -2$. A equação da tangente é

$$y - 3 = -2(x - 1) \quad \text{ou} \quad y = -2x + 5 \quad \text{(Fig. 1)}.$$

A *reta normal* ao gráfico de f no ponto (x_1, y_1) é definida como sendo a linha reta através de (x_1, y_1) que é perpendicular à reta tangente em (x_1, y_1) (Fig. 2).

Como $f'(x_1)$ é o coeficiente angular da tangente ao gráfico de f em (x_1, y_1),

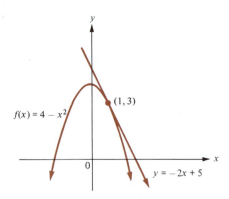

Fig. 1

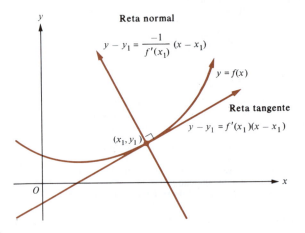

Fig. 2

segue do Teorema 3 na Seção 4.1 do Cap. 0 que $-1/f'(x_1)$ é o coeficiente angular da normal em (x_1, y_1). Conseqüentemente, a equação da normal na forma ponto-coeficiente angular é

$$y - y_1 = \frac{-1}{f'(x_1)}(x - x_1).$$

EXEMPLO Determine as equações das retas tangente e normal ao gráfico de $f(x) = 1/x$ no ponto $(1/2, 2)$. Ilustre graficamente.

SOLUÇÃO
Aqui, $f'(x) = -1/x^2$, então $f'(1/2) = -1/(1/2)^2 = -4$. Dessa forma, a equação da tangente é

$$y - 2 = -4(x - \tfrac{1}{2}) \quad \text{ou} \quad y = -4x + 4.$$

Já que a tangente em $(1/2, 2)$ tem coeficiente angular -4, a normal nesse ponto tem coeficiente angular $-1/(-4) = 1/4$. Assim, a equação da normal é

$$y - 2 = \frac{1}{4}\left(x - \frac{1}{2}\right) \quad \text{ou} \quad y = \frac{x}{4} + \frac{15}{8}$$

(Fig. 3).

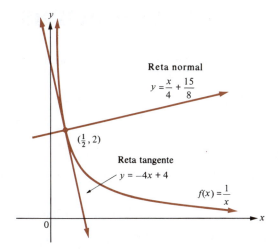

Fig. 3

Algumas vezes é útil sabermos determinar o ponto (ou aqueles pontos) $(x_1, f(x_1))$ no gráfico de uma função diferencial f na qual a tangente tem uma certa direção. Se o coeficiente angular de uma linha reta nessa direção é m, somente é necessário resolvermos a equação $f'(x_1) = m$ para x_1 em razão de determinarmos o valor (ou valores) desejado de x_1. Essa técnica é ilustrada pelo exemplo a seguir.

EXEMPLO Se $f(x) = 2x^2 - x$, determine o ponto no gráfico de f onde a tangente é paralela à reta $3x - y - 4 = 0$, determine a equação da tangente nesse ponto e esquematize o gráfico.

SOLUÇÃO
Aqui, $f'(x) = 4x - 1$. A reta $3x - y - 4 = 0$ tem coeficiente angular 3. Assim, a abcissa x_1 do ponto desejado deve satisfazer a equação $f'(x_1) = 3$; isto é, $4x_1 - 1 = 3$. Resolvendo a última equação, encontramos que $x_1 = 1$; dessa forma, o ponto desejado no gráfico de f é dado por $(x_1, f(x_1)) = (1, f(1)) = (1, 1)$. A equação da tangente em $(1, 1)$ é

$$y - 1 = 3(x - 1) \quad \text{ou} \quad y = 3x - 2$$

(Fig. 4).

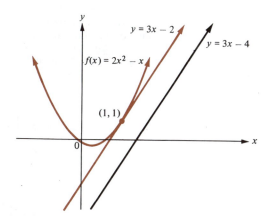

Fig. 4

Conjunto de Problemas 6

Nos problemas 1 a 10, encontre as equações das retas tangente e normal ao gráfico da função dada no ponto indicado. Ilustre graficamente nos problemas 1 até 5.

1 $f(x) = 2x^2 - 7$ em $(2, 1)$
2 $F(x) = 5 + 2x - x^2$ em $(0, 5)$
3 $g(x) = x^2 + x + 1$ em $(1, 3)$
4 $G(x) = \sqrt[3]{x - 1}$ em $(1, 0)$
5 $h(x) = \sqrt[3]{x}$ em $(8, 2)$
6 $H(x) = 3x^{2/3}$ em $(8, 12)$
7 $f(x) = \frac{3}{2}\sqrt{4 - x^2}$ em $(0, 3)$
8 $F(x) = x^3 - 8x^2 + 9x + 20$ em $(4, -8)$
9 $g(x) = \dfrac{x^2 - 1}{x^2 + 1}$ em $(1, 0)$
10 $G(x) = ax^2 + bx + c$ em $(0, c)$

11 Determine o ponto onde a normal a $f(x) = 2/x$ no ponto (1,2) corta (a) o eixo x e (b) o eixo y.
12 Determine as interseções x e y da tangente a $y = 2\sqrt{x}$ no ponto (1,2).
13 Em que ponto da curva $y = x^2 + 8$ o coeficiente da tangente é 16? Escreva a equação dessa reta tangente.
14 Determine um valor da constante b para que o gráfico de $y = x^2 + bx + 17$ tenha uma tangente horizontal no ponto $(2, 21 + 2b)$.
15 Em que ponto na curva $y = 3x^2 + 5x + 6$ a tangente é paralela ao eixo x?
16 Para que valores de x a tangente à curva $y = ax^3 + bx^2 + cx + d$ no ponto (x,y) é paralela ao eixo x?

Nos problemas 17 a 21, determine um ponto no gráfico da função dada onde a tangente (ou normal) satisfaz à condição estipulada, e então escreva a equação dessa tangente (ou normal).

17 A tangente a $f(x) = x - x^2$ é paralela à reta $x + y - 2 = 0$.
18 A tangente a $f(x) = 2x^3 - x^2$ é paralela à reta $4x - y + 3 = 0$.
19 A normal a $f(x) = x - 1/x$ é paralela à reta $x + 2y - 3 = 0$.
20 A normal a $f(x) = \sqrt{4x - 3}$ é perpendicular à reta $3x - 2y + 3 = 0$.
21 A tangente a $f(x) = 5 + x^2$ intercepta o eixo x no ponto (2,0).

7 O Uso das Derivadas Para Valores Aproximados de Funções

O simples fato geométrico de que a tangente à curva é uma boa aproximação da curva perto do ponto de tangência P (Fig. 1) pode ser usado para melhor cálculo dos valores aproximados das funções.

Suponha, por exemplo, que desejamos determinar um valor aproximado para $\sqrt{1{,}02}$ com um mínimo de cálculo. Temos que $\sqrt{1} = 1$, então sabemos

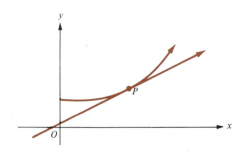

Fig. 1

que $\sqrt{1{,}02}$ é um pouco maior que 1. Para determinar seu valor mais precisamente, considere o gráfico de $y = \sqrt{x}$ perto de $x = 1$. A Fig. 2 mostra a tangente a esse gráfico em (1,1). Desde que

$$\frac{dy}{dx} = \frac{d}{dx}\sqrt{x} = \frac{1}{2\sqrt{x}},$$

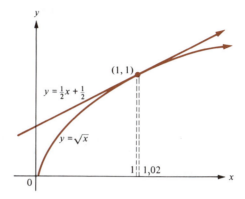

Fig. 2

tem-se que o coeficiente angular da tangente é dado por $m = 1/(2\sqrt{1}) = 1/2$; então, sua equação na forma ponto-coeficiente angular é $y - 1 = 1/2(x - 1)$. Resolvendo a última equação para y, encontramos que a equação da tangente é $y = 1/2 x + 1/2$.

Como o gráfico de $y = \sqrt{x}$ e o gráfico de $y = 1/2 x + 1/2$ são praticamente os mesmos para valores de x próximos de 1 (Fig. 2), uma boa aproximação para $\sqrt{1{,}02}$ pode ser fornecida por $1/2(1{,}02) + 1/2 = 1{,}01$. O valor correto de $\sqrt{1{,}02}$ até a sexta casa decimal é 1,009950, então a aproximação $\sqrt{1{,}02} \approx 1{,}01$ é quase precisa.

Agora, iremos generalizar o processo acima para torná-lo aplicável para uma enorme classe de problemas de aproximação. Seja f uma função, suponha que x_1 é um número no domínio de f e assuma que o valor da função $y_1 = f(x_1)$ é conhecido. Nosso problema é estimarmos o valor da função $f(x)$ quando x é um número próximo de x_1. Suponha que f é diferenciável em x_1, então a reta tangente ao gráfico de f em (x_1, y_1) tem um coeficiente angular dado por $m = f'(x_1)$. Assim, sua equação é

$$y - y_1 = f'(x_1)(x - x_1) \quad \text{ou} \quad y = y_1 + f'(x_1)(x - x_1)$$

(Fig. 3).

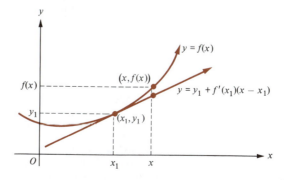

Fig. 3

Evidentemente, para valores de x próximos de x_1, a altura do gráfico de f acima de $(x, 0)$ e a altura da reta tangente acima desse ponto são aproximadamente as mesmas; isto é, $f(x)$ é aproximadamente o mesmo que

$$y_1 + f'(x_1)(x - x_1).$$

Isso sugere o seguinte processo:

Processo da aproximação linear

Suponha que a função f é diferenciável no número x_1 e que $y_1 = f(x_1)$ é conhecido. Então, para valores de x próximos de x_1,

$$f(x) \approx y_1 + f'(x_1)(x - x_1);$$

isto é,

$$f(x) \approx f(x_1) + f'(x_1)(x - x_1).$$

Esse processo é chamado de processo da aproximação *linear* porque é baseado no uso de uma linha reta (a reta tangente).

EXEMPLO Use o processo da aproximação linear para aproximar $1/1,03$. Para comparar, calcule também o valor correto com quatro casas decimais.

SOLUÇÃO
Seja $f(x) = 1/x$, em $f'(x) = -1/x^2$. Usando o processo da aproximação linear com $x_1 = 1$, obtemos

$$\frac{1}{1,03} = f(1,03) \approx f(1) + f'(1)(1,03 - 1) = 1 + \frac{-1}{1^2}(1,03 - 1) = 0,97.$$

O valor correto com quatro decimais é 0,9709.

O processo de aproximação é de uso limitado a menos que existam alguns dados de limitação específicos a respeito do erro envolvido. O erro no processo de aproximação linear é dado por

$$\text{erro} = \text{valor verdadeiro} - \text{valor aproximado}$$
$$= f(x) - [f(x_1) + f'(x_1)(x - x_1)].$$

Note que esse erro depende de x; assim, determina uma função E pela equação

$$E(x) = f(x) - f(x_1) - f'(x_1)(x - x_1).$$

Aqui não estamos interessados em estabelecer limitações no valor numérico $E(x)$ do erro — tais assuntos são discutidos na Seção 5 do Cap. 12. No entanto, podemos agora fazer pequenas considerações a respeito da função E.

Geometricamente, $E(x)$ é apenas a diferença entre a altura acima $(x, 0)$ do gráfico de f e a altura acima $(x, 0)$ da reta tangente a esse gráfico em (x_1, y_1) (Fig. 4). Note que

$$\lim_{x \to x_1} E(x) = \lim_{x \to x_1} [f(x) - f(x_1) - f'(x_1)(x - x_1)] = 0.$$

(Por quê?)

Essa equação expressa o fato de que o erro tende a 0 quando x tende a x_1, um fato que não é realmente tão significativo quanto parece à primeira vista. No entanto, se, ao invés de ter usado a reta tangente para obter uma aproximação linear para $f(x)$ (Figs. 3 e 4), tivéssemos usado qualquer outra linha reta não-vertical contendo o ponto (x_1, y_1), o erro de aproximação continuaria tendendo a 0 quando x tende a x_1 (Fig. 5).

O detalhe realmente crucial do erro $E(x)$ não é que $E(x)$ tende a 0 quando

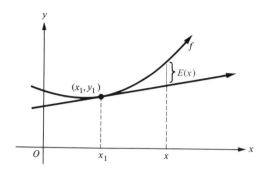

Fig. 4

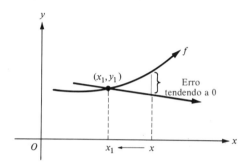

Fig. 5

x tende a x_1, mas, que, quando x tende a x_1, $E(x)$ tende a 0 tão rapidamente quanto a razão $\dfrac{E(x)}{x - x_1}$ continua tendendo a zero.

Note que, quando x tende a x_1, o denominador $x - x_1$ tende a 0, o que deveria ser esperado para fazer a razão $\dfrac{E(x)}{x - x_1}$ ser muito grande em valor absoluto; no entanto, o numerador $E(x)$ tende a 0 tão rapidamente que a influência do denominador é desprezada.

Para ver que $\lim\limits_{x \to x_1} \dfrac{E(x)}{x - x_1} = 0$, calculamos da seguinte maneira:

$$\lim_{x \to x_1} \frac{E(x)}{x - x_1} = \lim_{x \to x_1} \frac{f(x) - f(x_1) - f'(x_1)(x - x_1)}{x - x_1}$$

$$= \lim_{x \to x_1} \left[\frac{f(x) - f(x_1)}{x - x_1} - f'(x_1) \right] = \lim_{x \to x_1} \left[\frac{f(x) - f(x_1)}{x - x_1} \right] - f'(x_1).$$

Agora seja $\Delta x = x - x_1$; logo $x = x_1 + \Delta x$ e a condição $x \to x_1$ é equivalente à condição $\Delta x \to 0$. Segue que

$$\lim_{x \to x_1} \frac{E(x)}{x - x_1} = \lim_{\Delta x \to 0} \left[\frac{f(x_1 + \Delta x) - f(x_1)}{\Delta x} \right] - f'(x_1) = f'(x_1) - f'(x_1) = 0.$$

Para referência futura, estabeleceremos o resultado assim obtido na forma do seguinte teorema.

CÁLCULO

TEOREMA 1 **Teorema da aproximação linear**

Se a função f é diferenciável no número x_1, então existe uma função ε com o mesmo domínio de f tal que:

(i) $f(x) = f(x_1) + f'(x_1)(x - x_1) + \varepsilon(x)(x - x_1).$

(ii) $\varepsilon(x_1) = 0.$

(iii) $\lim\limits_{x \to x_1} \varepsilon(x) = 0.$

PROVA

Seja $E(x) = f(x) - f(x_1) - f'(x_1)(x - x_1)$. Já vimos que

$$\lim_{x \to x_1} \frac{E(x)}{x - x_1} = 0.$$

Defina a função ε pela equação

$$\varepsilon(x) = \begin{cases} \dfrac{E(x)}{x - x_1} & \text{se } x \neq x_1 \text{ e } x \text{ estiver no domínio de} f \\[2ex] 0 & \text{se } x = x_1. \end{cases}$$

Então as condições (ii) e (iii) são válidas. Além disso $\varepsilon(x)(x - x_1) = E(x)$ é válido (mesmo para $x = x_1$, desde que $E(x_1) = 0$); dessa forma,

$$\varepsilon(x)(x - x_1) = f(x) - f(x_1) - f'(x_1)(x - x_1);$$

isto é,

$$f(x) = f(x_1) + f'(x_1)(x - x_1) + \varepsilon(x)(x - x_1).$$

Assim, (i) é válido e a prova está completa.

No Teorema 1, note que $E(x) = \varepsilon(x)(x - x_1)$. Essa formulação de $E(x)$ como um produto enfatiza o fato de que o erro tende a 0 rapidamente quando x tende a x_1, desde que *ambos* os fatores $\varepsilon(x)$ e $(x - x_1)$ tendem a 0 quando x tende a x_1.

EXEMPLO Use o teorema da aproximação linear para escrever o valor da função

$$f(x) = 2x^3 + 5x^2 - x + 5$$

próximo de $x_1 = 3$ como uma soma de um termo linear e um termo do erro.

SOLUÇÃO

Aqui $f'(x) = 6x^2 + 10x - 1$, logo $f'(3) = 83$. Desde que $f(3) = 101$, o teorema da aproximação linear fornece

$$f(x) = f(3) + f'(3)(x - 3) + \varepsilon(x)(x - 3);$$

isto é,

$$2x^3 + 5x^2 - x + 5 = 101 + 83(x - 3) + \varepsilon(x)(x - 3).$$

Se $x \neq 3$, podemos resolver a última equação da $\varepsilon(x)$ para obter

$$\varepsilon(x) = \frac{2x^3 + 5x^2 - x + 5 - 101 - 83(x - 3)}{x - 3}$$

$$= \frac{2x^3 + 5x^2 - 84x + 153}{x - 3} = 2x^2 + 11x - 51$$

$$= (x - 3)(2x + 17).$$

A DERIVADA

Já que $\varepsilon(3) = 0$, a equação $\varepsilon(x) = (x-3)(2x+17)$ é válida mesmo quando $x = 3$. Assim, temos

$$\underbrace{2x^3 + 5x^2 - x + 5}_{f(x)} = \underbrace{101 + 83(x-3)}_{\text{termo linear}} + \underbrace{\overbrace{(x-3)(2x+17)}^{\varepsilon(x)}(x-3)}_{\text{termo do erro}},$$

onde $\varepsilon(x)$ tende a 0 quando x tende a 3.

O teorema da aproximação linear tem uma recíproca que fornece também outra interpretação da derivada (além das interpretações de "taxa de variação" e de "coeficiente angular da reta tangente").

TEOREMA 2   **Recíproca do teorema da aproximação linear**

Seja f uma função definida em pelo menos um intervalo aberto (a,b) contendo o número x_1. Suponha que exista uma função ε definida no intervalo (a,b) e que existam constantes m e c tais que.

$$f(x) = mx + c + \varepsilon(x)(x - x_1) \quad \text{para } a < x < b.$$

Então, se $\lim\limits_{x \to x_1} \varepsilon(x) = 0$, tem-se que:

(i) f é diferenciável em x_1.

(ii) $f'(x_1) = m$.

(iii) $c = f(x_1) - f'(x_1)x_1$.

A prova do Teorema 2 é imediata e é deixada como exercício (problema 16).

7.1 A prova da regra da cadeia

Já mencionamos que a regra da cadeia é uma das mais importantes de todas as regras de diferenciação — a notação de Leibniz $\dfrac{dy}{dx} = \dfrac{dy}{du}\dfrac{du}{dx}$ apenas faz com que um fato analítico relativamente profundo pareça ser nada mais que uma trivialidade algébrica. Nesta seção iremos estabelecer a regra da cadeia precisamente na forma de um teorema; e usaremos o teorema da aproximação linear e sua recíproca para provarmos esse teorema.

TEOREMA 3   **A regra da cadeia**

Sejam f e g funções; suponha que g é diferenciável no número x_1 e que f é diferenciável no número $g(x_1)$. Então a função composta $f \circ g$ é diferenciável em x_1 e

$$(f \circ g)'(x_1) = f'[g(x_1)]g'(x_1).$$

PROVA

Para simplicidade de cálculo, faça, $u_1 = g(x_1)$, $A = f'(u_1)$, e $B = g'(x_1)$. Devemos provar que $(f \circ g)'(x_1) = AB$. Aplicando o Teorema 1 para g próximo de x_1, obteremos

$$g(x) = g(x_1) + g'(x_1)(x - x_1) + \varepsilon_1(x)(x - x_1);$$

isto é,

$$g(x) - u_1 = [B + \varepsilon_1(x)](x - x_1), \qquad \text{onde } \lim\limits_{x \to x_1} \varepsilon_1(x) = 0 = \varepsilon_1(x_1).$$

Analogamente, aplicando o Teorema 1 para f próximo de u_1, obtemos

$$f(u) = f(u_1) + f'(u_1)(u - u_1) + \varepsilon_2(u)(u - u_1);$$

CÁLCULO

isto é,

$$f(u) = f[g(x_1)] + [A + \varepsilon_2(u)](u - u_1), \qquad \text{onde } \lim_{u \to u_1} \varepsilon_2(u) = 0 = \varepsilon_2(u_1).$$

Na última equação, façamos $u = g(x)$ para obter

$$f[g(x)] = f[g(x_1)] + \{A + \varepsilon_2[g(x)]\}[g(x) - u_1];$$

isto é

$$(f \circ g)(x) = (f \circ g)(x_1) + [A + (\varepsilon_2 \circ g)(x)][g(x) - u_1].$$

Mas vimos acima que $g(x) - u_1 = [B + \varepsilon_1(x)](x - x_1)$, então

$$(f \circ g)(x) = (f \circ g)(x_1) + [A + (\varepsilon_2 \circ g)(x)][B + \varepsilon_1(x)](x - x_1).$$

A última equação pode ser reescrita como

$$(f \circ g)(x) = ABx + c + \varepsilon(x)(x - x_1),$$

onde

$$c = (f \circ g)(x_1) - ABx_1 \quad \text{e} \quad \varepsilon(x) = B(\varepsilon_2 \circ g)(x) + A\varepsilon_1(x) + [(\varepsilon_2 \circ g)(x)]\varepsilon_1(x).$$

Se pudermos mostrar que $\lim_{x \to x_1} \varepsilon(x) = 0$, poderemos aplicar o Teorema 2 para a equação $(f \circ g)(x) = ABx + c + \varepsilon(x)(x - x_1)$ e concluirmos que $(f \circ g)'(x_1) = AB$, como desejado.

Como g é diferenciável no número x_1, então (pelo Teorema 1 na Seção 2.2) g é contínua em x_1. Desde que $\lim_{u \to u_1} \varepsilon_2(u) = 0 = \varepsilon_2(u_1)$, então ε_2 é contínua em $u_1 = g(x_1)$. Dessa maneira, pela Propriedade 3 das funções contínuas na Seção 4 do Cap. 1 (veja também problemas 10 e 11 no Cap. 1, Conjunto de Problemas 7), $\varepsilon_2 \circ g$ é contínua no número x_1.

Logo,

$$\lim_{x \to x_1} (\varepsilon_2 \circ g)(x) = (\varepsilon_2 \circ g)(x_1) = \varepsilon_2[g(x_1)] = \varepsilon_2(u_1) = 0.$$

Conseqüentemente

$$\begin{aligned} \lim_{x \to x_1} \varepsilon(x) &= \lim_{x \to x_1} \{B(\varepsilon_2 \circ g)(x) + A\varepsilon_1(x) + [(\varepsilon_2 \circ g)(x)]\varepsilon_1(x)\} \\ &= B \lim_{x \to x_1} (\varepsilon_2 \circ g)(x) + A \lim_{x \to x_1} \varepsilon_1(x) + \left[\lim_{x \to x_1} (\varepsilon_2 \circ g)(x)\right]\left[\lim_{x \to x_1} \varepsilon_1(x)\right] \\ &= B(0) + A(0) + (0)(0) = 0, \end{aligned}$$

Como desejado

Conjunto de Problemas 7

Nos problema 1 a 8, use o processo da aproximação linear $f(x) \approx f(x_1) + f'(x_1)(x - x_1)$ para estimar cada quantidade.

1 $\sqrt{9,06}$ **2** $(3,07)^3$ **3** $\sqrt{36,1}$

4 $\sqrt{35,99}$ **5** $\dfrac{1}{2,06}$ **6** $\dfrac{1}{1,02}$

7 $x^2 + 2x - 3$ em $x = 1,07$ **8** $x^2 + 2x - 3$ em $x = -3,02$

9 Nos problemas ímpares de 1 a 7, calcule o verdadeiro valor da quantidade com várias casas decimais e compare sua estimativa.

Nos problemas 10 a 15, represente a função próxima do número dado x_1 como uma função linear mais um erro de acordo com o teorema da aproximação linear

10 $f(x) = x^2$ na vizinhança $x_1 = 0$

11 $f(x) = x^3 - 3x - 2$ na vizinhança $x_1 = 2$

12 $f(x) = 1 - 3x + 2x^2$ na vizinhança $x_1 = -1$

13 $f(x) = 2x^3$ na vizinhança $x_1 = 3$

14 $f(x) = \dfrac{2x}{x-2}$ na vizinhança $x_1 = 0$

15 $f(x) = \dfrac{5}{x}$ na vizinhança $x_1 = 5$

16 Prove o Teorema 2, a recíproca do Teorema de aproximação linear.

17 A *raiz*, ou um *zero* de uma função f, é definida como sendo um número a no domínio de f tal que $f(a) = 0$. Suponha que a é uma raiz de f e que o número b esteja próximo de a como na Fig. 6. Se o gráfico de f tem uma reta tangente em $(b, f(b))$, então, como mostra a Fig. 6, pode-se esperar que a coordenada c do ponto onde essa reta tangente intercepta o eixo x é uma melhor aproximação para a raiz a do que é b. Mostre que se $f'(b) \neq 0$, então $c = b - [f(b)/f'(b)]$.

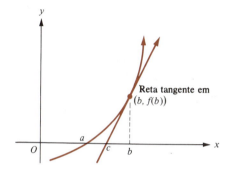

Fig. 6

18 O problema 17 fornece a base do *método de Newton* para a aproximação das raízes de funções. Dada uma primeira aproximação b para uma raiz de f, $c = b - [f(b)/f'(b)]$ usualmente será uma melhor aproximação para essa raiz. Usando $b = 2{,}1$ como uma primeira aproximação para uma raiz da função definida por $f(x) = x^5 - 4x^3 - 2$ e o método de Newton, determine uma melhor aproximação para essa raiz. Então, use essa aproximação e o método de Newton de novo para determinar uma melhor aproximação.

19 (a) Seja $\varepsilon(x) = x^2 + x - 2$. Determine as constantes m e c tais que

$$x^3 = mx + c + \varepsilon(x)(x - 1).$$

(b) Verifique que $\lim_{x \to 1} \varepsilon(x) = 0$.

(c) Use a recíproca do teorema da aproximação linear para identificar m como o valor de uma certa derivada para $x = 1$.

20 Use o teorema da aproximação linear para dar outra prova de que se uma função f é diferenciável em x_1, ela é contínua em x_1.

Conjunto de Problemas de Revisão

1 Um objeto é lançado (verticalmente) para cima com uma tal velocidade que, para qualquer tempo, sua distância s, medida em metros positivamente para cima desde a superfície terrestre, é dada pela equação $s = 200\,t - 16t^2$, onde t é medido em segundos.
Determine:
(a) A velocidade média durante o terceiro segundo de movimento.

(b) A velocidade instantânea quando $t = 2$ e quando $t = 3$.
(c) O ponto mais elevado alcançado pelo objeto.

2 O movimento de uma partícula ao longo do eixo x é dado pela equação $x = 2t - (t^2/2)$ onde x é a coordenada da partícula no tempo t. A distância é medida em metros e o tempo em segundos.
   (a) Determine se a partícula está se movendo na direção positiva ou negativa quando $t = 0$.
   (b) Calcule a velocidade instantânea quando $t = 1$.
   (c) Quando é que a partícula troca sua direção de movimento?

3 O lado de um prato metálico quadrado é 20 centímetros quando sua temperatura é 50°. Se sua temperatura é elevada para 75° em 10 minutos, cada lado se expande de 0,2 centímetros. Determine:
   (a) A taxa de variação média da área do prato por centímetros de variação no comprimento de um lado.
   (b) A taxa de variação média da área por grau de variação na temperatura.

4 O volume V de uma certa quantidade de gás varia com a pressão P de acordo com a lei $V = 100/P$. Determine a expressão geral para a taxa de variação instantânea do volume por unidade de variação na pressão.

Nos problemas 5 a 8, determine as equações das retas tangente e normal ao gráfico da função dada no ponto indicado.

5 $f(x) = x^2 - 4x + 2; (4, 2)$ **6** $g(x) = \dfrac{4}{x+1}; (2, \tfrac{4}{3})$

7 $f(x) = \tfrac{1}{3}x^4; (\tfrac{3}{2}, \tfrac{27}{16})$ **8** $f(x) = 96x - \tfrac{1}{2}x^3; (0, 0)$

9 Mostre que a tangente no ponto (1,1) ao gráfico de $f(x) = x^k$, onde k é um inteiro positivo, intercepta o eixo y no ponto que está $k - 1$ unidades distante da origem.

10 Indique qual das funções na Fig. 1 é (i) contínua em (a,b), (ii) diferenciável em (a,b) e (iii) contínua e diferenciável em (a,b).

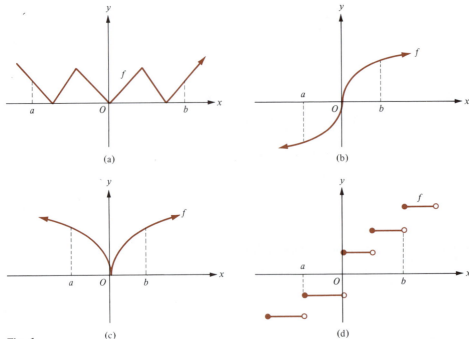

Fig. 1

Nos problemas 11 a 13, (a) Indique onde a função f é contínua para $x = 2$. (b) Determine $f'_-(a)$ e $f'_+(a)$. (c) f é diferenciável em $x = a$? (d) Esquematize o gráfico.

11 $f(x) = \begin{vmatrix} 4 - 3x & \text{se } x \leq 2 \\ x^2 - 6 & \text{se } x > 2 \end{vmatrix}; a = 2$ **12** $f(x) = 2 + |x - 1|; a = 1$

13 $f(x) = \begin{vmatrix} 7 - x & \text{se } x \leq -3 \\ 10 & \text{se } x > -3 \end{vmatrix}; a = -3$

A DERIVADA

14 Suponha que f é uma função diferenciável em $x = a$. Mostre que

$$f'(a) = \lim_{h \to 0} \frac{f(a + h) - f(a - h)}{2h}.$$

15 Seja $f(x) = x^{2/3}$.
(a) Escreva a definição de $f'(x)$ em símbolos.
(b) Com a ajuda da definição do item (a), calcule

$$\lim_{\Delta x \to 0} \frac{(8 + \Delta x)^{2/3} - 4}{\Delta x}.$$

16 Seja f a função definida pela equação $f(x) = x^3$.
(a) Determine $[f'(x)]^2$ e $f'(x^2)$.
(b) Se $g(x) = f(x^2)$, compare $f'(x^2)$ e $g'(x)$.

17 Suponha que m e n são inteiros positivos e $n > m$.

(a) Temos $D_x(x^n \cdot x^m) = D_x x^n \cdot D_x x^m$? Por quê?

(b) Temos $D_x\left[\dfrac{x^n}{x^m}\right] = \dfrac{D_x x^n}{D_x x^m}$, $x \neq 0$? Por quê?

18 Suponha que f é uma função diferenciável em um intervalo I tal que $f(x + y) = f(x) + f(y)$. Então para x em I, $\dfrac{f(x + h) - f(x)}{h} = \dfrac{f(h)}{h}$, portanto $f'(x) = f'(0)$ e f' é uma função constante. Qual é o gráfico de f? Esquematize o gráfico de f.

19 Seja f uma função definida pela equação $f(x) = |x| + |x + 1|$.
(a) Esquematize o gráfico de f.
(b) Determine os pontos onde f não é diferenciável.

20 Suponha que a função g é contínua em 0 e f é uma função definida por $f(x) = xg(x)$. É f diferenciável em 0? Se for, determine $f'(0)$ em termos de g.

21 Suponha que f e g são funções diferenciáveis em 7 e que $f(7) = 10, f'(7) = 3, g(7) = 5$ e $g'(7) = -\frac{1}{30}$. Determine:

(a) $(f + g)'(7)$

(b) $(f - g)'(7)$

(c) $(fg)'(7)$

(d) $\left(\dfrac{f}{g}\right)'(7)$

(e) $\left(\dfrac{f + 3g}{f}\right)'(7)$

(f) $(f + 2g)'(7)$

(g) $\left(\dfrac{f}{f + g}\right)'(7)$

22 Sejam f e g funções diferenciáveis tais que $f(2) = 8, g(2) = 0, f'(0) = 12$ e $g'(2) = -1$.
Seja P a função definida por $P(x) = (f \circ g)(x)$.
Determine $P'(2)$.

Nos problemas 23 a 45, determine a derivada de cada função. Nos problemas pares, suponha as derivadas trigonométricas conforme dadas no problema 41 do Conjunto de Problemas 4.

23 $f(x) = \sqrt{x^2 + 12}$

24 $g(x) = \frac{1}{2}\operatorname{sen} 2x$

25 $f(x) = 1 + \sqrt{3x - 11}$

26 $h(t) = -\frac{3}{2}\cos 2t$

27 $f(x) = \sqrt{x^2 + \sqrt{1 + x^3}}$

28 $F(x) = \frac{5}{3}\operatorname{sen}(3x - 1)$

29 $g(x) = \sqrt[3]{\dfrac{2 + 3x^2}{3 - x^2}}$

30 $F(u) = \frac{1}{7}\tan 7u$

31 $h(t) = \dfrac{t^2 - 3t + 2}{2t^2 + 5}$

32 $G(x) = \cot(3x - 7)$

33 $k(u) = (u^2 + 7)^2\sqrt{1 - u}$

34 $f(x) = \frac{1}{16}\sec(4x + 3)$

35 $g(z) = \sqrt{5 - z^2} \cdot (z^2 + 3)^4$

36 $h(x) = \sqrt{\operatorname{sen} x}$

37 $f(t) = \left(\dfrac{4t^2 - 3t + 2}{t^2 - 5t}\right)^{2/3}$

38 $F(t) = \sqrt[3]{\cos 5t}$

140 CÁLCULO

---

39 $f(y) = \dfrac{ay + b}{cy + d}$; a, b, c, e d são constantes

40 $h(r) = \csc^{1/2} 5r$

41 $f(x) = x^2 \sqrt{1 - 5x^3} \cdot (1 - 2x)^3$

42 $f(x) = \sec\left(\dfrac{\pi}{2} + 3x\right)$

43 $g(x) = \sqrt{x + \sqrt{x + \sqrt{x}}}$

44 $h(x) = \cot\left(\dfrac{x}{8} + \dfrac{\pi}{2}\right)$

45 $f(x) = \sqrt{\dfrac{ax + b}{cx + d}}$; a, b, c, e d são constantes

46 Quais dos seguintes são exemplos da regra da cadeia?

(a) $D_x y = D_x y \cdot D_y x$

(b) $D_z y = D_z y \cdot D_t z$

(c) $(f \circ g)'(x) = f'[g(x)]g'(x)$

(d) $\dfrac{du}{dt} = \dfrac{du}{dy} \cdot \dfrac{dy}{dt}$

47 Seja $y = \dfrac{1 - u}{1 + u}$ e $u = \dfrac{3 - x}{2 + x}$. Use a regra da cadeia para determinar dy/dx.

48 A intensidade E de um campo elétrico no eixo de um anel uniformemente carregado em um ponto distante x unidades do centro do anel é dada pela fórmula $E = \dfrac{Qx}{(a^2 + x^2)^{3/2}}$ onde a e Q são constantes. Determine a taxa de variação da intensidade do campo em relação à distância ao longo do eixo x em um ponto no eixo distante 4 unidades do centro.

49 Qual é o coeficiente angular da reta tangente ao gráfico de $f(x) = \sqrt{\dfrac{x}{x - 3}}$ no ponto (4,2)? Determine a equação da reta tangente ao gráfico de f no ponto (4,2).

50 Sejam f e g funções diferenciáveis e seja a um número constante. Determine f' em termos de g' se

(a) $f(x) = g[x + g(a)]$ 　　(b) $f(x) = g[x \cdot g(a)]$ 　　(c) $f(x) = g[x + g(x)]$
(d) $f(x + 4) = g(x^2)$ 　　(e) $f(x) = g(a)(x - a)^7$

51 Use o teorema da aproximação linear para estimar $\sqrt[3]{65}$.

52 (a) Reduza a expressão

$$\sqrt{x + h} - \sqrt{x} - \dfrac{h}{2\sqrt{x}} \quad \text{para} \quad \dfrac{-h^2}{2\sqrt{x}\left(\sqrt{x + h} + \sqrt{x}\right)^2};$$

assim, mostre que

$$\left|\sqrt{x + h} - \left(\sqrt{x} + \dfrac{h}{2\sqrt{x}}\right)\right| \leq \dfrac{h^2}{8x\sqrt{x}} \quad \text{para } h > 0 \text{ e } x > 0.$$

(b) Use o item (a) para determinar um limite no erro obtido na aproximação de $\sqrt{100,1}$ por 10,005.

53 Seja $f(x) = |x| + |x - 1| + |x - 2| + |x - 3|$. Quais os números que não estão no domínio da função derivada f'?

54 Seja $f(x) = x - [\![x]\!]$. Determine $f'_+(0)$.

55 Mostre que, se n é um inteiro positivo ímpar, as retas tangentes ao gráfico de equação $y = x^n$ nos pontos (1,1) e $(-1,-1)$ são paralelas.

56 Determine uma função f tal que $d/dx\,(f^2) = f$.

57 Se f é uma função diferenciável tal que $f(x) \leq f(2)$ quando $1 \leq x \leq 3$, mostre pela definição de derivada que $f'(2) = 0$.

Nos problemas 58 a 61, encontre a fórmula para $h'(X)$.

58 $h(x) = x^4 f(x)$

59 $h(x) = f(x)[g(x)]^5$

60 $h(x) = x^3 f(x)g(x)$

61 $h(x) = \dfrac{[xf(x)]^3}{g(x)}$

62 Dadas as funções f e g satisfazendo as condições $f' = g$ e $g' = -f$, mostre que
$\frac{d}{dx}[f^2 + g^2] = 0$.

63 Dadas as funções f, g e h tais que $f' = g$, $g' = h$ e $h' = f$, mostre que
$\frac{d}{dx}[f^3 + g^3 + h^3 - 3fgh] = 0$.

64 Uma prova para a regra do produto
$$[f(x)g(x)]' = g(x)f'(x) + f(x)g'(x)$$
pode ser desenvolvida de uma forma geométrica como se segue. Sejam $g(x + \Delta x)$ e $f(x + \Delta x)$ representando lados adjacentes de um retângulo (Fig. 2). Fazendo $\Delta z = g(x + \Delta x) - g(x)$ e $\Delta y = f(x + \Delta x) - f(x)$. Então, da Fig. 2, temos
$$g(x + \Delta x)f(x + \Delta x) - f(x)g(x) = g(x)\Delta y + f(x)\Delta z + \Delta y \Delta z,$$

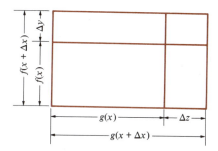

Fig. 2

logo
$$\frac{g(x + \Delta x)f(x + \Delta x) - f(x)g(x)}{\Delta x}$$
$$= g(x)\frac{\Delta y}{\Delta x} + f(x)\frac{\Delta z}{\Delta x} + \frac{\Delta y}{\Delta x}\Delta z.$$

Considere os limites de ambos os lados, usando $\lim_{\Delta x \to 0} \frac{\Delta y}{\Delta x} = f'(x)$ e $\lim_{\Delta x \to 0} \frac{\Delta z}{\Delta x} = g'(x)$ e calcule $\lim_{\Delta x \to 0} \frac{\Delta y}{\Delta x}\Delta z$. Assim, prove que
$$[f(x)g(x)]' = g(x)f'(x) + f(x)g'(x).$$

65 Expresse o limite $\lim_{x \to 2} \frac{(1 + x^2)^3 - 125}{x - 2}$ como uma derivada, e então calcule o limite

66 Critique o falso argumento:
$$x^2 = x \cdot x = \overbrace{x + x + x + \cdots + x}^{x \text{ vezes}}.$$
Diferenciando em relação a x obtemos a equação
$$2x = \overbrace{1 + 1 + 1 + \cdots + 1}^{x \text{ vezes}}.$$
Assim, $2x = x$. Fazendo $x = 1$; então $2 = 1$.

67 É verdade que se f é uma função diferenciável em 0, então o gráfico de $g(x) = f(x^3)$ tem uma reta tangente horizontal em $(0, g(0))$? Explique.

68 Seja f a função definida pela equação $f(x) = |x|^3$. Calcule $f'(x)$.

69 Suponha que uma função f satisfaz $|f(x)| \leq |x|^n$, onde $n > 1$. Mostre que f é diferenciável em 0.

70 Se g é a função inversa da função f definida por $f(x) = x^3 - 75$, determine $g'(-11)$.

71 Seja f a função definida por $f(x) = x^5 + 3x^3 - 1$. Calcule (a) $(f^{-1})'(-5)$ e (b) $(f^{-1})'(3)$.

72 A função f definida pela equação $y = f(x) = x^4 + 1$ tem uma inversa para $x > 0$. Se g é a função inversa de f nesse intervalo, tal que $x = g(y)$, determine:

(a) $\dfrac{dg}{dy}$ quando $y = 2$

(b) $\dfrac{dg}{dy}$ quando $y = 82$

73 Se g é a função inversa de f onde $f(x) = x^3 - 3x^2 + x$ para $x < 1 - (2/\sqrt{6})$, determine $(g' \circ f)(x)$.

74 Sejam f e g funções tais que $(f \circ g)(x) = (g \circ f)(x) = x$. Se $f(-1) = 2, f'(-1) = \frac{1}{3}$ e $f'(2) = -3$, determine $g'(2)$.

75 Suponha que x unidades de uma certa mercadoria são vendidas quando a firma produtora fixa um preço de Cr\$ y por unidade, então o retorno total Cr\$ R para a firma de venda da mercadoria é dado por $R = xy$. A quantidade E definida por $E = y/x \cdot dx/dy$ é chamada de *elasticidade de demanda* em relação ao preço. Mostre que a taxa de variação do retorno total em relação ao preço é dada por $dR/dg = x(1 + E)$.

76 No problema 75 mostre que a elasticidade de demanda E não é afetada por uma variação nas unidades nas quais a mercadoria é medida (por exemplo, quilogramas ao invés de libras). Também mostre que não é afetada por uma variação nas unidades monetárias (por exemplo, centavos ao invés de cruzeiros por unidade de mercadoria).

3 APLICAÇÕES DA DERIVADA

Vimos, no Cap. 2, que a derivada de uma função pode ser interpretada como o coeficiente angular da reta tangente ao seu gráfico. Neste capítulo, vamos explorar este fato e desenvolver técnicas para o uso de derivadas como auxílio à construção de gráficos. Neste capítulo, também estão incluídas as aplicações da derivada a problemas de diversos campos, como geometria, engenharia, física e economia.

1 O Teorema do Valor Intermediário e o Teorema do Valor Médio

Fig. 1

Vamos começar com duas observações geométricas simples sobre curvas no plano.
I Se uma curva contínua — isto é, uma curva (que pode ser traçada, totalmente, sem tirarmos o lápis do papel) consistindo em um arco diretamente ligado — tem ponto inicial num semiplano determinado por uma reta l e termina no outro semiplano, é preciso que ela intercepte l, pelo menos, em um ponto P (Fig. 1).
II Se A e B são as extremidades de uma curva contínua, e se a curva tem uma reta tangente para cada ponto intermediário, então existe pelo menos um ponto intermediário P no qual a linha tangente é paralela à reta que contém A e B (Fig. 2).

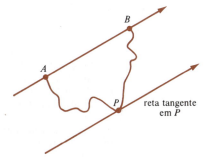

Fig. 2

Aceitamos as proposições I e II como sendo verdadeiras e nos utilizaremos delas para o propósito desta seção.

1.1 O teorema do valor intermediário

Como exemplo de utilização da afirmação I, considere o seguinte problema: Mostre que existe um número c estritamente entre 0 e 1 tal que $c^3 + c$

= 1. (Não somos obrigados a *determinar c*, basta mostrar que ele *existe*.) A função polinomial f definida pela equação $f(x) = x^3 + x$ é contínua no intervalo fechado $[0,1]$; também, $f(0) = 0$ e $f(1) = 2$. A parte do gráfico de f entre os pontos $(0,0)$ e $(1,2)$ é contínua e o ponto $(0,0)$ está abaixo da reta $y = 1$ enquanto o ponto $(1,2)$ está acima da reta (Fig. 3). Pela afirmação *I*, este gráfico precisa interceptar a linha reta $y = 1$ em qualquer ponto, seja em $(c, 1)$. Desde que $(c, 1)$ pertença ao gráfico de f, $1 = f(c) = c^3 + c$, como desejado.

Generalizando, teremos o seguinte teorema:

TEOREMA 1   **Teorema do valor intermediário**

Seja a função f contínua no intervalo fechado $[a,b]$ e suponha que $f(a) \neq f(b)$. Então, se k é qualquer número real estritamente entre $f(a)$ e $f(b)$, existe pelo menos um número c, estritamente entre a e b tal que $f(c) = k$. (Em outras palavras, *dados dois valores para uma função contínua qualquer ela assumirá todos os valores possíveis entre esses dois.*)

Tornamos o teorema do valor intermediário plausível através do auxílio da afirmação I como segue. Desde que f seja contínua, seu gráfico (Fig. 4) consiste em um arco de curva sem interrupção. Os pontos $(a,f(a))$ e $(b,f(b))$ pertencem ao seu gráfico, um abaixo da reta horizontal $y = k$ e outro acima desta reta. De I, este gráfico precisa interceptar a reta $y = k$. Seja essa interseção o ponto (c,k). Logo, $k = f(c)$.

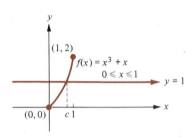

Fig. 3

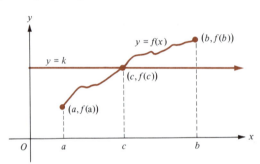

Fig. 4

O teorema do valor intermediário é particularmente útil para localização de zeros (ou raízes) de funções contínuas f. Dizemos que o número x é chamado de *zero* ou de *raiz* se $f(x) = 0$. (Soluções de uma equação são também chamadas de raízes da equação.) Realmente, se fizermos $k = 0$ no Teorema 1, então afirma-se o seguinte: *se f é uma função contínua em $[a,b]$, e se $f(a)$ e $f(b)$ possuem sinais opostos, então existe um zero de f no intervalo aberto (a,b);* isto é, existe um número c, tal que $a < c < b$ e $f(c) = 0$.

EXEMPLO   Seja f a função polinomial definida pela equação $f(x) = x^5 - 2x^3 - 1$.
(a) Mostre que existe uma raiz de f entre 1 e 2.
(b) Mostre que, na realidade, existe uma raiz de f entre 1,5 e 1,6.

SOLUÇÃO
(a) $f(1) = -2$ e $f(2) = 15$ possuem sinais contrários. Portanto, desde que a função polinomial f seja contínua, existe um número c no qual $1 < c < 2$ e $f(c) = c^5 - 2c^3 - 1 = 0$.
(b) Arredondando para duas casas decimais, $f(1,5) \approx -0,16$ e $f(1,6) \approx 1,29$; logo, f tem uma raiz situada entre 1,5 e 1,6.

Se continuarmos como no exemplo acima, podemos localizar a raiz desejada com melhor precisão. Observa-se, entretanto, que o teorema do valor intermediário, por si só, meramente nos assegura da *existência* de um número c com uma propriedade certa — entretanto, não nos indica como *encontrar* este número.

1.2 O teorema do valor médio

Consideremos, agora, um exemplo da afirmação II. Seja a função f definida por $f(x) = \sqrt[3]{x}$. Considere os dois pontos $A = (0,0)$ e $B = (8,2)$ no gráfico de f (Fig. 5). A reta através de A e B possui ângulos $\dfrac{2-0}{8-0} = \dfrac{1}{4}$. Pela

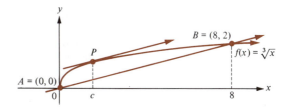

Fig. 5

afirmação II, existe um ponto P ao longo do gráfico de f entre A e B ao qual a reta tangente é paralela à reta que contém A e B. Seja c a abscissa de P. Então a inclinação da tangente em P é dada por

$$f'(c) = \frac{1}{3(\sqrt[3]{c})^2}.$$

Desde que duas retas sejam paralelas, elas possuem o mesmo coeficiente angular, logo, teremos $\dfrac{1}{4} = \dfrac{1}{3(\sqrt[3]{c})^2}$, ou $c = \left(\dfrac{2}{\sqrt{3}}\right)^3 = 1,5396\ldots$.

De um modo mais geral, temos o seguinte teorema:

TEOREMA 2 **Teorema do valor médio**

Se a função f é definida e contínua no intervalo fechado $[a,b]$ e diferenciável no intervalo aberto (a,b), então existe pelo menos um número c com $a < c < b$ tal que

$$f'(c) = \frac{f(b) - f(a)}{b - a}.$$

Tornamos o teorema do valor médio possível com o auxílio da afirmação II. A partir do gráfico de f (Fig. 6), vemos que o coeficiente angular da reta contendo os pontos $A = (a, f(a))$ e $B = (b, f(b))$ no gráfico de f é $\dfrac{f(b) - f(a)}{b - a}$.

De acordo com II, existe pelo menos um ponto — por exemplo o ponto P (Fig. 6) — no gráfico de f entre A e B no qual a linha tangente é paralela à reta que contém A e B. Sendo c a abscissa de P, vemos que $a < c < b$ e que o coeficiente angular da tangente em P é $f'(c)$. Se duas retas são paralelas, elas possuem mesmo coeficiente angular, então, $f'(c) = \dfrac{f(b) - f(a)}{b - a}$.

É importante observar que pode existir mais que um valor de c para o qual $f'(c) = \dfrac{f(b) - f(a)}{b - a}$.

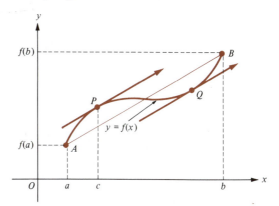

Fig. 6

Por exemplo, a abscissa do ponto Q na Fig. 6 serviria tão bem quanto o escolhido valor de c.

Lembre-se de que o segmento unindo dois pontos da curva é denominado *secante* (Seção 1.3 do Cap. 2). Entretanto, o significado do teorema pode ser estabelecido através das seguintes palavras: Dada uma secante ao gráfico de uma curva diferenciável, é sempre possível encontrar um ponto do gráfico situado entre os dois pontos de interseção da secante com a curva e tal que a reta tangente nesse ponto seja paralela à secante.

EXEMPLOS 1 Seja f a função definida por $f(x) = x^2/6$.

(a) Verifique a hipótese do teorema do valor médio para a função f no intervalo $[2,6]$.

(b) Ache um valor de c no intervalo $(2,6)$ tal que $f'(c) = \dfrac{f(6) - f(2)}{6 - 2}$.

(c) Interprete geometricamente o resultado do item (b) e ilustre-o no gráfico.

Solução

(a) Visto que f é uma função polinomial, ela é contínua em $[2,6]$ e diferenciável em $(2,6)$.

(b) Neste caso, $f'(x) = x/3$, $f(6) = 6$ e $f(2) = 2/3$. Então, devemos resolver a equação

$$\frac{c}{3} = \frac{6 - \frac{2}{3}}{6 - 2} = \frac{4}{3}.$$

Evidentemente, $c = 4$. Observe que c pertence ao intervalo $(2,6)$.

(c) A reta tangente ao gráfico de $f(x) = x^2/6$ no ponto $(4, f(4)) = (4, 8/3)$ é paralela à secante entre os pontos $(2, f(2)) = (2, 2/3)$ e $(6, f(6)) = (6,6)$ (Fig. 7).

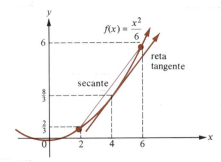

Fig. 7

2 Seja f a função definida por $f(x) = x^3 + 2x^2 + 1$. Por cálculo direto, encontre um número c entre 0 e 3 tal que a tangente ao gráfico de f no ponto $(c, f(c))$ seja paralela à secante entre os dois pontos $(0, f(0))$ e $(3, f(3))$.

Solução

Temos $f'(c) = \dfrac{f(3) - f(0)}{3 - 0} = \dfrac{46 - 1}{3}$; isto é,

$$3c^2 + 4c = 15 \quad \text{ou} \quad 3c^2 + 4c - 15 = 0.$$

As raízes desta equação do $2.^o$ grau são $c = 5/3$ e $c = -3$. Visto que c deve pertencer ao intervalo $(0,3)$, precisamos rejeitar a solução $c = -3$. Portanto, o número desejado é $c = 5/3$.

Observa-se que o teorema do valor médio nos assegura a *existência* da solução de problemas tais como nos Exemplos 1 e 2 acima, mas *não nos diz como achar tais soluções*. De fato, cada problema tem sido manipulado de acordo com suas próprias peculiaridades.

Na aplicação do teorema do valor médio é preciso que todas as hipóteses sejam satisfeitas. Os exemplos seguintes mostram que se estas hipóteses não forem verificadas, então a conclusão do teorema do valor médio não precisa ser constatada.

EXEMPLOS Mostre que pelo menos uma das hipóteses do teorema do valor médio falha no intervalo indicado para a função dada; faça o gráfico da função e observe que a conclusão do teorema do valor médio também falha.

1 $f(x) = \sqrt[3]{x^2}$ no intervalo $[-1,1]$.

SOLUÇÃO
O gráfico de f aparece na Fig. 8. A reta contendo os pontos $(-1,f(-1))$ e $(1,f(1))$ no gráfico de f é paralela ao eixo $0x$, mas o gráfico de f não possui reta tangente paralela ao eixo $0x$. Isto não contradiz o teorema do valor médio, visto que a hipótese de que f é diferenciável no intervalo $(-1,1)$ falha. De fato, f não é diferenciável em 0, que pertence ao intervalo.

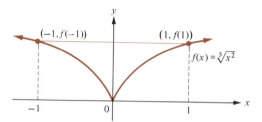

Fig. 8

2 $f(x) = \begin{cases} \dfrac{1}{x} & \text{se } x \neq 0 \\ \dfrac{1}{2} & \text{se } x = 0 \end{cases}$ no intervalo $[0,2]$.

SOLUÇÃO
O gráfico aparece na Fig. 9. Nesse caso, f é diferenciável no intervalo aberto $(0,2)$; entretanto, não é contínua no intervalo fechado $[0,2]$; na verdade,

$$\lim_{x \to 0^+} f(x) = +\infty \neq \frac{1}{2} = f(0).$$

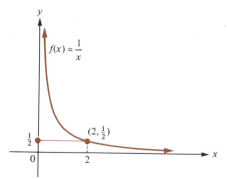

Fig. 9

A linha reta por $(0,f(0))$ e $(2,f(2))$ é horizontal, todavia o gráfico de f não admite tangente horizontal.

1.3 Teorema de Rolle

Um caso particular interessante do teorema do valor médio — em que

$f(a) = f(b)$ — é denominado *teorema de Rolle* em honra ao matemático francês Michel Rolle (1652-1719).

TEOREMA 3   **Teorema de Rolle**

Seja f uma função contínua no intervalo fechado $[a,b]$ tal que f seja diferenciável no intervalo aberto (a,b) e $f(a) = f(b)$. Existe pelo menos um número real c no intervalo aberto (a,b) tal que $f'(c) = 0$.

DEMONSTRAÇÃO
Aplicando a f o teorema do valor médio, concluímos que existe pelo menos um número real c no intervalo aberto (a,b) tal que

$$f(b) - f(a) = (b - a)f'(c).$$

Visto que $f(b) = f(a)$, segue-se que $f'(c) = 0$.

Deve ser observado que pode existir mais de um número c em (a,b) para o qual $f'(c) = 0$ (Fig. 10).

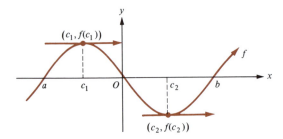

Fig. 10

EXEMPLOS   Mostre que as hipóteses do teorema de Rolle são satisfeitas para a função f dada no intervalo $[a,b]$, ache o valor de c no intervalo aberto (a,b) para o qual $f'(c) = 0$ e faça o gráfico da função.

1 $f(x) = 6x^2 - x^3$; $[a,b] = [0,6]$

SOLUÇÃO
Como f é uma função polinomial, ela é contínua e diferenciável em todo ponto. Claramente, $f(a) = f(0) = 0$ e $f(b) = f(6) = 0$, então $f(a) = f(b)$. Nesse caso, $f'(x) = 12x - 3x^2$ e nós podemos resolver a equação $f'(c) = 12c - 3c^2 = 0$ para c (entre 0 e 6) e obter $c = 4$ (Fig. 11).

2 $f(x) = x^{4/3} - 3x^{1/3}$; $[a,b] = [0,3]$

SOLUÇÃO
Aqui, para $x \neq 0$, temos $f'(x) = \frac{4}{3}x^{1/3} - x^{-2/3} = \frac{1}{3}x^{-2/3}(4x - 3)$. Também

$$f(x) = x^{4/3} - 3x^{1/3} = x^{1/3}(x - 3).$$

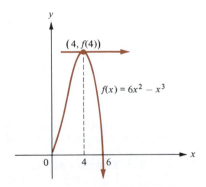

Fig. 11

Evidentemente, f é contínuo em $[0,3]$ e diferenciável em $(0,3)$. Além disso, $f(0) = f(3) = 0$, então as hipóteses do teorema de Rolle estão verificadas. (Note que f não é diferenciável em 0; de fato, o gráfico de f tem uma tangente vertical na origem. Entretanto, a diferenciabilidade de f nos extremos de $[a,b]$ é necessária no teorema de Rolle.) Resolvendo a equação $f'(c) = \frac{1}{3} c^{-2/3} (4c - 3) = 0$ para c (entre 0 e 3) obtemos $c = 3/4$ (Fig. 12).

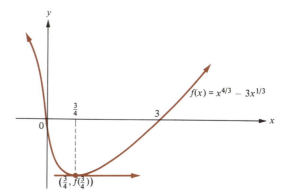

Fig. 12

O teorema de Rolle não é apenas um caso particular do teorema do valor médio, mas também é possível provar o teorema do valor médio com base no teorema de Rolle (problema 31). De fato, num curso rigoroso em análise, o teorema de Rolle deve ser provado primeiro e, conseqüentemente, o teorema do valor médio é obtido usando o teorema de Rolle.

Conjunto de Problemas 1

Nos problemas 1 a 4, use o teorema do valor intermediário para verificar que cada função f possui um zero (isto é, uma raiz) no intervalo indicado.

1 $f(x) = x^2 - 2$ entre 1,4 e 1,5

2 $f(x) = x^3 + 3x - 6$ entre 1 e 2

3 $f(x) = 2x^3 - x^2 + x - 3$ entre 1 e 2

4 $f(x) = 2x^3 - x^2 + x - 3$ entre 1,1 e 1,2

5 Seja f uma função definida pela equação $f(x) = \dfrac{x+1}{x^2-4}$. Certifique-se de que $f(0) = -1/4$ e que $f(3) = 4/5$ possuem sinais contrários e contudo não existe um número c entre 0 e 3 tal que $f(c) = 0$. Explique por que isto não contradiz o teorema do valor intermediário.

6 Seja f uma função contínua em todo ponto de $\mathbb{R}$, mas que só pode assumir valores inteiros. Use o teorema do valor intermediário para concluir que f é necessariamente uma função constante.

Nos problemas 7 a 12, verifique as hipóteses do teorema do valor médio para cada função no intervalo indicado $[a,b]$. Então ache um valor numérico explícito de c no intervalo (a,b) tal que $f(b) - f(a) = (b - a)f'(c)$.

7 $f(x) = 2x^3$, $[a,b] = [0,2]$

8 $f(x) = \sqrt{x}$, $[a,b] = [1,4]$

9 $f(x) = \dfrac{x-1}{x+1}$, $[a,b] = [0,3]$

10 $f(x) = \sqrt{x+1}$, $[a,b] = [3,8]$

11 $f(x) = \sqrt{25 - x^2}$, $[a,b] = [-3,4]$

12 $f(x) = \dfrac{x^2 - 2x - 3}{x+4}$, $[a,b] = [-1,3]$

Nos problemas 13 a 16, encontre um valor numérico explícito de c tal que $a < c < b$ e que a reta tangente ao gráfico de cada função f em $(c, f(c))$ seja paralela à secante entre os pontos $(a, f(a))$ e $(b, f(b))$. Esboce o gráfico de f e mostre a tangente e a secante.

13 $f(x) = x^2$, $a = 2$, $b = 4$

14 $f(x) = \sqrt{x}$, $a = 4$, $b = 9$

15 $f(x) = x^3$, $a = 1$, $b = 3$

16 $f(x) = \dfrac{1}{x-1}$, $a = 1{,}5$, $b = 1{,}6$

Nos problemas 17 a 20, a conclusão do teorema do valor médio falha no intervalo indicado. Faça o gráfico da função e determine quais as hipóteses, do teorema do valor médio, que falham.

17 $f(x) = \sqrt{|x|}$, $[-1, 1]$

18 $g(x) = \dfrac{3}{x-2}$, $[1, 3]$

19 $f(x) = \begin{cases} x^2 + 1 & \text{se } x < 1 \\ 3 - x & \text{se } x \geq 1 \end{cases}$; $[0,3]$

20 $G(x) = x - [\![x]\!]$, $[-1, 1]$

21 As funções cujos gráficos são mostrados na Fig. 13 não satisfazem as hipóteses do teorema do valor médio no intervalo de a até b. Em cada caso, determine qual a hipótese que falha.

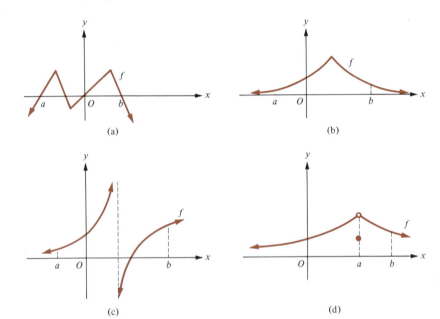

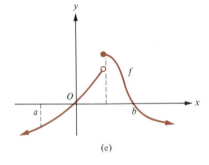

(e)

Fig. 13

22 Seja f uma função diferenciável (portanto contínua) em cada ponto x, em qualquer intervalo aberto, e suponha que $|f'(x)| \leq 1$ seja válido para cada x. Use o teorema do valor médio para mostrar que $|f(b) - f(a)| \leq |b - a|$ para quaisquer dois números a e b do intervalo aberto.

23 Sejam x e y duas variáveis, com $y = f(x)$, onde f é uma função diferenciável. Se x_1 e x_2 são dois valores diferentes de x, mostre que existe um valor x_0 entre x_1 e x_2 tal que a taxa de variação instantânea de y em relação a x quando $x = x_0$ é a mesma que a razão média da variação de y em relação a x no intervalo entre x_1 e x_2.

24 Explique por que você não pode dirigir da cidade A para a cidade B numa velocidade

APLICAÇÕES DA DERIVADA

média de 55 quilômetros por hora a não ser que, em algum instante ao longo do caminho, você esteja exatamente a 55 quilômetros por hora. (Veja problema 23).

Nos problemas 25 a 29, verifique as hipóteses do teorema de Rolle para cada função no intervalo fechado $[a,b]$ indicado e então encontre um número c no intervalo aberto (a,b) no qual a derivada da função seja nula.

25 $f(x) = x^2 - 3x$, $[a, b] = [0, 3]$

26 $f(x) = x^2 - 5x + 6$, $[a, b] = [2, 3]$

27 $f(x) = x^3 - 3x^2 - x + 3$, $[a, b] = [-1, 3]$

28 $f(x) = \sqrt{x}(x^3 - 1)$, $[a, b] = [0, 1]$

29 $f(x) = x^{3/4} - 2x^{1/4}$, $[a, b] = [0, 4]$

30 Seja f a função definida pela equação $f(x) = x^5 + 2x^3 - 5x - 10$.
(a) Use o teorema do valor intermediário para mostrar que f tem um zero entre 1 e 2; isto é, existe pelo menos um número c com $1 < c < 2$ tal que

$$f(c) = c^5 + 2c^3 - 5c - 10 = 0.$$

(b) Use o teorema de Rolle para mostrar que f não pode ter dois zeros entre 1 e 2. (*Sugestão:* Se $1 < a < b < 2$ e $f(a) = f(b) = 0$, então f' teria um zero entre 1 e 2).

31 Seja a função f definida no intervalo fechado $[a,b]$ e diferenciável no intervalo aberto (a,b). Define-se uma função g em $[a,b]$ pela fórmula

$$g(x) = x[f(b) - f(a)] - (b - a)f(x) \text{ para } a \leq x \leq b.$$

Mostre que g satisfaz às hipóteses do teorema de Rolle no intervalo $[a,b]$. Que conclusão você pode tirar?

32 Suponha que a função f seja diferenciável no intervalo aberto (a,b) e os limites laterais $\lim_{x \to a^+} f(x)$ e $\lim_{x \to b^-} f(x)$ existem e são finitos. Prove que existe um número c em (a,b) tal que

$$\lim_{x \to b} f(x) - \lim_{x \to a^+} f(x) = (b - a)f'(c).$$

33 Seja f um polinômio de 2.º grau. Dados dois números quaisquer a e b, encontre uma fórmula para c estritamente entre a e b tal que $f(b) - f(a) = (b - a)f'(c)$. (*Sugestão:* Existem constantes A, B e C tal que $f(x) = Ax^2 + Bx + C$).

34 Sejam F e G duas funções, ambas contínuas em $[a,b]$ e diferenciáveis em (a,b). Define-se a função f em $[a,b]$ pela equação

$$f(x) = [G(a) - G(b)]F(x) - [F(a) - F(b)]G(x)$$

para $a \leq x \leq b$. Verifique que f satisfaz as hipóteses do teorema de Rolle e chegue à conclusão de que para cada valor de c estritamente entre a e b,

$$\frac{F'(c)}{G'(c)} = \frac{F(b) - F(a)}{G(b) - G(a)}$$

(contanto que o denominador não se anule).

2 Derivadas de Ordem Superior

A idéia de "segunda derivada" vem naturalmente em conexão com o movimento de uma partícula P ao longo de uma reta orientada (Fig. 1). Chama-se a reta de *eixo s* e denota-se a coordenada variável de P por s, tal que

$$s = f(t),$$

onde f é uma função determinando a localização de P no tempo t. A equação $s = f(t)$ é chamada de *lei do movimento* ou a *equação do movimento* da partícula.

CÁLCULO

Fig. 1

A *velocidade* v da partícula P é definida como a taxa de variação da coordenada s de P em relação ao tempo. Assim,

$$v = \frac{ds}{dt}.$$

Na física, a variação instantânea de velocidade em relação ao tempo é denominada *aceleração* de P; logo,

$$a = \frac{dv}{dt} = \frac{d}{dt} v = \frac{d}{dt}\left(\frac{ds}{dt}\right).$$

Entretanto, a aceleração é a derivada da velocidade (ou, como dizemos, a *segunda derivada*) da coordenada s em relação ao tempo. Em notação operacional

$$v = D_t s \quad \text{e} \quad a = D_t v = D_t(D_t s).$$

Observe que se as distâncias ao longo do eixo forem dadas em metros, e se o tempo for dado em segundos, então a velocidade v será dada em metros por segundo (m/s). Conseqüentemente, a aceleração a será dada em metros por segundo, por segundo (m/s²).

EXEMPLOS 1 Se $s = t + (2/t^2)$ para $t > 0$, com s em metros e t em segundos, ache os valores de v e a quando $t = \frac{1}{2}$ segundo.

SOLUÇÃO
Nesse caso,

$$v = \frac{ds}{dt} = \frac{d}{dt}\left(t + \frac{2}{t^2}\right) = 1 - \frac{4}{t^3}$$

e

$$a = \frac{dv}{dt} = \frac{d}{dt}\left(1 - \frac{4}{t^3}\right) = \frac{12}{t^4}.$$

Daí, quando $t = \frac{1}{2}$, $v = -31$ m/s e $a = 192$ m/s².

2 Se $s = 4\sqrt{1 + t^2} - t^2$ com s em centímetros e t em minutos, ache os valores de v e a em função de t.

SOLUÇÃO
Nesse caso,

$$v = D_t(4\sqrt{1 + t^2} - t^2) = \frac{4t}{\sqrt{1 + t^2}} - 2t \text{ cm/min}$$

e

$$a = D_t\left(\frac{4t}{\sqrt{1 + t^2}} - 2t\right) = \frac{4}{(1 + t^2)^{3/2}} - 2 \text{ cm/min}^2.$$

2.1 Derivadas de ordem n

De um modo geral, se f é uma função diferenciável em algum intervalo aberto, então a derivada f' é novamente uma função definida neste intervalo aberto e podemos perguntar se f' é diferenciável no intervalo. Se o for, então sua derivada $(f')'$ é escrita, por simplicidade, como f'' (leia-se "f duas linhas"). Denominamos f'' de *derivada de segunda ordem,* ou simplesmente de *derivada segunda* da função f. Por exemplo, se uma partícula se move ao

APLICAÇÕES DA DERIVADA

longo da reta orientada de acordo com a lei de movimento $s = f(t)$, então v e a são representados na notação simplificada

$$v = f'(t), \qquad a = D_t(f'(t)) = f''(t).$$

Não existe nada que prove, ao se tomar, sucessivamente, derivadas de uma função tantas vezes quantas forem necessárias, que as funções derivadas permaneçam diferenciáveis em cada estágio. Desta forma, se f é uma função e se f, f' e f'' são diferenciáveis num intervalo aberto, nós podemos formar a *derivada de terceira ordem*, ou *derivada terceira*, $f''' = (f'')'$; se f''' também é diferenciável no intervalo, podemos obter a *derivada de quarta ordem*, ou *derivada quarta*, $f'''' = (f''')'$, e assim por diante. Se f pode ser sucessivamente diferenciável n vezes desta forma, dizemos que f é n vezes *diferenciável* e escrevemos sua *derivada de n-ésima ordem*, ou *derivada n-ésima* como $f''\overset{n}{\overline{\cdots}}''$, ou, para simplificação, $f^{(n)}$. (Neste caso, os parênteses ao redor de n são colocados para evitar que seja confundido com um expoente). Daí,

$$f^{(1)} = f', \quad f^{(2)} = f'', \quad f^{(3)} = f''',$$

e assim por diante. Algumas vezes usamos numerais em algarismos romanos i, ii, iii, iv, v, vi,... para denotar derivadas de ordens correspondentes. Por exemplo,

$$f^{iv} = f'''' = f^{(4)} \quad e \quad f^{v} = f''''' = f^{(5)}.$$

EXEMPLO   Encontre todas as derivadas de ordem superior da função polinomial

$$f(x) = 15x^4 - 8x^3 + 3x^2 - 2x + 4.$$

SOLUÇÃO

$$f'(x) = 60x^3 - 24x^2 + 6x - 2,$$

$$f''(x) = 180x^2 - 48x + 6,$$

$$f'''(x) = 360x - 48,$$

$$f''''(x) = f^{iv}(x) = f^{(4)}(x) = 360,$$

$$f'''''(x) = f^{v}(x) = f^{(5)}(x) = 0.$$

Visto que $f^{(4)}$ é uma função constante, todas as derivadas subseqüentes são nulas, isto é,

$$f^{(n)}(x) = 0 \qquad \text{para } n \geq 5.$$

Assim como para a derivada primeira, nós freqüentemente ignoramos deliberadamente a distinção entre a função derivada de ordem n-ésima $f^{(n)}(x)$ e o valor desta função $f^{(n)}$ no ponto x, e ambas são referidas como "a n-ésima derivada".

A notação operacional para derivadas de ordem superior é auto-explicativa; sem dúvida, $D_x^n f(x)$ *significa* $f^{(n)}(x)$. A correspondente notação de Leibniz é induzida como se segue: se $y = f(x)$ tal que $\dfrac{dy}{dx} = D_x f(x) = f'(x)$, então a segunda derivada é dada por

$$\frac{d\left(\dfrac{dy}{dx}\right)}{dx} = D_x^2 f(x) = f''(x).$$

O símbolo $d\left(\dfrac{dy}{dx}\right) \Big/ dx$ para a derivada segunda é incômodo. O tratamento algébrico formal, como se fosse fração real, converte-se $\dfrac{d\left(\dfrac{dy}{dx}\right)}{dx}$ em $\dfrac{d^2y}{(dx)^2}$. Os parênteses do denominador são, na prática, omitidos, e a derivada segunda é escrita como $\dfrac{d^2y}{dx^2}$. Notação análoga é empregada no uso das derivadas de ordem-superior como se constata pela Tabela 1.

Tabela 1

$y = f(x)$	Notação Simplificada	Operador	Leibniz
1. derivada primeira	$y' = f'(x)$	$D_x y = D_x f(x)$	$\dfrac{dy}{dx} = \dfrac{d}{dx} f(x)$
2. derivada segunda	$(y')' = y'' = f''(x)$	$D_x(D_x y) = D_x^2 y = D_x^2 f(x)$	$\dfrac{d^2y}{dx^2} = \dfrac{d^2}{dx^2} f(x)$
3. derivada terceira	$(y'')' = y''' = f'''(x)$	$D_x(D_x^2 y) = D_x^3 y = D_x^3 f(x)$	$\dfrac{d^3y}{dx^3} = \dfrac{d^3}{dx^3} f(x)$
$\vdots$	$\vdots$	$\vdots$	$\vdots$
n. derivada n-ésima	$(y^{(n-1)})' = y^{(n)} = f^{(n)}(x)$	$D_x(D_x^{n-1} y) = D_x^n y = D_x^n f(x)$	$\dfrac{d^n y}{dx^n} = \dfrac{d^n}{dx^n} f(x)$

EXEMPLOS 1 Se $y = 2x^2 + \dfrac{1}{x^2}$, ache

(a) $D_x y$ \qquad\qquad (b) $D_x^2 y$ \qquad\qquad (c) $D_x^3 y$

Solução

(a) $D_x y = D_x \left(2x^2 + \dfrac{1}{x^2}\right) = 4x - \dfrac{2}{x^3}$

(b) $D_x^2 y = D_x \left(4x - \dfrac{2}{x^3}\right) = 4 + \dfrac{6}{x^4}$

(c) $D_x^3 y = D_x \left(4 + \dfrac{6}{x^4}\right) = -\dfrac{24}{x^5}$

2 Seja $y = \sqrt{x}$. Ache $d^n y/dx^n$ para todos os valores de n.

Solução

$y = \sqrt{x} = x^{1/2}$. Utilizando as fórmulas de derivação temos:

$$\frac{dy}{dx} = \frac{1}{2} x^{-1/2}$$

$$\frac{d^2y}{dx^2} = \frac{d}{dx}\left(\frac{1}{2} x^{-1/2}\right) = \frac{1}{2}\left(-\frac{1}{2}\right) x^{-3/2}$$

$$\frac{d^3y}{dx^3} = \frac{d}{dx}\left[\frac{1}{2}\left(-\frac{1}{2}\right) x^{-3/2}\right] = \frac{1}{2}\left(-\frac{1}{2}\right)\left(-\frac{3}{2}\right) x^{-5/2}$$

$$\frac{d^4y}{dx^4} = \frac{d}{dx}\left[\frac{1}{2}\left(-\frac{1}{2}\right)\left(-\frac{3}{2}\right) x^{-5/2}\right] = \frac{1}{2}\left(-\frac{1}{2}\right)\left(-\frac{3}{2}\right)\left(-\frac{5}{2}\right) x^{-7/2}.$$

APLICAÇÕES DA DERIVADA

A lei de formação está passível de determinação; de fato,

$$\frac{d^n y}{dx^n} = (-1)^{n+1} \frac{1 \cdot 3 \cdot 5 \cdot 7 \cdots (2n-3)}{2^n} x^{-(2n-1)/2}$$

é aparentemente válida para $n \geq 2$. (Os céticos estão desafiados a prová-lo usando indução matemática sobre n.)

3 Seja $f(x) = \dfrac{2x - 1}{3x + 2}$. Ache:

(a) $f'(0)$ (b) $f''(1)$ (c) $f''(0)$

SOLUÇÃO

$$f'(x) = \frac{(3x + 2)(2) - (2x - 1)(3)}{(3x + 2)^2} = \frac{7}{(3x + 2)^2}$$

e

$$f''(x) = D_x \left[\frac{7}{(3x + 2)^2} \right] = 7D_x[(3x + 2)^{-2}]$$

$$= -14(3x + 2)^{-3} D_x(3x + 2) = \frac{-42}{(3x + 2)^3}.$$

Portanto

(a) $f'(0) = \dfrac{7}{[3(0) + 2]^2} = \dfrac{7}{4}$

(b) $f''(1) = \dfrac{-42}{[3(1) + 2]^3} = \dfrac{-42}{125}$

(c) $f''(0) = \dfrac{-42}{[3(0) + 2]^3} = \dfrac{-42}{8} = -\dfrac{21}{4}$

As regras de diferenciação desenvolvidas no Cap. 2 podem ser generalizadas para derivada de ordem superior. (Grande parte delas é provada por indução matemática sobre n, onde n é a ordem da derivada em questão.) Por exemplo, a regra de adição e a regra da homogeneidade valem para a n-ésima derivada, isto é,

$$D_x^n[f(x) + g(x)] = D_x^n f(x) + D_x^n g(x)$$

e

$$D_x^n[cf(x)] = cD_x^n f(x), \qquad c \text{ constante.}$$

A regra do produto (ou Leibniz) para derivadas de ordem superior $(f \cdot g)^{(n)}$ é mais complexa. Por exemplo, se $n = 2$, nós temos

$$(f \cdot g)'' = (f \cdot g' + f' \cdot g)' = (f \cdot g')' + (f' \cdot g)'$$
$$= f \cdot g'' + f' \cdot g' + f' \cdot g' + f'' \cdot g;$$

logo,

$$(f \cdot g)'' = f \cdot g'' + 2f' \cdot g' + f'' \cdot g.$$

Conjunto de Problemas 2

Nos problemas 1 a 6, a partícula está se movendo ao longo de um eixo, de acordo com a lei de movimento $s = f(t)$. Ache $v = ds/dt$ e $a = dv/dt$.

1 $s = t^3 + 2t^2$, s em pés, t em segundos

2 $s = (t^2 + 1)^{-1}$, s em centímetros, t em segundos

CÁLCULO

3 $s = 5t^2 + \sqrt{4t - 3}$, s em metros, t em segundos

4 $s = t\sqrt{t^2 + 4}$, s em quilômetros, t em horas

5 $s = \frac{5}{2}t^{5/2} + \frac{2}{3}t^{3/2}$, s em quilômetros, t em horas

6 $s = \frac{1}{2}gt^2 + v_0 t + s_0$, onde g, v_0, e s_0 são constantes

7 Nos problemas 1, 3 e 5, determine v e a, no instante em que $t = 1$ unidade.

8 Desprezando a resistência do ar, um corpo em queda livre cairá segundo a lei $s = 16t^2$ metros durante um intervalo de tempo de t segundos.
(a) Determine a aceleração deste corpo.
(b) Determine a velocidade deste corpo após ter caído s metros.

Nos problemas 9 a 24, determine a primeira e a derivada segunda da função definida pelas equações abaixo.

9 $f(x) = 5x^3 + 4x + 2$

10 $g(x) = x^2(x^2 + 7)$

11 $f(t) = 7t^5 - 23t^2 + t + 9$

12 $F(x) = x^3(x + 2)^2$

13 $G(x) = (x^2 - 3)(x^4 + 3x^2 + 9)$

14 $f(u) = (u^2 + 1)^3$

15 $g(t) = t^3\sqrt{t} - 5t$

16 $f(x) = x - \dfrac{3}{x}$

17 $f(x) = x^2 - \dfrac{1}{x^3}$

18 $g(x) = \left(x + \dfrac{1}{x}\right)^2$

19 $f(u) = \dfrac{2u}{2 - u}$

20 $F(v) = \sqrt{v} + \dfrac{1}{\sqrt{v}}$

21 $f(t) = \sqrt{t^2 + 1}$

22 $g(y) = \sqrt{3y + 1}$

23 $F(r) = (1 - \sqrt{r})^2$

24 $h(x) = \dfrac{x}{\sqrt{x^2 + 1}}$

25 Se f é a função definida pela equação $y = f(x) = 3x^2 + 2x$, calcule e simplifique a expressão $x^2 y'' - 2xy' + 2y$.

26 Considere a regra de Leibniz

$$(f \cdot g)'' = f \cdot g'' + 2f' \cdot g' + f'' \cdot g$$

para a segunda derivada.
(a) Deduza a regra de Leibniz

$$(f \cdot g)''' = f \cdot g''' + 3f' \cdot g'' + 3f'' \cdot g' + f''' \cdot g$$

para obter a derivada terceira.
(b) Considerando que $f(1) = -3$, $g(1) = 1/2$, $f'(1) = -1$, $g'(1) = 4$, $f''(1) = 16$, e $g''(1) = 2/3$, ache $(f \cdot g)''(1)$.

27 Seja g uma função duas vezes diferenciável que $g(2) = 3$, $g'(2) = 1/3$ e $g''(2) = 5$. Define-se a função f pela equação $f(x) = x^4 g(x)$. Encontre o valor numérico de $f''(2)$.

28 Seja $y = (x + 2)^3(2x + 1)^4$. Ache:

(a) $\dfrac{dy}{dx}$

(b) $\dfrac{d^2 y}{dx^2}$

(c) $\dfrac{d^3 y}{dx^3}$

29 Seja $y = \sqrt{x^2 - 1}$. Determine:

(a) $D_x y$

(b) $D_x^2 y$

(c) $D_x^3 y$

30 Se $f(t) = (\sqrt{t + 1})^{-1}$, ache $f^{(10)}(t)$.

31 Suponha que g seja uma função duas vezes diferenciável tal que $g(0) = -2$, $g'(0) = 3$ e $g''(0) = 5$. Define-se uma função f pela equação $f(x) = \sqrt[3]{1 + g(x)}$. Encontre o valor numérico de $f''(0)$.

32 Use o princípio da indução matemática para provar que

$$D_x^n(x^{100}) = \frac{100!}{(100 - n)!} x^{100 - n} \qquad \text{se } n \le 100.$$

33 Uma partícula está se movendo ao longo de um eixo de acordo com a equação do movimento dado, onde s é a distância em metros da origem ao fim de t segundos. Ache o tempo em que a aceleração instantânea será nula se:

(a) $s = t^3 - 6t^2 + 12t + 1$, $t \ge 0$

(b) $s = \sqrt{1 + t}$, $t \ge 0$

(c) $s = 5t + \dfrac{2}{t + 1}$, $t \ge 0$

APLICAÇÕES DA DERIVADA

34 Determine fórmulas para $f'(x)$ e $f''(x)$ se:

(a) $f(x) = \begin{cases} x^2 & \text{se } x \leq 1 \\ 2x - 1 & \text{se } x > 1 \end{cases}$

(b) $f(x) = \begin{cases} \dfrac{x^2}{2} & \text{se } x \geq 0 \\ -\dfrac{x^2}{2} & \text{se } x < 0 \end{cases}$

35 Mostre que $\dfrac{d^2 s}{dt^2} = v \dfrac{dv}{ds}$.

36 Use o princípio da indução matemática para provar a regra da homogeneidade $D_x{}^n(cf(x)) = cD_x{}^n(f(x))$.

37 Desenvolva uma fórmula para $D_x^n\left(\dfrac{1}{x}\right)$.

38 Ache uma fórmula para $D_x^n(\sqrt[3]{x})$, $x \neq 0$.

39 Dado $D_x \operatorname{sen} x = \cos x$ e $D_x \cos x = -\operatorname{sen} x$, ache $D_x{}^{70} \operatorname{sen} x$.

40 Seja f uma função duas vezes diferenciável. Uma partícula Q move-se ao longo do gráfico de f de tal modo que a coordenada x de Q no tempo t é $x = g(t)$, onde g também é duas vezes diferenciável. Uma partícula P move-se ao longo do eixo y de tal modo que a coordenada y de P é sempre a mesma que a coordenada y de Q. Determine uma fórmula para a aceleração de P no tempo t.

41 Explique por que a derivada de ordem n de uma função racional também é uma função racional.

42 Sejam f e g funções duas vezes diferenciáveis. Suponha que $g(-1) = 27$, $g'(-1) = -1$, $g''(-1) = \frac{1}{4}$, $f(27) = 2$, $f'(27) = -4$ e $f''(27) = 1$. Determine o valor numérico de $(f \circ g)''(-1)$.

3 Propriedades Geométricas dos Gráficos e Funções — Funções Crescentes e Decrescentes e Concavidade dos Gráficos

As propriedades básicas das funções e seus gráficos são usualmente discutidas num curso de introdução ao cálculo; entretanto, algumas destas propriedades requerem o uso de cálculo para seu completo entendimento. Esta seção está voltada ao estudo de certos aspectos das funções e seus gráficos os quais podem ser compreendidos geometricamente e que, com o auxílio do teorema do valor médio, podem ser interpretados analiticamente.

3.1 Funções crescentes e decrescentes

O conceito de função crescente ou decrescente pode ser introduzido pela consideração dos gráficos de $f(x) = 2x + 3$ (Fig. 1a) e $g(x) = -2x^3$ (Fig. 1b). Na Fig. 1a, os valores da função $f(x) = 2x + 3$ crescem à medida que os valores de x aumentam (varia da esquerda para direita); isto é,

$$\text{se } x_1 < x_2, \text{ então } f(x_1) < f(x_2).$$

Analogamente, na Fig. 1b, os valores da função $g(x) = -2x^3$ decrescem à medida que os valores de x aumentam; isto é,

$$\text{se } x_1 < x_2, \text{ então } g(x_1) > g(x_2).$$

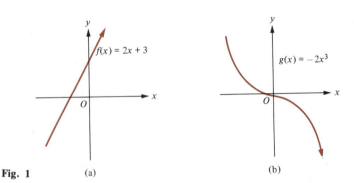

Fig. 1 (a) (b)

Em geral, estabelecemos as definições seguintes:

DEFINIÇÃO 1 **Funções crescentes e decrescentes**

A função f é denominada *crescente* (respectivamente, *decrescente*) no intervalo I se f é definida em I e $f(a) < f(b)$ (respectivamente, $f(a) > f(b)$) vale quando a e b são dois pontos de I com $a < b$.

DEFINIÇÃO 2 **Função monótona**

A função f é dita *monótona* no intervalo I se for crescente ou decrescente em I.

Agora, suponha que f seja uma função com uma derivada $f'(x)$ positiva em cada ponto x em qualquer intervalo I. Então, para cada valor de x em I, a reta tangente à curva no ponto $(x, f(x))$ está aumentando para a direita, desde que seu coeficiente angular $f'(x)$ seja positivo (Fig. 2). Cada tangente é uma boa aproximação do gráfico de f em uma vizinhança do ponto de tangência, desse modo está assegurada a razão de o gráfico aumentar para a direita. Analogamente, a função com uma derivada negativa num intervalo deverá ser decrescente neste intervalo. De fato, temos o seguinte teorema.

TEOREMA 1 **Teste para funções crescentes e decrescentes**

Considere que a função f seja definida e contínua no intervalo I e que f seja diferenciável em todo ponto do intervalo em I, não necessariamente nos pontos extremos de I.
 (i) Se $f'(x) > 0$ para todo x em I, exceto possivelmente nos extremos de I, então f é crescente em I.
 (ii) Se $f'(x) < 0$ para todo x em I, exceto possivelmente nos extremos de I, então f é decrescente em I.

DEMONSTRAÇÃO
 (i) Suponha que $f'(x) > 0$ para todo x em I, exceto possivelmente para os pontos extremos de I, e sejam a e b pontos de I com $a < b$. Pelo teorema do valor médio (Seção 1.2), existe um número c com $a < c < b$ tal que

$$f(b) - f(a) = (b - a)f'(c).$$

Aqui, $b - a > 0$ e (por hipótese) $f'(c) > 0$; portanto,

$$f(b) - f(a) > 0, \text{ isto é}, f(a) < f(b).$$

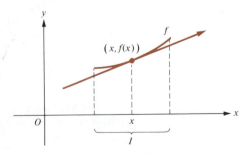

Fig. 2

(ii) A demonstração de (ii) é análoga a de (i), exceto que $f'(c) < 0$, logo $f(b) - f(a) < 0$; isto é, $f(a) > f(b)$.

EXEMPLO Determine os intervalos onde a função $f(x) = x^3 - 3x + 1$ é monótona (isto é, ou crescente ou decrescente). Esboce o gráfico.

SOLUÇÃO

Nesse caso, $f'(x) = 3x^2 - 3 = 3(x^2 - 1)$; conseqüentemente,

$$f'(x) > 0 \text{ para } x < -1,$$
$$f'(x) < 0 \text{ para } -1 < x < 1,$$
$$f'(x) > 0 \text{ para } x > 1 \text{ (Figura 3a)}.$$

Portanto,

f é crescente em $(-\infty, -1]$,
f decrescente $[-1, 1]$,
f crescente $[1, \infty)$ (Figura 3b).

Observe que um ponto num gráfico contínuo que separa a parte crescente da decrescente é o "topo da colina", por exemplo, o ponto $(-1,3)$ na Fig. 3b ou "fundo de um vale", por exemplo, o ponto $(1, -1)$ na Fig. 3b. O "topo de uma colina" é denominado um ponto de *máximo relativo* e o "fundo de um vale" é denominado um ponto de *mínimo relativo* do gráfico. Tais pontos são estudados detalhadamente na Seção 4, onde encontram-se definições formais.

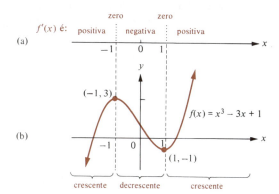

Fig. 3

3.2 Concavidade do gráfico de uma função

Vimos na Seção 3.1 que o sinal algébrico da derivada primeira de uma função determina se o gráfico é crescente ou decrescente. Agora veremos que o sinal algébrico da segunda derivada determina quando o gráfico é curvado para cima (como uma xícara) ou curvado para baixo (como um boné).

A Fig. 4a mostra um gráfico com o aspecto de xícara. Observe que

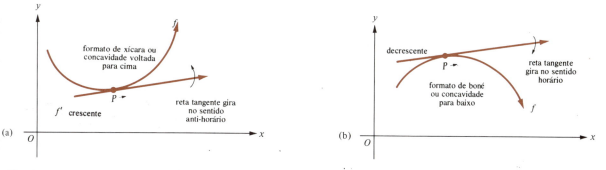

Fig. 4

quando o ponto neste gráfico move-se para a direita, a reta tangente em P gira no sentido anti-horário e sua inclinação aumenta. Dizemos que este gráfico possui a *concavidade para cima*. Analogamente, na Fig. 4b, o gráfico está com um aspecto de boné, e, quando o ponto P move-se para a direita, a reta tangente gira no sentido horário e sua inclinação decresce. Dizemos que tal gráfico possui a *concavidade para baixo*. Estas simples considerações geométricas nos conduzem às seguintes definições formais.

DEFINIÇÃO 3 **Concavidade de um gráfico**

Seja a função f diferenciável no intervalo aberto I. O gráfico de f tem a *concavidade para cima* (respectivamente, *concavidade para baixo*) em I se f' for uma função crescente (respectivamente, uma função decrescente) em I.

Utilizando o teste para funções crescentes e decrescentes (Teorema 1), vimos que, se $(f')'$ tem valores positivos num intervalo aberto, então f' é crescente naquele intervalo, logo o gráfico de f possui concavidade para cima no intervalo pela Definição 3. Analogamente, se $(f')'$ possui valores negativos num intervalo aberto, então f' é decrescente neste intervalo e o gráfico de f possui concavidade para baixo neste intervalo. Deste modo, temos o seguinte teorema.

TEOREMA 2 **Teste para concavidade de um gráfico**

Seja a função f duas vezes diferenciável no intervalo aberto I.
 (i) Se $f''(x) > 0$ para todo x em I, então o gráfico de f possui concavidade para cima em I.
 (ii) Se $f''(x) < 0$ para todo x em I, então o gráfico de f possui concavidade para baixo em I.

EXEMPLO Determine os intervalos do gráfico de $f(x) = (x - 2)^2(x - 5)$ onde a concavidade está voltada para cima ou para baixo e esboce o gráfico.

SOLUÇÃO
Nesse caso,

$$f(x) = x^3 - 9x^2 + 24x - 20,$$
$$f'(x) = 3x^2 - 18x + 24, \quad \text{e}$$
$$f''(x) = 6x - 18 = 6(x - 3);$$

então,

$$f''(x) < 0 \quad \text{para } x < 3 \text{ e}$$
$$f''(x) > 0 \quad \text{para } x > 3 \text{ (Figura 5a).}$$

Portanto, o gráfico de f é côncavo para baixo no intervalo $(-\infty, 3)$ e côncavo para cima no intervalo $(3, \infty)$ (Fig. 5b).

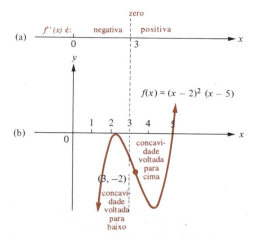

Fig. 5

APLICAÇÕES DA DERIVADA

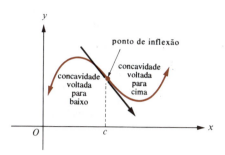

Fig. 6

Um ponto de um gráfico contínuo que separa a porção que tem concavidade para cima da que tem concavidade para baixo (por exemplo, o ponto (3, −2) na Fig. 5b) é denominado *ponto de inflexão*. No ponto de inflexão, o gráfico deve "interceptar a reta tangente" (Fig. 6). A noção de *ponto de inflexão* se torna mais precisa através da seguinte definição.

DEFINIÇÃO 4   **Ponto de inflexão**

Um ponto $(c, f(c))$ é denominado *ponto de inflexão* do gráfico de uma função f se o gráfico tiver uma reta tangente nesse ponto e se houver um intervalo aberto I contendo o ponto c tal que, para todo par de números reais a e b em I com $a < c < b$, $f''(a)$ e $f''(b)$ existem e possuem sinais algébricos diferentes.

3.3 Construção de gráficos

Uma abordagem sistemática do problema da construção de gráficos de uma função f de um modo geral envolve considerações das seguintes questões:

1. Qual o domínio de f?
2. Em que pontos (se existem alguns) f é descontínua?
3. Onde o gráfico de f intercepta os eixos coordenados?
4. f é função par? É uma função ímpar?
5. O gráfico de f possui alguma assíntota?
6. Em que intervalos f é crescente? E decrescente?
7. Em que intervalos f é côncava para cima? E para baixo?
8. Onde ocorrem os máximos e mínimos relativos?
9. Onde ocorrem os pontos de inflexão?

Os intervalos nos quais o gráfico da função f é ascendente ou descendente podem freqüentemente ser achados através do procedimento simples que se segue.

Procedimento para determinação dos intervalos nos quais f' é positiva ou negativa

Passo 1   Determine os pontos nos quais f' não é definida, descontínua, ou tem por valor 0, e disponha estes pontos em ordem crescente: $x_1, x_2, x_3, ..., x_n$.

Passo 2   Em cada intervalo aberto $(x_1, x_2), (x_2, x_3), ..., (x_{n-1}, x_n)$ os valores $f'(x)$ terão sinais algébricos constantes. O mesmo é verdade para um intervalo aberto contido no domínio de f' à esquerda de x_1 ou à direita de x_n. Para determinar o sinal de qualquer um dos intervalos, como por exemplo (x_2, x_3), basta escolher um ponto a qualquer em (x_2, x_3) e calcular $f'(a)$: Se $f'(a) > 0$, então $f'(x) > 0$ para todo x em (x_2, x_3); e se $f'(a) < 0$, então $f'(x) < 0$ para todo x em (x_2, x_3).

Após seguirmos este procedimento, podemos concluir, pelo Teorema 1, que f é crescente (respectivamente, decrescente) naqueles intervalos onde os valores de f' são positivos (respectivamente, negativos). Também, se f é definida e contínua em qualquer intervalo *fechado*, como por exemplo x_2, x_3, e se f é crescente (respectivamente, decrescente) em (x_2, x_3), então f será crescente (respectivamente, decrescente) em x_2, x_3 (**Problema 36**). Certamente, observações análogas aplicam-se a intervalos semifechados tais como $[x_2, x_3)$ ou $(x_2, x_3]$.

Este processo é justificado pelo teorema do valor intermediário na Seção 1,1, já que implica uma função — que é contínua e possui valores não-nulos em um intervalo — não poder trocar de sinal algébrico naquele intervalo. Naturalmente, o mesmo processo com f' substituída por f'' pode ser usado para determinar os intervalos nos quais o gráfico de f é côncavo para cima ou para baixo.

EXEMPLOS Para a função dada f, (a) determine os intervalos nos quais f é monótona, (b) determine os intervalos nos quais o gráfico de f possui concavidade voltada para cima ou para baixo, (c) diga quais são os pontos de inflexão do gráfico de f e (d) esboce o gráfico de f.

1 $f(x) = x + \dfrac{1}{x}$

SOLUÇÃO
(a) Nesse caso, $f'(x) = 1 - 1/x^2$ e f' é definida e contínua em todo ponto exceto 0. Os zeros de f' ocorrem em -1 e 1. Colocando os valores para os quais f' não é definida ou é nula, em ordem crescente, obtemos $-1, 0, 1$. Portanto, f' tem sinais algébricos constantes em cada um desses intervalos

$$(-\infty, -1), \quad (-1, 0), \quad (0, 1), \quad \text{e} \quad (1, \infty).$$

Para determinar estes sinais, escolhemos um número em cada intervalo, como por exemplo

$$-2, \quad -\tfrac{1}{2}, \quad \tfrac{1}{2}, \quad \text{e} \quad 2,$$

respectivamente. Calculando f' nestes pontos escolhidos, obtemos

$$f'(-2) = \tfrac{3}{4} > 0, \quad f'(-\tfrac{1}{2}) = -3 < 0,$$
$$f'(\tfrac{1}{2}) = -3 < 0, \quad \text{e} \quad f'(2) = \tfrac{3}{4} > 0;$$

logo, os valores de f' são positivos em $(-\infty, -1)$, negativos em $(-1, 0)$, negativos em $(0, 1)$ e positivos em $(1, \infty)$ (Fig. 7a). Segue-se que f é crescente nos intervalos $(-\infty, -1]$ e $[1, \infty)$, enquanto ela é decrescente nos intervalos $[-1, 0)$ e $(0, 1]$.

(b) $f''(x) = 2/x^3$, tal que

$$f''(x) < 0 \text{ para } x < 0,$$
$$f''(x) > 0 \text{ para } x > 0.$$

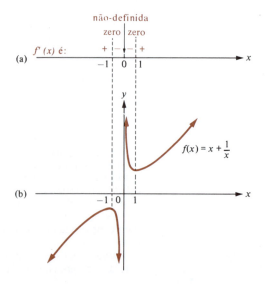

Fig. 7

APLICAÇÕES DA DERIVADA

Segue-se que o gráfico de f possui concavidade voltada para baixo no intervalo $(-\infty, 0)$ e voltada para cima no intervalo $(0, \infty)$.

(c) Como o gráfico de f é côncavo para baixo à esquerda do eixo y e côncavo para cima à direita de y, o único ponto de inflexão possível estaria no eixo y. Mas 0 não pertence ao domínio de f, então o gráfico de f não intercepta o eixo y. Logo, o gráfico de f não possui ponto de inflexão.

(d) Visto que f é uma função ímpar, seu gráfico é simétrico em relação à origem. Pelos métodos da Seção 6 do Cap. 1, o eixo y é uma assíntota vertical e não existem assíntotas horizontais. Considerando estes fatos, usando as informações das pontes (a) e (b) e marcando uns poucos pontos, obtemos o gráfico na Fig. 7b.

2 $f(x) = x^2 - \dfrac{1}{x}$

SOLUÇÃO

(a) Nesse caso, $f'(x) = 2x + (1/x^2)$. Resolvendo a equação $f'(x) = 0$, obtemos a raiz $x = -2^{-1/3} \approx -0,8$. Também, $f'(x)$ não é definida para $x = 0$. Entretanto, f' possui sinais algébricos constantes em cada um dos intervalos $(-\infty, -2^{-1/3})$, $(-2^{-1/3}, 0)$ e $(0, \infty)$. Por exemplo, -1 pertence a $(-\infty, -2^{-1/3})$ e $f'(-1) = -1$, então $f'(x) < 0$ para x em $(-\infty, -2^{-1/3})$. Continuando desse modo concluiremos que $f'(x) > 0$ para x em $(-2^{-1/3}, 0)$ e que $f'(x) > 0$ para x em $(0, \infty)$. Portanto, f é decrescente no intervalo $(-\infty, -2^{-1/3})$ e crescente nos intervalos $(-2^{-1/3})$ e $(0, \infty)$.

(b) $f''(x) = 2 - 2x^{-3} = 2(1 - 1/x^3)$, então $f''(x)$ não é definida para $x = 0$ e $f''(x) = 0$ para $x = 1$. Portanto, f'' possui sinais algébricos constantes em cada um dos intervalos $(-\infty, 0)$, $(0, 1)$ e $(1, \infty)$. Por exemplo, -1 pertence a $(-\infty, 0)$ e $f''(-1) = 4 > 0$, logo $f''(x) > 0$ para x em $(-\infty, 0)$. Prosseguindo desse modo, concluiremos que $f''(x) < 0$ para x em $(0, 1)$ e que $f''(x) > 0$ para x em $(1, \infty)$.

Segue-se que o gráfico de f possui concavidade para cima em $(-\infty, 0)$ para baixo em $(0,1)$ e novamente para cima em $(1, \infty)$.

(c) Como $f''(x) < 0$ para x ligeiramente à esquerda de 1 e $f''(x) > 0$ para x ligeiramente à direita de 1, *deve haver* um ponto de inflexão em $(1, f(1))$. Consultando a Definição 4, achamos a condição adicional de que o gráfico de f tem uma reta tangente em $(1, f(1))$. Com $f'(1) = 3$, o gráfico possui uma reta tangente (de coeficiente angular 3) em $(1, f(1))$; portanto, $(1, f(1)) = (1, 0)$ é realmente um ponto de inflexão do gráfico de f.

(d) Resolvendo a equação $f(x) = 0$, obtemos somente a solução $x = 1$; portanto, o gráfico de f intercepta o eixo x somente no ponto $(1, 0)$. A função f não é nem par nem ímpar, então seu gráfico não apresenta simetria em relação ao eixo y e nem em relação à origem. O eixo y é uma assíntota vertical e não existe assíntota horizontal. Considerando estes fatos e utilizando as informações das pontes (a), (b) e (c) e marcando alguns pontos, nós obtemos o gráfico traçado na Fig. 8.

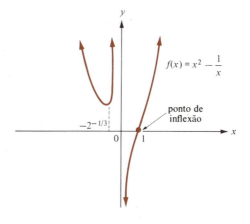

Fig. 8

3 $f(x) = \sqrt{x} - \dfrac{1}{\sqrt{x}}$

Solução

(a) Nesse caso, $f'(x) = \dfrac{1}{2\sqrt{x}} + \dfrac{1}{2(\sqrt{x})^3}$, e f' é definida, contínua e positiva em todo o domínio $(0,\infty)$ de f. Assim, f é crescente em $(0,\infty)$.

(b) Visto que $f''(x) = \dfrac{-1}{4(\sqrt{x})^3} + \dfrac{-3}{4(\sqrt{x})^5}$, vemos que $f''(x)$ é negativa em todo o domínio $(0,\infty)$ de f. Desse modo, o gráfico de f possui concavidade para baixo em $(0,\infty)$.

(c) Visto que o gráfico é sempre côncavo para baixo, não pode haver pontos de inflexão.

(d) Resolvendo a equação $f(x) = 0$, obtemos somente a solução $x = 1$; logo, o gráfico intercepta o eixo x somente no ponto $(1, 0)$. O eixo y é uma assíntota vertical, e não existe assíntota horizontal. O gráfico está traçado na Fig. 9.

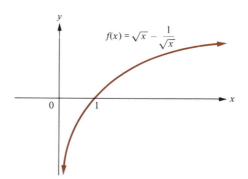

Fig. 9

4 $f(x) = x^{1/3}(x - 1)^{2/3}$

Solução

(a) Aqui, $f(x) = [x(x - 1)^2]^{1/3}$, de modo que

$$f'(x) = \tfrac{1}{3}[x(x-1)^2]^{-2/3}[2x(x-1) + (x-1)^2]$$
$$= \tfrac{1}{3}x^{-2/3}(x-1)^{-1/3}(3x-1).$$

Evidentemente, f' não é definida em 0 e 1. Além disso, $f'(x) = 0$ apenas para $x = \text{¹}/\text{₃}$. Conseqüentemente, f' tem um sinal algébrico constante em cada intervalo $(-\infty, 0)$, $(0, \text{¹}/\text{₃})$, $(\text{¹}/\text{₃}, 1)$ e $(1, \infty)$. Selecionando valores numéricos em cada um desses intervalos e calculando f' em cada ponto selecionado, achamos que f' é positiva em $(-\infty, 0]$, $[0, \text{¹}/\text{₃}]$ e $[1, \infty)$, enquanto é negativa em $[\text{¹}/\text{₃}, 1]$. Portanto, f é crescente em $(-\infty, 0]$, $[0, \text{¹}/\text{₃}]$ e $[1, \infty)$, enquanto f é decrescente em $[\text{¹}/\text{₃}, 1]$. Visto que f é crescente nos intervalos adjacentes $(-\infty, 0]$ e $[0, \text{¹}/\text{₃}]$, ela é realmente crescente em todo o intervalo $(-\infty, \text{¹}/\text{₃}]$.

(b) Diferenciando e simplificando, temos que

$$f''(x) = -\tfrac{2}{9}x^{-5/3}(x-1)^{-4/3}.$$

Evidentemente, f'' não é definida em 0 e em 1, enquanto a equação $f''(x) = 0$ não tem solução. Então encontramos

$$f''(x) > 0 \quad \text{para } x \text{ em } (-\infty, 0),$$
$$f''(x) < 0 \quad \text{para } x \text{ em } (0, 1),$$
$$f''(x) < 0 \quad \text{para } x \text{ em } (1, \infty);$$

logo, o gráfico de f possui concavidade voltada para cima no intervalo $(-\infty, 0)$ e concavidade voltada para baixo nos intervalos $(0, 1)$ e $(1, \infty)$.

(c) Visto que o gráfico tem concavidade para cima no intervalo $(-\infty, 0)$ e concavidade para baixo no intervalo $(0, 1)$, existe um provável ponto de inflexão em $(0, f(0)) = (0, 0)$. Precisamos ver quando o gráfico de f possui uma reta tangente em $(0, 0)$. Como f' não é definida em 0, a única possibilidade para uma reta tangente em $(0, 0)$ é a reta tangente *vertical*.
De acordo com a condição dada no Cap. 2, Seção 1, o gráfico de f possui uma tangente vertical em $(0,0)$ se f é contínua em 0 e
$$\lim_{\Delta x \to 0} \left| \frac{f(0 + \Delta x) - f(0)}{\Delta x} \right| = +\infty.$$ Evidentemente, f é contínua em 0.
Além disso, temos

$$\lim_{\Delta x \to 0} \left| \frac{f(0 + \Delta x) - f(0)}{\Delta x} \right| = \lim_{\Delta x \to 0} \left| \frac{\Delta x^{1/3}(\Delta x - 1)^{2/3}}{\Delta x} \right|$$
$$= \lim_{\Delta x \to 0} \left| \frac{\Delta x - 1}{\Delta x} \right|^{2/3} = +\infty.$$

Portanto, o gráfico de f tem uma tangente vertical em $(0, 0)$. Segue-se que $(0, 0)$ é um ponto de inflexão do gráfico de f.

(d) A função f é definida e contínua em $(-\infty, \infty)$ e intercepta o eixo x em $x = 0$ e $x = 1$. A função não é par e nem ímpar e seu gráfico não possui assíntota horizontal ou vertical. O gráfico está traçado na Fig. 10.

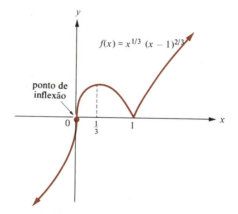

Fig. 10

Conjunto de Problemas 3

Nos problemas 1 a 8, encontre os intervalos onde cada função é monótona (isto é, ou crescente ou decrescente). Esboce o gráfico.

1 $f(x) = x^3 - 12x + 11$
2 $g(x) = x^3 + x^2 - 5x$
3 $f(x) = x + \dfrac{3}{x^2}$

4 $h(x) = x^2 - \dfrac{3}{x^2}$

5 $f(x) = \sqrt{x} + \dfrac{4}{x}$

6 $g(x) = x^{7/5} - 8x^{3/5}$

7 $h(x) = \begin{cases} x^2 - 5 & \text{se } x < 4 \\ 10 - 3x & \text{se } x \geq 4 \end{cases}$

8 $f(x) = \begin{cases} \sqrt{25 - x^2} & \text{se } x \leq 4 \\ 7 - x & \text{se } x > 4 \end{cases}$

Nos problemas 9 a 16, indique os intervalos onde o gráfico de cada função é côncavo para baixo ou para cima, faça o gráfico e localize os pontos de inflexão.

9 $f(x) = 2x^3 - \tfrac{1}{2}x^2 - 7x + 2$

10 $g(x) = \tfrac{5}{3}x^3 - \tfrac{7}{2}x^2 - 6x + 4$

11 $f(x) = x^4 + 4x^3 + 6x^2 + 4x - 1$

12 $F(x) = 3x^4 + 8x^3 - 18x^2 + 12$

13 $h(x) = x - \dfrac{4}{x^2}$

14 $G(x) = \dfrac{2x}{x + 2}$

15 $f(x) = \sqrt{x} - \dfrac{9}{x}$

16 $f(x) = \dfrac{4}{x + 1}$

17 Na Fig. 11 considere os gráficos das funções e os intervalos expostos $[a, e]$. Em cada caso, o intervalo $[a, e]$ está dividido em quatro subintervalos $[a, b]$, $[b, c]$, $[c, d]$ e $[d, e]$. Considere que as funções dadas são diferenciáveis duas vezes no interior de cada subintervalo. Determine em quais destes intervalos a função dada (i) é crescente, (ii) é decrescente, (iii) tem por gráfico uma curva cuja concavidade está voltada para cima e (iv) possui gráfico côncavo para baixo. Além disso, (v) encontre todos os pontos de inflexão.

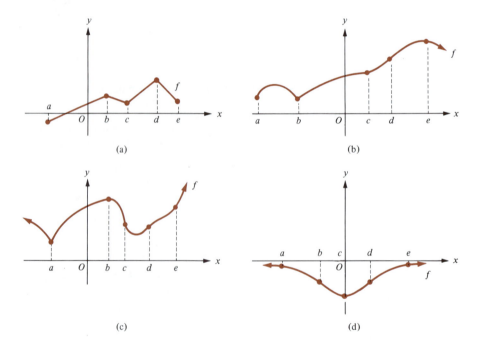

Fig. 11

18 Esboce o gráfico de uma função contínua tendo as seguintes propriedades: $f(-1) = 5$, $f(0) = 0$, $f(2) = 3$, $f(5) = 0$, $f'(x) < 0$ para $x < 0$, $f'(x) > 0$ para $0 < x < 2$, $f'(x) < 0$ para $x > 2$, $f''(x) > 0$ para $x < -1$, $f''(x) < 0$ para $-1 < x < 0$ e $f''(x) < 0$ para $x > 0$.

Nos problemas 19 a 32, indique (a) os intervalos onde f é crescente, (b) os intervalos onde f é decrescente, (c) os intervalos onde o gráfico de f é côncavo para cima, (d) os intervalos onde o gráfico de f é côncavo para baixo, (e) os pontos de inflexão e (f) trace o gráfico de f.

19 $f(x) = x^3 - 6x^2 + 9x + 1$

20 $f(x) = \tfrac{1}{3}x^3 + \tfrac{1}{2}x^2 - 2x + 1$

21 $f(x) = x^4 + 4x^2 - 16$

22 $f(x) = 8x - 2x^2 - x^4$

23 $f(x) = x^2(12 - x^2)$

24 $f(x) = x + \dfrac{1}{\sqrt{x}}$

APLICAÇÕES DA DERIVADA 167

25 $f(x) = 2x + \dfrac{2}{x}$

26 $f(x) = (x + 2)^{1/3} x^{-2/3}$

27 $f(x) = 3x^{2/3} - x^{5/3}$

28 $f(x) = x^{4/5}$

29 $f(x) = 1 + (x - 2)^{2/3}$

30 $f(x) = 1 + \left(\dfrac{x}{x-1}\right)^{1/3}$

31 $f(x) = \dfrac{2x}{x^2 + 1}$

32 $f(x) = \begin{cases} 10 - 3x & \text{se } x \geq 2 \\ x^2 & \text{se } x < 2 \end{cases}$

33 Considere a função f monótona e contínua cujo domínio é o intervalo I. Explique por que f precisa admitir uma inversa f^{-1} e por que o domínio de f^{-1} precisa ser um intervalo. (Uma argumentação geométrica é aceitável, mas uma argumentação analítica é preferível.)

34 Suponha que f possui uma derivada contínua f' num intervalo aberto I e que f é crescente em I. Mostre que $f'(x) \geq 0$ vale para todo x pertencente a I.

35 Mostre que, mesmo se f é uma função com derivada segunda contínua, a condição $f''(c) = 0$ não precisa acarretar que $(c, f(c))$ seja ponto de inflexão do gráfico de f. (*Sugestão:* Considere $f(x) = x^4$). Por outro lado, mostre que, se f tem uma segunda derivada contínua e $(c, f(c))$ é um ponto de inflexão do gráfico de f, então $f''(c) = 0$.

36 Suponha que f é uma função contínua no intervalo fechado $[a, b]$ e que f é monótona no intervalo aberto (a, b). Mostre que f é monótona em $[a, b]$.

37 Seja a função f crescente no intervalo I.
(a) $3f$ é crescente em I? Por quê?
(b) $-3f$ é crescente em I? Por quê?
(c) A função g definida por $g(x) = -1 + f(x)$ é crescente em I? Por quê?

38 Sejam f e g funções crescentes no intervalo I.
(a) $f + g$ é necessariamente crescente em I? Por quê?
(b) $f \cdot g$ é necessariamente crescente em I? Por quê?

39 Se a função f é diferenciável no intervalo aberto I, alguns livros-textos definem o gráfico de f como tendo a concavidade voltada para cima se f satisfizer a seguinte condição: Para todo par de números reais distintos a e b em I, o ponto $(b, f(b))$ do gráfico de f situa-se estritamente acima da tangente ao gráfico de f em $(a, f(a))$. Mostre que esta condição é válida se, e somente se, para todo par de números reais distintos a e b em I, $f(b) > f(a) + f'(a)(b - a)$.

40 Considere a condição de que f é uma função diferenciável no intervalo aberto I e que o gráfico de f possui concavidade para cima de acordo com a Definição 3. Se a e b são números reais distintos em I, prove que $f(b) > f(a) + f'(a)(b - a)$.

41 Alguns livros-textos definem que o gráfico de f tem a concavidade voltada para cima no intervalo I se, para dois números reais distintos a e b em I, a porção do gráfico entre $(a, f(a))$ e $(b, f(b))$ situa-se abaixo da secante entre $(a, f(a))$ e $(b, f(b))$. Desenhe um diagrama ilustrando esta condição.

42 Suponha que a função f é diferenciável no intervalo aberto I e sua concavidade está voltada para cima em I. Prove que, se a e b são dois números reais em I, então $0 < t < 1$ implica que $f(ta + (1 - t)b) < tf(a) + (1 - t)f(b)$.

4 Valores de Máximo e Mínimo Relativos de Funções

Nesta seção aplicamos os conceitos apresentados na Seção 3 ao problema da determinação de valores de máximo e mínimo relativos de uma função. Considere, por exemplo, a função polinomial

$$f(x) = x^3 - 3x^2 + 5.$$

Um esboço do gráfico de f (Fig. 1) mostra que o ponto $(0, 5)$ neste gráfico está mais alto que todos seus pontos imediatamente vizinhos. Um ponto tal como $(0, 5)$ é denominado *ponto de máximo relativo* do gráfico de f. Analogamente, o ponto $(2, 1)$ é denominado *ponto de mínimo relativo* do gráfico de f desde que ele esteja mais baixo que todos seus pontos imediatamente vizinhos, no gráfico.

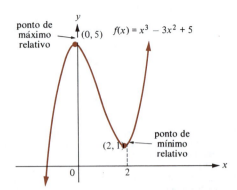

Fig. 1

Nossa discussão sugere a seguinte definição formal:

DEFINIÇÃO 1 **Máximo relativo**

Uma função f possui um *máximo relativo* (ou *máximo local*) em um ponto c se existe um intervalo aberto I contendo c tal que f seja definida em I e $f(c) \geq f(x)$ seja verdadeira para todo x em I.

DEFINIÇÃO 2 **Mínimo relativo**

Uma função f possui um *mínimo relativo* (ou *mínimo local*) em um ponto c se existe um intervalo aberto I contendo c tal que f seja definida em I e $f(c) \leq f(x)$ seja verdadeira para todo x em I.

Se uma função f possui um máximo ou um mínimo em um ponto c, dizemos que f possui um *extremo relativo* em c. É geometricamente claro que se a função f tem um extremo relativo em um ponto c e se o gráfico de f admite uma tangente não-vertical em $(c, f(c))$, então, esta tangente precisa ser horizontal; isto é, $f'(c) = 0$ (Fig. 2). Esta observação sugere a seguinte definição.

DEFINIÇÃO 3 **Ponto crítico**

Diz-se que um ponto c é um *ponto crítico* para a função f quando f é definida em c mas não é diferenciável em c, ou $f'(c) = 0$.

Agora vamos dar uma demonstração analítica do fato de que um extremo relativo somente poderá ocorrer em um ponto crítico.

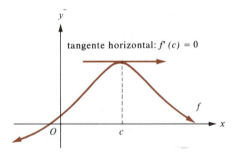

Fig. 2

TEOREMA 1 **Condição necessária para extremos relativos**

Se a função f possui um extremo relativo em um ponto c, então c é um ponto crítico para f.

DEMONSTRAÇÃO

Consideremos o caso em que f possui um máximo relativo em c; a partir daí, o caso de um mínimo relativo pode ser obtido analogamente. Se f não é diferenciável em c, então c é automaticamente um ponto crítico de f pela Definição 3, e não temos nada a provar. Deste modo, podemos considerar que f é diferenciável em c, portanto,

$$f'(c) = \lim_{x \to c} \frac{f(x) - f(c)}{x - c}$$

APLICAÇÕES DA DERIVADA

existe. Precisamos provar que $f'(c) = 0$. Se provarmos que $f'(c)$ não pode ser positiva nem negativa; então precisará ser nula e nosso argumento estará completo. Provamos que $f'(c)$ não é negativa mostrando que, se o fosse, contrariaria a hipótese, f não poderia ter um máximo relativo em c. Que $f'(c)$ não é positiva pode ser mostrado analogamente. Desse modo, suponha $f'(c)$ negativa. Desde que façamos $\dfrac{f(x) - f(c)}{x - c}$ tão próximo quanto desejarmos do número negativo $f'(c)$ tornando x suficientemente perto de c (mas não igual a c), existe um pequeno intervalo aberto I contendo c tal que $\dfrac{f(x) - f(c)}{x - c}$ é negativo se x for diferente de c e pertencer a I.

Se x pertence a I e $x < c$, então $x - c < 0$ e $\dfrac{f(x) - f(c)}{x - c} < 0$. Se uma fração e seu denominador forem ambos negativos, então o numerador deverá ser positivo; logo, se x pertence a I e $x < c$, então $f(x) > f(c)$.

A última afirmação contradiz a hipótese de que f possui um máximo relativo em c, desde que se diga que os valores $f(x)$ da função sejam maiores que $f(c)$ para valores de x ligeiramente à esquerda de c. Esta é a contradição prometida, o que completa a prova.

Os pontos a, b, c, d, e e k são críticos para a função f cujo gráfico se encontra na Fig. 3. Neste caso, a, b e k estão qualificados como pontos críticos de f porque f não é diferenciável nestes pontos (embora f possua derivadas em a e k). Observe que f não possui extremos relativos em a ou k, visto que nenhum dos intervalos abertos em relação a esses pontos estão contidos no domínio de f. De qualquer modo, f possui um mínimo relativo no ponto crítico b (onde f deixa de ser diferenciável). Observe que f é diferenciável nos três pontos críticos restantes c, d e e, então

$$f'(c) = f'(d) = f'(e) = 0.$$

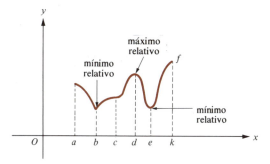

Fig. 3

Claramente, f possui um máximo relativo em d e um mínimo em e. Contudo, a despeito do fato do gráfico de f possuir uma tangente horizontal em $(c, f(c))$, f não tem um extremo relativo em c.

Visando encontrar todos os extremos relativos de uma função f, pode-se começar achando todos os pontos críticos para f. Estes pontos críticos se constituem nos "candidatos possíveis" a pontos nos quais f tem extremo relativo; entretanto, cada ponto crítico precisa ser testado para ver quando f realmente possui um extremo relativo lá. O teste mais simples para extremos relativos realiza-se usando a derivada primeira ou segunda derivada de f.

4.1 Testes da derivada primeira e segunda para extremos relativos

Considere a Fig. 4a, na qual a função contínua f possua uma derivada primeira positiva no intervalo (a, c) e uma derivada primeira negativa no intervalo (c, b). Pelo Teorema 1 na Seção 3, f é crescente em $(a, b]$ e decrescente em $[c, b)$; logo, *f tem um máximo relativo em c*. Analogamente, na Fig. 4b, a função contínua f tem uma derivada primeira negativa em (a, c) e

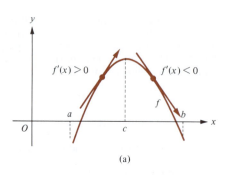
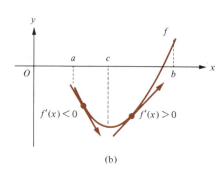

Fig. 4   (a)   (b)

uma derivada primeira positiva em (c, b); logo, *f admite um mínimo relativo em c*.

As observações simples feitas anteriormente estão sumarizadas no seguinte teorema:

TEOREMA 2   **Teste da primeira derivada para extremos relativos**

Seja a função f definida e contínua no intervalo aberto (a, b); considere que o ponto c pertença a (a, b) e suponha que f seja diferenciável em todo ponto em (a, b) exceto, possivelmente, em c.
    (i) Se $f'(x) > 0$ para todo ponto x em (a, c) e $f'(x) < 0$ para todo ponto x em (c, b), então f possui um máximo relativo em c.
   (ii) Se $f'(x) < 0$ para todo ponto x em (a, c) e $f'(x) > 0$ para todo ponto x em (c, b), então f possui um mínimo relativo em c.

No caso (i) do Teorema 2 não somente existe um máximo relativo em c, como $f(c) \geq f(x)$ é válido para *todo x* no intervalo (a, b) (Fig. 4a). Analogamente, no caso (ii) do Teorema 2 (Fig. 4b), $f(c) \leq f(x)$ é válido para *todo x* no intervalo (a, b) (Problema 24).

EXEMPLO   Se $f(x) = x^3 - 2x^2 + x + 1$, use o teste da primeira derivada para achar todos os pontos nos quais f possua um extremo relativo e esboce o gráfico de f.

Solução
Nesse caso, $f'(x) = 3x^2 - 4x + 1 = (x - 1)(3x - 1)$, portanto os únicos pontos críticos para f são as raízes $x = 1$ e $x = 1/3$ da equação $f'(x) = 0$. Usando o procedimento para a determinação de intervalos nos quais f' é positiva ou negativa (Seção 3.3), concluímos que

$$f'(x) > 0 \text{ para } x < \tfrac{1}{3},$$
$$f'(x) < 0 \text{ para } \tfrac{1}{3} < x < 1,$$
$$f'(x) > 0 \text{ para } x > 1.$$

Portanto, pelo teste da derivada primeira, f possui um máximo relativo em $1/3$ e um mínimo relativo em 1. Usando a segunda derivada para testar a concavidade do gráfico (Seção 3.2) e assinalando uns poucos pontos, podemos traçar o gráfico de f (Fig. 5).

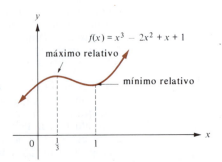

Fig. 5

APLICAÇÕES DA DERIVADA   171

O *teste da segunda derivada* para extremos relativos é facilmente percebido (e lembrado) geometricamente. A Fig. 6a mostra o gráfico da função f e um ponto crítico c tal que $f''(c) > 0$. A condição $f''(c) > 0$ indica que o gráfico de f é côncavo para cima numa vizinhança do ponto $(c, f(c))$; daí, que f tem um mínimo relativo em c. Analogamente, a Fig. 6b mostra um ponto crítico c para f tal que $f''(c) < 0$, desse modo o gráfico de f é côncavo para baixo numa vizinhança de $(c, f(c))$ e f possui um máximo relativo em c.

O teste da segunda derivada está formalmente provado pelo teorema seguinte.

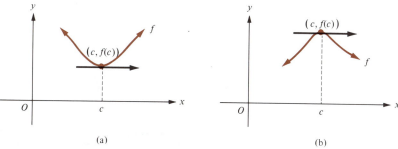

Fig. 6

TEOREMA 3 **Teste da segunda derivada para extremos relativos**
Seja a função f diferenciável no intervalo aberto I e suponha que c seja um ponto em I tal que $f'(c) = 0$ e $f''(c)$ exista.
  (i) Se $f''(c) > 0$, então f possui um mínimo relativo em c.
  (ii) Se $f''(c) < 0$, então f possui um máximo relativo em c.

DEMONSTRAÇÃO
Provaremos (i) somente, visto que a demonstração (ii) é análoga. [Veja Problema 25 para a parte (iii).] Assim, considere $f'(c) = 0$ e $f''(c) > 0$. Pela definição de $f''(c) = (f')'(c)$ e o fato de que $f'(c) = 0$, temos

$$(f')'(c) = \lim_{x \to c} \frac{f'(x) - f'(c)}{x - c} = \lim_{x \to c} \frac{f'(x)}{x - c};$$

logo, podemos fazer a razão $\dfrac{f'(x)}{x - c}$ tão próxima quanto desejarmos do número positivo $f''(c)$ simplesmente considerando x suficientemente perto de c (mas não igual a c). Em particular, se x está próximo o suficiente de c (mas diferente de c), então $\dfrac{f'(x)}{x - c}$ terá que ser positivo. Portanto, deve existir um intervalo aberto (a,b) contendo c tal que se x é diferenciável em c e pertence a (a,b), então $\dfrac{f'(x)}{x - c} > 0$. Segue-se que, se $a < x < c$, então $x - c < 0$ e $\dfrac{f'(x)}{x - c} > 0$, de onde $f'(x) < 0$. Analogamente, se $c < x < b$, temos $x - c > 0$ e $\dfrac{f'(x)}{x - c} > 0$, de onde se segue que $f'(x) > 0$. Daí, ligeiramente à esquerda de c, a derivada $f'(x)$ deve ser negativa, enquanto que ligeiramente à direita de c ela será positiva. Pelo teste da primeira derivada (Teorema 2), concluímos que f admite um mínimo relativo em c.

EXEMPLO   Se $f(x) = x^3 - 6x^2 + 9x$, use o teste da segunda derivada para encontrar todos os pontos nos quais f possui um extremo relativo e esboce o gráfico de f.

SOLUÇÃO
Neste caso, $f'(x) = 3x^2 - 12x + 9 = 3(x - 3)(x - 1)$ e $f''(x) = 6x - 12 = 6(x - 2)$. Fazemos $f'(x) = 0$ e obtemos os pontos críticos $x = 1$ e $x = 3$. A partir de $f''(1) = -6 < 0$, concluímos que f tem um máximo em 1. Analogamente, a partir de $f''(3) = 6 > 0$, segue-se que f possui um mínimo relativo em 3 (Fig. 7).

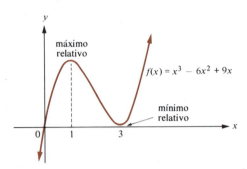

Fig. 7

4.2 Processo para encontrar extremos relativos

Todos os extremos relativos de uma função f podem ser encontrados sistematicamente acompanhando o seguinte processo:

Processo para encontrar os extremos relativos de uma função f
Passo 1 Encontre f'.
Passo 2 Encontre os pontos críticos para f; isto é,
    (a) Encontre todos os pontos c do domínio de f para os quais $f'(c)$ não existe.
    (b) Encontre todos os pontos c para os quais $f'(c) = 0$.
Passo 3 Teste cada um dos pontos críticos para observar quando ele corresponde a um máximo relativo, um mínimo relativo, ou não é extremo relativo. Nesse caso, os testes da primeira ou segunda derivada podem ser usados.

Se f é uma função par ou ímpar, podemos começar examinando os pontos críticos não-negativos, então usa-se a simetria do gráfico de f para tratar com os pontos restantes.

EXEMPLOS Use o processo acima para achar todos os pontos nos quais a função dada f possui um extremo relativo. Esboce o gráfico de f.

1 $f(x) = \dfrac{4x}{1 + x^2}$

SOLUÇÃO
Utilizando a regra do quociente e simplificando, concluímos que $f'(x) = \dfrac{4(1 - x^2)}{(1 + x^2)^2}$, então os pontos críticos são 1 e -1. Se $-1 < x < 1$, então $f'(x) > 0$, enquanto se $x > 1$, então $f'(x) < 0$. Portanto, pelo teste da primeira derivada, f possui um máximo relativo em 1. Como f é uma função ímpar, seu gráfico possui simetria em relação à origem; então, f possui um número relativo em -1 (Fig. 8).

2 $f(x) = 1 - (x - 2)^{2/3}$

SOLUÇÃO
Nesse caso, $f'(x) = -\frac{2}{3}(x - 2)^{-1/3}$, portanto f é diferenciável em todo ponto exceto 2. Além disso, para $x \neq 2$, $f'(x) \neq 0$; logo, 2 é o único ponto crítico para f.
Se $x < 2$, então $f'(x) > 0$; se $x > 2$, então $f'(x) < 0$. Portanto, pelo teste da derivada primeira, f possui um máximo relativo em 2 (Fig. 9).

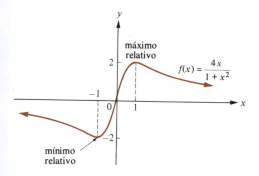

Fig. 8

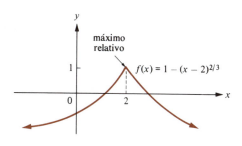

Fig. 9

3 $f(x) = \frac{1}{12}(x^4 + 6x^3 - 18x^2)$

SOLUÇÃO
Temos

$$f'(x) = \frac{1}{12}(4x^3 + 18x^2 - 36x) = \frac{1}{6}x(2x^2 + 9x - 18)$$
$$= \frac{1}{6}x(2x - 3)(x + 6).$$

Deste modo, as raízes de $f'(x) = 0$ são os pontos críticos $x = 0$, $x = 3/2$ e $x = -6$. Agora,

$$f''(x) = \frac{1}{12}(12x^2 + 36x - 36)$$
$$= x^2 + 3x - 3,$$

por conseguinte

$$f''(-6) = 15 > 0,$$
$$f''(0) = -3 < 0, \quad \text{e}$$
$$f''(\tfrac{3}{2}) = \tfrac{15}{4} > 0.$$

Pelo teste da derivada segunda, f possui um mínimo relativo em -6, um máximo relativo em 0, e um mínimo relativo em $3/2$ (Fig. 10).

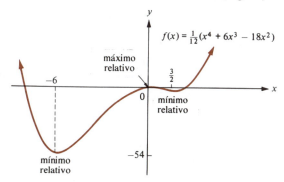

Fig. 10

4 $f(x) = \begin{cases} x^2 - 1 & \text{se } x \geq 1 \\ 1 - x^2 & \text{se } x < 1 \end{cases}$

SOLUÇÃO
Nesse caso,

$$f'(x) = \begin{cases} 2x & \text{se } x > 1 \\ -2x & \text{se } x < 1, \end{cases}$$

e $f'(1)$ não é definida. Deste modo, 1 é um ponto crítico, como $f'(0) = 0$, 0 é outro ponto crítico. Para $x < 1$, $f''(x) = -2$; logo, $f''(0) = -2 < 0$, segue-se do teste da segunda derivada que f possui um máximo relativo em 0. Para $0 < x < 1$, $f'(x) = -2x < 0$, enquanto que para $x > 1$, $f'(x) = 2x > 0$; portanto, f tem um mínimo relativo em 1 pelo teste da primeira derivada (Fig. 11).

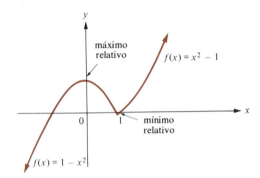

Fig. 11

5 $f(x) = x^3$

SOLUÇÃO
Neste caso, $f'(x) = 3x^2$, então 0 é o único ponto crítico. Entretanto, para $x \neq 0$, $f'(x) = 3x^2 > 0$, como f é uma função crescente e não possui extremos relativos (Fig. 12).

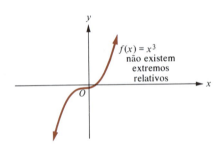

Fig. 12

6 $f(x) = x^3 + 3x - 2$

SOLUÇÃO
Neste caso, $f'(x) = 3x^2 + 3$, portanto, $f'(x) > 0$ para todos os valores de x. Daí não existem pontos críticos para f e, por conseguinte, não ocorrem extremos relativos (Fig. 13).

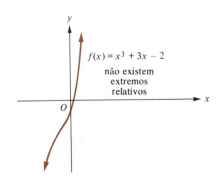

Fig. 13

APLICAÇÕES DA DERIVADA

Conjunto de Problemas 4

Nos problemas 1 a 10, (a) determine os pontos críticos para f e (b) use o teste da primeira derivada para ver quando cada um desses pontos críticos corresponde a um máximo relativo, um mínimo relativo, ou nenhum deles. Então, (c) esboce o gráfico de f.

1 $f(x) = 7 + 12x - 2x^2$

2 $f(x) = 2x^3 - 3x^2 - 4$

3 $f(x) = x^3 - x^2 - x - 1$

4 $f(x) = -x^3 + x^2 - x$

5 $f(x) = x^4 - 4x$

6 $f(x) = (x - 1)^2(x - 2)^2$

7 $f(x) = 2x^{1/2} - x$

8 $f(x) = \dfrac{3}{x - 2}$

9 $f(x) = \dfrac{x}{(x + 1)^2}$

10 $f(x) = \begin{cases} x^2 + 4 & \text{se } x \geq 1 \\ 8 - 3x & \text{se } x < 1 \end{cases}$

Nos problemas 11 a 18, (a) determine os pontos críticos para f e use o teste da segunda derivada em cada um desses pontos críticos. Então, (c) esboce o gráfico de f.

11 $f(x) = x^2 - 5x + 4$

12 $f(x) = x^3 + 3x^2 + 16$

13 $f(x) = x^3 + 3x^2 - 3x$

14 $f(x) = 3x^4 - 4x^3 - 12x^2$

15 $f(x) = (x - 1)^{8/3} + (x - 1)^2$

16 $f(x) = \dfrac{5x}{x^2 + 7}$

17 $f(x) = x^2 + 5x^{-2}$

18 $f(x) = \dfrac{1}{x^2 + x}$

Nos problemas 19 e 20, encontre todos os pontos nos quais as funções dadas têm um extremo relativo e faça o gráfico.

19 $f(x) = \begin{cases} x^3 & \text{se } x \leq 1 \\ (x - 2)^2 & \text{se } x > 1 \end{cases}$

20 $f(x) = \begin{cases} 1 + \dfrac{1}{x^2} & \text{se } x \neq 0 \\ 0 & \text{se } x = 0 \end{cases}$

21 Determine os valores das constantes a e b tal que a função f definida por $f(x) = x^3 + ax + b$ possua um mínimo relativo no ponto $(1, 3)$.

22 Encontre valores para as constantes p e q tal que a função definida por $f(x) = (p/x) + qx$ tenha um mínimo relativo no ponto $(1, 6)$.

23 Determine os valores das constantes p e q para que a função g definida por $g(x) = px^{-1/2} + qx^{1/2}$ tenha um mínimo relativo no ponto $(4, 12)$.

24 Na parte (ii) do Teorema 2 na Seção 4.1, prove que $f(c) \leq f(x)$ vale para todos os valores de x no intervalo (a, b).

25 Mostre que se $f'(c) = 0$ e $f''(c) = 0$, como na parte (iii) do Teorema 3 na Seção 4.1, o teste não é válido. Aplique tal raciocínio às três funções f, g e h dadas por $f(x) = x^4$, $g(x) = x^3$ e $h(x) = -x^4$, e tome $c = 0$.

5   Extremos Absolutos

A técnica usada na Seção 4 para localizar os extremos relativos de funções são também úteis para achar os *extremos absolutos* de funções. A idéia de extremo absoluto pode ser apreciada pela consideração do gráfico da função f apresentada pela Fig. 1. Observe que f possui um máximo relativo em $(p, f(p))$ e outro em $(r, f(r))$; entretanto, o valor $f(r)$ é maior que o valor $f(p)$ — de fato, é maior que qualquer outro valor $f(x)$ da função, para o intervalo fechado $[a, b]$. Desse modo, dizemos que a função f *possui um valor máximo absoluto $f(r)$* em r.

Na Fig. 1, f possui um mínimo em $(q, f(q))$; entretanto, o valor $f(b)$ da função é menor que $f(q)$ — de fato, é menor que qualquer outro valor $f(x)$ da função para o intervalo fechado $[a, b]$. Daí, dizemos que a função f *possui um valor $f(b)$ mínimo absoluto em b*. Observe que, embora $f(b)$ seja um valor

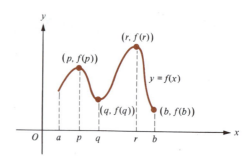

Fig. 1

mínimo de *f*, não representa um mínimo relativo, visto que a função *f* não é definida à direita de *b*.

A discussão precedente nos conduz à seguinte definição geral:

DEFINIÇÃO 1   **Máximo e mínimo absoluto**

Suponha que a função *f* seja definida (pelo menos) no intervalo *I*, e seja *c* um ponto do intervalo *I*. Se $f(c) \geq f(x)$ (respectivamente, $f(c) \leq f(x)$) vale para todos os valores de *x* em *I*, então dizemos que, *no intervalo I, a função f atinja o seu valor máximo absoluto* (respectivamente, seu *valor mínimo absoluto*) $f(c)$ *no ponto c*.

Se *f* atinge um valor máximo absoluto ou mínimo absoluto em *c*, então dizemos que possui um *extremo absoluto* em *c*. A verificação da existência ou não de um extremo absoluto num intervalo pode ser efetuada freqüentemente com o auxílio do seguinte teorema:

TEOREMA 1   **Existência de extremos absolutos**

Se uma função *f* é definida e contínua no intervalo fechado [*a*, *b*], então *f* atinge um valor máximo absoluto em algum ponto em [*a*, *b*] e *f* atinge um valor mínimo absoluto em algum ponto em [*a*, *b*].

Geometricamente, a propriedade de funções contínuas expressa pelo Teorema 1 é fácil de ser aceita, desde que se afirme que a curva contínua unindo o ponto *A* ao ponto *B*, como na Fig. 2, tenha um ponto mais alto *C* e um ponto mais baixo *D*. Uma prova analítica desta importante propriedade das funções contínuas pode ser encontrada num livro-texto mais avançado. Se a função *f* atinge um extremo absoluto num intervalo *I* em um ponto *c* que não é ponto extremo de *I*, então está claro, a partir das definições correspondentes, que *f* possui um extremo relativo em *c*. Esta observação fornece a base para o seguinte:

Processo para encontrar extremos absolutos de uma função contínua num intervalo fechado

Para encontrar os extremos absolutos de uma função contínua *f* num intervalo fechado [*a*, *b*], proceda conforme está discriminado abaixo:

Passo 1   Ache todos os pontos críticos *c* para a função *f* no intervalo aberto (*a*, *b*).

Passo 2   Calcule os valores $f(c)$ da função para cada um dos valores de *c* contidos no Passo 1.

Passo 3   Calcule os valores da função $f(a)$ e $f(b)$ nos pontos extremos *a* e *b* do intervalo.

Passo 4   Conclua que o maior de todos os números calculados nos Passos 2 e 3 é o máximo absoluto de *f* em [*a*, *b*] e o menor desses números é o mínimo absoluto de *f* em [*a*, *b*].

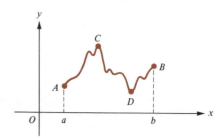

Fig. 2

APLICAÇÕES DA DERIVADA

Se a função f não é contínua no intervalo I, ou se I não é um intervalo fechado $[a, b]$, talvez o método mais eficiente para encontrar os extremos absolutos de f em I (quando eles existem) seja esboçando o gráfico de f.

EXEMPLOS Determine os extremos absolutos da função f dada no intervalo indicado e esboce o gráfico de f.

1 $f(x) = \sqrt{9 - x^2}$ em $[-3, 3]$

SOLUÇÃO
Neste caso, f é contínua no intervalo fechado $[-3, 3]$ e

$$f'(x) = \frac{-2x}{2\sqrt{9 - x^2}} = \frac{-x}{\sqrt{9 - x^2}}$$

para x no intervalo aberto $(-3, 3)$, então o único ponto crítico de f no intervalo $(-3, 3)$ é 0. Calculando f neste ponto crítico e nos pontos extremos do intervalo, obtemos

$$f(-3) = 0, \quad f(0) = 3, \quad \text{e} \quad f(3) = 0.$$

Portanto, f atinge um valor máximo absoluto 3 em 0 e um valor mínimo absoluto 0 em -3 e, novamente, em 3 (Fig. 3).

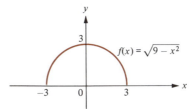

Fig. 3

2 $f(x) = \begin{cases} x^2 - 2x + 2 & \text{se } x \geq 0 \\ x^2 + 2x + 2 & \text{se } x < 0 \end{cases}$ em $[-\frac{1}{2}, \frac{3}{2}]$

SOLUÇÃO
Aqui, f é contínua no intervalo fechado $[-1/2, 3/2]$. Além disso,

$$f'(x) = \begin{cases} 2x - 2 & \text{se } 0 < x < \frac{3}{2} \\ 2x + 2 & \text{se } -\frac{1}{2} < x < 0, \end{cases}$$

portanto, $f'(1) = 0$ e $f'(0)$ não existe. Portanto, temos o ponto crítico 0 e 1 em $(-1/2, 3/2)$. Agora, calculando os valores de f nos pontos extremos e nos pontos críticos, obtemos

$$f(-\tfrac{1}{2}) = (-\tfrac{1}{2})^2 + 2(-\tfrac{1}{2}) + 2 = \tfrac{5}{4},$$
$$f(0) = 0^2 - 2(0) + 2 = 2,$$
$$f(1) = 1^2 - 2(1) + 2 = 1, \quad \text{e}$$
$$f(\tfrac{3}{2}) = (\tfrac{3}{2})^2 - 2(\tfrac{3}{2}) + 2 = \tfrac{5}{4}.$$

O maior valor desta função é 2 e o menor é 1; logo, f atinge o valor máximo absoluto 2 em 0 e o valor mínimo 1 em 1 (Fig. 4).

3 $f(x) = \dfrac{2 + x - x^2}{2 - x + x^2}$ em $[-2, 1]$

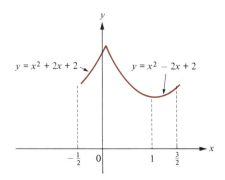

Fig. 4

SOLUÇÃO
Novamente, f é definida e contínua no intervalo fechado $[-2, 1]$. Usando a regra do quociente e simplificando, temos

$$f'(x) = \frac{(2-x+x^2)(1-2x)-(2+x-x^2)(-1+2x)}{(2-x+x^2)^2} = \frac{4(1-2x)}{(2-x+x^2)^2}.$$

O denominador $(2 - x + x^2)^2$ não é nulo para todos os valores de x em $[-2, 1]$, logo, o único ponto crítico no intervalo $(-2, 1)$ é $1/2$. Agora, calculando os valores de f nos pontos extremos de $[-2, 1]$ e no ponto crítico $1/2$, obtemos $f(-2) = -1/2, f(1/2) = 9/7$ e $f(1) = 1$; então, f atinge o valor máximo absoluto em $9/7$ e o valor mínimo absoluto $-1/2$ em -2 (Fig. 5).

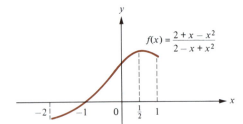

Fig. 5

4 $f(x) = -x^2 + 4x - 3$ em $(-\infty, \infty)$

SOLUÇÃO
Neste caso, $f'(x) = -2x + 4$ e $f''(x) = -2$, portanto, $f'(x)$ é positiva para x em $(-\infty, 2), f'(x)$ é negativa para x em $(2, \infty)$, e o gráfico de f tem a concavidade voltada para baixo em $(-\infty, \infty)$ (Fig. 6). Daí, f atinge um valor máximo 1 em 2, mas f não possui mínimo absoluto no intervalo $(-\infty, \infty)$.

No Exemplo 4, o intervalo $(-\infty, \infty)$ é o domínio da função f, e o máximo absoluto de f em $(-\infty, \infty)$ é o maior de todos os valores da função f. Mais generalizadamente, dizemos que a função f atinge o *valor máximo absoluto* (respectivamente, o *valor mínimo absoluto*) $f(c)$ ao ponto c visto que c é um ponto do domínio de f e que $f(c) \geq f(x)$ (respectivamente, $f(c) \leq f(x)$) seja válido para todo x no domínio de f. Observe que não existe referência aqui a qualquer intervalo, entendendo-se com isto que todo domínio de f está sob consideração. Com isso, algumas vezes mesmo deixamos a palavra "absoluto" e nos referimos simplesmente ao *valor máximo* ou *valor mínimo* da função f.

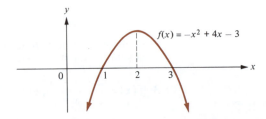

Fig. 6

EXEMPLOS Determine os extremos absolutos da função f dada e esboce o gráfico de f.

1 $f(x) = \dfrac{x^2 - 1}{x^2 + 1}$

SOLUÇÃO
O domínio de f é o intervalo $(-\infty, \infty)$. Utilizando a regra do quociente e simplificando, temos

$$f'(x) = \dfrac{4x}{(x^2 + 1)^2};$$

logo, $f'(x) < 0$ para $x < 0$ e $f'(x) > 0$ para $x > 0$. Segue-se que f é decrescente em $(-\infty, 0]$ e crescente em $[0, \infty)$. Portanto, f atinge um mínimo absoluto $f(0) = -1$ em 0. Como $\lim_{x \to +\infty} f(x) = 1$, segue-se que o gráfico de f possui uma assíntota horizontal $y = 1$ (Fig. 7). A função f não atinge um máximo absoluto, pois se bem que os valores $f(x)$ possam ser tomados tão próximos de 1 quanto se queira ao considerarmos x suficientemente grande, esses valores da função nunca *atingirão* 1.

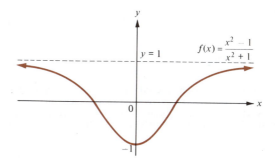

Fig. 7

2 $f(x) = x + \dfrac{1}{\sqrt{x - 1}}$

SOLUÇÃO
O domínio de f é o intervalo $(1, \infty)$. Para $x > 1$,

$$f'(x) = 1 - \dfrac{1}{2\sqrt{(x - 1)^3}}.$$

Resolvendo a equação $f'(c) = 0$, concluímos que a única solução é o ponto crítico $c = 1 + 4^{-1/3} \approx 1{,}63$. Para $1 < x < c$, temos $f'(x) < 0$, enquanto que,

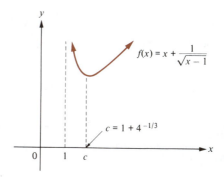

Fig. 8

CÁLCULO

para $x > c$, temos $f'(x) > 0$. Portanto, f é decrescente em $(1, c]$ e crescente em $[c, \infty)$. Segue-se que f atinge um valor mínimo absoluto de $f(c) \approx 2,89$ em c. Observe que, se $\lim\limits_{x \to 1^+} f(x) = +\infty$, portanto o gráfico de f possui assíntota vertical $x = 1$. Aqui, f não atinge um máximo absoluto, visto que os valores $f(x)$ podem ser considerados arbitrariamente grandes tornando $x > 1$ mais próximos de 1 (ou fazendo x aproximar-se de $+\infty$) (Fig. 8).

Conjunto de Problemas 5

Nos problemas 1 a 12, determine os extremos absolutos (se houver) para as funções dadas nos intervalos dados e esboce os gráficos.

1 $f(x) = -2x$ em $[-1, 2]$

2 $f(x) = 4x + 3$ em $[0, 2]$

3 $f(x) = (x + 1)^2$ em $[-2, 1]$

4 $f(x) = -x^2 + 5x - 4$ em $[0, 5]$

5 $f(x) = \sqrt{4 - x^2}$ em $[-2, 2]$

6 $f(x) = \sqrt{8 - 2x - x^2}$ em $[-3, 2]$

7 $f(x) = \begin{cases} x + 2 & \text{se } x < 1 \\ x^2 - 3x + 5 & \text{se } x \geq 1 \end{cases}$ em $[-6, 5]$

8 $f(x) = \begin{cases} 2x - 1 & \text{se } x \leq 2 \\ 2x^2 - 5 & \text{se } x > 2 \end{cases}$ em $[-3, 4]$

9 $f(x) = \begin{cases} \dfrac{1}{x + 1} & \text{se } x \neq -1 \\ 1 & \text{se } x = -1 \end{cases}$ em $[-2, 3]$

10 $f(x) = \begin{cases} |x - 2| & \text{se } x \neq 2 \\ 4 & \text{se } x = 2 \end{cases}$ em $[1, 4]$

11 $f(x) = (x + 2)^{2/3}$ em $[-4, 3]$

12 $f(x) = 1 - (x - 2)^{2/3}$ em $[-5, 5]$

Nos problemas 13 a 32 determine (a) os intervalos nos quais f é crescente ou decrescente, (b) os intervalos nos quais o gráfico de f possui a concavidade voltada para cima ou para baixo, (c) todos os pontos onde ocorrem os extremos relativos de f, (d) os extremos absolutos de f e (e) os pontos de inflexão do gráfico de f. Também, (f) esboce o gráfico de f.

13 $f(x) = 10 + 12x - 3x^2 - 2x^3$

14 $f(x) = x^3 + 2x^2 - 15x - 20$

15 $f(x) = x^4 - x^2 + 2$

16 $f(x) = x^5 - 3x^4$

17 $f(x) = 4x^5 - 20x^4$

18 $f(x) = x^2 + \dfrac{8}{x}$

19 $f(x) = \dfrac{3x}{x^2 + 9}$

20 $f(x) = \dfrac{x^2 + 4}{x^2 + 2}$

21 $f(x) = (3 + x)^2(1 - x)^2$

22 $f(x) = (1 + x)^2(3 + x)^3$

23 $f(x) = 2 + 4(x - 1)^{2/3}$

24 $f(x) = (3 + x)^{1/3}(1 - x)^{2/3}$

25 $f(x) = \dfrac{x + 1}{x^2 + 4x + 5}$

26 $f(x) = \dfrac{x + 2}{x^2 + 2x + 4}$

27 $f(x) = \dfrac{(1 - x)^3}{2 - 3x}$

28 $f(x) = \dfrac{4}{x} - \dfrac{6}{2 - x}$

29 $f(x) = (x + 1)^2 x^{1/3}$

30 $f(x) = \dfrac{x}{\sqrt{x^2 + 1}}$

31 $f(x) = \dfrac{x^2 + 1}{\sqrt{x^2 + 4}}$

32 $f(x) = \sqrt{\dfrac{9 - x}{9 + x}}$

33 Mostre que o valor máximo da função f definida por

$$f(x) = \frac{1}{1 + |x|} + \frac{1}{1 + |x - 4|}$$

é $2/3$ e ocorre em $x = 2$. (*Sugestão*: Determine a derivada em cada um dos intervalos $(-\infty, 0)$, $(0, 4)$ e $(4, \infty)$

34 Sejam a, b e c constantes com $a > 0$. Encontre o valor mínimo absoluto da função f definida por $f(x) = ax^2 + bx + c$.

6 Máximos e Mínimos — Aplicações à Geometria

Nas duas seções seguintes aplicaremos os métodos da Seção 5 a problemas que têm na sua estrutura o valor máximo ou mínimo de algumas variáveis tais como área, volume, força, potência, tempo, lucro ou custo. A seção presente é dedicada a problemas geométricos, enquanto a próxima seção será dedicada a problemas que dizem respeito à física, engenharia, negócios e economia.

6.1 Aplicações geométricas

Antes de abordarmos alguns problemas típicos de máximo e mínimo ligados à geometria, estabeleçamos um formulário para referência.

1 Área Plana
   (a) Quadrado: $A = l^2$, l = comprimento do lado.
   (b) Retângulo: $A = lw$, l = comprimento, w = largura.
   (c) Círculo: $A = \pi r^2$, r = raio.
   (d) Triângulo: $A = \tfrac{1}{2} bh$, b = comprimento da base, h = altura.
   (e) Trapézio: $A = h\left(\dfrac{a+b}{2}\right)$, h = altura, a = comprimento de uma base, b = comprimento da outra base.
2 Perímetro
   (a) Quadrado: $p = 4l$.
   (b) Retângulo: $p = 2l + 2w$.
   (c) Círculo: $p = 2\pi r$
3 Áreas de Superfícies
   (a) Caixa retangular fechada: $S = 2lw + 2lh + 2wh$, l = comprimento, w = largura, h = altura.
   (b) Cilindro circular reto (aberto na base e no topo): $S = 2\pi rh$, r = raio, h = altura.
   (c) Esfera: $S = 4\pi r^2$, r = raio.
   (d) Cone circular reto com base aberta: $S = \pi r l$, h = altura, r = raio da base, l = comprimento da geratriz = $\sqrt{r^2 + h^2}$.
4 Volume
   (a) Caixa retangular: $V = lwh$.
   (b) Cilindro circular reto: $V = \pi r^2 h$.
   (c) Esfera: $V = \tfrac{4}{3}\pi r^3$
   (d) Cone circular reto: $V = \tfrac{1}{3}\pi r^2 h$.

EXEMPLOS 1 Rodney tem 1.000 metros de grade com os quais ele pretende construir um cercado retangular para seu pequeno *poodle* francês. Quais as dimensões do cercado retangular de área máxima?

SOLUÇÃO
A variável a ser maximizada é a área do cercado. Aqui, $A = lw$, onde l é o comprimento do cercado e w é sua largura (Fig. 1). (Este diagrama é tão simples que poderá parecer ridículo desenhá-lo. De qualquer modo faremos — ele fixa idéias, destaca a notação e dá partida ao problema). Agora poderemos eliminar uma das duas variáveis l ou w da fórmula $A = lw$, já que podemos encontrar uma relação conveniente entre l e w. Mas existem 1000 metros avaliados de grade, e o perímetro do cercado é dado por $p = 2l + 2w$, daí teremos, $2l + 2w = 1000$. Resolvendo esta equação para l (ou w), obteremos $l = 500 - w$, que substituímos na equação $A = lw$ para obtermos

$$A = (500 - w)w = 500w - w^2.$$

Assim teremos $A = f(w)$, onde $f(w) = 500w - w^2$. Visto que as dimensões w e l do cercado não podem ser negativas, temos $w \geq 0$ e $l = 500 - w \geq 0$; isto é, $0 \leq w \leq 500$. Nosso problema é encontrar o valor w que dá o máximo de $f(w) = 500w - w^2$ no intervalo fechado $[0, 500]$. Aqui, $f'(x) = 500 - 2w$, logo w

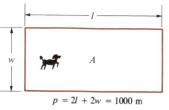

Fig. 1

$p = 2l + 2w = 1000$ m

= 250 dá o único ponto crítico no intervalo aberto (0, 500). Evidentemente, $f'(x) > 0$ para $w < 250$ e $f'(w) < 0$ para $w > 250$; logo, f é crescente em [0, 250] e decrescente em [250, 500]. Claramente, f atinge um valor máximo absoluto quando $w = 250$ metros e $l = 500 - w = 500 - 250 = 250$ metros. (Observe que a área é maior quando 0 cercado tem a forma quadrada.)

2 Quadrados iguais são cortados de cada canto de um pedaço retangular de papelão medindo 8 centímetros de largura por 15 centímetros de comprimento, e uma caixa sem tampa é construída virando os lados para cima (Fig. 2). Determine o comprimento x dos lados dos quadrados que devem ser cortados para a produção de uma caixa de volume máximo.

SOLUÇÃO
Denota-se o volume da caixa sem tampa por V. Da Fig. 2, vemos que a altura da caixa é de x centímetros, a largura é $8 - 2x$ centímetros e o comprimento $15 - 2x$ centímetros. Desse modo,

$$V = x(8 - 2x)(15 - 2x) = 4x^3 - 46x^2 + 120x,$$
$$0 \le x \le 4.$$

Seja f a função definida por

$$f(x) = 4x^3 - 46x^2 + 120x,$$

daí

$$f'(x) = 12x^2 - 92x + 120 = (x - 6)(12x - 20).$$

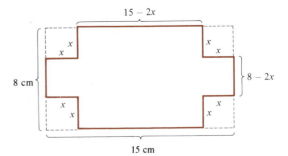

Fig. 2

As soluções de $f'(x) = 0$ são $x = 5/3$ e $x = 6$; logo, f admite somente um ponto crítico, $5/3$, no intervalo (0, 4). Como f é contínua no intervalo fechado [0, 4] e $5/3$ é o único ponto crítico no intervalo aberto (0, 4), o máximo absoluto desejado para f é o maior dos valores $f(0) = 0$, $f(5/3) \approx 90,74$ e $f(4) = 0$. Portanto, o volume máximo (aproximadamente 90,74 centímetros cúbicos) é obtido cortando quadrados cujos lados medem $5/3$ centímetros.

3 Uma lata cilíndrica de estanho (sem tampa) tem volume de 5 centímetros cúbicos. Determine suas dimensões se a quantidade de estanho para a fabricação da lata é mínima.

SOLUÇÃO
Seja h a altura da lata cilíndrica e r o raio da base circular (Fig. 3). Então, $5 = \pi r^2 h$, ou $h = 5/\pi r^2$. A área da superfície lateral é $2\pi rh$ e a área base é πr^2; logo, a área total da lata requisitada é dada por

$$S = 2\pi rh + \pi r^2 = 2\pi r\left(\frac{5}{\pi r^2}\right) + \pi r^2 = \frac{10}{r} + \pi r^2, \qquad r > 0.$$

Seja g a função definida por $g(r) = (10/r) + \pi r^2$ para $r > 0$, assim

$$g'(r) = -\frac{10}{r^2} + 2\pi r \quad \text{para } r > 0.$$

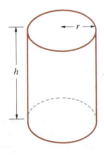

Fig. 3

Fazendo $g'(r) = 0$, obtemos $2\pi r = 10/r^2$, ou $r^3 = 10/(2\pi) = 5/\pi$. Portanto, $r = \sqrt[3]{5/\pi}$ é o único valor crítico para g. Como

$$g'(r) < 0 \text{ para } 0 < r < \sqrt[3]{\frac{5}{\pi}} \quad \text{e} \quad g'(r) > 0 \text{ para } r > \sqrt[3]{\frac{5}{\pi}},$$

segue-se que g é decrescente em $(0, \sqrt[3]{5/\pi}]$ e crescente em $[\sqrt[3]{5/\pi}, \infty)$. Conseqüentemente, g atinge um valor mínimo absoluto ($S = g(\sqrt[3]{5/\pi}) \approx 12,85$ cm²) quando $r = \sqrt[3]{5/\pi} \approx 1,17$ cm e $h = 5/\pi r^2 = \sqrt[3]{5/\pi} \approx 1,7$ cm.

4 Uma tenda cilíndrica sem fundo (Fig. 4) tem capacidade de 1.000 metros cúbicos. Determine as dimensões que minimizam a quantidade de lona empregada.

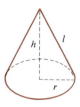

Fig. 4

SOLUÇÃO
A área da superfície lateral do cone é dada por

$$S = \pi r l = \pi r \sqrt{r^2 + h^2},$$

enquanto que o volume é dado por $1.000 = \frac{1}{3}\pi r^2 h$. Da última equação, $h = 3.000/(\pi r^2)$, logo,

$$S = \pi r \sqrt{r^2 + \left(\frac{3000}{\pi r^2}\right)^2} = \sqrt{\pi^2 r^4 + \frac{3000^2}{r^2}}.$$

A fim de minimizar S, é suficiente minimizar a quantidade sob o radical na última equação; logo, definimos a função g por

$$g(r) = \pi^2 r^4 + \frac{3000^2}{r^2}, \qquad r > 0,$$

e buscamos o valor mínimo absoluto de g. Nesse caso,

$$g'(r) = 4\pi^2 r^3 - \frac{2(3000)^2}{r^3}, \qquad r > 0.$$

Fazemos $g'(r) = 0$, encontramos somente um valor crítico positivo, particularmente,

$$r = \sqrt[6]{\frac{3000^2}{2\pi^2}} \approx 8,77 \text{ metros}$$

Visto que

$$g'(r) < 0 \text{ para } r < \sqrt[6]{\frac{3000^2}{2\pi^2}} \quad \text{e} \quad g'(r) > 0 \text{ para } r > \sqrt[6]{\frac{3000^2}{2\pi^2}},$$

g atinge um valor mínimo absoluto quando

$$r = \sqrt[6]{\frac{3000^2}{2\pi^2}} \approx 8,77 \text{ metros} \quad \text{e} \quad h = \frac{3000}{\pi r^2} \approx 12,41 \text{ metros}$$

5 Encontre as dimensões de um cone circular de máximo volume V que pode ser inscrito numa esfera de raio a.

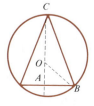

Fig. 5

SOLUÇÃO
A Fig. 5 mostra a seção vertical cortada através do centro O da esfera. Nesse caso, a altura h desse cone é $h = |\overline{AC}|$ e o raio r da base circular do cone é $r = |\overline{AB}|$. Também, o raio a da esfera é $a = |\overline{OB}| = |\overline{OC}|$. Aplicando o teorema de Pitágoras ao triângulo OAB, temos

CÁLCULO

$$|\overline{OA}|^2 + |\overline{AB}|^2 = |\overline{OB}|^2;$$

isto é,

$$(h - a)^2 + r^2 = a^2, \quad r^2 = a^2 - (h - a)^2 = 2ha - h^2.$$

Portanto o volume do cone é

$$V = \tfrac{1}{3}\pi r^2 h = \tfrac{1}{3}\pi h(2ha - h^2) = \tfrac{2}{3}\pi ah^2 - \tfrac{1}{3}\pi h^3, \qquad 0 \le h \le 2a.$$

Portanto, $dV/dh = {}^{4}\!/_{3}\,\pi ah - \pi h^2$, e os pontos críticos obtidos ao se igualar dV/dh a zero são $h = 0$ e $h = {}^{4}\!/_{3}a$. Para $h = 0$, temos $V = 0$; para $h = {}^{4}\!/_{3}a$, temos $V = {}^{32}\!/_{81}\,\pi a^3$, para $h = 2a$, temos $V = 0$. Logo, o valor crítico $h = {}^{4}\!/_{3}a$ fornece o volume máximo. Quando $h = {}^{4}\!/_{3}a$, $r^2 = 2ha - h^2 = {}^{8}\!/_{9}a^2$, assim $r = {}^{2}\!/_{3}a\;\sqrt{2}$.

6.2 Processo geral para resolução de problemas de máximo e mínimo

Apresentamos agora o processo que deve ser seguido passo a passo, na aplicação a problemas de máximo e mínimo — um processo que é eficiente não só para problemas geométricos mas também para problemas físicos e econômicos da próxima seção.

Processo para o trabalho aplicado à problemas de máximo e mínimo

Passo 1   Dedique-se ao problema com toda a determinação! "Ataque-o" e você logo achará que o problema não é tão difícil quanto parece. Comece com a leitura do problema cuidadosamente (várias vezes se necessário). E tenho certeza de que você já entendeu qual a variável que está sendo maximizada ou minimizada.

Passo 2   Associe um símbolo adequado à grandeza a ser maximizada ou minimizada; para a finalidade desta discussão, chame-o de Q. Determine as grandezas restantes em variáveis em função de Q e associe símbolos a essas variáveis. Se for possível, esboce um diagrama e marque as várias pontes com os símbolos correspondentes.

Passo 3   Expresse a quantidade Q cujo valor extremo é desejado em função das fórmulas em que figurem as variáveis das quais ela depende. Se na fórmula figurarem outras variáveis, use as condições dadas no enunciado do problema para achar relações entre essas variáveis que podem ser usadas para eliminar variáveis da fórmula.

Passo 4   Agora temos $Q = f(x)$, onde (para o propósito desta discussão) x denota a variável simples da qual Q foi considerada dependente, e f é a função determinada por esta dependência. Se houver restrição à quantidade x imposta pela natureza física do problema ou por outras considerações práticas, explique estas restrições explicitamente. Aplique os métodos da Seção 5 para determinar o extremo absoluto de $f(x)$ desejado sujeito às restrições impostas a x.

Na prática, a eliminação de todas as variáveis exceto uma, da qual Q depende no Passo 3, é freqüentemente a parte mais astuciosa do processo. Algumas vezes isto não se pode executar totalmente porque nem todas as relações entre essas variáveis são dadas pelo enunciado do problema. Neste caso, o processo dado acima falha, e um método mais sofisticado precisa ser usado. (Veja Seções 10 e 11 do Cap. 16)

Depois de algumas experiências resolvendo problemas de máximo e mínimo, desenvolve-se uma intuição que sugere um tratamento franco dos detalhes no Passo 4. Realmente, um freqüentemente simplificará "faça a primeira derivada igual a zero" para a solução, talvez "testando através da segunda derivada" para saber quando a solução representa um máximo ou mínimo. Tal solução informal está ilustrada no exemplo dado a seguir. Certamente, soluções informais deveriam ser inspecionadas com cepticismo, visto que o extremo desejado (se existir) possa ocorrer nos pontos extremos e o teste da segunda derivada (quando feito) somente indicar um máximo *relativo* ou mínimo *relativo*. O melhor conselho aqui é testar todos os detalhes sempre que sua consciência o incomodar.

APLICAÇÕES DA DERIVADA

EXEMPLO Dê uma solução *informal* para o seguinte problema: De todos os retângulos com área 25 metros quadrados, encontre aquele com o menor perímetro p.

SOLUÇÃO

Denotando o comprimento do retângulo l e sua largura por w, temos $p = 2l + 2w$ e $lw = 25$; logo, $l = 25/w$ e $p = (50/w) + 2w$. Portanto, $dp/dw = -(50/w^2) + 2$. Tendo $dp/dw = 0$ e resolvendo para w, obtemos $w = \pm 5$. Como $w = -5$ é geometricamente absurdo, temos $w = 5$. Utilizando o teste da segunda derivada, concluímos que

$$\frac{d^2p}{dw^2} = \frac{100}{w^3} = \frac{100}{5^3} > 0;$$

portanto, $w = 5$ fornece o mínimo desejado. (O leitor está convidado a mostrar que o mesmo resultado é obtido usando métodos rigorosos.)

Conjunto de Problemas 6

1 Ache as dimensões do retângulo de menor perímetro cuja área é de 100 centímetros quadrados.

2 Encontre dois números reais positivos cuja soma é 20 e cujo produto é um máximo.

3 Quais as dimensões de um retângulo de perímetro 48 cm que tem maior área?

4 Divida 40 em duas partes de tal modo que a soma dos quadrados de cada parte seja mínima.

5 Uma área retangular é circundada por 1500 m de grade. Ache as dimensões do retângulo de área máxima.

6 Um campo retangular está adjacente a um rio e tem grade nos três lados, o lado do rio não possui grade. Se 10.000 m de grade é disponível, encontre as dimensões do campo com a maior área.

7 Um fazendeiro deseja cercar um campo com uma grade e então dividiu-o ao meio por outra grade paralela a um lado. Quais são as dimensões da maior área que pode ser cercada com 1800 m de grade?

8 Determine a maior área de um triângulo isósceles contendo um perímetro de 45 centímetros.

9 Se os três lados de um trapézio são cada um 10 centímetros, quanto deve valer o quarto lado para que sua área seja máxima?

10 Uma caixa de papelão com base quadrada e sem tampa é feita de 400 centímetros quadrados de papelão. Ache as dimensões da caixa de tal modo que seu volume seja máximo.

11 Uma folha de papel dispõe de 18 centímetros quadrados para impressão de um jornal. As margens superior e inferior estão a 2 centímetros da extremidade correspondente do papel. Cada margem lateral deve ser de 1 centímetro. Quais as dimensões da folha de papel para que sua área total seja mínima?

12 Determine o volume da maior caixa que pode ser feita com um pedaço de papelão de 8 centímetros quadrados através do corte de quadrados iguais nos cantos e virando para cima os lados.

13 Um retângulo está inscrito num triângulo com um lado coincidindo com a base do triângulo. Se a base do triângulo é de 10 cm e sua altura é de 8 cm, determine a maior área possível para o retângulo.

14 Um arame de 24 centímetros de comprimento deve ser cortado em duas partes. Um círculo será formado a partir de um pedaço e um quadrado com o outro pedaço. Qual a quantidade de arame que deverá ser usada para construir o quadrado se a área total limitada pelo quadrado e o círculo é mínima?

15 Uma tenda cônica possui 3000 metros cúbicos. Ache as dimensões se a quantidade de lona é mínima (despreze a base).

16 Determine as dimensões do cilindro de maior volume que pode ser inscrito numa esfera de raio igual a 6 centímetros.

17 Determine as dimensões do cilindro de maior volume se sua área superficial é 32 centímetros quadrados.

18 Determine as dimensões do cone circular de volume máximo tendo uma geratriz que mede 3 centímetros.

19 Encontre as dimensões de um cone circular de volume mínimo que pode ser circunscrito a uma esfera de raio 4 centímetros.

20 Ache as dimensões do cilindro circular de volume máximo que pode ser inscrito num cone circular com raio de 6 metros e altura de 15 metros.

7 Máximo e Mínimo — Aplicações à Física, Engenharia, Comércio e Economia

7.1 Aplicações à física e engenharia

Muitas leis da física sustentam — ou podem ser reformuladas para sustentar — que os movimentos físicos ou transformações tomam lugar de tal modo que certas quantidades são maximizadas ou minimizadas. Por exemplo, na ótica o *princípio de Fermat* afirma que a luz segue o caminho que minimiza o tempo de percurso. O exemplo seguinte mostra como o princípio de Fermat pode ser usado para resolver um problema da ótica.

EXEMPLO Na Fig. 1 um raio luminoso partindo do ponto (0, 1) no eixo y encontra um espelho horizontal disposto ao longo do eixo x no ponto $(x, 0)$ e é refletido para o ponto (4, 1). Use o princípio de Fermat para determinar o valor de x. (Assuma que a luz viaja com uma velocidade constante c).

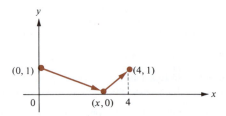

Fig. 1

SOLUÇÃO
A distância de (0, 1) a $(x, 0)$ é dada por

$$\sqrt{(x-0)^2 + (0-1)^2} = \sqrt{x^2+1},$$

então o tempo necessário para o raio luminoso ir de (0,1) a $(x,0)$ é $\dfrac{\sqrt{x^2+1}}{c}$.

Analogamente, o tempo necessário para o raio refletido ir de $(x,0)$ a (4,1) é dado por

$$\frac{\sqrt{(4-x)^2 + (1-0)^2}}{c} = \frac{\sqrt{x^2-8x+17}}{c}.$$

Portanto, o tempo total de percurso do ponto (0, 1) ao ponto (4, 1) é dado por

$$T = \frac{1}{c}(\sqrt{x^2+1} + \sqrt{x^2-8x+17}).$$

Logo,
$$\frac{dT}{dx} = \frac{x}{c\sqrt{x^2+1}} + \frac{x-4}{c\sqrt{x^2-8x+17}}.$$

Igualando dT/dx a zero e resolvendo em x, obtemos

$$x\sqrt{x^2-8x+17} = -(x-4)\sqrt{x^2+1},$$
$$x^2(x^2-8x+17) = (x-4)^2(x^2+1),$$
$$x^4 - 8x^3 + 17x^2 = x^4 - 8x^3 + 17x^2 - 8x + 16,$$

desse modo, $8x = 16$ e $x = 2$. Portanto, 2 é o único ponto crítico para a função contínua expressando T em função de x. Claramente, $0 \leq x \leq 4$. Quando $x = 0$, $T = (1/c)(1 + \sqrt{17}) \approx 5, 12/c$; quando $x = 2$, $T = (1/c)(\sqrt{3} + \sqrt{5}) \approx 4, 47/c$; e quando $x = 4$, $T = (1/c)(\sqrt{17} + 1) \approx 5, 12/c$. Portanto, T atinge seu valor mínimo absoluto quando $x = 2$.

O exemplo seguinte é conceitualmente análogo ao anterior, mas diz respeito a uma situação física diferente.

EXEMPLO James mora numa ilha a 6 km da praia e sua namorada Jean mora a 4 km praia acima. James pode remar seu barco a 3 km por hora e pode andar a 5 km por hora na praia. Encontre o tempo mínimo gasto por James para alcançar a casa de Jean vindo de sua ilha.

SOLUÇÃO
Estabelece-se um sistema de coordenadas com a praia, reta, coincidindo com o eixo x e com a ilha de James no ponto $(0, 6)$ no eixo y (Fig. 2). Então a casa de Jean está localizada no ponto $(4, 0)$ ao eixo x. Suponha que James reme seu barco de sua ilha ao ponto $(x, 0)$ na praia e então caminhe a pé de $(x, 0)$ até a casa de Jean. Raciocinando como no exemplo precedente, mas levando em conta as diferentes relações de tempo gasto para remar e andar, vemos que o tempo de percurso é dado por

$$T = \frac{\sqrt{(0-6)^2 + (x-0)^2}}{3} + \frac{\sqrt{(4-x)^2 + (0-0)^2}}{5};$$

isto é,

$$T = \frac{\sqrt{x^2 + 36}}{3} + \frac{4-x}{5}, \quad 0 \leq x \leq 4.$$

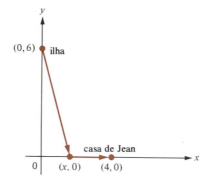

Fig. 2

Desse modo, seja f a função definida pela equação

$$f(x) = \frac{\sqrt{x^2 + 36}}{3} + \frac{4-x}{5} \quad \text{para } 0 \leq x \leq 4.$$

Precisamos encontrar o valor mínimo absoluto da função contínua f no intervalo fechado $[0, 4]$. Nesse caso, $f'(x) = \frac{1}{3}x(x^2 + 36)^{-1/2} - \frac{1}{5}$. Resolvendo a equação $f'(x) = 0$ para pontos críticos, obtemos

$$5x = 3(x^2 + 36)^{1/2},$$
$$25x^2 = 9(x^2 + 36),$$
$$x = \pm \tfrac{9}{2}.$$

Precisamos rejeitar $x = -9/2$ porque ela é uma raiz estranha introduzida pela raiz quadrada e precisamos rejeitar $x = 9/2$ porque não pertence ao intervalo $(0, 4)$. Desse modo, a função f não possui pontos críticos no intervalo $(0, 4)$. Enquanto $f(0) = 2,8$, $f(4) = 2\sqrt{13}/3 \approx 2,4$, então f assume um valor mínimo quando $x = 4$. Desse modo, para o menor tempo de percurso, James precisaria remar direto para casa de Jean. Isto requer $2/3 \sqrt{13} \approx 2,4$ horas.

Alguns exemplos adicionais, mostrando como os problemas de máximo e mínimo aparecem em conexão com situações físicas, são dados a seguir.

EXEMPLOS 1 O navio A está 65 km a leste do navio B e está viajando para o sul a 15 km por hora, enquanto o navio B está indo para o leste a uma velocidade de 10 km por hora. Se os navios continuam seus cursos respectivos, determine a menor distância entre eles e quando isto irá ocorrer.

SOLUÇÃO
Na Fig. 3, P mostra a posição original do navio A enquanto Q mostra a posição original do navio B. Depois de t horas, B terá se movido $10t$ km, enquanto que A terá se movido $15t$ km. Pelo teorema de Pitágoras, a distância y entre A e B no tempo t é dada por

$$y = \sqrt{(15t)^2 + (65 - 10t)^2}$$
$$= \sqrt{325t^2 - 1300t + 4225}.$$

Claramente, y é mínima quando a expressão

$$325t^2 - 1300t + 4225 = 325(t^2 - 4t + 13)$$

é mínima, isto é, quando a expressão $t^2 - 4t + 13$ é mínima. Seja f a função definida por $f(t) = t^2 - 4t + 13$. Como $f'(t) = 2t - 4$, vemos que $t = 2$ nos dá o único ponto crítico de f. Nesse caso, $f'(t) < 0$ para $0 < t < 2$ e $f'(t) > 0$ para $t > 2$; logo, f é decrescente no intervalo $[0, 2]$ e crescente no intervalo $[2, \infty)$. Conseqüentemente, f atinge um valor mínimo absoluto quando $t = 2$ horas. Portanto, a distância mínima entre os navios ocorre depois de 2 horas se terem passado e é dada por

$$y = \sqrt{30^2 + 45^2} = \sqrt{2925} \approx 54,08 \text{ km}.$$

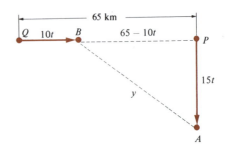

Fig. 3

2 Desprezando a resistência do ar, o jato d'água de uma mangueira de incêndio satisfaz à equação

$$y = mx - 16(1 + m^2)\left(\frac{x}{v}\right)^2,$$

onde m é a inclinação do bico, v é a velocidade do jato no bico, em metros por segundo, e y é a altura em metros do jato a x metros do bico (Fig. 4). Considere que v seja uma constante positiva. Calcule (a) o valor de x para o qual a altura y do jato seja máxima para um valor fixo m, (b) o valor de m para que o jato chegue ao chão a uma distância máxima do bico e (c) o valor de m para o qual a água atingirá altura máxima num muro vertical a x metros do bico da mangueira.

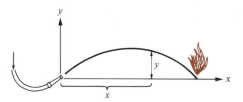

Fig. 4

SOLUÇÃO
(a) Nesse caso, m e v são ambas constantes e procuramos o valor de x que faça $y = mx - 16(1 + m^2)(x/v)^2$ um máximo. Visto que

$$\frac{dy}{dx} = m - \frac{32(1 + m^2)}{v^2}x \quad \text{e} \quad \frac{d^2y}{dx^2} = -\frac{32(1 + m^2)}{v^2} < 0,$$

o valor crítico $x = \dfrac{mv^2}{32(1 + m^2)}$ dá a altura máxima desejada; logo, o valor máximo de y é $\dfrac{m^2v^2}{64(1 + m^2)}$.

(b) Para qualquer valor dado de m, o jato toca o chão quando $y = 0$; isto é, quando $mx = 16(1 + m^2)(x/v)^2$, $x > 0$. Resolvendo para x, obtemos

$$x = \frac{mv^2}{16(1 + m^2)}.$$

[Comparando este resultado com o da parte (a), vemos que o jato alcança sua altura máxima a meio caminho entre o bico e o ponto onde ele toca o chão — muito razoável.] Nosso problema aqui é achar o valor de m que maximize $\dfrac{mv^2}{16(1 + m^2)}$. Para fazer isto, considere $D_m\left[\dfrac{mv^2}{16(1 + m^2)}\right] = 0$ e resolva para os valores críticos de m. Realmente,

$$D_m\left[\frac{mv^2}{16(1 + m^2)}\right] = \frac{v^2(1 - m^2)}{16(1 + m^2)^2},$$

assim $m = \pm 1$ fornece os valores críticos. Rejeitamos $m = -1$ por óbvia razão física. A solução $m = 1$ indicaria que, para atirar a água a uma distância máxima, o bico deve estar a um ângulo de 45º. Isto parece bem razoável; somente um cético convicto insistiria na complementação de uma verificação para certificar-se de que $m = 1$ dá um máximo absoluto.

(c) Nesse caso, x e v são constantes e y depende do coeficiente angular variável m de acordo com $y = mx - 16(1 + m^2)(x/v)^2$. Portanto,

$$\frac{dy}{dm} = x - 32\left(\frac{x}{v}\right)^2 m \quad \text{e} \quad \frac{d^2y}{dm^2} = -32\left(\frac{x}{v}\right)^2 < 0;$$

logo, o valor crítico $m = \dfrac{v^2}{32x}$ fornece valor máximo de y $\dfrac{v^2}{64} - \dfrac{16x^2}{v^2}$.

7.2 Aplicações ao comércio e economia

Em economia, o termo "marginal" é freqüentemente usado como um sinônimo virtual para "derivada de". Por exemplo, se C é a função custo tal que $C(x)$ é o custo da produção de x unidades de certa mercadoria, $C'(x)$ é chamado de *custo marginal* da produção de x unidades e C' é chamada de *função custo marginal*. Desse modo, o custo marginal é a taxa de variação do custo da produção por variação da produção por unidade.

CÁLCULO

Em situações práticas, x, o número de unidades produzidas, é usualmente um número um tanto grande. Portanto, em comparação a x, o número 1 pode ser considerado muito pequeno, de modo que

$$C'(x) = \lim_{\Delta x \to 0} \frac{C(x + \Delta x) - C(x)}{\Delta x} \approx \frac{C(x + 1) - C(x)}{1} = C(x + 1) - C(x).$$

Por conseguinte, quando o número de unidades x é um pouco grande, o custo marginal $C'(x)$ pode ser observado com uma boa aproximação do custo $C(x + 1) - C(x)$ da produção de uma unidade a mais.

EXEMPLO   A Solar Brush Co. acha que o custo da produção total para manufaturação de x escovas de dentes é dado por $C(x) = Cr\$ (500 + 30 \sqrt{x})$. Se 5000 escovas de dentes são manufaturadas, ache o custo exato da manufaturação de mais uma escova de dentes e compare isto com o custo marginal.

SOLUÇÃO
O custo exato da fabricação de mais uma escova de dentes seria

$$C(5001) - C(5000) = (500 + 30\sqrt{5001}) - (500 + 30\sqrt{5000})$$
$$= 30(\sqrt{5001} - \sqrt{5000}) \approx Cr\$0,21212.$$

Como $C'(x) = 30/(2 \sqrt{x}) = 15/\sqrt{x}$, então $C'(5000) = 15/\sqrt{5000} \approx$ Cr\$0,21213. Desse modo, o erro cometido no uso do custo marginal para estimar o verdadeiro custo da fabricação de mais uma escova de dentes é menor que Cr\$ 0,00002.

Se $R(x)$ denota o rendimento obtido quando x unidades de uma mercadoria são demandadas, então o *rendimento marginal* $R'(x)$ denota a taxa de variação do rendimento por variação da demanda. Novamente para grandes valores de x o rendimento marginal $R'(x)$ é uma boa aproximação do rendimento adicional $R(x + 1) - R(x)$ gerado por uma unidade adicional da demanda.

Suponha que o rendimento total atinge um valor máximo quando x unidades são demandadas. Então o rendimento marginal $R'(x)$ precisa ser zero. De acordo com a interpretação de rendimento marginal situada acima, isto significaria que quando o rendimento máximo fosse gerado por x unidades de demanda, praticamente não seria gerado rendimento adicional por mais uma unidade da demanda.

EXEMPLO   O rendimento total para um certo tipo de relógio suíço é dado pela equação $R(x) = 2000x \sqrt{75 - x}$, $0 \le x \le 75$, onde x denota a demanda em milhares de relógios e o rendimento total é dado em cruzeiros. Determine o rendimento máximo.

SOLUÇÃO
O rendimento marginal é dado por

$$R'(x) = 2000\sqrt{75 - x} - \frac{1000x}{\sqrt{75 - x}}.$$

Fazendo $R'(x)$ igual a zero e resolvendo para valores críticos, obtemos $x = 50$. Como R é contínua no intervalo fechado $[0, 75]$ e como $R(0) = 0$, $R(50) = 500.000$, $R(75) = 0$, vemos que $x = 50$ corresponde ao rendimento total máximo Cr\$ 500.000,00. É interessante notar que o rendimento adicional gerado pela demanda para mais 1000 relógios (isto é, por mais uma unidade da demanda) é $-Cr\$ 304,09$.

Seguem-se exemplos adicionais variados.

EXEMPLOS 1   Uma fabricação em série varia Cr\$ 24,00 por série. O custo total da produção de x séries por semana é dado pela equação $C(x) = 150 + 3,9x + 0,003x^2$ cruzeiros.

APLICAÇÕES DA DERIVADA

(a) Ache o custo marginal quando $x = 1000$.
(b) Quanto custará aproximadamente para fabricar a 1001 série?
(c) Quanto custará exatamente ao fabricante para produzir a 1001 série?
(d) Determine o lucro total do fabricante, por semana, em função de x.
(e) Quantas séries deveriam ser fabricadas e vendidas por semana para o fabricante obter lucro máximo? Qual o lucro máximo?

SOLUÇÃO

(a) $C'(x) = 3,9 + 0,006x$; $C'(1000) = $ Cr\$9,90.
(b) Cr\$9,90.
(c) $C(1001) - C(1000) = 7059,903 - 7050,00 = $ Cr\$9,903.
(d) $P = 24x - C(x) = 20,1x - 150 - 0,003x^2$.
(e) $dP/dx = 20,1 - 0,006x$, desse modo $x = 20,1/0,006 = 3350$ séries é o valor crítico. Como $d^2P/dx^2 = -0,006 < 0$, este valor crítico corresponde a um máximo. Logo, pela produção de 3350 séries por semana e vendendo-as, o fabricante terá um lucro máximo de Cr\$ 33.517,50 por semana.

2 Uma agência locadora de automóveis aluga carros a membros da União de Crédito dos Professores e dá um desconto a esses membros de 2 por cento para cada carro no excesso de 12. Para quantos carros alugados aos membros o recebimento da agência seria máximo?

SOLUÇÃO
O recebimento total da agência é dado por

$$R(x) = \begin{cases} ax & \text{se } 0 \le x \le 12 \\ ax - [0,02(x - 12)]ax & \text{se } x > 12, \end{cases}$$

onde x é o número de carros alugados aos membros e Cr\$$a$ é a renda não descontada por carro. Temos

$$R'(x) = \begin{cases} a & \text{se } 0 < x < 12 \\ 1,24a - 0,04ax & \text{se } 12 < x. \end{cases}$$

Portanto, a função R tem valores críticos em 12 e 31. Visto que $R'(x) > 0$ para $0 < x < 12$ e também para $12 < x < 31$, R é crescente em $[0, 12]$ bem como em $[12, 31]$; logo, R é crescente em $[0, 31]$. Mas $R'(x) < 0$ para $x > 31$, logo R é decrescente em $[31, \infty)$. Daí, o valor crítico $x = 31$ fornece o máximo desejado.

3 Uma firma que fabrica saias para mulheres estima que o custo total $C(x)$ em cruzeiros por fabricar x saias é dado pela equação

$$C(x) = 100 + 3x + \frac{x^2}{30}.$$

Numa semana o rendimento total $R(x)$ em cruzeiros é dado pela equação $R(x) = 25x + x^2/250$, onde x é o número de saias vendidas.
(a) Considerando que o número x de saias vendidas numa semana seja o mesmo número de saias fabricadas, escreva uma equação para o lucro semanal $P(x)$.
(b) Calcule o lucro máximo semanal.

SOLUÇÃO

(a) $P(x) = R(x) - C(x) = \left(25x + \dfrac{x^2}{250}\right) - \left(100 + 3x + \dfrac{x^2}{30}\right) = 22x - \dfrac{22}{750}x^2 - 100.$

(b) $P'(x) = 22 - \frac{44}{750}x$, portanto $x = 375$ é o único valor crítico. Como $P''(x) = -\frac{44}{750} < 0$, então $x = 375$ assegura um lucro máximo de Cr$ 4025,00 por semana.

Conjunto de Problemas 7

1. Uma companhia de cabos de televisão possui sua antena mestre localizada no ponto A na margem reta de um rio com 1 km de largura e vai estender um cabo de A ao ponto P na margem oposta do rio e então seguir reto ao longo da margem à cidade T, situada 3 km abaixo de A (Fig. 5). Custará Cr$ 5,00 por metro o cabo sob água e Cr$ 3,00 por metro o cabo ao longo da margem. Qual deve ser a distância de P a T de modo que minimize o custo do cabo?

2. Se um resistor de R ohms está ligado a uma bateria de E volts cuja resistência interna é r ohms, a corrente de I ampères formará e gerará P watts. Nesse caso, P é dado pela equação $P = I^2R$, onde $I = \dfrac{E}{R+r}$. Encontre a resistência R se a potência gerada é máxima.

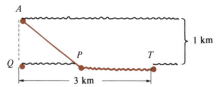

Fig. 5

3. Esgota-se o gás do *trailer* de um turista no parque. Ele está no ponto A, diretamente a 1 km do ponto D numa estrada pavimentada (Fig. 6). Ele pode alcançar a estação de gás no ponto C andando, através do bosque, uma linha reta de A até B a 3 km por hora e depois prosseguir pela estrada pavimentada a 5 km por hora. Se a distância de D a C é de 4 km ao longo da estrada pavimentada, quanto deve distar B de D para que ele chegue na estação de gás no menor tempo?

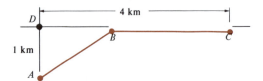

Fig. 6

4. Se uma bola é atirada para cima (verticalmente) com uma velocidade de 36 metros por segundo, sua altura s depois de t segundos é dada pela equação $s = 36t - 16t^2$. Ache o tempo t no qual a bola alcança o ponto mais alto.

5. O navio A está viajando ao norte a uma velocidade de 20 km por hora, enquanto o navio B está viajando a oeste a 30 km por hora. No início, B estava a 50 km a leste de A. Se eles continuam suas respectivas rotas, qual a distância mínima entre os navios?

6. A luz viaja com velocidade c no ar e com velocidade v na água ($c > v$). A Fig. 7 mostra o curso por onde o raio de luz caminha do ponto A no ar ao ponto B na superfície da água e então até o ponto W na água. Aqui, α (o ângulo de incidência) é o ângulo entre $\overline{AB}$ e a normal à superfície da água, enquanto β (o ângulo de refração) é o ângulo entre $\overline{BW}$ e esta normal.

   (a) Mostre que o tempo total gasto para a luz ir de A até W é

   $$T = \frac{\sqrt{a^2 + x^2}}{c} + \frac{\sqrt{b^2 + (k-x)^2}}{v},$$

   onde $a = |\overline{AD}|$, $x = |\overline{DB}|$, $b = |\overline{EW}|$, e $k = |\overline{DE}|$.

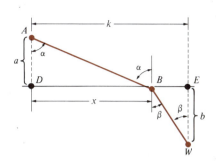

Fig. 7

(b) Mostre que quando x tem o valor que torna T mínimo, então $\dfrac{\operatorname{sen} \alpha}{\operatorname{sen} \beta} = \dfrac{c}{v}$ *(Lei da refração de Snell)*.

7 Uma bola é atirada de tal forma que o espaço percorrido em metros é expresso por $y = mx - (m^2 + 1)x^2/800$, onde m é o coeficiente angular da trajetória na origem e x é a distância da origem até a projeção de sua posição instantânea no nível horizontal. Determine o valor de m para o qual a bola retorna ao nível horizontal a uma distância máxima da origem.

8 Suponha que n células idênticas de níquel-cádmio estão dispostas em série paralelo para fornecer corrente ao motor de um carro experimental. O motor tem uma resistência de R ohms, enquanto que cada célula tem uma resistência interna de r ohms e uma força eletromotriz de E volts. Na disposição, x células estão conectadas em série de modo que a bateria terá uma força eletromotriz líquida de xE volts e uma resistência interna de $x^2 r/n$ ohms. A corrente cedida ao motor é dada por

$$I = \frac{xE}{R + (x^2 r/n)}.$$

Resolva para o valor de x que maximize a corrente I. (Embora x represente um número inteiro aqui, você pode tratá-lo como uma variável contínua.)

9 Uma lâmpada L de vapor de sódio será colocada no topo de um poste de altura x metros para fornecer iluminação a um agitado cruzamento de tráfego T (Fig. 8). O pé P do poste precisa estar localizado a 30 metros de T. Se $r = |\overline{LT}|$ é a distância da lâmpada ao ponto T e α é o ângulo PTL, então a intensidade de iluminação I em T será proporcional ao seno de α e inversamente proporcional a r^2; assim, $I = \dfrac{c \operatorname{sen} \alpha}{r^2}$, onde c é uma constante. Ache o valor de x que maximiza I.

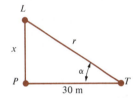

Fig. 8

10 Um peso de 4 toneladas está suspenso por dois cabos idênticos fixos nos pontos A e B (Fig. 9). A distância entre A e B é 36 metros, a distância perpendicular do peso à linha $\overline{AB}$ é x metros e o cabo pesa 3 kgf por m. A tensão resultante no cabo é dada por

$$T = \frac{4000\sqrt{324 + x^2}}{x} + \frac{972}{x} + 3x \text{ libras}$$

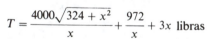

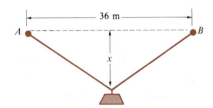

Fig. 9

Ache o valor de x que minimiza a tensão.

11 A flexão de uma barra de 40 metros de comprimento apoiada nas extremidades e carregada no ponto a 30 metros da extremidade esquerda é expressa pela equação

$$y = \frac{P}{3EI}\left(200x - \frac{x^3}{8}\right),$$

onde P, E e I são constantes, x é a distância em metros da extremidade esquerda, e $0 < x < 30$. Ache a flexão máxima.

12 O custo total C da fabricação de x brinquedos é dado por $C = 800 + 20x + 8000/x$. Encontre o nível de produção x onde o custo total seja mínimo.

13 O custo total C da produção de certa encomenda é dado pela equação $C = 9000 - 240x + 4x^2$, onde x é o número de unidades produzidas.
  (a) Encontre o custo marginal quando 40 unidades são produzidas.
  (b) Determine x quando o custo total é mínimo.

194   CÁLCULO

14 Se $C(x)$ é o custo da fabricação de x unidades de uma mercadoria, $C(x)/x$ é o custo avaliado por unidade de produto de x unidades. Freqüentemente acontece que o custo avaliado por unidade decresce à medida que o número de produtos fabricados aumenta. Mostre que, quando isto ocorre, o custo marginal é sempre menor que o custo avaliado por unidade.

15 Um fabricante produz x toneladas de uma nova liga metálica. O lucro P em cruzeiros obtido pela produção é expresso pela equação $P = 12.000x - 30x^2$. Quantas toneladas devem ser produzidas para maximizar o lucro total?

16 O rendimento total R da venda de certo tipo de cinto de couro é dado por $R = 6x - 8\sqrt{x}$, onde x é a demanda do cinto de couro e R é dado em cruzeiros. Ache o rendimento total máximo.

17 Um fabricante de enfeites para árvores de Natal sabe que o custo total C em cruzeiros para fazer x milhares de enfeites de certo tipo é dado por $C = 600 + 60x$ e que a venda corresponde a um rendimento R em cruzeiros dado por $R = 300x - 4x^2$. Ache o número de enfeites (em milhares) que maximizarão o lucro do fabricante.

18 Uma companhia de televisão planeja operar numa cidade pequena. Prevê-se que aproximadamente 600 pessoas subscreverão o serviço se o preço por assinante for Cr$ 5,00 por mês. A experiência mostra que para cada 5 centavos que aumente o preço da subscrição individual por mês, 4 das 600 pessoas originais decidirão não se subscrever. O custo à companhia, por mês de subscrição, está estimado em ser Cr$ 3,50. (a) Qual o preço por mês por subscrição que trará o maior rendimento para a companhia? (b) Que preço trará o maior lucro para a companhia?

19 Um departamento de matemática observou que uma secretária trabalhará aproximadamente 30 horas por semana. Entretanto, se outras secretárias forem empregadas, o resultado de sua conversa é uma redução no número efetivo de horas por semana por secretária através de $30(x - 1)^2/33$ horas, onde x é o número total de secretárias empregadas. Quantas secretárias devem ser empregadas para produzir o máximo de trabalho?

20 Em medicina é freqüentemente aceito que a *reação R* a uma dose x de uma droga é dada pela equação da forma $R = Ax^2(B - x)$, onde A e B são certas constantes positivas. A *sensibilidade* de alguém a uma dose x é definida pela derivada dR/dx da reação com a respectiva dose. (a) Para que valor de x a reação é máxima? (b) Para que valor de x a sensibilidade dR/dx é máxima?

21 Uma centena de animais pertencendo a uma espécie em perigo estão colocados numa reserva de proteção. Depois de t anos a população p desses animais na reserva é dada por $p = 100\,\dfrac{t^2 + 5t + 25}{t^2 + 25}$. Após quantos anos a população é máxima?

8 Funções Implícitas e Diferenciação Implícita

Para uma equação tal como $y = 3x^2 - 5x + 12$ que já está resolvida para y em função de x, diz-se que y está citado *explicitamente* como uma função de x. Por outro lado, uma equação tal como $xy + 1 = 2x - y$, que pode ser resolvida para y em termos de x mas não está resolvida para y como ela se apresenta, é dita dar y *implicitamente* como uma função de x. (Na Seção 8.2 é dada uma definição mais precisa de função implícita). Na seção presente introduzimos uma técnica denominada *diferenciação implícita* que nos ajuda a calcular a derivada dy/dx para uma função dada implicitamente sem incômodo para resolver explicitamente para y em termos de x.

8.1 Diferenciação implícita

A equação $2x + 3y = 1$ pode ser resolvida em função de x obtendo $y = \frac{1}{3} - \frac{2}{3}x$, o que acarreta $dy/dx = -\frac{2}{3}$. O mesmo resultado pode ser obtido diretamente da equação original $2x + 3y = 1$ simplesmente pela diferenciação de ambos os lados termo a termo, obtendo então $2 + 3(dy/dx) = 0$ e, em seguida, determinando $dy/dx = -\frac{2}{3}$. A última técnica é denominada *diferenciação implícita*. De um modo geral, temos:

APLICAÇÕES DA DERIVADA
195

Processo para diferenciação implícita

Dada uma equação na qual se estabelece y implicitamente como uma função diferenciável de x, calcula-se dy/dx do seguinte modo:

Passo 1 Diferencie ambos os membros da equação em relação a x, isto é, aplique o operador d/dx aos dois membros da equação termo a termo. Ao fazê-lo, tenha em mente que y é encarado como uma função de x e use a *regra da cadeia* quando necessário para diferenciar as expressões nas quais figure y.

Passo 2 O resultado do Passo 1 será uma equação onde figure não somente x e y, mas também dy/dx. Resolva tal equação para obter a derivada dy/dx desejada.

Quando o processo para a diferenciação implícita é executado, o resultado é freqüentemente uma equação que fornece dy/dx em função de x e y. Neste caso, a fim de calcular o valor numérico de dy/dx, é necessário conhecer não somente o valor numérico de x, mas o valor numérico de y.

O processo para diferenciação implícita pode apenas ser usado legitimamente se é conhecida a equação em questão que realmente determine y implicitamente como uma função diferenciável de x. Entretanto, no que se segue aplicamos como rotina o procedimento e simplesmente consideramos que esta exigência está cumprida.

EXEMPLOS   Use a diferenciação implícita para resolver cada problema.

1   Se $x^3 - 3x^2y^4 + 4y^3 = 6x + 1$, ache dy/dx.

SOLUÇÃO

As derivadas em relação a x dos termos individuais na equação são dadas por

$$\frac{d}{dx}(x^3) = 3x^2,$$

$$\frac{d}{dx}(3x^2y^4) = 3x^2\left[\frac{d}{dx}(y^4)\right] + 3\left[\frac{d}{dx}(x^2)\right]y^4 = 3x^2\left[4y^3\frac{dy}{dx}\right] + 3(2x)y^4,$$

$$\frac{d}{dx}(4y^3) = 12y^2\frac{dy}{dx},$$

$$\frac{d}{dx}(6x) = 6, \quad e$$

$$\frac{d}{dx}(1) = 0.$$

Portanto, diferenciando termo a termo ambos os membros da equação, temos:

$$3x^2 - 12x^2y^3\frac{dy}{dx} - 6xy^4 + 12y^2\frac{dy}{dx} = 6$$

ou

$$(12x^2y^3 - 12y^2)\frac{dy}{dx} = 3x^2 - 6xy^4 - 6;$$

logo,

$$\frac{dy}{dx} = \frac{3x^2 - 6xy^4 - 6}{12x^2y^3 - 12y^2} = \frac{x^2 - 2xy^4 - 2}{4y^2(x^2y - 1)}.$$

2   Determine as equações da tangente e normal ao gráfico da função implícita definida por $\sqrt{y} + \sqrt[3]{y} + \sqrt[4]{y} = 7xy$ no ponto $(^3/_7, 1)$.

SOLUÇÃO

Diferenciando a equação $y^{1/2} + y^{1/3} + y^{1/4} = 7xy$, termo a termo, em relação a x, obtemos

$$\tfrac{1}{2}y^{-1/2}\frac{dy}{dx} + \tfrac{1}{3}y^{-2/3}\frac{dy}{dx} + \tfrac{1}{4}y^{-3/4}\frac{dy}{dx} = 7y + 7x\frac{dy}{dx};$$

logo,

$$\frac{dy}{dx} = \frac{7y}{\tfrac{1}{2}y^{-1/2} + \tfrac{1}{3}y^{-2/3} + \tfrac{1}{4}y^{-3/4} - 7x}.$$

Portanto, quando $x = {}^3/_7$ e $y = 1$, temos

$$\frac{dy}{dx} = \frac{7}{\tfrac{1}{2} + \tfrac{1}{3} + \tfrac{1}{4} - 7(\tfrac{3}{7})} = -\frac{84}{23}.$$

O coeficiente angular da reta tangente em $\left(\tfrac{3}{7}, 1\right)$ é $-\tfrac{84}{23}$, e o da normal é $\tfrac{23}{84}$, e as equações correspondentes são

reta tangente: $\quad y - 1 = -\tfrac{84}{23}(x - \tfrac{3}{7}) \quad$ ou $\quad y = -\tfrac{84}{23}x + \tfrac{59}{23}$,

reta normal: $\quad y - 1 = \tfrac{23}{84}(x - \tfrac{3}{7}) \quad\quad$ ou $\quad y = \tfrac{23}{84}x + \tfrac{173}{196}$.

3 Se $x^2 - 2y^2 = 4$, mostre que $D_x y = x/2y$ e que $D_x^2 y = -1/y^3$.

SOLUÇÃO

Diferenciando os dois membros de $x^2 - 2y^2 = 4$ em relação a x, temos $2x - 4yD_x y = 0$; logo, $D_x y = 2x/(4y) = x/(2y)$ como desejado. Diferenciando os dois lados da última equação e usando a regra do quociente, obtemos

$$D_x^2 y = \frac{2yD_x x - xD_x(2y)}{(2y)^2} = \frac{2y - 2xD_x y}{4y^2} = \frac{y - xD_x y}{2y^2}.$$

Substituindo $D_x y = x/(2y)$ na última equação e simplificando, temos

$$D_x^2 y = \frac{y - x[x/(2y)]}{2y^2} = \frac{2y^2 - x^2}{4y^3}.$$

Finalmente, como $x^2 - 2y^2 = 4$, podemos escrever a última equação como

$$D_x^2 y = \frac{-4}{4y^3} = -\frac{1}{y^3}.$$

4 Dada a equação $x^3 + xy + y^3 = 2$, considere x como uma função diferenciável de y e determine dx/dy.

SOLUÇÃO

Aplicando o operador d/dy aos dois membros de $x^3 + xy + y^3 = 2$, obtemos

$$3x^2\frac{dx}{dy} + x + \frac{dx}{dy}y + 3y^2 = 0.$$

Explicitando dx/dy nessa última equação, temos:

$$\frac{dx}{dy} = \frac{-x - 3y^2}{3x^2 + y}.$$

APLICAÇÕES DA DERIVADA   **197**

8.2 Observações acerca de funções implícitas

O conceito de função implícita é dado precisamente pela seguinte definição:

DEFINIÇÃO 1 **Função implícita**

Uma função contínua f, definida pelo menos num intervalo aberto, é dita ser *implícita* numa equação onde figurem as variáveis x e y contanto que, quando y é substituído por $f(x)$ nesta equação, a equação resultante seja verdadeira para todos valores de x no domínio de f.

EXEMPLOS Se possível, determine as funções implícitas nas equações dadas através da resolução de y em função de x.

1 $7 + x = y^2 - 3y$

SOLUÇÃO

Temos $y^2 - 3y - (7 + x) = 0$. Utilizando a fórmula para a equação do 2.º grau, obtemos $y = \dfrac{3 \pm \sqrt{4x + 37}}{2}$. A última equação não nos dá y como uma função explícita de x devido ao duplo sinal $\pm$. Entretanto, a função f definida por $f(x) = \dfrac{3 + \sqrt{4x + 37}}{2}$ está implícita na equação, bem como é a função h definida por $h(x) = \dfrac{3 - \sqrt{4x + 37}}{2}$.

2 $x^2 + y^2 + 1 = 0$

SOLUÇÃO

Esta equação não possui solução (real), logo não se pode definir y como função implícita de x.

3 $\dfrac{2y - 3}{4y + 7} = 1 - x$

SOLUÇÃO

Eliminando o denominador, temos

$$2y - 3 = (4y + 7)(1 - x) = 4y - 4xy + 7 - 7x.$$

Logo,

$$2y - 4xy = 7x - 10 \qquad \text{então } y = \frac{7x - 10}{2 - 4x}.$$

Desse modo, a função $f(x) = \dfrac{7x - 10}{2 - 4x}$ está implícita na equação $\dfrac{2y - 3}{4y + 7} = 1 - x$.

4 $x = \dfrac{y^5}{40} + \dfrac{13}{600}\, y^3$

SOLUÇÃO

Precisamos resolver a equação explicitamente para y em função de x, se possível. Define-se a função g pela equação $g(y) = \dfrac{y^5}{40} + \dfrac{13}{600}\, y^3$. Como $g'(y) = \dfrac{5}{40}\, y^4 + \dfrac{13}{200}\, y^2$ é positiva para $y \neq 0$, g é crescente no intervalo $(-\infty, \infty)$, logo g é invertível e, se fizermos $f = g^{-1}$, então f está implícita na

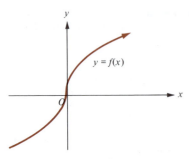

Fig. 1

equação dada. Nesse caso, porém, se bem que f seja uma função perfeitamente definida cujo gráfico aparece na Figura 1, não é possível encontrar uma fórmula algébrica elegante para $f(x)$.

Como nos exemplos acima mostrados, dada uma equação na qual figurem x e y, qualquer uma das situações abaixo pode ocorrer:

1. Existem duas ou mais funções implícitas na equação (Exemplo 1).
2. Não existe qualquer função implícita na equação (Exemplo 2).
3. Existe apenas uma função implícita na equação (Exemplos 3 e 4).

Ademais, mesmo que exista uma função f implícita na equação, pode (Exemplo 3) ou não (Exemplo 4) ser possível encontrar uma fórmula elegante para $f(x)$. Existe um teorema importante do cálculo avançado, denominado o *teorema da função implícita,* que estabelece as condições que garantem a existência e diferenciabilidade das funções implícitas. Em linhas gerais, este teorema assegura que se os passos no processo para diferenciação implícita dados na Seção 8.1 podem ser executados, uma função implícita realmente existe e é diferenciável.

Conjunto de Problemas 8

Nos problemas 1 a 20, ache dy/dx com o emprego da diferenciação implícita.

1. $9x^2 + 4y^2 = 36$
2. $4xy^2 + 3x^2y = 2$
3. $x^2y - xy^2 + x^2 = 7$
4. $xy^2 + x^3 + y^3 = 5$
5. $x^2 - 3xy + y^2 = 3$
6. $xy^3 + 2y^3 = x^2 - 4y^2$
7. $x^{2/3} + y^{2/3} = 1$
8. $x^2 - \sqrt{xy} - y = 0$
9. $x^4y + \sqrt{xy} = 5$
10. $\sqrt{x} + \sqrt{y} = 9$
11. $x\sqrt{y} + y\sqrt{x} = 16$
12. $(4x - 1)^3 = 5y^3 + 2$
13. $x\sqrt{1+y} + y\sqrt{1+x} = 4$
14. $\sqrt[3]{xy} + 3y = 5\sqrt[3]{x}$
15. $\sqrt{x+y} + \sqrt{x-y} = 6$
16. $x^{1/n} + y^{1/n} = 1$
17. $\dfrac{x}{y} + \dfrac{y}{x} = 5$
18. $\dfrac{x}{x-y} + \dfrac{y}{x} = 4$
19. $\sqrt{\dfrac{y}{x}} + \sqrt{\dfrac{x}{y}} = 6$
20. $\sqrt[3]{y} + \sqrt[4]{y} + \sqrt[5]{y} = 4x$

Nos problemas 21 a 24, determine as equações das retas normal e tangente ao gráfico da função implícita determinada pelas seguintes equações no ponto dado.

21. $x^2 + xy + 2y^2 = 28$ em $(2,3)$.
22. $x^3 - 3xy^2 + y^3 = 1$ em $(2, -1)$.
23. $\sqrt{2x} + \sqrt{3y} = 5$ em $(2,3)$.
24. $x^2 - 2\sqrt{xy} - y^2 = 52$ em $(8,2)$.

25. Suponha que x e y satisfaçam a equação $x^2 + y^2 = 4$

(a) Mostre que $\dfrac{dy}{dx} = -\dfrac{x}{y}$.

(b) Diferencie ambos os lados da equação na parte (a) e conclua que $\dfrac{d^2y}{dx^2} = \dfrac{x\dfrac{dy}{dx} - y}{y^2}$.

(c) Use (a) e (b) para mostrar que $\dfrac{d^2y}{dx^2} = -\dfrac{4}{y^3}$.

Nos problemas 26 a 28, utilize o método do problema 25 para determinar d^2y/dx^2 em função de x e/ou y.

26. $x^4 + y^4 = 64$
27. $x^3 + y^3 = 16$
28. $\sqrt{x} + \sqrt{y} = 4$

Nos problemas 29 a 32, considere x como uma função de y e determine dx/dy por diferenciação implícita.

APLICAÇÕES DA DERIVADA

29 $3x^2 + 5xy = 2$

30 $x^2y^2 = x^2 + y^2$

31 $x^2 = y^2 - y$

32 $\sqrt{xy} + xy^4 = 5$

Nos problemas 33 a 42, ache todas as funções implícitas em cada equação resolvendo a equação para y em função de x.

33 $5x - 4y = 6$

34 $5x^2 - 4y^2 = 6$

35 $xy + y^2 = x$

36 $3xy^2 + 4y + x = 0$

37 $x = \dfrac{2y - 1}{3y + 1}$

38 $x^2 - x^2y + y^3 = y^2$

39 $x = y^4$

40 $y^3(y^2 + 4) = x$

41 $y^3 - 3y^2 + 3y = 3(x + 1)$

42 $\dfrac{x}{y} + \dfrac{y}{x} = 2$

43 Mostre que a função f definida pela equação $f(x) = \frac{3}{4}\sqrt{16 - x^2}$ está implícita na equação $\dfrac{x^2}{16} + \dfrac{y^2}{9} = 1$. O que isso implica na relação entre o gráfico de f e o gráfico da equação $\dfrac{x^2}{16} + \dfrac{y^2}{9} = 1$? (*O gráfico de uma equação* é o conjunto de todos os pontos no plano xy cujas coordenadas satisfazem a equação.)

44 Mostre que a função g definida pela equação $g(x) = -\frac{3}{4}\sqrt{16 - x^2}$ está implícita na equação $\dfrac{x^2}{16} + \dfrac{y^2}{9} = 1$. O que isto implica na relação entre o gráfico de g e o gráfico da equação $\dfrac{x^2}{16} + \dfrac{y^2}{9} = 1$? Como está o gráfico de g relacionado com o gráfico da função do problema 43?

45 Ambas as funções f e g definidas por $f(x) = \frac{3}{4}\sqrt{16 - x^2}$ e $g(x) = -\frac{3}{4}\sqrt{16 - x^2}$ estão implícitas na equação $\dfrac{x^2}{16} + \dfrac{y^2}{9} = 1$.

(a) Calcule $f'(x)$ diretamente de $f(x) = \frac{3}{4}\sqrt{16 - x^2}$.
(b) Calcule $g'(x)$ diretamente de $g(x) = -\frac{3}{4}\sqrt{16 - x^2}$.

(c) Calcule dy/dx da equação $\dfrac{x^2}{16} + \dfrac{y^2}{9} = 1$ pela diferenciação implícita.

(d) Mostre que a resposta do item (c) é compatível com a resposta do item (a).
(e) Mostre que a resposta do item (c) também é compatível com a resposta do item (b).

46 Interprete as respostas dos itens (a), (b) e (c) do problema 45 em função dos coeficientes angulares das retas tangentes ao gráfico da função f, da função g e da equação $\dfrac{x^2}{16} + \dfrac{y^2}{9} = 1$, respectivamente. Desse modo, explique a compatibilidade encontrada nas respostas dos itens (d) e (e) do problema 45.

47 Determine o coeficiente angular da tangente ao gráfico da função implícita determinada pela equação $\dfrac{x^2}{30} - \dfrac{y^2}{20} = 1$ no ponto $(6, -2)$.

(a) Pela diferenciação implícita.
(b) Resolvendo a equação dada para obter y explicitamente como uma função f de x, então achando o valor de $f'(x)$ quando $x = 6$.

48 O volume de um cilindro é dado por $V = \pi r^2 h$, onde r é o raio da base e h é a altura. Se r varia enquanto V permanece constante, h variará conseqüentemente. Use diferenciação implícita para calcular $D_r h$.

49 A área da superfície de um cone circular é dada por $S = \pi r\sqrt{r^2 + h^2}$, onde r é o raio da base e h é a altura. Se h está variando enquanto S mantém-se constante, r variará conseqüentemente. Utilize a diferenciação implícita para calcular dr/dh.

50 Ache o coeficiente angular da reta tangente ao gráfico da equação $x = 5y^3 - 4y^5$ no ponto $(1, 1)$.

(a) Por diferenciação implícita.
(b) Pela regra da função inversa.

9 Taxas Relacionadas

Sejam x e y quantidades variáveis relacionadas de modo a satisfazer a uma certa equação — por exemplo, $x^2 + y^2 = 1$. Suponha que estas quantidades dependem do tempo t (transcorrido a partir de algum instante inicial fixado) de acordo com as equações $x = f(t)$ e $y = g(t)$. Nesta seção comumente consideramos as variáveis como funções *diferenciáveis* do tempo; logo, $dx/dt = f'(t)$ e $dy/dt = g'(t)$ estabelecem a taxa de variação instantânea de x e y por unidade de tempo.

Se x e y estão relacionados de acordo com a equação $x^2 + y^2 = 1$, esta sustenta a razão pela qual suas taxas de variação dx/dt e dy/dt seriam também relacionadas de alguma forma definida. Para achar esta relação, procedemos do mesmo modo que na diferenciação implícita, mas desta vez diferenciamos ambos os membros da equação $x^2 + y^2 = 1$ *em relação a t.* Como $\dfrac{d}{dt}(1) = 0$ e como (pela regra da cadeia) $\dfrac{d}{dt}(x^2) = 2x\dfrac{dx}{dt}$ e $\dfrac{d}{dt}(y^2) = 2y\dfrac{dy}{dt}$ a diferenciação de

$$x^2 + y^2 = 1$$

nos dois membros nos permite escrever

$$2x\frac{dx}{dt} + 2y\frac{dy}{dt} = 0, \quad \text{logo } x\frac{dx}{dt} + y\frac{dy}{dt} = 0.$$

A última equação estabelece a relação entre a taxa de variação dx/dt e dy/dt quando $x^2 + y^2 = 1$.

Os exemplos seguintes mostram como esta técnica para determinar a relação entre taxas de variação aplica-se a problemas em áreas tais como geometria, engenharia, física, negócios e economia. Certamente, se mais que duas variáveis figuram no problema, o método é o mesmo — diferenciamos as equações que relacionam as variáveis, em ambos os termos, em relação ao tempo.

EXEMPLOS 1 Se a área de um círculo é crescente a uma taxa constante de 4 cm²/s, a que taxa está crescendo o raio no instante em que o raio é de 5 cm?

Solução
Seja r o raio do círculo em cm, A a área do círculo em cm², e t o tempo em seg. A equação que relaciona A com r é $A = \pi r^2$. Considerando a derivada de ambos os membros da equação em relação a t, temos

$$\frac{dA}{dt} = \frac{d}{dt}(\pi r^2); \qquad \text{isto é, } \frac{dA}{dt} = 2\pi r\frac{dr}{dt}.$$

É dado do problema que $dA/dt = 4$ cm²/s, logo

$$4 = 2\pi r\frac{dr}{dt} \quad \text{e} \quad \frac{dr}{dt} = \frac{2}{\pi r} \text{ cm/s}.$$

Assim, quando $r = 5$ cm, $\dfrac{dr}{dt} = \dfrac{2}{5\pi}$ cm/s $\approx 0{,}13$ cm/s.

2 A área A de um retângulo é decrescente a uma taxa constante de 9 centímetros quadrados por segundo. Num instante qualquer, o comprimento I do retângulo é decrescente duas vezes mais rápido que a largura w. Num certo instante está a 1 centímetro por centímetro quadrado. Neste instante, quão rapidamente a largura está decrescendo?

SOLUÇÃO
Nesse caso, $A = lw$, portanto $D_t A = l(D_t w) + (D_t l)w$. Além disso, é dado que $D_t l = 2D_t w$, logo

$$D_t A = l(D_t w) + (2D_t w)w = (l + 2w)D_t w \quad \text{ou} \quad D_t w = \frac{D_t A}{l + 2w}.$$

Como $D_t A = -9$ centímetros quadrados por segundo (a causa do sinal negativo é o decréscimo da área), $D_t w = -\frac{9}{l + 2w}$. No instante em que $l = w = 1$, $D_t w = -9/3 = -3$ centímetros por segundo.

3 Duas rodovias interceptam-se perpendicularmente (Fig. 1). O carro A numa rodovia está a $1/2$ km da interseção e se move a uma razão de 96 km/h, enquanto o carro B na outra rodovia está a 1 km da interseção e caminha para ela a uma razão de 120 km/h. A que razão está variando a distância entre os dois carros neste instante?

SOLUÇÃO
Da Figura 1
 x = a distância em km do carro B à origem O em t horas
 y = a distância em km do carro A à origem O em t horas e
 z = a distância em km entre os dois carros em t horas

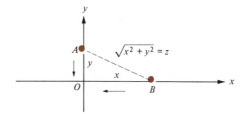

Fig. 1

Pelo teorema de Pitágoras, temos $z^2 = x^2 + y^2$. Diferenciando os dois membros desta equação em relação a t, obtemos

$$2zD_t z = 2xD_t x + 2yD_t y,$$

e então

$$D_t z = \frac{xD_t x + yD_t y}{z}.$$

No instante em que $x = 1$, $y = 1/2$, $D_t x = -120$ e $D_t y = -96$, temos

$$D_t z = \frac{1(-120) + \frac{1}{2}(-96)}{\sqrt{1^2 + (\frac{1}{2})^2}} \approx -150{,}26 \text{ km/h}.$$

4 Um homem com 1,80 m de altura está a 12 m da base de um poste de luz com 20 m de altura e caminha em direção ao poste a uma velocidade de 4,0 metros por segundo. Com que a taxa o comprimento de sua sombra está variando? (Fig. 2).

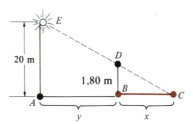

Fig. 2

Solução
Sejam
   y = a distância em metros do homem ao poste em *t* segundos e
   x = o comprimento em metros da sombra do homem em *t* segundos

Na Fig. 2, o triângulo *ACE* é semelhante ao triângulo *BCD*; logo, $\frac{20}{y+x} = \frac{1,80}{x}$, assim $20x = 1,80y + 1,80x$, ou $18,2x = 1,80y$. Portanto, $18,2\frac{dx}{dt} = 1,8\frac{dy}{dt}$, então, quando $\frac{dy}{dt} = 4, \frac{dx}{dt} = \frac{1,8}{18,2}\frac{dy}{dt} = \frac{1}{10}(4,0) = 0,4$ m/s.

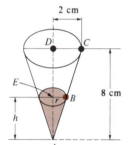

Fig. 3

5. A água está escoando para fora de um funil cônico a uma vazão de 3 centímetros cúbicos por segundo. O funil possui um raio de 2 centímetros e altura de 8 centímetros (Fig. 3). Quão rápido abaixará o nível da água que se escoa quando ela estiver a 3 centímetros do topo?

Solução
Sejam
   t = o tempo, em segundos, que se tem gasto desde que a água começou a escoar do funil e
   V = o volume, em centímetros cúbicos, de água no funil em *t* segundos.

Na Fig. 3, sejam $h = |\overline{AE}|$ e $r = |\overline{EB}|$. Precisamos encontrar dh/dt no instante em que $|\overline{DE}| = 3$, isto é, quando $h = 8 - |\overline{DE}| = 5$. Como os triângulos *ADC* e *AED* são semelhantes,

$\frac{|\overline{AD}|}{|\overline{AE}|} = \frac{|\overline{DC}|}{|\overline{EB}|}$, de modo que $r = |\overline{EB}| = |\overline{DC}|\frac{|\overline{AE}|}{|\overline{AD}|} = 2\left(\frac{h}{8}\right) = \frac{h}{4}$.

A qualquer instante *t*, o volume *V* de água no funil pode ser expresso como o volume de um cone (Fig. 3), logo,

$$V = \frac{1}{3}\pi r^2 h = \frac{1}{3}\pi\left(\frac{h}{4}\right)^2 h = \frac{\pi}{48}h^3.$$

Diferenciando os dois membros da última equação em relação a *t*, obtemos

$$\frac{dV}{dt} = \frac{3\pi}{48}h^2\frac{dh}{dt}, \quad \text{de modo que} \quad \frac{dh}{dt} = \frac{16}{\pi h^2}\frac{dV}{dt}.$$

Considerando que *V* decresce a uma razão de 3 centímetros cúbicos por segundo, segue-se que $dV/dt = -3$. Portanto, quando $h = 5$,

$$\frac{dh}{dt} = \frac{16}{\pi(25)}(-3) = -\frac{48}{25\pi} \approx -0,61 \text{ centímetros por segundo}$$

6. A pressão *P* e o volume *V* de uma amostra de gás que sofre uma expansão adiabática estão relacionados pela equação $PV^{1,4} = C$, onde *C* é uma constante. Num determinado instante, o volume da tal amostra é 4 centímetros cúbicos, a pressão é 4000 kg por centímetro quadrado e o volume está crescendo a uma taxa constante de 2 centímetros cúbicos por segundo. A que razão a pressão está variando neste instante?

Solução
Diferenciando os dois lados da equação $PV^{1,4} = C$ em relação a *t*, obtemos

$$P(1,4)V^{0,4}\frac{dV}{dt} + \frac{dP}{dt}V^{1,4} = 0, \quad \text{de modo que} \quad \frac{dP}{dt} = -\frac{1,4P}{V}\frac{dV}{dt}.$$

APLICAÇÕES DA DERIVADA

Quando $V = 4$, $P = 4000$ e $dV/dt = 2$, temos

$$\frac{dP}{dt} = -\frac{1{,}4(4000)}{4}(2) = -2800 \text{ kgf/s.cm}^2$$

7 O esforço de um trabalhador solicitado por uma indústria para fabricar x unidades de um certo produto é dado pela equação $y = \frac{1}{2}\sqrt{x}$. Determine a taxa instantânea à qual o esforço do trabalhador seria crescente se, no momento, existe uma demanda de 40.000 unidades do produto, mas a demanda é crescente a uma razão de 10.000 unidades por ano.

SOLUÇÃO

$$\frac{dy}{dt} = \frac{1}{4\sqrt{x}}\frac{dx}{dt} = \frac{1}{4\sqrt{40.000}}(10.000)$$

$$= \frac{50}{4} = 12{,}5 \text{ trabalhadores por ano}$$

Conjunto de Problemas 9

1 Se a área de um círculo decresce à razão constante de 3 centímetros quadrados por segundo, a que razão o raio r estará decrescendo no instante em que $r = 2$ cm?

2 Uma placa circular de metal expande-se quando aquecida, de modo que seu raio cresce a uma razão constante de 0,02 centímetros por segundo. A que razão a área de superfície (de um lado) estará crescendo quando o raio for 4 centímetros?

3 Uma moeda é esfriada de modo que o seu raio decresce a uma razão constante de 0,003 centímetros por segundo. A que razão sua superfície total (as duas faces, desprezando a área lateral) estará decrescendo quando o raio for 1,02 centímetro?

4 O comprimento de cada lado de um quadrado está aumentando a uma taxa de 2 centímetros por segundo. Ache a taxa de crescimento da área e do perímetro do quadrado no instante em que seu lado possuir 3 centímetros de comprimento.

5 Cada lado de uma caixa está decrescendo a uma razão de 10 centímetros por minuto. (a) Qual a taxa de variação do volume da caixa no instante em que o comprimento de seu lado é 20 centímetros? (b) A que velocidade sua área total (as seis faces) estará decrescendo no instante em que seu lado medir 20 centímetros?

6 Mostre que se cada lado de um cubo está crescendo a uma taxa de 0,1 centímetro por segundo, então, no instante em que o comprimento do lado do cubo é 10 centímetros, o volume estará aumentando a uma razão de 30 centímetros cúbicos por segundo. Isto significa que durante o próximo segundo exatamente 30 centímetros cúbicos serão adicionados ao volume? Justifique.

7 Às 2 horas da tarde, um navio cuja velocidade é de 2 km por hora rumo norte está 4 km a oeste de um farol. No mesmo instante, uma lancha motor está procedendo do sul de um ponto a 4 km a leste do farol a uma velocidade de 10 km por hora. Determine a taxa de variação da distância entre o navio e a lancha a 3:30 horas da tarde.

8 Às 13 horas, o navio A está a 100 km ao norte do navio B. O navio A está navegando rumo ao sul a 20 km por hora, enquanto o navio B está navegando rumo ao leste a 15 km por hora. Qual a velocidade de afastamento entre os dois navios às 19 horas?

9 Um homem com altura de 1,8 metros está a 6 metros da base de um poste de luz com 4 metros de altura. O homem está caminhando em direção ao poste a uma velocidade constante de 2 metros por segundo. (a) A que razão sua sombra está se alongando? (b) A que taxa a extremidade de sua sombra se moverá?

10 Uma mulher de 1,80 metros de altura caminha em direção a um muro a uma razão de 4 metros por segundo. Diretamente atrás dela e a 40 metros do muro está um refletor 3 metros acima do nível do solo. Quão rápido o comprimento da sombra da mulher estará variando no muro quando ela estiver a meio caminho entre o refletor e o muro? A sombra estará esticando-se ou encurtando-se?

11 Uma escada de mão de 4 metros de comprimento está inclinada contra uma parede vertical de uma casa. Se a base da escada for puxada horizontalmente a uma taxa de 0,7 metros por segundo, a que velocidade estará o topo da escada escorregando na parede no instante em que ela está a 2 metros do solo?

12 Um barco está amarrado a um dique com uma corda. Um homem no dique começa puxando a corda a uma taxa de 72 metros por minuto. A mão do homem (segurando a corda) está 5 metros acima do nível da proa do barco (onde a corda está presa). Quão rápido o barco estará movendo-se em direção ao dique no instante em que 13 metros de corda estiverem fora?

13 Uma bola de neve está derretendo de modo que seu volume está decrescendo a uma razão de 0,17 metros cúbicos por minuto. Ache a razão segundo a qual seu raio está decrescendo no instante em que o volume da bola é 0,4 metros cúbicos.

14 Num jogo de beisebol (que é jogado num campo de forma quadrada com 90 metros em cada lado) entre os Brewers e os Cubs, Joe (que está jogando para os Brewers) golpeia a bola e corre em direção à primeira base à razão de 20 metros por segundo. Assim que Joe arranca para a primeira base, seu companheiro de equipe, Tony, que estava a 10 metros da segunda base, começa a correr em direção à terceira base à mesma razão de velocidade. Quão rápido estará a distância entre Joe e Tony variando no instante em que Tony alcançar a terceira base?

15 A área A de um triângulo está crescendo à razão de 0,5 metros quadrados por minuto, enquanto o comprimento x de sua base está decrescendo a uma razão de 0,25 metros por minuto. Quão rápido estará a altura y do triângulo variando no instante em que $x = 2$ metros e $A = 1$ metro quadrado?

16 O volume de uma bolha de sabão está aumentando a uma razão de 10 cm³/s. A que velocidade sua área superficial estará crescendo quando seu raio for 6 cm?

17 Um reservatório circular de raio R, contendo um líquido a altura h e volume $V = 1/3 \pi h^2(3R - h)$ unidades cúbicas (Fig. 4). Um reservatório esférico de gasolina tem um raio de $R = 20$ metros. A gasolina é bombeada para fora deste tanque a uma razão de 200 galões por minuto. (Um galão é aproximadamente 0,134 metros cúbicos.) A que razão o nível da gasolina no reservatório estará descendo no instante em que $h = 5$ metros?

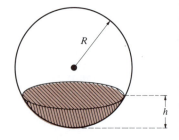

Fig. 4

18 A água está sendo bombeada a uma razão de 1,5 metros cúbicos por minuto dentro de uma piscina com 20 metros de comprimento por 10 metros de largura. A profundidade da piscina decresce uniformemente a partir dos 7 metros de uma extremidade a 1 metro da outra extremidade. Com que rapidez o nível da superfície da água estará baixando no instante em que sua profundidade no extremo mais fundo for 6 metros?

19 Uma calha horizontal possui 20 metros de comprimento e tem uma seção transversal triangular isósceles de 8 centímetros de base no topo e 10 centímetros de profundidade (altura referida à base na parte superior). Devido a uma pesada tempestade, a água em seu interior está se elevando a uma razão de ½ centímetro por minuto no instante que está a 5 centímetros de profundidade. Quão rápido o volume de água em seu interior estará crescendo neste instante?

20 Água é armazenada em um reservatório cônico de base circular estando esta voltada para cima e aberta. O raio da base é 20 metros e a profundidade do reservatório do topo ao vértice é 5 metros. A água no reservatório evapora a uma taxa de variação de 0,00005 metros cúbicos por hora para cada metro quadrado de sua superfície exposta ao ar. Mostre que, devido à evaporação, o nível d'água baixará a uma razão constante (independente da profundidade da água) e determine esta razão.

21 Areia está caindo a uma taxa de 2 metros cúbicos por minuto sobre o topo de um monte de areia que mantém a forma de um cone circular cuja altura é igual ao raio da base. Determine a taxa de crescimento da altura do monte no instante em que este tem 6 metros de altura.

22 Um tanque cilíndrico com eixo vertical tem um raio de 10 centímetros. O tanque tem um orifício em sua base com um raio de 1 centímetro através do qual a água escoa para fora a uma velocidade $v = 8\sqrt{h}$ metros por segundo, onde h é a altura em metros da superfície d'água acima da base. Quão rapidamente o nível d'água estará baixando quando $h = 5$ metros?

23 Um tanque d'água tem o formato de um cone circular invertido com um raio de 5 metros no topo e uma altura de 12 metros. No instante em que a água no tanque está a 6 metros de profundidade, mais água está sendo derramada a uma razão de 10 metros cúbicos por minuto. Encontre a razão segundo a qual o nível da superfície d'água estará subindo neste instante.

24 Um tanque de água com o formato de um cone circular invertido com raio de R unidades no topo e uma altura (do vértice ao topo) de H unidades. Um pequeno orifício com área transversal de k unidades quadradas permite escoar água para fora do tanque, pelo vértice, com uma velocidade de $\sqrt{2gh}$ unidades por segundo, onde h é a profundidade d'água no tanque e g é a aceleração da gravidade em unidades de comprimento por segundo. Se a água está sendo bombeada para o tanque a uma razão uniforme de c unidades cúbicas por segundo, determine uma fórmula para a razão segundo a qual o nível d'água estará variando.

25 Se Q é a quantidade de calor adicionado a uma certa massa unitária de uma substância e Θ é o correspondente acréscimo de temperatura, então $dQ/d\Theta = c$ é denominado *calor específico* da substância. O calor específico do cobre é 0,093 calorias por grau C a 20ºC. Se 100 gramas de cobre a 20ºC estão absorvendo 10 calorias por minuto, qual é a taxa instantânea de variação de temperatura?

26 Se o volume de uma unidade de massa de uma substância a temperatura Θ é V,

então $dV/d\Theta$ é denominado *coeficiente de expansão cúbica* da substância. O volume de 1 grama de água é dado por $V = 1 + (8,38)(10^{-6})(\Theta - 4)^2$ centímetros cúbicos, onde Θ é a temperatura da água em graus C. Determine o coeficiente de expansão cúbica da água a 10°C e taxa de variação do volume de um grama de água a 10°C se a sua temperatura está decrescendo a uma razão de 1,5°C por minuto.

27 A Lei de Boyle para a expansão de um gás mantido a temperatura constante afirma que a pressão P e o volume V estão relacionados pela equação $PV = C$, onde C é uma constante. Suponha que uma amostra de 1000 centímetros cúbicos de gás esteja sob uma pressão de 150 kgf por centímetro quadrado, mas que a pressão esteja decrescendo a uma razão instantânea de 5 kgf por centímetro quadrado por segundo. Determine a razão instantânea de crescimento do volume.

28 Um barco navega paralelamente a uma praia reta a uma velocidade constante de 19,2 km/h, estando 6,4 km afastado da praia. Com que velocidade ele estará se aproximando de um farol na praia no instante em que ele estiver exatamente a 8 km do farol?

29 O preço das maçãs num certo mercado é dado por $P = 2 + \dfrac{60}{30 + x}$, onde x é o suprimento em milhares de caixas e P é o preço por caixa em cruzeiros. A que razão variará o preço por caixa se o suprimento corrente de 10.000 caixas está crescendo à razão de 200 caixas por dia?

30 A demanda D em milhares de caixas por semana para um detergente está expressa por $D = (1000/p) - 30$, onde p é o preço por caixa. O preço corrente é $p = $ Cr\$ 0,83 por caixa, mas a inflação está aumentando o preço a uma razão de Cr\$ 0,01 por mês. Encontre a razão instantânea da variação corrente da demanda.

31 Um certo microorganismo possui forma esférica e uma densidade de 1 grama por centímetro cúbico. Ele cresce absorvendo nutrientes através de sua superfície a uma razão de $A/18.200$ gramas por segundo, onde A é sua área superficial. Se seu raio agora é $1/700$ cm, qual será seu raio duas horas depois?

Conjunto de Problemas de Revisão

1 Verifique se a função dada tem um zero (isto é, uma raiz) no intervalo dado, utilizando o teorema do valor intermediário.

(a) $f(x) = x^2 - 3$ entre 1,7 e 1,8
(b) $f(x) = x^2 + x - 4$ entre 1 e 2
(c) $f(x) = 2x^3 + x^2 - 7x + 3$ entre 0 e 2

2 Quais dos seguintes gráficos de funções (Fig. 1) não satisfazem as hipóteses do teorema do valor médio no intervalo $[a, b]$? Destaque as hipóteses que não forem satisfeitas.

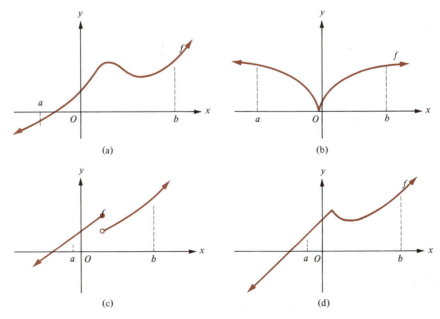

Fig. 1

3 Encontre um número real c apropriado que satisfaça a conclusão do teorema do valor médio em cada caso. Certifique-se da verificação das hipóteses do teorema para as funções dadas no primeiro intervalo indicado. Esboce o gráfico.

(a) $f(x) = \sqrt{x}; [1, 4]$. (b) $g(x) = x^2 - 3x - 4; [-1, 3]$ (c) $h(x) = x^3 - 2x^2 + 3x - 2; [0, 2]$

(d) $f(x) = \dfrac{x-4}{x+4}; [0, 4]$ (e) $f(x) = \begin{cases} \dfrac{3-x^2}{2} & \text{se } x \leq 1 \\ \dfrac{1}{x} & \text{se } x > 1 \end{cases}; [0, 2]$

4 Destaque a hipótese do teorema do valor médio que não seja satisfeita pela função dada no intervalo indicado. Esboce o gráfico da função.

(a) $f(x) = \sqrt[3]{x}; [-8, 8]$ (b) $g(x) = \dfrac{x+3}{2x+1}; [-1, 2]$

(c) $f(x) = \dfrac{x^2 + 4x + 3}{x-1}; [0, 2]$ (d) $h(x) = \begin{cases} -3x + 1 & \text{se } x \leq 1 \\ -3 + x & \text{se } x > 1 \end{cases}; [-1, 3]$

(e) $f(x) = \dfrac{1}{x}; [-1, 1]$

5 Ache um ponto conveniente c que satisfaça a conclusão do teorema de Rolle. Verifique se as hipóteses do teorema de Rolle são satisfeitas para a função dada no intervalo indicado. Esboce o gráfico.

(a) $f(x) = x^2 + 6x - 7; [-7, 1]$ (b) $g(x) = x^3 - x; [0, 1]$ (c) $h(x) = \sqrt{4 - x^2}; [-1, 1]$
(d) $f(x) = 2x^3 - 27x^2 + 25x; [0, 1]$ (e) $f(x) = 4x - x^3; [-2, 0]$

6 Quais dos seguintes gráficos de funções (Fig. 2), por uma razão ou outra, não satisfazem as hipóteses do teorema de Rolle no intervalo $[a, b]$? Destaque a hipótese que falha.

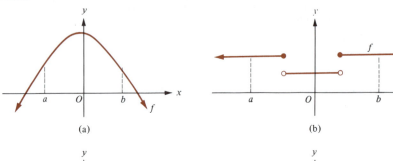

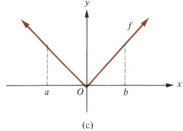

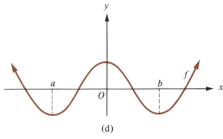

Fig. 2

7 Use o teorema do valor médio para provar que $\sqrt{x} < \dfrac{x+1}{2}$ para $0 < x < 1$.

8 Suponha que f e f' sejam funções diferenciáveis no intervalo (a, b) e que $f(p) = f(q) = f(r) = 0$, para p, q e r em (a, b) com $p \neq q \neq r$. Use o teorema do valor médio para provar que existe um número real c em (a, b) tal que $f''(c) = 0$.

9 Use o teorema de Rolle para provar que, se $f'(x) > 0$ para $a < x < b$, existe no máximo um x para $a < x < b$ e $f(x) = 0$.

10 Utilizando o teorema de Rolle prove que a função polinomial f definida por $f(x) = x^3$

$-3x + b$ nunca terá duas raízes no intervalo [0, 1], independente do valor de b.

11 Suponha que f, g e h são funções diferenciáveis no número -2 e que $f(-2) = 1$, $f'(-2) = -3, f''(-2) = -4, g(-2) = 4, g'(-2) = -1/2, g''(-2) = -3, h(-2) = 6$, $h'(-2) = -8$ e $h''(-2) = 7$. Ache:

(a) $(fg)''(-2)$ (b) $(fh)''(-2)$ (c) $(f+g)''(-2)$

(d) $(g-h)''(-2)$ (e) $(fgh)''(-2)$ (f) $\left(\dfrac{f}{g}\right)''(-2)$

12 A *curvatura* do gráfico da função f no ponto $(x, f(x))$ é definida como $k = \dfrac{f''(x)}{[1 + (f'(x))^2]^{3/2}}$. A equação de um semicírculo de raio r com outro em (0,0) é $y = \sqrt{r^2 - x^2}$. Determine a curvatura deste semicírculo no ponto $(x, \sqrt{r^2 - x^2})$, onde $-r < x < r$.

13 (a) Se $(x-a)^2 + y^2 = b^2$, onde a e b são constantes, mostre que

$$yD_x^2 y + 1 + (D_x y)^2 = 0.$$

(b) Se $x^2 + y^2 = a^2$, onde a é uma constante, mostre que $[1 + (y')^2]^3 = a^2(y'')^2$.

14 Suponha que g seja uma função definida pela regra $g(t) = \sqrt{1 - f(t)}$, onde $f(-2) = -3, f'(-2) = 3$ e $f''(-2) = 5$. Determine $g''(-2)$.

15 Ache fórmulas para $f'(x)$ e $f''(x)$ se:

(a) $f(x) = |x|^3$ (b) $f(x) = \begin{cases} x^3 & \text{se } x \leq 1 \\ 3x - 2 & \text{se } x > 1 \end{cases}$

16 Suponha que $xy + y = 2$. Mostre que $D_x^n y = \dfrac{2(-1)^n n!}{(x+1)^{n+1}}$ utilizando o princípio da indução matemática.

17 Destaque os intervalos onde f é crescente ou decrescente. Esboce o gráfico da função.

(a) $f(x) = x^3 + 3x^2 - 2$ (b) $g(x) = x^3 + 6x^2 + 9x + 3$ (c) $g(x) = \sqrt[3]{x}(x-4)^2$

(d) $h(x) = x^3 + \dfrac{4}{x}$ (e) $f(x) = \begin{cases} x+1 & \text{se } x \leq 0 \\ x^2 & \text{se } x > 0 \end{cases}$ (f) $g(x) = \begin{cases} 1/x & \text{se } x < 0 \\ (x-1)^2 & \text{se } 0 \leq x \leq 2 \\ 1/x^3 & \text{se } x > 2 \end{cases}$

18 Destaque os intervalos onde o gráfico de f (Fig. 3) é crescente ou decrescente.

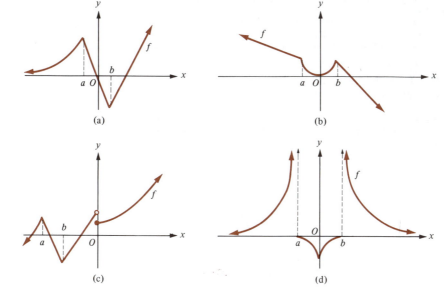

Fig. 3

19 Uma partícula se move segundo a direção de um eixo horizontal s de acordo com a equação de movimento dada. Ache a velocidade e a aceleração da partícula. Discuta e mostre seu comportamento ao longo do eixo s à medida em que t aumenta.

(a) $s = 6t^2 - 2t^3$ (b) $s = 8t^3 - 48t^2 + 72t$ (c) $s = 64t^2 - 16t^4$

20 Um grupo de x homens carregadores de caixas podem descarregar y caminhões por dia, onde y está expresso pela equação $y = \dfrac{x^2}{25}\left(3 - \dfrac{x}{6}\right)$ para $0 < x \leq 18$. Esboce o gráfico de y como função de x e discuta o efeito do crescimento do tamanho do grupo sobre o número de caminhões descarregados por dia.

21 Seja f uma função diferenciável em um intervalo I, e seja $f'(x_1) = f'(x_2) = f'(x_3) = 0$, onde $x_1 < x_2 < x_3$ em I. Sejam a e b números reais em I tais que $a < x_1$ e $x_3 < b$. Esboce um gráfico de f em cada caso seguinte:

(a) $f(a) < f(x_1)$, $f(x_1) > f(x_2)$, $f(x_2) > f(x_3)$, e $f(x_3) < f(b)$
(b) $f(a) > f(x_1) > f(x_2) > f(x_3) > f(b)$

Nos problemas 22 a 27, indique os intervalos onde o gráfico da função dada é côncavo para cima ou côncavo para baixo.

22   $f(x) = x^3 - 8x$ 23 $g(x) = x^3 - 6x^2 + 9x + 1$

24   $f(x) = x^4 - 8x^3 + 64x + 8$ 25 $h(x) = \dfrac{3x}{x^2 - 9}$

26   $k(x) = \begin{cases} 2x^2 & \text{se } x < 0 \\ -2x^2 & \text{se } x \geq 0 \end{cases}$ 27 $f(x) = \begin{cases} -x^2 & \text{se } x \geq 1 \\ 3 - 7x + x^2 - x^3 & \text{se } x < 1 \end{cases}$

28 Mostre que o gráfico de f definido por $f(x) = ax^2 + bx + c$ é côncavo para cima se $a > 0$ e para baixo se $a < 0$.

29 Encontre o ponto ou pontos de inflexão para cada função. Faça o gráfico da função.

(a) $f(x) = -2x^3 + 4x^2 + 5$ (b) $g(x) = x^2(x^2 - 6)$ (c) $h(x) = 2x^3 + 4x^2 + 2x + 1$

(d) $k(x) = \frac{1}{3}(x^3 + 9x^2)$ (e) $f(x) = \dfrac{1}{1 + x^2}$

(f) $g(x) = \dfrac{2x}{(x + 3)^2}$ (g) $h(x) = \dfrac{x + 1}{x^2 + 1}$

30 Determine a equação da reta tangente ao gráfico das funções do problema 29 em cada ponto de inflexão.

31 Dado o gráfico da função derivada f' na Fig. 4, esboce o gráfico da função f. Considere que $f(0) = 1$.

32 Seja $f(x) = x^3 + ax^2 + bx + c$. Mostre que se $a^2 = 3b$, o gráfico de f possui uma tangente horizontal em seu ponto de inflexão.

33 Esboce uma porção do gráfico da função f nas proximidades do ponto indicado.

(a) $f(-2) = 24$, $f'(-2) = 8$, e $f''(-2) = -9$.
(b) $f(4) = 16$, $f'(4) = 22$, e $f''(4) = 18$.
(c) $f(0) = 8$, $f'(0) = -2$, e $f''(0) = -6$.

34 Seja $f(x) = x^3 + px^2 + qx + r$ e suponha a existência de um número real a tal que $f(a) = 0$, $f'(a) = 0$ e $f''(a) = 0$. Mostre que $p = -3a$, $q = 3a^2$ e $r = -a^3$. Então, mostre que $f(x) = (x - a)^3$.

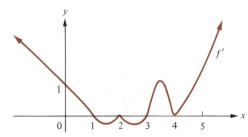

Fig. 4

APLICAÇÕES DA DERIVADA

Nos problemas 35 a 42, (a) determine os pontos críticos da função, (b) ache todos os pontos nos quais f atinge um extremo relativo e (c) esboce o gráfico da função.

35 $f(x) = 2x^3 - 9x^2 + 12x + 1$

36 $g(x) = 2x^3 + 3x^2 - 12x - 2$

37 $h(x) = x^4 - 6x^2 + 8x$

38 $k(x) = \dfrac{16}{x^2 + 4}$

39 $g(x) = \dfrac{1}{x^2 - 16}$

40 $g(x) = \sqrt{1 + x^2}$

41 $h(x) = \sqrt{2x^2 + 9}$

42 $f(x) = \dfrac{10}{\sqrt{x + 2}}$

Nos problemas 43 a 47, determine o extremo absoluto da função dada no intervalo indicado. Também ache os valores de x para os quais o extremo absoluto ocorre. Faça o gráfico da função.

43 $f(x) = x^3 - 6x^2 + 9x + 1$; $[0, 4]$

44 $g(x) = x^3 - 2x + 1$; $[-1, 1]$

45 $h(x) = (x - 1)^3$; $[-1, 2]$

46 $f(x) = x(x^2 + 2)^{-3/2}$; $[0, +\infty)$

47 $h(x) = \dfrac{x + 1}{x - 1}$; $[-3, 3]$

Nos problemas 48 a 53, encontre (a) os intervalos onde a função é crescente ou decrescente, (b) os intervalos onde o gráfico da função possui concavidade para cima ou concavidade para baixo, (c) pontos de máximo e mínimo, (d) os pontos de inflexão e (e) esboce o gráfico da função.

48 $f(x) = x^4 + 4x$

49 $g(x) = x^4 - 2x^3 + 1$

50 $h(x) = x^3 + x - 1$

51 $k(x) = -x^3 + 2x + 5$

52 $f(x) = x^3 + x$

53 $g(x) = \dfrac{x + 1}{x^2 + 1}$

54 Suponha que f e g sejam funções contínuas, ambas com mínimo relativo em x_1. Sabendo que $f(x_1) > 0$ e $g(x_1) > 0$, mostre que a função produto fg possui um mínimo relativo em x_1.

55 Sejam a, b, c, d constantes tais que $ad \neq bc$ e $c \neq 0$. Mostre que o gráfico da função f definida por $f(x) = \dfrac{ax + b}{cx + d}$ não tem pontos de inflexão.

56 Suponha que a função f seja definida pela equação $f(x) = ax^3 + bx^2 + cx + d$, onde a, b, c, d são constantes com $a > 0$. Mostre que o gráfico de f tem exatamente um ponto de inflexão, em $\left(-\dfrac{b}{3a}, f\left(-\dfrac{b}{3a}\right)\right)$. Mostre também que f' é crescente quando $x > -b/(3a)$.

57 Se o período T e o comprimento l de um pêndulo cônico estão relacionados pela equação $T = [\pi/(2\sqrt{2})] (l^2 - r^2)^{1/4}$, onde r é o raio do trilho do prumo, esboce o gráfico de T como função de l quando $r = 5$.

58 Suponha que f e g sejam duas vezes diferenciáveis em $x = x_1$ e que f e g tenham pontos de inflexão em $x = x_1$. É verdade que o produto fg possui um ponto de inflexão em $x = x_1$? Justifique a sua resposta.

59 Calcule a menor distância do ponto $(1, 0)$ ao gráfico da função dada pela equação $y = \sqrt{x^2 + 6x + 10}$.

60 Seja f a função definida pela equação

$$f(x) = (1 + x)^k - 1 - kx - \frac{k(k - 1)x^2}{2} \quad \text{para } x > 0,$$

onde k é um número racional e $k > 2$.
(a) Encontre $f'(x)$ e $f''(x)$.
(b) Mostre que f é uma função crescente para $x > 0$.
(c) Mostre que f possui concavidade para cima quando $x > 0$.
(d) Use a parte (b) para mostrar que

$$(1 + x)^k > 1 + kx + \frac{k(k - 1)x^2}{2} \quad \text{para } x > 0.$$

61 Seja f a função definida pela equação $f(x) = (1 + x)^{1/2} - 1 - \dfrac{x}{2}$.

(a) Mostre que f é decrescente para $x > 0$ e crescente para $-1 < x < 0$.
(b) Use o item (a) para mostrar que $\sqrt{1+x} < 1 + x/2$ quando $x > 0$.

62 Um cilindro pode, sem uma das bases, ser construído a partir de uma lâmina de lata de espessura uniforme, peso $1/4$ kg. Qual a relação entre sua altura e o raio da base se o volume da lata é máximo?

63 Determine a razão entre a altura e o raio da base de um cilindro fechado de volume constante se a sua área total for mínima.

64 Determine as dimensões do menor (em relação à área) cartaz de papelão que poderá conter 50 centímetros quadrados de matéria impressa, se as margens estão localizadas a 4 centímetros das extremidades superior e inferior e a 2 centímetros de cada lado.

65 Determine dois números reais positivos cuja soma seja 4 e tais que a soma do quadrado do primeiro número e o cubo do segundo seja um mínimo.

66 Uma nação recentemente independente planeja uma bandeira que consiste de uma região vermelha retangular dividida por uma listra verde. O perímetro total da bandeira é de 14 metros e a parte vermelha tem uma área de 9 metros quadrados. Quais as dimensões da maior lista?

67 Mostre que, dentre todos os retângulos de diagonal dada, o quadrado é o que possui a maior área.

68 A teoria da probabilidade nos diz que a função f definida pela equação

$$f(p) = \frac{n!}{k!(n-k)!} p^k (1-p)^{n-k}$$

é a probabilidade de exatamente k acertos e n tentativas independentes quando a probabilidade de acerto em cada tentativa é p. Suponha que n e k sejam inteiros e $n > 0$ e $0 \leq k \leq n$. Encontre o número p que maximiza f, $0 \leq p \leq 1$.

69 Determine o retângulo de maior área que pode ser inscrito num:
(a) círculo de raio 5 centímetros
(b) semicírculo de raio r centímetros
(c) triângulo isósceles de base 10 centímetros e altura 10 centímetros
(d) trapézio isósceles com bases 10 centímetros e 6 centímetros e altura 8 centímetros.

70 Uma longa lâmina retangular de lata tem 8 centímetros de largura. Ache a profundidade da tina de volume V, de máxima área de seção transversa, que pode ser construída curvando-se a chapa ao longo de seu eixo longitudinal.

71 Encontre o valor de x, $0 \leq x \leq 5$ (Fig. 5) que minimize a expressão dada.

(a) $|\overline{AP}| + |\overline{PB}|$
(b) $|\overline{AP}|^2 + |\overline{PB}|^2$
(c) $|\overline{AP}|^2 - |\overline{PB}|^2$
(d) Área ACP + área BDP

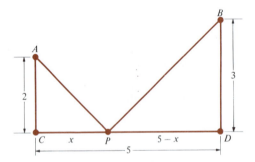

Fig. 5

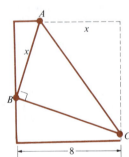

Fig. 6

72 Uma longa folha de papel tem 8 centímetros de largura. Um canto do papel é dobrado para cima (Fig. 6). Ache o valor de x que dá o triângulo ABC e de menor área possível.

73 Determine o maior volume do cone circular reto que pode ser inscrito numa esfera de raio a.

74 Determine, entre todos os cilindros circulares retos fechados de volume constante V, aquele de menor área total.

75 Um navio A está ancorado a 3 km do ponto B no cais de um lago (Fig. 7). Oposto a um ponto D, distante de B 5 km ao longo do cais, outro navio E está ancorado a 9 km do ponto D. Um barco irá recolher alguns passageiros do navio A no ponto C do cais e conduzi-los ao navio E. Encontre o menor percurso do barco.

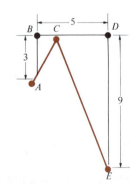

Fig. 7

76 Um peso de 1000 kg, suspenso a 2 metros do ponto A num extremo de uma alavanca, está sustentado por uma força vertical F de baixo para cima, na outra extremidade B. Suponha que a alavanca pese 10 kg por metro (Fig. 8). Calcule o comprimento da alavanca se a força em B é mínima.

77 Um setor ABC de ângulo central θ é cortado em uma lâmina circular de metal de raio a (Fig. 9), e a sobra é utilizada na confecção de uma chapa cônica. Determine o volume máximo para tal cone..

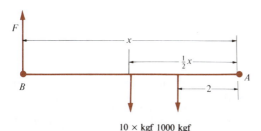

Fig. 8

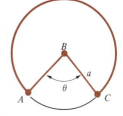

78 Um fabricante de um certo tipo de brinquedo estabelece que, a fim de serem vendidos x brinquedos cada semana, é necessário que o preço seja de $\sqrt{5.000.000 - 2x^2}$ cruzeiros cada um. Quantos brinquedos por semana trarão o maior lucro total?

79 Explique por que você poderia esperar que uma firma de negócios obtivesse um lucro máximo quando seu custo marginal total se igualasse ao rendimento marginal total.

80 Um revendedor acha que pode vender x pneus por semana a p cruzeiros por pneu, onde $p = \frac{1}{3}(375 - 5x)$ e seu custo C em cruzeiros para obter x pneus por semana para venda é expresso por $C = 500 + 15x + x^2/5$. Encontre o número de pneus que ele precisa vender por semana e o preço que ele deveria cobrar por pneu para maximizar seu lucro.

Nos problemas 81 a 84, use a diferenciação implícita para encontrar $D_x y$ e $D^2_x y$.

Fig. 9

81 $3x^3 + 2y^3 = 1$ **82** $x^4 + 4x^2 y^2 = 25$
83 $5x^2 + 8y^3 = 16\sqrt{x+1}$ **84** $4x^3 - 5xy^2 + y^3 = 18$

Nos problemas 85 a 88, encontre as equações da tangente e normal ao gráfico da função implícita determinada pela equação no ponto indicado.

85 $y^2 + 2xy = 16$ em $(3, 2)$ **86** $x^2 + 4xy + y^2 + 3 = 0$ em $(2, -1)$
87 $x^3 - xy^2 + y^3 = 8$ em $(2, 2)$ **88** $y\sqrt{2x+1} = 3y$ em $(4, 2)$

89 Uma escada de 20 metros está apoiada contra uma parede vertical. A extremidade inferior é puxada paralelamente ao solo a uma razão de 4 metros por segundo e o topo escorrega na parede. Calcule a razão segundo a qual o topo se move quando:
(a) A extremidade inferior está a 5 metros da parede.
(b) O extremo superior está a 16 metros acima do chão.

90 Água está escoando através de um orifício na base de uma bacia hemisférica de raio 10 cm. No instante em que a água está a uma profundidade de 6 cm, a vazão é 5 centímetros cúbicos por minuto. Determine a razão em que a superfície d'água está baixando neste instante.

91 Uma rodovia corta uma estrada de ferro em ângulo reto. Um carro viajando a uma velocidade constante de 40 km por hora passa pelo cruzamento 2 minutos antes de uma locomotiva viajando a uma velocidade constante de 36 km por hora. A que razão o carro e a locomotiva afastam-se 10 minutos após o trem passar pelo cruzamento?

92 A altura de um certo cilindro circular está aumentando a uma razão de 3 centímetros por minuto e o raio da base está decrescendo à razão de 2 centímetros por minuto. Encontre a razão segundo a qual o volume do cilindro está variando quando a altura é de 10 centímetros e o raio da base é de 4 centímetros.

93 Um garoto está levantando um peso W com uma corda montada numa polia (Fig. 10) que está a 36 metros acima do chão. Inicialmente, o peso está em repouso no solo e o garoto, que está diretamente abaixo da polia, segura a corda a 6 metros acima do chão. Se o garoto, segurando a corda e mantendo sua mão a 6 metros acima do chão, caminha a uma razão constante de 7 metros por segundo, com que rapidez o peso estará subindo 2 segundos após o menino começar a andar?

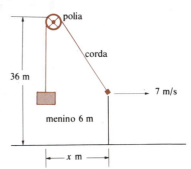

Fig. 10

4 GEOMETRIA ANALÍTICA E AS CÔNICAS

A *seções cônicas* (*cônicas,* abreviadamente) são assim chamadas porque são curvas obtidas por seção ou corte de cones circulares por planos. Estas curvas curiosas e atrativas eram bem conhecidas pelos antigos; entretanto, seu estudo foi imensamente realçado pelo uso da Geometria Analítica e pelo Cálculo. Neste capítulo estudaremos as cônicas — o *círculo,* a *elipse,* a *parábola* e a *hipérbole* — e usaremos a idéia de translação de eixos coordenados para simplificar suas equações.

Refletindo a luz de uma lanterna sobre uma parede branca, podemos ver exemplos de seções cônicas. Se o eixo da lanterna é perpendicular à parede, então a região iluminada é *circular* (Fig. 1a); no entanto, se a lanterna é inclinada ligeiramente para cima, a região iluminada se alonga e seu contorno toma a forma de uma *elipse* (Fig. 1b). Quando a lanterna é inclinada um pouco mais, a elipse torna-se mais e mais alongada até que se transforma numa *parábola* (Fig. 1c). Finalmente, se a lanterna é inclinada ainda mais, os lados da parábola se tornam mais retos e esta se transforma numa parte de uma *hipérbole* (Fig. 1d).

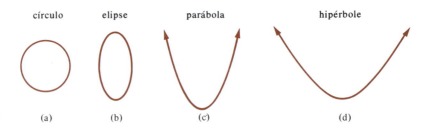

Fig. 1 (a) (b) (c) (d)

1 O Círculo e Translação de Eixos

Nesta seção obteremos a equação de um círculo e veremos como tal equação pode ser simplificada pela translação de eixos.

1.1 O círculo

Começamos recordando (do Cálculo Elementar) a definição de gráfico de uma equação.

DEFINIÇÃO 1 **Gráfico de uma equação**

O gráfico de uma equação envolvendo as variáveis x e y é o conjunto de todos os pontos (x,y) no plano xy, e somente estes pontos, cujas coordenadas x e y satisfazem a equação.

GEOMETRIA ANALÍTICA E AS CÔNICAS

Se uma curva no plano xy é o gráfico de uma certa equação, esta equação é chamada de uma *equação da curva*. Para evitar expressões longas, algumas vezes escrevemos frases tais como "o círculo $x^2 + y^2 = 25$", quando na verdade entendemos "o círculo cuja equação é $x^2 + y^2 = 25$".

Naturalmente, um *círculo* de *raio* r com *centro* num ponto C do plano xy é definido como sendo o conjunto de todos os pontos P no plano cuja distância até C é r. Usando a fórmula de distância entre dois pontos $P = (x,y)$ e $C = (h,k)$, vemos que $|\overline{PC}| = r$ se e somente se

$$\sqrt{(x-h)^2 + (y-k)^2} = r;$$

que é

$$(x-h)^2 + (y-k)^2 = r^2$$

(Fig. 2). Portanto, temos o seguinte teorema.

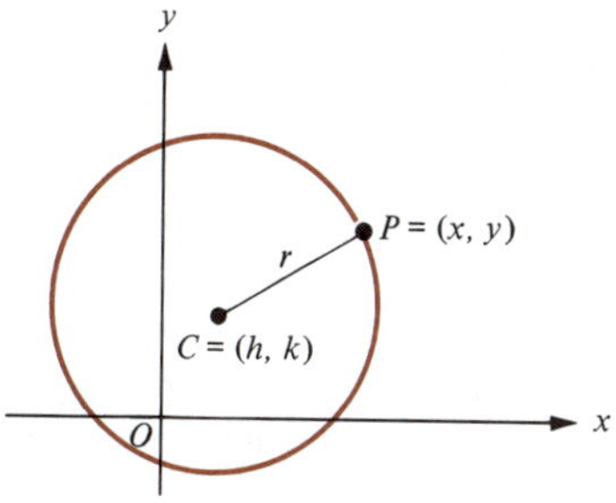

Fig. 2

TEOREMA 1   **Equação do círculo**
Seja $r > 0$ e $C = (h,k)$. Então o gráfico da equação

$$(x-h)^2 + (y-k)^2 = r^2$$

é o círculo de raio r cujo centro é C.

A equação do Teorema 1 é chamada de *forma canônica* da equação de um círculo.

EXEMPLOS 1   Determine o centro $C = (h,k)$ e o raio r do círculo

$$(x-1)^2 + (y+1)^2 = 9.$$

SOLUÇÃO
A solução pode ser reescrita $(x-1)^2 + [y-(-1)]^2 = 3^2$; logo $C = (1, -1)$ e $r = 3$.

2   Determine a equação do círculo (Fig. 3) cujo raio é 3 e cujo centro é $C = (-2,3)$.

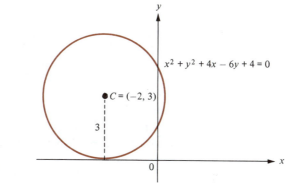

Fig. 3

SOLUÇÃO
Pelo Teorema 1, a equação é

$$[x-(-2)]^2 + (y-3)^2 = 3^2$$

ou

$$(x+2)^2 + (y-3)^2 = 9.$$

Expandindo os quadrados e simplificando, também podemos escrever a equação na forma

$$x^2 + y^2 + 4x - 6y + 4 = 0.$$

CÁLCULO

A equação $x^2 + y^2 + 4x - 6y + 4 = 0$ obtida no exemplo 2 pode ser transformada na forma canônica "completando os quadrados". O trabalho é feito como segue:

$$x^2 + y^2 + 4x - 6y + 4 = 0,$$
$$x^2 + 4x \qquad + y^2 - 6y \qquad = -4,$$
$$x^2 + 4x + 4 + y^2 - 6y + 9 = -4 + 4 + 9,$$
$$(x + 2)^2 + (y - 3)^2 = 9.$$

Aqui, adicionamos 4 em ambos os lados da equação para transformar $x^2 + 4x$ no quadrado perfeito $x^2 + 4x + 4$, e adicionamos 9 em ambos os lados para transformar $y^2 - 6y$ no quadrado perfeito $y^2 - 6y + 9$.

De modo mais geral, uma expressão da forma $x^2 \pm Bx$ torna-se um quadrado perfeito se adicionarmos $(B/2)^2$ para obtermos $x^2 \pm Bx + (B/2)^2 = (x \pm B/2)^2$.

EXEMPLOS 1 Determine o raio r e o centro $C = (h,k)$ do círculo cuja equação é $x^2 + y^2 + 2x + 8y - 8 = 0$.

SOLUÇÃO
Completando os quadrados, temos

$$x^2 + 2x \qquad + y^2 + 8y \qquad = 8,$$
$$x^2 + 2x + \left(\frac{2}{2}\right)^2 + y^2 + 8y + \left(\frac{8}{2}\right)^2 = 8 + \left(\frac{2}{2}\right)^2 + \left(\frac{8}{2}\right)^2,$$
$$x^2 + 2x + 1 \qquad + y^2 + 8y + 16 \qquad = 8 + 1 + 16,$$
$$(x + 1)^2 + (y + 4)^2 = 25.$$

Então, o centro do círculo é $C = (-1,-4)$ e seu raio é $r = \sqrt{25} = 5$ unidades.

2 Determine a equação, na forma $x^2 + y^2 + Ax + By + C = 0$ e na forma canônica, do círculo contendo os três pontos $(-2,5)$, $(1,4)$ e $(-3,6)$.

SOLUÇÃO
Substituímos as coordenadas x e y dos três pontos na equação $x^2 + y^2 + Ax + By + C = 0$ e então obtemos as três equações simultâneas

$$\begin{cases} -2A + 5B + C = -29 \\ A + 4B + C = -17 \\ -3A + 6B + C = -45. \end{cases}$$

Resolvendo estas equações lineares simultâneas de maneira usual, encontramos $A = -2$, $B = -18$ e $C = 57$. Então, a equação do círculo é

$$x^2 + y^2 - 2x - 18y + 57 = 0.$$

Completando os quadrados, temos

$$x^2 - 2x + 1 + y^2 - 18y + 81 = -57 + 1 + 81,$$
$$(x - 1)^2 + (y - 9)^2 = 25.$$

Então, o círculo desejado tem raio de 5 unidades e centro $C = (1,9)$.

Como o próximo exemplo mostra, a diferenciação implícita pode ser usada para determinar a inclinação da reta tangente a um círculo num determinado ponto.

EXEMPLO Determine as equações da reta tangente e da reta normal no ponto $(-1,2)$ do círculo $x^2 + y^2 - 6x - y - 9 = 0$.

SOLUÇÃO
Pela diferenciação implícita, temos $2x + 2y\frac{dy}{dx} - 6 - \frac{dy}{dx} = 0$, de forma que $\frac{dy}{dx} = \frac{6 - 2x}{2y - 1}$. Quando $x = -1$ e $y = 2$, $\frac{dy}{dx} = \frac{8}{3}$. Portanto, a reta tem inclinação $m = {}^8/_3$ e sua equação é $y - 2 = {}^8/_3[x - (-1)]$, ou $y = {}^8/_3 x + {}^{14}/_3$. A reta normal tem inclinação $-1/m = -{}^3/_8$ e sua equação é $y - 2 = -{}^3/_8[x - (-1)]$, ou $y = -{}^3/_8 x + {}^{13}/_8$.

1.2 Translação de eixos

A equação de uma curva freqüentemente pode ser simplificada mudando-se o sistema de coordenadas para um novo, convenientemente escolhido. Na prática, isto é usualmente realizado escolhendo-se um ou ambos dos novos eixos coordenados de modo a coincidir com um eixo de simetria da curva. Por exemplo, a equação da curva C na Fig. 4 seria provavelmente simplificada pela mudança do sistema coordenado xy para o sistema coordenado $\bar{x}\bar{y}$, como mostrado, uma vez que C é simétrica com relação ao eixo $\bar{y}$.

Se dois sistemas cartesianos de coordenadas têm eixos correspondentes que são paralelos e possuem as mesmas direções positivas, então dizemos que estes sistemas são obtidos de um outro por *translação*.

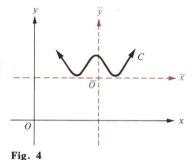

Fig. 4

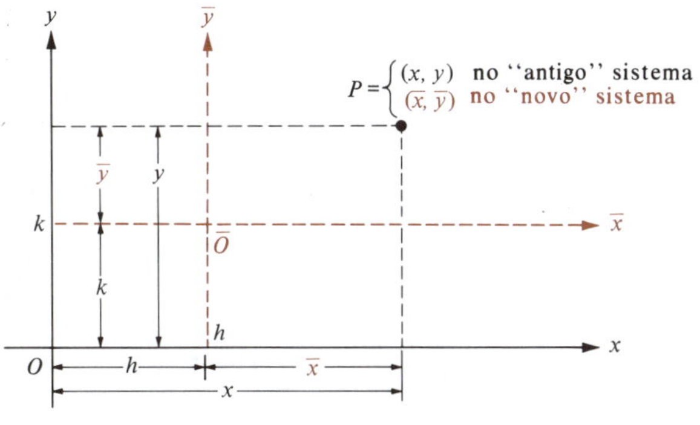

Fig. 5

A Fig. 5 mostra uma translação de um "antigo" sistema de coordenadas xy para um "novo" sistema $\bar{x}\bar{y}$ cuja origem $\bar{O}$ tem as coordenadas "antigas" (h,k). Considere o ponto P na Fig. 5 tendo coordenadas antigas (x,y), mas possuindo coordenadas novas $(\bar{x},\bar{y})$. Evidentemente, temos a seguinte *regra para translação de coordenadas cartesianas*.

$$\begin{cases} x = h + \bar{x} \\ y = k + \bar{y} \end{cases} \text{ou} \begin{cases} \bar{x} = x - h \\ \bar{y} = y - k. \end{cases}$$

EXEMPLO Sejam os eixos $\bar{x}\bar{y}$ obtidos dos eixos xy por translação de um modo que a origem $\bar{O}$ do "novo" sistema de coordenadas tem coordenadas $(h,k) = (-3,4)$ no sistema de coordenadas "antigo". Seja P o ponto cujas coordenadas antigas são $(x,y) = (2,1)$. Ache as coordenadas $(\bar{x},\bar{y})$ de P no novo sistema de coordenadas (Fig. 6).

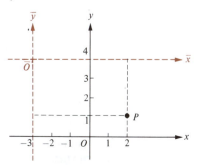

Fig. 6

SOLUÇÃO
De acordo com as equações de translação

$$\bar{x} = x - h = 2 - (-3) = 5$$

e

$$\bar{y} = y - k = 1 - 4 = -3;$$

logo, o ponto P tem coordenadas $(\bar{x},\bar{y}) = (5,-3)$ no novo sistema de coordenadas.

Observe que a equação de uma curva no plano não depende apenas do conjunto de pontos nela contidos, mas também de nossa escolha do sistema coordenado. Por exemplo, o círculo de raio 3 com centro em $\bar{O}$ na Fig. 7 tem a equação

$$(x + 1)^2 + (y - 2)^2 = 9$$

em relação ao sistema de coordenadas xy; entretanto, para o mesmo círculo temos a equação

$$\bar{x}^2 + \bar{y}^2 = 9$$

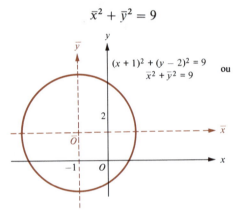

Fig. 7

em relação ao sistema de coordenadas $\bar{x}\bar{y}$. Isto pode ser visto ou observando que o centro do círculo é a origem $\bar{O}$ no sistema $\bar{x}\bar{y}$, ou substituindo $\bar{x} = x - h = x - (-1) = x + 1$ e $\bar{y} = y - k = y - 2$ das equações de translação na equação $(x + 1)^2 + (y - 2)^2 = 9$. Observe que a translação de eixos coordenados não muda a posição ou a forma de uma curva geométrica no plano — ela transforma apenas a *equação* desta curva.

EXEMPLO Determine uma translação de eixos que reduzirá a equação $x^2 + y^2 + 4x - 4y = 0$ para a forma $\bar{x}^2 + \bar{y}^2 = r^2$.

SOLUÇÃO
O procedimento mais simples é completar os quadrados de forma que a equação se torna

$$x^2 + 4x + 4 + y^2 - 4y + 4 = 8 \quad \text{ou} \quad (x + 2)^2 + (y - 2)^2 = 8,$$

e então fazer $\bar{x} = x + 2$ e $\bar{y} = y - 2$. O resultado é

$$\bar{x}^2 + \bar{y}^2 = 8 \quad \text{ou} \quad \bar{x}^2 + \bar{y}^2 = (2\sqrt{2})^2.$$

Uma solução alternativa é obtida fazendo

$$x = \bar{x} + h \quad \text{e} \quad y = \bar{y} + k,$$

onde as constantes h e k devem ser determinadas. Substituição da última em $x^2 + y^2 + 4x - 4y = 0$ e simplificações algébricas rotineiras levam a

$$\bar{x}^2 + \bar{y}^2 + (2h + 4)\bar{x} + (2k - 4)\bar{y} = -h^2 - k^2 - 4h + 4k.$$

Os termos envolvendo $\bar{x}$ e $\bar{y}$ para as primeiras potências se anulam quando fazemos $h = -2$ e $k = 2$, e a equação se transforma em $\bar{x}^2 + \bar{y}^2 = 8$.

Conjunto de Problemas 1

Nos problemas 1 a 6, determine a equação do círculo no plano xy que satisfaz as condições dadas:

1 Raio 3 e centro no ponto $(0,2)$.
2 Raio 2 e centro no ponto $(-1,4)$.
3 Raio 5 e centro no ponto $(3,4)$.
4 Centro no ponto $(1,6)$ e contendo o ponto $(-2,2)$.
5 Raio 4 e contendo os pontos $(-3,0)$ e $(5,0)$.
6 Os pontos $(3,7)$ e $(-3,-1)$ são pontos extremos de um diâmetro.

Nos problemas 7 a 14, determine o raio r e as coordenadas (h,k) do centro do círculo para cada equação e esboce o gráfico do círculo.

7 $(x + 1)^2 + (y - 2)^2 = 9$ $\qquad$ **8** $(x + 3)^2 + (y - 10)^2 = 100$

9 $x^2 + y^2 + 2x + 4y + 4 = 0$ $\qquad$ **10** $x^2 + y^2 - x - y - 1 = 0$

11 $4x^2 + 4y^2 + 8x - 4y + 1 = 0$ (*Sugestão:* Comece dividindo por 4)

12 $3x^2 + 3y^2 - 6x + 9y = 27$ $\qquad$ **13** $4x^2 + 4y^2 + 4x - 4y + 1 = 0$ $\qquad$ **14** $4x^2 + 4y^2 + 12x + 20y + 25 = 0$

Nos problemas 15 a 22, determine a equação na forma canônica do círculo ou círculos no plano xy satisfazendo as condições dadas.

15 Contendo os pontos $(-3,1)$, $(7,1)$ e $(-7,5)$.
16 Contendo os pontos $(1,7)$, $(8,6)$ e $(7,-1)$.
17 Raio $\sqrt{17}$, centro no eixo x, e contendo o ponto $(0,1)$. (Existem *dois* círculos neste caso).
18 Centro na reta $x - 4y - 1 = 0$ e contendo os pontos $(3,7)$ e $(5,5)$.
19 Tangente ao eixo x e com centro no ponto $(1,-7)$.
20 Centro na reta $x + 4 = 0$, raio 5, e tangente ao eixo x. (Existem *dois* círculos neste caso).
21 Contendo o ponto $(3,4)$, raio 2, e tangente à reta $y = 2$. (Existem *dois* círculos neste caso).
22 Raio $\sqrt{10}$ e tangente à reta $3x + y = 6$ no ponto $(3,-3)$. (Existem *dois* círculos neste caso).
23 Um "novo" sistema de coordenadas $\bar{x}\bar{y}$ é obtido transladando o "antigo" sistema de coordenadas xy de modo que a origem $\bar{O}$ do novo sistema tenha coordenadas antigas $(-1,2)$. Determine as novas coordenadas $\bar{x}\bar{y}$ dos pontos cujas coordenadas antigas são:

(a) $(0,0)$ $\qquad$ (b) $(-2,1)$ $\qquad$ (c) $(3,-3)$
(d) $(-3,-2)$ $\qquad$ (e) $(5,5)$ $\qquad$ (f) $(6,0)$

24 Defina uma translação de coordenadas que reduzirá a equação

$$x^2 + y^2 + 4x - 2y + 1 = 0$$

de um círculo no sistema antigo de coordenadas xy para a forma mais simples $\bar{x}^2 + \bar{y}^2 = r^2$ no novo sistema $\bar{x}\bar{y}$. Determine o raio r e desenhe o gráfico mostrando o círculo e os dois sistemas coordenados.
25 Um novo sistema de coordenadas $\bar{x}\bar{y}$ é obtido pela translação do sistema antigo de coordenadas xy de maneira que a origem O do antigo sistema xy tenha coordenadas $(-3,2)$ no novo sistema $\bar{x}\bar{y}$. Determine as antigas coordenadas xy dos pontos cujas novas coordenadas são:

(a) $(0,0)$ $\qquad$ (b) $(3,2)$ $\qquad$ (c) $(-3,4)$
(d) $(\sqrt{2},-2)$ $\qquad$ (e) $(0,-\pi)$ $\qquad$ (f) $(-3,2)$

Nos problemas 26 a 28, determine uma translação de eixos que reduza cada equação para uma equação da forma $\bar{x}^2 + \bar{y}^2 = r^2$. Esboce o gráfico, mostrando os antigos e os novos eixos coordenados.

26 $x^2 + y^2 + 4x - 4y = 0$ $\qquad$ **27** $3x^2 + 3y^2 + 7x - 5y + 3 = 0$ $\qquad$ **28** $x^2 + y^2 - 8x - 9 = 0$

Nos problemas 29 a 31, determine as equações da reta tangente e da reta normal para cada círculo nos pontos indicados

29 $(x - 3)^2 + (y + 5)^2 = 5$ em $(2,-3)$ $\qquad$ **30** $x^2 + y^2 = 169$ em $(5,-12)$

31 $x^2 + y^2 - 6x + 8y - 11 = 0$ em $(3,2)$

218   CÁLCULO

32. Prove que o raio $\overline{CP}$ de um círculo é perpendicular à reta tangente ao círculo no ponto P.
33. Um ponto $P = (x,y)$ move-se de modo que ele está sempre duas vezes mais afastado do ponto $(6,0)$ do que do ponto $(0,3)$.
    (a) Determine a equação da curva descrita por P.
    (b) Esboce o gráfico desta curva.
34. Generalize o problema 33 supondo que o ponto $P = (x,y)$ move-se de forma que sua distância ao ponto $(a,0)$ é sempre c vezes sua distância ao ponto $(0,b)$, onde $a, b, c > 0$. Distinga os casos (i) $0 < c < 1$, (ii) $c = 1$ e (iii) $c > 1$.
35. Discuta a simetria do círculo $x^2 + y^2 = r^2$.
36. Determine o comprimento da base superior do trapézio de área máxima que pode ser inscrito num semicírculo de raio 6 como na Fig. 8.

Fig. 8

37. Para um vendedor A é permitido vender enciclopédias em qualquer lugar dentro do círculo $x^2 + y^2 = 100$, enquanto que para um vendedor B é permitido vendê-las dentro do círculo $(x - 20)^2 + y^2 = 144$. Seus territórios se superpõem? Explique.
38. Determine condições entre as constantes a, b, c, d, r e R de forma que o círculo
$$(x - a)^2 + (y - b)^2 = r^2$$
intercepte o círculo $(x - c)^2 + (y - d)^2 = R^2$.
39. Expandindo os quadrados e juntando os termos, mostre que a equação do círculo na forma $(x - h)^2 + (y - k)^2 = r^2$ pode sempre ser reescrita na forma alternativa $x^2 + y^2 + Ax + By + C = 0$, onde $A = -2h$, $B = -2k$ e $C = h^2 + k^2 - r^2$.
40. Completando os quadrados, mostre que a equação $x^2 + y^2 + Ax + By + C = 0$ representa um círculo com centro no ponto $(h,k) = (-A/2, -B/2)$ e raio $r = \frac{1}{2}\sqrt{A^2 + B^2 - 4C}$, desde que $A^2 + B^2 > 4C$.

2   Elipse

Nesta seção vamos discutir a *elipse*, um tipo de cônica que freqüentemente aparece na natureza. Por exemplo, um anel circular observado de um ângulo forma uma elipse (Fig. 1), e um satélite em órbita se move em uma trajetória elíptica. Comecemos com a seguinte definição:

DEFINIÇÃO 1   **Elipse**

Uma *elipse* é definida como sendo o conjunto de todos os pontos P no plano tal que a soma das distâncias de P a dois pontos fixos F_1 e F_2 é constante. Neste ponto F_1 e F_2 são chamados de *pontos focais* ou *focos* da elipse. O ponto médio C do **segmento linear** $\overline{F_1F_2}$ é chamado de *centro* da elipse.

Fig. 1

A Fig. 2 mostra dois pinos fixos F_1 e F_2 e um laço de fio de comprimento l fortemente esticado em torno deles e de um ponto P. Uma vez que $|\overline{PF_1}| + |\overline{PF_2}| + |\overline{F_1F_2}| = l$, temos que $|\overline{PF_1}| + |\overline{PF_2}| = l - |\overline{F_1F_2}|$; portanto, quando P se desloca em volta, $|\overline{PF_1}| + |\overline{PF_2}|$ sempre tem o valor constante $l - |\overline{F_1F_2}|$. Desse modo, de acordo com a definição, P pertence a uma elipse que possui F_1 e F_2 como focos. Se uma ponta de lápis P for inserida no laço de fio como na Fig. 2 e se deslocar de um lado para o outro de modo a manter o fio esticado, ele desenha uma elipse. A Fig. 3 mostra três posições P_1, P_2 e P_3 de P e a elipse completa descrita por P.

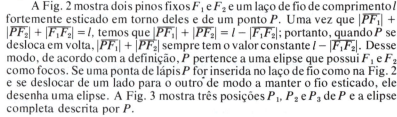

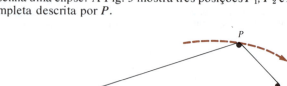

Fig. 2

Evidentemente (Fig. 4), uma elipse com focos F_1 e F_2 é simétrica com relação à linha reta que passa por F_1 e F_2. Vamos considerar V_1 e V_2 como sendo os pontos onde esta linha intercepta a elipse. Observe que o centro C da elipse divide em duas partes o segmento $\overline{V_1V_2}$ bem como o segmento $\overline{F_1F_2}$. A elipse é também simétrica com relação à reta que passa pelo centro C e é perpendicular a $\overline{V_1V_2}$. Consideremos V_3 e V_4 os pontos onde esta perpendicu-

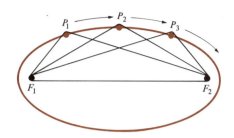

Fig. 3

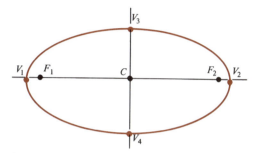

Fig. 4

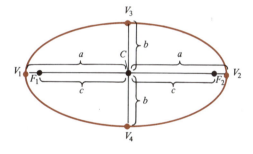

Fig. 5

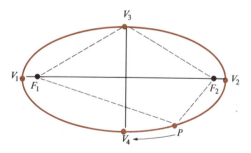

Fig. 6

lar intercepta a elipse. Os quatro pontos V_1, V_2, V_3 e V_4 (Fig. 4), onde os dois eixos de simetria interceptam a elipse, chamam-se *vértices* da elipse.

O segmento de reta $\overline{V_1V_2}$ entre os dois vértices que contém os dois focos F_1 e F_2 chama-se *eixo maior* da elipse, enquanto o segmento de reta $\overline{V_3V_4}$ entre os dois vértices restantes chama-se *eixo menor* (Fig. 5). Consideremos $2a$ como o comprimento do eixo maior $\overline{V_1V_2}$, e $2b$ como o comprimento do eixo menor $\overline{V_3V_4}$ e adotemos $2c$ para a distância entre os dois focos (Fig. 5). Os números a e b são chamados de *semi-eixo maior* e *semi-eixo menor*, respectivamente.

Considere a elipse na Fig. 6 com semi-eixo maior e semi-eixo menor a e b, respectivamente, com focos F_1 e F_2 e com $|F_1F_2| = 2c$. Caso o ponto P se mova ao longo da elipse, então, por definição,

$$|\overline{PF_1}| + |\overline{PF_2}|$$

permanece constante. Portanto, o valor de $|\overline{PF_1}| + |\overline{PF_2}|$ quando P atinge V_1 é o mesmo que o valor de $|\overline{PF_1}| + |\overline{PF_2}|$ quando P atinge V_3; isto é,

$$|\overline{V_1F_1}| + |\overline{V_1F_2}| = |\overline{V_3F_1}| + |\overline{V_3F_2}|.$$

Pela simetria $|\overline{V_3F_1}| = |\overline{V_3F_2}|$, deste modo a equação acima pode ser reescrita

$$|\overline{V_1F_1}| + |\overline{V_1F_2}| = 2|\overline{V_3F_2}|.$$

Mas, novamente pela simetria, $|\overline{V_1F_2}| = |\overline{V_2F_1}|$; por isto,

$$\begin{aligned}2|\overline{V_3F_2}| &= |\overline{V_1F_1}| + |\overline{V_1F_2}| \\ &= |\overline{V_1F_1}| + |\overline{V_2F_1}| = |\overline{V_1V_2}| = 2a,\end{aligned}$$

de onde segue que $|\overline{V_3F_2}| = a$.

Se considerarmos que $|\overline{V_3F_2}| = a$ e o triângulo retângulo V_3CF_2 na Fig. 7, podemos concluir que $a^2 = b^2 + c^2$. Uma vez que $c^2 > 0$, a última equação mostra que $a^2 > b^2$, de forma que $a > b$ e conseqüentemente $2a > 2b$; isto é, o eixo maior de uma elipse é sempre mais longo que o seu eixo menor.

Se colocarmos a elipse da Fig. 7 no plano xy de modo que seu centro C esteja na origem O e os focos F_1 e F_2 permaneçam nas partes negativa e positiva do eixo x, respectivamente, então podemos obter a equação da elipse como segue:

TEOREMA 1 **Equação da elipse**
A equação da elipse com focos em $F_1 = (-c,0)$ e $F_2 = (c,0)$ é

$$\frac{x^2}{a^2} + \frac{y^2}{b^2} = 1,$$

onde a é o semi-eixo maior, b é o semi-eixo menor e $a^2 = b^2 + c^2$.

PROVA
Vamos mostrar que se $P = (x,y)$ for um ponto qualquer na elipse (Fig. 8), então $x^2/a^2 + y^2/b^2 = 1$. O leitor interessado pode completar a prova (pro-

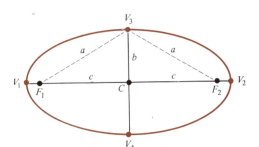

Fig. 7

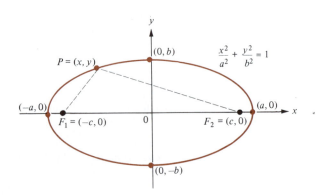

Fig. 8

blema 38) invertendo o argumento para mostrar que se a equação $x^2/a^2 + y^2/b^2 = 1$ for válida, então o ponto $P = (x,y)$ está na elipse. Já vimos (Fig. 7) que $a^2 = b^2 + c^2$ e que quando $P = (0,b)$

$$|\overline{PF_1}| + |\overline{PF_2}| = 2a.$$

Portanto, pela definição de uma elipse, $|\overline{PF_1}| + |\overline{PF_2}| = 2a$ é válida para qualquer ponto $P = (x,y)$ na elipse. Pela fórmula de distância, $|\overline{PF_1}| + |\overline{PF_2}| = 2a$ torna-se

$$\sqrt{(x+c)^2 + y^2} + \sqrt{(x-c)^2 + y^2} = 2a,$$

de modo que

$$\sqrt{(x+c)^2 + y^2} = 2a - \sqrt{(x-c)^2 + y^2}.$$

Elevando ao quadrado ambos os lados da última equação, temos

$$x^2 + 2cx + c^2 + y^2 = 4a^2 - 4a\sqrt{(x-c)^2 + y^2} + x^2 - 2cx + c^2 + y^2,$$

de modo que

$$4cx - 4a^2 = -4a\sqrt{(x-c)^2 + y^2} \quad \text{ou} \quad cx - a^2 = -a\sqrt{(x-c)^2 + y^2}.$$

Elevando ao quadrado ambos os lados da última equação, obtemos

$$c^2x^2 - 2a^2cx + a^4 = a^2(x^2 - 2cx + c^2 + y^2),$$

de modo que

$$a^4 - a^2c^2 = (a^2 - c^2)x^2 + a^2y^2 \quad \text{ou} \quad a^2(a^2 - c^2) = (a^2 - c^2)x^2 + a^2y^2.$$

Uma vez que $a^2 = b^2 + c^2$, temos que $a^2 - c^2 = b^2$ e a equação acima pode ser reescrita como

$$a^2b^2 = b^2x^2 + a^2y^2.$$

Se ambos os lados da última equação forem divididos por a^2b^2, o resultado é

$$1 = \frac{x^2}{a^2} + \frac{y^2}{b^2}$$

como se desejava.

A equação $x^2/a^2 + y^2/b^2 = 1$, onde $a > b$ é chamada de *forma canônica* para a equação de uma elipse.

EXEMPLOS 1 Determine as coordenadas dos quatro vértices e dos dois focos da elipse $4x^2 + 9y^2 = 36$ e esboce o gráfico.

SOLUÇÃO
Divida ambos os lados da equação por 36 para obter $x^2/9 + y^2/4 = 1$; isto é, $x^2/a^2 + y^2/b^2 = 1$, com $a = 3$ e $b = 2$. Pelo Teorema 1, esta é a equação de uma elipse com vértice em $(-3,0)$, $(3,0)$, $(0,2)$ e $(0,-2)$ (Fig. 9). Igualmente, os

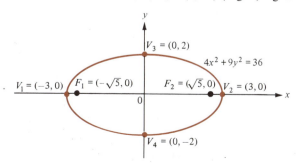

Fig. 9

focos estão em $(-c,0)$ e $(c,0)$, onde $c^2 = a^2 - b^2 = 9 - 4 = 5$, isto é, $c = \sqrt{5}$. Desse modo, $F_1 = (-\sqrt{5},0)$ e $F_2 = (\sqrt{5},0)$.

2 Determine a equação na forma padrão da elipse com focos $F_1 = (-\sqrt{3},0)$, $F_2 = (\sqrt{3},0)$ e vértices $V_1 = (-2,0)$, $V_2 = (2,0)$. Ache também as coordenadas dos dois vértices restantes, V_3 e V_4, e esboce o gráfico.

SOLUÇÃO
$C = \sqrt{3}$, $a = 2$; por isso, $b = \sqrt{a^2 - c^2} = \sqrt{4-3} = 1$ e a equação é $x^2/4 + y^2/1 = 1$. Igualmente, $V_3 = (0,1)$ e $V_4 = (0,-1)$. (Por quê?) O gráfico aparece na Fig. 10.

3 Deseja-se construir a elipse do Exemplo 2 prendendo-se dois pinos em uma folha nas posições F_1 e F_2, separadas por $2\sqrt{3}$ unidades, e utilizando-se a construção de laço-de-fio-e-lápis como na Fig. 11. Qual seria o comprimento total do laço?

SOLUÇÃO
Quando P está no vértice superior V_3 como na Fig. 7,

$$l = a + a + c + c = 2a + 2c = (2)(2) + 2\sqrt{3}$$
$$= 4 + 2\sqrt{3} \approx 7{,}46 \text{ unidades.}$$

Não é difícil deduzir a equação de uma elipse com centro na origem e com o eixo maior vertical (Fig. 12). Nesse caso, a elipse tem focos $F_1 = (0,-c)$ e $F_2 = (0,c)$ no eixo y e vértices $V_1 = (0,-a)$, $V_2 = (0,a)$, $V_3 = (-b,0)$ e $V_4 = (b,0)$. O semi-eixo maior é a e o semi-eixo menor é b. A equação pode ser obtida como no Teorema 1, com o mesmo argumento, palavra por palavra, exceto que as variáveis x e y trocam suas posições (ver problema 39). Portanto, a equação é

$$\frac{x^2}{b^2} + \frac{y^2}{a^2} = 1, \quad \text{onde } a > b.$$

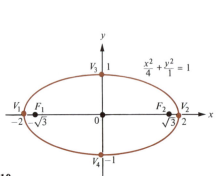

Fig. 10

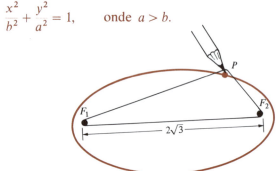

Fig. 11

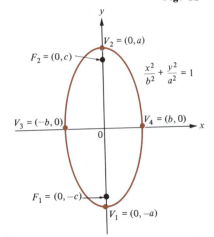

Fig. 12

Esta equação é também chamada de *forma canônica* da equação de uma elipse.

Usando as equações de translação $\bar{x} = x - h$ e $\bar{y} = y - k$, determinamos facilmente a equação de uma elipse cujos eixos de simetria são paralelos aos eixos coordenados, mas cujo centro está em (h,k) no sistema de coordenadas xy. A equação resultante, dependendo do eixo maior ser horizontal ou vertical, é, respectivamente,

$$\frac{(x-h)^2}{a^2} + \frac{(y-k)^2}{b^2} = 1 \quad \text{ou} \quad \frac{(x-h)^2}{b^2} + \frac{(y-k)^2}{a^2} = 1,$$

onde $a > b$.

EXEMPLOS 1 Escreva a equação da elipse cujos vértices são os pontos $(-5,1)$, $(1,1)$, $(-2,3)$ e $(-2,-1)$; determine os focos e esboce o gráfico.

Solução
O eixo horizontal é o segmento linear de $(-5,1)$ a $(1,1)$ e seu comprimento é $|(-5) - 1| = 6$ unidades. O eixo vertical é o segmento de $(-2,-1)$ a $(-2,3)$ e seu comprimento é $|(-1) - 3| = 4$ unidades. Portanto, a elipse tem o eixo maior horizontal $a = 6/2 = 3$, $b = 4/2 = 2$ e $c = \sqrt{a^2 - b^2} = \sqrt{5}$. Aqui, o centro está em $(-2,1)$ (por quê?), logo $h = -2$ e $k = 1$. Conseqüentemente, a equação elipse é $\dfrac{(x+2)^2}{9} + \dfrac{(y-1)^2}{4} = 1$. Os focos estão $c = \sqrt{5}$ unidades, de um lado e outro, do centro; então, $F_1 = (-\sqrt{5} - 2, 1)$ e $F_2 = (\sqrt{5} - 2, 1)$ (Fig. 13).

2 Dada a equação $25x^2 + 9y^2 - 100x - 54y = 44$ de uma elipse, determine as coordenadas do centro, dos vértices e dos focos. Esboce o gráfico.

Solução
Neste caso $25(x^2 - 4x) + 9(y^2 - 6y) = 44$. Completando os quadrados na última equação, temos

$$25(x^2 - 4x + 4) + 9(y^2 - 6y + 9) = 44 + 25(4) + 9(9)$$

ou

$$25(x - 2)^2 + 9(y - 3)^2 = 225$$

Dividindo a última equação por 225, obtemos
$\dfrac{(x-2)^2}{9} + \dfrac{(y-3)^2}{25} = 1$. Então, $(h,k) = (2,3)$, $a = 5$, $b = 3$, $c = \sqrt{a^2 - b^2} = 4$, $F_1 = (2,-1)$, $F_2 = (2,7)$, e os vértices são $(2,-2)$, $(2,8)$, $(-1,3)$ e $(5,3)$ (Fig. 14).

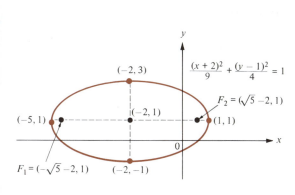

Fig. 13

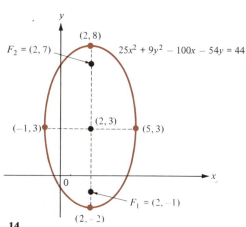

Fig. 14

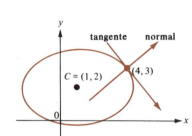

Fig. 15

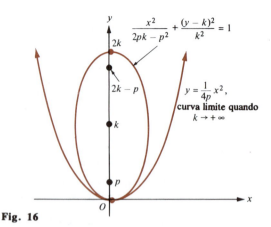

Fig. 16

3 Determine as equações da reta tangente e da reta normal à elipse $4x^2 - 8x + 9y^2 - 36y = 5$ no ponto (4,3). Esboce o gráfico e mostre as retas tangente e normal.

SOLUÇÃO

Usando a diferenciação implícita achamos que

$$8x - 8 + 18y \frac{dy}{dx} - 36 \frac{dy}{dx} = 0, \text{ logo } \frac{dy}{dx} = -\frac{4(x-1)}{9(y-2)}.$$ Quando $x = 4$ e $y = 3$, temos $dy/dx = -4/3$. Portanto, a equação da reta tangente é $y - 3 = -4/3(x - 4)$ e a equação da reta normal é $y - 3 = 3/4(x - 4)$. Completando os quadrados após reescrevermos a equação na forma $4(x^2 - 2x) + 9(y^2 - 4y) = 5$, obtemos

$$\frac{(x-1)^2}{\frac{45}{4}} + \frac{(y-2)^2}{5} = 1 \quad \text{(Fig. 15)}.$$

Agora, consideremos a elipse na Fig. 16 tendo o eixo maior vertical, centro em (0,k), focos em (0,p) e (0,2k − p) e vértice inferior na origem O. Se considerarmos o vértice inferior fixado em O e o foco inferior fixado em (0,p), contudo permitindo ao vértice superior (0,2k) aproximar-se de +∞ sobre o eixo y, então a elipse tende a uma curva limite $y = (1/4p)x^2$ (problema 50). A curva $y = (1/4p)x^2$ não é mais uma elipse, mas ainda é uma seção cônica, chamada *parábola*. Estudaremos as parábolas na próxima seção.

Conjunto de Problemas 2

Nos problemas 1 a 8, determine as coordenadas dos vértices e dos focos de cada elipse e esboce o gráfico.

1 $\dfrac{x^2}{16} + \dfrac{y^2}{4} = 1$
2 $\dfrac{x^2}{9} + y^2 = 1$
3 $4x^2 + y^2 = 16$
4 $36x^2 + 9y^2 = 144$
5 $x^2 + 16y^2 = 16$
6 $16x^2 + 25y^2 = 400$
7 $9x^2 + 36y^2 = 4$
8 $x^2 + 4y^2 = 1$

Nos problemas 9 a 14, determine a equação da elipse que satisfaz as condições dadas.

9 Focos em (−4,0) e (4,0), vértices em (−5,0) e (5,0).
10 Focos em (0,−2) e (0,2), vértices em (0,−4) e (0,4).
11 Vértices em (0,−8) e (0,8) e contendo o ponto (6,0).
12 Vértices em (0,−3) e (0,3) e contendo o ponto $(2/3, 2\sqrt{2})$.
13 Centro na origem e contendo os pontos (4,0) e (3,2).
14 Vértices em $(-2\sqrt{3},0)$, $(2\sqrt{3},0)$, (0,−4) e (0,4).

Nos problemas 15 a 22, determine as coordenadas do centro, dos vértices e dos focos de cada elipse e esboce seus gráficos.

15 $\dfrac{(x-1)^2}{9} + \dfrac{(y+2)^2}{4} = 1$ **16** $\dfrac{(x+2)^2}{16} + \dfrac{(y-1)^2}{4} = 1$

17 $4(x+3)^2 + y^2 = 36$ **18** $25(x+1)^2 + 16(y-2)^2 = 400$

19 $x^2 + 2y^2 + 6x + 7 = 0$ **20** $4x^2 + y^2 - 8x + 4y - 8 = 0$

21 $2x^2 + 5y^2 + 20x - 30y + 75 = 0$ **22** $9x^2 + 4y^2 + 18x - 16y - 11 = 0$

Nos problemas 23 a 36, use uma translação de eixos adequada $\bar{x} = x - h$ e $\bar{y} = y - k$ para reduzir cada equação para uma forma mais simplificada (não envolvendo primeiras potências das variáveis). Além disso, esboce o gráfico mostrando tanto o "antigo" sistema coordenado xy como o "novo" sistema $\bar{x}\bar{y}$.

23 $x^2 + 4y^2 + 2x - 8y + 1 = 0$

24 $9x^2 + y^2 - 18x + 2y + 9 = 0$

25 $6x^2 + 9y^2 - 24x - 54y + 51 = 0$

26 $9x^2 + 4y^2 - 18x + 16y - 11 = 0$

Nos problemas 27 a 30, determine a equação da elipse satisfazendo as condições dadas.

27 Vértices em $(-2,-3)$, $(-2,5)$, $(-7,1)$ e $(3,1)$.

28 Focos em $(1,3)$ e $(5,3)$ e eixo maior de 10 unidades de comprimento.

29 Centro em $(1,-2)$, eixo maior paralelo ao eixo y, eixo maior com 6 unidades de comprimento e eixo menor com 4 unidades de comprimento.

30 Extremos do eixo maior em $(-3,2)$, $(5,2)$ e o comprimento do eixo menor é de 4 unidades.

Nos problemas 31 a 34, determine as equações da reta tangente e da reta normal para cada elipse no ponto indicado.

31 $x^2 + 9y^2 = 225$ em $(9,4)$ **32** $4x^2 + 9y^2 = 45$ em $(3,1)$

33 $x^2 + 4y^2 - 2x + 8y = 35$ em $(3,2)$ **34** $9x^2 + 25y^2 - 50y - 200 = 0$ em $(5,1)$

35 Determine as coordenadas do ponto onde a reta normal à elipse $x^2/a^2 + y^2/b^2 = 1$ no ponto (x_0/y_0) intercepta o eixo x.

36 Suponha que os números x e y satisfaçam a $x^2/a^2 + y^2/b^2 = 1$, onde $a > b > 0$. Faça $c = \sqrt{a^2 - b^2}$. Mostre analiticamente (sem referências a gráficos ou geometria) que as seguintes desigualdades valem:
  (i) $c|x| < a^2$ (ii) $\sqrt{(x-c)^2 + y^2} < 2a$

37 O segmento limitado por uma elipse de uma reta contendo um foco e perpendicular ao eixo maior é chamado de *latus rectum* da elipse.
  (a) Mostre que $2b^2/a$ é o comprimento do *latus rectum* da elipse cuja equação é $b^2x^2 + a^2y^2 = a^2b^2$.
  (b) Determine o comprimento do *latus rectum* da elipse cuja equação é $9x^2 + 16y^2 = 144$.

38 Termine a prova do Teorema 1 mostrando que se $x^2/a^2 + y^2/b^2 = 1$, onde $a > b > 0$, então o ponto $P = (x,y)$ está na elipse com focos $F_1 = (-c,0)$ e $F_2 = (c,0)$, onde $c = \sqrt{a^2 - b^2}$ e o semi-eixo maior é a.

39 Deduza a equação da elipse na Fig. 12 diretamente da Definição 1.

40 Um ponto se move sobre a elipse $x^2 + 4y^2 = 25$ de tal modo que sua abcissa cresce numa razão constante de 8 unidades por segundo. Com que velocidade a ordenada varia no instante em que ela é igual a -2 e a abcissa é positiva?

41 O ponto $P = (x,y)$ se move de modo que a soma de suas distâncias para os dois pontos $(3,0)$ e $(-3,0)$ é 8. Defina e escreva uma equação para a curva percorrida pelo ponto.

42 Um matemático aceitou um cargo numa nova universidade situada a 6 km de uma margem retilínea de um grande lago (Fig. 17). O professor deseja construir uma casa que esteja a uma distância à universidade igual à metade da distância até a margem do lago. Os possíveis locais satisfazendo esta condição pertencem a uma curva. Defina esta curva e determine sua equação com relação ao sistema coordenado tendo a margem como eixo x e a universidade no ponto $(0,6)$ sobre o eixo y.

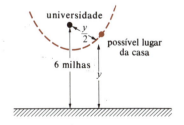

Fig. 17

43 Determine a área máxima de um retângulo que pode ser inscrito na elipse $x^2/a^2 + y^2/b^2 = 1$ com seus lados paralelos aos eixos coordenados.

44 Um triângulo isósceles com vértice no ponto $(0,3)$ e base paralela ao eixo x é inscrito na elipse $9x^2 + 16y^2 = 144$ de tal modo que sua área é máxima. De que altura o triângulo deve ser?

45 Qual o comprimento de um laço de fio usado para delimitar um jardim de flores elíptico com 20 metros de largura e 60 metros de comprimento? A que distância devem estar as duas estacas (focos)?

46 À exceção de pequenas perturbações, um satélite em órbita da Terra se move numa elipse com o centro da Terra em um dos focos. Suponha que um satélite no perigeu (ponto mais próximo do centro da Terra) esteja a 400 quilômetros da superfície da

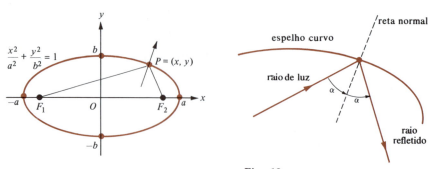

Fig. 18   Fig. 19

Terra e no apogeu (ponto mais afastado do centro da Terra) esteja a 600 quilômetros da superfície da Terra. Suponha que a Terra seja uma esfera de raio 6371 quilômetros. Determine o semi-eixo menor b da órbita elíptica.

47 Um arco com a forma da metade superior de uma elipse com um eixo maior horizontal suporta uma ponte sobre um rio de 100 metros de largura. O centro do arco está a 25 metros acima da superfície do rio. Determine a equação na forma canônica da elipse.

48 Prove que a reta normal à elipse na Fig. 18 no ponto $P = (x,y)$ divide em duas partes iguais o ângulo F_1PF_2. (*Sugestão:* A equação da elipse é $x^2/a^2 + y^2/b^2 = 1$. Pela diferenciação implícita, a inclinação da reta normal em P é $m = a^2y/(b^2x)$. As inclinações de $\overline{F_1P}$ e $\overline{F_2P}$, respectivamente, são $m_1 = \dfrac{y}{x+c}$ e $m_2 = \dfrac{y}{x-c}$, onde $F_1 = (-c,0)$, $F_2 = (c,0)$ e $c = \sqrt{a^2 - b^2}$. Verifique que $(m_1 + m_2)m^2 + 2(1 - m_1m_2)m = m_1 + m_2$. Então mostre que a última equação implica o resultado desejado).

49 Um raio de luz será refletido por um espelho curvo (Fig. 19) de tal modo que o ângulo α entre o raio incidente e a normal é igual ao ângulo α entre a normal e o raio refletido. Use o resultado do problema 48 para mostrar que um raio de luz emitido de um dos focos de um espelho elíptico será refletido sobre o outro foco. (Isto é chamado de *propriedade refletora* da elipse.)

50 Na Fig. 16, mostre que, quando $k \to +\infty$, a elipse se aproxima da curva $y = (1/4p)x^2$ como um limite.

51 Que ocorre na elipse na Fig. 16 quando $k \to p^+$?

3 Parábola

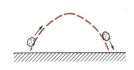

Fig. 1

No final da Seção 2 vimos que se um foco e o vértice próximo de uma elipse forem fixados enquanto que o vértice oposto é movido cada vez mais para longe, a elipse se aproxima de uma curva limite chamada parábola. Portanto, embora seja dada uma definição precisa desta cônica abaixo, podemos imaginar a parábola como uma enorme elipse com um dos vértices infinitamente afastado.

Parábolas freqüentemente aparecem na natureza. Uma pedra atirada para cima sob um ângulo percorre um arco parabólico (Fig. 1), e o cabo principal na suspensão de uma ponte forma um arco de parábola (Fig. 2).

Damos agora a definição precisa prometida acima.

Fig.2

DEFINIÇÃO 1   **Parábola**

Uma *parábola* é o conjunto de todos os pontos P no plano tais que a distância de P a um ponto fixo F chamado *foco* é igual à distância de P a uma reta fixa D chamada de *diretriz*.

Se o foco F de uma parábola é colocado sobre o eixo y no ponto $(0,p)$ e se a diretriz D é colocada paralela ao eixo x e a p unidades abaixo dele, a parábola resultante se representa como na Fig. 3. Sua equação é deduzida no seguinte teorema.

GEOMETRIA ANALÍTICA E AS CÔNICAS

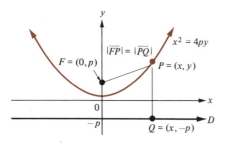

Fig. 3

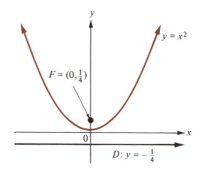

Fig. 4

TEOREMA 1   **Equação da parábola**

A equação da parábola com foco $F = (0,p)$ e com diretriz $D: y = -p$ é $x^2 = 4py$ ou $y = (1/4p)x^2$.

PROVA

Seja $P = (x,y)$ um ponto qualquer e $Q = (x,-p)$ o ponto no pé da perpendicular à diretriz D passando por P (Fig. 3). A condição de P estar na parábola é $|\overline{FP}| = |\overline{PQ}|$, isto é, $\sqrt{x^2 + (y-p)^2} = \sqrt{(y+p)^2}$. A última equação é equivalente a $x^2 + (y-p)^2 = (y+p)^2$; isto é, $x^2 + y^2 - 2py + p^2 = y^2 + 2py + p^2$, ou $x^2 = 4py$.

A equação $x^2 = 4py$ [ou $y = (1/4p)x^2$] é chamada de *forma canônica* da equação de uma parábola.

EXEMPLO   Escreva a equação da parábola com foco $F = (0,1/4)$ e com diretriz $D: y = -1/4$ (Fig. 4).

SOLUÇÃO

Neste caso $p = 1/4$, de modo que a equação é $x^2 = 4(1/4)y$, isto é, $y = x^2$.

Uma parábola com foco F e diretriz D é evidentemente simétrica com relação à reta passando por F e perpendicular a D (Fig. 5). Esta reta é chamada de *eixo de simetria* ou simplesmente de *eixo* da parábola. O *vértice* da parábola é definido como sendo o ponto V onde a parábola corta seu eixo. Observe que o vértice de uma parábola está localizado no meio entre o foco F e a diretriz D. (Por quê?)

EXEMPLO   Uma parábola tem seu foco em $(0,1/8)$ e diretriz $D: y = -1/8$. Determine sua equação e esboce o gráfico. Determine também seu vértice V e seu eixo.

SOLUÇÃO

A equação é $y = (1/4p)x^2$ onde $p = 1/8$; logo, a equação é $y = 2x^2$. Uma vez que o eixo y é perpendicular à diretriz e passa pelo foco, ele é o eixo da parábola. O vértice V pertence ao eixo e é o meio entre o foco e a diretriz, logo $V = O = (0,0)$ (Fig. 6).

Na Fig. 7a-d, vemos parábolas com concavidades *para cima, para a direita, para baixo* e *para a esquerda,* respectivamente. Em cada caso, o vértice está na origem O e a distância do vértice O até o foco F é p. As Equações correspondentes são mostradas na Fig. 7 e podem ser determinadas considerando-se as simetrias envolvidas.

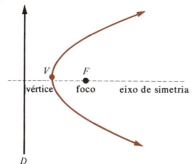

Fig. 5

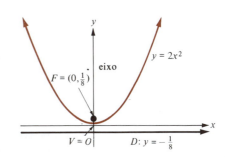

Fig. 6

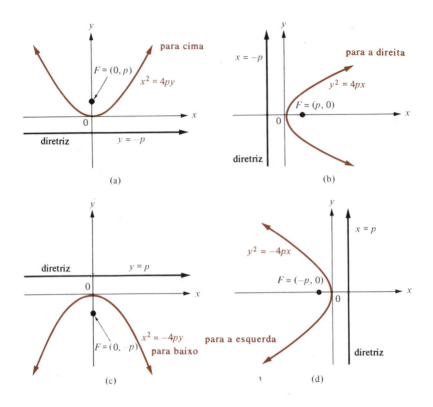

Fig. 7

EXEMPLOS Determine as coordenadas do foco e a equação da diretriz de uma dada parábola, encontre sua direção e concavidade e esboce o gráfico.

1 $y^2 = -8x$

SOLUÇÃO
A equação tem a forma $y^2 = -4px$ com $p = 2$; portanto, ela corresponde à Fig. 7d. Logo, o gráfico é uma parábola aberta para a esquerda com foco dado por

$$F = (-p, 0) = (-2, 0)$$

e diretriz $D: x = p$; isto é, $D: x = 2$ (Fig. 8).

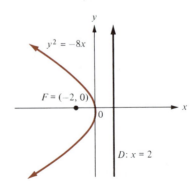

Fig. 8

2 $x^2 = -16y$

SOLUÇÃO
A equação tem a forma $x^2 = -4py$ com $p = 4$; logo, ela corresponde à Fig. 7c.

Portanto, o gráfico é uma parábola com concavidade para baixo com foco dado por

$$F = (0, -p) = (0, -4)$$

e diretriz $D: y = p$; isto é, $D: y = 4$ (Fig. 9).

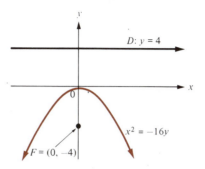

Fig. 9

O segmento da reta que passa pelo foco e é perpendicular à diretriz limitado pela parábola é chamado o *latus rectum* ou a *corda focal* da parábola. O comprimento do *latus rectum* pode ser determinado como no exemplo a seguir.

EXEMPLO Uma parábola aberta para a direita tem seu vértice na origem e contém o ponto (3,6). Determine sua equação, esboce a parábola e encontre o comprimento do *latus rectum*.

SOLUÇÃO

A equação deve ter a forma $y^2 = 4px$. Já que o ponto (3,6) pertence ao gráfico, substituímos $x = 3$ e $y = 6$ na equação para obtermos $36 = 12p$ e concluirmos que $p = 3$; logo, a equação da parábola é $y^2 = 12x$ (Fig. 10). O foco é dado por $F = (p,0) = (3,0)$. O *latus rectum* pertence à reta $x = 3$. Colocando $x = 3$ na equação $y^2 = 12x$ e resolvendo para y, obtemos $y^2 = 36$, $y = \pm 6$. Logo, os pontos (3,6) e (3,−6) são os pontos extremos do *latus rectum*, e portanto seu comprimento é de 12 unidades.

Uma parábola com seu vértice na origem com concavidade para cima, para a direita, para baixo ou para a esquerda é dita estar *na posição geral*. Se uma parábola está na posição geral, então seu eixo de simetria está ou na horizontal ou na vertical. Por outro lado, se uma parábola tem um eixo de simetria que é horizontal ou vertical, então uma translação de eixos coordenados para o vértice da parábola colocará na posição geral com relação ao "novo" sistema coordenado.

Por exemplo, se a parábola na Fig. 11 tem seu vértice no ponto (h,k) com relação ao "antigo" sistema de coordenadas xy e tem concavidade para a direita como mostrado, então sua equação com relação ao "novo" sistema de coordenadas $\bar{x}\bar{y}$ é $\bar{y}^2 = 4p\bar{x}$. Uma vez que $\bar{x} = x - h$ e $\bar{y} = y - k$, sua equação referida ao "antigo" sistema de coordenadas xy é $(y - k)^2 = 4p(x - h)$. Procedimentos semelhantes podem ser feitos para parábolas com concavidade para cima, para baixo ou para a esquerda, com vértice no ponto (h,k).

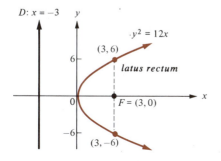

Fig. 10

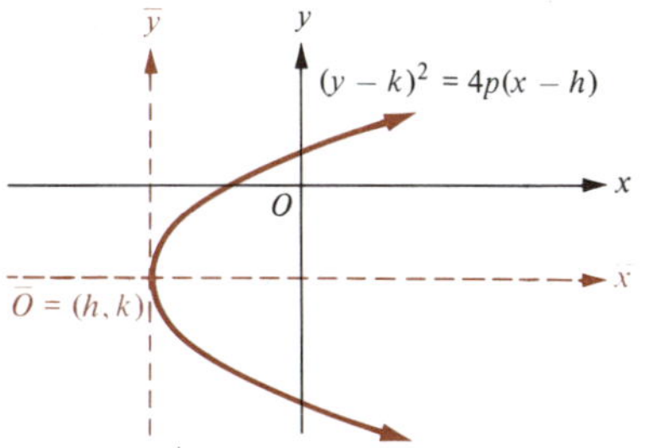

Fig. 11

EXEMPLOS Determine as coordenadas do vértice V e do foco F da parábola dada, encontre a direção na qual ela é aberta, ache a equação da sua diretriz, determine o comprimento de seu *latus rectum* e esboce o gráfico.

1 $(y + 1)^2 = -12(x - 2)$

SOLUÇÃO
A equação pode ser escrita como

$$(y - k)^2 = -4p(x - h)$$

onde $p = 3$, $h = 2$ e $k = -1$; logo, a parábola é aberta para a esquerda, $V = (2, -1)$, $F = (2-3, -1) = (-1, -1)$ e a diretriz é $D: x = 5$. Uma vez que a coordenada x do foco é -1, o *latus rectum* está sobre a reta $x = -1$. Colocando $x = -1$ na equação da parábola, obtemos $(y + 1)^2 = 36$, de modo que $y + 1 = \pm 6$, isto é, $y = 5$ ou $y = -7$. Portanto, os pontos extremos do *latus rectum* são $(-1, 5)$ e $(-1, -7)$ e seu comprimento é de 12 unidades (Fig. 12).

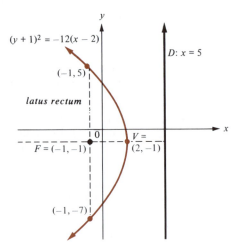

Fig. 12

2 $x^2 + 4x - 10y + 34 = 0$

SOLUÇÃO
Completando os quadrados, obtemos

$$x^2 + 4x + 4 - 10y + 34 = 4 \quad \text{ou} \quad (x + 2)^2 = 10y - 30;$$

isto é, $(x + 2)^2 = 10(y - 3)$. Logo, $p = {}^{10}/_4 = {}^5/_2$, e o gráfico é uma parábola aberta para cima com vértice $V = (-2, 3)$, foco $F = (-2, {}^{11}/_2)$ e diretriz $D: y = {}^1/_2$ (Fig. 13). Neste caso, o *latus rectum* pertence à reta horizontal $y = {}^{11}/_2$.

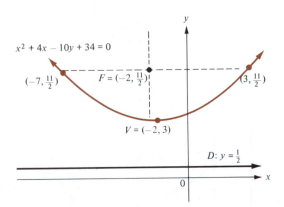

Fig. 13

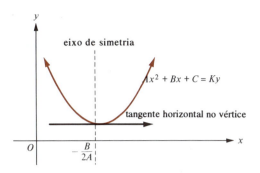

Fig. 14

Colocando $y = {}^{11}/_2$ na equação da parábola, obtemos $(x + 2)^2 = 10({}^{11}/_2 - 3) = 25$, logo $x = 3$ ou $x = -7$. Portanto, os pontos extremos do *latus rectum* são $(-7, {}^{11}/_2)$ e $(3, {}^{11}/_2)$ e seu comprimento é de 10 unidades.

Naturalmente, pode-se determinar a inclinação dy/dx da reta tangente (e portanto a inclinação $\dfrac{-1}{dy/dx}$ da reta normal) à parábola num ponto dado pela diferenciação habitual. (Diferenciação implícita pode ser útil aqui.) Isto pode ser utilizado para localizar o vértice de uma parábola. Por exemplo, a parábola cuja equação tem a forma $Ax^2 + Bx + C = Ky$, onde A, B, C e K são constantes, tem um eixo de simetria vertical (Fig. 14). Sua reta tangente é horizontal apenas no seu vértice. Nesse caso, $dy/dx = (1/K)(2Ax + B)$, logo $dy/dx = 0$ quando $x = -B/(2A)$. Portanto, o vértice é o ponto

$$\left(-\frac{B}{2A}, \frac{1}{K}\left(\frac{B^2}{4A} - \frac{B^2}{2A} + C\right)\right).$$

EXEMPLO Determine o vértice da parábola $3y = 2x^2 + 4x + 5$.

SOLUÇÃO
Esta parábola possui um eixo de simetria vertical, logo devemos fazer dy/dx igual a zero; $dy/dx = {}^1/_3(4x + 4) = 0$ para $x = -1$. Quando $x = -1$, $y = {}^1/_3[2(-1)^2 + 4(-1) + 5] = 1$. Portanto, o vértice está em $(-1,1)$.

O vértice de uma parábola com eixo de simetria horizontal pode ser determinado analogamente fazendo-se $dx/dy = 0$.

Uma das mais importantes propriedades de uma parábola é sua chamada *propriedade refletora*. Um raio de luz emitido a partir do foco de um espelho parabólico é sempre refletido paralelo ao eixo (Fig. 15). Na seqüência para demonstrar a propriedade refletora analiticamente, deve-se relembrar que um raio de luz incidindo num espelho curvo é refletido de maneira que o ângulo entre o raio incidente e a normal ao espelho é o mesmo que o ângulo entre a normal e o raio refletido.

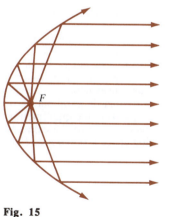

Fig. 15

Logo, na Fig. 16 isto é desejado para mostrar que o ângulo α é o mesmo que o ângulo β. Por diferenciação implícita da equação $4px = y^2$ da parábola, $4p = 2y(dy/dx)$, $dy/dx = 2p/y$, de modo que a inclinação da normal é $m = -\dfrac{y}{2p}$. A inclinação do segmento FP é $m_1 = \dfrac{y}{x - p}$. É fácil mostrar que $\tan \alpha = \dfrac{m - m_1}{1 + mm_1}$ e que $\tan \beta = -m$ (problema 45). Logo, a propriedade refletora segue se pudermos mostrar que $\dfrac{m - m_1}{1 + mm_1} = -m$.

A última equação é facilmente verificada pelo uso das relações $m = -\dfrac{y}{2p}$, $m_1 = \dfrac{y}{x - p}$ e $4px = y^2$ (problema 46).

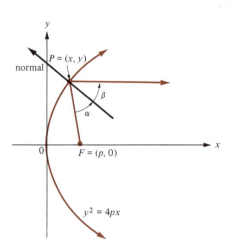

Fig. 16

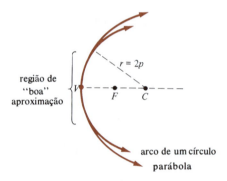

Fig. 17

Se uma fonte de luz intensa tal como um arco de carvão ou um filamento incandescente é colocado no foco de um espelho parabólico, a luz é refletida e projetada num feixe luminoso paralelo. O mesmo princípio é utilizado em sentido contrário num telescópio refletor — raios de luz paralelos vindos de um objeto distante são todos conduzidos ao foco de um espelho parabólico.

Na prática é muito difícil confeccionar grandes espelhos parabólicos, desse modo é freqüentemente necessário fabricá-los com espelhos cuja seção transversal é uma parte de um círculo que se aproxima da parábola apropriada (Fig. 17). Pode ser mostrado (problema 42) que o círculo que "melhor aproxima" a parábola próxima ao seu vértice V tem seu centro C localizado no eixo da parábola e duas vezes mais afastado do vértice V que o foco F da parábola e portanto tem raio $r = 2|\overline{VF}| = 2p$.

Conjunto de Problemas 3

Nos problemas 1 a 6, determine as coordenadas do vértice e do foco da parábola. Determine também a equação da diretriz e o comprimento do *latus rectum* (corda focal). Esboce o gráfico.

1 $y^2 = 4x$ **2** $y^2 = -9x$ **3** $x^2 - y = 0$

4 $x^2 - 4y = 0$ **5** $x^2 + 9y = 0$ **6** $3x^2 - 4y = 0$

7 Determine a equação da parábola cujo foco está no ponto (0,3) e cuja diretriz é a reta $y = -3$.

8 Determine o vértice da parábola $y = Ax^2 + Bx + C$, onde A, B e C são constantes e $A \neq 0$.

GEOMETRIA ANALÍTICA E AS CÔNICAS

Nos problemas 9 a 16, determine as coordenadas do vértice e do foco da parábola. Determine também a equação da diretriz e o comprimento do *latus rectum*. Esboce o gráfico.

9 $(y-2)^2 = 8(x+3)$ **10** $(y+1)^2 = -4(x-1)$ **11** $(x-4)^2 = 12(y+7)$

12 $(x+1)^2 = -8y$ **13** $y^2 - 8y - 6x - 2 = 0$ **14** $2x^2 + 8x - 3y + 4 = 0$

15 $x^2 - 6x - 8y + 1 = 0$ **16** $y^2 + 10y - x + 21 = 0$

Nos problemas 17 a 20, determine a equação da parábola que satisfaz as condições dadas.
17 Foco em (4,2) e diretriz $x = 6$.
18 Foco em (3,−1) e diretriz $y = 5$.
19 Vértice em (−6,−5) e foco em (2,−5).
20 Vértice em (2,−3) e diretriz $x = -8$.
21 Determine a equação da parábola cujo eixo é paralelo ao eixo x, cujo vértice está no ponto $(-1/2, -1)$ e contém o ponto $(5/8, 2)$.
22 Determine a equação da parábola cujo eixo coincide com o eixo y e contém os pontos (2,3) e (−1,−2).

Nos problemas 23 a 25, reduza cada equação a uma forma mais simples por uma adequada translação de eixos. Esboce também o gráfico no "antigo" bem como no "novo" sistema coordenado.

23 $y^2 + 2y - 8x - 3 = 0$ **24** $x^2 + 2x + 4y - 7 = 0$ **25** $5y = x^2 + 4x + 19$

26 Sejam A, B e C constantes com $A > 0$. Mostre que $y = Ax^2 + Bx + C$ é a equação de uma parábola com eixo de simetria vertical, com concavidade para cima. Determine as coordenadas do vértice V e do foco F. Ache p e o comprimento do *latus rectum*. Encontre condições para que o gráfico intercepte o eixo x.

Nos problemas 27 a 31, determine as equações da reta tangente e da reta normal para cada parábola nos pontos indicados.

27 $y^2 = 8x$ em $(2, -4)$ **28** $2y^2 = 9x$ em $(2, -3)$ **29** $x^2 = -12y$ em $(-6, -3)$

30 $x^2 + 8y + 4x - 20 = 0$ em $(1, \frac{15}{8})$ **31** $y^2 - 2y + 10x - 44 = 0$ em $(\frac{9}{2}, 1)$

32 Como se pode dizer imediatamente (sem cálculos) que $3y - 2 = 4x^2 - 27x + 11$ é a equação de uma parábola com concavidade para cima?

Nos problemas 33 a 36, determine as coordenadas do vértice da parábola por diferenciação de sua equação em ambos os lados e então resolvendo para uma tangente horizontal (ou vertical).

33 $y = x^2 - 2x + 6$ **34** $4x^2 + 24x + 39 - 3y = 0$

35 $y^2 - 10y = 4x - 21$ **36** $3x = 14y - y^2 - 43$

37 Determine as dimensões do retângulo de maior área cuja base está no eixo x e cujos dois vértices superiores estão na parábola cuja equação é $y = 12 - x^2$ (Fig. 18).
38 Mostre que, se p é a distância entre o vértice e o foco de uma parábola, então o *latus rectum* da parábola tem comprimento $4p$.
39 Uma rodovia de 400 metros de comprimento é sustentada por um cabo principal parabólico (Fig. 2). O cabo principal está a 100 metros acima da rodovia nos extremos e a 4 metros acima da rodovia no centro. Cabos verticais de sustentação são colocados em intervalos de 50 metros ao longo da rodovia. Determine o comprimento destes cabos verticais. (*Sugestão:* Estabeleça um sistema de coordenadas xy com eixo vertical y e tendo o vértice da parábola 4 unidades acima da origem.)

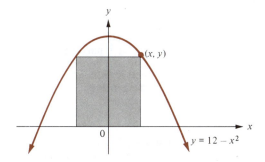

Fig. 18

40 A superfície de uma rodovia sobre uma ponte de pedra segue uma curva parabólica com o vértice no ponto médio da ponte. O vão da ponte é de 60 m e a superfície da rodovia está 1 m mais alta no meio que nos extremos. Qual a altura de um ponto da rodovia a 15 m de um de seus extremos com relação à linha que une os extremos?

41 Para $a > 0$, seja $(0, f(a))$ o centro do círculo tangente à parábola cuja equação é $4py = x^2$ nos pontos cujas coordenadas x são $-a$ e a (Fig. 19). Determine (a) a fórmula para $f(a)$ em termos de a e p e (b) $\lim_{a \to 0} f(a)$.

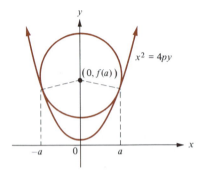

Fig. 19

42 Determine o círculo que "melhor aproxima" a parábola cuja equação é $4py = x^2$ e próximo ao seu vértice supondo que a se aproxima de 0 na Fig. 19.

43 Um ponto $P = (x,y)$ move-se sobre a parábola cuja equação é $y = 8 - \frac{1}{2}x^2$. Quando $P = (-2, 6)$, x está crescendo numa razão de 2 unidades por segundo. Qual a velocidade com que distância entre P e o vértice varia neste instante?

44 Para $a > 0$, seja $(f(a), g(a))$ o centro do círculo que é tangente à parábola cuja equação é $y = (\frac{1}{4p})x^2$, $p > 0$, no ponto $(a, a^2/4p)$ e que contém a origem. Determine:
(a) Fórmulas para $f(a)$ e $g(a)$.
(b) $\lim_{a \to 0} f(a)$ e $\lim_{a \to 0} g(a)$.

45 Na Fig. 16 mostre que $\tan \alpha = \dfrac{m - m_1}{1 + mm_1}$ e que $\tan \beta = -m$, onde m é a inclinação da reta normal e m_1 é a inclinação do segmento FP. (*Sugestão*: Utilize a expressão

$$\tan(\theta - \theta_1) = \frac{\tan \theta - \tan \theta_1}{1 + \tan \theta \tan \theta_1}$$

da trigonometria.)

46 Na Fig. 16 verifique que $\alpha = \beta$. (Use o problema 45 e as relações $m = -\dfrac{y}{2p}$, $m_1 = \dfrac{y}{x - p}$ e $4px = y^2$.)

47 Um estudante de Cálculo diz, "Se você viu uma parábola, você viu todas elas".
(a) Explique por que esta afirmação está essencialmente correta.
(b) Explique por que uma afirmação semelhante não poderia ser feita para elipses.

4 Hipérbole

Um cometa que entra no sistema solar com mais energia de que a necessária para escapar da atração gravitacional do Sol descreve um ramo de uma cônica chamada *hipérbole* (Fig. 1). Na verdade, uma hipérbole possui dois "ramos", cada um dos quais se assemelhando com a curva da Fig. 1, mas estes ramos possuem concavidades em direções opostas (Fig. 2). Hipérboles são definidas geometricamente como se segue.

DEFINIÇÃO 1   A hipérbole

Define-se uma *hipérbole* como sendo o conjunto de todos os pontos P no plano tal que o valor absoluto da diferença das distâncias de P a dois pontos

GEOMETRIA ANALÍTICA E AS CÔNICAS

Fig. 1

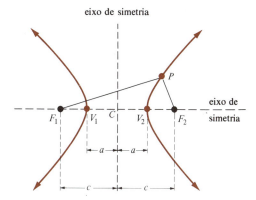

Fig. 2

fixos F_1 e F_2 é um número positivo constante K. Os pontos F_1 e F_2 são chamados de focos da hipérbole.

A Fig. 2 mostra uma hipérbole com focos F_1 e F_2. Evidentemente, a reta que passa pelos dois focos é um *eixo de simetria* da hipérbole, assim como o eixo perpendicular ao segmento $\overline{F_1F_2}$ que passa pelo seu ponto médio também o é. O ponto de interseção C desses dois eixos de simetria chama-se o *centro* da hipérbole. Os dois pontos V_1 e V_2 onde os dois ramos da hipérbole interceptam o eixo de simetria que passa pelos focos chamam-se *vértices* da hipérbole.

O segmento de reta $\overline{V_1V_2}$ entre os dois vértices (Fig. 2) chama-se *eixo transverso*. Representamos o comprimento do eixo transverso por $2a$, e a distância entre os dois focos por $2c$. Assim, a distância $|\overline{CV_2}|$ do centro ao vértice é a, enquanto que a distância $|\overline{CF_2}|$ do centro a um foco é c. Quando o ponto P na Fig. 2 se move ao longo do ramo do lado direito em direção a V_2, a diferença $|\overline{PF_1}| - |\overline{PF_2}|$ mantém, por definição, o valor constante K; por isso, quando P atinge V_2, temos $|\overline{V_2F_1}| - |\overline{V_2F_2}| = K$. Uma vez que $|\overline{V_2F_1}| = c + a$ e $|\overline{V_2F_2}| = c - a$,

$$K = |\overline{V_2F_1}| - |\overline{V_2F_2}| = (c + a) - (c - a) = 2a.$$

Portanto, para qualquer ponto P na hipérbole, $\big||\overline{PF_1}| - |\overline{PF_2}|\big| = 2a$.

O teorema a seguir dá a equação de uma hipérbole com um eixo transverso horizontal e cujo centro está na origem.

TEOREMA 1 **Equação da hipérbole**

A equação da hipérbole com focos $F_1 = (-c,0)$, $F_2 = (c,0)$ e vértices $V_1 = (-a,0)$, $V_2 = (a,0)$ é $\dfrac{x^2}{a^2} - \dfrac{y^2}{b^2} = 1$, onde $b = \sqrt{c^2 - a^2}$.

A prova deste teorema é bastante semelhante à prova do Teorema 1 na Seção 2; por isso foi deixada como exercício (problema 42). A equação

$$\frac{x^2}{a^2} - \frac{y^2}{b^2} = 1$$

é chamada de *forma canônica* para a hipérbole (Fig. 3).

Agora, consideremos a hipérbole cuja equação é $x^2/a^2 - y^2/b^2 = 1$ (Fig. 3). Resolvamos esta equação para y em termos de x como se segue: $y^2/b^2 = x^2/a^2 - 1$, desse modo $y^2 = b^2[(x^2/a^2) - 1] = (b^2x^2/a^2)[1 - (a^2/x^2)]$; por isso, $y = \pm(bx/a)\sqrt{1 - (a^2/x^2)}$, contanto que $x \neq 0$. Uma vez que $\lim\limits_{x\to\pm\infty}\sqrt{1 - (a^2/x^2)} = 1$, vemos que quando x é grande em valor absoluto, $y \approx \pm bx/a$. As duas retas cujas equações são

$$y = \frac{b}{a}x \quad \text{e} \quad y = -\frac{b}{a}x$$

são chamadas de as *assíntotas* da hipérbole. Elas são boas aproximações da hipérbole em pontos de grande distância da origem.

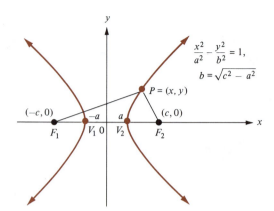

Fig. 3

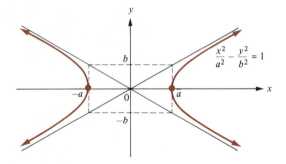

Fig. 4

Embora as assíntotas da hipérbole *não* sejam parte da hipérbole, elas são úteis para desenhá-la. Por exemplo, se desejarmos esboçar o gráfico da equação $x^2/a^2 - y^2/b^2 = 1$, começamos traçando o retângulo com altura $2b$ e base horizontal $2a$, cujo centro está na origem (Fig. 4). As assíntotas são então traçadas por meio das duas diagonais desse retângulo. Se conseguirmos memorizar que os vértices da hipérbole estão localizados nos pontos médios dos lados esquerdo e direito do retângulo, e que a hipérbole se aproxima das assíntotas quando se movimenta em direção oposta aos vértices, então torna-se um assunto fácil esboçar o gráfico (Fig. 4).

EXEMPLO Determine as coordenadas dos focos e dos vértices e encontre as equações das assíntotas da hipérbole cuja equação é $x^2/4 - y^2/1 = 1$. Esboce também o gráfico.

SOLUÇÃO
A equação tem a forma $x^2/a^2 - y^2/b^2 = 1$ com $a = 2$, $b = 1$. Então, $c = \sqrt{a^2 + b^2} = \sqrt{5}$. Logo, os focos são $F_1 = (-\sqrt{5}, 0)$, $F_2 = (\sqrt{5}, 0)$, enquanto que os vértices são $V_1 = (-2, 0)$, $V_2 = (2, 0)$. As assíntotas são dadas por $y = 1/2 x$ e $y = -1/2 x$ (Fig. 5).

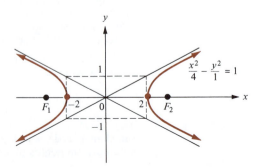

Fig. 5

GEOMETRIA ANALÍTICA E AS CÔNICAS

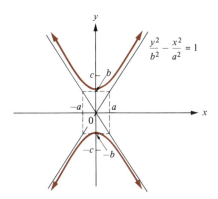

Fig. 6

Suponha que desejemos determinar a equação da hipérbole na Fig. 6, que tem um eixo transverso vertical, centro na origem, vértices $V_1 = (0,-b)$ e $V_2 = (0,b)$, focos $F_1 = (0,-c)$ e $F_2 = (0,c)$. Utilizando o Teorema 1, mas trocando x com y e trocando a com b, obtemos a equação

$$\frac{y^2}{b^2} - \frac{x^2}{a^2} = 1.$$

onde $a = \sqrt{c^2 - b^2}$. Esta equação é também chamada de *forma canônica* para a hipérbole. As assíntotas ainda são dadas por $y = (b/a)x$ e $y = -(b/a)x$. (Por quê?)

Ao contrário das equações da elipse $x^2/a^2 + y^2/b^2 = 1$ ou $x^2/b^2 + y^2/a^2 = 1$, não existe necessidade de que $a > b$ na equação da hipérbole $x^2/a^2 - y^2/b^2 = 1$ ou na equação da hipérbole $y^2/b^2 - x^2/a^2 = 1$.

EXEMPLO   Quais das seguintes hipérboles têm o eixo transverso horizontal e quais têm o eixo transverso vertical?

(a) $\dfrac{y^2}{16} - \dfrac{x^2}{9} = 1$ (b) $\dfrac{y^2}{9} - \dfrac{x^2}{4} = 1$ (c) $\dfrac{y^2}{4} - \dfrac{x^2}{4} = 1$

(d) $\dfrac{x^2}{9} - \dfrac{y^2}{4} = 1$ (e) $\dfrac{x^2}{4} - \dfrac{y^2}{9} = 1$ (f) $\dfrac{x^2}{4} - \dfrac{y^2}{4} = 1$

SOLUÇÃO
Caso a hipérbole tenha um eixo transverso horizontal ou vertical, isto não depende da magnitude relativa dos denominadores mas do termo que é subtraído do outro. Conseqüentemente, (a), (b) e (c) têm eixos transversos verticais, enquanto que (d), (e) e (f) têm eixos transversos horizontais.

Uma hipérbole cujo eixo transverso é horizontal ou vertical e cujo centro está no ponto (h,k) terá, naturalmente, a equação

$$\frac{(x-h)^2}{a^2} - \frac{(y-k)^2}{b^2} = 1 \quad \text{ou} \quad \frac{(y-k)^2}{b^2} - \frac{(x-h)^2}{a^2} = 1,$$

respectivamente. Em ambos os casos, as assíntotas têm equações

$$y - k = \frac{b}{a}(x-h) \quad \text{e} \quad y - k = -\frac{b}{a}(x-h),$$

e a distância do centro (h,k) a ambos os focos é dada por $c = \sqrt{a^2 + b^2}$.

EXEMPLOS 1   Determine as coordenadas do centro, dos focos e dos vértices da hipérbole $y^2 - 4x^2 - 8x - 4y - 4 = 0$. Determine também as equações das assíntotas e esboce seu gráfico.

SOLUÇÃO
Completando os quadrados, temos $y^2 - 4y + 4 - 4(x^2 + 2x + 1) = 4$ ou $(y - 2)^2 - 4(x + 1)^2 = 4$. Dividindo por 4, obtemos

$$\frac{(y-2)^2}{4} - \frac{(x+1)^2}{1} = 1,$$

a equação de uma hipérbole com centro $(-1,2)$ e com o eixo transverso vertical. Uma vez que $a = 1$ e $b = 2$, as equações das assíntotas são

$$y - 2 = \frac{2}{1}(x + 1) \quad \text{e} \quad y - 2 = \frac{-2}{1}(x + 1);$$

isto é

$$y = 2x + 4 \quad \text{e} \quad y = -2x.$$

Além disso, $c = \sqrt{a^2 + b^2} = \sqrt{5}$, logo $F_1 = (-1, 2-\sqrt{5})$, $F_2 = (-1, 2+\sqrt{5})$, $V_1 = (-1, 0)$ e $V_2 = (-1, 4)$ (Fig. 7).

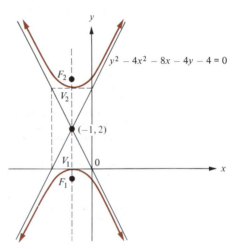

Fig. 7

2 Simplifique a equação $4x^2 - 9y^2 - 24x - 90y - 225 = 0$ pelo uso de uma translação adequada $x = \bar{x} + h$ e $y = \bar{y} + k$. Esboce o gráfico, mostrando tanto os "antigos" eixos coordenados xy como os "novos" eixos coordenados $\bar{x}\bar{y}$.

SOLUÇÃO
Completando os quadrados, temos

$$4(x^2 - 6x + 9) - 9(y^2 + 10y + 25) = 225 + 36 - 225$$

ou

$$4(x - 3)^2 - 9(y + 5)^2 = 36.$$

Dividindo por 36, obtemos

$$\frac{(x-3)^2}{9} - \frac{(y+5)^2}{4} = 1.$$

Portanto, se fizermos a translação

$$\bar{x} = x - 3, \qquad \bar{y} = y + 5,$$

então a equação se simplifica em $\bar{x}^2/9 - \bar{y}^2/4 = 1$ (Fig. 8).

GEOMETRIA ANALÍTICA E AS CÔNICAS

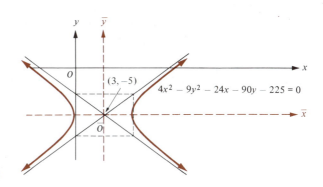

Fig. 8

3 O segmento interceptado pela hipérbole com uma reta perpendicular ao eixo transverso passando pelo foco é chamado *latus rectum*. Determine a fórmula para o comprimento do *latus rectum* da hipérbole $y^2/b^2 - x^2/a^2 = 1$.

SOLUÇÃO
A hipérbole tem um eixo transverso vertical e o foco superior está em $(0,c)$, $c = \sqrt{a^2 + b^2}$. Colocando $y = c$, resolvemos a equação da hipérbole em x para obtermos $x = \pm a^2/b$. O *latus rectum* superior é portanto o segmento da reta de $(-a^2/b, c)$ a $(a^2/b, c)$; seu comprimento é $2a^2/b$.

4 Dois microfones estão localizados nos pontos $(-c,0)$ e $(c,0)$ no eixo x (Fig. 9). Uma explosão ocorre num ponto P desconhecido à direita do eixo y. O som da explosão é detectado pelo microfone em $(c,0)$ exatamente T segundos antes de ser detectado pelo microfone em $(-c,0)$.
   Supondo que o som atravessa o ar com uma velocidade constante de v metros por segundo, mostre que o ponto P deve estar localizado no ramo direito da hipérbole cuja equação é $x^2/a^2 - y^2/b^2 = 1$, onde

$$a = \frac{vT}{2} \quad \text{e} \quad b = \frac{\sqrt{4c^2 - v^2T^2}}{2}$$

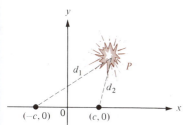

Fig. 9

SOLUÇÃO
Sejam d_1 e d_2 as distâncias de P a $(-c,0)$ e a $(c,0)$, respectivamente. O som da explosão chega $(-c,0)$ em d_1/v segundos e alcança $(c,0)$ em d_2/v segundos; então $d_1/v - d_2/v = T$, logo $d_1 - d_2 = vT$. Colocando $a = vT/2$ notamos que a condição $d_1 - d_2 = 2a$ requer (pela Definição 1) que P se encontre sobre uma hipérbole com focos $F_1 = (-c,0)$ e $F_2 = (c,0)$. Pelo Teorema 1, a equação da hipérbole é $x^2/a^2 - y^2/b^2 = 1$, onde $a = vT/2$ e

$$b = \sqrt{c^2 - a^2} = \sqrt{c^2 - (vT/2)^2} = \frac{\sqrt{4c^2 - v^2T^2}}{2}.$$

Conjunto de Problemas 4

Nos problemas 1 a 8, determine as coordenadas dos vértices e dos focos de cada hipérbole. Encontre também as equações das assíntotas e esboce o gráfico.

1 $\dfrac{x^2}{9} - \dfrac{y^2}{4} = 1$ 2 $\dfrac{x^2}{1} - \dfrac{y^2}{9} = 1$ 3 $\dfrac{y^2}{16} - \dfrac{x^2}{4} = 1$ 4 $\dfrac{y^2}{4} - \dfrac{x^2}{1} = 1$

5 $4x^2 - 16y^2 = 64$ 6 $49x^2 - 16y^2 = 196$ 7 $36y^2 - 10x^2 = 360$ 8 $y^2 - 4x^2 = 1$

Nos problemas 9 a 11, determine a equação da hipérbole que satisfaz as condições dadas.
9 Vértices em $(-4,0)$ e $(4,0)$, focos em $(-6,0)$ e $(6,0)$.
10 Vértices em $(0,-1/2)$ e $(0,1/2)$, focos em $(0,-1)$ e $(0,1)$.
11 Vértices em $(-4,0)$ e $(4,0)$, e as equações das assíntotas são $y = -5/4 x$ e $y = 5/4 x$.

12 Determine os valores de a^2 e b^2 de modo que o gráfico da equação $b^2x^2 - a^2y^2 = a^2b^2$ contenha o par de pontos
(a) $(2,5)$ e $(3,-10)$ (b) $(4,3)$ e $(-7,6)$

Nos problemas 13 a 20, encontre as coordenadas do centro, dos vértices e dos focos de cada hipérbole. Determine também as equações das assíntotas e esboce o gráfico.

13 $\dfrac{(x-1)^2}{9} - \dfrac{(y+2)^2}{4} = 1$

14 $\dfrac{(x+3)^2}{1} - \dfrac{(y-1)^2}{9} = 1$

15 $\dfrac{(y+1)^2}{16} - \dfrac{(x+2)^2}{25} = 1$

16 $4x^2 - y^2 - 8x + 2y + 7 = 0$

17 $x^2 - 4y^2 - 4x - 8y - 4 = 0$

18 $16x^2 - 9y^2 + 180y = 612$

19 $9x^2 - 25y^2 + 72x - 100y + 269 = 0$

20 $9x^2 - 16y^2 - 90x - 256y = 223$

21 Nos itens (a), (b) e (c), determine a equação da hipérbole que satisfaz as condições dadas.
(a) Focos em $(1,-1)$ e $(7,-1)$, comprimento do eixo transverso é 2.
(b) Vértices em $(-4,3)$ e $(0,3)$, focos em $(-9/2,3)$ e $(1/2,3)$.
(c) Centro em $(2,3)$, um vértice em $(2,8)$ e um foco em $(2,-3)$.

22 (a) Mostre que o comprimento do *latus rectum* de uma hipérbole cuja equação é

$$b^2x^2 - a^2y^2 = a^2b^2 \text{ é } 2b^2/a.$$

(b) Determine o comprimento do *latus rectum* da hipérbole $x^2 - 8y^2 = 16$.

Nos problemas 23 a 26, ache as equações da reta tangente e da reta normal de cada hipérbole no ponto indicado.

23 $x^2 - y^2 = 9 \text{ em}(-5,4)$

24 $4y^2 - x^2 = 7 \text{ em}(3,-2)$

25 $x^2 - 4x - y^2 - 2y = 0 \text{ em}(0,0)$

26 $9(x+1)^2 - 16(y-2)^2 = 144 \text{ em}(3,2)$

27 Determine a equação da hipérbole cujas assíntotas são as retas dadas e que contenha o ponto dado.
(a) $y = -2x$ e $y = 2x$, $(1,1)$
(b) $y = -2x + 3$ e $y = 2x + 1$, $(1,4)$
(c) $y = x + 5$ e $y = -x + 3$, $(2,4)$

Nos problemas 28 a 31, reduza cada equação de hipérbole numa equação mais simples por uma translação adequada de eixos. Além disso, esboce o gráfico mostrando ambos os eixos xy e $\bar{x}\bar{y}$.

28 $3x^2 - y^2 + 12x + 8y = 7$

29 $4x^2 - 25y^2 + 24x + 50y + 22 = 0$

30 $5y^2 - 9x^2 + 10y + 54x - 112 = 0$

31 $x^2 - 4y^2 - 4x - 8y - 4 = 0$

32 Um ponto desloca-se de modo que permaneça eqüidistante do ponto $(2,0)$ e do círculo de raio 3 unidades com centro em $(-2,0)$. Descreva a trajetória do ponto.

33 Um ponto se move na hipérbole $4x^2 - 9y^2 = 27$ com sua abcissa crescendo numa razão constante de 6 unidades por segundo. Com que rapidez a ordenada varia no ponto $(3,1)$?

34 Um ponto se desloca de modo que o produto das inclinações das retas que o ligam a dois pontos dados é 9. Descreva a trajetória do ponto.

35 Determine a menor (mínima) distância do ponto $(3,0)$ à hipérbole $y^2 - x^2 = 18$.

36 Uma região no plano é limitada pela reta $x = 8$ e a hipérbole $x^2 - y^2 = 16$. Determine as dimensões do retângulo de área máxima que pode ser inscrito nesta região.

37 Seja m a inclinação da reta tangente à hipérbole $x^2/a^2 - y^2/b^2 = 1$ no ponto (x_0,y_0), onde $x_0 > a$ e $y_0 > 0$. Ache $\lim\limits_{x_0 \to +\infty} m$ e relacione sua resposta com a assíntota $y = (b/a)x$.

38 Pode ser mostrado que o gráfico da equação $xy = 1$ é uma hipérbole com centro na origem e com os eixos x e y como assíntotas (Fig. 10). Determine as coordenadas dos focos desta hipérbole. (*Sugestão*: O eixo transverso faz um ângulo de 45° com o eixo x).

39 Uma hipérbole diz-se *equilátera* se suas duas assíntotas são perpendiculares. Determine a equação de uma hipérbole equilátera com eixo transverso horizontal e centro na origem. (Represente a distância do centro a um vértice por a.)

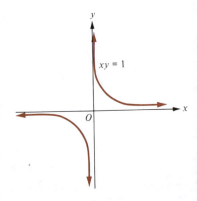

Fig. 10

40 Esboce o gráfico da hipérbole cuja equação é

$$\frac{(y+b)^2}{b^2} - \frac{x^2}{2bp+p^2} = 1.$$

Mostre que, quando $b \to +\infty$, o ramo superior desta hipérbole se aproxima de parábola cuja equação é $y = (1/4p)x^2$.

41 Na Fig. 11, suponha o centro C e as assíntotas fixos, mas permita aos focos F_1 e F_2 se moverem em direção ao centro. Que acontece com a hipérbole?

42 Dê a prova do Teorema 1.

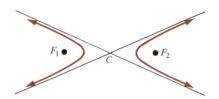

Fig. 11

5 As Seções Cônicas

Nas quatro seções precedentes, deduzimos as equações para o círculo, a elipse, a parábola e a hipérbole a partir de quatro definições diferentes — uma para cada tipo de curva. É possível dar-se uma definição geométrica unificada para essas curvas, uma vez que elas podem ser obtidas cortando-se (ou seccionando-se) um cone circular reto de duas folhas por um plano adequado (Fig. 1).

Ao invés de partirmos para a geometria tridimensional necessária para provar que as cônicas podem ser obtidas como na Fig. 1, damos uma definição unificada diferente para a elipse, a parábola e a hipérbole.

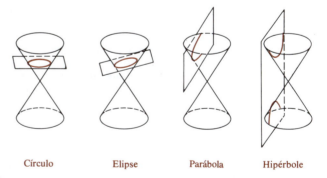

Círculo   Elipse   Parábola   Hipérbole

Fig. 1

DEFINIÇÃO 1   **As cônicas em termos de foco, diretriz e excentricidade**

Uma *cônica* é o conjunto de todos os pontos P no plano tal que a distância de P a um ponto fixo F no plano mantenha uma razão constante e com a distância de P a uma reta fixa D no plano. O ponto fixo F, a reta D e o número constante e chamam-se *foco, diretriz* e *excentricidade*, respectivamente, da cônica.

Deste modo, o ponto P pertence à cônica com foco F, diretriz D e excentricidade e, se e somente se $\dfrac{|\overline{PF}|}{|\overline{PQ}|} = e$, onde Q é o pé da perpendicular de P a D (Fig. 2).

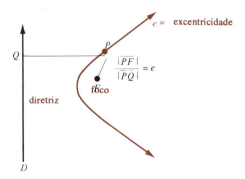

Fig. 2

EXEMPLO Determinar a equação da cônica com excentricidade $e = 2$, cujo foco está na origem e cuja diretriz é dada por $D: x = -3$.

SOLUÇÃO
Pela Fig. 3, o ponto $P = (x,y)$ pertence à cônica dada se e somente se $|\overline{PF}|/|\overline{PQ}| = 2$, isto é $\dfrac{\sqrt{x^2 + y^2}}{3 + x} = 2$, ou $\sqrt{x^2 + y^2} = 6 + 2x$. Elevando ao quadrado ambos os lados da última equação, temos

$$x^2 + y^2 = 36 + 24x + 4x^2$$

ou

$$3x^2 + 24x - y^2 = -36.$$

Completando os quadrados, obtemos

$$3(x^2 + 8x + 16) - y^2 = 3(16) - 36$$

ou

$$3(x + 4)^2 - y^2 = 12;$$

isto é, $\dfrac{(x + 4)^2}{4} - \dfrac{y^2}{12} = 1$. Portanto, a cônica é uma hipérbole com centro em $(-4,0)$.

Procedendo como no exemplo acima, podemos mostrar que uma cônica, definida como na Definição 1, é uma elipse, uma parábola ou uma hipérbole (contanto que sua excentricidade seja positiva e que seu foco não esteja

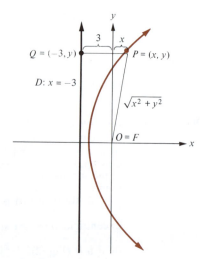

Fig. 3

GEOMETRIA ANALÍTICA E AS CÔNICAS

situado sobre sua diretriz). De fato, temos o seguinte teorema cuja prova passa a ser um exercício (problemas 22 a 24).

TEOREMA 1   **Teorema das cônicas**

Suponha que uma cônica com foco F na origem e diretriz $D: x = -d$ tenha excentricidade e, onde e e d são positivos. Então, exatamente uma das alternativas a seguir é válida:

Caso i: $e < 1$ e a cônica é uma elipse com equação.

$$\frac{(x-c)^2}{a^2} + \frac{y^2}{b^2} = 1, \qquad \text{onde } a = \frac{ed}{1-e^2},$$

$$b = \frac{ed}{\sqrt{1-e^2}}, \quad \text{e} \quad c = \sqrt{a^2 - b^2} = ae.$$

Caso ii: $e = 1$ e a cônica é uma parábola com equação.

$$4p(x+p) = y^2, \qquad \text{onde } p = \frac{d}{2}.$$

Caso iii: $e > 1$ e a cônica é uma hipérbole com equação.

$$\frac{(x+c)^2}{a^2} - \frac{y^2}{b^2} = 1, \qquad \text{onde } a = \frac{ed}{e^2-1},$$

$$b = \frac{ed}{\sqrt{e^2-1}}, \quad \text{e} \quad c = \sqrt{a^2 + b^2} = ae.$$

Considere o caso i do Teorema 1, no qual $e < 1$ e a cônica é uma elipse com equação

$$\frac{(x-c)^2}{a^2} + \frac{y^2}{b^2} = 1, \qquad \text{onde } c = \sqrt{a^2 - b^2}.$$

Esta elipse tem seu centro no ponto $C = (c,0)$, um eixo maior horizontal, foco esquerdo $F_1 = (c - c, 0) = (0,0)$ e foco direito $F_2 = (c + c, 0) = (2c, 0)$ (Fig. 4). Portanto, o foco dado F realmente é o foco esquerdo F_1 da elipse. Já que a elipse é simétrica em relação ao seu centro C, ela tem uma *segunda diretriz* D_2 tão distante à direita de C quanto a diretriz D dada inicialmente estava à esquerda de C; por isso, a segunda diretriz tem a equação $D_2: x = 2c + d$. A segunda diretriz D_2 está relacionada com o segundo foco F_2 da mesma maneira que D está relacionada com $F = F_1$.

Considere o Caso ii do Teorema 1, no qual $e = 1$ e a cônica é uma parábola com equação $2d(x + d/2) = y^2$. Esta parábola tem seu vértice em $(-d/2, 0)$ e sua concavidade é para a direita. Seu foco está em $(-d/2 + d/2, 0) = (0,0)$, e portanto coincide com F (Fig. 5). A parábola não tem segundo foco nem segunda diretriz.

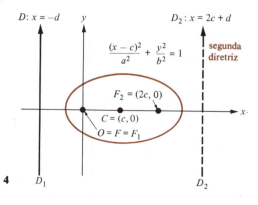

Fig. 4

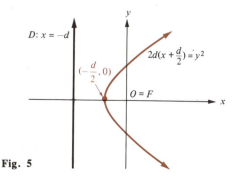

Fig. 5

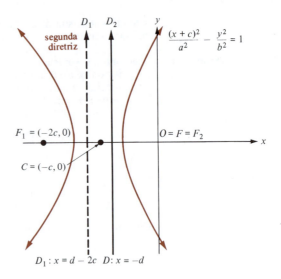

Fig. 6

Considere o Caso iii do Teorema 1, no qual $e > 1$ e a cônica é uma hipérbole com a equação

$$\frac{(x+c)^2}{a^2} = \frac{y^2}{b^2} = 1, \qquad \text{onde } c = \sqrt{a^2 + b^2}.$$

Esta hipérbole tem seu centro no ponto $C = (-c,0)$, eixo transverso horizontal, foco esquerdo $F_1 = (-c - c,0) = (-2c,0)$, e foco direito $F_2 = (-c + c,0) = (0,0)$ (Fig. 6). Portanto, o foco dado F na verdade é o foco direito F_2 da hipérbole. Uma vez que a hipérbole é simétrica com relação a seu centro C, ela tem uma *segunda diretriz* D_1 relacionada com seu foco F_1 da mesma maneira que a diretriz D inicialmente dada está relacionada com o foco $F = F_2$ dado no início. Já que D_1 está situado exatamente a mesma distância à esquerda de C como D está à direita, a equação de D_1 é $D_1: x = d - 2c$.

EXEMPLOS 1 Determine a equação da elipse com foco F na origem, diretriz $D: x = -5/2$ e excentricidade $e = 2/3$. Esboce o gráfico mostrando o segundo foco F_2 e a segunda diretriz D_2 correspondente.

SOLUÇÃO
Utilizando o Caso i do Teorema 1 com $e = 2/3$ e $d = 5/2$, temos $a = ed/(1 - e^2) = 3$, $b = ed/\sqrt{1 - e^2} = \sqrt{5}$, $c = ae = 2$ e a equação é $(x - 2)^2/9 + y^2/5 = 1$. O foco $F_1 = F$ está na origem, o segundo foco é $F_2 = (2c,0) = (4,0)$ e, já que $2c + d = 13/2$, a segunda diretriz é $D_2: x = 13/2$ (Fig. 7).

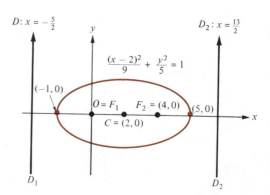

Fig. 7

GEOMETRIA ANALÍTICA E AS CÔNICAS

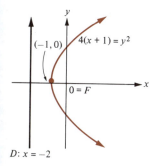

Fig. 8

2 Determine a equação da cônica com excentricidade $e = 1$, diretriz $D: x = -2$ e foco F na origem. Esboce o gráfico.

SOLUÇÃO
Usando o Caso ii do Teorema 1 com $e = 1$ e $d = 2$, vemos que a cônica é uma parábola com equação $4(x + 1) = y^2$ (Fig. 8). O foco está na origem e o vértice está no ponto $(-1,0)$.

3 Determine a equação da hipérbole com foco F na origem, diretriz $D: x = -2$ e excentricidade $e = \sqrt{3}$. Esboce o gráfico mostrando o segundo foco F_1 e a segunda diretriz D_1 correspondente.

SOLUÇÃO
Utilizando o Caso iii do Teorema 1 com $e = \sqrt{3}$, $d = 2$, temos $a = ed/(e^2 - 1) = \sqrt{3}$, $b = ed/\sqrt{e^2 - 1} = \sqrt{6}$, $c = ae = 3$, e a equação é $(x + 3)^2/3 - y^2/6 = 1$. O centro da hipérbole é $C = (-3,0)$, seu foco esquerdo é $F_1 = (-2c,0) = (-6,0)$ e seu foco direito é $F_2 = F = 0$ (Fig. 9). Como $d - 2c = -4$, a segunda diretriz, correspondendo ao foco F_1, é $D_1: x = -4$.

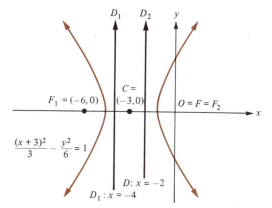

Fig. 9

O Teorema 1 tem uma proposição inversa, já que qualquer elipse, parábola ou hipérbole satisfaz a definição foco-diretriz-excentricidade de uma cônica (Definição 1). Isto é óbvio para a parábola em virtude de sua definição inicial; entretanto, é necessário um cálculo simples para determinar as diretrizes e a excentricidade de uma elipse ou de uma hipérbole. Na verdade, as equações do Caso i do Teorema 1 dão $a = ed/(1 - e^2)$ e $c = ae$, onde $c = \sqrt{a^2 - b^2}$, e estas equações podem ser resolvidas para $e = d$ em termos de a, b e c, como se segue:

$$e = \frac{c}{a} \quad \text{e} \quad d = a\frac{1 - e^2}{e} = a\left(\frac{1}{e} - e\right) = a\left(\frac{a}{c} - \frac{c}{a}\right) = \frac{a^2}{c} - c = \frac{a^2 - c^2}{c} = \frac{b^2}{c}.$$

Analogamente, as equações $a = ed/(e^2 - 1)$ e $c = ae$, onde $c = \sqrt{a^2 + b^2}$ do Caso iii podem ser resolvidas para $e = d$ para obter-se $e = c/a$ e $d = b^2/c$ (problema 29).

Os cálculos precedentes fornecem uma base para as seguintes afirmações:

1 Toda elipse tem duas diretrizes D_1 e D_2 (relacionadas com seus dois focos F_1 e F_2, respectivamente) e uma excentricidade e, com $0 < e < 1$ (Fig. 10). Se a elipse tiver semi-eixo maior a e semi-eixo menor b, então a excentricidade será dada por $e = c/a$, onde $c = \sqrt{a^2 - b^2}$ é a distância do centro C a cada foco. Cada diretriz está d unidades de seu foco correspondente, onde $d = b^2/c$, e as diretrizes são perpendiculares ao eixo maior. A distância do centro C a qualquer diretriz é

$$c + d = c + \frac{b^2}{c} = \frac{c^2 + b^2}{c} = \frac{a^2}{c}$$

unidades.

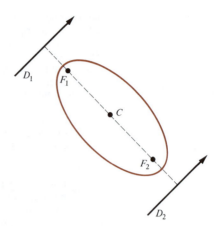

Fig. 10

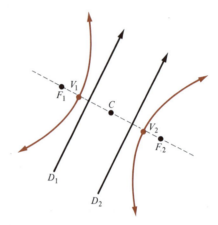

Fig. 11

2   Toda hipérbole tem duas diretrizes D_1 e D_2 (relacionadas com seus dois focos F_1 e F_2, respectivamente) e uma excentricidade e com $e > 1$ (Fig. 11). Se a distância do centro C da hipérbole a cada foco for de c unidades, e se V_1 e V_2 estiverem a a unidades do centro, então a excentricidade é dada por $e = c/a$, onde $c = \sqrt{a^2 + b^2}$. Cada diretriz está afastada de d unidades de seu foco correspondente, onde $d = b^2/c$, e as diretrizes são perpendiculares ao eixo maior. A distância do centro C a cada diretriz é

$$c - d = c - \frac{c^2 - a^2}{c} = \frac{a^2}{c}$$

unidades.

EXEMPLOS   Nos Exemplos 1 e 2, determine a excentricidade e as equações das diretrizes das cônicas dadas. Esboce o gráfico.

1   A elipse $\dfrac{(x-2)^2}{4} + \dfrac{(y+1)^2}{9} = 1$.

Solução
O eixo maior é vertical e o centro está em $C = (2, -1)$. O semi-eixo maior é $a = 3$, o semi-eixo menor é $b = 2$ e a distância do centro aos focos é $c = \sqrt{9-4} = \sqrt{5}$. Por isso, a excentricidade é $e = c/a = \sqrt{5/3}$, e as diretrizes estão a $a^2/c = 9/\sqrt{5}$ unidades do centro. As equações das diretrizes são D_1: $y = -1 - (9/\sqrt{5})$ e D_2: $y = -1 + (9/\sqrt{5})$ (Fig. 12).

2   A hipérbole $\dfrac{(x+1)^2}{4} - \dfrac{y^2}{12} = 1$.

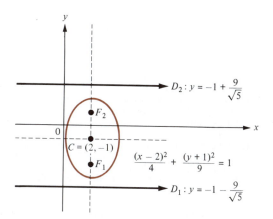

Fig. 12

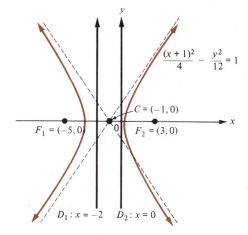

Fig. 13

SOLUÇÃO
O centro é $C = (-1,0)$, a distância do centro aos vértices é $a = 2$, e a distância do centro aos focos é $c = \sqrt{4+12} = 4$. Logo, a excentricidade é $e = c/a = 2$, e a distância do centro às diretrizes é $a^2/c = 1$. Então, as equações das diretrizes são D_1: $x = -1 - 1 = -2$ e D_2: $x = -1 + 1 = 0$ (Fig. 13).

Conjunto de Problemas 5

Nos problemas 1 a 6, utilize o Teorema 1 para determinar a equação da cônica cujo foco F está na origem e cuja excentricidade e diretriz são dadas. Esboce o gráfico.
1 Excentricidade $e = 2/3$, diretriz $x = -5/2$.
2 Excentricidade $e = 1/2$, diretriz $x = -4/5$.
3 Excentricidade $e = 1$, diretriz $x = -4$.
4 Excentricidade $e = 1$, diretriz $x = -1/3$.
5 Excentricidade $e = 2$, diretriz $x = -3$.
6 Excentricidade $e = \sqrt{5}$, diretriz $x = -1$.

Nos problemas 7 a 16, determine a excentricidade e as equações das diretrizes para cada cônica.

7 $\dfrac{x^2}{9} - \dfrac{y^2}{16} = 1$

8 $\dfrac{y^2}{4} - \dfrac{x^2}{2} = 1$

9 $2y^2 + 9x^2 = 18$

10 $\dfrac{(x+1)^2}{9} + \dfrac{(y+3)^2}{1} = 1$

11 $100x^2 + 36y^2 = 3600$

12 $(x-3)^2 - 4(y+2)^2 = 4$

13 $3x^2 - 5y^2 = 15$

14 $4x^2 - 3y^2 = 6(x + y)$

15 $(x + 3)^2 = 24(y - 2)$

16 $y^2 - 12y + 2x + 2 = 0$

17 Dada a cônica $x^2 + 12y^2 - 6x - 48y + 9 = 0$:
  (a) Ache as coordenadas do centro.
  (b) Ache as coordenadas dos vértices.
  (c) Determine as equações das diretrizes.
  (d) Determine a excentricidade.
  (e) Esboce o gráfico.

18 A exceção de pequenas perturbações, a órbita da Terra é uma elipse com o Sol em um dos focos. A menor e a maior distância da Terra ao Sol tem uma razão $^{29}/_{30}$. Determine a excentricidade da órbita elíptica.

19 Suponha que os focos de uma particular elipse se localizem na metade entre o centro e os vértices.
  (a) Determine a excentricidade.
  (b) Se o comprimento do eixo maior for $2a$, determine o comprimento do eixo menor e a distância do centro às diretrizes.
  (c) Esboce o gráfico.

20 Mostre que a excentricidade e da elipse cuja equação é $b^2x^2 + a^2y^2 = a^2b^2$, $a > b$, satisfaz $b^2 = a^2(1 - e^2)$.

21 Mostre que a excentricidade e da hipérbole cuja equação é $b^2x^2 - a^2y^2 = a^2b^2$ satisfaz $b^2 = a^2(e^2 - 1)$.

22 Seja o foco F de uma cônica com excentricidade $e > 0$ localizado na origem e suponha que a diretriz é $D: x = -d$, onde $d > 0$. Usando a Definição 1 diretamente, prove que a equação cônica é $(1 - e^2)x^2 - (2e^2d)x + y^2 = e^2d^2$. Se $e = 1$, mostre que esta equação se transforma em $y^2 = d^2 + (2d)x$. Se $e \neq 1$, mostre que a equação pode ser reescrita como

$$(1 - e^2)\left(x - \frac{e^2d}{1 - e^2}\right)^2 + y^2 = \frac{e^2d^2}{1 - e^2}.$$

23 Determine as equações das diretrizes da elipse cuja equação é

$$\frac{(x - h)^2}{b^2} + \frac{(y - k)^2}{a^2} = 1, \qquad \text{onde } a > b > 0.$$

24 Usando os resultados no problema 22, prove o Teorema 1.

25 Sendo $a > b > 0$, mostre que, se $b^2 > k > 0$, a elipse tendo a equação

$$\frac{x^2}{a^2 - k} + \frac{y^2}{b^2 - k} = 1$$

tem seus focos nos pontos $(-\sqrt{a^2 - b^2}, 0)$ e $(\sqrt{a^2 - b^2}, 0)$. Determine as equações das diretrizes desta elipse.

26 O som cruza o ar com velocidade s, e um projétil viaja com velocidade b de um revólver em $(-h, 0)$ para um alvo em $(h, 0)$ no plano xy. Em que pontos (x, y) podem ser ouvidos simultaneamente o estrondo do revólver disparando e o barulho do projétil perfurando o alvo?

27 Se as duas diretrizes de uma elipse são consideradas fixas e a excentricidade é diminuída, que acontece com a forma da elipse?

28 Se as duas diretrizes de uma hipérbole são consideradas fixas e a excentricidade é aumentada, o que ocorre com a forma da hipérbole?

29 (a) Suponha que $a > 0$ e $b > 0$. Faça $c = \sqrt{a^2 + b^2}$, $e = c/a$ e $d = b^2/c$. Pelo cálculo direto, mostre que $ed/(e^2 - 1) = a$ e que $ed/\sqrt{e^2 - 1} = b$.
  (b) Suponha que $e > 1$ e $d > 0$. Faça $a = ed/(e^2 - 1)$, $b = ed/\sqrt{e^2 - 1}$ e $c = \sqrt{a^2 + b^2}$. Pelo cálculo direto, mostre que $c/a = e$ e que $b^2/c = d$.

Conjunto de Problemas de Revisão

Nos problemas 1 a 10, determine a equação do círculo que satisfaz as condições dadas.

1 $(-3, 5)$ e $(7, -3)$ são pontos extremos do diâmetro.

2 Centro em $(4, -1)$ e contendo o ponto $(-1, 3)$.

3 Centro em $(4, 3)$ e contendo a origem.

4 Raio é 8, centro no quadrante I e tangente a ambos os eixos.

GEOMETRIA ANALÍTICA E AS CÔNICAS

5 Centro está no eixo x e contém os pontos $(0,4)$ e $(6,8)$.

6 Tangente ao eixo y e contendo os pontos $(16,12)$ e $(2,-2)$.

7 Tangente a ambos os eixos e contendo o ponto $(18,-25)$.

8 Centro em $(-2,4)$ e tangente à reta $x - y - 6 = 0$.   24,336

9 Contendo os pontos $(1,2)$, $(3,1)$ e $(-3,-1)$.

10 Contendo os pontos $(-4,-3)$, $(-1,-7)$ e $(0,0)$.

11 Determine as equações da reta tangente e da reta normal aos seguintes círculos nos pontos dados.

(a) $x^2 + y^2 = 25$ em $(-3, -4)$ (b) $(x - 4)^2 + (y - 1)^2 = 9$ em $(7, 1)$

12 Determine as dimensões do retângulo de área máxima que pode ser inscrito num semicírculo de raio 4.

Nos problemas 13 a 18, determine a equação da elipse que satisfaz as condições dadas.

13 Centro em $(0,0)$, um vértice em $(5,0)$ e um foco em $(3,0)$.

14 Centro em $(0,0)$, contendo os pontos $(4,3)$ e $(6,2)$ e com eixo maior no eixo x.

15 Eixo maior 16, eixo menor 8, centro na origem e vértice no eixo y.

16 Eixo maior 20, eixo menor 12, centro na origem e vértice no eixo x.

17 Vértices em $(0,0)$, $(10,0)$ e focos em $(1,0)$ e $(9,0)$.

18 Focos em $(3,-2)$ e $(9,-2)$, eixo menor 8.

Nos problemas 19 a 23, determine as coordenadas do centro, dos vértices e dos focos de cada elipse. Ache também a excentricidade e as equações das diretrizes.

19 $\dfrac{x^2}{8} + \dfrac{y^2}{12} = 1$
    20 $144x^2 + 169y^2 = 24.336$

21 $9x^2 + 25y^2 + 18x - 50y - 191 = 0$
    22 $3x^2 + 4y^2 - 28x - 16y + 48 = 0$

23 $9x^2 + 4y^2 + 72x - 48y + 144 = 0$

24 Determine as equações da tangente e da normal à elipse $x^2 + 3y^2 = 21$ no ponto $(3,-2)$.

25 Em que ponto(s) da elipse $16x^2 + 9y^2 = 400$, y decresce na mesma razão com que x cresce?

26 A base inferior de um trapézio isósceles está sobre o eixo maior de uma elipse; os extremos da base superior são pontos da elipse. Mostre que o comprimento da base superior do trapézio de área máxima é a metade do comprimento da base inferior.

27 Reduza cada uma das equações a seguir a equações de uma elipse numa forma mais simples, utilizando uma translação adequada.

(a) $16x^2 + y^2 - 32x + 4y - 44 = 0$ (b) $9x^2 + 4y^2 + 36x - 24y - 252 = 0$

28 Um ponto P se move de modo que o produto das inclinações dos segmentos lineares $\overline{PQ}$ e $\overline{PR}$, onde $Q = (3,-2)$ e $R = (-2,1)$, seja -6. Determine a equação da curva descrita por P e esboce-a.

29 Um arco na forma de uma semi-elipse tem um vão de 150 metros e uma altura máxima de 45 metros. Existem dois suportes verticais eqüidistantes entre si e aos extremos do arco. Determine suas alturas.

Nos problemas 30 a 34, determine a equação da hipérbole que satisfaz as condições dadas.

30 Vértices em $(3,-6)$, $(3,6)$ e focos em $(3,-10)$ e $(3,10)$.

31 Vértices em $(-2,3)$, $(6,3)$ e um foco em $(7,3)$.

32 Contendo o ponto $(1,1)$ e com assíntotas de equações $y = -2x$ e $y = 2x$.

33 Centro em $(0,0)$, eixo transverso sobre o eixo y, comprimento do *latus rectum* 36 e distância entre seus focos 24.

34 Centro em $(0,0)$, um foco em $(8,0)$ e um vértice em $(6,0)$.

Nos problemas 35 a 39, determine as coordenadas do centro, dos vértices, dos focos de cada hipérbole. Ache também a excentricidade e as equações das assíntotas. Esboce o gráfico.

35 $x^2 - 9y^2 = 72$
    36 $y^2 - 9x^2 = 54$
    37 $x^2 - 4y^2 + 4x + 24y - 48 = 0$

38 $16x^2 - 9y^2 - 96x = 0$
    39 $4y^2 - x^2 - 24y + 2x + 34 = 0$

40 Determine as equações das tangentes à hipérbole $x^2 - y^2 + 16 = 0$ que são perpendiculares à reta $5x + 3y - 15 = 0$.

41 Determine as equações da reta tangente e normal à hipérbole $x^2 - 8y^2 = 1$ no ponto $(3,1)$.

42 Ache os pontos da hipérbole $x^2 - y^2 - 16 = 0$ que estão mais próximos do ponto $(0,6)$.

43 Um ponto se desloca na hipérbole $x^2 - 4y^2 = 20$ de tal modo que x cresce na razão de 3 unidades por segundo. Determine a razão na qual y varia quando o ponto móvel passa por $(6,-2)$.

44 Dois pontos estão afastados 2000 metros. Em um desses pontos o detonar de um canhão é ouvido 1 segundo mais tarde que no outro. Por meio da definição de uma hipérbole, mostre que o canhão está em algum lugar numa certa hipérbole e escreva sua equação depois de fazer uma escolha adequada de eixos. (Considere a velocidade do som como sendo 1100 m/s.)

Nos problemas 45 a 48, determine a equação da parábola que satisfaz as condições dadas. Esboce o gráfico.

45 Vértice em $(0,0)$, foco no eixo x e contendo o ponto $(-2,6)$.

46 Contendo os pontos $(-2,1)$, $(1,2)$ e $(-1,3)$ e cujo eixo é paralelo ao eixo x.

47 Vértice em $(2,3)$, contendo o ponto $(4,5)$ e cujo eixo é paralelo ao eixo y.

48 Foco em $(6,-2)$ e cuja diretriz é a reta $x - 2 = 0$.

49 Determine a equação do círculo que contém o vértice e os extremos do *latus rectum* da parábola $y^2 = 8x$.

50 Determine as equações das retas tangente e normal das parábolas a seguir nos pontos indicados.

(a) $y^2 + 5x = 0 \operatorname{em}(-5,5)$ (b) $4y = 8 + 16x - x^2 \operatorname{em}\left(1,\frac{23}{4}\right)$

51 Determine as dimensões do retângulo de área máxima que pode ser inscrito no segmento da parábola $x^2 = 24y$ interceptado pela reta $y = 6$.

52 Mostre que a reta que passa pelo foco da parábola $y^2 = 24x$ e pelo ponto onde a tangente à parábola no ponto $(24,24)$ corta o eixo y é perpendicular à tangente.

53 Em que ponto do gráfico da parábola $y = 4 + 2x - x^2$ está a reta tangente paralela à reta $2x + y - 6 = 0$?

54 Uma parábola cujo eixo é paralelo ao eixo y contém a origem e é tangente à reta cuja equação é $x - 2y = 8$ no ponto $(20,6)$. Qual é a equação da parábola? Esboce o gráfico.

55 O cabo de uma ponte pênsil tem a forma de uma parábola e o peso do leito da estrada suspensa (junto com o do cabo) é uniforme e distribuído horizontalmente. Suponha que as torres da tal ponte estão afastadas 240 metros e têm 60 metros de altura, e que a ponta mais baixa do cabo está 20 metros acima da estrada. Determine a distância vertical, a partir da rodovia, aos cabos em intervalos de 20 metros.

56 Sabemos que a excentricidade $e = c/a < 1$ para a elipse $x^2/a^2 + y^2/b^2 = 1$, onde $c^2 = a^2 - b^2$. Assim sendo, quando e se torna cada vez mais próximo de zero, $c/a = e$ se aproxima de zero; por isso c^2/a^2 tende a zero, de modo que a se aproxima de b. (Por quê?) Qual é a forma da elipse na qual a e b estão próximos em valor? Qual a forma se $a = b$? Isto dá uma indicação de como definir uma cônica com excentricidade $e = 0$? Use esquemas e exemplos para responder essas perguntas.

57 Suponha que e_1 é a excentricidade da hipérbole $x^2/a^2 - y^2/b^2 = 1$ e e_2 é a excentricidade da hipérbole $y^2/b^2 - x^2/a^2 = 1$. Prove que $1/e_1{}^2 + 1/e_2{}^2 = 1$.

5
ANTIDIFERENCIAÇÃO, EQUAÇÕES DIFERENCIAIS E ÁREA

Nos capítulos anteriores vimos que a diferenciação tem aplicações em problemas estendendo-se desde a área da geometria e da física até a área dos negócios e economia. No capítulo presente introduzimos a *antidiferenciação*, que inverte o processo de diferenciação e permite-nos encontrar todas as funções que têm uma dada função como derivada. Provamos como a antidiferenciação permite-nos solucionar *equações diferenciais* simples e relacionamos a antidiferenciação ao problema de calcular a área de regiões do plano xy. Contudo, antes de entrar nesse assunto introduzimos a idéia de *diferenciais*, uma vez que a *notação diferencial* será útil para a antidiferenciação.

1 Diferenciais

Na Seção 2.1 do Cap. 2 introduzimos a notação de Leibniz dy/dx para a derivada; contudo fomos cuidadosos em mostrar que dy/dx não deve ser visto como uma fração em que o "numerador" dy e o "denominador" dx são dados com significados distintos. A seguir daremos esse significado para as chamadas *"diferenciais"* dx e dy.

O próprio Leibniz visualizou dx e dy como sendo infinitésimos, isto é, quantidades que, embora sejam não-nulas, são menores em magnitude do que qualquer quantidade finita. Ele imaginou que, no limite, Δx e Δy, de alguma forma, tornam-se "quantidades infinitesimais" dx e dy, respectivamente, de modo que o quociente de diferenças $\Delta y/\Delta x$ torna-se a derivada dy/dx. O ponto de vista de Leibniz tem persistido e, ainda hoje, alguns matemáticos e a maioria dos engenheiros e cientistas preferem pensar em dx e dy como "infinitésimos".

Parte do conceito de Leibniz pode ser preservado visualizando-se dy/dx como sendo realmente uma razão, se não de infinitésimos, então de diferenciais dy e dx, e reescrevendo a equação $dy/dx = f'(x)$ como $dy = f'(x)\,dx$. A última equação servirá como uma *definição* para o diferencial dy, contanto que um significado apropriado possa ser dado ao diferencial dx. Isto é complementado pela definição a seguir.

DEFINIÇÃO 1 **Diferencial**

Seja f uma função e sejam x e y variáveis relacionadas por $y = f(x)$. Então a *diferencial* dx é uma quantidade que pode tomar (ou designar) qualquer valor em $\mathbb{R}$. Se x é um número qualquer do domínio de f para o qual $f'(x)$ existe, a *diferencial* de dy é definida por

$$dy = f'(x)\,dx.$$

EXEMPLO Se $y = f(x) = 3x^2 - 2x + 1$, ache dy.

Solução
Aqui $f'(x) = 6x - 2$, assim $dy = (6x - 2)\,dx$.

Observe a distinção entre a diferencial dx da variável independente x e a diferencial dy da variável dependente y. Visto que dx pode assumir qualquer valor, o valor de dy depende de x e dx (sem mencionar f). Assim, no exemplo acima, quando $x = 1$ e $dx = 0{,}002$, temos $dy = (6 - 2)(0{,}002) = 0{,}008$.

A Fig. 1 dá a dy uma interpretação geométrica e compara-o com Δy. Aqui, supomos que f é diferenciável em x_1, tomamos $dx = \Delta x$, e apresentamos Δx como um incremento no valor de x de x_1 até $x_1 + \Delta x$. Assim Δy é a variação correspondente no valor de y de $f(x_1)$ até $f(x_1 + \Delta x)$, como se pode ver, percorrendo o gráfico de f. Contudo, desde que $f'(x_1)$ é o coeficiente angular da reta tangente ao gráfico de f em $(x_1, f(x_1))$, segue-se que $dy = f'(x_1)\,dx$ dá o incremento correspondente no valor de y, determinado seguindo-se a direção da *reta tangente*.

Da Fig. 1, está claro que dy é uma boa aproximação para Δy, desde que $dx = \Delta x$ e que Δx seja suficientemente pequeno. Uma afirmação precisa e a prova de que $dy \approx \Delta y$ se $dx = \Delta x$ e Δx é "pequeno" podem ser dadas usando-se o teorema da aproximação linear da Seção 7 do Cap. 2. (Problema 32.)

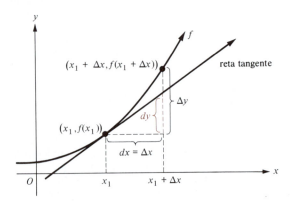

Fig. 1

EXEMPLOS **1** Seja $y = f(x) = 3x^2 - 2x + 4$ e faça $x_1 = 1$, $dx = \Delta x = 0{,}02$.
(a) Calcule $\Delta y = f(x_1 + \Delta x) - f(x_1)$ exatamente,
(b) Faça uma estimativa de Δy usando $dy = f'(x_1)\,dx$ e
(c) Determine o erro $\Delta y - dy$ cometido nessa aproximação.

Solução
(a) $f(x_1) = f(1) = 3(1)^2 - 2(1) + 4 = 5$ e $f(x_1 + \Delta x) = f(1{,}02) = 3(1{,}02)^2 - 2(1{,}02) + 4 = 5{,}0812$; **então,** $\Delta y = 5{,}0812 - 5 = 0{,}0812$.
(b) **Como** $f'(x) = 6x - 2$, **segue-se que**
$dy = f'(x_1)\,dx = f'(1)\,\Delta x = [6(1) - 2](0{,}02) = 0{,}08$.
(c) **O erro é dado por** $\Delta y - dy = 0{,}0812 - 0{,}08 = 0{,}0012$.

2 Use diferenciais para estimar $\sqrt{35}$.

SOLUÇÃO

Seja $y = \sqrt{x}$ e seja Δy a variação no valor de y, causado pelo decréscimo de x de 36 para 35. Tome $dx = \Delta x = 36 - 35 = 1$. Assim, $\sqrt{35} = \sqrt{36} + \Delta y = 6 + \Delta y$. Desde que $\dfrac{dy}{dx} = \dfrac{d}{dx}\sqrt{x} = \dfrac{1}{2\sqrt{x}}$, segue-se que, quando $x = 36$, teremos $dy/dx = 1/(2\sqrt{36}) = \tfrac{1}{12}$. Assim,

$$\Delta y \approx dy = \frac{dy}{dx}\,dx = \frac{dy}{dx}\Delta x = \left(\frac{1}{12}\right)(-1) = \frac{-1}{12},$$

então $\sqrt{35} = 6 + \Delta y \approx 6 - \frac{1}{12} \approx 5{,}9167$.

3 O raio de uma esfera de aço mede 1,5 centímetros e sabe-se que o erro cometido na sua medição não excede 0,1 centímetros. O volume da esfera é calculado a partir da medida de seu raio usando-se a fórmula $V = 4/3\ \pi r^3$. Estime o erro possível no cálculo do volume.

SOLUÇÃO
O valor real do raio é $1{,}5 + \Delta r$, onde Δr é o erro de medida. Sabemos que $|\Delta r| \leq 0{,}1$. O valor verdadeiro do volume é $4/3\ \pi\ (1{,}5 + \Delta r)^3$, enquanto o valor do volume calculado do raio medido é $4/3\ \pi\ (1{,}5)^3$. A diferença $\Delta V = 4/3\ \pi\ (1{,}5 + \Delta r)^3 - 4/3\ \pi\ (1{,}5)^3$ representa o erro no cálculo do volume. Colocamos $dr = \Delta r$ e estimamos ΔV por dV como se segue. Observe que

$$\frac{dV}{dr} = \frac{d}{dr}\left(\frac{4}{3}\pi r^3\right) = 4\pi r^2.$$

Conseqüentemente

$$\Delta V \approx dV = \frac{dV}{dr}\ dr = \frac{dV}{dr}\ \Delta r = 4\pi r^2\ \Delta r = 4\pi(1{,}5)^2\ \Delta r = 9\pi\ \Delta r.$$

Portanto, $|\Delta V| \approx |9\pi\ \Delta r| = 9\pi\ |\Delta r| \leq 9\pi(0{,}1) = 0{,}9\pi$, e então o erro possível é limitado em valor absoluto por cerca de $0{,}9\pi \approx 2{,}8$ centímetros cúbicos.

4 Use diferenciais para achar o volume aproximado de uma camada cilíndrica circular (Fig. 2) de 6 centímetros de altura cujo raio interno mede 2 centímetros e cuja espessura é de 1/10 centímetro.

SOLUÇÃO
O volume de um cilindro circular reto é igual à sua altura vezes a área da base. Se V denota o volume de um cilindro (sólido) de altura 6 centímetros e raio r, então $V = 6\pi r^2$. A Fig. 2 mostra um cilindro de 6 centímetros de altura e raio 2 centímetros, dentro de um cilindro maior de altura 6 centímetros e raio $r + \Delta r = 2 + 1/10 = 2{,}1$ centímetros. A diferença ΔV no volume desses dois cilindros é o volume procurado da camada. Fazemos $dr = \Delta r = 1/10$ e usamos a aproximação

$$\Delta V \approx dV = \frac{dV}{dr}\ dr = \frac{d}{dr}(6\pi r^2)\ dr = 12\pi r\ dr = 12\pi(2)(\tfrac{1}{10}) = \tfrac{12}{5}\pi.$$

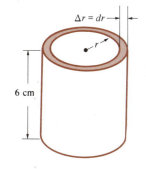

Fig. 2

Assim, o volume da camada é aproximadamente $\tfrac{12}{5}\pi \approx 7{,}5$ centímetros cúbicos.

1.1 Fórmulas envolvendo diferenciais

Desde que $dy = \dfrac{dy}{dx}\ dx$, segue-se que todas as fórmulas que dão a derivada $\dfrac{dy}{dx}$ podem ser convertidas em uma fórmula que dá a diferencial dy simplesmente multiplicando a derivada pela diferencial dx. Por exemplo, se $y = u + v$, então $\dfrac{dy}{dx} = \dfrac{du}{dx} + \dfrac{dv}{dx}$, portanto $dy = \left(\dfrac{du}{dx} + \dfrac{dv}{dx}\right) dx = du + dv$, isto é, $d(u + v) = du + dv$. Na tabela seguinte, algumas das fórmulas clássicas para derivadas foram convertidas em fórmulas para diferenciais. Nessas fórmulas, u e v são funções de x supostas diferenciáveis, e c representa uma função constante ou um número constante. Também n representa um expoente racional constante.

Derivadas	Diferenciais
$1 \quad \dfrac{dc}{dx} = 0$	$\text{I} \quad dc = 0$
$2 \quad \dfrac{d(cu)}{dx} = c\dfrac{du}{dx}$	$\text{II} \quad d(cu) = c\, du$
$3 \quad \dfrac{d(u + v)}{dx} = \dfrac{du}{dx} + \dfrac{dv}{dx}$	$\text{III} \quad d(u + v) = du + dv$
$4 \quad \dfrac{d(uv)}{dx} = u\dfrac{dv}{dx} + v\dfrac{du}{dx}$	$\text{IV} \quad d(uv) = u\, dv + v\, du$
$5 \quad \dfrac{d\left(\dfrac{u}{v}\right)}{dx} = \dfrac{v\dfrac{du}{dx} - u\dfrac{dv}{dx}}{v^2}$	$\text{V} \quad d\left(\dfrac{u}{v}\right) = \dfrac{v\, du - u\, dv}{v^2}$
$6 \quad \dfrac{d(u^n)}{dx} = nu^{n-1}\dfrac{du}{dx}$	$\text{VI} \quad d(u^n) = nu^{n-1}\, du$
$7 \quad \dfrac{d(cu^n)}{dx} = ncu^{n-1}\dfrac{du}{dx}$	$\text{VII} \quad d(cu^n) = ncu^{n-1}\, du$
$8 \quad \dfrac{d(cx^n)}{dx} = ncx^{n-1}$	$\text{VIII} \quad d(cx^n) = ncx^{n-1}\, dx$

EXEMPLOS 1 Seja $y = 47x^3 - 21x^2 + 3x^{-1}$. Ache dy.

SOLUÇÃO

$$dy = 141x^2\, dx - 42x\, dx - 3x^{-2}\, dx \quad \text{ou} \quad dy = \left(141x^2 - 42x - 3x^{-2}\right) dx.$$

2 Seja $y = \sqrt{3 - x^5}$. Ache dy.

SOLUÇÃO

$$dy = \frac{d(3 - x^5)}{2\sqrt{3 - x^5}} = \frac{-5x^4}{2\sqrt{3 - x^5}}\, dx.$$

3 Sejam x e y funções de uma terceira variável z e suponha que $x^3 + 4x^2y + y^3 = 2$. Ache a relação entre dx e dy.

SOLUÇÃO

"Tomando as diferenciais" em ambos os lados da equação dada temos

$$d\left(x^3 + 4x^2y + y^3\right) = d(2) = 0 \quad \text{ou} \quad d(x^3) + 4d(x^2y) + d(y^3) = 0.$$

Mais ainda, como $d(x^3) = 3x^2\, dx, d(x^2y) = x^2\, dy + y\, d(x^2)$

$= x^2\, dy + y(2x\, dx)$, e $d(y^3) = 3y^2\, dy$, segue-se que

$$3x^2\, dx + 4x^2\, dy + 8yx\, dx + 3y^2\, dy = 0$$

ou

$$\left(3x^2 + 8yx\right) dx + \left(4x^2 + 3y^2\right) dy = 0.$$

1.2 Uma observação sobre diferenciais e a regra da cadeia

Suponha que u é uma função de v e que, por outro lado, v é uma função de x. De acordo com a regra da cadeia temos

$$\frac{du}{dx} = \frac{du}{dv}\frac{dv}{dx},$$

desde que as derivadas du/dv e dv/dx existam. Vemos na Seção 4 do Cap. 2 que a notação de Leibniz torna a regra da cadeia — um fato importante e um tanto profundo — óbvia. Agora que du/dx, du/dv e dv/dx são realmente frações, vamos relegar a regra da cadeia a uma trivialidade algébrica? A resposta é sempre *não*, desde que a diferencial dv em du/dv é a diferencial de v *visto como uma variável independente* (da qual depende u), enquanto a diferencial dv em dv/dx é a diferencial de v *vista como uma variável dependente* (dependendo, de fato, de x). Devido a essa distinção entre dv em du/dv

e dv em dv/dx, não podemos concluir que $\dfrac{du}{dx} = \dfrac{du}{dv}\dfrac{dv}{dx}$ apenas no plano

algébrico é a regra da cadeia que justifica a manipulação algébrica, sendo que a recíproca não é verdadeira.

Em cálculos ocasionais com diferenciais, não nos preocupamos com a distinção entre diferenciais de variáveis dependentes e independentes. Milagrosamente, esta falta de cuidado raramente causa alguma dificuldade. O "milagre", de fato, é realmente a regra da cadeia!

Conjunto de Problemas 1

Nos problemas de 1 a 6, faça dx igual a um dado valor de Δx e use o valor indicado de x_1 para calcular (a) $\Delta y = f(x_1 + \Delta x) - f(x_1)$, (b) $dy = f'(x_1)\,dx$ e (c) $\Delta y - dy$.

1 f é definida por $y = 3x^2 + 1$, $x_1 = 1$, e $x = 0,1$.

2 f é definida por $y = -5x^2 + x$, $x_1 = 2$, e $x = 0,02$.

3 f é definida por $y = -2x^2 + 4x + 1$, $x_1 = 2$, e $\Delta x = 0,4$.

4 f é definida por $y = 2x^3 + 5$, $x_1 = -1$, e $x = 0,05$.

5 f é definida por $y = 9/\sqrt{x}$, $x_1 = 9$, e $x = -1$.

6 f é definida por $y = \dfrac{3}{x+4}$, $x_1 = 3$, e $x = -2$.

Nos problemas de 7 a 14, ache dy em termos de x e dx

7 $y = 5 - 4x + x^3$ **8** $y = \dfrac{3 - x^2}{\sqrt{x}}$ **9** $y = \sqrt{9 - 3x^2}$ **10** $y = x^4\sqrt[5]{x^2 + 2}$

11 $y = \sqrt{\dfrac{x - 3}{x + 3}}$ **12** $y = \dfrac{x}{\sqrt{x^2 + 5}}$ **13** $y = \dfrac{\sqrt{3x + 1}}{x^2 + 7}$ **14** $y = \dfrac{x^3}{\sqrt[3]{x + 1}}$

Nos problemas de 15 a 22, use diferenciais para aproximar cada expansão

15 $\sqrt{101}$ **16** $\sqrt[3]{28}$ **17** $\sqrt[4]{17}$ **18** $\sqrt[3]{27,5}$

19 $\dfrac{1}{\sqrt{10}}$ **20** $\dfrac{1}{\sqrt[5]{31}}$ **21** $\sqrt{0,041}$ **22** $\sqrt[3]{0,000063}$

Nos problemas de 23 a 31, suponha que x e y são funções de t que estão relacionadas como se mostra. Ache a relação entre dx e dy "tomando diferenciais" em ambos os lados de cada equação.

23 $x^2 + y^2 = 36$ **24** $9x^2 = 36 - 4y^2$ **25** $9x^2 - 16y^2 = 144$

CÁLCULO

26 $x^{2/3} + y^{2/3} = 4$

27 $\sqrt[3]{x} = 2 - \sqrt[3]{y}$

28 $x^2 + xy + 3y^2 = 51$

29 $2x^3 + 5y^3 = 13 + 4xy^2 - xy$

30 $\sqrt{1-x} + \sqrt{1-y} = 9$

31 $x^3 + y^3 = \sqrt[3]{x+y}$

32 Suponha que f é uma função diferenciável em x_1 e que $x_1 + \Delta x$ pertence ao domínio de f. Tome $dx = \Delta x$, $dy = f'(x_1)dx$. Use o teorema da aproximação linear (Seção 7 do Cap. 2, Teorema 1) para provar que dy é uma boa aproximação para $\Delta y = f(x_1 + \Delta x) - f(x_1)$ desde que Δx seja suficientemente pequeno. (*Sugestão:* No teorema da aproximação linear, faça $x = x_1 + \Delta x = x_1 + dx$).

33 Ache o volume aproximado de uma camada esférica cujo raio interno é de 3 centímetros e cuja espessura é de $^3/_{32}$ centímetros.

34 O volume de uma esfera de raio r é $V = ^4/_3\pi r^3$. Observe que $dV/dr = 4\pi r^2$. A área de superfície de uma esfera de raio r é $A = 4\pi r^2$. É apenas um "acidente" que a mesma expressão, $4\pi r^2$, aparece como dV/dr e como A?

35 O lado de um cubo é medido tendo 10 centímetros e com um possível erro de 0,02 centímetros. Use diferenciais para achar uma aproximação por excesso para o erro envolvido no cálculo de um volume de $10^3 = 1000$ centímetros cúbicos.

36 A região entre dois círculos concêntricos no plano é chamada de *ânulo*. Ache:
(a) A área de um ânulo de raio interno 5 centímetros e raio externo $^{81}/_{16}$ centímetros.
(b) Uma aproximação para a área exata encontrada na parte (a) pelo uso de diferenciais.
(c) O erro envolvido na aproximação acima.

37 A altura de um certo cone circular reto é constante e igual a 2 metros. Se o raio de sua base é aumentado de 100 centímetros para 105 centímetros, ache o crescimento aproximado no volume do cone.

38 Uma partícula move-se ao longo de uma linha reta segundo a equação $s = ^1/_3t^3 - 2t + 3$, onde t é o tempo decorrido em segundos e s é a distância orientada, medida em metros, da origem até a partícula. Ache a distância aproximada coberta pela partícula no intervalo de $t = 2$ até $t = 2,1$ segundos.

39 Aproximadamente quantos centímetros cúbicos de lâmina de cromo precisam ser aplicados para cobrir a superfície lateral de uma barra cilíndrica de raio 2,34 centímetros até uma espessura de 0,01 centímetros, se a barra tem 30 centímetros de comprimento?

40 O período de oscilação de um pêndulo de comprimento L unidades é dado por $T = 2\pi\sqrt{L/g}$, onde g é a aceleração da gravidade em unidades de comprimento por segundo e T está em segundos. Ache a percentagem aproximada que o pêndulo de um relógio de pé terá se alongado se o relógio adianta 3 minutos em 24 horas.

41 A força atrativa entre partículas elétricas de cargas opostas é dada por $F = k/x^2$, onde x é a distância entre as partículas e k é uma certa constante. Se x cresce de 2%, ache a porcentagem aproximada de decréscimo de F.

42 O preço total em cruzeiros de produção de x brinquedos é

$$C = \frac{x^3}{15{,}000} - \frac{3x^2}{100} + 11x + 75, \text{ e cada brinquedo é vendido a CR\$ 10,00.}$$

(a) Ache o lucro total em função de x.
(b) Ache dP em termos de x e dx.
(c) Quando o nível de produção varia de $x = 350$ para $x = 355$, qual é a variação aproximada em P?

43 A lei de expansão adiabática de um certo gás é $PV^{1,7} = C$, onde V é o volume do gás, P é a pressão do gás e C é uma constante. Deduza a equação $\dfrac{dP}{P} + \dfrac{1,7dV}{V} = 0$.

2 Antiderivadas

Na matemática aplicada ocorre freqüentemente conhecermos a derivada de uma função e desejarmos encontrar a própria função. Por exemplo, podemos conhecer a velocidade ds/dt de uma partícula e precisarmos encontrar a equação do movimento $s = f(t)$, ou podemos querer achar a função lucro de um certo produto quando conhecemos a margem de lucro. As soluções desses problemas necessitam que se "desfaça" a operação de diferenciação; isto é, somos forçados a *anti* diferenciar.

Se f e g são duas funções tais que $g' = f$, dizemos que g é uma *antiderivada* de f. Assim, $g(x) = x^2$ é uma antiderivada de $f(x)$, desde que $D_x(x^2) = 2x$. Se C é uma constante, então a função definida por $y = x^2 + C$ é também uma antiderivada de f, desde que $D_x(x^2 + C) = 2x$. Isto é geometricamente claro, desde que o gráfico de $y = x^2 + C$ é obtido pela translação do gráfico de $y = x^2$

ANTIDIFERENCIAÇÃO, EQUAÇÕES DIFERENCIAIS E ÁREA

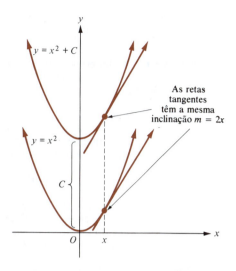

Fig. 1

verticalmente de C unidades, e isso não muda a inclinação da reta tangente para um dado valor de x. (Fig. 1).

Geralmente, definem-se antiderivadas da seguinte maneira:

Definição 1 **Antiderivada**

Uma função g é dita uma *antiderivada* de uma função f sobre um conjunto de números I se $g'(x) = f(x)$ para todos os valores de x em I. O procedimento para achar antiderivadas é chamado *antidiferenciação*.

Se afirmamos que g é uma antiderivada de f sem mencionar explicitamente o conjunto I da Definição 1, então fica entendido que I é todo o domínio de f, tal que $g'(x) = f(x)$ vale para todos os valores de x no domínio de f.

EXEMPLO Prove que $g(x) = \dfrac{x+1}{x-1}$ é uma antiderivada de $f(x) = \dfrac{-2}{(x-1)^2}$.

SOLUÇÃO

$$g'(x) = \frac{(x-1) - (x+1)}{(x-1)^2} = \frac{-2}{(x-1)^2}.$$

Observe que, se g é uma antiderivada de f sobre um conjunto I, então também o é $g + C$, onde C é uma constante qualquer. A razão é que, se $D_x g(x) = f(x)$, então $D_x[g(x) + C] = D_x g(x) + D_x C = f(x) + 0 = f(x)$. Portanto, logo que achamos uma antiderivada g de uma função f, temos automaticamente um infinito de antiderivadas de f, a saber, todas as funções da forma $g + C$, onde C é uma constante arbitrária.

EXEMPLO Sabendo-se $g(x) = \dfrac{x}{1+x}$ é uma antiderivada de $f(x) = \dfrac{1}{(1+x)^2}$, ache um número infinito de antiderivadas de f

SOLUÇÃO
Seja C uma constante arbitrária, e definida $h = g + C$; isto é,

$$h(x) = \frac{x}{1+x} + C = \frac{x + C + Cx}{1+x}.$$

Quaisquer dessas funções h é uma antiderivada de f. Desde que a derivada de uma função constante é a função nula, segue-se que qualquer

CÁLCULO

função constante é uma antiderivada da função nula. Os importantes teoremas a seguir provam, inversamente, que as funções constantes são as *únicas* antiderivadas da função nula.

TEOREMA 1 **Antidiferenciação da função nula**

Seja g uma função tal que $g'(x) = 0$ vale para todos os valores de x em algum intervalo aberto I. Então g tem um valor constante em I.

PROVA
É suficiente provar que o valor de g em um número a em I é o mesmo valor de g em qualquer outro ponto b em I. Pelo Teorema do Valor Médio (Cap. 3, Seção 1.2), existe um número C entre a e b tal que

$$g(b) - g(a) = g'(c)(b - a) = 0(b - a) = 0.$$

Assim, $g(a) = g(b)$, e o teorema está provado.

O teorema seguinte, que é uma conseqüência direta do Teorema 1, nos mostra como encontrar todas as antiderivadas de uma função em um intervalo aberto, desde que se conheça uma dessas antiderivadas.

TEOREMA 2 **Antidiferenciação em um intervalo aberto**

Suponha que g é uma antiderivada da função f no intervalo aberto I. Então uma função h com domínio I é uma antiderivada de f em I se e somente se $h = g + C$ para alguma constante C.

PROVA
Se $h = g + C$, então $h' = g' = f$, então h é uma antiderivada de f em I. Inversamente, suponha que h é uma antiderivada de f em I. Então a função $h - g$ satisfaz $(h - g)' = h' - g' = f - f = 0$ no intervalo aberto I. Segue do Teorema 1 que existe uma constante C tal que $h - g = C$; isto é, $h = g + C$.

EXEMPLO Dado que a função $g(x) = \frac{1}{2}x^2$ é uma antiderivada da função $f(x) = x$, ache todas as antiderivadas de f.

SOLUÇÃO
Aqui, o intervalo I é $\mathbb{R}$. Pelo Teorema 2, as antiderivadas de f são todas as funções h da forma $h(x) = 1/2\, x^2 + C$, onde C é uma constante.

2.1 Notação para antiderivadas

As antiderivadas são tradicionalmente escritas usando-se um simbolismo especial que tem algumas das vantagens da notação de Leibniz para derivadas e que, de fato, foi usado pelo próprio Leibniz. O simbolismo pode ser compreendido pensando-se na diferencial dy como uma "porção infinitesimal de y" e imaginando que y é a soma de todos esses infinitos. Leibniz usou uma letra s estilizada, escrita $\int$, para tais "somatórios", tal que $y = \int dy$ deva simbolizar a idéia de que "y é a soma de todas suas diferenciais individuais". Johann Bernoulli, um contemporâneo de Leibniz, sugeriu que o processo de reunir infinitésimos de forma a se ter uma quantidade inteira ou completa, como expresso por $y = \int dy$, deva ser convenientemente chamado de *integração* ao invés de somatório.

A sugestão de Bernoulli é aceita. Daí, o símbolo $\int$ é referido como o *sinal de integral.*

Agora suponha que g é a antiderivada de f, tal que $g' = f$. Se tomamos $y = g(x)$, então $dy = g'(x)\, dx = f(x)\, dx$, tal que

$$y = \int dy = \int f(x)\, dx; \quad \text{isto é,} \quad g(x) = \int f(x)\, dx.$$

Se C é uma camada constante qualquer, então $g(x) + C$ é também uma antiderivada de f. Portanto, damos a seguinte definição.

ANTIDIFERENCIAÇÃO, EQUAÇÕES DIFERENCIAIS E ÁREA

DEFINIÇÃO 2 **Notação para integral de antiderivadas**

A notação $\int f(x)dx = g(x) + C$, onde C denota uma constante arbitrária, significa que a função g é uma antiderivada da função f, tal que $g'(x) = f(x)$ vale para todos os valores de x no domínio de f.

Naturalmente, se I é um conjunto de números, a afirmativa de que $\int f(x)dx = g(x) + C$ *em* I (ou *para x em I*) significa que g é uma antiderivada de f em I. Na Definição 2 a constante C é chamada a *constante de integração*, o símbolo $\int$ é chamado de *sinal da integral*, e a função f (ou a expressão $f(x)$ $\int$ é chamada *integrando* da expressão $\int f(x)dx$. Também dizemos que $f(x)$ está *sob o sinal da integral* na expressão $\int f(x)dx$. O processo para calcular $\int f(x)dx$, isto é, para achar $g(x) + C$, é chamado *integração indefinida*. O adjetivo "indefinida" é presumivelmente usado porque a constante C pode assumir qualquer valor e portanto não é decididamente determinada pela função f. Por causa da natureza arbitrária da função C, $\int f(x)dx$, a qual é chamada *integral indefinida* da função f, não representa uma quantidade particular ou função; portanto, deve-se tomar cuidado ao se manipular essa expressão.

Para se verificar uma afirmativa da forma $\int f(x)dx = g(x) + C$ (ou $\int f(x)dx = g(x) + C$ em I), é necessário apenas verificar que $g'(x) = f(x)$ para todos os valores de x no domínio de f (ou para todos os valores de x em I).

EXEMPLOS Verifique as equações dadas.

1 $\int x^2\, dx = \tfrac{1}{3}x^3 + C$

SOLUÇÃO

$$D_x\!\left(\tfrac{1}{3}x^3\right) = x^2.$$

2 $\int dx = x + C$

SOLUÇÃO

$$\int dx = \int 1\, dx = x + C,\ \text{portanto}\ D_x(x) = 1.$$

2.2 Regras básicas para antidiferenciação

Já que a antidiferenciação (ou integração indefinida) "inverte" a diferenciação, cada regra ou fórmula de diferenciação fornecerá uma regra correspondente para antidiferenciação quando "lida para trás". Algumas dessas regras são como se segue.

Regras básicas para Antidiferenciação

1 $D_x \int f(x)\, dx = f(x).$

2 $\int f'(x)\, dx = f(x) + C.$

3 $\int dx = x + C.$

4 Regra da Potência: Se n é um número racional diferente de -1, então
$$\int x^n\, dx = \frac{x^{n+1}}{n+1} + C.$$

5 Regra de Homogeneidade: Se a é uma constante, então

$$\int af(x)\,dx = a \int f(x)\,dx.$$

6 Regra de Adição: $\int [f(x) + g(x)]\,dx = \int f(x)\,dx + \int g(x)\,dx.$

7 Regra da linearidade: $\int [a_1 f(x) + a_2 g(x)]\,dx = a_1 \int f(x)\,dx + a_2 \int$ $g(x)\,dx$ se a_1 e a_2 são constantes.

8 Regra Geral da Linearidade: se $a_1,\ a_2,...,\ a_m$ são constantes, então

$$\int [a_1 f_1(x) + a_2 f_2(x) + \cdots + a_m f_m(x)]\,dx$$
$$= a_1 \int f_1(x)\,dx + a_2 \int f_2(x)\,dx + \cdots + a_m \int f_m(x)\,dx.$$

Todas as oito regras básicas valem em qualquer conjunto escolhido de números I desde que as funções envolvidas tenham antiderivadas em I.

EXEMPLO Use as regras básicas para calcular $\int (5x + \sqrt{x} - 7)\,dx.$

Solução

$$\int (5x + \sqrt{x} - 7)\,dx = \int 5x\,dx + \int \sqrt{x}\,dx + \int (-7)\,dx \qquad \textbf{(Regra 6)}$$

$$= 5\int x\,dx + \int x^{1/2}\,dx - 7\int dx \qquad \textbf{(Regra 5)}$$

$$= 5\left(\frac{x^{1+1}}{1+1} + C_1\right) + \left(\frac{x^{(1/2)+1}}{\frac{1}{2}+1} + C_2\right) - 7(x + C_3) \qquad \textbf{(Regra 4)}$$

$$= \tfrac{5}{2}x^2 + \tfrac{2}{3}x^{3/2} - 7x + 5C_1 + C_2 - 7C_3$$

$$= \tfrac{5}{2}x^2 + \tfrac{2}{3}x^{3/2} - 7x + C,$$

onde $C = 5C_1 + C_2 - 7C_3$.

Na prática, quando as regras básicas são usadas para antidiferenciar (isto é, para calcular integrais indefinidas), as constantes individuais de integração que aparecem são imediatamente combinadas em uma única constante. Assim, as soluções dadas acima podem ser geralmente coordenadas da seguinte maneira:

$$\int (5x + \sqrt{x} - 7)\,dx = 5\int x\,dx + \int x^{1/2}\,dx - 7\int dx$$

$$= \tfrac{5}{2}x^2 + \tfrac{2}{3}x^{3/2} - 7x + C.$$

EXEMPLOS Calcule as antiderivadas dada .

1 $\displaystyle\int \frac{x^4 + 3x^2 + 5}{x^2}\,dx$

ANTIDIFERENCIAÇÃO, EQUAÇÕES DIFERENCIAIS E ÁREA

SOLUÇÃO

$$\int \frac{x^4 + 3x^2 + 5}{x^2} \, dx = \int \left(\frac{x^4}{x^2} + 3\frac{x^2}{x^2} + \frac{5}{x^2}\right) dx = \int (x^2 + 3 + 5x^{-2}) \, dx$$

$$= \int x^2 \, dx + 3 \int dx + 5 \int x^{-2} \, dx$$

$$= \frac{x^3}{3} + 3x + 5\frac{x^{-1}}{-1} + C = \frac{x^3}{3} + 3x - \frac{5}{x} + C.$$

2 $\int (y\sqrt[3]{y} + 1)^2 \, dy$

SOLUÇÃO

$$\int (y\sqrt[3]{y} + 1)^2 \, dy = \int (y^{4/3} + 1)^2 \, dy = \int (y^{8/3} + 2y^{4/3} + 1) \, dy$$

$$= \int y^{8/3} \, dy + 2 \int y^{4/3} \, dy + \int dy$$

$$= \frac{y^{11/3}}{\frac{11}{3}} + \frac{2y^{7/3}}{\frac{7}{3}} + y + C = \frac{3y^{11/3}}{11} + \frac{6y^{7/3}}{7} + y + C.$$

2.3 Mudança de variável (substituição)

Para se calcular $\int x \, (x^2 + 5)^{100} \, dx$ usando-se somente as regras básicas, é necessário expandir $(x^2 + 5)^{100}$ pelo teorema binomial, multiplicar por x, e então antidiferenciar a expressão resultante termo a termo usando a regra geral da linearidade. O cálculo requerido será mínimo, bastante tedioso. Felizmente há uma maneira simples de proceder, denominada "mudança de variável", de x para uma nova variável $u = x^2 + 5$. Observe que, se $u = x^2 + 5$, então temos $du = 2xdx$, ou $xdx = \frac{1}{2} du$ e

$$\int x(x^2 + 5)^{100} \, dx = \int (x^2 + 5)^{100} x \, dx = \int u^{100} \frac{1}{2} du = \frac{1}{2} \int u^{100} \, du$$

$$= \frac{1}{2} \frac{u^{101}}{101} + C.$$

A substituição de $u = x^2 + 5$ na expressão anterior dá

$$\int x(x^2 + 5)^{100} \, dx = \frac{(x^2 + 5)^{101}}{202} + C.$$

O método aqui ilustrado é chamado *mudança de variável* ou *substituição*.

Há mais que ser visto nos cálculos acima, desde que a notação integral resumiu o que de outra forma poderá ser um complicado argumento (usando a regra da cadeia) em cálculos simples. Da mesma forma que as regras básicas para a antidiferenciação são obtidas "lendo-se as regras básicas para a diferenciação de trás para frente", o método de substituição (ou troca de variável) é exatamente a regra da cadeia "lida de trás para frente" (problema 48). Esse método de integração é executado de acordo com o seguinte processo:

Processo para calcular $\int f(x)dx$ **pela mudança de variável (substituição)**

Etapa 1: Determine a porção do integrando $f(x)$ que é especialmente "proeminente" no sentido de que, se ela fosse trocada por

CÁLCULO

uma nova variável, digamos u, então o integrando seria consideravelmente simplificado. Faça u igual a essa porção. A equação resultante deverá ter a forma $u = g(x)$.

Etapa 2: Usando a equação $u = g(x)$ obtida na Etapa 1, determine a diferencial du. A equação resultante deverá ter a forma $du = g'(x)\, dx$.

Etapa 3: Usando as duas equações $u = g(x)$ e $du = g'(x)dx$ obtidas nas Etapas 1 e 2, reescreva todo o integrando, *incluindo dx*, em termos de u e du somente.

Etapa 4: Calcule a integral indefinida resultante em termos de u.

Etapa 5: Usando a equação $u = g(x)$ da Etapa 1, reescreva a resposta da Etapa 4, em termos da variável original x.

Não há uma garantia certa de sucesso quando o método de substituição é usado — podemos apenas tentar e ver o que acontece. Depois de as manipulações algébricas requeridas na Etapa 3 terem sido executadas, pode acontecer de a integral resultante (envolvendo u) ser mais complicada do que a integral original (envolvendo x). Contudo, se o processo falha para uma escolha de u, ele pode ser eficaz para outra — tente novamente.

EXEMPLOS Use o processo da troca de variável (substituição) e as regras básicas para calcular as antiderivadas dadas (integral indefinida).

1 $\displaystyle\int \sqrt{7x + 2}\, dx$

SOLUÇÃO

Seja $u = 7x + 2$. Então $du = 7\, dx$. Segue-se que $dx = \frac{1}{7}\, du$ e

$$\int \sqrt{7x + 2}\, dx = \int \sqrt{u} \cdot \frac{1}{7}\, du = \frac{1}{7} \int u^{1/2}\, du$$

$$= \frac{1}{7} \frac{u^{3/2}}{\frac{3}{2}} + C = \frac{2}{21}(7x + 2)^{3/2} + C.$$

2 $\displaystyle\int \frac{x^2\, dx}{(x^3 + 4)^5}$

SOLUÇÃO

Seja $u = x^3 + 4$. Então $du = 3x^2\, dx$, assim $x^2\, dx = \frac{1}{3}\, du$. Assim,

$$\int \frac{x^2\, dx}{(x^3 + 4)^5} = \int \frac{\frac{1}{3}\, du}{u^5} = \frac{1}{3} \int u^{-5}\, du = \frac{1}{3}\left(\frac{u^{-4}}{-4}\right) + C = -\frac{1}{12}(x^3 + 4)^{-4} + C.$$

3 $\displaystyle\int x^2\sqrt{3 - 2x}\, dx$

SOLUÇÃO

Seja $u = 3 - 2x$. Então $du = -2dx$, assim $dx = -\frac{1}{2}du$. Resolvendo a equação $u = 3 - 2x$ para x, obtemos $x = (3 - u)/2$. Segue que

$$x^2 = \left(\frac{3 - u}{2}\right)^2 = \frac{9 - 6u + u^2}{4}.$$

Portanto

$$\int x^2\sqrt{3 - 2x}\, dx = \int \frac{9 - 6u + u^2}{4} \sqrt{u}\left(-\frac{1}{2}\, du\right) = -\frac{1}{8} \int (9 - 6u + u^2)u^{1/2}\, du$$

$$= -\frac{1}{8} \int (9u^{1/2} - 6u^{3/2} + u^{5/2})\, du$$

ANTIDIFERENCIAÇÃO, EQUAÇÕES DIFERENCIAIS E ÁREA

$$= -\frac{1}{8} \left(9 \frac{u^{3/2}}{\frac{3}{2}} - 6 \frac{u^{5/2}}{\frac{5}{2}} + \frac{u^{7/2}}{\frac{7}{2}} \right) + C$$

$$= -\frac{3}{4} u^{3/2} + \frac{3}{10} u^{5/2} - \frac{1}{28} u^{7/2} + C$$

$$= -\frac{3}{4} (3 - 2x)^{3/2} + \frac{3}{10} (3 - 2x)^{5/2} - \frac{1}{28} (3 - 2x)^{7/2} + C.$$

4 $\displaystyle\int \frac{t \, dt}{\sqrt{t+5}}$

SOLUÇÃO

Seja $u = \sqrt{t+5}$, tal que $du = \dfrac{dt}{2\sqrt{t+5}}$ e $\dfrac{dt}{\sqrt{t+5}} = 2 \, du$. Também,

$u^2 = t + 5$, assim $t = u^2 - 5$ e

$$\int \frac{t \, dt}{\sqrt{t+5}} = \int (u^2 - 5)2 \, du = 2 \int (u^2 - 5) \, du = \frac{2u^3}{3} - 10u + C$$

$$= \frac{2}{3} (\sqrt{t+5})^3 - 10\sqrt{t+5} + C.$$

Conjunto de Problemas 2

Nos problemas 1 e 2, verifique se a função g é uma antiderivada da função f

1 $f(x) = 12x^2 - 6x + 1, \, g(x) = 4x^3 - 3x^2 + x - 1$

2 $f(x) = (x - 1)^3, \, g(x) = \frac{1}{4}x^4 - x^3 + \frac{3}{2}x^2 - x + 753$

Nos problemas de 3 a 14, use as regras básicas para antidiferenciação para calcular cada integral indefinida

3 $\displaystyle\int (3x^2 - 4x - 5) \, dx$

4 $\displaystyle\int (x^3 - 3x^2 + 2x - 4) \, dx$

5 $\displaystyle\int (2x^3 - 4x^2 - 5x + 6) \, dx$

6 $\displaystyle\int (2x^3 - 1)(x^2 + 5) \, dx$

7 $\displaystyle\int \frac{x^3 - 1}{x - 1} \, dx$

8 $\displaystyle\int (4t^2 + 3)^2 \, dt$

9 $\displaystyle\int \left(t^2 + 3t + \frac{1}{t^2} \right) dt$

10 $\displaystyle\int \left(\frac{3}{x^2} + \frac{5}{x^4} \right) dx$

11 $\displaystyle\int \frac{25x^3 - 1}{\sqrt{x}} \, dx$

12 $\displaystyle\int \left(\sqrt{2x} + 2x\sqrt{x} + \frac{1}{\sqrt{x}} \right) dx$

13 $\displaystyle\int \frac{(\sqrt{x} - 1)^2}{\sqrt{x}} \, dx$

14 $\displaystyle\int \frac{t^3 + 2t^2 - 3}{\sqrt[3]{t}} \, dt$

Nos problemas de 15 a 40, ache as antiderivadas usando substituição e as regras básicas para antidiferenciação. (Em alguns casos uma substituição apropriada é sugerida.)

15 $\displaystyle\int (4x + 3)^4 \, dx, u = 4x + 3$

16 $\displaystyle\int t(4t^2 + 7)^9 \, dt, u = 4t^2 + 7$

17 $\displaystyle\int x\sqrt{4x^2 + 15} \, dx, u = 4x^2 + 15$

18 $\displaystyle\int \frac{3x \, dx}{(4 - 3x^2)^8}, u = 4 - 3x^2$

19 $\displaystyle\int \frac{s\,ds}{\sqrt[3]{5s^2 + 16}}, \; u = 5s^2 + 16$

20 $\displaystyle\int \frac{(8t + 2)\,dt}{(4t^2 + 2t + 6)^{17}}, \; u = 4t^2 + 2t + 6$

21 $\displaystyle\int (1 - x^{3/2})^{5/3}\sqrt{x}\,dx, \; u = 1 - x^{3/2}$

22 $\displaystyle\int (x^2 - 6x + 9)^{11/3}\,dx, \; u = x - 3$

23 $\displaystyle\int \frac{x^2\,dx}{(4x^3 + 1)^7}$

24 $\displaystyle\int \frac{x^2 + 1}{\sqrt{x^3 + 3x}}\,dx$

25 $\displaystyle\int (5t^2 + 1)\sqrt[4]{5t^3 + 3t - 2}\,dt$

26 $\displaystyle\int \frac{\sqrt[3]{1 + 1/(2t)}}{t^2}\,dt$

27 $\displaystyle\int \frac{2x^2 - 1}{(6x^3 - 9x + 1)^{3/2}}\,dx$

28 $\displaystyle\int \frac{\sqrt{1 + \sqrt{x}}}{\sqrt{x}}\,dx$

29 $\displaystyle\int \left(x + \frac{5}{x}\right)^{21}\left(\frac{x^2 - 5}{x^2}\right)\,dx$

30 $\displaystyle\int (49x^2 - 42x + 9)^{6/7}\,dx$

31 $\displaystyle\int x\sqrt{5 - x}\,dx$

32 $\displaystyle\int x^2\sqrt{1 + x}\,dx$

33 $\displaystyle\int \frac{t\,dt}{\sqrt{t + 1}}$

34 $\displaystyle\int \frac{y + 2}{\sqrt[3]{2 - y}}\,dy$

35 $\displaystyle\int \frac{2x\,dx}{(2 - x)^{2/3}}$

36 $\displaystyle\int (x + 2)^2\sqrt{1 + x}\,dx$

37 $\displaystyle\int \sqrt[3]{3x^2 + 5}\,x^3\,dx$

38 $\displaystyle\int \sqrt[4]{x^3 + 1}\,x^5\,dx$

39 $\displaystyle\int \frac{t^2\,dt}{\sqrt{t + 4}}$

40 $\displaystyle\int \frac{y\,dy}{\sqrt{3 - y}}$

41 Calcule $\int x^2\,\sqrt{5x - 1}\,dx$ por dois métodos e compare suas respostas:
(a) Use a substituição $y = 5x - 1$
(b) Use a substituição $y = \sqrt{5x - 1}$

42 Se n é um inteiro positivo, determine $\int |x|^n\,dx$.

43 (a) Dê um exemplo para provar que $\displaystyle\int f(x)\,dx \neq f(x)\int dx$.

(b) Dê um exemplo para provar que $\displaystyle\int f(x)g(x)\,dx \neq \left[\int f(x)\,dx\right]\left[\int g(x)\,dx\right]$.

(c) Dê um exemplo para provar que $\displaystyle\int \frac{f(x)}{g(x)}\,dx \neq \frac{\int f(x)\,dx}{\int g(x)\,dx}$.

44 Explique por que uma antiderivada de uma função polinomial é também uma função polinomial.

45 Dado que f é uma função com domínio $(-1, \infty)$ tal que $f(0) = 0$ e $f'(x) = 2/(1 + x)^2$, determine f.

46 Suponha que $g'(x) = 1/(1 + x)^2$ exista para todos os valores de x exceto para $x = -1$. Sendo dado $\displaystyle\lim_{x \to +\infty} g(x) = \lim_{x \to -\infty} g(x) = 0$, encontre g.

47 Use o Teorema 1 sobre antidiferenciação de função nula para provar o seguinte resultado:
Se duas funções têm a mesma derivada sobre um intervalo aberto, então elas diferem por uma constante nesse intervalo.

48 O teorema a seguir é algumas vezes dado como uma justificativa para o método de mudança de variável: Suponha que $\int g(u)du = G(u) + C$ exista em um conjunto I. Suponha, além disso, que a função h seja diferenciável em cada número x em conjunto J. Suponha finalmente, que, para cada número x em J, o número $h(x)$ pertença a I. Então, $\int g\,[h(x)]\,h'(x)dx = G\,[h(x)] + C$ existe em J. Prove este teorema.

ANTIDIFERENCIAÇÃO, EQUAÇÕES DIFERENCIAIS E ÁREA

49 Prove a regra aditiva para antidiferenciação.

50 Sejam f, g, h definidas pelas equações $f(x) = -2/x^3$, $g(x) = 1/x^2$ e

$$h(x) = \begin{cases} \dfrac{1 - 2x^2}{x^2} & \text{se } x < 0 \\[3mm] \dfrac{1}{x^2} & \text{se } x > 0, \end{cases}$$

respectivamente. Prove que ambas as funções g e h são antiderivadas de f mas não existe uma constante tal que $h = g + C$. Isto contradiz o Teorema 2? Explique.

3 Equações Diferenciais Simples e suas Soluções

Relações entre as variáveis que aparecem nos problemas aplicados podem ser freqüentemente expressas por equações tais como $dy/dx = 2x$, ou $dy = 2xdx$, as quais envolvem derivadas ou diferenciais. Uma equação como essa é chamada *equação diferencial*.

Observe que $y = x^2$ é uma *solução* da equação diferencial $dy/dx = 2x$ no sentido de que, se $y = x^2$, então a equação $dy/dx = 2x$ é satisfeita. O tipo mais simples de equação diferencial tem a forma $dy/dx = f(x)$, ou, o que é a mesma coisa, $dy = f(x)dx$, onde f é uma dada função. Evidentemente, $y = g(x)$ é uma solução de $dy/dx = f(x)$ se e somente se g é uma antiderivada de f. Dada uma solução qualquer $y = g(x)$ de $dy/dx = f(x)$, chamada *solução particular*, podemos escrever $y = g(x) + 7$ ou $y = g(x) - {}^{967}/_{971}$ ou, de fato, $y = g(x) + C$, onde C é uma constante arbitrária, para obtermos outras soluções particulares.

Inversamente, de acordo com o Teorema 2 da Seção 2, qualquer solução particular de $dy/dx = f(x)$ em um intervalo aberto I tem a forma $y = g(x) + C$ para um valor conveniente da constante C. Nesse sentido, $y = g(x) + C$ representa a *solução completa* da equação diferencial $dy/dx = f(x)$ no intervalo I, desde que g *seja uma antiderivada de* f. Já que $\displaystyle\int f(x)dx = g(x) + C$, essa solução completa pode ser escrita como $y = \displaystyle\int f(x)dx$. Por exemplo, a solução completa da equação diferencial $dy/dx = 2x$ é dada por $y = \displaystyle\int 2xdx$, isto é, por $y = x^2 + C$.

As circunstâncias que dão origem a equações diferenciais estão freqüentemente vinculadas a condições adicionais chamadas *condições de contornos, condições marginais, condições iniciais* ou *condições-limite*, sobre as variáveis envolvidas. Essas condições adicionais podem ser usadas para destacar uma solução particular especial da solução completa.

EXEMPLOS Ache a solução completa das equações diferenciais dadas, e então determine a solução particular satisfazendo as condições iniciais indicadas.

1 $\dfrac{dy}{dx} = 6x^2 - \dfrac{1}{x^2} + 3$; $y = 10$ quando $x = 1$.

SOLUÇÃO

A solução completa é dada por

$$y = \int \left(6x^2 - \frac{1}{x^2} + 3\right) dx; \quad \text{isto é,} \quad y = 2x^3 + \frac{1}{x} + 3x + C.$$

CÁLCULO

Substituindo $x = 1$ e $y = 10$ na solução completa, obtemos $10 = 6 + C$, de modo que $C = 4$ e a solução particular desejada é

$$y = 2x^3 + \frac{1}{x} + 3x + 4.$$

2 $dy = x\sqrt{x^2 + 5}\, dx$; $y = 8$ quando $x = 2$.

SOLUÇÃO

A solução completa é dada por $y = \int x\, \sqrt{x^2 + 5}\, dx$. Fazendo a mudança de variável $u = x^2 + 5$, de modo que $du = 2x dx$ e $x dx = 1/2\, du$, temos

$$y = \int \frac{1}{2}\sqrt{u}\, du = \frac{1}{2}\left(\frac{u^{3/2}}{\frac{3}{2}}\right) + C = \frac{1}{3}\left(\sqrt{u}\right)^3 + C = \frac{1}{3}\left(\sqrt{x^2 + 5}\right)^3 + C.$$

Substituindo $x = 2$ e $y = 8$ na última equação, obtemos

$$8 = \tfrac{1}{3}\left(\sqrt{4 + 5}\right)^3 + C = 9 + C,$$

de modo que $C = -1$. A solução particular procurada é, assim,

$$y = \tfrac{1}{3}\left(\sqrt{x^2 + 5}\right)^3 - 1.$$

A equação diferencial $dy/dx = f(x)$ é dita *separável*, uma vez que ela pode ser reescrita na forma $dy = f(x)\, dx$, na qual as variáveis x e y estão "separadas" de forma que todas as expressões envolvendo x estão à direita e todas as expressões envolvendo y estão à esquerda. Mas, geralmente, uma equação que pode ser reescrita na forma

$$G(y)\, dy = F(x)\, dx,$$

onde F e G são funções, é chamada *separável*. Para achar a chamada "solução geral" de uma equação diferencial separável, simplesmente separam-se as variáveis de forma que a equação toma a forma $G(y)dy = F(x)dx$, e então usa-se a integral indefinida em ambos os lados. As duas constantes de integração correspondentes a $\int G(y)\, dy$ e $\int F(x)\, dx$ podem ser combinadas, como de hábito, em uma única constante C. Se uma condição de contorno é dada, esta pode ser usada para determinar o valor de C.

EXEMPLO Resolva a equação diferencial $y' = 4x^2 y^2$ com a condição de contorno $x = 1$ quando $y = -1$.

SOLUÇÃO
Aqui, y' é usado como uma abreviação para dy/dx, de modo que a equação diferencial tem a forma $dy/dx = 4x^2 y^2$. Separando as variáveis, temos $(1/y^2)dy = 4x^2 dx$.

Assim, $\int (1/y^2)\, dy = \int 4x^2\, dx$, de modo que

$$\frac{y^{-1}}{-1} + C_1 = \frac{4x^3}{3} + C_2 \quad \text{ou} \quad \frac{1}{y} = -\frac{4x^3}{3} + C_0,$$

onde $C_0 = C_1 - C_2$. A última equação pode ser reescrita como

$$y = \frac{3}{3C_0 - 4x^3} \quad \text{ou} \quad y = \frac{3}{C - 4x^3}, \qquad \text{onde } C = 3C_0.$$

ANTIDIFERENCIAÇÃO, EQUAÇÕES DIFERENCIAIS E ÁREA

Sendo $x = 1$ e $y = -1$, achamos $C = 1$. Conseqüentemente, a solução particular desejada é

$$y = \frac{3}{1 - 4x^3}.$$

No exemplo precedente, a solução geral $y = \dfrac{3}{C - 4x^3}$ não é a solução completa da equação diferencial $dy/dx = 4x^2y^2$, desde que a função constante C dada por $y = 0$ é também uma solução de $dy/dx = 4x^2y^2$, ainda que ela não possa ser obtida designando-se um valor para a constante C. Uma solução (tal como $y = 0$ no presente exemplo) que não pode ser obtida diretamente da solução geral dando-se um valor para a constante de integração é chamada uma *solução particular*.

A solução geral de uma equação diferencial envolvendo x e y será uma equação envolvendo x e y, a qual determina apenas implicitamente o valor de y como uma função de x. Essa situação ocorre no exemplo a seguir.

EXEMPLO Ache a solução da equação diferencial $xdx + ydy = 0$

SOLUÇÃO
Separando as variáveis e diferenciando, temos

$$x\,dx = -y\,dy, \quad \text{assim} \int x\,dx = \int (-y)\,dy;$$

conseqüentemente,

$$\frac{x^2}{2} + C_1 = -\frac{y^2}{2} + C_2 \quad \text{ou} \quad \frac{x^2}{2} + \frac{y^2}{2} = C_2 - C_1.$$

Portanto, $x^2 + y^2 = 2(C_2 - C_1)$, isto é, $x^2 + y^2 = C$, onde colocamos $C = 2$ $(C_2 - C_1)$. Assim, a solução geral de $xdx + ydy = 0$ é $x^2 + y^2 = C$.

3.1 Equações diferenciais de segunda ordem

Até agora, temos considerado apenas equações diferenciais de "primeira-ordem", isto é, equações envolvendo somente primeiras derivadas. Por definição, a mais alta ordem de todas as derivadas envolvidas em uma equação diferencial é chamada *ordem* da equação.

Por exemplo, $\dfrac{d^2y}{dx^2} + 2\dfrac{dy}{dx} = x$ é uma equação diferencial de segunda ordem, enquanto $\dfrac{d^ny}{dx^n} = x^3 + 7$ é uma equação diferencial de n-ésima ordem.

Freqüentemente, a solução geral de uma equação diferencial de segunda ordem pode ser obtida através de duas antidiferenciações *sucessivas*, e a solução resultante envolverá duas constantes arbitrárias que não podem ser combinadas em uma constante.

EXEMPLO Ache a solução geral da equação diferencial de segunda ordem $d^2y/dx^2 = -2x + 1$

SOLUÇÃO

Começamos reescrevendo a equação diferencial como $\dfrac{d}{dx}\left(\dfrac{dy}{dx}\right) = -2x + 1$ ou $d\left(\dfrac{dy}{dx}\right) = (-2x + 1)\,dx$. Portanto,

$$\frac{dy}{dx} = \int d\left(\frac{dy}{dx}\right) = \int (-2x + 1)\,dx, \quad \text{isto é,} \quad \frac{dy}{dx} = -x^2 + x + C_1,$$

onde as duas constantes de integração originadas de $\int d(dy/dx)$ e $\int(-2x+1)$ dx foram combinadas na única constante C_1. Esta equação diferencial de primeira ordem pode agora ser resolvida por separação de variáveis e novamente antidiferenciando ambos os lados, como se segue:

$$dy = (-x^2 + x + C_1)\,dx,$$

de modo que

$$\int dy = \int (-x^2 + x + C_1)\,dx = -\int x^2\,dx + \int x\,dx + C_1\int dx$$

$$y = -\frac{x^3}{3} + \frac{x^2}{2} + C_1 x + C_2,$$

onde as constantes individuais de integração originadas de $\int dy$, $\int x^2\,dx$, $\int x\,dx$ e $\int dx$ foram combinadas na única constante C_2. Assim, a solução geral é

$$y = -\frac{x^3}{3} + \frac{x^2}{2} + C_1 x + C_2,$$

onde C_1 e C_2 são constantes arbitrárias. Observe, porém, que não há maneira de se combinar as duas constantes C_1 e C_2 em uma única constante desde que C_1 aparece como multiplicador de x.

Porque a solução geral de uma equação diferencial de segunda ordem envolve duas constantes arbitrárias, *duas* condições de contorno são necessárias para determinar essas constantes.

EXEMPLO Suponha que y depende de x de forma que $y'' = -2x + 1$. Suponha, além disso, que $y = -1$ quando $x = 0$ e que $y' = 1$ quando $x = 0$. Ache uma equação explícita dando y em termos de x.

Solução
Desde que y'' é uma abreviação para d^2y/dx^2, a equação diferencial dada é a mesma que a equação $d^2y/dx^2 = -2x + 1$, cuja solução geral

$$y = -\frac{x^3}{3} + \frac{x^2}{2} + C_1 x + C_2$$

foi obtida no exemplo anterior. Substituindo $x = 0$ e $y = -1$ da primeira condição de contorno na última equação, obtemos $-1 = C_2$. Portanto

$$y = -\frac{x^3}{3} + \frac{x^2}{2} + C_1 x - 1.$$

Diferenciando a última equação em ambos os lados, obtemos

$$y' = \frac{dy}{dx} = -x^2 + x + C_1.$$

Substituindo $x = 0$ e $y' = 1$ da segunda condição de contorno nessa equação, encontramos que $1 = C_1$. Conseqüentemente,

$$y = -\frac{x^3}{3} + \frac{x^2}{2} + x - 1$$

é a solução procurada.

3.2 Movimento linear

As equações diferenciais são importantes no estudo do movimento de objetos físicos (carros, projéteis, bolas, planetas, e assim por diante). Freqüentemente não levamos em conta o comprimento, forma e orientação desses objetos e pensamos neles como partículas. Aqui consideramos o movimento de uma partícula P ao longo de uma escala linear, a qual chamamos eixo s (Fig. 1). A equação do movimento de P, $s = f(t)$, dá a coordenada s de P em termos do tempo decorrido t desde algum instante inicial fixado (mas arbitrário). A velocidade v e aceleração a instantâneas de P são dadas pelas equações

$$v = \frac{ds}{dt} = f'(t) \quad \text{e} \quad a = \frac{dv}{dt} = \frac{d^2s}{dt^2} = f''(t).$$

(Veja a Seção 2 do Cap. 3)

Fig. 1

Se v ou a é uma função conhecida de t, sujeita a condições iniciais apropriadas, é possível resolver a equação diferencial para a lei do movimento $s = f(t)$. Isso é ilustrado nos exemplos seguintes.

EXEMPLOS Ache a lei do movimento $s = f(t)$ a partir dos seguintes dados:

1 $a = 2t - t^2$; $v = 0$ quando $t = 0$, e $s = 0$ quando $t = 0$

SOLUÇÃO
Temos $dv/dt = a = 2t - t^2$, de forma que $dv = (2t - t^2)\, dt$. Uma primeira antidiferenciação fornece

$$v = \int dv = \int (2t - t^2)\, dt = t^2 - \frac{t^3}{3} + C_1.$$

Já que $v = 0$ quando $t = 0$, segue-se que $C_1 = 0$. Também, $ds/dt = v = t^2 - t^3/3$, $ds = (t^2 - t^3/3)dt$, e uma segunda antidiferenciação fornece:

$$s = \int ds = \int \left(t^2 - \frac{t^3}{3}\right) dt = \frac{t^3}{3} - \frac{t^4}{12} + C_2.$$

Já que $s = 0$ quando $t = 0$, segue-se que $C_2 = 0$ e a equação do movimento é $s = t^3/3 - t^4/12$.

2 Um carro é freado com desaceleração constante. O carro pára 8 segundos após os freios terem sido aplicados e percorre 200 metros durante esse tempo. Determine a lei do movimento do carro durante esse intervalo de 8 segundos. Também determine a aceleração e a velocidade do carro no instante em que os freios são aplicados.

SOLUÇÃO
Represente o carro por uma partícula sobre o eixo s movendo-se para a direita. Escreva o tempo t do instante em que os freios são aplicados e coloque a origem na posição do carro, no tempo $t = 0$. Aqui a aceleração a do carro é constante e temos

$$s = 0 \quad \text{quando } t = 0,$$
$$s = 200 \quad \text{quando } t = 8,$$
$$v = 0 \quad \text{quando } t = 8.$$

Desde que $dv/dt = a$ e a é constante, então $dv = a\,dt$ e

$$v = \int dv = \int a\,dt = a \int dt = at + C_1.$$

Portanto, $ds/dt = v = at + C_1$, de forma que $ds = (at + C_1)\,dt$ e

$$s = \int ds = \int (at + C_1)\,dt = \tfrac{1}{2}at^2 + C_1 t + C_2.$$

Desde que $s = 0$ quando $t = 0$, segue-se que $C_2 = 0$, de modo que $s = \frac{1}{2}at^2 + C_1 \cdot t$.

Se usamos o fato de que $v = 0$ quando $t = 8$ e a equação $v = at + C_1$, achamos que $0 = 8a + C_1$, e que $C_1 = -8a$. Substituindo C_1 por $-8a$ na equação $s = \frac{1}{2}at^2 + C_1 t$, obtemos $s = \frac{1}{2}at^2 - 8at$. Agora, $s = 200$ quando $t = 8$, assim $200 = \frac{1}{2}a(8)^2 - 8a(8) = -32a$, logo, $a = -200/32 = -25/4$ m/s². (O sinal negativo indica *desaceleração*.) Portanto, a lei do movimento é

$$s = \frac{1}{2}\left(\frac{-25}{4}\right)t^2 - 8\left(\frac{-25}{4}\right)t \quad \text{ou} \quad s = 50t - \frac{25}{8}t^2.$$

A velocidade do carro no instante em que $t = 0$ é obtida pondo $t = 0$ na equação $v = at + C_1$ para obter

$$v = C_1 = -8a = -8\left(\frac{-25}{4}\right) = 50 \text{ metros/segundo}$$

Um objeto em queda próximo à superfície da terra experimenta alguma força por causa da resistência do ar; contudo, em muitas situações esta força é desprezível, especialmente quando o objeto tem uma elevada densidade, é mais ou menos "aerodinâmico" e não alcançou uma velocidade muito alta. Desprezando a resistência do ar, tal objeto cai com uma aceleração constante g, chamada *aceleração da gravidade*. O valor de g é aproximadamente 32 pés por seg², 980 cm/seg² ou 9,8 m/seg².

Se um tal objeto P é projetado em linha reta para cima, é usual tomarmos o eixo s orientado para cima com a origem na superfície da terra (Fig. 2). Então a aceleração a de P é negativa (ele irá diminuir a velocidade, parar, e então começar a cair de volta). Conseqüentemente,

$$a = \frac{d^2 s}{dt^2} = \frac{dv}{dt} = -g.$$

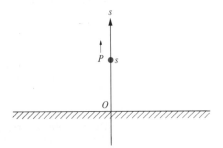

Fig. 2

Por outro lado, se o objeto P é solto ou arremessado em linha reta para baixo de uma altura inicial h, é usual tomarmos o eixo s orientado para baixo com a origem h unidades acima da superfície da terra (Fig. 3). Então a aceleração a de P é positiva. Conseqüentemente

ANTIDIFERENCIAÇÃO, EQUAÇÕES DIFERENCIAIS E ÁREA

$$a = \frac{d^2s}{dt^2} = \frac{dv}{dt} = g.$$

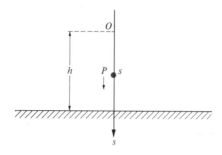

Fig. 3

EXEMPLO Uma esfera de ferro é lançada verticalmente para cima, partindo de 4 metros acima do solo, com uma velocidade de 24 m/seg. Quantos segundos terão decorrido antes que a esfera atinja o solo?

SOLUÇÃO
Colocamos o eixo coordenado conforme a Fig. 2. Aqui, $dv/dt = -g$, assim $dv = -g\,dt$ e

$$v = \int dv = \int (-g)\,dt = -g\int dt = -gt + C_1.$$

Quando $t = 0$, $v = 24$ metros/seg, assim $24 = (-g)(0) + C_1$ e $C_1 = 24$. Portanto, $v = -gt + 24$, isto é, $ds/dt = -gt + 24$, ou $ds = (-gt + 24)dt$. Segue-se que

$$s = \int ds = \int (-gt + 24)\,dt = -\tfrac{1}{2}gt^2 + 24t + C_2.$$

Já que $s = 4$ quando $t = 0$, segue-se que $4 = -\frac{1}{2}g(0)^2 + 24(0) + C_2$, assim $C_2 = 4$. Portanto, $s = -\frac{1}{2}gt^2 + 24t + 4$. Como temos $s = -16t^2 + 24t + 4$. Quando a esfera atinge a superfície da terra, $s = 0$, de modo que

$$0 = -16t^2 + 24t + 4 \quad \text{ou} \quad 4t^2 - 6t - 1 = 0.$$

Pela fórmula quadrática, $t = \dfrac{3 \pm \sqrt{13}}{4}$. Quando a esfera aterrissa, t é positivo; conseqüentemente, rejeitamos a solução negativa e concluímos que

$$t = \frac{3 + \sqrt{13}}{4} \approx 1{,}65 \text{ seg}.$$

Conjunto de Problemas 3

Nos problemas de 1 a 6, determine a solução de cada equação diferencial

1 $\dfrac{dy}{dx} = 5x^4 + 3x^2 + 1$ **2** $\dfrac{dy}{dx} = 20x^3 - 6x^2 + 17$ **3** $\dfrac{dy}{dx} = \dfrac{6}{x^2} + 15x^2 + 10$

4 $y' = \dfrac{(x^2 - 4)^2}{2x^2}$ **5** $\dfrac{dy}{dx} = \sqrt{7x^3}$ **6** $dy = (5t + 12)^3\,dt$

CÁLCULO

Nos problemas de 7 a 10, ache a solução particular da equação diferencial que satisfaz a condição inicial indicada

7 $\dfrac{dy}{dx} = 5 - 3x$; $y = 4$ quando $x = 0$.

8 $\dfrac{dy}{dx} = 3x^2 + x$; $y = -2$ quando $x = 1$.

9 $\dfrac{dy}{dt} = t^3 + \dfrac{1}{t^2}$; $y = 1$ quando $t = -2$.

10 $y' = \sqrt{x} + 2$; $y = 5$ quando $x = 4$.

Nos problemas de 11 a 18, determine a solução geral de cada equação diferencial separável

11 $y' = x(x^2 - 3)^4$

12 $(3x^2 + 2x + 1)^5\, dy = (6x + 2)\, dx$

13 $\sqrt{x^3 + 7}\, dy = x^2\, dx$

14 $\dfrac{ds}{dt} = (t + 1)^2 t^3$

15 $\sqrt{2x + 1}\, dy = y^2\, dx$

16 $(y^2 - \sqrt{y})\, dy = (x^2 + \sqrt{x})\, dx$

17 $\dfrac{dy}{dx} = \dfrac{x\sqrt[3]{y^4 + 7}}{5y^3}$

18 $y\dfrac{dy}{dx} = x^3\sqrt{10y^2 + 1}$

Nos problemas de 19 a 22, ache a solução particular das equações diferenciais separáveis que satisfazem as condições iniciais indicadas

19 $\dfrac{dx}{y} = \dfrac{dy}{2 - x^{3/2}}$; $y = 2$ quando $x = 9$.

20 $\dfrac{ds}{dt} = \dfrac{t^2}{\sqrt{t^3 + 1}}$; $s = \frac{1}{2}$ quando $t = 2$.

21 $t^{2/3}\, dW = (1 - t^{1/3})^3\, dt$; $W = -1$ quando $t = 8$.

22 $y' = \sqrt{x^3 + x^2 - 2x + 8}\,(9x^2 + 6x - 6)$; $y = 0$ quando $x = 1$.

Nos problemas 23 a 30, ache a solução geral de cada equação diferencial de segunda ordem

23 $\dfrac{d^2y}{dx^2} = 3x^2 + 2x + 1$

24 $y'' = (5x + 1)^4$

25 $y'' = \sqrt[3]{4x + 5}$

26 $S'' = \dfrac{5}{(t + 7)^3}$

27 $\dfrac{d^2y}{dx^2} = 2x^4 + 3$

28 $y'' = (x + 1)^2$

29 $\dfrac{d^2y}{dx^2} = 0$

30 $D_x^2 y = 1$

Nos problemas 31 a 36, ache a solução particular de cada equação diferencial que satisfaz as condições de contorno dadas.

31 $\dfrac{d^2y}{dx^2} = 6x + 1$; $y = 2$ e $y' = 3$ quando $x = 0$.

32 $\dfrac{d^2y}{dx^2} = \sqrt{x}$; $y = 3$ e $y' = 2$ quando $x = 9$.

33 $\dfrac{d^2y}{dx^2} = 2$; $y = 0$ quando $x = 1$ e $y = 0$ quando $x = -3$.

34 $\dfrac{d^2y}{dx^2} = 3x^2$; $y = -1$ quando $x = 0$ e $y = 9$ quando $x = 2$.

35 $y'' = 3(2 + 5x)^2$; $y = 2$ e $y' = -1$ quando $x = 1$.

36 $\dfrac{d^2s}{dt^2} = \sqrt[4]{5t - 4}$; $s = 2$ e $s' = -3$ quando $t = 4$.

37 O trabalho W feito para alongar uma mola de s unidades satisfaz a equação diferencial $dW/ds = 5s$. Determine W em termos de s se $W = 0$ quando $s = 0$.

38 O gráfico de $y = f(x)$ tem um mínimo relativo no ponto $(-4, 1)$. Determine f se $f''(x) = 1/2$ para todos os valores de x em $\mathbb{R}$.

39 Se k é uma constante, determine a solução geral da equação diferencial $d^2y/dx^2 = kx$.

40 Suponha que f é uma função duas vezes diferenciável em um intervalo aberto I tal que $f''(x) = 0$ para todos os valores de x em I. Dê uma prova *rigorosa* de que existem constantes A e B tais que $f(x) = Ax + B$ para todos os valores de x em I.

ANTIDIFERENCIAÇÃO, EQUAÇÕES DIFERENCIAIS E ÁREA

41 Uma partícula movendo-se ao longo de uma linha reta tem a equação do movimento $s = f(t)$, onde t está indicado em segundos e s em metros. Sua velocidade v satisfaz a equação $v = t^2 - 8t + 15$. Se $s = 1$ quando $t = 0$. Determine s quando $t = 3$.

42 Uma partícula, partindo com uma velocidade inicial de 25 metros por segundo, move-se em linha reta através de um meio resistente que decresce a velocidade da partícula a uma taxa constante de 10 metros por segundo em cada segundo. Quanto andará a partícula antes de atingir o repouso?

43 Os freios de um certo carro podem pará-lo em 220 metros a uma velocidade de 55 km/h. Suponha que, quando os freios são aplicados, o carro tem uma aceleração negativa constante.
(a) Quanto tempo em segundos é necessário para parar o carro a 55 km/h?
(b) Se o carro é parado a 55 km/h, quanto terá percorrido no tempo em que sua velocidade se reduz a 25 km/h.

44 Do topo de um edifício de 20 metros de altura, uma pedra é arremessada verticalmente para cima com uma velocidade de 30 metros por segundo.
(a) Em quantos segundos a pedra atinge o solo?
(b) Que altura atingirá a bola?
(c) Qual a velocidade da pedra caindo ao se chocar com o solo?

45 Um balão está subindo a uma velocidade constante de 10 m/seg, e está a 100 metros do solo no instante em que o piloto deixa cair o seu binóculo.
(a) Quanto tempo decorrerá até que o binóculo atinja o solo?
(b) Com que velocidade o binóculo atingirá o solo?

46 Um projétil é disparado verticalmente para cima por um canhão com uma velocidade inicial de v_0 metros/seg. Com que velocidade estará o projétil se movendo quando atingir o infeliz artilheiro? (despreze a resistência do ar).

47 Um balão está subindo verticalmente com uma velocidade constante de 5 m/s e atinge uma altitude de 26 metros no instante em que um assistente no solo, diretamente abaixo do balão, tenta jogar para o piloto o seu binóculo. Qual é a velocidade mínima com que o binóculo deve ser lançado em linha reta para cima se ele sai das mãos do assistente a uma altura de 6 metros?

48 Suponha que uma partícula p move-se ao longo do eixo s com aceleração constante a. Seja v_0 a velocidade da partícula quando $t = 0$ e seja s_0 sua coordenada quando $t = 0$. Prove que:

(a) $v = at + v_0$.
(b) $s = \frac{1}{2}at^2 + v_0t + s_0$.

49 Uma pedra é solta a uma altura de h metros com uma velocidade inicial nula e atinge o solo T segundos depois. Prove que $h = 16T^2$.

4 Aplicações das Equações Diferenciais

Na Seção 3.2 vimos uma aplicação das equações diferenciais a problemas de movimento linear. Aplicações suplementares simples à geometria, à física e à economia são dadas na presente seção.

Uma equação diferencial de primeira ordem da forma $dy/dx = g(x)$, onde g é uma função dada, pode ser interpretada geometricamente como uma condição sobre a inclinação dy/dx da reta tangente ao gráfico de $y = f(x)$, onde f é uma função desconhecida. A solução completa da equação diferencial fornece todas as funções f cujos gráficos satisfazem a essa condição. Uma condição inicial fornece um requisito adicional para que o gráfico de f contenha um ponto especificado.

EXEMPLO
(a) Determine todas as curvas do plano satisfazendo a condição de que a inclinação da tangente em cada ponto seja três vezes a abscissa do ponto.
(b) Trace os gráficos de várias curvas no mesmo sistema coordenado xy.
(c) Encontre a equação da curva que satisfaz as condições do item (a) e que contém o ponto (1,2).

SOLUÇÃO
(a) A equação diferencial expressando a condição sobre a inclinação da tangente é $dy/dx = 3x$. A solução completa dessa equação diferencial é

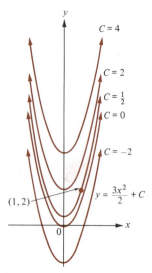

Fig. 1

$$y = \int 3x\, dx = 3 \int x\, dx = 3 \cdot \frac{x^2}{2} + C.$$

Assim, a equação de uma curva satisfazendo a condição dada é da forma $y = 3x^2/2 + C$, onde C é uma constante. Há uma curva diferente para cada valor de C.

(b) As curvas correspondentes a $C = -2, C = 0, C = 1/2, C = 2$ e $C = 4$ estão traçadas na Fig. 1.

(c) Aqui temos de impor a condição inicial de que $y = 2$ quando $x = 1$. Pondo $y = 2$ e $x = 1$ na equação $y = 3/2 x^2 + C$ e resolvendo para C, achamos que $C = 2 - 3/2 = 1/2$. A equação procurada é, portanto, $y = 3/2 x^2 + 1/2$.

4.1 Trabalho feito por uma força variável

Suponha que uma força F constante, tendo uma direção paralela ao eixo s, age sobre uma partícula P que se move ao longo desse eixo a partir de uma posição inicial com coordenada s_0 para uma posição final com coordenada s_1 (Fig. 2). Então, por definição, a força realiza uma quantidade de trabalho sobre a partícula, dada por $W = F \cdot (s_1 - s_0)$. Uma força positiva (negativa, respectivamente) é subentendida agindo na direção positiva (negativa, respectivamente) do eixo s.

Fig. 2

Vejamos agora o problema de calcular o trabalho feito quando a força realizada não é necessariamente constante, porém ainda age segundo uma direção paralela ao eixo s. Supomos que P parte de uma posição inicial s_0, e denotamos por W o trabalho feito pela força F variável para mover P de sua posição original para a posição s (Fig. 3). Desde que F não deve permanecer constante, não podemos calcular W simplesmente multiplicando F por $s - s_0$.

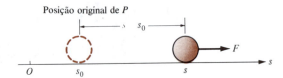

Fig. 3

Nesse caso, supomos que P move-se de s até $s + \Delta s$, ocasionando uma variação no trabalho líquido feito pela força de W para $W + \Delta W$ (Fig. 4). Aqui, ΔW é o trabalho feito por F para mover P de s a $s + \Delta s$. Embora a força F varie ao se movimentar P, ela irá variar apreciavelmente se Δs é muito pequeno. Assim se F é a força agindo sobre P na posição s, teremos

$$\Delta W \approx F\, \Delta s \quad \text{ou} \quad \frac{\Delta W}{\Delta s} \approx F.$$

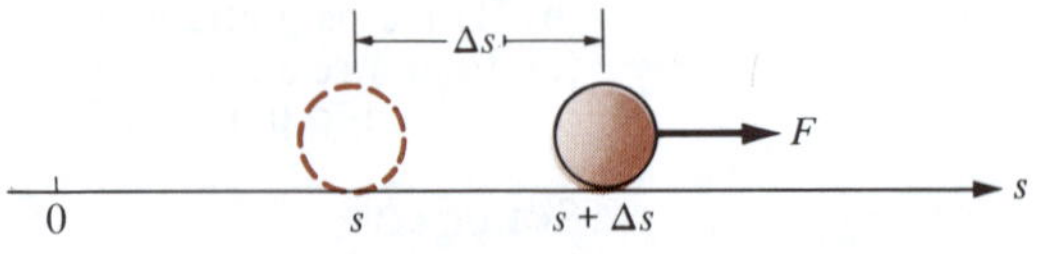

Fig. 4

ANTIDIFERENCIAÇÃO, EQUAÇÕES DIFERENCIAIS E ÁREA

À medida que Δs tende a zero, essa aproximação se torna cada vez melhor; conseqüentemente, teremos

$$\frac{dW}{ds} = \lim_{\Delta s \to 0} \frac{\Delta W}{\Delta s} = F.$$

Portanto, o trabalho W feito pela força F variável satisfaz a equação diferencial $dW = Fds$ com a condição inicial de que $W = 0$ quando $s = s_0$.

EXEMPLOS 1 A força F agindo sobre uma partícula é dada por $F = 1/s^2$, onde s é a coordenada de P. Qual o trabalho feito por esta força para mover P de $s = 1$ para $s = 9$?

SOLUÇÃO
Denote por W o trabalho feito pela força para mover P do ponto de coordenada 1 para o ponto de coordenada s. Queremos determinar o valor de W quando $s = 9$. Desde que $dW = Fds = (1/s^2)ds$, segue-se que $W = \int(1/s^2)ds = (-1)/s + C$. Quando $s = 1$, temos $W = 0$, de modo que $0 = (-1)/1 + C$. Daí, $C = 1$ e $W = (-1)/s + 1$. Quando $s = 9$, temos $W = -1/9 + 1 = 8/9$ unidades de trabalho.

2 Considere o esquema mostrado na Fig. 5, no qual a partícula P ligada a uma escora por uma mola perfeitamente elástica pode deslizar sem fricção ao longo do eixo horizontal s. A partícula é posta em movimento em $s = 0$ e puxada pela força F até a posição final $s = b$. No início, ficando $s = 0$, suponha que a mola está relaxada e $F = 0$. Determine o trabalho feito pela força F ao puxar P do restante $s = 0$ até $s = b$.

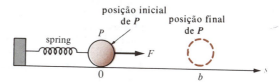

Fig. 5

SOLUÇÃO
Devido à mola ser perfeitamente elástica, a *lei de Hooke* requer que a força F seja proporcional ao deslocamento s; isto é, $F = ks$, onde k é uma constante chamada *constante da mola*. (Quanto mais rígida a mola, maior o valor de k.) Seja W o trabalho feito pela força F ao puxar P desde a origem até a posição s, de forma que $dW = Fds = ksds$. A antidiferenciação dá

$$W = \int ks\, ds = k \int s\, ds = k\frac{s^2}{2} + C.$$

Quando $s = 0$, temos $W = 0$, de modo que $0 = k(0^2/2) + C$, e segue-se que $C = 0$ e $W = ks^2/2$. Assim, quando $s = b$, temos $W = kb^2/2$.

3 Uma mola perfeitamente elástica é puxada a partir de sua posição relaxada até 6 metros. Quando se estende esses 6 metros, a força de tração sobre a mola é de 20 N. Qual o trabalho feito?

SOLUÇÃO
Raciocinando como no Exemplo 2, temos $F = ks$, portanto $k = F/s$. Quando $s = 6$ metros, então $F = 20 N$. Daí $k = 20/6 = 10/3$ N/m. Usando o resultado do Exemplo 2, temos

$$W = k\frac{b^2}{2} = \frac{10}{3} \cdot \frac{6^2}{2} = 60 \text{ pé-libras}.$$

4.2 Observações sobre o estabelecimento de equações diferenciais

Como já foi mencionado, muitos engenheiros e físicos gostam de pensar em dx como uma "parcela infinitesimal de x" e eles preferem visualizar $\int dx$ como um "somatório" de todas as "partes infinitesimais de x" para dar a quantidade x; isto é, a menos de uma constante de integração aditiva, $x = \int dx$. Eles persistem nesse ponto de vista, a despeito da possível falta de "rigor matemático", porque isso lhes permite estabelecer as equações rápida e facilmente.

Por exemplo, um físico pode argumentar que a força F agindo através de uma distância "infinitesimal" ds permanecerá verticalmente constante e resultará na realização de uma quantidade "infinitesimal" de trabalho dW dada por $dW = F ds$. Assim, do ponto de vista de infinitésimos, a equação diferencial para o trabalho é encontrada com o mínimo de complexidade. Estejamos certos de que o "ponto de vista infinitesimal" pode se amparar em argumentos imprecisos; contudo as equações diferenciais estabelecidas usando esse ponto de vista vêm a ser corretas.

No restante desse livro, usamos argumentos envolvendo "infinitesimais" sempre que isso se torna conveniente. Em todos os casos, rigorosos argumentos podem ser feitos para justificar os resultados.

O exemplo seguinte ilustra uma típica aplicação, à física, do "ponto de vista infinitesimal".

EXEMPLO De acordo com a lei da gravitação de Newton, duas partículas de massas m_1 e m_2 gramas que estão separadas por uma distância de s centímetros são atraídas entre si com uma força de $F = \gamma (m_1 m_2/s^2)$ g $\times$ cm/s^2, onde γ é uma constante dada por $\gamma = 6{,}6732 \times 10^{-8}$ cm^3/g $\times$ s^2. Se 1000 gramas de chumbo são distribuídos ao longo do eixo x, entre a origem e o ponto x de coordenada 2 centímetros, qual o valor da força gravitacional exercida sobre uma partícula P de 1 grama situada no eixo x, 1 centímetro à esquerda da origem?

Solução
Denote por F a força gravitacional de atração da massa distribuída sobre o intervalo $[0, x]$ sobre P (Fig. 6). A densidade linear do chumbo sobre o intervalo $[0,2]$ é $^{1000}/_2 = 500$ g/cm, daí, a massa "infinitesimal" dm da porção de chumbo no subintervalo $[x, x + dx]$ é dada por $dm = 500 \, dx$. Essa massa exerce uma força gravitacional "infinitesimal" dF sobre a massa P unitária dada por

$$dF = \gamma \frac{(1)(dm)}{(1+x)^2} = \gamma \frac{500}{(1+x)^2} dx,$$

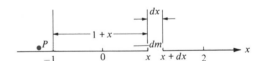

Fig. 6

desde que a distância entre P e dm é $1 + x$ centímetros (Fig. 6). Portanto

$$F = \int dF = \int \gamma \frac{500}{(1+x)^2} dx = 500\gamma \int \frac{1}{(1+x)^2} dx.$$

Fazendo a mudança de variável $u = 1 + x$, de modo que $du = dx$, obtemos

$$F = 500\gamma \int u^{-2} du = -500\gamma u^{-1} + C = C - \frac{500\gamma}{1+x}.$$

ANTIDIFERENCIAÇÃO, EQUAÇÕES DIFERENCIAIS E ÁREA

Aqui temos a condição de contorno de que $F = 0$ quando $x = 0$ (por quê?), assim $0 = C - \dfrac{500\gamma}{1+0}$, e portanto $C = 500\ \gamma$. Segue-se que $F = 500\ \gamma - \dfrac{500\gamma}{1+x}$. Fazendo-se $x = 2$, obtemos

$$F = 500\gamma - \frac{500\gamma}{3} = \frac{1000\gamma}{3} = \frac{1000}{3}\left(6{,}6732 \times 10^{-8}\right)$$

$$= 2{,}2244 \times 10^{-5}\ \mathbf{g} \times \mathbf{cm/s^2}$$

4.3 Aplicações à economia

Nesta seção damos dois exemplos ilustrando como a função de custo total ou de renda total podem ser encontradas se a função de custo marginal ou de renda, respectivamente, são conhecidas. Usamos K para a constante de integração, desde que C é usada para representar o custo total. Como antes, R denota a renda total.

EXEMPLO 1 O custo marginal dC/dx para produzir x despertadores elétricos é dado por $dC/dx = 0{,}05 + 5000/x^2$ cruzeiros por item. Determine o custo total C como uma função de x, dado que $C = $ Cr\$ 5.500,00 quando $x = 1000$.

SOLUÇÃO

$$C = \int dC = \int \left(0{,}05 + \frac{5000}{x^2}\right) dx = 0{,}05x - \frac{5000}{x} + K.$$

Pondo $C = 5500$ e $x = 1000$ na última equação, obtemos $K = 5455$. Portanto, $C = 0{,}05x - (5000/x) + 5.455$ cruzeiros.

2 A renda marginal para um relógio digital é expressa por $dR/dx = 60.000 - 40.000\,(1+x)^{-2}$ cruzeiros por mil relógios, onde x representa a demanda em milhares de relógios. Expresse o lucro total de venda em termos de x, dado que para $x = 1$ (mil relógios), o lucro total de venda é Cr\$ 38.000,00. Se a demanda cresce para $x = 4$ (mil relógios), qual é o lucro total de venda?

SOLUÇÃO

$$R = \int \left[60.000 - 40.000(1+x)^{-2}\right] dx = 60.000 \int dx - 40.000 \int (1+x)^{-2}\, dx.$$

A mudança de variável $u = 1 + x$ na segunda integral dá

$$\int (1+x)^{-2}\, dx = \int u^{-2}\, du = -u^{-1} + K = -\frac{1}{1+x} + K;$$

daí,

$$R = 60.000x + \frac{40.000}{1+x} + K_1, \qquad \text{onde } K_1 = -40.000K.$$

Pondo $x = 1$ e $R = 38.000$ na última equação e resolvendo para K_1, encontramos que $K_1 = -42.000$. Em conseqüência, $R = 60.000x + \dfrac{40.000}{1+x} - 42.000$. Quando $x = 4$, temos $R = 240.000 + 8.000 - 42.000 = $ Cr\$ 206.000,00.

4.4 Lei de Newton do movimento — momento e energia

Se uma partícula P de massa m constante se move ao longo de uma escala linear devido a uma força F (possivelmente variável) não-oposta (Fig. 7), a

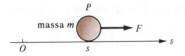

Fig. 7

(segunda) lei de Newton do movimento — força é igual a massa vezes aceleração — pode ser escrita como

$$F = ma \quad \text{ou} \quad F = m\frac{dv}{dt} \quad \text{ou} \quad F = m\frac{d^2s}{dt^2}.$$

Assim, a lei do movimento de Newton é na realidade uma equação diferencial de segunda ordem cuja solução (sujeita a condições iniciais convenientes) dá a equação do movimento de partícula. Para obter essa solução, duas antidiferenciações sucessivas são necessárias. Para executar essas antidiferenciações, precisamos conhecer F explicitamente como uma função do tempo t.

Mesmo sem conhecer F explicitamente como uma função de t, é possível executar a primeira das duas antidiferenciações, pelo menos formalmente. Isso pode ser feito tanto multiplicando por dt e integrando como multiplicando por ds e integrando.

Multiplicando $F = m(dv/dt)$ por ds e integrando, temos

$$\int F\, dt = \int m\, dv = m \int dv = mv + C.$$

A quantidade mv, massa vezes velocidade, é chamada *momentum linear* da partícula P e desempenha um importante papel na dinâmica. Assim, a idéia de momentum surge naturalmente da segunda lei de Newton por uma primeira antidiferenciação *com respeito ao tempo*.

Multiplicando $F = m(dv/dt)$ por ds e integrando, temos

$$\int F\, ds = \int m\frac{dv}{dt}\, ds = m \int \frac{ds}{dt}\, dv = m \int v\, dv = m(\tfrac{1}{2}v^2) + C = \tfrac{1}{2}mv^2 + C.$$

A quantidade $1/2\, mv^2$, metade da massa multiplicada pelo quadrado da velocidade, é chamada energia cinética da partícula P. Assim, a noção de energia surge naturalmente da segunda lei de Newton por uma primeira antidiferenciação *com respeito à distância*.

Na Seção 4.1, obtivemos a equação diferencial $dW = F\,ds$ para o trabalho W feito por uma força variável F. Assim, $W = \int dW = \int F\,ds$, de modo que a equação $\int F\,ds = 1/2\, mv^2 + C$ pode ser reescrita como $W = 1/2\, mv^2 + C$. Portanto, *a menos de uma constante aditiva, o trabalho feito por uma força variável (não-oposta) F agindo sobre uma partícula* (Fig. 7) *é igual, em qualquer instante, à energia cinética da partícula*.

A quantidade V definida por $V = -W = -\int F\,ds$ é chamada *potencial* da partícula P. A *energia total E* da partícula é definida como a soma das energias cinética e potencial, assim $E = 1/2\,mv^2 + V$. Desde que $W = 1/2\,mv^2 C$ e $V = -W$, vemos que $E = 1/2\,mv^2 - W = -C$, o que prova que *a energia total E de uma partícula P permanece constante*. Este é um caso simples da famosa *lei da conservação da energia*.

Um objeto de massa m próximo da superfície da terra sofre a ação de uma força de gravidade constante F e, se permitido cair, acelera com uma aceleração constante g. Pela lei de Newton, $F = mg$. Referimo-nos à força F como o *peso* do objeto. No sistema inglês de unidades, se o *pound* é tomado como unidade de força (logo em partícula, de peso), então a unidade de massa é chamada *slug*. O peso da massa de 1 *slug* é portanto dado por $F = mg = (1)(32) = 32$ *pounds*. A unidade básica de energia (tanto potencial quanto cinética), bem como a de trabalho no sistema inglês, é o *pé-pound*. Um pé-pound é o trabalho feito para erguer o peso equivalente a 1 *pound* através de 1 pé.

No sistema cgs (centímetro-grama-segundo), o *grama* é a unidade básica de massa. Mil gramas (isto é, um *quilograma*) de massa pesam cerca de 2,2 pounds próximo à superfície da terra. A unidade básica de força no sistema cgs é o *dina*. Um dina é a força requerida para acelerar a massa de 1 grama um centímetro por segundo por segundo. Como $g = 980$ cm/s², 1 grama de massa próxima à superfície da terra pesará 980 dinas (peso = mg). Um pound é aproximadamente 445.000 dinas. A unidade de energia no sistema cgs é o *dina-centímetro,* também chamado *erg.* Um erg é o trabalho feito para erguer a massa de 1 grama através de 1 centímetro. Um pé-pound é aproximadamente 13.560.000 ergs.

EXEMPLO   A força F em Newton agindo sobre uma partícula eletricamente carregada, de massa m quilogramas, devido a um campo eletrostático é dada por $F = s^{-2}$, onde s é a coordenada da partícula e as distâncias estão medidas em metros. A energia potencial V da partícula satisfaz $V = 1$ erg quando $s = 1$. A partícula é posta em movimento em $s = 1$ com uma velocidade $v_0 = 0$. Determine:
(a) V como uma função de s.
(b) $\lim_{s \to +\infty} V$
(c) A velocidade da partícula quando ela atinge a posição de coordenada s.

SOLUÇÃO

(a) $V = -\int F ds = -\int s^{-2} ds = s^{-1} + C$. Desde que $V = 1$ quando $s = 1$, segue-se que $C = 0$. Daí, $V = s^{-1}$.

(b) $\lim_{s \to +\infty} V = \lim_{s \to +\infty} s^{-1} = 0$

(c) A energia total $E = \frac{1}{2} mv^2 + V = \frac{1}{2} mv^2 + s^{-1}$ é constante. Quando $s = 1$, temos $v = 0$. Daí, $E = \frac{1}{2} m(0)^2 + 1^{-1} = 1$. Portanto, $1 = \frac{1}{2} mv^2 + s^{-1}$ vale para todos os instantes. Resolvendo a última equação para v, obtemos $v = \pm \sqrt{2(s-1)/ms}$. Com a força F agindo sobre a partícula é sempre positiva e a velocidade inicial é 0, segue-se que a velocidade não pode ser negativa (por quê?). Daí, $v = \sqrt{2(s-1)/ms}$.

4.5 O movimento de um projétil

Nos exemplos seguintes, suponha que um projétil P de massa m é disparado verticalmente para cima da superfície da terra no instante $t = 0$ com uma velocidade inicial v_0 (Fig. 8). Tome o eixo s orientado diretamente para cima com sua origem na superfície da terra. Então a força (constante) F de gravidade sobre o projétil está agindo para baixo. Conseqüentemente, F é negativa. A aceleração a do P é também negativa. Daí $a = -g$ e $F = ma = -mg$. Escolha a energia potencial V de modo que $V = 0$ quando $t = 0$, isto é, quando $s = 0$. Seja h a altura máxima a que P se eleva.

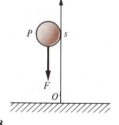

Fig. 8

EXEMPLOS   **1**   Determine a equação do movimento $s = f(t)$ de P.

SOLUÇÃO

Já que $dv/dt = a = -g$, temos que $dv = -g\, dt$, de modo que $v = \int (-g) dt = -gt + C_1$. Quando $t = 0$, temos $v = v_0$. Daí $C_1 = v_0$ e assim $v = -gt + v_0$. Portanto, $ds/dt = -gt + v_0$, ou $ds = -gt\, dt + v_0\, dt$. Conseqüentemente,

$s = \int (-g) t\, dt + \int v_0 dt = \frac{1}{2} g t^2 + v_0 t + C_2$. Como $s = 0$ quando $t = 0$, segue-se que $C_2 = 0$, de modo que a equação do movimento é $s = -\frac{1}{2} g t^2 + v_0 t$.

2   Determine a velocidade v em termos de s.

N.T: No Sistema Internacional de Unidades que obrigatoriamente passou a ser utilizado no Brasil a partir do Decreto n.º 81.621 de 03 de maio de 1978, compreende como unidade básica de massa o quilograma. A unidade básica de força é o Newton, N, que é a força que comunica à massa de um quilograma a aceleração de um metro por segundo por segundo. A unidade básica de energia é o joule, J, que é o trabalho realizado por uma força constante de um Newton que desloca seu ponto de aplicação de um metro na sua direção.

Atualmente encontram-se em fase de extinção sistemas como o Inglês referido acima, e estão gradualmente sendo substituídos pelo Sistema Internacional de Unidades. E neste livro usaremos já o SIU, visando ao aprendizado e utilização dos alunos em formação profissional de diferentes escolas de nível universitário.

CÁLCULO

SOLUÇÃO
Do Exemplo 1, $v = -gt + v_0$ e $s = -\frac{1}{2}gt^2 + v_0 t$. Eliminando t dessas duas equações, encontramos pela álgebra elementar que $v^2 = v_0^2 - 2gs$. Daí, $v = \pm \sqrt{v_0^2 = 2g\,s}$.

3 Determine a altura h máxima em termos de v_0.

SOLUÇÃO
Para maximizar s, pomos $ds/dt = v = 0$. No Exemplo 2 encontramos que $v^2 = v_0^2 - 2gs$. Assim, pondo $v = 0$ e $s = h$, obtemos $0 = v_0^2 - 2gh$, ou $h = v_0^2/(2g)$.

4 Determine as energias cinética e potencial de P como uma função de t.

SOLUÇÃO
Utilizando o Exemplo 1, vemos que a energia cinética é dada por

$$\tfrac{1}{2}mv^2 = \tfrac{1}{2}m(-gt + v_0)^2 = \tfrac{1}{2}mg^2t^2 - mgv_0 t + \tfrac{1}{2}mv_0^2.$$

A energia potencial é dada por

$$V = -\int F\,ds = -\int (-mg)\,ds = mg\int ds = mgs + C.$$

Quando $t = 0$, então $s = 0$ e $V = 0$, portanto $0 = mg(0) + C$ e $C = 0$. Assim $V = mgs$. Daí, usando o Exemplo 1 novamente, vemos que

$$V = mgs = mg(-\tfrac{1}{2}gt^2 + v_0 t) = -\tfrac{1}{2}mg^2t^2 + mgv_0 t.$$

5 Determine as energias cinética e potencial de P como funções da coordenada de posição s.

SOLUÇÃO
Pelo Exemplo 2, $v^2 = v_0^2 - 2gs$. Daí, a energia cinética é dada por $\frac{1}{2}mv^2 = \frac{1}{2}mv_0^2 - mgs$. Pelo Exemplo 4, a energia potencial é dada por $V = mgs$.

6 Determine a energia (constante) total E de P e explique o que acontece à energia cinética e à energia potencial de P quando ele se eleva de $s = 0$ até $s = h$.

SOLUÇÃO
Pelo Exemplo 5, $E = \frac{1}{2}mv^2 + V = (\frac{1}{2}mv_0^2 - mgs) + mgs$, assim $E = \frac{1}{2}mv_0^2$. Quando $s = 0$, toda a energia é cinética. À medida que P se eleva de $s = 0$ até $s = h$, há uma "taxa" entre energia cinética e potencial — a energia cinética decresce e a energia potencial cresce. Finalmente, quando $s = h = v_0^2/(2g)$ (Exemplo 3), então toda a energia é potencial.

Conjunto de Problemas 4

Nos problemas 1 a 4, a inclinação dy/dx da linha tangente ao gráfico de uma função f é dada por uma equação diferencial. Determine a função f se o gráfico de f passa pelo ponto indicado (a, b)

1 $\dfrac{dy}{dx} = 1 - 3x; (a,b) = (-1, 4)$

2 $\dfrac{dy}{dx} = x^2 + 1; (a,b) = (-3, 5)$

3 $\dfrac{dy}{dx} = \left(\dfrac{y}{x}\right)^2; (a,b) = (2, 1)$

4 $\dfrac{dy}{dx} = 2xy^2; (a,b) = (0, 1)$

Nos problemas 5 a 8, a força F agindo sobre uma partícula P movendo-se ao longo do eixo s é dada em termos das coordenadas de P. Determine o trabalho feito por F para mover P de $s = s_0$ até $s = s_1$.

5 $F = 2s$, s em metros, F em Newtons, $s_0 = 1$, $s_1 = 5$.
6 $F = 400s\sqrt{1 + s^2}$, s em metros, F em Newtons, $s_0 = 0$, $s_1 = 3$.
7 $F = \sqrt{s}$, s em metros, F em Newtons, $s_0 = 0$, $s_1 = 8$.
8 $F = (1 + s)^{2/3}$, s em metros, F em Newtons, $s_0 = -7$, $s_1 = 7$.

Nos problemas 9 a 12, uma mola perfeitamente elástica é puxada desde sua posição relaxada através de b unidades. Quando estendida b unidades, a força de tração sobre a mola é F_b unidades. A constante da mola é k. Das informações dadas, determine o trabalho feito.

9 $b = 10$ m, $F_b = 100$ N.
10 $b = 0,03$ m, $F_b = 15.000$ N.
11 $k = 2500$ N/m, $F_b = 10.000$ N.
12 $k = 32$ N/m, $b = 6$ m.
13 Uma mola perfeitamente elástica com coeficiente de mola $k = 150$ N/m é estendida até 6 m. No início deste alongamento a mola não está em posição relaxada, e a força aplicada à mola é de 300 N. Qual é o trabalho realizado no esticamento da mola ao longo de 6 metros?
14 Um balde contendo areia é elevado, partindo do nível do solo, com uma velocidade constante de 2 metros/seg. O balde pesa 3 kg e, no início, está cheio com 70 kg de areia. À medida que o balde é erguido, a areia escorre por um buraco no fundo a uma taxa constante de 1 quilograma por segundo. Qual o trabalho feito para elevar o balde até a altura na qual toda a areia tenha escorrido?
15 Se M quilogramas de massa estão uniformemente distribuídos ao longo do eixo x entre a origem e o ponto $x = a$ metros, onde $a > 0$, determine a força gravitacional de atração dessa massa sobre uma partícula P de 1 quilo situada no ponto $x = -b$, onde $b > 0$. Use a fórmula de Newton para a força gravitacional F entre duas partículas de massa m_1 e m_2 separadas pela distância s, $F = \gamma(m_1 m_2/s^2)$, $\gamma = 6,6732 \times 10^{-8}$ N · m²/kg².
16 Duas barras finas feitas de ouro têm cada uma 1 metro de comprimento e cada barra 250 gramas de ouro. Essas barras são colocadas extremidade a extremidade ao longo do eixo x de modo que se unem na origem. Seja F a força gravitacional de atração da barra da direita sobre a posição da barra esquerda entre a sua extremidade da esquerda e o ponto de coordenada x, $-100 \le x \le 0$. Determine a equação diferencial para F e a condição de valor inicial.
17 O custo marginal C' ao se produzir x perucas é dado pela equação $C' = 12 - (8/\sqrt{x})$ cruzeiros por peruca.
 (a) Determine o custo total C como uma função de x sabendo-se que o custo total de manufatura de 100 perucas é Cr$ 1.200,00.
 (b) Se cada peruca é vendida por Cr$ 21,00, determine o lucro P como uma função de x.
18 O custo marginal C' ao se produzir x barbeadores elétricos por mês é dado por $C' = Ax - B$, onde A e B são constantes positivas. Cada barbeador é vendido por Cr$ k. Dê uma fórmula para o número de barbeadores que devem ser manufaturados para maximizar o lucro mensal em termos de A, B e k.
19 O custo marginal dC/dx de produção de x milhares de latas de alimento de bebês é dado por $dC/dx = 30 x^{-2/3}$, onde o preço de produção está em cruzeiros. Dado que 8000 latas podem ser produzidas por Cr$ 600,00, qual será o custo de produção de 125.000 latas?
20 O custo de manufatura de x milhares de ioiôs é dado por $C = 600 + 60x$ cruzeiros. A correspondente renda marginal é $dR/dx = 400 - 8x$. Determine o número de ioiôs (em milhares) que irá maximizar o lucro de manufatura.
21 O custo de produção de um jornal em uma pequena cidade é $C = 3,5x + 100$ cruzeiros por mês, onde x é o número de assinaturas do jornal. A renda marginal é dada por $dR/dx = 13 - (x/40)$ cruzeiros por mês, e $R = 0$ se $x = 0$.
 (a) Determine R como uma função x.
 (b) Determine o lucro total P como uma função de x.
 (c) Que valor de x irá maximizar o lucro total?
 (d) Se o valor de x é o que maximiza o lucro, que preço deverá pagar cada assinante por mês por uma assinatura?
22 A Companhia de Alimentos Frostbite Frozen pode manufaturar x milhares de macarrões congelados e queijos para refeição por $350x + 10.000$ cruzeiros. A renda marginal é $dR/dx = 515 - (x/2)$ cruzeiros por milhares de refeições.
 (a) Quantos macarrões e queijos para refeição devem ser manufaturados para maximizar a renda total?
 (b) Quantas refeições precisam ser manufaturadas para maximizar o lucro total?
 (c) Quando o lucro total está maximizado, que preço deverá a Companhia Frostbite cobrar por uma única refeição de macarrão? (Suponha que $R = 0$ quando $x = 0$.)

Os problemas 23 a 27 referem-se à Fig. 9, na qual a massa m é suspensa por uma mola perfeitamente elástica com a constante da mola k. A massa da própria mola e a resistência do ar são desprezadas. Um eixo vertical s é tomado de modo que, quando a massa e a mola estão suspensas em equilíbrio, a coordenada s de m é zero. A massa m é

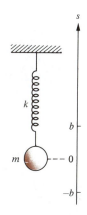

Fig. 9

erguida até a posição de coordenadas $s = b$ e solta no instante $t = 0$ com uma velocidade $v_0 = 0$. Naturalmente, a massa oscila para cima e para baixo entre b e $-b$.

23. Pela lei de Hooke, a força F exercida sobre a massa m pela mola é dada por $F = -ks$. Explique o sinal negativo.

24. Prove que a equação diferencial que comanda o movimento de massa m é
$$\frac{m}{k}\frac{d^2s}{dt^2} + s = 0.$$

25. Dado que a energia potencial é zero quando ela passa através da origem, determine uma fórmula dando a energia potencial V em termos de s.

26. (a) Determine a energia (constante) total E do sistema.
    (b) Prove que $mv^2 + ks^2 = kb^2$ vale em qualquer instante.

27. Determine a velocidade v da massa m no instante em que atravessa a posição $s = 0$ pela primeira vez depois de ser solta. (*Sugestão:* Neste instante, v é negativo e toda a energia é cinética).

28. Uma partícula P está se movendo ao longo do eixo s sob a ação de uma força F.
    (a) Explique por que a energia potencial V de P é definida dependendo de uma constante.
    (b) Explique por que $F = -dV/ds$.

29. Uma partícula P está se movendo ao longo do eixo s positivo sob a influência de uma força F. A energia total E de P é zero e a energia potencial é dada por $V = -1/s$. Determine a velocidade $v = ds/dt$ de P em termos de s.

30. A partícula P no problema 29 está em $s = 25$ centímetros quando $t = 0$ e sua velocidade é negativa quando $t = 0$. Determine a equação do movimento de P.

31. Suponha que a partícula P no problema 29 começa a mover-se em $s = 25$ centímetros com uma velocidade positiva quando $t = 0$. Determine a equação do movimento de P e prove que a velocidade v de P é positiva para todo $t > 0$. Determine também $\lim_{t \to +\infty} v$.

32. Duas partículas P_1 e P_2 com massas m_1 e m_2, respectivamente, estão se movendo sobre o eixo s com velocidades variáveis v_1 e v_2, respectivamente. Uma força variável de atração existe entre as duas partículas, de modo que a força exercida por P_2 sobre P_1 é F_1 e a força exercida por P_1 sobre P_2 é F_2. Dado que $-F_1 = F_2$ em todos os instantes, prove que a soma $m_1v_1 + m_2v_2$ do momento linear de P_1 e do momento linear de P_2 permanece constante durante o movimento.

33. Uma partícula com carga elétrica unitária positiva e fixada na origem e uma partícula P carregada da mesma forma é levada em direção à origem partindo de um ponto distante 10 unidades da origem. Na física prova-se que o trabalho W feito para mover P contra a força de repulsão causada pela partícula de mesma carga em 0 é independente do caminho seguido e depende somente da distância r de 0 a P (Fig. 10). Além disso, W satisfaz a equação diferencial $dW/dr = -1/r^2$. Dado que $W = 0$ quando $r = 10$, determine a equação que dá W em termos de r.

34. O gráfico de $y = f(x)$ contém o ponto $(1,4)$ e a reta tangente a esse gráfico no ponto $(1,4)$ tem inclinação 1. Determine f se $f''(x) = 4x$ para todos os valores de x em R.

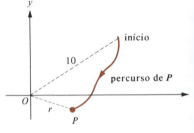

Fig. 10

5 Áreas de Regiões do Plano pelo Método de Fracionamento

Fig. 1

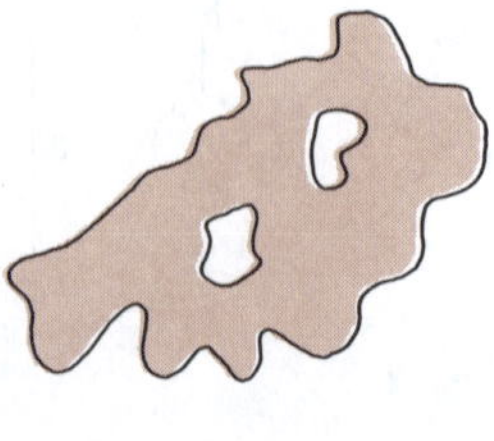

Fig. 2

Uma das mais importantes aplicações de antidiferenciação é determinar a área de regiões no plano. Se uma região tem um contorno consistindo em um número finito de segmentos de reta, ela pode ser dividida em um número finito de triângulos não superpostos (Fig. 1) e sua área pode ser determinada somando-se as áreas desses triângulos. Contudo, se a região é limitada por curvas (Fig. 2), não é imediato como calcular sua área.

Antes de atacarmos o problema de calcular a área de uma região do plano como a dada na Fig. 2, deveríamos talvez perguntar o que *se entende* por "área" dessa figura. Infelizmente, não é possível fornecer uma resposta sem entrar em complicações, as quais preferimos evitar aqui. Assim iremos supor que o leitor compreenda o que se entende por área de uma região. Ainda que em um sentido grosseiro.

5.1 Áreas por fracionamento

O *método de fracionamento* é uma técnica efetiva para determinar as áreas de muitas regiões planas. Dada uma dessas regiões, tome um eixo de "referência" conveniente, digamos o eixo s (Fig. 3). Em cada ponto ao longo desse eixo, construa uma reta perpendicular interceptando a região em um segmento de reta de comprimento l. Note que l é uma função de s. Suponha que toda a região se situe entre a perpendicular em $s = a$ e a perpendicular em $s = b$. Denote por A a área da porção da região entre as perpendiculares em a e s (Fig. 3). Evidentemente, A é uma função de s e $A = 0$ quando $s = a$.

O ponto de vista "infinitesimal" permite-nos formar uma equação diferencial para A. Se s é aumentada por uma "quantidade infinitesimal" ds, então A cresce de uma "quantidade infinitesimal" correspondente dA (Fig. 4). Note que dA é virtualmente a área do pequeno retângulo de comprimento l

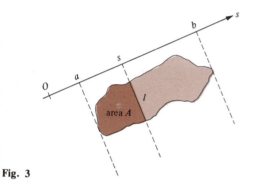

Fig. 3

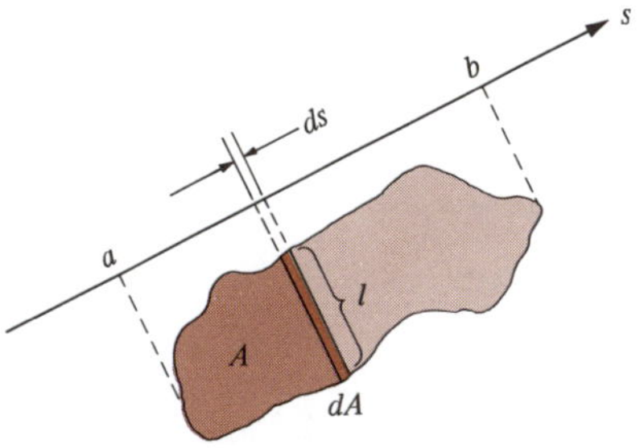

Fig. 4

e largura ds; isto é, $dA = l\,ds$. Portanto, A pode ser obtida resolvendo-se a equação diferencial $dA = l\,ds$ sujeita à condição de contorno $A = 0$ quando $s = a$. O valor de A quando $s = b$ é a área procurada.

EXEMPLOS Determine a área da região dada pelo método do fracionamento

1 Um triângulo com base 5 metros e altura 8 metros.

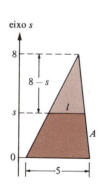

Fig. 5

SOLUÇÃO
Na Fig. 5, tomamos eixo de referência s perpendicular à base do triângulo com a origem no nível da base, de modo que $dA = l\,ds$. Da Fig. 5 e dos triângulos semelhantes, $\dfrac{l}{8-s} = \dfrac{5}{8}$; daí, $l = {}^5/_8\,(8-s)$. A equação diferencial $dA = l.\,ds$ pode agora ser resolvida para obtermos

$$A = \int l\,ds = \int \tfrac{5}{8}(8-s)\,ds = 5 \int ds - \tfrac{5}{8} \int s\,ds = 5s - \tfrac{5}{16}s^2 + C.$$

Desde que $A = 0$ quando $s = 0$, temos $C = 0$. Daí, $A = 5s - {}^5/_{16}s^2$. A área total do triângulo é obtida pondo-se $s = 8$ e calculando-se $A = (5)(8) - ({}^5/_{16})(8)^2 = 20$ metros quadrados. (Isso, de fato, corresponde ao resultado obtido pela fórmula usual "metade da altura vezes a base".)

2 A região no plano xy limitada inferiormente pela parábola $y = x^2$ e superiormente pela reta horizontal $y = 4$.

SOLUÇÃO
Na Fig. 6, tomamos o eixo y como eixo de referência para o método de fracionamento, de modo que $dA = l\,dy$. Da Fig. 6, $l = 2x$, onde $x > 0$ e (x, y) está situado no gráfico de $y = x^2$. Portanto, $x = \sqrt{y}$, $l = 2\sqrt{y}$, e então

$$A = \int l\,dy = \int 2\sqrt{y}\,dy = 2\int y^{1/2}\,dy = 2(\tfrac{2}{3}y^{3/2}) + C = \tfrac{4}{3}y^{3/2} + C.$$

Desde que $A = 0$ quando $y = 0$, segue-se que $C = 0$ e $A = {}^4/_3 y^{3/2}$. Quando $y = 4$, $A = {}^4/_3 (4^{3/2}) = {}^{32}/_3$ unidades de área.

3 A região no primeiro quadrante do plano xy limitada superiormente pela parábola $y = x^2$, inferiormente pelo eixo x, e à direita pela reta vertical $x = 2$.

SOLUÇÃO
Usamos o método de fracionamento, tomando o eixo x como eixo de referência. Aqui, a equação diferencial é $dA = l\,dx$, onde, pela Fig. 7, $l = y = x^2$. Assim

$$A = \int l\,dx = \int x^2\,dx = \frac{x^3}{3} + C.$$

Já que $A = 0$ quando $x = 0$, temos $C = 0$ e $A = x^3/3$. Em conseqüência, quando $x = 2$, $A = {}^8/_3$ unidades de área.

4 A região no plano xy entre a curva $y = \sqrt{x}$ e a curva $y = x^3$.

SOLUÇÃO
A região em questão é mostrada na Fig. 8. Se tomarmos o eixo x como eixo de referência para o método de fracionamento, então $dA = l\,dx$. Desde que $l = \sqrt{x} - x^3$, segue-se que

$$A = \int l\,dx = \int \left(\sqrt{x} - x^3\right) dx = \int x^{1/2}\,dx - \int x^3\,dx = \frac{2}{3}x^{3/2} - \frac{x^4}{4} + C.$$

Quando $x = 0$, $A = 0$, então $C = 0$. Quando $x = 1$,

$$A = \tfrac{2}{3}(1)^{3/2} - \tfrac{1}{4} = \tfrac{5}{12}\quad \text{unidades de área.}$$

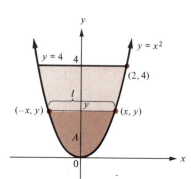

Fig. 6

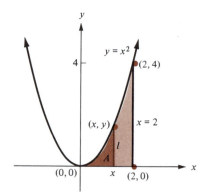

Fig. 7

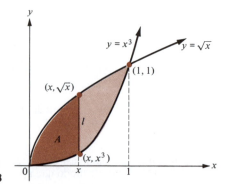

Fig. 8

Duas observações devem ser feitas em conjunto com o método de fracionamento. Primeiro, embora a nossa "derivação" da equação diferencial $dA = lds$ para a área (Fig. 4) possa ser feita, vemos que uma aproximação foi envolvida; contudo, é possível provar que a equação diferencial vale com *exatidão*, e, com a escolha apropriada da constante de integração, $A = \int lds$ fornece a área com *exatidão*. Segundo, o eixo de "referência" pode ser escolhido arbitrariamente — a resposta será sempre a mesma. De fato, uma escolha hábil do eixo de referência simplificará os detalhes efetivos de cálculo.

Conjunto de Problemas 5

Nos problemas 1 a 5, determine a área da região hachurada nas Figs. 9 a 13 pelo método de fracionamento, usando o eixo indicado como eixo de referência.

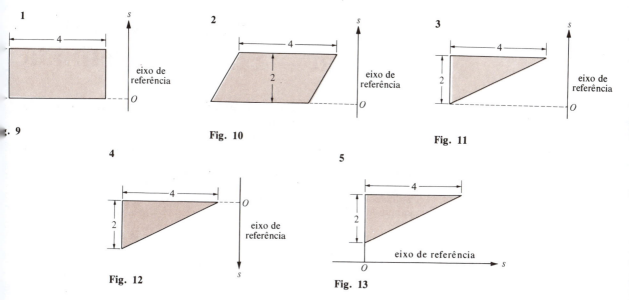

Fig. 9   Fig. 10   Fig. 11   Fig. 12   Fig. 13

6 Calcule a área da região hachurada na Fig. 14 pelo método de fracionamento de duas maneiras.
(a) Usando o eixo x como eixo de referência.
(b) Usando o eixo y como eixo de referência.

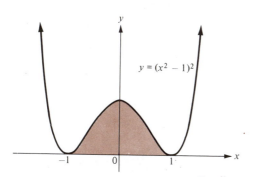

Fig. 14

Nos problemas 7 a 20, calcule a área da região dada pelo método de fracionamento usando o eixo dado como eixo de referência. Trace a região no plano xy.

7. A região limitada superiormente por $y = \sqrt{x-2}$, à esquerda por $x = 2$, à direita por $x = 6$, e abaixo por $y = 0$. Tome o eixo x como eixo de referência.
8. Mesmo que o problema 7, mas tome o eixo y como eixo de referência.
9. A região entre $y^2 = x$ e $y - x + 2 = 0$. Tome o eixo y como eixo de referência.
10. A região entre $y = x^2 - 6x + 8$ e $y = -x^2 + 4x - 3$. Tome o eixo x como o eixo de referência.
11. A região triangular limitada pelas retas $y + 2x - 2 = 0$, $y - x - 5 = 0$ e $y = 7$. Tome o eixo y como eixo de referência.
12. A região entre $x = y^2 - 4$ e $x = 2 - y^2$. Tome o eixo y como eixo de referência.
13. A região entre $y^2 = 1 - x$ e $y = x + 5$. Tome o eixo y como eixo de referência.
14. A região abaixo da curva $y = x\sqrt{25 - x^2}$ entre $x = -5$ e $x = 0$. Tome o eixo x como eixo de referência.
15. A região entre $y = 4 - x^2$ e $y = x^2 - 2$. Tome o eixo x como eixo de referência.
16. A região entre $y = x^2$ e $y = 2x$. Tome o eixo x como eixo de referência.
17. A região entre $y = x^2$ e $x = y^2$. Tome o eixo x como eixo de referência.
18. A região entre $y = x$, $y = 2 - x$ e $y = 0$. Tome o eixo y como eixo de referência.
19. A região entre $y = 4 - x^2$ e $y = -2$. Tome o eixo x como eixo de referência.
20. A região entre $y = x^4 + 1$ e $y = 17$. Tome o eixo y como eixo de referência.

6 Área sob o Gráfico de uma Função — a Integral Definida

É tradicional referir-se à região entre o gráfico de uma função f e o eixo x como a região "sob" o gráfico de f, apesar do fato de que, se o gráfico de f corta o eixo x no sentido inferior, parte dessa região ficará realmente acima do gráfico. Assim, falamos da área da região hachurada na Fig. 1 como a *região sob o gráfico de f entre $x = a$ e $x = b$*. Denote por A_1 a área da porção dessa região, que fica acima do eixo x, e por A_2 a área da porção que fica abaixo do eixo x, de modo que $A_1 + A_2$ é a área total da região. Em muitas aplicações do cálculo, é conveniente a área A_2 da área A_1 para formar a quantidade $A_1 - A_2$, a qual é chamada *área com sinal* sob o gráfico de f entre $x = a$ e $x = b$.

A idéia de área com sinal nos permite dar uma definição preliminar informal de *integral definida* — um dos mais úteis e significativos conceitos do cálculo. (Na Seção 2 do Cap. 6, damos uma definição analítica da integral definida.)

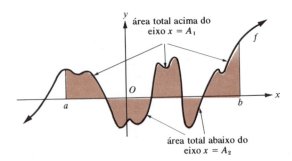

Fig. 1

DEFINIÇÃO 1 **A Integral Definida (Versão Preliminar Informal)**

Seja f uma função definida ao menos no intervalo fechado $[a, b]$. Então a área com sinal sob o gráfico de f entre $x = a$ e $x = b$ é denotada por $\int_a^b f(x)\,dx$. Assim, $\int_a^b f(x)\,dx = A_1 - A_2$ (Fig. 1).

A expressão $\int_a^b f(x)\,dx$ é chamada *integral definida de a até b de f(x)dx*;

a função f (ou a expressão $f(x)$) é chamada *integrando;* e o intervalo $[a, b]$ é chamado *intervalo de integração.* Os números a e b são chamados *limites inferior* e *superior de integração,* respectivamente. (O uso da palavra "limite" não deve ser confundido com o limite de uma função.)

Veremos em breve exatamente por que a notação escolhida para a integral definida é tão parecida com a notação $\int f(x)\, dx$ para a integral indefinida. Por ora, observe que a integral definida $\int_a^b f(x)\, dx$ é um número definido $A_1 - A_2$, ao passo que a integral indefinida $\int f(x)\, dx$ é uma função $g(x) + C$ que envolve uma constante arbitrária C.

O exemplo seguinte mostra como uma integral definida simples pode ser determinada geometricamente.

EXEMPLO Seja f uma função definida por $f(x) = 1 - x$. Use a geometria elementar para determinar $\int_{-1}^{2} f(x)\, dx$.

SOLUÇÃO
Na Fig. 2, a área A_1 acima do eixo x é a área de um triângulo de base 2 unidades e altura 2 unidades. Daí, $A_1 = \frac{1}{2}(2)(2) = 2$ unidades de área. Analogamente, a área A_2 abaixo do eixo x é a área de um triângulo de base 1 unidade e altura 1 unidade. Daí, $A_2 = \frac{1}{2}(1)(1) = \frac{1}{2}$ unidade de área. Assim, pela Definição 1,

$$\int_{-1}^{2} f(x)\, dx = \int_{-1}^{2} (1 - x)\, dx = A_1 - A_2 = 2 - \tfrac{1}{2} = \tfrac{3}{2}.$$

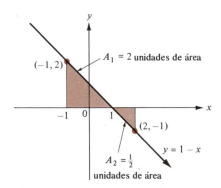

Fig. 2

Se o gráfico da função f é mais complicado do que o gráfico da Fig. 2, então a geometria elementar não nos fornecerá um valor numérico para a integral definida $\int_a^b f(x)\, dx$.

Contudo, há um teorema que nos dá um significado analítico para definir integrais definidas — um teorema tão básico e tão importante que é chamado *teorema fundamental do cálculo.* Aqui damos uma versão preliminar informal deste teorema. (A versão formal e uma prova rigorosa são dados na Seção 4.1 do Cap. 6.)

TEOREMA 1 **Teorema Fundamental do Cálculo. Versão Preliminar Informal.**
Suponha que f seja uma função contínua sobre o intervalo fechado $[a, b]$ e que

$$\int f(x)\, dx = g(x) + C.$$

Então,

$$\int_a^b f(x)\, dx = g(b) - g(a).$$

Note que o teorema fundamental do cálculo relaciona a integral indefinida $\int f(x)\, dx$ e a integral definida $\int_a^b f(x)dx$. De fato, ela não permite calcular a integral definida se conhecermos a integral indefinida.

Não podemos dar uma prova rigorosa desse teorema aqui — isso porque não possuímos uma definição formal de área. Contudo, podemos tornar o teorema fundamental *plausível* pelo uso do método de fracionamento da seguinte forma:

Na Fig. 3 seja $a \leq x \leq b$ e denote a área com sinal sob o gráfico de f, entre a e x, por I. Note que I depende de x, que $I = 0$ quando $x = a$ e que $I = \int_a^b f(x)dx$ quando $x = b$. Procedemos como antes com o método do fracionamento, tomando o eixo x como eixo de referência. Quando o gráfico de f está acima do eixo x, a ordenada $f(x)$ é positiva, e temos a equação diferencial $dI = f(x)dx$ como usualmente. Contudo, quando o gráfico corta o eixo x para baixo, a ordenada $f(x)$ torna-se *negativa*. Então $f(x)dx$ torna-se *negativo*. Mas desde que a área abaixo do eixo é *subtraída* quando se determina a área com sinal I, vemos que dI é também negativo quando o gráfico corta o eixo x para baixo. Em conseqüência, a equação diferencial $dI = f(x)dx$ continua valendo.

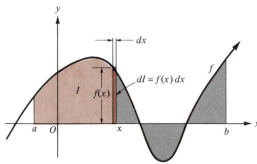

Fig. 3

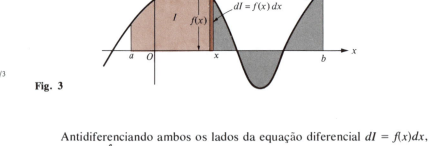

Fig. 4

Antidiferenciando ambos os lados da equação diferencial $dI = f(x)dx$, obtemos $I = \int f(x)dx = g(x) + C$. Da condição de valor inicial $I = 0$ quando $x = a$, temos $0 = g(a) + C$, e segue-se que $C = -g(a)$. Portanto, $I = g(x) - g(a)$. Quando $x = b$, $I = \int_a^b f(x)dx$. Daí, $\int_a^b f(x)dx = g(b) - g(a)$. Esse argumento torna o teorema fundamental do cálculo explicável.

EXEMPLO Use o teorema fundamental do cálculo para calcular a área da região sob o gráfico de $f(x) = x^{2/3}$ entre $x = 0$ e $x = 1$.

SOLUÇÃO
Na Fig. 4 vemos que a região sob o gráfico de $f(x) = x^{2/3}$, entre $x = 0$ e $x = 1$ está *inteiramente acima do eixo x*. Portanto, pela Definição 1, sua área é igual a $\int_0^1 x^{2/3}\, dx$. A integral indefinida $\int x^{2/3}dx$ é dada por $\int x^{2/3}dx = {}^3/_5 x^{5/3} + C$. Conseqüentemente, pelo teorema fundamental do cálculo

$$\int_0^1 x^{2/3}\, dx = \tfrac{3}{5}(1)^{5/3} - \tfrac{3}{5}(0)^{5/3} = \tfrac{3}{5} \text{ unidades de área.}$$

O artifício simples de notação introduzido na definição seguinte torna o teorema fundamental fácil de enunciar e usar.

DEFINIÇÃO 2 **Notação especial**
Se g é uma função qualquer e se os números a e b pertencem ao domínio

ANTIDIFERENCIAÇÃO, EQUAÇÕES DIFERENCIAIS E ÁREA

de g, então a notação $g(x) \Big|_a^b$, lida "$g(x)$ *calculada entre* $x = a$ *e* $x = b$", é definida por

$$g(x)\Big|_a^b = g(b) - g(a).$$

Por exemplo, $x^2 \Big|_1^2 = 2^2 - 1^2$; $f(x)\Big|_t^{t + \Delta t} = f(t + \Delta t) - f(t)$; e

$$(x^3 - 3x + 1)\Big|_{-1}^1 = [1^3 - 3(1) + 1] - [(-1)^3 - 3(-1) + 1] = -4.$$

Usando esta notação, podemos agora escrever o teorema fundamental do cálculo como

$$\int_a^b f(x)\, dx = \left[\int f(x)\, dx\right]_a^b,$$

Uma forma que é fácil de lembrar e usar. Finalmente, se $\int f(x)dx = g(x) + C$, então

$$\left[\int f(x)\, dx\right]_a^b = [g(x) + C]\Big|_a^b = [g(b) + C] - [g(a) + C] = g(b) - g(a)$$

$$= \int_a^b f(x)\, dx.$$

Observe como a constante de integração C é cancelada na forma acima. Assim, ao usar o teorema fundamental para calcular uma integral definida, a constante de integração na integral indefinida correspondente pode ser seguramente desprezada.

EXEMPLOS Calcule a integral definida dada usando o teorema fundamental do cálculo

1 $\displaystyle\int_0^1 (x^2 + 1)\, dx$

SOLUÇÃO

$$\int_0^1 (x^2 + 1)\, dx = \left[\int (x^2 + 1)\, dx\right]\Big|_0^1 = \left[\frac{x^3}{3} + x\right]\Big|_0^1$$

$$= \left(\frac{1^3}{3} + 1\right) - \left(\frac{0^3}{3} + 0\right) = \frac{4}{3}.$$

2 $\displaystyle\int_1^4 \frac{1 - x}{\sqrt{x}}\, dx$

SOLUÇÃO

$$\int_1^4 \frac{1 - x}{\sqrt{x}}\, dx = \int_1^4 \left(\frac{1}{\sqrt{x}} - \frac{x}{\sqrt{x}}\right) dx = \int_1^4 (x^{-1/2} - x^{1/2})\, dx$$

$$= \left[\int (x^{-1/2} - x^{1/2})\, dx\right]\Big|_1^4 = \left[\frac{x^{1/2}}{\frac{1}{2}} - \frac{x^{3/2}}{\frac{3}{2}}\right]\Big|_1^4$$

$$= \left[2x^{1/2} - \frac{2}{3}x^{3/2}\right]\Big|_1^4$$

$$= \left[2(4)^{1/2} - \frac{2}{3}(4)^{3/2}\right] - \left[2(1)^{1/2} - \frac{2}{3}(1)^{3/2}\right] = -\frac{4}{3} - \frac{4}{3} = -\frac{8}{3}.$$

Os exemplos seguintes ilustram o uso do teorema fundamental do cálculo para calcular áreas

EXEMPLOS   Use o teorema fundamental do cálculo para determinar a área da região dada.

1. A região abaixo do gráfico de $f(x) = \dfrac{x^2 - 2x + 8}{8}$ entre $x = -2$ e $x = 4$.

SOLUÇÃO
Como a região está inteiramente acima do eixo x (Fig. 5), sua área A é dada por

$$A = \int_{-2}^{4} \frac{x^2 - 2x + 8}{8} dx = \left[\int \frac{x^2 - 2x + 8}{8} dx\right]\Big|_{-2}^{4}$$

$$= \left[\frac{x^3}{24} - \frac{x^2}{8} + x\right]\Big|_{-2}^{4}$$

$$= \left[\frac{4^3}{24} - \frac{4^2}{8} + 4\right] - \left[\frac{(-2)^3}{24} - \frac{(-2)^2}{8} - 2\right]$$

$$= \frac{15}{2} \text{ unidades de área.}$$

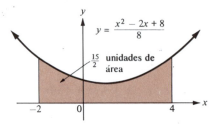

Fig. 5

2. A região limitada inferiormente pelo gráfico de

$$y = x^2 - 3x + 2$$

e limitada superiormente pelo eixo x (Fig. 6).

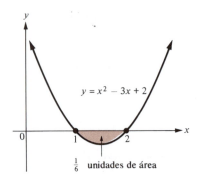

Fig. 6

Solução
Por definição

$$\int_1^2 (x^2 - 3x + 2)\, dx = A_1 - A_2,$$

onde A_1 é a área acima do eixo x e A_2 é a área abaixo do eixo x entre $x = 1$ e $x = 2$ (Fig. 6). Já que toda a área está abaixo do eixo x, $A_1 = 0$ e A_2 é a área procurada. Assim

$$A_2 = -\int_1^2 (x^2 - 3x + 2)\, dx = -\left[\int (x^2 - 3x + 2)\, dx\right]\Big|_1^2$$

$$= -\left[\frac{x^3}{3} - \frac{3x^2}{2} + 2x\right]\Big|_1^2$$

$$= -\left[\left(\frac{2^3}{3} - \frac{3(2)^2}{2} + 2(2)\right) - \left(\frac{1^3}{3} - \frac{3(1)^2}{2} + 2(1)\right)\right]$$

$$= -\left(-\frac{1}{6}\right) = \frac{1}{6}\text{ unidades de área.}$$

A situação ilustrada no exemplo acima aparece com bastante freqüência. Evidentemente, sempre que a região entre $x = a$ e $x = b$ limitada pela curva $y = f(x)$ e o eixo x permanece inteiramente abaixo do eixo x, então a área dessa região é o *oposto* da integral definida $\int_a^b f(x)\, dx$.

Uma região pode ter simetrias geométricas, o que pode ser explorado no cálculo de sua área. Em particular, a região sob o gráfico de uma função par ou ímpar possui tais simetrias.

EXEMPLO Determine a área da região sob a curva $f(x) = x\sqrt{4 - x^2}$ entre $x = -\sqrt{2}$ e $x = \sqrt{2}$ (Fig. 7).

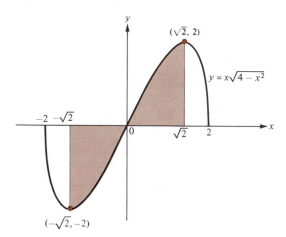

Fig. 7

Solução

Aqui, não podemos determinar a área calculando $\int_{-\sqrt{2}}^{\sqrt{2}} x\sqrt{4 - x^2}\, dx$, desde que essa integral definida tem valor zero. (Por quê?) Contudo, como f é uma função ímpar, a região hachurada na Fig. 7 é simétrica em relação à origem, então a área procurada é dada por $2\int_0^{\sqrt{2}} x\sqrt{4 - x^2}\, dx$. Fazendo a troca de variável $u = 4 - x^2$, e observando que $du = -2x\,dx$, de modo que $x\,dx = -\frac{1}{2}\,du$, temos

$$\int x\sqrt{4 - x^2}\,dx = -\frac{1}{2}\int \sqrt{u}\,du = (-\tfrac{1}{2})(\tfrac{2}{3})u^{3/2} + C$$

$$= (-\tfrac{1}{3})(4 - x^2)^{3/2} + C.$$

Conseqüentemente, a área hachurada A na Fig. 7 é dada por

$$A = 2\int_0^{\sqrt{2}} x\sqrt{4 - x^2}\,dx = 2\left[(-\tfrac{1}{3})(4 - x^2)^{3/2}\right]\Big|_0^{\sqrt{2}}$$

$$= 2\left[(-\tfrac{1}{3})(4 - 2)^{3/2} - (-\tfrac{1}{3})(4 - 0)^{3/2}\right]$$

$$= 2\left(\frac{-\sqrt{8} + 8}{3}\right) \doteq \frac{16 - 4\sqrt{2}}{3} \approx 3.45 \text{ unidades de área.}$$

Conjunto de Problemas 6

Nos problemas 1 a 6, calcule cada integral definida usando a geometria elementar — não use o teorema fundamental do cálculo.

1 $\displaystyle\int_0^5 x\,dx$
  2 $\displaystyle\int_{-2}^1 2x\,dx$

3 $\displaystyle\int_{-1}^1 \sqrt{1 - x^2}\,dx$ (*Sugestão:* A área de um círculo de raio r é πr^2.)

4 $\displaystyle\int_{-1}^1 f(x)\,dx$, onde $f(x) = \begin{cases} \sqrt{1 - x^2} & \text{se} -1 \le x \le 0 \\ 1 - x & \text{se}\, 0 < x \le 1 \end{cases}$

5 $\displaystyle\int_{-2}^2 |x|\,dx$
  6 $\displaystyle\int_{-2}^2 \frac{x\,dx}{1 + x^2}$

Nos problemas 7 a 14, escreva a área da região dada como uma integral ou como uma soma ou diferença de integrais definidas. Não calcule as integrais. Trace também o gráfico.

7 A região sob a curva $y = 3x - x^2$ entre $x = 0$ e $x = 3$.

8 A região sob a curva $y = 1/x$ entre $x = 1$ e $x = 2,718$.

9 A região sob a curva $y = 2x - 3$ entre $x = 0$ e $x = \frac{3}{2}$.

10 A região sob a curva $y = 2x - 3$ entre $x = 0$ e $x = 5$.

11 A região sob a curva $y = 2 - x^2$ e o eixo de x.

12 A região sob a curva $y = x^2 - 1$ e o eixo de x.

13 A região sob a curva $y = \frac{1}{3}x^3 - x$ entre $x = -4$ e $x = 4$.

14 A região sob a curva $y = 1 - x^{2/3}$ entre $x = -8$ e $x = 8$.

Nos problemas 15 a 20, use o teorema fundamental do cálculo para calcular cada integral definida

15 $\displaystyle\int_0^2 (3x^2 - 2x + 1)\,dx$
  16 $\displaystyle\int_{-1}^0 (x^3 + x^2 + x - 1)\,dx$
  17 $\displaystyle\int_0^{64} \frac{\sqrt{x}}{8}\,dx$

18 $\int_{-1/4}^{1/4} x\sqrt{1-x^2}\,dx$ **19** $\int_{-1}^{2} \dfrac{x\,dx}{\sqrt{x^2+1}}$ **20** $\int_{1}^{2} x\sqrt{1+x}\,dx$

Nos problemas 21 a 30, estabeleça uma expressão para a área da região dada em termos de integrais definidas, e então use o teorema fundamental do cálculo para calcular as integrais e assim determine a área da região. Trace a região no plano xy.

21 A região sob a curva $y = 10x - (x^2 + 24)$ entre $x = 4$ e $x = 6$.

22 A região sob a curva $y = 1 - x^2$ entre $x = -1$ e $x = \tfrac{1}{2}$.

23 A região sob a curva $y = x^2 - 3x$ entre $x = 0$ e $x = 3$.

24 A região sob a curva $y = -x^2$ entre $x = 0$ e $x = 2$.

25 A região sob a curva $y = x^4$ entre $x = -2$ e $x = 1$.

26 A região sob a curva $y = 2x^2 - 11x + 5$ entre $x = 0$ e $x = 5$.

27 A região sob a curva $y = -\tfrac{1}{3}x^3 + x^2$ entre $x = -2$ e $x = 4$.

28 A região sob a curva $y = x/(x^2+1)^2$ entre $x = -2$ e $x = 2$.

29 A região sob a curva $y = -\tfrac{1}{3}x^3 - x$ entre $x = -\sqrt{3}$ e $x = \sqrt{3}$.

30 A região dada no exercício 14 sob a curva $y = -x^{2/3}$ entre $x = -8$ e $x = 8$.

Nos problemas 31 a 39, determine a área de cada região

31 A região limitada por $y = x^3$, $x = -2$ e $x = 2$.

32 A região limitada superiormente por $y = x^2$, inferiormente pelo eixo x, e à esquerda e à direita por $y = 2 - x^2$.

33 A região mostrada na Fig. 8.

34 A região sob o gráfico da função f dada por

$$f(x) = \begin{cases} 2x - 1 & \text{para } -3 \leq x < 0 \\ x + 1 & \text{para } 0 \leq x \leq 4 \\ 5 & \text{para } x > 4 \end{cases}$$

entre $x = -3$ e $x = 8$.

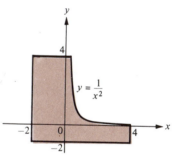

Fig. 8

35 A região limitada superiormente por $y = 1 - x^2$ e inferiormente por $y = |x| - 1$.

36 A região entre as duas retas paralelas $y = 2x + 8$ e $y = 2x + 3$ seccionadas pela parábola $y = x^2$.

37 A região do quadrilátero de vértices $(0,2)$, $(1,0)$, $(4,1)$ e $(1,3)$.

38 A região consistindo de todos os pontos (x, y) que satisfazem $|x| + |y| \leq 1$.

39 A região limitada por $y = x + 2$, $y = 3x - 3$, $y = 1 - x$, e $2y + 3x + 6 = 0$.

40 Justifique geometricamente as seguintes afirmativas:

(a) Se f é uma função contínua e $a > 0$, então $\int_{-a}^{a} f(x)\,dx = 2\int_{0}^{a} f(x)\,dx$.

(b) Se f é uma função contínua ímpar e $a > 0$, então $\int_{-a}^{a} f(x)\,dx = f$

(c) Se f é uma função contínua e $a < b < c$, então

$$\int_{a}^{c} f(x)\,dx = \int_{a}^{b} f(x)\,dx + \int_{b}^{c} f(x)\,dx.$$

Conjunto de Problemas de Revisão

Nos problemas 1 a 4, tome $dx = \Delta x$ e determine Δy, dy e $\Delta y - dy$.

1 $y = x^2 + 1$; $x = 2$, $\Delta x = 0{,}01$ **2** $y = \sqrt{x}$; $x = 1$, $\Delta x = 0{,}23$

3 $y = x^3$; $x = 2$, $\Delta x = 0{,}02$ **4** $y = 1/x$; $x = 2$, $\Delta x = -0{,}5$

CÁLCULO

Nos problemas 5 a 8, determine dy.

5 $y = x^3 - x$
    6 $y = \sqrt{4 - x^2}$
    7 $y = \dfrac{x^2 + 5}{2x + 1}$
    8 $x^3 + y^3 - 6xy = 2$

9 Se x e y são funções de t e $x^4 + y^4 - 4xy = 13$, determine a relação algébrica entre dx e dy. Resolva essa relação para dy/dx.

10 Dado $y = x^3 - 3x + 2$ e $x = 4t^2 - 3$, tome $dt = \Delta t = 0, 2, t = 1$ e determine os valores correspondentes de Δy e dy.

11 Use diferenciais para determinar a área aproximada de um caminho de 1 metro de largura em torno de uma praça que tem 100 metros em cada lado, sem contar o caminho.

12 Um grande tanque esférico de raio interno r tem uma fina parede metálica de espessura Δr. Use diferenciais para escrever uma fórmula para o volume aproximado do metal na parede.

13 Obtenha uma fórmula aproximada para o volume de metal em uma lata tendo a forma de um cubo de lado x, sendo a espessura Δx do metal pequena.

14 Trace o gráfico de uma função definida por $y = 1/x$, mostre um valor típico x_0 no domínio dessa função, indique uma pequena variação $\Delta x = dx$ no valor de x de x_0 para $x_0 + \Delta x$, e mostre os valores correspondentes de Δy e dy no gráfico. Prove analiticamente que Δy é aproximadamente igual a $- \Delta x/x^2$. Use esse fato para determinar uma aproximação decimal de $1/102$. Indique o quanto de erro é envolvido nesta aproximação.

15 Use diferenciais para determinar uma aproximação $\sqrt[5]{33}$.

16 O diâmetro de uma barra na forma de um cilindro circular reto é medido tendo 4,2 centímetros e um erro possível de 0,05 centímetros. Dê uma estimação razoável (usando diferenciais) para o erro possível na área transversal computada a partir do diâmetro medido.

Nos problemas 17 a 28, calcule cada antiderivada

17 $\displaystyle\int (3x^4 + 4x^2 + 11)\, dx$
    18 $\displaystyle\int (4x^3 + 3x^2 - x + 91)\, dx$
    19 $\displaystyle\int 3t \sqrt[3]{t}\, dt$

20 $\displaystyle\int (1 + 2t)^5\, dt$
    21 $\displaystyle\int \sqrt[7]{3t + 9}\, dt$
    22 $\displaystyle\int x^2(x^3 - 1)^{40}\, dx$

23 $\displaystyle\int x^2(x^3 + 8)^{17}\, dx$
    24 $\displaystyle\int x(x^2 + 4)^{-1/3}\, dx$
    25 $\displaystyle\int \frac{x^7\, dx}{\sqrt[5]{x^8 + 13}}$

26 $\displaystyle\int \frac{(\sqrt{x} - 3)^{44}\, dx}{\sqrt{x}}$
    27 $\displaystyle\int x\sqrt{7 + x}\, dx$
    28 $\displaystyle\int \frac{3t\, dt}{\sqrt{t + 5}}$

29 Calcule $\displaystyle\int x^5 \sqrt{x^3 + 1}\, dx$, partindo da mudança de variável $u = x^3 + 1$ e usando o fato de que $x^5 = x^3 \cdot x^2$

Nos problemas 30 a 37, determine a solução geral de cada equação

30 $\dfrac{dy}{dx} = 2x + 1$
    31 $\dfrac{dy}{dx} = (x - 4)(3x - 2)$
    32 $\dfrac{dy}{dx} = \dfrac{1}{(3 - x)^2}$
    33 $\dfrac{dy}{dx} = \dfrac{1 + x}{\sqrt{x}}$

34 $\dfrac{dy}{dx} = (1 - x^{3/2})^{15}\sqrt{x}$
    35 $\dfrac{dy}{dx} = \dfrac{\sqrt{1 + \sqrt{x}}}{\sqrt{x}}$
    36 $\dfrac{d^2y}{dx^2} = 3 - 2x + 6x^2$
    37 $\dfrac{d^2y}{dx^2} = \dfrac{1}{(1 - x)^4}$

Nos problemas 38 a 43, resolva cada equação diferencial sujeita às condições de contorno dadas.

38 $\dfrac{dy}{dx} = 2x^3 + 2x + 1$; $y = 0$ quando $x = 0$.
    39 $\dfrac{dy}{dx} = x^{-1/3}$; $y = 0$ quando $x = 1$.

40 $\dfrac{dy}{dx} = \dfrac{x}{\sqrt{1 - x^2}}$; $y = -1$ quando $x = 0$.
    41 $\dfrac{dy}{dx} = x^2(1 + x^3)^{10}$; $y = 2$ quando $x = 0$.

42 $\dfrac{d^2y}{dx^2} = x^3 + 1$; $y = 0$ e $y' = 1$ quando $x = 0$.
    43 $\dfrac{d^2y}{dx^2} = \dfrac{1}{x^3}$; $y = 2$ e $y' = 1$ quando $x = 1$.

ANTIDIFERENCIAÇÃO, EQUAÇÕES DIFERENCIAIS E ÁREA

44 Suponha que $G' = g$, $F' = f$ e que u é uma solução da equação diferencial $g[u(x)] \cdot u'(x) = f(x)$. Mostre que existe uma constante C tal que $G \circ u = F + C$.

45 Determine uma fórmula para $f(x)$ sabendo-se que o gráfico de f contém o ponto $(2, 6)$ e que a inclinação da tangente a este gráfico em cada ponto $(x, f(x))$ é $x\sqrt{x^2 + 5}$

46 (a) Mostre que não existe uma função f satisfazendo à equação diferencial $f'(x) = 3x^2 + 1$ tal que $f(0) = 0$ e $f(1) = 3$.

(b) Mostre que existe uma função f satisfazendo à equação diferencial $f''(x) = 3x^2 + 1$ tal que $f(0) = 0$ e $f(1) = 3$. Explique comparando a parte (a) com a parte (b).

47 Resolva a equação diferencial $dy/dx = |x| + |x - 1| + |x - 2|$ sujeita à condição inicial $y = 1$ quando $x = 0$ $\left(Sugestão: \int |x|\, dx = x \dfrac{|x|}{2} + C. \right)$

48 A força F agindo sobre uma partícula P ao longo do eixo s é dada por $F = \sqrt{1 + \sqrt{s}}$ dinas. Determine o trabalho feito por esta força quando a partícula é movida de $s = 1$ centímetros até $s = 0$ centímetros.

49 Uma mola perfeitamente elástica é comprimida 6 centímetros de seu comprimento por um peso de 2 toneladas colocado sobre ela. Qual o trabalho (em joules) feito?

50 Que aceleração constante negativa é necessária para levar um trem ao repouso em 500 metros se ele está andando a uma velocidade de 44 m/seg?

51 Um atleta correndo 100 metros mantém uma aceleração constante para os 32 primeiros metros e depois disso tem aceleração nula. Qual deverá ser a aceleração se o atleta executa a corrida em 9,4 segundos?

52 Um certo tipo de automóvel pode ser levado a parar, ao andar a uma velocidade de 72 km/h, em 4 segundos. Quanto tempo levará para parar o carro que anda a uma velocidade de 96 km/h? Suponha a mesma aceleração constante em ambos os casos.

53 Uma pedra é arremessada em linha reta para baixo, com uma velocidade inicial de 96 metros por segundo, de uma ponte a 256 metros acima de um rio.

(a) Quantos segundos decorrerão antes que a pedra atinja a água?

(b) Qual será a velocidade da pedra quando ela bater na água?

54 Sabendo-se que a aceleração da gravidade na superfície da terra é 980 cm/seg², explique porque a massa de 1 grama pesa 980 dinas na superfície da terra.

55 Um peso de 500 kg é suspenso 150 m abaixo de um guindaste por um cabo pesando 0,75 kg/m. Desprezando o atrito, quantos joules de trabalho serão necessários para erguer o peso de 150 metros de altura.

56 Seja W o trabalho feito para carregar um capacitor que tem capacitância (constante) C com Q coulombs. Se E é a queda de voltagem através do capacitor e I é a corrente em ampères fluindo no capacitor, então $dW = EdQ$, $Q = CE$ e $dQ = I\, dt$, onde t denota o tempo em segundos.

(a) Mostre que a potência instantânea dW/dt necessária para carregar o capacitor é dada por $dW/dt = EI$.

(b) Supondo que $W = 0$ quando $E = 0$, prove que $W = \frac{1}{2} CE^2$.

57 Suponha que m quilogramas de massa são distribuídos uniformemente ao longo do eixo s entre $s = a$ e $s = b$ metros, onde $0 < a < b$. Uma partícula P de M quilogramas é colocada sobre o eixo s na origem. Determine a força gravitacional exercida sobre P pela massa distribuída, sabendo-se que a constante de gravitação universal é $\gamma = 6{,}6732 \times 10^{-8}$ N $\cdot$ m²/kg².

58 Uma partícula move-se ao longo de uma trajetória curva de modo que suas coordenadas no instante t são $(f(t), g(t))$. Suponha que f e g são funções diferenciáveis e que f' e g' são contínuas. Escreva uma equação diferencial para a distância s, medida ao longo da trajetória curva, percorrida pela partícula desde o instante $t = 0$.

59 Uma companhia manufaturando meias femininas espera uma renda marginal dada por $dR/dx = 5 - (x/25.000)$ cruzeiros por par manufaturado. Suponha que $R = $ Cr\$ 0 quando $x = 0$. Seu custo marginal é dado por $dC/dx = 3$ por par manufaturado, onde $C = $ Cr\$ 200,00 quando $x = 0$.

(a) Determine a renda total esperada se x pares de meias são manufaturados.

(b) Determine o custo total de manufaturamento de x pares de meias.

(c) Quantos pares de meia devem ser manufaturados para maximizar a renda total?

(d) Quantos pares de meia devem ser manufaturados para maximizar o lucro?

(e) Quanto deverá a companhia cobrar por par para maximizar o lucro?

60 A renda total esperada para a renda de x suéteres é dada por $R = x(27 - x/1000)$ cruzeiros, enquanto o custo marginal é dado por $dC/dx = 700/\sqrt{x}$ cruzeiros por suéter. Quando $x = 0$, então $C = $ Cr\$ 500,00.

(a) Determine o custo total como uma função de x.

(b) Prove que o máximo lucro é obtido vendendo-se 10.000 suéteres.

(c) Qual deverá ser o preço por suéter se 10.000 suéteres foram vendidos?

Nos problemas 61 a 64, determine a área de cada região pelo método de fracionamento, tomando o eixo dado como eixo de referência.

61 A região limitada superiormente por $y = 1$, à esquerda por $y = x^2$, à direita por $y = x$ e inferiormente por $y = 0$. Use o eixo y como eixo de referência.

296 CÁLCULO

62 A região no segundo quadrante sob o gráfico de $y = \sqrt{x + 1}$. Use o eixo y para eixo de referência.

63 A mesma região que no problema 62, mas use o eixo x como eixo de referência.

64 A região sob o gráfico de $y = 1 - |x|$ entre $x = -1$ e $x = 1$. Use o eixo x como eixo de referência.

Nos problemas 65 a 71, calcule cada integral definida usando somente a geometria elementar — não use o teorema fundamental do cálculo.

65 $\int_{0}^{2} (10 + 3x)\, dx$

66 $\int_{-1}^{2} (x + 4)\, dx$

67 $\int_{-2}^{2} (2x - 3)\, dx$

68 $\int_{0}^{5} -\sqrt{25 - x^2}\, dx$

69 $\int_{-1}^{2} (5 - 2|x|)\, dx$

70 $\int_{-1}^{3} f(x)\, dx$, onde $f(x) = \begin{cases} 2x + 2 & \text{para } x < 0 \\ \dfrac{6 - 2x}{3} & \text{para } x \geq 0 \end{cases}$

71 $\int_{a}^{b} dx$, onde $a < b$

72 Use geometria elementar para calcular $\int_{-a}^{a} \sqrt{a^2 - x^2}\, dx$, onde $a > 0$.

73 Suponha que n é um inteiro ímpar e que a é uma constante positiva. Explique *geometricamente* por que $\int_{-a}^{a} x^n\, dx = 0$.

74 Calcule $\int_{-43}^{43} \dfrac{x^{17}\, dx}{43 + x^4}$.

Nos problemas 75 a 78, escreva a área de cada região como uma integral definida ou como uma soma de uma diferença de integrais. Não calcule as integrais. Trace as regiões.

75 A região sob a curva $y = \dfrac{1}{1 + x}$ entre $x = -3$ e $x = -2$.

76 A região sob a curva $y = \dfrac{x^3}{1 + x^2}$ entre $x = -1$ e $x = 1$.

77 A região sob a curva $y = \dfrac{|x| - x}{|x| + 1}$ entre $x = -2$ e $x = 2$.

78 A região sob a curva $y = \text{sen } x$ entre $x = -2\pi$ e $x = 2\pi$.

Nos problemas de 79 a 84, use o teorema fundamental do cálculo para calcular cada integral definida.

79 $\int_{-2}^{2} (4x^3 - 1)\, dx$

80 $\int_{1}^{4} \dfrac{(2x^3 + x^2 - 1)\, dx}{\sqrt{x}}$

81 $\int_{0}^{1} x^2 \sqrt{3 + x^3}\, dx$

82 $\int_{a}^{b} f'(x)\, dx$

83 $\int_{-8}^{8} (2 - x^{2/3})\, dx$

84 $\int_{-1/2}^{1} \dfrac{x^2\, dx}{(x^3 + 1)^2}$

6 A INTEGRAL DEFINIDA OU DE RIEMANN

Na Seção 6 do Cap. 5, apresentamos uma definição preliminar da integral definida e enunciamos uma versão preliminar do teorema fundamental do cálculo. No presente capítulo, daremos uma indicação da maneira pela qual podemos definir e manipular, formal e rigorosamente, as integrais definidas. É dado também um tratamento cuidadoso ao teorema fundamental do cálculo, e desenvolvem-se métodos para aproximação de valores das integrais definidas.

1 A Notação Sigma Para Somas

A definição formal da integral definida envolve a soma de muitos termos, tornando-se necessária uma notação especial. No simbolismo matemático, a letra grega maiúscula sigma, que é representada por Σ e corresponde à letra S, significa "a soma de todos os termos da forma . . ." Por exemplo, em vez de escrever $1 + 2 + 3 + 4 + 5 + 6$, podemos escrever Σk, e $1^2 + 2^2 + 3^2 + 4^2 + 5^2 + 6^2$ pode ser escrito como Σk^2, se fizermos a convenção de que k assume valores inteiros de 1 até 6. Se desejarmos incluir o intervalo de variação dos valores de k como parte da notação de somatório, escrevemos, por exemplo,

$$\sum_{1 \leq k \leq 6} \quad \text{ou} \quad \sum_{k=1}^{k=6} \quad \text{ou} \quad \sum_{k=1}^{6}.$$

Assim, $\sum_{k=1}^{6} k^2$ significa "a soma de todos os termos da forma k^2 quando k assume valores inteiros de 1 até 6."

EXEMPLOS   Escreva as seguintes somas explicitamente e a seguir determine seus valores numéricos.

1 $\displaystyle\sum_{k=1}^{7} k^2$

SOLUÇÃO

$$\sum_{k=1}^{7} k^2 = 1^2 + 2^2 + 3^2 + 4^2 + 5^2 + 6^2 + 7^2$$
$$= 1 + 4 + 9 + 16 + 25 + 36 + 49 = 140.$$

2 $\displaystyle\sum_{k=1}^{4} 2^k$

CÁLCULO

SOLUÇÃO

$$\sum_{k=1}^{4} 2^k = 2^1 + 2^2 + 2^3 + 2^4 = 2 + 4 + 8 + 16 = 30.$$

3 $\displaystyle\sum_{k=1}^{n} (3^k - 3^{k-1})$

SOLUÇÃO

$$\sum_{k=1}^{n} (3^k - 3^{k-1}) = (3^1 - 3^0) + (3^2 - 3^1) + (3^3 - 3^2) + \cdots + (3^n - 3^{n-1})$$
$$= -3^0 + (3^1 - 3^1) + (3^2 - 3^2) + \cdots + (3^{n-1} - 3^{n-1}) + 3^n$$
$$= 3^n - 3^0 = 3^n - 1.$$

Nos exemplos acima, a variável k, que assume valores de 1 a 7 em $\sum_{k=1}^{7} k^2$, de 1 a 4 em $\sum_{k=1}^{4} 2^k$, e de 1 a n em $\sum_{k=1}^{n} (3^k - 3^{k-1})$, é chamada de *índice do somatório*. Não há razão particular para usar k como índice do somatório — qualquer letra do alfabeto servirá. Por exemplo,

$$\sum_{k=1}^{4} 2^k = \sum_{i=1}^{4} 2^i = \sum_{j=1}^{4} 2^j = 2^1 + 2^2 + 2^3 + 2^4.$$

Observe que f é uma função e que se os inteiros de 1 a n pertencem ao domínio de f, então

$$\sum_{k=1}^{n} f(k) = f(1) + f(2) + f(3) + \cdots + f(n).$$

Por exemplo, se f é uma função constante, digamos $f(x) = C$ para todos os valores de x, então

$$\sum_{k=1}^{n} f(k) = f(1) + f(2) + f(3) + \cdots + f(n) = \underbrace{C + C + C + \cdots + C}_{n \text{ termos}} = nC.$$

O fato expresso pela equação acima é normalmente representado por $\sum_{k=1}^{n} C = nC$. Logo, $\sum_{k=1}^{7} 5 = (7)(5) = 35$, $\sum_{k=1}^{n} (-2) = -2n$, $\sum_{i=1}^{100} 1 = 100$, e assim por diante.

A notação sigma é especialmente útil para indicar a soma dos termos de uma seqüência de números. Uma seqüência de números constituída de um primeiro número a_1, um segundo número a_2, um terceiro número a_3, e assim por diante, é escrita como $a_1, a_2, a_3, \ldots$. Assim, o k-ésimo termo nesta seqüência é a_k, e a soma dos (digamos) seis primeiros termos pode ser representada por

$$\sum_{k=1}^{6} a_k = a_1 + a_2 + a_3 + a_4 + a_5 + a_6.$$

Analogamente, a soma do segundo, terceiro e quarto termos da seqüência pode ser escrita como

$$\sum_{k=2}^{4} a_k = a_2 + a_3 + a_4.$$

A INTEGRAL DEFINIDA OU DE RIEMANN

Às vezes, quando trabalhamos com seqüências, é conveniente começar com um "termo de ordem 0" a_0. Para tal seqüência, a soma dos termos a_k, k, variando de 0 até n, pode ser expressa como

$$\sum_{k=0}^{n} a_k = a_0 + a_1 + a_2 + \cdots + a_n.$$

Algumas propriedades básicas do somatório, que são fáceis de ser estabelecidas tanto por inspeção como usando o princípio matemático da indução, estão reunidas na lista a seguir.

Propriedades básicas do somatório

Suponhamos que a_0, a_1, a_2, ..., a_n e b_0, b_1, b_2, ..., b_n representam seqüências de números e sejam A, B, C números constantes. Então:

1 Propriedade da Constante: $\displaystyle\sum_{k=1}^{n} C = nC.$

2 Propriedade da Homogeneidade: $\displaystyle\sum_{k=1}^{n} Ca_k = C \sum_{k=1}^{n} a_k.$

3 Propriedade Aditiva: $\displaystyle\sum_{k=1}^{n} (a_k + b_k) = \sum_{k=1}^{n} a_k + \sum_{k=1}^{n} b_k.$

4 Propriedade Linear: $\displaystyle\sum_{k=1}^{n} (Aa_k + Bb_k) = A \sum_{k=1}^{n} a_k + B \sum_{k=1}^{n} b_k.$

5 Desigualdade Triangular Generalizada: $\displaystyle\left| \sum_{k=1}^{n} a_k \right| \leq \sum_{k=1}^{n} |a_k|.$

6 Soma de uma Seqüência Aritmética: $\displaystyle\sum_{k=0}^{n} (A + Ck) = (n + 1)\left(A + \frac{nC}{2}\right).$

7 Soma de uma Seqüência Geométrica: $\displaystyle\sum_{k=0}^{n} AC^k = A\left(\frac{1 - C^{n+1}}{1 - C}\right), \text{se } C \neq 1.$

8 Soma de Inteiros Sucessivos: $\displaystyle\sum_{k=1}^{n} k = \frac{n(n + 1)}{2}.$

9 Soma de Quadrados Sucessivos: $\displaystyle\sum_{k=1}^{n} k^2 = \frac{n(n + 1)(2n + 1)}{6}.$

10 Soma de Cubos Sucessivos: $\displaystyle\sum_{k=1}^{n} k^3 = \frac{n^2(n + 1)^2}{4}.$

11 Propriedade Telescópica: $\displaystyle\sum_{k=1}^{n} (b_k - b_{k-1}) = b_n - b_0.$

EXEMPLOS Use as propriedades básicas para calcular as somas dadas.

1 $\displaystyle\sum_{k=1}^{20} (2k^2 - 3k + 1)$

SOLUÇÃO

$$\sum_{k=1}^{20} (2k^2 - 3k + 1) = \sum_{k=1}^{20} 2k^2 + \sum_{k=1}^{20} (-3k) + \sum_{k=1}^{20} 1 \quad \text{(Propriedade 4)}$$

$$= 2 \sum_{k=1}^{20} k^2 - 3 \sum_{k=1}^{20} k + 20 \quad \text{(Propriedades 2 e 1)}$$

$$= 2 \frac{(20)(21)(41)}{6} - 3 \frac{(20)(21)}{2} + 20 = 5130.$$

2 $\displaystyle\sum_{k=1}^{n} k^2(5k + 1)$

SOLUÇÃO

$$\sum_{k=1}^{n} k^2(5k + 1) = \sum_{k=1}^{n} (5k^3 + k^2) = 5 \sum_{k=1}^{n} k^3 + \sum_{k=1}^{n} k^2$$

$$= \tfrac{5}{4}n^2(n + 1)^2 + \frac{n(n + 1)(2n + 1)}{6}$$

$$= n(n + 1)\left[\frac{5n(n + 1)}{4} + \frac{2n + 1}{6}\right]$$

$$= n(n + 1)\frac{15n(n + 1) + 2(2n + 1)}{12}$$

$$= \frac{n(n + 1)(15n^2 + 19n + 2)}{12}.$$

3 $\displaystyle\sum_{k=0}^{n} \frac{1}{2^k}$

SOLUÇÃO

$$\sum_{k=0}^{n} \frac{1}{2^k} = \sum_{k=0}^{n} \left(\tfrac{1}{2}\right)^k = \frac{1 - \left(\tfrac{1}{2}\right)^{n+1}}{1 - \tfrac{1}{2}} = 2 - \frac{1}{2^n} \quad \begin{array}{l}\text{(Pela Propriedade 7 com } A = \\ 1 \text{ e } C = {}^1/_2).\end{array}$$

4 A soma dos 100 primeiros inteiros ímpares.

SOLUÇÃO
Na Propriedade 6, tomemos $A = 1$, $C = 2$, $n = 99$. Então

$$\sum_{k=0}^{99} (1 + 2k) = 1 + 3 + 5 + 7 + \cdots + 199;$$

logo, a soma desejada é dada por

$$\sum_{k=0}^{99} (1 + 2k) = (100)\left[1 + \frac{(99)(2)}{2}\right] = 10.000.$$

1.1 A área sob uma parábola

Como exemplo do uso da notação sigma para somas, calcularemos a área A sob a parábola $y = x^2$ entre $x = 0$ e $x = 1$ (Fig. 1). Usando o método desenvolvido na Seção 6 do Cap. 5, calculamos esta área como sendo

$$A = \int_0^1 x^2 \, dx = \frac{x^3}{3}\bigg|_0^1 = \frac{1^3}{3} - \frac{0^3}{3} = \frac{1}{3} \text{ unidades ao quadrado;}$$

entretanto, nós realmente nunca chegamos a provar que este método funciona. No máximo, nossos argumentos eram meramente plausíveis, já que eram baseados na noção Leibniziana de que um diferencial é um "infinité-

A INTEGRAL DEFINIDA OU DE RIEMANN

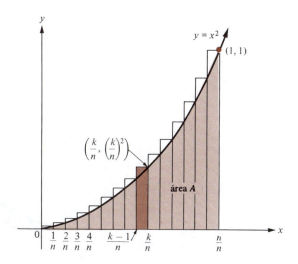

Fig. 1

simo". Agora, usando a notação sigma, apresentamos um argumento mais conclusivo, de ser a área realmente igual a $1/3$ unidades ao quadrado.

Na Fig. 1, indicamos uma subdivisão do intervalo [0,1] em n subintervalos iguais: $\left[0, \frac{1}{n}\right], \left[\frac{1}{n}, \frac{2}{n}\right], \left[\frac{2}{n}, \frac{3}{n}\right], \left[\frac{3}{n}, \frac{4}{n}\right], \ldots, \left[\frac{n-1}{n}, \frac{n}{n}\right]$. Observe que k-ésimo subintervalo é $\left[\frac{k-1}{n}, \frac{k}{n}\right]$. Acima de cada subintervalo formamos um retângulo circunscrito correspondente. Evidentemente, a altura do k-ésimo retângulo circunscrito é $\left(\frac{k}{n}\right)^2$ e sua área é $\frac{1}{n}\left(\frac{k}{n}\right)^2$. Uma estimativa da área A pode agora ser obtida pela adição das áreas dos n retângulos circunscritos, isto é, $A \approx \sum_{k=1}^{n} \frac{1}{n}\left(\frac{k}{n}\right)^2$ Já que

$$\sum_{k=1}^{n} \frac{1}{n}\left(\frac{k}{n}\right)^2 = \sum_{k=1}^{n} \left(\frac{1}{n}\right)^3 k^2 = \left(\frac{1}{n}\right)^3 \sum_{k=1}^{n} k^2$$
$$= \frac{1}{n^3}\left[\frac{n(n+1)(2n+1)}{6}\right] = \frac{(n+1)(2n+1)}{6n^2}$$

pela fórmula para a soma de quadrados sucessivos; segue que

$$A \approx \frac{(n+1)(2n+1)}{6n^2} = \frac{1}{3} + \frac{1}{2n} + \frac{1}{6n^2}.$$

Além disso, uma vez que os retângulos aproximadores são circunscritos, $A \leq 1/3 + 1/(2n) + 1/(6n^2)$.

Na Fig. 2, nós novamente dividimos o intervalo [0,1] em n subintervalos iguais, mas agora consideramos os retângulos inscritos ao invés dos circunscritos. Evidentemente, a altura do k-ésimo retângulo inscrito é $\left(\frac{k-1}{n}\right)^2$ e sua área é $\frac{1}{n}\left(\frac{k-1}{n}\right)^2$ Novamente, obtemos uma estimativa da área A

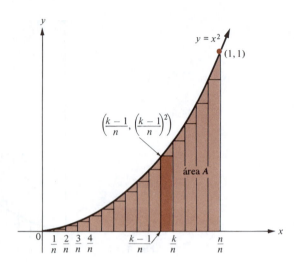

Fig. 2

através da soma das áreas dos n retângulos inscritos; isto é,

$$A \approx \sum_{k=1}^{n} \frac{1}{n}\left(\frac{k-1}{n}\right)^2.$$

Agora,

$$\sum_{k=1}^{n} \frac{1}{n}\left(\frac{k-1}{n}\right)^2 = \sum_{k=1}^{n} \left(\frac{1}{n}\right)^3 (k-1)^2 = \left(\frac{1}{n}\right)^3 \sum_{k=1}^{n} (k^2 - 2k + 1)$$

$$= \frac{1}{n^3}\left[\frac{n(n+1)(2n+1)}{6} - \frac{2n(n+1)}{2} + n\right]$$

$$= \frac{2n^2 - 3n + 1}{6n^2},$$

então

$$A \approx \frac{2n^2 - 3n + 1}{6n^2} = \frac{1}{3} - \frac{1}{2n} + \frac{1}{6n^2}.$$

Além disso, como os retângulos aproximadores são inscritos, $\frac{1}{3} - \frac{1}{2n} + \frac{1}{6n^2} \leq A$.

As considerações acima mostram que, para todo inteiro positivo n,

$$\sum_{k=1}^{n} \frac{1}{n}\left(\frac{k-1}{n}\right)^2 = \frac{1}{3} - \frac{1}{2n} + \frac{1}{6n^2} \leq A \leq \frac{1}{3} + \frac{1}{2n} + \frac{1}{6n^2} = \sum_{k=1}^{n} \frac{1}{n}\left(\frac{k}{n}\right)^2.$$

À medida que n aumenta, ambos $\frac{1}{3} - \frac{1}{2n} + \frac{1}{6n^2}$ e $\frac{1}{3} + \frac{1}{2n} + \frac{1}{6n^2}$ se aproximam de $1/3$ como limite. Já que o número constante A está "preso" entre duas quantidades, ambas podendo ficar próximos de $1/3$ o quanto desejarmos, segue que A deve ser igual a $1/3$ (Problema 24).

Conjunto de Problemas 1

Nos problemas 1 a 8, escreva explicitamente cada soma e, a seguir, ache seu valor numérico.

1 $\displaystyle\sum_{k=1}^{6} (2k + 1)$

2 $\displaystyle\sum_{k=1}^{5} 7k^2$

3 $\displaystyle\sum_{i=0}^{6} (2i - 1)^2$

4 $\displaystyle\sum_{j=3}^{7} \frac{j}{j-2}$

5 $\displaystyle\sum_{k=2}^{6} \frac{1}{k(k-1)}$

6 $\displaystyle\sum_{i=-1}^{3} 3^i$

7 $\displaystyle\sum_{j=0}^{3} \frac{1}{j^2 + 3}$

8 $\displaystyle\sum_{k=-1}^{3} \frac{k}{k+2}$

Nos problemas 9 a 18, determine cada soma usando as propriedades do somatório.

9 $\displaystyle\sum_{k=1}^{50} (2k + 3)$

10 $\displaystyle\sum_{i=1}^{30} i(i - 1)$

11 $\displaystyle\sum_{k=1}^{100} 5^k$

12 $\displaystyle\sum_{k=0}^{100} (5^{k+1} - 5^k)$

13 $\displaystyle\sum_{k=1}^{n} k(k + 1)$

14 $\displaystyle\sum_{k=1}^{100} \left(\frac{1}{k} - \frac{1}{k+1}\right)$

15 $\displaystyle\sum_{k=1}^{n-1} k^2$

16 $\displaystyle\sum_{k=1}^{n} (a_k - a_{k-1})$

17 $\displaystyle\sum_{k=1}^{n} (k - 1)^2$

18 $\displaystyle\sum_{j=1}^{100} \frac{1}{10^j}$

19 Verifique a desigualdade triangular generalizada, utilizando o princípio da indução matemática.

20 Verifique a fórmula para a soma dos inteiros sucessivos, usando o princípio da indução matemática.

21 Verifique a fórmula para a soma dos quadrados sucessivos, usando o princípio da indução matemática.

22 Verifique a fórmula para a soma de uma seqüência geométrica, completando o seguinte argumento. Seja

$$S = \sum_{k=0}^{n} AC^k = A + AC + AC^2 + \cdots + AC^n \qquad (C \neq 1).$$

Então $SC = AC + AC^2 + \ldots + AC^n + AC^{n+1}$, de tal forma que $S - SC = A - AC^{n+1}$. (Agora, resolva a última equação para S).

23 Verifique a fórmula para a soma dos cubos sucessivos utilizando o princípio da indução matemática.

24 Prove que, se A for um número constante tal que $f(n) \leq A \leq g(n)$ é válido para todos os valores inteiros positivos de n, onde f e g são funções tais que $\lim_{n \to +\infty} f(n) = \lim_{n \to +\infty} g(n) = L$, então $A = L$. (Dizer que $\lim_{n \to +\infty} f(n) = L$ significa, por definição, que, para cada número positivo ε, existe um inteiro positivo N, tal que $|f(n) - L| < \varepsilon$ é válido sempre que $n \geq N$).

25 Usando a desigualdade deduzida na Seção 1.1, estime a área A sob a parábola $y = x^2$ entre $x = 0$ e $x = 1$, considerando n como (a) $n = 1000$ e (b) $n = 10.000$.

2 A Integral Definida (De Riemann) — Definição Analítica

A definição de $\displaystyle\int_{a}^{b} f(x)dx$ dada na Seção 6 do Cap. 5 foi chamada de uma definição informal preliminar devido à possível dificuldade com o verdadeiro significado de "área" envolvido. Na Seção 1.1 nós calculamos com sucesso a "área" sob o gráfico de $y = x^2$ entre $x = 0$ e $x = 1$ usando retângulos circunscritos e inscritos e a notação sigma para somas. Este cálculo sugere um método para ultrapassar a dificuldade inerente em nossa definição preliminar de $\int_a^b f(x)dx$. Assim, nesta seção, apresentamos uma definição puramente analítica da integral definida baseada na técnica usada na Seção 1.1.

Suponhamos que f seja uma função definida (mas não necessariamente contínua) num intervalo $[a,b]$. Por uma *partição* do intervalo $[a,b]$, entendemos uma seqüência de n subintervalos $[x_0,x_1], [x_1,x_2], [x_2,x_3], \ldots, [x_{n-1},x_n]$ de $[a,b]$, onde $x_0 = a$ e $x_n = b$ (Fig. 1). O subintervalo $[x_{k-1},x_k]$ é chamado de *k-ésimo subintervalo* na partição e seu comprimento é denotado por $\Delta x_k = x_k - x_{k-1}$. Assim, o comprimento do primeiro subintervalo é $\Delta x_1 = x_1 - x_0$, o comprimento do segundo subintervalo é $\Delta x_2 = x_2 - x_1$, e assim por diante. Não há necessidade de que todos os subintervalos na partição tenham o mesmo comprimento. Denotamos a partição $[x_0,x_1], [x_1,x_2], \ldots, [x_{n-1},x_n]$ pelo símbolo $\mathcal{P}$.

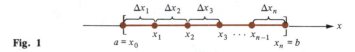

Fig. 1

Pela *norma* da partição $\mathcal{P}$, em símbolo $\|\mathcal{P}\|$, queremos dizer o maior dos números $\Delta x_1, \Delta x_2, \Delta x_3, \ldots, \Delta x_n$ representando os comprimentos dos n subintervalos em $\mathcal{P}$. Observe que dois ou mais dos números $\Delta x_1, \Delta x_2, \Delta x_3, \ldots, \Delta x_n$ podem ter o mesmo e maior valor $\|\mathcal{P}\|$. Em particular, se todos os subintervalos na partição $\mathcal{P}$ tiverem o mesmo comprimento, então

$$\Delta x_1 = \Delta x_2 = \Delta x_3 = \cdots = \Delta x_n = \frac{b-a}{n},$$

de tal forma que $\|\mathcal{P}\| = \dfrac{b-a}{n}$ neste caso especial.

Agora escolhamos um número de cada subintervalo na partição $\mathcal{P}$. Seja c_1 o número escolhido do primeiro subintervalo $[x_0,x_1]$, seja c_2 o segundo subintervalo $[x_1,x_2]$, e assim por diante. Assim, c_k denota o número escolhido do k-ésimo subintervalo (Fig. 2). A partição $\mathcal{P}$, junto com os números escolhidos, $c_1, c_2, \ldots, c_n$, é chamada uma *partição estendida* e é denotada por $\mathcal{P}^*$.

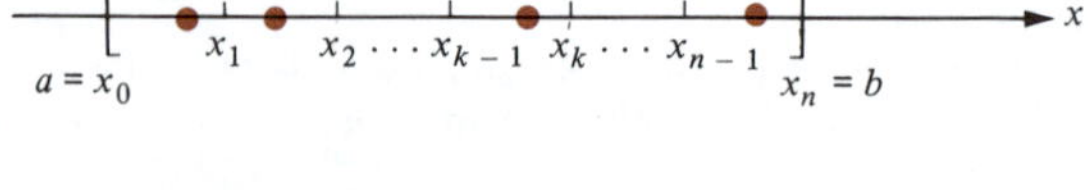

Fig. 2

Em cada subintervalo da partição $\mathcal{P}$, construímos um retângulo como na Fig. 3. Observe que o k-ésimo retângulo tem o k-ésimo subintervalo $[x_{k-1},x_k]$ de comprimento Δx_k como sua base e se estende até o ponto $(c_k, f(c_k))$ no gráfico f. (Se o gráfico de f está abaixo do eixo x em c_k, então o k-ésimo retângulo estende-se *para baixo*). Em qualquer caso, a altura do k-ésimo retângulo é $|f(c_k)|$ e sua área ΔA_k é dada por $\Delta A_k = |f(c_k)| \Delta x_k$. Assim, $f(c_k)\Delta x_k = \pm \Delta A_k$, onde o sinal positivo ou negativo é usado conforme o k-ésimo retângulo se estenda para cima ou para baixo, respectivamente, a partir do eixo x.

A soma $\sum_{k=1}^{n} (\pm \Delta A_k)$ das áreas assinaladas $\pm \Delta A_k$ dos retângulos determinados pela partição estendida $\mathcal{P}^*$ é chamada a *soma de Riemann* correspondente a $\mathcal{P}^*$ para a função f. (Esta terminologia é usada em homenagem ao matemático alemão Bernhard Riemann, que, durante o século XIX, realizou alguns dos primeiros trabalhos definitivos sobre o problema de apresentar uma formalização matemática precisa da integral de Newton e Leibniz). Já

A INTEGRAL DEFINIDA OU DE RIEMANN

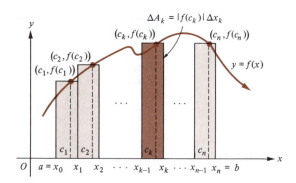

Fig. 3

que $\pm \Delta A_k = f(c_k)\Delta x_k$, esta soma de Riemann pode também ser escrita como $\sum_{k=1}^{n} f(c_k)\Delta x_k$.

A soma de Riemann $\sum_{k=1}^{n} f(c_k)\Delta x_k = \sum_{k=1}^{n} (\pm \Delta A_k)$ apresenta uma aproximação razoável para aquela que provisoriamente definimos como a integral definida $\int_a^b f(x)dx$ no Cap. 5. (Recorde que, ao calcular $\int_a^b f(x)dx$, a área sob o eixo x foi subtraída, e observe que as áreas correspondentes dos retângulos aproximantes da soma de Riemann $\sum_{k=1}^{n} (\pm \Delta A_k)$ seria também subtraída ao realizarmos a soma). Se um número excessivamente grande de retângulos muito estreitos está envolvido na soma de Riemann, a aproximação deve ser bastante acurada. Uma vez que a norma $\|\mathcal{P}\|$ dá o comprimento da base do mais largo destes retângulos, devemos esperar que

$$\lim_{\|\mathcal{P}\| \to 0} \sum_{k=1}^{n} f(c_k)\Delta x_k = \int_a^b f(x)\,dx.$$

A última equação sugere a seguinte definição formal.

DEFINIÇÃO 1   **A integral definida (de Riemann) — versão analítica**

Se o limite $\lim_{\|\mathcal{P}\| \to 0} \sum_{k=1}^{n} f(c_k)\Delta x_k$ existe, então a função f é dita ser *integrável em $[a,b]$ no sentido de Riemann*. Se f é integrável, então a *integral definida (de Riemann) de f no intervalo $[a,b]$* é definida por

$$\int_a^b f(x)\,dx = \lim_{\|\mathcal{P}\| \to 0} \sum_{k=1}^{n} f(c_k)\Delta x_k.$$

O limite indicado na Definição 1 deve ser entendido no seguinte sentido: afirmar que um número I é o limite da soma de Riemann $\sum_{k=1}^{n} f(c_k)\Delta x_k$ quando a norma $\|\mathcal{P}\|$ tende a zero significa que, para cada número positivo ε (não importa quão pequeno seja), existe um número positivo δ (dependendo de ε) tal que

$$\left| \sum_{k=1}^{n} f(c_k)\Delta x_k - I \right| < \varepsilon$$

é válido *para toda partição estendida $\mathcal{P}^*$* com $\|\mathcal{P}\| < \delta$.

EXEMPLO   Determine a soma de Riemann para a função f dada por $f(x) = 1 + x^3$ no intervalo $[-2,2]$ usando a partição ampliada $\mathcal{P}^*$ constituída de oito subintervalos $[-2,-3/2], [-3/2,-1], [-1,-1/2], [-1/2,0], [0,1/2], [1/2,1], [1,3/2]$ e $[3/2,2]$ com $c_1 = -2, c_2 = -3/2, c_3 = -1/2, c_4 = 0, c_5 = 1/2, c_6 = 1, c_7 = 3/2$ e $c_8 = 2$.

Trace um gráfico mostrando os oito retângulos correspondentes a esta soma de Riemann.

Solução
Para a partição dada cada um dos oito subintervalos tem comprimento igual a $1/2$ unidade; isto é,

$$\Delta x_1 = \Delta x_2 = \Delta x_3 = \Delta x_4 = \Delta x_5 = \Delta x_6 = \Delta x_7 = \Delta x_8 = \tfrac{1}{2}.$$

Também,
$$f(c_1) = 1 + (-2)^3 = -7,$$
$$f(c_2) = 1 + (-\tfrac{3}{2})^3 = -\tfrac{19}{8},$$
$$f(c_3) = 1 + (-\tfrac{1}{2})^3 = \tfrac{7}{8},$$
$$f(c_4) = 1 + 0^3 = 1,$$
$$f(c_5) = 1 + (\tfrac{1}{2})^3 = \tfrac{9}{8},$$
$$f(c_6) = 1 + 1^3 = 2,$$
$$f(c_7) = 1 + (\tfrac{3}{2})^3 = \tfrac{35}{8},$$
$$f(c_8) = 1 + 2^3 = 9.$$

Assim, a soma de Riemann pedida é dada por

$$\sum_{k=1}^{8} f(c_k)\,\Delta x_k = f(c_1)\,\Delta x_1 + f(c_2)\,\Delta x_2 + f(c_3)\,\Delta x_3 + f(c_4)\,\Delta x_4$$
$$+ f(c_5)\,\Delta x_5 + f(c_6)\,\Delta x_6 + f(c_7)\,\Delta x_7 + f(c_8)\,\Delta x_8$$
$$= (-7)(\tfrac{1}{2}) + (-\tfrac{19}{8})(\tfrac{1}{2}) + (\tfrac{7}{8})(\tfrac{1}{2}) + (1)(\tfrac{1}{2}) + (\tfrac{9}{8})(\tfrac{1}{2})$$
$$+ (2)(\tfrac{1}{2}) + (\tfrac{35}{8})(\tfrac{1}{2}) + (9)(\tfrac{1}{2}) = \tfrac{9}{2}.$$

A Fig. 4 mostra os oito retângulos cujas áreas, com sinal, são os termos na soma de Riemann. Observe que os dois primeiros retângulos contribuem com termo negativo para a soma de Riemann.

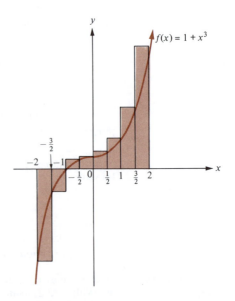

Fig. 4

A INTEGRAL DEFINIDA OU DE RIEMANN

Do exemplo anterior e da definição da integral de Riemann podemos concluir que

$$\int_{-2}^{2} (1 + x^3)\, dx \approx \tfrac{9}{2},$$

se a integral existir. Para uma aproximação melhor, teríamos que tomar uma partição estendida com uma norma menor (e, portanto, com mais retângulos).

2.1 Existência das integrais de Riemann

Praticamente, toda função encontrada no trabalho prático científico é Riemann-integrável em qualquer intervalo fechado contido em seu domínio. Isto inclui não apenas todas as funções contínuas e todas as funções monótonas (crescentes ou decrescentes), mas também todas aquelas que são limitadas e "seccionalmente contínuas" ou "seccionalmente monótonas". As provas da Riemann-integrabilidade de tais funções podem ser encontradas em textos mais avançados de análise; aqui nos contentamos com enunciados precisos de alguns dos teoremas de existência para as integrais de Riemann.

TEOREMA 1   **Existência da integral de Riemann de uma função contínua**
Se f é uma função contínua no intervalo fechado $[a,b]$, então f é Riemann-integrável em $[a,b]$.

Por exemplo, uma função polinomial é Riemann-integrável em qualquer intervalo fechado, visto que as funções polinomiais são contínuas.

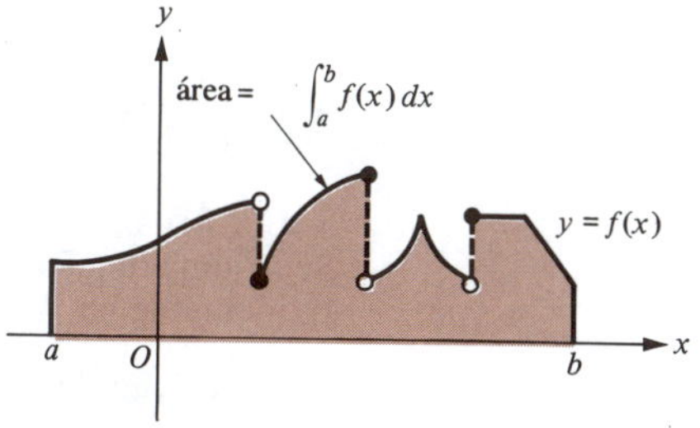

Fig. 5

A função cujo gráfico é mostrado na Fig. 5 não é contínua, mas é *seccionalmente contínua* no intervalo $[a,b]$ no sentido de que $[a,b]$ pode ter uma partição constituída de um número finito de subintervalos tal que f seja contínua em cada subintervalo. A função f é também *limitada* no intervalo $[a,b]$ no sentido de que existem números fixos A e B tais que $A \le f(x) \le B$ é válido para todos os valores de x em $[a,b]$. A integrabilidade de qualquer uma dessas funções é assegurada pelo teorema seguinte.

TEOREMA 2   **Existência da integral de Riemann de uma função limitada seccionalmente contínua**
Se f é uma função limitada e seccionalmente contínua no intervalo fechado $[a,b]$, então f é Riemann-integrável em $[a,b]$.

A função definida por

$$f(x) = \begin{cases} \dfrac{1}{x} & \text{para } x > 0 \\ 1 & \text{para } x \le 0 \end{cases}$$

é seccionalmente contínua, mas não limitada no intervalo $[-1,1]$ (Fig. 6). Observando-se a Fig. 6, vemos que se deve ter grande cuidado ao discutirmos a "área" da região sob o gráfico de uma função não-limitada. O teorema a seguir evidencia a necessidade deste cuidado.

TEOREMA 3   **Limite de funções Riemann-integráveis**
Se f é definida e Riemann-integrável em $[a,b]$, então f é limitada em $[a,b]$.

Por exemplo, a função f cujo gráfico aparece na Fig. 6 *não* é Riemann-in-

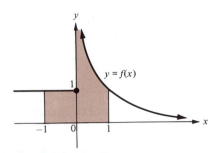

Fig. 6

tegrável em $[-1,1]$, já que é ilimitada neste intervalo.

O teorema seguinte é bastante útil ao decidirmos se certas funções são ou não Riemann-integráveis.

TEOREMA 4 **Mudança de uma função em número finito de pontos**

Se f é definida e Riemann-integrável em $[a,b]$ e se h é também definida em $[a,b]$ e satisfaz $h(x) = f(x)$ para todo x em $[a,b]$ exceto num número finito de pontos, então h é também Riemann-integrável em $[a,b]$ e $\int_a^b h(x)\,dx = \int_a^b f(x)\,dx$.

O uso do Teorema 4 é ilustrado no próximo exemplo.

EXEMPLO Seja a função h definida por

$$h(x) = \begin{cases} 1 & \text{para } x \neq 0 \\ 0 & \text{para } x = 0. \end{cases}$$

Ache $\int_{-1}^{1} h(x)\,dx$, dado que $\int_{-1}^{1} dx = 2$.

SOLUÇÃO
Seja f uma função constante definida por $f(x) = 1$ para todos os valores de x. Evidentemente, $h(x) = f(x)$ para todos os valores de x pertencentes a $[-1,1]$ com exceção de $x = 0$. Assim, pelo Teorema 4, $\int_{-1}^{1} h(x)\,dx$ existe e

$$\int_{-1}^{1} h(x)\,dx = \int_{-1}^{1} f(x)\,dx = \int_{-1}^{1} 1\,dx = \int_{-1}^{1} dx = 2.$$

2.2 Cálculo das integrais de Riemann pelo uso direto da definição

A integral definida $\int_a^b f(x)\,dx$ de qualquer função f Riemann-integrável pode, evidentemente, ser calculada escolhendo-se qualquer seqüência de partições estendidas

$$\mathcal{P}_1^*, \mathcal{P}_2^*, \mathcal{P}_3^*, \ldots, \mathcal{P}_n^*, \ldots$$

tal que $\lim_{n \to +\infty} \|\mathcal{P}_n\| = 0$, calculando as somas de Riemann correspondentes a cada partição estendida, e determinando o limite quando $n \to +\infty$ da seqüência resultante de somas de Riemann. Ao se fazer isto, é sempre conveniente considerar partições de $[a,b]$ constituídas de n subintervalos iguais, cada um deles tendo comprimento $\Delta x = \dfrac{b-a}{n}$. Além disso, ao estendermos estas partições, é sempre desejável selecionarmos os números $c_1, c_2, c_3, \ldots, c_n$ de tal forma que todos os retângulos aproximadores sejam circunscritos (ou inscritos).

EXEMPLOS Avalie diretamente a integral de Riemann dada pelo cálculo de um limite das somas de Riemann. Use partições constituídas de subintervalos de comprimentos iguais e use retângulos inscritos ou circunscritos, conforme esteja indicado.

1 $\int_0^2 x^3\, dx$ (retângulos inscritos)

SOLUÇÃO
Seja $\mathcal{P}_n$ uma partição do intervalo [0,2] em n subintervalos iguais de comprimento Δx, tal que $\Delta x = \dfrac{2-0}{n} = \dfrac{2}{n}$. (Por exemplo, a Fig. 7 mostra o caso $n = 4$ com quatro subintervalos cada um de comprimento $2/4 = 1/2$ unidade). A função f dada por $f(x) = x^3$ é *crescente* no intervalo [0,2]; assim, retângulos *inscritos* são obtidos formando a partição estendida $\mathcal{P}_n{}^*$ para a qual $c_1, c_2, c_3, \ldots, c_n$ são os *pontos da extremidade à esquerda* dos intervalos correspondentes. Assim, $\mathcal{P}_n{}^*$ consiste em n subintervalos

$$[0, \Delta x], [\Delta x, 2\Delta x], [2\Delta x, 3\Delta x], \ldots, [2 - \Delta x, 2]$$

com

$$c_1 = 0,\ c_2 = \Delta x,\ c_3 = 2\,\Delta x,\ \ldots,\ c_n = 2 - \Delta x.$$

Evidentemente,
$$c_k = (k-1)\,\Delta x = (k-1)\dfrac{2}{n} = \dfrac{2(k-1)}{n}.$$

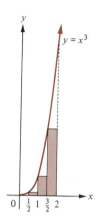

Fig. 7

Conseqüentemente, a soma de Riemann correspondente a $\mathcal{P}_n{}^*$ é dada por

$$\sum_{k=1}^n f(c_k)\,\Delta x_k = \sum_{k=1}^n (c_k)^3\,\Delta x = \sum_{k=1}^n \left[\dfrac{2(k-1)}{n}\right]^3 \dfrac{2}{n} = \sum_{k=1}^n \dfrac{16}{n^4}(k-1)^3.$$

Usando as propriedades básicas de somatório na Seção 1, temos

$$\sum_{k=1}^n f(c_k)\,\Delta x_k = \sum_{k=1}^n \dfrac{16}{n^4}(k-1)^3 = \dfrac{16}{n^4} \sum_{k=1}^n (k-1)^3$$

$$= \dfrac{16}{n^4} \sum_{k=1}^n (k^3 - 3k^2 + 3k - 1) = \dfrac{16}{n^4}\left(\sum_{k=1}^n k^3 - 3\sum_{k=1}^n k^2 + 3\sum_{k=1}^n k - \sum_{k=1}^n 1\right)$$

$$= \dfrac{16}{n^4}\left[\dfrac{n^2(n+1)^2}{4} - 3\dfrac{n(n+1)(2n+1)}{6} + 3\dfrac{n(n+1)}{2} - n\right]$$

$$= \dfrac{16}{n^4}\left[\dfrac{n^4 - 2n^3 + n^2}{4}\right] = 4\left(1 - \dfrac{2}{n} + \dfrac{1}{n^2}\right).$$

Logo,

$$\int_0^2 x^3\,dx = \lim_{n\to+\infty} \sum_{k=1}^n f(c_k)\,\Delta x_k = \lim_{n\to+\infty} 4\left(1 - \dfrac{2}{n} + \dfrac{1}{n^2}\right) = 4.$$

2 $\int_{-2}^0 x^2\, dx$ (retângulos circunscritos)

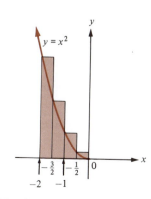

Fig. 8

SOLUÇÃO
Seja $\mathcal{P}_n$ uma partição do intervalo $[-2, 0]$ em n subintervalos iguais de comprimento Δx, tal que $\Delta x = \dfrac{0 - (-2)}{n} = \dfrac{2}{n}$. (Por exemplo, a Fig. 8 mostra o caso de $n = 4$, com quatro subintervalos cada um, tendo comprimento $2/4 = 1/2$ unidade.) A função f dada por $f(x) = x^2$ é *decrescente* no intervalo $[-2, 0]$; logo, retângulos *circunscritos* são obtidos formando a partição estendida $\mathcal{P}_n{}^*$ para a qual $c_1, c_2, c_3, \ldots, c_n$ são os *pontos da extremi-*

CÁLCULO

dade à esquerda dos intervalos correspondentes. Assim, $\mathcal{P}_n^*$ consiste em n subintervalos.

$$[-2, -2 + \Delta x], [-2 + \Delta x, -2 + 2\Delta x],$$
$$[-2 + 2\Delta x, -2 + 3\Delta x], \ldots, [-\Delta x, 0]$$

com

$$c_1 = -2, c_2 = -2 + \Delta x, c_3 = -2 + 2\,\Delta x, \ldots, c_n = -\Delta x.$$

Evidentemente

$$c_k = -2 + (k - 1)\,\Delta x = -2 + (k - 1)\frac{2}{n} = \frac{2}{n}[k - (n + 1)],$$

de modo que

$$f(c_k) = (c_k)^2 = \frac{4}{n^2}[k - (n + 1)]^2 = \frac{4}{n^2}[k^2 - 2(n + 1)k + (n + 1)^2].$$

Conseqüentemente, a soma de Riemann correspondente a $\mathcal{P}_n^*$ é dada por

$$\sum_{k=1}^{n} f(c_k)\,\Delta x_k = \sum_{k=1}^{n} \frac{4}{n^2}[k^2 - 2(n + 1)k + (n + 1)^2]\frac{2}{n}$$

$$= \frac{8}{n^3}\left[\sum_{k=1}^{n} k^2 - 2(n + 1)\sum_{k=1}^{n} k + (n + 1)^2\sum_{k=1}^{n} 1\right]$$

$$= \frac{8}{n^3}\left[\frac{n(n' + 1)(2n + 1)}{6} - 2(n + 1)\frac{n(n + 1)}{2} + (n + 1)^2 n\right]$$

$$= \frac{8}{6}\left(\frac{n}{n}\right)\left(\frac{n + 1}{n}\right)\left(\frac{2n + 1}{n}\right) = \frac{4}{3}\left(1 + \frac{1}{n}\right)\left(2 + \frac{1}{n}\right).$$

Logo,

$$\int_{-2}^{0} x^2\,dx = \lim_{n \to +\infty}\left[\tfrac{4}{3}\left(1 + \frac{1}{n}\right)\left(2 + \frac{1}{n}\right)\right] = \tfrac{8}{3}.$$

Conjunto de Problemas 2

Nos problemas de 1 até 4, determine a soma de Riemann para cada função no intervalo prescrito usando a partição estendida indicada. Trace também o gráfico da função no intervalo dado mostrando os retângulos correspondentes à soma de Riemann.

1 $f(x) = 3x + 1$ em $[0, 3]$. $\mathcal{P}^*$ consiste de $[0, \frac{1}{2}]$, $[\frac{1}{2}, 1]$, $[1, \frac{3}{2}]$, $[\frac{3}{2}, 2]$, $[2, \frac{5}{2}]$, e $[\frac{5}{2}, 3]$ com $c_1 = \frac{1}{2}$, $c_2 = 1$, $c_3 = \frac{3}{2}$, $c_4 = 2$, $c_5 = \frac{5}{2}$, e $c_6 = 3$.

2 $f(x) = -2x^2$ em $[0, 3]$. $\mathcal{P}^*$ consiste de $[0, \frac{1}{2}]$, $[\frac{1}{2}, 1]$, $[1, \frac{3}{2}]$, $[\frac{3}{2}, 2]$, $[2, \frac{5}{2}]$, e $[\frac{5}{2}, 3]$ com $c_1 = \frac{1}{4}$, $c_2 = \frac{3}{4}$, $c_3 = \frac{5}{4}$, $c_4 = \frac{7}{4}$, $c_5 = \frac{9}{4}$, e $c_6 = \frac{11}{4}$.

3 $f(x) = 1/x$ em $[1, 3]$. $\mathcal{P}^*$ consiste de $[1, \frac{3}{2}]$, $[\frac{3}{2}, 2]$, $[2, \frac{5}{2}]$, e $[\frac{5}{2}, 3]$ com $c_1 = \frac{5}{4}$, $c_2 = \frac{7}{4}$, $c_3 = \frac{9}{4}$, e $c_4 = \frac{11}{4}$.

A INTEGRAL DEFINIDA OU DE RIEMANN 311

4 $f(x) = \dfrac{1}{2+x}$ em $[-1, 2]$. $\mathscr{P}^*$ consiste de $[-1, -\frac{1}{2}]$, $[-\frac{1}{2}, 0]$, $[0, \frac{1}{2}]$, $[\frac{1}{2}, 1]$, $[1, \frac{3}{2}]$, e $[\frac{3}{2}, 2]$

com $c_1 = -1$, $c_2 = -\frac{1}{2}$, $c_3 = 0$, $c_4 = \frac{1}{2}$, $c_5 = 1$, e $c_6 = \frac{3}{2}$.

Nos problemas 5 até 12, indique se cada integral de Riemann existe e justifique sua resposta.

5 $\displaystyle\int_{1}^{1000} \dfrac{1}{x}\, dx$

6 $\displaystyle\int_{0}^{1} \dfrac{1}{x}\, dx$

7 $\displaystyle\int_{-1}^{1} |x|\, dx$

8 $\displaystyle\int_{-1}^{1} \dfrac{x+1}{\sqrt{x}}\, dx$

9 $\displaystyle\int_{0}^{\pi} \tan x\, dx$

10 $\displaystyle\int_{1}^{100} [\![x]\!]\, dx$

11 $\displaystyle\int_{0}^{3} f(x)\, dx$, onde $f(x) = \begin{cases} x & \text{para } 0 \leq x < 1 \\ x-1 & \text{para } 1 \leq x < 2 \\ 1-x^2 & \text{para } 2 \leq x \leq 3 \end{cases}$

12 $\displaystyle\int_{0}^{2} f(x)\, dx$, onde $f(x) = \begin{cases} 7 & \text{para } x \neq 1 \\ 2 & \text{para } x = 1 \end{cases}$

Nos problemas 13 a 19, calcule cada integral de Riemann diretamente através da determinação de um limite das somas de Riemann. Use partições constituídas de subintervalos de mesmo comprimento e use retângulos inscritos ou circunscritos conforme esteja indicado.

13 $\displaystyle\int_{0}^{2} 2x\, dx$ (retângulos circunscritos)

14 $\displaystyle\int_{0}^{3} 2x\, dx$ (retângulos inscritos)

15 $\displaystyle\int_{4}^{7} (2x-6)\, dx$ (retângulos circunscritos)

16 $\displaystyle\int_{1}^{3} (9-x^2)\, dx$ (retângulos inscritos)

17 $\displaystyle\int_{-2}^{-1} (x^2 - x - 2)\, dx$ (retângulos inscritos)

18 $\displaystyle\int_{0}^{2} (x^3 + 2)\, dx$ (retângulos circunscritos)

19 $\displaystyle\int_{0}^{2} (x^3 + 2)\, dx$ (retângulos inscritos)

20 Define a função f por

$$f(x) = \begin{cases} 0 & \text{para } x \neq 0 \\ 1 & \text{para } x = 0. \end{cases}$$

Calcule $\displaystyle\int_{0}^{1} f(x)\, dx$ *diretamente, a partir da definição.*

21 Use a definição formal analítica para calcular $\displaystyle\int_{1}^{2} 7\, dx$ como um limite de somas de Riemann. Interprete o resultado geometricamente.

22 Pode-se mostrar que $\displaystyle\int_{1}^{2} (1/x)\, dx \approx 0,693$ (aproximação até três casas decimais). Faça uma estimativa de $\displaystyle\int_{1}^{2} (1/x)\, dx$ usando uma soma de Reimann envolvendo 10 retângulos circunscritos de bases iguais.

3 Propriedades Básicas da Integral Definida

As propriedades básicas da integral definida (de Riemann) podem ser deduzidas a partir da definição analítica dada na Seção 2. Na maioria dos casos, não apresentamos tais provas; entretanto, enunciamos estas propriedades como teoremas formais e os interpretamos em termos de nossa idéia intuitiva de "área". Pretendemos usar estas propriedades na próxima seção para dar uma prova do teorema fundamental do cálculo; assim, para evitar um círculo vicioso, não nos será permitido usar a versão preliminar do teorema fundamental nesta seção.

TEOREMA 1 **Integral de uma função constante**

Seja f uma função constante definida pela equação $f(x) = K$, onde K é um número constante. Então $\int_a^b f(x)\,dx = \int_a^b K\,dx = K(b - a)$.

Geometricamente, o Teorema 1 simplesmente afirma que um retângulo com largura $b - a$ e altura $|K|$ tem uma área de $|K|(b - a)$ unidades quadradas (Fig. 1). Em particular,

$$\int_a^b dx = \int_a^b 1\,dx = b - a$$

e

$$\int_a^b 0\,dx = 0 \cdot (b - a) = 0.$$

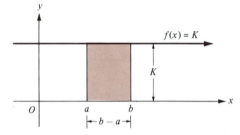

Fig. 1

EXEMPLO Calcule $\int_{-2}^{33} (-7)\,dx$.

SOLUÇÃO

Pelo Teorema 1, $\int_{-2}^{33} (-7)\,dx = (-7)[33 - (-2)] = -245$.

TEOREMA 2 **Propriedade da homogeneidade**

Se f é uma função Riemann-integrável no intervalo $[a,b]$ e K é um número constante, então Kf é também Riemann-integrável em $[a,b]$ e $\int_a^b Kf(x)\,dx = K \int_a^b f(x)\,dx$.

A Fig. 2 mostra a razão geométrica, apresentada a seguir, para a propriedade da homogeneidade; explicitamente, quando f é multiplicada por K,

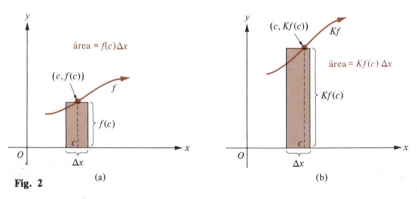

Fig. 2

A INTEGRAL DEFINIDA OU DE RIEMANN

os retângulos aproximadores na soma de Riemann têm suas alturas multiplicadas por K, e assim suas áreas são multiplicadas por K.

EXEMPLO Dado que $\int_1^{2,7} f(x)\,dx = -13$, calcule $\int_1^{2,7} 52f(x)\,dx$.

SOLUÇÃO

Pelo Teorema 2, $\int_1^{2,7} 52f(x)\,dx = 52 \int_1^{2,7} f(x)\,dx = 52(-13) = -676$.

TEOREMA 3 **Propriedade aditiva**

Se f e g são funções Riemann-integráveis no intervalo $[a,b]$, então $f + g$ é também Riemann-integrável em $[a,b]$ e

$$\int_a^b [f(x) + g(x)]\,dx = \int_a^b f(x)\,dx + \int_a^b g(x)\,dx.$$

A razão geométrica, apresentada a seguir para a propriedade aditiva da integral de Riemann, pode ser vista na Fig. 3, que mostra os retângulos aproximadores em somas de Riemann para f, g e $f + g$. A área de tal retângulo para $f + g$ é $[f(c) + g(c)]\,\Delta x = f(c)\,\Delta x + g(c)\,\Delta x$; logo, sua área é a soma das áreas dos retângulos correspondentes para f e para g.

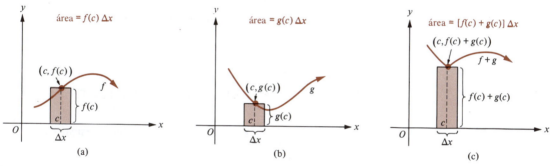

Fig. 3

EXEMPLO Dados que $\int_{-7}^{13} f(x)\,dx = 2,77$ e $\int_{-7}^{13} g(x)\,dx = -1,32$, calcule $\int_{-7}^{13} [f(x) + g(x)]\,dx$.

SOLUÇÃO
Pelo Teorema 3,

$$\int_{-7}^{13} [f(x) + g(x)]\,dx = \int_{-7}^{13} f(x)\,dx + \int_{-7}^{13} g(x)\,dx = 2,77 + (-1,32) = 1,45.$$

As propriedades de homogeneidade e aditiva da integral de Riemann podem ser combinadas para chegarmos à propriedade linear.

TEOREMA 4 **Propriedade linear**

Se f e g são funções Riemann-integráveis no intervalo $[a,b]$ e se A e B são números constantes, então $Af + Bg$ é também Riemann-integrável em $[a,b]$ e

$$\int_a^b [Af(x) + Bg(x)]\,dx = A\int_a^b f(x)\,dx + B\int_a^b g(x)\,dx.$$

EXEMPLO Dados $\int_2^3 x^4\,dx = \frac{211}{5}$ e $\int_2^3 x\,dx = \frac{5}{2}$, calcule $\int_2^3 (10x^4 + 16x)\,dx$.

SOLUÇÃO
Pelo Teorema 4,

$$\int_2^3 (10x^4 + 16x)\, dx = 10 \int_2^3 x^4\, dx + 16 \int_2^3 x\, dx = 10(\tfrac{211}{5}) + 16(\tfrac{5}{2}) = 462.$$

Usando o princípio da indução matemática, a propriedade linear pode ser estendida a mais de duas funções. Assim, por exemplo, temos

$$\int_0^2 (4x^3 - 3x^2 + 7x - 8)\, dx = 4 \int_0^2 x^3\, dx + (-3) \int_0^2 x^2\, dx + 7 \int_0^2 x\, dx + (-8) \int_0^2 dx$$

$$= 4 \int_0^2 x^3\, dx - 3 \int_0^2 x^2\, dx + 7 \int_0^2 x\, dx - 8 \int_0^2 dx.$$

TEOREMA 5   **Positividade**

Se f é uma função Riemann-integrável no intervalo $[a,b]$ e se $f(x) \geq 0$ para todos os valores de x em $[a,b]$, então $\int_a^b f(x)\, dx \geq 0$.

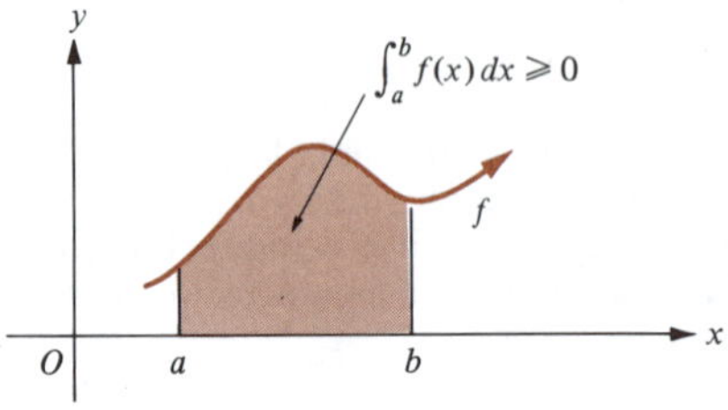

O Teorema 5 é geometricamente evidente, já que a integral $\int_a^b f(x)\, dx$ é suposta e representa a diferença entre a área da região sob o gráfico de f que está acima do eixo x e a área da região sob o gráfico de f que está abaixo do eixo x. Se $f(x) \geq 0$ para $a \leq x \leq b$, então nenhuma parte da região está abaixo do eixo x; logo, $\int_a^b f(x)\, dx$ não pode ser negativo (Fig. 4).

Fig. 4

EXEMPLO   Mostre que $\int_0^1 x^3\, dx \leq \int_0^1 x\, dx$.

SOLUÇÃO
Para $0 \leq x \leq 1$, $x^3 \leq x$ é válido; assim, $x - x^3 \geq 0$. Pelo Teorema 5, $\int_0^1 (x - x^3)$ $dx \geq 0$; isto é $\int_0^1 x\, dx - \int_0^1 x^3\, dx \geq 0$. Da última desigualdade, $\int_0^1 x\, dx \geq \int_0^1 x^3\, dx$; isto é, $\int_0^1 x^3\, dx \leq \int_0^1 x\, dx$.

O argumento dado no exemplo acima é bem geral. Na verdade, suponhamos que f e g são funções Riemann-integráveis no intervalo $[a,b]$ tais que $f(x) \leq g(x)$. Então, $g(x) - f(x) \geq 0$, de tal forma que, pelo Teorema 5, $\int_a^b [g(x) - f(x)]\, dx \geq 0$; isto é, $\int_a^b g(x)\, dx - \int_a^b f(x)\, dx \geq 0$, ou $\int_a^b f(x)\, dx \leq \int_a^b g(x)\, dx$. Logo, temos o seguinte teorema.

TEOREMA 6   **Comparação**

Se f e g são funções Riemann-integráveis no intervalo $[a,b]$ e se $f(x) \leq g(x)$ é válido para todos os valores de x no intervalo $[a,b]$, então $\int_a^b f(x)\, dx \leq \int_a^b g(x)\, dx$.

O Teorema 6 fornece a base para o teorema a seguir.

TEOREMA 7   **Propriedade do valor absoluto**

Se f é Riemann-integrável no intervalo $[a,b]$, então $|f|$ também o será e

$$\left| \int_a^b f(x)\, dx \right| \leq \int_a^b |f(x)|\, dx.$$

A INTEGRAL DEFINIDA OU DE RIEMANN

Uma prova rigorosa do Teorema 7 necessitaria de um argumento para mostrar que $|f|$ é Riemann-integrável e está além da finalidade deste livro. Todavia, assumindo que f e $|f|$ são funções Riemann-integráveis no intervalo $[a,b]$, podemos deduzir a desigualdade no Teorema 7 como segue: aplicando o Teorema 6 à desigualdade $-|f(x)| \leq f(x) \leq |f(x)|$, nós obtemos

$$\int_a^b -|f(x)|\,dx \leq \int_a^b f(x)\,dx \leq \int_a^b |f(x)|\,dx;$$

isto é,

$$-\int_a^b |f(x)|\,dx \leq \int_a^b f(x)\,dx \leq \int_a^b |f(x)|\,dx.$$

Segue que,

$$\left|\int_a^b f(x)\,dx\right| \leq \int_a^b |f(x)|\,dx.$$

O teorema a seguir expressa uma das mais importantes características da integral de Riemann.

TEOREMA 8   **Aditividade com respeito ao intervalo de integração**

Seja $a < b < c$ e suponhamos que a função f é Riemann-integrável no intervalo $[a,b]$ bem como no intervalo $[b,c]$. Então, f é também Riemann-integrável no intervalo $[a,c]$ e

$$\int_a^c f(x)\,dx = \int_a^b f(x)\,dx + \int_b^c f(x)\,dx.$$

Geometricamente, o Teorema 8 simplesmente significa que a área total sinalizada sob o gráfico de $y = f(x)$, de $x = a$ até $x = c$ é a soma da área sinalizada de $x = a$ até $x = b$ e área sinalizada de $x = b$ até $x = c$ (Fig. 5).

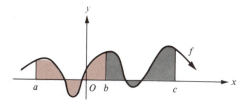

Fig. 5

EXEMPLOS 1 Dados que $\int_{-1}^{2} f(x)\,dx = 7$ e que $\int_{2}^{3} f(x)\,dx = -5$, calcule $\int_{-1}^{3} f(x)\,dx$.

SOLUÇÃO
Pelo Teorema 8,

$$\int_{-1}^{3} f(x)\,dx = \int_{-1}^{2} f(x)\,dx + \int_{2}^{3} f(x)\,dx = 7 + (-5) = 2.$$

2 Dados que $\int_a^b x\,dx = \frac{1}{2}(b^2 - a^2)$, use o Teorema 8 para achar $\int_{-3}^{2}|x|\,dx$.

SOLUÇÃO
Pelo Teorema 8, $\int_{-3}^{2} |x|\,dx = \int_{-3}^{0} |x|\,dx + \int_{0}^{2} |x|\,dx$. Para $-3 \leq x \leq 0$, $|x| = -x$, enquanto que, para $0 \leq x \leq 2$, $|x| = x$. Assim,

$$\int_{-3}^{2} |x|\,dx = \int_{-3}^{0} (-x)\,dx + \int_{0}^{2} x\,dx = -\int_{-3}^{0} x\,dx + \int_{0}^{2} x\,dx$$
$$= -[\tfrac{1}{2}(0^2 - (-3)^2)] + \tfrac{1}{2}(2^2 - 0^2) = \tfrac{9}{2} + 2 = \tfrac{13}{2}.$$

O Teorema 8 é especialmente útil para a integração de funções "seccionalmente contínuas", como o exemplo seguinte ilustra.

EXEMPLO Define-se a função f pela equação

$$f(x) = \begin{cases} x^2 - 1 & \text{para } x < 0 \\ x - 1 & \text{para } 0 \leq x < 1 \\ 3 & \text{para } x \geq 1 \end{cases}$$

(Fig. 6). Assuma que $\int_a^b x^2\, dx = \tfrac{1}{3}(b^3 - a^3)$ e que $\int_a^b x\, dx = \tfrac{1}{2}(b^2 - a^2)$.

Use o Teorema 8 para calcular $\int_{-2}^{4} f(x)\, dx$.

SOLUÇÃO

$$\int_{-2}^{4} f(x)\, dx = \int_{-2}^{0} f(x)\, dx + \int_{0}^{1} f(x)\, dx + \int_{1}^{4} f(x)\, dx$$

$$= \int_{-2}^{0} (x^2 - 1)\, dx + \int_{0}^{1} (x - 1)\, dx + \int_{1}^{4} 3\, dx$$

$$= \int_{-2}^{0} x^2\, dx - \int_{-2}^{0} dx + \int_{0}^{1} x\, dx - \int_{0}^{1} dx + 3\int_{1}^{4} dx$$

$$= \tfrac{1}{3}[0^3 - (-2)^3] - [0 - (-2)] + \tfrac{1}{2}(1^2 - 0^2) - (1 - 0) + 3(4 - 1)$$

$$= \tfrac{8}{3} - 2 + \tfrac{1}{2} - 1 + 9 = \tfrac{55}{6}.$$

Na Fig. 6, temos $\int_0^1 f(x)\, dx = \int_0^1 (x - 1)\, dx$ ainda que $f(1) \neq 1 - 1$. Isto é justificado pelo Teorema 4 da Seção 2, já que $f(x) = x - 1$ para todos os valores de x em $[0,1]$ exceto $x = 1$.

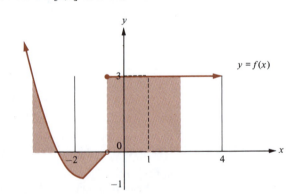

Fig. 6

A propriedade seguinte da integral de Riemann exerce um papel importante na nossa próxima prova do teorema fundamental do cálculo; assim, damos uma prova cuidadosa desta propriedade.

TEOREMA 9 **Teorema do valor médio para integrais**

Suponhamos que f seja uma função contínua no intervalo $[a,b]$. Então, existe um número c em $[a,b]$ tal que

$$f(c) \cdot (b - a) = \int_a^b f(x)\, dx.$$

PROVA
No Cap. 3, Seção 5, aprendemos que uma função contínua f num intervalo fechado $[a,b]$ assume um valor máximo (digamos) B e um valor mínimo

(digamos) A. Assim, $A \leq f(x) \leq B$ é válido para todos valores de x em $[a,b]$. Pelo Teorema 6, então $\int_a^b A\, dx \leq \int_a^b f(x)\, dx \leq \int_a^b B\, dx$. Pelo Teorema 1, $\int_a^b A\, dx = A(b-a)$ e $\int_a^b B\, dx = B(b-a)$; assim, $A(b-a) \leq \int_a^b f(x)\, dx \leq B(b-a)$. Mas $b - a > 0$, então a última desigualdade pode ser reescrita como $A \leq \dfrac{1}{b-a}\int_a^b f(x)\, dx \leq B$. Agora o teorema do valor intermediário para funções contínuas (Cap. 3, Seção 1.1, Teorema 1) afirma que f assume todos valores entre dois quaisquer de seus valores. Assim, já que A e B são dois desses valores de f e como $\dfrac{1}{b-a}\int_a^b f(x)\, dx$ está entre estes dois valores, deve existir um número c em $[a,b]$ tal que $f(c) = \dfrac{1}{b-a}\int_a^b f(x)\, dx$; isto é,

$$f(c)(b-a) = \int_a^b f(x)\, dx.$$

A condição $f(c)(b-a) = \int_a^b f(x)\, dx$ (Fig. 7) significa que a área sob a curva $y = f(x)$ entre $x = a$ e $x = b$ é igual à do retângulo cuja base é o intervalo $[a,b]$ e cuja altura é $f(c)$. Assim, se a curva $y = f(x)$ fosse "horizontalizada" entre $x = a$ e $x = b$ de tal forma que tivesse uma altura constante $f(c)$, então a área sob a curva permaneceria a mesma. Neste sentido, o número $f(c) = \dfrac{1}{b-a}\int_a^b f(x)\, dx$ representa um "valor médio" ou um "valor intermediário" da função f entre $x = a$ e $x = b$. Tornamos esta idéia com a definição seguinte.

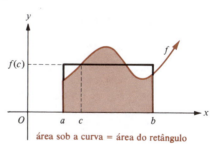

Fig. 7 — área sob a curva = área do retângulo

DEFINIÇÃO 1 **Valor médio de uma função em um intervalo**

Seja f uma função Riemann-integrável no intervalo $[a,b]$. Então o *valor médio* de f em $[a,b]$ é dado por

$$\frac{1}{b-a}\int_a^b f(x)\, dx.$$

O teorema do valor médio para integrais simplesmente afirma que uma função contínua f num intervalo $[a,b]$ assume seu valor médio em algum número c neste intervalo.

EXEMPLO Dado que $\int_a^b x^2\, dx = \tfrac{1}{3}(b^3 - a^3)$, calcule o valor médio da função f definida por $f(x) = x^2$ no intervalo $[1,4]$ e calcule um valor de c, neste intervalo, tal que $f(c)$ dê seu valor médio.

SOLUÇÃO
O valor médio desejado é dado por

$$\frac{1}{4-1}\int_1^4 x^2\,dx = \tfrac{1}{3}[\tfrac{1}{3}(4^3 - 1^3)] = 7.$$

Necessitamos achar o valor de c com $1 \le c \le 4$ tal que $f(c) = c^2 = 7$. Evidentemente, $c = \sqrt{7} \approx 2,65$.

Na definição da integral definida (de Riemann) $\int_a^b f(x)\,dx$, foi suposto que $a < b$. Para certos propósitos, é conveniente sermos capazes de lidar com expressões tais como $\int_a^b f(x)\,dx$ sem nos preocuparmos se $a < b$ ou não. Isto sugere que façamos uma definição adequada de $\int_a^b f(x)\,dx$ no caso em que $a \ge b$. Se $a = b$, é natural definirmos $\int_a^b f(x)\,dx = \int_a^a f(x)\,dx = 0$ (por quê?).

A pista para o modo adequado de definir $\int_a^b f(x)\,dx$ quando $a > b$ está no Teorema 8, que afirma que $\int_a^c f(x)\,dx = \int_a^b f(x)\,dx + \int_b^c f(x)\,dx$. Se fizermos $c = a$ na última equação e tomarmos $\int_a^c f(x)\,dx = \int_a^a f(x)\,dx = 0$, obteremos $0 = \int_a^b f(x)\,dx + \int_b^a f(x)\,dx$; isto é, $\int_a^b f(x)\,dx = -\int_b^a f(x)\,dx$.

Estas considerações nos levam à seguinte definição:

DEFINIÇÃO 2   **A integral definida** $\int_a^b f(x)\,dx$ **para** $a \ge b$

     (i)   Se f é uma função qualquer e a é um número no domínio de f, definiremos $\int_a^a f(x)\,dx = 0$.

     (ii)   Se $a > b$ e f é Riemann-integrável em $[b,a]$, então definimos
$$\int_a^b f(x)\,dx = -\int_b^a f(x)\,dx.$$

É importante observar que as propriedades das integrais definidas, expressas pelos Teoremas de 1 até 4, são ainda operativas quando o limite inferior de integração não é menor que o limite superior de integração. Por exemplo, o Teorema 1 afirma que $\int_a^b K\,dx = K(b - a)$, pelo menos quando $a < b$. Quando $a = b$, ambos os lados da equação são nulos, de tal forma que a equação ainda é válida. Para $a > b$,

$$\int_a^b K\,dx = -\int_b^a K\,dx = -K(a - b) = K(b - a),$$

e a equação $\int_a^b K\,dx = K(b - a)$ continua a ser válida. O leitor pode verificar que as propriedades homogênea, aditiva e linear ainda permanecem operativas quando $a \ge b$ (Problemas 56 e 57). É claro que o Teorema 5 falha, a não

A INTEGRAL DEFINIDA OU DE RIEMANN

ser que $a \leq b$, o mesmo ocorrendo com os Teoremas 6 e 7. (Por quê?) Com modificações menores, o Teorema 8 continua a ser válido mesmo que a condição $a < b < c$ falhe. Assim, temos o seguinte teorema.

TEOREMA 10

Aditividade geral com respeito ao intervalo de integração
Suponhamos que a função f seja Riemann-integrável num intervalo fechado limitado I e sejam a, b e c três números em I. Então

$$\int_a^c f(x)\, dx = \int_a^b f(x)\, dx + \int_b^c f(x)\, dx.$$

Para provar o Teorema 10, use o Teorema 8 e a Definição 2 para verificar cada um dos seis casos possíveis $a < b < c$, $a < c < b$, $b < a < c$, $b < c < a$, $c < a < b$ e $c < b < a$, bem como os três casos nos quais dois dos números a, b ou c são iguais. Por exemplo, se $a < b < c$, então o Teorema 10 é igual ao Teorema 8. Mas suponhamos que $a < c < b$. Então, pelo Teorema 8,

$$\int_a^b f(x)\, dx = \int_a^c f(x)\, dx + \int_c^b f(x)\, dx;$$

logo,

$$\int_a^c f(x)\, dx = \int_a^b f(x)\, dx - \int_c^b f(x)\, dx = \int_a^b f(x)\, dx + \int_b^c f(x)\, dx,$$

de tal forma que a equação desejada continua a ser válida. O leitor deve verificar os casos remanescentes (Problema 58).

Como sempre, não há razão particular para o uso da letra x como a "variável de integração" em $\int_a^b f(x)\, dx$ — qualquer outra letra poderia ser usada. Na verdade, $\int_a^b f(x)dx$ é um número que depende de a, b e da função f; realmente, ela não depende em nada de x. O leitor deve sempre ter em mente que a variável de integração numa *integral definida* é uma "variável muda", de tal forma que, por exemplo,

$$\int_0^1 x^2\, dx = \int_0^1 t^2\, dt = \int_0^1 s^2\, ds = \int_0^1 y^2\, dy = \tfrac{1}{3}.$$

Freqüentemente é necessário considerar uma integral definida na qual um ou ambos os limites de integração são quantidades variáveis. Por exemplo, se o limite superior de integração for uma quantidade variável (e o limite inferior é fixo), então o valor da integral será função do limite superior. Já que é comum usarmos o símbolo x para a variável independente sempre que possível, tal integral pode ser escrita como $\int_a^x f(x)\, dx$; todavia, o "x" na expressão "$f(x)dx$" é a variável (muda) de integração e não deve ser confundida com o limite superior variável x. Assim, em tais condições, usualmente escrevemos

$$\int_a^x f(t)\, dt \quad \text{ou} \quad \int_a^x f(s)\, ds \quad \text{ou} \quad \int_a^x f(w)\, dw,$$

e assim por diante.

Conjunto de Problemas 3

Nos problemas de 1 a 16, use as propriedades básicas da integral definida para calcular cada expressão. Você pode assumir que $\int_a^b x \, dx = \frac{1}{2}(b^2 - a^2)$ e que $\int_a^b x^2 \, dx = \frac{1}{3}(b^3 - a^3)$.

1 $\int_{-5}^{4} (7 + \pi) \, dx$

2 $\int_{2}^{7} (-dx)$

3 $\int_{0.5}^{0.75} (1 + \sqrt{2} - \sqrt{3}) \, dx$

4 $\int_{0}^{\pi} \left(\sum_{k=1}^{100} k \right) dx$

5 $\int_{1}^{3} 5x \, dx$

6 $\int_{1}^{2} (x + x^2) \, dx$

7 $\int_{-2}^{3} (3x^2 - 2x + 1) \, dx$

8 $\int_{-1}^{1} (x + 1)^2 \, dx$

9 $\int_{3/2}^{5/3} (2x - 3)(3x + 2) \, dx$

10 $\int_{-1}^{a} x \, dx + \int_{a}^{1} x \, dx$, onde $-1 < a < 1$

11 $\int_{0}^{\pi} (2x - 1) \, dx + \int_{\pi}^{4} (2x - 1) \, dx$

12 $\int_{1}^{3} f(x) \, dx$, dado que $\int_{1}^{4} f(x) \, dx = -1$ e $\int_{3}^{4} f(x) \, dx = 5$

13 $\int_{0}^{4} f(x) \, dx$, onde $f(x) = \begin{cases} 2x^2 & \text{para } 0 \leq x \leq 2 \\ 4x & \text{para } 2 < x \leq 4 \end{cases}$

14 $\int_{0}^{1} f(x) \, dx$, onde $f(x) = \begin{cases} 0 & \text{para } x = 0 \\ x + 1 & \text{para } 0 < x < 1 \\ 0 & \text{para } x = 1 \end{cases}$ (*Sugestão:* Use o Teorema 4 da Seção 2).

15 $\int_{-1}^{1} f(x) \, dx$, onde $f(x) = \begin{cases} 1 & \text{para } x \neq 0 \\ 0 & \text{para } x = 0 \end{cases}$ (*Sugestão:* Use o Teorema 4 da Seção 2).

16 $\int_{-2}^{3} f(x) \, dx$, onde $f(x) = \begin{cases} 1 - x & \text{para } -2 \leq x \leq 0 \\ 1 + x & \text{para } 0 < x \leq 3 \end{cases}$

Nos problemas 17 a 20, usar os teoremas da positividade ou da comparação para decidir se cada desigualdade vale ou não, sem calcular as integrais envolvidas.

17 $\int_{0}^{1} x \, dx \leq \int_{0}^{1} dx$

18 $\int_{1}^{2} x^2 \, dx < \int_{1}^{2} x \, dx$

19 $0 \leq \int_{0}^{1} \frac{dx}{1 + x^2}$

20 $\int_{0}^{1} x^5 \, dx \leq \int_{0}^{1} x^6 \, dx$

21 Se $0 < K \leq f(x)$ é válido para todos valores de x em $[a,b]$, prove que $0 < \int_{a}^{b} f(x) \, dx$.

(*Sugestão:* Use o teorema da comparação e o fato de que $\int_{a}^{b} K \, dx = K(b - a)$.]

22 Suponha que f é uma função contínua tal que $\int_{a}^{b} f(x) \, dx = 0$ para *todo* intervalo fechado $[a,b]$. Prove que f é a função nula.

23 Suponha que f e g são funções Riemann-integráveis em $[a,b]$ tais que $|f(x) - g(x)| \leq K$ para todo número x em $[a,b]$, onde K é uma constante positiva. Prove que

$$\left| \int_{a}^{b} f(x) \, dx - \int_{a}^{b} g(x) \, dx \right| \leq K \cdot (b - a).$$

(*Sugestão:* Use a propriedade do valor absoluto).

A INTEGRAL DEFINIDA OU DE RIEMANN

24 Se f e g são funções Riemann-integráveis em $[a,b]$, prove que

$$\left| \int_a^b [f(x) + g(x)]\, dx \right| \leq \int_a^b |f(x)|\, dx + \int_a^b |g(x)|\, dx.$$

Nos problemas 25 até 30, calcule o valor médio M da função f em cada intervalo. Você pode supor que

$$\int_a^b x\, dx = \tfrac{1}{2}(b^2 - a^2) \quad \text{e que} \quad \int_a^b x^2\, dx = \tfrac{1}{3}(b^3 - a^3).$$

25 $f(x) = x^2 + 1$ em $[1,4]$ **26** $f(x) = |x|$ em $[-1,1]$ **27** $f(x) = x^2 - 2x + 3$ em $[-1,5]$

28 $f(x) = \begin{cases} \dfrac{|x|}{x} & \text{se } x \neq 0 \\ 0 & \text{se } x = 0 \end{cases}$ em $[-1,1]$ **29** $f(x) = Ax^2 + Bx + C$ em $[a,b]$ **30** $f(x) = [\![x]\!]$ em $[-1,3]$

Nos problemas 31 a 35, calcule o valor de c no intervalo $[a,b]$ tal que $f(c)$ é o valor médio da função f em $[a,b]$. Você pode supor que $\int_a^b x\, dx = \tfrac{1}{2}(b^2 - a^2)$ e que $\int_a^b x^2\, dx = \tfrac{1}{3}(b^3 - a^3)$.

31 $f(x) = x^2 + 5$ em $[0,1]$ **32** $f(x) = x^2$ em $[-a,a]$ **33** $f(x) = Ax + B$ em $[a,b]$

34 $f(x) = (x - 2)(x + 3)$ em $[-3,2]$ **35** $f(x) = |x|$ em $[-2,5]$

36 A força necessária para distender uma mola, da sua posição de repouso até s unidades, é dada por $F = ks$, onde k é a constante da mola. Calcule o valor médio de F se a mola for distendida de $s = a$ até $s = b$. Calcule também o valor de c entre a e b, tal que o valor de F, quando $s = c$, é igual ao de seu valor médio.

37 Explique por que $\int_a^b f(x)\, dx = -\int_b^a f(x)\, dx$ é válido para todos os valores de a e b, supondo que f é Riemann-integrável no intervalo fechado limitado I e que a e b pertencem a I.

38 Explique por que é razoável definir $\int_a^a f(x)\, dx$ como sendo zero.

Nos problemas 39 a 45, calcule cada integral usando somente as propriedades básicas e a Definição 2. Você pode supor que $\int_a^b x\, dx = \tfrac{1}{2}(b^2 - a^2)$ and $\int_a^b x^2\, dx = \tfrac{1}{3}(b^3 - a^3)$ são válidos quando $a < b$.

39 $\displaystyle\int_1^0 (x + 1)\, dx$ **40** $\displaystyle\int_1^{-1} (x + 1)(x - 1)\, dx$ **41** $\displaystyle\int_\pi^\pi (x^2 + 2x + 1)\, dx$ **42** $\displaystyle\int_5^{-2} |x|\, dx$

43 $\displaystyle\int_a^b x\, dx$, onde $a \geq b$ **44** $\displaystyle\int_3^{-2} 2[\![x]\!]\, dx$ **45** $\displaystyle\int_a^b x^2\, dx$, onde $a \geq b$

Nos problemas 46 até 55, use somente as propriedades básicas da integral para justificar cada afirmativa.

46 $\displaystyle\int_0^3 (4 + 3x - x^2)\, dx \geq 0$ **48** $\displaystyle\int_0^1 x^4\, dx \leq \int_0^1 t\, dt$ **47** $\displaystyle\int_0^1 x^4\, dx \leq \int_0^1 x\, dx$ **49** $\displaystyle\int_0^{1/2} y^2\, dy \geq \int_0^{1/2} x^6\, dx$

50 $\displaystyle\int_{-1000}^{1000} [x^{1776} + \sqrt{|x|^{1699}}]\, dx \geq 0$ **51** $\displaystyle\int_5^1 \sqrt{x^2 + 1}\, dx = \int_0^1 \sqrt{x^2 + 1}\, dx - \int_0^5 \sqrt{x^2 + 1}\, dx$

322   **CÁLCULO**

52 $\displaystyle\int_4^{-1} \sqrt[3]{5x^2 + 3}\, dx - \int_4^2 \sqrt[3]{5x^2 + 3}\, dx + \int_{-1}^2 \sqrt[3]{5x^2 + 3}\, dx = 0$

53 $\displaystyle\int_3^4 \frac{dx}{1 + x^2} - \int_5^5 \frac{dx}{1 + x^2} = \int_6^4 \frac{dt}{1 + t^2} + \int_3^6 \frac{dy}{1 + y^2}$

54 $\displaystyle\int_a^b \frac{dx}{\sqrt{1 + x^2}} + \int_b^c \frac{dy}{\sqrt{1 + y^2}} + \int_c^a \frac{dz}{\sqrt{1 + z^2}} = 0$

55 $\displaystyle\frac{d}{dx} \int_a^x K\, dt = K$, onde K é uma constante.

56 Prove que se f é Riemann-integrável no intervalo fechado I, então a propriedade da

homogeneidade $\displaystyle\int_a^b Kf(x)\, dx = K \int_a^b f(x)\, dx$ é válida mesmo que $a \geq b$ para a, b

em I, desde que K seja constante.

57 Mostre que o Teorema 4 continua a ser válido mesmo que $a \geq b$.

58 Complete a prova do Teorema 10, considerando os casos remanescentes $b < a < c$, $b < c < a, c < a < b$ e $c < b < a$, bem como os casos nos quais dois dos números a, b ou c são iguais.

59 Prove que o Teorema 9 continua a ser válido mesmo que $a \geq b$; isto é, mostre que se f for contínua no intervalo fechado entre a e b, então existe um número c neste

intervalo tal que $\displaystyle f(c) \cdot (b - a) = \int_a^b f(x)\, dx$.

4 O Teorema Fundamental do Cálculo

Nesta seção apresentamos uma prova do teorema fundamental do cálculo baseada na definição analítica da integral de Riemann dada na Seção 2 e nas propriedades apresentadas na Seção 3. Essencialmente, o teorema fundamental do cálculo afirma que as operações de diferenciação e integração são inversas uma da outra — isto é, a diferenciação "desfaz" a integração e vice-versa.

Na verdade, o teorema fundamental do cálculo consiste em duas partes. A primeira parte diz, de maneira simples, que a derivada da integral é o integrando, enquanto que a segunda parte corresponde à versão preliminar apresentada na Seção 6 do Cap. 5. A seguir, na Seção 4.1 enunciamos as duas partes do teorema fundamental de maneira precisa e damos suas provas, de forma rigorosa. Aqui, apresentamos um enunciado informal do teorema e alguns exemplos ilustrando seu uso.

Teorema fundamental do cálculo — Versão informal

Seja f uma função contínua num intervalo I; suponhamos que a e b são números em I e seja x uma variável em I. Então:

Primeira Parte: $\displaystyle\frac{d}{dx} \int_0^x f(t)\, dt = f(x)$.

Segunda Parte: Se g é uma antiderivada de f, de tal forma que $g'(x) = f(x)$ é

válido para todo x em I, então $\displaystyle\int_a^b f(x)\, dx = g(b) - g(a)$.

EXEMPLOS   Use a primeira parte do teorema fundamental do cálculo para calcular a derivada indicada.

A INTEGRAL DEFINIDA OU DE RIEMANN

1 $\dfrac{d}{dx} \displaystyle\int_0^x (2t^2 - t + 1)\, dt$

SOLUÇÃO

Pela primeira parte do teorema fundamental com $f(t) = 2t^2 - t + 1$ e $a = 0$, temos

$$\frac{d}{dx} \int_0^x (2t^2 - t + 1)\, dt = 2x^2 - x + 1.$$

2 $D_x y$ se $y = \displaystyle\int_{-43}^x \dfrac{dt}{5 + t^4}$

SOLUÇÃO

$$D_x y = \frac{1}{5 + x^4}.$$

A primeira parte do teorema fundamental do cálculo afirma que

g dada por $g(x) = \displaystyle\int_a^x f(t)\, dt$ é uma antiderivada da função f. A partir disto, segue

que *toda função contínua f tem uma antiderivada*.

Algumas vezes ocorre que um dos limites de integração (ou ambos) são funções de x, e é necessário determinar a derivada da integral. A técnica para realizar tal cálculo, que depende da primeira parte do teorema fundamental do cálculo e da regra da cadeia, é mostrada nos seguintes exemplos.

EXEMPLOS Calcule a derivada indicada.

1 $\dfrac{dy}{dx}$ se $y = \displaystyle\int_3^{x^2} (5t + 7)^{25}\, dt$.

SOLUÇÃO

Fazendo $u = x^2$, de tal forma que $y = \displaystyle\int_3^u (5t + 7)^{25}\, dt$. Pela primeira parte do teorema fundamental do cálculo,

$$\frac{dy}{du} = \frac{d}{du} \int_3^u (5t + 7)^{25}\, dt = (5u + 7)^{25} = (5x^2 + 7)^{25}.$$

Logo, pela regra da cadeia,

$$\frac{dy}{dx} = \frac{dy}{du}\frac{du}{dx} = (5x^2 + 7)^{25}(2x).$$

2 $D_x y$ se $y = \displaystyle\int_{-x}^{3x+2} \sqrt{1 + t^2}\, dt$.

SOLUÇÃO

$$y = \int_{-x}^0 \sqrt{1 + t^2}\, dt + \int_0^{3x+2} \sqrt{1 + t^2}\, dt$$

$$= -\int_0^{-x} \sqrt{1 + t^2}\, dt + \int_0^{3x+2} \sqrt{1 + t^2}\, dt;$$

logo,

$$D_x y = -\sqrt{1 + (-x)^2}\,(-1) + \sqrt{1 + (3x + 2)^2}\,(3)$$

$$= \sqrt{1 + x^2} + 3\sqrt{1 + (3x + 2)^2}.$$

CÁLCULO

A segunda parte do teorema fundamental do cálculo já foi ilustrada pelos numerosos exemplos na Seção 6 do Cap. 5, onde introduzimos a notação

$$g(x)\Big|_a^b = g(b) - g(a).$$

Usando esta notação, escrevemos a segunda parte do teorema fundamental do cálculo como

$$\int_a^b f(x)\, dx = \left[\int f(x)\, dx\right]\Bigg|_a^b$$

Para refrescar a memória do leitor, apresentamos alguns exemplos adicionais.

EXEMPLOS Use a segunda parte do teorema fundamental do cálculo para calcular a integral dada.

1 $\displaystyle\int_1^2 (4x^3 - 3x^2 + 2x + 3)\, dx$

SOLUÇÃO

$$\int_1^2 (4x^3 - 3x^2 + 2x + 3)\, dx = \left[\int (4x^3 - 3x^2 + 2x + 3)\, dx\right]\Bigg|_1^2$$

$$= \left(4\frac{x^4}{4} - 3\frac{x^3}{3} + 2\frac{x^2}{2} + 3x\right)\Bigg|_1^2$$

$$= (16 - 8 + 4 + 6) - (1 - 1 + 1 + 3) = 14.$$

2 $\displaystyle\int_1^2 \frac{t^2\, dt}{(t^3 + 2)^2}$

SOLUÇÃO

Começamos calculando a integral indefinida $\displaystyle\int \frac{t^2\, dt}{(t^3 + 2)^2}$ usando a mudança de variável $u\, = t^3 + 2$, de modo que $du = 3t^2\, dt$, ou $t^2 dt = \frac{1}{3}\, du$. Logo,

$$\int \frac{t^2\, dt}{(t^3 + 2)^2} = \int \frac{1}{3}\frac{du}{u^2} = \frac{1}{3}\int u^{-2}\, du = \frac{1}{3}\left(\frac{u^{-1}}{-1}\right) + C = \frac{-1}{3u} + C$$

$$= \frac{-1}{3(t^3 + 2)} + C.$$

Logo,

$$\int_1^2 \frac{t^2\, dt}{(t^3 + 2)^2} = \frac{-1}{3(t^3 + 2)}\Bigg|_1^2 = \frac{-1}{3(8 + 2)} - \frac{-1}{3(1 + 2)} = \frac{7}{90}.$$

O cálculo no Exemplo 2 acima pode ser abreviado pelo artifício de *mudança dos limites de integração de acordo com a troca de variáveis*. Na verdade, os limites de integração na integral definida original se referem à variável t, um fato que é, às vezes, enfatizado escrevendo-se

$$\int_{t=1}^{t=2} \frac{t^2\, dt}{(t^3 + 2)^2} \quad \text{em vez de} \quad \int_1^2 \frac{t^2\, dt}{(t^3 + 2)^2}.$$

A INTEGRAL DEFINIDA OU DE RIEMANN

Para fazer a mudança de variável $u = t^3 + 2$, observe que quando $t = 1$, $u = 1^3 + 2 = 3$ e quando $t = 2$, $u = 2^3 + 2 = 10$.
Assim, já que $t^2 dt = \frac{1}{3}du$, temos

$$\int_{t=1}^{t=2} \frac{t^2 \, dt}{(t^3 + 2)^2} = \int_{u=3}^{u=10} \frac{1}{3} \frac{du}{u^2} = \frac{1}{3} \int_{3}^{10} u^{-2} \, du = \frac{1}{3} \left(\frac{-1}{u} \right) \Big|_{3}^{10}$$

$$= \frac{1}{3} \left(\frac{-1}{10} \right) - \frac{1}{3} \left(\frac{-1}{3} \right) = \frac{7}{90}.$$

De forma mais genérica, quando mudamos a variável de (digamos) x para (digamos) $u = g(x)$ numa integral definida de forma $\int_{a}^{b} f[g(x)]g'(x) \, dx$, não apenas devemos mudar o integrando como fizemos para uma integral indefinida, mas também devemos mudar os limites de integração de modo que a integral assuma a forma $\int_{g(a)}^{g(b)} f(u) \, du$.

EXEMPLOS   Use uma mudança de variável para calcular a integral definida.

1 $\int_{0}^{1} x\sqrt{9 - 5x^2} \, dx$

SOLUÇÃO
Fazemos a mudança de variável $u = 9 - 5x^2$, observando que $du = -10x \, dx$, ou $x \, dx = (-1/10)du$. Também, $u = 9$ quando $x = 0$ e $u = 4$ quando $x = 1$. Assim,

$$\int_{0}^{1} x\sqrt{9 - 5x^2} \, dx = \int_{x=0}^{x=1} \sqrt{9 - 5x^2} \, x \, dx = \int_{u=9}^{u=4} \sqrt{u} \left(\frac{-1}{10} \right) du = \frac{-1}{10} \int_{9}^{4} \sqrt{u} \, du$$

$$= \frac{1}{10} \int_{4}^{9} u^{1/2} \, du = \frac{1}{10} \frac{u^{3/2}}{3/2} \Big|_{4}^{9} = \frac{1}{15} 9^{3/2} - \frac{1}{15} 4^{3/2} = \frac{19}{15}.$$

2 $\int_{2}^{5} x\sqrt{x - 1} \, dx$

SOLUÇÃO
Seja $u = \sqrt{x - 1}$, de modo que $u^2 = x - 1$, $x = u^2 + 1$ e $dx = 2u \, du$. Por ser $u = \sqrt{x - 1}$, vemos que $u = 1$ quando $x = 2$ e $u = 2$ quando $x = 5$. Assim, temos

$$\int_{2}^{5} x\sqrt{x - 1} \, dx = \int_{1}^{2} (u^2 + 1)u(2u \, du) = 2 \int_{1}^{2} (u^4 + u^2) \, du = 2 \left[\frac{u^5}{5} + \frac{u^3}{3} \right] \Big|_{1}^{2}$$

$$= 2 \left[\left(\frac{32}{5} + \frac{8}{3} \right) - \left(\frac{1}{5} + \frac{1}{3} \right) \right] = \frac{256}{15}.$$

Algumas vezes é útil dividir o intervalo de integração em dois (ou mais) subintervalos antes de usar o teorema fundamental do cálculo.

EXEMPLO   Calcule $\int_{0}^{2} |1 - x| \, dx$.

SOLUÇÃO
Para $x \leq 1$, temos $|1 - x| = 1 - x$, enquanto que, para $x \geq 1$, temos $|1 - x| = -(1 - x) = x - 1$. Assim,

$$\int_0^2 |1-x|\, dx = \int_0^1 |1-x|\, dx + \int_1^2 |1-x|\, dx = \int_0^1 (1-x)\, dx + \int_1^2 (x-1)\, dx$$

$$= \left(x - \frac{x^2}{2}\right)\Big|_0^1 + \left(\frac{x^2}{2} - x\right)\Big|_1^2 = \left[\frac{1}{2} - 0\right] + \left[0 - \left(-\frac{1}{2}\right)\right] = 1.$$

4.1 Prova do teorema fundamental do cálculo

Apresentamos agora uma prova rigorosa do teorema fundamental do cálculo; entretanto, enunciamos e provamos as duas partes como dois teoremas independentes. Enunciamos também estes teoremas de forma mais precisa do que fizemos anteriormente.

TEOREMA 1 **Teorema fundamental do cálculo — primeira parte**

Seja f uma função contínua no intervalo fechado $[b,c]$ e suponhamos que a é um número fixo neste intervalo. Define-se a função g com domínio $[b,c]$ por

$$g(x) = \int_a^x f(t)\, dt$$

para x em $[b,c]$. Então g é diferenciável no intervalo aberto (b,c) e

$$g'(x) = f(x)$$

é válido para todo x em (b,c). Além disso,

$$g'_+(b) = f(b) \quad \text{e} \quad g'_-(c) = f(c).$$

PROVA

Suponha que x pertence ao intervalo aberto (b,c) e que Δx é suficientemente pequeno de modo que $x + \Delta x$ também pertence a (b,c). Então $g(x) = \int_a^x f(t)\, dt$ e $g(x + \Delta x) = \int_a^{x+\Delta x} f(t)\, dt$. Segue que

$$g(x + \Delta x) - g(x) = \int_a^{x+\Delta x} f(t)\, dt - \int_a^x f(t)\, dt$$

$$= \int_a^{x+\Delta x} f(t)\, dt + \int_x^a f(t)\, dt$$

pela Definição 2 da Seção 3. Logo, pelo Teorema 10 da Seção 3,

$$g(x + \Delta x) - g(x) = \int_x^a f(t)\, dt + \int_a^{x+\Delta x} f(t)\, dt = \int_x^{x+\Delta x} f(t)\, dt.$$

Já que f é contínua no intervalo $[b,c]$, é também contínua em qualquer subintervalo fechado entre x e $x + \Delta x$. Pelo Teorema 9 da Seção 3, segue que existe um número x^* no intervalo fechado entre x e $x + \Delta x$ tal que

$$\int_x^{x+\Delta x} f(t)\, dt = f(x^*)[(x + \Delta x) - x] = f(x^*)\, \Delta x.$$

Conseqüentemente,

$$g(x + \Delta x) - g(x) = f(x^*)\, \Delta x \quad \text{ou} \quad \frac{g(x + \Delta x) - g(x)}{\Delta x} = f(x^*).$$

Já que x^* está entre x e $x + \Delta x$, então x^* se aproxima de x quando Δx tende a zero. Então,

A INTEGRAL DEFINIDA OU DE RIEMANN

$$g'(x) = \lim_{\Delta x \to 0} \frac{g(x + \Delta x) - g(x)}{\Delta x} = \lim_{x^* \to x} f(x^*) = f(x),$$

onde usamos a continuidade de f na última equação. Isto estabelece o resultado desejado para valores de x no intervalo aberto (b,c). A prova de que as derivadas "por um dos lados" de g nos pontos extremos b e c dão os valores de f nestes pontos é similar e é deixada para o leitor como exercício (Problema 64).

TEOREMA 2 **Teorema fundamental do cálculo — segunda parte**

Seja f uma função contínua no intervalo fechado $[a,b]$ e suponha que g é uma função contínua em $[a,b]$ tal que $g'(x) = f(x)$ é válida para todos valores de x no intervalo aberto (a,b). Então

$$\int_a^b f(x)\,dx = g(b) - g(a).$$

PROVA
Define-se uma função F com domínio $[a,b]$ por $F(x) = \int_a^x f(t)\,dt$ para x em $[a,b]$. Pelo Teorema 1, $F'(x) = f(x)$ é válido para todos os valores de x no intervalo aberto (a,b), enquanto que $F'_+(a) = f(a)$ e $F'_-(b) = f(b)$ valem nos pontos extremos. Já que F é diferenciável em (a,b), é contínua em (a,b). Visto ter F derivadas à direita e à esquerda em a e b, respectivamente, F é contínua à direita em a e F é contínua à esquerda em b. Segue que F é contínua no intervalo fechado $[a,b]$. No intervalo aberto (a,b), temos $F' = f = g'$; logo, $(F - g)' = 0$. Segue do Teorema 1, Cap. 5, Seção 2, que $F(x) - g(x) = C$ é válido para todos os valores de x no intervalo aberto (a,b), onde C é um número constante.

Já que F e g são contínuas à direita de a, a igualdade $C = F(x) - g(x)$ para $a < x < b$ implica que

$$C = \lim_{x \to a^+} C = \lim_{x \to a^+} [F(x) - g(x)] = \lim_{x \to a^+} F(x) - \lim_{x \to a^+} g(x) = F(a) - g(a).$$

Mas, $F(a) = \int_a^a f(t)\,dt = 0$; logo, $C = -g(a)$. Logo, a equação $C = F(x) - g(x)$ para $a < x < b$ pode ser reescrita como $F(x) = g(x) - g(a)$. Visto serem F e g contínuas à esquerda de b, a última igualdade implica que

$$F(b) = \lim_{x \to b^-} F(x) = \lim_{x \to b^-} [g(x) - g(a)] = \lim_{x \to b^-} g(x) - \lim_{x \to b^-} g(a) = g(b) - g(a).$$

Já que $F(b) = \int_a^b f(t)\,dt = \int_a^b f(x)\,dx$, temos portanto que $\int_a^b f(x)\,dx = g(b) - g(a)$.

De agora em diante, faremos sempre referência simplesmente ao "teorema fundamental do cálculo" e deixaremos ao leitor discernir, a partir do contexto, se nos referimos à primeira ou à segunda parte deste teorema. O teorema fundamental do cálculo estabelece uma profunda relação entre diferenciação e integração e nos permite converter fatos sobre diferenciação em fatos sobre integração.

Conjunto de Problemas 4

Nos problemas 1 a 12, use a primeira parte do teorema fundamental do cálculo para determinar dy/dx.

1 $y = \int_0^x (t^2 + 1)\,dt$

2 $y = \int_1^x (w^3 - 2w + 1)\,dw$

CÁLCULO

3 $y = \int_{-1}^{x} \dfrac{ds}{1 + s^2}$

4 $y = \int_{0}^{x} \dfrac{ds}{1 + s} + \int_{2}^{x} \dfrac{ds}{1 + s}$

5 $y = \int_{0}^{x} |v| \, dv$

6 $y = \int_{-1}^{x} f(t) \, dt$, onde $f(t) = \begin{cases} t + 1 & \text{para } t \le -1 \\ (t + 1)^3 & \text{para } t > -1 \end{cases}$

7 $y = \int_{-1}^{x} \sqrt{t^2 + 4} \, dt$

8 $y = \int_{x}^{1} (t^3 - 3t + 1)^{10} \, dt$

9 $y = \int_{x}^{1} (w^{10} + 3)^{25} \, dw$

10 $y = \int_{x}^{4} \sqrt[3]{4s^2 + 7} \, ds$

11 $y = \int_{x}^{0} \sqrt[3]{t^2 + 1} \, dt + \int_{0}^{x} \sqrt[3]{t^2 + 1} \, dt$

12 $y = \dfrac{d}{dx} \int_{1}^{x} \dfrac{1}{1 + t^2} \, dt$

Nos problemas 13 a 20 use a primeira parte do teorema fundamental do cálculo juntamente com a regra da cadeia para achar dy/dx.

13 $y = \int_{1}^{3x} (5t^3 + 1)^7 \, dt$

14 $y = \int_{1}^{5x+1} \dfrac{dt}{9 + t^2}$

15 $y = \int_{1}^{8x+2} (w - 3)^{15} \, dw$

16 $y = \int_{1}^{x-1} \sqrt{s^2 - 1} \, ds$

17 $y = \int_{-x}^{0} \sqrt{t + 2} \, dt$

18 $y = \int_{x^2+1}^{2} \sqrt[3]{u - 1} \, du$

19 $y = \int_{x}^{3x^2+2} \sqrt[4]{t^4 + 17} \, dt$

20 $y = \int_{x^3}^{x-x^2} \sqrt{t^3 + 1} \, dt$

21 Dado que u e v são funções diferenciáveis de x e que f é uma função contínua, justifique a equação

$$\frac{d}{dx} \int_{u}^{v} f(t) \, dt = f(v) \frac{dv}{dx} - f(u) \frac{du}{dx}.$$

22 Seja f uma função contínua e seja M o valor médio de f no intervalo $[-x, x]$. Calcule dM/dx.

Nos problemas 23 a 45, use a segunda parte do teorema fundamental do cálculo para calcular cada integral.

23 $\int_{2}^{3} (3x + 4) \, dx$

24 $\int_{-3}^{-1} (4 - 8x + 3x^2) \, dx$

25 $\int_{1}^{5} (x^3 - 3x^2 + 1) \, dx$

26 $\int_{1}^{3} (x - 1)(x^2 + x + 1) \, dx$

27 $\int_{0}^{1} (x^2 + 2)^2 \, dx$

28 $\int_{1}^{5} \dfrac{x^4 - 16}{x^2 + 4} \, dx$

29 $\int_{0}^{8} (2 - \sqrt[3]{t})^2 \, dt$

30 $\int_{1}^{32} \dfrac{1 + \sqrt[5]{t^2}}{\sqrt[3]{t}} \, dt$

31 $\int_{0}^{1} \dfrac{y^2 \, dy}{(y^3 + 1)^5}$

32 $\int_{0}^{1} (2x + 3)^{10} \, dx$

33 $\int_{-1}^{1} \sqrt{1 - x} \, dx$

34 $\int_{0}^{1} \sqrt{4 - 3x} \, dx$

35 $\int_{1/4}^{3} \dfrac{dx}{\sqrt{1 + x}}$

36 $\int_{0}^{2} \dfrac{x \, dx}{(4 + x^2)^{3/2}}$

37 $\int_{0}^{2} x^2 \sqrt[3]{x^3 + 1} \, dx$

38 $\int_{0}^{1} \dfrac{x + 3}{\sqrt{x^2 + 6x + 2}} \, dx$

39 $\int_{7}^{10} \dfrac{x \, dx}{\sqrt{x - 6}}$

40 $\int_{-1}^{1} \sqrt{|t| + t} \, dt$

41 $\int_{0}^{3} |3 - x^2| \, dx$

42 $\int_{-1}^{3} \sqrt[3]{2(|x| - x)} \, dx$

43 $\int_{0}^{3} y|2 - y| \, dy$

44 $\int_{-1}^{3} [\![x]\!] x \, dx$

45 $\int_{-3}^{5} f(x) \, dx$, onde $f(x) = \begin{cases} (1 - x)^{3/2} & \text{para } x \le 0 \\ (x + 4)^{1/2} & \text{para } x > 0 \end{cases}$

A INTEGRAL DEFINIDA OU DE RIEMANN

46 O seguinte cálculo fere a propriedade da positividade

$$\int_{-1}^{1} \frac{1}{x^2}\,dx = \left[-\frac{1}{x}\right]\Big|_{-1}^{1} = -1 - 1 = -2?$$

47 (a) Mostre que $\int_{0}^{x} |t|\,dt = x|x|/2$ considerando os casos $x \le 0$ e $x > 0$, separadamente.

(b) Use o resultado da parte (a) e a primeira parte do teorema fundamental do cálculo para provar que $\dfrac{d}{dx}\left[\dfrac{x|x|}{2}\right] = |x|$.

48 Use o método sugerido pelo problema 47 para determinar uma antiderivada da função f, onde $f(x) = |x|^n$.

Nos problemas 49 a 52, calcule o valor médio de cada função no intervalo dado.

49 $f(x) = x^2 + 1$ em $[1,4]$ **50** $f(x) = x^3 - 1$ em $[1,3]$ **51** $f(x) = \sqrt{x}$ em $[1,9]$ **52** $f(x) = |x| + 1$ em $[a,b]$

53 Calcule $f''(x)$ se f for a função definida por

$$f(x) = \int_{0}^{x}\left[\int_{0}^{t} (u^2 + 7)\,du\right] dt.$$

54 Mostre que $\int_{0}^{-x} f(t)\,dt + \int_{0}^{x} f(-t)\,dt$ é uma constante, considerando a derivada com respeito a x. (Suponha que f seja contínua.) Qual o valor desta constante?

Nos problemas 55 a 58, trace os gráficos de f e g.

55 $f(t) = \begin{cases} 1 - t^2 & \text{para } t \le 0 \\ 1 + t^2 & \text{para } t > 0 \end{cases}$, $g(x) = \int_{-1}^{x} f(t)\,dt$ **56** $f(t) = \begin{cases} 1 - t^2 & \text{para } t \le 0 \\ t^2 & \text{para } t > 0 \end{cases}$, $g(x) = \int_{-1}^{x} f(t)\,dt$

57 $f(t) = [\![t]\!]$ para $-3 \le t \le 3$, $g(x) = \int_{0}^{x} f(t)\,dt$ para $-3 \le x \le 3$

58 $f(t) = \begin{cases} -2 & \text{para } t \le 0 \\ t & \text{para } 0 < t \le 5, \\ 2t & \text{para } t > 5 \end{cases}$ $g(x) = \int_{-1}^{x} f(t)\,dt$

59 Suponha que f é uma função diferenciável e que f' seja contínua. Explique por que

$$D_x \int_{a}^{x} f(t)\,dt = \int_{a}^{x} D_t f(t)\,dt + f(a).$$

60 O operador de uma companhia transportadora deseja determinar o período ótimo de tempo T (em meses) entre revisões de um caminhão. Seja a taxa de depreciação do caminhão dada por $f(t)$, onde t é o tempo em meses desde a última revisão. Se K representa o custo fixo de uma revisão, explique por que o tempo T é o valor de t que minimiza

$$g(t) = t^{-1}\left[K + \int_{0}^{t} f(x)\,dx\right].$$

61 Resolva as seguintes equações em c.

(a) $\int_{0}^{c} x^2\,dx = \int_{c}^{10} x^2\,dx$ (b) $\int_{c}^{c+1} x\,dx = 10$ (c) $\int_{0}^{4} (x - c)\sqrt{4 - x}\,dx = 0$

62 Calcule o valor máximo da função f definida por $f(x) = \int_{0}^{x} (|t| - |t - 1|)\,dt$ no intervalo $[-1,2]$.

63 O custo marginal para processar uma certa quantidade de atum é dado por $200 - 30\sqrt{x}$, onde x é o número de latas, em milhares, e o custo em cruzeiros. Qual seria o aumento total em custo se a produção fosse aumentada de 4.000 latas para 25.000 latas?

64 Complete a prova do Teorema 1, na Seção 4.1, analisando os detalhes nos pontos da extremidade do intervalo $[b,c]$.

5 Aproximação de Integrais Definidas — Regras de Simpson e Trapezoidal

O teorema fundamental do cálculo nos permite calcular o valor numérico de uma integral definida $\int_a^b f(x)\,dx$, desde que possamos achar a antiderivada g da função f. Entretanto, em aplicações práticas de cálculo, é às vezes necessário calcular uma integral definida $\int_a^b f(x)\,dx$ para a qual é difícil ou impossível determinar uma antiderivada g de f tal que $g(b)$ e $g(a)$ possam ser calculadas explicitamente. Nestes casos, métodos numéricos de aproximação podem ser usados para estimar o valor de $\int_a^b f(x)\,dx$ dentro de limites de erro aceitáveis.

Nesta seção, apresentamos alguns métodos numéricos para estimar o valor de uma integral definida $\int_a^b f(x)\,dx$ por fórmulas que usam o valor de $f(x)$ em apenas um número finito de pontos no intervalo $[a,b]$. Estes métodos envolvem apenas computações simples e, assim, se prestam bem ao uso de calculadoras de mão ou computadores.

5.1 Uso direto da definição analítica

Provavelmente, o método mais óbvio de aproximação de uma integral definida $\int_a^b f(x)\,dx$ é usar sua definição como um limite de somas de Riemann. Assim, podemos selecionar uma partição $\mathcal{P}$ com uma pequena norma, estendendo $\mathcal{P}$ para obtermos $\mathcal{P}^*$, calculando a soma de Riemann correspondente $\sum_{k=1}^{n} f(c_k)\,\Delta x_k$, e observamos que

$$\sum_{k=1}^{n} f(c_k)\,\Delta x_k \approx \int_a^b f(x)\,dx.$$

A Fig. 1 ilustra como este procedimento, com $n = 5$, é usado para estimar $\int_0^1 \dfrac{1}{1+x^2}\,dx$. As áreas dos cinco retângulos são mostradas na Fig. 1, e a

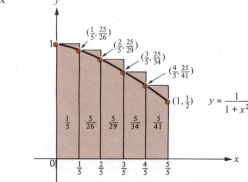

Fig. 1

A INTEGRAL DEFINIDA OU DE RIEMANN

soma destas áreas, que é aproximadamente 0,834, fornece uma estimativa para a integral acima. O valor real desta integral, aproximado até quatro casas decimais, é 0,7854, de modo que a estimativa $\int_0^1 \frac{1}{1+x^2}\,dx \approx 0{,}834$ não é particularmente boa. Para obter uma estimativa razoavelmente apurada por este método, nós teríamos de repartir o intervalo [0,1] em um número bem grande de subintervalos.

5.2 A regra trapezoidal

A Fig. 1 torna claro por que a estimativa acima de $\int_0^1 \frac{1}{1+x^2}\,dx$ é tão falha — os cinco retângulos ultrapassam a região sob o gráfico de $y = \frac{1}{1+x^2}$, de modo que sua área total é consideravelmente maior que a área desejada.

Evidentemente, uma estimativa muito mais apurada de $\int_0^1 \frac{1}{1+x^2}\,dx$ é obtida pela soma das áreas dos cinco trapézios de mesma largura, de valor 1/5 unidade. Uma vez que a área de um trapézio é dada pelo produto da metade da soma dos comprimentos de suas duas bases paralelas pela distância entre essas bases, a área total dos cinco trapézios na Fig. 2 é

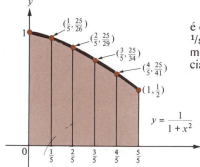

Fig. 2

$$\left(\frac{1+\frac{25}{26}}{2}\right)\frac{1}{5} + \left(\frac{\frac{25}{26}+\frac{25}{29}}{2}\right)\frac{1}{5} + \left(\frac{\frac{25}{29}+\frac{25}{34}}{2}\right)\frac{1}{5} + \left(\frac{\frac{25}{34}+\frac{25}{41}}{2}\right)\frac{1}{5} + \left(\frac{\frac{25}{41}+\frac{1}{2}}{2}\right)\frac{1}{5}$$

$$= \left(\frac{1}{2} + \frac{25}{26} + \frac{25}{29} + \frac{25}{34} + \frac{25}{41} + \frac{1}{4}\right)\frac{1}{5}.$$

O valor numérico de sua área total, aproximada até quatro casas decimais, é 0,7837. Logo, por este "método trapezoidal", $0{,}7837 \approx \int_0^1 \frac{1}{1+x^2}\,dx$. A regra trapezoidal para estimar integrais definidas em geral é dada pelo teorema a seguir.

TEOREMA 1 **Regra trapezoidal**

Seja a função f Riemann-integrável e definida no intervalo fechado $[a,b]$. Para cada inteiro positivo n, define-se

$$T_n = \left(\frac{y_0}{2} + y_1 + y_2 + \cdots + y_{n-1} + \frac{y_n}{2}\right)\Delta x,$$

onde $\Delta x = \frac{b-a}{n}$ e $y_k = f(a + k\,\Delta x)$ para $k = 0, 1, 2, \ldots, n$. Então $T_n \approx \int_a^b f(x)\,dx$, a aproximação tornando-se cada vez melhor à medida que n aumenta no sentido de que $\lim_{n \to +\infty} T_n = \int_a^b f(x)\,dx$.

PROVA
Seja $\mathcal{P}_n$ a partição de $[a,b]$ que consiste em n subintervalos de igual comprimento $\Delta x = \frac{b-a}{n}$. Assim, os subintervalos em $\mathcal{P}_n$ são $[x_0, x_1], [x_1, x_2], [x_2, x_3], \ldots, [x_{n-1}, x_n]$ onde $x_0 = a$, $x_n = b$ e $x_k - x_{k-1} = \Delta x$ para $k = 1, 2, \ldots, n$ (Fig. 3). Evidentemente, $x_1 = a + \Delta x$, $x_2 = a + 2\,\Delta x$, $x_3 = a + 3\,\Delta x$, $\ldots, x_k = a + k\,\Delta x$, $\ldots$, e $x_n = a + n\,\Delta x = b$. Agora, estenderemos a partição $\mathcal{P}_n$ escolhendo os pontos $c_1, c_2, c_3, \ldots, c_n$, onde $c_1 = x_1$, $c_2 = x_2$, $c_3 = x_3$, $\ldots, c_k = x_k, \ldots,$ e $c_n = x_n$.

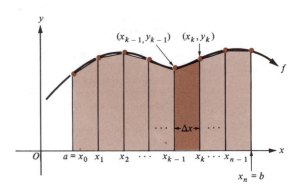

Fig. 3

Então
$$f(c_k) = f(x_k) = f(a + k\,\Delta x) = y_k$$

e a soma de Riemann correspondente é dada por

$$\sum_{k=1}^{n} f(c_k)\,\Delta x_k = \sum_{k=1}^{n} y_k\,\Delta x = \left[\sum_{k=1}^{n} y_k\right]\Delta x = [y_1 + y_2 + \cdots + y_n]\,\Delta x$$

$$= \left[\frac{y_0}{2} + y_1 + y_2 + \cdots + y_{n-1} + \frac{y_n}{2}\right]\Delta x - \frac{y_0}{2}\Delta x + \frac{y_n}{2}\Delta x$$

$$= T_n + \frac{y_n - y_0}{2}\Delta x = T_n + \frac{f(b) - f(a)}{2}\Delta x$$

$$= T_n + \frac{[f(b) - f(a)](b - a)}{2n}.$$

Logo,

$$T_n = \sum_{k=1}^{n} f(c_k)\,\Delta x_k - \frac{[f(b) - f(a)](b - a)}{2n},$$

de modo que

$$\lim_{n \to +\infty} T_n = \lim_{n \to +\infty} \sum_{k=1}^{n} f(c_k)\,\Delta x_k - \lim_{n \to +\infty} \frac{[f(b) - f(a)](b - a)}{2n}$$

$$= \int_a^b f(x)\,dx - 0 = \int_a^b f(x)\,dx.$$

O teorema acima admite uma explicação geométrica simples, já que a grandeza T_n representa a área total de todos os trapézios mostrados na Fig. 3 (problema 14).

EXEMPLOS Use a regra trapezoidal, $T_n \approx \int_a^b f(x)\,dx$, com o valor indicado de n para estimar a integral definida dada:

1 $\int_0^1 \sqrt{1 + x^3}\,dx$, $n = 4$

SOLUÇÃO

Aqui $[a,b] = [0,1]$ e $n = 4$, de modo que $\Delta x = \dfrac{b - a}{n} = \dfrac{1 - 0}{4} = \dfrac{1}{4}$. Também $y_k = f(0 + k\,\Delta x) = \sqrt{1 + (k/4)^3}$ para $k = 0, 1, 2, 3, 4$; logo,

A INTEGRAL DEFINIDA OU DE RIEMANN

$$y_0 = \sqrt{1 + 0^3} = 1, \qquad y_1 = \sqrt{1 + \left(\frac{1}{4}\right)^3} = \frac{\sqrt{65}}{8},$$

$$y_2 = \sqrt{1 + \left(\frac{2}{4}\right)^2} = \sqrt{\tfrac{9}{8}}, \qquad y_3 = \sqrt{1 + \left(\frac{3}{4}\right)^3} = \frac{\sqrt{91}}{8}, \qquad y_4 = \sqrt{1 + 1^3} = \sqrt{2}.$$

Assim,

$$T_4 = \left(\frac{y_0}{2} + y_1 + y_2 + y_3 + \frac{y_4}{2}\right)\Delta x = \left(\frac{1}{2} + \frac{\sqrt{65}}{8} + \sqrt{\tfrac{9}{8}} + \frac{\sqrt{91}}{8} + \frac{\sqrt{2}}{2}\right)\left(\frac{1}{4}\right)$$

$$\approx (0{,}50 + 1{,}01 + 1{,}06 + 1{,}19 + 0{,}71)(0{,}25) = (4{,}47)(0{,}25) \approx 1{,}12.$$

Logo, $\displaystyle\int_0^1 \sqrt{1 + x^3}\, dx \approx 1{,}12.$

2 $\displaystyle\int_1^2 \frac{dx}{1 + x^2}, \; n = 5$

SOLUÇÃO
Aqui

$$\Delta x = \frac{2 - 1}{5} = \frac{1}{5} \quad e \quad y_k = \frac{1}{1 + (1 + k/5)^2} = \frac{25}{25 + (5 + k)^2}$$

para $k = 0, 1, 2, 3, 4, 5$. Logo,

$$T_5 = \left(\frac{1}{4} + \frac{25}{61} + \frac{25}{74} + \frac{25}{89} + \frac{25}{106} + \frac{25}{250}\right)\left(\frac{1}{5}\right)$$

$$\approx (0{,}2500 + 0{,}4098 + 0{,}3378 + 0{,}2809 + 0{,}2358 + 0{,}1000)(0{,}2) \approx 0{,}323;$$

donde, $\displaystyle\int_1^2 \frac{dx}{1 + x^2} \approx 0{,}323.$

O teorema a seguir, cuja prova pode ser encontrada em livros mais avançados, proporciona um limite superior para o erro envolvido ao usarmos a regra trapezoidal.

TEOREMA 2   **Limitação do erro para a regra trapezoidal**

Suponha que f'' seja definida e contínua em $[a,b]$ e que M é o valor máximo de $|f''(x)|$ para x em $[a,b]$. Então, se T_n é a aproximação para $\displaystyle\int_a^b f(x)\, dx$ dada pela regra trapezoidal,

$$\left| T_n - \int_a^b f(x)\, dx \right| \le M \frac{(b - a)^3}{12n^2}.$$

EXEMPLO   Use a regra trapezoidal para estimar $\displaystyle\int_1^2 \frac{dx}{x}$ com $n = 6$, e use o Teorema 2 para achar um limite para o erro da estimativa.

SOLUÇÃO

Temos $\Delta x = \dfrac{2 - 1}{6} = \dfrac{1}{6}.$ Também, $y_k = \dfrac{1}{1 + k/6} = \dfrac{6}{6 + k}$ para $k = 0,1,2,3,4,5,6;$ logo,.

$y_0 = \frac{6}{6} = 1$, $y_1 = \frac{6}{7}$, $y_2 = \frac{6}{8}$, $y_3 = \frac{6}{9}$, $y_4 = \frac{6}{10}$, $y_5 = \frac{6}{11}$, e $y_6 = \frac{6}{12}$.

Logo,

$$T_6 = (\tfrac{1}{2} + \tfrac{6}{7} + \tfrac{6}{8} + \tfrac{6}{9} + \tfrac{6}{10} + \tfrac{6}{11} + \tfrac{1}{4})(\tfrac{1}{6})$$
$$\approx (0{,}5 + 0{,}8571 + 0{,}75 + 0{,}6667 + 0{,}6 + 0{,}5455 + 0{,}25)(0{,}1667)$$
$$\approx 0{,}6950,$$

de modo que $\int_1^2 \frac{dx}{x} \approx 0{,}695$.

Aqui, $f(x) = 1/x$, $f'(x) = -1/x^2$ e $f''(x) = 2/x^3$. Já que f'' é uma função decrescente em [1,2], segue que seu máximo valor neste intervalo é assumido no ponto extremo da esquerda 1. Assim, no Teorema 2, $M = f''(1) = 2/1^3 = 2$. No Teorema 2 colocamos também $b = 2$, $a = 1$ e $n = 6$ para concluirmos que o erro na estimativa acima não exceda $M\dfrac{(b-a)^3}{12n^2} = (2)\dfrac{1^3}{432} = \dfrac{1}{216}$. Já que $\frac{1}{216} < 0{,}005$, segue que a estimativa $\int_1^2 \frac{dx}{x} \approx 0{,}695$ está correta, até pelo menos duas casas decimais.

5.3 Regra de Simpson

Um terceiro método para aproximar o valor de uma integral definida é conhecido como *regra de Simpson* ou *regra parabólica* e é usualmente mais eficiente que o uso direto da definição analítica bem como da regra trapezoidal. O método é baseado no uso de um número de regiões adjacentes tendo a forma mostrada na Fig. 4 para aproximar a área sob o gráfico de f. (Veja problema 20.) O resultado é o seguinte teorema, cuja prova é análoga à prova do Teorema 1 e é portanto omitida.

TEOREMA 3 **Regra parabólica de Simpson**

Seja a função f Riemann-integrável e definida no intervalo fechado $[a,b]$. Para cada inteiro positivo n, define-se

$$S_{2n} = \frac{\Delta x}{3}(y_0 + 4y_1 + 2y_2 + 4y_3 + 2y_4 + \cdots + 2y_{2n-2} + 4y_{2n-1} + y_{2n}),$$

onde $\Delta x = \dfrac{b-a}{2n}$ e $y_k = f(a + k\,\Delta x)$ para $k = 0, 1, \ldots, 2n$. Então $S_{2n} \approx \int_a^b f(x)\,dx$, a aproximação tornando-se cada vez melhor à medida que n aumenta no sentido de que $\lim\limits_{n \to +\infty} S_{2n} = \int_a^b f(x)\,dx$.

EXEMPLOS Use a regra parabólica de Simpson, $S_{2n} \approx \int_a^b f(x)\,dx$, para estimar a integral definida dada, usando o valor indicado de n.

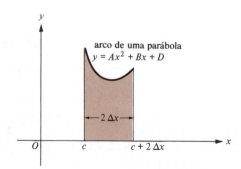

Fig. 4

A INTEGRAL DEFINIDA OU DE RIEMANN

1 $\displaystyle\int_0^1 (1+x)^{-1}\,dx;\; n=4$

SOLUÇÃO

Aqui, o intervalo $[0,1]$ deve ser subdividido em $2n = 8$ partes, cada uma de comprimento $\Delta x = \dfrac{1-0}{8} = \dfrac{1}{8}$. Também,

$$y_0 = (1+0)^{-1} = 1, \qquad y_1 = (1+\tfrac{1}{8})^{-1} = \tfrac{8}{9}, \qquad y_2 = (1+\tfrac{2}{8})^{-1} = \tfrac{8}{10},$$
$$y_3 = (1+\tfrac{3}{8})^{-1} = \tfrac{8}{11}, \qquad y_4 = (1+\tfrac{4}{8})^{-1} = \tfrac{8}{12}, \qquad y_5 = (1+\tfrac{5}{8})^{-1} = \tfrac{8}{13},$$
$$y_6 = (1+\tfrac{6}{8})^{-1} = \tfrac{8}{14}, \qquad y_7 = (1+\tfrac{7}{8})^{-1} = \tfrac{8}{15}, \qquad y_8 = (1+\tfrac{8}{8})^{-1} = \tfrac{1}{2}.$$

Assim,

$$S_{2n}^{\cdot} = S_8 = \frac{\Delta x}{3}\,(y_0 + 4y_1 + 2y_2 + 4y_3 + 2y_4 + 4y_5 + 2y_6 + 4y_7 + y_8)$$

$$= \tfrac{1}{24}\left(1 + \tfrac{32}{9} + \tfrac{16}{10} + \tfrac{32}{11} + \tfrac{16}{12} + \tfrac{32}{13} + \tfrac{16}{14} + \tfrac{32}{15} + \tfrac{1}{2}\right)$$

$$\approx \tfrac{1}{24}(1 + 3{,}5556 + 1{,}6000 + 2{,}9091 + 1{,}3333$$

$$\qquad\qquad + 2{,}4615 + 1{,}1429 + 2{,}1333 + 0{,}5000)$$

$$= \tfrac{1}{24}(16{,}6357) \approx 0{,}6932.$$

Conseqüentemente, $\displaystyle\int_0^1 (1+x)^{-1}\,dx \approx 0{,}6932$. Casualmente, o valor correto, aproximado a 5 casas decimais, é $\displaystyle\int_0^1 (1+x)^{-1}\,dx \approx 0{,}69315$.

2 $\displaystyle\int_0^1 \sqrt{1-x^4}\,dx;\; n=3$

SOLUÇÃO

Aqui

$$\Delta x = \frac{1-0}{6} = \frac{1}{6}, \qquad y_k = \sqrt{1 - \left(\frac{k}{6}\right)^4} = \sqrt{\frac{6^4 - k^4}{6^4}} = \sqrt{\frac{1296 - k^4}{1296}};$$

$k = 0, 1, 2, 3, 4, 5, 6$. Assim,

$$S_{2n} = S_6 = \frac{1}{18}\left(1 + 4\sqrt{\frac{1295}{1296}} + 2\sqrt{\frac{1280}{1296}} + 4\sqrt{\frac{1215}{1296}} + 2\sqrt{\frac{1040}{1296}} + 4\sqrt{\frac{671}{1296}} + 0\right)$$

$$\approx \tfrac{1}{18}(1 + 3{,}9985 + 1{,}9876 + 3{,}8730 + 1{,}7916 + 2{,}8782)$$

$$= \tfrac{1}{18}(15{,}5289) \approx 0{,}8627 \approx \int_0^1 \sqrt{1-x^4}\,dx.$$

O teorema a seguir, cuja prova pode ser encontrada em textos mais avançados, proporciona um limite superior para o erro envolvido ao usar a regra parabólica de Simpson.

TEOREMA 4   **Limite superior para a regra parabólica de Simpson**

Suponha que a quarta derivada $f^{(4)}(x)$ é definida e contínua em $[a,b]$ e que N é o valor máximo de $|f^{(4)}(x)|$ para x em $[a,b]$. Se S_{2n} é a aproximação para

$$\int_a^b f(x)\,dx \quad \text{dada pela regra parabólica de Simpson, então}$$

$$\left[S_{2n} - \int_a^b f(x)\,dx \right] \le N \frac{(b-a)^5}{2880n^4}.$$

EXEMPLO Use a regra parabólica de Simpson para estimar $\int_1^2 \frac{dx}{x}$, certificando-se de que o erro da estimativa não exceda 0,001.

SOLUÇÃO

Aqui, $f(x) = 1/x, f'(x) = -1/x^2, f''(x) = 2/x^3, f'''(x) = -6/x^4$ e $f^{(4)}(x) = 24/x^5$. Já que $f^{(4)}$ é uma função decrescente em $[1,2]$, seu valor máximo neste intervalo ocorre no ponto extremo da esquerda 1. Assim, no Teorema 4, $N = |f^{(4)}(1)| = 24/1^5 = 24$ e $b - a = 2 - 1 = 1$, de modo que o erro da estimativa não pode exceder

$$N \frac{(b-a)^5}{2880n^4} = (24)\frac{1}{2880n^4} = \frac{1}{120n^4}.$$

Assim, exigimos que $1/(120n^4) \le 0,001$; isto é, $25/3 \le n^4$. O menor valor inteiro de n que satisfaz a última desigualdade $n = 2$. Logo, estimamos $\int_1^2 dx/x$ usando $S_{2n} = S_4$. Temos $\Delta x = \dfrac{2-1}{4} = \dfrac{1}{4}$, de modo que $y_0 = 1, y_1 = {}^4\!/_5, y_2 = {}^4\!/_6, y_3 = {}^4\!/_7$ e $y_4 = {}^1\!/_2$; assim,

$$S_{2n} = \tfrac{1}{12}\left(1 + \tfrac{16}{5} + \tfrac{8}{6} + \tfrac{16}{7} + \tfrac{1}{2}\right) = \tfrac{1747}{2520}.$$

Segue que $\int_1^2 dx/x \approx \tfrac{1747}{2520}$ com um erro não excedendo $\tfrac{1}{1000}$. Na verdade, aproximando até cinco casas decimais, $\tfrac{1747}{2520} \approx 0,69325$, enquanto que o valor correto de $\int_1^2 dx/x$, aproximado até cinco casas decimais, é 0,69315.

O Teorema 4 tem uma conseqüência interessante; explicitamente, *regra parabólica de Simpson dá o resultado exato de $\int_a^b f(x)\,dx$ se f for uma função polinomial de grau não superior a 3*. A razão para isto é simplesmente que, para tal função polinomial, $f^{(4)}$ é a função nula; logo, no Teorema 4, $N = 0$. Assim, fazendo $n = 1$ no Teorema 3, obtemos o teorema seguinte.

TEOREMA 5 **Fórmula prismoidal**
Seja f uma função polinomial cujo grau não excede 3. Então

$$\int_a^b f(x)\,dx = \frac{b-a}{6}\left[f(a) + 4f\left(\frac{a+b}{2}\right) + f(b) \right].$$

EXEMPLO Use a fórmula prismoidal para calcular $\int_0^2 (x^3 + 1)\,dx$.

SOLUÇÃO

$$\int_0^2 (x^3 + 1)\,dx = \tfrac{2}{6}[(0^3 + 1) + 4(1^3 + 1) + (2^3 + 1)] = 6.$$

Conjunto de Problemas 5

Nos problemas de 1 a 10, use a regra trapezoidal, $T_n \approx \int_a^b f(x)\,dx$, com o valor indicado de n, para estimar cada integral.

1 $\int_0^1 \frac{dx}{1+x^2}$; $n = 4$

2 $\int_1^3 \frac{dx}{x}$; $n = 3$

3 $\int_2^8 \frac{dx}{1+x}$; $n = 6$

4 $\int_0^3 \sqrt{9-x^2}\,dx$; $n = 6$

5 $\int_0^1 \frac{dx}{\sqrt{1+x^4}}$; $n = 5$

6 $\int_0^1 \frac{dx}{1+x^3}$; $n = 4$

7 $\int_2^8 (4+x^2)^{-1/3}\,dx$; $n = 6$

8 $\int_2^3 \sqrt{1+x^2}\,dx$; $n = 7$

9 $\int_1^2 \frac{dx}{x\sqrt{1+x}}$; $n = 5$

10 $\int_{\pi/2}^{\pi} \frac{\operatorname{sen} x}{x}\,dx$; $n = 4$

11 Use o Teorema 2 para calcular um limite de erro para a estimativa do Problema 1.

12 Use o Teorema 2 para calcular um limite de erro para a estimativa do Problema 2.

13 Suponha que $f(x) \geq 0$ para todo x em $[a,b]$ e que o gráfico de f tem a concavidade voltada para baixo em $[a,b]$. Explique, geometricamente, por que $T_n \leq \int_a^b f(x)\,dx$ neste caso.

14 Mostre que a quantidade T_n no Teorema 1 representa a área total para todos os trapézios da Fig. 3.

Nos problemas de 15 a 22, use a regra parabólica de Simpson, $S_{2n} \approx \int_a^b f(x)\,dx$, com o valor indicado de n para estimar cada integral.

15 $\int_{-1}^1 \frac{dx}{1+x^2}$; $n = 2$

16 $\int_0^4 x^2\sqrt{x+1}\,dx$; $n = 4$

17 $\int_0^8 \frac{dx}{x^3+x+1}$; $n = 4$

18 $\int_2^{10} \frac{dx}{1+x^3}$; $n = 4$

19 $\int_0^2 x\sqrt{9-x^3}\,dx$; $n = 3$

20 $\int_0^2 \frac{dx}{\sqrt{1+x^2}}$; $n = 2$

21 $\int_0^2 \sqrt{1+x^4}\,dx$; $n = 4$

22 $\int_0^2 \sqrt[3]{1-x^2}\,dx$; $n = 4$

23 Calcule o menor valor de n para o qual o erro envolvido na estimativa $S_{2n} \approx \int_1^2 dx/x$ não excede 0.0001. (Use o Teorema 4.)

24 Use a regra parabólica de Simpson, $S_{2n} \approx \int_a^b f(x)\,dx$, com $n = 1$ para estimar $\int_{2,5}^{2,7} dx/x$. Dê um limite superior para o erro da estimativa.

25 Em bases geométricas, $4\int_0^1 \sqrt{1-x^2}\,dx = \pi$. Por quê? Usando a regra parabólica de Simpson, $S_{2n} \approx \int_0^1 \sqrt{1-x^2}\,dx$, para estimar $\int_0^1 \sqrt{1-x^2}\,dx$, dê uma estimativa para π. Use $n = 2$.

26 Use o procedimento do problema 25 para estimar π fazendo $n = 5$. Compare o resultado com o valor correto de π, que é $3,14159\ldots$.

27 (a) Use a fórmula prismoidal para provar que

$$\int_{-a}^a (Ax^3 + Bx^2 + Cx + D)\,dx = \frac{a}{3}(2Ba^2 + 6D).$$

(b) Prove a fórmula na parte (a) diretamente, usando o teorema fundamental do cálculo.

28 Prove a fórmula prismoidal diretamente, usando o teorema fundamental do cálculo.

29 Prove que, por uma escolha adequada dos três coeficientes A, B e D, o gráfico de $y = Ax^2 + Bx + D$ pode passar através de três pontos quaisquer da forma (c,p), $(c + \Delta x, q)$ e $(c + 2\,\Delta x, r)$ (Fig. 4).

30 Um navio cargueiro bastante carregado está ancorado em águas calmas. Ao nível do mar, o barco tem 200 metros de comprimento e, para cada $k = 0, 1, 2, \ldots, 20$ tem largura y_k a uma distância $10k$ metros da proa. Suponha que $y_0 = 0$ e $y_{20} = 0$.
(a) Use a regra parabólica de Simpson para escrever uma fórmula dando a área aproximada da seção do barco ao nível do mar.
(b) Relembrando uma descoberta de Arquimedes, escreva uma fórmula para o número aproximado de toneladas de carga que deve ser removido para aumentar o nível do barco de 1 metro. (Suponha que a água pesa 64 kg/m³.)

6 Áreas de Regiões Planas

Nossa definição preliminar da integral definida na Seção 6 do Cap. 5 depende da idéia de área de uma região plana, enquanto que a definição analítica dada na Seção 2 do presente capítulo é basicamente independente desta idéia. Por termos usado a mesma notação, $\int_a^b f(x)\,dx$, para a integral definida em ambos os casos, e visto que usamos a idéia de área sob um gráfico para entendermos a definição analítica e para ilustrarmos suas propriedades básicas, o leitor já deve estar convencido de que as duas definições são equivalentes. Na verdade, elas são; entretanto, uma prova rigorosa deste importante fato necessita de uma definição precisa da área de uma região plana — uma definição que é muito complicada para ser apresentada neste livro. Assim, assumimos simplesmente o fato seguinte: seja f uma função seccionalmente contínua e limitada no intervalo fechado $[a,b]$. Então a integral definida (de Riemann) definida analiticamente na Seção 2 é numericamente igual à área "com sinal" sob o gráfico de f entre $x = a$ e $x = b$. Assim, na Fig. 1, temos

$$\int_a^b f(x)\,dx = A_1 - A_2.$$

Na Seção 6 do Cap. 5 apresentamos diversos capítulos sobre o uso da integral definida para calcular a área sob o gráfico de uma função. Os exemplos adicionais a seguir refrescarão a memória do leitor.

EXEMPLOS 1 Calcule a área A sob o gráfico da função $f(x) = \frac{1}{3}x^3$ entre $x = -1$ e $x = 2$.

Solução
Um traçado do gráfico de f (Fig. 2) mostra que ela está abaixo do eixo x no intervalo $[-1,0]$. Não podemos calcular A simplesmente calculando $\int_{-1}^{2} \frac{1}{3}x^3\,dx$, já que a área abaixo do eixo x proporciona uma contribuição negativa para esta integral. Entretanto, dividindo o intervalo $[-1,2]$ em dois subintervalos,

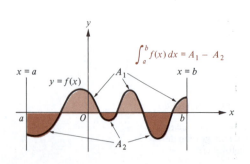

Fig. 1

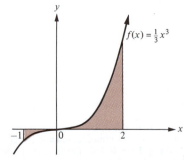

Fig. 2

obtemos a área desejada como segue:

$$A = -\int_{-1}^{0} \tfrac{1}{3}x^3 \, dx + \int_{0}^{2} \tfrac{1}{3}x^3 \, dx = -[\tfrac{1}{12}x^4]\Big|_{-1}^{0} + [\tfrac{1}{12}x^4]\Big|_{0}^{2}$$

$$= \tfrac{1}{12} + \tfrac{16}{12} = \tfrac{17}{12} \text{ unidades quadradas.}$$

2 Calcule a área entre $x = -2$ e $x = 5$ sob o gráfico de

$$f(x) = \begin{cases} 2 + \dfrac{x^3}{4} & \text{se } x < 0 \\ x^2 - x - 2 & \text{se } 0 \le x < 3 \\ 16 - 4x & \text{se } 3 \le x. \end{cases}$$

Ache também $\int_{-2}^{5} f(x) \, dx$.

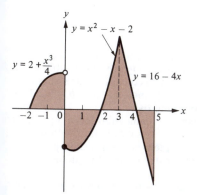

SOLUÇÃO
A Fig. 3 mostra o traçado do gráfico de f com a área desejada A sombreada. Assim,

$$A = \int_{-2}^{0} \left(2 + \frac{x^3}{4}\right) dx - \int_{0}^{2} (x^2 - x - 2) \, dx + \int_{2}^{3} (x^2 - x - 2) \, dx$$

$$+ \int_{3}^{4} (16 - 4x) \, dx - \int_{4}^{5} (16 - 4x) \, dx$$

$$= \left(2x + \frac{x^4}{16}\right)\Big|_{-2}^{0} - \left(\frac{x^3}{3} - \frac{x^2}{2} - 2x\right)\Big|_{0}^{2} + \left(\frac{x^3}{3} - \frac{x^2}{2} - 2x\right)\Big|_{2}^{3}$$

$$+ (16x - 2x^2)\Big|_{3}^{4} - (16x - 2x^2)\Big|_{4}^{5}$$

$$= 3 + \frac{10}{3} + \frac{11}{6} + 2 + 2 = \frac{73}{6} \text{ unidades quadradas.}$$

Fig. 3

Também,

$$\int_{-2}^{5} f(x) \, dx = \int_{-2}^{0} \left(2 + \frac{x^3}{4}\right) dx + \int_{0}^{3} (x^2 - x - 2) \, dx + \int_{3}^{5} (16 - 4x) \, dx$$

$$= \left(2x + \frac{x^4}{16}\right)\Big|_{-2}^{0} + \left(\frac{x^3}{3} - \frac{x^2}{2} - 2x\right)\Big|_{0}^{3} + (16x - 2x^2)\Big|_{3}^{5}$$

$$= 3 - \frac{3}{2} + 0 = \frac{3}{2}.$$

6.1 Cálculo de áreas por divisão em fatias

O método de divisão em fatias ou partes, inicialmente introduzido na Seção 5 do Cap. 5, permitirá calcular áreas de regiões planas pela solução de uma equação diferencial da forma $dA = l \, ds$. Mostraremos agora como tais áreas podem ser calculadas usando a integral definida.

Na presente seção, consideraremos apenas regiões R no plano que satisfaçam as duas seguintes condições:

1 A fronteira de R consiste em um número finito de segmentos de linhas retas ou arcos suaves que poderão se encontrar num número finito de "cantos" ou "vértices".

340   CÁLCULO

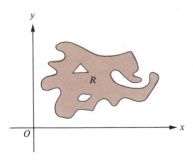

Fig. 4

2 A região R é *limitada* no sentido de que existe um limite superior para as distâncias entre os pontos de R.

Uma região R satisfazendo as condições 1 e 2 será chamada de uma região *admissível*. A região R mostrada na Fig. 4 é um exemplo de uma região admissível. Observe que numa região desse tipo é permitida a existência de um número finito de "buracos", desde que as fronteiras destes "buracos" satisfaçam a condição 1. As fronteiras dos "buracos", se existirem, são consideradas como parte da fronteira de R.

Suporemos que qualquer região admissível R no plano tem uma área, $A(R)$ unidades quadradas, associada a ela. O teorema a seguir mostra como calcularemos $A(R)$ em termos de uma integral definida (de Riemann).

TEOREMA 1   **Cálculo de áreas por divisão em fatias, usando a integral definida**

Seja R uma região admissível e escolhamos um eixo de coordenadas conveniente, chamado de eixo s, como "eixo de referência" (Fig. 5). Em cada ponto ao longo do eixo de referência, levantamos uma linha perpendicular e supomos que a região R está inteiramente contida entre as duas perpendiculares nos pontos de coordenadas a e b, respectivamente. Suponhamos que a perpendicular no ponto de coordenadas s intercepte a região R em um ou mais segmentos de linha de comprimento total $l(s)$. Então a área da região R é dada por $A(R) = \int_a^b l(s)\, ds$.

Uma prova rigorosa do Teorema 1 está além do nível deste livro; entretanto, apresentamos um argumento informal para indicar sua plausibilidade. A Fig. 6 mostra uma partição do eixo de referência constituída de n subintervalos $[s_0, s_1], [s_1, s_2], \ldots, [s_{k-1}, s_k], \ldots, [s_{n-1}, s_n]$, onde $a = s_0$ e $b = s_n$. Nós estendemos esta partição, selecionando os números $c_1, c_2, c_3, \ldots, c_n$ pertencentes aos sucessivos subintervalos. Acima de cada subintervalo $[s_{k-1}, s_k]$ construímos um retângulo de largura $\Delta s_k = s_k - s_{k-1}$ e de comprimento $l(c_k)$. A área do k-ésimo retângulo é $l(c_k)\,\Delta s_k$. Evidentemente, a área desejada $A(R)$ é aproximada pela soma das áreas de todos estes retângulos, de modo que

$$A(R) \approx \sum_{k=1}^{n} l(c_k)\,\Delta s_k.$$

À medida que a norma da partição se aproxima de zero os retângulos se tornam mais estreitos e numerosos, a aproximação, obviamente, torna-se mais apurada. A soma $\sum_{k=1}^{n} l(c_k)\,\Delta s_k$ é uma soma de Riemann, e seu limite, à medida que a norma da partição se aproxima de zero, é por definição $\int_a^b l(s)\, ds$. Logo, o resultado $A(R) = \int_a^b l(s)\, ds$ parece geometricamente razoável.

EXEMPLO   Calcule a área da região R limitada pelos gráficos das equações $y^2 = 2x$ e $y = x - 4$ (Fig. 7).

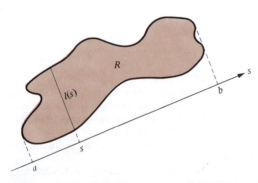

Fig. 5

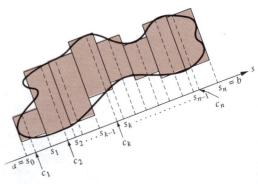

Fig. 6

A INTEGRAL DEFINIDA OU DE RIEMANN

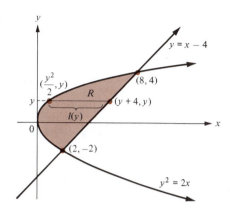

Fig. 7

SOLUÇÃO
Usaremos o Teorema 1, fazendo o eixo y coincidir com o eixo de referência. Para determinarmos os pontos de interseção dos dois gráficos, resolveremos as duas equações $y^2 = 2x$ e $y = x - 4$ simultaneamente. Substituindo $y = x - 4$ em $y^2 = 2x$, temos $(x - 4)^2 = 2x$; isto é, $x^2 - 8x + 16 = 2x$; ou $x^2 - 10x + 16 = 0$. Fatorando para resolver a última equação, obtemos $(x - 2)(x - 8) = 0$, de modo que $x = 2$ ou $x = 8$. Quando $x = 2$, então $y = x - 4 = 2 - 4 = -2$. Quando $x = 8$, então $y = x - 4 = 8 - 4 = 4$. Logo, os dois gráficos se interceptam em $(2,-2)$ e em $(8,4)$.

O ponto no gráfico de $y^2 = 2x$ com ordenada y tem abscissa $x = y^2/2$, enquanto que o ponto no gráfico de $y = x - 4$ com ordenada y tem abscissa $x = y + 4$ (Fig. 7). Logo,

$$l(y) = (y + 4) - \frac{y^2}{2} \quad \text{para } -2 \leq y \leq 4.$$

Pelo Teorema 1,

$$A(R) = \int_{-2}^{4} l(y)\,dy = \int_{-2}^{4} \left(y + 4 - \frac{y^2}{2}\right) dy = \left(\frac{y^2}{2} + 4y - \frac{y^3}{6}\right)\bigg|_{-2}^{4}$$

$$= \frac{40}{3} - \left(-\frac{14}{3}\right) = 18 \text{ unidades quadradas.}$$

6.2 Área entre dois gráficos

O Teorema 1 pode ser usado para provar o teorema a seguir.

TEOREMA 2 **Área entre dois gráficos**

Sejam f e g funções contínuas no intervalo fechado $[a,b]$. Então a área da região R entre o gráfico de f e o gráfico de g, à direita de $x = a$ e à esquerda de $x = b$ (Fig. 8), é dada por

$$A(R) = \int_a^b |f(x) - g(x)|\,dx.$$

PROVA
Na Fig. 8, façamos o eixo x coincidir com o de referência. Observe que $l(x)$ é a distância entre o ponto $(x, f(x))$ e o ponto $(x, g(x))$; logo, $l(x) = |f(x) - g(x)|$. Então, pelo Teorema 1,

$$A(R) = \int_a^b l(x)\,dx = \int_a^b |f(x) - g(x)|\,dx.$$

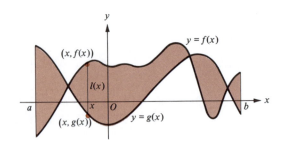
Fig. 8

EXEMPLOS   Use Teorema 2 para calcular a área da região R dada.

1 R é a região entre o gráfico de $y = x + 2$ e o de $y = x^2$ (Fig. 9).

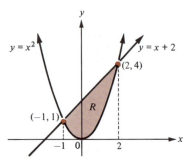
Fig. 9

SOLUÇÃO
Para determinar os pontos de interseção dos dois gráficos, resolvemos as duas equações $y = x + 2$ e $y = x^2$ simultaneamente, e obtemos os pontos $(-1, 1)$ e $(2, 4)$. Evidentemente, o gráfico de $y = x + 2$ está acima do gráfico de $y = x^2$ entre $x = -1$ e $x = 2$. Pelo Teorema 2,

$$A(R) = \int_{-1}^{2} |(x+2) - x^2|\, dx = \int_{-1}^{2} (x + 2 - x^2)\, dx$$

$$= \left(\frac{x^2}{2} + 2x - \frac{x^3}{3}\right)\bigg|_{-1}^{2} = \frac{10}{3} - \left(-\frac{7}{6}\right) = \frac{9}{2} \text{ unidades quadradas}$$

2 A região R limitada pelos gráficos das equações $y^2 = -4x$ e $x^2 = -4y$ (Fig. 10).

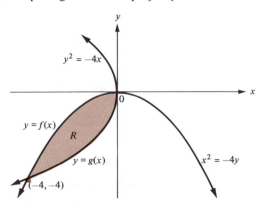
Fig. 10

SOLUÇÃO
Resolvendo as equações $y^2 = -4x$ e $x^2 = -4y$ simultaneamente, encontramos que os dois gráficos se interceptam nos pontos $(-4, -4)$ e $(0, 0)$. Para usarmos o Teorema 2, devemos determinar as equações $y = f(x)$ e $y = g(x)$ das fronteiras superior e inferior, respectivamente, da região R.

A fronteira superior de R é a porção do gráfico de $x^2 = -4y$ entre $x = -4$ e $x = 0$; assim, sua equação pode ser escrita como $y = f(x)$, onde $f(x) = -1/4 x^2$ e $-4 \leq x \leq 0$.

A fronteira inferior de R é a porção do gráfico de $y^2 = -4x$ entre $x = -4$ e $x = 0$. Nesta fronteira inferior, y é negativo ou zero; logo, resolvendo a equação $y^2 = -4x$ para y, obtemos $y = -\sqrt{-4x} = -2\sqrt{-x}$. Assim, a equação da fronteira inferior de R é $y = g(x)$, onde $g(x) = -2\sqrt{-x}$ e $-4 \leq x \leq 0$.

Agora, pelo Teorema 2,

$$A(R) = \int_{-4}^{0} |f(x) - g(x)|\, dx = \int_{-4}^{0} \left[\left(-\frac{1}{4}x^2\right) - (-2\sqrt{-x})\right] dx$$

A INTEGRAL DEFINIDA OU DE RIEMANN

$$= \int_{-4}^{0} \left(2\sqrt{-x} - \frac{1}{4}x^2\right) dx = 2\int_{-4}^{0} \sqrt{-x}\, dx - \frac{1}{4}\int_{-4}^{0} x^2\, dx$$

$$= 2\int_{-4}^{0} \sqrt{-x}\, dx - \frac{1}{4}\left(\frac{x^3}{3}\right)\bigg|_{-4}^{0} = 2\int_{-4}^{0} \sqrt{-x}\, dx - \frac{16}{3}.$$

Para calcularmos a integral definida $\int_{-4}^{0} \sqrt{-x}\, dx$, usamos a mudança de variável $u = -x$, de modo que $du = -dx$ e

$$\int_{-4}^{0} \sqrt{-x}\, dx = \int_{4}^{0} \sqrt{u}(-du) = -\int_{4}^{0} u^{1/2}\, du = -\frac{2}{3} u^{3/2}\bigg|_{4}^{0} = 0 - \left(-\frac{16}{3}\right) = \frac{16}{3}.$$

Segue que,

$$A(R) = 2\int_{-4}^{0} \sqrt{-x}\, dx - \frac{16}{3} = 2\left(\frac{16}{3}\right) - \frac{16}{3} = \frac{16}{3} \text{ unidades de área.}$$

3 A região R limitada pelas duas equações $x = y^2 - 2y$ e $x = 2y - 3$ (Fig. 11).

SOLUÇÃO
A solução simultânea das duas equações mostra que os gráficos se interceptam nos pontos $(-1, 1)$ e $(3, 3)$. Usamos o Teorema 2 mas com os papéis de x e y invertidos. Assim

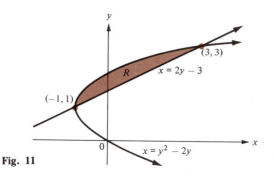

Fig. 11

$$A(R) = \int_{y=1}^{y=3} |(2y - 3) - (y^2 - 2y)|\, dy$$

$$= \int_{1}^{3} |-y^2 + 4y - 3|\, dy$$

$$= \int_{1}^{3} (-y^2 + 4y - 3)\, dy$$

$$= \left(-\frac{y^3}{3} + 2y^2 - 3y\right)\bigg|_{1}^{3}$$

$$= 0 - \left(-\frac{4}{3}\right) = \frac{4}{3} \text{ unidades de área.}$$

Conjunto de Problemas 6

Nos problemas de 1 a 10, calcule a área sob o gráfico de cada função entre $x = a$ e $x = b$. Esboce o gráfico da função.

1 $f(x) = 1 - x^2$; $a = -1, b = 1$ **2** $g(x) = x^2 - 2$; $a = 0, b = 1$ **3** $h(x) = x^3 - x$; $a = -1, b = 1$

4 $F(x) = x^2 - 9$; $a = -3, b = 3$ **5** $G(x) = x^3$; $a = -2, b = 2$ **6** $H(x) = x^2 - 6x + 5$; $a = 1, b = 3$

7 $f(x) = x^3 - 4x^2 + 3x$; $a = 0, b = 2$ **8** $g(x) = x^3 - 6x^2 + 8x$; $a = 0, b = 4$

9 $f(x) = \frac{1}{3}(x - x^3)$; $a = -1, b = 2$ **10** $f(x) = x^n$; $a = 0, b = 1$, onde $n \geq 1$

Nos problemas de 11 a 28, (a) esboce os gráficos das duas equações, (b) determine os pontos de interseção dos dois gráficos e (c) calcule a área da região limitada pelos dois gráficos.

11 $f(x) = x^2$ e $g(x) = 2x + \frac{5}{4}$ **12** $y = \frac{x^2}{4}$ e $7x - 2y = 20$ **13** $f(x) = -x^2 - 4$ e $g(x) = -8$

CÁLCULO

14 $y = \sqrt{x}$ e $y = x$

15 $y = x^2 - x$ e $y = x$

16 $f(x) = x^3$ e $g(x) = x$

17 $x = (y - 2)^2$ e $x = y$

18 $y^2 = 3x$ e $y = x$

19 $x = 6y^2 - 3$ e $x + 3y = 0$

20 $x = 4y^2 - 1$ e $8x - 6y + 3 = 0$

21 $f(x) = x^3$ e $g(x) = \sqrt[3]{x}$

22 $y = 2x^2 - x^3$ e $y = 2x - x^2$

23 $y = x^2$ e $y = x^4$

24 $y = |x|$ e $y = x^4$

25 $x = y^2 - 2$ e $x = 6 - y^2$

26 $x = y^2 - y$ e $x = y - y^2$

27 $f(x) = x|x|$ e $g(x) = x^3$

28 $f(x) = -x$ e $g(x) = 2x - 3x^2$

Nos problemas de 29 a 32, calcule a área da região limitada pelos gráficos das equações dadas.

29 $y = x + 6$, $y = \frac{1}{2}x^2$, $x = 1$, e $x = 4$

30 $y = x^3$, $y = 12 - x^2$, e $x = 0$

31 $y = 2 - x$, $y = x^2$, e acima de $y = \sqrt[3]{x}$

32 $y = x^3$, $y = 0$, e $y = 3x - 2$ (primeiro quadrante)

Nos problemas de 33 a 38, esboce um gráfico de cada função f, calcule a área sob o gráfico de f entre $x = a$ e $x = b$, e determine $\int_a^b f(x)\, dx$.

33 $f(x) = \begin{cases} x^3 & \text{para} -2 \leq x \leq 1 \\ \sqrt{x} & \text{para } 1 < x \leq 4 \\ 10 - 2x & \text{para } 4 < x \leq 7 \\ 2x - 18 & \text{para } 7 < x \leq 12 \end{cases}$; $a = -2$, $b = 12$

34 $f(x) = \begin{cases} -x - 3 & \text{para} -5 \leq x < -2 \\ x^2 + 2x - 1 & \text{para} -2 \leq x \leq 1 \\ 2 & \text{para } 1 < x \leq 4 \end{cases}$; $a = -5$, $b = 4$

35 $f(x) = \begin{cases} x^2 + 6x - 7 & \text{para} -7 \leq x \leq -6 \\ -x^2 - 4x + 5 & \text{para} -6 < x \leq 0 \\ |x - 5| & \text{para } 0 < x \leq 8 \end{cases}$; $a = -7$, $b = 8$

36 $f(x) = \begin{cases} x\sqrt{x^2 - 4} & \text{para} -3 \leq x \leq -2 \\ -x^2 & \text{para} -2 < x \leq 0 \\ 3 - x & \text{para } 0 < x \leq 4 \\ \sqrt{2x + 1} & \text{para } 4 < x \leq 6 \end{cases}$; $a = -3$, $b = 6$

37 $f(x) = \begin{cases} x^3 - 1 & \text{para} -1 \leq x < 0 \\ x^2 & \text{para } 0 \leq x < 2 \\ 2[\![x]\!] & \text{para } 2 \leq x < 4 \\ -\sqrt{x - 4} & \text{para } 4 \leq x \leq 8 \end{cases}$; $a = -1$, $b = 8$

38 $f(x) = \begin{cases} \dfrac{x}{(x^2 + 1)^2} & \text{para } -3 \leq x < 0 \\ \sqrt[3]{2x} & \text{para } 0 \leq x < 4 \\ x^2 - 12x + 32 & \text{para } 4 \leq x \leq 10 \\ 5 & \text{para } 10 < x \leq 12 \end{cases}$; $a = -3$, $b = 12$

39 Use o método da divisão em fatias para calcular a área do triângulo de vértices (1, 1), (2, 4) e (4, 3).

40 Use o método da divisão em fatias para calcular a área do trapézio cujos vértices são os pontos (1, 1), (6, 1), (2, 4) e (5, 4).

Conjunto de Problemas de Revisão

Nos problemas de 1 a 4, escreva explicitamente a soma e a seguir determine seu valor numérico.

1 $\displaystyle\sum_{k=1}^{5} (5k + 3)$

2 $\displaystyle\sum_{i=1}^{3} 5(i + 1)^2$

3 $\displaystyle\sum_{k=0}^{4} \frac{k}{k + 1}$

4 $\displaystyle\sum_{i=0}^{3} \frac{1}{i^2 + 1}$

A INTEGRAL DEFINIDA OU DE RIEMANN

Nos problemas de 5 a 8, calcule cada soma usando as propriedades básicas do somatório.

5 $\displaystyle\sum_{k=1}^{n} k(2k-1)$
6 $\displaystyle\sum_{j=1}^{n} (6^{j+1} - 6^j)$
7 $\displaystyle\sum_{j=0}^{n} (3^j + 3^{j+1})$
8 $\displaystyle\sum_{k=0}^{n} (k+1)^3$

9 Calcule a soma dos 1000 primeiros inteiros pares, $2 + 4 + 6 + 8 + \ldots + 2000$.

10 Use o princípio da indução matemática para mostrar que $\displaystyle\sum_{k=1}^{n} (2k-1) = n^2$.

11 Calcule $\displaystyle\sum_{k=1}^{n} \frac{1}{k^2 + k}$. $\left(Sugestão: \frac{1}{k^2 + k} = \frac{1}{k} - \frac{1}{k+1}. \right)$

12 (a) Suponha que f seja uma função Riemann-integrável no intervalo $[0, 1]$. Use a definição analítica da integral definida para expressar $\displaystyle\lim_{n \to +\infty} \frac{1}{n} \sum_{k=1}^{n} f\left(\frac{k}{n}\right)$ como uma determinada integral.

(b) Escreva $\displaystyle\lim_{n \to +\infty} \frac{\sum_{k=1}^{n} k^5}{n^6}$ como uma integral definida.

13 Calcule a soma de Riemann $\displaystyle\sum_{k=1}^{n} f(c_k) \Delta x_k$ correspondente à partição estendida $[0, 1/4], [1/4, 1/2], [1/2, 3/4], [3/4, 1]; c_1 = 1/8, c_2 = 3/8, c_3 = 5/8$ e $c_4 = 7/8$ se f for dada por $f(x) = x^2$. Interprete a soma de Riemann como uma aproximação para uma certa área.

Nos problemas 14 a 16, calcule a soma de Riemann correspondente a cada partição estendida para a função indicada, esboce o gráfico da função e interprete a soma de Riemann como uma soma de áreas de retângulos.

14 $f(x) = x^2 + 1$, $\mathscr{P}_4^*$ é a partição de $[1, 4]$ em 4 subintervalos iguais com c_1, c_2, c_3 e c_4 escolhidos nos pontos médios destes subintervalos.

15 $f(x) = x^3 - x$, $\mathscr{P}_4^*$ é a partição de $[1, 3]$ em 4 subintervalos iguais com c_1, c_2, c_3 e c_4 escolhidos de modo que todos os retângulos aproximantes sejam inscritos.

16 O mesmo que o problema 15, exceto que os retângulos aproximadores são circunscritos.

Nos problemas 17 a 22, indique se cada integral de Riemann existe e dê uma razão para sua resposta.

17 $\displaystyle\int_{1}^{100} \frac{[\![x]\!]}{x} dx$
18 $\displaystyle\int_{1}^{2} \frac{dx}{[\![x]\!]}$
19 $\displaystyle\int_{1}^{2} \sqrt{1 - x^2}\, dx$

20 $\displaystyle\int_{0}^{1} \frac{dx}{1 + x^2}$
21 $\displaystyle\int_{0}^{\pi/2} \frac{dx}{\cos x}$
22 $\displaystyle\int_{-1}^{1} f(x)\, dx$, onde $f(x) = \begin{cases} x^2 & \text{para } x < 0 \\ x^4 & \text{para } x \geq 0 \end{cases}$

Nos problemas 23 a 26, calcule cada integral de Riemann diretamente pela determinação de um limite das somas de Riemann. Use partições constituídas de subintervalos de mesmo comprimento e estenda estas partições de modo a se obterem retângulos inscritos ou circunscritos, conforme indicado.

23 $\displaystyle\int_{1}^{4} (x^2 + 1)\, dx$ (retângulos circunscritos)
24 $\displaystyle\int_{1}^{4} (x^2 + 1)\, dx$ (retângulos inscritos)

25 $\displaystyle\int_{1}^{3} (x^3 + x)\, dx$ (retângulos circunscritos)
26 $\displaystyle\int_{-1}^{0} (x^2 - 2x + 3)\, dx$ (retângulos inscritos)

27 Prove que, se K é uma constante, então $\displaystyle\int_{a}^{b} K\, dx = K(b - a)$, usando diretamente a definição analítica da integral definida (de Riemann).

28 Prove que $\displaystyle\int_{a}^{b} x\, dx = \frac{1}{2}(b^2 - a^2)$ usando diretamente a definição analítica da integral definida (de Riemann).

Nos problemas 29 a 33, suponha que $\displaystyle\int_{1}^{3} f(x)\, dx = 6$ e $\displaystyle\int_{3}^{5} g(x)\, dx = 8$. Use as propriedades das integrais definidas para calcular cada expressão.

29 $\int_1^3 (-5)f(x)\,dx$

30 $\int_3^1 7f(x)\,dx$

31 $\int_1^5 h(x)\,dx$, onde $h(x) = \begin{cases} 4f(x) & \text{para}\,1 \le x < 3 \\ -2g(x) & \text{para}\,3 \le x \le 5 \end{cases}$

32 $\int_1^3 F(x)\,dx$, onde $F(x) = \begin{cases} 0 & \text{para}\,x = 1 \\ f(x) & \text{para}\,1 < x < 3 \\ 52 & \text{para}\,x = 3 \end{cases}$

33 $\int_5^1 H(x)\,dx$, onde $H(x) = \begin{cases} 1 + f(x) & \text{para}\,1 \le x \le 3 \\ g(x) - 1 & \text{para}\,3 < x \le 5 \end{cases}$

34 Suponha que f seja uma função Riemann-integrável em $[a,b]$ e que $|f(x)| \le K$ é válida para todos valores de x em $[a,b]$, onde K é uma constante. Prove que

$$\left| \int_a^b f(x)\,dx \right| \le K \cdot |b - a|.$$

35 Mostre que $\int_0^1 \dfrac{dx}{1 + x^2} \ge \int_0^1 \dfrac{dx}{1 + x}$.

36 Suponha que f e g são funções contínuas em $[a,b]$ e que K é uma constante. Mostre que

$$2K \int_a^b f(x)g(x)\,dx \le \int_a^b [f(x)]^2\,dx + K^2 \int_a^b [g(x)]^2\,dx.$$

(Sugestão: $0 \le [f(x) - Kg(x)]^2.)$

37 Use o problema 36 para deduzir a desigualdade

$$\int_a^b f(x)g(x)\,dx \le \tfrac{1}{2} \int_a^b [f(x)]^2\,dx + \tfrac{1}{2} \int_a^b [g(x)]^2\,dx.$$

38 Use o problema 36 para deduzir a desigualdade de *Cauchy-Bunyakovski-Schwarz*

$$\left[\int_a^b f(x)g(x)\,dx \right]^2 \le \int_a^b [f(x)]^2\,dx \int_a^b [g(x)]^2\,dx.$$

$$\left[\textit{Sugestão: } \text{No problema 36, faça } K = \frac{\displaystyle\int_a^b f(x)g(x)\,dx}{\displaystyle\int_a^b [g(x)]^2\,dx}. \right]$$

39 Utilizando o teorema fundamental do cálculo, determine o valor médio da função dada no intervalo indicado.

(a) $f(x) = x^3$ em $[0,2]$ (b) $f(x) = \sqrt{x}$ em $[0,9]$ (c) $f(x) = x^n$ em $[-1,1]$, onde n é um inteiro positivo

40 Utilizando o teorema fundamental do cálculo, calcule um número c no intervalo $[a,b]$ tal que $f(c)$ seja o valor médio da função f dada em $[a,b]$.

(a) $f(x) = x|x|$, $[a,b] = [-0{,}5, 1]$ (b) $f(x) = \dfrac{1}{x^2}$, $[a,b] = [1,2]$ (c) $f(x) = \sqrt{x}$, $[a,b] = [0,1]$

Nos problemas 41 a 48, use a primeira parte do teorema fundamental do cálculo e as propriedades básicas da integral definida para achar cada derivada.

41 $D_x \int_3^x (4t + 1)^{300}\,dt$

42 $\dfrac{d}{dx} \int_2^x (3w^2 - 7)^{15}\,dw$

A INTEGRAL DEFINIDA OU DE RIEMANN

43 $g'(x)$, onde $g(x) = \int_1^x (8t^{17} + 5t^2 - 13)^{40}\, dt$

44 $h''(t)$, onde $h(t) = \int_0^t \sqrt{1 + x^{16}}\, dx$

45 $D_x \int_x^{1000} \dfrac{t^2\, dt}{\sqrt{t^4 + 8}}$

46 $\dfrac{d}{dx} \int_x^0 |w|\, dw$

47 $g''(t)$, onde $g(t) = \int_t^0 \sqrt{1 + x^2}\, dx + \int_0^t \sqrt{1 + w^2}\, dw$

48 $h'(t)$, onde $h(t) = \int_t^0 \dfrac{dx}{1 + x^2} + \int_1^t \dfrac{dx}{1 + x^2}$

Nos problemas 49 a 51, use a primeira parte do teorema fundamental do cálculo junto com a regra da cadeia para achar cada derivada,

49 $D_x \int_1^{x^2} \dfrac{t^2\, dt}{1 + t^2}$

50 $\dfrac{d}{dx} \int_{3x+1}^{x^2} \dfrac{t + \sqrt{t}}{t^3 + 5}\, dt$

51 $D_t \int_{4t+3}^{5t^2+t} (w^5 + 1)^{17}\, dw$

52 Supondo que todas as derivadas e integrais pedidas existem,

(a) Calcule $\dfrac{d}{dx}\left[\int_a^x f[g(t)]g'(t)\, dt - \int_{g(a)}^{g(x)} f(u)\, du \right]$.

(b) Conclua que $\int_a^b f[g(t)]g'(t)\, dt = \int_{g(a)}^{g(b)} f(u)\, du$.

53 Calcule o valor máximo de cada função g no intervalo indicado.

(a) $g(x) = \int_0^x (t^2 - 4t + 4)\, dt$ em $[0,4]$

(b) $g(x) = \int_0^x (\sqrt{t} - t)\, dt$ em $[0,1]$

54 Suponha que a função f seja seccionalmente contínua e limitada no intervalo $[a,b]$ e defina g por $g(x) = \int_a^x f(t)\, dt$. Prove que g é contínua em $[a,b]$.

Nos problemas 55 a 66, calcule a integral definida dada usando a segunda parte do teorema fundamental do cálculo e as propriedades básicas da integral definida, esboce um gráfico do integrando e interprete a integral como uma área ou uma diferença de áreas.

55 $\int_0^1 (2x + 3x^2)\, dx$

56 $\int_0^1 5(x - \sqrt{x})^2\, dx$

57 $\int_{-1}^3 (x + |x|)\, dx$

58 $\int_{-1}^3 |x + 1|\, dx$

59 $\int_{-1}^1 \sqrt{x + 1}\, dx$

60 $\int_{-1}^4 x^2 |x|\, dx$

61 $\int_{-1}^3 \dfrac{2x\, dx}{(1 + x^2)^2}$

62 $\int_0^1 x^3 \sqrt{x^4 + 1}\, dx$

63 $\int_0^4 (|x - 1| + |x - 2|)\, dx$

64 $\int_0^2 \dfrac{x\, dx}{\sqrt{3x + 10}}$

65 $\int_0^3 f(x)\, dx$, onde $f(x) = \begin{cases} 1 - x & \text{para } 0 \le x < 1 \\ x^2 - 1 & \text{para } 1 \le x < 2 \\ x + 1 & \text{para } 2 \le x \le 3 \end{cases}$

66 $\int_{-1}^2 g(x)\, dx$, onde $g(x) = \begin{cases} -\sqrt{|x|} & \text{para } -1 \le x < 0 \\ \sqrt{x + 1} & \text{para } 0 \le x < 1 \\ x\sqrt{1 + x^2} & \text{para } 1 \le x < 2 \end{cases}$

Nos problemas 67 a 74, indique se cada afirmativa é verdadeira ou falsa. Pode-se supor que todas as derivadas e integrais pedidas existem, que as funções existentes no denominador são não-nulas, e assim por diante. Se a afirmativa é falsa, dê um exemplo específico para mostrar que é falsa. (Tal exemplo é chamado de *contra-exemplo*).

67 $\int_a^b f(x)g(x)\, dx = \int_a^b f(x)\, dx \int_a^b g(x)\, dx$?

68 $\int_a^b f(x)g(x)\, dx = f(x) \int_a^b g(x)\, dx + g(x) \int_a^b f(x)\, dx$?

348   **CÁLCULO**

69 $\int_a^b \dfrac{f(x)}{g(x)}\,dx = \dfrac{\int_a^b f(x)\,dx}{\int_a^b g(x)\,dx}$?

70 $\int_a^b f(x)g(x)\,dx = \left[f(x)h(x) \right]\Big|_a^b - \int_a^b h(x)f'(x)\,dx$, onde $h'(x) = g(x)$?

71 $\int_{-100}^{100} (x^{775} + x^{776})\,dx > 0$?

72 $\int_a^x f(kt)\,dt = \dfrac{1}{k}\int_{ka}^{kx} f(t)$ onde k é uma constante?

73 $\left| \int_a^b g(x)\,dx \right| = \int_a^b |g(x)|\,dx$?

74 Se f é uma função decrescente, então a função g definida por $g(x) = \int_0^x f(t)\,dt$
é também decrescente.

Nos problemas 75 a 78, use a regra trapezoidal, $T_n \approx \int_a^b f(x)\,dx$, com o valor
indicado de n para estimar cada integral.

75 $\int_0^2 x\sqrt{16 - x^3}\,dx;\ n = 4$

76 $\int_1^2 \sqrt{4 + x^3}\,dx;\ n = 4$

77 $\int_0^{10} \sqrt[3]{125 + x^3}\,dx;\ n = 5$

78 $\int_4^8 \sqrt{64 - x^2}\,dx;\ n = 8$

Nos problemas 79 a 82, use a regra parabólica de Simpson, $S_{2n} \approx \int_a^b f(x)\,dx$, com
o valor indicado de n para estimar a integral dada.

79 $\int_0^8 \dfrac{3x}{1 + x^3}\,dx;\ n = 4$

80 $\int_0^4 \sqrt{16 - x^2}\,dx;\ n = 2$

81 $\int_2^8 \dfrac{x\,dx}{\sqrt[3]{3 + x^3}};\ n = 3$

82 $\int_0^5 \dfrac{x^3\,dx}{\sqrt{1 + x^3}};\ n = 3$

Nos problemas 83 a 94, (a) esboce o gráfico destas equações, (b) determine os
pontos de interseção desses gráficos e (c) calcule a área da região limitada por estes
gráficos.

83 $y = \tfrac{1}{4}x^3$ e $y = x,\ x \geq 0$

84 $y = x^3$, o eixo y, e $y = -27$

85 $y = 9 - x^2$ e $y = x^2$

86 $2y^2 + 9x = 36$ e $3x + 2y = 0$

87 $y = 2x^2$ e $y = x^2 + 2x + 3$

88 $y^2 = -4(x - 1)$ e $y^2 = -2(x - 2)$

89 $2x + 3y + 1 = 0$ e $x + 3 = (y - 1)^2$

90 $x^2 y = x^2 - 1,\ y = 1,\ x = 1,$ e $x = 4$

91 $y = 4 - x^2$ e $y = 4 - 4x$

92 $x = \tfrac{1}{4}y^2 - 1$ e $y = 4x - 16$

93 $y^3 = 9x,\ y^2 = -3(x - 6),$ and $y = -3$

94 $y^2 = -16(x - 1)$ e $y^2 = \tfrac{16}{3}(x + 3)$

95 Calcule a área da região limitada pela curva $y = -\frac{2}{27}x^3$ e a tangente a esta curva em
$(3, -2)$.

7 APLICAÇÕES DA INTEGRAL DEFINIDA

No Cap. 6 vimos que as integrais definidas podem ser usadas para determinar a área de regiões planas. Aqui aplicaremos as integrais definidas ao problema do cálculo do volume de regiões tridimensionais. Além disso, consideramos aplicações das integrais definidas ao cálculo do comprimento de arco, da área de uma superfície, do suprimento para consumo, do fluxo de sangue, do trabalho e da energia.

1 Volumes de Sólidos de Revolução

As técnicas usadas na Seção 6 do Cap. 6 podem ser modificadas para expressar o volume de uma região tridimensional S como uma integral. Suporemos que qualquer região tridimensional S, que tem uma "forma razoável", tem um volume definido $V(S)$ unidades cúbicas associado a ela. Referiremo-nos a esta região como uma *região tridimensional admissível* ou simplesmente como um *sólido*. Em particular, estipularemos que qualquer região tridimensional tendo as duas seguintes propriedades é um sólido:

1. A fronteira de S consiste em um número finito de superfícies lisas que se interceptam num número finito de arestas. Estas, por outro lado, podem se interceptar num número finito de vértices.
2. S é *limitada* no sentido de que existe um limite superior para as distâncias entre os pontos de S.

Por exemplo, uma esfera sólida, um cone circular reto sólido, um cubo sólido ou a região sólida entre dois cilindros retos coaxiais satisfazem as condições acima (Fig. 1).

Fig. 1

Um sólido constituído de todos os pontos situados entre uma região plana admissível B_1 e uma segunda região plana admissível B_2 obtida pela translação paralela de B_1 é chamado de *cilindro sólido de bases B_1 e B_2* (Fig. 2). Todos os segmentos de reta que unem pontos na base B_1 a pontos correspondentes na base B_2 são paralelos entre si. Se todos estes segmentos de reta são perpendiculares às bases, então o cilindro sólido é chamado de *cilindro sólido reto* (Fig. 3). A distância, medida perpendicularmente, entre as duas bases de um cilindro sólido é chamada de altura. De agora em diante, suporemos que o volume de um cilindro sólido reto é sua altura multiplicada pela área de uma das bases.

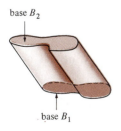

Sólido cilíndrico reto

Fig. 3

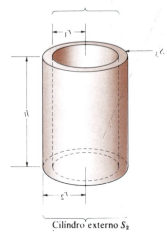

Fig. 4

Se um sólido S_1 está contido num sólido ligeiramente maior S_2, então a região tridimensional S_3 constituída de todos os pontos em S_2 que não estão em S_1 é, às vezes, chamada de uma "*casca*" (Fig. 4). Observe que $V(S_3) = V(S_2) - V(S_1)$; isto é, o volume da casca é igual à diferença entre os volumes dos sólidos maior e menor. Por exemplo, na Fig. 4, o volume da casca cilíndrica reta é dado por $V(S_3) = V(S_2) - V(S_1) = \pi r_2^2 h - \pi r_1^2 h$.

1.1 Sólidos de revolução — método dos discos circulares

Nesta Seção e na próxima, desenvolveremos métodos para calcular o volume de sólidos chamados de *sólidos de revolução*. Estes sólidos são formados da seguinte maneira; seja R uma região plana admissível e seja l uma linha reta que está no mesmo plano de R, mas sem tocar em R a não ser em pontos da fronteira de R (Fig. 5a).

O sólido S gerado quando R é girado em torno da linha l como um eixo é chamado de *sólido de revolução* (Fig. 5b).

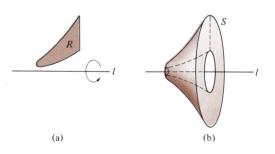

Fig. 5 (a) (b)

Considere o caso especial em que R é a região sob o gráfico de uma função contínua não-negativa f entre $x = a$ e $x = b$ (Fig. 6a). Chame de S o sólido de revolução gerado pela rotação de R em torno do eixo x (Fig. 6b). A Fig. 6c mostra uma porção "infinitesimal" dV do volume V de S consistindo num disco circular de espessura "infinitesimal" dx, perpendicular ao eixo de revolução e interceptando-o no ponto de coordenada x. Evidentemente o raio r deste disco é dado por $r = f(x)$.

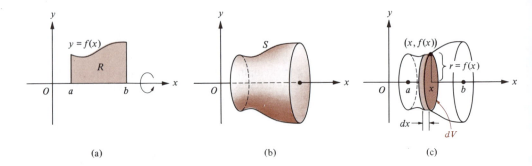

Fig. 6 (a) (b) (c)

O disco na Fig. 6c pode ser considerado como um cilindro sólido reto cuja base é um círculo de raio r e cuja altura é dx. A área desta base é πr^2; logo, seu volume dV é dado por

$$dV = \pi r^2 \, dx = \pi [f(x)]^2 \, dx.$$

O volume total V do sólido S deve ser obtido pela "soma" — isto é, pela integração — de todos os volumes "infinitesimais" dV de tais discos, à medida que x varia de a até b. Assim, temos

$$V = \int_{x=a}^{x=b} dV = \int_a^b \pi [f(x)]^2 \, dx = \pi \int_a^b [f(x)]^2 \, dx.$$

APLICAÇÕES DA INTEGRAL DEFINIDA

O cálculo de volumes pela fórmula acima é chamado de *método dos discos circulares*. Embora nossa dedução da fórmula usando infinitésimos de Leibniz possa não ser matematicamente rigorosa, a fórmula é correta e pode ser deduzida rigorosamente a partir da definição analítica da integral definida.

EXEMPLOS Use o método dos discos circulares para determinar o volume V do sólido S gerado pela revolução da região R sob o gráfico da função f dada, no intervalo indicado $[a, b]$, em torno do eixo x. Trace o gráfico de f e do sólido S.

1 $f(x) = x^3$ em $[1, 2]$

SOLUÇÃO
Aqui,

$$V = \pi \int_1^2 [f(x)]^2 \, dx$$

$$= \pi \int_1^2 [x^3]^2 \, dx$$

$$= \pi \int_1^2 x^6 \, dx = \pi \left[\frac{x^7}{7}\right]\Big|_1^2$$

$$= \pi \left[\frac{128}{7} - \frac{1}{7}\right] = \frac{127}{7} \pi \text{ unidades cúbicas}$$

(Figura 7).

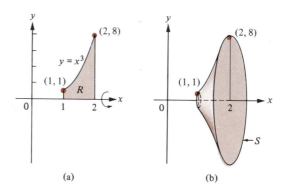

Fig. 7 (a) (b)

2 $f(x) = \sqrt{a^2 - x^2}$ em $[-a, a]$

SOLUÇÃO
Aqui,

$$V = \pi \int_{-a}^{a} [f(x)]^2 \, dx = \pi \int_{-a}^{a} [\sqrt{a^2 - x^2}]^2 \, dx = \pi \int_{-a}^{a} (a^2 - x^2) \, dx = \pi \left[a^2 x - \frac{x^3}{3}\right]\Big|_{-a}^{a}$$

$$= \pi \left[\left(a^3 - \frac{a^3}{3}\right) - \left(-a^3 + \frac{a^3}{3}\right)\right] = \pi \frac{4a^3}{3} = \frac{4}{3} \pi a^3.$$

Observe que o gráfico de $f(x) = \sqrt{a^2 - x^2}$ em $[-a, a]$ é um semicírculo e o sólido de revolução correspondente é uma esfera de raio a (Fig. 8). Assim, pelo método dos discos circulares, obteríamos a fórmula familiar $V = 4/3 \, \pi a^3$ para o volume de uma esfera de raio a.

Obviamente, uma região plana pode ser girada em torno do eixo y ao invés do eixo x, e, novamente, um sólido de revolução será gerado. Por exemplo, suponhamos que R seja uma região plana limitada pelo eixo y, pelas

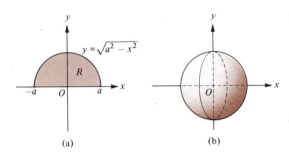

Fig. 8 (a) (b)

linhas horizontais $y = a$ e $y = b$, onde $a < b$, e pelo gráfico de $x = g(y)$, onde a função g é contínua e $g(y) \geq 0$ para $a \leq y \leq b$ (Fig. 9a). A Fig. 9b mostra o sólido de revolução S gerado pela revolução de R em torno do eixo y. Na Fig. 9b, $dV = \pi r^2 \, dy = \pi \, [g(y)]^2 \, dy$; donde,

$$V = \int_{y=a}^{y=b} dV = \int_a^b \pi [g(y)]^2 \, dy = \pi \int_a^b [g(y)]^2 \, dy.$$

O uso da fórmula acima para determinar o volume de S é ainda chamado de *método dos discos circulares*.

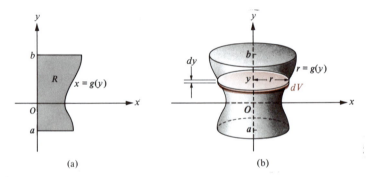

Fig. 9

EXEMPLO Calcule o volume do sólido S gerado pela revolução da região R, pelo eixo y, pela linha $y = 4$ e pelo gráfico de $y = x^2$ para $x \geq 0$, em torno do eixo y. Use o método dos discos circulares e trace tanto R como S.

SOLUÇÃO
Resolvendo a equação $y = x^2$ para x em termos de y e usando o fato de que $x \geq 0$, temos $x = \sqrt{y}$ (Fig. 10). Pelo método dos discos circulares,

$$V = \pi \int_0^4 [\sqrt{y}]^2 \, dy = \pi \int_0^4 y \, dy = \pi \left[\frac{y^2}{2} \right] \Big|_0^4 = 8\pi \text{ unidades cúbicas.}$$

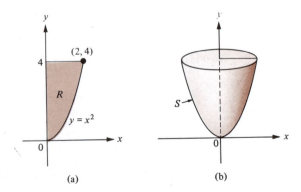

Fig. 10 (a) (b)

1.2 O método dos anéis circulares

Os volumes dos sólidos de revolução mais gerais que aqueles considerados na Seção 1.1 podem ser determinados pelo método dos anéis circulares. Este método funciona da seguinte forma: suponhamos que f e g são funções contínuas não-negativas no intervalo $[a, b]$ tais que $f(x) \geq g(x)$ para todos os valores de x em $[a, b]$, e seja R a região planar limitada pelos gráficos de f e g entre $x = a$ e $x = b$ (Fig. 11a). Seja S o sólido gerado pela revolução de R em torno do eixo x (Fig. 11b). Aqui consideramos uma porção "infinitesimal"

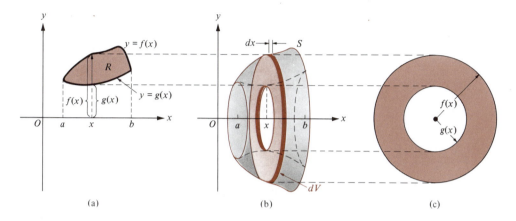

Fig. 11 (a) (b) (c)

dV do volume V de S constituída de um anel circular de espessura "infinitesimal" dx, perpendicular ao eixo de revolução e centrado no ponto de coordenada x. A base deste anel circular é a região entre dois círculos concêntricos de raio $f(x)$ e $g(x)$ (Fig. 11c); logo, a área desta base é $\pi[f(x)]^2 - \pi[g(x)]^2$ unidades quadradas. Segue que

$$dV = \{\pi[f(x)]^2 - \pi[g(x)]^2\}\, dx,$$

De modo que

$$V = \int_{x=a}^{x=b} dV = \int_a^b \{\pi[f(x)]^2 - \pi[g(x)]^2\}\, dx = \pi \int_a^b \{[f(x)]^2 - [g(x)]^2\}\, dx.$$

EXEMPLO   Usando o método dos anéis circulares, determine o volume V do sólido S gerado pela revolução da região R em torno do eixo x, onde R é limitada pelas curvas $y = x^2$ e $y = x + 2$.

SOLUÇÃO
Os pontos de interseção das duas curvas são $(2, 4)$ e $(-1, 1)$ (Fig. 12a). Pelo método dos anéis circulares (Fig. 12b), temos

$$V = \pi \int_{-1}^{2} [(x+2)^2 - (x^2)^2]\, dx = \pi \int_{-1}^{2} (x^2 + 4x + 4 - x^4)\, dx$$

$$= \pi \left[\frac{x^3}{3} + 2x^2 + 4x - \frac{x^5}{5}\right]\Bigg|_{-1}^{2} = \pi \left[\frac{184}{15} - \left(-\frac{32}{15}\right)\right]$$

$$= \frac{72\pi}{5} \text{ unidades cúbicas.}$$

Naturalmente, o método dos anéis circulares é aplicável aos sólidos S gerados pela revolução de regiões planas R em torno do eixo y, ao invés do eixo x. Assim, na Fig. 13a, a região planar R é limitada à direita pelo gráfico de $x = F(y)$ e, à esquerda, pelo gráfico de $x = G(y)$, enquanto que os dois gráficos

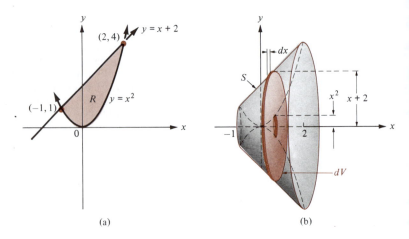

Fig. 12

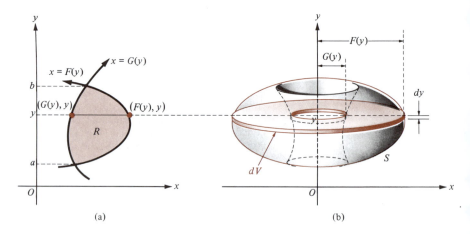

Fig. 13

os interceptam em pontos de ordenadas a e b. Se R gira em torno do eixo y, então um sólido de revolução S é gerado (Fig. 13b). O anel circular perpendicular ao eixo de revolução e centrado no ponto $(0, y)$ tem um volume "infinitesimal" dV dado por $dV = \pi\{[F(y)]^2 - \pi[G(y)]^2\}\, dy$, logo,

$$V = \int_{y=a}^{y=b} dV = \int_a^b \pi\{[F(y)]^2 - [G(y)]^2\}\, dy = \pi \int_a^b \{[F(y)]^2 - [G(y)]^2\}\, dy.$$

EXEMPLO Use o método dos anéis circulares para determinar o volume V do sólido de revolução S gerado pela revolução da região R em torno do eixo y, onde R é a região plana limitada à direita pelo gráfico de $x = 2$, à esquerda pelo gráfico de $y = x^3$ e abaixo pelo eixo x. Trace R e S.

SOLUÇÃO
A região R e o sólido S são mostrados na Fig. 14a e b, respectivamente. Seja $F(y) = 2$ e $G(y) = \sqrt[3]{y}$. Pelo método dos anéis circulares,

$$V = \pi \int_0^8 \{[F(y)]^2 - [G(y)]^2\}\, dy$$

então

$$V = \pi \int_0^8 [4 - (\sqrt[3]{y})^2]\, dy = \pi \left[4y - \frac{3}{5} y^{5/3}\right]\Big|_0^8 = \pi\left(32 - \frac{96}{5}\right) = \frac{64\pi}{5} \text{ unidades cúbicas.}$$

APLICAÇÕES DA INTEGRAL DEFINIDA

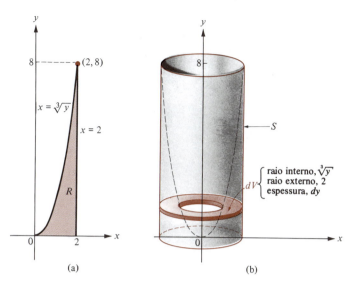

Fig. 14

O método dos anéis circulares é também efetivo para sólidos gerados pela revolução de regiões planas em torno de eixos diferentes dos eixos x e y. Isto é ilustrado pelos exemplos seguintes.

EXEMPLOS 1 Use o método dos anéis circulares para determinar o volume do sólido S obtido pela revolução da região R em torno da linha $x = 6$, onde R é limitada pelos gráficos de $y^2 = 4x$ e $x = 4$.

SOLUÇÃO
Da Fig. 15, o raio interno do anel circular ao nível y é 2 unidades e seu raio externo é $6 - (y^2/4)$ unidades; logo, $dV = \pi[(6 - y^2/4)^2 - 2^2]dy$. Integrando, obtemos

$$V = \int_{y=-4}^{y=4} dV = \int_{-4}^{4} \pi\left[\left(6 - \frac{y^2}{4}\right)^2 - 2^2\right] dy$$

$$= \pi \int_{-4}^{4} \left(\frac{y^4}{16} - 3y^2 + 32\right) dy = \pi\left(\frac{y^5}{80} - y^3 + 32y\right)\Big|_{-4}^{4}$$

$$= \pi\left[\frac{384}{5} - \left(-\frac{384}{5}\right)\right] = \frac{768\pi}{5} \text{ unidades cúbicas.}$$

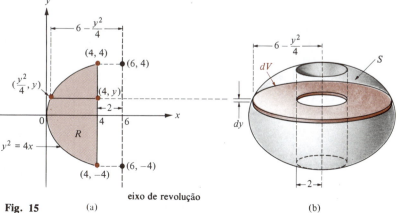

Fig. 15 (a)   eixo de revolução   (b)

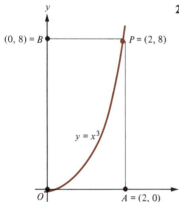

Fig. 16

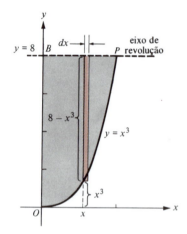

Fig. 17

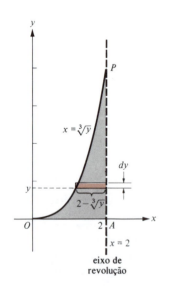

Fig. 18

2. Na Fig. 16, a curva OP tem a equação $y = x^3$. Determine o volume do sólido de revolução gerado pela rotação da região

  (a) OBP em torno da linha $y = 8$.
  (b) OAP em torno da linha $x = 2$.
  (c) OAP em torno da linha $y = 8$.

  Solução
  (a) Quando a região OBP é girada em torno do eixo $y = 8$, o retângulo "infinitesimal" de altura $8 - x^3$ e largura dx mostrado na Fig. 17 produz um disco circular de espessura dx e raio $8 - x^3$. Seu volume é dado por

  $$dV = \pi(8 - x^3)^2 \, dx = \pi(64 - 16x^3 + x^6) \, dx.$$

  Logo,

  $$V = \int_{x=0}^{x=2} dV = \int_0^2 \pi(64 - 16x^3 + x^6) \, dx$$
  $$= \pi\left(64x - 4x^4 + \frac{x^7}{7}\right)\bigg|_0^2 = \frac{576\pi}{7} \text{ unidades cúbicas}$$

  (b) Quando a região OAP é girada em torno do eixo $x = 2$, o retângulo "infinitesimal" de altura dy e comprimento $2 - \sqrt[3]{y}$ mostrado na Fig. 18 produz um disco circular de espessura dy e raio $2 - \sqrt[3]{y}$. Seu volume é dado por

  $$dV = \pi(2 - \sqrt[3]{y})^2 \, dy = \pi(4 - 4y^{1/3} + y^{2/3}) \, dy.$$

  Logo,

  $$V = \int_{y=0}^{y=8} dV = \int_0^8 \pi(4 - 4y^{1/3} + y^{2/3}) \, dy$$
  $$= \pi\left(4y - 3y^{4/3} + \frac{3}{5}y^{5/3}\right)\bigg|_0^8 = \frac{16\pi}{5} \text{ unidades cúbicas}$$

  (c) Quando a região OAP é girada em torno do eixo $y = 8$, o retângulo "infinitesimal" de altura x^3 e largura dx mostrado na Fig. 19 produz um anel circular de espessura dx com raio interior $8 - x^3$, raio externo 8 e volume "infinitesimal"

  $$dV = \pi[8^2 - (8 - x^3)^2] \, dx = \pi(16x^3 - x^6) \, dx.$$

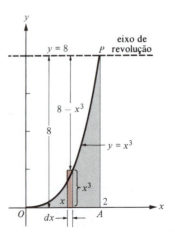

Fig. 19

Logo,

$$V = \int_{x=0}^{x=2} dV = \int_0^2 \pi(16x^3 - x^6)\,dx$$

$$= \pi\left(4x^4 - \frac{x^7}{7}\right)\Big|_0^2 = \frac{320\pi}{7} \text{ unidades cúbicas}$$

Conjunto de Problemas 1

Nos problemas 1 a 6, determine o volume do sólido gerado pela revolução da região, sob o gráfico de cada função dentro do intervalo indicado, em torno do eixo x.

1 $f(x) = 3x^2$; $[-1, 3]$ **2** $g(x) = 3\sqrt{x}$; $[1, 4]$

3 $h(x) = \sqrt{9 - x^2}$; $[-1, 3]$ **4** $G(x) = |x|$; $[-2, 1]$

5 $F(x) = \sqrt{2 + x^2}$; $[0, 2]$ **6** $f(x) = |x| - x$; $[-3, 2]$

Nos problemas 7 a 12, determine o volume do sólido gerado pela revolução da região limitada pelos gráficos das equações dadas em torno do eixo y.

7 $y = x^3$, $y = 8$, e $x = 0$ **8** $y^2 = x$, $y = 4$, e $x = 0$

9 $y^2 = 4x$, $y = 4$, e $x = 0$ **10** $y = x^2 + 2$, $y = 4$, e $x = 0$ (primeiro quadrante)

11 $y^2 = x^3$, $y = 8$, e $x = 0$ **12** $y = 2x^3$, $y = 2$, e $x = 0$

Nos problemas 13 a 25, determine o volume do sólido gerado pela rotação da região limitada pelas curvas dadas em torno do eixo indicado. Use o método dos discos circulares ou o método dos anéis circulares.

13 $y = x^2$ e $y = 2x$ em torno do eixo x
14 $y = x^3$ e $y^2 = x$ em torno do eixo x
15 $y = x^2$ e $y = x$ em torno do eixo y
16 $y = x^2 + 4$ e $y = 2x^2$ em torno do eixo y
17 $y = 12 - x^2$, $y = x$ e $x = 0$ (primeiro quadrante) em torno do eixo y
18 $y = 2x$, $y = x$ e $x + y = 6$ em torno do eixo x
19 $y = x^3$, $x = 2$ e o eixo x em torno do eixo y
20 $y = 3x$, $y = x$ e $x + y = 8$ em torno do eixo y
21 $y^2 = 4x + 16$ e o eixo y em torno do eixo y
22 $y = x^3$, $x = 0$ e $y = 8$ em torno da reta $y = 8$
23 $y = x^2$ e $y^2 = x$ em torno da reta $x = -1$
24 $y = x^2 - x$ e $y = 3 - x^2$ em torno da reta $y = 4$
25 $y = 4x - x^2$ e $y = x$ em torno da reta $x = 3$
26 Um *toro* ou *anel de ancoragem* é um sólido em forma de salva-vidas gerado pela revolução de uma região circular R em torno de um eixo em seu plano que não corta a região R. Determine o volume V de tal toro se o raio de R é a e a distância do centro de R do eixo de revolução é b.

Nos problemas 27 a 34, calcule o volume do sólido gerado quando a região dada na Fig. 20 é girada em torno do eixo indicado. Na Fig. 20, a curva OP tem a equação $y = 3x^2$ para $0 \leq x \leq 2$.

27 OAP em torno do eixo x
28 OBP em torno do eixo x
29 OBP em torno do eixo y
30 OAP em torno do eixo y
31 OAP em torno da linha $\overline{AP}$
32 OBP em torno da linha $\overline{AP}$
33 OBP em torno da linha $\overline{BP}$
34 OAP em torno da linha $\overline{BP}$

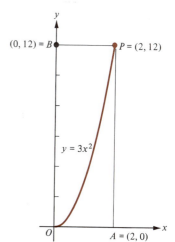

Fig. 20

2 O Método das Camadas Cilíndricas

Nesta seção apresentamos um método alternativo para calcular o volume de um sólido de revolução baseado em camadas ou cascas cilíndricas ao invés de discos ou anéis cilíndricos. Começamos considerando o volume V de um cilindro circular reto sólido de altura constante h, mas de raio variável x (Fig. 1a). Aqui $V = \pi x^2 h$. Se o raio x for aumentado de uma pequena quantidade $\Delta x = dx$, então o volume V fica incrementado de uma quantidade correspondente ΔV (Fig. 1b). Evidentemente, ΔV é o volume de uma fina casca cilíndrica de altura h com raio interno x e espessura $\Delta x = dx$. Usando o diferencial para aproximar ΔV, temos $\Delta V \approx dV = d(\pi x^2 h) = 2\pi x h\, dx$. À medida que Δx tende a zero, esta aproximação torna-se cada vez melhor. Assim, uma casca cilíndrica de altura h, raio interno x e espessura "infinitesimal" dx tem um volume "infinitesimal" $dV = 2\pi x h\, dx$.

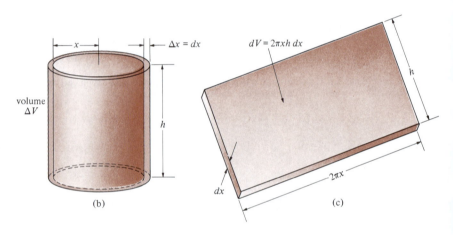

Fig. 1

A fórmula $dV = 2\pi x\, hdx$ pode ser memorizada se imaginarmos que a casca cilíndrica (Fig. 1b) é cortada verticalmente e "desenrolada" para formar uma fatia retangular de altura h e espessura dx (Fig. 1c). O comprimento desta fatia é aproximadamente igual ao da circunferência interna da casca, $2\pi x$ unidades; assim, seu volume é aproximadamente $(2\pi x)(h)(dx) = 2\pi x\, h\, dx$ unidades cúbicas.

Agora, seja R uma região no plano xy limitada acima pela curva $y = f(x)$, abaixo pela curva $y = g(s)$, à esquerda por $x = a$ e à direita por $x = b$, onde $0 < a < b$ e $f(x) \geq g(x)$ para $a \leq x \leq b$ (Fig. 2a). Seja S o sólido de revolução gerado pela revolução R em torno do eixo y (Fig. 2b). Considere o retângulo com largura "infinitesimal" dx e a altura $f(x) - g(x)$ situado acima do ponto $(x, 0)$ como na Fig. 2a. À medida que R gira em torno do eixo y para gerar S, este retângulo produz uma porção "infinitesimal" dV do volume do sólido S tendo a forma de uma casca cilíndrica de altura $f(x) - g(x)$, raio interno x e espessura "infinitesimal" dx. Logo, sob o argumento do parágrafo precedente.

$$dV = 2\pi x[f(x) - g(x)]\, dx.$$

Integrando a equação diferencial acima e observando que x varia de a até b, obtemos

$$V = \int_{x=a}^{x=b} dV = \int_a^b 2\pi x[f(x) - g(x)]\, dx = 2\pi \int_a^b x[f(x) - g(x)]\, dx.$$

APLICAÇÕES DA INTEGRAL DEFINIDA

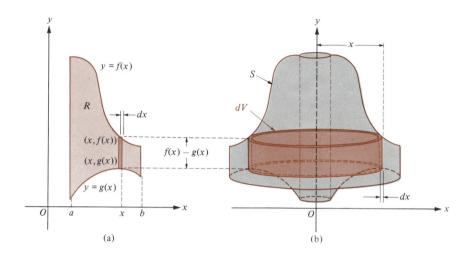

Fig. 2
(a)   (b)

O cálculo de volumes por esta fórmula (que pode ser provada rigorosamente) é chamado de *método das cascas cilíndricas*.

EXEMPLO   Seja R a região plana limitada pelos gráficos de $y = x^{3/2}$, $y = 1$, $x = 1$ e $x = 3$ (Fig. 3a), e seja S o sólido gerado pela revolução de R em torno do eixo y (Fig. 3b). Use o método das cascas cilíndricas para determinar o volume V de S.

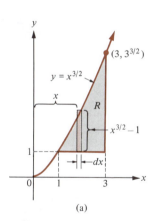 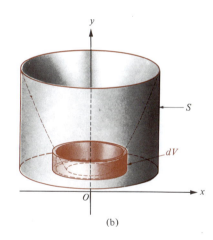

(a)   (b)

Fig. 3

SOLUÇÃO

$$V = 2\pi \int_1^3 x[x^{3/2} - 1]\, dx = 2\pi \int_1^3 (x^{5/2} - x)\, dx$$

$$= 2\pi \left[\frac{2}{7}x^{7/2} - \frac{x^2}{2}\right]\Big|_1^3 = 2\pi \left[\left(\frac{2}{7}(3)^{7/2} - \frac{3^2}{2}\right) - \left(\frac{2}{7}(1)^{7/2} - \frac{1^2}{2}\right)\right]$$

$$= 2\pi \left[\frac{54\sqrt{3} - 30}{7}\right] \approx 57{,}03 \text{ unidades cúbicas.}$$

Com modificações óbvias, o método das cascas cilíndricas é aplicado a sólidos gerados pela rotação de regiões planas em torno do eixo x ou, na verdade, em torno de qualquer eixo que esteja no plano da região. A Fig. 4

contrasta o método dos anéis circulares (Fig. 4a) com o método das cascas cilíndricas (Fig. 4b). Observe que os anéis circulares são gerados por retângulos "infinitesimais" perpendiculares ao eixo de revolução, enquanto que as cascas cilíndricas são geradas por retângulos "infinitesimais" paralelos ao eixo de revolução.

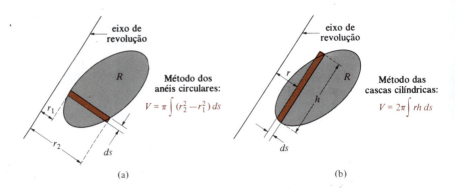

Fig. 4

EXEMPLO Seja R a região planar limitada pelos gráficos de $y = \sqrt{x}$, $y = 1$ e $x = 4$ (Fig. 5). Use o método das cascas cilíndricas para calcular o volume V do sólido S gerado pela rotação de R em torno da reta $y = -2$.

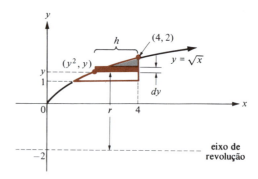

Fig. 5

SOLUÇÃO
Quando giramos em torno da reta $y = -2$, o retângulo "infinitesimal" de comprimento h e largura dy mostrado na Fig. 5 gera uma casca cilíndrica de raio r, espessura dy, altura h e volume infinitesimal $dV = 2\pi r h\, dy$. A partir da Fig. 5, vemos que:

$$r = y + 2 \text{ e } h = 4 - y^2;$$

logo,

$$dV = 2\pi rh\, dy = 2\pi(y+2)(4-y^2)\, dy$$
$$= 2\pi(-y^3 - 2y^2 + 4y + 8)\, dy.$$

Aqui, y varia de 1 a 2, de modo que

$$V = \int_{y=1}^{y=2} dV = \int_1^2 2\pi(-y^3 - 2y^2 + 4y + 8)\, dy$$
$$= 2\pi\left(-\frac{y^4}{4} - \frac{2y^3}{3} + 2y^2 + 8y\right)\bigg|_1^2 = 2\pi\left(\frac{44}{3} - \frac{109}{12}\right) = \frac{67\pi}{6} \text{ unidades cúbicas.}$$

APLICAÇÕES DA INTEGRAL DEFINIDA

Conjunto de Problemas 2

Nos problemas 1 a 4, use o método das cascas cilíndricas para calcular o volume V do sólido de revolução S gerado pela rotação de cada região R em torno do eixo y.

1 R é limitada pelos gráficos de $y = x^3$, $y = x^2 + 1$, $x = 0$ e $x = 1$.
2 R é limitada pelos gráficos de $y = \sqrt[3]{x}$, $y = 1$, $x = 1$ e $x = 27$.
3 R é limitada pelos gráficos de $3x - 2y + 1 = 0$, $y = x$, $x = 1$ e $x = 3$.
4 R é limitada pelos gráficos de $y = \sqrt{1 - x^2}$, $y = -\sqrt{1 - x^2}$ e $x = 0$ e está no primeiro e quarto quadrantes.

Nos problemas 5 a 8, use o método das cascas cilíndricas para calcular o volume V do sólido de revolução S gerado pela rotação de cada região R em torno do eixo indicado.

5 R é limitada pelos gráficos de $y = x^3$, $y = 27$ e $x = 0$; em torno do eixo x.
6 R é a mesma região do problema 5, mas o eixo de revolução é $y = 27$.
7 R é limitada pela reta $y = 16$ e pela parábola $y = x^2$, em torno do eixo x.
8 R é a mesma região do problema 7, mas o eixo de revolução é $x = 20$.

Nos problemas 9 a 12, use o método das cascas cilíndricas para resolver o problema indicado no Conjunto de Problemas 1.

9 Problema 16 no Conjunto de Problemas 1
10 Problema 18 no Conjunto de Problemas 1.
11 Problema 23 no Conjunto de Problemas 1.
12 Problema 24 no Conjunto de Problemas 1.
13 Seja a uma constante positiva. Use o método das cascas cilíndricas para calcular o volume de uma esfera de raio a gerada pela rotação da região $R: x^2 + y^2 \leqslant a^2, x \geqslant 0$ em torno do eixo y.
14 Use o método das cascas cilíndricas para mostrar que o volume de um cone circular reto é um terço de sua altura vezes a área de sua base.
15 Use o método das cascas cilíndricas para calcular o volume V do sólido S gerado pela rotação da região R no primeiro quadrante acima do gráfico de $y = x^2$ e abaixo do gráfico de $y = x +$ e em torno do eixo y.
16 Um sólido S é gerado pela revolução da região R no segundo quadrante acima do gráfico de $y = -x^3$ e abaixo do gráfico de $y = 3x^2$ em torno da reta $y = -3$. Usando o método das cascas cilíndricas, calcule o volume V de S.
17 Determine o volume do sólido gerado pela rotação do triângulo retângulo com vértices em $(a, 0)$, $(b, 0)$ e (a, h) em torno do eixo y. Suponha que $0 < a < b$ e $h > 0$.
18 Seja V o volume do sólido de revolução gerado pela rotação de uma região R, que está inteiramente situada à direita do eixo y, em torno do eixo y. Se b é uma constante positiva, mostre que o volume do sólido de revolução gerado pela rotação de R em torno do eixo $x = -b$ é $V + 2\pi bA$, onde A é a área de R.
19 Calcule o volume V do sólido, em forma de bola de futebol americano, gerado pela rotação da região R limitada acima pelo gráfico de $16x^2 + 64y^2 = 1024$ com $y \geqslant 0$ e limitada abaixo pelo eixo x em torno do eixo x.
20 Um buraco cilíndrico é feito através do centro de uma esfera de raio desconhecido. Entretanto, o comprimento do buraco é conhecido e seu valor é L unidades. Mostre que o volume da porção da esfera que permanece é igual ao volume da esfera de diâmetro L.

3 Volumes pelo Método de Divisão em Fatias

Na Seção 5 do Cap. 5 e na Seção 6.1 do Cap. 6 estudamos o método da divisão em fatias para determinação das áreas de regiões planas admissíveis. Nesta seção usaremos um método análogo, também chamado de *método de divisão em fatias,* para cálculo de volumes de sólidos. Na verdade, este método é apenas uma generalização do método dos discos circulares, ou anéis circulares, apresentados na Seção 1.

A fim de calcularmos o volume V de um sólido S pelo método de divisão em fatias, escolha um eixo de referência conveniente e faça $A(S)$ como sendo a área da seção de corte de S interceptada pelo plano perpendicular ao eixo referencial no ponto de coordenada s (Fig. 1). Suponha que o sólido inteiro S esteja contido entre o plano em $s = a$ e o plano em $s = b$.

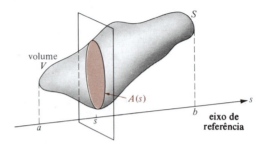

Fig. 1

Na Fig. 2, seja dV o volume "infinitesimal" da porção do sólido S entre o plano perpendicular ao eixo de referência no ponto de coordenada s e o plano correspondente no ponto de coordenada $s + ds$. Aqui ds representa um aumento "infinitesimal" na coordenada de referência. Evidentemente, dV é o volume de um cilindro sólido "infinitesimal" de altura ds com área da base $A(s)$; assim, $dV = A(s)\,ds$.

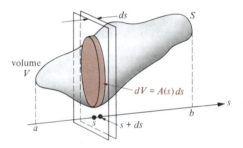

Fig. 2

O volume total V do sólido S deve ser obtido pela "soma" — isto é, integração — de todos os volumes infinitesimais dV à medida que s varia de a até b. Logo, temos $V = \int_a^b A(s)\,ds$.

Este argumento, usando infinitésimos de Leibniz, embora talvez não seja matematicamente rigoroso, produz um resultado correto. Um argumento mais conclusivo, baseado diretamente na definição analítica da integral definida $\int_a^b A(s)\,ds$, pode ser feito como a seguir.

Faremos uma partição do eixo de referência em n subintervalos $[s_0, s_1]$, $[s_1, s_2]$, ..., $[s_{k-1}, s_k]$, ..., $[s_{n-1}, s_n]$ (Fig. 3). Acima de cada subintervalo, construiremos uma fatia cilíndrica de espessura Δs_k. A área da seção de corte de tal fatia é, aproximadamente, $A(s_k)$, de modo que seu volume é, aproximadamente $A(s_k)\,\Delta s_k$. Assim, $V \approx \sum_{k=0}^{n} A(s_k)\,\Delta s_k$. À medida que a norma da partição torna-se menor e o número de fatias aumenta enquanto que as mesmas tornam-se mais finas, a aproximação $V \approx \sum_{k=0}^{n} A(s_k)\,\Delta s_k$ torna-se cada vez melhor. No limite, quando a norma da partição tende a zero, $\sum_{k=0}^{n} A(s_k)\,\Delta s_k$ se aproxima de $\int_a^b A(s)\,ds$ pela definição; logo, temos $V = \int_a^b A(s)\,ds$.

APLICAÇÕES DA INTEGRAL DEFINIDA

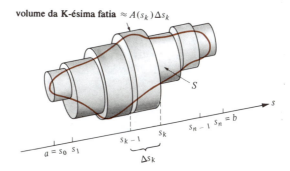

Fig. 3

EXEMPLOS 1 Calcule o volume de um sólido cuja base é um círculo de raio 2, se todas as seções de corte perpendiculares a um diâmetro fixo da base forem quadrados.

SOLUÇÃO
A Fig. 4 mostra a seção transversal quadrada do sólido a uma distância s unidades a partir do centro O ao longo do diâmetro fixo. O eixo de referência é tomado ao longo do diâmetro. Se x é o comprimento de um lado do quadrado, então, da Fig. 4 e do teorema de Pitágoras,

$$s^2 + \left(\frac{x}{2}\right)^2 = 2^2 \quad \text{ou} \quad \frac{x^2}{4} = 4 - s^2.$$

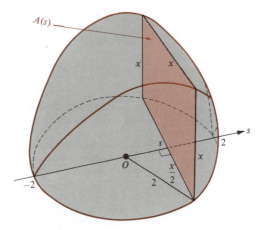

Fig. 4

Assim, a área do quadrado é

$$A(s) = x^2 = 4(4 - s^2) = 16 - 4s^2.$$

Pelo método da divisão de fatias, o volume pedido é

$$V = \int_{-2}^{2} A(s)\,ds = \int_{-2}^{2} (16 - 4s^2)\,ds = \left[16s - \tfrac{4}{3}s^3\right]\Big|_{-2}^{2}$$

$$= \tfrac{128}{3} \approx 42{,}67 \text{ unidades cúbicas.}$$

2 Calcule o volume de um cone sólido circular reto de altura 30 centímetros se o raio da base é 10 centímetros.

SOLUÇÃO
Escolhemos o eixo de referência (Fig. 5) apontando para baixo. A seção transversal do cone produzida pelo plano de corte ao nível s é o círculo de raio $\overline{QR}$ e área $A(s) = \pi |\overline{QR}|^2$. Encontramos $|\overline{QR}|$ em termos de s por semelhança

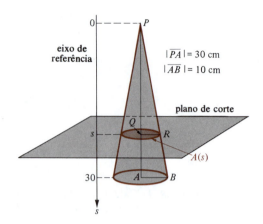

Fig. 5

de triângulos como segue: $|\overline{QR}|/|\overline{PQ}| = |\overline{AB}|/|\overline{PA}|$; isto é, $|\overline{QR}|/s = {}^{10}/{}_{30}$ ou $|\overline{QR}| = {}^{1}/{}_{3}\,s$. Conseqüentemente,

$$A(s) = \pi|\overline{QR}|^2 = \pi(\tfrac{1}{3}s)^2 = \pi s^2/9.$$

Pelo método da divisão em fatias, o volume do cone é, portanto, dado por

$$V = \int_0^{30} A(s)\,ds = \int_0^{30} \frac{\pi s^2}{9}\,ds$$

$$= \left[\frac{\pi s^3}{27}\right]\bigg|_0^{30} = \frac{\pi}{27}(30)^3 = 1000\pi \text{ centímetros cúbicos}.$$

Isto coincide com o volume quando calculado pela fórmula familiar — um terço da altura vezes a área da base.

3 A gasolina é armazenada num tanque esférico de raio $r = 10$ metros. Quantos metros cúbicos de gasolina estão no tanque se a superfície da gasolina está 3 metros abaixo do centro do tanque?

SOLUÇÃO
A seção transversal do tanque produzida pelo plano de corte ao nível s é um círculo de raio $\overline{QP}$ e área $A(s) = \pi|\overline{QP}|^2$ (Fig. 6). Calculamos $|\overline{QP}|^2$ em termos de s pelo teorema de Pitágoras como segue: $|\overline{QP}|^2 + |\overline{QC}|^2 = |\overline{CP}|^2$; isto é,

$$|\overline{QP}|^2 = |\overline{CP}|^2 - |\overline{QC}|^2$$
$$= r^2 - |s|^2 = r^2 - s^2.$$

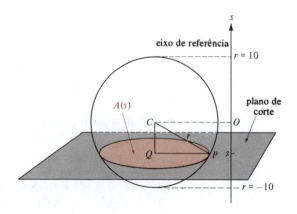

Fig. 6

APLICAÇÕES DA INTEGRAL DEFINIDA

Conseqüentemente,

$$A(s) = \pi(r^2 - s^2) = \pi(100 - s^2).$$

Observe que a superfície da gasolina está ao nível $s = -3$. Logo, pelo método da divisão em fatias, o volume da porção da esfera ocupado pela gasolina é dado por

$$V = \int_{-10}^{-3} A(s)\,ds = \int_{-10}^{-3} \pi(100 - s^2)\,ds = \pi\left(100s - \frac{s^3}{3}\right)\bigg|_{-10}^{-3}$$

$$= \left[\pi\left(100(-3) - \frac{(-3)^3}{3}\right)\right] - \left[\pi\left(100(-10) - \frac{(-10)^3}{3}\right)\right]$$

$$= -291\pi + \frac{2000}{3}\pi = \frac{1127}{3}\pi \approx 1180{,}19 \text{ metros cúbicos.}$$

4 Um cilindro sólido circular reto tem um raio de 3 centímetros. Uma porção foi cortada a partir deste cilindro por um plano que passa por um diâmetro da base e inclinado em relação à base de um ângulo de 30°. Calcule o volume da porção.

SOLUÇÃO
Seja o eixo de referência situado ao longo da interseção do plano e da base do cilindro, com a origem O no centro da base (Fig. 7). O plano de corte para o

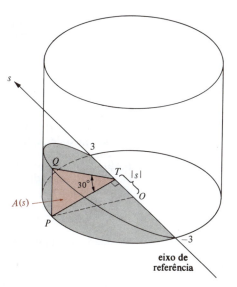

Fig. 7

método de divisão em fatias, evidentemente, corta a porção numa seção de corte triangular TPQ. Devemos calcular a área $A(s) = \frac{1}{2}|\overline{PQ}| \cdot |\overline{PT}|$ de TPQ em termos da coordenada s do ponto T. O triângulo OTP é um triângulo retângulo e $|\overline{OT}| = |s|$, enquanto que $|\overline{OP}| = 3$; logo, $|\overline{OP}|^2 = |\overline{OT}|^2 + |\overline{PT}|^2$, de modo que $|\overline{PT}|^2 = |\overline{OP}|^2 - |\overline{OT}|^2 = 9 - |s|^2 = 9 - s^2$. Referindo-se ao triângulo retângulo TPQ, temos $|\overline{PQ}| = |\overline{PT}|\tan 30°$. Assim,

$$A(s) = \tfrac{1}{2}|\overline{PQ}| \cdot |\overline{PT}| = \tfrac{1}{2}|\overline{PT}|\tan 30° |\overline{PT}|$$
$$= \tfrac{1}{2}|\overline{PT}|^2 \tan 30°.$$

Já que $|\overline{PT}|^2 = 9 - s^2, A(s) = \frac{1}{2}(9-s^2)\tan 30° = \frac{1}{2}(9-s^2)(\sqrt{3}/3)$. Pelo método da divisão em fatias,

$$V = \int_{-3}^{3} A(s)\,ds = \int_{-3}^{3} \frac{1}{2}(9-s^2)\frac{\sqrt{3}}{3}\,ds$$

$$= \frac{\sqrt{3}}{6}\left[9s - \frac{s^3}{3}\right]\Bigg|_{-3}^{3} = \frac{\sqrt{3}}{6}[18-(-18)]$$

$$= \frac{\sqrt{3}}{6}(36) = 6\sqrt{3} \approx 10{,}39 \text{ polegadas cúbicas.}$$

Se B for uma região plana admissível e P é um ponto que não pertence ao mesmo plano de B, então o sólido tridimensional constituído de todos pontos situados nos segmentos de reta entre P e os pontos de B é chamado de *cone sólido com vértice P e base B* (Fig. 8). A distância perpendicular h entre o vértice P e a base B é chamada de *altura* do cone.

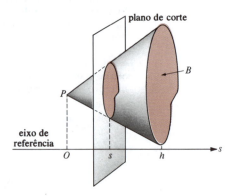

Fig. 8

Se o eixo de referência é escolhido perpendicularmente à base B, então um plano de corte a uma distância s a partir do vértice P interceptará o cone numa região de seção de corte que é semelhante à base B. Além disso, as dimensões lineares desta seção de corte são proporcionais a esta distância s a partir de P. Visto que a área $A(s)$ da seção de corte é proporcional ao *quadrado* de suas dimensões lineares, $A(s)$ é proporcional a s^2. Assim, $A(s) = Ks^2$, onde K é uma constante. Quando $s = h$, então $A(s) = A(h)$ = a área da base B. Logo, $A(h) = Kh^2$; e então $K = A(h)/h^2$. Portanto, $A(s) = \dfrac{A(h)}{h^2}s^2$.

Pelo método de divisão em fatias,

$$V = \int_0^h A(s)\,ds = \int_0^h \frac{A(h)}{h^2}s^2\,ds = \frac{A(h)}{h^2}\int_0^h s^2\,ds$$

$$= \frac{A(h)}{h^2}\left[\frac{s^3}{3}\right]\Bigg|_0^h = \frac{A(h)}{h^2}\cdot\frac{h^3}{3} = \frac{A(h)}{3}h.$$

Logo, o volume de um cone sólido é dado por um terço de sua altura vezes a área da base.

Fig. 9

EXEMPLO Calcule o volume de uma pirâmide com uma base quadrada de 7 metros de cada lado se a distância perpendicular a partir do vértice à base é 12 metros.

SOLUÇÃO
Tal pirâmide é um cone sólido com uma base quadrada (Fig. 9); logo, pelo resultado acima, $V = \frac{1}{3}(12)(7)^2 = 196$ metros cúbicos.

Conjunto de Problemas 3

1. Um certo sólido tem uma base circular de raio 3 centímetros. Se as seções transversais perpendiculares a um dos diâmetros da base são quadradas, calcule o volume do sólido.
2. Calcule o volume de um sólido cuja base é um círculo de raio 5 centímetros se todas as seções perpendiculares a um diâmetro fixo da base são triângulos equiláteros.
3. Um monumento tem 30 metros de altura. Uma seção de corte transversal situada a x metros acima da base é um triângulo equilátero cujos lados têm $\dfrac{30-x}{15}$ metros de comprimento. Calcule o volume do monumento.
4. Uma torre tem 24 metros de altura. Uma seção de corte da torre a x metros de seu topo é um quadrado cujos lados têm $1/13(x - 1,5)$ metros de comprimento. Calcule o volume da torre.
5. Calcule o volume de uma casca cilíndrica cujo diâmetro interno é Y_1 unidades e cujo diâmetro externo é Y_2 unidades.
6. A base de um sólido é uma região plana limitada por uma elipse com semi-eixo maior a 4 unidades e semi-eixo menor igual a 3 unidades. Cada seção de corte perpendicular ao eixo maior da elipse é um semicírculo. Calcule o volume do sólido.
7. A base de um sólido está num plano e a altura do sólido é igual a 5 metros. Calcule o volume do sólido, se a área da seção de corte paralela à base e situada a s metros acima da base é dada pela equação

    (a) $A(s) = 3s^2 + 2$, (b) $A(s) = s^2 + s$.

8. Use o método da divisão em fatias para calcular o volume de um cilindro sólido circular reto de raio r e altura h, tomando as seções de corte perpendiculares a um diâmetro fixo da base. Suponha que

$$\int_{-r}^{r} \sqrt{r^2 - s^2}\, ds = 1/2\, \pi r^2.$$

9. O Departamento de Obras Públicas de East Mattoon pretende derrubar um tronco de olmo de 4 metros de diâmetro. Inicialmente elas cortaram uma cunha limitada, inferiormente, por um plano horizontal e, superiormente, por um plano que encontra o horizontal ao longo de um diâmetro da árvore segundo um ângulo de 45°. Qual o volume da cunha?
10. Um cilindro circular sólido tem um raio de r unidades. Uma cunha é cortada, a partir do cilindro, por um plano que passa por um diâmetro da base circular e que tem uma inclinação θ em relação a esta base. Determine uma fórmula para o volume desta cunha.
11. Os planos para uma antena guia de ondas estão representados na Fig. 10. Cada seção de corte em um plano perpendicular ao eixo central da guia de ondas (eixo x) é uma elipse cujo diâmetro maior tem o dobro do comprimento de seu diâmetro menor. As fronteiras superiores e inferiores da seção de corte vertical através do eixo central são parábolas $y = 1/12\, x^2 + 1$ e $y = -1/12\, x^2 - 1$, respectivamente. Determine o volume limitado pela guia de ondas se seu comprimento for 1,5 metros. Suponha que a área de uma elipse é dada por π vezes o produto dos semi-eixos maior e menor.

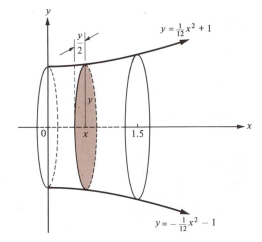

Fig. 10

12 Mostre que o volume V do tronco de cone mostrado na Fig. 11 é dado por

$$V = \frac{h}{3}(A + \sqrt{Aa} + a).$$

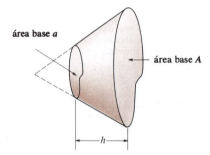

Fig. 11

13 A base de um sólido é uma região plana limitada pela hipérbole $16x^2 - 9y^2 = 144$ e pela reta $x = 6$. Cada seção de corte do sólido, perpendicular ao eixo x, é um triângulo equilátero. Calcule o volume do sólido.
14 Mostre que o volume de um cilindro sólido (não necessariamente um cilindro *reto*) é dado pelo produto de sua altura pela área de uma das bases.
15 Calcule o volume do segmento esférico de uma base mostrado na Fig. 12, se o raio da esfera tiver r unidades de comprimento e a altura do segmento for h unidades.
16 Calcule o volume de um sólido cuja seção de corte feita por um plano perpendicular a um eixo de referência no ponto de coordenada s tem área dada por

$$A(s) = \begin{cases} as^2 + bs + c & \text{para } 0 \leq s \leq h \\ 0 & \text{outros casos.} \end{cases}$$

Expresse este volume em termos de $A_0 = A(0)$, $A_1 = A(h/2)$ e $A_2 = A(h)$. (*Sugestão:* Use a fórmula prismoidal do Cap. 6, Seção 5.3).
17 Uma barraca é construída estendendo-se lonas de uma base circular de raio a até uma viga semicircular ereta, em ângulos retos, em relação à base e encontrando esta última nas extremidades dos diâmetros. Calcule o volume limitado pela barraca.
18 Calcule o volume de um segmento esférico de duas bases mostrado na Fig. 13, se a esfera tem um raio r, a altura do segmento é h_2 e a base inferior do segmento está a h_1 unidades a partir do fundo da esfera.

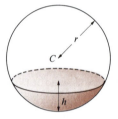

Fig. 12

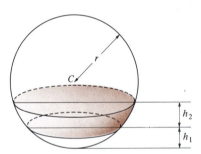

Fig. 13

19 Um *octaedro* regular é um sólido limitado por oito triângulos equiláteros congruentes (Fig. 14). Calcule o volume de um octaedro se cada um de seus oito triângulos tiver lados de comprimento l.
20 Calcule o volume do setor circular mostrado na Fig. 15.
21 Uma torre tem 60 metros de altura e cada seção de corte horizontal é um quadrado. Os vértices deste quadrado estão situados sobre quatro parábolas congruentes cujos planos passam através do eixo central da torre e que se afastam deste eixo central. Cada uma das quatro parábolas tem seu vértice na base superior quadrada da torre e cada uma dessas parábolas tem um eixo horizontal. As diagonais das bases superior e inferior da torre têm, respectivamente, 2 e 12 metros de comprimento. Calcule o volume limitado pela torre.

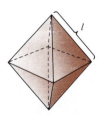

Fig. 14

APLICAÇÕES DA INTEGRAL DEFINIDA

Fig. 15

22 Dois cilindros retos circulares de raio r têm eixos centrais que se encontram segundo ângulos retos. Calcule o volume V do sólido comum a ambos os cilindros.

4 Comprimento do Arco e Área de Superfície

Na presente seção, apresentaremos mais duas aplicações geométricas da integral definida: o cálculo do comprimento de arco e o da área de uma superfície de revolução.

4.1 Comprimento de arco do gráfico de uma função

Se um pedaço de fio retilíneo de comprimento s for curvado em uma curva C, entendemos que a curva C tem um *comprimento de arco* s (Fig. 1). Por exemplo, o comprimento de arco de um círculo de diâmetro D é dado por $s = \pi D$. Aqui não nos esforçamos em dar uma definição formal do comprimento de arco, mas supusemos que o leitor tenha uma idéia intuitiva do conceito.

Fig. 1

Agora, seja f uma função com uma primeira derivada contínua em algum intervalo aberto I contendo o intervalo fechado $[a, b]$. Apresentaremos uma dedução informal de uma fórmula para o comprimento de arco da porção do gráfico de f entre os pontos $(a, f(a))$ e $(b, f(b))$ (Fig. 2). Seja s o comprimento de arco da porção do gráfico de f entre os pontos $(a, f(a))$ e $(x, f(x))$, onde $a \leq x \leq b$. Se x for incrementado de uma quantidade "infinitesimal" dx, então $y = f(x)$ variará de uma quantidade "infinitesimal" correspondente dy e, da mesma forma, s irá aumentar de uma quantidade "infinitesimal" ds (Fig. 3). Observe o "triângulo retângulo infinitesimal" com catetos $|dx|$ e $|dy|$ e com hipotenusa ds. Pelo teorema de Pitágoras,

$$(ds)^2 = (dx)^2 + (dy)^2$$
$$= \left[1 + \left(\frac{dy}{dx}\right)^2\right](dx)^2;$$

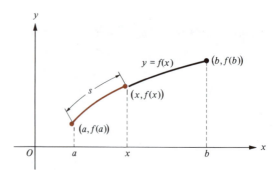
Fig. 2

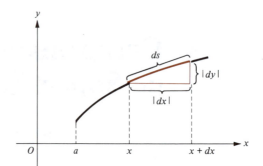
Fig. 3

logo

$$ds = \sqrt{1 + \left(\frac{dy}{dx}\right)^2}\, dx = \sqrt{1 + [f'(x)]^2}\, dx.$$

A integração da equação diferencial acima nos dá o comprimento de arco do gráfico entre o ponto de abscissa a e o ponto de abscissa b; assim,

$$s = \int_{x=a}^{x=b} ds = \int_a^b \sqrt{1 + [f'(x)]^2}\, dx.$$

EXEMPLOS 1 Calcule o comprimento de arco do gráfico da função f definida por $f(x) = x^{2/3}$ 1 entre os pontos $(8, 3)$ e $(27, 8)$.

SOLUÇÃO
Aqui $f'(x) = {}^2\!/_3 x^{-1/3}$, de modo que o comprimento de arco desejado é dado por

$$s = \int_8^{27} \sqrt{1 + [f'(x)]^2}\, dx = \int_8^{27} \sqrt{1 + \tfrac{4}{9} x^{-2/3}}\, dx$$

$$= \int_8^{27} \sqrt{\frac{9x^{2/3} + 4}{9x^{2/3}}}\, dx = \int_8^{27} \sqrt{9x^{2/3} + 4}\, \frac{dx}{3x^{1/3}}.$$

Fazendo a mudança de variável $u = 9x^{2/3} + 4$ e observando que $du = 6x^{-1/3} dx$, $u = 40$ quando $x = 8$ e $u = 85$ quando $x = 27$, temos

$$s = \int_{x=8}^{x=27} \sqrt{9x^{2/3} + 4}\, \frac{dx}{3x^{1/3}} = \int_{u=40}^{u=85} \sqrt{u}\, \frac{du}{18}$$

$$= \left[\frac{u^{3/2}}{27}\right]\Bigg|_{40}^{85} = \frac{85^{3/2} - 40^{3/2}}{27} \approx 19{,}65 \text{ unidades}.$$

APLICAÇÕES DA INTEGRAL DEFINIDA

2 Determine uma integral que represente o comprimento de arco da porção da parábola $y = x^2$ entre a origem e o ponto (2.4). Use, a seguir, a regra parabólica de Simpson, $S_{2n} \approx \int_0^2 \sqrt{1 + [f'(x)]^2} \, dx$, com $n = 2$ para estimar a integral e, assim, o comprimento de arco.

SOLUÇÃO
Aqui $dy/dx = 2x$, de modo que o comprimento de arco desejado é dado por

$$s = \int_0^2 \sqrt{1 + (2x)^2} \, dx = \int_0^2 \sqrt{1 + 4x^2} \, dx.$$

Para calcular as quantidades necessárias para a regra parabólica de Simpson com $n = 2$, subdividiremos o intervalo fechado $[0,2]$ em $2n = 4$ subintervalos iguais por meio dos pontos $x_k = k/2$ para $k = 0, 1, 2, 3, 4$. Façamos, agora, $y_k = \sqrt{1 + 4(x_k)^2} = \sqrt{1 + k^2}$, de modo que $y_0 = 1, y_1 = \sqrt{2}, y_2 = \sqrt{5}, y_3 = \sqrt{10}$ e $y_4 = \sqrt{17}$. Então,

$$S_{2n} = S_4 = \frac{\frac{1}{2}}{3}[y_0 + 4y_1 + 2y_2 + 4y_3 + y_4] = \frac{1}{6}(1 + 4\sqrt{2} + 2\sqrt{5} + 4\sqrt{10} + \sqrt{17})$$

Avaliando S_4 e arredondando até duas casas decimais, temos $S_4 \approx 4{,}65$; logo, o comprimento de arco desejado é, aproximadamente, 4,65 unidades. (Incidentalmente, o valor correto do comprimento de arco desejado, aproximado a quatro casas decimais, é 4,6468 unidades).

Se expressarmos a equação da curva entre dois pontos na forma $x = g(y)$, onde g' é uma função contínua no intervalo fechado $[c, d]$, o comprimento de arco do gráfico de g entre $(g(c), c)$ e $(g(d), d)$ é dado pela fórmula

$$s = \int_c^d \sqrt{1 + [g'(y)]^2} \, dy = \int_c^d \sqrt{1 + \left(\frac{dx}{dy}\right)^2} \, dy.$$

EXEMPLO Calcule o comprimento de arco do gráfico da equação $8x = y^4 + 2/y^2$ de $(^3/_8, 1)$ a $(^{33}/_{16}, 2)$.

SOLUÇÃO

Aqui $x = \frac{1}{8}y^4 + \frac{1}{4}y^{-2}$, então

$$\frac{dx}{dy} = \frac{1}{2}y^3 - \frac{2}{4}y^{-3} = \frac{y^3}{2} - \frac{1}{2y^3}.$$

O comprimento de arco desejado será dado por

$$s = \int_1^2 \sqrt{1 + \left(\frac{dx}{dy}\right)^2} \, dy = \int_1^2 \sqrt{1 + \left(\frac{y^3}{2} - \frac{1}{2y^3}\right)^2} \, dy$$

$$= \int_1^2 \sqrt{1 + \frac{y^6}{4} - \frac{1}{2} + \frac{1}{4y^6}} \, dy = \int_1^2 \sqrt{\frac{y^6}{4} + \frac{1}{2} + \frac{1}{4y^6}} \, dy$$

$$= \int_1^2 \sqrt{\left(\frac{y^3}{2} + \frac{1}{2y^3}\right)^2} \, dy = \int_1^2 \left(\frac{y^3}{2} + \frac{1}{2y^3}\right) dy$$

$$= \left(\frac{y^4}{8} - \frac{1}{4y^2}\right)\Bigg|_1^2 = \frac{33}{16} \cdot \text{unidades.}$$

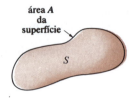

Fig. 4

4.2 Área de uma superfície de revolução

Mais uma vez não procuraremos dar uma definição formal da "área da superfície" de um sólido S (Fig. 4). É suficiente dizer que, se o sólido S tem área de superfície A, então a mesma quantidade de tinta necessária para aplicar uma camada fina uniforme à superfície de S seria necessária para a aplicação de uma camada fina uniforme a uma superfície plana de área A.

Para calcular a área da superfície lateral A do cone circular reto mostrado na Fig. 5a, cortamos o cone ao longo da linha tracejada e a tornamos plana para formar um setor de círculo, como na Fig. 5b. O comprimento de geratriz a do cone é o raio do setor, e o comprimento de arco do setor é a circunferência $2\pi r$ da base do cone.

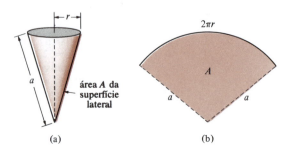

Fig. 5   (a)   (b)

O setor na Fig. 5b é parte de um círculo de área πa^2 com circunferência $2\pi a$. A razão da área A do setor para a área πa^2 do círculo é a mesma da razão entre o comprimento de arco $2\pi r$ do setor e o comprimento total de arco $2\pi a$ do círculo; isto é,

$$\frac{A}{\pi a^2} = \frac{2\pi r}{2\pi a} \quad \text{ou} \quad A = \pi a r.$$

Agora considere o tronco de cone circular reto mostrado na Fig. 6. A área da superfície lateral deste cone é, evidentemente, a diferença entre a área da superfície lateral do cone maior com geratriz a e raio da base r_2 e a área da superfície lateral do cone menor com geratriz $a - s$ e raio da base r_1 (Fig.

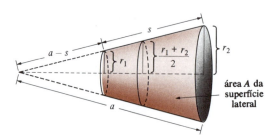

Fig. 6

6). Assim, pela fórmula previamente obtida para a área da superfície lateral de um cone,

$$A = \pi a r_2 - \pi(a - s)r_1 = \pi a(r_2 - r_1) + \pi s r_1.$$

Por triângulo semelhantes, $\dfrac{a}{r_2} = \dfrac{a - s}{r_1}$, então

$$ar_1 = ar_2 - sr_2 \quad \text{ou} \quad a = \frac{sr_2}{r_2 - r_1}.$$

Logo,

$$A = \pi \frac{sr_2}{r_2 - r_1}(r_2 - r_1) + \pi sr_1 = \pi sr_2 + \pi sr_1 = \pi s(r_1 + r_2) = 2\pi \frac{r_1 + r_2}{2} s.$$

Observe que $\frac{r_1 + r_2}{2}$ é o raio da seção transversal média do tronco entre suas duas bases e $2\pi \frac{r_1 + r_2}{2}$ é a circunferência desta seção média. Logo, a área da superfície lateral A de um tronco de um cone circular reto é dada por $A = 2\pi \frac{r_1 + r_2}{2} s$, a circunferência de sua seção média vezes o comprimento da geratriz.

Consideraremos agora o problema da determinação da área A da superfície de revolução gerada pela rotação da porção do gráfico da função contínua não-negativa f entre as retas $x = a$ e $x = b$ em torno do eixo x (Fig. 7). Seja

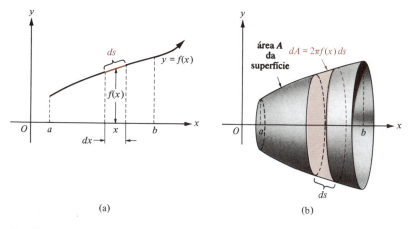

(a) (b)

Fig. 7

ds o comprimento de arco "infinitesimal" da porção do gráfico de f acima do intervalo de comprimento "infinitesimal" dx como mostrado na Fig. 7a, e seja x a coordenada do centro deste intervalo. Quando o comprimento de arco infinitesimal ds é girado em torno do eixo x, gera um tronco de cone "infinitesimal" de geratriz ds cuja seção média tem raio $f(x)$ (Fig. 7b). A área da superfície deste tronco de cone "infinitesimal" é $dA = 2\pi f(x) ds$. Suponha que a função f tem uma derivada de primeira ordem contínua, de modo que $ds = \sqrt{1 + [f'(x)]^2}\, dx$; logo, $dA = 2\pi f(x) \sqrt{1 + [f'(x)]^2}\, dx$. A área da superfície A pode agora ser obtida pela integração de dA, de modo que

$$A = \int_a^b 2\pi f(x) \sqrt{1 + [f'(x)]^2}\, dx \quad \text{ou} \quad A = \int_{x=a}^{x=b} 2\pi f(x)\, ds,$$

onde $ds = \sqrt{1 + [f'(x)]^2}\, dx$.

EXEMPLOS 1 Seja m uma constante positiva. Calcule a área da superfície de revolução gerada pela rotação do gráfico de $f(x) = mx$, entre $x = 0$ e $x = b$, em torno do eixo x. Interprete o resultado geometricamente.

SOLUÇÃO
Quando o gráfico de f entre $x = 0$ e $x = b$ é rodado em torno do eixo x, ele gera um cone circular reto de altura b com raio de base mb (Fig. 8). Aqui $f'(x) = m$,

de modo que a fórmula integral para a área da superfície dá

$$A = \int_0^b 2\pi mx \sqrt{1 + m^2}\, dx = (2\pi\sqrt{1 + m^2})m \int_0^b x\, dx$$

$$= (2\pi\sqrt{1 + m^2})m \frac{b^2}{2} = \pi m b^2 \sqrt{1 + m^2}.$$

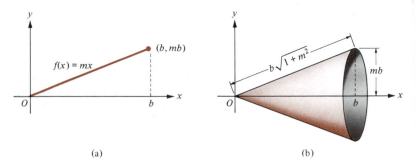

Fig. 8

Já que a geratriz do cone é a distância do vértice (no caso, origem) ao ponto (b, mb), seu comprimento será $\sqrt{b^2 + m^2 b^2} = b\sqrt{1 + m^2}$. Assim, a fórmula $A = \pi m b^2 \sqrt{1 + m^2} = \pi [b\sqrt{1 + m^2}]\, mb$ corresponde à fórmula previamente deduzida, $A = \pi$ (comprimento da geratriz) (raio da base) para a área da superfície lateral de um cone.

2 Calcule a área da superfície obtida pela revolução da curva $y = \sqrt{x}$ entre $x = 1$ e $x = 4$ em torno do eixo x. Trace a curva e a superfície.

SOLUÇÃO
A curva, parte de uma parábola, e o correspondente parabolóide de revolução são mostrados na Fig. 9. Aqui $dy/dx = 1/(2\sqrt{x})$ e

$$A = 2\pi \int_1^4 \sqrt{x} \sqrt{1 + \left(\frac{dy}{dx}\right)^2}\, dx = 2\pi \int_1^4 \sqrt{x} \sqrt{1 + \frac{1}{4x}}\, dx$$

$$= 2\pi \int_1^4 \sqrt{x + \frac{1}{4}}\, dx.$$

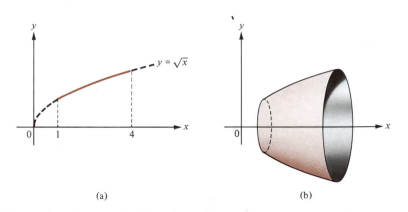

Fig. 9

Façamos a mudança da variável $u = x + 1/4$, observando que $du = dx$, de modo que

$$A = 2\pi \int_{x=1}^{x=4} \sqrt{x + \frac{1}{4}}\, dx = 2\pi \int_{u=5/4}^{u=17/4} \sqrt{u}\, du = 2\pi \left[\frac{2}{3} u^{3/2}\right]\Bigg|_{5/4}^{17/4}$$

$$= \frac{4\pi}{3}\left[\left(\frac{17}{4}\right)^{3/2} - \left(\frac{5}{4}\right)^{3/2}\right] \approx 30{,}85 \text{ unidades quadradas.}$$

3 Calcule a área da superfície de uma esfera de raio r.

SOLUÇÃO

A esfera de raio r é gerada pela revolução de um semicírculo cuja equação é $y = \sqrt{r^2 - x^2}$, $-r \leq x \leq r$, em torno do eixo x (Fig. 10). Aqui, $dy/dx = -x/\sqrt{r^2 - x^2}$ não é definida no intervalo fechado $[-r, r]$, mas apenas no

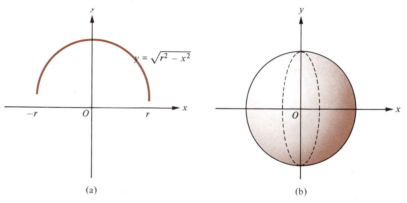

Fig. 10

aberto $(-r, r)$. Assim, seja ε um número positivo pequeno, calcule a área da superfície da porção da esfera pela revolução da parte do semicírculo entre $x = -r + \varepsilon$ e $x = r - \varepsilon$ em torno do eixo x, e a seguir tome o limite quando ε tende a zero. A área desejada A é, portanto, dada por

$$A = \lim_{\varepsilon \to 0^+} \int_{-r+\varepsilon}^{r-\varepsilon} 2\pi \sqrt{r^2 - x^2} \sqrt{1 + \left(\frac{dy}{dx}\right)^2}\, dx$$

$$= \lim_{\varepsilon \to 0^+} 2\pi \int_{-r+\varepsilon}^{r-\varepsilon} \sqrt{r^2 - x^2} \sqrt{1 + \frac{x^2}{r^2 - x^2}}\, dx$$

$$= \lim_{\varepsilon \to 0^+} 2\pi \int_{-r+\varepsilon}^{r-\varepsilon} r\, dx = \lim_{\varepsilon \to 0^+} 2\pi r x \Big|_{-r+\varepsilon}^{r-\varepsilon}$$

$$= \lim_{\varepsilon \to 0^+} 2\pi r[(r - \varepsilon) - (-r + \varepsilon)]$$

$$= \lim_{\varepsilon \to 0^+} 2\pi r(2r - 2\varepsilon) = 4\pi r^2.$$

Isto confirma a fórmula familiar $A = 4\pi r^2$ para a área da superfície de uma esfera.

Se o eixo de revolução for o eixo x, então a fórmula correspondente para a área da superfície de revolução é dada por

$$A = \int_{y=c}^{y=d} 2\pi g(y)\, ds, \qquad \text{onde } ds = \sqrt{1 + [g'(y)]^2}\, dy.$$

EXEMPLO Calcule a área da superfície obtida pela revolução da curva $x = \sqrt{y}$, entre $y = 0$ e $y = 4$, em torno do eixo y. Trace a curva e a superfície.

SOLUÇÃO
A curva, parte de uma parábola, e o parabolóide de revolução correspondente são mostrados na Fig. 11. Aqui,

$$A = 2\pi \int_{y=0}^{y=4} x\, ds = 2\pi \int_0^4 x \sqrt{1 + \left(\frac{dx}{dy}\right)^2}\, dy$$

$$= 2\pi \int_0^4 \sqrt{y} \sqrt{1 + \left(\frac{1}{2\sqrt{y}}\right)^2}\, dy = 2\pi \int_0^4 \sqrt{y + \frac{1}{4}}\, dy$$

$$= 2\pi \left[\frac{2}{3}\left(y + \frac{1}{4}\right)^{3/2}\right]\Big|_0^4 = \frac{4\pi}{3}\left[\left(\frac{17}{4}\right)^{3/2} - \left(\frac{1}{4}\right)^{3/2}\right]$$

$$\approx 36{,}18 \text{ unidades quadradas.}$$

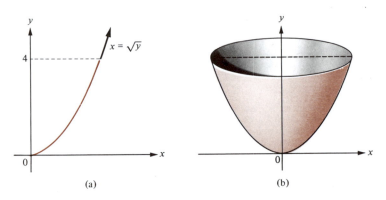

Fig. 11

Conjunto de Problemas 4

Nos problemas 1 a 10, calcule o comprimento de arco do gráfico de cada equação entre os pontos indicados.

1 $y = x^{3/2}$ de $(0,0)$ a $(4,8)$

2 $x = \frac{1}{4}y^{2/3}$ de $(0,0)$ a $(1,8)$

3 $y = mx + b$ de $(0,b)$ a $(a, ma + b)$

4 $y = \dfrac{x^3}{6} + \dfrac{1}{2x}$ de $(1, \frac{2}{3})$ a $(3, \frac{14}{3})$

5 $12xy = 4x^4 + 3$ de $(1, \frac{7}{12})$ a $(3, \frac{109}{12})$

6 $y = \int_4^x \sqrt{t - 1}\, dt$ de $(4, 0)$ a $\left(9, \int_4^9 \sqrt{t-1}\, dt\right)$

$\left(\textit{Sugestão:} \text{ Não calcule } \int_4^x \sqrt{t-1}\, dt - \text{use o teorema fundamental do cálculo.}\right)$

7 $y = \int_0^x t\sqrt{t^2 + 2}\, dt$ de $(0,0)$ a $\left(2, \int_0^2 t\sqrt{t^2+2}\, dt\right)$

8 $y = \int_1^x \sqrt{t^4 + t^2 - 1}\, dt$ de $(1,0)$ a $\left(3, \int_1^3 \sqrt{t^4 + t^2 - 1}\, dt\right)$

APLICAÇÕES DA INTEGRAL DEFINIDA

9 $x = \dfrac{y^3}{3} + \dfrac{1}{4y}$ de $\left(\tfrac{7}{12}, 1\right)$ a $\left(\tfrac{67}{24}, 2\right)$

10 $x = \dfrac{y^5}{5} + \dfrac{1}{12y^3}$ de $\left(\tfrac{17}{60}, 1\right)$ a $\left(\tfrac{3077}{480}, 2\right)$

Nos problemas 11 a 13, construa uma integral representando o comprimento de arco de cada curva, e então use a regra parabólica de Simpson com $n = 2$ (isto é, com quatro subintervalos) para estimar este comprimento de arco.

11 $y = 1/x$ de $(1, 1)$ a $\left(2, \tfrac{1}{2}\right)$

12 $y = \displaystyle\int_1^x \dfrac{dt}{t}$ de $(1, 0)$ a $\left(2, \displaystyle\int_1^2 \dfrac{dt}{t}\right)$

13 $y = x^3$ de $(1, 1)$ a $(2, 8)$

14 Seja f uma função com uma primeira derivada contínua e seja Δs o comprimento de arco do gráfico de f entre o ponto $(a, f(a))$ e o ponto $(a + \Delta x, f(a + \Delta x))$. Se Δl representa o comprimento do segmento de reta unindo o ponto $(a, f(a))$ e o ponto $(a + \Delta x, f(a + \Delta x))$, prove que $\displaystyle\lim_{\Delta x \to 0} \dfrac{\Delta l}{\Delta s} = 1$.

15 Suponha que a partícula P se move no plano xy de tal modo que, no instante t, suas coordenadas x e y são dadas por $x = f(t)$ e $y = g(t)$, onde f e g são funções com primeiras derivadas contínuas. Escreva uma integral que dê o comprimento de arco do caminho de P entre os instantes $t = a$ e $t = b$, onde $a < b$.
(*Sugestão:* $(ds)^2 = (dx)^2 + (dy)^2$.)

16 Suponha que f seja uma função invertível com primeira derivada contínua no intervalo $[a, b]$. Use um argumento *geométrico* para mostrar que o comprimento de arco do gráfico de f entre $(a, f(a))$ e $(b, f(b))$ é o mesmo que o comprimento de arco de f^{-1} entre $(f(a), a)$ e $(f(b), b)$.

17 Calcule a fórmula para a área da superfície *total* (área lateral mais área da base) de um cone circular reto de altura h com raio da base r.

18 (a) Se as dimensões lineares de um cone circular reto são multiplicadas por uma constante positiva k, como será alterada a área de sua superfície total? Por quê?
(b) Complete a sentença a seguir: se as dimensões lineares de um sólido S são multiplicadas por uma constante positiva k, então a área da superfície S é ____.

Nos problemas 19 a 23, calcule a área da superfície (lateral) de revolução obtida pela rotação de cada curva em torno do eixo x.

19 $y = 3x + 2$ entre $(0, 2)$ e $(3, 11)$

20 $y^2 = kx$, onde k é uma constante positiva e $y \geq 0$, entre $(a, \sqrt{ka})$ e $(b, \sqrt{kb})$, onde $0 < a < b$

21 $y = x^3$ entre $(0, 0)$ e $(2, 8)$

22 $y = \sqrt{2x - x^2}$ entre $\left(\dfrac{1}{2}, \dfrac{\sqrt{3}}{2}\right)$ e $\left(\dfrac{3}{2}, \dfrac{\sqrt{3}}{2}\right)$

23 $y = \dfrac{\sqrt{2}}{4} x\sqrt{1 - x^2}$ entre $(0, 0)$ e $\left(\dfrac{1}{2}, \dfrac{\sqrt{6}}{16}\right)$

Nos problemas 24 a 27, calcule a área da superfície (lateral) de revolução obtida pela rotação de cada curva em torno do eixo y.

24 $y^2 = x^3$ entre $(0, 0)$ e $(4, 8)$

25 $y = 4x^2$ entre $(0, 0)$ e $(3, 36)$

26 $y^3 = 9x$ entre $(0, 0)$ e $(\tfrac{8}{9}, 2)$

27 $8x = y^4 + 2/y^2$ entre $(\tfrac{3}{8}, 1)$ e $(\tfrac{33}{16}, 2)$

28 Calcule a área da superfície gerada quando o gráfico de $y = (\sqrt{2}/4)x\sqrt{1 - x^2}$ entre $x = 0$ e $x = 1$ é girado em torno do eixo x.

29 Use a regra parabólica de Simpson com $n = 2$ para estimar a área da superfície de revolução gerada pela rotação do gráfico de $y = \tfrac{2}{3}\sqrt{9 - x^2}$ entre $(0, 2)$ e $(2, \tfrac{2}{3}\sqrt{5})$ em torno do eixo x.

30 Suponha que a função f seja não-negativa e tenha uma derivada contínua em $[a, b]$. Seja S_0 o comprimento de arco do gráfico de f entre $(a, f(a))$ e $(b, f(b))$, e suponha que A_0 é a área da superfície de revolução gerada quando seu gráfico é girado em torno do eixo x. Seja k uma constante positiva e defina uma função g pela $g(x) = f(x) + K$. Expresse a área A da superfície gerada pela revolução do gráfico de g entre $(a, g(a))$ e $(b, g(b))$ em torno do eixo x em termos de S_0 e A_0.

31 Um centímetro cúbico de uma certa substância é depositado em n esferas iguais.
(a) Qual a área da superfície total de todas as esferas?
(b) Qual o limite, quando n tende a infinito, da área da superfície total na parte (a)?
(c) Supondo que a taxa na qual esta substância se dissolve num certo solvente é

378 CÁLCULO

proporcional à sua área de superfície, explique por que ele dissolve mais rapidamente quando deduzimos a substância num pó fino.

32 Um "organismo" artificial na forma de uma esfera com uma superfície semipermeável está suspenso num fluido tendo a mesma densidade, d gramas por centímetro cúbico, semelhante à do organismo. Nutrientes se difundem através da superfície, do fluido para o "organismo" a uma taxa de k gramas por segundo por centímetro quadrado de superfície, e dejetos se difundem no meio ambiente à mesma taxa. Para se sustentar, o "organismo" necessita de pelo menos b gramas de nutrientes por segundo por grama de seu peso próprio total. Calcule um limite superior R para o raio r do "organismo".

33 Uma esfera de raio r está inscrita num cilindro circular reto de raio r. Dois planos perpendiculares ao eixo central do cilindro se cortam numa zona esférica da área A na superfície da esfera. Mostre que os mesmos dois planos cortam uma região no cilindro com a mesma área da superfície A.

5 Aplicações às Ciências Econômicas e Biológicas

Apresentamos, agora, algumas aplicações mais simples, porém típicas, da integral definida nas ciências econômicas e biológicas.

5.1 Saldo do consumidor

Suponha que a *equação da demanda* $x = g(y)$ expressa o número de unidades x de uma certa mercadoria que são consumidas quando o preço de venda é y cruzeiros por unidade. Se esta demanda for mensurável, a *renda total* resultante R cruzeiros para o produtor (ou produtores) é dada por $R = xy$. Os economistas muitas vezes resolvem a equação $x = g(y)$ para y em termos de x, de modo que a equação da demanda assume a forma equivalente $y = f(x)$ onde f é a função inversa de g (Seção 9 do Cap. 0).

Usualmente, à medida que o preço por unidade aumenta, menos unidades da mercadoria são vendidas e, quando o preço atinge um valor suficientemente grande c cruzeiros por unidade, nenhuma mercadoria é vendida. Assim, assumimos que $0 = g(c)$; isto é, $c = f(0)$. Agora, suponha que o preço de venda verdadeiro, y_0 cruzeiros por unidade, seja menor que c cruzeiros por unidade e que o consumo correspondente, dado por $x_0 = g(y_0)$, seja positivo. Obviamente, aqueles consumidores que esperam pagar mais que y_0 cruzeiros ganham pelo fato de o preço ser apenas y_0 cruzeiros. Os economistas medem este ganho, o saldo ou *superávit do consumidor*, pela integral

$$\text{saldo do consumidor} = \int_{y_0}^{c} g(y)\, dy.$$

Deduziremos agora uma fórmula alternativa para o saldo do consumidor em termos da função f. Se diferenciarmos ambos os membros da equação de renda $R = xy$, obteremos $dR = x\,dy + y\,dx$. Segue que

$$g(y)\, dy = x\, dy = dR - y\, dx = dR - f(x)\, dx.$$

Integrando ambos os lados da última equação de $y = y_0$ até $y = c$, obtemos

$$\text{saldo do consumidor} = \int_{y_0}^{c} g(y)\, dy = \int_{y=y_0}^{y=c} dR - \int_{y=y_0}^{y=c} f(x)\, dx$$

$$= R \Big|_{y=y_0}^{y=c} + \int_{y=c}^{y=y_0} f(x)\, dx = xy \Big|_{y=y_0}^{y=c} + \int_{x=0}^{x=x_0} f(x)\, dx$$

$$= (0c) - (x_0 y_0) + \int_{0}^{x_0} f(x)\, dx.$$

APLICAÇÕES DA INTEGRAL DEFINIDA

379

Logo,

$$\text{saldo do consumidor} \bigg|_0^{x_0} f(x)\, dx - x_0 y_0.$$

EXEMPLO A equação da demanda de carvão numa área de venda particular é dada por $y = 50(600 - 10x - x^2)$, onde x é a demanda, em milhares de toneladas, e y é o preço, em cruzeiros por mil toneladas. Se o preço atual é de Cr\$ 20.000,00 por mil toneladas, calcule o saldo do consumidor.

SOLUÇÃO
Aqui $f(x) = 50(600 - 10x - x^2)$ e $y_0 = $ Cr\$ 20.000. Resolvendo a equação quadrática $20.000 = 50(600 - 10x_0 - x_0^2)$ para x_0 e relembrando que x_0 não pode ser negativo, encontramos $x_0 = 10$. Logo

$$\text{saldo do consumidor} \bigg|_0^{x_0} f(x)\, dx - x_0 y_0$$

$$= \int_0^{10} 50(600 - 10x - x^2)\, dx - 10(20{,}000)$$

$$= 50\left(600x - 5x^2 - \frac{x^3}{3}\right)\bigg|_0^{10} - 200{,}000$$

$$= \frac{775{,}000}{3} - 200{,}000 \approx \text{Cr\$58.333,33}.$$

5.2 Produção num período de tempo

Quando um novo processo produtivo é posto em movimento, a taxa de produção é sempre mais lenta no início, devido às falhas nas técnicas de produção, não-familiaridade com os novos métodos etc... À medida que as falhas são resolvidas e o pessoal se acostuma com os novos métodos, a taxa de produção normalmente aumenta e, após um determinado período de tempo, se aproxima de um valor constante.

Assim, seja x o número de unidades de uma certa mercadoria produzidas nas primeiras t unidades de tempo de trabalho, por um novo processo, de modo que a derivada dx/dt representa a taxa de produção no tempo t. Então, de acordo com o teorema fundamental do cálculo, o número total de unidades da mercadoria produzidas durante o intervalo de tempo de $t = a$ a $t = b$ é dado por

$$x \bigg|_{t=a}^{t=b} = \int_{t=a}^{t=b} \frac{dx}{dt}\, dt.$$

EXEMPLO A Companhia Elétrica Solar desenvolveu uma nova linha de produção para produzir pequenos geradores movidos a vento, para serem usados como fontes alternativas de energia. A taxa de produção t semanas após a partida é dada por $dx/dt = 300\,[1 - 400(t + 20)^{-2}]$ geradores por semana. Quantos geradores são produzidos durante a 5.ª semana de operação?

SOLUÇÃO
Do final da quarta semana, quando $t = 4$, até o fim da quinta semana, quando $t = 5$, o número de geradores produzidos é

$$\int_4^5 300[1 - 400(t + 20)^{-2}]\, dt = 300\left(t + \frac{400}{t + 20}\right)\bigg|_4^5 = 6300 - 6200$$

$$= 100 \text{ geradores.}$$

5.3 Poluição

A taxa na qual os poluentes são introduzidos num dado ecossistema pode variar com o tempo, como conseqüência de uma série de fatores. Por exemplo, a taxa em que uma fábrica despeja poluentes num lago pode aumentar à medida que o nível de produção aumenta ou dispositivos antipoluidores na fábrica se desgastam e se tornam menos eficientes. Se chamarmos de x o número de unidades de poluente acumuladas num dado ecossistema após t unidades de tempo, a taxa de poluição do ecossistema será dada pela derivada dx/dt. Conseqüentemente, o número total de unidades de poluente acumuladas no ecossistema durante o intervalo de tempo de $t = a$ até $t = b$ é dado por

$$x\Big|_{t=a}^{t=b} = \int_{t=a}^{t=b} \frac{dx}{dt}\,dt.$$

EXEMPLO Os filtros da Fábrica O.L., planejados para remover o dióxido de enxofre do ar, são trocados a cada 90 dias. Entretanto, t dias após os filtros terem sido mudados, eles permitem que o dióxido de enxofre escape para a atmosfera numa taxa de $25\sqrt{t/10}$ quilos por dia. Quantas libras de dióxido de enxofre são introduzidas na atmosfera durante um intervalo de 90 dias?

SOLUÇÃO
Fazendo a mudança de variável $u = t/10$, temos

$$\int_0^{90} 25\sqrt{\frac{t}{10}}\,dt = 250 \int_0^9 u^{1/2}\,du = 250\left(\frac{2}{3} u^{3/2}\right)\Big|_0^9 = 4500 \text{ quilos}.$$

5.4 Fluxo de sangue no sistema circulatório

Desde que certos fatores (como pressão e viscosidade) sejam mantidos dentro de certos limites, o sangue fluirá suavemente através dos vasos sanguíneos cilíndricos, de modo que a velocidade v do fluxo aumenta continuamente de um valor próximo ao zero, na parede do vaso, até um valor máximo no seu centro. A Fig. 1 mostra a seção transversal de um vaso sanguíneo, perpendicular a seu eixo central, e um anel circular "infinitesimal" de largura dr a uma distância r do centro. Suponha que a velocidade v do fluxo sanguíneo dependa exclusivamente de r; então o volume "infinitesimal" dV que flui através do anel circular na unidade de tempo será dado por

$$dV = v(2\pi r\, dr),$$

o produto da velocidade do fluxo através do anel circular e a área deste anel. Se R representa o raio do vaso sanguíneo, o volume total de sangue que passa através de uma seção transversal na unidade de tempo é dado por

$$V = \int_{r=0}^{r=R} dV = 2\pi \int_{r=0}^{r=R} vr\, dr.$$

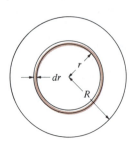

Fig. 1

EXEMPLO Um vaso sanguíneo cilíndrico tem um raio $R = 0{,}25$ cm e o sangue está fluindo neste vaso de modo que sua velocidade a r cm do centro é dada por $v = 2{,}5 - 40r^2$ cm/sec. Calcule a taxa de escoamento de sangue através do vaso.

SOLUÇÃO
A taxa de escoamento, medida pelo volume total que passa pela seção transversal do vaso na unidade de tempo, é dada por

$$V = 2\pi \int_{r=0}^{r=R} vr\, dr = 2\pi \int_0^{0,25} (2{,}5 - 40r^2)r\, dr = 2\pi \int_0^{0,25} (2{,}5r - 40r^3)\,dr$$

$$= 2\pi \left(\frac{2{,}5r^2}{2} - \frac{40r^4}{4}\right)\Big|_0^{0,25} = \frac{5\pi}{64} \approx 0{,}25 \text{ cm}^3/\text{sec}.$$

Conjunto de Problemas 5

1 Considere a equação de demanda $x = g(y)$, onde $g(y) = 100\,(4 - \sqrt{4y})$.
  (a) Resolva a equação $x = g(y)$ para y em termos de x, e assim reescreva a equação de demanda na forma equivalente $y = f(x)$.
  (b) Calcule o saldo do consumidor quando o preço for Cr\$ 1,00 por unidade usando para definição do saldo do consumidor a integral $\displaystyle\int_{y_0}^{c} g(y)\,dy$.

  (c) Calcule o saldo do consumidor usando a fórmula alternativa $\displaystyle\int_{0}^{x_0} f(x)\,dx - x_0 y_0$.

2 Trace um gráfico mostrando uma curva de demanda arbitrária $y = f(x)$ e um ponto (x_0, y_0) na curva. Sombreie na região apropriada de sua figura a área correspondente ao saldo do consumidor quando o preço é y_0 cruzeiros por unidade.

3 Com base em pesquisas de mercado, um fabricante determina que 5.000 *souvenirs* serão vendidos numa certa área se o preço for Cr\$ 1,00 por *souvenir*, mas que, para cada aumento de 5 centavos no preço do souvenir, 500 a menos serão vendidos. Calcule a equação de demanda para os souvenirs e determine o saldo do consumidor se os souvenirs forem vendidos a Cr\$ 1,25 cada.

4 Suponha que a *equação de suprimento* $x = g(y)$ dá o número de unidades de uma certa mercadoria que os fabricantes estavam desejando lançar no mercado a um preço de venda de y cruzeiros por unidade. Supondo que $0 = g(c)$ e que o preço de venda atual é de y_0 cruzeiros por unidade, os economistas definem o *saldo do produtor* como sendo o valor de $\displaystyle\int_{c}^{y_0} g(y)\,dy$. Se f é a inversa de g, calcule uma fórmula para o saldo do produtor em termos de f.

5 A Heron Motors construiu uma linha de montagem para seu novo carro a vapor e espera produzi-los numa razão de $30\,\sqrt{t}$ automóveis por semana, no final de t semanas. Quantos automóveis eles esperam produzir durante as primeiras 36 semanas de produção?

6 Suponha que a taxa de produção de um novo produto seja $A\left[1 - \left(\dfrac{k}{t+k}\right)^{p}\right]$ unidades por semana ao fim de t semanas, onde A e k são constantes positivas e p é uma constante maior que 1. Determine uma fórmula para o número de unidades produzidas durante a n-ésima semana de produção.

7 Uma fábrica está despejando poluentes num lago à taxa de $t^{2/3}/600$ toneladas por semana, onde t é o tempo, em semanas, desde que a fábrica iniciou suas operações. Após 10 anos de operação, qual a quantidade de poluente despejada no lago pela fábrica?

8 No problema 7, suponha que processos naturais podem remover do lago até 0,015 toneladas de poluente por semana e que não havia poluição no lago quando a fábrica se instalou há 10 anos. Quantas toneladas de poluente estão acumuladas atualmente no lago?

9 Um vaso sanguíneo cilíndrico tem um raio $R = 0,1$ cm e o sangue está fluindo através deste vaso com uma velocidade $v = 0,30 - 30r^2$ cm/s nos pontos a r cm do centro. Calcule a taxa de escoamento do sangue.

10 Com base na teoria da hidrodinâmica, bem como em experiências de laboratório, supõe-se sempre em pesquisas médicas que o sangue, escoando suavemente através de um vaso sanguíneo cilíndrico de raio R, tem uma velocidade dada por $v = K(R^2 - r^2)$ em pontos a r unidades do centro. (Aqui K é uma constante que depende de fatores como a viscosidade do sangue e a sua pressão.) Baseado nisto, calcule a taxa de escoamento do sangue através do vaso.

6 Força, Trabalho e Energia

No Cap. 5 usamos a antidiferenciação para calcular o trabalho feito por uma força variável e relacionamos a noção de trabalho com o conceito de energia. Aqui, mostraremos como a integral definida pode ser usada para calcular força, trabalho e energia.

6.1 Trabalho realizado por uma força variável

Na Seção 4 do Cap. 5, mostramos que uma partícula P se move ao longo do eixo s sob a influência de uma força F, possivelmente variável, que atua paralelamente ao eixo s (Fig. 1), sendo que o trabalho W feito por F em P satisfaz a equação diferencial $dW = Fds$. Se a e b são coordenadas de dois

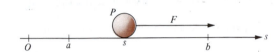

Fig. 1

pontos no eixo s, podemos tomar a integral definida de $s = a$ até $s = b$ em ambos os lados da última equação para obter

$$\int_{s=a}^{s=b} dW = \int_{a}^{b} F\, ds. \quad \text{já que} \quad \int_{s=a}^{s=b} dW = W \Big|_{s=a}^{s=b}$$

representa a diferença entre o valor de W em $s = b$ e $s = a$, então

$$\int_{s=a}^{s=b} F\, ds = W \Big|_{s=a}^{s=b} \quad \text{nos dá o trabalho feito por } F \text{ ao mover } P \text{ de } a \text{ até } b.$$

EXEMPLOS 1 Uma força F dada por $F = s^3/3 + 1$ Newtons age numa partícula P no eixo s e move a partícula de $s = 2$ metros até $s = 5$ metros. Qual a quantidade de trabalho realizada?

SOLUÇÃO
O trabalho realizado é dado por

$$\int_{2}^{5} F\, ds = \int_{2}^{5} \left(\frac{s^3}{3} + 1\right) ds = \left[\frac{s^4}{12} + s\right]\Big|_{2}^{5} = \frac{215}{4} = 53{,}75 \quad \text{joules.}$$

2 Uma mola tem um comprimento normal de 10 centímetros. Se uma força de 8 Newtons é necessária para distender a mola de 2 centímetros, qual o trabalho realizado ao alongarmos a mola de 6 centímetros?

SOLUÇÃO
Pela Lei de Hooke, a força F na mola é proporcional a seu deslocamento, $F = ks$. Quando $s = 2$, então $F = 8$; logo $k = 8/2 = 4$ libras por polegadas. Logo $F = 4s$, de modo que o trabalho realizado é

$$\int_{0}^{6} F\, ds = \int_{0}^{6} 4s\, ds = [2s^2]\Big|_{0}^{6} = 72 \text{ N} \times \text{cm.}$$

6.2 Trabalho realizado no bombeamento de um líquido

Um reservatório C contém um líquido que pesa w unidades de força por unidade cúbica de volume (Fig. 2). Deseja-se bombear parte deste líquido até uma certa altura, acima do reservatório, e depois descarregá-la. Se desejamos calcular o trabalho realizado pela bomba, estabeleceremos um eixo vertical s com sua origem no nível até o qual o líquido será bombeado. Por simplicidade, seja a direção positiva tomada para baixo.

Suponha que o nível do líquido no início do bombeamento seja $s = a$ e que este nível, no final, seja $s = b$. Suponha que a área da seção transversal da superfície do líquido ao nível s seja $A(s)$ unidades quadradas. A fatia "infinitesimal" de líquido entre o nível s e o nível $s + ds$ tem um volume de $A(s)\, ds$ unidades cúbicas e pesa $wA(s)\, ds$ unidades de força (Fig. 3). O trabalho "infinitesimal" realizado ao elevarmos esta fatia de s unidades ao nível da origem será $dW = sw\, A(s)\, ds$, de modo que o trabalho total necessário para

APLICAÇÕES DA INTEGRAL DEFINIDA

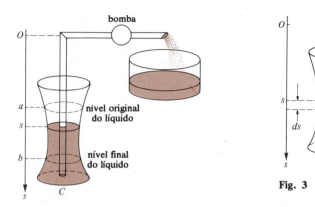

Fig. 2

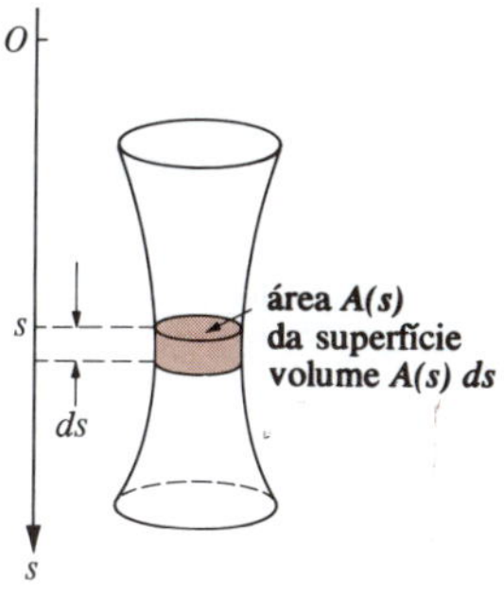

Fig. 3

bombear o líquido de $s = a$ até $s = b$ é dado por

$$\int_{s=a}^{s=b} dW = \int_a^b swA(s)\,ds = w \int_a^b sA(s)\,ds.$$

EXEMPLO A água, que pesa 1.000 kg/m³, é usada para encher um reservatório hemisférico de raio igual a 5 metros. A água é bombeada do reservatório a um nível de 6 metros acima da borda do reservatório, até que a superfície da água remanescente esteja a 4 metros abaixo da borda do reservatório. Qual o trabalho realizado?

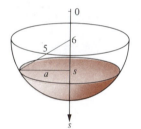

Fig. 4

SOLUÇÃO
Na Fig. 4, escolhemos um eixo de referência vertical, apontando para baixo, através do centro do reservatório com sua origem 6 metros acima da borda. Quando a superfície superior da água está na posição de coordenada s, seu raio a satisfaz $a^2 + (s - 6)^2 = 5^2$, pelo teorema de Pitágoras. Assim, a área da seção transversal $A(s)$ é dada por $A(s) = \pi a^2 = \pi[25 - (s - 6)^2]$. No início do bombeamento, $s = 6$ metros, enquanto no final do bombeamento $s = 10$ metros, logo o trabalho realizado é dado por

$$w \int_6^{10} sA(s)\,ds = 1000 \int_6^{10} s\pi[25 - (s - 6)^2]\,ds$$

$$= 1000\pi \int_6^{10} (-s^3 + 12s^2 - 11s)\,ds = 1000\pi \left[-\frac{s^4}{4} + 4s^3 - \frac{11s^2}{2} \right]\Big|_6^{10}$$

$$= 608.000\pi \text{ quilogramas-metro.}$$

6.3 Compressão ou expansão de um gás

É necessário trabalho para comprimir um gás; por outro lado, quando um gás se expande, ele realiza trabalho sobre as vizinhanças. Considere, por exemplo, uma quantidade de gás num cilindro de raio r fechado por um pistom móvel (Fig. 5). Construa um eixo referencial paralelo ao eixo central

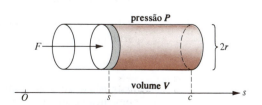

Fig. 5

do cilindro, chame a coordenada do piston de s e seja c a coordenada do fim do cilindro.

Denomine a pressão do gás de P unidades de força por unidade de área e seja V o volume do gás em unidades cúbicas. A força F no pistom é dada por $F = \pi r^2 P$, o produto de sua área transversal e a pressão do gás. Também, $V = \pi r^2 (c - s) = \pi r^2 c - \pi r^2 s$; logo, $dV = -\pi r^2 ds$ ou $ds = -(1/\pi r^2)dV$. O trabalho realizado sobre o gás por F ao mover o pistom de s até $s + ds$ é dado por $dW = F\, ds = [\pi r^2 P] \cdot [-(1/\pi r^2)\, dV] = -P\, dV$. Logo, se o gás é comprimido de um volume inicial V_0 a um volume final V_1, o trabalho realizado total é dado por

$$W = \int_{V=V_0}^{V=V_1} dW = \int_{V_0}^{V_1} (-P)\, dV \quad \text{ou} \quad W = \int_{V_1}^{V_0} P\, dV.$$

Aqui, nós escolhemos os limites de integração adequadamente, para remover o sinal negativo. Observe que, se o gás for comprimido, seu volume diminui, de modo que $V_1 < V_0$ e $W = \int_{V_1}^{V_0} P\, dV$ é positivo.

Se o gás está expandindo, ele realiza trabalho sobre o ambiente, de mesmo valor que o necessário para comprimi-lo de volta ao volume original. Logo, se um gás expande de um volume original V_0 a um final V_1, ele realiza um trabalho igual a $W \Big|_{V_0}^{V_1} P\, dV$.

EXEMPLO Um metro cúbico de ar a uma pressão inicial de 50 newtons por metro quadrado (Pa = pascal, unidade de pressão no Sistema Internacional de Unidades) se expande adiabaticamente (isto é, sem transferência de calor) até um volume final de 3 metros cúbicos de acordo com a lei $P = kV^{-1,4}$ onde k é constante. Calcule o trabalho realizado.

SOLUÇÃO
Quando $V = 1, P = 50\ N/m^2 = k\,(1)^{-1,4}$. Logo, $k = (50)\,(1^{-1,4}) = 50$. Assim, $P = 50\ V^{-1,4}$, $V_0 = 1$, $V_1 = 3$ e

$$W = \int_{V_0}^{V_1} P\, dV = \int_1^3 50\ V^{-1,4}\, dV = \left[\frac{50}{-0,4}\ V^{-0,4} \right] \Bigg|_1^3$$

$$= -\ 125\ [3^{-0,4} - 1^{-0,4}] \approx\ 44,45 \text{ joules.}$$

6.4 Energia

Se uma partícula P de massa m está se movendo ao longo do eixo s como conseqüência de uma (possível) força variável sem oposição F, sempre agindo numa direção paralela ao eixo s, então a *energia cinética* K da partícula foi definida na Seção 4.4 do Cap. 5 por $K = \frac{1}{2}m\,v^2$, onde $v = ds/dt$ é a velocidade de P. Esta energia cinética representa a capacidade da partícula P de realizar trabalho devido a seu *movimento*.

A *energia potencial* da partícula P também representa a capacidade de P realizar trabalho, não devido a seu movimento, mas sim devido à sua localização (ou como chegou aí). Por exemplo, se a partícula está conectada a uma mola e esta está distendida, então o trabalho pode ser feito deixando a mola retornar a seu comprimento natural. Se a força F agindo em P depende apenas da coordenada da posição s de P, então a energia potencial V da partícula no ponto com coordenadas s é dada por $V = \int_s^{s_0} F\, ds.$ Aqui, s_0 é entendido como sendo a coordenada de um ponto de referência, arbitrário mas fixo, a partir do qual a energia potencial é calculada.

Observe que $V = \int_s^{s_0} F\, ds$ é o trabalho que F faria sobre P se movesse de sua posição em s ao ponto de referência em s_0. (Aqui não seguimos nossa convenção usual de usar símbolos diferentes para a variável muda e o limite

APLICAÇÕES DA INTEGRAL DEFINIDA

variável de integração.) Podemos também escrever $V = -\int_{s_0}^{s} F\, ds$,

pelo Teorema Fundamental no Cálculo, $dV/ds = -F$, ou $F = -dV/ds$.
A *energia total* E da partícula P é definida por $E = K + V$. Como vemos no Cap. 5, $dE/dt = dK/dt + dV/dt = 0$, de modo que E é uma constante.

EXEMPLO 1 Qual a velocidade que um projétil de 10 gramas deve ter a fim de ter a mesma energia cinética de um carro de 2.000 kg viajando a 24 km/h?

SOLUÇÃO
Seja v a velocidade do projétil em km/h. Fazendo as duas energias cinéticas iguais, temos:

$$\frac{1}{2}\left(\frac{10}{1000}\right)v^2 = \frac{1}{2}(2000)(24)^2,$$

logo

$$v \approx 10.733{,}13 \text{ km/h}.$$

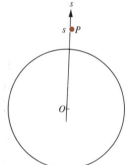

Fig. 6

2 Considere um eixo s, calibrado em centímetros, com origem no centro da terra (Fig. 6). Uma partícula P de massa $m = 1$ grama neste eixo no ponto s experimenta uma força gravitacional F dada por $F = \dfrac{-3{,}99 \times 10^{20}}{s^2}$

g × cm/s², $s \geq 6{,}38 \times 10^8$ centímetros (o raio da terra). Escolha a energia potencial V da partícula de modo que $V = 0$ quando $s = 6{,}38 \times 10^8$ cm.
(a) Calcule V em termos de s para $s \geq 6{,}38 \times 10^8$ cm.
(b) Calcule $\lim_{s \to +\infty} V$.
(c) Com que velocidade inicial deve P ser atirado para cima da superfície da terra de modo que ela nunca retorne? (Despreze a resistência do ar.)

SOLUÇÃO

(a) $V = -\int_{6{,}38 \times 10^8}^{s} F\, ds = -\int_{6{,}38 \times 10^8}^{s} \dfrac{-3{,}99 \times 10^{20}}{s^2}\, ds$

$= \left[-\dfrac{3{,}99 \times 10^{20}}{s}\right]\Big|_{6{,}38 \times 10^8}^{s} = \left[-\dfrac{3{,}99 \times 10^{20}}{s}\right] - \left[-\dfrac{3{,}99 \times 10^{20}}{6{,}38 \times 10^8}\right]$

$\approx 6{,}25 \times 10^{11} - \dfrac{3{,}99 \times 10^{20}}{s}$ g × cm²/s²

(b) $\lim_{s \to +\infty} V \approx \lim_{s \to +\infty}\left[6{,}25 \times 10^{11} - \dfrac{3{,}99 \times 10^{20}}{s}\right] = 6{,}25 \times 10^{11}$ g × cm²/s²

(c) Seja v_0 a "velocidade de escape" necessária. A energia total E é dada por $E = \frac{1}{2}mv^2 + V = \frac{1}{2}v^2 + V$. Quando $s = 6{,}38 \times 10^8$, $V = 0$, e $E = \frac{1}{2}v_0^2$. Já que E é constante, $\frac{1}{2}v_0^2 = \frac{1}{2}v^2 + V$ é válida sempre. À medida que P se afasta da terra, seu valor v diminui, na verdade, $\lim v = 0$. Tomando o limite em ambos os lados da equação $\frac{1}{2}v_0^2 = \frac{1}{2}v^2 + V$, à medida que s tende a $+\infty$, e usando o resultado na parte (b), temos

$$\tfrac{1}{2}v_0^2 \approx 0 + 6{,}25 \times 10^{11}; \text{ logo,}$$

$$v_0 \approx \sqrt{2 \times 6{,}25 \times 10^{11}} \approx 1{,}12 \times 10^6 \text{ cm/sec}$$

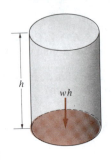

Fig. 7

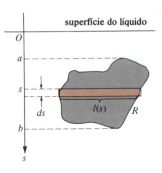

Fig. 8

6.5 Força causada pela pressão do fluido

Se uma região plana admissível R está exposta a um fluido sob pressão, existe uma força resultante F em R. Se a pressão do fluido é constante na região R, digamos com um valor de P unidades de força por unidade quadrada de área, então, $F = PA$, onde A é a área de R. Entretanto, se P não é constante em R, a integração é necessária para acharmos F.

Aqui consideraremos um caso especial do problema do cálculo de F, a situação na qual o plano da região R é vertical e R está submersa num líquido incompressível com densidade constante. Se tal líquido tem w unidades de peso por unidade cúbica de seu volume, então a coluna deste líquido com h unidades de altura e com área unitária da seção transversal tem um volume de $h \cdot 1$ unidades cúbicas (Fig. 7). Este peso causa uma força total de wh unidades agir sobre 1 unidade quadrada no fundo da coluna; logo, a pressão no fundo desta coluna é dada por $P = wh$. Em palavras, então, a pressão num ponto num líquido incompressível de densidade constante é o produto de seu peso por unidade de volume e a distância do ponto abaixo da superfície do líquido.

Agora, seja R uma região plana admissível colocada verticalmente abaixo da superfície de um líquido incompressível de peso constante por unidade de volume (Fig. 8). Considere um eixo de referência vertical s, apontando para baixo, com sua origem no nível da superfície do líquido. Chame o comprimento total de uma seção transversal horizontal de R, ao nível s unidades abaixo da superfície do líquido, de $l(s)$. A pressão P à profundidade s é dada por ws unidades de força por unidade quadrada de área, logo, a força "infinitesimal" na faixa de altura ds à profundidade s (Fig. 8) é dada por

$$dF = P\, dA = (ws)[l(s)\, ds] = ws l(s)\, ds.$$

Logo, se R está inteiramente entre as linhas horizontais $s = a$ e $s = b$, a força total em R é dada por

$$F = \int_{s=a}^{s=b} dF = \int_a^b ws l(s)\, ds = w\int_a^b sl(s)\, ds.$$

EXEMPLO Calcule a força exercida no fundo semicircular de uma gamela se esta está cheia de água e o hemisfério tem um raio de 3 metros. Suponha que a densidade da água é dada por $w = 62{,}4$ quilogramas por metro cúbico.

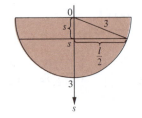

Fig. 9

SOLUÇÃO
Da Fig. 9 e do Teorema de Pitágoras, $(l/2)^2 + s^2 = 3^2$, ou $l = 2\sqrt{9-s^2}$. A força desejada é dada por

$$F = w\int_0^3 sl\, ds = 62{,}4\int_0^3 2s\sqrt{9-s^2}\, ds = 62{,}4\left[-\tfrac{2}{3}(9-s^2)^{3/2}\right]\Big|_0^3$$

$$= (62{,}4)(18) = 1123{,}2 \text{ quilogramas}.$$

Conjunto de Problemas 6

1. Qual o trabalho realizado ao distendermos uma mola de comprimento natural de 12cm de 15cm a 18cm se a força final for 25 kg?
2. Uma mola tem um comprimento natural de 30 cm. Uma força de 2.000 kg é necessária para comprimir a mola de 3cm. Qual o trabalho realizado na compressão da mola de seu comprimento natural para um comprimento de 25 cm?
3. Uma moeda de 15 centavos tem uma massa de cerca de 5,2 gramas.
   (a) Quantos quilos pesa a moeda de 5 centavos?
   (b) Quantos joules de trabalho são necessários para elevar a moeda de 5 centavos a uma altura de 1 metro?
4. O trabalho necessário para elevar uma moeda de 5 centavos de 21 a 22 centímetros acima do chão é o mesmo que o necessário para elevá-la de 22 a 23 cm? Explique.

APLICAÇÕES DA INTEGRAL DEFINIDA

5 O trabalho necessário para distender uma mola de 21 a 22 cm é o mesmo que distendê-la de 22 a 23 cm? Explique.

6 Uma mola elástica com uma constante de 17.640 newtons por metro é distendida de 4 cm de sua posição relaxada. Qual a energia (potencial) em joules armazenada na mola distendida?

7 Um reservatório tem a forma de um hemisfério de raio 3 metros. Se está cheio de água salgada pesando 1032 kg/m³, qual o trabalho (em kg.m) necessário para bombear toda a água salgada para fora do reservatório?

8 Bombeia-se água diretamente da superfície de um lago para uma torre d'água. O tanque desta torre é um cilindro circular vertical de altura 20 metros, com 5 metros de raio, cujo fundo está a 60 metros acima da superfície do lago. A bomba é movida por um motor de 11.168, 6 watts. Desprezando o atrito, quanto tempo será necessário para encher o tanque com água? Suponha que a água pesa 1000 kg/m³.

9 Uma cisterna cônica tem no topo um diâmetro de 6 metros, 4,5 metros de profundidade e está cheia até 1,5 metros do topo com água de chuva pesando 1 g/cm³. Calcule o trabalho em joules realizado ao bombear a água acima do topo para um tanque vazio.

10 Um elevador pesando 1 tonelada é carregado através de 60 metros, enrolando-se seu cabo, numa roldana. Desprezando o atrito, qual o trabalho feito se o cabo pesa 10 kg/m?

11 Uma gamela d'água tem 6 metros de comprimento e tem uma seção transversal constituída de um triângulo isósceles de altura 4 metros, base maior 3 metros e base menor de 2 metros. Se a gamela está cheia d'água pesando 1000 kg/m³, qual o trabalho necessário para bombear toda esta água até um nível de 20 metros acima do topo da gamela?

12 Um objeto imerso em água sofre um empuxo igual ao peso de água que desloca (princípio de Arquimedes). Calcule o trabalho necessário para submergir completamente uma bóia esférica de peso desprezível se seu diâmetro for 30 cm. Suponha que a água está num reservatório suficientemente grande, de modo que seu nível praticamente não aumenta quando introduzimos a bóia.

13 O pistom num cilindro comprime um gás adiabaticamente de 50 cm³ até 25 cm³. Supondo que $PV^{1,3} = 100$, onde P é a pressão em newtons por m² e V é o volume em cm³, qual o trabalho em joules realizado sobre o gás?

14 Numa compressão adiabática (isto é, sem transferência de calor para dentro ou fora do recipiente) o gás é comprimido num cilindro segundo a equação PV^γ = constante, onde γ é uma constante maior que 1. Se a compressão for isotérmica (isto é, a temperatura constante), então o gás satisfaz a equação PV = constante. Se um gás for comprimido de um volume inicial V_0 a um volume final V_1, será necessário mais trabalho para a compressão adiabática ou para a isotérmica?

15 O vapor se expande adiabaticamente de acordo com a lei $PV^{1,4}$ = constante. Qual o trabalho realizado se 0,5m³ de vapor a uma pressão de 2000 kg/m² se expande de 60 por cento?

16 Duas cargas positivas, com cargas de 1 statcoulomb cada, se repelem com uma força igual a $1/r^2$ g·cm/s², onde r é a distância entre as partículas medidas em cm. Uma partícula é mantida fixa na origem do eixo s e a outra se move em direção à primeira de sua posição inicial em s_0 = 100 cm. Calcule o trabalho realizado em termos da posição final s_1 da segunda partícula.

17 O peso de uma certa partícula é $10^8/r^2$ quilos, onde r é a distância em quilômetros do centro da terra. Calcule o trabalho em kg·m necessário para elevar a partícula da superfície da terra (onde r = 6436 km) a:
(a) 1000 km acima da superfície
(b) 10.000 km acima da superfície

18 A Fig. 10 mostra um eixo s com sua origem no centro de uma esfera sólida de raio r centímetros com densidade constante w gramas por cm³. Uma partícula P de massa m gramas no ponto de coordenadas s no eixo experimentará uma força gravitacional F dada em g·cm/s² por

$$F = \begin{cases} \dfrac{-4\gamma m\pi r^3 w}{3s^2} & \text{para } s \geq r \\ -\frac{4}{3}\gamma m\pi ws & \text{para } 0 \leq s \leq r, \end{cases}$$

onde $\gamma = 6,6732 \times 10^{-8}$ cm³/g·s² é a constante universal de Newton.
(a) Calcule a energia potencial V de P em termos de s se $\lim_{s \to +\infty} V = 0$

(b) Calcule a "velocidade de escape" para P partindo da superfície da esfera.

19 Dado que a energia potencial de uma mola relaxada é zero e que a constante da mola é 40 kg/m, qual a distância a que a mola deve ser distendida de modo que a energia potencial seja 25 kg·m?

20 Um peso de 1 tonelada cai de uma altura de h metros e atinge o solo com a mesma energia cinética que um carro pesando 1,5 toneladas e andando a 10 km/h. Calcule h.

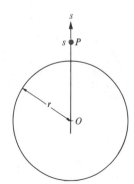

Fig. 10

21 Uma lata de óleo retangular está cheia de óleo pesando 0,93 g/cm³. Qual a força numa face da lata que tem 20 cm de largura e 40 cm de altura?

22 Um tubo de água em forma cilíndrica com 1,9m de raio está cheio pela metade de água. Qual a força na comporta que fecha o tubo?

23 Calcule a força numa face de uma prancha com 18 metros de comprimento e 8cm de largura submersa verticalmente na água com sua extremidade superior na superfície.

24 Que força a água exercerá na metade inferior de uma elipse vertical cujos semi-eixos são 2 e 3 metros.
  (a) Quando o eixo maior está sobre a superfície da água?
  (b) Quando o eixo menor está sobre a superfície da água?

25 Que força deve ser suportada por uma represa de 30 metros de comprimento e 6 metros de profundidade?

26 Um tanque em forma de um cilindro circular reto horizontal de raio 5 cm é cheio até a metade de água e o resto de óleo. O óleo, que pesa 0,93 g/cm³, flutua no topo da água, que pesa 1 g/cm³. Calcule a força total causada por estes líquidos sobre o fundo circular do tanque.

27 A face de uma barragem tem a forma de um trapézio isósceles de altura 16 metros com uma base superior de 42 metros e uma base inferior de 30 metros. Calcule a força total exercida pela água sobre a barragem quando a água está a 12 metros de profundidade.

28 Mostre que, para a região R submersa como mostrada na Fig. 11, a força F causada pelo líquido pesando w unidades de peso por unidade de volume é dada por $F = w/2 \int_b^a [h(s)]^2 \, ds$.

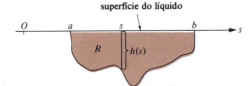

Fig. 11

29 Um tanque horizontal na forma de um cilindro circular reto de raio 2 metros é lacrado e a água o enche até a metade. A metade superior do tanque é então sujeita a uma pressão de ar de 1 atmosfera, 10,333 kg/m². Calcule a força total numa das extremidades do tanque causada pela pressão do ar e da água.

Conjunto de Problemas de Revisão

Nos problemas 1 a 8, calcule o volume do sólido gerado pela revolução da região limitada pelas curvas dadas em torno do eixo indicado.

1 $y = \sqrt[3]{x}$, $y = 0$ e $x = 8$ em torno do eixo x.
2 $y = x^2$, $y = 0$ e $x = 1$ em torno do eixo y.
3 $x^2 + 4 = 4y$, $x = 0$ e $y = x$ em torno do eixo x.
4 $y = x^3$, $x = 1$ e $y = 0$ em torno da reta $x = -2$.
5 $y = x$, $x = 4$ e $y = 0$ em torno da reta $y = -2$.
6 $x^2 = 4(1 - y)$ e $y = 0$ em torno da reta $y = 3$.
7 $y^2 = 4x$ e $x = 4$ em torno da reta $x = -2$.
8 O laço de $y^2 = x^4(x + 4)$ em torno do eixo y
9 Calcule o volume do sólido gerado pela revolução da região limitada por um círculo de raio 3 cm em torno de uma reta em seu plano que está a 7 cm de seu centro
10 Um sólido é gerado pela revolução de uma região limitada pelo gráfico de $y = f(x)$, as retas $x = 0$ e $x = a$ e o eixo x em torno do eixo x. Seu volume para todos valores de a é dado por $V = a^2 + 7a$. Determine uma fórmula para $f(x)$.
11 Mostre que o volume limitado pela superfície gerada pela revolução da semi-elipse $x^2/a^2 + y^2/b^2 = 1$, $y \geq 0$, em torno do eixo x é dado por $V = 4/3 \pi ab^2$.
12 A região limitada pelo eixo y e a semi-elipse $x^2/a^2 + y^2/b^2 = 1$, $x \geq 0$, é girada em torno do eixo y para gerar um esferóide sólido. Use o método das camadas cilíndricas para achar o volume deste sólido.
13 Calcule o volume gerado quando a região limitada pela hipérbole $16y^2 - 9x^2 = 144$ e a reta $y = 6$ é girada em torno do eixo x.
14 Suponha que f seja uma função contínua invertível no intervalo fechado $[a,b]$ e que

$f(x) \geq 0$ para $a \leq x \leq b$. Prove que

$$\int_a^b [f(x)]^2\, dx = b[f(b)]^2 - a[f(a)]^2 - 2\int_{f(a)}^{f(b)} y f^{-1}(y)\, dy.$$

(*Sugestão:* Determine o volume de um certo sólido de revolução de duas maneiras diferentes.)

15 Um parabolóide sólido de revolução é gerado pela revolução da região limitada pelo gráfico de $y = b\sqrt{x/a}$, o eixo x e a reta $x = a$ em torno do eixo x.
(a) Trace o parabolóide de revolução.
(b) Calcule o volume do sólido pelo método dos discos circulares.
(c) Calcule o volume do sólido pelo método das cascas cilíndricas.

16 Um vaso tem a forma gerada pela revolução do gráfico de $y = 1/4 x^2$ em torno do eixo y. Se 4 unidades cúbicas do líquido saem do fundo do vaso por minuto, a que taxa está a profundidade do líquido mudando no instante em que a profundidade é de 4 unidades?

17 Trace o gráfico da porção da parábola $Ax^2 = B^2 y$ que está no primeiro quadrante, onde A e B são constantes positivas. Calcule o volume do sólido gerado quando a região limitada por esta parábola, o eixo y e a reta $y = A$ é girada em torno do eixo y. Compare a resposta com o volume de um cilindro de altura A e raio da base B.

18 Para cada positivo, seja U_n o volume do sólido gerado pela revolução da região sob o gráfico de $y = x^n$ entre $x = 0$ e $x = 1$ em torno do eixo y. Seja V_n o volume do sólido gerado pela revolução da mesma região em torno do eixo x. Avalie:

(a) $\lim_{n \to +\infty} U_n$ (b) $\lim_{n \to +\infty} V_n$ (c) $\lim_{n \to +\infty} \dfrac{U_n}{V_n}$

19 Calcule o volume de um sólido cuja seção transversal perpendicular ao eixo x é um quadrado de x unidades de lado para $0 \leq x \leq 2$.

20 Calcule o volume de um sólido cuja seção transversal perpendicular ao eixo x é um triângulo equilátero de $|x|$ unidades de lado para $-2 \leq x \leq 3$.

21 Uma torre tem 26 metros de altura. Uma seção transversal horizontal x metros acima da base é um retângulo cujo comprimento do lado é $\dfrac{26-x}{13}$ metros e cujo lado menor é $\dfrac{26-x}{20}$ metros. Calcule o volume da torre.

22 Um *conóide* é um sólido em forma de cunha cuja superfície lateral é gerada por um segmento de reta que se move de modo a se manter sempre paralelo a um plano fixo e que tem uma extremidade num círculo fixo e a outra extremidade numa reta fixa, ambos, o círculo e a reta, sendo perpendiculares ao plano fixo (Fig. 1). Se a distância a partir da reta fixa até o plano do círculo é h unidades e o círculo tem raio a unidades, calcule o volume encerrado pelo conóide.

23 Um sólido é gerado por um hexágono variável que se move de modo que seu plano seja sempre perpendicular ao diâmetro dado de um círculo fixo de raio a, o centro do hexágono estando neste diâmetro, e dois vértices opostos estando no círculo. Calcule o volume do sólido.

24 Um líquido num reservatório evapora numa taxa (unidades cúbicas por unidade de tempo) proporcional à área da superfície do líquido exposto ao ar. Mostre que, qualquer que seja a forma do reservatório, a superfície do líquido cai numa taxa constante.

25 Uma seção feita por um plano que passa por duas opostas de uma bola de futebol é uma elipse cuja equação é $x^2/49 + 4y^2/49 = 1$. Calcule o volume da bola se o couro é tão rijo que cada seção transversal, perpendicular ao eixo x, é um quadrado.

26 Um sólido em forma de chifre é gerado por um círculo variável cujo plano gira em torno de uma reta fixa. O ponto do círculo mais próximo da reta descreve um quadrante AB de um círculo de raio a, e o raio do círculo variável é $c\theta$, onde θ denota o ângulo entre o plano variável e sua posição inicial quando passa através de A. Mostre que o volume do sólido é dado por $V = 1/192\, \pi^4 c^2 (8a + 3\pi c)$.

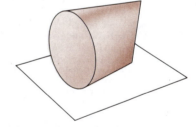

Fig. 1

Nos problemas 27 a 36, calcule o comprimento de arco do gráfico de cada equação entre os pontos indicados.

27 $(y-8)^2 = x^3$ de $(0,8)$ a $(1,9)$

28 $y^3 = 4x^2$ de $(4,4)$ a $(32,16)$

29 $y = \tfrac{2}{3} x^{3/2}$ de $(0,0)$ a $(4, \tfrac{16}{3})$

30 $y = \tfrac{1}{8}[x^4 + (2/x^2)]$ de $(1, \tfrac{3}{8})$ a $(2, \tfrac{33}{16})$

31 $y = mx + b$ de $(x_0, mx_0 + b)$ a $(x_1, mx_1 + b)$

32 $x = \dfrac{y^5}{5} + \dfrac{1}{12 y^3}$ de $(\tfrac{323}{480}, \tfrac{1}{2})$ a $(\tfrac{17}{60}, 1)$

33 $y = (x+1)^{3/2} + 2$ de $(3,10)$ a $(8,29)$

34 $y = \int_0^x \sqrt{t^2 + 2t}\, dt$ de $(0,0)$ a $\left(1, \int_0^1 \sqrt{t^2+2t}\, dt\right)$

CÁLCULO

35 $y = \int_1^x \sqrt{2t^4 + t^7 - 1}\, dt$ de $(1,0)$ a $\left(2, \int_1^2 \sqrt{2t^2 + t^7 - 1}\, dt\right)$

36 $y = \sqrt{4 - x^2}$ de $(-2,0)$ a $(2,0)$

Nos problemas 37 a 40, construa uma integral representando o comprimento de arco de cada curva e use a regra parabólica de Simpson com $n = 2$ (isto é, com *quatro* subintervalos) para estimar este comprimento de arco.

37 $y = 2\sqrt{x}$ de $(1,2)$ a $(4,4)$

38 $y = 2(1 + x^2)^{1/2}$ de $(0,2)$ a $(1, 2\sqrt{2})$

39 $y = x^2$ de $(0,0)$ a $(1,1)$

40 $y = \int_0^x \frac{dt}{1 + t^2}$ de $(0,0)$ a $\left(2, \int_0^2 \frac{dt}{1 + t^2}\right)$

41 Escreva uma expressão envolvendo uma integral para o comprimento de arco total da elipse $x^2/a^2 + y^2/b^2 = 1$, sem resolver, contudo, a integral.

42 Suponha que a função f tenha uma primeira derivada contínua num intervalo aberto contendo o intervalo fechado $[0,1]$ e que f seja monótona decrescente em $[0,1]$. Suponha que $f(0) = 1$ e $f(1) = 0$. Escreva uma integral para a quantidade de tempo T necessária para uma partícula P de massa m escorregar sem atrito ao longo do gráfico de $y = f(x)$ de $(0,1)$ a $(1,0)$ sob a influência da gravidade.

Nos problemas 43 a 52, calcule a área (lateral) da superfície de revolução obtida pela rotação de cada curva em torno do eixo dado.

43 $y = 3\sqrt{x}$ de $(1,3)$ a $(4,6)$ em torno do eixo x.
44 $y = 3x^2$ de $(0,0)$ a $(2,12)$ em torno do eixo y
45 $y = x^3$ de $(1,1)$ a $(3,27)$ em torno do eixo x
46 $y = 4x^2$ de $(0,0)$ a $(1,4)$ em torno do eixo y
47 $y = \frac{1}{3}x^3$ de $(0,0)$ a $(3,9)$ em torno do eixo x
48 $y = x^4/4 + 1/(8x^2)$ de $(1, 3/8)$ a $(3, 1459/72)$ em torno do eixo x
49 $y = \frac{1}{4}x^2$ de $(0,0)$ a $(4,4)$ em torno do eixo y
50 $y^2 = x^3$ de $(1,1)$ a $(4,8)$ em torno do eixo y
51 $y^2 = 9 - x$ de $(0,3)$ a $(9,0)$ em torno do eixo x
52 $y = x^5/5 + 1/(12x^3)$ de $(17/60)$ a $(3077/480)$ em torno do eixo x

53 Joe, Jamal e Gus construíram um balcão de limonada. A equação de demanda para a limonada no balcão deles é $y = -x^2/100 - 7x/20 + 30$, onde y é o preço de venda, em centavos por copo, e x é o número de copos vendidos. Calcule o saldo do consumidor se o preço de venda for 15 centavos por copo.

54 David, Dean e Scott colheram 100 abóboras e estão planejando vendê-las. Eles acreditam que podem vendê-las todas ao preço de 75 centavos cada, mas que um aumento de 25 centavos no preço em cada abóbora resultará na venda de 20 abóboras a menos. Qual é o saldo do consumidor se eles venderem suas abóboras ao preço que lhes traz o rendimento máximo?

55 Um matemático recém-formado pretende se instalar como um consultor de taxas e espera receber 100 $\sqrt{t}$ cruzeiros por semana na consultoria a firmas, após t semanas da abertura do escritório. As despesas fixas para aluguel do escritório, telefone, anúncios jornalísticos etc. chegam a Cr$ 200,00 por semana. Qual o lucro final do consultor após 49 semanas deste novo trabalho?

56 Um empregado novo na Solar Electric Company pode soldar 50-50/$\sqrt{t+1}$ conecções por hora ao fim de t horas de trabalho. Quantas conexões irá o empregado soldar nas primeiras 8 horas de trabalho?

57 O sangue está fluindo através de uma artéria cilíndrica de raio R de modo que sua velocidade, a r unidades do centro, é dada por $v = K(R^2 - r^2)$ unidades por segundo. Aqui K é uma constante dependente da pressão sanguínea, viscosidade etc . Uma droga é administrada e esta aumenta o raio da artéria de 5%. Calcule o aumento percentual na taxa de escoamento do sangue através da artéria.

58 O vértice de um tanque cônico aponta para baixo. Se a altura do tanque tem h unidades e o raio de sua base é r unidades, qual o trabalho realizado ao bombearmos um líquido, de densidade w unidades de massa por unidade de volume, acima da boca do tanque se este está cheio no início e vazio ao fim do bombeamento?

59 Calcule o trabalho realizado ao bombearmos toda água para fora de uma cisterna cheia, em forma de um hemisfério de raio r metros sobre o qual está um cilindro reto circular de raio r metros e altura h metros.

60 Um tanque é construído sob a forma de um cilindro circular reto sobre o qual existe um tronco de cone com uma seção transversal vertical como mostrada na Fig. 2. Qual o trabalho feito ao retirarmos toda a água do tanque, *inicialmente cheio?*

61 Um cabo, que tem 30 metros de comprimento e pesa 400 g/m, está pendurado

APLICAÇÕES DA INTEGRAL DEFINIDA

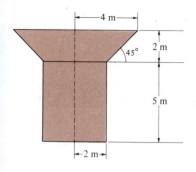

Fig. 2

verticalmente a uma roldana. Calcule o trabalho realizado ao enrolarmos metade do cabo sobre a roldana.

62 Um cabo, que tem l unidades de comprimento, pesa w unidades de força por unidade de comprimento e está pendurado verticalmente a uma roldana. Se o peso W está na ponta do cabo, qual o trabalho feito ao enrolarmos k unidades do cabo na roldana?

63 Qual o trabalho realizado ao comprimirmos 400 metros cúbicos de ar a 15 quilos por cm² a um volume de 30 metros cúbicos, numa compressão adiabática ($PV^{1,4}$ = constante)?

64 Uma massa m cai livremente próximo à superfície da Terra. Num certo instante, t = 0 segundos, a massa está s_0 unidades acima do solo e está caindo com uma velocidade v_0. Tome o eixo s com o sentido positivo para cima e com sua origem no nível do solo. (Assim, v_0 é *negativo* e a aceleração da gravidade é $-g$.)
 (a) Calcule a velocidade da massa em termos de sua distância s acima do solo.
 (b) Calcule o aumento na energia cinética de massa entre $s = s_0$ e $s = s_1$, onde $0 \leq s_1 \leq s_0$.
 (c) Calcule a energia potencial V da massa em termos de s se a energia potencial for zero quando $s = s_0$.
 (d) Calcule o decréscimo na energia potencial da massa entre $s = s_0$ e $s = s_1$, quando $0 \leq s_1 \leq s_0$.
 (e) Calcule a energia cinética K e a energia potencial V da massa em termos do tempo t.

65 A velocidade de um trenó de 200 quilos é $60 - 4t$ m/sec no tempo t segundos. Calcule a mudança na sua energia cinética bem como a mudança em sua energia potencial entre $t = 0$ e $t = 10$ segundos.

66 Uma barra de comprimento b realiza n rotações por segundo em torno de uma de suas extremidades. O material de que é composta tem uma densidade $f(x)$ unidades de massa por unidade de comprimento a uma distância x unidades da extremidade fixa. Calcule uma integral representando a energia cinética da barra rotativa.

67 Um triângulo retângulo ABC está submerso em água de modo que o lado AB está na superfície e o lado BC é vertical. Calcule a força total no triângulo causada pela pressão da água se $|\overline{BC}| = 18$ metros e $|\overline{AB}| = 8$ metros.

68 Uma barragem de alvenaria sob a forma de um trapézio isósceles tem 200 metros de comprimento na superfície da água, 150 metros no fundo e 60 metros de altura. Calcule a força total que ela deve suportar.

8 FUNÇÕES TRIGONOMÉTRICAS E SUAS INVERSAS

Embora as funções trigonométricas tenham sido introduzidas no Cap. 0 e utilizadas em alguns exemplos, nós evitamos o seu uso nos capítulos anteriores, principalmente porque não havíamos estabelecido ainda suas propriedades analíticas. Nosso propósito neste capítulo é, portanto, desenvolver fórmulas para derivadas e integrais das funções trigonométricas e das funções trigonométricas inversas, de maneira que possamos utilizar livremente essas importantes funções nos capítulos seguintes.

1 Limites e Continuidade das Funções Trigonométricas

Recordemos que todos os ângulos serão medidos em radianos, a menos que indiquemos explicitamente o contrário. Da Fig. 1 parece geometricamente óbvio que o seno e o co-seno são funções contínuas, pois uma pequena mudança no ângulo t deveria produzir apenas uma pequena mudança na posição do ponto $(\cos t, \operatorname{sen} t)$.

Neste livro, a definição das funções seno e co-seno é geométrica, ao invés de analítica; logo, basicamente, todas as propriedades das funções trigonométricas devem basear-se em argumentos geométricos. A propriedade de continuidade não é exceção, e o argumento acima para a continuidade do seno e do co-seno é tão conclusivo quanto qualquer outro argumento que possa ser dado no mesmo nível de rigor deste livro. Entretanto, damos um argumento alternativo que usa as identidades padrão e o fato geométrico de que a corda de um círculo é sempre menor que o arco correspondente.

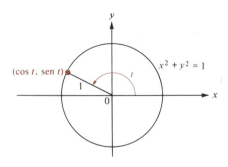

Fig. 1

1.1 Continuidade das funções trigonométricas

Começaremos estabelecendo o seguinte teorema:

TEOREMA 1   **Comparação entre um ângulo e seu seno**

Se $0 < t < \pi/2$, então $0 < \operatorname{sen} t < t$.

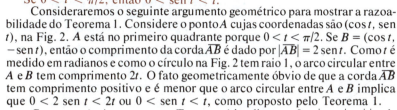

Consideraremos o seguinte argumento geométrico para mostrar a razoabilidade do Teorema 1. Considere o ponto A cujas coordenadas são $(\cos t, \operatorname{sen} t)$, na Fig. 2. A está no primeiro quadrante porque $0 < t < \pi/2$. Se $B = (\cos t, -\operatorname{sen} t)$, então o comprimento da corda $\overline{AB}$ é dado por $|\overline{AB}| = 2\operatorname{sen} t$. Como t é medido em radianos e como o círculo na Fig. 2 tem raio 1, o arco circular entre A e B tem comprimento $2t$. O fato geometricamente óbvio de que a corda $\overline{AB}$ tem comprimento positivo e é menor que o arco circular entre A e B implica que $0 < 2 \operatorname{sen} t < 2t$ ou $0 < \operatorname{sen} t < t$, como proposto pelo Teorema 1.

Como $\operatorname{sen}(-t) = -\operatorname{sen} t$, o Teorema 1 implica que $0 < |\operatorname{sen} t| < |t|$ vale sempre que $0 < |t| < \pi/2$. Disto, segue imediatamente que $\lim_{t \to 0} \operatorname{sen} t = 0$ (Por quê?)

Fig. 2

EXEMPLO   Usando o fato recém-estabelecido de que $\lim_{t \to 0} \operatorname{sen} t = 0$, prove que $\lim_{t \to 0} \cos t = 1$.

Solução

Para $|t| \leq \pi/2$, $\cos t = \sqrt{1 - \operatorname{sen}^2 t}$, logo,

$$\lim_{t \to 0} \cos t = \lim_{t \to 0} \sqrt{1 - \operatorname{sen}^2 t} = \sqrt{\lim_{t \to 0} (1 - \operatorname{sen}^2 t)}$$

$$= \sqrt{1 - \left(\lim_{t \to 0} \operatorname{sen} t\right)^2} = \sqrt{1 - 0^2} = \sqrt{1} = 1.$$

O fato de que $\lim_{t \to 0} \operatorname{sen} t = 0$ e $\lim_{t \to 0} \cos t = 1$ pode agora ser usado para provar o seguinte teorema.

TEOREMA 2   **Continuidade das funções trigonométricas**

Todas as seis funções trigonométricas — seno, co-seno, tangente, secante e co-secante — são contínuas em cada número de seus domínios.

Prova

Começaremos mostrando que a função seno é contínua. Para isso, é suficiente provar que $\lim_{\Delta t \to 0} \operatorname{sen}(t + \Delta t) = \operatorname{sen} t$. Usando a fórmula de adição para a função seno, temos

$$\lim_{\Delta t \to 0} \operatorname{sen}(t + \Delta t) = \lim_{\Delta t \to 0} [\operatorname{sen} t \cos \Delta t + \operatorname{sen} \Delta t \cos t]$$

$$= (\operatorname{sen} t)\left(\lim_{\Delta t \to 0} \cos \Delta t\right) + \left(\lim_{\Delta t \to 0} \operatorname{sen} \Delta t\right)(\cos t)$$

$$= (\operatorname{sen} t)(1) + (0)(\cos t) = \operatorname{sen} t.$$

Portanto, a função seno é contínua. Para provar a continuidade da função co-seno, utilizaremos a identidade $\cos t = \operatorname{sen}(\pi/2 - t)$. Então,

$$\lim_{\Delta t \to 0} \cos(t + \Delta t) = \lim_{\Delta t \to 0} \operatorname{sen}\left(\frac{\pi}{2} - t - \Delta t\right)$$

Como a função seno é contínua, temos

$$\lim_{\Delta t \to 0} \operatorname{sen}\left(\frac{\pi}{2} - t - \Delta t\right) = \operatorname{sen}\left[\lim_{\Delta t \to 0}\left(\frac{\pi}{2} - t - \Delta t\right)\right] = \operatorname{sen}\left(\frac{\pi}{2} - t\right) = \cos t.$$

Segue-se que $\lim_{\Delta t \to 0} \cos(t + \Delta t) = \cos t$; logo o co-seno é também uma função contínua. Portanto, $\tan t = \operatorname{sen} t/\cos t$, $\cot t = \cos t/\operatorname{sen} t$, $\sec t = 1/\cos t$ e $\operatorname{cosec} t = 1/\operatorname{sen} t$ são contínuas em cada ponto onde sejam definidas.

1.2 Limites especiais envolvendo funções trigonométricas

As inequações no próximo teorema são úteis no estabelecimento de certos limites especiais envolvendo funções trigonométricas.

TEOREMA 3 **Desigualdades fundamentais**

Se $0 < t < \pi/2$, então $0 < \cos t < \dfrac{\operatorname{sen} t}{t} < \dfrac{1}{\cos t}$.

Novamente, não podemos dar uma prova analítica deste teorema por causa de nossa definição geométrica do seno e do co-seno. Entretanto, damos o seguinte argumento geométrico para mostrar a validade do Teorema 3.

Como $0 < t < \pi/2$, o ponto $P = (\cos t, \operatorname{sen} t)$ está no primeiro quadrante (Fig. 3). Na Fig. 3, $\operatorname{sen} t = |\overline{PQ}|$, $\cos t = |\overline{OQ}|$ (por quê?) e do triângulo retângulo OAB,

$$\tan t = \frac{|\overline{AB}|}{|\overline{OA}|} = \frac{|\overline{AB}|}{1} = |\overline{AB}|.$$

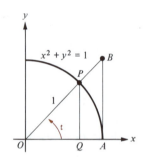

Fig. 3

Como o setor circular AOP ocupa a fração $t/(2\pi)$ do círculo inteiro de raio 1, a área do setor AOP é dada por $(t/2\pi)(\pi \cdot 1^2) = t/2$. Evidentemente, a área $t/2$ do setor circular AOP é maior que a área $\frac{1}{2}|\overline{PQ}||\overline{OQ}| = \frac{1}{2}\operatorname{sen} t \cos t$ do triângulo QOP, logo $\frac{1}{2}\operatorname{sen} t \cos t < t/2$, ou $\operatorname{sen} t \cos t < t$. Analogamente, a área $t/2$ do setor circular AOP é menor que a área $\frac{1}{2}|\overline{AB}||\overline{OA}| = \frac{1}{2}(\tan t)(1)$
$= \dfrac{1}{2} \cdot \dfrac{\operatorname{sen} t}{\cos t}$ do triângulo OAB, de modo que $\dfrac{t}{2} < \dfrac{1}{2} \cdot \dfrac{\operatorname{sen} t}{\cos t}$, ou $t < \dfrac{\operatorname{sen} t}{\cos t}$.

Portanto, temos que $0 < \operatorname{sen} t \cos t < t < \operatorname{sen} t/\cos t$. Dividindo esta inequação por $\operatorname{sen} t$ obtemos $0 < \cos t < t/\operatorname{sen} t < 1/\cos t$; logo, se tomarmos os inversos, obtemos $0 < \cos t < (\operatorname{sen} t)/t < 1/\cos t$, como afirmado pelo Teorema 3.

Agora suponha que $0 < -t < \pi/2$. Então, pelo Teorema 3, temos $0 < \cos(-t) < \operatorname{sen}(-t)/(-t) < 1/\cos(-t)$. Como $\cos(-t) = \cos t$ e $\operatorname{sen}(-t) = -\operatorname{sen} t$, esta última desigualdade pode ser então escrita como $0 < \cos t < (\operatorname{sen} t)/t < 1/\cos t$. Segue-se que $0 < \cos t < (\operatorname{sen} t)/t < 1/\cos t$ vale sempre que $0 < t < \pi/2$.

O que acontece com a razão $(\operatorname{sen} t)/t$ quando t se aproxima de zero? Como esta razão está "espremida" entre duas quantidades $\cos t$ e $1/\cos t$, e como $\lim_{t \to 0} \cos t = 1$ e

$$\lim_{t \to 0} \frac{1}{\cos t} = \frac{1}{\lim_{t \to 0} \cos t} = \frac{1}{1} = 1,$$

segue-se que $(\operatorname{sen} t)/t$ deve também se aproximar de 1 quando t se aproxima de zero. Guardaremos este importante fato para uso futuro no próximo teorema.

TEOREMA 4 **O limite da razão $\dfrac{\operatorname{sen} t}{t}$**

$$\lim_{t \to 0} \frac{\operatorname{sen} t}{t} = 1.$$

O Teorema 4 implica que $\operatorname{sen} t \approx t$ quando $|t|$ é muito pequeno. Por exemplo, consultando tabelas que dêem $\operatorname{sen} t$ arrendondado para quatro casas decimais, vemos que $\operatorname{sen} 0,5 \approx 0,4794$, $\operatorname{sen} 0,1 \approx 0,0998$, $\operatorname{sen} 0,09 \approx 0,0899$ e $\operatorname{sen} 0,05 \approx 0,0500$. (Novamente frisamos que os ângulos estão em *radianos*.)

Os seguintes exemplos ilustram o uso do Teorema 4 para calcular vários limites especiais envolvendo funções trigonométricas.

FUNÇÕES TRIGONOMÉTRICAS E SUAS INVERSAS

EXEMPLOS 1 Mostre que $\lim\limits_{t \to 0} \dfrac{1 - \cos t}{t} = 0$.

SOLUÇÃO

Pela "fórmula do ângulo-metade" $\operatorname{sen}^2 \dfrac{t}{2} = \dfrac{1 - \cos t}{2}$; logo,

$$\frac{1 - \cos t}{t} = \frac{2\operatorname{sen}^2 t/2}{t} = \frac{\operatorname{sen}^2 t/2}{t/2}.$$

Faça $s = t/2$ e note que s se aproxima de zero quando t se aproxima de zero. Então,

$$\frac{1 - \cos t}{t} = \frac{\operatorname{sen}^2 s}{s},$$

De modo que

$$\lim_{t \to 0} \frac{1 - \cos t}{t} = \lim_{s \to 0} \frac{\operatorname{sen}^2 s}{s} = \lim_{s \to 0} \left[\operatorname{sen} s \frac{\operatorname{sen} s}{s} \right]$$

$$= \left[\lim_{s \to 0} \operatorname{sen} s \right] \left[\lim_{s \to 0} \frac{\operatorname{sen} s}{s} \right] = (0)(1) = 0.$$

2 Calcule $\lim\limits_{x \to 0} \dfrac{\operatorname{sen} 5x}{x}$.

SOLUÇÃO

Faça $t = 5x$ e note que t se aproxima de zero quando x se aproxima de zero. Como $x = t/5$, segue-se que

$$\lim_{x \to 0} \frac{\operatorname{sen} 5x}{x} = \lim_{t \to 0} \frac{\operatorname{sen} t}{t/5} = \lim_{t \to 0} \left[5 \frac{\operatorname{sen} t}{t} \right]$$

$$= 5 \lim_{t \to 0} \frac{\operatorname{sen} t}{t} = 5(1) = 5.$$

3 Calcule $\lim\limits_{x \to 0} \dfrac{\operatorname{sen} 7x}{\operatorname{sen} 9x}$.

SOLUÇÃO

$$\lim_{x \to 0} \frac{\operatorname{sen} 7x}{\operatorname{sen} 9x} = \lim_{x \to 0} \frac{\dfrac{\operatorname{sen} 7x}{x}}{\dfrac{\operatorname{sen} 9x}{x}} = \lim_{x \to 0} \frac{7\left(\dfrac{\operatorname{sen} 7x}{7x}\right)}{9\left(\dfrac{\operatorname{sen} 9x}{9x}\right)}$$

$$= \frac{7}{9} \lim_{x \to 0} \frac{\dfrac{\operatorname{sen} 7x}{7x}}{\dfrac{\operatorname{sen} 9x}{9x}} = \frac{7}{9} \left[\frac{\lim\limits_{x \to 0} \dfrac{\operatorname{sen} 7x}{7x}}{\lim\limits_{x \to 0} \dfrac{\operatorname{sen} 9x}{9x}} \right]$$

Faça $u = 7x$ e $v = 9x$. Então,

$$\lim_{x \to 0} \frac{\operatorname{sen}7x}{\operatorname{sen}9x} = \frac{7}{9}\left[\frac{\displaystyle\lim_{u \to 0}\frac{\operatorname{sen}u}{u}}{\displaystyle\lim_{v \to 0}\frac{\operatorname{sen}v}{v}}\right] = \frac{7}{9}\left(\frac{1}{1}\right) = \frac{7}{9}.$$

Conjunto de Problemas 1

Nos exercícios de 1 a 4, calcule cada limite

1 $\displaystyle\lim_{x \to \pi/6} \frac{\cos x}{\operatorname{sen}x}$

2 $\displaystyle\lim_{x \to \pi} \frac{1}{\cos x}$

3 $\displaystyle\lim_{x \to \pi} \frac{\operatorname{sen}x}{x}$

4 $\displaystyle\lim_{x \to -\infty} \frac{\cos x}{x}$

Nos exercícios de 5 a 12, determine (a) o domínio de cada função e (b) os pontos deste domínio (se existirem) nos quais a função é descontínua.

5 $f(x) = \tan x$

6 $f(x) = \sec \dfrac{x}{2}$

7 $g(x) = \csc x$

8 $h(x) = \cot x$

9 $f(x) = \dfrac{1 - \operatorname{sen}x}{\cos x}$

10 $f(x) = \begin{cases} \dfrac{\operatorname{sen}2x}{x} & \text{se } x \neq 0 \\ 1 & \text{se } x = 0 \end{cases}$

11 $h(x) = \begin{cases} \tan x & \text{se } x \leq \pi/4 \\ \sqrt{2}\,\operatorname{sen}x & \text{se } x > \pi/4 \end{cases}$

12 $f(x) = \begin{cases} \operatorname{sen}\dfrac{1}{x} & \text{se } x \neq 0 \\ 0 & \text{se } x = 0 \end{cases}$

Nos exercícios de 13 a 24, calcule cada limite

13 $\displaystyle\lim_{x \to 0} \frac{\operatorname{sen}6x}{x}$

14 $\displaystyle\lim_{x \to 0} \frac{x}{\operatorname{sen}3x}$

15 $\displaystyle\lim_{x \to 0} \frac{\operatorname{sen}2x}{\operatorname{sen}5x}$

16 $\displaystyle\lim_{t \to 0} \frac{1 - \cos 2t}{\operatorname{sen}t}$

17 $\displaystyle\lim_{\theta \to 0} \frac{\operatorname{sen}^2\theta}{\theta^2}$

18 $\displaystyle\lim_{x \to 0} \frac{\operatorname{sen}x - \cos x\,\operatorname{sen}x}{x^2}$

19 $\displaystyle\lim_{u \to 0} \frac{1 - \cos^2 u}{u^2}$

20 $\displaystyle\lim_{x \to 3} \frac{x - 3}{\operatorname{sen}(x - 3)}$

21 $\displaystyle\lim_{x \to \pi} \frac{\cos x/2}{x/2 - \pi/2}$

22 $\displaystyle\lim_{t \to 0} \frac{\tan 4t}{2t}$

23 $\displaystyle\lim_{\theta \to 0} \frac{\tan 2\theta}{\operatorname{sen}\theta}$

24 $\displaystyle\lim_{v \to \pi} \frac{1 + \cos v}{(\pi - v)^2}$

25 Sem usar tabelas estime o valor de sen 1°. (*Sugestão:* $1^\circ = \pi/180$ radianos.)

26 Seja f a função definida por $f(x) = \operatorname{sen}x$. Prove que $f'(0) = 1$.

27 (a) Mostre que $\displaystyle\lim_{x \to 0} \frac{1 - \cos x}{x^2} = \frac{1}{2}$.

(b) Use o resultado do item (a) para estimar o valor de cos 1° sem usar tabelas. (*Sugestão:* $1^\circ = \pi/180$ radianos.)

28 Use os resultados nos exercícios 25 a 27 para estimar o valor de sen 31° sem utilizar tabelas. (*Sugestão:* $31^\circ = 30^\circ + 1^\circ = \pi/6 + \pi/180$ radianos.)

2 Derivadas das Funções Trigonométricas

Na Seção 1 mostramos que $\displaystyle\lim_{t\to 0}\frac{\operatorname{sen}t}{t}=1$ e $\displaystyle\lim_{t\to 0}\frac{1-\cos t}{t}=0$. Estes dois limites especiais nos permitem achar a derivada da função seno como no seguinte teorema.

TEOREMA 1 **A derivada da função seno**

A função seno é diferenciável em cada número real e a derivada da função seno é a função co-seno. Em símbolos

$$D_x \operatorname{sen} x = \cos x \quad \text{ou} \quad \frac{d}{dx}\operatorname{sen} x = \cos x.$$

PROVA

$D_x \operatorname{sen} x = \displaystyle\lim_{\Delta x\to 0}\frac{\operatorname{sen}(x+\Delta x)-\operatorname{sen}x}{\Delta x}$. Pela fórmula de adição para o seno, temos $\operatorname{sen}(x+\Delta x)=\operatorname{sen} x\cos\Delta x+\operatorname{sen}\Delta x\cos x$; logo,

$$D_x \operatorname{sen} x = \lim_{\Delta x\to 0}\frac{\operatorname{sen}x\cos\Delta x+\operatorname{sen}\Delta x\cos x-\operatorname{sen} x}{\Delta x}$$

$$= \lim_{\Delta x\to 0}\left[\frac{\operatorname{sen}x(\cos\Delta x-1)}{\Delta x}+\frac{\operatorname{sen}\Delta x\cos x}{\Delta x}\right]$$

$$= \lim_{\Delta x\to 0}\left[(-\operatorname{sen}x)\frac{1-\cos\Delta x}{\Delta x}+(\cos x)\frac{\operatorname{sen}\Delta x}{\Delta x}\right]$$

$$= (-\operatorname{sen}x)\lim_{\Delta x\to 0}\frac{1-\cos\Delta x}{\Delta x}+(\cos x)\lim_{\Delta x\to 0}\frac{\operatorname{sen}\Delta x}{\Delta x}$$

$$= (-\operatorname{sen}x)(0)+(\cos x)(1)=\cos x.$$

Generalizando, se u é qualquer função diferenciável de x, então pelo Teorema 1 e a regra de cadeia.

$$D_x \operatorname{sen} u = \cos u\, D_x u.$$

Utilizando o Teorema 1 junto com a identidade $\cos x = \operatorname{sen}(\pi/2 - x)$ e a regra da cadeia, achamos agora a derivada da função co-seno.

TEOREMA 2 **A derivada da função co-seno**

A função co-seno é diferenciável em cada número real, e a derivada da função co-seno é a recíproca da função seno. Em símbolos,

$$D_x \cos x = -\operatorname{sen}x \quad \text{ou} \quad \frac{d}{dx}\cos x = -\operatorname{sen}x.$$

PROVA

$$D_x \cos x = D_x \operatorname{sen}(\pi/2 - x) = \cos(\pi/2 - x)D_x(\pi/2 - x) = (\operatorname{sen}x)(-1)$$

$$= -\operatorname{sen}x.$$

CÁLCULO

Novamente combinando o Teorema 2 com a regra da cadeia, teremos

$$D_x \cos u = -\operatorname{sen} u \, D_x u,$$

sendo u uma função diferenciável de x.

EXEMPLOS   Ache a derivada indicada.

1 $D_x \operatorname{sen} (5x^2)$

SOLUÇÃO

$$D_x \operatorname{sen} (5x^2) = \cos (5x^2) D_x(5x^2) = [\cos (5x^2)](10x) = 10x \cos (5x^2).$$

2 dy/dx, onde $y = \cos \sqrt{4x^2 + 3}$.

SOLUÇÃO

$$\frac{dy}{dx} = -[\operatorname{sen}\sqrt{4x^2 + 3}] \cdot \frac{d}{dx} \sqrt{4x^2 + 3}$$

$$= -[\operatorname{sen}\sqrt{4x^2 + 3}] \cdot \frac{8x}{2\sqrt{4x^2 + 3}} = \frac{-4x\operatorname{sen}\sqrt{4x^2 + 3}}{\sqrt{4x^2 + 3}}.$$

3 $f'(x)$, onde $f(x) = 2 \operatorname{sen}^{3/2} (2x^2 + 7)$.

SOLUÇÃO

$$\begin{aligned}
f'(x) &= D_x[2\operatorname{sen}^{3/2} (2x^2 + 7)] \\
&= D_x 2[\operatorname{sen}(2x^2 + 7)]^{3 \cdot 2} \\
&= (2)(\tfrac{3}{2})[\operatorname{sen}(2x^2 + 7)]^{(3/2)-1} D_x \operatorname{sen} (2x^2 + 7) \\
&= 3[\operatorname{sen}(2x^2 + 7)]^{1/2}[\cos (2x^2 + 7)] D_x(2x^2 + 7) \\
&= 3\operatorname{sen}^{1/2} (2x^2 + 7)[\cos (2x^2 + 7)](4x) \\
&= 12x\operatorname{sen}^{1/2} (2x^2 + 7) \cos (2x^2 + 7).
\end{aligned}$$

4 $D_x y$, onde $x \cos y + y \operatorname{sen} x = 5$.

SOLUÇÃO
Por diferenciação implícita,

$$\cos y + xD_x \cos y + (D_x y)\operatorname{sen} x + yD_x \operatorname{sen} x = 0,$$

ou

$$\cos y - x \operatorname{sen} y D_x y + (D_x y)\operatorname{sen} x + y \cos x = 0,$$

Então

$$D_x y = \frac{\cos y + y \cos x}{x \operatorname{sen} y - \operatorname{sen} x}.$$

As derivadas das funções trigonométricas restantes são agora facilmente obtidas utilizando as derivadas das funções seno e co-seno junto com as regras de diferenciação usuais.

TEOREMA 3   **As derivadas de tan, cot, sec e cosec**

(i) $D_x \tan x = \sec^2 x,$

(ii) $D_x \cot x = -\csc^2 x,$

(iii) $D_x \sec x = \sec x \tan x,$ e

(iv) $D_x \csc x = -\csc x \cot x$

FUNÇÕES TRIGONOMÉTRICAS E SUAS INVERSAS

vale para todos os valores de x nos domínios das respectivas funções.

PROVA

Provaremos (i) e (iii), deixando (ii) e (iv) como exercícios (exercício 64).

(i) $\quad D_x \tan x = D_x \dfrac{\operatorname{sen} x}{\cos x} = \dfrac{\cos x D_x \operatorname{sen} x - \operatorname{sen} x D_x \cos x}{\cos^2 x}$

$$= \dfrac{\cos x \cos x - \operatorname{sen} x (-\operatorname{sen} x)}{\cos^2 x} = \dfrac{\cos^2 x + \operatorname{sen}^2 x}{\cos^2 x}$$

$$= \dfrac{1}{\cos^2 x} = \sec^2 x.$$

(iii) $D_x \sec x = D_x \dfrac{1}{\cos x} = -\dfrac{1}{\cos^2 x} D_x \cos x = -\dfrac{1}{\cos^2 x}(-\operatorname{sen} x)$

$$= \dfrac{1}{\cos x} \cdot \dfrac{\operatorname{sen} x}{\cos x} = \sec x \tan x.$$

As fórmulas de diferenciação estabelecidas nos Teoremas 1, 2 e 3 podem ser reunidas com a regra da cadeia para obter o seguinte:

(1) $D_x \operatorname{sen} u = \cos u D_x u,$

(2) $D_x \cos u = -\operatorname{sen} u D_x u,$

(3) $D_x \tan u = \sec^2 u D_x u,$

(4) $D_x \cot u = -\csc^2 u D_x u,$

(5) $D_x \sec u = \sec u \tan u D_x u,$ e

(6) $D_x \csc u = -\csc u \cot u D_x u,$

onde u é uma função diferenciável de x.

EXEMPLOS 1 Determine dy/dx se $y = \tan(5x^3 - 13)$.

SOLUÇÃO

$$\frac{dy}{dx} = \sec^2(5x^3 - 13)\frac{d}{dx}(5x^3 - 13) = [\sec^2(5x^3 - 13)] \cdot (15x^2)$$
$$= 15x^2 \sec^2(5x^3 - 13).$$

2 Determine $f'(t)$ se $f(t) = (3 + 2\cot t)^4$.

SOLUÇÃO

$$f'(t) = 4(3 + 2\cot t)^3 D_t(3 + 2\cot t)$$
$$= 4(3 + 2\cot t)^3(-2\csc^2 t) = -8\csc^2 t (3 + 2\cot t)^3.$$

3 Determine $D_x y$ se $y = x^3 \sec^{5/3} x$.

SOLUÇÃO

$$D_x y = 3x^2 \sec^{5/3} x + x^3\left(\tfrac{5}{3}\sec^{2/3} x D_x \sec x\right)$$
$$= 3x^2 \sec^{5/3} x + \tfrac{5}{3}x^3 \sec^{2/3} x \sec x \tan x$$
$$= x^2 \sec^{5/3} x \left(3 + \tfrac{5}{3}x \tan x\right).$$

4 Determine $D_x\left(\dfrac{\csc x}{x^2 + 1}\right).$

Solução

$$D_x\left(\frac{\csc x}{x^2 + 1}\right) = \frac{(x^2 + 1)D_x(\csc x) - \csc x D_x(x^2 + 1)}{(x^2 + 1)^2}$$

$$= \frac{-(x^2 + 1)\csc x \cot x - (\csc x)(2x)}{(x^2 + 1)^2}$$

$$= -\csc x\left[\frac{(x^2 + 1)\cot x + 2x}{(x^2 + 1)^2}\right].$$

5 Determine dy/dx e d^2y/dx^2 se $y = \tan^2 3x$.

Solução

$$dy/dx = 2\tan 3x \sec^2 3x \cdot 3 = 6\tan 3x \sec^2 3x; \text{donde,}$$

$$\frac{d^2y}{dx^2} = 6\left(\frac{d}{dx}\tan 3x\right)\sec^2 3x + 6\tan 3x\left(\frac{d}{dx}\sec^2 3x\right)$$

$$= 6(3\sec^2 3x)\sec^2 3x + 6\tan 3x\left(2\sec 3x\frac{d}{dx}\sec 3x\right)$$

$$= 18\sec^4 3x + 12\tan 3x \sec 3x(3\sec 3x \tan 3x)$$

$$= 18\sec^4 3x + 36\sec^2 3x \tan^2 3x.$$

6 Seja g a função definida pela equação

$$g(x) = \begin{cases} x^2\operatorname{sen}\dfrac{1}{x} & \text{se } x \neq 0 \\ 0 & \text{se } x = 0. \end{cases}$$

Determine $g'(x)$.

Solução
Para $x \neq 0$

$$g'(x) = 2x\operatorname{sen}\frac{1}{x} + x^2\cos\frac{1}{x}\left(-\frac{1}{x^2}\right) = 2x\operatorname{sen}\frac{1}{x} - \cos\frac{1}{x}.$$

Por definição,

$$g'(0) = \lim_{\Delta x \to 0}\frac{g(0 + \Delta x) - g(0)}{\Delta x} = \lim_{\Delta x \to 0}\frac{g(\Delta x) - 0}{\Delta x}$$

$$= \lim_{\Delta x \to 0}\frac{(\Delta x)^2\operatorname{sen}\dfrac{1}{\Delta x}}{\Delta x} = \lim_{\Delta x \to 0}\left(\Delta x\operatorname{sen}\frac{1}{\Delta x}\right).$$

Como $|\operatorname{sen}(1/\Delta x)| \leq 1$, temos

$$0 < \left|\Delta x\operatorname{sen}\frac{1}{\Delta x}\right| = |\Delta x| \cdot \left|\operatorname{sen}\frac{1}{\Delta x}\right| \leq |\Delta x|;$$

donde, $\lim_{\Delta x \to 0}[\Delta x \operatorname{sen}(1/\Delta x)] = 0$. Segue-se que $g'(0) = 0$.

Conjunto de Problemas 2

Nos exercícios de 1 a 36 diferencie cada função

1 $f(x) = 5\,\text{sen}\,7x$

2 $f(x) = 8\cos(3x + 5)$

3 $g(x) = 4\,\text{sen}\,6x^2$

4 $g(t) = 3\,\text{sen}(5t^2 + t)$

5 $h(x) = \text{sen}\sqrt{x}$

6 $H(s) = s^2\,\text{sen}\,s^3$

7 $g(t) = \text{sen}^4\,3t$

8 $g(x) = \cos^2 5x - \text{sen}^2 5x$

9 $H(x) = \cos(\text{sen}\,x)$

10 $f(t) = (1 - 2\,\text{sen}\,3t)^{3/2}$

11 $f(x) = \sqrt{\cos 5x}$

12 $G(x) = \dfrac{4 - \cos 3x}{x^2}$

13 $H(x) = \dfrac{\text{sen}\,x}{1 + \cos 5x}$

14 $g(x) = \dfrac{\text{sen}\,x - x\cos x}{\cos x}$

15 $H(t) = \dfrac{27}{\text{sen}\,2t} + \dfrac{35}{\cos 2t}$

16 $g(r) = \tan 5r^4$

17 $g(t) = \cot(3t^5)$

18 $h(r) = \sec\sqrt[3]{r}$

19 $F(u) = \csc\sqrt{u^2 + 1}$

20 $g(s) = \cot\dfrac{7}{s}$

21 $h(x) = \sqrt{1 + \sec 5x}$

22 $g(t) = \tan\dfrac{t}{t + 2}$

23 $h(t) = \sec^2 7t - \tan^2 7t$

24 $g(x) = \csc^2 15x - \cot^2 15x$

25 $H(s) = \sec^4 13s - \tan^4 13s$

26 $g(x) = (\tan x + \sec x)^3$

27 $g(x) = x^3\tan^5 2x$

28 $f(t) = \dfrac{\cot 3t}{t^2 + 1}$

29 $H(x) = \dfrac{2x}{1 + \sec 5x}$

30 $g(t) = \tan 3t\cot 3t$

31 $f(x) = \frac{1}{3}x^2 - \cot^3 2x$

32 $G(r) = \frac{3}{2}r^2\csc^5 3r$

33 $g(t) = \dfrac{\sec^2 3t}{t^3}$

34 $f(\theta) = \left(\dfrac{\theta}{\tan\theta}\right)^3$

35 $f(x) = \text{sen}(\tan 5x^2)$

36 $g(x) = \sec(\csc^2 7x)$

Nos exercícios de 37 a 46, determine dy/dx e d^2y/dx^2

37 $y = 7\cos 11x$

38 $y = -6\,\text{sen}(-2x + 5)$

39 $y = -4\sec 5x$

40 $y = 2\csc^2 7x$

41 $y = 5\tan^3 4x$

42 $y = x\cot^2 3x$

43 $y = \dfrac{\csc 3x}{x}$

44 $y = \sqrt{1 + \text{sen}\,5x}$

45 $y = \text{sen}\dfrac{x}{x + 1}$

46 $y = 3\sec\dfrac{11}{x}$

47 Seja f a função definida por

$$f(x) = \begin{cases} x^4\,\text{sen}\dfrac{1}{x} & \text{se } x \neq 0 \\ 0 & \text{se } x = 0. \end{cases}$$

Determine $f'(x)$.

48 Seja f a função definida no exercício 47. Ache $f''(x)$.

49 O $\lim\limits_{x\to+\infty} \text{sen}\,x$ existe? Por que ou por que não?

50 Seja f uma função tal que $f(0) = f'(0) = 0$ e defina a função g pela equação

$$g(x) = \begin{cases} f(x)\,\text{sen}\dfrac{1}{x} & \text{para } x \neq 0 \\ 0 & \text{pâra } x = 0. \end{cases}$$

Determine $g'(0)$.

Nos exercícios 51 a 56, use diferenciação implícita para determinar $D_x y$.

51 $y = \text{sen}(2x + y)$ **52** $x \cos y = (x + y)^2$ **53** $\tan xy + xy = 2$

54 $\tan^2 x + \tan^2 y = 4$ **55** $\text{sen}^2 x + \cos^2 y = 1$ **56** $\sec (x + y) + \csc (x + y) = 5$

Nos exercícios de 57 a 60, utilize o teorema fundamental do cálculo, a regra da cadeia e as fórmulas para derivadas de funções trigonométricas para determinar dy/dx.

57 $y = \displaystyle\int_1^{\text{sen } x} \frac{dt}{9 + t^2}$ **58** $y = \displaystyle\int_3^{\cot 2x} \frac{dt}{1 + t^4}$ **59** $y = \displaystyle\int_0^{\sec x} (1 + t^2)^{300} \, dt$ **60** $y = \displaystyle\int_0^{\csc 5x} (5 + w^4)^{12} \, dw$

61 Na forma diferencial $d \, \text{sen } x = \cos x \, dx$. Escreva as expressões para diferenciais das funções trigonométricas restantes.

62 Use a identidade $\text{sen } (x + h) - \text{sen } x = 2 \, \text{sen } (h/2) \cos (x + h/2)$ para dar uma prova alternativa do Teorema 1.

63 Mostre que $y = \text{sen } x$ assim como $y = \cos x$ são soluções da equação diferencial

$$d^2 y / dx^2 + y = 0.$$

64 Prove os itens (ii) e (iv) do Teorema 3.

65 Mostre que $\dfrac{d^n \cos x}{dx^n} = \cos \left(x + \dfrac{n\pi}{2} \right)$ para qualquer inteiro positivo n.

66 Mostre que $\dfrac{d^n \, \text{sen } x}{dx^n} = \text{sen} \left(x + \dfrac{n\pi}{2} \right)$ para qualquer inteiro positivo n.

3   Aplicações das Derivadas das Funções Trigonométricas

As fórmulas de diferenciação estabelecidas na Seção 2 serão utilizadas nesta seção para auxiliar o esboço de gráficos de funções, para resolver problemas de máximo e mínimo e para resolver problemas de taxa relacionada envolvendo funções trigonométricas.

EXEMPLOS 1   Seja $f(x) = \text{sen}^2 x + 2 \cos x$ para $-\pi \leq x \leq \pi$. Ache os pontos de máximo e mínimo do gráfico de f, localize os intervalos nos quais o gráfico é côncavo para cima ou para baixo, determine os pontos de inflexão e esboce o gráfico.

SOLUÇÃO

Neste caso, $f'(x) = 2 \, \text{sen } x \cos x - 2 \, \text{sen } x = 2 \, \text{sen } x \, (\cos x - 1)$. Usando o fato de que $\text{sen } 2x = 2 \, \text{sen } x \cos x$ podemos também escrever $f'(x) = \text{sen } 2x - 2 \, \text{sen } x$; logo,

$$f''(x) = 2 \cos 2x - 2 \cos x = 2(\cos 2x - \cos x) = 2(2 \cos^2 x - 1 - \cos x)$$
$$= 2(2 \cos x + 1)(\cos x - 1).$$

(Como f é definida apenas em $[-\pi,\pi]$, as derivadas em $-\pi$ e em π devem ser vistas como laterais.)

Note que $f''(x) = 0$ quando $\cos x = -1/2$ e quando $\cos x = 1$; isto é (para $-\pi \leq x \leq \pi$), quando $x = \pm 2\pi/3$ e quando $x = 0$. Como f'' é contínua, não pode mudar seu sinal algébrico nos intervalos $[-\pi, -2\pi/3)$, $(-2\pi/3, 0)$, $(0, 2\pi/3)$ e $(2\pi/3, \pi]$. Calculando f'' em (digamos) $-\pi$, $-\pi/2$, $\pi/2$ e π, respectivamente, vemos que $f'' > 0$ no primeiro e no quarto intervalo, enquanto que $f'' < 0$ no segundo e no terceiro intervalo. Logo o gráfico de f é côncavo para cima em

FUNÇÕES TRIGONOMÉTRICAS E SUAS INVERSAS

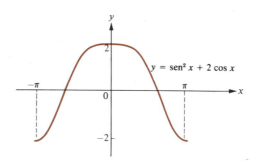

Fig. 1

$[-\pi, -2\pi/3)$ e em $(2\pi/3, \pi]$, enquanto é côncavo para baixo em $(-2\pi/3, 0)$ e em $(0, 2\pi/3)$. Evidentemente os únicos pontos de inflexão são $(-2\pi/3, f(-2\pi/3))$, e $(2\pi/3, f(2\pi/3))$.

Agora, $f'(x) = 0$ quando sen $x = 0$ e novamente quando cos $x = 1$, isto é, quando $x = \pm\pi$ ou quando $x = 0$. Como esses são os únicos números críticos e como $f(-\pi) = f(\pi) = -2 < 2 = f(0)$, segue-se que f toma seu valor mínimo absoluto em $x = \pm\pi$ e seu valor máximo absoluto em $x = 0$. Note que $f(-x) = f(x)$, então o gráfico de f é simétrico em relação ao eixo y (Fig. 1).

2 Determine as dimensões do triângulo retângulo ABC com hipotenusa $|\overline{AC}| = 10$ centímetros, se sua área é máxima.

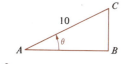

Fig. 2

SOLUÇÃO
Seja θ o ângulo CAB (Fig. 2), de modo que sen $\theta = |\overline{BC}|/10$ e cos $\theta = |\overline{AB}|/10$. Se y denota a área do triângulo, então

$$y = \frac{1}{2} |\overline{AB}| \ |\overline{BC}| = \frac{10^2}{2} \operatorname{sen}\theta \cos\theta = 50 \operatorname{sen}\theta \cos\theta.$$

Portanto,

$$\frac{dy}{d\theta} = 50 \cos\theta \cos\theta - 50 \operatorname{sen}\theta \operatorname{sen}\theta = 50(\cos^2\theta - \operatorname{sen}^2\theta).$$

Quando $\theta = \pi/4$, sen $\theta = \cos\theta$ e $dy/d\theta = 0$ e a área é máxima, então queremos $|\overline{AB}| = 10\cos(\pi/4) = 5\sqrt{2}$ centímetros e $|\overline{BC}| = 10\operatorname{sen}(\pi/4) = 5\sqrt{2}$ centímetros.

3 Um avião voa a uma altura de 9 quilômetros, em direção a um observador no solo, a uma velocidade de 800 km/h. Determine a taxa de mudança do ângulo de elevação do avião a partir do observador no instante em que este ângulo é $\pi/3$ radianos.

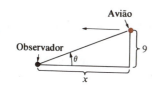

Fig. 3

SOLUÇÃO
Chamemos o ângulo de elevação de θ e seja x a distância horizontal entre o avião e o observador (Fig. 3). Então cot $\theta = x/9$ e $dx/dt = -800$ km/h. Diferenciando ambos os lados de cot $\theta = x/9$ em relação a t, obtemos

$$-\csc^2\theta \frac{d\theta}{dt} = \frac{1}{9}\frac{dx}{dt} = -\frac{800}{9}.$$

No instante em que $\theta = \pi/3$, temos csc $\theta = 2/\sqrt{3}$, então

$$-\frac{4}{3}\frac{d\theta}{dt} = -\frac{800}{9} \quad \text{ou} \quad \frac{d\theta}{dt} = \frac{200}{3} \text{ radianos por hora}$$

(aproximadamente 63,66° por minuto).

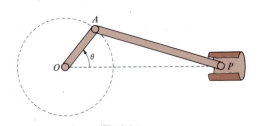

Fig. 4

4 O virabrequim de um motor está girando a uma taxa constante de 25 revoluções/s. Suponha que o braço $\overline{OA}$ tem 2 centímetros de comprimento e a haste de conexão $\overline{AP}$ tem 8 centímetros de comprimento (Fig. 4). Com que taxa está se movendo o pistão P? Qual é a taxa no instante em que $\theta = 3\pi/4$?

SOLUÇÃO
Cada revolução representa 2π radianos, então $d\theta/dt = (25)(2\pi) = 50\pi$ radianos/s. Na Fig. 5, posicionamos um sistema de coordenadas xy com origem em 0 e com P em $(x,0)$. Para simplificação, seja $a = |\overline{AO}| = 2$ e $b = |\overline{AP}| = 8$. Queremos determinar dx/dt. Pela fórmula de distância,

$$b^2 = |\overline{AP}|^2 = (a \cos \theta - x)^2 + (a \operatorname{sen} \theta - 0)^2$$
$$= a^2 \cos^2 \theta - (2a \cos \theta)x + x^2 + a^2 \operatorname{sen}^2 \theta$$
$$= a^2(\cos^2 \theta + \operatorname{sen}^2 \theta) - (2a \cos \theta)x + x^2$$
$$= a^2(1) - (2a \cos \theta)x + x^2.$$

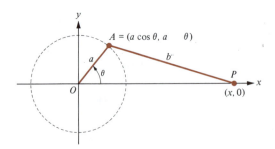

Fig. 5

Portanto, $x^2 - (2a \cos \theta)x + (a^2 - b^2) = 0$. Utilizando a fórmula quadrática para achar x, temos

$$x = \frac{2a \cos \theta \pm \sqrt{4a^2 \cos^2 \theta - 4(a^2 - b^2)}}{2} = a \cos \theta \pm \sqrt{a^2 \cos^2 \theta - a^2 + b^2}$$
$$= a \cos \theta \pm \sqrt{b^2 - a^2(1 - \cos^2 \theta)} = a \cos \theta \pm \sqrt{b^2 - a^2 \operatorname{sen}^2 \theta}.$$

Como P está à direita de A, $x > a \cos \theta$; logo, temos que usar o sinal "mais" na solução acima. Portanto, $x = a \cos \theta + \sqrt{b^2 - a^2 \operatorname{sen}^2 \theta}$.
Diferenciando esta última equação, temos

$$\frac{dx}{dt} = \left[-a \operatorname{sen} \theta - \frac{a^2 \operatorname{sen} \theta \cos \theta}{\sqrt{b^2 - a^2 \operatorname{sen}^2 \theta}} \right] \frac{d\theta}{dt} = -a \operatorname{sen} \theta \left[1 + \frac{a \cos \theta}{\sqrt{b^2 - a^2 \operatorname{sen}^2 \theta}} \right] \frac{d\theta}{dt}.$$

Fazendo $a = 2$, $b = 8$, $\theta = 3\pi/4$ e $d\theta/dt = 50\pi$, obtemos

$$\frac{dx}{dt} = -2\left(\frac{\sqrt{2}}{2}\right)\left[1 + \frac{2(-\sqrt{2}/2)}{\sqrt{8^2 - (2)^2(\frac{1}{2})}}\right]50\pi$$

$$= -50\sqrt{2}\pi\left(1 - \sqrt{\frac{1}{31}}\right) \approx -182{,}25 \text{ centímetros por segundo.}$$

Conjunto de Problemas 3

Nos exercícios de 1 a 8, determine os pontos de máximo e mínimo, localize os intervalos em que o gráfico da função dada é côncavo para cima ou para baixo, determine os pontos de inflexão e esboce o gráfico para $0 \leq x \leq 2\pi$.

1 $f(x) = \operatorname{sen} 2x$

2 $g(x) = \operatorname{sen} x + \cos x$

3 $f(x) = \frac{1}{3} + \frac{2}{3}\cos 2x$

4 $h(x) = \operatorname{sen} 2x + 2\cos x$

5 $g(x) = x + 2\cos(x/2)$

6 $f(x) = x - \tan x$

7 $f(x) = \sec x + \cos x$

8 $h(x) = 10 \csc x - 5 \cot x$

9 Qual é a altura do triângulo isósceles com menor área que pode ser circunscrito em um círculo de raio 6 centímetros?

10 Uma bola de suporte de aço de raio a unidades serve para cobrir um buraco com a forma de cone circular reto de maneira que a bola esteja descoberta mas inteiramente dentro do cone. Determine as dimensões do cone de menor volume para o qual isto é possível.

11 Determine as dimensões do triângulo retângulo ABC com hipotenusa $|\overline{AC}| = c$, uma constante dada, se sua área é máxima.

12 A Fig. 6 mostra um primeiro círculo de raio a e parte de um segundo círculo de raio r cujo centro está no primeiro círculo. Seja l o comprimento do arco do segundo círculo que está dentro do primeiro círculo. Mostre que l é máximo quando o ângulo θ satisfaz a equação $\cot \theta = \theta$. (Neste caso a é uma constante, enquanto θ e r podem variar.)

13 O virabrequim de um motor está girando a uma taxa constante de $d\theta/dt$ radianos/s (Fig. 4). Suponha que o braço $\overline{OA}$ tenha a centímetros de comprimento e que a haste de conexão $\overline{AP}$ tenha b centímetros de comprimento. Quando $\theta = \pi/6$ radianos, o pistão está se movendo a r cm/s. Determine $d\theta/dt$ em termos de r, a e b.

14 Uma esfera de raio r mergulha lentamente em um copo de forma cônica cheio de água, fazendo com que a água transborde. Cada segmento de reta ligando o vértice a um ponto da borda superior faz um ângulo de θ radianos com o eixo central do copo. Se o copo cônico tem altura a, determine o valor de r para o qual a quantidade de água transbordada é máxima.

15 O alcance de um projétil é dado pela fórmula $R = (v_0^2 \operatorname{sen} 2\theta)/g$, onde v_0 é a velocidade com que o projétil sai da arma, g é a aceleração gravitacional e θ é o ângulo de elevação. Determine o ângulo de elevação para o qual o alcance é máximo.

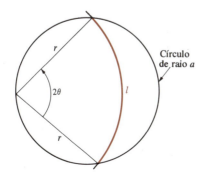

Fig. 6

16. Um pára-quedista está descendo a uma velocidade constante (mas desconhecida), de uma altura desconhecida, diretamente em direção ao centro de um alvo horizontal circular de raio desconhecido (Fig. 7). Ele leva um pequeno instrumento ótico que mede o ângulo θ (em radianos) subtendido pelo alvo circular e calcula a quantidade T dada por $T = \text{sen } \theta/(d\theta/dt)$. Mostre que ele vai atingir o alvo em T segundos.

Fig. 7

17. Um canal de irrigação deve ter uma seção reta na forma de um trapézio isósceles, cuja base e lados tem cada um 5 metros de comprimento. Qual deveria ser a profundidade do canal a partir de cima se sua capacidade deve ser a maior possível?

Nos exercícios de 18 a 22, considere o triângulo ABC (Fig. 8). Considere que θ está decrescendo a uma taxa de $1/30$ radianos/s. Determine a taxa de variação indicada utilizando a informação dada.

18. dy/dt quando $\theta = \pi/3$ dado que x é constante e igual a 12 centímetros.
19. dz/dt quando $\theta = \pi/4$ dado que y é constante e igual a $10\sqrt{2}$ centímetros.
20. dx/dt quando $y = 20$ centímetros dado que z é constante e igual a 40 centímetros.
21. dz/dt quando $y = x$ se x permanece sendo sempre 1,6 quilômetros.
22. dz/dt quando $x = 1$ metro e $z = 2$ metros se x e y estão ambos variando e y está crescendo a uma taxa de $2/15$ m/s.
23. Uma escada de 3 metros de comprimento está apoiada em uma casa. A sua parte superior escorrega parede abaixo a uma taxa de 1,5 m/s. Com que velocidade a escada estará virando quando fizer um ângulo de $\pi/6$ radianos com o solo?
24. Um peso é levantado por uma corda que passa sobre uma polia e desce para um caminhão que está se movendo a 5 m/s. Se a polia está a 100 metros acima do nível do caminhão, qual a velocidade de subida do peso quando a corda da polia para o caminhão fizer um ângulo de $\pi/4$ radianos com o solo?
25. Em um triângulo isósceles, cujos lados iguais têm 3 centímetros de comprimento, o ângulo do vértice cresce a uma taxa de $\pi/90$ radianos/s. Qual a velocidade de crescimento da área do triângulo quando o ângulo do vértice é $\pi/3$ radianos?
26. Um homem está caminhando ao longo de uma calçada retilínea a uma taxa de 2 m/s. Um holofote ao nível do solo a 12 metros da calçada é mantido focalizado nele. Com que taxa o holofote estará girando quando o homem estiver a 7 metros de distância do ponto em que a calçada está mais próxima da luz?
27. Um avião está voando horizontalmente a uma velocidade de 400 quilômetros por hora a uma altitude de 10.000 metros em direção a um observador no solo. Determine a taxa de variação do ângulo de elevação do avião a partir do observador quando o ângulo é $\pi/4$.
28. Os ponteiros de um relógio de torre têm 4, 5 e 6 metros de comprimento. Qual é a velocidade de aproximação da ponta dos ponteiros às quatro horas?

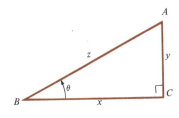

Fig. 8

4 Integração de Funções Trigonométricas

As fórmulas obtidas na Seção 2 para derivadas de funções trigonométricas podem ser invertidas para obtermos as seguintes fórmulas para integrais indefinidas.

1. $\displaystyle\int \text{sen } u \, du = -\cos u + C.$

2. $\displaystyle\int \cos u \, du = \text{sen } u + C.$

3. $\displaystyle\int \sec^2 u \, du = \tan u + C.$

4. $\displaystyle\int \csc^2 u \, du = -\cot u + C.$

5. $\displaystyle\int \sec u \tan u \, du = \sec u + C.$

6. $\displaystyle\int \csc u \cot u \, du = -\csc u + C.$

FUNÇÕES TRIGONOMÉTRICAS E SUAS INVERSAS

Cada uma das fórmulas é facilmente verificada por diferenciação do lado direito. Os seguintes exemplos ilustram o uso destas fórmulas, junto com as substituições necessárias, para calcular integrais envolvendo funções trigonométricas.

EXEMPLOS Calcule a integral dada.

1 $\displaystyle\int \text{sen}\, 9x \, dx$

SOLUÇÃO
Faça $u = 9x$, de modo que $du = 9\, dx$ e $dx = \frac{1}{9}\, du$. Então,

$$\int \text{sen}\, 9x \, dx = \int \text{sen}\, u\left(\frac{1}{9}\, du\right) = \frac{1}{9}\int \text{sen}\, u \, du = -\frac{1}{9}\cos u + C = -\frac{\cos 9x}{9} + C.$$

2 $\displaystyle\int \frac{\cos \sqrt{x}}{\sqrt{x}}\, dx$

SOLUÇÃO
Faça $u = \sqrt{x}$, de modo que $du = dx/(2\sqrt{x})$, ou $2\, du = dx/\sqrt{x}$. Então,

$$\int \frac{\cos \sqrt{x}}{\sqrt{x}}\, dx = \int \cos u (2\, du) = 2\int \cos u \, du = 2\,\text{sen}\, u + C = 2\,\text{sen}\, \sqrt{x} + C.$$

3 $\displaystyle\int \sec 15x \tan 15x \, dx$

SOLUÇÃO
Faça $u = 15x$, de modo que $du = 15\, dx$ e $dx = du/15$. Então,

$$\int \sec 15x \tan 15x \, dx = \int \sec u \tan u \frac{du}{15} = \frac{\sec u}{15} + C = \frac{\sec 15x}{15} + C.$$

4 $\displaystyle\int \cot 3x \csc^2 3x \, dx$

SOLUÇÃO
Faça $u = \cot 3x$, de modo que $du = -3\csc^2 3x \, dx$, ou $\csc^2 3x \, dx = -\frac{1}{3}\, du$. Portanto,

$$\int \cot 3x \csc^2 3x \, dx = \int u\left(-\frac{1}{3}\, du\right) = -\frac{1}{3}\int u \, du$$

$$= -\frac{1}{3}\cdot\frac{u^2}{2} + C = -\frac{\cot^2 3x}{6} + C.$$

5 $\displaystyle\int \frac{\csc 7x \cot 7x \, dx}{(1 + \csc 7x)^4}$

SOLUÇÃO
Faça $u = 1 + \csc 7x$, de modo que $du = -7\csc 7x \cot 7x \, dx$, ou $\csc 7x \cot 7x \, dx = -\frac{1}{7}\, du$. Então,

$$\int \frac{\csc 7x \cot 7x \, dx}{(1 + \csc 7x)^4} = \int \left(-\frac{1}{7}\right)\frac{du}{u^4} - \frac{1}{21u^3} + C$$

$$= \frac{1}{21(1 + \csc 7x)^3} + C.$$

6 $\int x^2 \csc^2 5x^3 \, dx$

SOLUÇÃO
Seja $u = 5x^3$, de modo que $du = 15x^2 \, dx$, ou $x^2 \, dx = 1/15 \, du$. Portanto,

$$\int x^2 \csc^2 5x^3 \, dx = \int \csc^2 u \left(\frac{1}{15} du\right) = \frac{1}{15} \int \csc^2 u \, du$$

$$= -\frac{1}{15} \cot u + C = -\frac{1}{15} \cot 5x^3 + C.$$

7 $\int_{\pi/36}^{\pi/9} \sec^2 (4x - \pi/9) \, dx$

SOLUÇÃO
Faça $u = 4x - \pi/9$, de modo que $du = 4 \, dx$. Então, $u = 0$ quando $x = \pi/36$, e $u = \pi/3$ quando $x = \pi/9$, de modo que

$$\int_{\pi/36}^{\pi/9} \sec^2 \left(4x - \frac{\pi}{9}\right) dx = \int_0^{\pi/3} \sec^2 u \frac{du}{4} = \left.\frac{\tan u}{4}\right|_0^{\pi/3}$$

$$= \frac{\tan \pi/3}{4} - \frac{\tan 0}{4} = \frac{\sqrt{3}}{4}.$$

8 Determine a área da região entre o gráfico de $y = \text{sen} \, x$ e $y = \cos x$ no intervalo $[0, \pi/4]$ (Fig. 1).

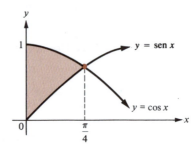

Fig. 1

SOLUÇÃO
A área é dada por

$$\int_0^{\pi/4} (\cos x - \text{sen} \, x) \, dx$$

$$= \int_0^{\pi/4} \cos x \, dx - \int_0^{\pi/4} \text{sen} \, x \, dx$$

$$= \left.[\text{sen} \, x]\right|_0^{\pi/4} - \left.[-\cos x]\right|_0^{\pi/4}$$

$$= \left[\text{sen} \frac{\pi}{4} - \text{sen} 0\right] - \left[-\cos \frac{\pi}{4} + \cos 0\right]$$

$$= \left[\frac{\sqrt{2}}{2} - 0\right] - \left[-\frac{\sqrt{2}}{2} + 1\right] = \sqrt{2} - 1 \approx 0{,}41 \text{ unidades de área.}$$

FUNÇÕES TRIGONOMÉTRICAS E SUAS INVERSAS

Conjunto de Problemas 4

Nos exercícios 1 a 16, calcule a integral.

1 $\int (2\operatorname{sen} x + 3\cos x)\,dx$

2 $\int (x + \operatorname{sen} 3x)\,dx$

3 $\int 2\operatorname{sen} 35x\,dx$

4 $\int (7\operatorname{sen} 5x + 3\cos 7x)\,dx$

5 $\int 3\cos (8x - 1)\,dx$

6 $\int 5\cos (3x - 8)\,dx$

7 $\int \dfrac{dx}{\operatorname{sen}^2 3x}\ \left(\text{Sugestão: } \dfrac{1}{\operatorname{sen}^2 u} = \csc^2 u.\right)$

8 $\int \dfrac{dx}{\cos^2 4x}$

9 $\int \sec^2 11x\,dx$

10 $\int -\csc^2 5x\,dx$

11 $\int \sec x(\tan x + \sec x)\,dx$

12 $\int \tan^2 3x\,dx$

13 $\int \sec (2x + 1)\tan (2x + 1)\,dx$

14 $\int \csc 10x\cot 10x\,dx$

15 $\int -\sec \dfrac{x}{5}\tan \dfrac{x}{5}\,dx$

16 $\int \csc 2x(\csc 2x + \cot 2x)\,dx$

Nos exercícios 17 a 28, calcule a integral utilizando a substituição dada ou achando você mesmo uma substituição apropriada.

17 $\int \cos x\cos (\operatorname{sen} x)\,dx;\ u = \operatorname{sen} x$

18 $\int \dfrac{\operatorname{sen}\sqrt{x + 1}}{\sqrt{x + 1}}\,dx;\ u = \sqrt{x + 1}$

19 $\int \dfrac{\operatorname{sen} x}{(2 + \cos x)^2}\,dx;\ u = 2 + \cos x$

20 $\int \cos 2x\sqrt{5 + \operatorname{sen} 2x}\,dx;\ u = 5 + \operatorname{sen} 2x$

21 $\int \dfrac{\operatorname{sen} x}{\cos^3 x}\,dx;\ u = \cos x$

22 $\int \dfrac{\cos 2x}{\sqrt[3]{\operatorname{sen} 2x}}\,dx;\ u = \operatorname{sen} 2x$

23 $\int \dfrac{\sec^2 x}{(3 + 2\tan x)^3}\,dx$

24 $\int \cot^3 5x\csc^2 5x\,dx$

25 $\int \sec^2 3x\tan 3x\,dx$

26 $\int \csc^2 \dfrac{x}{2}\cot \dfrac{x}{2}\,dx$

27 $\int x^3 \sec 10x^4 \tan 10x^4\,dx$

28 $\int \dfrac{\cot \sqrt{x}\csc \sqrt{x}}{\sqrt{x}}\,dx$

Nos exercícios 29 a 40, calcule a integral definida.

29 $\displaystyle\int_0^{\pi/6} 2\operatorname{sen} 3x\,dx$

30 $\displaystyle\int_0^{\pi/3} (2 + \cos 3x)\,dx$

31 $\displaystyle\int_0^1 \sec^2 \dfrac{\pi x}{4}\,dx$

32 $\displaystyle\int_{1/3}^{1/2} \csc^2 \pi x\,dx$

33 $\displaystyle\int_{\pi/2}^{2\pi/3} \sec^2 \dfrac{x}{2}\,dx$

34 $\displaystyle\int_0^1 \sec \dfrac{\pi x}{4}\tan \dfrac{\pi x}{4}\,dx$

35 $\displaystyle\int_{1/2}^1 \csc \dfrac{\pi x}{3}\cot \dfrac{\pi x}{3}\,dx$

36 $\displaystyle\int_{\pi/4}^{\pi/2} \csc^2 \left(\dfrac{x}{2} - \dfrac{\pi}{2}\right)\,dx$

37 $\displaystyle\int_0^{5\pi} \cos \dfrac{x + \pi}{2}\,dx$

38 $\displaystyle\int_{7\pi/12}^{11\pi/12} \dfrac{\cos 2x}{\operatorname{sen}^2 2x}\,dx$

39 $\displaystyle\int_0^{\pi/2} \operatorname{sen}^2 x\cos x\,dx$

40 $\displaystyle\int_0^{\pi/4} \cos^3 x\operatorname{sen} x\,dx$

Nos exercícios 41 a 44, determine a área da região limitada pelas curvas dadas.

41 Um arco de $y = 3\cos 2x$ e o eixo x.

42 $y = \operatorname{sen} x$, $y = -3\operatorname{sen} x$, $x = \pi/3$ e $x = \pi$.

43 $y = \tan x\sec^2 x$, o eixo x, $x = \pi/6$ e $x = 0$.

44 $y = \tan^2 (\pi x/4)$, o eixo x e as retas $x = 0$ e $x = 1$.

45 Seja R a região no primeiro quadrante limitada pela curva $y = \sec(\pi x/2)$, o eixo x e a reta $x = 1/2$. Determine o volume do sólido gerado pela rotação de R em torno do eixo x.

46 Calcule $\int_{-\pi}^{\pi} \operatorname{sen} mx \cos nx\, dx$, onde m e n são inteiros, utilizando a identidade $\operatorname{sen} a \cos b = 1/2 \operatorname{sen}(a+b) + 1/2 \operatorname{sen}(a-b)$.

47 (a) Calcule $\int \operatorname{sen} x \cos x\, dx$ utilizando a substituição $u = \operatorname{sen} x$.
   (b) Calcule $\int \operatorname{sen} x \cos x\, dx$ utilizando a identidade $\operatorname{sen} x \cos x = 1/2 \operatorname{sen} 2x$.
   (c) Mostre que as respostas dos itens (a) e (b) são consistentes entre si.

5 Funções Trigonométricas Inversas

Lembre-se do Cap. 0, Seção 9, que o gráfico da inversa f^{-1} de uma função f é obtido pela simetria do gráfico de f em relação à reta $y = x$ (Fig. 1). Entretanto, para que f tenha realmente uma função inversa, a simetria do gráfico de f em relação à reta $y = x$ não pode passar sob si mesma.

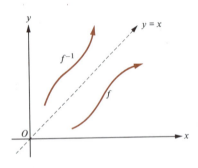

Fig. 1

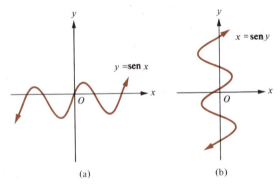

(a)   (b)

Fig. 2

O gráfico da função seno forma um padrão repetitivo porque a função seno é periódica (Fig. 2a); logo, quando este gráfico é refletido sobre a reta $y = x$, o gráfico resultante passa repetidamente sob si mesmo (Fig. 2b). Portanto, a função seno não é invertível.

Note, entretanto, que a função seno é monotonamente crescente no intervalo $[-\pi/2, \pi/2]$ (Fig. 3a); logo, *neste intervalo* ela tem uma inversa (Fig. 3b). A função cujo gráfico aparece na Fig. 3b é denominada a "função inversa

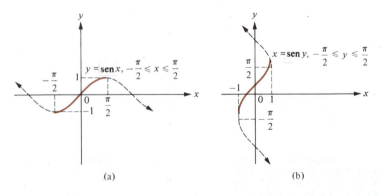

(a)   (b)

Fig. 3

do seno'' e é denotada por sen^{-1}. A terminologia neste caso não é totalmente correta, pois a função seno (definida em todo $\mathbb{R}$) não tem inversa. Logo, sen^{-1} realmente não é a inversa da função seno, mas é a inversa da *porção* da função seno cujo gráfico está entre $x = -\pi/2$ e $x = \pi/2$, inclusive. Praticamente todos utilizam esta terminologia e notação, apesar do fato de que ela poderia ser enganadora. Então, estabelecemos a seguinte definição:

DEFINIÇÃO 1 **A função inversa do seno**
$y = \text{sen}^{-1} x$ se e somente se $x = \text{sen } y$ e $-\pi/2 \le y \le \pi/2$.

O domínio de sen^{-1} é o intervalo fechado $[-1,1]$, e a imagem é o intervalo fechado $[-\pi/2, \pi/2]$ (Fig. 4). Note que o gráfico de sen^{-1} é simétrico em relação à origem. Portanto, $\text{sen}^{-1}(-x) = -\text{sen}^{-1} x$; isto é, sen^{-1} é uma função ímpar.

EXEMPLO Calcule $\text{sen}^{-1} 1/2$ e $\text{sen}^{-1}(-\sqrt{3}/2)$.

SOLUÇÃO
Dizer que $y = \text{sen}^{-1} 1/2$ é dizer que sen $y = 1/2$ e $-\pi/2 \le y \le \pi/2$. Como sen $(\pi/6) = 1/2$ e $-\pi/2 \le \pi/6 \le \pi/2$, segue-se que $\pi/6 = \text{sen}^{-1} 1/2$. Analogamente, sen$^{-1}(-\sqrt{3}/2) = -\pi/3$.

Note que, embora sen$^2 x$ signifique $(\text{sen } x)^2$ e sen$^{3/2} x$ signifique $(\text{sen } x)^{3/2}$, sen$^{-1} x$ não significa $(\text{sen } x)^{-1}$. Para evitarmos qualquer confusão possível entre sen$^{-1} x$ de um lado e $1/\text{sen } x$ de outro, algumas pessoas preferem utilizar a notação "arc sen x"— significando "o arco (isto é o ângulo) cujo seno é x"— ao invés de sen$^{-1} x$.

As cinco funções trigonométricas restantes — co-seno, tangente, co-tangente, secante e co-secante — também são periódicas; logo, não são invertíveis no intervalo $\mathbb{R}$. Entretanto, restringindo cada uma dessas funções a intervalos convenientes nos quais elas sejam monótonas, podemos definir as inversas correspondentes, assim como fizemos para a função seno. A Fig. 5 (abaixo) mostra os intervalos normalmente selecionados para este propósito. (Para que seja completa incluímos a função seno na figura.) As definições das seis funções trigonométricas inversas são as seguintes:

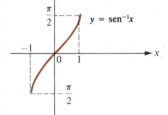

Fig. 4

DEFINIÇÃO 2 **As funções trigonométricas**
(i) $y = \text{sen}^{-1} x$ se e somente se $x = \text{sen } y$ e $-\pi/2 \le y \le \pi/2$.
(ii) $y = \cos^{-1} x$ se e somente se $x = \cos y$ e $0 \le y \le \pi$.
(iii) $y = \tan^{-1} x$ se e somente se $x = \tan y$ e $-\pi/2 < y < \pi/2$.
(iv) $y = \cot^{-1} x$ se e somente se $x = \cot y$ e $0 < y < \pi$.
(v) $y = \sec^{-1} x$ se e somente se $x = \sec y$, $y \ne \pi/2$ e $0 \le y \le \pi$.
(vi) $y = \csc^{-1} x$ se e somente se $x = \csc y$, $y \ne 0$ e $-\pi/2 \le y \le \pi/2$.

No item (i) da Definição 2, repetimos a definição de sen^{-1} para que fosse completa. Assim como sen$^{-1} x$ é por vezes escrito como arcsen x, também cos$^{-1} x$ é algumas vezes escrito como arccos x, tan$^{-1} x$ é algumas vezes escrito com arctan x, e assim por diante.

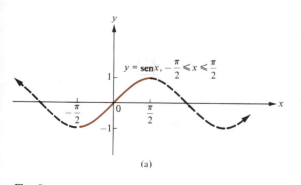

(a)

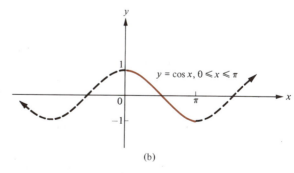

(b)

Fig. 5

412 CÁLCULO

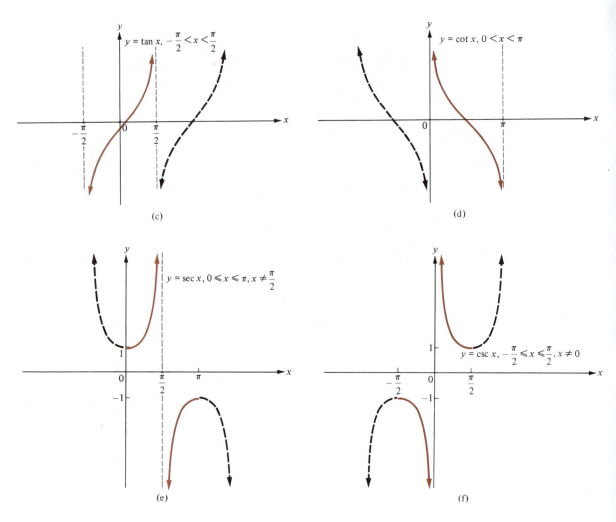

Fig. 5 (Continuação)

Os gráficos das seis funções trigonométricas inversas são obtidos pela simetria de cada uma dos gráficos na Fig. 5 na reta $y = x$. A Fig. 6 mostra os gráficos resultantes e os seguintes fatos.

(1) O domínio de sen^{-1} é $[-1,1]$ e sua imagem é $[-\pi/2, \pi/2]$.
(2) O domínio de $\cos^{-1}$ é $[-1,1]$ e sua imagem é $[0, \pi]$.
(3) O domínio de $\tan^{-1}$ é $\mathbb{R}$ e sua imagem é $(-\pi/2, \pi/2)$.
(4) O domínio de $\cot^{-1}$ é $\mathbb{R}$ e sua imagem é $(0, \pi)$.
(5) O domínio de $\sec^{-1}$ é $(-\infty, -1]$ união $[1, \infty)$ e sua imagem é $[0, \pi/2)$ união $(\pi/2, \pi]$.
(6) O domínio de $\csc^{-1}$ é $(-\infty, -1]$ união $[1, \infty)$ e sua imagem é $[-\pi/2, 0)$ união $(0, \pi/2]$.

EXEMPLO Determine $\cos^{-1} 1/2$, $\tan^{-1}(-\sqrt{3})$, $\cot^{-1} 1$, $\cot^{-1}(-\sqrt{3})$, $\sec^{-1} 2$ e $\csc^{-1}(-2\sqrt{3}/3)$.

SOLUÇÃO
Dizer que $y = \cos^{-1} 1/2$ é dizer que $0 \leq y \leq \pi$ e $\cos y = 1/2$. Evidentemente, $y = \pi/3$; logo $\cos^{-1} 1/2 = \pi/3$. Analogamente, $\tan^{-1}(-\sqrt{3}) = -\pi/3$, $\cot^{-1} 1 = \pi/4$, $\cot^{-1}(-\sqrt{3}) = 5\pi/6$, $\sec^{-1} 2 = \pi/3$ e $\csc^{-1}(-2\sqrt{3}/3) = -\pi/3$.

O seguinte teorema é útil quando trabalhamos com funções trigonométricas inversas.

FUNÇÕES TRIGONOMÉTRICAS E SUAS INVERSAS

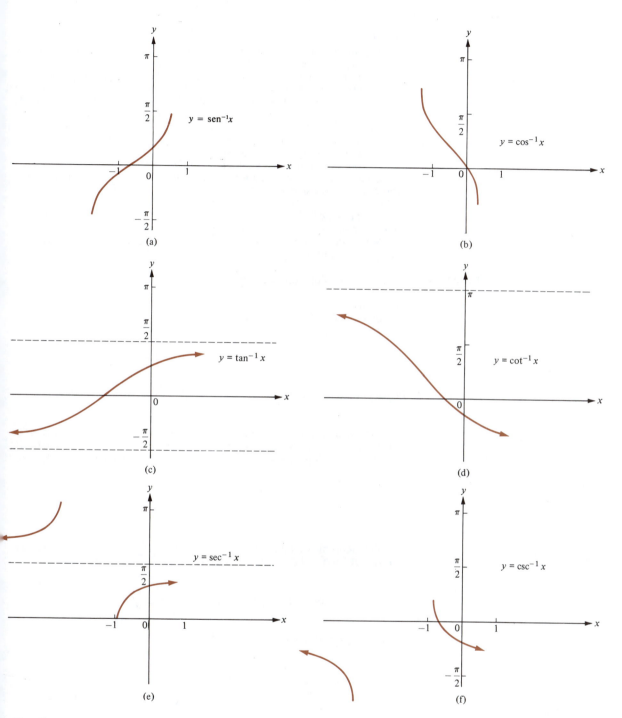

Fig. 6

TEOREMA 1   Relações básicas entre as funções trigonométricas inversas

(i) $\cos^{-1} x = (\pi/2) - \operatorname{sen}^{-1} x$, $-1 \leq x \leq 1$.
(ii) $\cot^{-1} x = (\pi/2) - \tan^{-1} x$, para todo x em $\mathbb{R}$.
(iii) $\sec^{-1} x = \cos^{-1}(1/x)$, $|x| \geq 1$.
(iv) $\csc^{-1} x = \operatorname{sen}^{-1}(1/x)$, $|x| \geq 1$.

PROVA
(i) Suponha que $y = \cos^{-1} x$, de modo que $0 \le y \le \pi$ e $x = \cos y$. Como $0 \le y \le \pi$, temos que $0 \ge -y \ge -\pi$; logo, $\pi/2 \ge (\pi/2) - y \ge -\pi/2$. Lembre-se que $\cos y = \operatorname{sen}(\pi/2 - y)$. Portanto, $x = \operatorname{sen}(\pi/2 - y)$ com $-\pi/2 \le (\pi/2) - y \le \pi/2$; logo $(\pi/2) - y = \operatorname{sen}^{-1} x$. Segue-se que $(\pi/2) - \cos^{-1} x = \operatorname{sen}^{-1} x$, ou $\cos^{-1} x = (\pi/2) - \operatorname{sen}^{-1} x$. Podemos provar (ii) com um argumento similar (exercício 39).
(iii) Suponha que $y = \sec^{-1} x$, de modo que $0 \le y \le \pi$ e $\sec y = x$; isto é, $1/\cos y = x$, ou $\cos y = 1/x$. Como $0 \le y \le \pi$ e $\cos y = 1/x$, segue-se que $y = \cos^{-1}(1/x)$; logo, $\sec^{-1} x = \cos^{-1}(1/x)$. Podemos provar (iv) por um argumento análogo (exercício 40).

Como $\operatorname{sen}^{-1} x$ representa um ângulo entre $-\pi/2$ e $\pi/2$, inclusive, cujo seno é x, segue-se que, para $-1 \le x \le 1$, $\operatorname{sen}(\operatorname{sen}^{-1} x) = x$. Também, para $-\pi/2 \le y \le \pi/2$, $\operatorname{sen}^{-1}(\operatorname{sen} y) = y$. Analogamente, para $-1 \le x \le 1$, $\cos(\cos^{-1} x) = x$, enquanto para $0 \le y \le \pi$, $\cos^{-1}(\cos y) = y$. Afirmativas similares podem ser feitas para $\tan^{-1}$, $\cot^{-1}$, $\sec^{-1}$ e $\csc^{-1}$ (exercício 37).

Mais cálculo com funções trigonométricas inversas são mostrados nos exemplos seguintes.

EXEMPLOS 1 Determine o valor exato de $\operatorname{sen}[\tan^{-1}(-1)]$.

SOLUÇÃO
Temos que $\tan^{-1}(-1) = -\pi/4$, então

$$\operatorname{sen}[\tan^{-1}(-1)] = \operatorname{sen}\left(-\frac{\pi}{4}\right) = -\frac{\sqrt{2}}{2}.$$

2 Prove geometricamente que, para $-1 \le x \le 1$, $\cos(\operatorname{sen}^{-1} x) = \sqrt{1 - x^2}$.

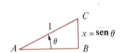

Fig. 7

SOLUÇÃO
Primeiramente suponhamos que $0 \le x \le 1$, de modo que $0 \le \operatorname{sen}^{-1} x \le \pi/2$. Seja $\theta = \operatorname{sen}^{-1} x$, e construamos o triângulo retângulo ABC com o ângulo CAB igual a θ e com hipotenusa $\overline{AC}$ de comprimento 1 unidade (Fig. 7). Então,

$$x = \operatorname{sen}\theta = \frac{|\overline{BC}|}{|\overline{AC}|} = |\overline{BC}|.$$

Pelo teorema de Pitágoras, $|\overline{AB}|^2 + |\overline{BC}|^2 = |\overline{AC}|^2 = 1^2 = 1$, de modo que temos $|\overline{AB}|^2 = 1 - |\overline{BC}|^2 = 1 - x^2$, ou $|\overline{AB}| = \sqrt{1 - x^2}$. Portanto,

$$\cos(\operatorname{sen}^{-1} x) = \cos\theta = \frac{|\overline{AB}|}{1} = \sqrt{1 - x^2}.$$

Para $-1 \le x < 0$, temos $0 < -x \le 1$; logo,

$$\cos(\operatorname{sen}^{-1} x) = \cos\{-[\operatorname{sen}^{-1}(-x)]\}$$
$$= \cos[\operatorname{sen}^{-1}(-x)] = \sqrt{1 - (-x)^2} = \sqrt{1 - x^2}.$$

Portanto, em qualquer caso, $\cos(\operatorname{sen}^{-1} x) = \sqrt{1 - x^2}$, sendo que $-1 \le x \le 1$.

3 Simplifique a expressão $\cos(2\operatorname{sen}^{-1} x)$, para $-1 \le x \le 1$.

SOLUÇÃO
Seja $y = \operatorname{sen}^{-1} x$. Pela fórmula do dobro do ângulo,

$$\cos(2\operatorname{sen}^{-1} x) = \cos 2y = 2\cos^2 y - 1 = 2[\cos(\operatorname{sen}^{-1} x)]^2 - 1.$$

FUNÇÕES TRIGONOMÉTRICAS E SUAS INVERSAS

Utilizando a fórmula cos $(\operatorname{sen}^{-1} x) = \sqrt{1 - x^2}$ do exemplo 2, temos portanto

$$\cos (2\operatorname{sen}^{-1} x) = 2(\sqrt{1 - x^2})^2 - 1 = 2(1 - x^2) - 1 = 1 - 2x^2.$$

4 Simplifique tan $(\tan^{-1} a + \tan^{-1} b)$, considerando que $ab \neq 1$.

SOLUÇÃO
Pela fórmula de adição para tangente,

$$\tan (\tan^{-1} a + \tan^{-1} b) = \frac{\tan (\tan^{-1} a) + \tan (\tan^{-1} b)}{1 - \tan (\tan^{-1} a) \tan (\tan^{-1} b)} = \frac{a + b}{1 - ab}.$$

Conjunto de Problemas 5

Nos exercícios de 1 a 18, calcule cada expressão.

1 $\operatorname{sen}^{-1} 1$

2 $\operatorname{sen}^{-1} \left(-\frac{\sqrt{3}}{2}\right)$

3 $\operatorname{sen}^{-1} \left(-\frac{\sqrt{2}}{2}\right)$

4 $\cos^{-1} \left(-\frac{1}{2}\right)$

5 $\cos^{-1} 0$

6 $\cos^{-1} \frac{\sqrt{3}}{2}$

7 $\cos^{-1} 1$

8 $\tan^{-1} (-1)$

9 $\tan^{-1} \left(-\frac{\sqrt{3}}{3}\right)$

10 $\tan^{-1} \sqrt{3}$

11 $\cot^{-1} (-1)$

12 $\cot^{-1} \sqrt{3}$

13 $\cot^{-1} \left(-\frac{\sqrt{3}}{3}\right)$

14 $\sec^{-1} \sqrt{2}$

15 $\sec^{-1} (-2)$

16 $\csc^{-1} \sqrt{2}$

17 $\csc^{-1} 2$

18 $\csc^{-1} (-\sqrt{2})$

Nos exercícios de 19 a 28, calcule cada expressão.

19 $\cos (\cos^{-1} \frac{3}{4})$

20 $\operatorname{sen} (\operatorname{sen}^{-1} \frac{2}{5})$

21 $\cos^{-1} \left(\cos \frac{\pi}{4}\right)$

22 $\tan^{-1} \left(\cot \frac{\pi}{4}\right)$

23 $\sec (\csc^{-1} \sqrt{2})$

24 $\operatorname{sen}^{-1} \left(\operatorname{sen} \frac{5\pi}{4}\right)$

25 $\cos^{-1} \left[\cos \left(-\frac{\pi}{3}\right)\right]$

26 $\cos [\tan^{-1} (-2)]$

27 $\tan [\sec^{-1} (-5)]$

28 $\csc [\cot^{-1} (-2)]$

29 Dado que $y = \operatorname{sen}^{-1} {}^2/_3$, determine o valor exato de cada uma das seguintes expressões: (a) cos y, (b) tan y, (c) cot y, (d) sec y, (c) csc y.

30 Dado que $y = \tan^{-1} x$, onde $x \geq 0$, determine o valor exato de cada uma das seguintes expressões: (a) sen y, (b) cos y, (c) cot y, (d) sec y, (e) csc y.

Nos exercícios de 31 a 36, simplifique cada expressão.

31 $\operatorname{sen} (2\operatorname{sen}^{-1} \frac{4}{5})$

32 $\cos (2\operatorname{sen}^{-1} x), -1 \leq x \leq 1$

33 $\tan [2 \sec^{-1} (-\frac{5}{3})]$

34 $\operatorname{sen} (2 \csc^{-1} x), |x| \geq 1$

35 $\operatorname{sen} (\operatorname{sen}^{-1} \frac{3}{4} + \cos^{-1} \frac{1}{4})$

36 $\cos (\operatorname{sen}^{-1} x + \operatorname{sen}^{-1} y), -1 \leq x \leq 1, -1 \leq y \leq 1$

37 Prove que

(a) $\tan^{-1} (\tan y) = y$ para $-\pi/2 < y < \pi/2$.

(b) $\tan (\tan^{-1} x) = x$ para todos valores de x.

(c) $\cot^{-1} (\cot y) = y$ para $0 < y < \pi$.

(d) $\cot (\cot^{-1} x) = x$ para todos valores de x.

(e) $\sec^{-1} (\sec y) = y$ para $y \neq \pi/2$ e $0 \leq y \leq \pi$.

(f) $\sec (\sec^{-1} x) = x$ para $|x| \geq 1$.

(g) $\csc^{-1} (\csc y) = y$ para $y \neq 0$ e $-\pi/2 \leq y \leq \pi/2$.

(h) $\csc (\csc^{-1} x) = x$ para $|x| \geq 1$.

38 Prove que todas as soluções x da equação sen $x = y$, onde $-1 \leq y \leq 1$, são dadas por

$x = 2\pi n + \text{sen}^{-1} y$ ou $x = (2n + 1)\pi - \text{sen}^{-1} y$, onde $n = 0, \pm 1, \pm 2, \pm 3, \ldots$.

Nos exercícios de 39 a 43, prove cada afirmativa.

39 $\cot^{-1} x = \dfrac{\pi}{2} - \tan^{-1} x$

40 $\csc^{-1} x = \text{sen}^{-1}\left(\dfrac{1}{x}\right), |x| \geq 1$

41 $\cos^{-1}(-x) = \pi - \cos^{-1} x$

42 $\tan^{-1}\left(-\dfrac{1}{x}\right) = \pi - \cot^{-1} x, x < 0$

43 $\tan\left(\tfrac{1}{2}\cos^{-1} x\right) = \sqrt{\dfrac{1-x}{1+x}}$

44 Determine *todas* as soluções x da equação $\tan x = y$ em termos de $\tan^{-1} y$.

45 Resolva para x: $\tan^{-1}\tfrac{1}{3} + \tan^{-1}\tfrac{1}{2} = \text{sen}^{-1} x$.

46 Resolva para x: $\cot^{-1}\tfrac{1}{3} + \cot^{-1}\tfrac{1}{2} = \cos^{-1} x$.

47 Resolva para x: $2\cot^{-1} x = \cot^{-1}\left(\dfrac{x^2-1}{2x}\right)$.

48 Utilize o gráfico de $y = \tan^{-1} x$ para decidir se $D_x(\tan^{-1} x)^2$ é positiva ou negativa.

49 Dê um argumento geométrico utilizando os gráficos de $y = \tan^{-1} x$ e $y = \cot x$ para responder à seguinte pergunta: sabemos que $\tan^{-1} x$ não significa $1/\tan x$, mas existe algum valor particular de x para o qual valha a equação $\tan^{-1} x = 1/\tan x$?

50 O triângulo ABC tem um ângulo reto no vértice C e o lado $\overline{AC}$ tem a unidades de comprimento, onde a é uma constante. Seja D o ponto médio do lado $\overline{CB}$ e defina θ como sendo o ângulo BDA. Se $|\overline{BC}| = 2x$, expresse θ em função de x.

51 Um quadro de 0,6 metros de altura esta pendurado em uma parede de maneira que sua base esteja a 0,3 metros acima do nível do olho de um observador. Se o observador está em pé a x metros da parede, mostre que o ângulo θ subtendido pelo quadro é dado por $\theta = \tan^{-1}(0,9/x) - \tan^{-1}(0,3/x)$.

52 Duas retas paralelas, cada uma a uma distância a do centro de um círculo de raio r, determinam a região hachurada R na Fig. 8. Escreva a fórmula para a área R.

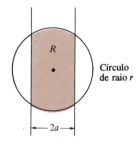

Fig. 8

6 Diferenciação das Funções Trigonométricas Inversas

As derivadas das seis funções trigonométricas inversas são dadas pelas seguintes fórmulas, onde u é uma função diferencial de x.

$$1 \quad D_x \text{sen}^{-1} u = \frac{D_x u}{\sqrt{1-u^2}},$$

$$2 \quad D_x \cos^{-1} u = \frac{-D_x u}{\sqrt{1-u^2}},$$

$$3 \quad D_x \tan^{-1} u = \frac{D_x u}{1+u^2},$$

$$4 \quad D_x \cot^{-1} u = \frac{-D_x u}{1+u^2},$$

FUNÇÕES TRIGONOMÉTRICAS E SUAS INVERSAS

$$5 \quad D_x \sec^{-1} u = \frac{D_x u}{|u|\sqrt{u^2 - 1}}, \quad \text{e}$$

$$6 \quad D_x \csc^{-1} u = \frac{-D_x u}{|u|\sqrt{u^2 - 1}}.$$

Provas rigorosas destas fórmulas são dadas na Seção 6.1; entretanto, elas podem ser confirmadas informalmente por diferenciação implícita. Por exemplo, para confirmar a fórmula para $D_x \sen^{-1} u$, suponha que u é uma função diferenciável de x e que $-1 < u < 1$. Faça $y = \sen^{-1} u$, de modo que $\sen y = u$. Diferenciando implicitamente esta última equação em relação a x, obtemos $\cos y D_x y = D_x u$, ou $D_x y = D_x u / \cos y$. Utilizando o resultado do Exemplo 2 na Seção 5, temos

$$\cos y = \cos (\sen^{-1} u) = \sqrt{1 - u^2};$$

logo,

$$D_x \sen^{-1} u = D_x y = \frac{D_x u}{\cos y} = \frac{D_x u}{\sqrt{1 - u^2}}.$$

EXEMPLOS   Diferencie a função dada.

1 $f(x) = \sen^{-1} 2x$

SOLUÇÃO

$$f'(x) = D_x \sen^{-1} 2x = \frac{D_x(2x)}{\sqrt{1 - (2x)^2}} = \frac{2}{\sqrt{1 - 4x^2}}.$$

2 $g(t) = \cos^{-1} t^4$

SOLUÇÃO

$$g'(t) = D_t \cos^{-1} t^4 = \frac{-D_t t^4}{\sqrt{1 - (t^4)^2}} = \frac{-4t^3}{\sqrt{1 - t^8}}.$$

3 $F(x) = \tan^{-1} (x/5)$

SOLUÇÃO

$$F'(x) = \frac{d}{dx} \tan^{-1} \frac{x}{5} = \frac{\frac{d}{dx}\left(\frac{x}{5}\right)}{1 + \left(\frac{x}{5}\right)^2} = \frac{\frac{1}{5}}{1 + \frac{x^2}{25}} = \frac{5}{25 + x^2}.$$

4 $G(t) = \cot^{-1} t^2$

SOLUÇÃO

$$G'(t) = \frac{d}{dt} \cot^{-1} t^2 = \frac{-\frac{d}{dt}(t^2)}{1 + (t^2)^2} = \frac{-2t}{1 + t^4}.$$

5 $f(x) = \sec^{-1} (5x - 7)$

SOLUÇÃO

$$f'(x) = D_x \sec^{-1}(5x - 7)$$

$$= \frac{D_x(5x-7)}{|5x-7|\sqrt{(5x-7)^2 - 1}} = \frac{5}{|5x-7|\sqrt{25x^2 - 70x + 48}}.$$

6 $h(t) = \csc^{-1} t^3$

SOLUÇÃO

$$h'(t) = D_t \csc^{-1} t^3 = \frac{-D_t(t^3)}{|t^3|\sqrt{(t^3)^2 - 1}} = \frac{-3t^2}{|t|^3\sqrt{t^6 - 1}} = \frac{-3}{|t|\sqrt{t^6 - 1}}.$$

Cálculos mais profundos envolvendo derivada de funções trigonométricas inversas são ilustrados nos exemplos seguintes.

EXEMPLOS 1 Dado que $\tan^{-1} x + \tan^{-1} y = \pi/2$, determine dy/dx.

SOLUÇÃO
Utilizaremos diferenciação implícita. Diferenciando ambos os lados da equação dada em relação a x, vem que

$$\frac{1}{1+x^2} + \frac{dy/dx}{1+y^2} = 0 \quad \text{ou} \quad \frac{dy}{dx} = -\frac{1+y^2}{1+x^2}.$$

2 Seja $f(x) = x \operatorname{sen}^{-1} x$ para $-1 < x < 1$. Determine f' e f'' e esboce o gráfico de f.

SOLUÇÃO
Para $-1 < x < 1$ temos

$$f'(x) = \operatorname{sen}^{-1} x + x/\sqrt{1-x^2} \quad \text{e}$$

$$f''(x) = \frac{1}{\sqrt{1-x^2}} + \frac{1}{(\sqrt{1-x^2})^3} = \frac{2-x^2}{(\sqrt{1-x^2})^3}.$$

Evidentemente,

$$f(-x) = -x \operatorname{sen}^{-1}(-x) = -(-x \operatorname{sen}^{-1} x) = f(x);$$

logo, f é uma função par. Também, $f'(0) = 0$ e $f''(0) = 2 > 0$, de modo que o gráfico de f tem um mínimo relativo em $(0,0)$. Como $f''(x) > 0$ para $-1 < x < 1$, o gráfico de f é côncavo para cima (Fig. 1).

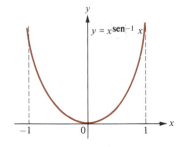

Fig. 1

3 Uma torre alta está no fim de uma estrada plana. Um motorista de caminhão se aproxima da torre a uma taxa de 50 km/h. A torre se eleva a 500 metros acima do nível dos olhos do motorista. Qual a velocidade de crescimento do ângulo θ subtendido pela torre no instante em que a distância x entre o motorista e a base da torre é 1200 metros (Fig. 2)?

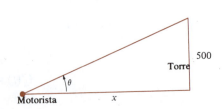

Fig. 2

FUNÇÕES TRIGONOMÉTRICAS E SUAS INVERSAS

SOLUÇÃO

Como $\tan \theta = 500/x$, então $\theta = \tan^{-1}(500/x)$. Portanto,

$$\frac{d\theta}{dt} = \frac{\dfrac{d}{dt}\left(\dfrac{500}{x}\right)}{1 + \left(\dfrac{500}{x}\right)^2} = \frac{-\left(\dfrac{500}{x^2}\right)}{1 + \dfrac{500^2}{x^2}}\frac{dx}{dt} = -\frac{500}{x^2 + 500^2}\frac{dx}{dt}.$$

Uma vez que, $dx/dt = -50$ km/h $= -(50 \times 1000)/3600$ m/s $\approx -13,89$ m/s; logo,

$$\frac{d\theta}{dt} \approx -\frac{500}{1200^2 + 500^2}\, 13,89 \approx 0,0041 \text{ radianos/segundo.}$$

6.1 Provas das fórmulas de diferenciação para funções trigonométricas inversas

As provas das fórmulas 1 a 6 na Seção 6 deste capítulo proporcionam uma boa ilustração do uso do Teorema da função inversa (Teorema 1, Seção 5.1, Cap. 2).

TEOREMA 1　**As derivadas de sen^{-1} e cos^{-1}**

Se u é uma função de x tal que $-1 < u < 1$ e $D_x u$ existe, então;

(i) $\quad D_x \operatorname{sen}^{-1} u = \dfrac{D_x u}{\sqrt{1 - u^2}}.$

(ii) $\quad D_x \cos^{-1} u = \dfrac{-D_x u}{\sqrt{1 - u^2}}.$

PROVA

Seja f a função definida por $f(x) = \operatorname{sen} x$ para $-\pi/2 < x < \pi/2$. Então $f'(x) = \cos x \neq 0$ para todos os valores de x no intervalo aberto $(-\pi/2, \pi/2)$. Portanto, pelo teorema da função inversa, f é invertível, f^{-1} é diferenciável e $(f^{-1})'(x) = 1/f'[f^{-1}(x)]$. Mas $f^{-1} = \operatorname{sen}^{-1}$; logo, $D_x \operatorname{sen}^{-1} x = 1/\cos(\operatorname{sen}^{-1} x)$. Utilizando a identidade $\cos(\operatorname{sen}^{-1} x) = \sqrt{1 - x^2}$ (exemplo 2, Seção 5), obtemos $D_x \operatorname{sen}^{-1} x = 1/\sqrt{1 - x^2}$. Combinando esta última equação com a regra da cadeia, obtemos o item (i) do teorema. Para provar o item (ii), utilizamos o item (i) e calculamos da seguinte maneira:

$$D_x \cos^{-1} u = D_x\left(\frac{\pi}{2} - \operatorname{sen}^{-1} u\right) = -D_x \operatorname{sen}^{-1} u = \frac{-D_x u}{\sqrt{1 - u^2}}.$$

TEOREMA 2　**As derivadas de tan^{-1} e cot^{-1}**

Se u é uma função de x tal que $D_x u$ existe, então

(i) $\quad D_x \tan^{-1} u = \dfrac{D_x u}{1 + u^2}.$

(ii) $\quad D_x \cot^{-1} u = \dfrac{-D_x u}{1 + u^2}.$

PROVA

Seja f a função definida por $f(x) = \tan x$ para $-\pi/2 < x < \pi/2$. Então $f'(x) = \sec^2 x \neq 0$ para todos os valores de x no intervalo aberto $(-\pi/2, \pi/2)$. Portanto, pelo teorema da função inversa, f é invertível, f^{-1} é diferenciável e $(f^{-1})'(x) = 1/f'[f^{-1}(x)]$. Mas, $f^{-1} = \tan^{-1}$; logo, $D_x \tan^{-1} x = 1/\sec^2(\tan^{-1} x)$. Da identidade $\sec^2 t = 1 + \tan^2 t$, temos $\sec^2(\tan^{-1} x) = 1 + \tan^2(\tan^{-1} x) = 1 + [\tan(\tan^{-1} x)]^2 = 1 + x^2$; logo, $D_x \tan^{-1} x = 1/(1 + x^2)$. Combinando esta última

CÁLCULO

equação com a regra da cadeia, obtemos o item (i) do teorema. Para provar o item (ii), utilizamos o item (i) e calculamos da seguinte maneira:

$$D_x \cot^{-1} u = D_x\left(\frac{\pi}{2} - \tan^{-1} u\right) = -D_x \tan^{-1} u = \frac{-D_x u}{1 + u^2}.$$

TEOREMA 3 **As derivadas de $\sec^{-1}$ e $\csc^{-1}$**

Se u é uma função de x tal que $|u| > 1$ e $D_x u$ existe, então

(i)
$$D_x \sec^{-1} u = \frac{D_x u}{|u|\sqrt{u^2 - 1}}.$$

(ii)
$$D_x \csc^{-1} u = \frac{-D_x u}{|u|\sqrt{u^2 - 1}}.$$

PROVA

Provaremos apenas o item (i), deixando o item (ii) como um exercício (exercício 22). Lembre-se que $\sec^{-1} u = \cos^{-1}(1/u)$ item (iii) do Teorema 1, Seção 5; logo, pelo item (ii) do Teorema 1,

$$D_x \sec^{-1} u = D_x \cos^{-1}\left(\frac{1}{u}\right) = \frac{-D_x\left(\frac{1}{u}\right)}{\sqrt{1 - \left(\frac{1}{u}\right)^2}} = \frac{\left(\frac{1}{u^2}\right)D_x u}{\sqrt{1 - \frac{1}{u^2}}} = \frac{D_x u}{u^2\sqrt{\frac{u^2 - 1}{u^2}}}$$

$$= \frac{D_x u}{\frac{u^2}{\sqrt{u^2}}\sqrt{u^2 - 1}} = \frac{D_x u}{\frac{u^2}{|u|}\sqrt{u^2 - 1}} = \frac{D_x u}{|u|\sqrt{u^2 - 1}}.$$

Conjunto de Problemas 6

Nos exercícios 1 a 21, diferencie cada função.

1 $f(x) = \operatorname{sen}^{-1} 3x$

2 $g(x) = \cos^{-1} 7x$

3 $h(x) = \tan^{-1}\dfrac{x}{5}$

4 $H(x) = \cot^{-1}\dfrac{2x}{3}$

5 $G(t) = \sec^{-1} t^3$

6 $f(x) = \csc^{-1} x^2$

7 $f(t) = \cot^{-1}(t^2 + 3)$

8 $F(x) = \tan^{-1}\left(\dfrac{2x}{1 - x^2}\right)$

9 $g(x) = \csc^{-1}\dfrac{3}{2x}$

10 $f(r) = \tan^{-1}\left(\dfrac{r + 2}{1 - 2r}\right)$

11 $h(u) = \sec^{-1}\left(\dfrac{1}{\sqrt{1 - u^2}}\right)$

12 $f(x) = x\sqrt{4 - x^2} + 4\operatorname{sen}^{-1}\dfrac{x}{2}$

13 $f(s) = \operatorname{sen}^{-1}\dfrac{2}{s} + \cot^{-1}\dfrac{s}{2}$

14 $g(t) = t \cos^{-1} 2t - \tfrac{1}{2}\sqrt{1 - 4t^2}$

15 $G(r) = \sec^{-1} r + \csc^{-1} r$

16 $F(x) = \sec^{-1}\sqrt{x^2 + 9}$

17 $g(x) = x^2 \cos^{-1} 3x$

18 $h(t) = t(\operatorname{sen}^{-1} t)^3 - 3t$

19 $H(x) = \dfrac{1}{x^2}\tan^{-1}\dfrac{5}{x}$

20 $F(x) = \dfrac{\sec^{-1}\sqrt{x}}{x^2 + 1}$

21 $g(x) = \dfrac{\csc^{-1}(x^2 + 1)}{\sqrt{x^2 + 1}}$

22 Prove o item (ii) do Teorema 3.

Nos exercícios de 23 a 26, utilize diferenciação implícita para determinar $D_x y$.

23 $x \operatorname{sen}^{-1} y = x + y$

24 $\cos^{-1} xy = \operatorname{sen}^{-1}(x + y)$

25 $\tan^{-1} x + \cot^{-1} y = \dfrac{\pi}{2}$

26 $\sec^{-1} x + \csc^{-1} y = \pi/2$

27 Se $y = \displaystyle\int_0^{\operatorname{sen}^{-1} x} \dfrac{dt}{5 + t^4}$, determine $\dfrac{dy}{dx}$.

28 Se $y = \displaystyle\int_0^{\tan^{-1} 2x} (5 + u^2)^{20}\, du$, determine $D_x y$.

29 Se $y = \tan\left(2\tan^{-1}\dfrac{x}{2}\right)$, mostre que $\dfrac{dy}{dx} = \dfrac{4(1 + y^2)}{4 + x^2}$.

30 Determine $\dfrac{d}{dx}\left(\tan^{-1}\dfrac{2x}{\sqrt{1 - x^2}}\right)$.

31 Esboce o gráfico de $y = \operatorname{sen}^{-1}(\cos x) + \cos^{-1}(\operatorname{sen} x)$ no intervalo $[0, 2\pi]$.

32 Determine o ângulo agudo entre as tangentes às curvas $y = \tan^{-1} x$ e $y = \cot^{-1} x$ no ponto de interseção.

33 Um quadro de 2,13 metros de altura está pendurado em uma parede de maneira que sua borda inferior está a 2,74 metros acima do nível dos olhos de um observador. A que distância da parede deve ficar o observador de modo a maximizar o ângulo subtendido pelo quadro?

34 Resolva o exercício 33 para o caso em que o quadro tem h unidades de altura e sua borda inferior está a unidades do nível dos olhos do observador.

35 Uma escada de 15 metros de comprimento esta apoiada contra uma parede vertical de um edifício comercial. Um lavador de janelas puxa a extremidade da escada horizontalmente e para fora do edifício, de maneira que o topo da escada escorrega parede abaixo a uma taxa de 2 metros por minuto. Com que velocidade o ângulo entre a escada e o solo varia quando a parte debaixo da escada está a 6 metros da parede?

36 Um míssil sobe verticalmente de um ponto do solo a 10 quilômetros de uma estação de radar. Se o míssil está subindo a uma taxa de 4000 m/min no instante em que está a 2000 metros de altura, determine a taxa de variação do ângulo de elevação do míssil a partir da estação de radar neste instante.

37 Um oficial de polícia em um carro de patrulha está se aproximando de um cruzamento a 80 m/s. Quando ele está a 210 metros do cruzamento, um carro cruza com ele, passando em uma trajetória perpendicular à do carro de patrulha, a 60 m/s. Se o oficial focaliza seu holofote no outro carro, qual a velocidade de rotação do feixe de luz 2 segundos depois, considerando-se que ambos os veículos continuam com suas velocidades originais?

38 Uma parede alta deve ser escorada por uma viga que tem que passar sobre uma parede mais baixa de b unidades de altura. Se a distância entre a parede baixa e a alta é a unidades, qual o comprimento da menor viga que pode ser utilizado (Fig. 3)?

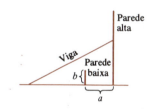

Fig. 3

7 Integrais que Produzem Funções Trigonométricas Inversas

A integração das seis funções trigonométricas inversas envolve o uso de técnicas que ainda não foram introduzidas. Entretanto, podemos obter fórmulas de integração que produzem funções trigonométricas inversas simplesmente invertendo as fórmulas de diferenciação obtidas na Seção 6. Por exemplo, temos as seguintes três fórmulas:

$$1 \quad \int \dfrac{du}{\sqrt{1 - u^2}} = \operatorname{sen}^{-1} u + C, \text{ para } |u| < 1.$$

$$2 \quad \int \dfrac{du}{1 + u^2} = \tan^{-1} u + C, \text{ para } u \text{ em } \mathbb{R}.$$

CÁLCULO

$$3. \int \frac{du}{u\sqrt{u^2 - 1}} = \sec^{-1}|u| + C, \text{para}|u| > 1.$$

As fórmulas 1 e 2 vêm diretamente das fórmulas de derivadas de $\text{sen}^{-1}u$ e $\tan^{-1}u$. Para estabelecer a fórmula 3, lembre-se que para $u \neq 0$, $\frac{d}{du}|u| = \frac{|u|}{u}$; logo,

$$\frac{d}{du}\sec^{-1}|u| = \frac{\frac{d}{du}|u|}{|u|\sqrt{|u|^2 - 1}} = \frac{\left(\frac{|u|}{u}\right)}{|u|\sqrt{u^2 - 1}} = \frac{1}{u\sqrt{u^2 - 1}}$$

vale para $|u| > 1$. Segue-se que

$$\int \frac{du}{u\sqrt{u^2 - 1}} = \sec^{-1}|u| + C \quad \text{para}|u| > 1.$$

As Fórmulas 1, 2 e 3 podem ser facilmente generalizadas como no teorema seguinte.

TEOREMA 1 **Integrais que produzem funções trigonométricas inversas**

(i) $\int \frac{dx}{\sqrt{a^2 - x^2}} = \text{sen}^{-1}\frac{x}{a} + C$ para $a > 0$ e $|x| < a$.

(ii) $\int \frac{dx}{a^2 + x^2} = \frac{1}{a}\tan^{-1}\frac{x}{a} + C.$

(iii) $\int \frac{dx}{x\sqrt{x^2 - a^2}} = \frac{1}{|a|}\sec^{-1}\left|\frac{x}{a}\right| + C$ para $a \neq 0$ e $|x| > |a|$.

PROVA
Provaremos o item (i) e deixaremos as provas análogas de (ii) e (iii) como exercícios (37 e 38). Para provar (i), fazemos a substituição $x = au$, de modo que $dx = a\,du$, e utilizamos a Fórmula 1. Então,

$$\int \frac{dx}{\sqrt{a^2 - x^2}} = \int \frac{a\,du}{\sqrt{a^2 - a^2u^2}} = \int \frac{a\,du}{\sqrt{a^2}\sqrt{1 - u^2}} = \int \frac{a\,du}{a\sqrt{1 - u^2}} = \int \frac{du}{\sqrt{1 - u^2}}$$

$$= \text{sen}^{-1}u + C = \text{sen}^{-1}\frac{x}{a} + C.$$

EXEMPLOS 1 Calcule $\int \frac{dx}{\sqrt{9 - x^2}}.$

SOLUÇÃO
Pelo item (i) do Teorema 1,

$$\int \frac{dx}{\sqrt{9 - x^2}} = \text{sen}^{-1}\frac{x}{3} + C.$$

2 Calcule $\int \frac{dx}{\sqrt{1 - 16x^2}}.$

FUNÇÕES TRIGONOMÉTRICAS E SUAS INVERSAS

SOLUÇÃO

Faça $u = 4x$, logo $u^2 = 16x^2$ e $dx = du/4$. Então,

$$\int \frac{dx}{\sqrt{1 - 16x^2}} = \int \frac{du}{4\sqrt{1 - u^2}} = \frac{1}{4} \operatorname{sen}^{-1} u + C = \frac{1}{4} \operatorname{sen}^{-1} 4x + C.$$

3 Determine $\displaystyle\int_0^{5\sqrt{3}} \frac{dx}{25 + x^2}$.

SOLUÇÃO

Pelo item (ii) do Teorema 1

$$\int_0^{5\sqrt{3}} \frac{dx}{25 + x^2} = \left[\frac{1}{5} \tan^{-1} \frac{x}{5} \right]\Big|_0^{5\sqrt{3}} = \frac{1}{5} \tan^{-1} \sqrt{3} - \frac{1}{5} \tan^{-1} 0$$

$$= \frac{1}{5} \left(\frac{\pi}{3} \right) - 0 = \frac{\pi}{15}.$$

4 Calcule $\displaystyle\int_0^{\sqrt{3}} \frac{\tan^{-1} x}{1 + x^2} \, dx$.

SOLUÇÃO

Faça $u = \tan^{-1} x$ e observe que $du = \dfrac{dx}{1 + x^2}$, $u = 0$ quando $x = 0$ e $u = \pi/3$ quando $x = \sqrt{3}$. Portanto,

$$\int_0^{\sqrt{3}} \frac{\tan^{-1} x}{1 + x^2} \, dx = \int_0^{\pi/3} u \, du = \left[\frac{u^2}{2} \right]\Big|_0^{\pi/3} = \frac{\pi^2}{18}.$$

5 Calcule $\displaystyle\int_{3\sqrt{2}}^6 \frac{dx}{x\sqrt{x^2 - 9}}$.

SOLUÇÃO

De acordo com (iii) do Teorema 1.

$$\int_{3\sqrt{2}}^6 \frac{dx}{x\sqrt{x^2 - 9}} = \left[\frac{1}{3} \sec^{-1} \left| \frac{x}{3} \right| \right]\Big|_{3\sqrt{2}}^6$$

$$= \frac{1}{3} \sec^{-1} 2 - \frac{1}{3} \sec^{-1} \sqrt{2}$$

$$= \frac{1}{3} \left(\frac{\pi}{3} \right) - \frac{1}{3} \left(\frac{\pi}{4} \right) = \frac{\pi}{36}.$$

Conjunto de Problemas 7

Nos exercícios de 1 a 20, calcule cada integral.

1 $\displaystyle\int \frac{dx}{\sqrt{4 - x^2}}$ **2** $\displaystyle\int \frac{dt}{\sqrt{16 - 9t^2}}$ **3** $\displaystyle\int \frac{dx}{\sqrt{9 - 4x^2}}$ **4** $\displaystyle\int \frac{dy}{\sqrt{25 - 11y^2}}$

CÁLCULO

5 $\displaystyle\int \frac{dt}{\sqrt{1-9t^2}}$

6 $\displaystyle\int \frac{dx}{x^2+9}$

7 $\displaystyle\int \frac{dy}{4+9y^2}$

8 $\displaystyle\int \frac{du}{9u^2+1}$

9 $\displaystyle\int \frac{dx}{4x^2+9}$

10 $\displaystyle\int \frac{dx}{x\sqrt{x^2-4}}$

11 $\displaystyle\int \frac{dt}{t\sqrt{16t^2-25}}$

12 $\displaystyle\int \frac{du}{u\sqrt{9u^2-100}}$

13 $\displaystyle\int \frac{4\,dx}{x\sqrt{x^2-16}}$

14 $\displaystyle\int_0^{1/2} \frac{dt}{\sqrt{1-t^2}}$

15 $\displaystyle\int_{-3}^{3} \frac{dx}{\sqrt{12-x^2}}$

16 $\displaystyle\int_0^{2} \frac{2\,du}{\sqrt{8-u^2}}$

17 $\displaystyle\int_0^{3} \frac{dt}{3+t^2}$

18 $\displaystyle\int_{-1}^{1} \frac{dx}{4+x^2}$

19 $\displaystyle\int_{-2}^{-\sqrt2} \frac{dt}{t\sqrt{t^2-1}}$

20 $\displaystyle\int_{\sqrt2/2}^{1} \frac{du}{u\sqrt{4u^2-1}}$

Nos exercícios de 21 a 30, calcule cada integral por substituição. (Em alguns casos, uma substituição apropriada está indicada.)

21 $\displaystyle\int \frac{\cos x}{\sqrt{36-\operatorname{sen}^2 x}}\,dx,\ u=\operatorname{sen} x$

22 $\displaystyle\int \frac{\sec^2 t}{1+\tan^2 t}\,dt$

23 $\displaystyle\int \frac{x}{4+x^4}\,dx,\ u=x^2$

24 $\displaystyle\int \frac{dx}{7+(3x-1)^2}$

25 $\displaystyle\int \frac{\cos(x/2)}{1+\operatorname{sen}^2(x/2)}\,dx,\ u=\operatorname{sen}\frac{x}{2}$

26 $\displaystyle\int \frac{\sec^2 t\,dt}{\sqrt{1-9\tan^2 t}}$

27 $\displaystyle\int_{\pi/6}^{\pi/3} \frac{\csc t \cot t}{1+9\csc^2 t}\,dt,\ u=3\csc t$

28 $\displaystyle\int_{\sqrt2/2}^{\sqrt3/2} \frac{\cos^{-1} x}{\sqrt{1-x^2}}\,dx$

29 $\displaystyle\int_{1}^{8} \frac{dt}{t^{2/3}(1+t^{2/3})}$

30 $\displaystyle\int_0^{2} \frac{\cot^{-1}(x/2)}{4+x^2}\,dx$

31 Calcule $\displaystyle\int \frac{dx}{\sqrt{a^2-b^2x^2}},\ b\neq 0.$

32 Calcule $\displaystyle\int \frac{du}{4u^2-4u+5}.$

33 Se $0 < x < \pi/2$, calcule $\displaystyle\int_{\cos x}^{\operatorname{sen} x} du/\sqrt{1-u^2}.$

34 Determine a área da região sob o gráfico de $y = 3/(9+x^2)$ entre $x = 0$ e $x = \sqrt3$.

35 Determine o volume do sólido gerado quando a região limitada pelos gráficos de $y = 1/\sqrt{1+x^2}$, $x = 1$, $x = 0$ e $y = 0$ gira em torno do eixo x.

36 Observe que $\pi = \displaystyle\int_0^{1/2} 6\,dx/\sqrt{1-x^2}$. Utilize a regra parabólica de Simpson's para $n = 2$ (quatro subintervalos) para estimar o valor desta integral definida e conseqüentemente para estimar π.

37 Prove o item (ii) do Teorema 1.

38 Prove o item (iii) do Teorema 1.

Conjunto de Problemas de Revisão

Nos exercícios de 1 a 4, calcule cada limite.

1 $\displaystyle\lim_{t\to 0} \frac{\operatorname{sen} 13t}{t}$

2 $\displaystyle\lim_{x\to 0} \frac{x}{\operatorname{sen} 47x}$

3 $\displaystyle\lim_{u\to 0} \frac{\operatorname{sen} 19u}{\operatorname{sen} 7u}$

4 $\displaystyle\lim_{x\to 0^+} \frac{\operatorname{sen} x}{1-\cos x}$

Nos exercícios de 5 a 28, diferencie cada função.

5 $f(x) = \operatorname{sen}(x+x^2)$

6 $g(t) = \operatorname{sen} t + 2\operatorname{sen} t^2$

7 $h(t) = \operatorname{sen}(\cos t)$

8 $g(x) = \dfrac{\operatorname{sen}(\cos x)}{x}$

9 $H(x) = \cos(x+\operatorname{sen} x)$

10 $f(\theta) = \tan^2 \theta \tan \theta^2$

FUNÇÕES TRIGONOMÉTRICAS E SUAS INVERSAS

11 $F(u) = \cot^3 (\tan 5u)$

12 $h(x) = \dfrac{\cot^2 x}{1 + \sec x}$

13 $g(x) = \dfrac{\sec^3 5x}{x^3}$

14 $f(x) = (x^2 + 7) \csc^3 x$

15 $G(t) = \sqrt{\tan 17t}$

16 $H(x) = (1 + \csc x)^{5/2}$

17 $f(x) = \sqrt[5]{\cos^{-1} (x^3 + 1)}$

18 $f(t) = \operatorname{sen}^{-1} \sqrt{3t}$

19 $F(u) = u^2 \tan^{-1} u^4$

20 $f(x) = (\sec^{-1} x)^2$

21 $f(x) = (\cot^{-1} x^2)^4$

22 $g(\theta) = \theta^3 \csc^{-1} 5\theta$

23 $H(t) = \dfrac{\cot^{-1} (t^2 + 1)}{t^4}$

24 $f(x) = \dfrac{\operatorname{sen}^{-1} x^2}{\sqrt{x^2 - 1}}$

25 $f(x) = \displaystyle\int_0^{\cos x} (5 + t^4)^{26} \, dt$

26 $g(u) = \displaystyle\int_1^{\operatorname{sen}^{-1} u} (17 + x^2)^{34} \, dx$

27 $h(x) = \displaystyle\int_1^{\tan^{-1} x} \left(\dfrac{1 - t^2}{1 + t^2}\right)^{14} dt$

28 $f(x) = \displaystyle\int_1^{\tan x^2} \dfrac{du}{16 + u^6}$

Nos exercícios de 29 a 32, determine dy/dx por diferenciação implícita.

29 $x \cos^{-1} (x + y) - \pi = y^2$

30 $y \tan x^2 - xy^4 = 15$

31 $3x \operatorname{sen}(x - y) + 107 = x^2 y$

32 $y \tan^{-1} x - x \tan^{-1} y = \pi/2$

Nos exercícios de 33 a 58, calcule cada integral.

33 $\displaystyle\int 3 \operatorname{sen} 6x \, dx$

34 $\displaystyle\int \left(\dfrac{\sec (1/x)}{x}\right)^2 dx$

35 $\displaystyle\int \dfrac{\sec^2 x}{\sqrt[5]{\tan x}} \, dx$

36 $\displaystyle\int \dfrac{dx}{\cos^2 (x/2)}$

37 $\displaystyle\int \dfrac{\sec 3x \tan 3x}{(\sec 3x + 8)^{10}} \, dx$

38 $\displaystyle\int \csc^2 (\operatorname{sen} x) \cos x \, dx$

39 $\displaystyle\int \cos (\sec x) \sec x \tan x \, dx$

40 $\displaystyle\int x \sec^2 5x^2 \, dx$

41 $\displaystyle\int \dfrac{\csc^2 4x \, dx}{(7 + 3 \cot 4x)^8}$

42 $\displaystyle\int \dfrac{\cos x}{(1 - \operatorname{sen} x)^4} \, dx$

43 $\displaystyle\int \dfrac{\sec^2 x \, dx}{\sqrt{1 + \tan x}}$

44 $\displaystyle\int \dfrac{\csc^2 x}{\sqrt{5 + \cot x}} \, dx$

45 $\displaystyle\int \dfrac{a + b \cos x}{(ax + b \operatorname{sen} x)^7} \, dx$

46 $\displaystyle\int \dfrac{\operatorname{sen} 5x}{(\cos 5x + 13)^2} \, dx$

47 $\displaystyle\int \dfrac{\operatorname{sen} x \, dx}{4 + \cos^2 x}$

48 $\displaystyle\int \dfrac{dx}{\operatorname{sen}^2 x \sqrt{1 - \cot^2 x}}$

49 $\displaystyle\int \dfrac{x \, dx}{\sqrt{9 - 2x^4}}$

50 $\displaystyle\int \dfrac{x \operatorname{sen}^{-1} x^2}{\sqrt{1 - x^4}} \, dx$

51 $\displaystyle\int \dfrac{x \cos x^2 \, dx}{\sqrt{9 - \operatorname{sen}^2 x^2}}$

52 $\displaystyle\int \dfrac{\sec u \tan u \, du}{\sqrt{16 - \sec^2 u}}$

53 $\displaystyle\int \dfrac{\cot^{-1} v \, dv}{1 + v^2}$

54 $\displaystyle\int \dfrac{\tan^{-1} (x/2)}{4 + x^2} \, dx$

55 $\displaystyle\int_0^{\sqrt{\pi}} x \operatorname{sen} x^2 \, dx$

56 $\displaystyle\int_0^{\pi/4} \operatorname{sen} \theta \cos \theta \sec \theta \csc \theta \, d\theta$

57 $\displaystyle\int_0^5 \dfrac{dx}{25 + x^2}$

58 $\displaystyle\int_0^{\sqrt{3}} \dfrac{x \, dx}{9 + x^4}$

59 Determine os valores de x no intervalo $(-2\pi, 2\pi)$ para os quais o gráfico de $f(x) = \cos x$ tem um ponto de inflexão.

60 Se g for definido por $g(x) = a \cos kx + b \operatorname{sen} kx$, mostre que g satisfaz à equação diferencial $g''(x) + k^2 g(x) = 0$.

61 Um projétil atirado do pé de um plano inclinado de $30°$ atingirá o plano inclinado a uma distância horizontal x dada pela equação

$$x = \dfrac{v_0^2}{g} \left[\operatorname{sen} 2\theta - \dfrac{1}{\sqrt{3}} (1 + \cos 2\theta)\right],$$

onde v_0 é a velocidade na boca da arma, θ é o ângulo de elevação do canhão, g é a aceleração da gravidade e a resistência do ar é desprezível (Fig. 1). Para que valor de θ o projétil atingirá a maior distância no plano inclinado?

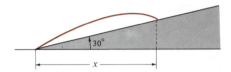

Fig. 1

62. Seja $f(x) = \cos 2x + 2\cos x$ para $-\pi \leq x \leq \pi$. Determine os pontos extremos do gráfico de f e esboce este gráfico.
63. Para que ponto (x,y) na elipse $x = 3\cos\theta$, $y = 4\sen\theta$, $0 \leq \theta \leq 2\pi$ a soma das coordenadas $x + y$ será máxima?
64. Uma haste fina (cujo peso pode ser ignorado) tem 40 centímetros de comprimento e passa através do centro de uma bolinha pesada que está fixada na haste a uma distância de 10 centímetros de uma extremidade. A haste é colocada em um buraco hemisférico de raio 40 centímetros e as extremidades levemente arredondadas da haste apóiam-se sem atrito nas paredes do hemisfério. Determine o ângulo que a haste faz com a horizontal quando ela finalmente permanece em equilíbrio. (No equilíbrio o centro de massa da haste e da bola está o mais baixo possível.)
65. Um cone circular reto cujas geratrizes fazem um ângulo θ com o seu eixo está inscrito em uma esfera de raio a. Para que valor de θ a área lateral do cone será a maior?
66. Uma calha deve ser feita a partir de uma longa folha de metal de 30 centímetros de largura, dobrando-se para cima em faixas de 10 centímetros de comprimento de cada lado, de modo que elas façam ângulos iguais θ com a vertical (Fig. 2). Para que ângulo θ a capacidade de transporte será máxima?
67. Uma escada de 25 metros de comprimento está apoiada contra um edifício. A que distância do edifício deve ser colocado o pé da escada para que haja o maior espaço livre sob a escada em um ponto a 7 metros do edifício?
68. De um ponto a $\frac{1}{2}$ quilômetro de uma estrada retilínea, um holofote é mantido focalizado em um carro que viaja ao longo da estrada a uma velocidade constante de 55 km/h. Com que velocidade estará o feixe de luz girando quando o carro estiver no ponto mais próximo da estrada?
69. Um balão é lançado do solo a 1000 metros de um observador e sobe verticalmente a uma velocidade de 20 m/s. Com que velocidade o ângulo de elevação varia na posição do observador quando o balão estiver a 2000 metros do solo?
70. Seja $y = \sen^{-1}(a\sen t) + \sen^{-1}[a\sen(2-t)]$, onde a é uma constante. Determine o valor de t que minimiza y.
71. Um triângulo isósceles tem uma base de 10 metros. Seu vértice está se movendo em linha reta para baixo em direção à base a uma taxa de 2 m/s. Qual a velocidade de variação do ângulo do vértice no instante em que o vértice estiver a 25 metros acima da base?
72. Um tanque de nitrogênio líquido tem a forma de um cilindro horizontal com raio de 2 metros e 10 metros de comprimento. O tanque tem uma saída que permite o escape do nitrogênio líquido vaporizado. No instante em que o tanque estiver pela metade, o nível de superfície do hidrogênio líquido estará descendo a uma taxa de 2 cm/h. Determine a taxa de evaporação, em metros cúbicos por hora, neste instante.
73. O ângulo BAC de um triângulo retângulo é calculado a partir de medidas do lado oposto $y = |\overline{BC}|$ e do lado adjacente $x = |\overline{AC}|$. (O ângulo ACB é o ângulo reto.) Utilize diferenciais para aproximar a possibilidade de erro no vapor calculado do ângulo BAC se as medidas de x e y estão sujeitas a um erro de no máximo 1%.
74. Uma viga de 30 metros de comprimento deve ser carregada horizontalmente por uma esquina de dois corredores que se interceptam em ângulo reto. Um corredor tem 10 metros de largura. Qual a largura do outro corredor se não considerarmos a espessura da viga?
75. Um triângulo isósceles cujos lados iguais têm, cada um, 6 centímetros tem o ângulo entre eles crescendo a uma taxa constante de 1° por minuto. Qual a velocidade de variação da área do triângulo?
76. Uma massa m esta suspensa do teto por uma mola sem massa, perfeitamente elástica e com constante k (unidades de força por unidade de distância). Um eixo vertical de referência s é estabelecido com a origem no nível de equilíbrio da massa (Fig. 3). A massa é puxada para baixo até um nível $s = -a$, onde $a > 0$, e a seguir é 0. A equação diferencial do movimento é $\dfrac{d^2s}{dt^2} + \dfrac{k}{m} s = 0$. As condições iniciais são $s = -a$ e $ds/dt = 0$ quando $t = 0$. Determine a equação do movimento, mostre que o movimento é periódico e calcule a freqüência de vibração da massa. (*Sugestão*: Veja o Exercício 60).

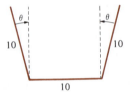

Fig. 2

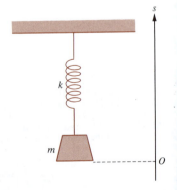

Fig. 3

9 FUNÇÕES LOGARÍTMICAS, EXPONENCIAIS E HIPERBÓLICAS

As funções algébricas e trigonométricas, embora úteis, não são suficientes para a aplicação da matemática à física, química, engenharia, economia e às ciências naturais. Logo, neste capítulo adicionamos as funções *exponenciais*, *logarítmicas* e *hiperbólicas* ao nosso repertório.

Todas as funções que podem ser construídas a partir das funções algébricas, trigonométricas, exponenciais e logarítmicas por adição, subtração, multiplicação, divisão, composição e inversão são chamadas funções *elementares*. Embora funções não-elementares por vezes tenham que ser utilizadas em matemática aplicada, as funções elementares serão suficientes para nossos propósitos neste livro.

1 A Função Logarítmica Natural

Relembrando cursos preliminares de cálculo, sabemos que, se $x = b^y$, então y é chamado o *logaritmo* de x na *base* b, e escrevemos $y = \log_b x$. Um esboço do gráfico da função $f(x) = \log_b x$ (Fig. 1) revela que f é contínua no intervalo $(0, \infty)$. Além disso, o gráfico parece ter uma reta tangente em todo ponto, logo f é evidentemente diferenciável.

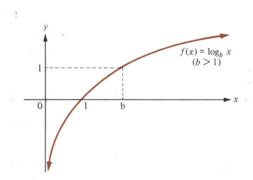

Fig. 1

Assumindo que a função $f(x) = \log_b x$ é diferenciável, poderemos calcular sua derivada da seguinte maneira: suponhamos que $b > 0$, $b \neq 1$ e $x > 0$.

Então

$$f'(x) = \lim_{\Delta x \to 0} \frac{f(x + \Delta x) - f(x)}{\Delta x} = \lim_{\Delta x \to 0} \frac{\log_b (x + \Delta x) - \log_b x}{\Delta x}$$

$$= \lim_{\Delta x \to 0} \frac{1}{\Delta x} \log_b \frac{x + \Delta x}{x} = \lim_{\Delta x \to 0} \frac{1}{x} \cdot \frac{x}{\Delta x} \log_b \left(1 + \frac{\Delta x}{x}\right)$$

$$= \frac{1}{x} \lim_{\Delta x \to 0} \frac{x}{\Delta x} \log_b \left(1 + \frac{\Delta x}{x}\right) = \frac{1}{x} \lim_{\Delta x \to 0} u \log_b \left(1 + \frac{1}{u}\right),$$

onde fizemos $u = x/\Delta x$. Quando Δx se aproxima de zero pela direita, u se aproxima de $+\infty$. Logo,

$$f'(x) = \frac{1}{x} \lim_{u \to +\infty} u \log_b \left(1 + \frac{1}{u}\right) = \frac{1}{x} \lim_{u \to +\infty} \log_b \left(1 + \frac{1}{u}\right)^u$$

$$= \frac{1}{x} \log_b \lim_{u \to +\infty} \left(1 + \frac{1}{u}\right)^u.$$

Se provisoriamente definirmos $e = \lim_{u \to +\infty} (1 + 1/u)^u$, considerando que o limite existe, então $f'(x) = (1/x) \log_b e$; isto é, $D_x \log_b x = (1/x) \log_b e$.

A constante e dada por $e = \lim_{u \to +\infty} (1 + 1/u)^u$ pode ser determinada com tantas casas decimais quantas forem necessárias por vários métodos — arredondada a 10 casas decimais, $e \approx 2,7182818285$. O símbolo e é utilizado em homenagem ao matemático suíço Leonardo Euler (1707-1789), que foi um dos primeiros a reconhecer a importância deste número.

A fórmula $D_x \log_b x = (1/x) \log_b e$ torna-se especialmente simples se escolhermos a base b como sendo a constante de Euler e, então $\log_b e = \log_e e$ $= 1$, de maneira que $D_x \log_e x = 1/x$. Segue daí que $\int \frac{1}{x} dx = \log_e x + C$ para $x > 0$; Logo.

$$\int_1^x \frac{1}{t} dt = [\log_e t] \Big|_1^x = \log_e x - \log_e 1 = \log_e x - 0 = \log_e x.$$

Infelizmente, a discussão acima sofre de um certo número de falhas lógicas devido ao fato de que, embora seja claro o que significa b^y quando y é um inteiro, ou mesmo um número racional, poderia haver algumas dúvidas sobre o significado de b^y quando y é um número não-racional. Por exemplo, o que $57^{\sqrt{2}}$ realmente representa? Esta dificuldade pode ser evitada se *começarmos com* a equação $\log_e x = \int_1^x 1/t \, dt$ como *definição* de um logaritmo e então utilizar logaritmos para definir b^y. Isto é exatamente o que faremos; entretanto para evitar a possibilidade de lógica circular, usaremos o símbolo "ln" em vez de "$\log_e$" para a função assim definida. Essas considerações nos conduz à seguinte definição.

DEFINIÇÃO 1   **A função logarítmica natural**

A função *logarítmica natural*, denotada por ln, é definida por

$$\ln x = \int_1^x \frac{1}{t} dt \ \text{ para } x > 0.$$

FUNÇÕES LOGARÍTMICAS, EXPONENCIAIS E HIPERBÓLICAS

Evidentemente, o domínio da ln é o intervalo $(0,\infty)$ e, para $x > 1$, ln x pode ser interpretado geometricamente como a área abaixo do gráfico de $y = 1/t$, $t > 0$, entre $t = 1$ e $t = x$ (Fig. 2). Da definição 1, temos:

$$\ln 1 = \int_1^1 \frac{1}{t}\, dt = 0.$$

também, para $0 < x < 1$, ln x é a área abaixo do gráfico de $y = 1/t$, $t > 0$, entre $t = x$ e $t = 1$ (Fig. 3), porém com sinal negativo.

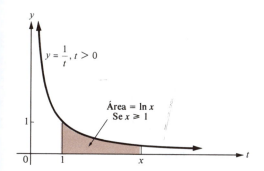

Fig. 2   Fig. 3

Em resumo, temos que ln $x < 0$ se $0 < x < 1$, ln $x = 0$ se $x = 1$, e ln $x > 0$ se $x > 1$.

1.1 A derivada do logaritmo natural

Como $\ln x = \int_1^x 1/t\, dt$ para $x > 0$, segue do teorema fundamental do cálculo que $D_x \ln x = 1/x$. Em geral vale o seguinte teorema.

TEOREMA 1 **A derivada de ln u**
Se u é uma função diferenciável de x e $u > 0$, então

$$D_x \ln u = \frac{1}{u} D_x u.$$

PROVA
Já sabemos pela definição de ln e do teorema fundamental do cálculo que $D_u \ln u = 1/u$. Logo pela regra da cadeia, $D_x \ln u = 1/u\, D_x u$

EXEMPLOS 1 Dado $y = \ln(5x + 7)$, ache $D_x y$

SOLUÇÃO
Aplicando o Teorema 1 com $u = 5x + 7$, temos

$$D_x y = \frac{1}{5x+7} D_x(5x+7) = \frac{5}{5x+7}.$$

2 Ache $D_x \ln \dfrac{x}{x+3}$.

SOLUÇÃO

$$D_x \ln \frac{x}{x+3} = \frac{x+3}{x} D_x\left(\frac{x}{x+3}\right) = \left(\frac{x+3}{x}\right)\left[\frac{3}{(x+3)^2}\right] = \frac{3}{x(x+3)}.$$

CÁLCULO

3 Dado $f(x) = 5x \ln \sqrt{\cos x}$, ache $f'(x)$.

SOLUÇÃO
Utilizando a regra de produto, temos

$$f'(x) = 5 \ln \sqrt{\cos x} + 5x \frac{1}{\sqrt{\cos x}} \cdot \frac{-\mathrm{sen}x}{2\sqrt{\cos x}}$$

$$= 5\left[\ln \sqrt{\cos x} - \frac{x}{2} \tan x\right].$$

4 Se $\ln (xy) + 3x + y = 5$, use a diferenciação implícita para achar dy/dx.

SOLUÇÃO
Aqui temos

$$\frac{d}{dx}(\ln xy) + \frac{d(3x)}{dx} + \frac{dy}{dx} = \frac{d}{dx} 5,$$

isto é, $\dfrac{1}{xy}\left(y + x\dfrac{dy}{dx}\right) + 3 + \dfrac{dy}{dx} = 0$. Então,

$$\frac{1}{x} + \frac{1}{y}\frac{dy}{dx} + 3 + \frac{dy}{dx} = 0 \quad \text{ou} \quad \frac{dy}{dx} = -\frac{3 + 1/x}{1 + 1/y} = -\frac{3xy + y}{xy + x}.$$

1.2 Integrais envolvendo logaritmos naturais

Para $u \neq 0$, temos

$$D_u|u| = D_u\sqrt{u^2} = \frac{2u}{2\sqrt{u^2}} = \frac{u}{|u|};$$

Logo, pelo Teorema 1

$$D_u \ln |u| = \frac{1}{|u|} D_u|u| = \frac{1}{|u|} \cdot \frac{u}{|u|} = \frac{u}{|u|^2} = \frac{u}{u^2} = \frac{1}{u}.$$

Reescrevendo a última equação em termos de antidiferenciação, nós obtemos o seguinte Teorema.

TEOREMA 2 **Integração de 1/u**

Para $u \neq 0$, $\displaystyle\int \frac{1}{u} du = \ln |u| + C.$

EXEMPLOS Calcule a integral.

1 $\displaystyle\int \frac{x}{x^2 + 7} dx$

SOLUÇÃO
Façamos a mudança de variável $u = x^2 + 7$, de maneira que $du = 2x\, dx$ e $x\, dx = \frac{1}{2} du$.
Então, como $x^2 + 7 > 0$, o Teorema 2 dá

$$\int \frac{x}{x^2 + 7} dx = \frac{1}{2} \int \frac{1}{u} du = \frac{1}{2} \ln |u| + C = \frac{1}{2} \ln |x^2 + 7| + C = \frac{1}{2} \ln (x^2 + 7) + C.$$

FUNÇÕES LOGARÍTMICAS, EXPONENCIAIS E HIPERBÓLICAS **431**

2 $\displaystyle\int \frac{(\ln x)^2}{x}\, dx$

SOLUÇÃO

Faça $u = \ln x$, logo $du = dx/x$, logo

$$\int \frac{(\ln x)^2}{x}\, dx = \int u^2\, du = \frac{u^3}{3} + C = \frac{(\ln x)^3}{3} + C.$$

3 $\displaystyle\int \tan x\, dx$

SOLUÇÃO

Notando que $\displaystyle\int \tan x\, dx = \int \frac{\text{sen } x}{\cos x}\, dx$, faremos $u = \cos x$, de maneira que $du = -\text{sen } x\, dx$.

Logo,

$$\int \tan x\, dx = -\int \frac{du}{u} = -\ln |u| + C = -\ln |\cos x| + C.$$

4 $\displaystyle\int_{-9}^{-5} \frac{dx}{x + 1}$

SOLUÇÃO

Fazendo $u = x + 1$, temos que $du = dx$. Quando $x = -9, u = -8$, e quando $x = -5, u = -4$. Logo,

$$\int_{-9}^{-5} \frac{dx}{x + 1} = \int_{-8}^{-4} \frac{du}{u} = \left(\ln |u|\right)\Big|_{-8}^{-4} = \ln |-4| - \ln |-8| = \ln 4 - \ln 8.$$

5 $\displaystyle\int_{0}^{\pi/4} \frac{\text{sen } 2x}{3 + 5 \cos 2x}\, dx$

SOLUÇÃO

Faça $u = 3 + 5 \cos 2x$, de maneira que $du = -10\, \text{sen } 2x\, dx$, ou $\text{sen } 2x\, dx = -\frac{1}{10}\, du$. Quando $x = 0, u = 8$, e quando $x = \pi/4, u = 3$. Logo,

$$\int_{0}^{\pi/4} \frac{\text{sen } 2x}{3 + 5 \cos 2x}\, dx = \int_{8}^{3} \frac{-\frac{1}{10}\, du}{u} = -\frac{1}{10} \int_{8}^{3} \frac{du}{u} = -\frac{1}{10} \ln |u| \Big|_{8}^{3}$$

$$= -\frac{1}{10}\, (\ln 3 - \ln 8) = \frac{1}{10}\, (\ln 8 - \ln 3).$$

Conjunto de Problemas 1

Dos exercícios 1 a 22, diferencie cada uma das funções

1 $f(x) = \ln (4x^2 + 1)$

2 $g(x) = \ln (\cos x^2)$

3 $f(x) = \text{sen}(\ln x)$

4 $f(t) = \tan^{-1} (\ln t)$

5 $g(x) = x - \ln (\text{sen } 6x)$

6 $H(x) = \ln (x + \cos x) - \tan^{-1} x$

7 $f(t) = \text{sen } t \ln (t^2 + 7)$

8 $G(x) = \ln (4x + x^2 + 5)$

9 $F(u) = \ln (\ln u)$

CÁLCULO

10 $f(x) = \ln (\csc x - \cot x)$

11 $h(x) = x \ln \dfrac{\sec x}{5}$

12 $f(r) = \ln \sqrt[5]{1 + 5r^3}$

13 $g(v) = \ln (v^2 \sqrt{v + 1})$

14 $g(t) = \ln (t^3 \ln t^2)$

15 $h(x) = \ln (\cos^2 x)$

16 $g(r) = r^2 \csc (\ln r^2)$

17 $f(x) = \dfrac{1}{6} \ln \dfrac{8x^2}{4x^3 + 1}$

18 $g(x) = \ln \sqrt[3]{\dfrac{x}{x^2 + 1}}$

19 $h(t) = \dfrac{\ln t}{t^3 + 5}$

20 $H(x) = \sqrt{\ln \dfrac{x}{x + 2}}$

21 $g(x) = \dfrac{\ln (\tan^2 x)}{x^2}$

22 $f(x) = \dfrac{\ln [\cot (x/3)]}{x}$

Dos exercícios 23 a 26, ache dy/dx por diferenciação implícita

23 $\ln \dfrac{x}{y} + \dfrac{y}{x} = 5$

24 $y = \ln |\sec x + \tan x| - \csc y$

25 $y \ln (\operatorname{sen} x) - xy^2 = 4$

26 $\ln y - \cos (x + y) = 2$

27 Ache $D_x \displaystyle\int_1^{\ln x} \cos t^2 \, dt$ utilizando a regra da cadeia e o teorema fundamental do cálculo.

28 Calcule dy/dx se $y = \displaystyle\int_1^{\cos x} \ln (\tan t^4) \, dt$.

Dos exercícios 29 a 40 calcule cada integral utilizando as substituições adequadas (em alguns problemas a sugestão apropriada é apresentada)

29 $\displaystyle\int \dfrac{dx}{7 + 5x}, u = 7 + 5x$

30 $\displaystyle\int \dfrac{\operatorname{sen} x}{9 + \cos x} \, dx$

31 $\displaystyle\int \cot x \, dx, u = \operatorname{sen} x$

32 $\displaystyle\int \dfrac{dx}{(x + 2) \ln (x + 2)}$

33 $\displaystyle\int \dfrac{\sec^2 (\ln 4x)}{x} \, dx, u = \ln 4x$

34 $\displaystyle\int \dfrac{dx}{3 \sqrt[3]{x^2} (1 + \sqrt[3]{x})}$

35 $\displaystyle\int \dfrac{4x \, dx}{x^2 + 7}$

36 $\displaystyle\int \dfrac{(\ln 5x)^2}{x} \, dx$

37 $\displaystyle\int \dfrac{\cos (\ln x)}{x} \, dx$

38 $\displaystyle\int \dfrac{\sec^2 x + \sec x \tan x}{\sec x + \tan x} \, dx$

39 $\displaystyle\int \dfrac{dx}{x \sqrt{1 - (\ln x)^2}}$

40 $\displaystyle\int \dfrac{dx}{x[1 + (\ln x)^2]}$

Dos exercícios 41 a 46 calcule cada uma das integrais definidas

41 $\displaystyle\int_{1/8}^{1/5} \dfrac{dx}{x}$

42 $\displaystyle\int_{0,01}^{10} \dfrac{dt}{t}$

43 $\displaystyle\int_1^{\sqrt{6}} \dfrac{x \, dx}{x^2 + 3}$

44 $\displaystyle\int_1^9 \dfrac{dx}{\sqrt{x} (1 + \sqrt{x})}$

45 $\displaystyle\int_1^4 \dfrac{\cos (\ln x) \, dx}{x}$

46 $\displaystyle\int_0^{\pi/2} \dfrac{\operatorname{sen} x}{2 - \cos x} \, dx$

47 Uma partícula se move ao longo do eixo s de maneira que sua velocidade em um tempo t segundos é $1/t + 1$ m/s. Se a partícula está na origem em $t = 0$, ache a distância que ela percorre durante o intervalo de tempo de $t = 0$ a $t = 3$.

48 Ache o comprimento do arco do gráfico de $y = x^2/4 - (\ln x)/2$ entre $(1, 1/4)$ e $(2, 1 - (\ln 2)/2)$

FUNÇÕES LOGARÍTMICAS, EXPONENCIAIS E HIPERBÓLICAS

2 Propriedades da Função Logarítmica Natural

Como a função logarítmica natural é definida por $\ln x = \int_1^x dt/t$ para $x > 0$,

nós poderemos utilizar as propriedades da integral para obtermos analiticamente as propriedades do ln. Por exemplo, nós já mostramos que ln é uma função diferenciável em $(0,\infty)$ com $D_x \ln x = 1/x$, de onde segue que ln é uma função contínua em $(0,\infty)$ (Teorema 1, Seção 2.2, Cap. 2). O Teorema seguinte estabelece uma das mais importantes propriedades do ln.

TEOREMA 1 **O logaritmo natural de um produto**
Se $a > 0$ e $b > 0$, então $\ln ab = \ln a + \ln b$

PROVA
Usando o Teorema 10 na Seção 3 do Cap. 6, temos

$$\ln ab = \int_1^{ab} \frac{dt}{t} = \int_1^a \frac{dt}{t} + \int_a^{ab} \frac{dt}{t} = \ln a + \int_a^{ab} \frac{dt}{t}.$$

Na última integral, faremos a substituição $t = au$, de maneira que $dt = a\,du$. Teremos também que $u = 1$ quando $t = a$, e $u = b$ quando $t = ab$. Logo,

$$\int_a^{ab} \frac{dt}{t} = \int_1^b \frac{a\,du}{au} = \int_1^b \frac{du}{u} = \ln b.$$

Segue então que $\ln ab = \ln a + \ln b$.

EXEMPLO Dado que $\ln 2 \approx 0{,}6931$ e $\ln 3 \approx 1{,}0986$, estime o valor de $\ln 6$.

SOLUÇÃO
Pelo Teorema 1, teremos

$$\ln 6 = \ln (2)(3) = \ln 2 + \ln 3 \approx 0{,}6931 + 1{,}0986 = 1{,}7917.$$

TEOREMA 2 **O logaritmo natural de um quociente**

Se $a > 0$ e $b > 0$, então $\ln \dfrac{a}{b} = \ln a - \ln b$.

PROVA
$a = (a/b)b$. Logo, pelo Teorema 1 $\ln a = \ln [(a/b)b] = \ln (a/b) + \ln b$. Resolvendo esta equação para $\ln (a/b)$, obteremos $\ln (a/b) = \ln a - \ln b$.

EXEMPLOS **1** Dado que $\ln 4 \approx 1{,}3863$ e $\ln 3 \approx 1{,}0986$, estime o valor de $\ln 3/4$

SOLUÇÃO
Pelo Teorema 2, teremos

$$\ln \tfrac{3}{4} = \ln 3 - \ln 4 \approx 1{,}0986 - 1{,}3863 = -0{,}2877.$$

2 Mostre que se $b > 0$, então $\ln (1/b) = -\ln b$.

SOLUÇÃO

$$\ln \frac{1}{b} = \ln 1 - \ln b = 0 - \ln b = -\ln b.$$

CÁLCULO

Como $\log_b x^k = k \log_b x$, poderemos esperar que $\ln x^k = k \ln x$. Entretanto, como já mencionamos, poderá haver dúvidas a respeito do significado de x^k quando k é um número irracional. Logo o Teorema seguinte estabelece a identidade desejada quando k é racional.

TEOREMA 3

O logaritmo natural de uma potência racional

Se $x > 0$ e k é um número racional, então $\ln x^k = k \ln x$.

PROVA

$$D_x \ln x^k = \frac{1}{x^k}\left(kx^{k-1}\right) = \frac{k}{x} \quad \text{e} \quad D_x k \ln x = k D_x \ln x = \frac{k}{x}; \text{ daí,}$$
$$D_x(\ln x^k - k \ln x) = k/x - k/x = 0.$$

Do Teorema 1 da Seção 2 do Cap. 5 vem que $\ln x^k - k \ln x = C$, onde C é uma constante. Fazendo $x = 1$ na última equação obteremos $C = \ln 1^k - k \ln 1 = \ln 1 - k \ln 1 = 0$. Logo, $\ln x^k - k \ln x = 0$, isto é, $\ln x^k = k \ln x$.

EXEMPLO

Dado $\ln 2 \approx 0{,}6931$, estime o valor de $\ln 2048$

SOLUÇÃO
Pelo Teorema 3, teremos que

$$\ln 2048 = \ln 2^{11} = (11) \ln 2 \approx (11)(0{,}6931) \approx 7{,}624.$$

como $D_x \ln x = 1/x > 0$ para $x > 0$, concluímos que ln é uma função crescente. De fato, teremos o seguinte Teorema:

TEOREMA 4

Monotonicidade do logaritmo natural

Se $0 < a < b$, então $\ln a < \ln b$. Logo, se $x > 0$, $y > 0$, e $\ln x = \ln y$, e teremos $x = y$.

PROVA
Já vimos que ln é uma função crescente, logo $0 < a < b$ implica que $\ln a < \ln b$. Suponhamos agora que $x > 0$, $y > 0$ e $\ln x = \ln y$. Então não poderemos ter $x < y$, pois $x < y$ implicaria em que $\ln x < \ln y$, contradizendo $\ln x = \ln y$. Analogamente, não poderemos ter $y < x$, pois $y < x$ implicaria que $\ln y < \ln x$, novamente contradizendo $\ln y = \ln x$. A única possibilidade restante é então $x = y$.

EXEMPLO

Resolva a equação $\ln (5 - 3x) + \ln (1 + x) = \ln 4$ para x.

SOLUÇÃO
Pelo Teorema 1, poderemos reescrever a equação dada como

$$\ln 4 = \ln (5 - 3x) + \ln (1 + x) = \ln [(5 - 3x)(1 + x)].$$

Usando o Teorema 4, veremos que a condição $\ln 4 = \ln [(5 - 3x)(1 + x)]$ implica que $4 = (5 - 3x)(1 + x)$, isto é, $4 = 5 + 2x - 3x^2$, ou $3x^2 - 2x - 1 = 0$. Fatorando esta última equação teremos que $(3x + 1)(x - 1) = 0$, logo $x = -1/3$ ou $x = 1$.

Note que $\ln (5 - 3x)$ e $\ln (1 + x)$ estão definidos apenas quando $5 - 3x > 0$ e $1 + x > 0$, logo teremos que verificar se estas inequações se realizam para as soluções propostas $x = -1/3$ e $x = 1$. Se $x = -1/3$, então $5 - 3x = 6 > 0$ e $1 + x = 2/3 > 0$; logo, $x = -1/3$ é uma solução. Analogamente, se $x = 1$, então $5 - 3x = 2 > 0$ e $1 + x = 2 > 0$; logo, $x = 1$ é também uma solução

2.1 O gráfico da função logaritmo natural

Para acharmos o valor de $\ln x$, é necessário calcular $\int_1^x 1/t \, dt$. Logo, por exemplo, para achar $\ln 2$, nós teremos que calcular $\int_1^2 1/t \, dt$. Como no Cap. 6, Seção 5.3, usaremos a regra de Simpson da parábola para estimarmos o

FUNÇÕES LOGARÍTMICAS, EXPONENCIAIS E HIPERBÓLICAS

valor desta última integral, e obteremos então a aproximação ln 2 ≈ 0,69325 com um erro não excedendo 0,001. Logo poderemos estar certos de que ln 2 está entre 0,69325 − 0,001 e 0,69325 + 0,001; isto é, 0,69225 ⩽ ln 2 ⩽ 0,69425. Arredondando para duas casas decimais, obteremos ln 2 ≈ 0,69. Segue-se então que

$$\ln 4 = \ln 2^2 = 2 \ln 2 \approx 2(0,69) = 1,38,$$
$$\ln 8 = \ln 2^3 = 3 \ln 2 \approx 3(0,69) = 2,07,$$
$$\ln \tfrac{1}{2} = -\ln 2 \approx -0,69,$$
$$\ln \tfrac{1}{4} = -\ln 4 \approx -1,38,$$
$$\ln \tfrac{1}{8} = -\ln 8 \approx -2,07, \text{ e assim por diante}$$

Das considerações acima, aliadas ao fato de que ln 1 = 0, poderemos organizar uma tabela rudimentar de valores *aproximados* da função logarítmica natural, que é útil no esboço do gráfico de $y = \ln x$ (Tabela A). (Uma Tabela mais extensa e mais precisa de valores do logaritmo natural é dada na Tabela II do Apêndice.) A Tabela A também mostra os valores correspondentes de $dy/dx = 1/x$. Como $dy/dx = 1/x > 0$, o gráfico de $y = \ln x$ está sempre subindo quando x cresce, e como $\dfrac{d^2 y}{dx^2} = \dfrac{d}{dx}\left(\dfrac{1}{x}\right) = -\dfrac{1}{x^2} < 0$, o gráfico é côncavo para baixo.

Tabela A

x	(valor aproximado) ln x	$D_x \ln x = \dfrac{1}{x}$
$\tfrac{1}{8}$	−2,07	8
$\tfrac{1}{4}$	−1,38	4
$\tfrac{1}{2}$	−0,69	2
1	0	1
2	0,69	$\tfrac{1}{2}$
4	1,38	$\tfrac{1}{4}$
8	2,07	$\tfrac{1}{8}$

Esta informação poderá agora ser usada para traçar o gráfico de $y = \ln x$ (Fig. 1). Infelizmente, este gráfico não torna claro se $y = \ln x$ torna-se arbitrariamente grande quando x cresce ou se o gráfico tem uma assíntota horizontal. Note, entretanto, que ln 4 ≈ 1,38, logo ln 4 > 1. Do Teorema 3

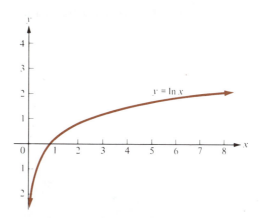

Fig. 1

vem então que, para qualquer inteiro positivo n, $\ln 4^n = n \ln 4 > (n)(1) = n$. A desigualdade $\ln 4^n > n$ mostra que $\ln x$ poderá ser feito tão grande quanto desejarmos tomando-se um x suficientemente grande. Por exemplo, para fazermos $\ln x$ maior que 1000 basta tomarmos x maior que 4^{1000}. Segue então que $\lim_{x \to +\infty} \ln x = +\infty$, logo o gráfico de $y = \ln x$ cresce sem limites e logo não tem assíntotas horizontais.

Como $\ln(1/t) = -\ln t$, temos que

$$\lim_{x \to 0^+} \ln x = \lim_{t \to +\infty} \ln \frac{1}{t} = \lim_{t \to +\infty} (-\ln t) = -\lim_{t \to +\infty} \ln t = -\infty.$$

Logo, $\ln x$ pode ser feito menor do que qualquer número dado, simplesmente tomando x suficientemente próximo de 0. Essas observações poderão ser usadas para provar o seguinte teorema:

TEOREMA 5 **Imagem do logaritmo natural**

A imagem do $\ln$ é o conjunto de todos os números reais $\mathbb{R}$.

PROVA
Teremos que provar que, dado qualquer número real y, existe um número real positivo x tal que $y = \ln x$. Como $\lim_{x \to +\infty} \ln x = +\infty$, existe um número real positivo b suficientemente grande para que $\ln b > y$. Como $\lim_{x \to 0^+} \ln x = -\infty$, existe um número real positivo a suficientemente pequeno para $\ln a < y$. Logo, como $\ln a < y < \ln b$ e $\ln$ é uma função contínua, o teorema do valor intermediário (Seção 1.1 do Cap. 3) implica que existe um valor x entre a e b tal que $\ln x = y$.

Os exemplos seguintes ilustram alguns dos usos das propriedades do logaritmo natural.

EXEMPLOS 1 O ar é comprimido isotermicamente de acordo com a equação $PV = C$, de um volume inicial $V_0 = 8$ metros cúbicos para um volume final de $V_1 = 1$ metro cúbico. Se a pressão inicial era $P_0 = 15$ N/m², qual foi o trabalho realizado?

SOLUÇÃO
Aqui teremos $C = P_0 V_0 = (15)(8) = 120$. O trabalho realizado durante a compressão isotérmica é dado por

$$W = \int_1^8 P\,dV = \int_1^8 \frac{C}{V}\,dV = C \int_1^8 \frac{1}{V}\,dV = C \ln |V| \Big|_1^8$$

$$= C(\ln 8 - \ln 1) = C \ln 8 = 120 \ln 8 \text{ joules-metro}$$

Da Tabela A-3 do Apêndice, $\ln 8 \approx 2{,}07$; logo,

$$W \approx (120)(2{,}07) \approx 248 \text{ joules-metro}$$

2 Esboce o gráfico da equação $y = \ln |x|$

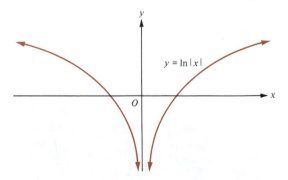

Fig. 2

FUNÇÕES LOGARÍTMICAS, EXPONENCIAIS E HIPERBÓLICAS

SOLUÇÃO
Como $\ln |x| = \ln |-x|$, o gráfico pedido é simétrico em relação ao eixo y. Para valores positivos de x, o gráfico coincide com o gráfico de $y = \ln x$. Logo o gráfico de $y = \ln |x|$ consiste do gráfico de $y = \ln x$ junto com a reflexão deste gráfico em relação do eixo y (Fig. 2).

3 Ache o volume do sólido gerado pela revolução da região limitada pelos gráficos de $y = x^{-1/2}$, $x = 1$, $x = 4$ e $y = 0$ em torno do eixo x.

SOLUÇÃO
Utilizando-se o método dos discos circulares, teremos

$$V = \int_1^4 \pi (x^{-1/2})^2 \, dx = \pi \int_1^4 \frac{1}{x} \, dx = \pi \left[\ln |x| \right]_1^4 = \pi [\ln |4| - \ln |1|] = \pi \ln 4.$$

Da Tabela A, $\ln 4 \approx 1,38$; logo $V \approx (3,14)(1,38) \approx 4,33$ unidades cúbicas.

Conjunto de Problemas 2

Nos exercícios de 1 a 6, considere apenas as informações seguintes e use as propriedades do logaritmo natural para estimarmos cada quantidade: $\ln 2 \approx 0,6931$, $\ln 3 \approx 1,0986$, $\ln 5 \approx 1,6094$.

1 $\ln 10$ **2** $\ln 0,6667$ **3** $\ln 100$

4 $\ln 66,67$ **5** $\ln 2,5$ **6** $\ln 25$

Nos exercícios 7 a 10, resolva cada equação para x.

7 $\ln (x - 1) + \ln (x - 2) = \ln 6$ **8** $\ln (x^2 - 4) + \ln (x - 2) = \ln 3$

9 $2 \ln (x - 2) = \ln x$ **10** $\ln (6 - x - x^2) - \ln (x + 3) = \ln (2 - x)$

Nos exercícios 11 a 17, esboce o gráfico de cada função. Indique o domínio e a imagem das funções. Indique também os pontos extremos e de inflexão dos gráficos e qualquer assíntota horizontal ou vertical que porventura exista.

11 $g(x) = \ln (2 - x)$ **12** $h(x) = \ln (-x)$ **13** $F(x) = \ln |x + 1|$ **14** $G(x) = \ln \dfrac{4}{x}$

15 $H(x) = x \ln x$ **16** $f(x) = \dfrac{x}{\ln x}$ **17** $L(x) = x - \ln x$

18 Esboce o gráfico da equação $x = \ln y$ para $y > 0$, use diferenciação implícita para achar a inclinação do gráfico no ponto $(\ln 2, 2)$.

19 Ache as equações das retas tangentes e normal à curva $y = x^2 \ln x$ no ponto $(2, 4 \ln 2)$.

20 Ache o trabalho executado durante uma compressão isotérmica de uma amostra de gás, de uma pressão inicial P_0 e um volume inicial V_0 até uma pressão final P_1.

21 A velocidade do sinal em um cabo telegráfico submarino é proporcional a $x^2 \ln (1/x)$, onde x é a razão entre os raios do núcleo e da cobertura do cabo. Para que valor desta razão a velocidade será máxima?

22 Um produto é vendido por Cr\$ 25,00 por unidade. O custo de produção C para x unidades é expresso pela equação $C = 250 + x (6 + 2 \ln x)$. Ache o número de unidades produzidas que leva ao maior lucro, considerando que todas as unidades produzidas são vendidas.

23 Considerando $a > 0$ e $b > 0$, ache $D_x \left[\dfrac{1}{2\sqrt{ab}} \ln \dfrac{x\sqrt{a} - \sqrt{b}}{x\sqrt{a} + \sqrt{b}} \right]$ e simplifique sua resposta.

24 Uma partícula está se movendo ao longo de uma linha reta de acordo com a equação de movimento $s = \ln \dfrac{8t}{4t^2 + 5}$. Ache a velocidade ds/dt e a aceleração d^2s/dt^2.

Nos exercícios 25 a 28, ache a área da região sob cada curva.

25 $y = \dfrac{1}{x}$ entre $x = -7$ e $x = -5$

26 $y = \dfrac{4}{x - 1}$ entre $x = 2$ e $x = 3$

27 $y = \dfrac{3}{x - 2}$ entre $x = 3$ e $x = 4$

28 $y = \dfrac{1}{2x - 1}$ entre $x = 2$ e $x = 3$

Nos exercícios 29 a 31, ache o volume dos sólidos gerados pela rotação das regiões limitadas pelas curvas dadas, em torno do eixo x.

29 $(1 + x^2)y^2 = x$, $x = 1$, $x = 4$, $y = 0$

30 $(x - 6)y^2 = x$, $x = 7$, $x = 10$, $y = 0$

31 $(x^2 + 2x)y^2 = x + 1$, $x = 1$, $x = 4$, $y = 0$

32 Sabendo-se que ln 10 ≈ 2,3025851, use diferenciais para estimarmos o valor de ln 10,007.

3 A Função Exponencial

Como $D_x \ln x = 1/x$ para $x > 0$, veremos que a função logarítmica natural tem uma derivada não-nula no intervalo aberto $(0,\infty)$. Logo, de acordo com o teorema da função inversa (Teorema 1, Seção 5.1, Cap. 2), ln é uma função inversível em $(0,\infty)$. Mais tarde provaremos que ln x é exatamente o mesmo que $\log_e x$, de onde se conclui que a inversa de ln é a função $f(x) = e^x$. Antecipando-nos a esse resultado, iremos nos referir à inversa do ln como a *função exponencial*. Logo, estabeleceremos a seguinte definição.

DEFINIÇÃO 1   **A função exponencial**

A inversa da função logarítmica natural é chamada *função exponencial*. Denotaremos a função exponencial por exp.

Logo, por definição, $y = \exp x$ é equivalente a $x = \ln y$. Por exemplo: Da Tabela II do Apêndice, $1{,}1378 \approx \ln 3{,}12$; logo, $\exp 1{,}1378 \approx 3{,}12$. Analogamente, $\exp 0{,}9163 \approx 2{,}5$, pois $0{,}9163 \approx \ln 2{,}5$. Logo, (aproximadamente) valores de $\exp x$ poderão ser achados simplesmente lendo a tabela de valores do logaritmo natural "ao contrário". Por conveniência a Tabela III do Apêndice dá (aproximadamente) valores da função exponencial diretamente. Por exemplo: desta última tabela, $\exp 1{,}6 \approx 4{,}9530$ e $\exp 2{,}9 \approx 18{,}174$.

Como o domínio de ln é $(0,\infty)$, segue que a imagem de exp é $(0,\infty)$. Da mesma maneira, como a imagem de ln é o conjunto $\mathbb{R}$ de todos os números reais, $\mathbb{R}$ também é o domínio de exp. Como exp é a inversa de ln, o gráfico de exp é obtido refletindo-se o gráfico de ln em relação à reta $y = x$ (Fig. 1).

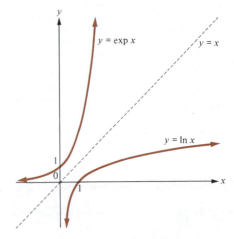

Fig. 1

FUNÇÕES LOGARÍTMICAS, EXPONENCIAIS E HIPERBÓLICAS

Do gráfico de $y = \exp x$, notaremos que $\exp x > 0$ para todos os valores de x em $\mathbb{R}$. Teremos também que,

$$0 < \exp x < 1 \quad \text{se } x < 0,$$

$$\exp x = 1 \quad \text{se } x = 0, \quad \text{e}$$

$$\exp x > 1 \quad \text{se } x > 0.$$

O fato de que $\exp 0 = 1$ (que, mais tarde, veremos que corresponde ao fato de que $e^0 = 1$) é utilizado livremente no que se segue. A Fig. 1 também mostra que

$$\lim_{x \to -\infty} \exp x = 0 \quad \text{e} \quad \lim_{x \to +\infty} \exp x = +\infty.$$

3.1 Propriedades da função exponencial

Como conseqüência de exp ser a inversa de ln, teremos

$1 \exp (\ln x) = x$ para $x > 0$.

$2 \ln (\exp x) = x$ para todos os valores de x.

As relações 1 e 2 poderão ser usadas para estabelecer várias das propriedades básicas da função exponencial. Por exemplo, teremos o seguinte teorema.

TEOREMA 1   **Propriedades básicas da função exponencial**

Se x e y são dois números reais quaisquer e k é um número racional, então

(i) $\exp (x + y) = (\exp x)(\exp y).$

(ii) $\exp (kx) = (\exp x)^k.$

(iii) $\exp (x - y) = \dfrac{\exp x}{\exp y}.$

PROVA

(i) Seja $A = \exp x$, de maneira que $x = \ln A$, e seja $B = \exp y$, de maneira que $y = \ln B$. Pelo Teorema 1 da Seção 2, $\ln A + \ln B = \ln (AB)$; logo, $x + y = \ln (AB)$, segue-se então que

$$\exp (x + y) = \exp [\ln (AB)] = AB = (\exp x)(\exp y).$$

(ii) Façamos novamente $A = \exp x$, de modo que $x = \ln A$. Pelo Teorema 3 da Seção 2, $kx = k \ln A = \ln A^k$; logo,

$$\exp (kx) = \exp (\ln A^k) = A^k = (\exp x)^k.$$

(iii) A prova da parte (iii) é deixada como exercício (exercício 61).

Substituiremos agora nossa definição provisória de e por uma definição formal baseada nas definições oficiais de ln e exp. A maneira pela qual isto deveria ser feito vem do resultado antecipado de que $\exp x = e^x$. Fazendo $x = 1$, deveríamos ter $\exp 1 = e$. Isto nos leva à seguinte definição formal da constante e:

DEFINIÇÃO 2   **A constante e**

Por definição, $e = \exp 1$; isto é, e é o número real positivo para o qual $\ln e = 1$.

Da Tabela II do Apêndice, o número e que posssui logaritmo natural 1 é dado aproximadamente por $e \approx 2,72$. Utilizando-se métodos mais precisos, poderemos mostrar que e é um número irracional, $e = 2,71828182845904523536 \ldots$ Graficamente, e é determinado pela condi-

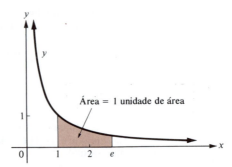

Fig. 2

ção de que a área $\int_1^e 1/x\, dx$ entre $x = 1$ e $x = e$ sob o gráfico de $y = 1/x$ seja exatamente uma unidade quadrada (Fig. 2).

Combinando a definição de e com a parte (ii) do Teorema 1, obteremos o seguinte resultado.

TEOREMA 2 **A exponencial de um número racional**
Se k é um número racional, então $\exp k = e^k$.

PROVA
Façamos $x = 1$ na parte (ii) do Teorema 1 para obtermos $\exp k = (\exp 1)^k$. Pela definição 2, $\exp 1 = e$; logo $\exp k = e^k$, como desejado.

Pelo Teorema 2, $e^x = \exp x$ vale para todos os números racionais x, logo é razoável perguntar se isso também vale quando x é irracional. Entretanto, como nós já dissemos, se x é irracional, talvez não seja claro o que significa e^x. Para que isso fique claro de uma vez por todas, *definiremos* simplesmente e^x como sendo $\exp x$ quando x é irracional.

DEFINIÇÃO 3 **Definição de e^x para valores irracionais de x**
Se x é um número irracional, definiremos e^x da seguinte maneira:

$$e^x = \exp x$$

Pelo Teorema 2 e Definição 3, $e^x = \exp x$ vale para todos os números reais x, independentemente se forem racionais ou irracionais. Logo, $\ln e^x = \ln (\exp x) = x$; isto é, e^x é o número cujo logaritmo natural é x. Analogamente, $e^{\ln x} = \exp(\ln x) = x$ vale para $x > 0$. Em resumo teremos:

1 $y = e^x$ se e somente se $x = \ln y$
2 $e^{\ln x} = x$ para $x > 0$
3 $\ln e^x = x$ para todos os valores de x
4 $e^{x+y} = e^x e^y$ para todos os valores de x e y
5 $e^{kx} = (e^x)^k$ para todos os valores de x e todos os números racionais k.
6 $e^{x-y} = e^x/e^y$ para todos os valores de x e y

É claro que as propriedades 4, 5 e 6 são apenas as partes (i), (ii), e (iii), respectivamente, do Teorema 1, reescrito utilizando a Definição 3.

EXEMPLO Simplifique cada uma das seguintes expressões:

(a) $e^{\ln a}$ (b) $e^{-2+2\ln 3}$ (c) $\ln e^{5x}$ (d) $\dfrac{e^{\ln(x^2-9)}}{x-3}$

SOLUÇÃO

(a) $e^{\ln a} = a$.
(b) $e^{-2+2\ln 3} = e^{-2}e^{2\ln 3} = (e^2)^{-1}(e^{\ln 3^2}) = (e^2)^{-1}(3^2) = 9/e^2$.
(c) $\ln e^{5x} = 5x$.
(d) $\dfrac{e^{\ln(x^2-9)}}{x-3} = \dfrac{x^2-9}{x-3} = x+3$, para $x \neq 3$.

FUNÇÕES LOGARÍTMICAS, EXPONENCIAIS E HIPERBÓLICAS 441

3.2 Diferenciação da função exponencial

Daqui por diante, poderemos usar tanto a notação e^x ou a notação $\exp x$ para a inversa de ln no ponto x. O Teorema da Função Inversa pode agora ser utilizado para obtermos a derivada $D_x e^x$. O resultado — que é notável — é dado pelo seguinte teorema:

TEOREMA 3   **A derivada da função exponencial**

A função exponencial é a sua própria derivada, isto é, $D_x e^x = e^x$.

A prova formal do Teorema 3 pode ser obtida usando o Teorema da função inversa (Teorema 1, Seção 5.1, Cap. 2). Porém a seguinte prova informal é provavelmente mais clara: seja $y = e^x$, logo $x = \ln y$. Diferenciando em ambos os lados esta última equação, em relação a x, obteremos $1 = (1/y) D_x y$, isto é, $D_x y = y$, ou $D_x e^x = e^x$.

Combinando o resultado do Teorema 3 com a regra da cadeia, veremos que, se u é uma função diferenciável de x, então

$$D_x e^u = e^u D_x u.$$

EXEMPLOS 1   Se $y = e^{x^2 + x}$, ache $D_x y$

SOLUÇÃO

$$D_x y = D_x e^{x^2 + x} = e^{x^2 + x} D_x (x^2 + x) = e^{x^2 + x}(2x + 1).$$

2   Determine $f'(x)$ se $f(x) = e^{\cos x}$

SOLUÇÃO

$$f'(x) = e^{\cos x} D_x \cos x = e^{\cos x}(-\operatorname{sen} x) = -\operatorname{sen} x \, e^{\cos x}.$$

3   Se $xe^u = \tan^{-1} x$, use diferenciação implícita para obter dy/dx

SOLUÇÃO

$$\frac{d}{dx}(xe^y) = \frac{d}{dx} \tan^{-1} x, \quad \text{daí} \quad e^y + xe^y \frac{dy}{dx} = \frac{1}{1 + x^2}.$$

Resolvendo para dy/dx, obteremos

$$\frac{dy}{dx} = \frac{1}{(1 + x^2)xe^y} - \frac{e^y}{xe^y} = \frac{1}{(1 + x^2)\tan^{-1} x} - \frac{1}{x}.$$

4   A *função densidade da probabilidade normal* f é definida na teoria das probabilidades pela equação

$$f(x) = \frac{1}{\sigma\sqrt{2\pi}} \exp\left[\frac{-(x - \mu)^2}{2\sigma^2}\right],$$

onde σ e μ são constantes denominadas *desvio padrão* e *média*, respectivamente, e $\sigma > 0$. Para que valor de x, $f(x)$ é máxima, e qual é o valor máximo de $f(x)$?

SOLUÇÃO

$$f'(x) = \frac{1}{\sigma\sqrt{2\pi}}\left\{\exp\left[-\frac{(x-\mu)^2}{2\sigma^2}\right]\right\} D_x\left[-\frac{(x-\mu)^2}{2\sigma^2}\right]$$

$$= \frac{1}{\sigma\sqrt{2\pi}}\left\{\exp\left[-\frac{(x-\mu)^2}{2\sigma^2}\right]\right\}\left[-\frac{x-\mu}{\sigma^2}\right].$$

CÁLCULO

Como $\exp[-(x-\mu)^2/2\sigma^2]$ não pode ser zero (lembre-se de que $\exp x > 0$ vale para todos os valores de x), $f'(x) = 0$ quando $-(x-\mu)/\sigma^2 = 0$, isto é, quando $x = \mu$. Como $f'(x) > 0$ para $x < \mu$ e $f'(x) < 0$ para $x > \mu$ (por quê?), segue que f tem um valor máximo quando $x = \mu$. Este valor máximo é dado por $f(\mu) = \dfrac{1}{\sigma\sqrt{2\pi}} \exp 0 = \dfrac{1}{\sigma\sqrt{2\pi}}$.

3.3 Integração de e^u

O Teorema 3 pode agora ser utilizado para se obterem as seguintes fórmulas importantes de integrais:

TEOREMA 4 **Integração de e^u**

$$\int e^u\, du = e^u + C.$$

PROVA
Pelo Teorema 3, $D_u e^u = e^u$; isto é, e^u é a antiderivada de e^u.

EXEMPLOS 1 Calcule $\displaystyle\int e^{4x}\, dx$

SOLUÇÃO
Faça $u = 4x$, então $du = 4dx$ e $dx = 1/4\, du$. Logo, pelo Teorema 4

$$\int e^{4x}\, dx = \int e^u\left(\tfrac{1}{4}\, du\right) = \tfrac{1}{4}\int e^u\, du = \tfrac{1}{4}e^u + C = \tfrac{1}{4}e^{4x} + C.$$

2 Calcule $\displaystyle\int x^2\, e^{x^3}\, dx$.

SOLUÇÃO
Faça $u = x^3$, então $du = 3x^2\, dx$, ou $x^2\, dx = 1/3\, du$. Logo,

$$\int x^2 e^{x^3}\, dx = \tfrac{1}{3}\int e^u\, du = \tfrac{1}{3}e^u + C = \tfrac{1}{3}e^{x^3} + C.$$

3 Determine $\displaystyle\int \frac{e^x\, dx}{\sqrt{1 - e^{2x}}}$.

SOLUÇÃO
Fazendo $u = e^x$, e notando que $du = e^x\, dx$ e que $e^{2x} = (e^x)^2 = u^2$, temos

$$\int \frac{e^x\, dx}{\sqrt{1 - e^{2x}}} = \int \frac{du}{\sqrt{1 - u^2}} = \operatorname{sen}^{-1} u + C = \operatorname{sen}^{-1} e^x + C.$$

4 Determine o volume V do sólido gerado pela rotação da região limitada pelas curvas e^{-4x}, $x = 0$, $x = 2$ e $y = 0$, em torno do eixo x.

SOLUÇÃO
Pelo método dos discos circulares $V = \displaystyle\int_0^2 \pi(e^{-4x})^2\, dx = \pi \int_0^2 e^{-8x}\, dx$. Fazendo $u = -8x$, teremos $du = -8dx$ e $dx = -1/8\, du$. Quando $x = 0$, $u = 0$, e quando $x = 2$, $u = -16$. Logo,

$$V = \pi \int_0^{-16} e^u\left(-\frac{1}{8}\, du\right) = -\frac{\pi}{8}\int_0^{-16} e^u\, du = -\frac{\pi}{8} e^u \Big|_0^{-16}$$

$$= -\frac{\pi}{8}(e^{-16} - 1) = \frac{\pi}{8}(1 - e^{-16}).$$

FUNÇÕES LOGARÍTMICAS, EXPONENCIAIS E HIPERBÓLICAS

Como $e > 2$, $e^{-1} < 2^{-1}$, então

$$e^{-16} = (e^{-1})^{16} < (2^{-1})^{16} = 2^{-16} = \frac{1}{2^{16}} = \frac{1}{65,536}.$$

Logo, e^{-16} é muito pequeno, então $V \approx \pi/8 \approx 0,39$ unidades cúbicas.

Conjunto de Problemas 3

1 Simplifique cada expressão

(a) $e^{\ln 5}$ 　　　　　(b) $e^{-3 \ln 2}$ 　　　　　(c) $e^{3 + 4 \ln 2}$ 　　　　　(d) $\ln e^{1/x}$

(e) $\ln e^{x - x^2}$ 　　　　(f) $e^{-\ln (1/x)}$ 　　　　(g) $\ln e^{x^2 - 4}$ 　　　　(h) $e^{(\ln x^2) - 4}$

(i) $\dfrac{e^{\ln (x^2 - 4)}}{x + 2}$ 　　　(j) $e^{\ln x - 3 \ln y}$

2 Resolva as seguintes equações para x:

(a) $2e^x + 1 = e^{-x}$ 　　　　(b) $e^x + 20e^{-x} = 21$

Nos exercícios 3 a 24, ache a derivada de cada função

3 $f(x) = e^{7x}$ 　　　　　　**4** $g(t) = (e^{4t})^3$ 　　　　　　**5** $g(x) = e^{\ln x^3}$

6 $f(u) = \exp (\operatorname{sen} u)$ 　　　　**7** $f(x) = \cos (\exp x)$ 　　　　**8** $g(x) = e^{-x} \cos 2x$

9 $f(t) = e^{-2t} \operatorname{sen} t$ 　　　**10** $g(r) = \tan^{-1} (\exp r)$ 　　　**11** $h(x) = e^{x^2 + 5 \ln x}$

12 $F(x) = \exp \sqrt{4 - x^2}$ 　　**13** $f(t) = e^{t \ln t}$ 　　　　**14** $g(x) = e^{x^2} \cot 4x$

15 $h(x) = \sec^{-1} (e^{3x})$ 　　**16** $f(x) = e^{\sqrt{x}} \ln \sqrt{x}$ 　　**17** $G(s) = (1 - e^{3s})^2$

18 $f(t) = \dfrac{e^{2t}}{e^t + 1}$ 　　　**19** $f(x) = \dfrac{1}{\sqrt{2\pi}} \exp\left(-\dfrac{x^2}{2}\right)$ 　　　**20** $f(t) = \ln \dfrac{e^t}{t + 1}$

21 $f(x) = (8x^2 - 3x + 1)e^{-x}$ 　　**22** $H(r) = \displaystyle\int_1^{e^r} \sqrt{1 + t^2}\, dt$

23 $g(\theta) = \theta^3 \operatorname{sen}(e^\theta)$ 　　　**24** $f(x) = e^{-3x}(3 \cos x + \operatorname{sen} 2x)$

Nos exercícios 25 a 28, use diferenciação implícita para determinar dy/dx

25 $y(1 + e^x) - xy^2 = 7$ 　　　　**26** $e^y - \operatorname{sen}(x + y) = 2$

27 $x \operatorname{sen} y = e^{x + y}$ 　　　　　**28** $e^{-x} \ln y + e^y \ln x = 4$

29 Mostre que $y = e^{-3x}$ satisfaz a equação diferencial $y'' + 2y' - 3y = 0$.

30 Mostre que $y = 5x\, e^{-4x}$ satisfaz a equação diferencial $\dfrac{d^2 y}{dx^2} + 8 \dfrac{dy}{dx} + 16y = 0$.

Nos exercícios 31 a 48, determine o valor de cada integral. (Em alguns casos a substituição necessária é sugerida.)

31 $\displaystyle\int e^{3x}\, dx$ 　　　　**32** $\displaystyle\int e^{-7x}\, dx$ 　　　　**33** $\displaystyle\int e^{5x + 3}\, dx, u = 5x + 3$

34 $\displaystyle\int e^{-4x + 5}\, dx$ 　　　**35** $\displaystyle\int xe^{5x^2}\, dx, u = 5x^2$ 　　　**36** $\displaystyle\int e^{\operatorname{sen} x} \cos x\, dx$

37 $\displaystyle\int \dfrac{e^x\, dx}{1 + e^{2x}}, u = e^x$ 　　**38** $\displaystyle\int \dfrac{e^{\sqrt[3]{x}}}{\sqrt[3]{x^2}}\, dx$ 　　　**39** $\displaystyle\int \dfrac{3e^x\, dx}{\sqrt{e^x + 4}}, u = e^x + 4$

40 $\int \dfrac{5e^{-3x}}{(e^{-3x}+7)^8}\, dx$

41 $\int e^{\cot x}\csc^2 x\, dx, u = \cot x$

42 $\int e^{\sec x}\sec x \tan x\, dx$

43 $\displaystyle\int_0^1 e^{2x}\, dx$

44 $\displaystyle\int_0^{\ln 5} e^{-3x}\, dx$

45 $\displaystyle\int_0^1 2x^2(e^{x^3}+1)\, dx$

46 $\displaystyle\int_1^2 (1+e^{-x})^2\, dx$

47 $\displaystyle\int_0^{\pi/2} e^{\operatorname{sen} 2x}\cos 2x\, dx$

48 $\displaystyle\int_0^1 \dfrac{3+e^{4x}}{e^{4x}}\, dx$

Nos exercícios 49 a 51, esboce o gráfico de cada função e indique os intervalos onde a função é crescente, decrescente, côncava para cima e côncava para baixo. Indique também a localização de todos os pontos extremos, pontos de inflexão e assíntotas.

49 $f(x) = e^{-3x}$ **50** $f(x) = e^{-x^2}$ **51** $f(x) = xe^{-x}$

52 Ache o valor mínimo de f se $f(x) = 3e^{4x} + 5e^{-5x}$.

53 O potencial total de audiência para uma campanha publicitária é cerca de 10.000. O retorno médio por resposta é Cr\$ 3,00 e o custo da campanha é Cr\$ 300,00 por dia, mais um custo fixo de Cr\$ 500,00. Para maximizar o lucro, ache o número de dias que a campanha deva continuar se o número de respostas y é dado em relação ao número de dias da campanha t por $y = (1 - e^{-0.25t})(10.000)$.

54 Seja $f(x) = e^x - 1 - x$. Mostre que $f'(x) \geq 0$ se $x \geq 0$ e que $f'(x) \leq 0$ se $x \leq 0$. Use este fato para provar que $e^x \geq 1 + x$ e que $e^{-x} \geq 1 - x$.

55 Se o valor de uma certa propriedade em um tempo de t anos é dado pela equação $V = $ Cr\$ 20.000 $-$ Cr\$ 10.000$e^{-0,1t}$, determine a taxa de mudança de V em relação à t quando $t = 5$ anos.

56 Se a interseção com x da tangente à curva $y = e^{-x}$ em um ponto variável (por quê?) está crescendo a uma taxa de 5 unidades por segundo, encontre a taxa na qual a interseão com y está mudando, quando a interseção com x é 10 unidades.

57 A pressão atmosférica em uma altitude de h metros acima do nível do mar é dada por $P = 15\,e^{-0,0004h}$ N/m². Um jato está subindo 10.000 metros a uma taxa de 1000 m/min. Ache a taxa de mudança da pressão externa do ar medida por um barômetro no interior do avião.

58 Determine a área sob a curva $y = e^{2x} - x$ entre $x = 1$ e $x = 5$.

59 Determine a área limitada pelas curvas $y = e^{2x}$, $y = e^{3x}$ e $x = 1$.

60 Determine o volume do sólido gerado pela rotação da região sob a curva $y = e^{2x}$ entre $x = 0$ e $x = 2$ em torno do eixo x.

61 Termine a prova do Teorema 1 demonstrando que $\exp (x - y) = \exp x / \exp y$.

62 Determine o comprimento do arco do gráfico de $y = \dfrac{e^x + e^{-x}}{2}$ de $(0,1)$ a

$$\left(1, \frac{e + e^{-1}}{2}\right).$$

4   Funções Exponenciais e Logarítmicas com Bases Diferentes de e

Nesta seção utilizaremos o logaritmo natural e a função exponencial para definirmos b^x e $\log_b x$ para valores da base b diferentes de e. É claro que, b^k já está definido quando $b > 0$ e k é racional. De fato teremos o seguinte teorema:

TEOREMA 1 b^k **para** $b > 0$ **e** k **racional**

Se $b > 0$ e k é um número racional, então $b^k = e^{k \ln b}$.

PROVA
Pela parte (ii) do Teorema 1 na Seção 3.1, teremos $[\exp (\ln b)]^k = \exp (k \ln b)$, isto é, $(e^{\ln b})^k = e^{k\ln b}$. Como $e^{\ln b} = b$, vem que $b^k = e^{k\ln b}$.

FUNÇÕES LOGARÍTMICAS, EXPONENCIAIS E HIPERBÓLICAS

O Teorema 1 nos dá a chave da definição apropriada de b^x quando x é irracional. Logo daremos a seguinte definição:

DEFINIÇÃO 1 **Definição de b^x para valores de x irracionais**

Se $b > 0$ e x é irracional, definiremos $b^x = e^{x \ln b}$.

Como uma conseqüência do Teorema 1 e da definição 1, $b^x = e^{x \ln b}$ vale para todos os valores reais de x, sendo $b > 0$.

EXEMPLO Utilizando as Tabelas II e III do Apêndice, estime o valor de $\pi^{\sqrt{7}}$.

SOLUÇÃO

$$\pi^{\sqrt{7}} = e^{\sqrt{7} \ln \pi} \approx e^{2,65 \ln 3,14} \approx e^{(2,65)(1,14)} \approx e^{3,02} \approx 20,5.$$

4.1 Propriedades básicas de b^x

Utilizando a equação $b^x = e^{x \ln b}$ e as propriedades conhecidas da função exponencial, poderemos agora deduzir as propriedades básicas de b^x.

TEOREMA 2 **Leis dos expoentes**

Sejam x e y números reais e suponhamos que a e b são números reais positivos. Então:

(i) $b^x b^y = b^{x+y}$.

(ii) $\dfrac{b^x}{b^y} = b^{x-y}$.

(iii) $(b^x)^y = b^{xy}$.

(iv) $(ab)^x = a^x b^x$.

(v) $\left(\dfrac{a}{b}\right)^x = \dfrac{a^x}{b^x}$.

(vi) $b^{-x} = \dfrac{1}{b^x}$.

(vii) $\ln b^x = x \ln b$.

PROVA

Provaremos (i), (iii), (iv) e (v) e deixaremos (ii), (vi) e (vii) como exercícios (exercícios 51, 52 e 53):

(i) $b^x b^y = e^{x \ln b} e^{y \ln b} = e^{x \ln b + y \ln b} = e^{(x+y) \ln b} = b^{x+y}$.

(iii) Como $\ln e^{x \ln b} = x \ln b$, segue-se que $\ln b^x = x \ln b$. Logo $(b^x)^y = e^{y \ln b^x} = e^{yx \ln b} = b^{yx} = b^{xy}$.

(iv) $(ab)^x = e^{x \ln ab} = e^{x(\ln a + \ln b)} = e^{x \ln a + x \ln b} = e^{x \ln a} e^{x \ln b} = a^x b^x$.

(v) $\left(\dfrac{a}{b}\right)^x = e^{x \ln (a/b)} = e^{x(\ln a - \ln b)} = e^{x \ln a - x \ln b} = \dfrac{e^{x \ln a}}{e^{x \ln b}} = \dfrac{a^x}{b^x}$.

De acordo com a regra de potência (Teorema 3, Seção 5.2, Cap. 2), $D_x x^k = k\, x^{k-1}$ vale para $x > 0$ e k um expoente racional constante. O seguinte teorema generaliza a regra de potência para expoentes (constantes) arbitrários.

TEOREMA 3 **Regra geral de potências**

Seja c um número real constante e suponhamos que u é uma função diferenciável de x. Então para $u > 0$, $D_x u^c = cu^{c-1} D_x u$

PROVA

$$D_x u^c = D_x e^{c \ln u} = e^{c \ln u} D_x(c \ln u) = u^c \left(c\, \dfrac{D_x u}{u}\right) = cu^{c-1} D_x u.$$

446   **CÁLCULO**

EXEMPLOS   Diferencie a função dada

1 $f(x) = x^{-e} + e^{-x}$

SOLUÇÃO
Utilizando o Teorema 3 para diferenciar x^{-e}, teremos

$$f'(x) = D_x(x^{-e}) + D_x(e^{-x}) = (-e)x^{-e-1} + e^{-x}D_x(-x) = -ex^{-e-1} - e^{-x}.$$

2 $g(x) = (x^3 + 1)^\pi.$

SOLUÇÃO

$$g'(x) = D_x(x^3 + 1)^\pi = \pi(x^3 + 1)^{\pi-1}D_x(x^3 + 1) = \pi(x^3 + 1)^{\pi-1}(3x^2).$$

Quando aplicarmos a regra geral de potências, é importante notar que a *base é a variável* e que o *expoente é constante*. Porém, se a *base for constante* e o *expoente variável*, poderemos calcular a derivada utilizando a fórmula $b^x = e^{x \ln b}$. Por exemplo, $D_x2^x = D_xe^{x \, \mathrm{lb} \, 2} = e^{x \ln 2}D_x(x \ln 2) = 2^x(\ln 2)$. No caso geral, teremos o seguinte teorema:

TEOREMA 4   **A derivada de b^x**
Se b é uma constante positiva, então $D_x \, b^x = b^x \ln b$.

PROVA

$$D_xb^x = D_xe^{x \ln b} = e^{x \ln b}D_x(x \ln b) = b^x(\ln b) = b^x \ln b.$$

É claro que o Teorema 4 pode ser combinado com a regra da cadeia para obtermos a fórmula

$$D_xb^u = b^u \ln b \, D_xu.$$

EXEMPLOS   1 Se $y = 2^{x^2}$, calcule dy/dx.

SOLUÇÃO

$$\frac{dy}{dx} = 2^{x^2}(\ln 2)(2x) = 2x2^{x^2} \ln 2 = x2^{x^2+1} \ln 2.$$

2 Seja $f(x) = 3^{\tan x}$. Calcule $f'(x)$.

SOLUÇÃO

$$f'(x) = 3^{\tan x} \ln 3 \sec^2 x.$$

3 Calcule $D_x(5^{x^3}e^{\mathrm{sen} \, x})$.

SOLUÇÃO

$$D_x(5^{x^3}e^{\mathrm{sen}x}) = 5^{x^3} \ln 5(3x^2)e^{\mathrm{sen}x} + 5^{x^3}e^{\mathrm{sen}x} \cos x$$

$$= 5^{x^3}e^{\mathrm{sen}x}(3x^2 \ln 5 + \cos x).$$

A fórmula de diferenciação $D_xb^x = b^x \ln b$ nos leva a uma fórmula de integração correspondente da seguinte maneira:

$$\int b^x \, dx = \int \frac{b^x \ln b}{\ln b} \, dx = \frac{1}{\ln b} \int b^x \ln b \, dx = \frac{1}{\ln b} \, b^x + C.$$

FUNÇÕES LOGARÍTMICAS, EXPONENCIAIS E HIPERBÓLICAS

Logo, substituindo x por u, nós teremos

$$\int b^u \, du = \frac{b^u}{\ln b} + C, \qquad \text{sendo } b > 0 \quad \text{e} \quad b \neq 1.$$

EXEMPLOS   Calcule as integrais dadas

1 $\displaystyle\int 7^x \, dx$

SOLUÇÃO

$$\int 7^x \, dx = \frac{7^x}{\ln 7} + C.$$

2 $\displaystyle\int 5^{\text{sen}\, 2x} \cos 2x \, dx$

SOLUÇÃO
Faça $u = \text{sen}\, 2x$, então $du = 2\cos 2x \, dx$. Logo,

$$\int 5^{\text{sen}\,2x} \cos 2x \, dx = \frac{1}{2} \int 5^u \, du = \frac{5^u}{2 \ln 5} + C = \frac{5^{\text{sen}\,2x}}{2 \ln 5} + C.$$

3 $\displaystyle\int_0^1 3^{-x} \, dx$

SOLUÇÃO
Faça $u = -x$, então $du = -dx$ e

$$\int_0^1 3^{-x} \, dx = -\int_0^{-1} 3^u \, du = - \left. \frac{3^u}{\ln 3} \right|_0^{-1}$$

$$= \left(-\frac{3^{-1}}{\ln 3} \right) - \left(-\frac{3^0}{\ln 3} \right) = \frac{1 - \frac{1}{3}}{\ln 3} = \frac{2}{3 \ln 3}.$$

4.2 Diferenciação logarítmica

As propriedades do logaritmo natural (como desenvolvidas na Seção 2) são úteis para determinar as derivadas de funções envolvendo produtos, quocientes, e potências de outras funções. A técnica, chamada *diferenciação logarítmica*, funciona da seguinte maneira:

Procedimento para diferenciação logarítmica

Para acharmos a derivada de uma função f, procederemos à execução dos seguintes passos:

Passo 1   Escreva a equação $y = f(x)$.
Passo 2   Tome o logaritmo natural de ambos os lados da equação.
Passo 3   Diferencie a equação resultante implicitamente em relação a x.

EXEMPLOS   Use diferenciação logarítmica para achar dy/dx.

1 $y = x^x$

SOLUÇÃO
Tomando o logaritmo natural de ambos os lados da equação $y = x^x$, obteremos

$$\ln y = \ln x^x = x \ln x.$$

Diferenciando a equação $\ln y = x \ln x$ em ambos os lados em relação a x, teremos

$$\frac{1}{y}\frac{dy}{dx} = x \frac{d}{dx} \ln x + \frac{dx}{dx} \ln x = x \frac{1}{x} + \ln x = 1 + \ln x.$$

Portanto

$$\frac{dy}{dx} = y(1 + \ln x) = x^x(1 + \ln x).$$

2 $y = \dfrac{(x^2 + 5)(5x + 2)^{3/2}}{\sqrt[4]{(3x + 1)(x^3 + 2)}}$

SOLUÇÃO

$$\ln y = \ln (x^2 + 5) + \ln (5x + 2)^{3/2} - \ln \sqrt[4]{(3x + 1)(x^3 + 2)}$$
$$= \ln (x^2 + 5) + \tfrac{3}{2} \ln (5x + 2) - \tfrac{1}{4}[\ln (3x + 1) + \ln (x^3 + 2)],$$

de maneira que

$$\frac{1}{y}\frac{dy}{dx} = \frac{1}{x^2 + 5}(2x) + \left(\frac{3}{2}\right)\frac{1}{5x + 2}(5) - \frac{1}{4}\left[\frac{1}{3x + 1}(3) + \frac{1}{x^3 + 2}(3x^2)\right]$$

ou

$$\frac{dy}{dx} = y\left[\frac{2x}{x^2 + 5} + \frac{15}{2(5x + 2)} - \frac{3}{4(3x + 1)} - \frac{3x^2}{4(x^3 + 2)}\right].$$

Portanto

$$\frac{dy}{dx} = \frac{(x^2 + 5)(5x + 2)^{3/2}}{\sqrt[4]{(3x + 1)(x^3 + 2)}}\left[\frac{2x}{x^2 + 5} + \frac{15}{2(5x + 2)} - \frac{3}{4(3x + 1)} - \frac{3x^2}{4(x^3 + 2)}\right].$$

4.3 A função $\log_a$

A base $e = 2{,}71828 \ldots$ é preferível em tudo que envolve logaritmos ou expoentes em cálculo, devido à relativa simplicidade das fórmulas de diferenciação e integração resultantes. Porém outras bases são utilizadas em algumas aplicações. Por exemplo, para propósitos puramente computacionais, $\log_{10}$ é na maioria das vezes vantajoso porque os números são normalmente escritos na base 10. Também, na teoria informática, $\log_2$ é utilizado em cálculos com as chamadas informações por "bits".

Relembremos a definição de logaritmo na base a: se $a > 0, a \neq 1$ e $x > 0$, então diremos que *y é o logaritmo de x na base a*, e escreveremos $y = \log_a x$, para dizermos que $a^y = x$. **Logo,** $a^{\log_a x} = x$. Por exemplo,

$$\log_6 36 = 2 \qquad \text{donde} \quad 6^2 = 36,$$

$$\log_{10} 0{,}0001 = -4 \quad \text{donde } 10^{-4} = 0{,}0001,$$

e assim por diante. Em particular, $y = \log_e x$ significa que $e^y = x$; isto é, significa que $y = \ln x$. Portanto, $\ln x = \log_e x$. O seguinte importante teorema nos permite converter logaritmos em uma base a para logaritmos em outra base b.

TEOREMA 5   **Conversão de base para logaritmos**

Se $a > 0, b > 0, a \neq 1, b \neq 1$ e $x > 0$, então

(i) $\log_b x = \log_a x \log_b a.$

Em particular

(ii) $\ln x = \log_a x \ln a.$ (iii) $\log_a x = \dfrac{\ln x}{\ln a}.$

FUNÇÕES LOGARÍTMICAS, EXPONENCIAIS E HIPERBÓLICAS

PROVA

(i) $b^{\log_a x \log_b a} = (b^{\log_b a})^{\log_a x} = a^{\log_a x} = x;$ logo, $\log_b x = \log_a x \log_b a$, pela definição de logaritmos.

(ii) Por (i) $\log_e x = \log_a x \log_e a$. Como ln é o mesmo que $\log_e$, segue-se que $\ln x = \log_a x \ln a$.

(iii) Conseqüência imediata de (ii).

Utilizando o Teorema 5 e as propriedades do logaritmo natural, é simples verificarmos as propriedades de $\log_a$, tais como

$$\log_a (xy) = \log_a x + \log_a y,$$

$$\log_a \left(\frac{x}{y}\right) = \log_a x - \log_a y, \qquad \log_a x^y = y \log_a x.$$

(Veja o Exercício 59.) Analogamente teremos o seguinte teorema:

TEOREMA 6 **Derivada das funções logarítmicas**

Seja u uma função diferenciável de x, com $u > 0$ e suponhamos que $a > 0$ com $a \neq 1$. Então $D_x \log_a u = \dfrac{1}{u \ln a} D_x u$.

PROVA

Pela parte (iii) do Teorema 5, $\log_a u = \ln u / \ln a$. Como $D_x \ln u = (1/u) D_x u$, segue-se que $D_x \log_a u = \dfrac{D_x \ln u}{\ln a} = \dfrac{1}{u \ln a} D_x u$.

EXEMPLOS 1 Determine dy/dx se $y = \log_{10} (x^2 + 5)$.

SOLUÇÃO
Pelo Teorema 6

$$\frac{dy}{dx} = \frac{1}{(x^2 + 5) \ln 10} \frac{d}{dx} (x^2 + 5) = \frac{2x}{(x^2 + 5) \ln 10}.$$

2 Determine $D_x(\log_2 \operatorname{sen} x)$.

SOLUÇÃO

$$D_x \log_2 \operatorname{sen} x = \frac{\cos x}{\operatorname{sen} x \ln 2} = \frac{\cot x}{\ln 2}.$$

4.4 A função exponencial como um limite

Nossa definição prévia de e como sendo $\lim_{u \to +\infty} (1 + 1/u)^u$ não era realmente legítima, pois naquele estágio não tínhamos a Definição 1 à nossa disposição, logo o significado de $(1 + 1/u)^u$ quando u fosse irracional era dúbio. Agora poderemos estabelecer a fórmula $e = \lim_{u \to +\infty} (1 + 1/u)^u$ sob bases rigorosas.

TEOREMA 7

e **como um limite**

$$e = \lim_{u \to +\infty} \left(1 + \frac{1}{u}\right)^u = \lim_{u \to -\infty} \left(1 + \frac{1}{u}\right)^u.$$

PROVA

Na expressão $(1 + 1/u)^u$, façamos $\Delta x = 1/u$, então $u = 1/\Delta x$ e $(1 + 1/u)^u = (1 + \Delta x)^{1/\Delta x}$. Note que $u \to +\infty$ quando $\Delta x \to 0^+$ e que $u \to -\infty$ quando $\Delta x \to 0^-$. Logo as equações a serem estabelecidas poderão ser escritas como

$$e = \lim_{\Delta x \to 0^+} (1 + \Delta x)^{1/\Delta x} = \lim_{\Delta x \to 0^-} (1 + \Delta x)^{1/\Delta x},$$

ou simplesmente pela equação $e = \lim\limits_{\Delta x \to 0} (1 + \Delta x)^{1/\Delta x}$. Para provarmos isto usaremos a Definição 1 para escrever

$$(1 + \Delta x)^{1/\Delta x} = e^{(1/\Delta x)\ln(1 + \Delta x)} = \exp\left[\frac{1}{\Delta x}\ln(1 + \Delta x)\right].$$

A prova estará quando mostrarmos que $\lim\limits_{\Delta x \to 0} [(1/\Delta x)\ln(1 + \Delta x)] = 1$, pois então

$$\lim\limits_{\Delta x \to 0} (1 + \Delta x)^{1/\Delta x} = \exp\left\{\lim\limits_{\Delta x \to 0}\left[\frac{1}{\Delta x}\ln(1 + \Delta x)\right]\right\} = \exp 1 = e$$

virá da continuidade da função exponencial.

Para provarmos que $\lim\limits_{\Delta x \to 0} [(1/\Delta x)\ln(1 + \Delta x)] = 1$, façamos $f(x) = \ln x$ para $x > 0$, de maneira que

$$f(1) = \ln 1 = 0, \quad f'(x) = 1/x, \quad \text{e} \quad f'(1) = 1. \text{ Assim,}$$

$$\lim\limits_{\Delta x \to 0}\left[\frac{1}{\Delta x}\ln(1 + \Delta x)\right] = \lim\limits_{\Delta x \to 0}\frac{f(1 + \Delta x)}{\Delta x} = \lim\limits_{\Delta x \to 0}\frac{f(1 + \Delta x) - f(1)}{\Delta x}$$

$$= f'(1) = 1,$$

como queríamos.

Utilizando o Teorema 7, poderemos estabelecer uma interessante fórmula para e^a no seguinte teorema:

TEOREMA 8   **A função exponencial como um limite**

$$e^a = \lim\limits_{h \to +\infty}\left(1 + \frac{a}{h}\right)^h = \lim\limits_{h \to -\infty}\left(1 + \frac{a}{h}\right)^h.$$

PROVA
A equação obviamente vale quando $a = 0$. Logo poderemos considerar $a \neq 0$. Inicialmente consideraremos o caso em que $a > 0$. Façamos $u = h/a$, notando que $u \to +\infty$ quando $h \to +\infty$. Portanto,

$$\lim\limits_{h \to +\infty}\left(1 + \frac{a}{h}\right)^h = \lim\limits_{h \to +\infty}\left(1 + \frac{a}{h}\right)^{(h/a)a} = \lim\limits_{u \to +\infty}\left(1 + \frac{1}{u}\right)^{ua} = \lim\limits_{u \to +\infty}\left[\left(1 + \frac{1}{u}\right)^u\right]^a.$$

Façamos $v = (1 + 1/u)^u$, notando que $\lim\limits_{u \to +\infty} v = e$ pelo Teorema 7. Pelo Teorema 3, v^a é uma função diferenciável de v. Logo,

$$\lim\limits_{h \to +\infty}\left(1 + \frac{a}{h}\right)^h = \lim\limits_{u \to +\infty} v^a = \left(\lim\limits_{u \to +\infty} v\right)^a = e^a.$$

Argumentos análogos resolverão os casos em que $a < 0$ ou $h \to -\infty$ (exercício 63).

Como um exemplo do Teorema 8, observamos que $\left(1 + \frac{5}{1000}\right)^{1000} \approx 146,58$, enquanto que $e^5 \approx 148,41$. Logo, $\left(1 + \frac{5}{1000}\right)^{1000}$ aproxima e^5 com um erro de 2 por cento. O exemplo seguinte também indica a utilidade do Teorema 8 em cálculos práticos.

EXEMPLO   Impulsos chegam em uma mesa de chamadas telefônicas de acordo com uma "distribuição probabilística de Poisson", *com média de c* chamadas por

FUNÇÕES LOGARÍTMICAS, EXPONENCIAIS E HIPERBÓLICAS

minuto. A teoria das probabilidades nos dá que $P = \lim\limits_{n \to +\infty} c\,(1 - c/n)^{n-1}$ é a probabilidade de chegar exatamente uma chamada à mesa em qualquer intervalo de tempo de um minuto. Ache P se $c = 4$ chamadas por minuto.

Solução

$$P = \lim_{n \to +\infty} \frac{c\left(1 - \dfrac{c}{n}\right)^n}{\left(1 - \dfrac{c}{n}\right)} = \frac{c \lim\limits_{n \to +\infty} \left(1 + \dfrac{-c}{n}\right)^n}{\lim\limits_{n \to +\infty} \left(1 - \dfrac{c}{n}\right)} = \frac{ce^{-c}}{1} = ce^{-c}$$

pelo Teorema 8. Para $c = 4$, teremos $P = 4\,e^{-4} \approx 0,073 = {}^{73}/_{1000}$ e poderemos esperar exatamente uma chamada durante aproximadamente 73 de 1000 períodos de um minuto.

Conjunto de Problemas 4

Nos exercícios 1 a 26, diferenciaremos cada função

1 $f(x) = x^{-3\pi}$

2 $g(t) = t^{\pi - 2}$

3 $h(t) = (t^2 + 1)^{3e}$

4 $H(r) = (2r^2 + 7)^{-e^2}$

5 $g(x) = 3^{2x+1}$

6 $f(x) = 2^{7x^2}$

7 $f(t) = 6^{-5t}$

8 $h(x) = 2^{\tan x^2}$

9 $g(x) = 5^{\sec x}$

10 $H(x) = 3^{\cos x^2}$

11 $h(x) = (x^2 + 5)2^{-7x^2}$

12 $g(t) = \operatorname{sen} t \cdot 3^{5t^2}$

13 $f(x) = \dfrac{2^{x+1}}{x^2 + 5}$

14 $h(x) = 2^{5x} \cot x$

15 $g(x) = \log_2 x^2$

16 $h(t) = \log_3 (t^3 + 1)$

17 $f(x) = e^{\log_4 x}$

18 $F(x) = \log_5 (\operatorname{sen} x^2)$

19 $h(t) = \log_{10} \dfrac{2t}{1+t}$

20 $f(t) = \log_5 (\ln \cos t)$

21 $F(u) = 3^{\tan u} \log_8 u$

22 $g(t) = \sqrt{\log_5 t}$

23 $f(x) = \dfrac{\log_3 (x^2 + 5)}{x + 2}$

24 $F(x) = \csc x \log_3 (x^4 + 1)$

25 $f(x) = \tan^{-1} (\log_3 x)$

26 $h(x) = \log_7 \dfrac{3^x}{1 + 5^x}$

Nos exercícios 27 a 38, usaremos diferenciação logarítmica para determinarmos dy/dx.

27 $y = x^{\sqrt{x}}$

28 $y = (\cos x)^x$

29 $y = (\operatorname{sen} x^2)^{3x}$

30 $y = (x + 1)^x$

31 $y = (x^2 + 4)^{\ln x}$

32 $y = (\operatorname{sen} x)^{\cos x}$

33 $y = (x^2 + 7)^2(6x^3 + 1)^4$

34 $y = x^2 \operatorname{sen} x^3 \cos (3x + 7)$

35 $y = \dfrac{\operatorname{sen} x \sqrt[3]{1 + \cos x}}{\sqrt{\cos x}}$

36 $y = \dfrac{\tan^2 x}{\sqrt{1 - 4 \sec x}}$

37 $y = \dfrac{x^2 \sqrt[5]{x^2 + 7}}{\sqrt[4]{11x + 8}}$

38 $y = \sqrt{\dfrac{\sec x + \tan x}{\sec x - \tan x}}$

Nos exercícios 39 a 48, calcularemos cada integral. (Em alguns casos as mudanças de variáveis apropriadas são sugeridas.)

39 $\displaystyle\int 3^{5x}\, dx,\ u = 5x$

40 $\displaystyle\int \frac{5^{\ln x^2}}{x}\, dx$

41 $\displaystyle\int 7^{x^4 + 4x^3}(x^3 + 3x^2)\, dx,\ u = x^4 + 4x^3$

42 $\displaystyle\int 3^{\tan x} \sec^2 x\, dx$

452 CÁLCULO

43 $\int \dfrac{2^{\ln(1/x)}}{x}\,dx,\ u = \ln x$

44 $\int 8^{\sec x}\sec x\,\tan x\,dx$

45 $\int 4^{\cot x}\csc^2 x\,dx$

46 $\int 2^{x\,\ln x}(1 + \ln x)\,dx$

47 $\int_0^1 5^{-2x}\,dx$

48 $\int_0^{\pi/2} 3^{sen\,x}\cos x\,dx$

49 Qual é o maior número e^π ou π^e?

50 Acharemos o valor máximo de $(\ln x)/x\ para\ x > 0$ e usaremos o resultado para resolvermos o exercício 49 sem calcularmos ·e^π ou π^e.

51 Prove que $b^x/b^y = b^{x-y}$ para $b > 0$.

52 Prove que $b^{-x} = 1/b^x$ para $b > 0$.

53 Prove que $\ln b^x = x\,\ln b$ para $b > 0$.

54 Pacientes chegando à sala de emergência de um certo hospital obedecem à chamada "distribuição de probabilidade de Poisson'', com uma média de c pacientes por hora. De acordo com a Teoria das Probabilidades,

$$P(k) = \lim_{n\to+\infty} \frac{n(n-1)(n-2)\cdots(n-k+1)}{k(k-1)(k-2)\cdots 1}\left(\frac{c}{n}\right)^k\left(1 - \frac{c}{n}\right)^{n-k}$$

dá a probabilidade de que *exatamente* k pacientes cheguem à sala de emergência durante um período de uma hora. Calcule este limite e ache $P(k)$.

55 Para que valor de x, $f(x) = x^{1/x}$, $x > 0$ é máxima?

56 Seja g definida por $g(x) = \frac{1}{2}(3^x + 3^{-x})$. Mostre que $g(c+d) + g(c-d) = 2g(c)\,g(d)$.

57 Prove que, se $a > 0$ e $b > 0$, então $\log_a b = 1/\log_b a$.

58 Use o exercício 57 e o Teorema 6 para mostrar que $D_x \log_a u = \dfrac{\log_a e}{u}\,D_x u$.

59 Prove que, se $a > 0$, $a \neq 1$, $x > 0$, e $y > 0$, então:

(i) $\log_a xy = \log_a x + \log_a y$, (ii) $\log_a \dfrac{x}{y} = \log_a x - \log_a y$, e (iii) $\log_a x^u = u\log_a x$.

60 Suponha que $a > 0$ e $a \neq 1$ é uma constante. Determine $D_x \log_x a$ para $x > 0, x \neq 1$.

61 Determine o volume do sólido gerado pela rotação da região sob o gráfico de $y = 3^x$ entre $x = 0$ e $x = 2$, em torno do eixo x.

62 Se y é uma função diferenciável de x, então a *elasticidade* (local) de y em relação a x é definida como sendo o limite, $\lim\limits_{\Delta x\to 0}\dfrac{\Delta y/y}{\Delta x/x}$, da variação proporcional em y sobre a variação proporcional em x. Mostre que, se x e y são positivos, então a elasticidade é dada por dY/dX, onde $Y = \log_b y$ e $X = \log_b x$.

63 Complete a prova do Teorema 8 considerando os casos em que $a < 0$, em que $h \to -\infty$.

5 As Funções Hiperbólicas

Certas combinações de funções exponenciais, que estão relacionadas com uma hipérbole aproximadamente da mesma maneira com que as funções trigonométricas estão relacionadas com o círculo, provaram ser importantes em matemática aplicada. Essas funções são chamadas *funções hiperbólicas,* e suas semelhanças com as funções trigonométricas são enfatizadas chamando-as de *seno hiperbólico, co-seno hiperbólico, tangente hiperbólica,* e assim por diante. Elas são definidas da seguinte maneira:

DEFINIÇÃO 1 **As funções hiperbólicas**

(i) $\operatorname{senh} x = \dfrac{e^x - e^{-x}}{2}$.

(ii) $\cosh x = \dfrac{e^x + e^{-x}}{2}$.

FUNÇÕES LOGARÍTMICAS, EXPONENCIAIS E HIPERBÓLICAS

$$\text{(iii) } \tanh x = \frac{\operatorname{senh}x}{\cosh x} = \frac{e^x - e^{-x}}{e^x + e^{-x}}. \qquad \text{(iv) } \coth x = \frac{\cosh x}{\operatorname{senh}x} = \frac{e^x + e^{-x}}{e^x - e^{-x}}.$$

$$\text{(v) } \operatorname{sech} x = \frac{1}{\cosh x} = \frac{2}{e^x + e^{-x}}. \qquad \text{(vi) } \operatorname{csch} x = \frac{1}{\operatorname{senh}x} = \frac{2}{e^x - e^{-x}}.$$

As seis funções hiperbólicas satisfazem identidades correspondentes às identidades trigonométricas comuns, à exceção da troca ocasional de um sinal de menos ou de mais. Por exemplo, temos as seguintes identidades:

1 $\cosh^2 x - \operatorname{senh}^2 x = 1$.

2 $1 - \tanh^2 x = \operatorname{sech}^2 x$.

3 $\coth^2 x - 1 = \operatorname{csch}^2 x$.

4 $\operatorname{senh}(s + t) = \operatorname{senh}s \cosh t + \operatorname{senh}t \cosh s$ e
$\operatorname{senh}(s - t) = \operatorname{senh}s \cosh t - \operatorname{senh}t \cosh s$.

5 $\cosh (s + t) = \cosh s \cosh t + \operatorname{senh}s \operatorname{senh}t$ e
$\cosh (s - t) = \cosh s \cosh t - \operatorname{senh}s \operatorname{senh}t$.

6 $\operatorname{senh}2x = 2 \operatorname{senh}x \cosh x$.

7 $\cosh 2x = \cosh^2 x + \operatorname{senh}^2 x = 2 \cosh^2 x - 1 = 2 \operatorname{senh}^2 x + 1$.

EXEMPLOS   Prove as identidades dadas

1 $\cosh^2 x - \operatorname{senh}^2 x = 1$

SOLUÇÃO

$$\cosh^2 x - \operatorname{senh}^2 x = \left(\frac{e^x + e^{-x}}{2}\right)^2 - \left(\frac{e^x - e^{-x}}{2}\right)^2$$

$$= \frac{e^{2x} + 2e^x e^{-x} + e^{-2x}}{4} - \frac{e^{2x} - 2e^x e^{-x} + e^{-2x}}{4}$$

$$= \frac{e^{2x} + 2 + e^{-2x} - e^{2x} + 2 - e^{-2x}}{4} = \frac{4}{4} = 1.$$

2 $1 - \tanh^2 x = \operatorname{sech}^2 x$

SOLUÇÃO
Dividamos ambos os lados da equação $\cosh^2 x - \operatorname{senh}^2 x = 1$ por $\cosh^2 x$ para obtermos

$$1 - \frac{\operatorname{senh}^2 x}{\cosh^2 x} = \frac{1}{\cosh^2 x} \quad \text{ou} \quad 1 - \tanh^2 x = \operatorname{sech}^2 x.$$

As identidades para funções hiperbólicas constantes podem ser provadas de maneira análoga (exercícios 1 até 5). A identidade trigonométrica $\cos^2 t + \operatorname{sen}^2 t = 1$ implica que o ponto $(\cos t, \operatorname{sen} t)$ pertença sempre ao círculo cuja equação é $x^2 + y^2 = 1$. Analogamente, a identidade hiperbólica $\cosh^2 t - \operatorname{senh}^2 t = 1$ implica que o ponto $(\cosh t, \operatorname{senh} t)$ pertença sempre à hiperbole cuja equação é $x^2 - y^2 = 1$.

Como a função seno, a função seno hiperbólico é ímpar, pois,

$$\operatorname{senh}(-x) = \frac{e^{(-x)} - e^{-(-x)}}{2} = -\frac{e^x - e^{-x}}{2} = -\operatorname{senh}x;$$

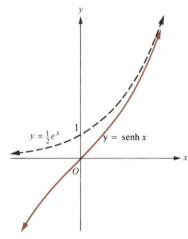

Fig. 1

Logo, o gráfico de $y = \operatorname{senh} x$ é simétrico em relação à origem. Assim como sen $0 = 0$, temos também que $\operatorname{senh} 0 = \dfrac{e^0 - e^{-0}}{2} = \dfrac{0}{2} = 0$. Para grandes valores de x, e^{-x} é muito pequeno, daí $\operatorname{senh} x = \dfrac{e^x - e^{-x}}{2} \approx \dfrac{e^x}{2}$; assim, para grandes valores de x, o gráfico de senh x é muito próximo do gráfico de $y = e^x/2$ (Fig. 1). Diferentemente à função seno, senh não é periódica — ao invés disso é monótona crescente.

Como a função co-seno, o co-seno hiperbólico é par. Pois,

$$\cosh(-x) = \dfrac{e^{(-x)} + e^{-(-x)}}{2} = \dfrac{e^x + e^{-x}}{2} = \cosh x;$$

logo, o gráfico de $y = \cosh x$ é simétrico em relação ao eixo y. Assim como cos $0 = 1$, temos também $\cosh 0 = \dfrac{e^0 + e^{-0}}{2} = \dfrac{2}{2} = 1$. Para valores grandes de x, e^{-x} é muito pequeno, então $\cosh x = \dfrac{e^x + e^{-x}}{2} \approx \dfrac{e^x}{2}$. Logo, para valores grandes de x, o gráfico de $y = \cosh x$ é muito próximo do gráfico de $y = e^x/2$ (Fig. 2). Novamente, cosh não é periódico, mas sim crescente em $(0,\infty)$ e decrescente em $(-\infty,0)$.

Como senh é ímpar e cosh é par, é fácil ver que tanh $=$ senh/cosh é uma função ímpar. Logo o gráfico de $y = \tanh x$ é simétrico em relação à origem. Para valores grandes de x temos que senh $x \approx e^x/2$ e cosh $x \approx e^x/2$. Portanto tanh $x =$ senh x/cosh $x \approx 1$. De fato, $y = 1$ e $y = -1$ são assíntotas horizontais do gráfico de $y = \tanh x$ (Fig. 3). Os gráficos de $y = \coth x$, $y = \operatorname{sech} x$, e $y = \operatorname{csch} x$ podem ser esboçados de maneira relativamente fácil utilizando as informações contidas nas Figs. 1 a 3. Deixamos o traçado desses gráficos como exercícios para o leitor (exercícios 34, 35 e 36).

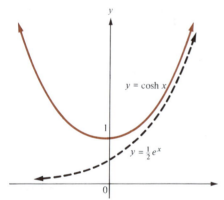

Fig. 2

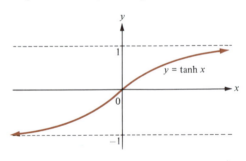

Fig. 3

5.1 Diferenciação das funções hiperbólicas

As fórmulas de diferenciação para funções hiperbólicas se assemelham muito àquelas para funções trigonométricas, exceto por alguns sinais. De fato, como $D_x e^u = e^u D_x u$ e $D_x e^{-u} = -e^{-u} D_x u$, o seguinte teorema é conseqüência direta da Definição 1:

TEOREMA 1 **Derivadas das funções hiperbólicas**

Seja u uma função diferenciável de x. Então:

(i) $D_x \operatorname{senh} u = \cosh u D_x u$.

(ii) $D_x \cosh u = \operatorname{senh} u D_x u$.

(iii) $D_x \tanh u = \operatorname{sech}^2 u D_x u$.

FUNÇÕES LOGARÍTMICAS, EXPONENCIAIS E HIPERBÓLICAS

(iv) $D_x \coth u = -\operatorname{csch}^2 u D_x u.$

(v) $D_x \operatorname{sech} u = -\operatorname{sech} u \tanh u D_x u.$

(vi) $D_x \operatorname{csch} u = -\operatorname{csch} u \coth u D_x u.$

Por exemplo, para provar (i), faremos o cálculo da seguinte maneira:

$$D_x \operatorname{senh} u = D_x \frac{e^u - e^{-u}}{2} = \frac{D_x e^u - D_x e^{-u}}{2} = \frac{e^u + e^{-u}}{2} D_x u = \cosh u D_x u.$$

A parte (ii) é provada de maneira análoga. Para provar a parte (iii) utilizaremos (i) e (ii), e faremos o seguinte cálculo:

$$D_x \tanh u = D_x \frac{\operatorname{senh} u}{\cosh u} = \frac{\cosh u D_x \operatorname{senh} u - \operatorname{senh} u D_x \cosh u}{\cosh^2 u}$$

$$= \frac{\cosh^2 u - \operatorname{senh}^2 u}{\cosh^2 u} D_x u = \frac{1}{\cosh^2 u} D_x u = \operatorname{sech}^2 u D_x u.$$

As provas das partes (ii), (iv), (v) e (vi) são deixadas como exercício (exercício 33).

EXEMPLOS 1 Determine $D_x \operatorname{senh} (5x + 2).$

SOLUÇÃO
Pela parte (i) do Teorema 1

$$D_x \operatorname{senh} (5x + 2) = \cosh (5x + 2) D_x (5x + 2) = 5 \cosh (5x + 2)$$

2 Se $y = \cosh (\ln x)$, determine dy/dx

SOLUÇÃO
Pela parte (ii) do Teorema 1

$$\frac{dy}{dx} = \operatorname{senh} (\ln x) \frac{d}{dx} \ln x = \frac{1}{x} \operatorname{senh} (\ln x).$$

3 Se $f(x) = x^2 \tanh x$, determine $f'(x)$.

SOLUÇÃO
Neste caso $f'(x) = 2x \tanh x + x^2 \operatorname{sech}^2 x.$

5.2 Integrais envolvendo funções hiperbólicas

As fórmulas de diferenciação da Seção 5.1 podem ser invertidas para obtermos as seguintes fórmulas de integração

1 $\int \operatorname{senh} u \, du = \cosh u + C.$

2 $\int \cosh u \, du = \operatorname{senh} u + C.$

3 $\int \operatorname{sech}^2 u \, du = \tanh u + C.$

4 $\int \operatorname{csch}^2 u \, du = -\coth u + C.$

5 $\int \operatorname{sech} u \tanh u \, du = -\operatorname{sech} u + C.$

6 $\int \operatorname{csch} u \coth u \, du = -\operatorname{csch} u + C.$

EXEMPLOS Calcule a integral dada

$$1 \quad \int \text{senh}\,5x \, dx$$

SOLUÇÃO
Faça $u = 5x$, de maneira que $dx = \frac{1}{5} \, du$ e

$$\int \text{senh}\,5x \, dx = \int \text{senh}\,u(\tfrac{1}{5}\,du) = \tfrac{1}{5}\int \text{senh}\,u \, du$$

$$= \tfrac{1}{5}\cosh u + C = \tfrac{1}{5}\cosh 5x + C.$$

$$2 \quad \int e^{\coth x}\,\text{csch}^2\,x \, dx$$

SOLUÇÃO
Faça $u = \coth x$, de modo que $du = -\,\text{csch}^2\,x \, dx$ e

$$\int e^{\coth x}\,\text{csch}^2\,x \, dx = \int e^u(-du) = -e^u + C = -e^{\coth x} + C.$$

$$3 \quad \int_4^9 \frac{\coth \sqrt{x}\,\text{csch}\sqrt{x}}{\sqrt{x}} \, dx$$

SOLUÇÃO
Faça $u = \sqrt{x}$, de modo que $du = dx/(2\sqrt{x})$ e

$$\int_4^9 \frac{\coth \sqrt{x}\,\text{csch}\sqrt{x}}{\sqrt{x}} \, dx = \int_2^3 \coth u \,\text{csch}\,u(2\,du)$$

$$= \left[-2\,\text{csch}\,u\right]\Big|_2^3 = 2\,\text{csch}\,2 - 2\,\text{csch}\,3.$$

Conjunto de Problemas 5

Nos exercícios de 1 a 14, prove cada identidade

1 $\text{senh}(s \pm t) = \text{senh}\,s \cosh t \pm \text{senh}\,t \cosh s$

2 $\cosh(s \pm t) = \cosh s \cosh t \pm \text{senh}\,s \,\text{senh}\,t$

3 $\coth^2 x - 1 = \text{csch}^2 x$

4 $\text{senh}\,2x = 2\,\text{senh}\,x \cosh x$

5 $\cosh 2x = \cosh^2 x + \text{senh}^2 x = 2\cosh^2 x - 1 = 2\,\text{senh}^2 x + 1$

6 $\tanh(s \pm t) = \dfrac{\tanh s \pm \tanh t}{1 \pm \tanh s \tanh t}$

7 $\text{senh}^2 s - \text{senh}^2 t = \text{senh}(s + t)\,\text{senh}(s - t)$

8 $\tanh 2t = \dfrac{2\tanh t}{1 + \tanh^2 t}$

9 $\cosh \dfrac{t}{2} = \sqrt{\dfrac{\cosh t + 1}{2}}$

10 $(\cosh t + \text{senh}\,t)^3 = \cosh 3t + \text{senh}\,3t$

11 $(\cosh t - \text{senh}\,t)^4 = \cosh 4t - \text{senh}\,4t$

12 $\dfrac{e^{2t} - 1}{e^{2t} + 1} = \tanh t$

13 $\text{senh}(\ln x) = \dfrac{x^2 - 1}{2x}$

14 $e^x = \text{senh}\,x + \cosh x$

FUNÇÕES LOGARÍTMICAS, EXPONENCIAIS E HIPERBÓLICAS

Nos exercícios de 15 a 28, diferencie cada função

15 $f(x) = \text{senh}(3x^2 + 5)$

16 $g(x) = \cosh(\ln x)$

17 $f(t) = \ln(\text{senh}\, t^3)$

18 $f(u) = e^{2u}\tanh u$

19 $h(t) = \coth(e^{3t})$

20 $F(r) = \text{sen}^{-1} r \tanh(3r + 5)$

21 $G(s) = \text{sen}^{-1}(\text{sech}\, s^2)$

22 $f(x) = \int_1^{\tanh x} \dfrac{dt}{1 + t^2}$

23 $g(x) = \int_1^{\text{senh}\, x^2} \dfrac{dt}{\sqrt{1 + t^2}}$

24 $G(x) = \dfrac{\text{sech}(e^{2x})}{x^2 + 7}$

25 $f(x) = \dfrac{\tan^{-1}(\coth x)}{x^2 + 3}$

26 $g(x) = x^{\cosh x}$

27 $F(t) = \dfrac{e^{\cosh t}}{\sqrt{1 - t^2}}$

28 $f(x) = (\text{senh}\, x)^{5x}$

Nos exercícios de 29 a 32, use diferenciação implícita para determinar dy/dx

29 $x^2 = \text{senh}\, y$

30 $\text{senh}\, x = \cosh y$

31 $\tanh^2 x - 2\,\text{senh}\, y = \tanh y$

32 $\text{sen}\, x = \text{senh}\, y$

33 Prove as partes (ii), (iv), (v) e (vi) do Teorema 1.

34 Trace o gráfico de $y = \coth x$.

35 Trace o gráfico de $y = \text{sech}\, x$.

36 Trace o gráfico de $y = \text{csch}\, x$.

Nos exercícios de 37 a 48, calcule cada integral. (Em alguns casos a substituição apropriada é sugerida).

37 $\int \cosh 7x\, dx,\ u = 7x$

38 $\int \text{senh}\dfrac{5x}{3}\, dx$

39 $\int \tanh 3x\, \text{sech}^2 3x\, dx,\ u = \tanh 3x$

40 $\int \coth 5x\, \text{csch}^2 5x\, dx$

41 $\int \dfrac{\text{csch}^2 \sqrt{x}}{\sqrt{x}}\, dx,\ u = \sqrt{x}$

42 $\int \text{senh}^{10} 3x\, \cosh 3x\, dx,\ u = \text{senh}\, 3x$

43 $\int e^{\text{sech}\, x}\, \text{sech}\, x\, \tanh x\, dx,\ u = \text{sech}\, x$

44 $\int \tanh x\, \text{sech}^3 x\, dx$

45 $\int \dfrac{\text{senh}\, 5x}{\cosh^3 5x}\, dx$

46 $\int \dfrac{\text{sech}\, x\, \tanh x}{1 + \text{sech}^2 x}\, dx$

47 $\int_0^1 \cosh^3 x\, \text{senh}\, x\, dx$

48 $\int_0^2 \text{senh}^4 x\, \cosh x\, dx$

49 Calcule $\int \cosh(\ln x)dx$. (*Sugestão:* utilize a definição de cosh antes de integrar).

50 Calcule $\int \text{senh}(\ln 2x)dx$.

51 Simplifique a equação $y = \tanh(\frac{1}{2}\ln x)$.

52 Determine a área sob a curva $y = \text{senh}\, x$ entre $x = 0$ e $x = 1$.

53 Mostre que se A, B e k são constantes, a função $y = A\,\text{sen}\, kx + B\cosh kx$ satisfaz a equação diferencial $d^2y/dx^2 - k^2y = 0$.

54 Dada a função f definida por $f(x) = 9\,\text{senh}\, x - 17\cosh x$, ache o máximo de f, e ache os intervalos em que o gráfico de f é côncavo para cima ou para baixo.

55 Quando uma corda ou corrente flexível é suspensa por suas extremidades, ela toma a forma de uma curva chamada *catenária* cuja equação é $y = a\cosh(x/a)$, onde a é uma constante. Determine o comprimento da catenária entre $(-b, a\cosh(b/a))$ e $(b, a\cosh(b/a))$.

6 As Funções Hiperbólicas Inversas

Por analogia com as seis funções trigonométricas inversas, existem seis funções hiperbólicas inversas, que consideraremos nesta seção. Ao contrário das análogas trigonométricas, as funções senh, tanh, coth e csch são monótonas, logo não há problemas quanto à existência de senh^{-1}, $\tanh^{-1}$, $\coth^{-1}$, e csch^{-1}. Os gráficos dessas quatro funções hiperbólicas inversas estão traçados na Fig. 1. É claro que os gráficos de senh^{-1}, $\tanh^{-1}$, $\coth^{-1}$ e csch^{-1} são obtidos pela reflexão dos gráficos de senh, tanh, coth, e csch, respectivamente, em relação à reta $y = x$.

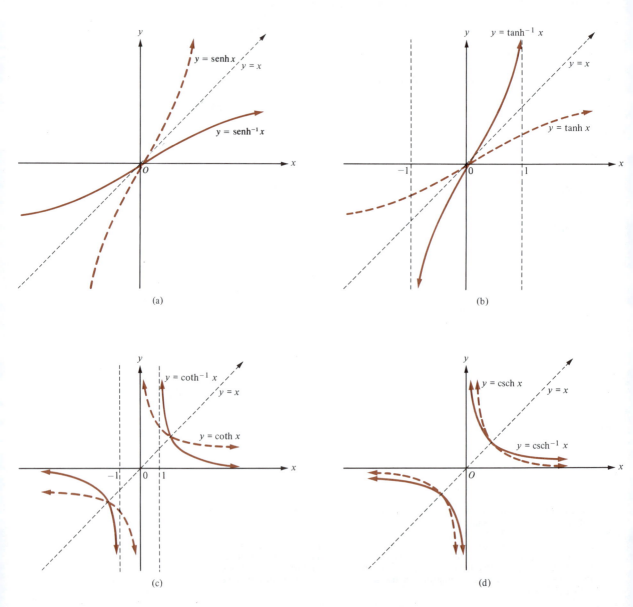

Fig. 1

Como uma conseqüência da definição da inversa de uma função, teremos os seguintes fatos:

1. $y = \operatorname{senh}^{-1} x$ se e somente se $\operatorname{senh} y = x$. Portanto, $\operatorname{senh}(\operatorname{senh}^{-1} x) = x$ e $\operatorname{senh}^{-1}(\operatorname{senh} y) = y$.
2. $y = \tanh^{-1} x$ se e somente se $\tanh y = x$. Portanto, $\tanh(\tanh^{-1} x) = x$ e $\tanh^{-1}(\tanh y) = y$ vale se $|x| < 1$.
3. $y = \coth^{-1} x$ se e somente se $\coth y = x$. Portanto, $\coth(\coth^{-1} x) = x$ e $\coth^{-1}(\coth y) = y$ vale se $|x| > 1$ e $y \neq 0$.
4. $y = \operatorname{csch}^{-1} x$ se e somente se $\operatorname{csch} y = x$. Portanto, $\operatorname{csch}(\operatorname{csch}^{-1} x) = x$ e $\operatorname{csch}^{-1}(\operatorname{csch} y) = y$ vale se $x \neq 0$ e $y \neq 0$.

O co-seno hiperbólico e sua recíproca, a secante hiperbólica, não são funções monótonas; logo, não são invertíveis. Porém, as partes dessas funções cujos gráficos se encontram à direita do eixo y são monótonas, e conseqüentemente invertíveis (Fig. 2). As inversas dessas partes do cosh e da sech são denotadas por $\cosh^{-1}$ e sech^{-1}, respectivamente. Logo poderemos fazer a seguinte definição:

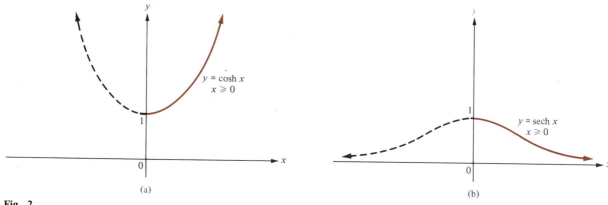

Fig. 2

DEFINIÇÃO 1 A inversa do co-seno e da secante hiperbólica

(i) A *função inversa do co-seno hiperbólico*, denotada por $\cosh^{-1}$, é definida por $y = \cosh^{-1} x$ se e somente se $\cosh y = x$ e $y \geq 0$.
(ii) A *função inversa da secante hiperbólica*, denotada por sech^{-1}, é definida por $y = \operatorname{sech}^{-1} x$ se e somente se $\operatorname{sech} y = x$ e $y \geq 0$.

Os gráficos de $\cosh^{-1}$ e sech^{-1} são facilmente obtidos dos gráficos da Fig. 2 por reflexão em relação à reta $y = x$ (Fig. 3).

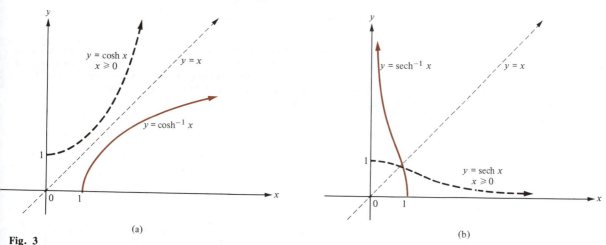

Fig. 3

CÁLCULO

Como uma conseqüência da definição de $\cosh^{-1}$ e sech^{-1}, teremos os seguintes fatos:

1 $\cosh(\cosh^{-1} x) = x$ e

2 $\operatorname{sech}(\operatorname{sech}^{-1} x) = x$ e

$\cosh^{-1}(\cosh y) = y$ válido se $x \geq 1$ e $y \geq 0$.

$\operatorname{sech}^{-1}(\operatorname{sech} y) = y$ válido se $0 < x \leq 1$ e $y \geq 0$.

O seguinte teorema mostra que todas as seis funções hiperbólicas inversas podem ser expressas em termos do logaritmo natural.

TEOREMA 1   **Fórmulas para as funções hiperbólicas inversas**

(i) $\operatorname{senh}^{-1} x = \ln(x + \sqrt{x^2 + 1})$ para qualquer valor real de x.

(ii) $\cosh^{-1} x = \ln(x + \sqrt{x^2 - 1})$ para $x \geq 1$.

(iii) $\tanh^{-1} x = \frac{1}{2} \ln \frac{1 + x}{1 - x}$ para $|x| < 1$.

(iv) $\coth^{-1} x = \frac{1}{2} \ln \frac{x + 1}{x - 1}$ para $|x| > 1$.

(v) $\operatorname{sech}^{-1} x = \ln\left(\dfrac{1 + \sqrt{1 - x^2}}{x}\right)$ para $0 < x \leq 1$.

(vi) $\operatorname{csch}^{-1} x = \ln\left(\dfrac{1}{x} + \dfrac{\sqrt{1 + x^2}}{|x|}\right)$ para $x \neq 0$.

PROVA

Provaremos (i) e (iii) e deixaremos as fórmulas restantes para confirmação por parte do leitor (exercícios 2, 3, 4 e 5).

(i) Seja $y = \operatorname{senh}^{-1} x$, de modo que $x = \operatorname{senh} y = \dfrac{e^y - e^{-y}}{2}$. Logo, $2x = e^y - e^{-y}$. Multiplicando ambos os lados desta última equação por e^y, obteremos $2x\,e^y = (e^y)^2 - 1$, ou $(e^y)^2 - 2x(e^y) - 1 = 0$. Resolvendo esta equação para e^y, pela fórmula quadrática, teremos

$$e^y = \frac{2x \pm \sqrt{4x^2 + 4}}{2} = x \pm \sqrt{x^2 + 1}.$$

Como e^y é sempre positivo e $x - \sqrt{x^2 + 1}$ é sempre negativo, a solução tem que ser $e^y = x + \sqrt{x^2 + 1}$. Tomando logaritmo em ambos os lados desta última equação, obteremos $y = \ln(x + \sqrt{x^2 + 1})$. Logo teremos que $\operatorname{senh}^{-1} x = \ln(x + \sqrt{x^2 + 1})$.

(iii) Seja $y = \tanh^{-1} x$, de modo que $-1 < x < 1$ e

$$x = \tanh y = \frac{e^y - e^{-y}}{e^y + e^{-y}} = \frac{(e^y)^2 - 1}{(e^y)^2 + 1}.$$

Portanto, $x(e^y)^2 + x = (e^y)^2 - 1$, ou $x + 1 = (1 - x)e^{2y}$. Logo, $e^{2y} = \dfrac{1 + x}{1 - x}$, isto é, $2y = \ln \dfrac{1 + x}{1 - x}$ e $\tanh^{-1} x = y = \dfrac{1}{2} \ln \dfrac{1 + x}{1 - x}$.

FUNÇÕES LOGARÍTMICAS, EXPONENCIAIS E HIPERBÓLICAS

EXEMPLOS   Determine o valor numérico aproximado da quantidade dada.

1 $\operatorname{senh}^{-1} 4$

SOLUÇÃO

$$\operatorname{senh}^{-1} 4 = \ln \left(4 + \sqrt{4^2 + 1}\right) = \ln \left(4 + \sqrt{17}\right) \approx 2,0947.$$

2 $\tanh^{-1} \left(-\frac{1}{3}\right)$

SOLUÇÃO

$$\tanh^{-1} \left(-\frac{1}{3}\right) = \frac{1}{2} \ln \frac{1 - \frac{1}{3}}{1 + \frac{1}{3}} = \frac{1}{2} \ln \frac{1}{2} \approx -0,3466.$$

6.1 Diferenciação das funções hiperbólicas inversas

As derivadas das seis funções hiperbólicas inversas não podem ser obtidas facilmente, nem utilizando o Teorema da Função Inversa nem usando o Teorema 1. Os resultados foram reunidos no seguinte teorema:

TEOREMA 2   **Derivadas das funções hiperbólicas inversas**

Se u é uma função diferenciável de x, então temos:

(i) $\quad D_x \operatorname{senh}^{-1} u = \dfrac{1}{\sqrt{1 + u^2}} D_x u.$

(ii) $\quad D_x \cosh^{-1} u = \dfrac{1}{\sqrt{u^2 - 1}} D_x u$ se $u > 1.$

(iii) $\quad D_x \tanh^{-1} u = \dfrac{1}{1 - u^2} D_x u$ se $|u| < 1.$

(iv) $\quad D_x \coth^{-1} u = \dfrac{1}{1 - u^2} D_x u$ se $|u| > 1.$

(v) $\quad D_x \operatorname{sech}^{-1} u = \dfrac{-1}{u \sqrt{1 - u^2}} D_x u$ se $0 < u < 1.$

(vi) $\quad D_x \operatorname{csch}^{-1} u = \dfrac{-1}{|u| \sqrt{1 + u^2}} D_x u$ se $u \neq 0.$

PROVA

Provaremos (i) e (iii) e deixaremos as partes restantes para confirmação por parte do leitor (exercícios 22, 23, 24 e 25).

(i) Optamos por usar o teorema da função inversa e diferenciação implícita ao invés da fórmula $\operatorname{senh}^{-1} x = \ln (x + \sqrt{x^2 + 1})$. Como D_x senh $x = \cosh x > 0$, pelo teorema da função inversa (Seção 5.1, Cap. 2), o senh^{-1} é uma função diferenciável. Logo, se $y = \operatorname{senh}^{-1} u$, de modo que $u = \operatorname{senh} y$, diferenciando ambos os lados desta última equação em relação a x teremos, pela regra da cadeia, $D_x u = \cosh y D_x y$. Portanto, $D_x y = \dfrac{1}{\cosh y} D_x u$. Agora, como $\cosh^2 y - \operatorname{senh}^2 y = 1$, teremos

$$\cosh y = \sqrt{1 + \operatorname{senh}^2 y} = \sqrt{1 + u^2}$$

CÁLCULO

Segue-se então que

$$D_x y = \frac{1}{\sqrt{1 + u^2}} D_x u \quad \text{ou} \quad D_x \operatorname{senh}^{-1} u = \frac{1}{\sqrt{1 + u^2}} D_x u.$$

(iii) Embora pudéssemos utilizar o teorema da função inversa.e a diferenciação implícita como na parte (i), usaremos a fórmula $\tanh^{-1} u = \frac{1}{2} \ln \frac{1 + u}{1 - u}$ do Teorema 1. Logo,

$$D_x \tanh^{-1} u = \frac{1}{2} D_x \ln \frac{1 + u}{1 - u} = \frac{1}{2} \cdot \frac{1 - u}{1 + u} D_x \left(\frac{1 + u}{1 - u} \right) = \frac{1}{2} \cdot \frac{1 - u}{1 + u} \left(\frac{2 D_x u}{(1 - u)^2} \right)$$

$$= \frac{1}{(1 + u)(1 - u)} D_x u = \frac{1}{1 - u^2} D_x u.$$

EXEMPLOS 1 Se $y = \tanh^{-1} (\operatorname{sen} 2x)$, determine dy/dx.

SOLUÇÃO

$$\frac{dy}{dx} = \frac{1}{1 - \operatorname{sen}^2 2x} D_x \operatorname{sen} 2x = \frac{2 \cos 2x}{\cos^2 2x} = 2 \sec 2x.$$

2 A Figura 3a mostra que o gráfico de $y = \cosh^{-1} x$ está sempre abaixo da reta $y = x$ para $x \geq 1$. Prove analiticamente este fato.

SOLUÇÃO

Teremos que provar que $x - \cosh^{-1} x > 0$ vale para $x \geq 1$. Como $\cosh^{-1} 1 = 0$, a desigualdade desejada vale para $x = 1$, logo precisaremos considerar somente o caso $x > 1$. Definamos a função f por, $f(x) = x - \cosh^{-1} x$ para $x > 1$. Então $f'(x) = 1 - \dfrac{1}{\sqrt{x^2 - 1}}$ e $f'(\sqrt{2}) = 0$. Para $1 < x < \sqrt{2}$ teremos $0 < x^2 - 1 < 1$, de modo que $f'(x) = 1 - \dfrac{1}{\sqrt{x^2 - 1}} < 0$. Analogamente para $x > \sqrt{2}$ teremos $f'(x) > 0$, e segue-se que $f(x)$ toma seu valor mínimo absoluto em $x = \sqrt{2}$. Como este valor mínimo é $f(\sqrt{2}) = \sqrt{2} - \cosh^{-1} \sqrt{2} \approx 0{,}53 > 0$, $f(x) > 0$ terá que valer para todos os valores de $x \geq 1$. Portanto, $x - \cosh^{-1} x > 0$ vale para todos os valores de $x \geq 1$.

6.2 Integrais envolvendo funções hiperbólicas inversas

As fórmulas de diferenciação obtidas no Teorema 2 nos permitem obter algumas fórmulas correspondentes para a integração, tais como as do seguinte teorema:

TEOREMA 3 **Integrais envolvendo funções hiperbólicas inversas**

(i) $\displaystyle\int \frac{dx}{\sqrt{a^2 + x^2}} = \operatorname{senh}^{-1} \frac{x}{a} + C$ para $a > 0$.

(ii) $\displaystyle\int \frac{dx}{\sqrt{x^2 - a^2}} = \cosh^{-1} \frac{x}{a} + C$ para $a > 0$.

(iii) $\displaystyle\int \frac{dx}{a^2 - x^2} = \begin{cases} \dfrac{1}{a} \tanh^{-1} \dfrac{x}{a} + C & \text{para } |x| < a. \\[2ex] \dfrac{1}{a} \coth^{-1} \dfrac{x}{a} + C & \text{para } |x| > a > 0. \end{cases}$

FUNÇÕES LOGARÍTMICAS, EXPONENCIAIS E HIPERBÓLICAS

(iv) $\displaystyle\int \frac{dx}{x\sqrt{a^2 - x^2}} = -\frac{1}{a}\,\text{sech}^{-1}\frac{|x|}{a} + C$ para $0 < |x| < a$.

(v) $\displaystyle\int \frac{dx}{x\sqrt{a^2 + x^2}} = -\frac{1}{a}\,\text{csch}^{-1}\frac{|x|}{a} + C$ para $a > 0$, $x \neq 0$.

PROVA
Para verificar cada fórmula, simplesmente diferenciamos o lado direito utilizando o Teorema 2 e o fato de que $D_x\,|x| = |x|\,/x$ para $x \neq 0$. A verificação detalhada das fórmulas são deixadas como exercício para o leitor (exercício 41).

EXEMPLOS Calcule a integral dada

1 $\displaystyle\int \frac{dx}{\sqrt{4 + x^2}}$

SOLUÇÃO
Pela parte (i) do Teorema 3,

$$\int \frac{dx}{\sqrt{4 + x^2}} = \text{senh}^{-1}\frac{x}{2} + C.$$

2 $\displaystyle\int \frac{dx}{x\sqrt{9 - x^2}}$

SOLUÇÃO
Pela parte (iv) do Teorema 3,

$$\int \frac{dx}{x\sqrt{9 - x^2}} = \frac{-1}{3}\,\text{sech}^{-1}\frac{|x|}{3} + C \text{ para } 0 < |x| < 3.$$

3 $\displaystyle\int \frac{dx}{16 - x^2}$

SOLUÇÃO
Pela parte (iii) do Teorema 3,

$$\int \frac{dx}{16 - x^2} = \begin{cases} \dfrac{1}{4}\tanh^{-1}\dfrac{x}{4} + C & \text{para } |x| < 4. \\[2ex] \dfrac{1}{4}\coth^{-1}\dfrac{x}{4} + C & \text{para } |x| > 4. \end{cases}$$

Conjunto de Problemas 6

1 Use o Teorema 1 para achar o valor numérico aproximado de

(a) $\text{senh}^{-1}\,3$, (b) $\tanh^{-1}\left(-\frac{1}{3}\right)$, (c) $\coth^{-1}\,3$, **e** (d) $\text{sech}^{-1}\left(\frac{1}{3}\right)$.

2 Prove a parte (ii) do Teorema 1
3 Prove a parte (iv) do Teorema 1
4 Prove a parte (v) do Teorema 1
5 Prove a parte (vi) do Teorema 1

464 CÁLCULO

6 Prove

(a) $\operatorname{senh}^{-1}\sqrt{x^2-1}=\cosh^{-1}x$ se $x>1$.

(b) $\cosh^{-1}\sqrt{x^2+1}=\operatorname{senh}^{-1}|x|$.

Nos exercícios de 7 a 20, diferencie cada função.

7 $f(x)=\operatorname{senh}^{-1}x^3$

8 $g(x)=\cosh^{-1}\dfrac{x}{3}$

9 $G(t)=\tanh^{-1}5t$

10 $h(u)=\coth^{-1}u^2$

11 $g(r)=\coth^{-1}(5r+2)$

12 $H(x)=\operatorname{sech}^{-1}x^2$

13 $f(x)=\operatorname{sech}^{-1}(\operatorname{sen}x)$

14 $G(t)=t\cosh^{-1}t-\sqrt{1+t^2}$

15 $h(u)=u\tanh^{-1}(\ln u)$

16 $F(x)=\dfrac{\coth^{-1}x}{x^2+4}$

17 $g(x)=x\cosh^{-1}(e^x)$

18 $G(x)=x\coth^{-1}\sqrt{x^2-1}$

19 $F(x)=\dfrac{\operatorname{csch}^{-1}x}{e^x+3}$

20 $H(t)=\ln\sqrt{t^2-1}-t\tanh^{-1}t$

21 Se $x^2-y^2=1$ com $x>0$, mostre que existe exatamente um valor de t para o qual $x=\cosh t$ e $y=\operatorname{senh}t$.

22 Prove a parte (ii) do Teorema 2.

23 Prove a parte (iv) do Teorema 2.

24 Prove a Parte (v) do Teorema 2.

25 Prove a parte (vi) do Teorema 2.

26 Verifique que $\displaystyle\int\operatorname{senh}^{-1}x\,ds=x\operatorname{senh}^{-1}x-\sqrt{1+x^2}+C$ diferenciando o lado direito.

Nos exercícios de 27 a 40, calcule cada integral.

27 $\displaystyle\int\frac{dx}{\sqrt{9+x^2}}$

28 $\displaystyle\int\frac{dx}{\sqrt{1+4x^2}}$

29 $\displaystyle\int\frac{dx}{\sqrt{x^2-16}}$

30 $\displaystyle\int\frac{dx}{\sqrt{9x^2-1}}$

31 $\displaystyle\int\frac{dx}{25-x^2}$

32 $\displaystyle\int\frac{dx}{1-9x^2}$

33 $\displaystyle\int\frac{dx}{x\sqrt{36-x^2}}$

34 $\displaystyle\int\frac{dx}{x\sqrt{1-4x^2}}$

35 $\displaystyle\int\frac{dx}{x\sqrt{16+x^2}}$

36 $\displaystyle\int\frac{dx}{x\sqrt{1+4x^2}}$

37 $\displaystyle\int_0^1\frac{dx}{\sqrt{1+x^2}}$

38 $\displaystyle\int_0^{0,5}\frac{dx}{1-x^2}$

39 $\displaystyle\int_5^7\frac{dx}{\sqrt{x^2-9}}$

40 $\displaystyle\int_{-1}^1\frac{dx}{\sqrt{3-x^2}}$

41 Prove o Teorema 3.

42 Determine a área da região limitada pela curva $y=16/\sqrt{16+x^2}$ e as retas $x=0,y=0$ e $x=3\sqrt{2}$.

43 Dado que $y=\operatorname{senh}^{-1}xy$, use diferenciação implícita para determinar dy/dx.

7 Crescimento Exponencial

Nas duas próximas seções consideraremos brevemente algumas das muitas aplicações das funções exponenciais e logarítmicas. Freqüentemente essas aplicações envolvem equações diferenciais separáveis contendo termos da forma dy/y. Integrando, esses termos contribuem com termos da forma $\ln|y|$ na solução.

A aplicação de logaritmos e exponenciais variam desde o cálculo da idade de um osso fossilizado por métodos radiativos ao cálculo da probabilidade de acidentes que ocorrem em uma grande indústria. Aqui começaremos com as aplicações em problemas envolvendo crescimento e decrescimento.

FUNÇÕES LOGARÍTMICAS, EXPONENCIAIS E HIPERBÓLICAS

7.1 A lei natural do crescimento

Muitas grandezas naturais mudam com o tempo a uma taxa instantânea dependente do valor da própria grandeza. Por exemplo, a taxa com a qual uma quantidade de substância radioativa decresce devido à desintegração radioativa depende da quantidade de substâncias presente. Analogamente, a taxa com a qual uma quantidade de dinheiro em uma conta bancária a juros compostos cresce depende da quantidade de dinheiro na conta.

Em geral, se q representa a quantidade de alguma substância em um tempo t, então dq/dt representa a taxa instantânea de mudança de q. Como já mencionamos, freqüentemente acontece que dq/dt depende de q de uma maneira definida; de fato, em muitos casos dq/dt é proporcional a q, de modo que $dq/dt = kq$, onde k é a constante de proporcionalidade. Se $k > 0$, então $dq/dt > 0$, de modo que q está crescendo com o passar do tempo, enquanto que se $k < 0$, então $dq/dt < 0$ e q decresce com o passar do tempo. A equação diferencial $dq/dt = kq$, aplicável a vários fenômenos naturais diferentes, é chamada normalmente de *lei natural do crescimento*. (Falando rigidamente, quando $k < 0$ ela deveria ser chamada de lei natural de *decrescimento*).

A equação diferencial $dq/dt = kq$ é resolvida da seguinte maneira:

TEOREMA 1 **Solução de $dq/dt = kq$**

A solução geral da equação diferencial $dq/dt = kq$, onde k é uma constante, é $q = q_0 e^{kt}$, onde q_0 é a constante igual ao valor de q quando $t = 0$.

PROVA

A equação diferencial $dq/dt = kq$ é separável; logo, pode ser reescrita como $dq/q = k\,dt$. Integrando ambos os lados desta última equação, obteremos $\ln |q| = kt + C$, onde C é a constante de integração. Exponenciando ambos os lados desta equação, teremos $e^{\ln |q|} = e^{kt + C}$; isto é, $|q| = e^{kt} e^C$. Como $|q| = \pm q$, podemos escrever $q = (\pm e^C) e^{kt}$ e, como C é uma constante, $\pm e^C$ também o é. Se q_0 é o valor de q quando $t = 0$, então $q_0 = (\pm e^C) e^{(k)(0)} = (\pm e^C) e^0 = \pm e^C$; logo, $q = q_0 e^{kt}$.

Na verdade, pode-se mostrar que $q = q_0 e^{kt}$ é a solução *completa* da lei natural do crescimento $dq/dt = kq$; isto é, não há soluções singulares. Logo, toda solução (em um intervalo aberto) tem a forma $q = q_0 e^{kt}$ (exercício 8).

EXEMPLO A população q dos Estados Unidos em 1975 era aproximadamente 220 milhões. Suponhamos que q cresça a uma taxa proporcional a si mesma, $dq/dt = kq$, com $k = 0,017$ (isto é, 1,7 por cento por ano). Calcule o valor de q: (a) em 1990 e (b) em 2001.

SOLUÇÃO

Pelo Teorema 1, $q = q_0 e^{0,017\,t}$, onde $q_0 = 220$ milhões. Em 1990, $t = 1990 - 1975 = 15$ e

$$q = 220 e^{(0,017)(15)} \approx 284 \text{ milhões}.$$

Em 2001, $t = 2001 - 1975 = 26$ e

$$q = 220 e^{(0,017)(26)} \approx 342 \text{ milhões}.$$

Em vários problemas envolvendo a lei natural do crescimento, os dados que temos informam valores de q em certos tempos, mas não temos o valor de k. Sob essas circunstâncias o teorema seguinte é bastante útil.

TEOREMA 2 **Fórmulas da lei natural do crescimento**

Suponhamos que a grandeza q satisfaz a lei natural do crescimento, de modo que $q = q_0 e^{kt}$. Consideremos $q = q_1$ quando $t = t_1$, e $q = q_2$ quando $t = t_2$, onde $t_1 \neq t_2$. Então:

(i) $\quad k = \dfrac{1}{t_2 - t_1} \ln \left(\dfrac{q_2}{q_1} \right)$.

(ii) $\quad q_0 = q_1 \left(\dfrac{q_1}{q_2} \right)^{t_1/(t_2 - t_1)}$ $\qquad\qquad$ (iii) $\quad q_2 = q_0 \left(\dfrac{q_1}{q_0} \right)^{t_2/t_1}$ se $t_1 \neq 0$.

CÁLCULO

PROVA

Temos que $q_1 = q_0 e^{kt_1}$ e $q_2 = q_0 e^{kt_2}$. Tomando o logaritmo natural de ambos os lados dessas duas equações, temos

$$\ln q_1 = \ln q_0 + kt_1 \quad \text{e} \quad \ln q_2 = \ln q_0 + kt_2.$$

Subtraindo a primeira equação da segunda, obteremos $\ln q_2 - \ln q_1 = kt_2 - kt_1$, de modo que

$$\ln\left(\frac{q_2}{q_1}\right) = k(t_2 - t_1) \quad \text{ou} \quad k = \frac{1}{t_2 - t_1}\ln\left(\frac{q_2}{q_1}\right).$$

Isto prova (i). Para provar (ii), resolvamos a equação $q_1 = q_0 e^{kt_1}$ para q_0, para obtermos $q_0 = q_1 e^{-kt_1}$, e então substituiremos o valor encontrado para k. Logo,

$$q_0 = q_1 e^{-kt_1} = q_1 \exp\left[\frac{-t_1}{t_2 - t_1}\ln\left(\frac{q_2}{q_1}\right)\right] = q_1 \exp\left[\frac{t_1}{t_2 - t_1}\ln\left(\frac{q_2}{q_1}\right)^{-1}\right]$$

$$= q_1 \exp\left[\frac{t_1}{t_2 - t_1}\ln\left(\frac{q_1}{q_2}\right)\right] = q_1\left(\frac{q_1}{q_2}\right)^{t_1/(t_2-t_1)},$$

pela definição 1 da Seção 4. Para provar (iii), resolveremos a equação em (ii) para q_2 da seguinte maneira: de (ii) obteremos

$$\frac{q_0}{q_1} = \left(\frac{q_1}{q_2}\right)^{t_1/(t_2-t_1)} \quad \text{de modo que} \quad \left(\frac{q_0}{q_1}\right)^{(t_2-t_1)/t_1} = \frac{q_1}{q_2}$$

ou

$$q_2 = q_1\left(\frac{q_0}{q_1}\right)^{-(t_2-t_1)/t_1} = q_1\left(\frac{q_1}{q_0}\right)^{(t_2-t_1)/t_1} = q_1\left(\frac{q_1}{q_0}\right)^{(t_2/t_1)-1}$$

$$= q_1\left(\frac{q_1}{q_0}\right)^{t_2/t_1}\left(\frac{q_1}{q_0}\right)^{-1} = q_1\left(\frac{q_1}{q_0}\right)^{t_2/t_1}\left(\frac{q_0}{q_1}\right) = q_0\left(\frac{q_1}{q_0}\right)^{t_2/t_1}.$$

EXEMPLOS 1 A taxa de decrescimento do elemento rádio é proporcional à quantidade presente em um dado tempo. Se após 25 anos a quantidade de rádio decrescer para 4,948 gramas e se no fim de mais 25 anos decrescer para 4,896 gramas, quantas gramas estiveram originariamente presentes?

SOLUÇÃO
No Teorema 2, faça $q_1 = 4,948$, $t_1 = 25$, $q_2 = 4,896$ e $t_2 = 50$. Pela parte (ii) do Teorema 2,

$$q_0 = q_1\left(\frac{q_1}{q_2}\right)^{t_1/(t_2-t_1)} = 4,948\left(\frac{4,948}{4,896}\right)^{25/(50-25)}$$

$$= \frac{(4,948)^2}{4,896} \approx 5 \text{ gramas.}$$

2 O crescimento de bactérias em uma cultura cresce com uma taxa proporcional ao número de bactérias presentes. Se existirem inicialmente 2500 bactérias e o número de bactérias triplicar em 1/2 hora, quantas bactérias estarão presentes após t horas? Quantas estarão presentes após 2 horas?

SOLUÇÃO
No Teorema 2 temos $q_0 = 2500$ e $q_1 = 7500$ quando $t_1 = 1/2$ hora. Pela parte (iii) do Teorema 2 com $t_2 = t$ e $q_2 = q$, no fim de t horas o número de bactérias

FUNÇÕES LOGARÍTMICAS, EXPONENCIAIS E HIPERBÓLICAS

presentes é dado por

$$q = q_0 \left(\frac{q_1}{q_0}\right)^{t/t_1} = 2500 \left(\frac{7500}{2500}\right)^{2t} = 2500(3)^{2t};$$

logo, $q = 2500(9^t)$. Quando $t = 2$ horas, $q = 2500(81) = 202.500$.

3 No Exemplo 2, quanto tempo passará até que 1.000.000 bactérias estejam presentes?

SOLUÇÃO
Faça $q = 1.000.000$ na fórmula $q = 2500 \,(9^t)$ e resolva para t da seguinte maneira:

$$1.000.000 = 2500(9^t), \qquad 9^t = 400;$$

daí,

$$\log_{10} 9^t = \log_{10} 400, \; t \log_{10} 9 = \log_{10} 400, \text{ e}$$

$$t = \frac{\log_{10} 400}{\log_{10} 9} \approx \frac{2,6021}{0,9542} \approx 2,73 \text{ horas.}$$

Se uma substância está se decompondo de acordo com a lei natural do crescimento, então a quantidade q de substância em um tempo t será dada por $q = q_0 \, e^{kt}$, onde $k < 0$. Neste caso, normalmente reescrever-se-á a equação na forma $q = q_0 \, e^{-at}$ onde $a = -k > 0$. Aqui a constante a medirá quão rapidamente a substância estará decrescendo. Dentre essas medidas, talvez a de mais fácil compreensão seja a da *meia-vida* da substância, definida como *o espaço de tempo T durante o qual exatamente metade da substância se decomporá*. Logo, em um tempo T a quantidade restante da substância será $^{1}/_{2} q_2$, então $^{1}/_{2} q_0 = q_0 e^{-aT}$ ou $e^{aT} = 2$. Tomando o logaritmo natural em ambos os lados desta última equação, obteremos $aT = \ln 2$, ou $T = (\ln 2)/a$.

EXEMPLOS **1** Ache a fórmula para a quantidade q de substância radioativa presente após t anos se a meia-vida da substância é T anos.

SOLUÇÃO
Aqui temos que $q = q_0 \, e^{-at}$, onde $a = (\ln 2)/T$. Logo,

$$q = q_0 e^{-(t/T) \ln 2} = q_0 2^{-t/T}.$$

2 Se a meia-vida do polônio é 140 dias, quanto tempo levarão 2 gramas de polônio para se decompor até 0,1 grama?

SOLUÇÃO
Pelo exemplo anterior

$$q = q_0 e^{-(t/T) \ln 2}, \frac{q}{q_0} = e^{-(t/T) \ln 2}, \ln \frac{q}{q_0} = -\frac{t}{T} \ln 2,$$

De modo que

$$t = -\frac{T}{\ln 2} \ln \frac{q}{q_0} = \frac{T}{\ln 2} \ln \left(\frac{q}{q_0}\right)^{-1} = \frac{T}{\ln 2} \ln \frac{q_0}{q}.$$

No nosso caso, $q_0 = 2, q = 0,1, T = 140$ dias, e então

$$t = \frac{140}{\ln 2} \ln 20 \approx 605 \text{ dias.}$$

Conjunto de Problemas 7

1 A taxa com a qual a população de uma certa cidade cresce é proporcional à população. Se havia 125.000 pessoas na cidade em 1960 e 140.000 em 1975, que população poderá ser prevista para o ano 2000?

2 Dado que $dy/dx = 2y$ e que $y = 10$ quando $x = 0$, determine o valor de y quando $x = 1$.

3 No processamento químico de um certo material, a taxa de mudança da quantidade de mineral restante é proporcional a essa quantidade. Se, após 8 horas, 100 quilogramas de mineral forem reduzidos a 70 quilogramas, qual a quantidade de mineral restante após 24 horas?

4 A meia-vida do rádio é 1656 anos. Se uma amostra de rádio pesa agora 50 quilogramas, quantas gramas de rádio restarão na amostra daqui a 100 anos?

5 O crescimento de bactérias em uma certa altura aumenta com uma taxa proporcional ao número de bactérias presentes, se existirem 1000 bactérias inicialmente e se o número de bactérias dobrar em 15 minutos, quanto tempo passará antes de haver 2.000.000 bactérias presentes?

6 Verdadeiro ou falso: Uma substância radioativa tem meia-vida de 1800 anos, isto é, metade dela terá se decomposto após 1800 anos. Portanto, após 3600 anos, toda a substância terá sido decomposta.

7 Em um certo instante, 100 gramas de uma substância radioativa está presente. Após 4 anos, 20 gramas ainda restam.
(a) Quanto desta substância restará após 8 anos?
(b) Qual é a meia-vida desta substância?

8 Prove que a solução $q = q_0 e^{kt}$ da equação diferencial $dq/dt = kq$ no Teorema 1 é realmente uma solução completa. Faça isto considerando que $q = f(t)$ é uma solução de $dq/dt = kq$ e que $q_0 = f(0)$, calcule então $D_t [f(t) e^{-kt}]$.

9 O número de bactérias em uma salada de galinha à temperatura ambiente triplica em 6 horas. Em quanto tempo este número estará multiplicado por um fator de 50?

10 Bactérias em uma cultura têm tendência natural a aumentar seu número em 25 por cento em 1 hora; entretanto, uma certa droga presente na cultura mata 20 por cento de bactérias por hora. Quanto tempo será necessário para que o número de bactérias dobre sob estas condições?

11 Um *trailer* custa inicialmente Cr\$ 180.000,00. Se ele se desvalorizar a uma taxa proporcional ao seu valor e tiver um valor de Cr\$ 150.000,00 após 2 anos, qual será o seu valor após 10 anos?

12 Um tanque cilíndrico de 2 metros de altura tem uma área transversal de 9 metros quadrados e está inicialmente cheio de benzeno. Entretanto, existe um vazamento no fundo do tanque, e o benzeno está escorrendo a uma taxa proporcional a sua profundidade. Ache o volume de benzeno no tanque após 2 dias, se o tanque está pela metade ao fim de 12 horas.

13 No Teorema 2, determine uma fórmula expressando t_2 em termos de q_0, q_1, q_2 e t_1.

14 Seja p uma função contínua de t e seja g uma antiderivada de p. Mostre que $q = Ce^{-g(t)}$ é uma solução da equação $dq/dt + p(t)q = 0$. Explique agora como este resultado generaliza o Teorema 1.

15 A equação diferencial $dq/dt = Kb^t q$, onde K e b são constantes positivas e $b < 1$ é por vezes utilizada para descrever o crescimento de uma grandeza q sob condições restritivas, como por exemplo o crescimento de uma população animal com um suprimento de alimentos restrito. Resolva esta equação diferencial separável para q como uma função do tempo t. (A solução é chamada *função de Gompertz*).

16 Sejam P e Q funções contínuas de x. A equação diferencial $dy/dx + P(x) y = Q(x)$ é chamada de *equação diferencial linear de primeira ordem*. Se g é uma antiderivada de P, mostra que uma solução desta equação diferencial é dada por $y =$

$$e^{-g(x)} \int e^{g(x)} Q(x)\, dx.$$

17 A corrente I em um circuito elétrico consistindo em uma indutância constante de L henrys, uma resistência constante de R ohms e uma força eletromotriz de $E(t)$ volts em um tempo t satisfaz a equação diferencial linear de primeira ordem

$$\frac{dI}{dt} + \frac{R}{L} I = \frac{E(t)}{L}.$$

(a) Use o resultado do exercício 16 para resolver para I como uma função do tempo t.
(b) Considerando E constante e $I = 0$ quando $t = 0$, determine $\lim_{t \to +\infty} I$.

FUNÇÕES LOGARÍTMICAS, EXPONENCIAIS E HIPERBÓLICAS

8 Outras Aplicações dos Logaritmos e das Exponenciais

Na Seção 7 consideramos aplicações a problemas de crescimento e decrescimento. Aqui consideraremos outras aplicações de logaritmos e exponenciais; especificamente a problemas envolvendo mistura, resfriamento, juros compostos contínuos e o processo de Poisson.

8.1 Mistura e resfriamento

Problemas envolvendo misturas uniformes de várias substâncias, assim como problemas sobre a taxa com a qual objetos perdem calor para o meio ambiente, freqüentemente dão origem a equações diferenciais cuja solução envolve logaritmos ou exponenciais.

EXEMPLO Um tanque inicialmente contém 100 litros de água salgada a uma concentração de 3/10 kg por litro de água. Água contendo 1/10 kg de sal por litro penetra no tanque a uma taxa de 2 litros/min, e a solução, mantida uniforme por agitação, sai do tanque com a mesma taxa.

(a) Determine uma equação para o número de quilos q de sal no tanque após t minutos e esboce o gráfico desta equação.
(b) Ache a concentração de sal no tanque no fim de 25 minutos.

SOLUÇÃO
(a) A concentração de sal no tanque em um tempo t é $q/100$ kg/l. No intervalo "infinitesimal" de tempo dt, $2\,dt$ litros de água salgada carregando 1/10 $(2\,dt)$ quilos de sal penetram no tanque, enquanto $2\,dt$ litros de água carregando $(q/100)(2\,dt)$ quilos de sal escorrem para fora do tanque, logo, durante um intervalo de tempo dt, a quantidade de sal do tanque muda da quantidade infinitesimal

$$dq = \tfrac{1}{10}(2\,dt) - (q/100)(2\,dt) \text{ kg.}$$

Portanto, q satisfaz a equação diferencial separável

$$dq = \frac{20 - 2q}{100}\,dt$$

com a condição inicial de que $q = (3/10)\,(100) = 30$ kg quando $t = 0$. Separando as variáveis e integrando, obteremos

$$\frac{dq}{20 - 2q} = \frac{dt}{100} \quad\text{,isto é,}\quad -\frac{1}{2}\,\ln|20 - 2q| = \frac{t}{100} + C_1$$

ou

$$\ln|2q - 20| = -\frac{t}{50} + C, \qquad \text{onde } C = -2C_1.$$

Exponenciando ambos os lados desta última equação, obtemos

$$|2q - 20| = e^C e^{-t/50},$$

De modo que

$$2q - 20 = \pm e^C e^{-t/50}$$

Ou

$$q = 10 + Ke^{-t/50}, \text{ onde } K = \pm e^C/2.$$

Como $q = 30$ quando $t = 0$, segue-se que $30 = 10 + Ke^0$; logo, $K = 20$. Então, no final de t minutos, haverá q kg de sal no tanque, onde $q = 10 + 20e^{-t/50}$. A Fig. 1 mostra o gráfico desta equação. Note que q se aproxima de 10 kg quando t se aproxima de $+\infty$.

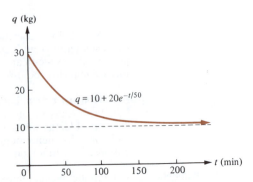

Fig. 1

(b) Ao fim de 25 minutos, existem $10 + 20\,e^{-25/50} = 10 + 20\,e^{-1/2}$ kg de sal no tanque. Logo, a concentração do sal é dada por

$$\frac{10 + 20e^{-1/2}}{100} \approx 0{,}22 \text{ kg/l}.$$

A *lei de Newton para o resfriamento* estabelece que a taxa instantânea da mudança de temperatura de um corpo que está se resfriando é proporcional à diferença de temperatura entre o corpo e o meio ambiente. Logo, se x é a temperatura do corpo em um tempo t, então

$$\frac{dx}{dt} = k(x - a).$$

onde k é a constante de proporcionalidade e a é a temperatura do meio ambiente. Aqui consideraremos a constante. Note que $k < 0$. (Por quê?)

A equação diferencial $dx/dt = k(x - a)$ é semelhante à lei natural do crescimento $dq/dt = kq$. De fato, se fizermos $q = x - a$, então, considerando a constante, $dq/dt = dx/dt$. Conseqüentemente, a lei de Newton para o resfriamento $dx/dt = k(x - a)$ é equivalente à lei natural do crescimento $dq/dt = kq$ se fizermos $q = x - a$.

Portanto, os resultados obtidos na Seção 7.1 podem ser usados para resolver problemas sobre a Lei de Newton para o resfriamento. Por exemplo, pelo Teorema 1 na Seção 7.1, $q = q_0 e^{kt}$; isto é, $x - a = q_0 e^{kt}$, ou $x = a + q_0 e^{kt}$, onde $q_0 = x_0 - a$ e x_0 é o valor de x quando $t = 0$.

EXEMPLO Um objeto é aquecido até 300°C e é então deixado resfriar-se em um local cuja temperatura é 80°C. Se após 10 minutos a temperatura do objeto for 250°C. Qual será a temperatura após 20 minutos?

SOLUÇÃO
Seja x a temperatura em um tempo t e seja $q = x - a$, onde $a = 80°C$. Logo, $q_0 = x_0 - a = 300° - 80° = 220°$. No tempo $t_1 = 10$ minutos, teremos uma temperatura $x_1 = 250°$ e um valor correspondente $q_1 = x_1 - a = 250° - 80° = 170°$. Pela parte (iii) do Teorema 2 na Seção 7.1.,

$$q_2 = q_0 \left(\frac{q_1}{q_0}\right)^{t_2/t_1}$$

FUNÇÕES LOGARÍTMICAS, EXPONENCIAIS E HIPERBÓLICAS

dá o valor de q em um tempo t_2. Portanto, o valor de x em um tempo t_2 será dado por

$$x_2 = a + q_2 = a + q_0 \left(\frac{q_1}{q_0}\right)^{t_2/t_1}$$

Para resolver nosso problema, faremos $t_2 = 20$ minutos, então

$$x_2 = 80 + 220 \left(\frac{170}{220}\right)^{20/10} = 80 + 220 \left(\frac{17}{22}\right)^2 \approx 211{,}36^\circ C.$$

8.2 Juros compostos contínuos

Suponha que q_0 cruzeiros são depositados em uma conta bancária a juros compostos de k por cento ao ano calculado n vezes por ano — isto é, calculado a cada $(1/n)$-ésima parte do ano. Por exemplo, se $n = 2$, o juro é adicionado semestralmente; se $n = 4$, é calculado trimestralmente; se $n = 52$, semanalmente; e assim por diante.

Ao final da primeira $(1/n)$-ésima parte do ano, um juro de $(k/100)(1/n) q_0$ cruzeiros é adicionado ao capital e a conta passa a ter $\left(q_0 + \dfrac{k}{100n} q_0\right)$ cruzeiros. Ao fim da segunda $(1/n)$-ésima parte do ano, um juro de $\left(\dfrac{k}{100}\right)\left(\dfrac{1}{n}\right)\left(q_0 + \dfrac{k}{100n} q_0\right)$ cruzeiros é adicionado ao capital e a conta passa a ter

$$\left(q_0 + \frac{k}{100n} q_0\right) + \frac{k}{100n} \left(q_0 + \frac{k}{100n} q_0\right) = q_0 \left(1 + \frac{k}{100n}\right)^2 \text{ cruzeiros}$$

Ao fim da terceira $(1/n)$-ésima parte do ano, a quantidade de dinheiro na conta será $q_0 [1 + k/(100 n)]^3$ cruzeiros, e assim por diante. Logo, no final do ano haverá na conta $q_0 \left(1 + \dfrac{k}{100n}\right)^n$ cruzeiros.

EXEMPLO Se Cr\$ 1.000,00 são investidos a uma taxa de juros compostos de 7% ao ano calculados diariamente, qual será o valor do investimento no final de 1 ano?

SOLUÇÃO
Utilizando a fórmula com $k = 7$ e $n = 365$, vemos que o valor do investimento ao final de um ano é

$$\text{Cr\$}1000 \left(1 + \frac{7}{(100)(365)}\right)^{365} = \text{Cr\$}1072{,}50.$$

Se, no exemplo acima, o juro estivesse calculado de hora em hora ao invés de diariamente, então a quantidade de dinheiro no final de um período de um ano seria

$$\text{Cr\$}1000 \left[1 + \frac{7}{(100)(365)(24)}\right]^{(365)(24)} = \text{Cr\$}1072{,}51.$$

Como q_0 cruzeiros investidos a uma taxa de k por cento ao ano, calculada cada $(1/n)$-ésima parte do ano, valem $q_0[1 + k/(100 n)]^n$ cruzeiros no final do ano, será razoável definir

$$q = \lim_{n \to +\infty} q_0 \left(1 + \frac{k}{100n}\right)^n$$

CÁLCULO

como sendo o valor do investimento no final do ano e os juros forem calculados *continuamente*. Na fórmula anterior, faça $a = k/100$ e use o Teorema 8 na Seção 4.4 para obter

$$q = \lim_{n \to +\infty} q_0 \left(1 + \frac{a}{n}\right)^n = q_0 \lim_{n \to +\infty} \left(1 + \frac{a}{n}\right)^n = q_0 e^a.$$

Portanto, q_0 cruzeiros investidos a k por cento de juros ao ano calculados continuamente valem $q_0 e^{k/100}$ cruzeiros no final de um ano, no final de t anos, o capital valerá $q_0 e^{kt/100}$ cruzeiros.

EXEMPLO Se Cr$ 100.000,00 são investidos a uma taxa de 7% ao ano calculados continuamente, quanto valerá o investimento após um ano? Quanto valerá após t anos? Em quantos anos o capital inicial dobrará?

Solução
Após 1 ano, o investimento valerá Cr$ $100.000 \, e^{7/100}$ = Cr$ 107.250,82. Após t anos, o capital inicial passará a valer Cr$ $100.000 \, e^{7t/100}$. Logo, o investimento dobra quando $e^{7t/100} = 2$, isto é, quando $7t/100 = \ln 2$, ou $t = 100/7 \ln 2$ $\approx 9,9$ anos.

8.3 O processo de Poisson

Muitos fenômenos podem ser vistos como uma quantidade de "acontecimentos" separados e distintos ocorrendo em relação a um "espaço de acontecimentos" contínuos. Por exemplo, se o "espaço de acontecimentos" fosse o tempo, os acontecimentos poderiam ser qualquer coisa, como desintegração de átomos individuais de urânio e até suicídios na cidade de New York. Por outro lado, o "espaço" contínuo pode ser o volume do suprimento de água do reservatório de uma cidade e os "acontecimentos" ou "eventos" podem ser a existência de bactérias coliformes dentro deste volume de água.

Um fenômeno como qualquer dos descritos acima é chamado um *processo de Poisson* (em homenagem ao matemático francês S. D. Poisson), desde que as seguintes condições sejam cumpridas:

1 Se a variável t representa o espaço contínuo, então a probabilidade de um evento em um intervalo pequeno Δt de t é proporcional a Δt.

2 A probabilidade de dois ou mais eventos em um mesmo intervalo pequeno Δt de t é desprezível.

3 Se Δt_1 e Δt_2 forem dois intervalos pequenos de t não-superpostos, então a ocorrência ou a não-ocorrência de um evento em Δt_1 não exercerão influência sobre a ocorrência ou não-ocorrência de um evento em Δt_2.

Sob as condições 1, 2 e 3 pode-se mostrar que a probabilidade de ocorrerem k eventos em t unidades do espaço contínuo é dada pela fórmula de Poisson.

$$p_k = \frac{(ct)^k}{k!} \, e^{-ct},$$

onde a constante c é a média contínua do número de acontecimentos por unidade do espaço. (Veja o exercício 54, no conjunto de problemas 4, como a fórmula de Poisson está determinada).

EXEMPLOS 1 Sabe-se que existem bactérias coliformes no reservatório de suprimento de água de uma cidade a uma taxa média de $c = 2$ bactérias por centímetro cúbico de água. Considere que a presença da bactéria coliforme em uma amostra desta água é um processo de Poisson — isto é, um acontecimento é a ocorrência de uma única bactéria e o espaço contínuo é o volume de água envolvido. Se uma amostra de 9 centímetros cúbicos de água é retirada do reservatório, qual é a probabilidade de a amostra conter exatamente 20 bactérias coliformes?

Solução
Aqui temos $t = 9$ centímetros cúbicos, $c = 2$ bactérias por centímetro cúbico em média, e $k = 20$ bactérias.

FUNÇÕES LOGARÍTMICAS, EXPONENCIAIS E HIPERBÓLICAS

Logo, pela fórmula de Poisson,

$$p_k = \frac{(ct)^k}{k!} e^{-ct} = \frac{18^{20}}{20!} e^{-18} \approx 0{,}08 \text{ ou cerca de } 8\%.$$

2 Em um certo livro de cálculo existem 4000 exercícios. As respostas para todos esses exercícios estão no fim do livro; entretanto, 1% das respostas dadas são incorretas. A aluna Dolores faz 10 exercícios e então compara suas respostas com aquelas no fim do livro. Qual a probabilidade de que todas as 10 respostas do fim do livro estejam certas?

SOLUÇÃO
Apesar do espaço (isto é, as respostas no fim do livro) não ser realmente contínuo, existirão tantas respostas (4000 delas) que poderemos seguramente desprezar esta descontinuidade e usar a fórmula de Poisson. Aqui, é claro, um evento é uma resposta errada, como 1% das 4000 respostas estão erradas, existem 40 respostas incorretas e $c = 40/4000 = 0{,}01$ erro por resposta. Para $t = 10$ respostas e $k = 0$ erros, a fórmula de Poisson dá

$$p_0 = \frac{[(0{,}01)(10)]^0}{0!} e^{-(0,01)(10)} = e^{-0,1} \approx 0{,}9 \text{ ou cerca de } 90\%$$

de probabilidade de nenhum erro de 10 respostas.

Suponha que tenhamos um processo de Poisson cujo espaço seja o tempo, de modo que em qualquer intervalo curto de tempo Δt podemos ou não observar um acontecimento. Seja c o número médio contínuo de acontecimentos por unidade de intervalo de tempo. Pela fórmula de Poisson, a probabilidade de ocorrerem k acontecimentos em um intervalo de tempo de cumprimento t é dada por $p_k = \dfrac{(ct)^k}{k!} e^{-ct}$.

Comecemos a observar esse processo de Poisson e registrar o tempo passado T até o *primeiro* acontecimento. Denotemos por $P\{T > t\}$ a probabilidade de que o tempo de espera T até o primeiro acontecimento exceda t. Então, por exemplo, se $P\{T > 2\} = 0{,}57$, onde o tempo é medido em horas, em aproximadamente 57% dos casos, poderemos esperar pelo menos 2 horas antes que ocorra o primeiro evento. Analogamente, denotaremos por $P\{T \le t\}$ a probabilidade de que o tempo de espera T não exceda t. Note que se $P\{T > 2\} = 0{,}57$, então $P\{T \le 2\} = 0{,}43$. (Por quê?) Generalizando $P\{T \le t\} = 1 - P\{T > t\}$.

Evidentemente, dizer que o tempo de espera T até que ocorra o primeiro acontecimento excede t é equivalente a dizer que existem exatamente zero acontecimentos no intervalo de tempo t. Portanto, utilizando-se a fórmula de Poisson $p_k = \dfrac{(ct)^k}{k!} e^{-ct}$ com $k = 0$, temos

$$P\{T > t\} = p_0 = \frac{(ct)^0}{0!} e^{-ct} = e^{-ct}$$

e

$$P\{T \le t\} = 1 - e^{-ct},$$

onde c é o número médio de acontecimentos por unidade de tempo.

EXEMPLOS 1 As falhas que ocorrem em um certo tipo de motor de jatos obedecem aproximadamente a um processo de Poisson tendo em média uma falha a cada 1000 horas de operação. Qual é a probabilidade de um desses motores funcionar 1500 horas sem uma falha?

SOLUÇÃO
Aqui temos $c = {}^1/_{1000}$ falhas por hora; logo

$$P\{T > 1500\} = e^{-(1/1000)(1500)} = e^{-3/2} \approx 0{,}22 \text{ ou cerca de } 22\%.$$

CÁLCULO

2 Sabe-se que erros de impressão ocorrem em um certo livro à taxa média de um por cada 100 páginas. Qual é a probabilidade de que o primeiro erro ocorra antes da página 76?

SOLUÇÃO
Neste caso $c = {}^1/_{100}$ erros de impressão por página; logo

$$P\{T \leq 75\} = 1 - e^{-(1/100)(75)} \approx 1 - 0,47 \approx 0,53 = 53\%.$$

Conjunto de Problemas 8

1 Um tanque contém inicialmente 50 litros de água e nele 10 quilos de sal estão dissolvidos. A água pura penetra então no tanque a uma taxa de 3 l/min e é uniformemente misturada na solução. Enquanto isso, a mistura escoa para fora do tanque a uma taxa constante de 2 l/min. Após quanto tempo haverá apenas 2 quilos de sal dissolvidos no tanque?

2 Resolva o exercício 1 se a água entrando no tanque não é pura, contém 1/30 quilos de sal por litro e penetra no tanque a uma taxa de 2 l/min.

3 O ar de um laboratório químico contém 1% de sulfeto de hidrogênio. Um exaustor, que está ligado, remove o ar do laboratório a uma taxa de 500 m³/min. Enquanto isso, ar fresco penetra na sala, por fendas embaixo das portas, e assim por diante. Se o volume da sala é 10.000 metros cúbicos, qual é a concentração de sulfeto de hidrogênio após 5 minutos?

4 Água contendo A quilos de poluente por litro corre para um reservatório a uma taxa de R l/min. O reservatório inicialmente continha G litros de água contendo B quilos de poluente. A água poluída sai do reservatório com uma taxa de r l/min. Estabeleça a equação diferencial para o número de quilos q de poluente no reservatório em t minutos.

5 Batatas fritas a uma temperatura de 100°C são colocadas no prato de Lúcia. Ela não começa a comer as batatas até que 7 minutos tenham-se passado. Após 4 minutos, a temperatura das batatas caiu para 87°C. Qual a temperatura das batatas quando Lúcia começa a comê-las, se a temperatura do ar é 25°C?

6 Um corpo, inicialmente a uma temperatura de 80°C, é deixado resfriar-se ao ar livre. O corpo resfria-se até 50°C após 50 minutos. Após 100 minutos o corpo resfriou-se a 40°C. Qual é a temperatura do ar?

7 Uma bola de ferro a uma temperatura de 190°C é colocada em um banho de água à temperatura de 35°C. Após 10 minutos, a bola resfriou-se até a temperatura de 75°C. Quantos minutos a mais serão necessários para que a temperatura da bola desça a 50°C?

8 Se Cr$ 2.000,00 foram investidos a uma taxa de juros de 6% ao ano calculados continuamente, quanto valerá o investimento após 10 anos?

9 Se Cr$ 5.000,00 são investidos a uma taxa de juros de 7% calculados continuamente, quanto tempo será necessário para triplicar este valor?

10 Um banco com Cr$ 28.000.000,00 em contas correntes está pagando juros compostos de 5,1/2% por ano calculados trimestralmente. O banco está analisando a possibilidade de oferecer a mesma taxa de juros, mas calculada continuamente ao invés de trimestralmente. Quanto a mais de juros o banco terá que pagar por ano, se o novo plano é adotado?

11 Se Cr$ 1,00 investido a 6% ao ano calculado trimestralmente leva ao mesmo lucro, no final de um ano, que um investimento de Cr$ 1,00 a $k\%$ ao ano calculado continuamente, ache o valor de k.

12 Suponha que o número de mortes por acidentes automobilísticos é cerca de 2 por dia em uma certa cidade. Qual é a probabilidade de ocorrerem 4 dessas mortes em um período de 2 dias?

13 Uma máquina produz fios de cobre cobertos com uma camada de esmalte isolante. Em média, existem duas imperfeições no isolamento a cada 7000 metros de fio. Qual é a probabilidade de ocorrer uma imperfeição em 5000 metros de fio?

14 Um vendedor de jornais em uma esquina vende uma média de 70 jornais por hora. Qual é a probabilidade de ele vender exatamente 70 jornais em uma determinada hora? (Use a aproximação $\log_{10}(70!) \approx 100,07841$)

15 No exercício 14, qual é a probabilidade de o vendedor de jornais vender (a) nenhum jornal, (b) exatamente um jornal, (c) exatamente dois jornais, durante um dado período de um minuto?

16 No exercício 14, qual é a probabilidade de que o vendedor de jornais venda mais de dois jornais durante um dado intervalo de um minuto?

FUNÇÕES LOGARÍTMICAS, EXPONENCIAIS E HIPERBÓLICAS

17 Qual é a probabilidade de o vendedor de jornais do exercício 14 ter acabado de chegar na esquina e ter que esperar mais de 5 minutos antes de vender seu primeiro jornal?

18 Os controladores de tráfego aéreo de um aeroporto recebem uma média de sete pedidos de pouso a cada quarto de hora. Durante um dado quarto de hora, qual é a probabilidade de eles receberem:
(a) Exatamente seis pedidos?
(b) Exatamente sete pedidos?
(c) Nenhum pedido?

19 Philo Empiric, que é propenso a acidentes, machuca-se seriamente, em média, uma vez cada 7 meses. Qual é a probabilidade de que um ano se passe antes de Philo ter seu próximo acidente grave?

20 No exercício 19, qual é a probabilidade de que o próximo acidente grave de Philo ocorra dentro de uma semana?

21 No exercício 4, mostre que se $R \neq r$, então

$$q = (B - AG)\left(1 + \frac{R - r}{G}t\right)^{-r/(R-r)} + AG + A(R - r)t$$

é uma solução da equação diferencial satisfazendo a condição do valor inicial. Qual é a solução se $R = r$?

22 Siga os seguintes passos para mostrar que a função f definida por $f(x) = (1 + a/x)^x$ é crescente se a é uma constante e $x > 0$.
(a) Use o Teorema do valor médio para mostrar que existe um número t tal que

$$\ln\left(1 + \frac{x}{a}\right) - \ln\left(\frac{x}{a}\right) = \frac{1}{t} \quad \text{e} \quad \frac{x}{a} \leq t \leq 1 + \frac{x}{a}.$$

(b) Da parte (a), mostre que $\ln(1 + a/x) \geq a/(a + x)$.
(c) Use o item (b) para mostrar que $D_x (1 + a/x)^x \geq 0$.

23 Interprete o fato de que $f(x) = (1 + a/x)^x$ é crescente (exercício 22) em termos de juros compostos.

Conjunto de Problemas de Revisão

Nos exercícios de 1 a 48, diferencie cada função.

1 $f(x) = \ln(x^2 + 7)$

2 $f(t) = \ln(\cos 3t)$

3 $g(r) = \ln(r\sqrt{r + 2})$

4 $G(u) = \ln(u - 1)^3$

5 $g(x) = x^2 \tan^{-1}(\ln x)$

6 $h(x) = \operatorname{sen}(\ln x^2)$

7 $F(u) = \dfrac{(\ln u)^2}{u}$

8 $G(x) = \sqrt[7]{\ln x}$

9 $f(x) = \ln\dfrac{\operatorname{sen}x}{x}$

10 $H(x) = \ln(x + \sqrt{x^2 + 1})$

11 $g(x) = e^{-4x^3}$

12 $H(x) = -xe^{-x}$

13 $F(x) = \operatorname{sen}^{-1} e^{-2x}$

14 $g(u) = e^u \cot e^u$

15 $f(t) = \ln\dfrac{e^t + 2}{e^t - 2}$

16 $H(x) = \ln(e^{\operatorname{sen} x} + 5)$

17 $g(x) = \cos^{-1} x^2 - xe^{x^3}$

18 $g(x) = e^x \ln(\operatorname{sen}x)$

19 $f(x) = \tan e^x$

20 $f(x) = e^x(x^2 - 2x + 5)$

21 $f(x) = (3 - e^{4x})^4$

22 $g(x) = \dfrac{e^x - e^{-x}}{e^x + e^{-x}}$

23 $f(x) = \ln\dfrac{e^x + 2}{e^{-x} + 2}$

24 $h(z) = e^{3z} \cos^{-1} e^{2z}$

25 $F(x) = x^{4e}$

26 $g(x) = x^{-17\pi}$

27 $f(x) = 5^{\cos x}$

28 $g(t) = 3^{t^2 + 2}$

29 $f(x) = 7^{\operatorname{sen} x^2}$

30 $g(x) = (x^2 + 7)2^{-5x}$

31 $g(x) = 3^{5x} \cdot 2^{4x^2}$

32 $H(x) = e^{\cos x} \cdot 2^{4x}$

33 $f(t) = \dfrac{\log_7 t}{t}$

CÁLCULO

34 $g(u) = \log_3 \dfrac{u}{u+7}$

35 $g(x) = \sqrt[4]{\log_{10} x}$

36 $f(x) = \sqrt[5]{\log_{10} \dfrac{1+x}{1-x}}$

37 $g(x) = \cosh e^{4x}$

38 $H(s) = \operatorname{senh}(\operatorname{sen}^{-1} s)$

39 $g(t) = \operatorname{csch}(e^{-t})$

40 $F(x) = \dfrac{\tanh(\operatorname{sen} x)}{x}$

41 $f(x) = e^{\operatorname{sech} x^2}$

42 $g(u) = \operatorname{senh} u^2 \tanh 3u$

43 $g(t) = \ln(\tanh t + \operatorname{sech} t)$

44 $f(x) = \tan^{-1}(\operatorname{senh} x^3)$

45 $g(x) = \operatorname{senh}^{-1}(3x+1)$

46 $g(u) = \coth^{-1} e^{5u}$

47 $f(x) = \tanh^{-1} e^x$

48 $F(x) = \coth^{-1} e^{-x^2}$

49 Se $(\ln x)/x = (\ln 2)/2$, isto significa necessariamente que $x = 2$? Justifique sua resposta. (*Sugestão:* Esboce o gráfico de $y = (\ln x)/x$).

50 Se $(\ln x)/x = (\ln 1/2)/1/2$, isto significa necessariamente que $x = 1/2$? Justifique sua resposta.

Nos exercícios de 51 a 60 use diferenciação logarítmica para determinar dy/dx.

51 $y = (3x)^x$

52 $y = x^{x^3}$

53 $y = (\operatorname{sen} x)^{x^2}$

54 $y = (\cosh x)^{2x}$

55 $y = (\tanh^{-1} x)^{x^3}$

56 $y = x^{\cos^{-1} x}$

57 $y = \dfrac{\cos x \sqrt[3]{1 + \operatorname{sen}^2 x}}{\operatorname{sen}^5 x}$

58 $y = \dfrac{x^2 \operatorname{sen} x}{\sqrt{1 - 3\tan x \cdot \sec 2x}}$

59 $y = \dfrac{x^2(x+5)^3 \operatorname{sen} 2x}{\sec 3x}$

60 $y = \dfrac{x \cot x}{(x+1)(x+3)^2(x+7)^4}$

61 Seja a uma constante positiva e definamos a função f por $f(x) = a^x$. Use o fato de que $f'(0) = a^0 \ln a$ para provar que $\lim\limits_{h \to 0} \dfrac{a^h - 1}{h} = \ln a$.

62 Seja $0 < a < b$, onde a e b são constantes, e definamos a função p por $p(t) = \displaystyle\int_a^b x^t \, d$, observando-se que t é mantido fixo quando calculamos $\displaystyle\int_a^b x' \, dx$. A função p é contínua no ponto -1? (*Sugestão:* Use o resultado do exercício 61.)

Nos exercícios 63 a 66, use diferenciação implícita para achar dy/dx.

63 $xe^{4y} + x \cos y = 2$

64 $y \cdot 2^x + xe^y = 3$

65 $\cosh(x - y) + \operatorname{senh}(x + y) = 1$

66 $\log_{10}(x + y) + \log_{10}(x - y) = 2$

Nos exercícios 67 e 68, utilize o teorema fundamental do cálculo e a regra da cadeia para calcular $D_x y$.

67 $y = \displaystyle\int_1^{\ln x} \dfrac{dt}{5 + t^3}$

68 $y = \displaystyle\int_1^{\cosh x} \dfrac{dt}{3 + t^2}$

Nos exercícios 69 a 88, calcule cada integral.

69 $\displaystyle\int \dfrac{dx}{8 + 3x}$

70 $\displaystyle\int \dfrac{\operatorname{sen}(\ln x)}{x} \, dx$

71 $\displaystyle\int \dfrac{\ln x}{x} \, dx$

72 $\displaystyle\int xe^{x^2 - 4} \, dx$

73 $\displaystyle\int e^{\sqrt{x}} \dfrac{dx}{\sqrt{x}}$

74 $\displaystyle\int \dfrac{e^x \, dx}{\sqrt{1 - e^{2x}}}$

75 $\displaystyle\int \dfrac{e^x \, dx}{\cos^2 e^x}$

76 $\displaystyle\int \dfrac{\pi^{1/x}}{x^2} \, dx$

77 $\displaystyle\int 2^x \cdot 5^x \, dx$

78 $\displaystyle\int 3^{2x} \cos 3^{2x} \, dx$

79 $\displaystyle\int_1^4 \dfrac{1/x^2}{1 + 1/x} \, dx$

80 $\displaystyle\int_0^{1/5} e^{\cosh 5x} \operatorname{senh} 5x \, dx$

81 $\displaystyle\int \operatorname{csch}^2 x \coth x \, dx$

82 $\displaystyle\int \dfrac{(\operatorname{senh}^{-1} x)^5}{\sqrt{1 + x^2}} \, dx$

83 $\displaystyle\int \dfrac{e^{\cosh^{-1} x}}{\sqrt{x^2 - 1}} \, dx$

FUNÇÕES LOGARÍTMICAS, EXPONENCIAIS E HIPERBÓLICAS

84 $\displaystyle\int \frac{dx}{\sqrt{16 + x^2}}$

85 $\displaystyle\int \frac{dx}{\sqrt{x^2 - 1}}$

86 $\displaystyle\int \frac{dx}{\sqrt{16 - 9x^2}}$

87 $\displaystyle\int \frac{dx}{x\sqrt{16 - 4x^2}}$

88 $\displaystyle\int \frac{dx}{x\sqrt{16 + 4x^2}}$

89 Usando a definição de logaritmo natural, prove que $t > \ln t$ vale para todos os valores positivos de t.

90 Utilizando o resultado do exercício 89, mostre que $e^t > t$, e daí que $e^{nt} > t^n$ vale para todos os inteiros positivos n, se $t > 0$. Conclua que $e^x/x^n > (1/n)^n$ vale para todos os inteiros positivos n, se $x > 0$. (*Sugestão:* Faça $t = x/n$).

91 Usando o resultado do exercício 90, prove:

(a) Se $x > 0$, então $e^x/x > x/4$.

(b) $\displaystyle\lim_{x \to +\infty} e^x/x = +\infty$.

(c) Se $x > 0$, então $e^x/x^2 > x/27$.

(d) $\displaystyle\lim_{x \to +\infty} e^x/x^2 = +\infty$.

92 Prove que, se n é um inteiro positivo, então (a) $\displaystyle\lim_{x \to +\infty} e^x/x^n = +\infty$ e portnto que (b) $\displaystyle\lim_{x \to +\infty} e^{-x} = 0$.

93 Aplique o teorema do valor médio à expressão $\ln(1 + x) - \ln 1$ e então conclua que

$$\frac{x}{1 + x} < \ln(1 + x) < x \quad \text{vale para } x > 0.$$

94 Mostre que $\displaystyle\lim_{x \to 0} \frac{\operatorname{senh} x}{x} = 1$. (*Sugestão:* Use o resultado do exercício 61).

Nos exercícios 95 a 98, esboce o gráfico da função dada indicando todos os aspectos significativos tais como pontos extremos, pontos de inflexão e assíntotas.

95 $f(x) = x^2 e^{2x}$

96 $g(x) = x - \cosh^{-1} x$

97 $h(x) = x^2 e^{-x}$

98 $F(x) = \begin{cases} \dfrac{\operatorname{senh} x}{x} & \text{se } x \neq 0 \\ 1 & \text{se } x = 0 \end{cases}$

99 Determine o volume do sólido gerado pela rotação da região limitada pelas curvas $xy^2 = 1$, $y = 0$, $x = 1$ e $x = e^3$, em torno do eixo x.

100 Determine a área sob o gráfico de $y = 4/\sqrt{4x^2 + 9}$ entre $x = 0$ e $x = 2\sqrt{2}$.

101 Uma substância radioativa tem meia-vida de 2 horas. Quanto tempo ela leva para decair a 1/10 de sua massa original?

102 Às 14:00 h uma cultura de bactérias que foi deixada em uma sala aquecida contém 150.000 bactérias de um certo tipo. Às 16:00 h existem 900.000 dessas bactérias presentes. Quantas estavam presentes às 15:00 h?

103 Sejam a, b e K constantes com $a \neq b$. Verifique que $y = Ce^{-bx} + \dfrac{K}{b - a} e^{-ax}$ é

uma solução da equação diferencial $dy/dx + by = Ke^{-ax}$, onde C é uma constante arbitrária.

104 Uma substância radioativa A com meia-vida $(\ln 2)/a$ decompõe-se na substância radioativa B com meia-vida $(\ln 2)/b$, onde $a \neq b$; isto é, quando um átomo da substância A se decompõe, ele é transmutado em um átomo da substância B. Se o número de átomos da substância A em um tempo t é dado por $q = q_0 e^{-at}$, e se y denota o número de átomos da substância B neste mesmo instante, mostre que y satisfaz a equação diferencial $dy/dt + by = aq_0 e^{-at}$.

105 Em paleontologia, dados radioativos são por vezes utilizados para determinar a idade de fósseis animais e vegetais. A idade t é calculada em termos da razão y/q da substância radioativa "filha" B, para a substância radioativa "mãe" A, no fóssil. No exercício 104, considere que $y = 0$ quando $t = 0$.

(a) Use o exercício 103 para obter a equação $y = \dfrac{aq_0}{a - b}(e^{-bt} - e^{-at})$ para o número de átomos da substância B em um tempo t.

(b) Mostre que $t = \dfrac{1}{a - b} \ln\left(1 + \dfrac{a - b}{a} \cdot \dfrac{y}{q}\right)$.

106 Quando um capacitor, de capacitância C parado, se descarrega através de um resistor com resistência R ohms, a corrente I em ampères passando através do resistor em um tempo t satisfaz a equação diferencial $dI/dt + I/RC = 0$.

(a) Se $I = I_0$ quando $t = 0$, ache a fórmula dando I em função de t.

(b) Se $RC = 1/200$ e se $I_0 = 40$ miliampères, esboce o gráfico de I como função de t.

107 Um complexo industrial despeja 10 quilos de poluente dentro de um lago, por minuto. A água fresca dos rios desemboca no lago a uma taxa de 100 m^3/min misturando-se uniformemente com a água poluída, e enquanto isso a água poluída sai do lago para um rio com a mesma taxa. O complexo começou suas operações a 10 anos atrás, quando o lago ainda não estava poluído. O lago agora prova ter 1/20 quilos de poluente por metro cúbico. Quantos metros cúbicos de água existem no lago? (Tome 10 anos como sendo $5,2596 \times 10^6$ minutos.)

108 Uma quantia de q_0 cruzeiros é investida a k por cento ao ano, calculado n vezes ao ano.

(a) Escreva a fórmula do valor q do investimento após t anos.

(b) Fazendo q_0, t e k constantes, calcule $\lim_{n \to +\infty} q$.

109 Café é colocado em uma xícara a uma temperatura inicial de 50°C. Um minuto depois, o café resfriou-se até 40°C. Se a temperatura do ambiente for 20°C, quantos minutos *a mais* serão necessários para que o café resfrie-se até 27°C?

110 Um certo banco paga 5 1/2% de juros ao ano em suas contas normais, calculadas diariamente. Ache aproximadamente a taxa de juros equivalentes se o banco calculasse os juros anualmente.

111 Você acabou de ganhar o primeiro prêmio da Loteria Federal e você pode escolher uma das seguintes opções:

(a) Cr$ 30.000,00 serão colocados em contas bancárias em seu nome, calculados continuamente a uma taxa de 10% ao ano.

(b) Cr$ 0,01 será colocado em um fundo em seu nome e o capital será dobrado cada 6 meses nos próximos 12 anos. Que plano você deveria escolher?

112 Joãozinho, que está aprendendo a andar de bicicleta, cai, em média, uma vez em cada 1/4 de quilômetro. Qual é a probabilidade de Joãozinho caia exatamente duas vezes em uma viagem de 1 quilômetro em sua bicicleta?

113 Qual é a probabilidade de que Joãozinho, no exercício 112, dirija sua bicicleta mais de 1/2 quilômetro antes de cair?

114 Uma máquina produz linha de pesca sintética em um fio contínuo que é enrolado em um grande carretel para ser cortado posteriormente com comprimentos apropriados. Em média, existem três pontos fracos em cada 1200 metros. Um pescador compra 100 metros desta linha. Qual é a probabilidade de não haver pontos fracos nessa linha?

115 Os sociólogos às vezes usam o seguinte modelo simplificado para a propagação de um boato em uma população: A taxa em que o boato se propaga é proporcional ao número de contatos entre aqueles que o ouviram e aqueles que não o ouviram. Então, se p denotar a proporção da população da que ouviu o boato em um tempo t, de modo que $1 - p$ é a proporção que não o ouviu, então $dp/dt = Kp(1 - p)$, onde K é a constante de proporcionalidade. Resolva esta equação diferencial para p como uma função de t.

$$\left[Sugestão: \ \frac{1}{p(1 - p)} = \frac{1}{p} + \frac{1}{1 - p}. \right]$$

10 TÉCNICAS DE INTEGRAÇÃO

Nosso propósito neste capítulo é consolidar os métodos de integração apresentados anteriormente, introduzir alguns novos métodos e dar um desenvolvimento único para as mais importantes técnicas básicas de integração. Há na realidade somente três procedimentos gerais para calcular integrais:

1 *Substituição* ou *troca de variáveis.*
2 *Manipulação do integrando* usando tanto identidades algébricas quanto outras a fim de transformá-lo em algo de mais fácil tratamento.
3 *Integração por partes.*

Apesar do grande uso dos dois primeiros métodos nos cinco capítulos precedentes, temos ainda que introduzir alguns ''truques'' especiais tais como *substituição trigonométrica* e *frações parciais.* O terceiro método, *integração por partes,* é também introduzido neste capítulo.

Os três procedimentos são freqüentemente utilizados em conjunto; entretanto, nenhum destes procedimentos — só ou em conjunto — serão úteis em todas as circunstâncias. Freqüentemente, a escolha da técnica apropriada é um problema de tentativa e erro guiados pela experiência.

1 Integrais que Envolvem Produtos de Potências de Senos e Co-senos

Nesta seção usamos as fórmulas desenvolvidas na Seção 4 do Cap. 8, em conjunto com identidades trigonométricas e trocas de variável apropriadas, para a resolução de integrais envolvendo produtos de potências de senos e co-senos.

1.1 Integrais da forma $\int \text{sen}^m x \cos^n x \, dx$

A fim de calcularmos $\int \text{sen}^m x \cos^n x \, dx$, onde m e n são expoentes constantes, consideramos separadamente o caso em que no mínimo um dos expoentes é um inteiro ímpar positivo e o caso no qual ambos os expoentes são inteiros pares não-negativos.

Caso 1: *No mínimo um dos expoentes m, n é um inteiro ímpar positivo.*

Neste caso usamos a identidade $\text{sen}^2 x + \cos^2 x = 1$ para reescrever o integrando sob a forma $F(\cos x) \, \text{sen} \, x$ ou sob a forma $F(\text{sen} \, x) \cos x$. No primeiro caso a substituição $u = \cos x$ é utilizada, enquanto que no último caso a substituição $u = \text{sen} \, x$ é feita.

EXEMPLOS Calcule as integrais dadas:

1 $\int \text{sen}^3 x \, dx$

SOLUÇÃO

$$\int \text{sen}^3 x \, dx = \int \text{sen}^2 x \, \text{sen}\, x \, dx = \int (1 - \cos^2 x) \, \text{sen}\, x \, dx.$$

Fazendo a substituição $u = \cos x$, com $du = -\text{sen}\, x \, dx$, temos:

$$\int (1 - \cos^2 x) \, \text{sen}\, x \, dx = \int (1 - u^2)(-du) = -\int (1 - u^2) \, du$$

$$= -\left(u - \frac{u^3}{3}\right) + C = -\cos x + \frac{1}{3}\cos^3 x + C.$$

2 $\int \text{sen}^2 x \cos^5 x \, dx$

SOLUÇÃO

$$\int \text{sen}^2 x \cos^5 x \, dx = \int \text{sen}^2 x \cos^4 x \cos x \, dx = \int \text{sen}^2 x (\cos^2 x)^2 \cos x \, dx$$

$$= \int \text{sen}^2 x (1 - \text{sen}^2 x)^2 \cos x \, dx.$$

Fazendo a substituição $u = \text{sen}\, x$, com $du = \cos x \, dx$, temos:

$$\int \text{sen}^2 x (1 - \text{sen}^2 x)^2 \cos x \, dx = \int u^2 (1 - u^2)^2 \, du = \int u^2 (1 - 2u^2 + u^4) \, du$$

$$= \int (u^2 - 2u^4 + u^6) \, du = \frac{1}{3} u^3 - \frac{2}{5} u^5 + \frac{1}{7} u^7 + C$$

$$= \frac{1}{3}\text{sen}^3 x - \frac{2}{5}\text{sen}^5 x + \frac{1}{7}\text{sen}^7 x + C.$$

3 $\int \text{sen}^5 kx \cos^3 kx \, dx$, k é uma constante, $k \neq 0$.

SOLUÇÃO
Aqui, ambos os expoentes são inteiros ímpares positivos. Naturalmente, reescrevemos o fator $\cos^3 kx$ com expoente menor assim: $\cos^2 kx \cos kx$. Logo,

$$\int \text{sen}^5 kx \cos^3 kx \, dx = \int \text{sen}^5 kx \cos^2 kx \cos kx \, dx$$

$$= \int \text{sen}^5 kx (1 - \text{sen}^2 kx) \cos kx \, dx.$$

Pondo $u = \text{sen}\, kx$, temos $du = k \cos kx \, dx$ e $\cos kx \, dx = 1/k \, du$. Logo,

$$\int \text{sen}^5 kx (1 - \text{sen}^2 kx) \cos kx \, dx = \int u^5 (1 - u^2) \frac{1}{k} \, du = \frac{1}{k} \int (u^5 - u^7) \, du$$

$$= \frac{1}{k}\left(\frac{u^6}{6} - \frac{u^8}{8}\right) + C = \frac{1}{24k}(4u^6 - 3u^8) + C$$

$$= \frac{1}{24k}(4\text{sen}^6 kx - 3\text{sen}^8 kx) + C.$$

4 $\int \dfrac{\text{sen}^3 x}{\sqrt{\cos x}} \, dx$

TÉCNICAS DE INTEGRAÇÃO

481

SOLUÇÃO

$$\int \frac{\mathrm{sen}^3\, x}{\sqrt{\cos x}}\, dx = \int \frac{\mathrm{sen}^2\, x}{\sqrt{\cos x}} \mathrm{sen}\, x\, dx = \int \frac{1 - \cos^2 x}{\sqrt{\cos x}} \mathrm{sen}\, x\, dx.$$

Fazendo $u = \cos x$, temos $du = -\mathrm{sen}\, x\, dx$ e

$$\int \frac{1 - \cos^2 x}{\sqrt{\cos x}} \mathrm{sen}\, x\, dx = -\int \frac{1 - u^2}{\sqrt{u}}\, du = \int \left(u^{3/2} - u^{-1/2} \right) du$$

$$= \frac{2}{5} u^{5/2} - 2u^{1/2} + C = \frac{2}{5} (\cos x)^{5/2} - 2\sqrt{\cos x} + C.$$

Neste último exemplo, note que a técnica é útil mesmo quando uma das potências de seno ou co-seno não é inteira — basta que a outra potência seja um inteiro ímpar positivo.

Caso 2: Ambos os expoentes m, n são inteiros pares não-negativos.

Neste caso a integral $\int \mathrm{sen}^m x \cos^n x\, dx$ pode ser calculada usando as identidades trigonométricas

$$\mathrm{sen}^2\, x = \frac{1}{2} (1 - \cos 2x) \quad \text{e} \quad \cos^2 x = \frac{1}{2} (1 + \cos 2x),$$

que são conseqüências diretas da fórmula do arco:

$$\cos 2x = 1 - 2\mathrm{sen}^2\, x = 2 \cos^2 x - 1.$$

EXEMPLOS   Nos exemplos 1 a 3, calcule a integral dada.

1 $\int \cos^2 kx\, dx$, onde k é uma constante, $k \neq 0$.

SOLUÇÃO

$$\int \cos^2 kx\, dx = \int \frac{1}{2} (1 + \cos 2kx)\, dx = \frac{1}{2} \int dx + \frac{1}{2} \int \cos 2kx\, dx$$

$$= \frac{x}{2} + \frac{1}{2} \int \cos 2kx\, dx.$$

Fazendo $u = 2kx$, temos $du = 2k\, dx$ e $dx = 1/2k\, du$. Logo,

$$\int \cos 2kx\, dx = \int \cos u \left(\frac{1}{2k}\, du \right) = \frac{1}{2k} \int \cos u\, du = \frac{\mathrm{sen}\, u}{2k} + C = \frac{\mathrm{sen}\, 2kx}{2k} + C.$$

Assim,

$$\int \cos^2 kx\, dx = \frac{x}{2} + \frac{1}{2} \left(\frac{\mathrm{sen}\, 2kx}{2k} \right) + C = \frac{x}{2} + \frac{\mathrm{sen}\, 2kx}{4k} + C.$$

2 $\int \mathrm{sen}^4\, x\, dx$

SOLUÇÃO

$$\int \mathrm{sen}^4\, x\, dx = \int (\mathrm{sen}^2\, x)^2\, dx = \int \left[\frac{1}{2} (1 - \cos 2x) \right]^2 dx$$

$$= \frac{1}{4} \int (1 - 2 \cos 2x + \cos^2 2x) \, dx$$

$$= \frac{1}{4} \int dx - \frac{1}{2} \int \cos 2x \, dx + \frac{1}{4} \int \cos^2 2x \, dx$$

$$= \frac{x}{4} - \frac{1}{2} \left(\frac{\operatorname{sen} 2x}{2} \right) + \frac{1}{4} \left(\frac{x}{2} + \frac{\operatorname{sen} 4x}{8} \right) + C,$$

onde usamos a substituição $u = 2x$ para calcularmos a integral do meio e o resultado do Exemplo 1 com $k = 2$ para calcularmos $\int \cos^2 2x \, dx$. Combinando os termos e simplificando, temos:

$$\int \operatorname{sen}^4 x \, dx = \frac{3x}{8} - \frac{\operatorname{sen} 2x}{4} + \frac{\operatorname{sen} 4x}{32} + C.$$

3 $\int \operatorname{sen}^4 2x \cos^2 2x \, dx$

SOLUÇÃO

$$\int \operatorname{sen}^4 2x \cos^2 2x \, dx = \int \left[\frac{1}{2} (1 - \cos 4x) \right]^2 \left[\frac{1}{2} (1 + \cos 4x) \right] dx$$

$$= \frac{1}{8} \int (1 - 2 \cos 4x + \cos^2 4x)(1 + \cos 4x) \, dx$$

$$= \frac{1}{8} \int (1 - \cos 4x - \cos^2 4x + \cos^3 4x) \, dx$$

$$= \frac{1}{8} \int dx - \frac{1}{8} \int \cos 4x \, dx - \frac{1}{8} \int \cos^2 4x \, dx + \frac{1}{8} \int \cos^3 4x \, dx$$

$$= \frac{x}{8} - \frac{\operatorname{sen} 4x}{32} - \frac{1}{8} \left(\frac{x}{2} + \frac{\operatorname{sen} 8x}{16} \right) + \frac{1}{8} \int \cos^2 4x \cos 4x \, dx$$

$$= \frac{x}{16} - \frac{\operatorname{sen} 4x}{32} - \frac{\operatorname{sen} 8x}{128} + \frac{1}{8} \int (1 - \operatorname{sen}^2 4x) \cos 4x \, dx.$$

Para calcularmos a integral restante, façamos $u = \operatorname{sen} 4x$, tal que $du = 4 \cos 4x \, dx$ e:

$$\frac{1}{8} \int (1 - \operatorname{sen}^2 4x) \cos 4x \, dx = \frac{1}{8} \int (1 - u^2) \frac{du}{4} = \frac{1}{32} \left(u - \frac{u^3}{3} \right) + C$$

$$= \frac{\operatorname{sen} 4x}{32} - \frac{\operatorname{sen}^3 4x}{96} + C.$$

Portanto,

$$\int \operatorname{sen}^4 2x \cos^2 2x \, dx = \frac{x}{16} - \frac{\operatorname{sen} 4x}{32} - \frac{\operatorname{sen} 8x}{128} + \frac{\operatorname{sen} 4x}{32} - \frac{\operatorname{sen}^3 4x}{96} + C$$

$$= \frac{x}{16} - \frac{\operatorname{sen} 8x}{128} - \frac{\operatorname{sen}^3 4x}{96} + C.$$

TÉCNICAS DE INTEGRAÇÃO

4 Calcule o volume do sólido gerado se a região sob um arco da curva $y = \operatorname{sen} x$ é girada em torno da reta $y = -2$.

SOLUÇÃO
Pelo método dos anéis circulares, o volume desejado V é dado por:

$$V = \pi \int_0^\pi [(2 + \operatorname{sen} x)^2 - 2^2] \, dx = \pi \int_0^\pi (4 \operatorname{sen} x + \operatorname{sen}^2 x) \, dx$$

$$= 4\pi \int_0^\pi \operatorname{sen} x \, dx + \pi \int_0^\pi \operatorname{sen}^2 x \, dx = 4\pi(-\cos x) \Big|_0^\pi + \pi \int_0^\pi \frac{1}{2}(1 - \cos 2x) \, dx$$

$$= 4\pi(-\cos \pi + \cos 0) + \frac{\pi}{2} \int_0^\pi dx - \frac{\pi}{2} \int_0^\pi \cos 2x \, dx$$

$$= 8\pi + \frac{\pi}{2}(\pi) - \frac{\pi}{2}\left(\frac{\operatorname{sen} 2x}{2}\right) \Big|_0^\pi = 8\pi + \frac{\pi^2}{2} \text{ unidades cúbicas.}$$

1.2 Integrais envolvendo os produtos
sen mx cos nx, sen mx sen nx, ou cos mx cos nx

Integrais envolvendo os produtos mencionados no título acima possuem um papel importante na análise matemática de fenômenos periódicos que vão desde ondas do mar até "ondas cerebrais". Tais integrais são facilmente manipuladas usando-se as seguintes identidades trigonométricas.

1 $\operatorname{sen} s \cos t = \dfrac{1}{2} \operatorname{sen}(s + t) + \dfrac{1}{2} \operatorname{sen}(s - t)$.

2 $\operatorname{sen} s \operatorname{sen} t = \dfrac{1}{2} \cos(s - t) - \dfrac{1}{2} \cos(s + t)$.

3 $\cos s \cos t = \dfrac{1}{2} \cos(s - t) + \dfrac{1}{2} \cos(s + t)$.

Estas identidades são facilmente verificadas usando as fórmulas de adição (Problema 33). Seu uso no cálculo de integrais do tipo em consideração é ilustrado como se segue:

EXEMPLO Calcule $\int \operatorname{sen} 3x \cos 4x \, dx$.

SOLUÇÃO
Pela identidade 1,

$$\int \operatorname{sen} 3x \cos 4x \, dx = \int \left[\frac{1}{2} \operatorname{sen} 7x + \frac{1}{2} \operatorname{sen}(-x) \right] dx = \frac{1}{2} \int (\operatorname{sen} 7x - \operatorname{sen} x) \, dx$$

$$= -\frac{\cos 7x}{14} + \frac{\cos x}{2} + C.$$

Conjunto de Problemas 1

Nos problemas 1 a 16, use a identidade $\cos^2 x + \operatorname{sen}^2 x = 1$ e substituições apropriadas para calcular cada integral.

1 $\int \cos^3 x \, dx$ **2** $\int \operatorname{sen}^3 4x \, dx$ **3** $\int \operatorname{sen}^5 2t \, dt$

CÁLCULO

4 $\int \cos^5 3v \, dv$

5 $\int \sen^7 2x \cos^3 2x \, dx$

6 $\int \cos^3 x \, \sen^3 x \, dx$

7 $\int \sen^2 x \cos^3 x \, dx$

8 $\int \sen^3 4x \cos^2 4x \, dx$

9 $\int \sen^5 x \cos^2 x \, dx$

10 $\int \sen^4 2x \cos^5 2x \, dx$

11 $\int \dfrac{\sen^3 x}{\cos^4 x} \, dx$

12 $\int \sqrt[3]{\sen^2 3x} \cos^5 3x \, dx$

13 $\int_{\pi/4}^{\pi/2} \dfrac{\cos^3 x}{\sqrt{\sen x}} \, dx$

14 $\int_0^{\pi/3} \sen^2 3x \cos^5 3x \, dx$

15 $\int_0^{1/2} \sqrt[4]{\sen \pi t} \, \cos^3 \pi t \, dt$

16 $\int_{1/4}^{1/2} \dfrac{\cos^5 \pi u}{\sen^2 \pi u} \, du$

Nos problemas 17 a 24, use a identidade $\cos^2 x = \frac{1}{2}(1 - \cos 2x)$ e $\sen^2 x = \frac{1}{2}(1 - \cos 2x)$ e substituições apropriadas para calcular cada integral.

17 $\int \sen^2 3x \, dx$

18 $\int \cos^2 \dfrac{x}{2} \, dx$

19 $\int \sen^2 \dfrac{t}{2} \, dt$

20 $\int \cos^4 2x \, dx$

21 $\int \sen^6 u \, du$

22 $\int \sen^2 \pi t \cos^2 \pi t \, dt$

23 $\int_0^{\pi/8} \sen^4 2x \cos^2 2x \, dx$

24 $\int_0^{\pi} \sen^8 x \, dx$

Nos problemas 25 a 32, use as identidades 1, 2 e 3 da Seção 1.2 e substituições apropriadas para calcular cada integral.

25 $\int \sen 5x \cos 2x \, dx$

26 $\int \sen 4x \cos 2x \, dx$

27 $\int \cos 4x \cos 3x \, dx$

28 $\int \sen 3t \cos 5t \, dt$

29 $\int \sen 7u \, \sen 3u \, du$

30 $\int \cos 8v \cos 4v \, dv$

31 $\int_0^1 \sen 2\pi x \cos 3\pi x \, dx$

32 $\int_0^5 \cos \dfrac{2\pi x}{5} \cos \dfrac{7\pi x}{5} \, dx$

33 Verifique as identidades 1, 2 e 3 da Seção 1.2.

Nos problemas 34 a 36, m e n são inteiros positivos. Verifique cada fórmula.

34 $\displaystyle\int_{-\pi}^{\pi} \cos mx \cos nx \, dx = \begin{cases} 0 & \text{se } m \neq n \\ \pi & \text{se } m = n \end{cases}$

35 $\displaystyle\int_{-\pi}^{\pi} \sen mx \, \sen nx \, dx = \begin{cases} 0 & \text{se } m \neq n \\ \pi & \text{se } m = n \end{cases}$

36 $\displaystyle\int_{-\pi}^{\pi} \cos mx \, \sen nx \, dx = 0$

37 Calcule o volume do sólido gerado pela rotação de um arco de uma senóide em torno do eixo x.

38 Calcule a área sob a curva $y = \cos^2 x$ entre $x = 0$ e $x = 2\pi$.

39 Se n é um inteiro ímpar positivo mostre que $\int_0^{\pi} \cos^n x \, dx = 0$. (*Sugestão:* Faça $y = x - \pi/2$.)

40 Mostre que o volume do sólido gerado pela revolução da região sob a curva $y = \sen x$ entre $x = 0$ e $x = \pi$ em torno do eixo y é quatro vezes o volume do sólido gerado quando a mesma região gira em torno do eixo x. (*Sugestão*: quando girando em torno do eixo y, use conchas cilíndricas e a fórmula de integração

$\int x \sen x \, dx = \sen x - x \cos x + C$.)

41 Uma partícula está se movendo no eixo s sob a lei $s = f(t)$, onde $v = ds/dt = \sen^2 \pi t$. Se $s = 0$ quando $t = 0$, ache uma fórmula para $f(t)$ e localize a partícula quando $t = 8$ segundos.

42 Suponha que $f(x) = \displaystyle\sum_{n=1}^{N} a_n \sen nx$, onde N é um inteiro positivo e $a_1, a_2, \ldots, a_N$ são constantes. Mostre que $a_m = 1/\pi \displaystyle\int_{-\pi}^{\pi} f(x) \sen mx \, dx$ é válida para $m = 1, 2, \ldots, N$. (*Sugestão*: Use problema 35.)

TÉCNICAS DE INTEGRAÇÃO

43 Se $n \geq 2$ e a é uma constante diferente de zero, verifique a fórmula de redução

$$\int \text{sen}^n\, ax\, dx = -\frac{\text{sen}^{n-1}\, ax \cos ax}{an} + \frac{n-1}{n} \int \text{sen}^{n-2}\, ax\, dx.$$

(*Sugestão:* diferencie o lado direito da equação.)

44 Use a fórmula de redução do problema 43 para calcular

  (a) $\int \text{sen}^2\, ax\, dx$ (b) $\int \text{sen}^3\, ax\, dx$ (c) $\int \text{sen}^4\, ax\, dx$

  Nos problemas 45 a 50, suponha que $I_k = \int_0^{\pi/2} \text{sen}^k x\, dx$ para $k = 1, 2, 3, 4, \ldots$ e que n é um inteiro positivo.

45 (a) Mostre que $I_1 = 1$, $I_2 = \pi/4$, $I_3 = \frac{2}{3}$, e $I_4 = 3\pi/16$.

  (b) Use o problema 43 para mostrar que se $n \geq 2$, então $I_n = \dfrac{n-1}{n} I_{n-2}$.

46 Se $k \geq 1$, mostre que:

  (a)$I_{2k} = \dfrac{1 \cdot 3 \cdot 5 \cdot 7 \cdots (2k-1)}{2 \cdot 4 \cdot 6 \cdot 8 \cdots (2k)} \cdot \dfrac{\pi}{2}$ e que (b)$I_{2k+1} = \dfrac{2 \cdot 4 \cdot 6 \cdot 8 \cdots (2k)}{3 \cdot 5 \cdot 7 \cdot 9 \cdots (2k+1)}$.

47 Use o problema 46 para mostrar que $\pi/2 = (2k+1)I_{2k+1} \cdot I_{2k}$.

48 Use o problema 46 para mostrar que $\pi/2 = 2kI_{2k-1} \cdot I_{2k}$.

49 Mostre que se $1 \leq k \leq n$, então $I_n \leq I_k$. (*Sugestão:* para $0 \leq x \leq \pi/2$, $0 \leq \text{sen}\, x \leq 1$, tal que $(\text{sen}\, x)^n \leq (\text{sen}\, x)^k$.)

50 Use os problemas 47, 48 e 49 para mostrar que

$$\frac{1}{2k+1} \cdot \frac{\pi}{2I_{2k}} \leq I_{2k} \leq \frac{1}{2k} \cdot \frac{\pi}{2I_{2k}}.$$

51 Usando o problema 50 e parte (a) do problema 46, mostre que

$$\frac{2}{\pi(2k+1)} \leq \left[\frac{1 \cdot 3 \cdot 5 \cdot 7 \cdots (2k-1)}{2 \cdot 4 \cdot 6 \cdot 8 \cdots (2k)} \right]^2 \leq \frac{1}{\pi k}.$$

52 Use o problema 51 para provar a *fórmula de Wallis,*

$$\frac{\pi}{4} = \lim_{k \to +\infty} \frac{2 \cdot 4 \cdot 4 \cdot 6 \cdot 6 \cdot 8 \cdot 8 \cdots (2k) \cdot (2k)}{3 \cdot 3 \cdot 5 \cdot 5 \cdot 7 \cdot 7 \cdot 9 \cdots (2k-1)(2k+1)}.$$

2 Integrais que Envolvem Produtos de Potências de Funções Trigonométricas Diferentes de Seno e Co-seno

Nesta seção apresentamos algumas técnicas para lidar com integrais que envolvem as funções tangente, co-tangente, secante e co-secante. Estas técnicas requerem o uso de identidades trigonométricas e troca de variáveis, tanto separadamente quanto em conjunto.

Por exemplo, para calcular $\int \tan u\, du$, escrevemos tg u como sen $u/\cos u$ e fazemos a troca de variável $v = \cos u$. Logo, como $dv = -\text{sen}\, u\, du$, temos:

CÁLCULO

$$\int \tan u \, du = \int \frac{\text{sen } u}{\cos u} \, du = \int \frac{-dv}{v} = -\ln |v| + C$$

$$= -\ln |\cos u| + C = \ln |\cos u|^{-1} + C$$

$$= \ln |\sec u| + C.$$

Um tratamento semelhante nos leva à integral da co-tangente (problema 42), e temos o seguinte:

TEOREMA 1   **Integral da tangente e co-tangente**

(i) $\displaystyle \int \tan u \, du = -\ln |\cos u| + C = \ln |\sec u| + C.$

(ii) $\displaystyle \int \cot u \, du = \ln |\text{sen} u| + C.$

A integração das funções secante e co-secante necessitam de um manejo especial. Para calcularmos $\int \sec u \, du$, escrevemos:

$$\int \sec u \, du = \int \frac{\sec u \, (\sec u + \tan u)}{\sec u + \tan u} du = \int \frac{\sec^2 u + \sec u \tan u}{\sec u + \tan u} du$$

e notemos que o numerador do integrando é a derivada do denominador. Então, fazendo-se $v = \sec u + \text{tg } u$, temos:

$$dv = (\sec u \tan u + \sec^2 u) \, du,$$

e então:

$$\int \sec u \, du = \int \frac{dv}{v} = \ln |v| + C = \ln |\sec u + \tan u| + C.$$

Um manejo semelhante — escrever $\csc u$ como $\dfrac{\csc u \, (\csc u - \cot u)}{\csc u - \cot u}$

— traz a integral da co-secante (problema 43). Assim temos o seguinte teorema:

TEOREMA 2   **Integral da secante e co-secante**

(i) $\displaystyle \int \sec u \, du = \ln |\sec u + \tan u| + C.$

(ii) $\displaystyle \int \csc u \, du = \ln |\csc u - \cot u| + C.$

EXEMPLOS   Calcule as integrais dadas.

1 $\displaystyle \int \tan 4x \, dx$

SOLUÇÃO
Fazendo $u = 4x$, temos $du = 4 \, dx$. Usando o Teorema 1, vem:

$$\int \tan 4x \, dx = \int \tan u \left(\frac{du}{4} \right) = \frac{1}{4} \int \tan u \, du$$

$$= \frac{1}{4} \ln |\sec u| + C = \frac{1}{4} \ln |\sec 4x| + C.$$

2 $\displaystyle \int \frac{dx}{\cos 5x}$

TÉCNICAS DE INTEGRAÇÃO

487

SOLUÇÃO
Fazendo $u = 5x$, temos $du = 5\,dx$. Usando o Teorema 2, vem:

$$\int \frac{dx}{\cos 5x} = \int \sec 5x\,dx = \int \sec u\,\frac{du}{5} = \frac{1}{5}\int \sec u\,du$$

$$= \frac{1}{5}\ln\,|\sec u + \tan u| + C$$

$$= \frac{1}{5}\ln\,|\sec 5x + \tan 5x| + C.$$

2.1 Potências da tangente, co-tangente, secante e co-secante

Na integração de potências ou produtos de potências de tg, cotg, sec e csc, as identidades:

$$1 + \tan^2 u = \sec^2 u \quad e \quad 1 + \cot^2 u = \csc^2 u$$

podem ser freqüentemente usadas para facilitar. Os exemplos seguintes ilustram a técnica a ser usada.

EXEMPLOS   Nos exemplos 1 a 4, calcule a integral dada.

1 $\int \cot^2 x\,dx$

SOLUÇÃO

$$\int \cot^2 x\,dx = \int (\csc^2 x - 1)\,dx = \int \csc^2 x\,dx - \int dx = -\cot x - x + C.$$

2 $\int \tan^3 2x\,dx$

SOLUÇÃO
Escrevemos $\operatorname{tg}^3 2x$ na forma $\operatorname{tg} 2x\,\operatorname{tg}^2 2x$ e usamos então a identidade $\operatorname{tg}^2 2x = \sec^2 2x - 1$ para obter:

$$\int \tan^3 2x\,dx = \int \tan 2x\,\tan^2 2x\,dx = \int \tan 2x(\sec^2 2x - 1)\,dx$$

$$= \int (\tan 2x\,\sec^2 2x - \tan 2x)\,dx$$

$$= \int \tan 2x\,\sec^2 2x\,dx - \int \tan 2x\,dx.$$

Para calcularmos a integral $\int \operatorname{tg} 2x\,\sec^2 2x\,dx$, fazemos a substituição $u = \operatorname{tg} 2x$, tal que $du = 2\sec^2 2x\,dx$ e:

$$\int \tan 2x\,\sec^2 2x\,dx = \int u\,\frac{du}{2} = \frac{1}{2}\int u\,du = \frac{u^2}{4} + C = \frac{\tan^2 2x}{4} + C.$$

A integral $\int \operatorname{tg} 2x\,dx$ é facilmente calculada pelo método já ilustrado no Exemplo 1, Seção 2 deste capítulo. Portanto,

$$\int \tan^3 2x\,dx = \frac{\tan^2 2x}{4} - \frac{1}{2}\ln\,|\sec 2x| + C.$$

3 $\int \sec^4 3x\,dx$

Solução

$$\int \sec^4 3x \, dx = \int \sec^2 3x \sec^2 3x \, dx = \int (1 + \tan^2 3x) \sec^2 3x \, dx.$$

Fazendo $u = \text{tg } 3x$, temos $du = 3 \sec^2 3x \, dx$ e

$$\int (1 + \tan^2 3x) \sec^2 3x \, dx = \int (1 + u^2) \frac{du}{3} = \frac{1}{3} \int du + \frac{1}{3} \int u^2 \, du$$

$$= \frac{u}{3} + \frac{u^3}{9} + C = \frac{\tan 3x}{3} + \frac{\tan^3 3x}{9} + C.$$

4 $\int \tan^3 x \sec^4 x \, dx$

Solução

$$\int \tan^3 x \sec^4 x \, dx = \int \tan^3 x \sec^2 x \sec^2 x \, dx$$

$$= \int \tan^3 x (1 + \tan^2 x) \sec^2 x \, dx$$

$$= \int (\tan^3 x + \tan^5 x) \sec^2 x \, dx.$$

Fazendo $u = \text{tg } x$, temos $du = \sec^2 x \, dx$ e

$$\int \tan^3 x \sec^4 x \, dx = \int (u^3 + u^5) \, du = \frac{u^4}{4} + \frac{u^6}{6} + C$$

$$= \frac{1}{4} \tan^4 x + \frac{1}{6} \tan^6 x + C.$$

5 Calcule a área A sob o gráfico de $f(x) = \sqrt{\csc x} \cot^3 x$ entre $x = \pi/4$ e $x = \pi/2$.

Solução

$$A = \int_{\pi/4}^{\pi/2} \sqrt{\csc x} \cot^3 x \, dx = \int_{\pi/4}^{\pi/2} \sqrt{\csc x} \, (\csc^2 x - 1) \cot x \, dx$$

$$= \int_{\pi/4}^{\pi/2} \frac{\sqrt{\csc x}}{\csc x} (\csc^2 x - 1) \csc x \cot x \, dx$$

$$= \int_{\pi/4}^{\pi/2} \frac{1}{\sqrt{\csc x}} (\csc^2 x - 1) \csc x \cot x \, dx.$$

Façamos $u = \csc x$, tal que $du = -\csc x \cot g \, x \, dx$. Temos então que $u = \sqrt{2}$ quando $x = \pi/4$ e $u = 1$ quando $x = \pi/2$. Logo,

$$A = \int_{\sqrt{2}}^{1} \frac{1}{\sqrt{u}} (u^2 - 1)(-du) = \int_{\sqrt{2}}^{1} \left(\frac{1}{\sqrt{u}} - \frac{u^2}{\sqrt{u}} \right) du = \int_{\sqrt{2}}^{1} (u^{-1/2} - u^{3/2}) \, du$$

$$= \left(2u^{1/2} - \frac{2}{5} u^{5/2} \right) \Bigg|_{\sqrt{2}}^{1} = \frac{8}{5} - \frac{6}{5} \sqrt[4]{2} \approx 0{,}173 \text{ unidades quadradas}$$

No cálculo de integrais dos tipos acima, as seguintes sugestões serão úteis:

1 Se o integrando é uma potência par de $\sec x$ (respectivamente, de $\csc$ x), fator $\sec^2 x$ (respectivamente, $\csc^2 x$), tente escrever o restante em termos de $\text{tg } x$ (respectivamente de $\cot g \, x$). Faça então a substituição $u = \text{tg } x$ (respectivamente, $u = \cot g \, x$).

TÉCNICAS DE INTEGRAÇÃO

489

2 Se o integrando é uma potência ímpar de tg$x$ (respectivamente de cotg x), tente fatorar sec x tg x (respectivamente, csc x cotg x) e escreva o restante em termos de sec x (respectivamente, de csc x).

EXEMPLOS 1 Calcule $\int \cot^5 x \csc^3 x \, dx$.

SOLUÇÃO
Como o integrando possui uma potência ímpar de cotg$x$, tentemos a sugestão 2. Então:

$$\int \cot^5 x \csc^3 x \, dx = \int \cot^4 x \csc^2 x (\csc x \cot x) \, dx$$

$$= \int (\cot^2 x)^2 \csc^2 x (\csc x \cot x) \, dx$$

$$= \int (\csc^2 x - 1)^2 \csc^2 x (\csc x \cot x) \, dx.$$

Fazendo $u = \csc x$, com $du = -\csc x \cot g \, x \, dx$, temos:

$$\int \cot^5 x \csc^3 x \, dx = \int (u^2 - 1)^2 u^2 (-du) = -\int (u^4 - 2u^2 + 1)u^2 \, du$$

$$= -\int (u^6 - 2u^4 + u^2) \, du$$

$$= -\frac{1}{7} u^7 + \frac{2}{5} u^5 - \frac{1}{3} u^3 + C$$

$$= -\frac{1}{7} \csc^7 x + \frac{2}{5} \csc^5 x - \frac{1}{3} \csc^3 x + C.$$

2 Calcule o volume do sólido gerado se a região sob a curva $y = \cot g \, 2x \csc^2 2x$ entre $x = \pi/6$ e $x = \pi/3$ é girada em torno do eixo x.

SOLUÇÃO
Pelo método dos discos circulares, o volume V é dado por

$$V = \pi \int_{\pi/6}^{\pi/3} (\cot 2x \csc^2 2x)^2 \, dx = \pi \int_{\pi/6}^{\pi/3} \cot^2 2x \csc^4 2x \, dx.$$

Usando a sugestão 1, temos:

$$V = \pi \int_{\pi/6}^{\pi/3} \cot^2 2x \csc^2 2x \csc^2 2x \, dx$$

$$= \int_{\pi/6}^{\pi/3} \cot^2 2x \left(1 + \cot^2 2x\right) \csc^2 2x \, dx.$$

Então, fazendo $u = \cot g \, 2x$, com $du = -2 \csc^2 2x \, dx$, $u = 1/\sqrt{3}$ quando $x = \pi/6$ e $u = -1/\sqrt{3}$ quando $x = \pi/3$, temos:

$$V = \pi \int_{1/\sqrt{3}}^{-1/\sqrt{3}} u^2 (1 + u^2) \left(\frac{du}{-2}\right) = \frac{\pi}{2} \int_{-1/\sqrt{3}}^{1/\sqrt{3}} (u^2 + u^4) \, du$$

$$= \frac{\pi}{2} \left(\frac{u^3}{3} + \frac{u^5}{5}\right) \Bigg|_{-1/\sqrt{3}}^{1/\sqrt{3}} = \frac{2\pi}{15\sqrt{3}} \approx 0{,}242 \text{ unidades cúbicas.}$$

Infelizmente, as sugestões dadas não são de grande valia no cálculo de integrais de potências ímpares de sec x e csc x tais como $\int \sec^3 x \, dx$ ou $\int \csc^3 x \, dx$. Estas duas últimas integrais podem ser obtidas pelo método a ser

490   CÁLCULO

introduzido na Seção 4 — integração por partes. Potências pares de tangente e co-tangente podem ser integradas com o uso das fórmulas de redução dadas nos problemas 38 a 48.

Conjunto de Problemas 2

Nos problemas 1 a 4, calcule cada integral.

1 $\int \cot 4x \, dx$

2 $\int \tan \frac{x}{2} \, dx$

3 $\int \frac{dx}{\cos 3x}$

4 $\int \csc \frac{x}{5} \, dx$

Nos problemas 5 a 30, calcule as integrais dadas com o uso das identidades $1 + \text{tg}^2 x = \sec^2 x$ e $1 + \cot g^2 x = \csc^2 x$ e substituições apropriadas.

5 $\int \tan^2 \frac{2x}{3} \, dx$

6 $\int \cot^3 5x \, dx$

7 $\int \cot^4 4x \, dx$

8 $\int \tan^3 \frac{\pi t}{2} \, dt$

9 $\int \csc^4 3t \, dt$

10 $\int \sec^6 2x \, dx$

11 $\int \tan^4 2t \sec^2 2t \, dt$

12 $\int \cot^4 3x \csc^4 3x \, dx$

13 $\int \tan^3 5x \sec^5 5x \, dx$

14 $\int \cot^3 \frac{\pi x}{2} \csc^3 \frac{\pi x}{2} \, dx$

15 $\int (\tan 2x + \cot 2x)^2 \, dx$

16 $\int (\sec 3x + \tan 3x)^2 \, dx$

17 $\int \frac{\sec^4 t \, dt}{\sqrt{\tan t}}$

18 $\int \frac{\tan^3 3x \, dx}{\sqrt{\sec 3x}}$

19 $\int \tan^3 7x \sec^4 7x \, dx$

20 $\int \left(\frac{\tan x}{\cos x} \right)^4 \, dx$

21 $\int \cot 3x \csc^3 3x \, dx$

22 $\int \cot^{7/2} 2x \csc^4 2x \, dx$

23 $\int \tan^3 5x \sec 5x \, dx$

24 $\int \cot^3 \frac{x}{2} \csc^3 \frac{x}{2} \, dx$

25 $\int \tan^3 2x \sqrt{\sec 2x} \, dx$

26 $\int \sqrt{\tan 7x} \sec^4 7x \, dx$

27 $\int \tan^5 x \sec^7 x \, dx$

28 $\int \frac{\csc^4 2\pi x}{\cot^2 2\pi x} \, dx$

29 $\int \frac{\csc^2 8x}{\cot^4 8x} \, dx$

30 $\int \sec^3 2x \tan^5 2x \, dx$

Nos problemas 31 a 34, calcule cada integral definida.

31 $\int_{\pi/6}^{\pi/9} \cot 3x \, dx$

32 $\int_{\pi/8}^{\pi/6} 5 \sec 2x \, dx$

33 $\int_{\pi/4}^{\pi/2} \cot^4 x \csc^4 x \, dx$

34 $\int_0^{\pi/4} \tan^5 x \, dx$

35 Calcule o volume do sólido gerado quando a região sob a curva $y = \sec^2 x$, entre $x = 0$ e $x = \pi/3$, é girada em torno do eixo x.

36 Ache a área sob a curva $y = \sec x$ entre $x = -\pi/3$ e $x = \pi/3$.

37 Ache a área sob a curva $y = 5 \, \text{tg}^2 x$ entre $x = -\pi/4$ e $x = \pi/4$.

38 Se $n \geq 2$ e a é uma constante diferente de zero, verifique a fórmula de redução

$$\int \tan^n ax \, dx = \frac{1}{a(n-1)} \tan^{n-1} ax - \int \tan^{n-2} ax \, dx.$$

(*Sugestão:* diferencie o lado direito.)

39 Mostre que $\int \csc u \, du = \ln|\text{tg}(u/2)| + C$ e compare com a parte (ii) do Teorema 2.

40 Use a fórmula do problema 38 duas vezes para achar $\int \tan^6 x \, dx$.

41 Ache o comprimento do arco da curva $y = \ln(\text{sen } x)$ de $x = \pi/4$ a $x = \pi/2$.

42 Prove parte (ii) do Teorema 1.

43 Prove parte (ii) do Teorema 2.

Nos problemas 44 a 47, calcule cada integral.

44 $\int \dfrac{\csc^3 8x}{\cot^4 8x} \, dx$ (*Sugestão:* reescreva o integrando em termos de seno e co-seno.)

45 $\int \dfrac{dx}{\sec 3x}$

46 $\int \dfrac{1}{\sqrt{1 + 3\sec^2 x}} \, dx$, $-\dfrac{\pi}{2} < x < \dfrac{\pi}{2}$

47 $\int \dfrac{\tan^2 \theta}{\sec^5 \theta} \, d\theta$

48 Se $n \geq 2$ e a é uma constante diferente de zero, verifique a fórmula de redução.

$$\int \cot^n ax \, dx = -\dfrac{\cot^{n-1} ax}{a(n-1)} - \int \cot^{n-2} ax \, dx.$$

3 Integração por Substituição Trigonométrica

Até agora resolvemos integrais de funções envolvendo potências e produtos de funções trigonométricas. Nesta seção, usamos substituição trigonométrica para lidar com integrais envolvendo expressões tais como $\sqrt{a^2 - u^2}$, $\sqrt{a^2 + u^2}$, e $\sqrt{u^2 - a^2}$, onde a é uma constante positiva. Também mostramos como manejar expressões da forma $\sqrt{a + bu + cu^2}$ e $a + bu + cu^2$, onde a, b e c são constantes.

As substituições apropriadas quando o integrando envolve $\sqrt{a^2 - u^2}$, $\sqrt{a^2 + u^2}$, ou $\sqrt{u^2 - a^2}$ são sugeridas pelos triângulos retângulos na Fig. 1. Na Fig. 1a,

$$u = a \, \text{sen} \, \theta \quad \text{e} \quad \sqrt{a^2 - u^2} = a \cos \theta;$$

na Fig. 1b,

$$u = a \tan \theta \quad \text{e} \quad \sqrt{a^2 + u^2} = a \sec \theta;$$

e na Fig. 1c,

$$u = a \sec \theta \quad \text{e} \quad \sqrt{u^2 - a^2} = a \tan \theta.$$

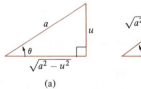
(a)

(b)
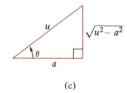
(c)

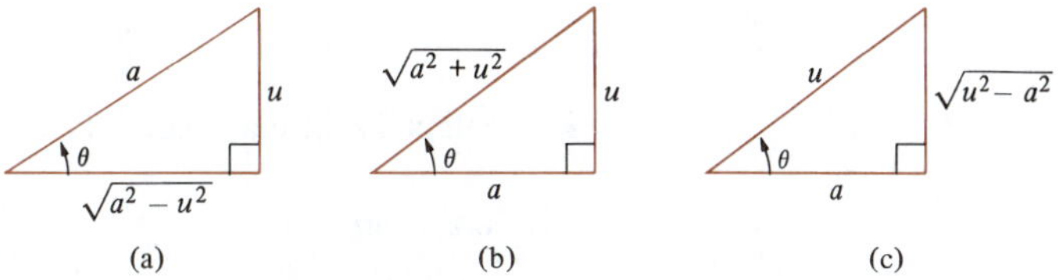

Fig. 1

As substituições sugeridas geometricamente na Fig. 1 podem ser descobertas analiticamente, sabendo-se que a é uma constante positiva e que u é positivo. Na realidade, temos o seguinte:

1 Se o integrando envolve $\sqrt{a^2 - u^2}$, onde $0 < u < a$, faça $u = a \, \text{sen} \, \theta$ com $0 < \theta < \pi/2$, com $du = a \cos \theta \, d\theta$ e

$$\sqrt{a^2 - u^2} = \sqrt{a^2 - a^2 \text{sen}^2 \, \theta} = \sqrt{a^2(1 - \text{sen}^2 \, \theta)} = \sqrt{a^2 \cos^2 \theta} = a \cos \theta.$$

2 Se o integrando envolve $\sqrt{a^2 + u^2}$, onde $u > 0$ e $a > 0$, faça $u = a\,\text{tg}\,\theta$, com $0 < \theta < \pi/2$, com $du = a\sec^2\theta\,d\theta$ e

$$\sqrt{a^2 + u^2} = \sqrt{a^2 + a^2\tan^2\theta} = \sqrt{a^2(1 + \tan^2\theta)} = \sqrt{a^2\sec^2\theta} = a\sec\theta.$$

3 Se o integrando envolve $\sqrt{u^2 - a^2}$, onde $u > a > 0$, faça $u = a\sec\theta$ com $0 < \theta < \pi/2$, com $du = a\sec\theta\,\text{tg}\,\theta\,d\theta$ e

$$\sqrt{u^2 - a^2} = \sqrt{a^2\sec^2\theta - a^2} = \sqrt{a^2(\sec^2\theta - 1)} = \sqrt{a^2\tan^2\theta} = a\tan\theta.$$

Depois de a integral ser resolvida com relação à variável θ, a resposta pode ser escrita em termos da variável original referindo-se ao triângulo retângulo apropriado.

Este método se chama *substituição trigonométrica*.

EXEMPLOS **1** Calcule $\displaystyle\int \frac{x^2\,dx}{(4 - x^2)^{3/2}}$.

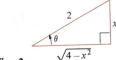
Fig. 2

SOLUÇÃO
Faça a substituição $x = 2\,\text{sen}\,\theta$ (Fig. 2), com $dx = 2\cos\theta\,d\theta$ e $(4 - x^2) = 4 - 4\,\text{sen}^2\theta = 4\cos^2\theta$. Assim,

$$\int \frac{x^2\,dx}{(4 - x^2)^{3/2}} = \int \frac{(2\,\text{sen}\,\theta)^2(2\cos\theta\,d\theta)}{(4\cos^2\theta)^{3/2}} = \int \frac{\text{sen}^2\theta}{\cos^2\theta}\,d\theta$$

$$= \int \tan^2\theta\,d\theta = \int (\sec^2\theta - 1)\,d\theta = \tan\theta - \theta + C.$$

Pela figura 2, $\tan\theta = \dfrac{x}{\sqrt{4 - x^2}}$ e $\theta = \text{sen}^{-1}\dfrac{x}{2}$; portanto,

$$\int \frac{x^2\,dx}{(4 - x^2)^{3/2}} = \frac{x}{\sqrt{4 - x^2}} - \text{sen}^{-1}\frac{x}{2} + C.$$

2 Calcule $\displaystyle\int \frac{dx}{x^2\sqrt{x^2 + 9}}$.

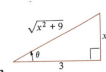
Fig. 3

SOLUÇÃO
Faça a substituição $x = 3\,\text{tg}\,\theta$ (Fig. 3), com $dx = 3\sec^2\theta\,d\theta$ e $x^2 + 9 = 9\,\text{tg}^2\,\theta + 9 = 9\sec^2\theta$. Assim,

$$\int \frac{dx}{x^2\sqrt{x^2 + 9}} = \int \frac{3\sec^2\theta\,d\theta}{(9\tan^2\theta)\sqrt{9\sec^2\theta}} = \frac{1}{9}\int \frac{\sec\theta\,d\theta}{\tan^2\theta}$$

$$= \frac{1}{9}\int \frac{1/\cos\theta}{\text{sen}^2\theta/\cos^2\theta}\,d\theta = \frac{1}{9}\int \frac{\cos\theta\,d\theta}{\overline{\text{sen}}^2\theta}$$

Para calcular a última integral, fazemos $v = \text{sen}\,\theta$, de modo que $dv = \cos\theta\,d\theta$ e

$$\frac{1}{9}\int \frac{\cos\theta\,d\theta}{\text{sen}^2\theta} = \frac{1}{9}\int \frac{dv}{v^2} = -\frac{1}{9v} + C = -\frac{1}{9\,\text{sen}\,\theta} + C = -\frac{1}{9}\csc\theta + C.$$

Da Fig. 3, $\csc\theta = \dfrac{\sqrt{x^2 + 9}}{x}$; portanto,

$$\int \frac{dx}{x^2\sqrt{x^2 + 9}} = -\frac{\sqrt{x^2 + 9}}{9x} + C.$$

3 Calcule $\displaystyle\int \frac{dt}{t^3\sqrt{t^2 - 25}}$.

TÉCNICAS DE INTEGRAÇÃO

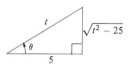

Fig. 4

Solução
Faça a substituição $t = 5 \sec \theta$ (Fig. 4), com $dt = 5 \sec \theta \tg \theta \, d\theta$ e $t^2 - 25 = 25 \sec^2 \theta - 25 = 25 \tg^2 \theta$. Assim,

$$\int \frac{dt}{t^3 \sqrt{t^2 - 25}} = \int \frac{5 \sec \theta \tan \theta \, d\theta}{(125 \sec^3 \theta) \sqrt{25 \tan^2 \theta}}$$

$$= \frac{1}{125} \int \frac{d\theta}{\sec^2 \theta} = \frac{1}{125} \int \cos^2 \theta \, d\theta$$

$$= \frac{1}{125} \int \frac{1}{2} (1 + \cos 2\theta) \, d\theta = \frac{1}{250} \left(\theta + \frac{\sen 2\theta}{2} \right) + C$$

$$= \frac{1}{250} \left(\theta + \frac{2 \sen \theta \cos \theta}{2} \right) + C = \frac{1}{250} (\theta + \sen \theta \cos \theta) + C.$$

Pela Fig. 4, $\theta = \sec^{-1} \frac{t}{5}$, $\sen \theta = \frac{\sqrt{t^2 - 25}}{t}$, e $\cos \theta = \frac{5}{t}$; portanto,

$$\int \frac{dt}{t^3 \sqrt{t^2 - 25}} = \frac{1}{250} \left(\sec^{-1} \frac{t}{5} + \frac{5 \sqrt{t^2 - 25}}{t^2} \right) + C.$$

4 Calcule $\displaystyle\int_{2/3}^{2\sqrt{3}/3} \frac{du}{u \sqrt{9u^2 + 4}}$.

Solução
Faça a substituição $3u = 2 \tg \theta$ ou $u = {}^2\!/_3 \tg \theta$, com $du = {}^2\!/_3 \sec^2 \theta \, d\theta$ e $\sqrt{9u^2 + 4} = \sqrt{4 \tg^2 \theta + 4} = 2 \sec \theta$. Aqui, $\theta = \tg^{-1}(3u/2)$, tal que $\theta = \pi/4$ quando $u = {}^2\!/_3$, e $\theta = \pi/3$ quando $u = 2\sqrt{3}/3$. Portanto,

$$\int_{2/3}^{2\sqrt{3}/3} \frac{du}{u \sqrt{9u^2 + 4}} = \int_{\pi/4}^{\pi/3} \frac{\frac{2}{3} \sec^2 \theta \, d\theta}{\frac{2}{3} \tan \theta \cdot 2 \sec \theta} = \frac{1}{2} \int_{\pi/4}^{\pi/3} \frac{\sec \theta \, d\theta}{\tan \theta}$$

$$= \frac{1}{2} \int_{\pi/4}^{\pi/3} \frac{1/\cos \theta}{\sen \theta / \cos \theta} d\theta = \frac{1}{2} \int_{\pi/4}^{\pi/3} \frac{1}{\sen \theta} d\theta = \frac{1}{2} \int_{\pi/4}^{\pi/3} \csc \theta \, d\theta$$

$$= \frac{1}{2} \ln |\csc \theta - \cot \theta| \Big|_{\pi/4}^{\pi/3}$$

$$= \frac{1}{2} \left[\ln \left(\frac{2}{\sqrt{3}} - \frac{1}{\sqrt{3}} \right) - \ln (\sqrt{2} - 1) \right]$$

$$= \frac{1}{2} \ln \left(\frac{1}{\sqrt{6} - \sqrt{3}} \right) \approx 0{,}166.$$

3.1 Integrais envolvendo $ax^2 + bx + c$

Completando os quadrados, a expressão $ax^2 + bx + c$, onde $a \neq 0$, pode ser reescrita como $a \left(x + \dfrac{b}{2a} \right)^2 + \left(\dfrac{4ac - b^2}{4a} \right)$. Logo, se a expressão $ax^2 + bs + c$ aparecer em um integrante, é em geral útil completar os quadrados e então fazer a substituição $u = \sqrt{|a|} \left(x + \dfrac{b}{2a} \right)$. Este procedimento é ilustrado pelos exemplos seguintes.

EXEMPLOS Calcule as integrais dadas.

$$1 \quad \int \frac{dx}{(5 - 4x - x^2)^{3/2}}$$

Solução
Completando os quadrados, temos

$$5 - 4x - x^2 = 5 - (x^2 + 4x) = 5 + 4 - (x^2 + 4x + 4) = 9 - (x + 2)^2 = 9 - u^2,$$

onde fizemos $u = x + 2$. Logo,

$$\int \frac{dx}{(5 - 4x - x^2)^{3/2}} = \int \frac{du}{(9 - u^2)^{3/2}}.$$

Agora, fazendo a substituição trigonométrica $u = 3$ sen θ, com $du = 3 \cos \theta \, d\theta$ e $9 - u^2 = 9 - 9 \operatorname{sen}^2 \theta = 9 \cos^2 \theta$, temos

$$\int \frac{du}{(9 - u^2)^{3/2}} = \int \frac{3 \cos \theta \, d\theta}{(9 \cos^2 \theta)^{3/2}} = \int \frac{3 \cos \theta \, d\theta}{27 \cos^3 \theta} = \frac{1}{9} \int \frac{d\theta}{\cos^2 \theta}$$

$$= \frac{1}{9} \int \sec^2 \theta \, d\theta = \frac{1}{9} \tan \theta + C.$$

Figure 5

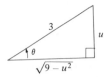

Fig. 5

Referindo-se à Fig. 5, temos que $\tan \theta = \dfrac{u}{\sqrt{9 - u^2}}$; portanto,

$$\int \frac{dx}{(5 - 4x - x^2)^{3/2}} = \frac{1}{9} \tan \theta + C = \frac{u}{9\sqrt{9 - u^2}} + C = \frac{x + 2}{9\sqrt{5 - 4x - x^2}} + C.$$

$$2 \quad \int \frac{x \, dx}{\sqrt{4x^2 + 8x + 5}}$$

Solução
Completando os quadrados, temos

$$4x^2 + 8x + 5 = 4(x^2 + 2x) + 5 = 4(x^2 + 2x + 1) + 5 - 4$$
$$= 4(x + 1)^2 + 1 = 4u^2 + 1,$$

onde fizemos $u = x + 1$. Assim, $x = u - 1$ e $dx = du$, tal que

$$\int \frac{x \, dx}{\sqrt{4x^2 + 8x + 5}} = \int \frac{(u - 1) \, du}{\sqrt{4u^2 + 1}}.$$

Agora façamos a substituição trigonométrica $2u = \operatorname{tg} \theta$, tal que $u = \frac{1}{2} \tan \theta$, $du = \frac{1}{2} \sec^2 \theta \, d\theta$, e $4u^2 + 1 = \operatorname{tg}^2 \theta + 1 = \sec^2 \theta$. Logo,

$$\int \frac{(u - 1) \, du}{\sqrt{4u^2 + 1}} = \int \frac{(\frac{1}{2} \tan \theta - 1)(\frac{1}{2} \sec^2 \theta) \, d\theta}{\sqrt{\sec^2 \theta}} = \frac{1}{4} \int (\tan \theta - 2) \sec \theta \, d\theta$$

$$= \frac{1}{4} \int (\sec \theta \tan \theta - 2 \sec \theta) \, d\theta$$

$$= \frac{1}{4} \sec \theta - \frac{1}{2} \ln |\sec \theta + \tan \theta| + C.$$

Aqui temos que $\sec \theta = \sqrt{\operatorname{tg}^2 \theta + 1} = \sqrt{4u^2 + 1} = \sqrt{4x^2 + 8x + 5}$ e $\operatorname{tg} \theta = 2u = 2(x + 1) = 2x + 2$; portanto,

$$\int \frac{x \, dx}{\sqrt{4x^2 + 8x + 5}} = \frac{1}{4} \sqrt{4x^2 + 8x + 5} - \frac{1}{2} \ln \left| \sqrt{4x^2 + 8x + 5} + 2x + 2 \right| + C.$$

TÉCNICAS DE INTEGRAÇÃO

Nos exemplos acima, não tomamos o cuidado de impor condições a respeito do sinal da variável em que usamos a substituição trigonométrica. Por exemplo, no Exemplo 2, deveríamos ter insistido que $u > 0$ (isto é, $x + 1 > 0$ ou $x > -1$) antes de fazermos a substituição $2u = \text{tg } \theta$. Freqüentemente nos damos ao luxo desta falta de cuidado, e nossas respostas estão quase sempre corretas (veja problemas 44 a 46). Felizmente, a resposta — uma vez obtida por qualquer método, não importando sua efetividade — pode e deve ser verificada por diferenciação (veja problema 23).

Conjunto de Problemas 3

Nos problemas 1 a 22, use uma substituição trigonométrica apropriada e calcule cada integral.

1 $\int \dfrac{dx}{x^2\sqrt{16 - x^2}}$

2 $\int \dfrac{\sqrt{9 - x^2}}{x^2}\, dx$

3 $\int \dfrac{dt}{t^4\sqrt{4 - t^2}}$

4 $\int \dfrac{y^3\, dy}{\sqrt{4 - y^2}}$

5 $\int \dfrac{x^2\, dx}{\sqrt{4 - 9x^2}}$

6 $\int \sqrt{9 - 2u^2}\, du$

7 $\int \dfrac{\sqrt{7 - 4t^2}}{t^4}\, dt$

8 $\int \dfrac{dx}{x^2(a^2 + x^2)^{3/2}}, \ a > 0$

9 $\int \dfrac{t\, dt}{\sqrt{t^2 - a^2}}$

10 $\int \dfrac{x^3\, dx}{\sqrt{x^2 + 4}}$

11 $\int \dfrac{dx}{x^2\sqrt{1 + x^2}}$

12 $\int \dfrac{dx}{x^4\sqrt{4 + x^2}}$

13 $\int \dfrac{dt}{t\sqrt{t^2 + 5}}$

14 $\int \dfrac{dx}{(x^2 + 9)^2}$

15 $\int \dfrac{7x^3\, dx}{(4x^2 + 9)^{3/2}}$

16 $\int \dfrac{dt}{\sqrt{16t^2 + 9}}$

17 $\int \dfrac{dx}{x^2\sqrt{x^2 - 4}}$

18 $\int \dfrac{dt}{t^4\sqrt{t^2 - 4}}$

19 $\int \dfrac{dt}{\sqrt{9t^2 - 4}}$

20 $\int \dfrac{\sqrt{y^2 - 9}}{y}\, dy$

21 $\int \dfrac{dx}{(4x^2 - 9)^{3/2}}$

22 $\int x^3\sqrt{x^2 - 1}\, dx$

23 Verifique suas respostas dos problemas 1, 13 e 19 por diferenciação, tomando cuidado com as restrições utilizadas nos valores das variáveis.

24 Para cada uma das integrais dadas, faça uma troca de variável adequada a fim de que uma substituição trigonométrica possa ser realizada a seguir.

(a) $\int \dfrac{\sec^2 t\, dt}{(\tan^2 t + 9)^{3/2}}$

(b) $\int \dfrac{\text{sen } v\, dv}{(25 - \cos^2 v)^{3/2}}$

(c) $\int \dfrac{e^{-x}\, dx}{\sqrt{4 + 9e^{-2x}}}$

(d) $\int \dfrac{dt}{t[(\ln t)^2 - 4]^{3/2}}$

Nos problemas 25 a 32, complete os quadrados em cada expressão e então use uma substituição trigonométrica para calcular as integrais.

25 $\int \dfrac{dt}{(5 - 4t - t^2)^{3/2}}$

26 $\int \dfrac{x\, dx}{\sqrt{2 - x - x^2}}$

27 $\int \dfrac{dx}{\sqrt{-3 + 8x - 4x^2}}$

28 $\int \dfrac{dt}{\sqrt{2t^2 - 6t + 5}}$

29 $\int \dfrac{x\, dx}{\sqrt{1 - x + 3x^2}}$

30 $\int \sqrt{2 - 3x + x^2}\, dx$

31 $\int \dfrac{2t}{(t^2 + 3t + 4)^2}\, dt$

32 $\int \dfrac{3}{(x^2 + 6x + 1)^2}\, dx$

CÁLCULO

Nos problemas 33 a 38, calcule cada integral definida.

33 $\displaystyle\int_{3/8}^{2/3} \frac{dx}{\sqrt{4x^2+1}}$

34 $\displaystyle\int_{3}^{4} \sqrt{25-t^2}\, dt$

35 $\displaystyle\int_{0}^{1} \frac{t^2\, dt}{(25-9t^2)^{3/2}}$

36 $\displaystyle\int_{0}^{1} \frac{x\, dx}{\sqrt{6-x-x^2}}$

37 $\displaystyle\int_{3}^{6} \frac{\sqrt{t^2-9}}{t}\, dt$

38 $\displaystyle\int_{\ln 2}^{\ln 3} \frac{dz}{e^z-e^{-z}}$

39 Ache a área limitada pelas curvas $y = \dfrac{45}{\sqrt{16x^2-175}}$, $y = 0$, $x = 4$, e $x = 5$.

40 Ache a área da elipse $\dfrac{x^2}{a^2}+\dfrac{y^2}{b^2}=1$.

41 Ache o volume do sólido gerado quando a região sob a curva $y = \dfrac{1}{x^2+4}$ entre $x = 0$ e $x = 3$ é girada em torno do eixo x.

42 Ache a área da região limitada pela hipérbole $x^2 - y^2 = 9$ e pela reta $y = 2x - 6$.

43 Ache o volume do sólido gerado quando a região limitada pelas curvas

$y = \dfrac{x}{(x^2+16)^{3/2}}$, $y = 0$, e $x = 4$ é girada em torno do eixo x.

44 Seja $a > 0$ e suponha que se deseja integrar uma expressão envolvendo $\sqrt{a^2-u^2}$, onde $|u| < a$. Como $|u/a| < 1$, podemos fazer a substituição $\theta = \operatorname{sen}^{-1}(u/a)$, onde $-\pi/2 < \theta < \pi/2$. Mostre que $u = a \operatorname{sen}\theta$ e que

(a) $\sqrt{a^2-u^2} = a\cos\theta$

(b) $du = a\cos\theta\, d\theta$

(c) $\csc\theta = \dfrac{a}{u}$ se $u \neq 0$

(d) $\sec\theta = \dfrac{a}{\sqrt{a^2-u^2}}$

(e) $\tan\theta = \dfrac{u}{\sqrt{a^2-u^2}}$

(f) $\cot\theta = \dfrac{\sqrt{a^2-u^2}}{u^2}$ se $u \neq 0$

45 Usando os resultados do problema 44, explique por que não é necessário supor que u é positivo ao usarmos a substituição trigonométrica $u = a \operatorname{sen}\theta$.

46 Discuta a substituição trigonométrica $u = a \operatorname{tg}\theta$ para o caso em que u não é necessariamente positivo.

47 Calcule $\displaystyle\int \frac{x\, dx}{\sqrt{x^2-1}}$ de duas maneiras:

(a) Por substituição trigonométrica.
(b) Usando a substituição $u = x^2 - 1$.

48 Um arame vertical de densidade uniforme com massa total M e comprimento l se apóia com sua parte inferior no eixo x, sobre o ponto $(a, 0)$. Se γ denota a constante de gravitação, calcule a componente horizontal da força de gravidade exercida pelo arame sobre uma partícula de massa m situada na origem.

49 Resolva a equação diferencial $x^2\, dy - \sqrt{x^2-9}\, dx = 0$.

50 Ache a área gerada pela rotação do arco da curva $x = e^y$ entre $(1,0)$ e $(e^2, 2)$ em torno do eixo y.

51 Ache o comprimento de arco da curva $y = \operatorname{sen}^{-1} e^x$ desde $x = \ln \frac{1}{2}$ a $x = \ln \frac{3}{5}$.

4 Integração por Partes

Na realidade toda regra ou técnica de diferenciação pode ser invertida, dando origem a uma regra ou técnica de integração correspondente. Por exemplo, a técnica de integração pela troca de variáveis é essencialmente a inversão da regra da cadeia para diferenciação. Nesta seção estudamos uma técnica de integração chamada *integração por partes,* que resulta da inversão da regra do produto para a diferenciação.

4.1 Fórmula e procedimento para integração por partes

De acordo com a regra do produto, $(f \cdot g)' = f' \cdot g + f \cdot g'$ a função $f \cdot g$ é uma antiderivada de $f' \cdot g + f \cdot g'$, isto é,

TÉCNICAS DE INTEGRAÇÃO

$$\int [f'(x)g(x) + f(x)g'(x)]\, dx = f(x)g(x) + C$$

ou

$$\int f'(x)g(x)\, dx + \int f(x)g'(x)\, dx = f(x)g(x) + C.$$

A última equação pode ser reescrita como

$$\int f(x)g'(x)\, dx = f(x)g(x) - \int g(x)f'(x)\, dx,$$

sabendo-se que a constante C é incluída na constante de integração correspondente a $\int g(x)f'(x)dx$.

A fórmula $\int f(x)g'(x)dx = f(x)g(x) - \int g(x)f'(x)dx$ que acabamos de ober é fácil de ser lembrada e usada se escrita em termos de variáveis u e v definidas por

$$u = f(x) \quad \text{e} \quad v = g(x).$$

Assim, $du = f'(x)dx$, $dv = g'(x)dx$, e após substituir na fórmula temos,

$$\int u\, dv = uv - \int v\, du.$$

Esta última é chamada fórmula para *integração por partes*. Seu uso é ilustrado no exemplo seguinte.

EXEMPLO   Calcule $\int x\, \mathrm{sen}\, x\, dx$.

SOLUÇÃO

Para usarmos integração por partes, façamos $u = x$ e $dv = \mathrm{sen}\, x\, dx$, tal que $du = dx$ e $v = \int \mathrm{sen}\, x\, dx = -\cos x + C_0$. Portanto,

$$\int \underbrace{x}_{u}\, \underbrace{\mathrm{sen}\, x\, dx}_{dv} = \int u\, dv = uv - \int v\, du = x(-\cos x + C_0) - \int (-\cos x + C_0)\, dx$$

$$= -x \cos x + xC_0 + \int \cos x\, dx - \int C_0\, dx$$

$$= -x \cos x + xC_0 + \mathrm{sen}\, x + C - C_0 x$$

$$= -x \cos x + \mathrm{sen}\, x + C.$$

No exemplo acima, a constante de integração C_0 vinda da integração preliminar de $v = \int \mathrm{sen}\, x\, dx$ é cancelada. Isto sempre acontecera no cálculo de integrais por partes (problema 42); assim, a constante da integral $v = \int dv$ não necessita ser escrita. Logo, poderíamos escrever

$$\int x\, \mathrm{sen}\, \dot{x}\, dx = \int u\, dv = uv - \int v\, du = x(-\cos x) - \int (-\cos x)\, dx$$

$$= -x \cos x + \mathrm{sen}\, x + C.$$

Mais genericamente, temos o seguinte procedimento.

Procedimento para integração por partes

Para calcular $\int F(x)\, dx$, siga as etapas seguintes:

Etapa 1 Fator integrando em duas partes de uma forma apropriada, digamos $F(x) = F_1(x)F_2(x)$.

Etapa 2 Escolha um dos dois fatores e chame-o de u. Faça então dv igual ao fator restante vezes dx. Para definição, suponha que tenhamos escolhido $u = F_1(x)$, e $dv = F_2(x)\, dx$.

Etapa 3 Calcule $du = F_1'(x)\, dx$ e calcule $v = \int F_2(x)\, dx$. Não se importe em escrever uma constante de integração para a última integral. Agora temos,

$$u = F_1(x) \qquad dv = F_2(x)\, dx$$

$$du = F_1'(x)\, dx \qquad v = \int F_2(x)\, dx.$$

Etapa 4 Calcule $\int v\, du$. Novamente, não se importe em escrever uma constante de integração.

Etapa 5 Escreva a solução

$$\int F(x)\, dx = \int \underbrace{F_1(x)}_{u}\underbrace{F_2(x)\, dx}_{dv} = \int u\, dv = uv - \int v\, du + C.$$

Note que a constante de integração C é finalmente colocada na última etapa.

Na Etapa 2, tente selecionar u e dv tal que o produto de du por v — o qual deve ser integrado na Etapa 4 — seja o mais simples possível. A fatoração na Etapa 1 e a escolha de u e dv na Etapa 2 são freqüentemente problemas de tentativa e erro.

EXEMPLOS Calcule integrais dados usando integração por partes.

1 $\int x \sec^2 x\, dx$

SOLUÇÃO
O integrando já está fatorado, então passamos direto para a segunda etapa. Parece haver duas escolhas possíveis:

Escolha 1: $u = x, dv = \sec^2 x\, dx$, isto é $du = dx, v = \int \sec^2 x\, dx = \tan x$.

Escolha 2: $u = \sec^2 x,\ dv = x\, dx$, isto é $du = 2 \sec^2 x \tan x,\ v = \int x\, dx = x^2/2$.

Evidentemente, $v\, du$ é "mais simples" se usarmos a Escolha 1. Logo, na Etapa 3 temos

$$u = x \qquad dv = \sec^2 x\, dx$$

$$du = dx \qquad v = \tan x.$$

Continuando com a Etapa 4, temos:

$$\int v\, du = \int \tan x\, dx = -\ln |\cos x|.$$

Portanto, pela Etapa 5,

$$\int x \sec^2 x\, dx = uv - \int v\, du = x \tan x + \ln |\cos x| + C.$$

2 $\int \ln x\, dx$

SOLUÇÃO
Aqui é clara a fatoração de $\ln x$; entretanto, tentemos fatoração trivial $\ln x = (\ln x)(1)$. Logo, fazendo $u = \ln x$ e $dv = 1\, dx = dx$, temos que

TÉCNICAS DE INTEGRAÇÃO

$$u = \ln x \qquad dv = dx$$

$$du = \frac{1}{x}\,dx \qquad v = x.$$

Desde que $\int v\,du = \int x\left(\frac{1}{x}\,dx\right) = \int dx = x$, temos:

$$\int \ln x\,dx = uv - \int v\,du = x \ln x - x + C.$$

3 $\int x^3 \cos x^2\,dx$

SOLUÇÃO

Como $\cos x^2$ não pode ser integrado em termos de funções elementares, usamos uma substituição preliminar $t = x^2$, com $dt = 2x\,dx$. Logo,

$$\int x^3 \cos x^2\,dx = \frac{1}{2}\int x^2 \cos x^2 (2x\,dx) = \frac{1}{2}\int t \cos t\,dt.$$

Agora podemos fazer:

$$u = t \qquad \text{e} \qquad dv = \cos t\,dt,$$

tal que

$$du = dt \qquad \text{e} \qquad v = \operatorname{sen} t.$$

Portanto,

$$\int x^3 \cos x^2\,dx = \frac{1}{2}\int t \cos t\,dt = \frac{1}{2}\left(uv - \int v\,du\right)$$

$$= \frac{1}{2}\left(t\operatorname{sen} t - \int \operatorname{sen} t\,dt\right) = \frac{1}{2}\left(t\operatorname{sen} t + \cos t\right) + C$$

$$= \frac{1}{2}\left(x^2 \operatorname{sen} x^2 + \cos x^2\right) + C.$$

(digamos) da variável x. Então uv, assim como as integrais indefinidas $\int u\,dv$ e $\int v\,du$, dependem de x. Considere a integral definida $\int_{x=a}^{x=b} u\,dv$, onde escrevemos os limites de integração de $x = a$ até $x = b$ para enfatizar que x (tanto para u como para v) é a variável em questão. Temos

$$\int_{x=a}^{x=b} u\,dv = \left(uv - \int v\,du\right)\Bigg|_{x=a}^{x=b} = (uv)\Bigg|_{x=a}^{x=b} - \int_{x=a}^{x=b} v\,du,$$

a fórmula de integração por partes para integrais definidas.

EXEMPLO   Use integração por partes para calcular $\int_1^e x^2 \ln x\,dx$.

SOLUÇÃO

Faça $u = \ln x$ e $dv = x^2\,dx$. Então $du = dx/x$, $v = x^3/3$, e

$$\int_1^e x^2 \ln x\,dx = \int_{x=1}^{x=e} u\,dv = (uv)\Bigg|_{x=1}^{x=e} - \int_{x=1}^{x=e} v\,du$$

$$= (\ln x)\left(\frac{x^3}{3}\right)\Bigg|_{x=1}^{x=e} - \int_{x=1}^{x=e} \frac{x^3}{3}\,\frac{dx}{x} = \left(\frac{x^3 \ln x}{3}\right)\Bigg|_{x=1}^{x=e} - \left(\frac{x^3}{9}\right)\Bigg|_{x=1}^{x=e}$$

$$= \frac{e^3}{3} - \frac{e^3}{9} + \frac{1}{9} = \frac{2e^3 + 1}{9}.$$

4.2 Integrações sucessivas por partes

A fórmula $\int u\,dv = uv - \int d\,du$ para integração por partes transforma o problema do cálculo de $\int u\,dv$ no cálculo de $\int v\,du$. Com uma escolha conveniente de u e dv, podemos freqüentemente conseguir que $\int v\,du$ seja mais simples que $\int u\,dv$; entretanto, podemos não conseguir calcular $\int v\,du$ diretamente. Uma segunda integração por partes pode ser necessária para calcularmos $\int v\,du$. De fato, várias integrações por partes podem ser necessárias.

EXEMPLO Calcule $\int x^2 e^{2x}\,dx$.

SOLUÇÃO
Fazendo $u = x^2$ e $dv = e^{2x}\,dx$, temos $du = 2x\,dx$ e $v = \int e^{2x}\,dx = \frac{1}{2}e^{2x}$. Logo,

$$\int x^2 e^{2x}\,dx = uv - \int v\,du = \frac{1}{2}x^2 e^{2x} - \int xe^{2x}\,dx.$$

Embora $\int xe^{2x}\,dx$ seja mais simples que $\int x^2 e^{2x}\,dx$, uma segunda integração por partes é necessária. Portanto, fazendo $u_1 = x$ e $dv_1 = e^{2x}\,dx$, temos $du_1 = dx$ e $v_1 = \int e^{2x}\,dx = \frac{1}{2}e^{2x}$. Agora,

$$\int xe^{2x}\,dx = u_1 v_1 - \int v_1\,du_1 = \frac{1}{2}xe^{2x} - \int \frac{1}{2}e^{2x}\,dx = \frac{1}{2}xe^{2x} - \frac{1}{4}e^{2x} + C_1.$$

Assim,

$$\begin{aligned}
\int x^2 e^{2x}\,dx &= \frac{1}{2}x^2 e^{2x} - \int xe^{2x}\,dx \\
&= \frac{1}{2}x^2 e^{2x} - \left(\frac{1}{2}xe^{2x} - \frac{1}{4}e^{2x} + C_1\right) \\
&= \frac{1}{2}x^2 e^{2x} - \frac{1}{2}xe^{2x} + \frac{1}{4}e^{2x} + C,
\end{aligned}$$

onde $C = -C_1$.

Os cálculos do exemplo acima são descritos esquematicamente no quadro abaixo:

u		v'		
x^2		e^{2x}		
$2x$	*vezes*	$\frac{1}{2}e^{2x}$	$\xrightarrow{(+)}$	$+\,(x^2)(\frac{1}{2}e^{2x})$
2	*vezes*	$\frac{1}{4}e^{2x}$	$\xrightarrow{(-)}$	$-\,(2x)(\frac{1}{4}e^{2x})$
0	*vezes*	$\frac{1}{8}e^{2x}$	$\xrightarrow{(+)}$	$+\,(2)(\frac{1}{8}e^{2x})$

$$\frac{1}{2}x^2 e^{2x} - \frac{1}{2}xe^{2x} + \frac{1}{4}e^{2x}$$

Portanto,

$$\int \underbrace{x^2 e^{2x}\,dx}_{u\ \ v'\,dx} = \frac{1}{2}x^2 e^{2x} - \frac{1}{2}xe^{2x} + \frac{1}{4}e^{2x} + C.$$

TÉCNICAS DE INTEGRAÇÃO

Geralmente, sucessivas integrações por partes de um integrando da forma uv', onde u é um polinômio, podem ser resolvidas pelo método da tabela, assim:

Etapa 1 Escreva o integrando na forma uv', onde u é um polinômio.

Etapa 2 Faça duas colunas paralelas, nomeando-as de "coluna dos u" e "coluna dos v'". Na "coluna dos u" listamos os polinômios u e na "coluna dos v'" listamos os v'.

Etapa 3 Sucessivas entradas na coluna dos u são obtidas por repetidas diferenciações até 0. Entradas sucessivas correspondentes na "coluna dos v'" são obtidas por repetidas integrações indefinidas, omitindo-se as constantes em cada estágio, até que a coluna dos v' seja tão longa quanto a dos u.

Etapa 4 Multiplique cada elemento da "coluna dos u" pela *entrada seguinte* dos v', troque o sinal de *todos os outros produtos* assim obtidos e some os resultados obtidos. A integral desejada é esta soma mais uma constante arbitrária de integração.

EXEMPLO Use o método da tabela para calcular por sucessivas integrais por partes

$$\int (2x^4 - 8x^3)e^{-3x}\, dx.$$

SOLUÇÃO

$$
\begin{array}{lll}
u & v' & \\
2x^4 - 8x^3 & e^{-3x} & \\
8x^3 - 24x^2 & -\tfrac{1}{3}e^{-3x} & (+) \quad +(2x^4 - 8x^3)(-\tfrac{1}{3}e^{-3x}) \\
24x^2 - 48x & \tfrac{1}{9}e^{-3x} & (-) \quad -(8x^3 - 24x^2)(\tfrac{1}{9}e^{-3x}) \\
48x - 48 & -\tfrac{1}{27}e^{-3x} & (+) \quad +(24x^2 - 48x)(-\tfrac{1}{27}e^{-3x}) \\
48 & \tfrac{1}{81}e^{-3x} & (-) \quad -(48x - 48)(\tfrac{1}{81}e^{-3x}) \\
0 & -\tfrac{1}{243}e^{-3x} & (+) \quad +48(-\tfrac{1}{243}e^{-3x}).
\end{array}
$$

Somando os termos da coluna da direita e simplificando, temos:

$$\int (2x^4 - 8x^3)e^{-3x}\, dx = (-\tfrac{2}{3}x^4 + \tfrac{16}{9}x^3 + \tfrac{16}{9}x^2 + \tfrac{32}{27}x + \tfrac{32}{81})e^{-3x} + C.$$

Sucessivas integrações por partes de integrandos da forma $e^x \cos x$, $\sec^3 x$, $\csc^5 x$ etc. retornam para integrandos semelhantes aos originais. Quando isto acontece, a equação resultante pode freqüentemente ser resolvida, usando como incógnita a integral desconhecida. Isto é ilustrado nos exemplos seguintes.

EXEMPLOS 1 Calcule $\int e^x \cos x\, dx$.

SOLUÇÃO
Uma primeira integração por parte com $u = e^x$, $dv = \cos x\, dx$, $du = e^x dx$ e $v = \operatorname{sen} x$, nos dá

(i) $\int e^x \cos x\, dx = e^x \operatorname{sen} x - \int e^x \operatorname{sen} x\, dx + C_1.$

Uma segunda integração por partes com $u_1 = e^x$, $dv_1 = \operatorname{sen} x\, dx$, $du_1 = e^x dx$, e $v_1 = \cos x$, aplicada a $\int e^x \operatorname{sen} x\, dx$ nos dá

(ii) $\int e^x \operatorname{sen} x\, dx = -e^x \cos x + \int e^x \cos x\, dx + C_2.$

Substituindo (ii) em (i) temos

(iii) $\int e^x \cos x \, dx = e^x \operatorname{sen} x - \left(-e^x \cos x + \int e^x \cos x \, dx + C_2 \right) + C_1$, ou

(iv) $\int e^x \cos x \, dx = e^x \operatorname{sen} x + e^x \cos x - \int e^x \cos x \, dx + C_3,$

onde fizemos $C_3 = -C_2 + C_1$. Resolvendo equação (iv) $\int e^x \cos x \, dx,$

obtemos $2 \int e^x \cos x \, dx = e^x \operatorname{sen} x + e^x \cos x + C_3$, logo,

(v) $\int e^x \cos x \, dx = \dfrac{e^x \operatorname{sen} x + e^x \cos x}{2} + C,$

onde $C = C_3/2$.

2 Calcule $\int \sec^3 x \, dx.$

SOLUÇÃO

Já havíamos notado que os métodos usados na Seção 2 não eram úteis para o cálculo da integral de $\sec^3 x$; entretanto, usaremos agora integração por partes para obtermos tal integral, fatorando $\sec^3 x$ em $\sec x \sec^2 x$ e fazendo $u = \sec x$ e $dv = \sec^2 x \, dx$. Então $du = \sec x \operatorname{tg} x \, dx$ e $v = \operatorname{tg} x$; assim,

$$\int \sec^3 x \, dx = \int \sec x \sec^2 x \, dx = \sec x \tan x - \int \sec x \tan^2 x \, dx + C_0.$$

Uma vez que

$$\int \sec x \tan^2 x \, dx = \int \sec x (\sec^2 x - 1) \, dx = \int \sec^3 x \, dx - \int \sec x \, dx,$$

segue que

$$\int \sec^3 x \, dx = \sec x \tan x - \left(\int \sec^3 x \, dx - \int \sec x \, dx \right) + C_0$$

$$= \sec x \tan x - \int \sec^3 x \, dx + \int \sec x \, dx + C_0$$

$$= \sec x \tan x - \int \sec^3 x \, dx + \ln |\sec x + \tan x| + C_0.$$

Da última equação,

$$2 \int \sec^3 x \, dx = \sec x \tan x + \ln |\sec x + \tan x| + C_0$$

ou

$$\int \sec^3 x \, dx = \tfrac{1}{2} \sec x \tan x + \tfrac{1}{2} \ln |\sec x + \tan x| + C,$$

onde $C = {}^1\!/_2\, C_0$.

Sucessivas integrações por partes que retornam ao integrando original podem ser obtidas pelo método da tabela. Veja problema 48 para uma indicação de como isto é feito.

Conjunto de Problemas 4

Nos problemas 1 a 14, use integração por partes para calcular cada integral.

1 $\int x \cos 2x \, dx$

2 $\int x \operatorname{sen} kx \, dx$

3 $\int x e^{3x} \, dx$

TÉCNICAS DE INTEGRAÇÃO

4 $\displaystyle\int xe^{-4x}\,dx$ **5** $\displaystyle\int \ln 5x\,dx$ **6** $\displaystyle\int x\ln 2x\,dx$

7 $\displaystyle\int \frac{x^3}{\sqrt{1-x^2}}\,dx$ *(Sugestão:* Faça $u=x^2$.*)***8** $\displaystyle\int x^3\ln\left(x^2\right)dx$ **9** $\displaystyle\int x\csc^2 x\,dx$

10 $\displaystyle\int \operatorname{sen}^{-1}3x\,dx$ **11** $\displaystyle\int t\sec t\tan t\,dt$ **12** $\displaystyle\int \tan^{-1}x\,dx$

13 $\displaystyle\int \cos^{-1}x\,dx$ **14** $\displaystyle\int \cosh^{-1}x\,dx$

Nos problemas 15 a 22, use o método da tabela de sucessivas integrações por partes para calcular cada integral.

15 $\displaystyle\int x^2\operatorname{sen}3x\,dx$ **16** $\displaystyle\int x^3\operatorname{sen}5x\,dx$ **17** $\displaystyle\int x^4\cos 2x\,dx$

18 $\displaystyle\int x^2\operatorname{sen}^2 x\,dx$ **19** $\displaystyle\int t^4 e^{-t}\,dt$ **20** $\displaystyle\int (3x^2-2x+1)\cos x\,dx$

21 $\displaystyle\int (x^5-x^3+x)e^{-x}\,dx$ **22** $\displaystyle\int x^2\sec^2 x\tan x\,dx$

Nos problemas 23 a 28, use uma substituição apropriada para expressar a integral numa forma em que a integração por partes seja aplicável, e então calcule a integral. (Em alguns casos uma substituição conveniente é sugerida).

23 $\displaystyle\int x^3 e^{x^2}\,dx;\ x^2=t$ **24** $\displaystyle\int x^3\operatorname{sen}2x^2\,dx$ **25** $\displaystyle\int \sqrt{1+x^2}\,dx;\ x=\tan\theta$

26 $\displaystyle\int \frac{x^2}{\sqrt{x^2-1}};\ x=\sec\theta$ **27** $\displaystyle\int x^{11}\cos x^4\,dx;\ x^4=t$ **28** $\displaystyle\int x^{3/2}\cos\sqrt{x}\,dx$

Nos problemas 29 a 34, use sucessivas integrações por partes para calcular cada integral.

29 $\displaystyle\int e^{-x}\cos 2x\,dx$ **30** $\displaystyle\int e^{2x}\operatorname{sen}x\,dx$ **31** $\displaystyle\int \csc^3 x\,dx$

32 $\displaystyle\int \sec^5 x\,dx$ **33** $\displaystyle\int \operatorname{sen}x\operatorname{sen}2x\,dx$ **34** $\displaystyle\int e^{ax}\operatorname{sen}bx\,dx$

Nos problemas 35 a 40, calcule cada integral definida.

35 $\displaystyle\int_0^{\pi/9} 4x^2\operatorname{sen}3x\,dx$ **36** $\displaystyle\int_0^1 \frac{xe^x}{(1+x)^2}\,dx$ **37** $\displaystyle\int_2^3 \sec^{-1}x\,dx$

38 $\displaystyle\int_{-1}^1 \cos^{-1}x\,dx$ **39** $\displaystyle\int_0^{\pi/4} (5x^2-3x+1)\operatorname{sen}x\,dx$ **40** $\displaystyle\int_1^e \operatorname{sen}(\ln x)\,dx$

41 Use integração por partes para mostrar que

$$\int_0^a x^2 f'''(x)\,dx = a^2 f''(a) - 2af'(a) + 2f(a) - 2f(0).$$

42 Deseja-se calcular $\displaystyle\int F_1(x)F_2(x)\,dx$ por partes. Para isto, fazemos $u=F_1(x)$ e $dv=F_2(x)\,dx$. Então, $du=F_1'(x)\,dx$ e $v=G(x)+C_0$, onde G é uma antiderivada de F_2 e C_0 é uma constante de integração. Mostre que C_0 é sempre cancelada no cálculo de $\displaystyle\int F_1(x)F_2(x)\,dx$ por partes.

43 Usando integração por partes mostre que

$$\int f(x)\,dx = xf(x) - \int xf'(x)\,dx.$$

44 Suponha que $g''=f$. Calcule $\displaystyle\int x^2 f(x)\,dx$.

45 Seja $f(x) = xe^{-x}$ para $x \geq 0$. Suponha que $f(x)$ seja máxima para $x = a$. Calcule a área sob o gráfico da f entre $x = 0$ e $x = a$.

46 Calcule o volume do sólido gerado se a região descrita no problema 45 é girada em torno do eixo x.

47 Use integração por partes para estabelecer uma fórmula de redução para o problema 43 da primeira seção de problemas. Faça $u = \operatorname{sen}^{n-1} ax$ e $dv = \operatorname{sen} ax\, dx$.

48 Nas duas colunas seguintes,

$$
\begin{array}{cc}
u & v' \\
u_1 & v \\
u_2 & v_1 \\
\vdots & \vdots \\
u_n & v_{n-1} \\
 & v_n
\end{array}
$$

assuma que a derivada de cada termo da primeira coluna seja o termo abaixo e que (a menos de uma constante de integração) a integral indefinida de cada termo da segunda coluna seja o termo abaixo. Prove que

$$
\int u\, dv = uv - u_1 v_1 + u_2 v_2 - u_3 v_3 + \cdots \mp u_{n-1} v_{n-1} \pm \int u_n\, dv_n,
$$

onde o sinal mais ou menos é usado no último termo (envolvendo a integral) se n é par ou ímpar, respectivamente.

49 Use o resultado do problema 48 para justificar o método da tabela para sucessivas integrais por partes.

50 Use integral por partes para estabelecer a fórmula de redução

$$
\int \sec^n kx\, dx = \frac{1}{k(n-1)} \cdot \frac{\operatorname{sen} kx}{\cos^{n-1} kx} + \frac{n-2}{n-1} \int \sec^{n-2} kx\, dx,
$$

onde $n \geq 2$ e $k \neq 0$.

5 Integração de Funções Racionais por Frações Parciais — Caso Linear

Na Seção 6.3 do Cap. 0 definimos uma função racional como sendo uma função h dada por $h(x) = P(x)/Q(x)$, onde $P(x)$ e $Q(x)$ são polinômios e $Q(x)$ não é o polinômio identicamente nulo. Como veremos nesta seção e na seguinte, é possível achar a integral de uma função racional expandindo-a numa soma de funções racionais simples chamadas *frações parciais*, e então achando as integrais destas frações parciais.

Antes de discutirmos os vários casos possíveis observemos que se o grau do numerador $P(x)$ da fração $P(x)/Q(x)$ não é menor do que o grau do denominador $Q(x)$, podemos sempre dividir $P(x)$ por $Q(x)$ e obter um quociente $f(x)$ e um resto $R(x)$. Logo,

$$
Q(x)\overline{)P(x)} \quad \overset{f(x)}{} \qquad \text{com resto } R(x),
$$

onde $f(x)$ é um polinômio e $R(x)$ é o polinômio identicamente nulo ou um polinômio de grau inferior ao grau de $Q(x)$. Então temos:

$$
h(x) = \frac{P(x)}{Q(x)} = f(x) + \frac{R(x)}{Q(x)},
$$

e, portanto,

$$
\int h(x)\, dx = \int f(x)\, dx + \int \frac{R(x)}{Q(x)}\, dx.
$$

TÉCNICAS DE INTEGRAÇÃO

Uma vez que $f(x)$ é um polinômio, não há dificuldade em calcularmos $\int f(x)\, dx$. Portanto, o problema do cálculo de $\int \dfrac{R(x)}{Q(x)}\, dx$, , onde a fração $R(x)/Q(x)$ é *própria* no sentido de que o grau do denominador $Q(x)$ é maior do que o grau do numerador $R(x)$.

Pelo procedimento explicado acima, nos concentraremos no problema da integração de funções racionais próprias. É também óbvio que todos os fatores comuns do numerador e denominador foram cancelados.

5.1 Caso em que o denominador é fatorável em fatores lineares distintos

Observe que as duas frações $\dfrac{2}{x-2}$ e $\dfrac{3}{x+1}$ podem ser somadas obtendo-se

$$\frac{2}{x-2} + \frac{3}{x+1} = \frac{2(x+1) + 3(x-2)}{(x-2)(x+1)} = \frac{5x-4}{(x-2)(x+1)}.$$

Segue que

$$\int \frac{(5x-4)\, dx}{(x-2)(x+1)} = \int \frac{2\, dx}{x-2} + \int \frac{3\, dx}{x+1} = 2\ln|x-2| + 3\ln|x+1| + C.$$

É, portanto, um problema fácil o de integrar $\dfrac{5x-4}{(x-2)(x+1)}$ *desde que reconheçamos que esta expressão pode ser decomposta na soma de* $\dfrac{2}{x-2}$ *e* $\dfrac{3}{x+1}$.

O método de frações parciais é simplesmente um procedimento sistemático para decompor frações racionais próprias $P(x)/Q(x)$ na soma de funções racionais simples, cada qual podendo ser integrada pelos métodos padrões.

As funções racionais simples cuja soma é $P(x)/Q(x)$ são chamadas frações parciais de $P(x)/Q(x)$. Por exemplo, a equação

$$\frac{5x-4}{(x-2)(x+1)} = \frac{2}{x-2} + \frac{3}{x+1}$$

mostra a decomposição da fração racional da esquerda nas duas frações parciais da direita.

A decomposição de uma fração racional em frações parciais é mais fácil de ser avaliada quando o denominador é fatorável em diferentes fatores lineares. Neste caso, só é necessário arranjar-se uma fração parcial da forma $\dfrac{\text{constante}}{ax+b}$ para cada um dos fatores lineares do denominador. Os numeradores das frações parciais, constantes, podem ser denotados por A, B, C e assim por diante.

Por exemplo, a fração $\dfrac{5x-4}{(x-2)(x+1)}$ é decomposta da seguinte forma:

$$\frac{5x-4}{(x-2)(x+1)} = \frac{A}{x-2} + \frac{B}{x+1}.$$

Um outro exemplo é

$$\frac{27x^3 - 4x + 13}{(3x-1)(x+2)\left(\dfrac{x}{2} - 7\right)x} = \frac{C}{3x-1} + \frac{D}{x+2} + \frac{E}{\dfrac{x}{2} - 7} + \frac{F}{x}.$$

CÁLCULO

Aqui, logicamente, o problema se transforma em encontrar os valores para as constantes que aparecem nas *frações parciais*.

Para o caso acima temos dois métodos gerais para o cálculo das constantes das frações parciais dadas.

1 Igualando os coeficientes

Temos

$$\frac{P(x)}{Q(x)} = \text{(soma de frações parciais)},$$

onde os numeradores das frações parciais são denominados por A, B, C e assim por diante.

Multiplicam-se ambos os termos desta equação pelo denominador $Q(x)$ obtendo-se

$$P(x) = Q(x) \text{ (soma de frações parciais)},$$

e agrupa-se os coeficientes dos termos de mesma potência. A seguir igualam-se os coeficientes das potências de x do lado direito aos coeficientes das potências correspondentes de x do lado esquerdo, obtendo-se um sistema envolvendo as incógnitas A, B, C etc. Resolve-se então o sistema para estas incógnitas.

EXEMPLO   Encontre a decomposição em frações parciais de $\dfrac{5x - 4}{(x - 2)(x + 1)}$ pelo método da igualdade de coeficientes.

SOLUÇÃO

Temos

$$\frac{5x - 4}{(x - 2)(x + 1)} = \frac{A}{x - 2} + \frac{B}{x + 1},$$

onde as constantes A e B devem ser determinadas. Multiplicando-se ambos os lados da equação acima pelo denominador $(x - 2)(x + 1)$ chega-se a

$$5x - 4 = A(x + 1) + B(x - 2) \quad \text{ou} \quad 5x - 4 = (A + B)x + (A - 2B).$$

Igualando os coeficientes de mesma potência de x em ambos os termos da última equação, chega-se a

$$\begin{cases} 5 = A + B \\ -4 = A - 2B. \end{cases}$$

Resolvendo (por exemplo, por eliminação) o sistema linear de equações acima, encontramos que $A = 2$ e $B = 3$. Conseqüentemente,

$$\frac{5x - 4}{(x - 2)(x + 1)} = \frac{2}{x - 2} + \frac{3}{x + 1}.$$

2 Substituição

Suponha que $\dfrac{A}{ax + b}$ seja qualquer uma das frações parciais na decomposição de $P(x)/Q(x)$. Então $ax + b$ é um dos fatores de $Q(x)$, e podemos escrever que $Q(x) = (ax + b) \cdot Q_1(x)$ onde $Q_1(x)$ é parte restante do denominador. Portanto,

$$\frac{P(x)}{(ax + b)Q_1(x)} = \frac{A}{ax + b} + \text{(outras frações parciais)}.$$

Multiplicando ambos os lados da equação por $(ax + b)$, obtemos

$$\frac{P(x)}{Q_1(x)} = A + (ax + b) \text{ (outras frações parciais)}.$$

TÉCNICAS DE INTEGRAÇÃO

Se fizermos $x = -b/a$, $ax + b = 0$ e a equação passa a ser

$$\frac{P(-b/a)}{Q_1(-b/a)} = A.$$

Assim, determinamos o valor de A. Repete-se este processo para cada uma das frações parciais.

EXEMPLO Encontre a decomposição em frações parciais de $\dfrac{5x - 4}{(x - 2)(x + 1)}$ por substituição.

SOLUÇÃO

Novamente, $\dfrac{5x - 4}{(x - 2)(x + 1)} = \dfrac{A}{x - 2} + \dfrac{B}{x + 1}$, onde as constantes A e B devem ser determinadas. Multiplicando ambos os lados desta equação por $x - 2$ e fazendo $x = 2$, obtemos

$$\frac{5x - 4}{x + 1} = A + (x - 2)\frac{B}{x + 1},$$

$$\frac{10 - 4}{2 + 1} = A + (0)\frac{B}{2 + 1}, \qquad \frac{6}{3} = A, \quad A = 2.$$

Da mesma forma, para acharmos B multiplicamos ambos os lados da equação primitiva

$$\frac{5x - 4}{(x - 2)(x + 1)} = \frac{A}{x - 2} + \frac{B}{x + 1}$$

por $x + 1$ e fazemos $x = -1$, obtendo $\dfrac{-5 - 4}{-1 - 2} = B$, $B = 3$. Portanto,

$$\frac{5x - 4}{(x - 2)(x + 1)} = \frac{2}{x - 2} + \frac{3}{x + 1}.$$

O método de substituição pode ser facilitado se "cobrirmos" ou "nos descartarmos" de partes da equação e então fizermos as substituições. Por exemplo, para achar a constante A em

$$\frac{5x - 4}{(x - 2)(x + 1)} = \frac{A}{x - 2} + \frac{B}{x + 1},$$

"cobrimos" ou "descartamos" de todo o lado direito da equação exceto A e o fator no denominador do lado esquerdo correspondente a A. Assim temos

$$\frac{5x - 4}{\cancel{(x - 2)}(x + 1)} = \frac{A}{\cancel{x - 2}} + \frac{\cancel{B}}{\cancel{x + 1}}$$

que para $x = 2$ obtemos $\dfrac{10 - 4}{2 + 1} = A$ ou $A = 2$. Da mesma forma para B, fazendo $x = -1$, em

$$\frac{5x - 4}{(x - 2)\cancel{(x + 1)}} = \frac{\cancel{A}}{\cancel{x - 2}} + \frac{B}{\cancel{x + 1}}$$

temos

$$\frac{-5 - 4}{-1 - 2} = B \quad \text{ou} \quad B = 3.$$

CÁLCULO

Este é o chamado *método rápido de substituição*.

EXEMPLOS Calcule a integral dada.

1 $\displaystyle\int \frac{3x-5}{x^2-x-2}\,dx$

SOLUÇÃO

$x^2 - x - 2 = (x-2)(x+1)$; logo,

$$\frac{3x-5}{x^2-x-2} = \frac{3x-5}{(x-2)(x+1)} = \frac{A}{x-2} + \frac{B}{x+1}.$$

Pelo método rápido de substituição $A = \dfrac{6-5}{2+1}$ ou $A = \dfrac{1}{3}$; e $B = \dfrac{-3-5}{-1-2}$

ou $B = \dfrac{8}{3}$. Portanto,

$$\int \frac{3x-5}{x^2-x-2}\,dx = \int \frac{\frac{1}{3}}{x-2}\,dx + \int \frac{\frac{8}{3}}{x+1}\,dx$$

$$= \tfrac{1}{3}\ln|x-2| + \tfrac{8}{3}\ln|x+1| + C$$

$$= \ln\left[|x-2|^{1/3}|x+1|^{8/3}\right] + C.$$

2 $\displaystyle\int \frac{5x^3 - 6x^2 - 68x - 16}{x^3 - 2x^2 - 8x}\,dx$

SOLUÇÃO

O integrando é uma fração imprópria. Pela divisão

$$x^3 - 2x^2 - 8x \overline{\smash{\big)}\, \begin{array}{l} 5 \\ 5x^3 - 6x^2 - 68x - 16 \\ \underline{5x^3 - 10x^2 - 40x} \\ 4x^2 - 28x - 16, \end{array}}$$

então

$$\frac{5x^3 - 6x^2 - 68x - 16}{x^3 - 2x^2 - 8x} = 5 + \frac{4x^2 - 28x - 16}{x^3 - 2x^2 - 8x}.$$

Uma vez que $x^3 - 2x^2 - 8x = x(x^2 - 2x - 8) = x(x-4)(x+2)$ temos,

$$\frac{4x^2 - 28x - 16}{x^3 - 2x^2 - 8x} = \frac{4x^2 - 28x - 16}{x(x-4)(x+2)} = \frac{A}{x} + \frac{B}{x-4} + \frac{C}{x+2}.$$

Pelo método rápido de substituição $\dfrac{(4)(0)^2 - (28)(0) - 16}{(0-4)(0+2)} = A$, então $A = 2$;

$\dfrac{(4)(4)^2 - (28)(4) - 16}{4(4+2)} = B$, então $B = -\tfrac{8}{3}$; e $\dfrac{(4)(-2)^2 - (28)(-2) - 16}{(-2)(-2-4)} = C$,

então $C = \tfrac{14}{3}$. Portanto,

$$\int \frac{4x^2 - 28x - 16}{x^3 - 2x^2 - 8x}\,dx = \int \frac{2}{x}\,dx + \int \frac{-\frac{8}{3}}{x-4}\,dx + \int \frac{\frac{14}{3}}{x+2}\,dx$$

$$= 2\ln|x| - \tfrac{8}{3}\ln|x-4| + \tfrac{14}{3}\ln|x+2| + K$$

$$= \ln\left(\frac{x^2|x+2|^{14/3}}{|x-4|^{8/3}}\right) + K,$$

TÉCNICAS DE INTEGRAÇÃO

onde chamamos a constante de integração de K para evitar confusão com o numerador da fração parcial $\dfrac{C}{x+2}$. Conseqüentemente,

$$\int \frac{5x^3 - 6x^2 - 68x - 16}{x^3 - 2x^2 - 8x}\, dx = \int 5\, dx + \int \frac{4x^2 - 28x - 16}{x^3 - 2x^2 - 8x}\, dx$$

$$= 5x + \ln\left(\frac{x^2\, |x+2|^{14/3}}{|x-4|^{8/3}}\right) + K.$$

5.2 Caso em que o denominador possui fatores lineares repetidos

Agora consideramos o caso de uma fração racional $P(x)/Q(x)$ cujo denominador $Q(x)$ é totalmente fatorado em fatores lineares, não todos distintos. Um exemplo seria

$$Q(x) = (3x - 2)(x - 1)(3x - 2)(x - 1)(x + 1)(x - 1),$$

onde o fator $(3x - 2)$ aparece duas vezes e o fator $(x - 1)$ aparece três vezes. Para este caso a primeira coisa a se fazer é agrupar fatores iguais e escrevê-los com expoentes. No exemplo citado, teríamos

$$Q(x) = (x - 1)^3 (3x - 2)^2 (x + 1).$$

Se o denominador contém um fator da forma $(ax + b)^k$ onde $k > 1$, é necessário que tenhamos k frações parciais correspondentes da forma

$$\frac{A_1}{ax + b} + \frac{A_2}{(ax + b)^2} + \frac{A_3}{(ax + b)^3} + \cdots + \frac{A_k}{(ax + b)^k},$$

onde $A_1, A_2, A_3, \ldots, A_k$ são constantes a ser determinadas. Isto deve ser feito para *cada* fator do denominador. Fatores não repetidos são tratados como antes.

Por exemplo, a decomposição em frações parciais para $\dfrac{3x^2 + 4x + 2}{x(x + 1)^2}$ tem a forma

$$\frac{3x^2 + 4x + 2}{x(x + 1)^2} = \frac{A}{x} + \frac{B_1}{x + 1} + \frac{B_2}{(x + 1)^2}.$$

Embora o método rápido de substituição não possa ser usado para determinar todas as constantes, ele pode ser usado para acharmos as constantes, como A no exemplo acima, que correspondem a fatores não repetidos. Na realidade,

$$\frac{(3)(0)^2 + (4)(0) + 2}{(0 + 1)^2} = A,$$

então $A = 2$.

O método rápido de substituição também é efetivo para determinar os numeradores constantes das frações parciais que envolvem potências elevadas dos fatores repetidos. (Por quê?) No exemplo acima, por exemplo,

$$\frac{(3)(-1)^2 + (4)(-1) + 2}{(-1)} = B_2,$$

então $B_2 = -1$. Infelizmente, este método não se aplica para os numeradores de frações parciais envolvendo restos de potências dos fatores repetidos, tais como B_1 no exemplo em consideração. Estes restos constantes podem ser achados igualando-se os coeficientes.

Por exemplo, temos agora

$$\frac{3x^2 + 4x + 2}{x(x + 1)^2} = \frac{2}{x} + \frac{B_1}{x + 1} - \frac{1}{(x + 1)^2}.$$

Para calcularmos B_1, multiplicamos ambos os lados da equação por $x(x + 1)^2$ para obtermos $3x^2 + 4x + 2 = 2(x + 1)^2 + B_1 x(x + 1) - x$; isto é,

$$3x^2 + 4x + 2 = (2 + B_1)x^2 + (3 + B_1)x + 2.$$

Igualando os coeficientes de potências de mesmo grau, temos $3 = 2 + B_1$ e $4 = 3 + B_1$. Portanto, $B_1 = 1$, e

$$\frac{3x^2 + 4x + 2}{x(x + 1)^2} = \frac{2}{x} + \frac{1}{x + 1} - \frac{1}{(x + 1)^2}.$$

Funções racionais da forma $P(x)/Q(x)$, onde os denominadores são totalmente fatorados em fatores lineares, podem ser expressas em termos de frações parciais da forma $\dfrac{A}{(ax + b)^n}$. Uma vez que $\displaystyle\int \dfrac{A\,dx}{(ax + b)^n}$ pode ser facilmente calculada usando a mudança de variável $u = ax + b$, vemos que $\displaystyle\int \dfrac{P(x)}{Q(x)}\,dx$ pode sempre ser calculada. Isto é ilustrado pelos seguintes exemplos:

EXEMPLOS   Calcule as integrais dadas.

1 $\displaystyle\int \frac{3x^2 + 4x + 2}{x(x + 1)^2}\,dx$

Solução
Usando a decomposição acima, temos

$$\int \frac{3x^2 + 4x + 2}{x(x + 1)^2}\,dx = \int \left[\frac{2}{x} + \frac{1}{x + 1} - \frac{1}{(x + 1)^2}\right] dx$$

$$= \int \frac{2\,dx}{x} + \int \frac{dx}{x + 1} - \int \frac{dx}{(x + 1)^2}$$

$$= 2\ln|x| + \ln|x + 1| + \frac{1}{x + 1} + C$$

$$= \ln|x|^2 + \ln|x + 1| + \frac{1}{x + 1} + C$$

$$= \ln|x^2(x + 1)| + \frac{1}{x + 1} + C.$$

2 $\displaystyle\int_2^3 \frac{3x - 2}{x^3 - x^2}\,dx$

Solução

$$\frac{3x - 2}{x^3 - x^2} = \frac{3x - 2}{x^2(x - 1)} = \frac{A_1}{x} + \frac{A_2}{x^2} + \frac{B}{x - 1}.$$

Pelo método rápido de substituição, $\dfrac{3 - 2}{1^2} = B$, ou $B = 1$; $\dfrac{0 - 2}{(0 - 1)} = A_2$,

e $A_2 = 2$. Logo $\dfrac{3x - 2}{x^2(x - 1)} = \dfrac{A_1}{x} + \dfrac{2}{x^2} + \dfrac{1}{x - 1}$. Usando o método da

igualdade de coeficientes, temos $3x - 2 = A_1 x(x - 1) + 2(x - 1) + x^2$ $= (A_1 + 1)x^2 + (-A_1 + 2)x - 2$;

portanto, $A_1 + 1 = 0$ e $-A_1 + 2 = 3$, logo $A_1 = -1$. Logo,

$$\int_2^3 \frac{3x-2}{x^3-x^2}\,dx = \int_2^3 \left(\frac{-1}{x}+\frac{2}{x^2}+\frac{1}{x-1}\right)dx$$

$$= \left(-\ln|x|-\frac{2}{x}+\ln|x-1|\right)\Big|_2^3 = \left(\ln\left|\frac{x-1}{x}\right|-\frac{2}{x}\right)\Big|_2^3$$

$$= \left(\ln\frac{2}{3}-\frac{2}{3}\right)-\left(\ln\frac{1}{2}-1\right) = \ln\frac{4}{3}+\frac{1}{3}.$$

Conjunto de Problemas 5

Nos problemas 1 a 24, ache o valor das integrais.

1 $\displaystyle\int \frac{x+1}{x(x-2)}\,dx$

2 $\displaystyle\int \frac{x+1}{x^2-x-2}\,dx$

3 $\displaystyle\int \frac{x^3+5x^2-4x-20}{x^2+3x-10}\,dx$

4 $\displaystyle\int \frac{x\,dx}{(x-1)(x+1)(x+2)}$

5 $\displaystyle\int \frac{x^3+5x^2-x-22}{x^2+3x-10}\,dx$

6 $\displaystyle\int \frac{8x+7}{2x^2+3x+1}\,dx$

7 $\displaystyle\int \frac{2x+1}{x^3+x^2-2x}\,dx$

8 $\displaystyle\int \frac{x^3+2x^2-3x+1}{x^3+3x^2+2x}\,dx$

9 $\displaystyle\int \frac{dx}{x^3-x}$

10 $\displaystyle\int \frac{(t+7)\,dt}{(t+1)(t^2-4t+3)}$

11 $\displaystyle\int \frac{x^2\,dx}{x^2-x-6}$

12 $\displaystyle\int \frac{3z+1}{z(z^2-4)}\,dz$

13 $\displaystyle\int \frac{x^2\,dx}{x^2+x-6}$

14 $\displaystyle\int \frac{x^4+2x^3+1}{x^3-x^2-2x}\,dx$

15 $\displaystyle\int \frac{5x^2-7x+8}{x^3+3x^2-4x}\,dx$

16 $\displaystyle\int \frac{2x\,dx}{(x+2)(x^2-1)}$

17 $\displaystyle\int \frac{2z+3}{z^2(4z+1)}\,dz$

18 $\displaystyle\int \frac{x^2+1}{(x+3)(x^2+4x+4)}\,dx$

19 $\displaystyle\int \frac{x+3}{(x+1)^2(x+7)}\,dx$

20 $\displaystyle\int \frac{x+4}{(x^2+2x+1)(x-1)^2}\,dx$

21 $\displaystyle\int \frac{4x^2-7x+10}{(x+2)(3x-2)^2}\,dx$

22 $\displaystyle\int \frac{x^3-3x^2+5x-12}{(x-1)^2(x^2-3x-4)}\,dx$

23 $\displaystyle\int \frac{4z^2\,dz}{(z-1)^2(z^2-4z+3)}$

24 $\displaystyle\int \frac{(t+2)\,dt}{(t^2-1)(t+3)^2}$

Nos problemas 25 a 30 ache os valores de cada integral definida.

25 $\displaystyle\int_2^4 \frac{x\,dx}{(x+1)(x+2)}$

26 $\displaystyle\int_1^2 \frac{5t^2-3t+18}{t(9-t^2)}\,dt$

27 $\displaystyle\int_2^3 \frac{4t^5-3t^4-6t^3+4t^2+6t-1}{(t-1)(t^2-1)}\,dt$

28 $\displaystyle\int_1^2 \frac{x^5+3x^4-4x^3-x^2+11x+12}{x^2(x^2+4x+5)}\,dx$

29 $\displaystyle\int_3^5 \frac{x^2-2}{(x-2)^2}\,dx$

30 $\displaystyle\int_1^2 \frac{2z^3+1}{z(z+1)^2}\,dz$

31 Calcule $\displaystyle\int \frac{ax+b}{cx+d}\,dx$ com $c \neq 0.$ $\left(Sugestão:\ \dfrac{ax+b}{cx+d}=\dfrac{a}{c}+\dfrac{bc-ad}{c(cx+d)}.\right)$

32 Calcule $\displaystyle\int \frac{dx}{(x-a)(x-b)}$ com $a \neq b.$

33 Calcule $\displaystyle\int \frac{dx}{(x-a)(x-b)}$ com $a = b.$

34 É verdadeira a igualdade $\displaystyle\lim_{a\to b}\int \frac{dx}{(x-a)(x-b)} = \int \frac{dx}{(x-b)^2}$?

35 Calcule $\displaystyle\int \frac{x+1}{x^2-x-6}\,dx$ de duas maneiras:

(a) completando o quadrado no denominador e substituindo por $u = x - \frac{1}{2}$.
(b) fatorando o denominador e usando frações parciais.

512   CÁLCULO

36 Calcule $\int \dfrac{x + c}{(x - a)^2}\, dx$.

37 Calcule a área da região do primeiro quadrante limitada por $(x + 2)^2\, y = 4 - x$.

38 Calcule o volume do sólido gerado pela revolução da área do problema 37 em torno do eixo x.

39 Para o estudo da produção de íons por radiação é necessário lidar com a integral

$\int \dfrac{dx}{q - ax^2}$, onde q e a são constantes positivas. Calcule esta integral.

40 A equação diferencial $dy/dt = ak[1 - (1 + b)y][1 - (1 - b)y]$ é aplicada para o cálculo da velocidade de reação entre o álcool etílico e o ácido cloroacético. Nela, a, k e b são constantes positivas. Resolva esta equação diferencial.

41 A equação diferencial $dx/dt = k(a - x)^4$ é usada para o cálculo da velocidade de reação entre ácidos brômicos e hidrobrômicos. Nela, a e k são constantes positivas. Resolva esta equação diferencial.

42 Ache o comprimento de arco da curva $y = \ln(1 - x^2)$ de $x = 0$ a $x = 1/3$.

43 A função custo de um certo produto é dada por $C'(x) = \dfrac{400x^2 + 1300x - 900}{x(x - 1)(x + 3)}$,

onde x é o número de unidades produzidas. Se para produzir 2 unidades o custo é de Cr$ 47,00, ache uma fórmula para C em termos de x (suponha que $x \geq 2$).

44 Explique por que toda função racional cujo denominador é fatorado totalmente em fatores lineares possui uma integral que pode ser expressa em termos de funções racionais e de logaritmos (de valores absolutos). Suponha — como de fato é — que tal função racional sempre pode ser decomposta em frações parciais.

45 Ecologistas usam às vezes o seguinte modelo simplificado de crescimento para a população q de uma espécie de reprodução sexuada. A taxa de natalidade depende da freqüência de contatos entre machos e fêmeas, logo, é proporcional a q^2. A taxa de mortalidade é proporcional a q. Logo, $dq/dt = Bq^2 - Aq$, onde B e A são constantes de proporcionalidade. Resolva esta equação diferencial separando as variáveis e integrando.

6   Integração de Funções Racionais por Frações Parciais — Caso Quadrático

Agora voltamos nossa atenção para o problema de integrar uma função racional $P(x)/Q(x)$ cujo denominador $Q(x)$ não pode ser totalmente fatorado em fatores lineares. Pode ser provado que todo polinômio $Q(x)$ de coeficientes reais pode ser fatorado em um número finito de polinômios, que podem ser lineares ou quadráticos. E ainda, os fatores quadráticos são *irredutíveis* — isto é, não se pode fatorá-los em fatores lineares. Por exemplo:

$$x^5 + x^4 - x^3 - 3x^2 + 2 = (x - 1)(x^2 + 2x + 2)(x + 1)(x - 1),$$

que pode ser provado multiplicando-se os fatores da direita. O polinômio quadrático $x^2 + 2x + 2$ não pode ser fatorado em fatores lineares (a não ser que se introduzam números imaginários); portanto, é irredutível.

É fácil verificar se um polinômio quadrático $ax^2 + bx + c$ é irredutível — ele é irredutível se e somente se o seu *discriminante*, $b^2 - 4ac$, é negativo. Por exemplo, $x^2 + 2x + 2$ é irredutível, uma vez que seu discriminante $2^2 - (4)(1)(2) = -4$ é negativo.

Como na Seção 5, podemos supor, sem particularizar, que $P(x)/Q(x)$ é uma fração própria e que todos os fatores comuns foram cancelados de numerador e denominador.

6.1 Caso em que o denominador envolve fatores quadráticos irredutíveis diferentes

Suponha que o denominador $Q(x)$ de $P(x)/Q(x)$ é fatorado em polinômios

TÉCNICAS DE INTEGRAÇÃO

quadráticos e lineares irredutíveis, mas que nenhum dos fatores quadráticos estejam repetidos. Novamente, procuramos decompor $P(x)/Q(x)$ em frações parciais apropriadas. Isto será conseguido da seguinte forma:

Para cada fator irredutível não repetido $ax^2 + bx + c$ no denominador de $P(x)/Q(x)$, deverá corresponder uma fração parcial da forma $\dfrac{Ax + B}{ax^2 + bx + c}$ para se obter a decomposição de $P(x)/Q(x)$. Novamente é necessário determinar A e B, digamos igualando os coeficientes. Frações parciais correspondentes a fatores lineares devem ser tratadas como na Seção 5.

EXEMPLOS Decomponha a fração racional dada em frações parciais.

1 $\dfrac{8x^2 + 3x + 20}{x^3 + x^2 + 4x + 4}$

SOLUÇÃO
Fatorando o denominador, obtemos

$$x^3 + x^2 + 4x + 4 = x^2(x + 1) + 4(x + 1) = (x + 1)(x^2 + 4).$$

O fator quadrático $x^2 + 4$ é irredutível, portanto devemos obter uma fração parcial da forma $\dfrac{Ax + B}{x^2 + 4}$. Devemos também introduzir uma fração parcial $\dfrac{C}{x + 1}$ correspondente ao fator linear $x + 1$. Conseqüentemente,

$$\frac{8x^2 + 3x + 20}{x^3 + x^2 + 4x + 4} = \frac{8x^2 + 3x + 20}{(x + 1)(x^2 + 4)} = \frac{Ax + B}{x^2 + 4} + \frac{C}{x + 1}.$$

Podemos calcular a constante C pelo método da substituição como na Seção 5; assim, $C = \dfrac{(8)(-1)^2 + (3)(-1) + 20}{(-1)^2 + 4}$ e $C = 5$. Portanto,

$$\frac{8x^2 + 3x + 20}{(x + 1)(x^2 + 4)} = \frac{Ax + B}{x^2 + 4} + \frac{5}{x + 1}.$$

Multiplicando ambos os lados da última equação por $(x + 1)(x^2 + 4)$ e agrupando os termos da direita, temos:

$$8x^2 + 3x + 20 = (Ax + B)(x + 1) + 5(x^2 + 4)$$

ou

$$8x^2 + 3x + 20 = (A + 5)x^2 + (A + B)x + (B + 20).$$

Igualando os coeficientes de mesma potência, temos $8 = A + 5$, $3 = A + B$ e $20 = 20 + B$. Portanto, $B = 0$, $A = 3$ e

$$\frac{8x^2 + 3x + 20}{x^3 + x^2 + 4x + 4} = \frac{8x^2 + 3x + 20}{(x + 1)(x^2 + 4)} = \frac{3x}{x^2 + 4} + \frac{5}{x + 1}.$$

2 $\dfrac{3x^3 + 11x - 16}{(x^2 + 1)(x^2 + 4x + 13)}$

SOLUÇÃO

$$\frac{3x^3 + 11x - 16}{(x^2 + 1)(x^2 + 4x + 13)} = \frac{Ax + B}{x^2 + 1} + \frac{Cx + D}{x^2 + 4x + 13}.$$

CÁLCULO

Multiplicando por $(x^2 + 1)(x^2 + 4x + 13)$, temos

$$3x^3 + 11x - 16 = (Ax + B)(x^2 + 4x + 13) + (Cx + D)(x^2 + 1)$$

ou

$$3x^3 + 11x - 16 = (A + C)x^3 + (4A + B + D)x^2 + (13A + 4B + C)x + (13B + D).$$

Igualando os coeficientes, temos

$$\begin{cases} 3 = A + C \\ 0 = 4A + B + D \\ 11 = 13A + 4B + C \\ -16 = 13B + D. \end{cases}$$

Resolvendo para A, B, C e D (digamos por eliminação), obtemos $A = 1$, $B = -1$, $C = 2$ e $D = -3$. Portanto,

$$\frac{3x^3 + 11x - 16}{(x^2 + 1)(x^2 + 4x + 13)} = \frac{x - 1}{x^2 + 1} + \frac{2x - 3}{x^2 + 4x + 13}.$$

Assim que uma função racional seja decomposta numa soma de frações parciais ela pode ser integrada, integrando-se cada fração parcial. Já vimos na Seção 5 que não há problema em integrar a fração parcial correspondente aos fatores lineares (repetidos ou não) do denominador. As frações parciais correspondentes aos fatores quadráticos irredutíveis não repetidos do denominador têm a forma $\dfrac{Ax + B}{ax^2 + bx + c}$. A integral $\displaystyle\int \frac{Ax + B}{ax^2 + bx + c}\,dx$ pode ser determinada completando-se os quadrados do denominador (se necessário) como na Seção 3.1.

EXEMPLOS Calcule as integrais dadas.

1 $\displaystyle\int \frac{8x^2 + 3x + 20}{(x + 1)(x^2 + 4)}\,dx$

SOLUÇÃO
Nos exemplos anteriores (veja Exemplo 1) vimos que a decomposição do integrando em frações parciais é

$$\frac{8x^2 + 3x + 20}{(x + 1)(x^2 + 4)} = \frac{3x}{x^2 + 4} + \frac{5}{x + 1}.$$

Logo,

$$\int \frac{8x^2 + 3x + 20}{(x + 1)(x^2 + 4)}\,dx = 3\int \frac{x\,dx}{x^2 + 4} + 5\int \frac{dx}{x + 1}$$

$$= \tfrac{3}{2}\ln(x^2 + 4) + 5\ln|x + 1| + C.$$

2 $\displaystyle\int \frac{3x^3 + 11x - 16}{(x^2 + 1)(x^2 + 4x + 13)}\,dx$

TÉCNICAS DE INTEGRAÇÃO

SOLUÇÃO

Usando a decomposição do integrando em frações parciais como foi visto nos exemplos anteriores (veja Exemplo 2), temos

$$\int \frac{3x^3 + 11x - 16}{(x^2 + 1)(x^2 + 4x + 13)}\,dx$$

$$= \int \frac{x - 1}{x^2 + 1}\,dx + \int \frac{2x - 3}{x^2 + 4x + 13}\,dx$$

$$= \int \frac{x\,dx}{x^2 + 1} - \int \frac{dx}{x^2 + 1} + \int \frac{2x - 3}{x^2 + 4x + 13}\,dx$$

$$= \int \frac{x\,dx}{x^2 + 1} - \int \frac{dx}{x^2 + 1} + \int \frac{2x + 4}{x^2 + 4x + 13}\,dx - 7 \int \frac{dx}{(x + 2)^2 + 9}$$

$$= \frac{1}{2}\ln(x^2 + 1) - \tan^{-1} x + \ln(x^2 + 4x + 13) - \frac{7}{3}\tan^{-1}\left(\frac{x + 2}{3}\right) + C,$$

onde $\int \dfrac{2x - 3}{x^2 + 4x + 13}\,dx$ foi calculada somando-se e subtraindo-se 7 ao

numerador e separando a integral em duas outras tais que na primeira o numerador é a derivada do denominador. Na outra completaram-se os quadrados e usou-se a substituição $u = x + 2$.

3 $\displaystyle\int \frac{3x^3 + 2x - 2}{x^2(x^2 + 2)}.dx$

SOLUÇÃO

Aqui temos $\dfrac{3x^3 + 2x - 2}{x^2(x^2 + 2)} = \dfrac{A}{x} + \dfrac{B}{x^2} + \dfrac{Cx + D}{x^2 + 2}$. Pelo método da substituição, $B = \dfrac{-2}{0 + 2} = -1$. Fazendo $B = -1$, temos

$$3x^3 + 2x - 2 = Ax(x^2 + 2) - (x^2 + 2) + (Cx + D)x^2$$

$$= (A + C)x^3 + (D - 1)x^2 + 2Ax - 2.$$

Igualando os coeficientes, obtemos $3 = A + C$, $0 = D - 1$ e $2 = 2A$; portanto, $A = 1$, $C = 2$ e $D = 1$. Conseqüentemente

$$\int \frac{3x^3 + 2x - 2}{x^2(x^2 + 2)}\,dx = \int \frac{dx}{x} - \int \frac{dx}{x^2} + \int \frac{2x + 1}{x^2 + 2}\,dx$$

$$= \ln|x| + \frac{1}{x} + \int \frac{2x\,dx}{x^2 + 2} + \int \frac{dx}{x^2 + 2}$$

$$= \ln|x| + \frac{1}{x} + \ln(x^2 + 2) + \frac{\sqrt{2}}{2}\tan^{-1}\frac{\sqrt{2}}{2}x + C.$$

6.2 Caso em que o denominador envolve fatores quadráticos irredutíveis repetidos

Agora consideramos o caso em que o denominador, após ser totalmente fatorado, envolve fatores quadráticos irredutíveis *repetidos*. Depois desses fatores, bem como os lineares, serem agrupados por meio de expoentes, o denominador é um produto de fatores da forma $(ax + b)^k$ ou $(ax^2 + bx + c)^k$, onde $k \geq 1$. Os fatores da forma $(ax + b)^k$ são tratados como na Seção 5. As k

516   **CÁLCULO**

frações parciais correspondentes a $(ax^2 + bx + c)^k$ são as que aparecem na expressão

$$\frac{A_1 x + B_1}{ax^2 + bx + c} + \frac{A_2 x + B_2}{(ax^2 + bx + c)^2} + \cdots + \frac{A_k x + B_k}{(ax^2 + bx + c)^k}.$$

Novamènte, A_1, B_1, A_2, B_2, ..., A_k, B_k devem ser determinados, digamos, igualando os coeficientes.

EXEMPLOS   Decomponha a fração racional dada em frações parciais.

1 $\dfrac{x^3 + x + 2}{x(x^2 + 1)^2}$

SOLUÇÃO

$$\frac{x^3 + x + 2}{x(x^2 + 1)^2} = \frac{A}{x} + \frac{Bx + C}{x^2 + 1} + \frac{Dx + E}{(x^2 + 1)^2}.$$

Aqui, a constante A pode ser achada pelo método da substituição, assim: $\dfrac{(0)^3 + 0 + 2}{(0^2 + 1)^2} = A$, ou $A = 2$. Para calcularmos B, C, D e E, fazemos $A = 2$, multiplicamos ambos os lados da equação por $x(x^2 + 1)^2$ para excluir as frações e obtemos

$$x^3 + x + 2 = 2(x^2 + 1)^2 + (Bx + C)x(x^2 + 1) + (Dx + E)x$$
$$= (2x^4 + 4x^2 + 2) + (Bx^4 + Cx^3 + Bx^2 + Cx) + (Dx^2 + Ex)$$
$$= (2 + B)x^4 + Cx^3 + (4 + B + D)x^2 + (C + E)x + 2.$$

Igualando os coeficientes de x de mesma potência em ambos os lados da equação acima, obtemos

$$\begin{cases} 0 = 2 + B \\ 1 = C \\ 0 = 4 + B + D \\ 1 = C + E. \end{cases}$$

Resolvendo estas equações, temos $B = -2$, $C = 1$, $D = -2$ e $E = 0$. Portanto,

$$\frac{x^3 + x + 2}{x(x^2 + 1)^2} = \frac{2}{x} - \frac{2x - 1}{x^2 + 1} - \frac{2x}{(x^2 + 1)^2}.$$

2 $\dfrac{x^5 - 2x^4 + 2x^3 + x - 2}{x^2(x^2 + 1)^2}$

SOLUÇÃO

$$\frac{x^5 - 2x^4 + 2x^3 + x - 2}{x^2(x^2 + 1)^2} = \frac{A}{x} + \frac{B}{x^2} + \frac{Cx + D}{x^2 + 1} + \frac{Ex + G}{(x^2 + 1)^2}.$$

Pelo método da substituição, achamos $B = -2$. Logo,

$$\frac{x^5 - 2x^4 + 2x^3 + x - 2}{x^2(x^2 + 1)^2} = \frac{A}{x} - \frac{2}{x^2} + \frac{Cx + D}{x^2 + 1} + \frac{Ex + G}{(x^2 + 1)^2}.$$

TÉCNICAS DE INTEGRAÇÃO

Eliminando as frações, temos

$$
\begin{aligned}
x^5 - 2x^4 + 2x^3 + x - 2 &= Ax(x^2 + 1)^2 - 2(x^2 + 1)^2 \\
&\quad + (Cx + D)x^2(x^2 + 1) + (Ex + G)x^2 \\
&= (Ax^5 + 2Ax^3 + Ax) - (2x^4 + 4x^2 + 2) \\
&\quad + (Cx^5 + Dx^4 + Cx^3 + Dx^2) + (Ex^3 + Gx^2) \\
&= (A + C)x^5 + (D - 2)x^4 + (2A + C + E)x^3 \\
&\quad + (D + G - 4)x^2 + Ax - 2.
\end{aligned}
$$

Igualando os coeficientes, temos

$$
\begin{cases}
1 = A + C \\
-2 = D - 2 \\
2 = 2A + C + E \\
0 = D + G - 4 \\
1 = A.
\end{cases}
$$

Este sistema nos dá: $A = 1$, $C = 0$, $D = 0$, $E = 0$ e $G = 4$. Portanto,

$$
\frac{x^5 - 2x^4 + 2x^3 + x - 2}{x^2(x^2 + 1)^2} = \frac{1}{x} - \frac{2}{x^2} + \frac{4}{(x^2 + 1)^2}.
$$

Para integrarmos funções racionais contendo fatores quadráticos irredutíveis repetidos do tipo $ax^2 + bx + c$ é necessário que possamos integrar frações parciais da forma $\dfrac{Ax + B}{(ax^2 + bx + c)^k}$. Após completar os quadrados, se necessário, da expressão $ax^2 + bx + c$ e fazer a mudança de variável usual, a integral desejada pode ser reescrita como

$$
\int \frac{Cu + D}{(au^2 + q)^k} \, du \quad \text{ou} \quad C \int \frac{u \, du}{(au^2 + q)^k} + D \int \frac{du}{(au^2 + q)^k}.
$$

A integral $\displaystyle\int \frac{u \, du}{(au^2 + q)^k}$ pode ser obtida com facilídade usando-se a substituição $t = au^2 + q$ (problema 36). Entretanto a integral $\displaystyle\int \frac{du}{(au^2 + q)^k}$ pode parecer um desafio maior. Uma vez que o polinômio quadrático, original $ax^2 + bx + c$ é irredutível, pode ser demonstrado que $q/a > 0$. Portanto, podemos fazer a substituição $u = \sqrt{q/a}\, w$ e obter

$$
\int \frac{du}{(au^2 + q)^k} = \int \frac{\sqrt{\dfrac{q}{a}}\, dw}{(qw^2 + q)^k} = \frac{\sqrt{\dfrac{q}{a}}}{q^k} \int \frac{dw}{(w^2 + 1)^k}.
$$

A integral desejada pode ser achada, uma vez que sabemos calcular uma integral da forma $\displaystyle\int \frac{dw}{(w^2 + 1)^k}$. A substituição trigonométrica $w = \operatorname{tg} \theta$ transforma a última integral em $\displaystyle\int \cos^n \theta \, d\theta$, onde $n = 2(k - 1)$ (problema 38).

Deste ou de outro modo (problemas 39 e 40), $\displaystyle\int \frac{dw}{(w^2 + 1)^k}$ pode sempre ser Calculada.

EXEMPLOS 1 Calcule $\displaystyle\int \frac{x^3 + x + 2}{x(x^2 + 1)^2} \, dx$.

CÁLCULO

SOLUÇÃO

Devemos aqui decompor o integrando em frações parciais. Pelo Exemplo 1 da última coletânea na página anterior,

$$\frac{x^3 + x + 2}{x(x^2 + 1)^2} = \frac{2}{x} - \frac{2x - 1}{x^2 + 1} - \frac{2x}{(x^2 + 1)^2};$$

portanto,

$$\int \frac{x^3 + x + 2}{x(x^2 + 1)^2}\, dx = 2 \int \frac{dx}{x} - \int \frac{2x - 1}{x^2 + 1}\, dx - \int \frac{2x\, dx}{(x^2 + 1)^2}$$

$$= 2 \int \frac{dx}{x} - \int \frac{2x\, dx}{x^2 + 1} + \int \frac{dx}{x^2 + 1} - \int \frac{2x\, dx}{(x^2 + 1)^2}$$

$$= 2 \ln |x| - \ln (x^2 + 1) + \tan^{-1} x + \frac{1}{x^2 + 1} + C,$$

onde a segunda e quarta integrais foram resolvidas usando-se a substituição $t = x^2 + 1$.

2 Calcule $\displaystyle\int \frac{x^5 - 2x^4 + 2x^3 + x - 2}{x^2(x^2 + 1)^2}\, dx.$

SOLUÇÃO

Pelo último Exemplo 2,

$$\frac{x^5 - 2x^4 + 2x^3 + x - 2}{x^2(x^2 + 1)^2} = \frac{1}{x} - \frac{2}{x^2} + \frac{4}{(x^2 + 1)^2};$$

portanto,

$$\int \frac{x^5 - 2x^4 + 2x^3 + x - 2}{x^2(x^2 + 1)^2}\, dx = \int \frac{dx}{x} - 2 \int \frac{dx}{x^2} + 4 \int \frac{dx}{(x^2 + 1)^2}$$

$$= \ln |x| + \frac{2}{x} + 4 \left[\frac{\tan^{-1} x}{2} + \frac{x}{2(x^2 + 1)} \right] + C,$$

onde foi usada a substituição trigonométrica $x = \operatorname{tg} \theta$ para calcular $\displaystyle\int \frac{dx}{(x^2 + 1)^2}$. Assim $dx = \sec^2 \theta\, d\theta$ e

$$\int \frac{dx}{(x^2 + 1)^2} = \int \frac{\sec^2 \theta\, d\theta}{(\tan^2 \theta + 1)^2} = \int \frac{\sec^2 \theta\, d\theta}{(\sec^2 \theta)^2} = \int \frac{d\theta}{\sec^2 \theta}$$

$$= \int \cos^2 \theta\, d\theta = \frac{\theta}{2} + \frac{\operatorname{sen} 2\theta}{4} = \frac{\theta}{2} + \frac{\operatorname{sen} \theta \cos \theta}{2} + C.$$

Usando um triângulo retângulo apropriado temos $\theta = \operatorname{tg}^{-1} x$, $\operatorname{sen} \theta = x/\sqrt{x^2 + 1}$ e $\cos \theta = 1/\sqrt{x^2 + 1}$, e assim:

$$\int \frac{dx}{(x^2 + 1)^2} = \frac{\tan^{-1} x}{2} + \frac{1}{2} \frac{x}{\sqrt{x^2 + 1}} \cdot \frac{1}{\sqrt{x^2 + 1}} + C$$

$$= \frac{\tan^{-1} x}{2} + \frac{x}{2(x^2 + 1)} + C.$$

TÉCNICAS DE INTEGRAÇÃO

Conjunto de Problemas 6

Nos problemas 1 a 22, calcule cada integral. (*Cuidado*: Alguns integrandos podem necessitar de uma divisão preliminar e outros de decomposição em frações parciais diretamente.)

1 $\int \dfrac{dx}{(x-1)(x^2+4)}$

2 $\int \dfrac{x^5+9x^3+1}{x^3+9x}\,dx$

3 $\int \dfrac{(x+3)\,dx}{x(x^2+1)}$

4 $\int \dfrac{dy}{y^4-16}$

5 $\int \dfrac{2t^2-t+1}{t(t^2+25)}\,dt$

6 $\int \dfrac{x-3}{2x^2-12x+19}\,dx$

7 $\int \dfrac{x\,dx}{x^4-1}$

8 $\int \dfrac{x^3+2x^2+7x+2}{x^2+2x+5}\,dx$

9 $\int \dfrac{6x^2-8x-1}{(x-2)(2x^2-3x+5)}\,dx$

10 $\int \dfrac{dy}{(y-2)(y^2+4y+5)}$

11 $\int \dfrac{16\,dx}{x(x^2+4)^2}$

12 $\int \dfrac{2x^3+9}{x^4+x^3+12x^2}\,dx$

13 $\int \dfrac{5t^3-3t^2+2t-1}{t^4+9t^2}\,dt$

14 $\int \dfrac{dx}{(x^2+1)^3}$

15 $\int \dfrac{x^3+4}{x^2(x^2+1)^2}\,dx$

16 $\int \dfrac{2y^2}{y^4+y^3+12y^2}\,dy$

17 $\int \dfrac{x^5+4x^3+3x^2-x+2}{x^5+4x^3+4x}\,dx$

18 $\int \dfrac{4x^2\,dx}{(x-1)^2(x^2-x+1)}$

19 $\int \dfrac{(2t+2)\,dt}{t(t^2+2t+2)^2}$

20 $\int \dfrac{x^2\,dx}{(x-1)^2(x^2-x+1)}$

21 $\int \dfrac{dx}{x^3+3x^2+7x+5}$

22 $\int \dfrac{3x^2+8x+6}{x^3+4x^2+6x+4}\,dx$

Nos problemas 23 a 28, calcule cada integral definida.

23 $\displaystyle\int_0^3 \dfrac{t+10}{(t+1)(t^2+1)}\,dt$

24 $\displaystyle\int_0^1 \dfrac{dx}{8x^3+27}$

25 $\displaystyle\int_0^{1/2} \dfrac{8x\,dx}{(2x+1)(4x^2+1)}$

26 $\displaystyle\int_1^2 \dfrac{4\,dx}{x^3+4x}$

27 $\displaystyle\int_1^2 \dfrac{1-x^2}{x(x^2+1)}\,dx$

28 $\displaystyle\int_2^5 \dfrac{x^4-x^3+2x^2-x+2}{(x-1)(x^2+2)}\,dx$

Nos problemas 29 a 32, ache a mudança de variável que reduz cada integrando a uma função racional

29 $\int \dfrac{\cos x\,dx}{\operatorname{sen}^3 x+\operatorname{sen}^2 x+9\operatorname{sen} x+9}$

30 $\int \dfrac{dx}{x\sqrt{x}+x+1}$

31 $\int \dfrac{3e^{2x}+2e^x-2}{e^{3x}-1}\,dx$

32 $\int \dfrac{3e^{3x}+e^x+3}{(e^{2x}+1)^2}\,dx$

33 Ache a decomposição em frações parciais de $\dfrac{ax^3+bx^2+cx+d}{(x^2+1)^2}$.

34 Ache uma fórmula para $\int \dfrac{ax^3+bx^2+cx+d}{(x^2+1)^2}\,dx$.

35 Integre $\int \dfrac{5x^4+6x^2+1}{x^5+2x^3+x}\,dx$ de duas maneiras:

(a) usando a substituição $u = x^5+2x^3+x$.

(b) usando frações parciais.

36 Ache uma fórmula para $\int \dfrac{u\,du}{(au^2+q)^k}$.

37 Suponha que ax^2+bx+c é irredutível, isto é $b^2-4ab < 0$. Complete os quadrados e faça uma mudança de variável apropriada tal que $ax^2+bx+c = au^2+q$, e então prove que $q/q > 0$.

520 CÁLCULO

38 Prove que a substituição trigonométrica $w = \text{tg}\,\theta$ transforma a integral $\int \dfrac{dw}{(w^2 + 1)^k}$

em $\int \cos^n \theta \, d\theta$, onde $n = 2(k - 1)$.

39 Prove a seguinte fórmula de redução: Para $k \geq 2$.

$$\int \frac{dw}{(w^2 + 1)^k} = \frac{1}{2k - 2} \cdot \frac{w}{(w^2 + 1)^{k-1}} + \frac{2k - 3}{2k - 2} \int \frac{dw}{(w^2 + 1)^{k-1}}.$$

40 Mostre que $\int \dfrac{dx}{(x^2 + 1)^k}$, onde k é um inteiro positivo, sempre pode ser expressa

em termos de funções racionais e da função arco tangente. (*Sugestão:* Use problema 39).

41 Use a fórmula de redução do problema 39 para calcular

(a) $\int \dfrac{dw}{(w^2 + 1)^2}$ (b) $\int \dfrac{dw}{(w^2 + 1)^3}$

42 É uma verdade da álgebra que toda função racional pode ser decomposta em frações parciais. Mostre, portanto, que a integral de toda função racional pode ser expressa em termos de funções racionais, arco tangente e logaritmos (de valores absolutos).

43 Uma integral da forma $\int \dfrac{dx}{(a - bx)^{2/3}(c - x)}$, onde a, b e c são constantes

positivas, tem que ser calculada para determinar o tempo necessário para uma esfera homogênea de ferro dissolver-se numa bácia de ácido. Faça a mudança de variável $\sqrt[3]{a - bx} = z$ e mostre que o integrando se transforma numa função racional de z.

44 Ache uma fórmula para a integral do problema 43.

7 Integração por Substituições Especiais

Nesta seção examinamos algumas substituições especiais que podem ter efeito quando o integrando contém senos e co-senos ou quando o integrando envolve variáveis com potências fracionárias.

7.1 Integração de funções que possuem potências fracionárias

Se o integrando envolve uma expressão da forma $\sqrt[n]{x}$, então a substituição $z = \sqrt[n]{x}$ pode ser útil. Se o integrando envolve ambos $\sqrt[n]{x}$ e $\sqrt[m]{x}$, então a substituição $u = \sqrt[p]{x}$, onde $p = mn$, pode ser eficiente. No primeiro caso, temos $x = z^n$, $dx = n \cdot z^{n-1} dz$; enquanto que no segundo caso, temos $x = u^p$, $dx = pu^{p-1} du$.

EXEMPLOS Calcule as integrais dadas

1 $\int \dfrac{dx}{1 + \sqrt{x}}$

SOLUÇÃO
Fazendo $z = \sqrt{x}$ e $x = z^2$, $dx = 2z \, dz$ temos

$$\int \frac{dx}{1 + \sqrt{x}} = \int \frac{2z \, dz}{1 + z}.$$

TÉCNICAS DE INTEGRAÇÃO

Uma vez que $\dfrac{2z}{1+z}$ é uma fração imprópria, dividimos o numerador pelo denominador para obter um quociente 2 e um resto -2. Logo, $\dfrac{2z}{1+z} = 2 - \dfrac{2}{1+z}$. Segue que

$$\int \frac{dx}{1 + \sqrt{x}} = \int \frac{2z\, dz}{1+z} = \int \left(2 - \frac{2}{1+z}\right) dz = 2\int dz - 2\int \frac{dz}{1+z}$$

$$= 2z - 2\ln|1+z| + C = 2\sqrt{x} - 2\ln\left|1 + \sqrt{x}\right| + C.$$

2 $\displaystyle \int \frac{dx}{\sqrt{1 + \sqrt[3]{x}}}$

SOLUÇÃO

Poderíamos fazer $z = \sqrt[3]{x}$, mas com alguma prática parece melhor tentar $z = \sqrt{1 + \sqrt[3]{x}}$. Então $z^2 = 1 + \sqrt[3]{x}$, $z^2 - 1 = \sqrt[3]{x}$ e temos $x = (z^2 - 1)^3$. Em particular, temos $dx = 3(z^2 - 1)^2(2z\, dz) = 6z(z^2 - 1)^2\, dz$, logo

$$\int \frac{dx}{\sqrt{1 + \sqrt[3]{x}}} = \int \frac{6z(z^2 - 1)^2\, dz}{z} = 6\int (z^2 - 1)^2\, dz$$

$$= 6\int (z^4 - 2z^2 + 1)\, dz = 6\left(\frac{z^5}{5} - \frac{2z^3}{3} + z\right) + C$$

$$= 6\left[\frac{(1 + \sqrt[3]{x})^{5/2}}{5} - \frac{2(1 + \sqrt[3]{x})^{3/2}}{3} + (1 + \sqrt[3]{x})^{1/2}\right] + C.$$

3 $\displaystyle \int \frac{dt}{\sqrt{t} - \sqrt[3]{t}}$

SOLUÇÃO

Fazendo $u = \sqrt[6]{t}$, tal que $t = u^6$ e $dt = 6u^5\, du$. Logo,

$$\int \frac{dt}{\sqrt{t} - \sqrt[3]{t}} = \int \frac{6u^5\, du}{\sqrt{u^6} - \sqrt[3]{u^6}} = \int \frac{6u^5\, du}{u^3 - u^2} = 6\int \frac{u^3\, du}{u - 1}.$$

Uma vez que $\dfrac{u^3}{u-1}$ é uma fração imprópria, dividimos o numerador pelo denominador para obter o quociente $u^2 + u + 1$ e resto 1. Assim,

$$\frac{u^3}{u - 1} = u^2 + u + 1 + \frac{1}{u - 1},$$

é tal que

$$\int \frac{dt}{\sqrt{t} - \sqrt[3]{t}} = 6\int \left(u^2 + u + 1 + \frac{1}{u - 1}\right) du$$

$$= 6\left(\frac{u^3}{3} + \frac{u^2}{2} + u + \ln|u - 1|\right) + C$$

$$= 2\sqrt{t} + 3\sqrt[3]{t} + 6\sqrt[6]{t} + 6\ln\left|\sqrt[6]{t} - 1\right| + C.$$

522   CÁLCULO

Naturalmente se o integrando envolve uma expressão da forma $\sqrt[n]{u}$, onde u é uma função de x, então a substituição $z = \sqrt[n]{u}$ se faz necessária. Tal substituição foi eficaz no Exemplo 2 acima. Outros exemplos são dados abaixo.

EXEMPLOS   Calcule as integrais dadas

1 $\displaystyle\int_4^{12} x\sqrt{x-3}\,dx.$

SOLUÇÃO
Fazendo $z = \sqrt{x-3}$, tal que $z^2 = x - 3$, $x = z^2 + 3$, $dx = 2z\,dz$, $z = 1$, quando $x = 4$ e $z = 3$ quando $x = 12$. Logo,

$$\int_4^{12} x\sqrt{x-3}\,dx = \int_1^3 (z^2 + 3)z(2z\,dz) = 2\int_1^3 (z^4 + 3z^2)\,dz$$

$$= \left(\frac{2}{5}z^5 + 2z^3\right)\Big|_1^3 = \frac{756}{5} - \frac{12}{5} = \frac{744}{5}.$$

2 $\displaystyle\int \frac{1 + x^2}{(3 + x)^{1/3}}\,dx$

SOLUÇÃO
Fazendo $z = (3 + x)^{1/3}$, tal que $z^3 = 3 + x$, $x = z^3 - 3$, $dx = 3z^2\,dz$, temos

$$\int \frac{1 + x^2}{(3 + x)^{1/3}}\,dx = \int \frac{1 + (z^3 - 3)^2}{z}\,(3z^2\,dz) = 3\int (z^7 - 6z^4 + 10z)\,dz$$

$$= \frac{3z^8}{8} - \frac{18z^5}{5} + 15z^2 + C$$

$$= \frac{3}{8}(3 + x)^{8/3} - \frac{18}{5}(3 + x)^{5/3} + 15(3 + x)^{2/3} + C.$$

7.2 Integração de funções racionais de seno e co-seno
Sabe-se que a substituição $z = \text{tg}(x/2)$ reduz qualquer integrando que é uma função racional de sen x e cos x em uma função racional em z. As fórmulas apropriadas aparecem no seguinte teorema:

TEOREMA 1   **Substituição pela tangente do arco metade**
Suponha que $z = \text{tg}(x/2)$. Então

(i) $\cos x = \dfrac{1 - z^2}{1 + z^2}.$

(ii) $\text{sen}\, x = \dfrac{2z}{1 + z^2}.$

(iii) $dx = \dfrac{2\,dz}{1 + z^2}.$

DEMONSTRAÇÃO
Seja $z = \text{tg}(x/2)$. Então, usando a fórmula do arco duplo, temos

$$\cos x = 2\cos^2 \frac{x}{2} - 1 = \frac{2}{\sec^2(x/2)} - 1 = \frac{2}{1 + \tan^2(x/2)} - 1$$

$$= \frac{2}{1 + z^2} - 1 = \frac{1 - z^2}{1 + z^2},$$

TÉCNICAS DE INTEGRAÇÃO

e é válido o item (i). Também

$$\operatorname{sen} x = 2 \operatorname{sen} \frac{x}{2} \cos \frac{x}{2} = 2 \frac{\operatorname{sen}(x/2)}{\cos(x/2)} \cos^2 \frac{x}{2} = \tan \frac{x}{2} \left(2 \cos^2 \frac{x}{2} \right)$$

$$= \tan \frac{x}{2} (\cos x + 1) = z \left(\frac{1 - z^2}{1 + z^2} + 1 \right) = \frac{2z}{1 + z^2},$$

e é válido o item (ii). Para provar (iii), note que $z = \operatorname{tg}(x/2)$ implica que

$$dz = \left(\sec^2 \frac{x}{2} \right) \frac{dx}{2} = \frac{1}{2} \left(1 + \tan^2 \frac{x}{2} \right) dx = \frac{1 + z^2}{2} dx;$$

logo, $dx = \dfrac{2\, dz}{1 + z^2}$, como desejado.

Os exemplos seguintes ilustram o uso da substituição pela tangente do arco metade.

EXEMPLOS   Use a substituição pela tangente do arco metade para calcular as integrais dadas.

1 $\displaystyle \int \frac{dx}{1 - \cos x}$

Solução

Fazendo $z = \tan \dfrac{x}{2}$, tal que $\cos x = \dfrac{1 - z^2}{1 + z^2}$, $dx = \dfrac{2\, dz}{1 + z^2}$, temos

$$\int \frac{dx}{1 - \cos x} = \int \frac{\dfrac{2\, dz}{1 + z^2}}{1 - \left(\dfrac{1 - z^2}{1 + z^2} \right)} = \int \frac{dz}{z^2} = -\frac{1}{z} + C = \frac{-1}{\tan \dfrac{x}{2}} + C$$

$$= -\cot \frac{x}{2} + C.$$

2 $\displaystyle \int \frac{dx}{\operatorname{sen} x - \cos x + 1}$

Solução

Fazendo $z = \tan(x/2)$, tal que $\operatorname{sen} x = \dfrac{2z}{1 + z^2}$, $\cos x = \dfrac{1 - z^2}{1 + z^2}$, $dz = \dfrac{2\, dz}{1 + z^2}$, temos

$$\int \frac{dx}{\operatorname{sen} x - \cos x + 1} = \int \frac{\dfrac{2\, dz}{1 + z^2}}{\dfrac{2z}{1 + z^2} - \dfrac{1 - z^2}{1 + z^2} + 1} = \int \frac{dz}{z^2 + z}$$

$$= \int \left(\frac{1}{z} - \frac{1}{z + 1} \right) dz = \ln |z| - \ln |z + 1| + C$$

$$= \ln \left| \frac{z}{z + 1} \right| + C = \ln \left| \frac{\tan(x/2)}{\tan(x/2) + 1} \right| + C.$$

Conjunto de Problemas 7

Nos problemas 1 a 18, use uma substituição apropriada da forma $z = \sqrt[n]{x}$ e calcule cada integral

1 $\displaystyle\int \frac{dx}{1 - \sqrt{x}}$

2 $\displaystyle\int \frac{dx}{4 + \sqrt{x}}$

3 $\displaystyle\int \frac{dx}{1 + \sqrt[3]{x}}$

4 $\displaystyle\int \frac{x\,dx}{1 - \sqrt[3]{x}}$

5 $\displaystyle\int \frac{x\,dx}{2 + \sqrt{x}}$

6 $\displaystyle\int \frac{2\sqrt{x}\,dx}{1 + \sqrt[3]{x}}$

7 $\displaystyle\int \frac{dx}{\sqrt[4]{x} + \sqrt{x}}$

8 $\displaystyle\int \frac{dx}{x^{1/2} - x^{3/4}}$

Nos problemas 19 a 24 use uma substituição apropriada da forma $z = \sqrt[n]{u}$, onde u é uma função de x, e calcule cada integral.

9 $\displaystyle\int x^3 \sqrt{2x^2 - 1}\,dx$

10 $\displaystyle\int x^5 \sqrt{5 - 2x^2}\,dx$

11 $\displaystyle\int x \sqrt[3]{3x + 1}\,dx$

12 $\displaystyle\int x^9 \sqrt{1 + 2x^5}\,dx$

13 $\displaystyle\int x^2 (4x + 1)^{3/2}\,dx$

14 $\displaystyle\int x(1 + x)^{2/3}\,dx$

15 $\displaystyle\int \frac{dx}{1 + \sqrt{x + 1}}$

16 $\displaystyle\int \frac{x\,dx}{\sqrt[4]{1 - x}}$

17 $\displaystyle\int \frac{x^3\,dx}{(2 - 3x^2)^{3/4}}$

18 $\displaystyle\int \sqrt{\frac{1 - x}{x}}\,dx$

19 $\displaystyle\int e^x \sqrt{1 - e^x}\,dx$

20 $\displaystyle\int e^{2x} \sqrt{1 + e^x}\,dx$

21 $\displaystyle\int \text{sen }x \cos x \sqrt{1 + \text{sen }x}\,dx$

22 $\displaystyle\int \frac{3e^{2x}}{1 + e^{-x}}\,dx$

23 $\displaystyle\int \frac{x}{(3x + 1)^2} \sqrt{\frac{1}{3x + 1}}\,dx$

24 $\displaystyle\int \frac{1}{(1 + x)^2} \sqrt[3]{\frac{1 - x}{1 + x}}\,dx$

Nos problemas 25 a 34, use a substituição da tangente do arco metade para calcular cada integral.

25 $\displaystyle\int \frac{dx}{3 + 5\,\text{sen }x}$

26 $\displaystyle\int \frac{\text{sen }t}{1 + \cos t}\,dt$

27 $\displaystyle\int \frac{\cos x\,dx}{\text{sen }x \cos x + \text{sen }x}$

28 $\displaystyle\int \frac{dx}{\text{sen }x + \sqrt{3}\cos x}$

29 $\displaystyle\int \frac{\sec t}{1 + \text{sen }t}\,dt$

30 $\displaystyle\int \frac{du}{2\csc u - \text{sen }u}$

31 $\displaystyle\int \frac{dt}{\text{sen }t + \cos t}$

32 $\displaystyle\int \frac{dx}{\csc x - \cot x}$

33 $\displaystyle\int \frac{dx}{1 + \text{sen }x + \cos x}$

34 $\displaystyle\int \frac{\sec \theta \csc \theta\,d\theta}{3 + 5\cos \theta}$

Nos problemas 35 a 38, use a substituição $x = 1/t$, $dx = -dt/t^2$ para simplificar cada integrando e então calcule cada integral.

35 $\displaystyle\int \frac{dx}{x\sqrt{1 + x^2}}$

36 $\displaystyle\int \frac{dx}{x^2 \sqrt{x^2 + 2x}}$

37 $\displaystyle\int \frac{dx}{x\sqrt{3x^2 - 2x - 1}}$

38 $\displaystyle\int \frac{dx}{x\sqrt{x^2 + 4x - 1}}$

39 Se $z = \text{tgh }(x/2)$, mostre que

(a) $\cosh x = \dfrac{1 + z^2}{1 - z^2}$, (b) $\text{senh }x = \dfrac{2z}{1 - z^2}$, e (c) $dx = \dfrac{2\,dz}{1 - z^2}$.

TÉCNICAS DE INTEGRAÇÃO

Nos problemas 40 a 42, use a substituição sugerida no problema 39 para calcular cada integral.

40 $\displaystyle\int \frac{dx}{1 - \operatorname{senh} x}$

41 $\displaystyle\int \frac{dx}{\cosh x - \operatorname{senh} x}$

42 $\displaystyle\int \frac{\tanh x}{1 + \cosh x}\, dx$

Nos problemas 43 a 50, calcule cada integral.

43 $\displaystyle\int_{1}^{4} x\sqrt{x - 1}\, dx$

44 $\displaystyle\int_{3}^{11} x\sqrt{2x + 3}\, dx$

45 $\displaystyle\int_{1}^{4} \frac{4 - \sqrt{x}}{1 + x}\, dx$

46 $\displaystyle\int_{4}^{9} \frac{1 - \sqrt{x}}{1 + \sqrt{x}}\, dx.$

47 $\displaystyle\int_{-3}^{-1} \frac{x^2\, dx}{\sqrt{1 - x}}$

48 $\displaystyle\int_{1}^{7/3} \frac{1 - \sqrt{3x + 2}}{1 + \sqrt{3x + 2}}\, dx$

49 $\displaystyle\int_{0}^{\pi/2} \frac{\cos x}{2 + \operatorname{sen} x}\, dx$

50 $\displaystyle\int_{1}^{2} \frac{\sqrt{t^4 + 1}}{t}\, dt$

51 Calcule a área da região limitada pelas curvas $y = \dfrac{5x}{1 + \sqrt{x}}, y = 0$ e $x = 9$.

52 Calcule o volume do sólido gerado pela revolução da região limitada pelas curvas $y = x + \sqrt{x + 1}$ e $y = 0$ entre $x = 0$ e $x = 8$ em torno do eixo x.

Conjunto de Problemas de Revisão

Nos problemas 1 a 90, calcule cada integral.

1 $\displaystyle\int \cos^3 2x\, dx$

2 $\displaystyle\int \operatorname{sen}^3 4x \cos^2 4x\, dx$

3 $\displaystyle\int \operatorname{sen}^3 3x \cos^3 3x\, dx$

4 $\displaystyle\int \sqrt{\cos x \operatorname{sen}^5 x}\, dx$

5 $\displaystyle\int \operatorname{sen}^3 (1 - 2x)\, dx$

6 $\displaystyle\int \operatorname{sen}^3 \frac{x}{2} \cos^{3/2} \frac{x}{2}\, dx$

7 $\displaystyle\int \operatorname{sen}^{-2/3} 5x \cos^3 5x\, dx$

8 $\displaystyle\int \operatorname{sen}^4 \frac{2x}{5} \cos^3 \frac{2x}{5}\, dx$

9 $\displaystyle\int \operatorname{sen}^2 (2 - 3x)\, dx$

10 $\displaystyle\int \cos^2 \frac{2x}{7}\, dx$

11 $\displaystyle\int (\operatorname{sen} x - \cos x)^2\, dx$

12 $\displaystyle\int \operatorname{sen}^2 (1 - 2x) \cos^2 (1 - 2x)\, dx$

13 $\displaystyle\int \operatorname{sen}^2 6x \cos^2 6x\, dx$

14 $\displaystyle\int \operatorname{sen}^4 4x \cos^2 4x\, dx$

15 $\displaystyle\int \frac{\cos^3 (3t/2)}{\sqrt[3]{\operatorname{sen} (3t/2)}}\, dt$

16 $\displaystyle\int \operatorname{sen}^5 \frac{x}{7}\, dx$

17 $\displaystyle\int \operatorname{sen} 8x \operatorname{sen} 3x\, dx$

18 $\displaystyle\int \cos 13x \cos 2x\, dx$

19 $\displaystyle\int \operatorname{sen} x \operatorname{sen} 2x \operatorname{sen} 3x\, dx$

20 $\displaystyle\int \cos 3x \cos 5x \cos 9x\, dx$

21 $\displaystyle\int \tan^4 (2x - 1)\, dx$

22 $\displaystyle\int \cot^4 (2 - 3x)\, dx$

23 $\displaystyle\int x \tan^3 5x^2\, dx$

24 $\displaystyle\int x^2 \cot^3 (5 - x^3)\, dx$

25 $\displaystyle\int (\sec t - \tan t)^2\, dt$

26 $\displaystyle\int \frac{\cos (\tan x)}{\cos^2 x}\, dx$

27 $\displaystyle\int \frac{dx}{(1 - \operatorname{sen} x)^2}$

28 $\displaystyle\int \sqrt{1 + \cos x}\, dx$

29 $\displaystyle\int \sec^4 (1 + 2x)\, dx$

30 $\displaystyle\int \csc^4 (3 - 2x)\, dx$

31 $\displaystyle\int \tan^3 (2 + 3x) \sec^4 (2 + 3x)\, dx$

32 $\displaystyle\int \cot^3 (1 - x) \csc^4 (1 - x)\, dx$

33 $\displaystyle\int \frac{dx}{\sqrt{x^2 + 64}}$

CÁLCULO

34 $\int \dfrac{dx}{x^2\sqrt{81 - x^2}}$

35 $\int \dfrac{dx}{(1 - x^2)^{5/2}}$

36 $\int \dfrac{x}{(4 - x^2)^2}\, dx$

37 $\int x\sqrt{x^2 - 4}\, dx$

38 $\int \sqrt{4 - 9x^2}\, dx$

39 $\int \dfrac{dx}{\sqrt{2x - x^2}}$

40 $\int \dfrac{dt}{\sqrt{1 + 2t - 2t^2}}$

41 $\int \dfrac{dx}{\sqrt{x^2 + 6x + 13}}$

42 $\int \dfrac{dx}{\sqrt{8 + 4x - 4x^2}}$

43 $\int x^2 e^{-7x}\, dx$

44 $\int \sqrt{x}\,\ln 2x\, dx$

45 $\int t^2\mathrm{sen}^{-1} 2t\, dt$

46 $\int \ln (x^2 + 16)\, dx$

47 $\int (x + 2)e^{3x}\, dx$

48 $\int (x + 1)^2 e^{-x}\, dx$

49 $\int t^3 \cos 3t\, dt$

50 $\int \mathrm{sen}\,(\ln x)\, dx$

51 $\int \tan^{-1} \sqrt{x}\, dx$

52 $\int \dfrac{xe^{-x}}{(1 - x)^2}\, dx$

53 $\int e^{-7x}\cosh x\, dx$

54 $\int e^{2x}\mathrm{sen}^2 x\, dx$

55 $\int e^{3x}\cos^2 x\, dx$

56 $\int \sec^3 5x\, dx$

57 $\int x^{11} e^{-x^4}\, dx$

58 $\int x^5 \mathrm{sen}\, x^2\, dx$

59 $\int x^3 \cos (-3x^2)\, dx$

60 $\int x^{17} \cos x^6\, dx$

61 $\int \dfrac{3y^2 - y + 1}{(y^2 - y)(y + 1)}\, dy$

62 $\int \dfrac{2x + 1}{x(x + 1)(x + 2)}\, dx$

63 $\int \dfrac{3x^2 - x + 1}{x^3 - x^2}\, dx$

64 $\int \dfrac{dx}{x^3(1 + x)}$

65 $\int \dfrac{t^2 + 6t + 4}{t^4 + 5t^2 + 4}\, dt$

66 $\int \dfrac{x^2 - 4x - 4}{(x - 2)(x^2 + 9)}\, dx$

67 $\int \dfrac{3x + 1}{x^2(x^2 + 1)}\, dx$

68 $\int e^{\mathrm{sen}\, t}\left(\dfrac{t\cos^3 t - \mathrm{sen}\, t}{\cos^2 t}\right) dt$

69 $\int \dfrac{x\, dx}{\sqrt[4]{1 + 2x}}$

70 $\int \dfrac{dt}{\sqrt[4]{t} + 3}$

71 $\int \dfrac{\sqrt[5]{x^3} + \sqrt[6]{x}}{\sqrt{x}}\, dx$

72 $\int \dfrac{dy}{\sqrt{y} + y^{3/4}}$

73 $\int \dfrac{dt}{\sqrt{e^t + 1}}$

74 $\int \dfrac{\sqrt{x} + 1}{\sqrt{x} - 1}\, dx$

75 $\int \dfrac{dx}{\sqrt{4 + \sqrt{x + 1}}}$

76 $\int \dfrac{dy}{y\ln y(\ln y + 5)}$

77 $\int \ln \sqrt{x^2 + 3}\, dx$

78 $\int y\ln \sqrt[3]{5y + 2}\, dy$

79 $\int x\sqrt{1 - x^{2/3}}\, dx$

80 $\int \sqrt{\dfrac{1 + \sqrt{x}}{x}}\, dx$

81 $\int \cos \sqrt[3]{x}\, dx$

82 $\int \dfrac{e^{2y}}{\sqrt[4]{e^y + 3}}\, dy$

83 $\int \dfrac{dx}{10 + 11\cos x}$

84 $\int \dfrac{\mathrm{sen}\, x}{8 + \cos x}\, dx$

85 $\int \dfrac{dy}{3 + 2\mathrm{sen}\, y + \cos y}$

86 $\int \dfrac{\cot x}{\cot x + \csc x}\, dx$

87 $\int \dfrac{\sec x}{1 + \mathrm{sen}\, x}\, dx$

88 $\int \dfrac{dx}{3 - \cos x + 2\mathrm{sen}\, x}$

89 $\int \dfrac{e^{4x}}{\sqrt[4]{e^{2x} + 1}}\, dx$

90 $\int \dfrac{dx}{a^2 \cos x + b^2 \mathrm{sen}\, x}$

TÉCNICAS DE INTEGRAÇÃO

Nos problemas 91 a 122, calcule cada integral definida

91 $\displaystyle\int_0^{\pi/4} \cos x \cos 5x\, dx$

92 $\displaystyle\int_0^{\pi/4} \text{sen}^3\, 2t \cos^3 2t\, dt$

93 $\displaystyle\int_{\pi/12}^{\pi/8} \tan^3 2x\, dx$

94 $\displaystyle\int_0^1 x \tan^{-1} x\, dx$

95 $\displaystyle\int_1^2 (\ln t)^2\, dt$

96 $\displaystyle\int_0^{\pi/4} x^2 \text{sen}\, 2x\, dx$

97 $\displaystyle\int_1^2 t^3 \ln t\, dt$

98 $\displaystyle\int_0^{\pi} \text{sen}^3 x\, dx$

99 $\displaystyle\int_{-\pi/8}^{\pi/8} |\tan^3 2x|\, dx$

100 $\displaystyle\int_0^1 \cosh^4 x\, dx$

101 $\displaystyle\int_3^{3/2} \frac{(9 - x^2)^{3/2}}{x^2}\, dx$

102 $\displaystyle\int_0^{1/3} \frac{t\, dt}{\sqrt{1 - 9t^4}}$

103 $\displaystyle\int_5^{10} \frac{\sqrt{t^2 - 25}}{t}\, dt$

104 $\displaystyle\int_0^a x^2 \sqrt{a^2 - x^2}\, dx$

105 $\displaystyle\int_0^{\pi} \sqrt{1 + \cos \frac{x}{3}}\, dx$

106 $\displaystyle\int_{\pi/4}^{\pi/2} \frac{\cot x\, dx}{1 - \cos x}$

107 $\displaystyle\int_3^5 \frac{t^2 - 1}{(t - 2)^2}\, dt$

108 $\displaystyle\int_1^2 \frac{5x^2 - 3x + 18}{x(9 - x^2)}\, dx$

109 $\displaystyle\int_0^1 \frac{x^2 + 3x + 1}{x^4 + 2x^2 + 1}\, dx$

110 $\displaystyle\int_0^1 \frac{t^5\, dt}{(t^2 + 1)^2}$

111 $\displaystyle\int_{1/2}^2 \frac{dx}{x\sqrt{5x^2 + 4x - 1}}$

112 $\displaystyle\int_0^{1/2} (2x - x^2)^{3/2}\, dx$

113 $\displaystyle\int_1^8 \frac{dx}{x + \sqrt[3]{x}}$

114 $\displaystyle\int_1^4 \frac{\sqrt{x} + 1}{\sqrt{x}\,(x + 1)}\, dx$

115 $\displaystyle\int_2^5 \frac{t\, dt}{(t - 1)^{3/2}}$

116 $\displaystyle\int_{-1}^8 \frac{dx}{\sqrt{1 + \sqrt{1 + x}}}$

117 $\displaystyle\int_{1/4}^{5/4} \frac{dt}{\sqrt{t + 1} - \sqrt{t}}$

118 $\displaystyle\int_{16}^{25} \frac{dy}{y - 2\sqrt{y - 3}}$

119 $\displaystyle\int_0^{\ln 4} \frac{dx}{\sqrt{e^{-2x} + 2e^{-x}}}$

120 $\displaystyle\int_0^a \sqrt{\sqrt[3]{a} + \sqrt[3]{x}}\, dx$

121 $\displaystyle\int_{\pi/4}^{\pi/8} \frac{dx}{\text{sen}\, x + \tan x}$

122 $\displaystyle\int_{1/8}^1 \frac{x\, dx}{x + \sqrt[3]{x}}$

123 Determine as constantes A e B tais que

$$\frac{c \,\text{sen}\, \theta + d \cos \theta}{e \,\text{sen}\, \theta + f \cos \theta} = A + B \frac{e \cos \theta - f \,\text{sen}\, \theta}{e \,\text{sen}\, \theta + f \cos \theta}.$$

Obtenha então uma fórmula para a integral $\displaystyle\int \frac{c \,\text{sen}\, \theta + d \cos \theta}{e \,\text{sen}\, \theta + f \cos \theta}\, d\theta.$

124 Mostre que $\displaystyle\frac{1}{\sqrt{1 - t^3}} < \frac{1}{\sqrt{1 - t^2}}$ para $0 < t < 1$. Mostre então que $\displaystyle\int_0^x \frac{dt}{\sqrt{1 - t^3}}$

$< \text{sen}^{-1} x$, onde $0 < x < 1$.

125 Calcule a integral $\displaystyle\int \frac{dx}{x\sqrt{x^2 - 2x + 5}}$ usando a substituição $\sqrt{x^2 - 2x + 5} + x = z.$

126 Se $\displaystyle f(x) = \int_1^x \frac{dt}{t + \sqrt{t^2 - 1}}$, $x \geq 1$, mostre que $\frac{1}{2} \ln x \leq f(x) \leq \ln x$.

127 Mostre que $\displaystyle\int_0^x e^{-y} y^2\, dy = 2e^{-x}\left(e^x - 1 - x - \frac{x^2}{2}\right).$

128 Se $\displaystyle g(x) = \int_1^x f\left(t + \frac{1}{t}\right)\left(\frac{dt}{t}\right)$, mostre que $g\left(\frac{1}{x}\right) = -g(x).$

528 CÁLCULO

129 Obtenha a fórmula de redução

$$\int x^m (\ln x)^n \, dx = \frac{x^{m+1}(\ln x)^n}{m+1} - \frac{n}{m+1} \int x^m (\ln x)^{n-1} \, dx, \qquad m \neq -1.$$

130 Use considerações gráficas para provar que

$$\int_0^{2\pi} \text{sen}^{2n} t \, dt = \int_0^{2\pi} \cos^{2n} t \, dt.$$

131 Calcule a área sob a curva $y = \frac{1}{4}x^2 - \frac{1}{2}\ln x$ de $x = 1$ a $x = 4$.

132 Calcule a área sob a curva $y = x^2 e^{-x}$ entre $x = 0$ e $x = 1$.

133 Calcule a área limitada por um arco de $y = \text{sen}^3 x$ de $x = 0$ a $x = \pi$.

134 Calcule o volume do sólido gerado pela rotação da região limitada pelas curvas $y = x \ln x$, $y = 0$ e $x = 4$ em torno do eixo x.

135 Calcule o volume do sólido gerado pela rotação da região limitada por um arco de $y = \text{sen } x$ e pela reta $y = 0$ em torno da reta $y = -2$.

136 Se a velocidade v em pés por segundo de uma partícula que se move sobre uma linha reta é dada por $v = \dfrac{t+3}{t^3+t}$, ache a distância s em metros que a partícula viaja desde $t = 1$ segundo até $t = 3$ segundos.

137 Calcule $\int_0^{\pi/3} \sqrt{1 + (dy/dx)^2} \, dx$, se $y = \ln(\cos x)$.

138 Ache o comprimento do arco da curva $y = \ln x$ de $x = 1$ a $x = \sqrt{3}$.

139 Ache o comprimento do arco da curva $y = \ln(\csc x)$ de $x = \pi/6$ a $x = \pi/2$.

140 Calcule a área gerada pela revolução do arco da curva $y = e^x$ desde $x = 0$ a $x = 1$ em torno do eixo x.

11 COORDENADAS POLARES E ROTAÇÃO DE EIXOS

Até agora nós especificamos a posição dos pontos no plano por meio de coordenadas cartesianas; contudo, em algumas situações é mais conveniente usar um outro sistema de coordenadas. Neste capítulo, estudaremos o *sistema de coordenadas polares,* a conversão das coordenadas cartesianas para polares e vice-versa, os gráficos de equações polares, área e comprimento de arco em coordenadas polares. Neste capítulo, também está incluída a *rotação de eixos coordenados.*

1 Coordenadas Polares

A fim de estabelecer um *sistema de coordenadas polares* no plano, escolhamos um ponto fixo O, chamado *pólo,* e um raio, uma semi-reta orientada fixa (ou semi-eixo) com origem O denominada *eixo polar* (Fig. 1). Um ângulo na *posição padrão* tem vértice no pólo O e o eixo polar como seu lado inicial.

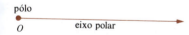

Fig. 1

Agora, seja P um ponto genérico do plano e seja r a distância entre P e o pólo O, assim $r = |\overline{OP}|$ (Fig. 2). Se $P \neq O$, então P pertence a uma única semi-reta determinada com origem O, e esta semi-reta se constitui no lado terminal de um ângulo na posição fundamental. Denotemos este ângulo, medido em graus ou radianos (conforme seja necessário), por θ e denominemos o par ordenado (r,θ) como *coordenadas polares* do ponto P. (Como de costume, ângulos positivos são medidos no sentido anti-horário.) Portanto, em coordenadas polares

$$P = (r,\theta).$$

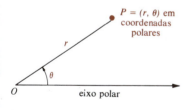

Fig. 2

As coordenadas polares (r,θ) estabelecem a posição do ponto P em relação a uma "grade" formada por círculos concêntricos com centro em O e semi-retas partindo de O (Fig. 3). O valor de r localiza P num círculo de raio r, o valor de θ localiza P numa semi-reta que é o lado terminal do ângulo θ na posição fundamental, e P é determinado pela interseção do círculo com a semi-reta. Por exemplo, o ponto com coordenadas polares $(r,\theta) = (4,240º)$ é apresentado na Fig. 3.

Se $r = 0$ no sistema de coordenadas polares, temos que o ponto (r,θ) coincide com o pólo O, não importando qual seja o ângulo θ. Também, é conveniente admitir r negativo, convencionando que o ponto $(-r,\theta º)$ está localizado a $|r|$ unidades do pólo, mas numa semi-reta oposta a de $\theta º$, isto é, sobre o raio $\theta º + 180º$ (Fig. 4). Assim, $(-r,\theta º) = (r,\theta º + 180º)$, ou $(-r,\theta) = (r,\theta + \pi)$ para θ em radianos.

Ao contrário do sistema de coordenadas cartesianas, um ponto P tem muitas representações diferentes no sistema de coordenadas polares. Não temos apenas, como acima, $(r,\theta º) = (-r,\theta º + 180º)$, mas temos também $(r,\theta º) = (r,\theta º + 360º) = (r,\theta º - 360º)$, uma vez que $\pm 360º$ corresponde a uma volta completa em torno do pólo. De fato, se n é um inteiro qualquer, temos $(r,\theta º) = (r,\theta º + 360º \cdot n)$, ou, em radianos, $(r,\theta) = (r,\theta + 2n\pi)$.

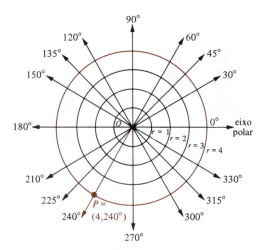

Fig. 3

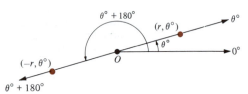

Fig. 4

Se dissermos "Determine o ponto polar (r,θ)", ou "Determine o ponto (r,θ) no sistema de coordenadas polares", entenda: desenhar um diagrama mostrando o pólo, o eixo polar e o ponto P, cujas coordenadas *polares* são (r,θ).

EXEMPLOS 1 Determine os pontos $(2,\pi/3)$, $(4,3\pi/4)$, $(-5/2,\pi/6)$, e $(2,-\pi/4)$ no sistema de coordenadas polares.

SOLUÇÃO
Para determinar o ponto polar $(2,\pi/3)$, construímos um ângulo de $\pi/3$ radianos (isto é, 60°) na posição fundamental e então localizamos o ponto a 2 unidades do pólo no lado terminal deste ângulo (Fig. 5). Os demais pontos polares são determinados pelo mesmo processo.

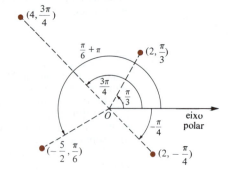

Fig. 5

2 Determine o ponto $(3,\pi/6)$ no sistema de coordenadas polares, dê três outras representações polares do mesmo ponto para o qual

(a) $r < 0$ e $0 \leq \theta < 2\pi$.
(b) $r > 0$ e $-2\pi < \theta \leq 0$.
(c) $r < 0$ e $-2\pi < \theta \leq 0$.

Solução
O ponto $(3,\pi/6)$ está a 3 unidades do pólo e pertence à semi-reta que é o lado terminal do ângulo $30° = \pi/6$ radianos na posição fundamental (Fig. 6). O mesmo ponto pode ser também representado por

(a) $\left(-3, \dfrac{\pi}{6} + \pi\right) = \left(-3, \dfrac{7\pi}{6}\right)$.

(b) $\left(3, \dfrac{\pi}{6} - 2\pi\right) = \left(3, -\dfrac{11\pi}{6}\right)$.

(c) $\left(-3, \dfrac{7\pi}{6} - 2\pi\right) = \left(-3, -\dfrac{5\pi}{6}\right)$.

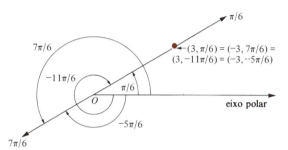

Fig. 6

1.1 Conversão de coordenadas

Às vezes pode ser vantajoso converter da representação cartesiana para a representação polar, ou vice-versa. Ao fazer esta conversão, é importante perceber que geometricamente os pontos do plano não se alteram — apenas o método pelo qual eles são representados numericamente é que varia.

O processo usual é considerar o pólo para o sistema de coordenadas polares coincidente com a origem do sistema de coordenadas cartesianas e o eixo polar ao longo do eixo positivo x, assim o eixo positivo y é a semi-reta $\theta = \pi/2$. Se considerarmos P o ponto cujas coordenadas polares são (r,θ) com $r \geq 0$, é claro que as coordenadas cartesianas (x,y) de P serão dadas por $x = r \cos\theta$ e $y = r\,\text{sen}\,\theta$ (Fig. 7). Isto é certamente verdadeiro quando $r = 0$, enquanto, se $r > 0$, temos: $\cos\theta = x/r$ e $\text{sen}\,\theta = y/r$.

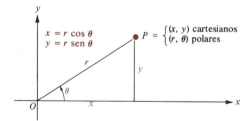

Fig. 7

Agora, suponhamos que um ponto P tenha coordenadas polares (r,θ) com $r < 0$ e desejemos encontrar as coordenadas cartesianas (x,y) de P. Visto que $(r,\theta) = (-r, \theta + \pi)$ e $-r > 0$, segue-se pelas equações desenvolvidas acima que

$x = (-r)\cos(\theta + \pi) = -r(\cos\theta\cos\pi - \text{sen}\,\theta\,\text{sen}\,\pi) = -r(-\cos\theta) = r\cos\theta$,

$y = (-r)\,\text{sen}(\theta + \pi) = -r(\text{sen}\,\theta\cos\pi + \cos\theta\,\text{sen}\,\pi) = -r(-\text{sen}\,\theta) = r\,\text{sen}\,\theta$.

Portanto, as equações

$$x = r\cos\theta \quad \text{e} \quad y = r\,\text{sen}\,\theta$$

CÁLCULO

se aplicam a todos os casos possíveis para converter coordenadas polares (r, θ) de um ponto P em coordenadas cartesianas (x, y) de P.

Pelas últimas equações, nós temos

$$x^2 + y^2 = r^2 \cos^2 \theta + r^2 \operatorname{sen}^2 \theta = r^2(\cos^2 \theta + \operatorname{sen}^2 \theta) = r^2,$$

ou seja

$$r = \pm\sqrt{x^2 + y^2}.$$

Também, se $x \neq 0$, nós temos $\dfrac{y}{x} = \dfrac{r \operatorname{sen}\theta}{r \cos \theta} = \dfrac{\operatorname{sen}\theta}{\cos \theta} = \tan \theta$, ou seja

$$\tan \theta = \frac{y}{x} \quad \text{para } x \neq 0.$$

As equações acima não determinam r e θ única e simplesmente porque o ponto P, cujas coordenadas cartesianas são (x, y), tem um número ilimitado de diferentes representações no sistema de coordenadas polares. Ao encontrarmos as coordenadas polares de P, devemos prestar atenção ao quadrante ao qual P pertence, visto que isto ajudará a determinar θ.

EXEMPLOS 1 Converta as coordenadas polares dadas para coordenadas cartesianas.

(a) $(4, 30°)$ (b) $(-2, 5\pi/6)$

SOLUÇÃO

(a) $(x, y) = (4 \cos 30°, 4 \operatorname{sen} 30°) = (4 \cdot \sqrt{3}/2, 4 \cdot \tfrac{1}{2}) = (2\sqrt{3}, 2).$

(b) $(x, y) = \left(-2 \cos \dfrac{5\pi}{6}, -2 \operatorname{sen}\dfrac{5\pi}{6}\right) = \left(-2 \cdot \left(-\dfrac{\sqrt{3}}{2}\right), -2 \cdot \dfrac{1}{2}\right) = (\sqrt{3}, -1).$

2 Converta as coordenadas cartesianas dadas para coordenadas polares com $r \geq 0$ e $-\pi < \theta \leq \pi$.

(a) $(2, 2)$ (b) $(5, -5/\sqrt{3})$ (c) $(0, -7)$ (d) $(-3, 3)$

SOLUÇÃO

(a) $r = \sqrt{2^2 + 2^2} = \sqrt{8} = 2\sqrt{2}$ e $\tan \theta = {}^2\!/_2 = 1$. Visto que o ponto pertence ao primeiro quadrante, vem que $0 < \theta < \pi/2$; portanto, $\theta = \pi/4$. As coordenadas polares são $(2\sqrt{2}, \pi/4)$.

(b) $r = \sqrt{25 + \dfrac{25}{3}} = \dfrac{10}{\sqrt{3}}$ e $\tan \theta = \dfrac{(-5/\sqrt{3})}{5} = \dfrac{-1}{\sqrt{3}}$. Aqui o ponto

está no quarto quadrante, assim $-\pi/2 < \theta < 0$; portanto, $\theta = -\pi/6$. As coordenadas polares são $(10/\sqrt{3}, -\pi/6)$.

(c) $r = \sqrt{0 + 49} = 7$. Visto que $x = 0$ e $y < 0$, o ponto pertence ao eixo negativo y; portanto $0 = -\pi/2$. As coordenadas polares são $(7, -\pi/2)$.

(d) $r = \sqrt{9 + 9} = 3\sqrt{2}$ e $\tan \theta = 3/(-3) = -1$. Visto que o ponto está no segundo quadrante, vem que $\pi/2 < \theta < \pi$; portanto, $\theta = 3\pi/4$. As coordenadas polares são $(3\sqrt{2}, 3\pi/4)$.

1.2 Gráficos das equações polares

Uma *equação polar* é uma equação relacionando as coordenadas polares r e θ, assim como $r = \theta^2$ ou $r^2 = 9 \cos 2\theta$. Como um único ponto P no plano tem uma infinidade de representações polares diferentes, é necessário definir o gráfico de uma equação polar com algum cuidado.

DEFINIÇÃO 1 **Gráfico de uma equação polar**

O *gráfico* de uma equação polar consiste em todos os pontos P do plano que têm pelo menos um par de coordenadas polares (r, θ) satisfazendo a equação.

Assim, se nenhum dos pares de coordenadas polares que correspondem ao ponto P satisfazem à equação polar, P não pertence ao gráfico desta equação. Contudo, para que P pertença a este gráfico, não é necessário que todas as suas representações polares satisfaçam à equação — qualquer uma servirá.

EXEMPLO Esboçar o gráfico da equação polar.

(a) $r = 4$ (b) $r^2 = 16$ (c) $\theta = \dfrac{\pi}{6}$ (d) $\theta^2 - \dfrac{4\pi}{3}\theta + \dfrac{7\pi^2}{36} = 0$

SOLUÇÃO

(a) O gráfico de $r = 4$ é um círculo de raio 4 com centro no pólo (Fig. 8). (O eixo polar é desenhado para referência, mas não é parte do gráfico). Note, por exemplo, que o ponto $P = (4, -\pi)$ pertence ao gráfico, se bem que nem todas as suas representações, como $(-4, 0)$ ou $(-4, 2\pi)$, satisfazem à equação $r = 4$.

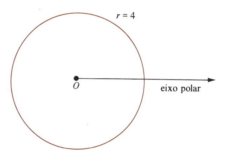

Fig. 8

(b) A equação $r^2 = 16$ é equivalente a $|r| = 4$ e seu gráfico é igual ao gráfico de $r = 4$ (Fig. 8).

(c) O gráfico de $\theta = \pi/6$ consiste em uma linha reta passando em O e determinando um ângulo de $\pi/6$ radianos (30°) com o eixo polar — não apenas a semi-reta, como se pensa à primeira vista (Fig. 9). Um ponto $P = (r, \pi/6 + \pi)$ pertence ao gráfico de $\theta = \pi/6$ porque pode ser também representado por $P(-r, \pi/6)$.

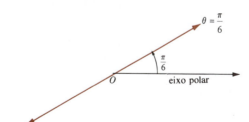

Fig. 9

(d) A equação é representada sob a forma fatorada por

$$\theta^2 - \frac{4\pi}{3}\theta + \frac{7\pi^2}{36} = \left(\theta - \frac{\pi}{6}\right)\left(\theta - \frac{7\pi}{6}\right) = 0,$$

sendo assim,

$$\theta - \frac{\pi}{6} = 0 \quad \text{ou} \quad \theta - \frac{7\pi}{6} = 0.$$

Agora, $\theta = 7\pi/6$ tem o mesmo gráfico de $\theta = \pi/6$. Por isso a equação

$$\theta^2 - \frac{4\pi}{3}\theta + \frac{7\pi^2}{36} = 0$$ corresponde ao mesmo gráfico que $\theta = \pi/6$ (Fig. 9).

(Por quê?)

Algumas vezes é fácil encontrar o contorno de um gráfico polar convertendo a equação polar numa equação cartesiana por meio das equações $x = r \cos \theta$ e $y = r \,\text{sen}\, \theta$, e então esboçando o gráfico cartesiano. Da mesma forma, qualquer equação cartesiana pode ser convertida numa equação polar correspondente simplesmente substituindo $r \cos \theta$ por x e $r \,\text{sen}\, \theta$ por y.

EXEMPLOS 1 Encontre uma equação cartesiana correspondente à equação polar $r = 4 \tan \theta \sec \theta$. Esboce o gráfico.

SOLUÇÃO

Temos $r = 4 \tan \theta \sec \theta = 4 \dfrac{\text{sen}\,\theta}{\cos \theta} \cdot \dfrac{1}{\cos \theta}$, portanto $r \cos^2 \theta = 4 \,\text{sen}\, \theta$.

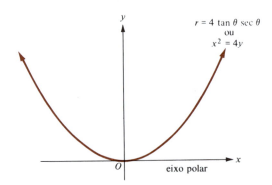

Fig. 10

Multiplicando por r vem $r^2 \cos^2 \theta = 4r \,\text{sen}\, \theta$ ou $(r \cos \theta)^2 = 4r \,\text{sen}\, \theta$. Agora utilizamos as equações de conversão $x = r \cos \theta$ e $y = r \,\text{sen}\, \theta$ para representar a equação polar sob a forma cartesiana $x^2 = 4y$. Por isso, o gráfico correspondente é uma parábola (Fig. 10).

2 Encontre a equação polar correspondente à equação cartesiana $x^2 + (y + 4)^2 = 16$ e esboce o gráfico.

SOLUÇÃO
O gráfico correspondente é um círculo de raio 4 com centro no ponto de coordenadas $(0, -4)$ (Fig. 11). Representando a equação sob a forma $x^2 + y^2 + 8y + 16 = 16$ ou $x^2 + y^2 + 8y = 0$, e substituindo $x = r \cos \theta$, $y = r \,\text{sen}\, \theta$, sendo $x^2 + y^2 = r^2$, obtemos

$$r^2 + 8r \,\text{sen}\,\theta = 0 \quad \text{ou} \quad r + 8\,\text{sen}\,\theta = 0.$$

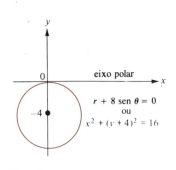

Fig. 11

Ao simplificar a equação $r^2 + 8r \,\text{sen}\, \theta = 0$ para $r + 8 \,\text{sen}\, \theta = 0$ no último exemplo, nós dividimos por r; portanto, podemos ter prescindido da solução $r = 0$. Neste caso particular, nós não abandonamos a solução $r = 0$, uma vez que, se $r + 8 \,\text{sen}\, \theta = 0$, então $r = 0$ quando $\theta = 0$. De um modo mais geral, quando multiplicamos uma equação polar por r, podemos introduzir uma nova solução $r = 0$ que realmente não vem ao caso, e, ao contrário, quando dividimos por r podemos abrir mão da solução $r = 0$ que realmente é válida. Cada caso deve ser analisado!

1.3 Fórmulas explícitas para conversão de coordenadas cartesianas para coordenadas polares

Embora a conversão de coordenadas polares para cartesianas possa ser sempre obtida analiticamente usando as equações $x = r \cos \theta$ e $y = r \,\text{sen}\, \theta$, as

COORDENADAS POLARES E ROTAÇÃO DE EIXOS

equações $r = \pm\sqrt{x^2 + y^2}$ e $\tan\theta = y/r$ não determinam univocamente as coordenadas polares em termos de coordenadas cartesianas. Na maioria dos casos, esta leve dificuldade é facilmente superada pelas simples considerações geométricas; entretanto, em alguns casos (por exemplo, na programação de um computador) é necessário ter fórmulas explícitas para r e θ em termos de x e y.

As equações seguintes dão as coordenadas polares (r,θ), com $r \geq 0$ e $-\pi < \theta \leq \pi$, do ponto com coordenadas cartesianas (x,y):

$$r = \sqrt{x^2 + y^2}$$

$$\theta = \begin{cases} \tan^{-1}\dfrac{y}{x} & \text{se } x > 0, \\[2ex] \dfrac{\pi}{2} & \text{se } x = 0 \quad \text{e} \quad y > 0, \\[2ex] 0 & \text{se } x = 0 \quad \text{e} \quad y = 0, \\[2ex] -\dfrac{\pi}{2} & \text{se } x = 0 \quad \text{e} \quad y < 0, \\[2ex] \tan^{-1}\dfrac{y}{x} + \pi & \text{se } x < 0 \quad \text{e} \quad y \geq 0, \\[2ex] \tan^{-1}\dfrac{y}{x} - \pi & \text{se } x < 0 \quad \text{e} \quad y < 0. \end{cases}$$

Os valores de r e θ dados pelas equações acima podem ser tomados como *valores fundamentais*, no caso outras representações polares de um mesmo ponto podem ser encontradas adicionando $2n\pi$ a θ e deixando r inalterado, ou adicionando $(2n + 1)\pi$ a θ e mudando o sinal de r, sendo n um inteiro qualquer. Muitas calculadoras eletrônicas são programadas para calcular valores fundamentais de r e θ usando as equações acima.

Conjunto de Problemas 1

Nos exercícios de 1 a 6, determine cada ponto no sistema coordenado polar, e então dê três outras representações do mesmo ponto para o qual (a) $r < 0$ e $0 \leq \theta < 2\pi$; (b) $r > 0$ e $-2\pi < \theta \leq 0$, e (c) $r < 0$ e $-2\pi < \theta \leq 0$.

1 $(3, \pi/4)$ **2** $(6, 2\pi/3)$ **3** $(-2, \pi/6)$

4 $(3, 150°)$ **5** $(4, 180°)$ **6** $(4, 5\pi/4)$

Nos exercícios de 7 a 12, converta as coordenadas polares dadas em coordenadas cartesianas.

7 $(7, \pi/3)$ **8** $(0, \pi/3)$ **9** $(-2, \pi/4)$

10 $(6, 13\pi/6)$ **11** $(1, -\pi/3)$ **12** $(-5, 150°)$

Nos exercícios de 13 a 18, converta as coordenadas cartesianas dadas em coordenadas polares (r, θ) com $r \geq 0$ e $-\pi < \theta \leq \pi$.

13 $(7, 7)$ **14** $(1, -\sqrt{3})$ **15** $(-3, -3\sqrt{3})$

16 $(-5, 5)$ **17** $(0, 7)$ **18** $(-2, 0)$

536   **CÁLCULO**

Nos exercícios 19 a 20, represente as soluções dos exercícios 13 a 18 sujeitos às condições dadas.

19 $r \geq 0, 0 \leq \theta < 2\pi$ **20** $r \leq 0, 0 \leq \theta < 2\pi$

Nos exercícios 21 e 22, determine o ponto P dado no sistema de coordenadas polares e então dê 5 outras representações polares para o mesmo ponto.

21 $P = \left(-3, \frac{187}{6}\pi\right)$ **22** $P = \left(4, -\frac{6002}{3}\pi\right)$

Nos exercícios de 23 a 30, esboce o gráfico de cada equação polar.

23 $r = 1$ **24** $r^2 = 9$ **25** $\theta = \dfrac{\pi}{2}$ **26** $\theta^2 = \dfrac{25\pi^2}{36}$

27 $\theta = -\dfrac{\pi}{2}$ **28** $r = 2\cos\theta + 2\,\text{sen}\,\theta$ **29** $r = 4\cos\theta$ **30** $r = \dfrac{1}{2\cos\theta - 3\,\text{sen}\,\theta}$

Nos exercícios de 31 a 34, converta cada equação polar em equação cartesiana.

31 $r = 3\cos\theta$ **32** $r\cos 2\theta = 2$ **33** $r = \cos\theta + \text{sen}\,\theta$ **34** $r = 5\theta$

Nos exercícios de 35 a 38, converta cada equação cartesiana em equação polar.

35 $x^2 + y^2 = 25$ **36** $xy = 12$ **37** $\dfrac{x^2}{4} + y^2 = 1$ **38** $y = 4x^3$

39 Mostre que a distância entre o ponto (r_1, θ_1) e o ponto (r_2, θ_2) no sistema coordenado

polar é dada por $\sqrt{r_1^2 - 2r_1 r_2 \cos(\theta_1 - \theta_2) + r_2^2}$.

40 Dê uma prova analítica — sem referência a diagramas — para estabelecer regras que dirijam as condições segundo as quais $(r_1, \theta_1) = (r_2, \theta_2)$ em coordenadas polares. Use o fato que $(r_1, \theta_1) = (r_2, \theta_2)$ se e somente se $r_1\cos\theta_1 = r_2\cos\theta_2$ e $r_1\,\text{sen}\,\theta_1 = r_2\,\text{sen}\,\theta_2$. As identidades

$$\text{sen}\,\theta_1 - \text{sen}\,\theta_2 = 2\cos\tfrac{1}{2}(\theta_1 + \theta_2)\cdot\text{sen}\,\tfrac{1}{2}(\theta_1 - \theta_2),$$

$$\cos\theta_1 - \cos\theta_2 = -2\,\text{sen}\,\tfrac{1}{2}(\theta_1 + \theta_2)\cdot\text{sen}\,\tfrac{1}{2}(\theta_1 - \theta_2),$$

$$\text{sen}\,\theta_1 + \text{sen}\,\theta_2 = 2\,\text{sen}\,\tfrac{1}{2}(\theta_1 + \theta_2)\cdot\cos\tfrac{1}{2}(\theta_1 - \theta_2), \quad e$$

$$\cos\theta_1 + \cos\theta_2 = 2\cos\tfrac{1}{2}(\theta_1 + \theta_2)\cdot\cos\tfrac{1}{2}(\theta_1 - \theta_2)$$

podem ser usadas.

2   Esboço de Gráficos Polares

Embora tenhamos esboçado certos gráficos polares na Seção 1.2 pela conversão da equação polar em equação cartesiana e, em seguida, esboçando o gráfico como de costume, existem equações polares que são muito difíceis de serem expressas na forma cartesiana. Assim, nesta seção consideramos o problema de esboçar o gráfico de uma equação polar *diretamente,* sem convertê-la para a forma cartesiana.

Para traçar o gráfico de uma equação polar, é freqüente começar com um valor fixo de θ (como $\theta = 0$) e, então, pesquisar o valor correspondente (ou valores) de r quando θ cresce ou decresce. Pode ser de grande utilidade a construção de uma tabela, com os valores de r correspondentes aos valores selecionados para θ e a determinação dos pontos polares (r, θ) correspondentes aos pares de valores na tabela. Se r depende continuamente de θ, então o esboço do gráfico é obtido simplesmente pela ligação destes pontos por meio de uma curva continua. Com paciência, qualquer gráfico polar contínuo pode ser esboçado desta forma.

O esboço de um gráfico polar pode ser feito através das mesmas técnicas utilizadas ao se esboçar os gráficos cartesianos. É útil encontrar as interseções do gráfico com o eixo polar e com algumas semi-retas especiais como $\theta = \pm \pi/2$, $\theta = \pm \pi/4$, e assim sucessivamente. A simetria do gráfico pode ser de especial utilidade. Se a equação polar do gráfico for apresentada por meio de funções trigonométricas, a periodicidade destas funções deverá ser levada em consideração.

Nesta seção nós discutimos e ilustramos algumas das técnicas mais práticas para o esboço de gráficos polares, incluindo o uso de cálculos para encontrar a direção da reta tangente ao gráfico.

Nós começamos com um exemplo no qual um gráfico polar é esboçado pela simples localização dos pontos e as suas conexões através de uma curva contínua.

EXEMPLO Esboce o gráfico de $r = 1 + 6/\pi\,\theta$ para $0 \leq \theta \leq 2\pi$.

SOLUÇÃO
A tabela seguinte mostra alguns valores escolhidos para θ entre 0 e 2π e os valores de r correspondentes:

θ	0	$\dfrac{\pi}{6}$	$\dfrac{\pi}{3}$	$\dfrac{\pi}{2}$	$\dfrac{2\pi}{3}$	$\dfrac{5\pi}{6}$	π	$\dfrac{7\pi}{6}$	$\dfrac{4\pi}{3}$	$\dfrac{3\pi}{2}$	$\dfrac{5\pi}{3}$	$\dfrac{11\pi}{6}$	2π
r	1	2	3	4	5	6	7	8	9	10	11	12	13

Localizando os pontos polares (r, θ) mostrados na tabela e conectando-os por meio de uma curva contínua, obtém-se o gráfico desejado (Fig. 1).

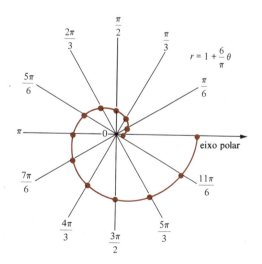

Fig. 1

2.1 Simetria dos gráficos polares

A simetria do gráfico de uma equação polar pode ser freqüentemente constatada fazendo-se substituições convenientes na equação e testando para ver se a nova equação é equivalente à original. A tabela seguinte mostra algumas substituições que, quando produzem equações equivalentes à original, acarretam o tipo de simetria indicado:

Substituição	Uma equação equivalente implica
1. θ por $-\theta$ ou 2. θ por $\pi - \theta$ e $\quad$ r por $-r$	Simetria em relação à reta obtida pela extensão do eixo polar (Fig. 2a)
3. θ por $\pi - \theta$ ou 4. θ por $-\theta$ e $\quad$ r por $-r$	Simetria em relação à reta através do pólo e perpendicular ao eixo polar (isto é, sobre o eixo $\pi/2$) (Fig. 2b)
5. θ por $\theta + \pi$ ou 6. r por $-r$	Simetria em relação ao pólo (Fig. 2c)

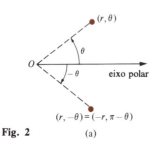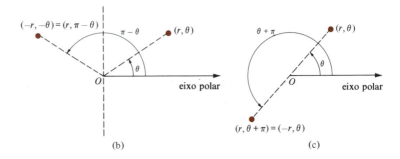

Fig. 2 (a) (b) (c)

Devido a não unicidade das representações em coordenadas polares, as condições dadas acima *podem* falhar ainda que o gráfico indique simetria. Todavia, as condições dadas são as que com mais freqüência se encontram na prática.

EXEMPLOS Esboce o gráfico da equação polar dada. Discuta a simetria.

1 $r = 2(1 - \cos \theta)$

SOLUÇÃO
Testando todas as regras para simetria, observamos que o gráfico é simétrico somente em relação ao eixo polar, de fato, substituindo θ por $-\theta$ vem

$$r = 2[1 - \cos(-\theta)],$$

que é equivalente à equação original. Nós construímos uma tabela apresentando as coordenadas de alguns pontos no gráfico correspondentes aos valores escolhidos de θ. Localizando estes pontos, esboçamos a metade superior do gráfico. A metade inferior é então desenhada tendo em vista a simetria em relação ao eixo polar (Fig. 3). Este gráfico é chamado *cardióide*.

2 $r = 3 \operatorname{sen} 3\theta$

SOLUÇÃO
Testando todas as regras de simetria, concluímos que o gráfico é simétrico somente em relação à reta $\theta = \pi/2$; de fato, substituindo θ por $-\theta$ e r por $-r$, obtém-se a equação

$$-r = 3 \operatorname{sen} 3(-\theta) = -3 \operatorname{sen} 3\theta$$

que é equivalente à equação original. Construímos então uma tabela apresentando as coordenadas de alguns pontos do gráfico. Localizados estes pontos, esboçamos parte do gráfico. A outra parte é obtida através da simetria em relação à linha vertical $\theta = \pi/2$ (Fig. 4).

O gráfico na Fig. 4 é denominado *rosácea de três folhas*. Mais geral-

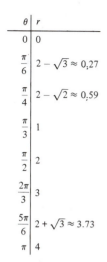

Fig. 3

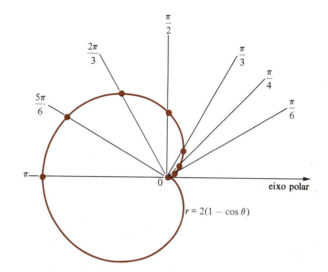

Fig. 4

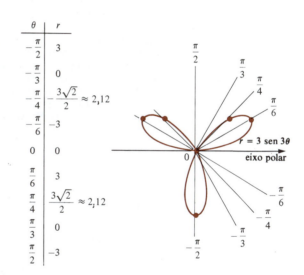

mente, qualquer uma das equações

$$r = a \operatorname{sen} k\theta \quad \text{ou} \quad r = a \cos k\theta$$

origina uma *rosácea de N folhas*, onde

$$N = \begin{cases} k & \text{se } k \text{ é um inteiro ímpar} \\ 2k & \text{se } k \text{ é um inteiro par} \end{cases}$$

Apresentaremos agora equações, nomes e esboços de outras curvas polares notáveis, excetuando as espirais, cada qual apresenta algum tipo de simetria. A curva $r = a\theta$ para $\theta \geq 0$ é conhecida como *espiral de Arquimedes* (Fig. 5). A curva na Fig. 6 tem a equação $r = e^{a\theta}$ e é denominada uma *espiral logarítmica*.

Já esboçamos o gráfico de uma das *cardióides* na Fig. 3. De um modo mais geral, o gráfico polar de $r = a(1 + \cos \theta)$ ou $r = a(1 - \cos \theta)$ ou $r = a(1 + \operatorname{sen} \theta)$ ou $r = a(1 - \operatorname{sen} \theta)$ corresponde a uma cardióide similar à mostrada na Fig. 3, exceto que esta é girada, em torno do pólo, através de um ângulo de 90°, 180° ou 270°.

Um gráfico polar de $r = a \pm b \cos \theta$ ou $r = a \pm b \operatorname{sen} \theta$ determina uma

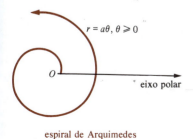

Fig. 5 espiral de Arquimedes

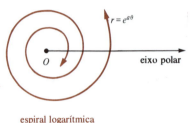

espiral logarítmica

Fig. 6

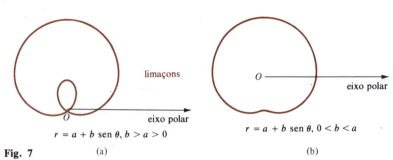

limaçons

$r = a + b \,\text{sen}\, \theta, b > a > 0$

$r = a + b \,\text{sen}\, \theta, 0 < b < a$

Fig. 7 (a) (b)

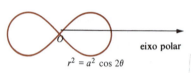

$r^2 = a^2 \cos 2\theta$

lemniscata

Fig. 8

curva denominada *limaçon*. Se $b > a > 0$, o limaçon apresenta um laço (Fig. 7a), enquanto que se $0 < b < a$, ela tem simplesmente uma concavidade (Fig. 7b). Note que a cardióide é um caso particular do limaçon quando $a = b$.

O gráfico correspondente à equação polar $r^2 = a^2 \cos 2\theta$ ou $r^2 = a^2 \,\text{sen}\, 2\theta$ é denominado uma *lemniscata* (Fig. 8).

2.2 Direção de um gráfico polar

Agora nós deduzimos as fórmulas para a direção de um gráfico polar num ponto, isto é, para a direção da linha tangente ao gráfico no ponto. Assim, considere uma curva polar $r = f(\theta)$, onde f é uma função diferenciável de θ, e seja l a reta tangente à curva no ponto polar $P(r,\theta)$ (Fig. 9). Seja α o ângulo formado pelo eixo polar e a reta tangente l. Assim, uma vez que o eixo polar coincide com o eixo x, $\tan \alpha$ é o coeficiente angular ou inclinação da tangente l no sistema coordenado cartesiano xy.

Se $P = (x,y)$ no sistema coordenado cartesiano, então temos $dy/dx = \tan \alpha$. Usando as fórmulas de conversão de polar em coordenadas cartesianas obtidas na Seção 1.1, nós temos:

$$x = r \cos \theta = f(\theta) \cos \theta$$

e

$$y = r \,\text{sen}\, \theta = f(\theta) \,\text{sen}\, \theta;$$

portanto, x e y podem ser consideradas funções de θ.

Pela regra da cadeia, $\dfrac{dy}{d\theta} = \dfrac{dy}{dx}\dfrac{dx}{d\theta}$. Entretanto, se $\dfrac{dx}{d\theta} \neq 0$, temos

$$\tan \alpha = \frac{dy}{dx} = \frac{\dfrac{dy}{d\theta}}{\dfrac{dx}{d\theta}} = \frac{\dfrac{d}{d\theta}(r \,\text{sen}\, \theta)}{\dfrac{d}{d\theta}(r \cos \theta)} = \frac{\dfrac{dr}{d\theta} \,\text{sen}\, \theta + r \cos \theta}{\dfrac{dr}{d\theta} \cos \theta - r \,\text{sen}\, \theta}.$$

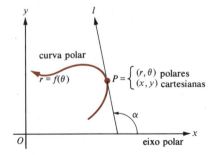

Fig. 9

EXEMPLO Encontre a inclinação da tangente para a rosácea de três folhas $a = 3 \,\text{sen}\, 3\theta$ no ponto $(3, \pi/6)$ (Fig. 4).

SOLUÇÃO
Aqui $dr/d\theta = 9\cos 3\theta$, então

$$\tan \alpha = \frac{\dfrac{dr}{d\theta}\operatorname{sen}\theta + r\cos\theta}{\dfrac{dr}{d\theta}\cos\theta - r\operatorname{sen}\theta} = \frac{9\cos 3\theta \operatorname{sen}\theta + 3\operatorname{sen}3\theta \cos\theta}{9\cos 3\theta \cos\theta - 3\operatorname{sen}3\theta \operatorname{sen}\theta}.$$

Assim, fazendo $\theta = \pi/6$ temos

$$\tan \alpha = \frac{9\cos\dfrac{\pi}{2}\operatorname{sen}\dfrac{\pi}{6} + 3\operatorname{sen}\dfrac{\pi}{2}\cos\dfrac{\pi}{6}}{9\cos\dfrac{\pi}{2}\cos\dfrac{\pi}{6} - 3\operatorname{sen}\dfrac{\pi}{2}\operatorname{sen}\dfrac{\pi}{6}} = \frac{3\left(\dfrac{\sqrt{3}}{2}\right)}{-3\left(\dfrac{1}{2}\right)} = -\sqrt{3}.$$

Na fórmula para $\tan \alpha$ deduzida acima, se o numerador $dr/d\theta \operatorname{sen}\theta + r\cos\theta$ for zero e o denominador $dr/d\theta \cos\theta - r\operatorname{sen}\theta$ diferente de zero, tem-se $\tan \alpha = 0$ e a reta tangente l, à curva polar, é *horizontal*. Analogamente, se o denominador for nulo e o numerador diferente de zero, a tangente l é *vertical*.

O caso para o qual $r = 0$, na fórmula para $\tan \alpha$ é de particular interesse, uma vez que a fórmula nos dá então a inclinação da tangente no pólo. Especificamente, temos

$$\tan \alpha = \frac{\dfrac{dr}{d\theta}\operatorname{sen}\theta}{\dfrac{dr}{d\theta}\cos\theta} = \frac{\operatorname{sen}\theta}{\cos\theta} = \tan\theta \quad \text{quando } r = 0.$$

Entretanto, se a curva polar passa através do pólo para um valor particular de θ, a reta tangente à curva polar no pólo tem inclinação igual à $\tan \theta$.

Um gráfico polar pode passar repetidamente através do pólo e ter diferentes direções em cada passagem. (Por exemplo, considere a rosácea de três folhas na Fig. 4.) Para encontrar a direção de uma curva em qualquer passagem particular, simplesmente use o valor apropriado de θ correspondente àquela passagem.

EXEMPLO Encontre a inclinação da tangente para a rosácea de quatro folhas $r = \cos 2\theta$ na passagem através da origem para a qual $\theta = 5\pi/4$ (Fig. 10). Discuta também o movimento do ponto (r, θ) ao longo da curva, quando θ cresce de 0 a 2π.

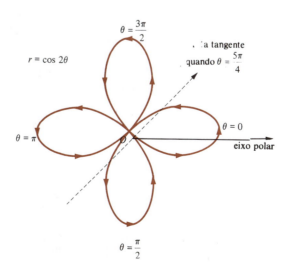

Fig. 10

Solução

Quando $\theta = 0$, $r = 1$ e nós começamos no ponto indicado do eixo polar (Fig. 10). Como θ cresce de 0 a $\pi/4$, $r = \cos 2\theta$ decresce de 1 para 0, e a curva efetua a sua primeira passagem através do pólo. Como θ continua a crescer, o ponto (r, θ) se desloca ao longo da rosácea de quatro folhas de acordo com as setas, passando através do pólo pela segunda vez quando $\theta = 3\pi/4$, pela terceira vez quando $\theta = 5\pi/4$ e pela quarta vez quando $\theta = 7\pi/4$. Quando θ assume o valor 2π, o ponto (r, θ) retorna ao ponto de partida. Na sua terceira passagem através do pólo, quando $\theta = 5\pi/4$, a inclinação da tangente é igual a $\tan(5\pi/4) = 1$.

Quando se trata de curvas em coordenadas polares é sempre conveniente especificar a direção da reta tangente l no ponto polar $P = (r, \theta)$ dando o ângulo ψ medido da semi-reta de origem O através de P até a tangente l (Fig. 11a). (O símbolo ψ é a letra grega *psi*).

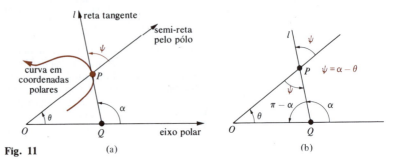

Fig. 11 (a) (b)

Visto que os ângulos dos três vértices do triângulo OQP devem somar $180° = \pi$ radianos, vem que $\theta + (\pi - \alpha) + \psi = \pi$; isto é, $\psi = \alpha - \theta$ (Fig. 11b). Usando a identidade trigonométrica para a tangente da diferença entre dois ângulos, o fato que $\psi = \alpha - \theta$, e a fórmula previamente deduzida para $\tan \alpha$, temos

$$\tan \psi = \tan(\alpha - \theta) = \frac{\tan \alpha - \tan \theta}{1 + \tan \alpha \tan \theta}$$

$$= \frac{\dfrac{\dfrac{dr}{d\theta} \operatorname{sen}\theta + r \cos\theta}{\dfrac{dr}{d\theta} \cos\theta - r \operatorname{sen}\theta} - \tan\theta}{1 + \dfrac{\dfrac{dr}{d\theta} \operatorname{sen}\theta + r \cos\theta}{\dfrac{dr}{d\theta} \cos\theta - r \operatorname{sen}\theta} \tan\theta}.$$

Multiplicando o numerador da fração acima por $dr/d\theta \cos\theta - r\operatorname{sen}\theta$, temos

$$\tan \psi = \frac{\dfrac{dr}{d\theta}\operatorname{sen}\theta + r\cos\theta - \left(\dfrac{dr}{d\theta}\cos\theta - r\operatorname{sen}\theta\right)\tan\theta}{\dfrac{dr}{d\theta}\cos\theta - r\operatorname{sen}\theta + \left(\dfrac{dr}{d\theta}\operatorname{sen}\theta + r\cos\theta\right)\tan\theta}$$

$$= \frac{\dfrac{dr}{d\theta}\operatorname{sen}\theta + r\cos\theta - \dfrac{dr}{d\theta}\cos\theta\tan\theta + r\operatorname{sen}\theta\tan\theta}{\dfrac{dr}{d\theta}\cos\theta - r\operatorname{sen}\theta + \dfrac{dr}{d\theta}\operatorname{sen}\theta\tan\theta + r\cos\theta\tan\theta}$$

$$= \frac{r\cos\theta + r\dfrac{\operatorname{sen}^2\theta}{\cos\theta}}{\dfrac{dr}{d\theta}\cos\theta + \dfrac{dr}{d\theta}\dfrac{\operatorname{sen}^2\theta}{\cos\theta}} = \frac{r\cos^2\theta + r\operatorname{sen}^2\theta}{\dfrac{dr}{d\theta}\cos^2\theta + \dfrac{dr}{d\theta}\operatorname{sen}^2\theta}$$

$$= \frac{r}{dr/d\theta}.$$

Assim, obtemos uma fórmula muito simples

$$\tan\psi = \frac{r}{dr/d\theta},$$

que explica por que é sempre vantajoso usar o ângulo ψ para indicar a direção da reta tangente. (A dedução acima deverá ser ligeiramente modificada se o ponto P estiver em diferentes partes do plano; contudo, o resultado final é sempre o mesmo.)

EXEMPLO Encontre $\tan\psi$ no ponto polar $(2, \pi/2)$ para a cardióide $r = 2(1 - \cos\theta)$ (Fig. 12).

SOLUÇÃO
Aqui temos $dr/d\theta = 2\operatorname{sen}\theta$, assim

$$\tan\psi = \frac{r}{dr/d\theta} = \frac{2(1 - \cos\theta)}{2\operatorname{sen}\theta}$$

$$= \csc\theta - \cot\theta.$$

Entretanto, quando $\theta = \pi/2$, temos

$$\tan\psi = \csc\frac{\pi}{2} - \cot\frac{\pi}{2} = 1.$$

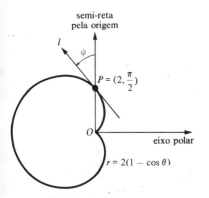

Fig. 12

Conjunto de Problemas 2

Nos exercícios de 1 a 18, teste a simetria em relação ao eixo polar, à reta $\theta = \pm\pi/2$, e ao pólo. Esboce o gráfico da equação.

1 $r = 4\cos\theta$
2 $r\operatorname{sen}\theta = 5$
3 $r\cos\theta = 5$
4 $r = 2$
5 $r = 2\operatorname{sen}\theta$
6 $\theta = 3$
7 $r = 2\operatorname{sen}3\theta$ (rosácea de três folhas)
8 $r = 2\cos 2\theta$ (rosácea de quatro folhas)
9 $r = 4\operatorname{sen}2\theta$ (rosácea de quatro folhas)
10 $r = 2\operatorname{sen}4\theta$ (rosácea de oito folhas)
11 $r = 4(1 + \cos\theta)$ (cardióide)
12 $r = 2(1 - \operatorname{sen}\theta)$ (cardióide)

13 $r = 3 - 2\cos\theta$ (limaçon) **14** $r = 3 + 4\,\text{sen}\,\theta$ (limaçon) **15** $r = 1 - 2\,\text{sen}\,\theta$ (limaçon)

16 $r = 1/\theta,\ \theta > 0$ (espiral recíproca) **17** $r^2 = 8\cos 2\theta$ (lemniscata) **18** $9\theta = \ln r$ (espiral logarítmica)

Nos exercícios de 19 a 22, encontre a inclinação da tangente ao gráfico de cada equação polar no ponto dado.

19 $r = 3(1 + \cos\theta)\,\text{em}\,(3, \pi/2)$. **20** $r = 2(1 - \text{sen}\,\theta)\,\text{em}\,(1, \pi/6)$.

21 $r = 8\,\text{sen}\,2\theta\,\text{em}\,(0, 0)$. **22** $r = \sec^2\theta\,\text{em}\,(4, \pi/3)$.

23 Encontre todos os pontos onde a tangente ao limaçon $r = 4 + 3\,\text{sen}\,\theta$ é horizontal ou vertical.

24 Encontre as coordenadas polares das extremidades das pétalas da rosácea de n folhas $r = 2\cos k\theta$ encontrando os valores de θ onde r toma seus valores máximos. (*Nota*: Não é necessário o uso de cálculos.)

Nos exercícios de 25 a 29, encontre $\tan\psi$ no ponto indicado (r, θ) no gráfico de cada curva polar.

25 $r = \text{sen}\,\theta\,\text{em}\,(\tfrac{1}{2}, \pi/6)$. **26** $r = \cos 2\theta\,\text{em}\,(0, \pi/4)$. **27** $r = e^\theta\,\text{em}\,(e^2, 2)$.

28 $r^2 = \csc 2\theta\,\text{em}\,(1, \pi/6)$. **29** $r = 4\sec\theta\,\text{em}\,(4, 0)$.

30 Se $b > a > 0$, encontre a inclinação de *ambas* as tangentes do limaçon $r = a + b\,\text{sen}\,\theta$ no pólo.

31 Se $0 < b < a$, encontre o valor mínimo de r para o limaçon $r = a + b\,\text{sen}\,\theta$.

32 Mostre que o gráfico polar de $r = \text{sen}\,(\theta/3)$ é simétrico em relação à reta $\theta = \pm\pi/2$ embora os testes para esta simetria dados na Seção 2.1 falhem. Esboce o gráfico.

33 Mostre que o gráfico polar de $r = f(\theta)$ é:
(a) Simétrico em relação à reta $\theta = 0$ se f é uma função par.
(b) Simétrico em relação à reta $\theta = \pm\pi/2$ se f é uma função ímpar.

34 Em vista do exercício 32, os testes de simetria na Seção 2.1 podem falhar para a constatação da simetria. Desenvolva um grupo de testes que não falhem.

35 Encontre e esboce o gráfico de uma curva polar tal que, em cada ponto da curva, $\tan\psi = K$, onde K é uma constante diferente de zero.

3 Cônicas na Forma Polar e Interseção de Curvas Polares

No Cap. 4 estudamos as equações cartesianas das cônicas. Nesta seção deduzimos as equações para as cônicas na forma polar. Também estudamos o método para encontrar os pontos de interseção das curvas polares.

3.1 Elipses, parábolas e hipérboles na forma polar

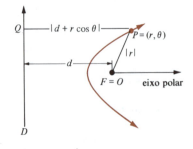

Fig. 1

De acordo com a Seção 5 do Cap. 4 uma elipse, parábola ou hipérbole pode ser definida em termos de um ponto F denominado *foco*, uma reta D denominada *diretriz* e um número positivo e denominado *excentricidade*.

Para encontrar a equação polar da cônica com foco F, diretriz D, e excentricidade e, coloca-se o foco F no polo O e a diretriz D perpendicular ao eixo polar e d unidades para a *esquerda* do pólo, $d > 0$ (Fig. 1).

Agora considere um ponto arbitrário $P = (r,\theta)$ do plano e seja Q o pé da perpendicular de P a diretriz D. Transformando, momentaneamente, para coordenadas cartesianas, vem que $P = (x,y)$, $Q = (-d, y)$, $x = r\cos\theta$ e $y = r\,\text{sen}\,\theta$ (Fig. 2), nós vemos que

$$|\overline{PQ}| = |d + x| = |d + r\cos\theta|$$

e $|\overline{PF}| = \sqrt{x^2 + y^2} = |r|$. Por definição, P pertence à cônica se e somente se

$$\frac{|\overline{PF}|}{|\overline{PQ}|} = e, \quad \text{isto é,} \quad \frac{|r|}{|d + r\cos\theta|} = e.$$

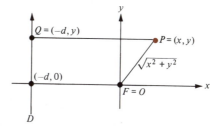

Fig. 2

Portanto, a equação da cônica na forma polar é

$$\left|\frac{r}{d + r\cos\theta}\right| = e \quad \text{ou} \quad \frac{\pm r}{d + r\cos\theta} = e.$$

Se $P = (r_1, \theta_1)$ satisfaz a equação $\dfrac{-r}{d + r\cos\theta} = e$, então $P = (-r_1, \theta_1 + \pi)$ também satisfaz a equação $\dfrac{r}{d + r\cos\theta} = e$; portanto, nós não omitimos nenhum ponto da cônica ao representar sua equação por $\dfrac{r}{d + r\cos\theta} = e$. Explicitando o valor de r, obtemos

$$r = \frac{ed}{1 - e\cos\theta},$$

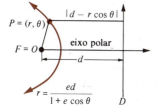

que é a equação polar da cônica na Fig. 1.

Se o foco F permanece no pólo, mas a diretriz D é colocada *à direita* do foco e perpendicular ao eixo polar (Fig. 3), então a equação polar da cônica se torna $r = \dfrac{ed}{1 + e\cos\theta}$. (Veja exercício 35.)

Se a diretriz D é colocada paralela ao eixo polar, com o foco F ainda no pólo, então a equação polar da cônica se torna

$$r = \frac{ed}{1 \pm e\,\text{sen}\,\theta},$$

Fig. 3

onde o sinal $+$ é usado se a diretriz estiver *acima* do eixo polar (Fig. 4a) e o sinal $-$ é usado se a diretriz estiver *abaixo* do eixo polar (Fig. 4b). Deixamos a dedução como um exercício (Exercício 36).

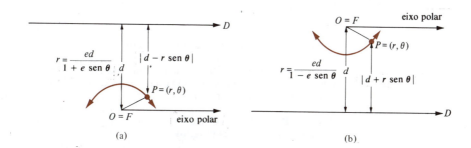

Fig. 4   (a)   (b)

EXEMPLOS Nos Exemplos 1 a 2, encontre a excentricidade, as diretrizes, os focos e os vértices das cônicas dadas em coordenadas polares. Identifique a cônica e esboce o gráfico.

1 $r = \dfrac{12}{3 - 2\cos\theta}$

SOLUÇÃO
Dividindo o numerador pelo denominador da fração dada por 3, vem

$$r = \frac{4}{1 - \frac{2}{3}\cos\theta} = \frac{\frac{2}{3}(6)}{1 - \frac{2}{3}\cos\theta},$$

que é a equação polar de uma cônica com foco no pólo, diretriz perpendicular ao eixo polar e $d = 6$ unidades à esquerda do polo, e excentricidade $e = 2/3$. Uma vez que $e < 1$, a cônica é uma elipse. Usando o Caso (i) do Teorema 1 na Seção 5 do Cap. 4, temos

$$a = \frac{ed}{1-e^2} = \frac{4}{1-\frac{4}{9}} = \frac{36}{5}, \qquad b = \frac{ed}{\sqrt{1-e^2}} = \frac{4}{\sqrt{\frac{5}{9}}} = \frac{12}{\sqrt{5}},$$

e $\quad c = ae = \dfrac{24}{5}.$

Portanto, o segundo foco está no eixo polar $2c = 48/5$ unidades do pólo, e a segunda diretriz é perpendicular ao eixo polar e $2c + d = 78/5$ unidades à direita do pólo. Os vértices em coordenadas cartesianas são

$$V_1 = (c - a, 0) = (-\tfrac{12}{5}, 0), \quad V_2 = (c + a, 0) = (12, 0),$$
$$V_3 = (c, b) = (\tfrac{24}{5}, 12/\sqrt{5}), \quad \text{e} \quad V_4 = (c, -b) = (\tfrac{24}{5}, -12/\sqrt{5}).$$

Em coordenadas polares, entretanto, os vértices são $V_1 = (12/5, \pi)$, $V_2 = (12, 0)$, $V_3 = (36/5, \tan^{-1}(\sqrt{5}/2))$, e $V_4 = (36/5, \tan^{-1}(\sqrt{5}/2))$ (Fig. 5).

2 $r = \dfrac{3}{2 + 2\cos\theta}$

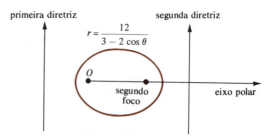

Fig. 5

SOLUÇÃO

Divide-se o numerador e denominador por 2, assim, $r = \dfrac{\frac{3}{2}}{1 + \cos\theta}$, que é a equação polar da cônica com foco no pólo, diretriz perpendicular ao eixo polar e $d = 3/2$ unidades à direita do pólo, e excentricidade $e = 1$. Visto que $e = 1$, a cônica é uma parábola e seu vértice está no eixo polar entre o foco e a diretriz. Portanto, o vértice está no $V = \left(\dfrac{d}{2}, 0\right) = (\tfrac{3}{4}, 0)$ em coordenadas cartesianas ou polares (Fig. 6).

COORDENADAS POLARES E ROTAÇÃO DE EIXOS 547

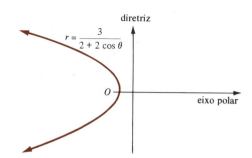

Fig. 6

3 Encontre a equação polar de uma hipérbole de excentricidade $e = 5/4$, estando um dos focos no pólo com a diretriz correspondente paralela ao eixo polar e $d = 3$ unidades acima do pólo.

SOLUÇÃO

$$r = \frac{ed}{1 + e\,\text{sen}\,\theta} = \frac{\frac{5}{4}(3)}{1 + \frac{5}{4}\,\text{sen}\,\theta} = \frac{15}{4 + 5\,\text{sen}\,\theta}.$$

3.2 Círculos na forma polar

Pelo exercício 39 na Seção 1, a distância do ponto $P = (r,\theta)$ ao ponto $P_0 = (r_0,\theta_0)$ no sistema de coordenadas polares é dada por

$$|\overline{PP_0}| = \sqrt{r^2 - 2rr_0\cos(\theta - \theta_0) + r_0^2}.$$

Portanto, a equação do círculo com raio R e centro $P_0 = (r_0,\theta_0)$ é dada por $|\overline{PP_0}|^2 = R^2$, ou

$$r^2 - 2rr_0\cos(\theta - \theta_0) + r_0^2 = R^2.$$

EXEMPLO Encontre a equação polar do círculo de raio $R > 0$ cujo centro P_0 está R unidades acima do pólo na semi-reta $\theta = \pi/2$ (Fig. 7).

SOLUÇÃO
Faça $r_0 = R$, $\theta_0 = \pi/2$ na equação geral acima para obter

$$r^2 - 2rR\cos(\theta - \pi/2) + R^2 = R^2 \quad \text{ou} \quad r^2 - 2rR\,\text{sen}\,\theta = 0.$$

Assim, a equação do círculo é $r = 2R\,\text{sen}\,\theta$. (Cancelando o r, não se perde a solução $r = 0$, uma vez que $r = 2R\,\text{sen}\,\theta$ ainda dá $r = 0$ quando $\theta = 0$.)

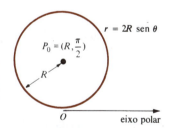

Fig. 7

3.3 Pontos de interseção das curvas polares

Para encontrar os pontos de interseção de duas curvas no sistema de coordenadas cartesianas, apenas resolvem-se as equações das curvas simultaneamente. Entretanto, no sistema de coordenadas polares, este procedimento não dá necessariamente *todos* os pontos de interseção, porque um ponto de interseção pode ter duas representações polares *diferentes*, uma que satisfaz a equação da primeira curva enquanto a outra satisfaz a equação da segunda curva.

A fim de encontrar *todos* os pontos P comuns dos gráficos polares das equações

$$r = f(\theta) \quad \text{e} \quad r = g(\theta),$$

nós devemos levar em conta a multiplicidade de representações em coordenadas polares efetuando o seguinte procedimento:

1.º Passo Observe cada gráfico polar separadamente para ver se ele passa através do pólo O. Se ambos passarem, então O é um ponto de interseção dos gráficos.
2.º Passo Resolva, se possível, as equações simultâneas

$$\begin{cases} r = f(\theta) \\ r = g(\theta + 2n\pi) \end{cases}$$

para r, θ e n, onde $r \neq 0$ e n deve ser um inteiro. Para cada solução, o ponto $P = (r,\theta)$ é uma interseção dos dois gráficos.
Resolva, se possível, as equações simultâneas
3.º Passo

$$\begin{cases} r = f(\theta) \\ r = -g(\theta + (2n+1)\pi) \end{cases}$$

para r, θ e n, onde $r \neq 0$ e n deve ser um inteiro. Para cada solução, o ponto $P = (r,\theta)$ é um ponto de interseção dos dois gráficos.

EXEMPLO   Encontre todos os pontos de interseção do círculo $r = -6\cos\theta$ e o limaçon $r = 2 - 4\cos\theta$.

SOLUÇÃO
1.º Passo: Já que $O = (0,\pi/2)$ pertence ao círculo e $O = (0,\pi/3)$ ao limaçon, O é um ponto de interseção.
2.º Passo: Nós resolvemos as equações simultâneas

$$\begin{cases} r = -6\cos\theta \\ r = 2 - 4\cos(\theta + 2n\pi), \ r \neq 0, \ n \text{ um inteiro.} \end{cases}$$

Notando que $\cos(\theta + 2n\pi) = \cos\theta$, obtemos, a partir das equações acima:

$$r = -6\cos\theta = 2 - 4\cos\theta.$$

Logo, $-2\cos\theta = 2$, ou seja, $\cos\theta = -1$, $r = 6$ e $\theta = \pi$. Assim o 2.º Passo fornece o ponto de interseção $P_1 = (6,\pi)$.
3.º Passo: Resolvemos as equações simultâneas

$$\begin{cases} r = -6\cos\theta \\ r = -[2 - 4\cos(\theta + (2n+1)\pi)], \qquad r \neq 0, \quad n \text{ um inteiro.} \end{cases}$$

Visto que $\cos(\theta + 2n\pi + \pi) = \cos(\theta + \pi) = -\cos\theta$, obtemos, a partir das equações acima:

$$r = -6\cos\theta = -(2 + 4\cos\theta).$$

Logo, $2\cos\theta = 2$, ou seja $\cos\theta = 1$, $r = -6$ e $\theta = 0$. Por conseguinte, o 3.º Passo fornece o mesmo ponto de interseção $P_1 = (-6,0) = (6,\pi)$ que o 2.º Passo. Portanto, o círculo e o limaçon se interceptam nos dois pontos O e P_1 (Fig. 8).

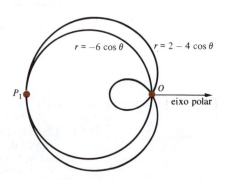

Fig. 8

COORDENADAS POLARES E ROTAÇÃO DE EIXOS

Conjunto de Problemas 3

Nos exercícios 1 a 10, encontre (a) a excentricidade, (b) a diretriz (diretrizes), (c) o foco (focos) e (d) o vértice (vértices) da cônica no sistema de coordenadas polares. Identifique também a cônica e esboce o gráfico.

1 $r = \dfrac{16}{5 - 3\cos\theta}$

2 $r = \dfrac{16}{5 + 3\cos\theta}$

3 $r = \dfrac{6}{1 - \cos\theta}$

4 $r = \dfrac{24}{5 - 7\cos\theta}$

5 $r = \dfrac{10}{1 - \text{sen}\,\theta}$

6 $r = \dfrac{6}{1 - 2\text{sen}\,\theta}$

7 $r = \dfrac{1}{1 + 2\text{sen}\,\theta}$

8 $r = \dfrac{6}{10 + 5\text{sen}\,\theta}$

9 $r = \dfrac{4}{1 + \cos\theta}$

10 $r = \csc^2\theta - \csc\theta\cot\theta$

Nos exercícios de 11 a 14, encontre a equação polar da cônica tendo um foco no pólo e satisfazendo as condições dadas. (Em cada caso, a diretriz dada é a que corresponde ao foco no pólo.)

11 A excentricidade é $^1/_3$, a diretriz horizontal está a 5 unidades acima do pólo.

12 Contém o ponto *cartesiano* (5,12) e tem diretriz $x = -4$.

13 Uma diretriz a 4 unidades à direita do pólo, a segunda diretriz a 6 unidades à direita do pólo.

14 Uma diretriz a 4 unidades à direita do pólo, a segunda diretriz a 6 unidades à esquerda do pólo.

15 Se $\theta < d$ e $0 < e < 1$, encontre as coordenadas *polares* dos dois focos, o centro e os quatro vértices da elipse $r = \dfrac{ed}{1 - e\cos\theta}$ em termos de d e e.

16 Se $0 < d$ e $e > 1$, encontre as coordenadas *polares* dos dois focos, o centro e os dois vértices da hipérbole $r = \dfrac{ed}{1 - e\cos\theta}$ em termos de d e e. Também encontre a inclinação das duas assíntotas.

17 Considere a elipse $r = \dfrac{ed}{1 - e\cos\theta}$, onde $0 < e < 1$ e $d = \dfrac{a}{e}$, $a > 0$, a constante.

(a) Com $e \to 0^+$, que acontece à diretriz da elipse correspondente ao foco no pólo? E à segunda diretriz?

(b) Com $e \to 0^+$, que acontece à extremidade da elipse?

18 Mostre que $r = d/2\,\csc^2\theta/2$ é a equação polar de uma parábola.

Nos exercícios 19 a 22, encontre a equação polar de cada círculo.

19 Centro em $(5,\pi/4)$, raio $R = 5$.

20 Centro em $(R,\pi/4)$, raio $= R$.

21 Tangente ao eixo polar em $(7,0)$, centro acima do eixo polar, raio $R = 5$.

22 Tangente ao eixo polar em $(a,0)$, $a > 0$, centro R unidades acima do eixo polar.

23 Encontre a equação polar da reta perpendicular ao eixo polar e

(a) d unidades à direita do pólo

(b) d unidades à esquerda do pólo, $d > 0$.

24 Mostre que, se $C \neq 0$, a reta cuja equação cartesiana é $Ax + By + C = 0$ tem a equação polar

$$r = \dfrac{-C}{A\cos\theta + B\text{sen}\,\theta}.$$

25 Encontre a equação polar da reta paralela ao eixo polar e

(a) d unidades acima do pólo

(b) d unidades abaixo do pólo, $d > 0$.

26 Prove que, se a reta L contém o ponto $P_1 = (r_1,\theta_1)$ onde $r_1 > 0$ e é perpendicular ao segmento de reta $\overline{OP}_1$, então sua equação polar é

$$r = \dfrac{r_1}{\cos\theta_1\cos\theta + \text{sen}\,\theta_1\text{sen}\,\theta}.$$

Nos exercícios de 27 a 34, encontre todos os pontos de interseção de cada par de curvas polares. Esboce os gráficos das duas curvas, destacando esses pontos.

27 $r = -3\text{sen}\,\theta$ e $r = 2 + \text{sen}\,\theta$.

28 $r = \dfrac{2}{\sqrt{2}\cos\theta + \sqrt{2}\text{sen}\,\theta}$ e $r = 2\cos\left(\theta - \dfrac{\pi}{4}\right)$.

29 $r = 1$ e $r = 2\cos 3\theta$.
30 $r = \theta$ para $\theta \geq 0$ e $r = -\theta$ para $\theta \geq 0$.
31 $r = \text{sen}\,\theta, r = \text{sen}\,2\theta$.
32 $r = 1 + \cos\theta, r = (1 + \sqrt{2})\cos\theta$.
33 $r = 2\,\text{sen}\,3\theta$ e $r = -2/\text{sen}\,\theta$.
34 $r = \theta$ e $r = 2\theta$.

35 Deduza a equação polar da cônica com foco no pólo e diretriz perpendicular ao eixo polar e d unidades à direita do pólo.

36 Deduza a equação polar da cônica com foco no pólo e diretriz paralela ao eixo polar.

37 Encontre as equações *polares* das duas diretrizes da elipse $r = \dfrac{ed}{1 - e\cos\theta}$, $0 < e < 1, d > 0$.

38 No exercício 37, encontre a condição ou condições em e e d, sendo que o vértice esquerdo da elipse pertence ao laço interior do limaçon $r = a - b\cos\theta, b > a > 0$.

39 Encontre todos os pontos de interseção da hipérbole $r = \dfrac{2}{1 - 2\cos\theta}$ com o limaçon $r = 2 - 4\cos\theta$. Esboce os gráficos.

4 Área e Comprimento de Arcos em Coordenadas Polares

Geometricamente, os dois problemas fundamentais do cálculo são o de encontrar a inclinação da tangente à curva e determinar a área da região limitada por uma curva. Na Seção 2 nós resolvemos o primeiro problema; nesta seção vamos ver como solucionar o segundo. Nós também desenvolvemos a fórmula para comprimento de arco de curvas polares.

4.1 Área de uma região em coordenadas polares

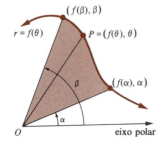

Fig. 1

Considere a curva cuja equação polar é $r = f(\theta)$, onde f é uma função contínua (Fig. 1). Quando θ cresce de $\theta = \alpha$ para $\theta = \beta$, o ponto $P = (f(\theta), \theta)$ se desloca ao longo da curva polar de $(f(\alpha), \alpha)$ para $(f(\beta), \beta)$ e o segmento de reta $\overline{OP}$ percorre uma região plana. Nos referimos a esta região como a região *compreendida* pela curva polar entre $\theta = \alpha$ e $\theta = \beta$. Abaixo, nós desenvolvemos uma fórmula para sua área.

A região polar mais simples é talvez o setor circular compreendido pelo círculo de raio r entre $\theta = \alpha$ e $\theta = \beta$ (Fig. 2). Uma vez que a área do círculo é πr^2 e o setor ocupa a fração $\dfrac{\beta - \alpha}{2\pi}$ de todo o círculo, a área A do setor é dada por

$$A = \pi r^2 \frac{\beta - \alpha}{2\pi} = \frac{1}{2} r^2 (\beta - \alpha).$$

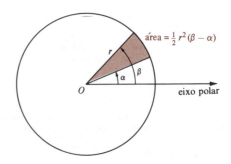

Fig. 2

COORDENADAS POLARES E ROTAÇÃO DE EIXOS

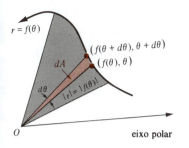

Fig. 3

Mas, geralmente, mesmo que a curva polar não seja um círculo, quando o ângulo cresce de θ para $\theta + d\theta$, o segmento $\overline{OP}$ na Fig. 1 irá percorrer uma pequena região que é virtualmente um setor de um círculo de raio $|r| = |f(\theta)|$ (Fig. 3).

Se $d\theta$ é considerado como um "infinitésimo", então a área "infinitesimal" deste setor é dada por

$$dA = \tfrac{1}{2}|r|^2 \, d\theta = \tfrac{1}{2} r^2 \, d\theta = \tfrac{1}{2}[f(\theta)]^2 \, d\theta.$$

Se nós "somarmos", isto é, integrarmos as áreas de todos estes setores "infinitesimais", varrendo θ de α a β, então nós obteremos a área A desejada. Assim, temos

$$A = \int_\alpha^\beta dA = \int_\alpha^\beta \tfrac{1}{2}[f(\theta)]^2 \, d\theta = \tfrac{1}{2}\int_\alpha^\beta [f(\theta)]^2 \, d\theta.$$

Esta fórmula é também apresentada por

$$A = \tfrac{1}{2}\int_\alpha^\beta r^2 \, d\theta.$$

EXEMPLOS 1 Encontre a área da "metade superior" da região compreendida pela cardióide $r = 3(1 + \cos\theta)$ (Fig. 4).

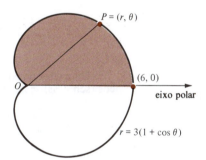

Fig. 4

SOLUÇÃO
Quando θ vai de 0 a π, o segmento $\overline{OP}$ percorre a "metade superior" da região interior à cardióide. Portanto, a área A da região é dada por

$$A = \frac{1}{2}\int_0^\pi r^2 \, d\theta = \frac{1}{2}\int_0^\pi [3(1+\cos\theta)]^2 \, d\theta$$

$$= \frac{9}{2}\int_0^\pi (1 + 2\cos\theta + \cos^2\theta) \, d\theta$$

$$= \frac{9}{2}\left(\theta + 2\,\text{sen}\,\theta + \frac{\theta}{2} + \frac{\text{sen}\,2\theta}{4}\right)\bigg|_0^\pi$$

$$= \frac{27\pi}{4} \text{ unidades}$$

2 Encontre a área da região compreendida pelo laço interior ao limaçon $r = 2 - 3\,\text{sen}\,\theta$ (Fig. 5).

SOLUÇÃO
Quando $\theta = 0$, $r = 2$ e o ponto $(r,\theta) = (2,0)$ está no eixo polar. Agora quando θ começa a crescer, $r = 2 - 3\,\text{sen}\,\theta$ começa a decrescer, e ele atinge 0 quando $\theta = \text{sen}^{-1}\,2/3 \approx 42°$. Neste ponto, o segmento de reta $\overline{OP}$ inicia o percurso da região desejada. Quando θ atinge o valor $\pi/2$, então $r = -1$ e o segmento de

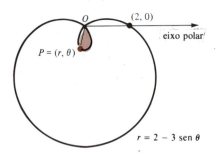

Fig. 5

reta $\overline{OP}$, cujos pontos movem-se para baixo, percorre exatamente metade da área desejada. Portanto, a área A da região é dada por

$$A = 2\left[\frac{1}{2}\int_{\text{sen}^{-1}(2/3)}^{\pi/2}(2-3\,\text{sen}\,\theta)^2\,d\theta\right]$$

$$= \int_{\text{sen}^{-1}(2/3)}^{\pi/2}(4 - 12\,\text{sen}\,\theta + 9\,\text{sen}^2\,\theta)\,d\theta$$

$$= \left(4\theta + 12\cos\theta + \frac{9}{2}\theta - \frac{9}{4}\text{sen}\,2\theta\right)\bigg|_{\text{sen}^{-1}(2/3)}^{\pi/2}$$

$$= \frac{17\pi}{4} - \left[\frac{17}{2}\text{sen}^{-1}\frac{2}{3} + 12\cos\left(\text{sen}^{-1}\frac{2}{3}\right) - \frac{9}{4}\text{sen}\left(2\,\text{sen}^{-1}\frac{2}{3}\right)\right]$$

Uma vez que $\cos(\text{sen}^{-1}\,2/3) = \sqrt{5}/3$ e $\text{sen}(2\,\text{sen}^{-1}\,2/3) = 2\,\text{sen}(\text{sen}^{-1}\,2/3)$ $\cos(\text{sen}^{-1}\,2/3) = 4\sqrt{5}/9$, então

$$A = \frac{17\pi}{4} - \frac{17}{2}\text{sen}^{-1}\frac{2}{3} - 3\sqrt{5} \approx 0{,}44 \text{ unidades de área.}$$

3 Encontre a área compreendida pela lemniscata $r^2 = 4\cos 2\theta$ (Fig. 6).

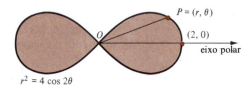

Fig. 6 $r^2 = 4\cos 2\theta$

SOLUÇÃO
Considere a porção da lemniscata para a qual $r = 2\sqrt{\cos 2\theta}$. Quando $\theta = 0$, $r = 2$, e como θ cresce, o ponto $P = (r,\theta)$ se desloca para a esquerda ao longo da parte superior da lemniscata até chegar ao pólo O, quando $\theta = \pi/4$. Assim, quando θ vai de 0 a $\pi/4$, o segmento $\overline{OP}$ percorre um quarto da área desejada. Portanto, a área A da região inteira é dada por

$$A = 4\left(\frac{1}{2}\int_0^{\pi/4} r^2\,d\theta\right) = 2\int_0^{\pi/4} 4\cos 2\theta\,d\theta = 4\,\text{sen}\,2\theta\bigg|_0^{\pi/4} = 4 \text{ unidades de área.}$$

Ao usar a fórmula $A = \frac{1}{2}\int_\alpha^\beta r^2\,d\theta$ para encontrar a área de uma região compreendida por uma curva polar $r = f(\theta)$ entre $\theta = \alpha$ e $\theta = \beta$, devemos estar certos que $\alpha \leq \beta$ e que o segmento de reta radial $\overline{OP}$, onde $P = (f(\theta),\theta)$, percorre apenas uma vez cada ponto no interior da região. Por exemplo, se nós desejamos encontrar a área total no interior do limaçon $r = 2 - 3\,\text{sen}\,\theta$ (Fig. 5), seria incorreto integrar de 0 a 2π. A razão é simplesmente que, quando θ vai de zero a 2π, o segmento $\overline{OP}$ percorre *duas vezes* todos os pontos pertencentes ao laço interior, assim a área do laço é contada duas vezes.

Com freqüência, necessitamos encontrar a área de uma região plana compreendida por gráficos de duas equações polares como $r = f(\theta)$ e $r = g(\theta)$ entre dois pontos sucessivos de interseção P_1 e P_2, onde $P_1 = (r_1,\alpha)$ e $P_2 = (r_2,\beta)$ (Fig. 7). Se a região compreendida pela curva $r = g(\theta)$ entre P_1 e P_2 está contida na região compreendida pela curva $r = f(\theta)$ entre P_1 e P_2, então a área desejada A é apenas a diferença de áreas das duas regiões e é dada por

$$A = \frac{1}{2}\int_{\alpha}^{\beta}[f(\theta)]^2\,d\theta - \frac{1}{2}\int_{\alpha}^{\beta}[g(\theta)]^2\,d\theta = \frac{1}{2}\int_{\alpha}^{\beta}\left[[f(\theta)]^2 - [g(\theta)]^2\right]d\theta.$$

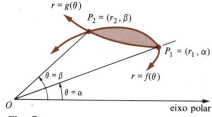

Fig. 7

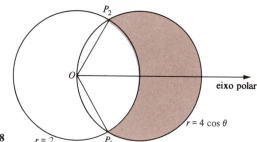

Fig. 8

EXEMPLO Encontre a área da região interior ao círculo $r = 4\cos\theta$ mas exterior ao círculo $r = 2$ (Fig. 8).

Solução
Os dois círculos se interceptam em $P_1 = (2,-\pi/3)$ e $P_2 = (2,\pi/3)$. A área A da região exterior ao círculo $r = 2$ e interior ao círculo $r = 4\cos\theta$ entre $\theta = -\pi/3$ e $\theta = \pi/3$ é dada por

$$A = \frac{1}{2}\int_{-\pi/3}^{\pi/3}[(4\cos\theta)^2 - 2^2]\,d\theta$$

$$= \frac{1}{2}\int_{-\pi/3}^{\pi/3}(16\cos^2\theta - 4)\,d\theta = \frac{1}{2}\int_{-\pi/3}^{\pi/3}\left[\frac{16}{2}(1+\cos 2\theta) - 4\right]d\theta$$

$$= \frac{1}{2}\int_{-\pi/3}^{\pi/3}(4 + 8\cos 2\theta)\,d\theta = 2(\theta + \operatorname{sen}2\theta)\Big|_{-\pi/3}^{\pi/3}$$

$$= 2\left[\left(\frac{\pi}{3}+\frac{\sqrt{3}}{2}\right) - \left(-\frac{\pi}{3}-\frac{\sqrt{3}}{2}\right)\right] = \frac{4\pi}{3} + 2\sqrt{3}\text{ unidades de área.}$$

4.2 Comprimento de arco de uma curva polar

Para uma curva em coordenadas cartesianas, $ds = \sqrt{(dx)^2 + (dy)^2}$ simboliza a diferencial do comprimento de arco (Fig. 9). Se nós convertermos para coordenadas polares, teremos

$$dx = d(r\cos\theta) = dr\cos\theta - r\operatorname{sen}\theta\,d\theta \quad \text{e}$$
$$dy = d(r\operatorname{sen}\theta) = dr\operatorname{sen}\theta + r\cos\theta\,d\theta.$$

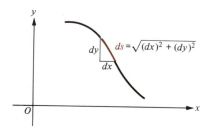

Fig. 9

Assim,

$$(dx)^2 + (dy)^2 = (dr)^2 \cos^2 \theta - 2r \cos \theta \operatorname{sen} \theta (dr)(d\theta)$$
$$+ r^2 \operatorname{sen}^2 \theta (d\theta)^2 + (dr)^2 \operatorname{sen}^2 \theta$$
$$+ 2r \cos \theta \operatorname{sen} \theta (dr)(d\theta)$$
$$+ r^2 \cos^2 \theta (d\theta)^2$$
$$= (dr)^2 (\cos^2 \theta + \operatorname{sen}^2 \theta)$$
$$+ r^2 (d\theta)^2 (\operatorname{sen}^2 \theta + \cos^2 \theta)$$
$$= (dr)^2 + r^2 (d\theta)^2,$$

ou seja

$$ds = \sqrt{(dx)^2 + (dy)^2} = \sqrt{(dr)^2 + r^2(d\theta)^2}$$
$$= \sqrt{\left[\left(\frac{dr}{d\theta}\right)^2 + r^2\right](d\theta)^2}.$$

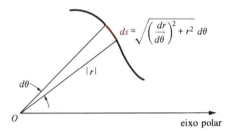

Fig. 10

Portanto, em coordenadas polares,

$$ds = \sqrt{\left(\frac{dr}{d\theta}\right)^2 + r^2}\, d\theta$$

O comprimento de arco da porção da curva polar $r = f(\theta)$ entre $\theta = \alpha$ e $\theta = \beta$ é dado por

$$s = \int_\alpha^\beta ds = \int_\alpha^\beta \sqrt{\left(\frac{dr}{d\theta}\right)^2 + r^2}\, d\theta = \int_\alpha^\beta \sqrt{[f'(\theta)]^2 + [f(\theta)]^2}\, d\theta,$$

desde que a derivada f' exista e seja contínua no intervalo $[\alpha,\beta]$.

EXEMPLO Encontre o comprimento de arco total da cardióide $r = 2(1 - \cos \theta)$ (Fig. 11).

SOLUÇÃO
Pelo fato de a cardióide ser simétrica em relação ao eixo polar, temos

$$s = 2\int_0^\pi \sqrt{\left(\frac{dr}{d\theta}\right)^2 + r^2}\, d\theta$$
$$= 2\int_0^\pi \sqrt{(2 \operatorname{sen}\theta)^2 + 4(1 - 2 \cos \theta + \cos^2 \theta)}\, d\theta$$
$$= 4\int_0^\pi \sqrt{\operatorname{sen}^2 \theta + \cos^2 \theta + 1 - 2 \cos \theta}\, d\theta$$
$$= 4\int_0^\pi \sqrt{2 - 2 \cos \theta}\, d\theta = 4\sqrt{2}\int_0^\pi \sqrt{1 - \cos \theta}\, d\theta.$$

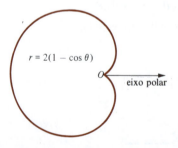

Fig. 11

Visto que $2\operatorname{sen}^2(\theta/2) = 1 - \cos\theta$, segue-se que

$$s = 4\sqrt{2}\int_0^\pi \sqrt{2\operatorname{sen}^2\frac{\theta}{2}}\,d\theta = 4\sqrt{2}\int_0^\pi \sqrt{2}\operatorname{sen}\frac{\theta}{2}\,d\theta$$

$$= 8\left(-2\cos\frac{\theta}{2}\right)\Big|_0^\pi = 16 \text{ unidades.}$$

Conjunto de Problemas 4

Nos exercícios de 1 a 6, encontre a área compreendida entre cada curva polar limitada pelos valores de θ indicados. Esboce o gráfico.

1 $r = 4\theta$ de $\theta = \pi/4$ a $\theta = 5\pi/4$.
2 $r = \operatorname{sen}^2(\theta/6)$ de $\theta = 0$ a $\theta = \pi$.
3 $r = 4/\theta$ de $\theta = \pi/4$ a $\theta = 5\pi/4$.
4 $r = 3\operatorname{sen}3\theta$ de $\theta = 0$ a $\theta = \pi/3$.
5 $r = 3\csc\theta$ de $\theta = \pi/2$ a $\theta = 5\pi/6$.
6 $r = 2\sec^2\theta$ de $\theta = 0$ a $\theta = \pi/3$.

Nos exercícios de 7 a 14, encontre a área compreendida entre cada curva polar. Em cada caso esboce a curva, determine os limites de integração apropriados e verifique se nenhuma das áreas está sendo contada duas vezes.

7 $r = 4\operatorname{sen}\theta$
8 $r = 2(1 + \cos\theta)$
9 $r = 2\operatorname{sen}3\theta$
10 $r = 2\sqrt{|\cos\theta|}$
11 $r = 2 + \cos\theta$
12 $r = 1 + 2\cos\theta$
13 $r = 2 - 2\operatorname{sen}\theta$
14 $r = 3\cos\theta + 4\operatorname{sen}\theta$

Nos exercícios de 15 a 19, encontre todos os pontos de interseção das duas curvas, esboce as duas curvas e encontre a área de cada região descrita.

15 Interior a $r = 6\operatorname{sen}\theta$ e exterior a $r = 3$.
16 Interior a $r = 1$ e $r = 1 + \cos\theta$.
17 Interior a $r = 3\cos\theta$ e $r = 1 + \cos\theta$.
18 Interior a $r^2 = 8\cos 2\theta$ e exterior a $r = 2$.
19 Interior a $r = 6\cos\theta$ e exterior a $r = 6(1 - \cos\theta)$.
20 Considerando, por hipótese, que $b > a > 0$, encontre a fórmula para a área compreendida pelo laço interno do limaçon $r = a + b\operatorname{sen}\theta$.
`**21** Encontre a área da região sombreada compreendida pelo gráfico de $r = \theta$ na Fig. 12.

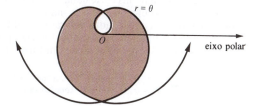

Fig. 12

Nos exercícios de 22 a 29, encontre o comprimento de arco de cada curva polar entre os valores de θ indicados.

22 $r = -2$ de $\theta = 0$ a $\theta = 2\pi$.
23 $r = 6\operatorname{sen}\theta$ de $\theta = 0$ a $\theta = \pi$.
24 $r = 2(1 + \cos\theta)$ de $\theta = 0$ a $\theta = 2\pi$.
25 $r = 4\theta^2$ de $\theta = 0$ a $\theta = \frac{3}{2}$.
26 $r = 2\operatorname{sen}^3(\theta/3)$ de $\theta = 0$ a $\theta = 3\pi$.
27 $r = e^\theta$ de $\theta = 0$ a $\theta = 4\pi$.
28 $r = -7\csc\theta$ de $\theta = \pi/4$ a $\theta = 3\pi/4$.
29 $r = 3\cos\theta + 4\operatorname{sen}\theta$ de $\theta = 0$ a $\theta = \pi/2$.

30 Critique o seguinte uso de diferenciais: Na Fig. 10 ds é virtualmente o comprimento de arco da porção da circunferência de um círculo de raio $|r|$ interrompida pelo ângulo $d\theta$ radianos; portanto, ds deve ser dado antes por $|r|\,d\theta$ do que por $\sqrt{(dr/d\theta)^2 + r^2}\,d\theta$.

31 Encontre o erro na seguinte afirmação: Visto que o gráfico de uma equação polar $r = 4\cos\theta$ é um círculo de raio 2, a circunferência deste círculo deve ser dada por

$$s = \int_0^{2\pi} \sqrt{\left(\frac{dr}{d\theta}\right)^2 + r^2} \, d\theta = \int_0^{2\pi} \sqrt{16\mathrm{sen}^2\,\theta + 16\cos^2\theta} \, d\theta = \int_0^{2\pi} 4 \, d\theta = 8\pi.$$

(Mas a circunferência de um círculo de raio 2 deve ser apenas 4π.)

32 Mostre que, com restrições convenientes, a área da superfície gerada pela revolução da porção da curva polar $r = f(\theta)$ entre $\theta = \alpha$ e $\theta = \beta$ em torno

(a) do eixo polar é $A = 2\pi \int_\alpha^\beta r \, \mathrm{sen}\,\theta \sqrt{(dr/d\theta)^2 + r^2} \, d\theta$, e

(b) do eixo $\theta = \pi/2$ é $A = 2\pi \int_\alpha^\beta r \cos\theta \sqrt{(dr/d\theta)^2 + r^2} \, d\theta$.

Nos exercícios de 33 a 36, use as fórmulas dadas no exercício 32 para encontrar a área da superfície gerada pela revolução de cada curva polar em torno do eixo dado.

33 $r = 2$ em torno do eixo polar.
34 $r = 4$ em torno do eixo $\theta = \pi/2$.
35 $r = 5 \cos\theta$ em torno do eixo polar.
36 $r^2 = 4 \cos 2\theta$ em torno do eixo $\theta = \pi/2$.

5 Rotação de Eixos

No Cap. 4 analisamos o problema de cônicas cujos eixos de simetria eram paralelos aos eixos coordenados concluindo, então, que as equações dessas cônicas poderiam ser "simplificadas" e colocadas sob a forma reduzida através de uma translação conveniente dos eixos de coordenadas cartesianas. Observe que as equações correspondentes à translação

$$\begin{cases} \bar{x} = x - h \\ \bar{y} = y - k \end{cases}$$

são relativamente simples quando se trata do sistema de coordenadas cartesianas, mas a transformação em coordenadas polares acarretaria algumas dificuldades. O sistema de coordenadas cartesianas se adapta naturalmente à translação — o sistema de coordenadas polares, não.

Por outro lado, o sistema de coordenadas polares se adapta naturalmente à *rotação* em torno do pólo. A Fig. 1 nos apresenta um eixo polar "antigo", um eixo polar "novo" obtido através da rotação em torno do pólo do eixo

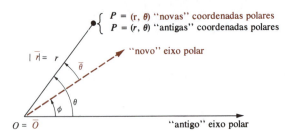

Fig. 1

polar antigo, de um ângulo ϕ, e um ponto P do plano. Evidentemente, se $P = (r, \theta)$ em relação ao sistema de coordenadas polares antigo teremos $P = (r, \theta - \phi) = (\bar{r}, \bar{\theta})$ em relação ao novo sistema polar. Portanto, para as coordenadas polares temos associadas às seguintes equações para rotação

$$\begin{cases} \bar{r} = r \\ \bar{\theta} = \theta - \phi. \end{cases}$$

que fornecem as novas coordenadas polares $(\bar{r}, \bar{\theta})$ do ponto P cujas coordenadas antigas são (r, θ).

EXEMPLO A equação do círculo de raio $a > 0$ com centro no ponto $(a, 0)$ no antigo eixo polar horizontal é $r = 2a \cos \theta$ (Fig. 2). Determine a equação do mesmo círculo em relação a um novo eixo polar que forma um ângulo de $\phi = \pi/2$ com o primeiro.

SOLUÇÃO
Usando as equações polares de rotação

$$\begin{cases} \bar{r} = r \\ \bar{\theta} = \theta - \phi \end{cases} \quad \text{ou} \quad \begin{cases} r = \bar{r} \\ \theta = \bar{\theta} + \phi, \end{cases}$$

da equação $r = 2a \cos \theta$ temos $\bar{r} = 2a \cos (\bar{\theta} + \phi)$. Fazendo $\phi = \pi/2$ e observando que

$$\cos (\bar{\theta} + \phi) = \cos (\bar{\theta} + \pi/2) = -\operatorname{sen} \bar{\theta},$$

vimos que a equação no novo sistema de coordenadas polares é $\bar{r} = -2a \operatorname{sen} \bar{\theta}$.

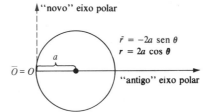

Fig. 2

5.1 Rotação de eixos cartesianos

As equações associadas à rotação em coordenadas *cartesianas* não são tão simples como as equações de rotação para coordenadas polares desenvolvidas acima. Todavia, é freqüente a necessidade de se efetuar a rotação dos eixos coordenados. Com o objetivo de estabelecer as equações apropriadas para tal rotação, enunciamos o seguinte teorema.

TEOREMA 1 **Equações associadas à rotação em coordenadas cartesianas**
Suponha que um novo sistema coordenado $\bar{x}\bar{y}$ tenha a mesma origem que o antigo sistema coordenado xy, mas que o novo eixo $\bar{x}$ seja obtido pela rotação do antigo eixo x no sentido anti-horário em torno da origem de um ângulo ϕ (Fig. 3). Sejam (x, y) as coordenadas cartesianas antigas do ponto P e $(\bar{x}, \bar{y})$ as novas coordenadas. Então

$$\begin{cases} x = \bar{x} \cos \phi - \bar{y} \operatorname{sen} \phi, \\ y = \bar{x} \operatorname{sen} \phi + \bar{y} \cos \phi. \end{cases}$$

A prova do Teorema 1 é facilmente realizável através da transformação das coordenadas cartesianas em polares, girando o sistema polar de um ângulo ϕ, e então transformando, de novo, em coordenadas cartesianas; os detalhes da prova são deixados para exercício do leitor (Exercício 28).

EXEMPLOS 1 Aplica-se ao antigo sistema xy uma rotação de $\pi/6$ radianos a fim de obter um novo sistema de coordenadas $\bar{x}\bar{y}$ (Fig. 4). Determine as antigas coordenadas xy do ponto P cujas novas coordenadas $\bar{x}\bar{y}$ são $(2, 1)$.

SOLUÇÃO
Usando as equações associadas à rotação em coordenadas cartesianas com $\phi = \pi/6$, obtemos

$$x = \bar{x} \cos \phi - \bar{y} \operatorname{sen} \phi$$
$$= 2\left(\frac{\sqrt{3}}{2}\right) - 1\left(\frac{1}{2}\right) = \sqrt{3} - \frac{1}{2}$$

e

$$y = \bar{x} \operatorname{sen} \phi + \bar{y} \cos \phi$$
$$= 2\left(\frac{1}{2}\right) + 1\left(\frac{\sqrt{3}}{2}\right) = 1 + \frac{\sqrt{3}}{2}.$$

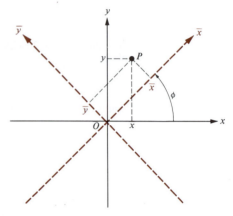

Fig. 3

Portanto, as coordenadas antigas de P são

$$\left(\sqrt{3} - \frac{1}{2}, 1 + \frac{\sqrt{3}}{2}\right).$$

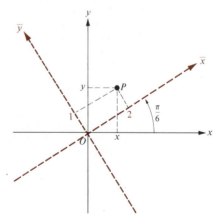

Fig. 4

2 A reta L tem equação $L: y = 4x + 5$ no antigo sistema de coordenadas xy. Por uma rotação em torno da origem, um novo sistema coordenado $\bar{x}\bar{y}$ é estabelecido, cujos eixos determinam com os eixos correspondentes de xy, um ângulo de 45º (Fig. 5). Determine a equação de L em relação ao novo sistema coordenado.

SOLUÇÃO
Visto que

$$x = \bar{x} \cos 45° - \bar{y} \operatorname{sen} 45° \quad \text{e}$$
$$y = \bar{x} \operatorname{sen} 45° + \bar{y} \cos 45°,$$

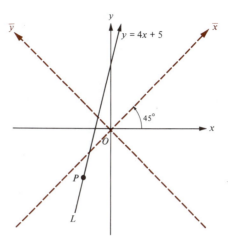

Fig. 5

segue-se que

$$x = \bar{x}\frac{\sqrt{2}}{2} - \bar{y}\frac{\sqrt{2}}{2} = \frac{\sqrt{2}}{2}(\bar{x} - \bar{y}) \quad \text{e}$$

$$y = \bar{x}\frac{\sqrt{2}}{2} + \bar{y}\frac{\sqrt{2}}{2} = \frac{\sqrt{2}}{2}(\bar{x} + \bar{y}).$$

Um ponto P da reta L tem coordenadas antigas que satisfazem a $y = 4x + 5$; portanto, suas novas coordenadas $\bar{x}\bar{y}$ irão satisfazer

$$\frac{\sqrt{2}}{2}(\bar{x} + \bar{y}) = 4\left[\frac{\sqrt{2}}{2}(\bar{x} - \bar{y})\right] + 5.$$

Simplificando a última equação, obtemos $\bar{y} = {}^3\!/_5\,\bar{x} + \sqrt{2}$.

Das equações para a rotação em coordenadas cartesianas

$$\begin{cases} x = \bar{x}\cos\phi - \bar{y}\operatorname{sen}\phi, \\ y = \bar{x}\operatorname{sen}\phi + \bar{y}\cos\phi \end{cases}$$

determinando $\bar{x}$ e $\bar{y}$ em função de x e y temos

$$\begin{cases} \bar{x} = x\cos\phi + y\operatorname{sen}\phi, \\ \bar{y} = -x\operatorname{sen}\phi + y\cos\phi \end{cases}$$

(veja Exercício 29). Essas duas últimas equações nos permitem então calcular as novas coordenadas $\bar{x}\bar{y}$ em função das antigas coordenadas xy e do ângulo de rotação ϕ.

EXEMPLO O novo sistema de coordenadas $\bar{x}\bar{y}$ foi obtido através da rotação do antigo sistema xy, de $-30°$. Determine as novas coordenadas $\bar{x}\bar{y}$ dos pontos cujas antigas coordenadas xy são dadas. (a) $(\sqrt{3},2)$ (b) $(-\sqrt{3},2)$.

Solução
Aqui nós temos

$$\bar{x} = x\cos(-30°) + y\operatorname{sen}(-30°) = x\frac{\sqrt{3}}{2} + y(-\tfrac{1}{2}) = \frac{\sqrt{3}x - y}{2} \quad \text{e}$$

$$\bar{y} = -x\operatorname{sen}(-30°) + y\cos(-30°) = -x(-\tfrac{1}{2}) + y\left(\frac{\sqrt{3}}{2}\right) = \frac{x + \sqrt{3}y}{2}.$$

Portanto,

(a) $\bar{x} = \dfrac{\sqrt{3}\sqrt{3} - 2}{2} = \dfrac{1}{2}$ e $\bar{y} = \dfrac{\sqrt{3} + \sqrt{3}(2)}{2} = \dfrac{3\sqrt{3}}{2}$, isto é $(\bar{x}, \bar{y}) = \left(\dfrac{1}{2}, \dfrac{3\sqrt{3}}{2}\right)$.

(b) $\bar{x} = \dfrac{\sqrt{3}(-\sqrt{3}) - 2}{2} = -\dfrac{5}{2}$ e $\bar{y} = \dfrac{-\sqrt{3} + \sqrt{3}(2)}{2} = \dfrac{\sqrt{3}}{2}$,

isto é $(\bar{x}, \bar{y}) = \left(-\dfrac{5}{2}, \dfrac{\sqrt{3}}{2}\right)$.

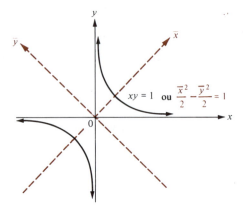

Fig. 6

Por uma rotação conveniente dos eixos coordenados, a equação da curva pode com freqüência ser "simplificada" ou colocada sob uma forma reconhecível. Por exemplo, considere o gráfico correspondente à equação $xy = 1$ (Fig. 6). Este gráfico possui dois ramos, um no primeiro e o outro no terceiro quadrante. Tal equação corresponde, na verdade, a uma hipérbole cujo eixo transverso determina um ângulo de 45° com o eixo x. Para verificar que de fato é este o caso, estabelece-se um novo sistema de coordenadas $\bar{x}\bar{y}$ cujos eixos determinam um ângulo de $\phi = 45°$ com os do sistema antigo. Substituindo

$$x = \bar{x}\cos 45° - \bar{y}\operatorname{sen} 45° = \dfrac{\sqrt{2}}{2}(\bar{x} - \bar{y}) \quad \text{e}$$

$$y = \bar{x}\operatorname{sen} 45° + \bar{y}\cos 45° = \dfrac{\sqrt{2}}{2}(\bar{x} + \bar{y})$$

da equação $xy = 1$, obtemos

$$\dfrac{\sqrt{2}}{2}(\bar{x} - \bar{y}) \cdot \dfrac{\sqrt{2}}{2}(\bar{x} + \bar{y}) = 1 \quad \text{ou} \quad \dfrac{\bar{x}^2}{2} - \dfrac{\bar{y}^2}{2} = 1.$$

Portanto, como já era esperado, a curva na Fig. 6 é uma hipérbole, visto que sua equação pode ser colocada sob a forma reduzida no novo sistema de coordenadas $\bar{x}\bar{y}$.

Conjunto de Problemas 5

Nos exercícios de 1 a 10, efetuou-se uma rotação de um ângulo ϕ, do "antigo" sistema de coordenadas polares a fim de se obter um "novo" sistema. Determine a nova equação, em termos de $\bar{r}$ e $\bar{\theta}$, da curva cuja antiga equação em coordenadas polares é dada.

1 $r = 5$; $\phi = \pi/2$ 　　　　　　　　　　　　　　**2** $\theta = \pi/3$; $\phi = -\pi/6$

COORDENADAS POLARES E ROTAÇÃO DE EIXOS

3 $r = 4\cos\theta$; $\phi = -\dfrac{\pi}{2}$

4 $r = \dfrac{1}{1 - \cos\theta}$; $\phi = \pi$

5 $r = 3 + 5\text{sen}\,\theta$; $\phi = \pi$

6 $r = \theta$; $\phi = \pi/3$

7 $r = 3 - 5\text{sen}\,\theta$; $\phi = -\dfrac{\pi}{2}$

8 $r = \dfrac{ed}{1 + e\cos\theta}$; $\phi = \dfrac{\pi}{2}$

9 $r^2 = 25\cos 2\theta$; $\phi = \dfrac{\pi}{2}$

10 $r = \dfrac{-C}{A\cos\theta + B\,\text{sen}\,\theta}$; ϕ arbitrário

Nos exercícios de 11 a 19, os antigos eixos xy foram girados de um ângulo ϕ para se constituírem num novo sistema de coordenadas $\bar{x}\bar{y}$. O ponto P tem coordenadas (x, y) em relação ao antigo sistema xy e coordenadas $(\bar{x}, \bar{y})$ em relação ao sistema $\bar{x}\bar{y}$. Encontre o dado que falta.

11 $(x, y) = (4, -7)$, $\phi = 90°$, $(\bar{x}, \bar{y}) = ?$

12 $(x, y) = (2, 0)$, $(\bar{x}, \bar{y}) = (1, \sqrt{3})$, $\phi = ?$

13 $(\bar{x}, \bar{y}) = (-3, -3)$, $\phi = \pi/3$ radianos, $(x, y) = ?$

14 $(x, y) = (5\sqrt{2}, \sqrt{2})$, $\phi = 45°$, $(\bar{x}, \bar{y}) = ?$

15 $(\bar{x}, \bar{y}) = (-4, -2)$, $\phi = 30°$, $(x, y) = ?$

16 $(\bar{x}, \bar{y}) = (-3\sqrt{2}, \sqrt{2})$, $\phi = 3\pi/4$ radianos $(x, y) = ?$

17 $(x, y) = (-4, 0)$, $\phi = \pi$ radianos, $(\bar{x}, \bar{y}) = ?$

18 $(x, y) = (1, -7)$, $\phi = 240°$, $(\bar{x}, \bar{y}) = ?$

19 $(x, y) = (0, 8)$, $\phi = 360°$, $(\bar{x}, \bar{y}) = ?$

20 Determine um ângulo ϕ (se existir) para o qual as equações de rotação são as seguintes

(a) $\bar{x} = y$ e $\bar{y} = -x$ (b) $\bar{x} = -x$ e $\bar{y} = -y$ (c) $\bar{x} = y$ e $\bar{y} = x$ (d) $\bar{x} = -y$ e $\bar{y} = -x$

Nos exercícios de 21 a 26, os eixos xy são girados de 30° para se constituírem nos eixos $\bar{x}\bar{y}$. Expresse cada equação no outro sistema de coordenadas.

21 $y^2 = 3x$

22 $\bar{y} = 3\bar{x}$

23 $\bar{x}^2 + \bar{y}^2 = 1$

24 $5x - y = 4$

25 $x^2 + y^2 = 1$

26 $x^2 = 25$

27 "Simplifique" a equação $x^2 - 2xy + y^2 - \sqrt{2}x - \sqrt{2}y = 0$, girando os eixos coordenados de um ângulo $\phi = -\pi/4$.

28 Deduza as equações no Teorema 1 transformando em coordenadas polares, girando o eixo polar e então retornando às coordenadas cartesianas.

29 Resolva as equações do Teorema 1 para obter $\bar{x}$ e $\bar{y}$ em função de x e y.

6 Equação Geral do Segundo Grau e Invariantes por Rotação

No final da seção anterior vimos que o gráfico da equação $xy = 1$ é uma hipérbole; de fato esta equação foi transformada numa equação reduzida de uma hipérbole, através de uma rotação de 45° dos eixos coordenados. A equação $xy = 1$ é um caso particular da *equação geral do segundo grau em x e y*,

$$Ax^2 + Bxy + Cy^2 + Dx + Ey + F = 0.$$

Na equação geral do segundo grau, os coeficientes A, B, C, D, E e F são considerados constantes. Observe que fazendo $A = C = D = E = 0$, $B = 1$ e $F = -1$ na equação geral, obtemos $xy - 1 = 0$, ou $xy = 1$. Analogamente, fazendo $A = 1/a^2$, $B = 0$, $C = 1/b^2$, $D = 0$, $E = 0$ e $F = -1$, obtemos

$\dfrac{x^2}{a^2} + \dfrac{y^2}{b^2} = 1$, a forma reduzida da equação de uma elipse. Analogamente, se consideramos $A = 1/a^2, B = 0, C = -1/b^2, D = 0, E = 0$ e $F = -1$, então, da equação geral do segundo grau, obtém-se $\dfrac{x^2}{a^2} - \dfrac{y^2}{b^2} = 1$, que é a equação reduzida de uma hipérbole. Finalmente, fazendo $A = 1, B = 0, C = 0, D = 0$, $E = -4p$, e $F = 0$, obtemos $x^2 = 4py$, a equação da parábola.

Toda seção cônica considerada até agora tem uma equação cartesiana que é um caso particular da equação geral do 2.º grau

$$Ax^2 + Bxy + Cy^2 + Dx + Ey + F = 0;$$

contudo, exceto para a hipérbole $xy = 1$, o coeficiente B tem sido sempre nulo e, desse modo, o termo "cruzado" Bxy não tem aparecido. Provaremos agora que o termo "cruzado" pode ser sempre eliminado da equação geral do segundo grau através de uma rotação conveniente dos eixos coordenados.

TEOREMA 1   **Eliminação do termo cruzado através de rotação**

Se o "antigo" sistema de coordenadas xy é girado, em torno da origem, de seu ângulo ϕ para se obter um "novo" sistema de coordenadas $\bar{x}\bar{y}$, então a curva cuja equação antiga, em relação aos eixos xy, era $Ax^2 + Bxy + Cy^2 + Dx + Ey + F = 0$ será uma nova equação $\bar{A}\bar{x}^2 + \bar{B}\bar{x}\bar{y} + \bar{C}\bar{y}^2 + \bar{D}\bar{x} + \bar{E}\bar{y} + \bar{F} = 0$ em relação aos eixos $\bar{x}\bar{y}$, onde

$$\bar{A} = A\cos^2\phi + B\cos\phi\,\mathrm{sen}\,\phi + C\,\mathrm{sen}^2\,\phi,$$

$$\bar{B} = 2(C - A)\cos\phi\,\mathrm{sen}\,\phi + B(\cos^2\phi - \mathrm{sen}^2\,\phi),$$

$$\bar{C} = A\,\mathrm{sen}^2\,\phi - B\cos\phi\,\mathrm{sen}\,\phi + C\cos^2\phi,$$

$$\bar{D} = D\cos\phi + E\,\mathrm{sen}\,\phi,$$

$$\bar{E} = -D\,\mathrm{sen}\,\phi + E\cos\phi, \quad e$$

$$\bar{F} = F.$$

Em particular, se $B \neq 0$ e se ϕ foi escolhido como $0 < \phi < \pi/2$ e cot $2\phi = \dfrac{A - C}{B}$, então $\bar{B} = 0$ e o termo cruzado $\bar{B}\bar{x}\bar{y}$ não irá figurar na nova equação.

PROVA

Substituindo $x = \bar{x}\cos\phi - \bar{y}\,\mathrm{sen}\,\phi$ e $y = \bar{x}\,\mathrm{sen}\,\phi + \bar{y}\cos\phi$, equações da rotação, em $Ax^2 + Bxy + Cy^2 + Dx + Ey + F = 0$, obtém-se

$$A(\bar{x}^2\cos^2\phi - 2\bar{x}\bar{y}\cos\phi\,\mathrm{sen}\,\phi + \bar{y}^2\mathrm{sen}^2\,\phi) + B(\bar{x}^2\cos\phi\,\mathrm{sen}\,\phi + \bar{x}\bar{y}\cos^2\phi$$
$$- \bar{x}\bar{y}\,\mathrm{sen}^2\,\phi - \bar{y}^2\cos\phi\,\mathrm{sen}\,\phi) + C(\bar{x}^2\mathrm{sen}^2\,\phi + 2\bar{x}\bar{y}\cos\phi\,\mathrm{sen}\,\phi + \bar{y}^2\cos^2\phi)$$
$$+ D(\bar{x}\cos\phi - \bar{y}\,\mathrm{sen}\,\phi) + E(\bar{x}\,\mathrm{sen}\,\phi + \bar{y}\cos\phi) + F = 0.$$

Reduzindo os termos semelhantes na equação acima, obtemos

$$\bar{A}\bar{x}^2 + \bar{B}\bar{x}\bar{y} + \bar{C}\bar{y}^2 + \bar{D}\bar{x} + \bar{E}\bar{y} + \bar{F} = 0,$$

onde os coeficientes $\bar{A}, \bar{B}, \bar{C}, \bar{D}, \bar{E}$ e $\bar{F}$ são como os mostrados no teorema. Visto que $\mathrm{sen}\,2\phi = 2\cos\phi\,\mathrm{sen}\,\phi$ e $\cos 2\phi = \cos^2\phi - \mathrm{sen}^2\,\phi$, então $\bar{B} = 2(C - A)\cos\phi\,\mathrm{sen}\,\phi + B(\cos^2\phi - \mathrm{sen}^2\,\phi)$ pode também ser escrita na forma $\bar{B} = (C - A)\,\mathrm{sen}\,2\phi + B\cos 2\phi$. Portanto, se $B \neq 0$ e se ϕ é escolhido de tal modo que $0 < \phi < \pi/2$ e $\cot 2\phi = \dfrac{A - C}{B}$, então $\dfrac{\cos 2\phi}{\mathrm{sen}\,2\phi} = \dfrac{A - C}{B}$, ou seja, $B\cos 2\phi = (A - C)\,\mathrm{sen}\,2\phi$ e $\bar{B} = (C - A)\,\mathrm{sen}\,2\phi + B\cos 2\phi = (C - A)\,\mathrm{sen}\,2\phi + (A - C)\,\mathrm{sen}\,2\phi = 0$.

Ao aplicar o Teorema 1 para eliminar o termo cruzado da equação geral do segundo grau, não é necessário o uso das fórmulas dadas para obter os novos coeficientes, visto que se pode sempre substituir as equações de rotação na equação do segundo grau dada e reduzir os termos semelhantes.

EXEMPLO Girar os eixos coordenados a fim de eliminar o termo cruzado da equação $x^2 - 4xy + y^2 - 6 = 0$ e esboçar o gráfico mostrando o antigo e o novo sistema de coordenadas.

Solução
A equação tem a forma $Ax^2 + Bxy + Cy^2 + Dx + Ey + F = 0$ com $A = 1$, $B = -4$, $C = 1$, $D = 0$, $E = 0$ e $F = -6$. De acordo com o Teorema 1, o termo cruzado pode ser eliminado, através de uma rotação do sistema, de um ângulo ϕ, onde $0 < \phi < \pi/2$ e $\cot 2\phi = \dfrac{A - C}{B} = \dfrac{1 - 1}{-4} = 0$. Portanto, fazemos $2\phi = \pi/2$, ou seja, $\phi = \pi/4$, $\operatorname{sen}\phi = \sqrt{2}/2$ e $\cos\phi = \sqrt{2}/2$. Então, pelas equações de rotação, $x = \bar{x}\cos\phi - \bar{y}\operatorname{sen}\phi = \dfrac{\sqrt{2}}{2}(\bar{x} - \bar{y})$ e $y = \bar{x}\operatorname{sen}\phi + \bar{y}\cos\phi = \dfrac{\sqrt{2}}{2}(\bar{x} + \bar{y})$. Substituindo estas expressões por x e y na equação $x^2 - 4xy + y^2 - 6 = 0$, temos

$$\left[\frac{\sqrt{2}}{2}(\bar{x} - \bar{y})\right]^2 - 4\left[\frac{\sqrt{2}}{2}(\bar{x} - \bar{y})\right]\left[\frac{\sqrt{2}}{2}(\bar{x} + \bar{y})\right] + \left[\frac{\sqrt{2}}{2}(\bar{x} + \bar{y})\right]^2 - 6 = 0.$$

Simplificando a equação acima vem

$$\frac{1}{2}(\bar{x} - \bar{y})^2 - 2(\bar{x} - \bar{y})(\bar{x} + \bar{y}) + \frac{1}{2}(\bar{x} + \bar{y})^2 = 6$$

ou

$$\frac{1}{2}(\bar{x}^2 - 2\bar{x}\bar{y} + \bar{y}^2) - 2(\bar{x}^2 - \bar{y}^2) + \frac{1}{2}(\bar{x}^2 + 2\bar{x}\bar{y} + \bar{y}^2) = 6.$$

Reduzindo os termos semelhantes da equação acima, obtemos $-\bar{x}^2 + 3\bar{y}^2 = 6$ ou $\dfrac{\bar{y}^2}{2} - \dfrac{\bar{x}^2}{6} = 1$, uma hipérbole (Fig. 1).

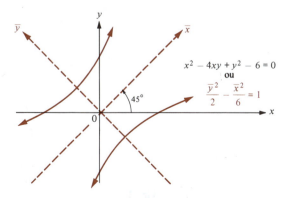

Fig. 1

Se $0 < \phi < \pi/2$, então as identidades trigonométricas

$$\cos 2\phi = \frac{\cot 2\phi}{\sqrt{\cot^2 2\phi + 1}}, \quad \cos \phi = \sqrt{\frac{1 + \cos 2\phi}{2}}, \quad \text{e} \quad \text{sen } \phi = \sqrt{\frac{1 - \cos 2\phi}{2}}$$

nos permitem determinar $\cos \phi$ e sen ϕ algebricamente em função dos valores de cot 2ϕ.

Isto é usual quando se aplica o Teorema 1 à eliminação do termo cruzado da equação do segundo grau.

EXEMPLOS Girar os eixos coordenados para eliminar o termo cruzado e esboçar o gráfico mostrando os eixos antigos e os novos.

1 $8x^2 - 4xy + 5y^2 = 144$

Solução
Aqui $A = 8$, $B = -4$, $C = 5$, $D = 0$, $E = 0$ e $F = -144$; portanto, cot $2\phi = \dfrac{A-C}{B} = \dfrac{8-5}{-4} = -\dfrac{3}{4}$. Desse modo,

$$\cos 2\phi = \frac{\cot 2\phi}{\sqrt{\cot^2 2\phi + 1}} = \frac{-\frac{3}{4}}{\sqrt{(-\frac{3}{4})^2 + 1}} = \frac{-\frac{3}{4}}{\sqrt{\frac{9}{16} + 1}} = \frac{-\frac{3}{4}}{\frac{5}{4}} = -\frac{3}{5},$$

ou seja

$$\cos \phi = \sqrt{\frac{1 + \cos 2\phi}{2}} = \sqrt{\frac{1 - \frac{3}{5}}{2}} = \sqrt{\frac{2}{10}} = \sqrt{\frac{1}{5}} = \frac{\sqrt{5}}{5},$$

e

$$\text{sen } \phi = \sqrt{\frac{1 - \cos 2\phi}{2}} = \sqrt{\frac{1 + \frac{3}{5}}{2}} = \sqrt{\frac{8}{10}} = \sqrt{\frac{4}{5}} = \frac{2\sqrt{5}}{5}.$$

Substituindo

$$x = \frac{\sqrt{5}}{5}\bar{x} - \frac{2\sqrt{5}}{5}\bar{y} \quad \text{e} \quad y = \frac{2\sqrt{5}}{5}\bar{x} + \frac{\sqrt{5}}{5}\bar{y}$$

na equação dada, obtemos

$$8\left(\frac{\sqrt{5}}{5}\bar{x} - \frac{2\sqrt{5}}{5}\bar{y}\right)^2 - 4\left(\frac{\sqrt{5}}{5}\bar{x} - \frac{2\sqrt{5}}{5}\bar{y}\right)\left(\frac{2\sqrt{5}}{5}\bar{x} + \frac{\sqrt{5}}{5}\bar{y}\right) + 5\left(\frac{2\sqrt{5}}{5}\bar{x} + \frac{\sqrt{5}}{5}\bar{y}\right)^2 = 144.$$

Esta equação pode ser simplificada em $4\bar{x}^2 + 9\bar{y}^2 = 144$, ou $\dfrac{\bar{x}^2}{36} + \dfrac{\bar{y}^2}{16} = 1$, que corresponde a uma elipse.

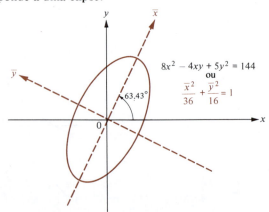

Fig. 2

Visto que $\operatorname{sen}\phi = \dfrac{2\sqrt{5}}{5}$, segue-se $\phi \approx 63{,}43°$ (Fig. 2).

2 $16x^2 - 24xy + 9y^2 - 80x - 190y + 425 = 0$

SOLUÇÃO
Aqui $A = 16$, $B = -24$, $C = 9$, $D = -80$, $E = -190$, e $F = 425$;

$$\cot 2\phi = \frac{A-C}{B} = -\frac{7}{24}, \qquad \cos 2\phi = \frac{-\frac{7}{24}}{\sqrt{\left(-\frac{7}{24}\right)^2 + 1}} = -\frac{7}{25},$$

$$\cos\phi = \sqrt{\frac{1 + \left(-\frac{7}{25}\right)}{2}} = \frac{3}{5}, \qquad \text{e} \qquad \operatorname{sen}\phi = \sqrt{\frac{1 - \left(-\frac{7}{25}\right)}{2}} = \frac{4}{5}.$$

Pela substituição direta na equação do Teorema 1, temos $\bar{A} = A(^3/_5)^2 + B(^3/_5)(^4/_5) + C(^4/_5)^2 = 0$, $\bar{B} = 0$, $\bar{C} = A(^4/_5)^2 - B(^3/_5)(^4/_5) + C(^3/_5)^2 = 25$, $\bar{D} = D(^3/_5) + E(^4/_5) = -200$, $\bar{E} = -D(^4/_5) + E(^3/_5) = -50$, $\bar{F} = F = 425$. Desse modo, a equação relativa ao novo sistema de coordenadas $\bar{x}\bar{y}$ é $25\bar{y}^2 - 200\bar{x} - 50\bar{y} + 425 = 0$; isto é, $\bar{y}^2 - 8\bar{x} - 2\bar{y} + 17 = 0$. Agora completamos o quadrado para obter

$$\bar{y}^2 - 2\bar{y} + 1 = 8\bar{x} - 17 + 1 \quad \text{ou} \quad (\bar{y} - 1)^2 = 8(\bar{x} - 2).$$

Esta equação corresponde a uma parábola com vértice em (2,1) no novo sistema. Visto que sen $\phi = {^4/_5}$, segue-se que $\phi \approx 53{,}13°$ (Fig. 3).

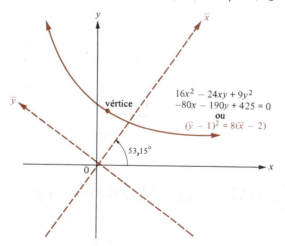

Fig. 3

Se bem que a rotação dos eixos coordenados, de um ângulo ϕ, transforme a equação $Ax^2 + Bxy + Cy^2 + Dx + Ey + F = 0$ em

$$\bar{A}\bar{x}^2 + \bar{B}\bar{x}\bar{y} + \bar{C}\bar{y}^2 + \bar{D}\bar{x} + \bar{E}\bar{y} + \bar{F} = 0,$$

as duas equações possuem exatamente o mesmo gráfico. Este gráfico assim como qualquer outro elemento que permaneça inalterado, como conseqüência de uma rotação, é denominado um *invariante por rotação*. Um *invariante algébrico por rotação*, em particular, é definido como qualquer expressão englobando os coeficientes A, B, C, D, E e F que permaneça inalterada quando os eixos são girados. Por exemplo, de acordo com o Teorema 1, $\bar{F} = F$; portanto, F é um invariante algébrico por rotação. O teorema seguinte, cuja prova é deixada a título de exercício (exercício 14), fornece dois outros invariantes por rotação.

TEOREMA 2 **Invariantes por rotação**

Quando aos eixos coordenados aplica-se uma rotação de um ângulo ϕ,

566 CÁLCULO

fazendo com que a equação do segundo grau $Ax^2 + Bxy + Cy^2 + Dx + Ey + F = 0$ se transforme em $\bar{A}\bar{x}^2 + \bar{B}\bar{x}\bar{y} + \bar{C}\bar{y}^2 + \bar{D}\bar{x} + \bar{E}\bar{y} + \bar{F} = 0$ como no Teorema 1, então as quantidades, F, $A + C$, e $B^2 - 4AC$ são invariantes, posto que:

1   $F = \bar{F}$.

2   $A + C = \bar{A} + \bar{C}$.

3   $B^2 - 4AC = \bar{B}^2 - 4\bar{A}\bar{C}$.

Os invariantes algébricos por rotação, no Teorema 2, podem ser usados como verificação da existência de erros de cálculo numérico que porventura ocorram em conseqüência da rotação de eixos para a equação do segundo grau. Por exemplo, para verificar o cálculo numérico no Exemplo 2, temos $A = 16$, $B = -24$, $C = 9$, $\bar{A} = 0$, $\bar{B} = 0$ e $\bar{C} = 25$, ou seja

$$A + C = \bar{A} + \bar{C} = 25 \qquad \text{e} \qquad B^2 - 4AC = \bar{B}^2 - 4\bar{A}\bar{C} = 0.$$

Temos agora os meios para esboçar o gráfico de qualquer equação do segundo grau em x e y. Se o termo cruzado figura na equação, uma rotação conveniente de eixos coordenados irá eliminá-lo. Desse modo, completando os quadrados, se necessário, obteremos naturalmente a forma reduzida da equação de um círculo, elipse, parábola ou hipérbole. Contudo existem alguns casos para os quais isto não ocorre (exercício 12). Nestes casos excepcionais, o gráfico é denominado uma *cônica degenerada*. As únicas cônicas degeneradas possíveis são (1) todo plano xy, (2) o conjunto vazio, (3) uma reta, (4) duas retas e (5) um ponto isolado.

Supondo que o gráfico da equação do segundo grau em x e y é uma cônica não-degenerada, a cônica pode ser identificada conforme se segue:

1   A cônica será um círculo ou uma elipse se $B^2 - 4AC < 0$.
2   A cônica será uma parábola se $B^2 - 4AC = 0$.
3   A cônica será uma hipérbole se $B^2 - 4AC > 0$.
(Veja exercício 10.)

EXEMPLO   Identifique a cônica não-degenerada $2x^2 - 12xy - 3y^2 = 84$.

Solução
Aqui $A = 2$, $B = -12$ e $C = -3$, portanto, $B^2 - 4AC = 168 > 0$. Logo, a cônica é uma hipérbole.

Conjunto de Problemas 6

Nos exercícios de 1 a 9, determine (a) o ângulo de rotação ϕ que elimina o termo cruzado $(0 < \phi < \pi/2)$, (b) x e y em função de $\bar{x}$ e $\bar{y}$ e (c) a "nova" equação em função de $\bar{x}$ e $\bar{y}$. Esboce o gráfico mostrando os sistemas coordenados "novo" e "antigo".

1 $x^2 + 4xy - 2y^2 = 12$

2 $x^2 + 2xy + y^2 + x + y = 0$

3 $x^2 + 2xy + y^2 = 1$

4 $x^2 + 2xy + y^2 - 4\sqrt{2}\,x + 4\sqrt{2}\,y = 0$

5 $9x^2 - 24xy + 16y^2 = 144$

6 $2x^2 + 4\sqrt{3}\,xy - 2y^2 - 4 = 0$

7 $6x^2 - 6xy + 14y^2 = 45$

8 $17x^2 - 12xy + 8y^2 - 68x + 24y - 12 = 0$

9 $2x^2 + 6xy - 6y^2 + 2\sqrt{10}\,x + 3\sqrt{10}\,y - 16 = 0$

10   Suponha que $Ax^2 + Bxy + Cy^2 + Dx + Ey + F = 0$ é a equação de uma cônica não-degenerada. Mostre que esta cônica é:
(i)   Um círculo de elipse se $B^2 - 4AC < 0$.
(ii)   Uma parábola se $B^2 - 4AC = 0$.
(iii)   Uma hipérbole se $B^2 - 4AC > 0$.
Mostre também que no caso (i) a cônica é um círculo se $A = C$ e $B = 0$.

COORDENADAS POLARES E ROTAÇÃO DE EIXOS

11 Considerando os dados do exercício 10, identifique as cônicas sem girar os eixos coordenados. (Suponha cônicas não-degeneradas.)

(a) $6x^2 - 4xy + 3y^2 + x + 11y + 10 = 0$

(b) $18x^2 + 12xy + 2y^2 + x - 3y - 4 =$

(c) $2x^2 + 2y^2 - 8x + 12y + 1 = 0$

(d) $x^2 - 3xy - 3y^2 + 21 = 0$

12 As seguintes equações do segundo grau em x e y têm por gráficos cônicas degeneradas. Em cada caso verifique que o gráfico é igual ao descrito.

(a) $0x^2 + 0xy + 0y^2 + 0x + 0y + 0 = 0$ (todo o plano xy).

(b) $x^2 + y^2 + 1 = 0$ (o conjunto vazio).

(c) $2x^2 - 4xy + 2y^2 = 0$ (1 linha reta).

(d) $4x^2 - y^2 + 16x + 2y + 15 = 0$ (2 linhas retas interceptantes).

(e) $x^2 - 2xy + y^2 - 18 = 0$ (2 retas paralelas).

(f) $x^2 + y^2 - 6x + 4y + 13 = 0$ (1 único ponto).

13 Esboce o gráfico de $2x^2 + 3xy + 2y^2 = 4$.

14 Usando as fórmulas do Teorema 1, prove o Teorema 2.

15 Nos exercícios 1, 3, 5, 7 e 9, use os variantes algébricos por rotações a fim de verificar um possível erro no cálculo.

16 Suponha que $AC > 0$. Mostre que o gráfico de $Ax^2 + Cy^2 + Dx + Ey + F = 0$ é uma hipérbole ou duas retas concorrentes.

17 Deduza as equações das seguintes cônicas de acordo com os dados. Então gire os eixos coordenados de modo que o novo eixo $\bar{x}$ contenha os focos da cônica. Determine a equação da cônica em relação ao "novo" sistema de coordenadas $\bar{x}\bar{y}$.

(a) Focos em $F_1 = (3,1)$ e $F_2 = (-3,-1)$; distância do centro ao vértice ao longo do eixo maior é $a = 4$.

(b) Focos em $F_1 = (4,3)$ e $F_2 = (-4,-3)$; distância do centro ao vértice ao longo do eixo transverso é $a = 3$.

18 Suponha que $AC < 0$. Mostre que o gráfico de $Ax^2 + Cy^2 + Dx + Ey + F = 0$ é uma elipse, um círculo, um ponto isolado, ou um conjunto vazio.

19 Determine uma equação do segundo grau em x e y cujo gráfico consista em duas retas concorrentes na origem e de coeficientes angulares 3 e -3, respectivamente.

20 Mostre que o gráfico da equação $Ax^2 + Dx + Ey + F = 0$, onde $A \neq 0$, é uma parábola, duas retas paralelas, uma única reta ou um conjunto vazio.

21 Esboce o gráfico de $x^2 + 4xy + 4y^2 = 8$.

22 Mostre que $2A^2 + B^2 + 2C^2$ é um invariante por rotação, isto é, que $2A^2 + B^2 + 2C^2 = 2\bar{A}^2 + \bar{B}^2 + 2\bar{C}^2$.

23 Esboce o gráfico de $x^2 - 9xy + y^2 = 12$.

24 No Teorema 1 suponha que $0 < \phi < \pi/2$ e $\cot 2\phi = \dfrac{A - C}{B}$. Prove que

$$\bar{A} = \tfrac{1}{2}[A + C + S\sqrt{(A - C)^2 + B^2}] \quad \text{e} \quad \bar{C} = \tfrac{1}{2}[A + C - S\sqrt{(A - C)^2 + B^2}],$$

onde

$$S = \frac{B}{|B|}.$$

Conjunto de Problemas de Revisão

Nos exercícios de 1 a 6, determine cada ponto no sistema de coordenadas polares e então dê 3 outras representações polares para as quais (a) $r < 0$ e $0 \le \theta < 2\pi$, (b) $r > 0$ e $-2\pi < \theta \le 0$ e (c) $r < 0$ e $-2\pi \le \theta < 0$.

1 $(1, \pi/3)$

2 $(2, 5\pi/6)$

3 $(2, 7\pi/4)$

4 $(-1, -11\pi/3)$

5 $(3, \pi)$

6 (π, π)

Nos exercícios de 7 a 12, transforme as coordenadas polares em cartesianas.

7 $(0, 0)$

8 $(17, 0)$

9 $(17, \pi)$

568   **CÁLCULO**

10 $(-3, \pi/6)$ **11** $(11, 3\pi/4)$ **12** $(-3, -\pi/3)$

Nos exercícios de 13 a 18, transforme as coordenadas cartesianas em polares (r, θ) com $r \geq 0$ e $-\pi < \theta \leq \pi$.

13 $(17, 0)$ **14** $(2, 3)$ **15** $(2, -2\sqrt{3})$

16 $(-\sqrt{3}, -1)$ **17** $(-17, 17)$ **18** $(0, -1)$

Nos exercícios de 19 a 22, transforme cada equação polar em cartesiana.

19 $r^2 \cos 2\theta = 1$ **20** $r = \dfrac{1}{3 \cos \theta - 4 \operatorname{sen} \theta}$

21 $r = \sqrt{|\sec \theta|}$ **22** $r = \dfrac{ed}{1 - e \cos \theta}$, $0 < e < 1, d > 0$

Nos exercícios 23 a 26, transforme cada equação cartesiana em polar.

23 $y = 2x - 1$ **24** $(x - 1)^2 + (y - 3)^2 = 4$

25 $y^2 = 4x$ **26** $\dfrac{x^2}{a^2} + \dfrac{y^2}{b^2} = 1$

Nos exercícios de 27 a 32, esboce o gráfico de cada equação em coordenadas polares. Discuta a possibilidade de haver simetria no gráfico.

27 $r = 2 \cos 3\theta$ **28** $r = 2 \cos (3\theta + \pi)$ **29** $r = \dfrac{2}{\cos \theta + \sqrt{3} \operatorname{sen} \theta}$

30 $r = \frac{1}{2} + \operatorname{sen} \theta$ **31** $r = \dfrac{3}{1 + \operatorname{sen} \theta}$ **32** $r = 1 + \frac{1}{2} \operatorname{sen} \theta$

Nos exercícios de 33 a 36, encontre o coeficiente angular da reta tangente ao gráfico em coordenadas polares no ponto indicado.

33 $r = \dfrac{1}{5 \cos \theta - 3 \operatorname{sen} \theta}$ em $(\frac{1}{5}, 0)$

34 $r = a \operatorname{sen} k\theta$, $a > 0$, k um inteiro positivo em $(0, \pi/k)$.

35 $r = 2 - 3 \cos \theta$ em $(2, \pi/2)$ **36** $r^2 = -9 \cos 2\theta$ em $(3, \pi/2)$

37 Determine todos os pontos onde a tangente ao limaçon $r = 3 - 4 \cos \theta$ é horizontal ou vertical.
38 Nos exercícios 35 a 36, determine $\tan \psi$ nos pontos indicados.
39 Determine $\tan \psi$ em função de θ para a curva $r = \operatorname{sen}^3 \theta$.
40 Seja $P \neq 0$ um ponto da interseção de duas curvas em coordenadas polares $r = f(\theta)$ e $r = g(\theta)$. Se ψ_1 é o valor de ψ para $r = f(\theta)$ em P e ψ_2 é o valor de ψ para $r = g(\theta)$ em P, mostre que

$$\tan \phi = \frac{\tan \psi_1 - \tan \psi_2}{1 + \tan \psi_1 \tan \psi_2},$$

onde ϕ é o ângulo entre as tangentes a $r = f(\theta)$ e a $r = g(\theta)$ em P.
Nos exercícios de 41 a 46, onde ϕ é o ângulo entre as tangentes a $r = f(\theta)$ e $r = g(\theta)$ em P, identifique o tipo de cônica, determine sua excentricidade e especifique a posição da diretriz correspondente ao foco no pólo.

41 $r = \dfrac{17}{1 - \cos \theta}$ **42** $r = \dfrac{15}{3 + 5 \operatorname{sen} \theta}$ **43** $r = \dfrac{10}{5 - 2 \operatorname{sen} \theta}$

44 $r = \dfrac{3}{2} \csc^2 \dfrac{\theta}{2}$ **45** $r = \dfrac{1}{\frac{1}{2} + \operatorname{sen} \theta}$ **46** $r = \dfrac{1}{1 + \cos (\theta + \pi/4)}$

47 Determine as coordenadas polares dos pontos de interseção do limaçon $r = 1 - 2$

COORDENADAS POLARES E ROTAÇÃO DE EIXOS

$\cos \theta$ com a parábola $r = \dfrac{2}{1 - \cos \theta}$. Esboce o gráfico mostrando estes pontos de interseção.

Nos exercícios de 48 a 51, determine a área limitada pelas curvas em coordenadas polares, entre os valores de θ indicados.

48 $r = -\theta$ de $\theta = 0$ a $\theta = \pi/2$.

49 $r = 4\,\mathrm{sen}\,\theta$ de $\theta = 0$ a $\theta = \pi$.

50 $r = \dfrac{1}{\mathrm{sen}\,\theta + \cos \theta}$ de $\theta = 0$ a $\theta = \pi/6$.

51 $r = 1 - \cos \theta$ de $\theta = 0$ a $\theta = \pi$.

52 Determine a área da região interior ao laço externo mas exterior ao laço interno do limaçon $r = a + b\,\mathrm{sen}\,\theta$, $b > a > 0$.

Nos exercícios de 53 a 56, determine o comprimento de arco de cada curva em coordenadas polares entre os valores de θ indicados.

53 $r = e^{-3\theta}$ para θ entre 0 e 2π.

54 $r = 5\,\mathrm{sen}\,\theta$ para θ entre 0 e π.

55 $r = \cos^2(\theta/2)$ para θ entre 0 e π.

56 $r = 1 - \cos \theta$ para θ entre 0 e 2π.

57 Determine a equação na qual $r^2\,\mathrm{sen}\,2\theta = 2$ é transformada pela rotação de 45° do eixo polar.

58 Determine a equação na qual a equação $\sqrt{x} + \sqrt{y} = 2$ é transformada, pela rotação de 45° dos eixos cartesianos e eliminação dos radicais. O gráfico desta equação é uma parábola?

Nos exercícios de 59 a 62, determine a rotação dos eixos que transforma cada equação numa outra que não contenha termo cruzado. Esboce o gráfico mostrando os "antigos" e "novos" eixos coordenados.

59 $3x^2 + 4\sqrt{3}\,xy - y^2 = 15$

60 $4x^2 + 4xy + 4y^2 = 24$

61 $\sqrt{3}\,x^2 + xy = 11$

62 $y^2 + xy - 3x = 7$

Nos exercícios de 63 a 67, use o invariante $B^2 - 4AC$ para identificar cada cônica. Suponha que a cônica é não-degenerada.

63 $13x^2 + 6\sqrt{3}\,xy + 7y^2 = 16$

64 $x^2 + 6xy + y^2 + 8 = 0$

65 $7x^2 + 2\sqrt{3}\,xy + 5y^2 + 1 = 0$

66 $x^2 - 3xy + 5y^2 = 16$

67 $81x^2 - 18xy + 5x + y^2 = 41$

12 FORMAS INDETERMINADAS, INTEGRAIS IMPRÓPRIAS E FÓRMULA DE TAYLOR

Já que as duas noções básicas do cálculo — a de derivada e integral — são definidas através de limites, não causaria surpresa o emprego da derivada e da integral, com freqüência, para o cálculo de limites. Nesse capítulo, veremos como certos limites, cujos valores não são óbvios à primeira vista, podem ser encontrados utilizando a derivada de acordo com uma regra especial, denominada *Regra de L'Hôpital.* Utilizaremos também o limite para estudar o comportamento das *integrais impróprias.* Para finalizar o capítulo, um estudo da *Fórmula de Taylor,* que pode ser utilizada na aproximação de certas funções com o auxílio de polinômios.

1 A Forma Indeterminada 0/0

Do nosso estudo inicial das propriedades dos limites, sabemos que

$$\lim_{x \to a} \frac{f(x)}{g(x)} = \frac{\lim_{x \to a} f(x)}{\lim_{x \to a} g(x)}$$

desde que $\lim_{x \to a} f(x)$ e $\lim_{x \to a} g(x)$ existam e que $\lim_{x \to a} g(x) \neq 0$ (Propriedade 4, Seção 2, Cap. 1). Se $\lim_{x \to a} g(x) = 0$ esta regra simples não pode ser aplicada. Mas, observe que, se $\lim_{x \to a} g(x) = 0$ e $\lim_{x \to a} \dfrac{f(x)}{g(x)}$ existe, então

$$\lim_{x \to a} f(x) = \lim_{x \to a} \left[\frac{f(x)}{g(x)} g(x) \right] = \left[\lim_{x \to a} \frac{f(x)}{g(x)} \right] \left[\lim_{x \to a} g(x) \right] = \left[\lim_{x \to a} \frac{f(x)}{g(x)} \right] \cdot 0 =$$

Portanto, se o limite de um quociente existe e o limite do denominador é igual a zero, então o limite do numerador também é, obrigatoriamente, igual a zero.

Quando, numa expressão sob a forma $\dfrac{f(x)}{g(x)}$, se tem $\lim_{x \to a} f(x) = 0$ e $\lim_{x \to a} g(x) = 0$ diz-se que ela está associada a uma *indeterminação da forma* 0/0 *para x = a* (aqui estamos considerando que $g(x) \neq 0$ para valores de x próximos de a mas diferentes de a, por conseguinte, a fração $\dfrac{f(x)}{g(x)}$ é definida para esses valores de x).

FORMAS INDETERMINADAS, INTEGRAIS IMPRÓPRIAS E FÓRMULA DE TAYLOR

Por exemplo, a fração $\dfrac{x^2 - x - 2}{x^2 + x - 6}$ possui uma indeterminação da forma

$0/0$ para $x = 2$, visto que $\lim\limits_{x \to 2}(x^2 - x - 2) = 0$ e $\lim\limits_{x \to 2}(x^2 + x - 6) = 0$. No Cap. 1
calculamos o limite de tais frações lançando mão de um artifício: fatoração do numerador e denominador; portanto,

$$\lim_{x \to 2}\frac{x^2 - x - 2}{x^2 + x - 6} = \lim_{x \to 2}\frac{(x + 1)(x - 2)}{(x + 3)(x - 2)} = \lim_{x \to 2}\frac{x + 1}{x + 3} = \frac{3}{5}.$$

Outros exemplos, tais como $\lim\limits_{x \to 0}\dfrac{\operatorname{sen} x}{x}$ e $\lim\limits_{x \to 0}\dfrac{1 - \cos x}{x}$ (observe que a
ambos está associada uma indeterminação da forma 0/0), não puderam ser tratados como este último e foram calculados com o emprego de uma técnica particular na Seção 1.2 do Cap. 8.

Num dos primeiros livros de cálculo, o matemático amador francês, L'Hôpital (1661-1704) publicou um método simples e elegante para se calcular os limites associados às formas indeterminadas. Aqui, damos um tratamento informal à regra de L'Hôpital; posteriormente, na Seção 1.1, daremos um tratamento formal e a prova.

Regra de L'Hôpital

Suponha que $\dfrac{f(x)}{g(x)}$ tenha associada a ele a forma indeterminada 0/0 para

$x = a$ e que $\lim\limits_{x \to a}\dfrac{f'(x)}{g'(x)}$ exista. Então $\lim\limits_{x \to a}\dfrac{f(x)}{g(x)} = \lim\limits_{x \to a}\dfrac{f'(x)}{g'(x)}$. $\Big[$ (Atenção:

Observe que $\dfrac{f'(x)}{g'(x)}$ não é a derivada de $\dfrac{f(x)}{g(x)}$. Na regra de L'Hôpital, a

fração $\dfrac{f'(x)}{g'(x)}$ é obtida diferenciando-se, separadamente, o numerador e o
denominador da fração $\dfrac{f(x)}{g(x)}$. $\Big]$

EXEMPLOS Utilize a regra de L'Hôpital para determinar os limites dados.

1 $\lim\limits_{x \to 3}\dfrac{x^2 - 6x + 9}{x^2 - 7x + 12}$

Solução
Tanto o numerador quanto o denominador se aproximam de zero quando $x \to 3$, desse modo a fração está associada à forma 0/0 em $x = 3$. Pela regra de L'Hôpital, temos

$$\lim_{x \to 3}\frac{x^2 - 6x + 9}{x^2 - 7x + 12} = \lim_{x \to 3}\frac{D_x(x^2 - 6x + 9)}{D_x(x^2 - 7x + 12)} = \lim_{x \to 3}\frac{2x - 6}{2x - 7} = \frac{0}{-1} = 0.$$

2 $\lim\limits_{x \to 0}\dfrac{e^x - e^{-x}}{\ln(x + 1)}$

Solução
A fração está associada à forma 0/0 em $x = 0$, portanto

$$\lim_{x \to 0}\frac{e^x - e^{-x}}{\ln(x + 1)} = \lim_{x \to 0}\frac{D_x(e^x - e^{-x})}{D_x\ln(x + 1)} = \lim_{x \to 0}\frac{e^x + e^{-x}}{1/(x + 1)}$$

$$= \lim_{x \to 0}(x + 1)(e^x + e^{-x}) = (0 + 1)(e^0 + e^0) = 2.$$

CÁLCULO

Às vezes a aplicação da regra de L'Hôpital a uma forma indeterminada simplesmente nos conduz a uma nova forma indeterminada. Quando isto acontece, uma segunda aplicação da regra de L'Hôpital pode ser necessária: de fato, várias aplicações da regra podem se tornar necessárias para eliminar a indeterminação. (Entretanto há casos em que a indeterminação persiste insistentemente, não importando quantas vezes a regra de L'Hôpital seja empregada — veja o exercício 36 como exemplo.)

EXEMPLO Calcule $\displaystyle\lim_{x\to 0}\frac{x^2}{1-\cos 2x}$.

SOLUÇÃO
A fração está associada à forma $0/0$ em $x = 0$. Aplicando a regra de L'Hôpital, temos:

$$\lim_{x\to 0}\frac{x^2}{1-\cos 2x}=\lim_{x\to 0}\frac{D_x x^2}{D_x(1-\cos 2x)}=\lim_{x\to 0}\frac{2x}{2\,\text{sen}\,2x}=\lim_{x\to 0}\frac{x}{\text{sen}\,2x}.$$

Porém a fração $x/\text{sen}\,2x$ tem ainda a ela associada a indeterminação $0/0$ em $x = 0$; portanto, aplicamos pela segunda vez a regra de L'Hôpital para obter

$$\lim_{x\to 0}\frac{x^2}{1-\cos 2x}=\lim_{x\to 0}\frac{x}{\text{sen}\,2x}=\lim_{x\to 0}\frac{D_x x}{D_x\,\text{sen}\,2x}=\lim_{x\to 0}\frac{1}{2\cos 2x}=\frac{1}{2}.$$

Na utilização de regra de L'Hôpital repetidas vezes, conforme o exemplo acima, precisamos estar seguros de que a regra permanece aplicável a cada estágio. Em particular, devemos estar certos de que a fração considerada seja realmente indeterminada antes de cada aplicação da regra de L'Hôpital. Com o exemplo abaixo, queremos ilustrar um erro comum devido a um cálculo *incorreto*

$$\lim_{x\to 1}\frac{3x^2-2x-1}{x^2-x}=\lim_{x\to 1}\frac{6x-2}{2x-1}=\lim_{x\to 1}\frac{6}{2}=3\,?$$

Nesse caso, a primeira aplicação está correta, mas a segunda não está! (Por quê?) De fato,

$$\lim_{x\to 1}\frac{3x^2-2x-1}{x^2-x}=\lim_{x\to 1}\frac{6x-2}{2x-1}=\frac{6-2}{2-1}=4.$$

O campo de aplicação da regra de L'Hôpital pode ser ampliado de vários modos: por exemplo, é aplicável à determinação de limites laterais à direita, $x \to a^+$ ou à esquerda $x \to a^-$. Conforme demonstramos na Seção 1.1, ela também é aplicável a limites no infinito, isto é, para $x \to +\infty$ ou $x \to -\infty$.

EXEMPLO Calcule $\displaystyle\lim_{x\to +\infty}\frac{\text{sen}(5/x)}{2/x}$.

SOLUÇÃO
Nesse caso $\displaystyle\lim_{x\to +\infty}\sin 5/x=\text{sen}\,(\lim_{x\to +\infty} 5/x)=\text{sen}\,0=0$ e $\displaystyle\lim_{x\to +\infty} 2/x=0$; logo a fração está associada à forma indeterminada $0/0$ em $+\infty$. Aplicando a regra de L'Hôpital temos:

$$\lim_{x\to +\infty}\frac{\text{sen}(5/x)}{2/x}=\lim_{x\to +\infty}\frac{D_x\,\text{sen}(5/x)}{D_x(2/x)}=\lim_{x\to +\infty}\frac{(-5/x^2)\cos(5/x)}{-2/x^2}$$

$$=\lim_{x\to +\infty}\frac{5}{2}\cos\frac{5}{x}=\frac{5}{2}\cos\left(\lim_{x\to +\infty}\frac{5}{x}\right)=\frac{5}{2}\cos 0=\frac{5}{2}.$$

FORMAS INDETERMINADAS, INTEGRAIS IMPRÓPRIAS E FÓRMULA DE TAYLOR

1.1 O teorema de valor médio generalizado de Cauchy e uma prova da regra de L'Hôpital

Para demonstrar a regra de L'Hôpital precisamos da seguinte versão generalizada do teorema do valor médio (Teorema 2, Seção 1.2, Cap. 3) que é atribuída ao matemático francês Augustin Louis Cauchy (1789-1857):

TEOREMA 1   **Teorema do valor médio generalizado de Cauchy**

Sejam f e g funções contínuas no intervalo fechado $[a,b]$ e diferenciáveis no intervalo aberto (a,b) e suponha que $g'(x) \neq 0$ para todos os valores de x em (a,b) então existe um número c no intervalo (a,b) tal que

$$\frac{f(b) - f(a)}{g(b) - g(a)} = \frac{f'(c)}{g'(c)}.$$

PROVA
Observe que, se $g(a) = g(b)$, então pelo teorema de Rolle (Teorema 3, Seção 1.3, Cap. 3) existe um número x em (a,b) tal que $g'(x) = 0$, o que contraria a hipótese do teorema. Portanto, $g(a) \neq g(b)$, o que acarreta $g(b) - g(a) \neq 0$. Define-se uma função K pela equação

$$K(x) = [f(b) - f(a)]g(x) - [g(b) - g(a)]f(x) \qquad \text{de } x \text{ em } [a,b].$$

Evidentemente, K é contínua em $[a,b]$, pois f e g são contínuas em $[a,b]$. Analogamente, como f e g são diferenciáveis em (a,b), então K também o é; além disso

$$K'(x) = [f(b) - f(a)]g'(x) - [g(b) - g(a)]f'(x) \qquad \text{para } x \text{ ou } (a,b).$$

Agora,

$$K(b) = [f(b) - f(a)]g(b) - [g(b) - g(a)]f(b) = f(b)g(a) - f(a)g(b),$$

$$K(a) = [f(b) - f(a)]g(a) - [g(b) - g(a)]f(a) = f(b)g(a) - f(a)g(b),$$

e segue-se que $K(a) = K(b)$. Portanto podemos aplicar o teorema de Rolle à função K e concluir que existe um número c no intervalo (a,b) tal que $K'(c) = 0$; isto é,

$$0 = [f(b) - f(a)]g'(c) - [g(b) - g(a)]f'(c).$$

Vimos que $g(b) - g(a) \neq 0$; logo, como $g'(c) \neq 0$ por hipótese, a última equação pode ser reformulada como $\dfrac{f(b) - f(a)}{g(b) - g(a)} = \dfrac{f'(c)}{g'(c)}$, o teorema está provado.

Observe que, se $g(x) = x$, então $g'(x) = 1$ e a conclusão do Teorema 1 se reduz à conclusão do teorema do valor médio original.

EXEMPLO   Se $f(x) = x^3 + 12$ e $g(x) = x^2 - 2$, determine um número c no intervalo aberto $(0,2)$ tal que $\dfrac{f(2) - f(0)}{g(2) - g(0)} = \dfrac{f'(c)}{g'(c)}.$

SOLUÇÃO
O Teorema 1 nos mostra que tal número c existe, porém não nos diz como realmente encontrá-lo. Para determinar c procedemos do seguinte modo: $f(2) = 20$, $f(0) = 12$, $g(2) = 2$, $g(0) = -2$, $f'(c) = 3c^2$ e $g'(c) = 2c$. Portanto, a condição desejada é

$$\frac{20 - 12}{2 - (-2)} = \frac{3c^2}{2c} \quad \text{ou} \quad \frac{8}{4} = \frac{3c}{2}.$$

evidentemente, $c = 4/3$

574 CÁLCULO

Agora iremos estabelecer e provar a regra de L'Hôpital para o caso em que x se aproxima de a pela direita. Um resultado análogo é válido para o caso em que x se aproxima de a pela esquerda (problema 33) e os dois resultados, considerados conjuntamente, fornecem a justificativa para o nosso enunciado informal dado no início do capítulo.

TEOREMA 2   **Regra de L'Hôpital para a forma indeterminada 0/0 quando $x \to a^+$**

Sejam f e g funções definidas e diferenciáveis no intervalo aberto (a,b) e suponha que $g(x) \neq 0$ quando $a < x < b$. Considere que $\lim\limits_{x \to a} f(x) = 0$, $\lim\limits_{x \to a^+} g(x) = 0$, e $g'(x) \neq 0$ para $a < x < b$. Então, se $\lim\limits_{x \to a^+} \dfrac{f'(x)}{g'(x)}$ existe, também existirá $\lim\limits_{x \to a^+} \dfrac{f(x)}{g(x)}$ e

$$\lim_{x \to a^+} \frac{f(x)}{g(x)} = \lim_{x \to a^+} \frac{f'(x)}{g'(x)}.$$

PROVA

Defina as funções F e G do seguinte modo:

$$F(x) = \begin{cases} f(x) & \text{se } a < x < b \\ 0 & \text{se } x = a \end{cases} \qquad G(x) = \begin{cases} g(x) & \text{se } a < x < b \\ 0 & \text{se } x = a \end{cases}$$

para todos os valores de x em $[a,b)$. Observe que F coincide com f no intervalo aberto (a,b); portanto, F é diferenciável em (a,b) e $F'(x) = f'(x)$ para $a < x < b$. Por conseguinte F é contínua em (a,b) e, visto que $\lim\limits_{x \to a^+} F(x) = \lim\limits_{x \to a^+} f(x) = 0 = F(a)$, F é certamente contínua em $[a,b]$. Analogamente, G é contínua em $[a,b]$ e diferenciável em $[a,b)$ com $G'(x) = g'(x)$ para $a < x < b$.

Agora, escolha um número real x qualquer no intervalo aberto (a,b) e observe que F e G são contínuas no intervalo fechado $[a,x]$ e diferenciáveis no intervalo aberto (a,x). Além disso, para todo número real t no intervalo (a,x), $G'(t) = g'(t) \neq 0$. Aplicando a generalização do teorema do valor (Teorema 1) às funções F e G no intervalo $[a,x]$, concluímos que existe um número real c no intervalo aberto (a,b) tal que

$$\frac{F(x) - F(a)}{G(x) - G(a)} = \frac{F'(c)}{G'(c)}; \quad \text{isto é} \quad \frac{f(x)}{g(x)} = \frac{f'(c)}{g'(c)}.$$

Observe que $a < c < x$ e que o valor de c pode depender da escolha de x. Evidentemente, como x se aproxima de a pela direita, então c — que está limitado ao intervalo (a,x) — deve também, obrigatoriamente, se aproximar de a pela direita. Portanto,

$$\lim_{x \to a^+} \frac{f(x)}{g(x)} = \lim_{x \to a^+} \frac{f'(c)}{g'(c)} = \lim_{c \to a^+} \frac{f'(c)}{g'(c)} = \lim_{x \to a^+} \frac{f'(x)}{g'(x)}.$$

O teorema seguinte atesta que a regra de L'Hôpital também é eficiente para limites no infinito. Vamos enunciar e demonstrar o teorema somente nos casos em que $x \to +\infty$ e o enunciado do teorema análogo, em que $x \to -\infty$, bem como a demonstração, ficam a cargo do leitor.

TEOREMA 3   **Regra de L'Hôpital para limite no infinito**

Sejam f e g funções definidas e diferenciáveis num intervalo aberto da forma $(k, +\infty)$, onde $k > 0$ e $g(x) \neq 0$ para $x > k$. Suponha que $\lim\limits_{x \to +\infty} f(x) = 0$, $\lim\limits_{x \to +\infty} g(x) = 0$ e $g'(x) \neq 0$ para $x > k$. Então, se $\lim\limits_{x \to +\infty} \dfrac{f'(x)}{g'(x)}$ existe, também existirá

$$\lim_{x \to +\infty} \frac{f(x)}{g(x)} \quad \text{e} \quad \lim_{x \to +\infty} \frac{f(x)}{g(x)} = \lim_{x \to +\infty} \frac{f'(x)}{g'(x)}.$$

FORMAS INDETERMINADAS, INTEGRAIS IMPRÓPRIAS E FÓRMULA DE TAYLOR   **575**

PROVA
Façamos $t = 1/x$ para $x > k$, observamos que $x = 1/t$, $0 < t < 1/k$ e que $t \to 0^+$ quando $x \to +\infty$. Definamos as funções F e G no intervalo $(0, 1/k)$ pelas equações

$$F(t) = f\left(\frac{1}{t}\right) \quad \text{para} \quad G(t) = g\left(\frac{1}{t}\right) \qquad \text{e} \quad 0 < t < \frac{1}{k}.$$

Observe que $\lim\limits_{t \to 0^+} F(t) = \lim\limits_{t \to 0^+} f(1/t) = \lim\limits_{x \to +\infty} f(x) = 0$. Analogamente, $\lim\limits_{t \to 0^+} G(t) = 0$. Pela regra da cadeia, F e G são diferenciáveis em $(0, 1/k)$ temos

$$F'(t) = \left(-t^{-2}\right)f'\left(\frac{1}{t}\right) \quad \text{e} \quad G'(t) = \left(-t^{-2}\right)g'\left(\frac{1}{t}\right) \quad \text{para } 0 < t < \frac{1}{k}.$$

Aplicando o Teorema 2 às funções F e G no intervalo $(0, 1/k)$ temos

$$\lim_{t \to 0^+} \frac{F(t)}{G(t)} = \lim_{t \to 0^+} \frac{F'(t)}{G'(t)};$$

logo,

$$\lim_{x \to +\infty} \frac{f(x)}{g(x)} = \lim_{t \to 0^+} \frac{f\left(\frac{1}{t}\right)}{g\left(\frac{1}{t}\right)} = \lim_{t \to 0^+} \frac{F(t)}{G(t)} = \lim_{t \to 0^+} \frac{F'(t)}{G'(t)}$$

$$= \lim_{t \to 0^+} \frac{\left(-t^{-2}\right)f'\left(\frac{1}{t}\right)}{\left(-t^{-2}\right)g'\left(\frac{1}{t}\right)} = \lim_{t \to 0^+} \frac{f'\left(\frac{1}{t}\right)}{g'\left(\frac{1}{t}\right)} = \lim_{x \to +\infty} \frac{f'(x)}{g'(x)},$$

o que completa a demonstração.

Conjunto de Problemas 1

Nos exercícios 1 a 22 utilize a regra de L'Hôpital para calcular cada um dos limites

1 $\lim\limits_{x \to 0} \dfrac{x + \operatorname{sen} 2x}{x - \operatorname{sen} 2x}$

2 $\lim\limits_{x \to \pi/2} \dfrac{\operatorname{sen} x - 1}{\pi/2 - x}$

3 $\lim\limits_{x \to -2} \dfrac{2x^2 + 3x - 2}{3x^2 - x - 14}$

4 $\lim\limits_{x \to 1} \dfrac{x^3 - 3x^2 + 5x - 3}{x^2 + x - 2}$

5 $\lim\limits_{t \to 2} \dfrac{t^4 - 16}{t - 2}$

6 $\lim\limits_{x \to 0} \dfrac{\cos x - \cos 3x}{\operatorname{sen} x^2}$

7 $\lim\limits_{t \to \pi/2} \dfrac{\operatorname{sen} t - 1}{\cos t}$

8 $\lim\limits_{x \to 0} \dfrac{xe^{3x} - x}{1 - \cos 2x}$

9 $\lim\limits_{x \to 0} \dfrac{e^x - 1 - x}{\cos 2x - 1}$

10 $\lim\limits_{t \to 2} \dfrac{\sqrt{16t - t^4} - 2\sqrt[3]{4t}}{2 - \sqrt[4]{2t^3}}$

11 $\lim\limits_{x \to 7} \dfrac{\ln (x/7)}{7 - x}$

12 $\lim\limits_{x \to 0} \dfrac{x - \tan^{-2} x}{x - \operatorname{arcsen}^{-1} x}$

13 $\lim\limits_{x \to 1} \dfrac{\ln x - \operatorname{sen}(x - 1)}{(x - 1)^2}$

14 $\lim\limits_{t \to 0^+} \dfrac{\ln(e^t + 1) - \ln 2}{t^2}$

15 $\lim\limits_{t \to 0} \dfrac{e^t - e^{-t} - 2\operatorname{sen} t}{4t^3}$

16 $\lim\limits_{y \to 0} \dfrac{y^2 - y\operatorname{sen} y}{e^y + e^{-y} - y^2 - 2}$

17 $\lim\limits_{x \to \pi/2} \dfrac{\ln(\operatorname{sen} x)}{(\pi - 2x)^2}$

18 $\lim\limits_{x \to 1} \dfrac{\ln x}{x - \sqrt{x}}$

19 $\lim\limits_{x \to +\infty} \dfrac{\operatorname{sen}(7/x)}{(5/x)}$

20 $\lim\limits_{x \to +\infty} \dfrac{\operatorname{sen}(3/x)}{\operatorname{arc} \operatorname{tg}^{-1}(2/x)}$

21 $\lim\limits_{x \to +\infty} \dfrac{1 - \cos(2/x)}{\operatorname{tg}(3/x)}$

22 $\lim\limits_{x \to +\infty} \dfrac{\operatorname{sen}(1/x)}{\operatorname{sen}(2/x)}$

Nos exercícios 23 e 24, utilize a regra de L'Hôpital e o teorema fundamental do cálculo para determinar cada um dos limites

23 $\lim\limits_{x \to 0} \dfrac{\int_0^x 3\cos^4 7t\, dt}{\int_0^x e^{5t^2}\, dt}$

24 $\lim\limits_{x \to 0} \dfrac{\int_0^x e^{7t}(4t^3 + t^2 + 11)\, dt}{\int_0^x e^{7t}(-7t^3 + 6t + 8)\, dt}$

Nos exercícios 25 a 30 determine um número real c que satisfaça o teorema do valor médio generalizado de Cauchy para cada par de funções no intervalo indicado

25 $f(x) = 2x^3$ e $g(x) = 3x^2 - 1$ em $[0, 2]$.

26 $f(x) = \operatorname{sen} x$ e $g(x) = \cos x$ em $[0, \pi/4]$.

27 $f(x) = \ln x$ e $g(x) = 1/x$ em $[1, e]$.

28 $f(x) = \operatorname{arcsen} x$ e $g(x) = x$ em $[0, 1]$.

29 $f(x) = \operatorname{tg} x$ e $g(x) = 4x/\pi$ em $[-\pi/4, \pi/4]$.

30 $f(x) = x^2(x^2 - 2)$ e $g(x) = x$ em $[-1, 1]$.

31 Determine as constantes a e b tal que

$$\lim_{x \to 0} \frac{1}{bx - \operatorname{sen} x} \int_0^x \frac{t^2\, dt}{\sqrt{a + t}} = 1.$$

32 Mostre que

$$\lim_{x \to 1} \frac{nx^{n+1} - (n+1)x^n + 1}{(x-1)^2} = \frac{n(n+1)}{2}.$$

33 Enuncie e demonstre o análogo do Teorema 2 para o caso $x \to a^-$.

34 Explique por que o cálculo de uma derivada, diretamente a partir da definição, sempre se reduz a um limite sob a forma indeterminada 0/0.

35 Se, no Cap. 8, nós já conhecêssemos a regra de L'Hôpital, ela poderia ser aplicada ao cálculo de

$\lim\limits_{x \to 0} \dfrac{\operatorname{sen} x}{x}$?

36 Explique o que acontece quando tentamos determinar $\lim\limits_{t \to 0^+} \dfrac{e^{-1/t}}{t}$ por repetidas aplicações da regra de L'Hôpital.

37 No problema 36, faça a mudança da variável $t = 1/x$. Então utilize o resultado do exercício 92 (b) do Conjunto de Problemas de Revisão do Cap. 9 para calcular o limite.

38 Enuncie e determine o análogo do Teorema 3 para o caso $x \to -\infty$.

39 A equação $I = (E/R)(1 - e^{-Rt/L})$, onde t é o tempo em segundos, R é a resistência em ohms, L a indutância em henrys e I é a corrente em ampères, aparece na teoria de circuitos elétricos. Se t, E e L forem mantidos constantes, calcule o limite de I quando R tende a zero.

40 Seja A uma extremidade de um diâmetro de um círculo fixo com centro O e o raio r. Na Fig. 1, $\overline{AQ}$ é tangente ao círculo no ponto A e $|AQ|$ é igual ao comprimento do arco AP. Se B é o ponto de interseção da reta que liga Q e P com a reta que liga A e O, encontre a posição limite de B quando P tende a A.

41 Um peso suspenso por uma mola vibra sob a ação de uma força para baixo, de modo que em função do tempo t, dado em segundos, a equação do movimento é

$y = \dfrac{A}{p^2 - w^2}(\operatorname{sen} wt - \operatorname{sen} pt)$ onde A, p e w são constantes positivas com $p \ne w$.

Determine o valor-limite de y quando p tende a w mantendo A e t constantes.

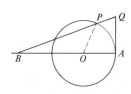

Fig. 1

42 Para cada inteiro positivo n, seja V_n o volume do sólido obtido pela rotação da região sob o gráfico de $f(x) = x^n$ entre $x = 0$ e $x = 1$, em torno do eixo y e seja H_n o volume do sólido obtido pela rotação desta mesma região em torno do eixo x. Calcule

(a) $\lim\limits_{n \to +\infty} V_n$ 　　(b) $\lim\limits_{n \to +\infty} H_n$ 　　(c) $\lim\limits_{n \to +\infty} \dfrac{V_n}{H_n}$

FORMAS INDETERMINADAS, INTEGRAIS IMPRÓPRIAS E FÓRMULA DE TAYLOR

2 Outras Formas Indeterminadas

Na Seção 1 vimos que a regra de L'Hôpital pode ser freqüentemente utilizada para abordar limites de frações que estejam associadas à forma indeterminada 0/0. Nessa seção, iremos abordar as demais formas de inde-terminação ∞/∞, $\infty \cdot 0$, $\infty - \infty$, 0^0, ∞^0 e 1^∞.

2.1 A forma indeterminada ∞/∞

Através de métodos análogos àqueles usados na Seção 1.1, pode-se provar que a regra de L'Hôpital continua válida quando o numerador e o denominador se tornem infinitos em valor absoluto, ou, como se diz, quando a fração está associada à *forma indeterminada* ∞/∞. Tais fatos podem ser registrados através do seguinte teorema:

TEOREMA 1 **Regra de L'Hôpital associada à forma de indeterminação ∞/∞**

Suponha que as funções f e g sejam definidas e diferenciáveis no inter-valo I, exceto possivelmente no ponto a em I. Além disso suponha que $\lim\limits_{x \to a} |g(x)| = +\infty$. Então, se $g'(x) \neq 0$ para todos os valores de x em I diferentes de a e se $\lim\limits_{x \to a} \dfrac{f'(x)}{g'(x)}$ existe, segue-se que $\lim\limits_{x \to a} \dfrac{f(x)}{g(x)}$ também existe

$$\lim_{x \to a} \frac{f(x)}{g(x)} = \lim_{x \to a} \frac{f'(x)}{g'(x)}.$$

Observe que a condição $\lim\limits_{x \to a} |f(x)| = +\infty$ não é necessária no Teorema 1; a regra estabelecida pelo teorema é válida ainda que a fração não esteja asso-ciada à forma indeterminada ∞/∞ em a. Entretanto, as aplicações mais impor-tantes são aquelas nas quais além de $g(x)$ tender a $+\infty$, $|f(x)|$ também tende a $+\infty$ quando x tende a a. O teorema também é válido quando $x \to a^+$, $x \to a^-$, $x \to +\infty$ ou $x \to -\infty$ com as substituições dos termos adequados à hipótese. Como uma prova rigorosa deste teorema e suas versões alternativas são muito complexas, iremos aqui apenas ilustrar essas formas da regra de L'Hôpital pelos exemplos que se sugerem.

EXEMPLOS Calcule o limite dado.

1 $\lim\limits_{x \to 0^+} \dfrac{1 - \ln x}{e^{1/x}}$

SOLUÇÃO
A fração está associada à forma de indeterminação ∞/∞ em 0. Aplicando o Teorema 1, temos

$$\lim_{x \to 0^+} \frac{1 - \ln x}{e^{1/x}} = \lim_{x \to 0^+} \frac{D_x(1 - \ln x)}{D_x e^{1/x}} = \lim_{x \to 0^+} \frac{-1/x}{(-1/x^2)e^{1/x}} = \lim_{x \to 0^+} \frac{x}{e^{1/x}}$$

$$= \left(\lim_{x \to 0^+} x \right)\left(\lim_{x \to 0^+} \frac{1}{e^{1/x}} \right) = (0)(0) = 0.$$

2 $\lim\limits_{x \to \pi/2^+} \dfrac{7 \tan x}{5 + \sec x}$

SOLUÇÃO
A fração associada à forma de indeterminação ∞/∞ em $\pi/2$. Pela regra de L'Hôpital temos

$$\lim_{x \to \pi/2^+} \frac{7 \tan x}{5 + \sec x} = \lim_{x \to \pi/2^+} \frac{7 \sec^2 x}{\sec x \tan x} = \lim_{x \to \pi/2^+} \frac{7 \sec x}{\tan x}$$

$$= \lim_{x \to \pi/2^+} \frac{7/\cos x}{\operatorname{sen} x/\cos x} = \lim_{x \to \pi/2^+} \frac{7}{\operatorname{sen} x} = 7.$$

Exatamente como no caso da forma de indeterminação 0/0, pode ser necessário aplicar a regra de L'Hôpital várias vezes para calcular um limite associado a uma indeterminação sob a forma ∞/∞. Também pode ser provado que a regra de L'Hôpital é aplicável também ao caso em que $f'(x)/g'(x)$ se aproxima de $+\infty$ ou $-\infty$, isto é,

$$\lim_{x \to a} \frac{f(x)}{g(x)} = \lim_{x \to a} \frac{f'(x)}{g'(x)} = \pm \infty.$$

Pode ser ilustrado pelo seguinte exemplo:

EXEMPLO Calcule $\displaystyle\lim_{x \to +\infty} \frac{e^x}{x^3}$.

SOLUÇÃO
A fração está associada à forma de indeterminação ∞/∞ quando x tende a $+\infty$. Utilizando a regra de L'Hôpital três vezes obtemos

$$\lim_{x \to +\infty} \frac{e^x}{x^3} = \lim_{x \to +\infty} \frac{e^x}{3x^2} = \lim_{x \to +\infty} \frac{e^x}{6x} = \lim_{x \to +\infty} \frac{e^x}{6} = +\infty.$$

2.2 Outros casos de formas de indeterminação

Consideraremos agora as formas de indeterminação do tipo $\infty \cdot 0, \infty - \infty$, $0^0, \infty^0, 1^\infty$. Eles são tratados como expressões de modo a reduzi-las ao caso 0/0 ou ∞/∞, a fim de que a regra de L'Hôpital possa ser utilizada. Cada caso está ilustrado pelos exemplos que se seguem.

1 O caso $\infty \cdot 0$

Se $\lim_{x \to a} |f(x)| = +\infty$ e $\lim_{x \to a} g(x) = 0$, diz-se que o produto $f(x) \cdot g(x)$ *está associado à forma de indeterminação $\infty \cdot 0$ em a.* Para determinar $\lim_{x \to a} f(x) \cdot g(x)$ nesse caso, podemos escrever $f(x) \cdot g(x)$ como $\dfrac{g(x)}{1/f(x)}$ ou $\dfrac{f(x)}{1/g(x)}$, o que conduz à forma 0/0 ou ∞/∞, respectivamente, conforme seja mais conveniente.

EXEMPLO Calcule $\displaystyle\lim_{x \to 0^+} x^2 \ln x$.

SOLUÇÃO

Escrevemos $x^2 \ln x = \dfrac{\ln x}{x^{-2}}$ observando que $\ln x/x^{-2}$ está associado à forma de indeterminação ∞/∞ em 0. Aplicando a regra de L'Hôpital, obtemos

$$\lim_{x \to 0^+} x^2 \ln x = \lim_{x \to 0^+} \frac{\ln x}{x^{-2}} = \lim_{x \to 0^+} \frac{1/x}{-2x^{-3}} = \lim_{x \to 0^+} \left(-\tfrac{1}{2}\right)x^2 = 0.$$

2 O caso $\infty - \infty$

Se $\lim_{x \to a} f(x) = +\infty$ e $\lim_{x \to a} g(x) = +\infty$ diz-se que à diferença $f(x) - g(x)$ *está associada a indeterminação $\infty - \infty$ em a.* Efetuando a subtração indicada, a forma de indeterminação $\infty - \infty$ pode naturalmente ser transformada na forma 0/0. Nesse caso, pode-se fazer uso do artifício que consiste em se representar

FORMAS INDETERMINADAS, INTEGRAIS IMPRÓPRIAS E FÓRMULA DE TAYLOR

$f(x) - g(x)$ como $\dfrac{1/g(x) - 1/f(x)}{1/[\,f(x)g(x)]}$, observando que a essa última fração está associada a indeterminação $0/0$ em a.

EXEMPLO Calcule $\lim\limits_{x \to 0^+} \left(\csc x - \dfrac{1}{x} \right)$.

SOLUÇÃO
A expressão tem associada a ela a forma indeterminada $\infty - \infty$ em $x = 0$; entretanto, se fizermos $\operatorname{cosec} x = 1/\operatorname{sen} x$ e subtrairmos, teremos

$$\lim_{x \to 0^+} \left(\csc x - \frac{1}{x} \right) = \lim_{x \to 0^+} \left(\frac{1}{\operatorname{sen} x} - \frac{1}{x} \right) = \lim_{x \to 0^+} \frac{x - \operatorname{sen} x}{x \operatorname{sen} x}.$$

A fração está associada à forma $0/0$ em a. Aplicando duas vezes a regra de L'Hôpital, obtemos

$$\lim_{x \to 0^+} \frac{x - \operatorname{sen} x}{x \operatorname{sen} x} = \lim_{x \to 0^+} \frac{1 - \cos x}{\operatorname{sen} x + x \cos x} = \lim_{x \to 0^+} \frac{\operatorname{sen} x}{2 \cos x - x \operatorname{sen} x}$$

$$= \frac{0}{2} = 0.$$

3 O caso 0^0, ∞^0 e 1^∞

Se $f(x) > 0$, $\lim\limits_{x \to a} f(x) = 0$ e $\lim\limits_{x \to a} g(x) = 0$, diz-se que a expressão $f(x)^{g(x)}$ está associada a uma forma de indeterminação 0^0 em a. As expressões associadas às formas de indeterminação ∞^0 ou 1^∞ são definidas analogamente.

Para calcular $\lim\limits_{x \to a} f(x)^{g(x)}$ em tais casos de indeterminação, devemos adotar o seguinte procedimento:

1.º Passo: Calcula-se $\lim\limits_{x \to a} [g(x) \ln f(x)] = L$.

2.º Passo: Conclua que $\lim\limits_{x \to a} f(x)^{g(x)} = e^L$.

Este procedimento pode ser justificado pela observação de que

$$\lim_{x \to a} f(x)^{g(x)} = \lim_{x \to a} e^{g(x) \ln f(x)} = e^L.$$

Observe que o produto $g(x) \ln f(x)$ está associado à forma de indeterminação $\infty \cdot 0$ em a.

EXEMPLOS Calcule o limite indicado

$$\mathbf{1} \quad \lim_{x \to \pi/2^-} \left(\frac{5\pi}{2} - 5x \right)^{\cos x}$$

SOLUÇÃO
A forma de indeterminação é 0^0. Daí executamos o procedimento acima.

1.º Passo: Devemos calcular $\lim\limits_{x \to \pi/2^-} [\cos x \ln (5\pi/2 - 5x)]$. Nesse caso, o produto está associado à forma indeterminada $0 \cdot \infty$ em $\pi/2$, portanto teremos

$$\cos x \ln \left(\frac{5\pi}{2} - 5x \right) = \frac{\ln \left(\dfrac{5\pi}{2} - 5x \right)}{1/\cos x} = \frac{\ln \left(\dfrac{5\pi}{2} - 5x \right)}{\sec x}.$$

A fração resultante está associada à forma de indeterminação ∞/∞ em $\pi/2$. Utilizando a regra de L'Hôpital duas vezes temos:

$$L = \lim_{x \to \pi/2^-} \left[\cos x \ln \left(\frac{5\pi}{2} - 5x \right) \right] = \lim_{x \to \pi/2^-} \frac{\ln \left(\dfrac{5\pi}{2} - 5x \right)}{\sec x}$$

$$= \lim_{x \to \pi/2^-} \frac{\left[\dfrac{-5}{(5\pi/2) - 5x} \right]}{\sec x \, \text{tg} \ x} = \lim_{x \to \pi/2^-} \frac{\left[\dfrac{-5}{(5\pi/2) - 5x} \right]}{\text{sen} \, x/\cos^2 x}$$

$$= \lim_{x \to \pi/2^-} \frac{-5 \cos^2 x}{(\text{sen} x)\left(\dfrac{5\pi}{2} - 5x \right)} = \lim_{x \to \pi/2^-} \frac{10 \cos x \, \text{sen} x}{-5 \, \text{sen} x + (\cos x)\left(\dfrac{5\pi}{2} - 5x \right)}$$

$$= \frac{0}{-5} = 0.$$

2.º Passo: $\displaystyle \lim_{x \to \pi/2^-} \left(\frac{5\pi}{2} - 5x \right)^{\cos x} = e^L = e^0 = 1.$

2 $\displaystyle \lim_{x \to 0^+} (\csc x)^{sen x}$

SOLUÇÃO

A forma de indeterminação é ∞^0. Como

$$\lim_{x \to 0^+} (\csc x)^{sen x} = \lim_{x \to 0^+} \left(\frac{1}{\text{sen} x} \right)^{sen x}$$

começamos efetuando a mudança de variável $u = \text{sen} \, x$. Observe que $u \to 0^+$ quando $x \to 0^+$, logo,

$$\lim_{x \to 0^+} (\csc x)^{sen x} = \lim_{u \to 0^+} \left(\frac{1}{u} \right)^u.$$

Adotemos agora o nosso procedimento:

1.º Passo

$$L = \lim_{u \to 0^+} \left[u \ln \left(\frac{1}{u} \right) \right] = \lim_{u \to 0^+} (-u \ln u) = \lim_{u \to 0^+} \frac{-\ln u}{(1/u)}$$

$$= \lim_{u \to 0^+} \frac{D_u(-\ln u)}{D_u(1/u)} = \lim_{u \to 0^+} \frac{-1/u}{-1/u^2} = \lim_{u \to 0^+} u = 0.$$

2.º Passo

$$\lim_{x \to 0^+} (\csc x)^{sen x} = \lim_{u \to 0^+} \left(\frac{1}{u} \right)^u = e^L = e^0 = 1.$$

FORMAS INDETERMINADAS, INTEGRAIS IMPRÓPRIAS E FÓRMULA DE TAYLOR

Conjunto de Problemas 2

Nos problemas 1 a 50, calcule cada um dos limites

1 $\lim_{x \to \pi/2} \dfrac{1 + \sec x}{\tg x}$

2 $\lim_{x \to 1/2} \dfrac{\sec 3\pi x}{\tg 3\pi x}$

3 $\lim_{x \to +\infty} \dfrac{\ln (17 + x)}{x}$

4 $\lim_{x \to 1^+} \dfrac{\ln (x - 1) + \tg (\pi x/2)}{\cot (x - 1)}$

5 $\lim_{x \to +\infty} \dfrac{e^x + 1}{x^4 + x^3}$

6 $\lim_{x \to +\infty} \dfrac{2^x}{x^3}$

7 $\lim_{x \to +\infty} \dfrac{2x^4}{e^{3x}}$

8 $\lim_{x \to +\infty} \dfrac{\ln (x + e^x)}{x}$

9 $\lim_{t \to +\infty} \dfrac{t \ln t}{(t + 2)^2}$

10 $\lim_{x \to +\infty} \dfrac{x + e^{2x}}{\ln x + e^{2x}}$

11 $\lim_{x \to +\infty} xe^{-x}$

12 $\lim_{t \to 0} \operatorname{sen} 3t \cotg 2t$

13 $\lim_{x \to 0^+} xe^{1/x}$

14 $\lim_{x \to +\infty} x \operatorname{sen} \dfrac{\pi}{x}$

15 $\lim_{x \to 0^+} x(\ln x)^2$

16 $\lim_{x \to \pi/2} \cos 3x \sec 5x$

17 $\lim_{x \to \pi/2} \tg x \tg 2x$

18 $\lim_{x \to 0} \csc x \operatorname{arcsen} x$

19 $\lim_{x \to 1} \left(\dfrac{x}{x - 1} - \dfrac{1}{\ln x} \right)$

20 $\lim_{x \to 1} \left(\dfrac{x}{\ln x} - \dfrac{1}{x \ln x} \right)$

21 $\lim_{x \to 0^+} (\csc x - \csc 2x)$

22 $\lim_{x \to +\infty} \left[\ln (x - 2) - \ln \dfrac{x}{2} \right]$

23 $\lim_{x \to +\infty} (x^2 - \sqrt{x^4 + x^2 + 7})$

24 $\lim_{x \to \pi/2} \left(x \tg x - \dfrac{\pi}{2} \sec x \right)$

25 $\lim_{x \to 4} \left(\dfrac{7}{x^2 - x - 12} - \dfrac{1}{x - 4} \right)$

26 $\lim_{x \to 1} \left(\dfrac{n}{x^n - 1} - \dfrac{m}{x^m - 1} \right)$

27 $\lim_{x \to 0^+} x^x$

28 $\lim_{x \to 0^+} (\operatorname{sen} x)^x$

29 $\lim_{x \to 0^+} x^{1/\ln x}$

30 $\lim_{x \to 0^+} x^{\operatorname{sen} x}$

31 $\lim_{x \to \pi/2} (\cos x)^{x - (\pi/2)}$

32 $\lim_{x \to \pi/4^-} \left(\dfrac{\pi}{4} - x \right)^{\cos 2x}$

33 $\lim_{x \to 0^+} (\cotg x)^{x^2}$

34 $\lim_{x \to 0^+} (\cot x)^{\operatorname{sen} x}$

35 $\lim_{x \to +\infty} \left(\dfrac{x}{x - 2} \right)^x$

36 $\lim_{x \to +\infty} (e^x + x)^{1/x}$

37 $\lim_{x \to +\infty} x^{1/x}$

38 $\lim_{x \to 0^+} (-\ln x)^x$

39 $\lim_{x \to 0} (1 + \tg x)^{1/x}$

40 $\lim_{x \to +\infty} \left(1 + \dfrac{3}{x} \right)^x$

41 $\lim_{x \to 0} (1 + 2x)^{3/x}$

42 $\lim_{x \to 0^+} (1 + x)^{\ln x}$

43 $\lim_{x \to +\infty} \left(\cos \dfrac{2}{x} \right)^{x^2}$

44 $\lim_{x \to 0} (e^{x^2/2} \cos x)^{4/x^4}$

45 $\lim_{x \to 0} (1 + x)^{\cotg x}$

46 $\lim_{x \to 2^-} \left(1 - \dfrac{x}{2} \right)^{\tg \pi x}$

47 $\lim_{x \to 0^-} (1 + x)^{\ln |x|}$

48 $\lim_{x \to 0} (e^{2x} + 2x)^{1/(4x)}$

49 $\lim_{x \to \pi/2} (\operatorname{sen} x)^{\sec x}$

50 $\lim_{x \to 1} x^{1/(1 - x)}$

51 Suponha que a fração f tenha as seguintes propriedades:

$$\lim_{x \to +\infty} f(x) = \lim_{x \to +\infty} f'(x) = \lim_{x \to +\infty} f''(x) = +\infty \quad \text{e} \quad \lim_{x \to +\infty} \dfrac{xf'''(x)}{f''(x)} = 1. \quad \text{Calcule} \quad \lim_{x \to +\infty} \dfrac{xf'(x)}{f(x)}.$$

52 Determine um valor da constante c para qual $\lim_{x \to +\infty} \left(\dfrac{x + c}{x - c} \right)^x = 4$.

3 Integrais Impróprias com Limites Infinitos

Nos Caps. 5 e 6 obtivemos as áreas de regiões do plano utilizando a integral definida. Convém lembrar que tais regiões tinham que ser limitadas. Se quisermos calcular a área de regiões ilimitadas, teremos que utilizar as integrais "impróprias".

Considere, por exemplo, a região R sob o gráfico da equação $y = 1/x^2$. À direita de $x = 1$ (Fig. 1a). Observe que a região R se estende indefinidamente

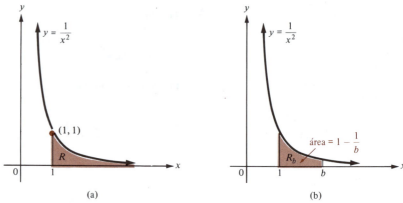

Fig. 1

para a direita e, por conseguinte, é ilimitada. À primeira vista talvez não esteja claro o significado do termo "área" de tais regiões ilimitadas. Seja R_b a região limitada sob o gráfico de $y = 1/x^2$ entre $x = 1$ e $x = b$ (Figura 1b). A área de R_b é dada por

$$\int_1^b \frac{1}{x^2}\,dx = \left.\frac{-1}{x}\right|_1^b = 1 - \frac{1}{b}.$$

Para valores muito grandes de b, a região limitada R_b, pode ser considerada como uma boa aproximação da região ilimitada R; de fato, isto nos induz a escrever $R = \lim_{b \to +\infty} R_b$. Por conseguinte, pode-se esperar que

área de $R = \lim_{b \to +\infty}$ (área de R_b) $= \lim_{b \to +\infty} \left(1 - \frac{1}{b}\right) = 1$ unidades de área

Em geral, se f é uma função definida num intervalo da forma $[a, +\infty)$ e se $f(x) \geq 0$ é válido quando $x \geq a$, definimos a área da região ilimitada sob o gráfico de f e à direita de $x = a$ como $\lim_{b \to +\infty} \int_a^\infty f(x)\,dx$ (Fig. 2). Freqüentemente,

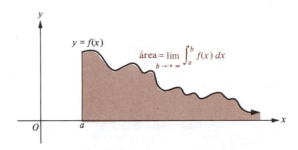

Fig. 2

FORMAS INDETERMINADAS, INTEGRAIS IMPRÓPRIAS E FÓRMULA DE TAYLOR

representamos tal área simplesmente por $\int_a^{+\infty} f(x)dx$. De um modo mais geral, estabelecemos a seguinte definição:

DEFINIÇÃO 1 **Integrais impróprias com limite superior infinito**

Seja f uma função definida pelo menos no intervalo infinito $[a, +\infty)$. Suponha que f seja Riemann-integrável no intervalo fechado $[a,b]$ para todos os valores de b maiores que a. Então definimos

$$\int_a^{+\infty} f(x)\, dx = \lim_{b \to +\infty} \int_a^b f(x)\, dx,$$

contanto que o limite exista e seja um número finito.

A expressão $\int_a^{+\infty} f(x)dx$, que é freqüentemente representada sob a forma

$\int_a^{\infty} f(x)dx$ por simplificação, é denominada *integral imprópria* com um *limite superior infinito*. Se $\lim_{b \to +\infty} \int_a^b f(x)dx$ existe e é finito, dizemos que a integral imprópria $\int_a^{+\infty} f(x)dx$ é *convergente*. Em caso contrário ela é dita *divergente*.

Uma *integral imprópria* com um limite inferior infinito é definida analogamente por

$$\int_{-\infty}^b f(x)\, dx = \lim_{a \to -\infty} \int_a^b f(x)\, dx,$$

quando o limite existe e é finito, caso em que dizemos que a integral imprópria $\int_{-\infty}^b f(x)dx$ é *convergente*. Em caso contrário, ela é *divergente*.

EXEMPLOS Calcular a integral imprópria dada (se ela for convergente).

1 $\int_1^{\infty} \dfrac{dx}{x^3}$

SOLUÇÃO
Pela definição 1, temos

$$\int_1^{\infty} \frac{dx}{x^3} = \lim_{b \to +\infty} \int_1^b \frac{dx}{x^3} = \lim_{b \to +\infty} \left(\frac{-1}{2x^2} \Big|_1^b \right) = \lim_{b \to +\infty} \left(\frac{-1}{2b^2} + \frac{1}{2} \right) = \frac{1}{2}.$$

2 $\int_0^{\infty} \dfrac{dx}{1 + x^2}$

SOLUÇÃO

$$\int_0^{\infty} \frac{dx}{1 + x^2} = \lim_{b \to +\infty} \int_0^b \frac{dx}{1 + x^2} = \lim_{b \to +\infty} (\operatorname{arctg}\, x) \Big|_0^b$$

$$= \lim_{b \to +\infty} (\operatorname{arctg}\, b - \operatorname{arctg}\, 0) = \lim_{b \to +\infty} \operatorname{arctg}\, b = \frac{\pi}{2}.$$

3 $\int_{-\infty}^3 \dfrac{dx}{(9 - x)^2}$

SOLUÇÃO

$$\int_{-\infty}^3 \frac{dx}{(9 - x)^2} = \lim_{a \to -\infty} \int_a^3 \frac{dx}{(9 - x)^2} = \lim_{a \to -\infty} \left(\frac{1}{9 - x} \Big|_a^3 \right)$$

$$= \lim_{a \to -\infty} \left(\frac{1}{9 - 3} - \frac{1}{9 - a} \right) = \frac{1}{6}.$$

4 $\int_{-\infty}^{0} e^{-x}\,dx$

SOLUÇÃO

$$\int_{-\infty}^{0} e^{-x}\,dx = \lim_{a\to -\infty} \int_{a}^{0} e^{-x}\,dx = \lim_{a\to -\infty} (-e^{-x})\Big|_{a}^{0} = \lim_{a\to -\infty}(e^{-a}-e^{0}) = +\infty;$$

logo, $\int_{-\infty}^{0} e^{-x}\,dx$ é divergente.

As integrais impróprias podem ser empregadas para calcular áreas de regiões ilimitadas como nos exemplos seguintes.

EXEMPLO 1 Determine a área A da região do primeiro quadrante limitado pela curva $y = 2^{-x}$, o eixo x e o eixo y (Fig. 3).

SOLUÇÃO
A área A é dada por

$$A = \int_{0}^{\infty} 2^{-x}\,dx = \lim_{b\to +\infty}\int_{0}^{b} 2^{-x}\,dx = \lim_{b\to +\infty}\left(\frac{2^{-x}}{-\ln 2}\right)\Big|_{0}^{b}$$

$$= \lim_{b\to +\infty}\left(\frac{2^{-b}}{-\ln 2} - \frac{2^{-0}}{-\ln 2}\right) = \frac{1}{\ln 2}\text{ unidades de área}$$

visto que $\lim_{b\to +\infty} 2^{-b} = 0$.

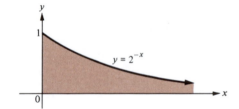

Fig. 3

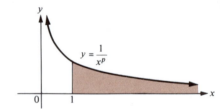

Fig. 4

2 Suponha que $p > 1$. Determine a área A da região no primeiro quadrante limitado pela curva $y = 1/x^p$, o eixo x e a reta $x = 1$ (Fig. 4).

SOLUÇÃO

$$A = \int_{1}^{\infty}\frac{dx}{x^p} = \lim_{b\to +\infty}\int_{1}^{b}\frac{dx}{x^p} = \lim_{b\to +\infty}\left(\frac{x^{1-p}}{1-p}\Big|_{1}^{b}\right)$$

$$= \lim_{b\to +\infty}\left(\frac{b^{1-p}}{1-p} - \frac{1^{1-p}}{1-p}\right) = 0 - \frac{1}{1-p} = \frac{1}{p-1}\text{ unidades de área}$$

visto que $p > 1$ implica que $\lim_{b\to +\infty} b^{1-p} = \lim_{b\to +\infty}\frac{1}{b^{p-1}} = 0$.

No exemplo 2, observe que, se $p < 1$, então $\lim_{b\to +\infty} b^{1-p} = +\infty$, de modo que $\int_{1}^{\infty} dx/x^p$ diverge e a região ilimitada da Fig. 4 tem uma área finita. Se $p = 1$, a integral também diverge (problema 5), logo,

FORMAS INDETERMINADAS, INTEGRAIS IMPRÓPRIAS E FÓRMULA DE TAYLOR

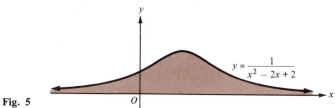

Fig. 5

$$\int_1^\infty \frac{dx}{x^p} \begin{cases} \text{converge para } \dfrac{1}{p-1} & \text{se } p > 1, \\ \text{diverge} & \text{se } p \leq 1. \end{cases}$$

Considere agora a região ilimitada sob a curva $y = \dfrac{1}{x^2 - 2x + 2}$ (Fig. 5). A porção desta região à direita do eixo y tem uma área A_1 dada por

$$A_1 = \int_0^\infty \frac{dx}{x^2 - 2x + 2} = \lim_{b \to +\infty} \int_0^b \frac{dx}{x^2 - 2x + 2} = \lim_{b \to +\infty} \int_0^b \frac{dx}{(x-1)^2 + 1}$$

$$= \lim_{b \to +\infty} \left[\text{arctg } (x-1) \Big|_0^b \right] = \lim_{b \to +\infty} [\text{arctg }(b-1) - \text{arctg }(-1)]$$

$$= \frac{\pi}{2} + \frac{\pi}{4} = \frac{3\pi}{4} \text{ unidades de área}$$

Analogamente, a porção da região na Fig. 5 à esquerda do eixo y tem a área A_2 dada por

$$A_2 = \int_{-\infty}^0 \frac{dx}{x^2 - 2x + 2} = \lim_{a \to -\infty} \int_a^0 \frac{dx}{(x-1)^2 + 1}$$

$$= \lim_{a \to -\infty} \left[\text{arctg }(x-1) \Big|_a^0 \right] = \lim_{a \to -\infty} [\text{arctg }(-1) - \text{arctg }(a-1)]$$

$$= -\frac{\pi}{4} + \frac{\pi}{2} = \frac{\pi}{4} \text{ unidades de área}$$

Portanto, a área total sob a curva é dada por $A_1 + A_2 = \dfrac{3\pi}{4} + \dfrac{\pi}{4} = \pi$ unidades de área. Pareceria razoável representar tal área como

$$\int_{-\infty}^\infty \frac{dx}{x^2 - 2x + 2} = \pi \text{ unidades de área}$$

De um modo mais geral, estabelecemos a seguinte definição:

DEFINIÇÃO 2   **Integrais impróprias com ambos limites infinitos**

Seja f uma função para todos os valores reais e suponha que ambas as integrais impróprias $\int_0^\infty f(x)dx$ e $\int_{-\infty}^0 f(x)dx$ sejam convergentes. Então, por definição

$$\int_{-\infty}^\infty f(x)\,dx = \int_{-\infty}^0 f(x)\,dx + \int_0^\infty f(x)\,dx,$$

e dizemos que a integral imprópria $\int_{-\infty}^\infty f(x)dx$ é *convergente*.

Se qualquer das integrais impróprias $\int_0^\infty f(x)dx$ ou $\int_{-\infty}^0 f(x)dx$ for divergente, dizemos que a *integral* $\int_{-\infty}^0 f(x)dx$ é *divergente*.

586 CÁLCULO

EXEMPLOS Calcule as integrais impróprias dadas (se elas forem convergentes).

1 $\displaystyle\int_{-\infty}^{\infty} \frac{x\,dx}{(x^2 + 1)^2}$

SOLUÇÃO
Utilizando a substituição $u = x^2 + 1$, temos

$$\int \frac{x\,dx}{(x^2 + 1)^2} = \frac{1}{2} \int \frac{du}{u^2} = -\frac{1}{2u} + C = \frac{-1}{2(x^2 + 1)} + C.$$

logo,

$$\int_{0}^{\infty} \frac{x\,dx}{(x^2 + 1)^2} = \lim_{b \to +\infty} \left[\frac{-1}{2(x^2 + 1)} \Big|_{0}^{b} \right]$$

$$= \lim_{b \to +\infty} \left[\frac{-1}{2(b^2 + 1)} - \frac{-1}{2(0^2 + 1)} \right] = \frac{1}{2}.$$

Analogamente, $\displaystyle\int_{-\infty}^{0} \frac{x\,dx}{(x^2 + 1)^2} = -\frac{1}{2}$. Portanto,

$$\int_{-\infty}^{\infty} \frac{x\,dx}{(x^2 + 1)^2} = \int_{-\infty}^{0} \frac{x\,dx}{(x^2 + 1)^2} + \int_{0}^{\infty} \frac{x\,dx}{(x^2 + 1)^2} = -\frac{1}{2} + \frac{1}{2} = 0.$$

2 $\displaystyle\int_{-\infty}^{\infty} x\,dx$

SOLUÇÃO

$$\int_{-\infty}^{\infty} x\,dx = \int_{-\infty}^{0} x\,dx + \int_{0}^{\infty} x\,dx,$$

Contanto que as duas últimas integrais sejam convergentes. Mas estas não convergem; em particular

$$\int_{0}^{\infty} x\,dx = \lim_{b \to +\infty} \int_{0}^{b} x\,dx = \lim_{b \to +\infty} \frac{b^2}{2} = +\infty.$$

Portanto, $\displaystyle\int_{-\infty}^{\infty} x\,dx$ diverge.

Conjunto de Problemas 3

Nos problemas 1 a 24, calcule cada integral imprópria (se forem convergentes).

1 $\displaystyle\int_{1}^{\infty} \frac{dx}{x\sqrt{x}}$ **2** $\displaystyle\int_{1}^{\infty} \frac{dx}{(4x + 3)^2}$ **3** $\displaystyle\int_{3}^{\infty} \frac{dx}{x^2 + 9}$

4 $\displaystyle\int_{-\infty}^{0} \frac{dx}{x^2 + 16}$ **5** $\displaystyle\int_{1}^{\infty} \frac{dx}{x}$ **6** $\displaystyle\int_{1}^{\infty} \frac{x\,dx}{5x^2 + 3}$

7 $\displaystyle\int_{0}^{\infty} \frac{dx}{(x + 1)(x + 2)}$ **8** $\displaystyle\int_{2}^{\infty} \frac{x\,dx}{(x + 1)(x + 2)}$ **9** $\displaystyle\int_{0}^{\infty} 4e^{8x}\,dx$

FORMAS INDETERMINADAS, INTEGRAIS IMPRÓPRIAS E FÓRMULA DE TAYLOR

10 $\displaystyle\int_0^\infty \frac{dx}{\sqrt[3]{e^x}}$

11 $\displaystyle\int_1^\infty \frac{x\,dx}{1+x^4}$

12 $\displaystyle\int_e^\infty \frac{dx}{x(\ln x)^2}$

13 $\displaystyle\int_e^\infty \frac{dx}{x\,\ln x}$

14 $\displaystyle\int_0^\infty e^{-x}\,\mathrm{sen}x\,dx$

15 $\displaystyle\int_{-\infty}^\infty \frac{dx}{1+x^2}$

16 $\displaystyle\int_{-\infty}^0 (e^t - e^{2t})\,dt$

17 $\displaystyle\int_{-\infty}^0 xe^x\,dx$

18 $\displaystyle\int_{-\infty}^\infty (x^2 + 2x + 2)^{-1}\,dx$

19 $\displaystyle\int_{-\infty}^\infty \frac{|x|\,dx}{1+x^4}$

20 $\displaystyle\int_{-\infty}^1 xe^{3x}\,dx$

21 $\displaystyle\int_0^\infty e^{-3x}\,dx$

22 $\displaystyle\int_{-\infty}^\infty \frac{e^x\,dx}{\cosh x}$

23 $\displaystyle\int_{-\infty}^\infty \mathrm{sech}\,x\,dx$

24 $\displaystyle\int_{-\infty}^\infty \frac{dx}{a^2+x^2}$

25 Mostre que $\displaystyle\int_2^\infty \frac{dx}{x(\ln x)^p}$ converge para $\dfrac{(\ln 2)^{1-p}}{p-1}$ se $p > 1$.

26 Mostre que $\displaystyle\int_3^\infty \frac{dx}{x\,\ln x[\ln (\ln x)]^p}$ converge para $\dfrac{[\ln (\ln 3)]^{1-p}}{p-1}$ se $p > 1$.

27 Para que valores de n a integral imprópria $\displaystyle\int_0^\infty \left(\frac{2}{x+1} - \frac{n}{x+3}\right)dx$ converge? Calcule a integral para este valor de n.

28 Se $\displaystyle\int_{-\infty}^\infty f(x)\,dx$ é convergente, mostre que $\displaystyle\int_{-\infty}^\infty f(x)\,dx = \lim_{c\to+\infty}\int_{-c}^c f(x)\,dx$.

29 Mostre que $\displaystyle\lim_{c\to+\infty}\int_{-c}^c \mathrm{sen}\,x\,dx = 0$.

30 Utilizando os resultados dos exercícios 28 e 29 podemos concluir que $\displaystyle\int_{-\infty}^\infty \mathrm{sen}x\,dx = 0$? Explique.

31 Determine a área da região ilimitada sob a curva $y = \dfrac{1}{e^x + e^{-x}}$.

32 Determine o volume do sólido ilimitado gerado pela rotação da região sob a curva $y = \sqrt{x}\,e^{-x^2}$, $x \geq 0$ em torno do eixo x.

33 Determine o volume do sólido ilimitado gerado pela rotação da região sob a curva $y = 1/x$, $x \geq 1$ em torno do eixo x.

34 Mostre que a área da superfície ilimitada gerada pela rotação da curva $y = 1/x$, $x \geq 1$, em torno do eixo x é infinita. (*Sugestão:* Para $x \geq 1$, $(1/x)\sqrt{1 + (-1/x^2)^2} > 1/x$.]

35 Determine a área da região ilimitada compreendida entre as curvas $y = 1/x^2$ e $y = e^{-2x}$ no intervalo $[1,\infty)$.

36 Dê um exemplo de
 (a) Uma região ilimitada no plano com área infinita que quando gira em torno do eixo x gere um sólido ilimitado com limite finito.
 (b) Um sólido ilimitado com volume finito cuja área da superfície correspondente seja infinita.

37 Se uma firma de negócios espera um lucro de Cr\$ $P(t)$ por ano t anos a partir de agora, então o *valor atual* de todo o lucro futuro, quando o juro é composto continuamente com taxa de k % ao ano, é definido como $\displaystyle\int_0^\infty e^{-kt/100}P(t)\,dt$. Calcule o valor atual de todo o lucro futuro se $P(t) = At + B$ onde A e B são constantes não-negativas.

38 No problema 37, mostre que para um lucro anual constante, o valor atual é inversamente proporcional à taxa de juros k.

4 Integrais Impróprias com Integrandos Ilimitados

As integrais consideradas na Seção 3 nos permitem calcular as áreas das regiões ilimitadas no plano xy que se estendem indefinidamente para a direita ou para a esquerda. Nesta região, consideraremos regiões ilimitadas que se estendem indefinidamente para cima ou para baixo.

Por exemplo, considere a região ilimitada R sob a curva $y = 1/\sqrt{x}$ à direita do eixo y e à esquerda da reta vertical $x = 9$ (Fig. 1a). Uma boa aproximação para essa região ilimitada é fornecida pela região limitada R_ε sob a curva $y = 1/\sqrt{x}$ entre $x = \varepsilon$ e $x = 9$, sendo que ε é um número positivo pequeno (Fig. 1b). Quando $\varepsilon \to 0^+$, R_ε se torna uma boa aproximação para R,

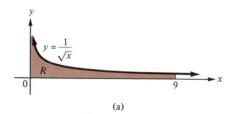

Fig. 1   (a)   (b)

e somos levados a escrever $R = \lim_{\varepsilon \to 0^+} R_\varepsilon$. Logo, pode-se esperar que a

$$\text{área de } R = \lim_{\varepsilon \to 0^+} (\text{área de } R_\varepsilon) = \lim_{\varepsilon \to 0^+} \int_\varepsilon^9 \frac{dx}{\sqrt{x}} = \lim_{\varepsilon \to 0^+} \left(2\sqrt{x}\Big|_\varepsilon^9\right)$$

$$= \lim_{\varepsilon \to 0^+} (6 - 2\sqrt{\varepsilon}) = 6 \text{ unidades de área}$$

Devido a esses cálculos temos $\int_0^9 \frac{dx}{\sqrt{x}} = 6$. Entretanto, é importante perceber que $\int_0^9 \frac{dx}{\sqrt{x}}$ não existe como uma integral definida (de Riemann) porque seu integrando $\frac{1}{\sqrt{x}}$ não é definido em [0,9] e é ilimitado em (0,9].

Portanto $\int_0^9 \frac{dx}{\sqrt{x}}$ é denominada uma *integral imprópria*. Para generalizar mais ainda estabelecemos a seguinte definição:

DEFINIÇÃO 1   **Integrais impróprias no limite inferior**

Suponha que a função f seja definida no intervalo semi-aberto $(a,b]$ e seja Riemann-integrável em todo o intervalo fechado da forma $[a + \varepsilon, b]$ para $0 < \varepsilon < b - a$. Então definimos a *integral imprópria* $\int_a^b f(x)dx$ por

$$\int_a^b f(x)\,dx = \lim_{\varepsilon \to 0^+} \int_{a+\varepsilon}^b f(x)\,dx,$$

contanto que esse limite exista e seja finito

Se $\lim_{\varepsilon \to 0^+} \int_{a+\varepsilon}^b f(x)dx$ existe e é um número finito, dizemos que a integral imprópria $\int_a^b f(x)dx$ é *convergente*; caso contrário, ela é dita *divergente*.

A definição 1 considera o caso em que a integral definida $\int_a^b f(x)dx$ pode não existir porque $f(a)$ não é definido. Uma definição análoga

FORMAS INDETERMINADAS, INTEGRAIS IMPRÓPRIAS E FÓRMULA DE TAYLOR

$$\int_a^b f(x)\, dx = \lim_{\varepsilon \to 0^+} \int_a^{b-\varepsilon} f(x)\, dx,$$

de uma *integral imprópria no limite superior* cobre o caso em que $f(b)$ não é definido.

Para evitar confusão entre as integrais impróprias que acabamos de definir e as definidas anteriormente, alguns autores utilizam a notação

$$f(x)dx\Big|_{a^+}^{b} \quad \text{ou} \quad \int_a^{b-} f(x)dx.$$

Entretanto, como sempre podemos determinar se uma integral é imprópria examinando o integrando, não precisaremos ser tão cuidadosos quanto a notação.

EXEMPLOS Nos exemplos 1 a 4, calcule a integral imprópria dada (se ela for convergente).

1 $\displaystyle\int_{3/2}^{4} \frac{dx}{\left(x - \frac{3}{2}\right)^{2/5}}$

SOLUÇÃO
A integral é imprópria porque o integrando não é definido no limite inferior $3/2$. Começaremos fazendo a substituição $u = x - {}^3\!/_2$ para calcular a integral indefinida correspondente. Desse modo,

$$\int \frac{dx}{\left(x - \frac{3}{2}\right)^{2/5}} = \int \frac{du}{u^{2/5}} = \tfrac{5}{3}u^{3/5} + C = \tfrac{5}{3}\left(x - \tfrac{3}{2}\right)^{3/5} + C.$$

Aplicando a definição 1, temos

$$\int_{3/2}^{4} \frac{dx}{\left(x - \frac{3}{2}\right)^{2/5}} = \lim_{\varepsilon \to 0^+} \int_{(3/2)+\varepsilon}^{4} \frac{dx}{\left(x - \frac{3}{2}\right)^{2/5}}$$

$$= \lim_{\varepsilon \to 0^+} \left[\tfrac{5}{3}\left(x - \tfrac{3}{2}\right)^{3/5} \Big|_{(3/2)+\varepsilon}^{4}\right]$$

$$= \lim_{\varepsilon \to 0^+} \left[\tfrac{5}{3}\left(\tfrac{5}{2}\right)^{3/5} - \tfrac{5}{3}\varepsilon^{3/5}\right] = \tfrac{5}{3}\left(\tfrac{5}{2}\right)^{3/5}$$

2 $\displaystyle\int_{0}^{\pi/2} \sec x \, dx$

SOLUÇÃO
A integral é imprópria porque o integrando não é definido ao limite superior $\pi/2$. Aqui temos

$$\int_{0}^{\pi/2} \sec x \, dx = \lim_{\varepsilon \to 0^+} \int_{0}^{(\pi/2)-\varepsilon} \sec x \, dx = \lim_{\varepsilon \to 0^+} \left[\ln\,(\sec x + \mathrm{tg}\, x)\Big|_{0}^{(\pi/2)-\varepsilon}\right]$$

$$= \lim_{\varepsilon \to 0^+} \left\{\ln\left[\sec\left(\tfrac{\pi}{2} - \varepsilon\right) + \mathrm{tg}\,\left(\tfrac{\pi}{2} - \varepsilon\right)\right] - \ln\,(\sec 0 + \mathrm{tg}\, 0)\right\}$$

$$= + \infty,$$

porque $\displaystyle\lim_{\varepsilon \to 0^+} \sec\,(\pi/2 - \varepsilon) = +\infty$ e $\displaystyle\lim_{\varepsilon \to 0^+} \tan\,(\pi/2 - \varepsilon) = +\infty.$

Por conseguinte, a integral imprópria é divergente.

3 $\displaystyle\int_0^{\pi/2} \frac{\cos x}{\sqrt{\operatorname{sen} x}}\, dx$

SOLUÇÃO

Aqui a integral é imprópria e tem limite inferior 0. Fazendo a substituição $u = \operatorname{sen} x$, temos

$$\int \frac{\cos x}{\sqrt{\operatorname{sen} x}}\, dx = \int u^{-1/2}\, du = 2u^{1/2} + C = 2\sqrt{\operatorname{sen} x} + C.$$

Conseqüentemente,

$$\int_0^{\pi/2} \frac{\cos x}{\sqrt{\operatorname{sen} x}}\, dx = \lim_{\varepsilon \to 0^+} \int_\varepsilon^{\pi/2} \frac{\cos x}{\sqrt{\operatorname{sen} x}}\, dx = \lim_{\varepsilon \to 0^+} \left(2\sqrt{\operatorname{sen} x}\, \Big|_\varepsilon^{\pi/2} \right)$$

$$= \lim_{\varepsilon \to 0^+} (2\sqrt{\operatorname{sen}(\pi/2)} - 2\sqrt{\operatorname{sen}\varepsilon}) = 2\sqrt{\operatorname{sen}(\pi/2)} = 2.$$

4 $\displaystyle\int_0^b \frac{dx}{x - b}$, onde $b > 0$

SOLUÇÃO

Aqui,

$$\int_0^b \frac{dx}{x - b} = \lim_{\varepsilon \to 0^+} \int_0^{b-\varepsilon} \frac{dx}{x - b} = \lim_{\varepsilon \to 0^+} \left[(\ln |x - b|) \Big|_0^{b-\varepsilon} \right]$$

$$= \lim_{\varepsilon \to 0^+} (\ln \varepsilon - \ln b) = -\infty;$$

donde a integral imprópria é divergente.

Seja R a região limitada, sob a curva $y = 1/\sqrt{4 - x^2}$ à direita do eixo y e à esquerda da reta vertical $x = 2$ (Figura 2). Determine se a região R tem área finita e, se existir, encontre sua área.

SOLUÇÃO

A área em questão é dada pela integral imprópria

$$\int_0^2 \frac{dx}{\sqrt{4 - x^2}} = \lim_{\varepsilon \to 0^+} \int_0^{2-\varepsilon} \frac{dx}{\sqrt{4 - x^2}}$$

$$= \lim_{\varepsilon \to 0^+} \left[\left(\operatorname{sen}^{-1} \frac{x}{2} \right) \Big|_0^{2-\varepsilon} \right]$$

$$= \lim_{\varepsilon \to 0^+} \left(\operatorname{sen}^{-1} \frac{2 - \varepsilon}{2} - \operatorname{sen}^{-1} 0 \right)$$

$$= \frac{\pi}{2} \text{ unidades de área}$$

Se uma função f é definida para qualquer número de um intervalo fechado $[a,b]$ exceto para um número c, com $a < c < b$ também temos $\int_a^b f(x)dx$ como uma *integral imprópria*. Tal integral será dita *convergente* se ambas integrais dadas por

$$\int_a^c f(x)\, dx \quad \text{e} \quad \int_c^b f(x)\, dx$$

FORMAS INDETERMINADAS, INTEGRAIS IMPRÓPRIAS E FÓRMULA DE TAYLOR

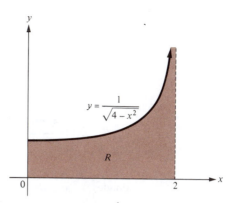

Fig. 2

convergem. Caso contrário, seria dita divergente. Se a integral imprópria $\int_a^b f(x)dx$ converge, então seu valor será definido por

$$\int_a^b f(x)\,dx = \int_a^c f(x)\,dx + \int_c^b f(x)\,dx.$$

EXEMPLOS Nos exemplos 1 e 2, calcule cada integral imprópria (analise suas convergências)

1 $\int_{-4}^{1} \dfrac{dx}{\sqrt[3]{x+2}}$

SOLUÇÃO
A integral é indefinida em $x = -2$, entre os limites de integração; em conseqüência, a integral é imprópria. Aqui temos

$$\int_{-4}^{1} \frac{dx}{\sqrt[3]{x+2}} = \int_{-4}^{-2} \frac{dx}{\sqrt[3]{x+2}} + \int_{-2}^{1} \frac{dx}{\sqrt[3]{x+2}}$$

$$= \lim_{\varepsilon \to 0^+} \int_{-4}^{-2-\varepsilon} \frac{dx}{\sqrt[3]{x+2}} + \lim_{\varepsilon \to 0^+} \int_{-2+\varepsilon}^{1} \frac{dx}{\sqrt[3]{x+2}}$$

$$= \lim_{\varepsilon \to 0^+} \left[\tfrac{3}{2}(x+2)^{2/3} \Big|_{-4}^{-2-\varepsilon} \right] + \lim_{\varepsilon \to 0^+} \left[\tfrac{3}{2}(x+2)^{2/3} \Big|_{-2+\varepsilon}^{1} \right]$$

$$= \lim_{\varepsilon \to 0^+} \left[\tfrac{3}{2}(-\varepsilon)^{2/3} - \tfrac{3}{2}(-2)^{2/3} \right] + \lim_{\varepsilon \to 0^+} \left[\tfrac{3}{2}(3^{2/3}) - \tfrac{3}{2}(\varepsilon^{2/3}) \right]$$

$$= -\tfrac{3}{2}(2^{2/3}) + \tfrac{3}{2}(3^{2/3}) = \tfrac{3}{2}(3^{2/3} - 2^{2/3}).$$

2 $\int_0^{\pi} \tan x\, dx$

SOLUÇÃO
A integral é indefinida em $x = \pi/2$, de sorte que a integral imprópria será convergente somente se $\int_0^{\pi/2} \tan x\, dx$ e $\int_{\pi/2}^{\pi} \tan x\, dx$ são convergentes. Mas

$$\int_0^{\pi/2} \tan x\, dx = \lim_{\varepsilon \to 0^+} \int_0^{(\pi/2)-\varepsilon} \tan x\, dx = \lim_{\varepsilon \to 0^+} \left[\ln (\sec x) \Big|_0^{(\pi/2)-\varepsilon} \right]$$

$$= \lim_{\varepsilon \to 0^+} \left[\ln \sec \left(\frac{\pi}{2} - \varepsilon \right) - \ln \sec 0 \right] = +\infty;$$

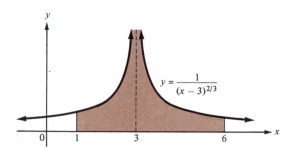

Fig. 3

donde $\int_0^{\pi/2} \tan x \, dx$ diverge. Conseqüentemente $\int_0^{\pi} \tan x \, dx$ também diverge.

3 Seja R a região limitada sob o gráfico de $y = \dfrac{1}{(x-3)^{2/3}}$ e pelas retas $x = 1$ e $x = 6$ (Fig. 3). Determine se a região R tem área finita e, se for o caso, calcule essa área.

SOLUÇÃO

Não podemos simplesmente calcular $\int_1^6 \dfrac{ux}{(x-3)^{2/3}}$ como se esta integral fosse uma integral definida, porque na realidade em $x = 3$ ela não é definida. No entanto, pode-se dividir a região R em duas porções, uma à esquerda e outra à direita da reta $x = 3$, onde suas áreas são dadas pelas integrais impróprias

$$\int_1^3 \frac{dx}{(x-3)^{2/3}} = \lim_{\varepsilon \to 0^+} \int_1^{3-\varepsilon} \frac{dx}{(x-3)^{2/3}} = \lim_{\varepsilon \to 0^+} \left[3(x-3)^{1/3} \Big|_1^{3-\varepsilon} \right] = 3(2^{1/3})$$

e

$$\int_3^6 \frac{dx}{(x-3)^{2/3}} = \lim_{\varepsilon \to 0^+} \int_{3+\varepsilon}^6 \frac{dx}{(x-3)^{2/3}} = \lim_{\varepsilon \to 0^+} \left[3(x-3)^{1/3} \Big|_{3+\varepsilon}^6 \right] = 3(3^{1/3}).$$

Conseqüentemente, a área A desejada será agora dada pela integral imprópria convergente

$$\int_1^6 \frac{dx}{(x-3)^{2/3}} = \int_1^3 \frac{dx}{(x-3)^{2/3}} + \int_3^6 \frac{dx}{(x-3)^{2/3}} = 3(2^{1/3}) + 3(3^{1/3}) \approx 8{,}11.$$

Donde, $A \approx 8{,}11$ unidades ao quadrado.

Conjunto de Problemas 4

Nos problemas 1 a 24, calcule cada integral imprópria (analise suas convergências).

1 $\int_0^4 \dfrac{dx}{\sqrt{x}}$

2 $\int_0^9 \dfrac{dx}{x\sqrt{x}}$

3 $\int_1^{28} \dfrac{dx}{\sqrt[3]{x-1}}$

4 $\int_1^2 \dfrac{x \, dx}{\sqrt[3]{x-1}}$

5 $\int_0^1 \dfrac{\cos \sqrt[3]{x}}{\sqrt[3]{x^2}} \, dx$

6 $\int_0^1 \dfrac{dx}{(1+x)\sqrt{x}}$

7 $\int_0^1 x \ln x \, dx$

8 $\int_0^1 \dfrac{(\ln x)^2}{x} \, dx$

FORMAS INDETERMINADAS, INTEGRAIS IMPRÓPRIAS E FÓRMULA DE TAYLOR

9 $\displaystyle\int_0^4 \frac{dx}{\sqrt{16-x^2}}$

10 $\displaystyle\int_0^5 \frac{x\,dx}{\sqrt{25-x^2}}$

11 $\displaystyle\int_0^4 \frac{e^{-\sqrt{x}}}{\sqrt{x}}\,dx$

12 $\displaystyle\int_0^{\pi/2} \tan^5 x \sec^2 x\,dx$

13 $\displaystyle\int_{1/2}^1 \frac{dt}{t(\ln t)^{2/7}}$

14 $\displaystyle\int_0^1 \frac{1}{x^2}\operatorname{sen}\frac{1}{x}\,dx$

15 $\displaystyle\int_{-1}^1 \frac{dx}{x^3}$

16 $\displaystyle\int_1^3 \frac{x\,dx}{2-x}$

17 $\displaystyle\int_0^\pi \frac{\operatorname{sen} x}{\sqrt[5]{\cos x}}\,dx$

18 $\displaystyle\int_0^2 \frac{x\,dx}{(x-1)^{2/3}}$

19 $\displaystyle\int_{-\pi}^\pi \frac{dt}{1-\cos t}$

20 $\displaystyle\int_{-1}^3 \frac{dx}{x\sqrt{x+4}}$

21 $\displaystyle\int_0^{\pi/3} \frac{\sec^2 t}{\sqrt{1-\tan t}}\,dt$

22 $\displaystyle\int_{e/3}^2 \frac{dx}{x(\ln x)^3}$

23 $\displaystyle\int_{-1}^1 \frac{e^x\,dx}{\sqrt[5]{e^x-1}}$

24 $\displaystyle\int_{-1}^1 \frac{e^{-1/x}}{x^2}\,dx$

25 Mostre que a integral $\displaystyle\int_0^1 x^n \ln x\,dx$ converge e que tem para valor $\dfrac{-1}{(n+1)^2}$ se e somente se $n > -1$.

26 a) Mostre que $\displaystyle\lim_{\varepsilon \to 0^+} \left(\int_{-1}^{-\varepsilon} \frac{dx}{x} + \int_\varepsilon^1 \frac{dx}{x} \right) = 0$.

b) Do item (a), pode-se concluir que $\displaystyle\int_{-1}^1 \frac{dx}{x} = 0$? Explique.

27 Critique o seguinte cálculo:

$$\int_{-1}^1 \frac{dx}{x} = (\ln |x|)\Big|_{-1}^1 = \ln |1| - \ln |-1| = 0.$$

28 Mostre que a integral imprópria $\displaystyle\int_0^1 \frac{dx}{1-x^4}$ é divergente.

29 Encontre a área da região limitada pela curva $y = \dfrac{1}{\sqrt{x(2-x)}}$ e as retas $x = 0$ e $x = 2$.

30 Encontre o volume da região limitada pela superfície gerada pela rotação no entorno do eixo x da curva dada no problema 29.

31 Encontre o volume do sólido limitado pela superfície gerada pela rotação no entorno do eixo x da curva $y = \dfrac{1}{x-2}$ no seu trecho entre as retas $x = 2$ e $x = 4$.

32 Encontre a área da região limitada sob a curva $y = \ln(1/x)$ entre $x = 0$ e $x = 1$.

33 Encontre o volume do sólido limitado pela superfície gerada pela rotação no entorno do eixo x da curva $y = 1/x^p$ entre $x = 0$ e $x = 1$. Considere $p > 0$.

34 Se a função f é definida e continua no intervalo fechado $[a,b]$, mostre que

$$\int_a^b f(x)\,dx = \lim_{\varepsilon \to 0^+} \int_{a+\varepsilon}^b f(x)\,dx.$$

$$\left[\text{Sugestão: } \int_a^b f(x)\,dx = \int_a^{a+\varepsilon} f(x)\,dx + \int_{a+\varepsilon}^b f(x)\,dx. \right]$$

35 Encontre o volume do sólido limitado pela superfície gerada pela rotação no entorno do eixo y da curva do Problema 33.

36 Suponha que f é uma função contínua positiva definida no intervalo $[1,\infty)$ e que R é uma região limitada sob o gráfico de f. Considere que o volume do sólido gerado pela rotação de R no entorno do eixo x é finito. É verdade dizer que o volume do sólido gerado pela rotação de R no entorno do eixo y também é finito? Justifique sua resposta.

5 Fórmula de Taylor

Na Seção 1.1 introduzimos o teorema do valor médio generalizado de Cauchy e o usamos no estabelecimento da regra de L'Hôpital. Nesta seção estenderemos seu emprego associado à teoria do matemático inglês Brook Taylor (1685-1731). Este importante teorema aproxima vários tipos de funções complicadas por uma função expressa na forma polinomial de maneira deveras simples. A função expressa na forma polinomial de que trata o teorema de Taylor é formada de acordo com as seguintes definições:

Polinômio de Taylor

Seja f uma função que possui derivadas $f^{(n)}$ de ordem $n \geqslant 1$ num intervalo aberto I e seja a um número fixo em I. Então o polinômio de Taylor do *n-ésimo grau da função f em a é a função polinomial P_n* definida por

$$P_n(x) = f(a) + \frac{f'(a)}{1!}(x-a) + \frac{f''(a)}{2!}(x-a)^2 + \frac{f'''(a)}{3!}(x-a)^3 + \cdots$$

$$+ \frac{f^{(n)}(a)}{n!}(x-a)^n.$$

Onde, sendo n um inteiro positivo, então $n!$ é definido por

$$n! = n(n-1)(n-2)\cdots 3 \cdot 2 \cdot 1.$$

E também, por definição $0! = 1$.

EXEMPLOS 1 Encontre o quarto termo P_4 do polinômio de Taylor para a função f definida por $f(x) = \text{sen } x$ para $a = \pi/4$.

SOLUÇÃO
Aqui organizamos as operações necessárias como segue:

$$f(x) = \text{sen} x, \qquad f\left(\frac{\pi}{4}\right) = \frac{\sqrt{2}}{2},$$

$$f'(x) = \cos x, \qquad f'\left(\frac{\pi}{4}\right) = \frac{\sqrt{2}}{2},$$

$$f''(x) = -\text{sen} x, \qquad f''\left(\frac{\pi}{4}\right) = -\frac{\sqrt{2}}{2},$$

$$f'''(x) = -\cos x, \qquad f'''\left(\frac{\pi}{4}\right) = -\frac{\sqrt{2}}{2}, \quad \text{e}$$

$$f^{(4)}(x) = \text{sen} x, \qquad f^{(4)}\left(\frac{\pi}{4}\right) = \frac{\sqrt{2}}{2}.$$

Conseqüentemente,

$$P_4(x) = f\left(\frac{\pi}{4}\right) + \frac{f'\left(\frac{\pi}{4}\right)}{1!}\left(x - \frac{\pi}{4}\right) + \frac{f''\left(\frac{\pi}{4}\right)}{2!}\left(x - \frac{\pi}{4}\right)^2$$

$$+ \frac{f'''\left(\frac{\pi}{4}\right)}{3!}\left(x - \frac{\pi}{4}\right)^3 + \frac{f^{(4)}\left(\frac{\pi}{4}\right)}{4!}\left(x - \frac{\pi}{4}\right)^4$$

$$= \frac{\sqrt{2}}{2} + \frac{\sqrt{2}}{2}\left(x - \frac{\pi}{4}\right) - \frac{\sqrt{2}}{4}\left(x - \frac{\pi}{4}\right)^2 - \frac{\sqrt{2}}{12}\left(x - \frac{\pi}{4}\right)^3 + \frac{\sqrt{2}}{48}\left(x - \frac{\pi}{4}\right)^4.$$

FORMAS INDETERMINADAS, INTEGRAIS IMPRÓPRIAS E FÓRMULA DE TAYLOR

2 Encontre o termo P_3, de grau 3, do polinômio de Taylor para a função f definida por $f(x) = \dfrac{1}{1 + x}$ para $x > -1$ em $a = 0$.

SOLUÇÃO

$$f(x) = (1 + x)^{-1}, \qquad f(0) = 1,$$

$$f'(x) = -(1 + x)^{-2}, \qquad f'(0) = -1,$$

$$f''(x) = 2(1 + x)^{-3}, \qquad f''(0) = 2, \quad \text{e}$$

$$f'''(x) = -6(1 + x)^{-4}, \quad f'''(0) = -6.$$

Donde,

$$P_3(x) = f(0) + \frac{f'(0)}{1!}(x - 0) + \frac{f''(0)}{2!}(x - 0)^2 + \frac{f'''(0)}{3!}(x - 0)^3$$

$$= 1 - x + x^2 - x^3.$$

O polinômio de Taylor P_n da função f em a sempre tem a seguinte propriedade, cuja demonstração é deixada como um exercício (problema 24):

Os valores das derivadas sucessivas de P_n em a inclusive a de ordem n — são iguais aos valores das derivadas sucessivas correspondentes de f em a.

Assim, $f'(a) = P'_n(a), f''(a) = P''_n(a), f'''(a) = P_n'''(a),..., e\ f^{(n)}(a) = P_n^{(n)}(a)$. Também, é claro, $f(a) = P_n(a)$. Por exemplo, no Exemplo 2, $P_3(x) = 1 - x + x^2 - x^3, P'_3(x) = -1 + 2x - 3x^2, P''_3(x) = 2 - 6x$ e $P'''_3(x) = -6$, isto é

$$f(0) = \quad 1 = P_3(0),$$

$$f'(0) = -1 = P'_3(0),$$

$$f''(0) = \quad 2 = P''_3(0), \quad \text{e}$$

$$f'''(0) = -6 = P'''_3(0).$$

Talvez o aspecto mais importante do polinômio de Taylor P_n de uma função f em a é que a representação

$$f(x) \approx P_n(x)$$

é muitas vezes usada como acurada aproximação, especialmente se tomamos n suficientemente grande e x próximo de a. Por exemplo, no Exemplo 1 (arredondando para 6 casas decimais), temos

$$\operatorname{sen}\frac{\pi}{6} = 0{,}500000 \approx P_4\left(\frac{\pi}{6}\right) = 0{,}500008.$$

Na prática, usa-se o valor de $P_n(x)$ para estimar o valor de $f(x)$, sendo necessário calcular o limite de erro na estimativa. Este erro, diferença entre o valor real de $f(x)$ e o estimado $P_n(x)$, é chamado de *resto de Taylor $R_n(x)$*. Assim, vamos dar a seguinte definição:

DEFINIÇÃO 2 **Resto de Taylor**

Se P_n é o polinômio de Taylor do n-ésimo grau da função f em a, define-se correspondentemente ao *resto de Taylor* a função R_n dada por

$$R_n(x) = f(x) - P_n(x).$$

Observe que $f(x) = P_n(x) + R_n(x)$; assim, a aproximação $f(x) \approx P_n(x)$ será acurada quando $|R_n(x)|$ for pequeno. A extensão do teorema do valor médio, com referência à sua introdução nesta seção, provém da medida efetiva para estimar o valor de $|R_n(x)|$.

TEOREMA 1 **Extensão do teorema do valor médio**

Seja n um número inteiro positivo e suponha que f é uma função que tem derivada $f^{(n+1)}$ de ordem $n+1$, no intervalo aberto I. Então, se a e b são dois valores distintos de I, existirá um número c entre a e b tal que

$$f(b) = f(a) + \frac{f'(a)}{1!}(b-a) + \frac{f''(a)}{2!}(b-a)^2 + \frac{f'''(a)}{3!}(b-a)^3 + \cdots$$

$$+ \frac{f^{(n)}(a)}{n!}(b-a)^n + r_n$$

onde $r_n = \dfrac{f^{(n+1)}(c)}{(n+1)!}(b-a)^{n+1}$.

DEMONSTRAÇÃO
Defina o número r_n por

$$r_n = f(b) - f(a) - \frac{f'(a)}{1!}(b-a) - \frac{f''(a)}{2!}(b-a)^2$$

$$- \frac{f'''(a)}{3!}(b-a)^3 - \cdots - \frac{f^{(n)}(a)}{n!}(b-a)^n.$$

$$f(b) = f(a) + \frac{f'(a)}{1!}(b-a) + \frac{f''(a)}{2!}(b-a)^2$$

$$+ \frac{f'''(a)}{3!}(b-a)^3 + \cdots + \frac{f^{(n)}(a)}{n!}(b-a)^n + r_n.$$

Defina uma nova função g com domínio I pela equação

$$g(x) = f(x) + \frac{f'(x)}{1!}(b-x) + \frac{f''(x)}{2!}(b-x)^2 + \frac{f'''(x)}{3!}(b-x)^3 + \cdots$$

$$+ \frac{f^{(n)}(x)}{n!}(b-x)^n + r_n \frac{(b-x)^{n+1}}{(b-a)^{n+1}}.$$

Então,

$$g'(x) = f'(x) + \left[-\frac{f'(x)}{1!} + \frac{f''(x)}{1!}(b-x) \right]$$

$$+ \left[-\frac{2f''(x)}{2!}(b-x) + \frac{f'''(x)}{2!}(b-x)^2 \right]$$

$$+ \left[-\frac{3f'''(x)}{3!}(b-x)^2 + \frac{f^{(4)}(x)}{3!}(b-x)^3 \right] + \cdots$$

$$+ \left[-\frac{nf^{(n)}(x)}{n!}(b-x)^{n-1} + \frac{f^{(n+1)}(x)}{n!}(b-x)^n \right] - \frac{(n+1)r_n(b-x)^n}{(b-a)^{n+1}}.$$

Na expressão acima, cada conjunto de chaves contém um termo da forma $-\dfrac{kf^{(k)}(x)}{k!}(b-x)^{k-1}$. Como

FORMAS INDETERMINADAS, INTEGRAIS IMPRÓPRIAS E FÓRMULA DE TAYLOR

$$\frac{k}{k!} = \frac{k}{k(k-1)(k-2)\cdots 1} = \frac{1}{(k-1)!},$$

este termo pode ser reescrito como $-\dfrac{f^{(k)}(x)}{(k-1)!}(b-x)^{k-1}$ e assim cancela-se com o termo $\dfrac{f^{(k)}(x)}{(k-1)!}(b-x)^{k-1}$ naqueles conjuntos de chaves.

Procedidas as simplificações, achamos a redução a apenas dois termos na forma

$$g'(x) = \frac{f^{(n+1)}(x)}{n!}(b-x)^n - \frac{(n+1)r_n(b-x)^n}{(b-a)^{n+1}}.$$

Voltando à definição original de g e tomando-se $x = a$, encontramos

$$g(a) = f(a) + \frac{f'(a)}{1!}(b-a) + \frac{f''(a)}{2!}(b-a)^2$$

$$+ \frac{f'''(a)}{3!}(b-a)^3 + \cdots + \frac{f^{(n)}(a)}{n!}(b-a)^n + r_n \cdot 1,$$

isto é $g(a) = f(b)$. Similarmente, tomando-se $x = b$ na definição de g obtemos $g(b) = f(b)$, portanto, $g(a) = g(b)$. Assim, aplicando o teorema de Rolle para a função g no intervalo fechado de a para b, conclui-se que existe um número c entre a e b tal que $g'(c) = 0$. Usando a fórmula acima para $g'(x)$, temos

$$g'(c) = \frac{f^{(n+1)}(c)}{n!}(b-c)^n - \frac{(n+1)r_n(b-c)^n}{(b-a)^{n+1}} = 0$$

ou

$$\frac{f^{(n+1)}(c)}{n!}(b-c)^n = \frac{(n+1)r_n(b-c)^n}{(b-a)^{n+1}}.$$

Como $b \neq c$, segue que $b - c \neq 0$ e o fator comum $(b-c)^n$ em ambos os lados da última equação podem sofrer simplificações adequadas; obtemos então

$$\frac{f^{(n+1)}(c)}{n!} = \frac{(n+1)r_n}{(b-a)^{n+1}} \quad \text{ou} \quad r_n = \frac{f^{(n+1)}(c)}{(n+1)n!}(b-a)^{n+1}.$$

Porque $(n+1)n! = (n+1)!$ (Por que?), temos

$$r_n = \frac{f^{(n+1)}(c)}{(n+1)!}(b-a)^{n+1},$$

como desejávamos.

Observe que se fizermos $n = 0$ no Teorema 1, obtemos $f(b) = f(a) + r_0$, onde $r_0 = \dfrac{f'(c)}{1!}(b-a)^1$; i. é, $f(b) - f(a) = (b-a)f'(c)$, onde c é um número entre a e b. Assim, para $n = 0$, a conclusão pelo Teorema 1 coincide com a do teorema do valor médio.

Como prometemos, podemos agora usar o Teorema 1 para obter uma expressão para o resto de Taylor R_n. O teorema apropriado é óbvio, mas constitui um apoio ao Teorema 1 como segue:

598   CÁLCULO

TEOREMA 2   **A fórmula de Taylor com o resto de Lagrange**
Seja f uma função que contém derivada $f^{(n+1)}$ de ordem $n + 1$ num intervalo aberto I e seja a um número fixo de I. Denote o polinômio de Taylor do n-ésimo grau de f em a e o correspondente resto de Taylor por P_n e R_n respectivamente. Então, para qualquer x em I, teremos

$$f(x) = P_n(x) + R_n(x).$$

Se $x \neq a$, existirá um número c entre a e x tal que

$$R_n(x) = \frac{f^{(n+1)}(c)}{(n+1)!}(x-a)^{n+1}.$$

DEMONSTRAÇÃO
Façamos $b = n$ no Teorema 1, observe que

$$f(a) + \frac{f'(a)}{1!}(x-a) + \frac{f''(a)}{2!}(x-a)^2 + \frac{f'''(a)}{3!}(x-a)^3 + \cdots$$

$$+ \frac{f^{(n)}(a)}{n!}(x-a)^n = P_n(x),$$

e, conseqüentemente, vem

$$R_n(x) = r_n = \frac{f^{(n+1)}(c)}{(n+1)!}(x-a)^{n+1}.$$

Os Teoremas 1 e 2, que em essência encerram o mesmo conceito, mas diferem em notação, são ambos referidos ou como "Teorema de Taylor" ou como "Fórmula de Taylor". A expressão

$$\frac{f^{(n+1)}(c)}{(n+1)!}(x-a)^{n+1}$$

de $R_n(x)$ dada no Teorema 2 é conhecida como a *forma de Lagrange* do resto de Taylor.

EXEMPLOS 1   Encontre o polinômio de Taylor do quarto grau P_4 e o correspondente resto de Taylor de ordem quatro R_4 na forma de Lagrange para a função f definida por $f(x) = \dfrac{1}{x + 2}$ sendo $x > -2$ em $a = 1$.

SOLUÇÃO
Aqui, temos $f'(x) = -(x+2)^{-2}$, $f''(x) = 2(x+2)^{-3}$,
$$f'''(x) = -6(x+2)^{-4}, \quad f^{(4)}(x) = 24(x+2)^{-5}, \quad \text{e}$$
$$f^{(5)}(x) = -120(x+2)^{-6}. \quad \text{Donde}, \quad f(1) = \tfrac{1}{3},$$
$$f'(1) = -\tfrac{1}{9}, \ f''(1) = \tfrac{2}{27}, \ f'''(1) = -\tfrac{6}{81}, \ f^{(4)}(1) = \tfrac{24}{243}, \quad \text{e}$$

$$P_4(x) = f(1) + \frac{f'(1)}{1!}(x-1) + \frac{f''(1)}{2!}(x-1)^2 + \frac{f'''(1)}{3!}(x-1)^3$$

$$+ \frac{f^{(4)}(1)}{4!}(x-1)^4$$

$$= \tfrac{1}{3} - \tfrac{1}{9}(x-1) + \tfrac{1}{27}(x-1)^2 - \tfrac{1}{81}(x-1)^3 + \tfrac{1}{243}(x-1)^4.$$

FORMAS INDETERMINADAS, INTEGRAIS IMPRÓPRIAS E FÓRMULA DE TAYLOR

E na forma de Lagrange, o resto é dado por

$$R_4(x) = \frac{f^{(5)}(c)}{5!}(x-1)^5 = -\frac{120(x-1)^5}{5!(c+2)^6} = -\frac{(x-1)^5}{(c+2)^6},$$

onde c é um número entre 1 e x.

2 Use o polinômio de Taylor do terceiro grau da função $f(x) = \ln(1+x)$ em $a = 0$ para estimar o valor de $\ln 1,1$, e então use a forma de Lagrange do resto que o possibilite definir um limite de erro nessa estimativa.

Solução
Aqui, temos $f'(x) = (1+x)^{-1}, f''(x) = -(1+x)^{-2}, f'''(x) = 2(1+x)^{-3}$, e $f^{(4)}(x) = -6(1+x)^{-4}$. Assim, $f(0) = 0, f'(0) = 1, f''(0) = -1, f'''(0) = 2$, de sorte que o polinômio de Taylor do terceiro grau em $a = 0$ é dado por

$$P_3(x) = f(0) + \frac{f'(0)}{1!}(x-0) + \frac{f''(0)}{2!}(x-0)^2 + \frac{f'''(0)}{3!}(x-0)^3$$

$$= 0 + x - \tfrac{1}{2}x^2 + \tfrac{1}{3}x^3.$$

Fazendo-se $x = 0,1$ na aproximação $f(x) \approx P_3(x)$ obteremos o valor estimado

$$\ln 1,1 = f(0,1) \approx P_3(0,1) = 0,1 - \tfrac{1}{2}(0,1)^2 + \tfrac{1}{3}(0,1)^3 = \tfrac{143}{1500}$$

ou

$$\ln 1,1 \approx 0,0953333\ldots.$$

O erro envolvido nesta estimativa é dado pelo resto na forma de Lagrange

$$f(0,1) - P_3(0,1) = R_3(0,1) = \frac{f^{(4)}(c)}{4!}(0,1-0)^4$$

$$= \frac{-6(1+c)^{-4}}{4!}10^{-4} = \frac{-1}{10^4(1+c)^4(4)},$$

onde $0 < c < 0,1$. Como $c > 0$ segue que

$$|R_3(0,1)| = \frac{1}{10^4(1+c)^4(4)} < \frac{1}{10^4(4)};$$

onde

$$|R_3(0,1)| < \frac{1}{40.000} = 0,000025.$$

Observe que $R_3(0,1)$ é negativo, i. é, o valor estimado de $\ln 1,1 \approx 0,0953333\ldots$ é um pouco maior que o verdadeiro valor de $\ln 1,1$. Entretanto, como o valor absoluto do erro não pode exceder a 0,000025, o valor estimado dado é correto com quatro casas decimais de aproximação, e então, em conseqüência, escrevemos $\ln 1,1 \approx 0,0953$.

O teorema seguinte pode freqüentemente ser usado para determinar — com vantagens — o grau n do polinômio de Taylor necessário para garantir que o valor do erro absoluto envolvido na estimação $f(b) \approx P_n(b)$ não exceda a um valor especificado.

TEOREMA 3   **Limite do erro na aproximação polinomial de Taylor**
Seja f uma função que contém derivada $f^{(n+1)}$ de ordem $n+1$ num intervalo aberto I, e sejam a e b dois valores distintos em I. Suponha que M_n é

CÁLCULO

um valor constante (dependendo somente de n) e que $|f^{(n+1)}(c)| \leq M_n$ seja verdade para todos valores de c entre a e b. Então, se P_n é o polinômio de Taylor de grau n de f em a, o valor absoluto do erro envolvido na estimativa $f(b) \approx P_n(b)$ não deve exceder a

$$M_n \frac{|b-a|^{n+1}}{(n+1)!}$$

DEMONSTRAÇÃO
Pelo Teorema 2, existe um número c entre a e b, tal que

$$R_n(b) = \frac{f^{(n+1)}(c)}{(n+1)!}(b-a)^{n+1}.$$

Conseqüentemente,

$$|f(b) - P_n(b)| = |R_n(b)| = \left| \frac{f^{(n+1)}(c)}{(n+1)!}(b-a)^{n+1} \right|$$

$$= |f^{(n+1)}(c)| \frac{|b-a|^{n+1}}{(n+1)!} \leq M_n \frac{|b-a|^{n+1}}{(n+1)!}.$$

EXEMPLOS 1 Estime o valor de ln 0,99, de forma que o erro não deva exceder a 10^{-7} em seu valor absoluto.

SOLUÇÃO
No Teorema 3, fazemos $f(x) = \ln x$, $a = 1$ e $b = 0,99$. (Tomamos $a = 1$ por ser próximo de 0,99 e porque ln 1 = 0.) Aqui, $f'(x) = x^{-1}$, $f''(x) = -x^{-2}$, $f'''(x) = 2x^{-3}$, $f^{(4)}(x) = -6x^{-4}$, ..., $f^{(n)}(x) = (-1)^{n-1}(n-1)! x^{-n}$, e $f^{(n+1)}(x) = (-1)^n n! x^{-(n+1)}$. (Se desejássemos, isso poderia ser rigorosamente estabelecido por indução sobre n). Donde, para $0,99 < c < 1$,

$$|f^{(n+1)}(c)| = |(-1)^n n! c^{-(n+1)}| = \frac{n!}{c^{n+1}} < \frac{n!}{(0,99)^{n+1}}$$

e podemos fazer $M_n = n!/(0,99)^{n+1}$ no Teorema 3. Assim, o valor absoluto do erro envolvido na estimativa $\ln 0,99 = f(b) \approx P_n(b)$ não deve exceder a

$$M_n \frac{|0,99 - 1|^{n+1}}{(n+1)!} = \frac{n!}{(0,99)^{n+1}} \frac{(0,01)^{n+1}}{(n+1)!} = \frac{1}{(n+1)(99)^{n+1}}.$$

O menor valor de n para o qual $1/[(n+1)(99)^{n+1}] \leq 10^{-7}$ pode ser achado facilmente como sendo $n = 3$; donde, $P_3(0,99)$ aproxima o valor de ln 0,99 com a precisão desejada. Daí,

$$P_3(x) = f(1) + \frac{f'(1)}{1!}(x-1) + \frac{f''(1)}{2!}(x-1)^2 + \frac{f'''(1)}{3!}(x-1)^3$$

$$= 0 + (x-1) - \tfrac{1}{2}(x-1)^2 + \tfrac{1}{3}(x-1)^3,$$

isto é,

$$\ln 0,99 \approx P_3(0,99) = -0,01 - \tfrac{1}{2}(0,01)^2 - \tfrac{1}{3}(0,01)^3 = -0,0100503333\ldots.$$

Como o erro envolvido nesta aproximação não pode exceder a $10^{-7} = 0,0000001$ em valor absoluto, podemos concluir acertadamente que a aproximação de ln 0,99 $\approx -0,0100503$ tem a precisão desejada com seis decimais. (O valor verdadeiro, arredondando com oito casas decimais, é ln 0,99 $\approx -0,01005034$).

FORMAS INDETERMINADAS, INTEGRAIS IMPRÓPRIAS E FÓRMULA DE TAYLOR   601

2 Estime o valor de sen 40° com erro menor que 10^{-5} em valor absoluto.

SOLUÇÃO

No Teorema 3 faremos $f(x) = \operatorname{sen} x, a = \pi/4 = 45°$ e $b = 40\pi/180 = 2\pi/9 = 40°$. (Tomamos $a = 45°$ por ser próximo a 40° e sua função seno é perfeitamente conhecida). Aqui, $f'(x) = \cos x, f''(x) = -\operatorname{sen} x, f'''(x) = -\cos x, f^{(4)}(x) = \operatorname{sen} x$, e assim por diante. Como $f^{(n+1)}(c)$ é ora $\pm \operatorname{sen} c$, ora $\pm \cos c$, isto é $|f^{(n+1)}(c)| \leq 1$, pode-se considerar $M_n = 1$ no Teorema 3. Donde o valor absoluto do erro nesta estimativa não pode exceder a

$$M_n \frac{|b - a|^{n+1}}{(n+1)!} = (1) \frac{\left| \dfrac{2\pi}{9} - \dfrac{\pi}{4} \right|^{n+1}}{(n+1)!} = \frac{\left(\dfrac{\pi}{36} \right)^{n+1}}{(n+1)!},$$

onde deveremos tomar n tão grande quanto possível, de sorte que $\dfrac{(\pi/36)^{n+1}}{(n+1)!} \leq 10^{-5}$. Por fácil análise do erro, verifica-se que o menor valor de n será $n = 3$. Conseqüentemente,

$$P_3(x) = \operatorname{sen} \frac{\pi}{4} + \frac{\cos (\pi/4)}{1!} \left(x - \frac{\pi}{4} \right) - \frac{\operatorname{sen}(\pi/4)}{2!} \left(x - \frac{\pi}{4} \right)^2$$
$$- \frac{\cos (\pi/4)}{3!} \left(x - \frac{\pi}{4} \right)^3,$$

e segue que

$$\operatorname{sen} 40° = \operatorname{sen} \frac{2\pi}{9} \approx P_3\left(\frac{2\pi}{9} \right) = \frac{\sqrt{2}}{2} + \frac{\sqrt{2}}{2} \left(-\frac{\pi}{36} \right) - \frac{\sqrt{2}}{4} \left(-\frac{\pi}{36} \right)^2$$
$$- \frac{\sqrt{2}}{12} \left(-\frac{\pi}{36} \right)^3 = 0{,}6427859\ldots$$

com erro não superior a $10^{-5} = 0{,}00001$ em valor absoluto. (O valor real, arredondado para sete casas decimais, é sen 40° $\approx$ 0,6427876).

Conjunto de Problemas 5

Nos problemas 1 a 16, encontre o polinômio de Taylor de grau n no número indicado a para cada função e escreva o correspondente resto de Taylor na forma de Lagrange.

1 $f(x) = 1/x$, $a = 2$, $n = 6$.

2 $g(x) = \sqrt{x}$, $a = 4$, $n = 5$.

3 $f(x) = 1/\sqrt{x}$, $a = 100$, $n = 4$.

4 $f(x) = \sqrt[3]{x}$, $a = 1000$, $n = 4$

5 $g(x) = (x - 2)^{-2}$, $a = 3$, $n = 5$.

6 $f(x) = (1 - x)^{-1/2}$, $a = 0$, $n = 3$.

7 $f(x) = \operatorname{sen} x$, $a = 0$, $n = 6$.

8 $g(x) = \cos x$, $a = -\pi/3$, $n = 3$.

9 $g(x) = \tan x$, $a = \pi/4$, $n = 4$.

10 $f(x) = e^{2x}$, $a = 0$, $n = 5$.

11 $f(x) = xe^x$, $a = 1$, $n = 3$.

12 $f(x) = e^{-x^2}$, $a = 0$, $n = 3$.

13 $g(x) = 2^x$, $a = 1$, $n = 3$.

14 $f(x) = \ln x$, $a = 1$, $n = 4$.

15 $g(x) = \operatorname{senh} x$, $a = 0$, $n = 4$.

16 $f(x) = \ln (\cos x)$, $a = \pi/3$, $n = 3$.

Nos problemas 17 a 23, use um polinômio de Taylor adequado para aproximar o valor de cada função com erro inferior a 10^{-5} em valor absoluto. Em cada caso, escreva a resposta arredondada para quatro casas decimais.

602   **CÁLCULO**

17 $\operatorname{sen} 1$ **18** $\cos 29°$ **19** e (sugestão : $e = e^1$.)   **20** $e^{-1.1}$

21 $\ln (0,98)$ **22** $\ln 17$ [sugestão Escreva $\ln 17 = \ln 16(1 + \frac{1}{16}) = 4 \ln 2 + \ln (1 + \frac{1}{16})$.]

23 $\sqrt{9,04}$

24 Use o processo de indução matemática para provar que, se P_n é o polinômio de Taylor do n-ésimo grau em a da função f, então $f^{(k)}(a) = P_n^{(k)}(a)$ para todos os valores de $k = 1,2,\dots,n$.

25 Dê um limite do valor absoluto do erro envolvido na estimativa de sen $5°$ (isto é, sen $\pi/36$) usando o polinômio de Taylor de grau n para sen x em $a = 0$. (Use o fato de que $\pi/36 < 1/10$).

26 Dê um limite do valor absoluto do erro envolvido na estimativa de $\sqrt{1 + x}$ por $1 + \frac{1}{2}x$ para $|x| \leq 0,1$.

27 Mostre que o erro na estimativa de $\cos x = 1 - x^2/2$ não pode exceder a $x^4/24$ em valor absoluto. (*Sugestão:* Observe que $1 - x^2/2 = P_3(x)$).

28 a) Mostre que a diferença entre o comprimento do arco s de um arco de um círculo de raio fixo r e o comprimento da corda correspondente é dada por $s - 2r$ sen $(s/2r)$.

    b) Use o polinômio de Taylor do terceiro grau para aproximar o valor do erro envolvido nessa estimativa.

29 Use o polinômio de Taylor do terceiro grau para aproximar o valor da área da região limitada pelo menor segmento de arco e sua corda no problema 28, e dê um limite para o valor absoluto do erro envolvido nessa aproximação.

30 Use o polinômio de Taylor do terceiro grau para aproximação de sen x em $a = 0$ para encontrar, aproximadamente, um valor de $x > 0$ para o qual 5 sen $x - 4x = 0$.

31 Se A cruzeiros são investidos e $A + B$ cruzeiros são recuperados em n períodos iguais observados, então a taxa I de juros por período, incluído no balanço corrente, satisfaz a equação

$$(A + B)[1 - (1 + I)^{-n}] = AnI.$$

Usando o polinômio de Taylor do segundo grau para aproximar $(1 + I)^{-n}$, encontre uma solução aproximada da equação acima para I em termos de A, B e n, considerando que I é pequeno.

32 Se um cabo flexível pesa w quilogramas por metro, tem um vão de s metros entre seus apoios que estão no mesmo nível, e é submetido a uma força de H quilogramas nos seus extremos, então ele tem uma flecha de f metros dada por

$$f = \frac{H}{2w} \left[\exp \left(\frac{ws}{2H} \right) + \exp \left(\frac{-ws}{2H} \right) - 2 \right].$$

Usando uma aproximação polinomial de Taylor do segundo grau, e considerando que ws/H é pequeno, obtenha uma fórmula aproximada de f.

33 Uma força T no cabo do problema 32 é aplicada num dos seus pontos de apoio e é dada por $T = \dfrac{H}{2} \left[\exp \left(\dfrac{ws}{2H} \right) + \exp \left(\dfrac{-ws}{2H} \right) \right]$. Considerando que ws/H é pequeno, obtenha uma fórmula aproximada de T usando um polinômio de Taylor do segundo grau que aproxime aquele valor de T.

34 Seja f uma função polinomial de grau n e seja P_n o polinômio de Taylor do n-ésimo grau de f em a. Mostre que $f(x) = P_n(x)$ para todos os valores de x.

35 a) Mostre que, para

$$x \leq 0, \; e^x = 1 + x + \frac{x^2}{2} + \frac{x^3}{6} + \frac{x^4}{24} + R_4(x), \quad \text{onde } \frac{x^5}{120} \leq R_4(x) \leq 0.$$

    b) Substitua x por $-t^2$ no item (a) para concluir que

$$e^{-t^2} = 1 - t^2 + \frac{t^4}{2} - \frac{t^6}{6} + \frac{t^8}{24} - r(t), \quad \text{onde } 0 \leq r(t) \leq \frac{t^{10}}{120}.$$

    c) Se $b > 0$, use o item (b) para mostrar que

$$\int_0^b e^{-t^2} dt = b - \frac{b^3}{3} + \frac{b^5}{10} - \frac{b^7}{42} + \frac{b^9}{216} - \varepsilon, \quad \text{onde } 0 \leq \varepsilon \leq \frac{b^{11}}{1320}.$$

FORMAS INDETERMINADAS, INTEGRAIS IMPRÓPRIAS E FÓRMULA DE TAYLOR

d) Calcule $\displaystyle\int_0^{3/4} e^{-t^2}dt$, arredondando para três casas decimais.

36 Considere que f é uma função com derivadas contínuas $f^{(n+1)}$ de ordem $n+1$ num intervalo aberto I. Seja a e b dois números distintos em I e seja P_n o polinômio de Taylor do n-ésimo grau de f em a. Use o processo de indução para provar que o valor de $R_n(b)$ correspondente ao resto de Taylor é dada por

$$R_n(b) = \frac{1}{n!} \int_a^b (b-x)^n f^{(n+1)}(x)\, dx.$$

37 a) Se $f(x) = 1/1-x$, mostre que o polinômio de Taylor P_n de f em $a=0$ é dado por

$$P_n(x) = 1 + x + x^2 + x^3 + \cdots + x^n.$$

b) Mostre que o resto de Taylor correspondente a P_n é dado por

$$R_n(x) = \frac{x^{n+1}}{1-x}.$$

38 Suponha que f é uma função que contém derivadas de ordem n no intervalo aberto I e que a é um número de I. Seja P uma função polinomial de grau n tal que $f(a) = P(a)$ e $f^{(k)}(a) = P^{(k)}(a)$ para $k = 1, 2 \ldots, n$. Prove que P é o polinômio de Taylor do grau n de f em a.

39 Seja P_n o polinômio de Taylor do n-ésimo grau de f em a, onde a função f tem derivada de ordem n no intervalo aberto I e a pertence a I. Seja g a função definida em I por $g(x) = \displaystyle\int_a^x f(t)\, dt$ e a função Q também definida em I por $Q(x) = \displaystyle\int_a^x P_n(x)\, dx$.

Mostre que Q é o polinômio de Taylor de grau $n+1$ de g em a.
(*Sugestão:* Use o resultado do problema 38).

40 Suponha que h é uma função que tem derivada de ordem n no intervalo aberto I e que a função g é definida por $g(x) = x^{n+1} h(x)$ para x em I.
(a) Prove que $g(0) = 0$ e que $g^{(k)}(0) = 0$ para $k = 1, 2, \ldots, n$.
(b) Prove que o polinômio de Taylor do n-ésimo grau de g em $a = 0$ é o polinômio nulo.

41 Considere que f é uma função que contém derivada de ordem n no intervalo aberto I e que 0 pertence a I. Suponha que a função h também tem derivada de ordem n em I e que P é um polinômio de grau n tal que

$$f(x) = P(x) + x^{n+1} h(x)$$

válido para todos valores de x em I. Prove que P é um polinômio de Taylor de grau n de f em 0.
(*Sugestão:* Use o item (a) do problema 40 e o problema 38.)

42 (a) Prove que

$$\frac{1}{1+x^2} = 1 - x^2 + x^4 - x^6 + \cdots + (-1)^n x^{2n} + \frac{(-1)^{n+1} x^{2n+2}}{1+x^2}.$$

(*Sugestão:* Use o problema 37.)

(b) Se $f(x) = 1/1+x^2$, mostre que o polinômio de Taylor P_{2n} do grau $2n$ de f em $a=0$ é dado por $P_{2n}(x) = 1 - x^2 + x^4 - x^6 + \cdots + (-1)^n x^{2n}$ e mostre que o resto de Taylor correspondente é dado por $R_{2n}(x) = \dfrac{(-1)^{n+1} x^{2n+2}}{1+x^2}$.

(*Sugestão:* Use o problema 41 e o item (a).)

43 Use o item (b) do problema 42, problema 39 e o fato de que $\tan^{-1} x = \displaystyle\int_0^x \frac{dt}{1+t^2}$

para mostrar que o polinômio de Taylor de grau $2n+1$ para a função inversa da tangente em $a = 0$ é dado por

$$P_{2n+1}(x) = x - \frac{x^3}{3} + \frac{x^5}{5} - \frac{x^7}{7} + \cdots + (-1)^n \frac{x^{2n+1}}{2n+1}.$$

Conjunto de Problemas de Revisão

Nos problemas 1 a 32 use a regra de L'Hôpital para calcular cada limite (se existir).

1 $\lim\limits_{x \to 0} \dfrac{xe^x}{1 - e^x}$

2 $\lim\limits_{x \to 0} \dfrac{8^x - 2^x}{4x}$

3 $\lim\limits_{x \to 0} \dfrac{\ln(\sec 2x)}{\ln(\sec x)}$

4 $\lim\limits_{x \to 0} \dfrac{\cos 2x - \cos x}{\operatorname{sen}^2 x}$

5 $\lim\limits_{x \to 1^+} \left(\dfrac{x}{\ln x} - \dfrac{1}{1 - x} \right)$

6 $\lim\limits_{x \to 0} \dfrac{e^x - 1}{x^2 - x}$

7 $\lim\limits_{x \to 0^-} \dfrac{2 - 3e^{-x} + e^{-2x}}{2x^2}$

8 $\lim\limits_{x \to 1} \dfrac{2x^3 + 5x^2 - 4x - 3}{x^3 + x^2 - 10x + 8}$

9 $\lim\limits_{x \to 0} \dfrac{\sqrt{1 - x} - \sqrt{1 + x}}{x}$

10 $\lim\limits_{x \to 1^+} \dfrac{1}{x - 1} - \dfrac{1}{\sqrt{x - 1}}$

11 $\lim\limits_{x \to 0^+} x^3 (\ln x)^3$

12 $\lim\limits_{x \to 0^+} \dfrac{\ln x}{\cot x}$

13 $\lim\limits_{x \to 1^+} \dfrac{(\ln x)^2}{\operatorname{sen}(x - 1)}$

14 $\lim\limits_{x \to 0} \dfrac{\sqrt{1 + \operatorname{sen} x} - \sqrt{1 - \operatorname{sen} x}}{\tan x}$

15 $\lim\limits_{x \to 1^+} x \operatorname{sen} \dfrac{a}{x}$

16 $\lim\limits_{x \to 0} \csc x \operatorname{sen}(\tan x)$

17 $\lim\limits_{x \to 1} \left(\dfrac{2}{x^2 - 1} - \dfrac{1}{x - 1} \right)$

18 $\lim\limits_{x \to +\infty} \dfrac{\sqrt[3]{1 + x^6}}{1 - x + 2\sqrt{1 + x^2 + x^4}}$

19 $\lim\limits_{x \to 0^+} \dfrac{\operatorname{sen} x}{x} \cdot \dfrac{\operatorname{sen} x}{x - \operatorname{sen} x}$

20 $\lim\limits_{x \to +\infty} (\cosh x - \sinh x)$

21 $\lim\limits_{x \to 1^-} x^{1/(1 - x^2)}$

22 $\lim\limits_{x \to 0^+} \left(\dfrac{\operatorname{sen} x}{x} \right)^{1/x^3}$

23 $\lim\limits_{x \to +\infty} \left(1 + \dfrac{1}{x} \right)^{x^2}$

24 $\lim\limits_{x \to 0} (1 + ax^2)^{a/x}$

25 $\lim\limits_{x \to +\infty} (x^2 + 4)^{1/x}$

26 $\lim\limits_{x \to 4^+} (x - 4)^{x^2 - 16}$

27 $\lim\limits_{x \to 0} (\cos x)^{1/x^2}$

28 $\lim\limits_{x \to 0} (1 + \operatorname{sen} x)^{\cot x}$

29 $\lim\limits_{x \to 0} [\ln(x + 1)]^x$

30 $\lim\limits_{x \to 0^+} (\tan^{-1} x)^{1/\ln x}$

31 $\lim\limits_{x \to 0^+} \left(\ln \dfrac{1}{x} \right)^x$

32 $\lim\limits_{x \to 0} (\operatorname{sen}^{-1} x)^x$

Nos problemas 33 e 34, encontre todos os valores de c que satisfazem ao conceito fundamental que encerra o teorema do valor médio generalizado de Cauchy para cada função f e g no intervalo indicado $[a,b]$.

33 $f(x) = \sqrt{x + 9}$, $g(x) = \sqrt{x}$, e $[a,b] = [0, 16]$.

34 $f(x) = \operatorname{sen} x$, $g(x) = \cos x$, e $[a,b] = [\pi/6, \pi/3]$.

Nos problemas 35 e 36, use o teorema fundamental do cálculo e a regra de L'Hôpital para calcular cada limite

35 $\lim\limits_{x \to +\infty} \dfrac{\displaystyle\int_0^x e^t(t^2 - t + 5)\, dt}{\displaystyle\int_0^x e^t(3t^2 + 7t + 1)\, dt}$

36 $\lim\limits_{x \to 0} \dfrac{\displaystyle\int_0^x (\cos^2 t + 5\cos t^2)\, dt}{\displaystyle\int_0^x e^{-t^2}\, dt}$

37 Mostre que se α é um número positivo fixado, então $\lim\limits_{x \to 0^+} x^\alpha \ln x = 0$.

38 Encontre as constantes a e b tais que $\lim\limits_{t \to 0} \left(\dfrac{\operatorname{sen} 3t}{t^3} + \dfrac{a}{t^2} + b \right) = 0$.

Nos problemas 39 a 56, calcule cada integral imprópria (analise sua convergência)

39 $\displaystyle\int_1^\infty \dfrac{dx}{x\sqrt{2x^2 - 1}}$

40 $\displaystyle\int_1^\infty \dfrac{t\, dt}{(1 + t^2)^2}$

41 $\displaystyle\int_1^\infty \dfrac{e^{2/t^2}\, dt}{t^3}$

42 $\displaystyle\int_{-\infty}^0 (e^x - e^{2x})\, dx$

FORMAS INDETERMINADAS, INTEGRAIS IMPRÓPRIAS E FÓRMULA DE TAYLOR

43 $\displaystyle\int_1^\infty \frac{x^2-1}{x^4}\,dx$

44 $\displaystyle\int_2^\infty \frac{x\,dx}{(x^2-1)^{3/2}}$

45 $\displaystyle\int_e^\infty \frac{dx}{x(\ln x)^{7/2}}$

46 $\displaystyle\int_{-\infty}^0 \frac{e^x+2x}{e^x+x^2}\,dx$

47 $\displaystyle\int_{-\infty}^1 xe^{3x}\,dx$

48 $\displaystyle\int_{-\infty}^\infty x^3 e^{-x}\,dx$

49 $\displaystyle\int_{-3}^1 \frac{dx}{x+3}$

50 $\displaystyle\int_{-2}^6 \frac{dx}{\sqrt[3]{x+2}}$

51 $\displaystyle\int_0^1 \frac{e^t\,dt}{\sqrt[3]{e^t-1}}$

52 $\displaystyle\int_{-2}^2 \frac{dx}{\sqrt[5]{x+1}}$

53 $\displaystyle\int_0^{3a} \frac{2x\,dx}{(x^2-a^2)^{2/3}}$

54 $\displaystyle\int_a^{2a} \frac{x^2\,dx}{\sqrt{x^2-a^2}}$

55 $\displaystyle\int_0^\infty \frac{1}{x^2+9}\,dx$

56 $\displaystyle\int_0^\infty \sqrt{x}\,e^{-\sqrt{x}}\,dx$

57 Ache a área da região limitada sob a curva $y = \dfrac{1}{x\ln x}$ e a direita da reta $x - e$.

58 Ache a área da região limitada sob a curva $y = \dfrac{1}{x(x+2)^2}$ e à direita da reta $x = 1$.

59 Seja $f(x) = x^2 e^{-ax}$, onde a é uma constante positiva. Ache o volume do sólido limitado pela superfície gerada pelo gráfico de f no entorno do: a) eixo dos x, e b) eixo dos y.

60 A força de atração gravitacional F entre duas partículas de massa m_1 e m_2 é dada por $F = \gamma(m_1 m_2/s^2)$, onde γ é uma constante e s é a distância entre as partículas. Ache o trabalho realizado para mover a partícula de massa m_2 ao longo de uma linha reta até a um ponto "infinitamente longe" da outra partícula se as duas partículas estão inicialmente a uma distância unitária uma da outra.

Nos problemas 61 a 64, ache o polinômio de Taylor P_n em a para cada função f e escreva o resto de Taylor correspondente na forma de Lagrange

61 $f(x) = \operatorname{sen} 2x$, $a = 0$, $n = 3$.

62 $f(x) = \dfrac{1}{(1+x)^2}$, $a = 1$, $n = 3$.

63 $f(x) = e^{-x}$, $a = 0$, $n = 7$.

64 $f(x) = \cos 3x$, $a = \pi/6$, $n = 6$.

Nos problemas 65 a 70 use um polinômio de Taylor aproximado para estimar cada valor. Em cada caso, arredonde sua resposta para cinco casas decimais de maneira que $|R_n(b)| \leqslant 5/10^6$.

65 $\operatorname{sen} 88°$

66 $\cos \dfrac{59\pi}{180}$

67 $\ln(1,5)$

68 $\sqrt[10]{e}$

69 $\sqrt{1,03}$

70 $\displaystyle\int_0^{1/2} \operatorname{sen} t^2\,dt$

APÊNDICE TABELAS

TABELA I **Funções trigonométricas**

Em graus	Em radianos	Sen	Tan	Cot	Cos		
0	0	0	0	—	1,000	1,5708	90
1	0,0175	0,0175	0,0175	57,290	0,9998	1,5533	89
2	0,0349	0,0349	0,0349	28,636	0,9994	1,5359	88
3	0,0524	0,0523	0,0523	19,081	0,9986	1,5184	87
4	0,0698	0,0698	0,0699	14,301	0,9976	1,5010	86
5	0,0873	0,0872	0,0875	11,430	0,9962	1,4835	85
6	0,1047	0,1045	0,1051	9,5144	0,9945	1,4661	84
7	0,1222	0,1219	0,1228	8,1443	0,9925	1,4486	83
8	0,1396	0,1392	0,1405	7,1154	0,9903	1,4312	82
9	0,1571	0,1564	0,1584	6,3138	0,9877	1,4137	81
10	0,1745	0,1736	0,1763	5,6713	0,9848	1,3963	80
11	0,1920	0,1908	0,1944	5,1446	0,9816	1,3788	79
12	0,2094	0,2079	0,2126	4,7046	0,9781	1,3614	78
13	0,2269	0,2250	0,2309	4,3315	0,9744	1,3439	77
14	0,2443	0,2419	0,2493	4,0108	0,9703	1,3265	76
15	0,2618	0,2588	0,2679	3,7321	0,9659	1,3090	75
16	0,2793	0,2756	0,2867	3,4874	0,9613	1,2915	74
17	0,2967	0,2924	0,3057	3,2709	0,9563	1,2741	73
18	0,3142	0,3090	0,3249	3,0777	0,9511	1,2566	72
19	0,3316	0,3256	0,3443	2,9042	0,9455	1,2392	71
20	0,3491	0,3420	0,3640	2,7475	0,9397	1,2217	70
21	0,3665	0,3584	0,3839	2,6051	0,9336	1,2043	69
22	0,3840	0,3746	0,4040	2,4751	0,9272	1,1868	68
23	0,4014	0,3907	0,4245	2,3559	0,9205	1,1694	67
24	0,4189	0,4067	0,4452	2,2460	0,9135	1,1519	66
25	0,4363	0,4226	0,4663	2,1445	0,9063	1,1345	65
26	0,4538	0,4384	0,4877	2,0503	0,8988	1,1170	64
27	0,4712	0,4540	0,5095	1,9626	0,8910	1,0996	63
28	0,4887	0,4695	0,5317	1,8807	0,8829	1,0821	62
29	0,5061	0,4848	0,5543	1,8040	0,8746	1,0647	61
30	0,5236	0,5000	0,5774	1,7321	0,8660	1,0472	60
31	0,5411	0,5150	0,6009	1,6643	0,8572	1,0297	59
32	0,5585	0,5299	0,6249	1,6003	0,8480	1,0123	58
33	0,5760	0,5446	0,6494	1,5399	0,8387	0,9948	57
34	0,5934	0,5592	0,6745	1,4826	0,8290	0,9774	56
		Cos	Cot	Tan	Sen	Em radianos	Em graus

TABELA I Funções trigonométricas *(continuação)*

Em graus	Em radianos	Sen	Tan	Cot	Cos		
35	0,6109	0,5736	0,7002	1,4281	0,8192	0,9599	55
36	0,6283	0,5878	0,7265	1,3764	0,8090	0,9425	54
37	0,6458	0,6018	0,7536	1,3270	0,7986	0,9250	53
38	0,6632	0,6157	0,7813	1,2799	0,7880	0,9076	52
39	0,6807	0,6293	0,8098	1,2349	0,7771	0,8901	51
40	0,6981	0,6428	0,8391	1,1918	0,7660	0,8727	50
41	0,7156	0,6561	0,8693	1,1504	0,7547	0,8552	49
42	0,7330	0,6691	0,9004	1,1106	0,7431	0,8378	48
43	0,7505	0,6820	0,9325	1,0724	0,7314	0,8203	47
44	0,7679	0,6947	0,9657	1,0355	0,7193	0,8029	46
45	0,7854	0,7071	1,0000	1,0000	0,7071	0,7854	45
		Cos	Cot	Tan	Sen	Em radianos	Em graus

TABELA II Logaritmos naturais, ln t

t	0,00	0,01	0,02	0,03	0,04	0,05	0,06	0,07	0,08	0,09
1,0	0,0000	0,0100	0,0198	0,0296	0,0392	0,0488	0,0583	0,0677	0,0770	0,0862
1,1	0,0953	0,1044	0,1133	0,1222	0,1310	0,1398	0,1484	0,1570	0,1655	0,1740
1,2	0,1823	0,1906	0,1989	0,2070	0,2151	0,2231	0,2311	0,2390	0,2469	0,2546
1,3	0,2624	0,2700	0,2776	0,2852	0,2927	0,3001	0,3075	0,3148	0,3221	0,3293
1,4	0,3365	0,3436	0,3507	0,3577	0,3646	0,3716	0,3784	0,3853	0,3920	0,3988
1,5	0,4055	0,4121	0,4187	0,4253	0,4318	0,4383	0,4447	0,4511	0,4574	0,4637
1,6	0,4700	0,4762	0,4824	0,4886	0,4947	0,5008	0,5068	0,5128	0,5188	0,5247
1,7	0,5306	0,5365	0,5423	0,5481	0,5539	0,5596	0,5653	0,5710	0,5766	0,5822
1,8	0,5878	0,5933	0,5988	0,6043	0,6098	0,6152	0,6206	0,6259	0,6313	0,6366
1,9	0,6419	0,6471	0,6523	0,6575	0,6627	0,6678	0,6729	0,6780	0,6831	0,6881
2,0	0,6931	0,6981	0,7031	0,7080	0,7130	0,7178	0,7227	0,7275	0,7324	0,7372
2,1	0,7419	0,7467	0,7514	0,7561	0,7608	0,7655	0,7701	0,7747	0,7793	0,7839
2,2	0,7885	0,7930	0,7975	0,8020	0,8065	0,8109	0,8154	0,8198	0,8242	0,8286
2,3	0,8329	0,8372	0,8416	0,8459	0,8502	0,8544	0,8587	0,8629	0,8671	0,8713
2,4	0,8755	0,8796	0,8838	0,8879	0,8920	0,8961	0,9002	0,9042	0,9083	0,9123
2,5	0,9163	0,9203	0,9243	0,9282	0,9322	0,9361	0,9400	0,9439	0,9478	0,9517
2,6	0,9555	0,9594	0,9632	0,9670	0,9708	0,9746	0,9783	0,9821	0,9858	0,9895
2,7	0,9933	0,9969	1,0006	1,0043	1,0080	1,0116	1,0152	0,0188	1,0225	1,0260
2,8	1,0296	1,0332	1,0367	1,0403	1,0438	1,0473	1,0508	1,0543	1,0578	1,0613
2,9	1,0647	1,0682	1,0716	1,0750	1,0784	1,0818	1,0852	1,0886	1,0919	1,0953
3,0	1,0986	1,1019	1,1053	1,1086	1,1119	1,1151	1,1184	1,1217	1,1249	1,1282
3,1	1,1314	1,1346	1,1378	1,1410	1,1442	1,1474	1,1506	1,1537	1,1569	1,1600
3,2	1,1632	1,1663	1,1694	1,1725	1,1756	1,1787	1,1817	1,1848	1,1878	1,1909
3,3	1,1939	1,1970	1,2000	1,2030	1,2060	1,2090	1,2119	1,2149	1,2179	1,2208
3,4	1,2238	1,2267	1,2296	1,2326	1,2355	1,2384	1,2413	1,2442	1,2470	1,2499
3,5	1,2528	1,2556	1,2585	1,2613	1,2641	1,2669	1,2698	1,2726	1,2754	1,2782
3,6	1,2809	1,2837	1,2865	1,2892	1,2920	1,2947	1,2975	1,3002	1,3029	1,3056
3,7	1,3083	1,3110	1,3137	1,3164	1,3191	1,3218	1,3244	1,3271	1,3297	1,3324
3,8	1,3350	1,3376	1,3403	1,3429	1,3455	1,3481	1,3507	1,3533	1,3558	1,3584
3,9	1,3610	1,3635	1,3661	1,3686	1,3712	1,3737	1,3762	1,3788	1,3813	1,3838
4,0	1,3863	1,3888	1,3913	1,3938	1,3962	1,3987	1,4012	1,4036	1,4061	1,4085
4,1	1,4110	1,4134	1,4159	1,4183	1,4207	1,4231	1,4255	1,4279	1,4303	1,4327
4,2	1,4351	1,4375	1,4398	1,4422	1,4446	1,4469	1,4493	1,4516	1,4540	1,4563
4,3	1,4586	1,4609	1,4633	1,4656	1,4679	1,4702	1,4725	1,4748	1,4770	1,4793
4,4	1,4816	1,4839	1,4861	1,4884	1,4907	1,4929	1,4952	1,4974	1,4996	1,5019

TABELA II Logaritmos naturais, ln t *(continuação)*

t	0,00	0,01	0,02	0,03	0,04	0,05	0,06	0,07	0,08	0,09
4,5	1,5041	1,5063	1,5085	1,5107	1,5129	1,5151	1,5173	1,5195	1,5217	1,5239
4,6	1,5261	1,5282	1,5304	1,5326	1,5347	1,5369	1,5390	1,5412	1,5433	1,5454
4,7	1,5476	1,5497	1,5518	1,5539	1,5560	1,5581	1,5602	1,5623	1,5644	1,5665
4,8	1,5686	1,5707	1,5728	1,5748	1,5769	1,5790	1,5810	1,5831	1,5851	1,5872
4,9	1,5892	1,5913	1,5933	1,5953	1,5974	1,5994	1,6014	1,6034	1,6054	1,6074
5,0	1,6094	1,6114	1,6134	1,6154	1,6174	1,6194	1,6214	1,6233	1,6253	1,6273
5,1	1,6292	1,6312	1,6332	1,6351	1,6371	1,6390	1,6409	1,6429	1,6448	1,6467
5,2	1,6487	1,6506	1,6525	1,6544	1,6563	1,6582	1,6601	1,6620	1,6639	1,6658
5,3	1,6677	1,6696	1,6715	1,6734	1,6752	1,6771	1,6790	1,6808	1,6827	1,6845
5,4	1,6864	1,6882	1,6901	1,6919	1,6938	1,6956	1,6974	1,6993	1,7011	1,7029
5,5	1,7047	1,7066	1,7084	1,7102	1,7120	1,7138	1,7156	1,7174	1,7192	1,7210
5,6	1,7228	1,7246	1,7263	1,7281	1,7299	1,7317	1,7334	1,7352	1,7370	1,7387
5,7	1,7405	1,7422	1,7440	1,7457	1,7475	1,7492	1,7509	1,7527	1,7544	1,7561
5,8	1,7579	1,7596	1,7613	1,7630	1,7647	1,7664	1,7682	1,7699	1,7716	1,7733
5,9	1,7750	1,7766	1,7783	1,7800	1,7817	1,7834	1,7851	1,7867	1,7884	1,7901
6,0	1,7918	1,7934	1,7951	1,7967	1,7984	1,8001	1,8017	1,8034	1,8050	1,8066
6,1	1,8083	1,8099	1,8116	1,8132	1,8148	1,8165	1,8181	1,8197	1,8213	1,8229
6,2	1,8245	1,8262	1,8278	1,8294	1,8310	1,8326	1,8342	1,8358	1,8374	1,8390
6,3	1,8406	1,8421	1,8437	1,8453	1,8469	1,8485	1,8500	1,8516	1,8532	1,8547
6,4	1,8563	1,8579	1,8594	1,8610	1,8625	1,8641	1,8656	1,8672	1,8687	1,8703
6,5	1,8718	1,8733	1,8749	1,8764	1,8779	1,8795	1,8810	1,8825	1,8840	1,8856
6,6	1,8871	1,8886	1,8901	1,8916	1,8931	1,8946	1,8961	1,8976	1,8991	1,9006
6,7	1,9021	1,9036	1,9051	1,9066	1,9081	1,9095	1,9110	1,9125	1,9140	1,9155
6,8	1,9169	1,9184	1,9199	1,9213	1,9228	1,9242	1,9257	1,9272	1,9286	1,9301
6,9	1,9315	1,9330	1,9344	1,9359	1,9373	1,9387	1,9402	1,9416	1,9430	1,9445
7,0	1,9459	1,9473	1,9488	1,9502	1,9516	1,9530	1,9544	1,9559	1,9573	1,9587
7,1	1,9601	1,9615	1,9629	1,9643	1,9657	1,9671	1,9685	1,9699	1,9713	1,9727
7,2	1,9741	1,9755	1,9769	1,9782	1,9796	1,9810	1,9824	1,9838	1,9851	1,9865
7,3	1,9879	1,9892	1,9906	1,9920	1,9933	1,9947	1,9961	1,9974	1,9988	2,0001
7,4	2,0015	2,0028	2,0042	2,0055	2,0069	2,0082	2,0096	2,0109	2,0122	2,0136
7,5	2,0149	2,0162	2,0176	2,0189	2,0202	2,0215	2,0229	2,0242	2,0255	2,0268
7,6	2,0282	2,0295	2,0308	2,0321	2,0334	2,0347	2,0360	2,0373	2,0386	2,0399
7,7	2,0412	2,0425	2,0438	2,0451	2,0464	2,0477	2,0490	2,0503	2,0516	2,0528
7,8	2,0541	2,0554	2,0567	2,0580	2,0592	2,0605	2,0618	2,0631	2,0643	2,0665
7,9	2,0669	2,0681	2,0694	2,0707	2,0719	2,0732	2,0744	2,0757	2,0769	2,0782
8,0	2,0794	2,0807	2,0819	2,0832	2,0844	2,0857	2,0869	2,0882	2,0894	2,0906
8,1	2,0919	2,0931	2,0943	2,0956	2,0968	2,0980	2,0992	2,1005	2,1017	2,1029
8,2	2,1041	2,1054	2,1066	2,1078	2,1090	2,1102	2,1114	2,1126	2,1138	2,1150
8,3	2,1163	2,1175	2,1187	2,1199	2,1211	2,1223	2,1235	2,1247	2,1258	2,1270
8,4	2,1282	2,1294	2,1306	2,1318	2,1330	2,1342	2,1353	2,1365	2,1377	2,1389
8,5	2,1401	2,1412	2,1424	2,1436	2,1448	2,1459	2,1471	2,1483	2,1494	2,1506
8,6	2,1518	2,1529	2,1541	2,1552	2,1564	2,1576	2,1587	2,1599	2,1610	2,1622
8,7	2,1633	2,1645	2,1656	2,1668	2,1679	2,1691	2,1702	2,1713	2,1725	2,1736
8,8	2,1748	2,1759	2,1770	2,1782	2,1793	2,1804	2,1815	2,1827	2,1838	2,1849
8,9	2,1861	2,1872	2,1883	2,1894	2,1905	2,1917	2,1928	2,1939	2,1950	2,1961
9,0	2,1972	2,1983	2,1994	2,2006	2,2017	2,2028	2,2039	2,2050	2,2061	2,2072
9,1	2,2083	2,2094	2,2105	2,2116	2,2127	2,2138	2,2148	2,2159	2,2170	2,2181
9,2	2,2192	2,2203	2,2214	2,2225	2,2235	2,2246	2,2257	2,2268	2,2279	2,2289
9,3	2,2300	2,2311	2,2322	2,2332	2,2343	2,2354	2,2364	2,2375	2,2386	2,2396
9,4	2,2407	2,2418	2,2428	2,2439	2,2450	2,2460	2,2471	2,2481	2,2492	2,2502
9,5	2,2513	2,2523	2,2534	2,2544	2,2555	2,2565	2,2576	2,2586	2,2597	2,2607
9,6	2,2618	2,2628	2,2638	2,2649	2,2659	2,2670	2,2680	2,2690	2,2701	2,2711
9,7	2,2721	2,2732	2,2742	2,2752	2,2762	2,2773	2,2783	2,2793	2,2803	2,2814
9,8	2,2824	2,2834	2,2844	2,2854	2,2865	2,2875	2,2885	2,2895	2,2905	2,2915
9,9	2,2925	2,2935	2,2946	2,2956	2,2966	2,2976	2,2986	2,2996	2,3006	2,3016

TABELA III Função exponencial

x	e^x	e^{-x}	x	e^x	e^{-x}
0,00	1,0000	1,0000	3,0	20,086	0,0498
0,05	1,0513	0,9512	3,1	22,198	0,0450
0,10	1,1052	0,9048	3,2	24,533	0,0408
0,15	1,1618	0,8607	3,3	27,113	0,0369
0,20	1,2214	0,8187	3,4	29,964	0,0334
0,25	1,2840	0,7788	3,5	33,115	0,0302
0,30	1,3499	0,7408	3,6	36,598	0,0273
0,35	1,4191	0,7047	3,7	40,447	0,0247
0,40	1,4918	0,6703	3,8	44,701	0,0224
0,45	1,5683	0,6376	3,9	49,402	0,0202
0,50	1,6487	0,6065	4,0	54,598	0,0183
0,55	1,7333	0,5769	4,1	60,340	0,0166
0,60	1,8221	0,5488	4,2	66,686	0,0150
0,65	1,9155	0,5220	4,3	73,700	0,0136
0,70	2,0138	0,4966	4,4	81,451	0,0123
0,75	2,1170	0,4724	4,5	90,017	0,0111
0,80	2,2255	0,4493	4,6	99,484	0,0101
0,85	2,3396	0,4274	4,7	109,95	0,0091
0,90	2,4596	0,4066	4,8	121,51	0,0082
0,95	2,5857	0,3867	4,9	134,29	0,0074
1,0	2,7183	0,3679	5,0	148,41	0,0067
1,1	3,0042	0,3329	5,1	164,02	0,0061
1,2	3,3201	0,3012	5,2	181,27	0,0055
1,3	3,6693	0,2725	5,3	200,34	0,0050
1,4	4,0552	0,2466	5,4	221,41	0,0045
1,5	4,4817	0,2231	5,5	244,69	0,0041
1,6	4,9530	0,2019	5,6	270,43	0,0037
1,7	5,4739	0,1827	5,7	298,87	0,0033
1,8	6,0496	0,1653	5,8	330,30	0,0030
1,9	6,6859	0,1496	5,9	365,04	0,0027
2,0	7,3891	0,1353	6,0	403,43	0,0025
2,1	8,1662	0,1225	6,5	665,14	0,0015
2,2	9,0250	0,1108	7,0	1096,6	0,0009
2,3	9,9742	0,1003	7,5	1808,0	0,0006
2,4	11,023	0,0907	8,0	2981,0	0,0003
2,5	12,182	0,0821	8,5	4914,8	0,0002
2,6	13,464	0,0743	9,0	8103,1	0,0001
2,7	14,880	0,0672	9,5	13.360	0,00007
2,8	16,445	0,0608	10,0	22.026	0,00004
2,9	18,174	0,0550			

TABELA IV Funções hiperbólicas

x	senh x	cosh x	tanh x	x	senh x	cosh x	tanh x
0,0	0,00000	1,0000	0,00000	3,0	10,018	10,068	0,99505
0,1	0,10017	1,0050	0,09967	3,1	11,076	11,122	0,99595
0,2	0,20134	1,0201	0,19738	3,2	12,246	12,287	0,99668
0,3	0,30452	1,0453	0,29131	3,3	13,538	13,575	0,99728
0,4	0,41075	1,0811	0,37995	3,4	14,965	14,999	0,99777
0,5	0,52110	1,1276	0,46212	3,5	16,543	16,573	0,99818
0,6	0,63665	1,1855	0,53705	3,6	18,285	18,313	0,99851
0,7	0,75858	1,2552	0,60437	3,7	20,211	20,236	0,99878
0,8	0,88811	1,3374	0,66404	3,8	22,339	22,362	0,99900
0,9	1,0265	1,4331	0,71630	3,9	24,691	24,711	0,99918
1,0	1,1752	1,5431	0,76159	4,0	27,290	27,308	0,99933
1,1	1,3356	1,6685	0,80050	4,1	30,162	30,178	0,99945
1,2	1,5095	1,8107	0,83365	4,2	33,336	33,351	0,99955
1,3	1,6984	1,9709	0,86172	4,3	36,843	36,857	0,99963
1,4	1,9043	2,1509	0,88535	4,4	40,719	40,732	0,99970
1,5	2,1293	2,3524	0,90515	4,5	45,003	45,014	0,99975
1,6	2,3756	2,5775	0,92167	4,6	49,737	49,747	0,99980
1,7	2,6456	2,8283	0,93541	4,7	54,969	54,978	0,99983
1,8	2,9422	3,1075	0,94681	4,8	60,751	60,759	0,99986
1,9	3,2682	3,4177	0,95624	4,9	67,141	67,149	0,99989
2,0	3,6269	3,7622	0,96403	5,0	74,203	74,210	0,99991
2,1	4,0219	4,1443	0,97045	5,1	82,008	82,014	0,99993
2,2	4,4571	4,5679	0,97574	5,2	90,633	90,639	0,99994
2,3	4,9370	5,0372	0,98010	5,3	100,17	100,17	0,99995
2,4	5,4662	5,5569	0,98367	5,4	110,70	110,71	0,99996
2,5	6,0502	6,1323	0,98661	5,5	122,34	122,35	0,99997
2,6	6,6947	6,7690	0,98903	5,6	135,21	135,22	0,99997
2,7	7,4063	7,4735	0,99101	5,7	149,43	149,44	0,99998
2,8	8,1919	8,2527	0,99263	5,8	165,15	165,15	0,99998
2,9	9,0596	9,1146	0,99396	5,9	182,52	182,52	0,99998

TABELA V Logaritmos comuns, $\log_{10} x$

x	0,00	0,01	0,02	0,03	0,04	0,05	0,06	0,07	0,08	0,09
1,0	0,0000	0,0043	0,0086	0,0128	0,0170	0,0212	0,0253	0,0294	0,0334	0,0374
1,1	0,0414	0,0453	0,0492	0,0531	0,0569	0,0607	0,0645	0,0682	0,0719	0,0755
1,2	0,0792	0,0828	0,0864	0,0899	0,0934	0,0969	0,1004	0,1038	0,1072	0,1106
1,3	0,1139	0,1173	0,1206	0,1239	0,1271	0,1303	0,1335	0,1367	0,1399	0,1430
1,4	0,1461	0,1492	0,1523	0,1553	0,1584	0,1614	0,1644	0,1673	0,1703	0,1732
1,5	0,1761	0,1790	0,1818	0,1847	0,1875	0,1903	0,1931	0,1959	0,1987	0,2014
1,6	0,2041	0,2068	0,2095	0,2122	0,2148	0,2175	0,2201	0,2227	0,2253	0,2279
1,7	0,2304	0,2330	0,2355	0,2380	0,2405	0,2430	0,2455	0,2480	0,2504	0,2529
1,8	0,2553	0,2577	0,2601	0,2625	0,2648	0,2672	0,2695	0,2718	0,2742	0,2765
1,9	0,2788	0,2810	0,2833	0,2856	0,2878	0,2900	0,2923	0,2945	0,2967	0,2989
2,0	0,3010	0,3032	0,3054	0,3075	0,3096	0,3118	0,3139	0,3160	0,3181	0,3201
2,1	0,3222	0,3243	0,3263	0,3284	0,3304	0,3324	0,3345	0,3365	0,3385	0,3404
2,2	0,3424	0,3444	0,3464	0,3483	0,3502	0,3522	0,3541	0,3560	0,3579	0,3598
2,3	0,3617	0,3636	0,3655	0,3674	0,3692	0,3711	0,3729	0,3747	0,3766	0,3784
2,4	0,3802	0,3820	0,3838	0,3856	0,3874	0,3892	0,3909	0,3927	0,3945	0,3962
2,5	0,3979	0,3997	0,4014	0,4031	0,4048	0,4065	0,4082	0,4099	0,4116	0,4133
2,6	0,4150	0,4166	0,4183	0,4200	0,4216	0,4232	0,4249	0,4265	0,4281	0,4298
2,7	0,4314	0,4330	0,4346	0,4362	0,4378	0,4393	0,4409	0,4425	0,4440	0,4456
2,8	0,4472	0,4487	0,4502	0,4518	0,4533	0,4548	0,4564	0,4579	0,4594	0,4609
2,9	0,4624	0,4639	0,4654	0,4669	0,4683	0,4698	0,4713	0,4728	0,4742	0,4757
3,0	0,4771	0,4786	0,4800	0,4814	0,4829	0,4843	0,4857	0,4871	0,4886	0,4900
3,1	0,4914	0,4928	0,4942	0,4955	0,4969	0,4983	0,4997	0,5011	0,5024	0,5038
3,2	0,5051	0,5065	0,5079	0,5092	0,5105	0,5119	0,5132	0,5145	0,5159	0,5172
3,3	0,5185	0,5198	0,5211	0,5224	0,5237	0,5250	0,5263	0,5276	0,5289	0,5302
3,4	0,5315	0,5328	0,5340	0,5353	0,5366	0,5378	0,5391	0,5403	0,5416	0,5428
3,5	0,5441	0,5453	0,5465	0,5478	0,5490	0,5502	0,5514	0,5527	0,5539	0,5551
3,6	0,5563	0,5575	0,5587	0,5599	0,5611	0,5623	0,5635	0,5647	0,5658	0,5670
3,7	0,5682	0,5694	0,5705	0,5717	0,5729	0,5740	0,5752	0,5763	0,5775	0,5786
3,8	0,5798	0,5809	0,5821	0,5832	0,5843	0,5855	0,5866	0,5877	0,5888	0,5899
3,9	0,5911	0,5922	0,5933	0,5944	0,5955	0,5966	0,5977	0,5988	0,5999	0,6010
4,0	0,6021	0,6031	0,6042	0,6053	0,6064	0,6075	0,6085	0,6096	0,6107	0,6117
4,1	0,6128	0,6138	0,6149	0,6160	0,6170	0,6180	0,6191	0,6201	0,6212	0,6222
4,2	0,6232	0,6243	0,6253	0,6263	0,6274	0,6284	0,6294	0,6304	0,6314	0,6325
4,3	0,6335	0,6345	0,6355	0,6365	0,6375	0,6385	0,6395	0,6405	0,6415	0,6425
4,4	0,6435	0,6444	0,6454	0,6464	0,6474	0,6484	0,6493	0,6503	0,6513	0,6522
4,5	0,6532	0,6542	0,6551	0,6561	0,6571	0,6580	0,6590	0,6599	0,6609	0,6618
4,6	0,6628	0,6637	0,6646	0,6656	0,6665	0,6675	0,6684	0,6693	0,6702	0,6712
4,7	0,6721	0,6730	0,6739	0,6749	0,6758	0,6767	0,6776	0,6785	0,6794	0,6803
4,8	0,6812	0,6821	0,6830	0,6839	0,6848	0,6857	0,6866	0,6875	0,6884	0,6893
4,9	0,6902	0,6911	0,6920	0,6928	0,6937	0,6946	0,6955	0,6964	0,6972	0,6981
5,0	0,6990	0,6998	0,7007	0,7016	0,7024	0,7033	0,7042	0,7050	0,7059	0,7067
5,1	0,7076	0,7084	0,7093	0,7101	0,7110	0,7118	0,7126	0,7135	0,7143	0,7152
5,2	0,7160	0,7168	0,7177	0,7185	0,7193	0,7202	0,7210	0,7218	0,7226	0,7235
5,3	0,7243	0,7251	0,7259	0,7267	0,7275	0,7284	0,7292	0,7300	0,7308	0,7316
5,4	0,7324	0,7332	0,7340	0,7348	0,7356	0,7364	0,7372	0,7380	0,7388	0,7396
5,5	0,7404	0,7412	0,7419	0,7427	0,7435	0,7443	0,7451	0,7459	0,7466	0,7474
5,6	0,7482	0,7490	0,7497	0,7505	0,7513	0,7520	0,7528	0,7536	0,7543	0,7551
5,7	0,7559	0,7566	0,7574	0,7582	0,7589	0,7597	0,7604	0,7612	0,7619	0,7627
5,8	0,7634	0,7642	0,7649	0,7657	0,7664	0,7672	0,7679	0,7686	0,7694	0,7701
5,9	0,7709	0,7716	0,7723	0,7731	0,7738	0,7745	0,7752	0,7760	0,7767	0,7774
6,0	0,7782	0,7789	0,7796	0,7803	0,7810	0,7818	0,7825	0,7832	0,7839	0,7846
6,1	0,7853	0,7860	0,7868	0,7875	0,7882	0,7889	0,7896	0,7903	0,7910	0,7917
6,2	0,7924	0,7931	0,7938	0,7945	0,7952	0,7959	0,7966	0,7973	0,7980	0,7987
6,3	0,7993	0,8000	0,8007	0,8014	0,8021	0,8028	0,8035	0,8041	0,8048	0,8055
6,4	0,8062	0,8069	0,8075	0,8082	0,8089	0,8096	0,8102	0,8109	0,8116	0,8122

A-7

TABELA V Logaritmos comuns, $\log_{10} x$ *(continuação)*

x	0,00	0,01	0,02	0,03	0,04	0,05	0,06	0,07	0,08	0,09
6,5	0,8129	0,8136	0,8142	0,8149	0,8156	0,8162	0,8169	0,8176	0,8182	0,8189
6,6	0,8195	0,8202	0,8209	0,8215	0,8222	0,8228	0,8235	0,8241	0,8248	0,8254
6,7	0,8261	0,8267	0,8274	0,8280	0,8287	0,8293	0,8299	0,8306	0,8312	0,8319
6,8	0,8325	0,8331	0,8338	0,8344	0,8351	0,8357	0,8363	0,8370	0,8376	0,8382
6,9	0,8388	0,8395	0,8401	0,8407	0,8414	0,8420	0,8426	0,8432	0,8439	0,8445
7,0	0,8451	0,8457	0,8463	0,8470	0,8476	0,8482	0,8488	0,8494	0,8500	0,8506
7,1	0,8513	0,8519	0,8525	0,8531	0,8537	0,8543	0,8549	0,8555	0,8561	0,8567
7,2	0,8573	0,8579	0,8585	0,8591	0,8597	0,8603	0,8609	0,8615	0,8621	0,8627
7,3	0,8633	0,8639	0,8645	0,8651	0,8657	0,8663	0,8669	0,8675	0,8681	0,8686
7,4	0,8692	0,8698	0,8704	0,8710	0,8716	0,8722	0,8727	0,8733	0,8739	0,8745
7,5	0,8751	0,8756	0,8762	0,8768	0,8774	0,8779	0,8785	0,8791	0,8797	0,8802
7,6	0,8808	0,8814	0,8820	0,8825	0,8831	0,8837	0,8842	0,8848	0,8854	0,8859
7,7	0,8865	0,8871	0,8876	0,8882	0,8887	0,8893	0,8899	0,8904	0,8910	0,8915
7,8	0,8921	0,8927	0,8932	0,8938	0,8943	0,8949	0,8954	0,8960	0,8965	0,8971
7,9	0,8976	0,8982	0,8987	0,8993	0,8998	0,9004	0,9009	0,9015	0,9020	0,9025
8,0	0,9031	0,9036	0,9042	0,9047	0,9053	0,9058	0,9063	0,9069	0,9074	0,9079
8,1	0,9085	0,9090	0,9096	0,9101	0,9106	0,9112	0,9117	0,9122	0,9128	0,9133
8,2	0,9138	0,9143	0,9149	0,9154	0,9159	0,9165	0,9170	0,9175	0,9180	0,9186
8,3	0,9191	0,9196	0,9201	0,9206	0,9212	0,9217	0,9222	0,9227	0,9232	0,9238
8,4	0,9243	0,9248	0,9253	0,9258	0,9263	0,9269	0,9274	0,9279	0,9284	0,9289
8,5	0,9294	0,9299	0,9304	0,9309	0,9315	0,9320	0,9325	0,9330	0,9335	0,9340
8,6	0,9345	0,9350	0,9355	0,9360	0,9365	0,9370	0,9375	0,9380	0,9385	0,9390
8,7	0,9395	0,9400	0,9405	0,9410	0,9415	0,9420	0,9425	0,9430	0,9435	0,9440
8,8	0,9445	0,9450	0,9455	0,9460	0,9465	0,9469	0,9474	0,9479	0,9484	0,9489
8,9	0,9494	0,9499	0,9504	0,9509	0,9513	0,9518	0,9523	0,9528	0,9533	0,9538
9,0	0,9542	0,9547	0,9552	0,9557	0,9562	0,9566	0,9571	0,9567	0,9581	0,9586
9,1	0,9590	0,9595	0,9600	0,9605	0,9609	0,9614	0,9619	0,9624	0,9628	0,9633
9,2	0,9638	0,9643	0,9647	0,9652	0,9657	0,9661	0,9666	0,9671	0,9675	0,9680
9,3	0,9685	0,9689	0,9694	0,9699	0,9703	0,9708	0,9713	0,9717	0,9722	0,9727
9,4	0,9731	0,9736	0,9741	0,9745	0,9750	0,9754	0,9759	0,9763	0,9768	0,9773
9,5	0,9777	0,9782	0,9786	0,9791	0,9795	0,9800	0,9805	0,9809	0,9814	0,9818
9,6	0,9823	0,9827	0,9832	0,9836	0,9841	0,9845	0,9850	0,9854	0,9859	0,9863
9,7	0,9868	0,9872	0,9877	0,9881	0,9886	0,9890	0,9894	0,9899	0,9903	0,9908
9,8	0,9912	0,9917	0,9921	0,9926	0,9930	0,9934	0,9939	0,9943	0,9948	0,9952
9,9	0,9956	0,9961	0,9965	0,9969	0,9974	0,9978	0,9983	0,9987	0,9991	0,9996

A-8

TABELA VI Potências e raízes

Número	Quadrado	Raiz quadrada	Cubo	Raiz cúbica	Número	Quadrado	Raiz quadrada	Cubo	Raiz cúbica
1	1	1,000	1	1,000	51	2.601	7,141	132.651	3,708
2	4	1,414	8	1,260	52	2.704	7,211	140.608	3,733
3	9	1,732	27	1,442	53	2.809	7,280	148.877	3,756
4	16	2,000	64	1,587	54	2.916	7,348	157.464	3,780
5	25	2,236	125	1,710	55	3.025	7,416	166.375	3,803
6	36	2,449	216	1,817	56	3.136	7,483	175.616	3,826
7	49	2,646	343	1,913	57	3.249	7,550	185.193	3,849
8	64	2,828	512	2,000	58	3.364	7,616	195.112	3,871
9	81	3,000	729	2,080	59	3.481	7,681	205.379	3,893
10	100	3,162	1.000	2,154	60	3.600	7,746	216.000	3,915
11	121	3,317	1 331	2,224	61	3.721	7,810	226.981	3,936
12	144	3,464	1.728	2,289	62	3.844	7,874	238.328	3,958
13	169	3,606	2.197	2,351	63	3.969	7,937	250.047	3,979
14	196	3,742	2.744	2,410	64	4.096	8,000	262.144	4,000
15	225	3,873	3.375	2,466	65	4.225	8,062	274.625	4,021
16	256	4,000	4.096	2,520	66	4.356	8,124	287.496	4,041
17	289	4,123	4.913	2,571	67	4.489	8,185	300.763	4,062
18	324	4,243	5.832	2,621	68	4.624	8,246	314.432	4,082
19	361	4,359	6.859	2,668	69	4.761	8,307	328.509	4,102
20	400	4,472	8.000	2,714	70	4.900	8,367	343.000	4,121
21	441	4,583	9.261	2,759	71	5.041	8,426	357.911	4,141
22	484	4,690	10.648	2,802	72	5.184	8,485	373.248	4,160
23	529	4,796	12.167	2,844	73	5.329	8,544	389.017	4,179
24	576	4,899	13.824	2,884	74	5.476	8,602	405.224	4,198
25	625	5,000	15.625	2,924	75	5.625	8,660	421.875	4,217
26	676	5,099	17.576	2,962	76	5.776	8,718	438.976	4,236
27	729	5,196	19.683	3,000	77	5.929	8,775	456.533	4,254
28	784	5,292	21.952	3,037	78	6.084	8,832	474.552	4,273
29	841	5,385	24.389	3,072	79	6.241	8,888	493.039	4,291
30	900	5,477	27.000	3,107	80	6.400	8,944	512.000	4,309
31	961	5,568	29.791	3,141	81	6.561	9,000	531.441	4,327
32	1.024	5,657	32.768	3,175	82	6.724	9,055	551.368	4,344
33	1.089	5,745	35.937	3,208	83	6.889	9,110	571.787	4,362
34	1.156	5,831	39.304	3,240	84	7.056	9,165	592.704	4,380
35	1.225	5,916	42.875	3,271	85	7.225	9,220	614.125	4,397
36	1.296	6,000	46.656	3,302	86	7.396	9,274	636.056	4,414
37	1.369	6,083	50.653	3,332	87	7.569	9,327	658.503	4,431
38	1.444	6,164	54.872	3,362	88	7.744	9,381	681.472	4,448
39	1.521	6,245	59.319	3,391	89	7.921	9,434	704.969	4,465
40	1.600	6,325	64.000	3,420	90	8.100	9,487	729.000	4,481
41	1.681	6,403	68.921	3,448	91	8.281	9,539	753.571	4,498
42	1.764	6,481	74.088	3,476	92	8.464	9,592	778.688	4,514
43	1.849	6,557	79.507	3,503	93	8.649	9,644	804.357	4,531
44	1.936	6,633	85.184	3,530	94	8.836	9,695	830.584	4,547
45	2.025	6,708	91.125	3,557	95	9.025	9,747	857.375	4,563
46	2.116	6,782	97.336	3,583	96	9.216	9,798	884.736	4,579
47	2.209	6,856	103.823	3,609	97	9.409	9,849	912.673	4,595
48	2.304	6,928	110.592	3,634	98	9.604	9,899	941.192	4,610
49	2.401	7,000	117.649	3,659	99	9.801	9,950	970.299	4,626
50	2.500	7,071	125.000	3,684	100	10.000	10,000	1.000.000	4,642

RESPOSTAS DOS PROBLEMAS SELECIONADOS

Capítulo 0

Conjunto de problemas 1 pág. 3

1 (a) Verdade; (b) verdade; (c) falso; (d) verdade, e (e) verdade.

3 $(3)(233) < (28)(25)$ **5** (a) $x < 0$; (b) $x > 0$; (c) $x = 0$ **9** $2{,}646 > \sqrt{7}$ **11** Não

Conjunto de problemas 2 pág. 8

1 (a)

(b)

(c)

(d)

(e)

(f)

3 $(-\infty, 3)$ **5** $(-2, 1]$ **7** $\left(-\dfrac{7}{4}, 1\right]$ **9** $(-\infty, -2]$ e $(1, \infty)$ **11** $(-\infty, -3)$

e $(3, \infty)$ **13** $(-1, 2)$ **15** $\left(-\infty, -\dfrac{2}{3}\right]$ e $[5, \infty)$ **17** $(-\infty, 0]$ e $(3, \infty)$

19 $[-1, 0)$ **21** $(-\infty, -4)$ e $\left[-\dfrac{8}{7}, 1\right)$ **23** $x = 5$ ou $x = 1$ **25** $x = -2$ ou $x = \dfrac{3}{2}$

27 $x = \dfrac{1}{2}$ ou $x = -\dfrac{3}{4}$ **29** $(2, 3)$ **31** $\left(-\infty, -\dfrac{7}{3}\right)$ e $(-1, \infty)$ **33** $\left[-4, -\dfrac{6}{5}\right]$

35 $\left[\dfrac{1}{7}, \dfrac{1}{3}\right]$ **37** $\left(\dfrac{1}{1+k}, \dfrac{1}{1-k}\right)$ **39** $|x - y| \le |x - 2| + |2 - y|$

41 $|y + 2| \le |x + 2| + |y - x|$ **43** (a) $4x < 132$; (b) $x < 33$

Conjunto de problemas 3 pág. 13

1 (a) $N = (3, -2)$; (b) $R = (-3, 2)$; (c) $S = (-3, -2)$ **3** $\sqrt{13}$ **5** 4   **7** 10

9 Os comprimentos dos lados são 4, 6 e $\sqrt{52}$

11 Os comprimentos dos lados são 4, 5 e $\sqrt{41}$

13 Ambas as distâncias são $\sqrt{(x_1 - x_2)^2 + (y_1 - y_2)^2}$.

15 Sim   **17** Não   **19** Não isósceles

Conjunto de problemas 4 pág. 19

1 $-\dfrac{5}{3}$ **3** $\dfrac{1}{2}$ **5** $\dfrac{5}{11}$ **7** $y = 2x - 6$ **9** $y = \dfrac{x + 5}{4}$ **11** $y = \dfrac{13}{3}x - 18$

13 $y = 6x - 16$ **15** $y = 20x + 138.000$; 146.000 **17** (a) $\left(\dfrac{15}{2}, 2\right)$; (b) $(2, 5)$; (c) $(2, 2)$;

(d) $\left(3, \dfrac{5}{2}\right)$ 19 (a) 2; (b) -3; (c) $\dfrac{3}{2}$; (d) $-\dfrac{b}{m}$ 21 Paralela   23 Perpendicular

25 $\left(\dfrac{1}{7}, -\dfrac{2}{7}\right)$ 27 $(0,0)$ 29 Coef. angular $\overline{AB}$ = coef. angular $\overline{CD} = \dfrac{1}{6}$; coef. angular $\overline{BC}$ = coef. angular $\overline{AD} = \dfrac{5}{3}$.   31 (a) $d = 1$; (b) $k = -\dfrac{10}{3}$

33 As retas têm coef. angulares $-\dfrac{A}{B}$ e $\dfrac{B}{A}$, respectivamente.

Conjunto de problemas 5 pág. 26
1 Domínio $\mathbb{R}$; imagem $\mathbb{R}$ 3 Domínio $\mathbb{R}$; imagem $[0, \infty)$
5 Domínio $[-1, 1]$; imagem $[0, 1]$
7 Domínio $\left(-\infty, \dfrac{2}{3}\right) \cup \left(\dfrac{2}{3}, \infty\right)$; imagem $(-\infty, 4) \cup (4, \infty)$
9 Domínio $\mathbb{R}$; imagem $\{-3, -1, 2\}$ 11 Domínio $\mathbb{R}$; imagem $[-4, \infty)$
13 Domínio $(-\infty, -2) \cup (-2,3) \cup (2,2) \cup (3,\infty)$; imagem $(-\infty, -3) \cup (-3, 1) \cup (1, 2) \cup (2, \infty)$.

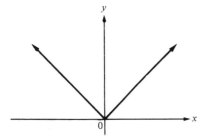
Figura, problema 3

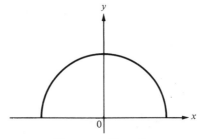
Figura, problema 5

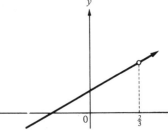
Figura, problema 7

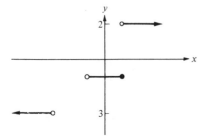
Figura, problema 9

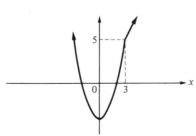
Figura, problema 11

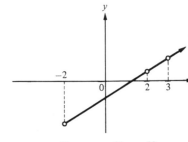
Figura, problema 13

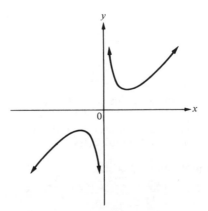
Figura, problema 15

15 (a) Domínio $(-\infty, 0) \cup (0, \infty)$; (b) imagem $(-\infty, -2] \cup [2, \infty)$; (d) $(-1, -2)$, $(1, 2)$ e $(-2, -5/2)$ são do gráfico de f.

17 Domínio $\mathbb{R}$, imagem $\left[-\dfrac{25}{4}, \infty\right)$. (a) -6; (b) -6; (c) 0;

(d) 0; (e) $a^2 - 3a - 4$; (f) $(a+b)^2 - 3(a+b) - 4$; (g) $(a-b)^2 - 3(a-b) - 4$;

(h) $x_0^2 - 3x_0 - 4$ **19** Domínio $\left(-\infty, -\dfrac{7}{3}\right)$ união $\left(-\dfrac{7}{3}, \infty\right)$; (a) $-\dfrac{3}{17}$;

(b) $-\dfrac{5}{11}$; (c) $\dfrac{a-6}{3a+21}$; (d) $\dfrac{4-2a}{12+7a}$; (e) $\dfrac{a}{3a+13}$; (f) $\dfrac{a^2-2}{3a^2+7}$; (g) $\left(\dfrac{a-2}{3a+7}\right)^2$; (h) $\dfrac{x_0-2}{3x_0+7}$

21 Domínio $\left[-\dfrac{5}{3}, \infty\right)$. (a) 2; (b) 3; (c) $\sqrt{6}$; (d) $\sqrt{2}$; (e) $\sqrt{3a^2+5}$; (f) $3a+5$;

(g) $\sqrt{6x+8}$; (h) $\sqrt{3x_0+3h+5}$ **23** Domínio $\left(-\infty, -\dfrac{1}{2}\right)$ união $\left(-\dfrac{1}{2}, \infty\right)$.

(a) 1; (b) 2; (c) $\dfrac{3a-1}{1+2a}$; (d) $\dfrac{3a^2-1}{1+2a^2}$; (e) $\dfrac{-3a^2-1}{1-2a^2}$; (f) -1; (g) $\dfrac{3x-1}{1+2x}$

25 (a) $(a+1)(a+2)(a+3)(a+4)$; (b) $(a+2)(a+3)(a+4)(a+5)$

27 Sim; $r = \sqrt{\dfrac{A}{\pi}}$ **29** $V = \begin{cases} 216T & \text{para } 0 \leq T < \dfrac{1}{12} \\ 18 & \text{para } T \geq \dfrac{1}{12} \end{cases}$ **31** $p = 2x + \dfrac{50}{x}$ **33** 0

35 -8 **37** $\dfrac{-2}{x_0(x_0+h)}$ **39** As funções são *(b)* e *(c)* **41** Verdade

Conjunto de problemas 6 pág. 32
1 Par **3** Nem um nem outro **5** Ímpar **7** Nem um nem outro
9 Nem um nem outro
11 Polinomial; 2.º grau; coeficientes 6, -3 e -8
13 Polinomial; 3.º grau; coeficientes -1, 1, -5 e 6
15 Polinomial; 4.º grau; coeficientes $\sqrt{2}$, -5^{-1}, 0, 0 e 20
17 Polinomial; grau 0, coeficiente 0
19 2 é um número, não uma função

21 $y = -\dfrac{2}{5}x + \dfrac{29}{5}$ **23** $f(x) = mx$, $m \neq 0$

25 $x = -\dfrac{b}{m}$ é uma raiz de $f(x) = mx + b$
27 Racional; domínio $(-\infty, 1) \cup (1, \infty)$
29 Racional, domínio $\mathbb{R}$
31 Não-racional
33 (a) $\text{sgn}(-2) = -1$, $\text{sgn}(-3) = -1$, $\text{sgn}(0) = 0$, $\text{sgn}(2) = 1$, $\text{sgn}(3) = 1$, $\text{sgn}(151) = 1$; (e) domínio é $\mathbb{R}$, imagem é $\{-1, 0, 1\}$; (g) gráfico não é uma figura convexa.
35 Domínio $\mathbb{R}$, imagem $[0, \infty)$
37 Domínio $\mathbb{R}$, imagem $[-1, 1]$
39 Domínio $\mathbb{R}$, imagem todos os números inteiros.

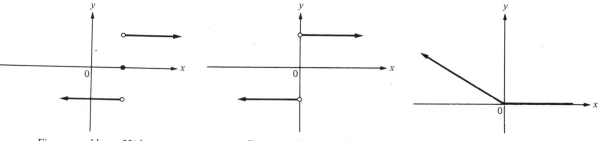

Figura, problema 33(d)   *Figura, problema 33(f)*   *Figura, problema 35*

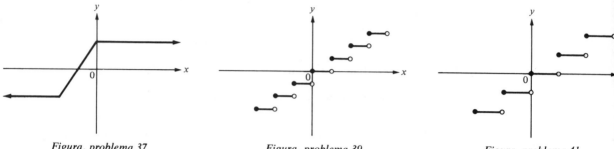

Figura, problema 37   Figura, problema 39   Figura, problema 41

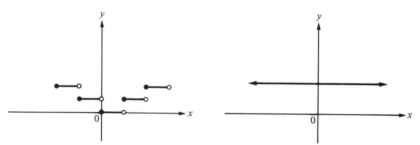

Figura, problema 43   Figura, problema 45

43 Domínio $\mathbb{R}$, imagem todos os inteiros não-negativos

45 Domínio $\mathbb{R}$, imagem $\left\{\dfrac{1}{3}\right\}$.

Conjunto de problemas 7 pág. 38

1 (a) (i) $-\dfrac{\pi}{4}$, (ii) $\dfrac{35\pi}{36}$, (iii) $-\dfrac{5\pi}{3}$; (b) (i) $40°$; (ii) $-157,5°$, (iii) $1290°$ **3** (a) $-\dfrac{3}{5}$; (b) $\dfrac{3}{4}$; (c) $\dfrac{4}{3}$; (d) $-\dfrac{5}{4}$; (e) $-\dfrac{5}{3}$ **5** (a) $\operatorname{sen}^2 t$; (b) $2\cos t$; (c) $\csc^2 t$; (d) $\cot^2 t$; (e) $-\cos t$

7 (a) $\dfrac{\sqrt{2}}{4}(1-\sqrt{3}), \dfrac{\sqrt{2}}{4}(1+\sqrt{3})$; (b) $\dfrac{\sqrt{3}-1}{\sqrt{3}+1}$ **9** (a) $\sec^2 t$; (b) $\cot 2t$;

(c) $4\cos^4 t - 3\cos^2 t$; (d) $\cot t$; (e) $\cos s$ **11** (a) $\dfrac{33}{65}$; (b) $-\dfrac{16}{65}$; (c) $\dfrac{56}{33}$

Conjunto de problemas 8 pág. 42

5 (a) $5, -1, 6, \dfrac{2}{3}$; (b) dom $(f \pm g)$ = dom $f \cdot g = \left[-1, \dfrac{3}{2}\right]$, dom $\left(\dfrac{f}{g}\right) = \left[-1, -\dfrac{1}{2}\right)$ união $\left(-\dfrac{1}{2}, \dfrac{3}{2}\right]$.   **7** $\sqrt{x} + x^2 + 4, \sqrt{x} - x^2 - 4, \sqrt{x}(x^2+4), \dfrac{\sqrt{x}}{x^2+4}$, todos os domínios são $[0, \infty)$.   **9** $\sqrt{x-3} + \dfrac{1}{x}, \sqrt{x-3} - \dfrac{1}{x}, \sqrt{x-3}\left(\dfrac{1}{x}\right), x\sqrt{x-3}$, os domínios são $[3, \infty)$.

11 $(f+g)(-x) = f(-x) + g(-x) = f(x) + g(x) = (f+g)(x)$, etc.

13 $(\operatorname{sen} x)(x^2 - \cos x)$ **15** $\tan x$ **17** (a) $c + x$; (b) $c - x$; (c) cx; (d) $\dfrac{c}{x}$; (e) $\dfrac{x}{c}$

21 (a) $\operatorname{sen} x^2$; (b) $\operatorname{sen}^2 x$; (c) x^4; (d) $(\operatorname{sen} x + \cos x)^2$; (e) $\tan^2 x$; (f) $\tan(\cot x)$; (g) $\operatorname{sen}(\cos^2 x)$; (h) $\operatorname{sen}(\cos^2 x)$ **23** $k = \dfrac{3}{2}$ **25** Por exemplo, $f(x) = 1 - x$; mas se $f(x) = \dfrac{1}{x}$, então 0 não está no domínio de f.   **27** $(f \circ g)(x) = (g \circ f)(x) = x$

P-5

Conjunto de problemas 9 pág. 47

1 $f^{-1}(x) = \dfrac{x + 13}{7}$ **3** $f^{-1}(x) = \sqrt{x + 3}$ **5** $f^{-1}(x) = \dfrac{2 \cdots - 3}{3x - 2}$ **7** $(f \circ g)(x) = (g \circ f)(x) = x$ **11** Não

Conjunto de problemas de revisão pág. 48

1 (a) Falso; (b) falso; (c) verdade; (d) verdade; (e) falso; (f) falso **3** $(2, \infty)$ **5** $[3, \infty)$.

7 $(-5, 4)$ **9** Sem soluções **11** $\left(\dfrac{1}{2}, 6\right)$ **13** $[-5, -2)$ **15** $a = -4, b = -2,$

$c = -3, d = 1$ ou $a = 0, b = 2, c = -5, d = -3$ **17** (a) 11; (b) $\dfrac{1}{|x|} \cdot \dfrac{1}{|x + 1|}$; (c) $\dfrac{1}{221}$;

(d) $\dfrac{1}{|x|} \cdot \dfrac{1}{|x + 1|}$ **19** 4 ou -1 **21** $x = -2$ **23** $x = \dfrac{4}{3}$ **25** $\left[-\dfrac{11}{2}, \dfrac{1}{2}\right]$

27 $\left(-\infty, \dfrac{1}{2}\right)$ **29** $\left(-\infty, \dfrac{3}{4}\right)$ união $(1, \infty)$ **31** $\left(-\infty, -\dfrac{7}{2}\right]$ união $\left[\dfrac{1}{2}, \infty\right)$

35 $\overline{AB}$, $\overline{BC}$, e $\overline{AC}$ têm o mesmo coef. angular, $\dfrac{1}{2}$. **37** $y = -12x + 15$ **39** $y = -7$

41 $x + 3y - 1 = 0$ **43** Domínio $(-\infty, -1] \cup [1, \infty)$; simetria em relação ao eixo y.
45 Domínio $\mathbb{R}$, não é simétrica nem ao eixo y nem à origem.
47 Domínio $(-\infty, 1) \cup (1, \infty)$; não é simétrica nem ao eixo y nem à origem.
49 Não — o domínio não é $\mathbb{R}$.
51 (a) 4; (b) 4; (c) 36; (d) 36; (e) $64t^2$; (f) $36x^2$ (g) $4(x^2 + 2xh + h^2)$; (h) $8xh + h^2$; (i) $4a$; (j) $2|a|$
53 Domínio $\mathbb{R}$, f é par
55 Domínio $\mathbb{R}$, h não é par nem ímpar
57 $\cos x$ **59** $-\csc t$ **61** $-\cos 2t$ **63** (a) 106; (b) 154; (c) -32;

(d) 323; (e) 2; (f) $5x^2 + 10x + 13$; (g) $\dfrac{5x + 7}{2(5x^2 - 1)}$; (h) $(5x^2 - 1)^2$; (i) $10x + 5h$; (j) 5

65 $\sqrt[4]{x}$ e $\sqrt[4]{x}$ **67** $9x^2 + 30x + 24$ e $3x^2 + 6x + 4$ **75** (a) $f^{-1}(x) = \dfrac{x + 19}{7}$;

(b) $g^{-1}(x) = -\sqrt[3]{\dfrac{x}{7}}$; (c) $h^{-1}(x) = \dfrac{13}{x}$

Capítulo 1

Conjunto de problemas 1 pág. 56

1 12 **3** 8 **5** 0 **7** -1 **9** $\dfrac{3}{2}$ **11** 0 **13** (a) Sim; (b) sim; (c) sim; (d) sim;

(e) sim; (f) não **15** $\delta = 0{,}0025$ **17** $\delta = 0{,}01$ **19** $\delta = 0{,}2$ **21** Tome $\delta = \dfrac{\varepsilon}{2}$.

23 Tome $\delta = \dfrac{\varepsilon}{4}$. **25** Tome qualquer $\delta > 0$.

Conjunto de problemas 2 pág. 60

1 7 **3** 12 **5** $2\sqrt{3}$ **7** 7 **9** $\dfrac{7}{8}$ **11** 10 **13** $\dfrac{5}{16}$ **15** $\dfrac{3}{2}$ **17** -1

19 16 **21** $-\dfrac{1}{2}$ **23** 6 **25** 0 **27** $\dfrac{1}{2}$

Conjunto de problemas 3 pág. 66

1 (b) $\lim\limits_{x \to 3^-} f(x) = 8$, $\lim\limits_{x \to 3^+} f(x) = 6$; (c) não existe; (d) descontínuo

3 (b) $\lim\limits_{x \to 1^-} g(x) = 4$, $\lim\limits_{x \to 1^+} g(x) = 2$; (c) não existe; (d) descontínuo

5 (b) $\lim\limits_{x \to 5^-} H(x) = 0$, $\lim\limits_{x \to 5^+} H(x) = 0$; (c) $\lim\limits_{x \to 5} H(x) = 0$; (d) descontínuo

7 (b) $\lim\limits_{x\to 1^-} f(x) = 1$, $\lim\limits_{x\to 1^+} f(x) = 1$; (c) $\lim\limits_{x\to 1} f(x) = 1$; (d) contínuo

9 (b) $\lim\limits_{x\to 3^-} F(x) = 6$, $\lim\limits_{x\to 3^+} F(x) = 6$; (c) $\lim\limits_{x\to 3} F(x) = 6$; (d) descontínuo

11 (b) $\lim\limits_{x\to 1/2^-} S(x) = 5$, $\lim\limits_{x\to 1/2^+} S(x) = 5$; (c) $\lim\limits_{x\to 1/2} S(x) = 5$; (d) contínuo

13 (b) $\lim\limits_{x\to -1^-} f(x) = -4$, $\lim\limits_{x\to -1^+} f(x) = -4$; (c) $\lim\limits_{x\to -1} f(x) = -4$; (d) descontínuo

15 Contínua sempre   **17** Contínua sempre   **19** Contínua sempre

21 Contínua para todo a exceto para $a = 0$

23 A maioria das funções usadas são contínuas

(b) seja $f(x) = \begin{cases} 0 & \text{se } x = 0 \\ 1 & \text{se } x \neq 0 \end{cases}$; então $\lim\limits_{x\to 0} f(x) = 1 \neq f(0)$.   **25** $\lim\limits_{x\to 2^+} \sqrt{x-2} = 0$, mas $\sqrt{x-2}$ é indefinida para $x < 2$.

Conjunto de problemas 4 pág. 70

1 Contínua para todo a

3 Contínua para todo a

5 Contínua para todo número exceto 0

7 Contínua para todo número exceto 1

9 Contínua para todo número exceto -1 e 1

11 (a), (b), (c), (d) e (e) são contínuas em 1

13 Contínua em $[-2, 2]$ e $(-2, 2)$

15 Descontínua em todos os intervalos indicados

17 Contínua em $\left[-\dfrac{1}{2}, 0\right]$ e $\left(-1, -\dfrac{3}{4}\right)$

19 Contínua em $\left(-\dfrac{3}{2}, \dfrac{3}{2}\right)$, $\left(\dfrac{3}{2}, \infty\right)$, e $\left(\dfrac{5}{2}, \infty\right)$

21 (b) E é contínua em todo número no domínio exceto a.

Conjunto de problemas 5 pág. 77

1 $+\infty$ **3** $+\infty$ **5** $-\infty$ **7** -1 **9** $-\infty$ **11** 6   **13** $\dfrac{5}{8}$ **15** 0

17 $\dfrac{8}{\sqrt[4]{3}}$ **19** $+\infty$ **21** $+\infty$

23 (a) Dado qualquer número positivo M, existe um número positivo N tal que $f(x) > M$ sempre que $x > N$.

Conjunto de problemas 6 pág. 82

1 Assíntota horizontal: $y = \dfrac{7}{2}$; assíntota vertical: $x = \dfrac{5}{2}$ **3** Assíntota horizontal: $y = -\dfrac{2}{5}$; assíntota vertical: $x = -\dfrac{3}{5}$ **5** Assíntotas horizontais: $y = -\dfrac{3}{\sqrt{2}}$ e $y = \dfrac{3}{\sqrt{2}}$

7 Assíntotas horizontais: $y = -2$ e $y = 2$ **9** Assíntota vertical: $x = 0$

13 Assíntota horizontal: $y = \dfrac{A}{a}$

Conjunto de problemas de revisão pág. 86

1 $\delta \doteq 0,005$ **3** $\delta = 0,0004$ **5** $\delta = 0,002$ **7** 15   **9** 6   **11** 27   **13** 151

15 $\dfrac{3}{2}$ **17** -1 **19** $\dfrac{\sqrt{3}}{3}$ **21** 2   **23** $\dfrac{1}{6}$ **25** $-\infty$ **27** $+\infty$

29 $\lim\limits_{x\to 3/2^-} f(x) = \lim\limits_{x\to 3/2^+} f(x) = \lim\limits_{x\to 3/2} f(x) = 0$ **31** $\lim\limits_{x\to 2^-} g(x) = \lim\limits_{x\to 2^+} g(x) = \lim\limits_{x\to 2} g(x) = 4$

33 $+\infty$ **35** $\dfrac{2}{3}$ **37** $\dfrac{3}{7}$ **39** (a) Escolha $|x - a| < \dfrac{\varepsilon}{3}$;   (b) escolha $|x - a| < \dfrac{1}{300}$;

P-7

não, pois $0,1 \nleq \dfrac{1}{300}$.   **41** Contínua em 3   **43** Contínua em 1   **45** Descontínua

nos múltiplos de $\dfrac{1}{4}$ **47** (b) $f(x) = -\dfrac{1}{2}x + |x| - |x - 1| + \dfrac{1}{2}|x - 2|$

49 (a) Contínua em $\left(-1, \dfrac{1}{2}\right)$;   (b) contínua sempre   **51** Assíntota

horizontal: $y = 0$; assíntota vertical: $x = -1$

Capítulo 2

Conjunto de problemas 1 pág. 96

1 $r \approx 54,55$ mph   **3** (a) 7,5; (b) 7   **5** (a) 30 m/s; (b) 24 m/s   **7** (a) 8 m/s;

(b) 7 m/s   **9** 0   **11** 2   **13** 2   **15** $\dfrac{1}{4}$ **17** $-\dfrac{1}{3}$ **19** (a) 80 m/s;

(b) 160 m/s   **21** $5\sqrt{3}$ cm²/cm de contorno   **23** (a) $-0,16$ d/cm²/cm³;

(b) $-0,2$ d/cm²/cm³.   **25** $\lim\limits_{h \to 0^+} \dfrac{1}{\sqrt{h}} = +\infty$

Conjunto de problemas 2 pág. 102

1 $2x + 4$ **3** $6x^2 - 4$ **5** $-\dfrac{2}{x^2}$ **7** $\dfrac{-3}{(t-1)^2}$ **9** $\dfrac{1}{2\sqrt{v-1}}$ **11** $\dfrac{-2}{(x+1)^2}$

13 4   **15** $-\dfrac{14}{25}$ **17** $-\dfrac{1}{9}$ **19** $-\dfrac{4}{25}$ **23** $32t + 30$ **25** (b) Contínua em 3;

(c) diferenciável em 3

27 (b) Contínua em 3; (c) não diferenciável em 3

29 (b) Contínua em 2; (c) não diferenciável em 2

31 (b) Contínua em 0; (c) diferenciável em 0

33 (a) Se um gráfico possui tangente num ponto, ele não pode "saltar" neste
ponto; (b) Não, considere $f(x) = |x|$ em $x = 0$

35 Não diferenciável em $\dfrac{1}{3}$;   (b) não diferenciável em 1

Conjunto de problemas 3 pág. 113

1 $5x^4 - 9x^2$ **3** $5x^9 + x^4$ **5** $8t^7 - 14t^6 + 3$ **7** $\dfrac{-6}{x^3} - \dfrac{4}{x^2}$ **9** $-\dfrac{25}{y^6} + \dfrac{25}{y^2}$

11 $-6x^{-3} + 7x^{-2}$ **13** $-\dfrac{2}{5x^2} + \dfrac{2\sqrt{2}}{3x^3}$ **15** $15x^4 - 2x$

17 $5x^4 + 12x^3 - 27x^2 - 54x$ **19** $24y^2 - 8y + 14$ **21** $\dfrac{16}{x^2} + 4x - 3x^2$

23 $-\dfrac{10}{x^6} - \dfrac{18}{x^4} - \dfrac{1}{x^2} + 3$ **25** $\dfrac{-23}{(3x-1)^2}$ **27** $\dfrac{-7x^2 + 6x + 5}{(x^2 - 3x + 2)^2}$ **29** $\dfrac{-20t}{(t^2-1)^2}$

31 $\dfrac{3x^2 + 12x + 37}{(x+2)^2}$ **33** (a) 4; (b) $-\dfrac{3}{16}$; (c) -9; (d) -2; (e) $-\dfrac{1}{18}$; (f) $\dfrac{64}{81}$

35 (a) $8x^3 - 3x^2 - 24x + 1$; (b) $54x^2 + 66x - 28$; (c) $9x^2 - 20x + 6 - 3x^{-2}$;

(d) $12x(2x^2 + 7)^2$ **37** (a) -1; (b) 5; (c) -5; (d) -2; (e) 16; (f) -4 **39** (a) 16;

(b) $-\dfrac{3}{49}$ **41** -4 **43** 7,5 m/s   **45** Devemos calcular primeiro $f'(x) = 4x + 3$, então

substituir $x = 2$ obtendo $f'(2) = 11$.   **47** $c = \dfrac{1}{m+1}, n = m + 1, m \neq -1$

51 (a) $D_x(x \cdot 1) = 1$, mas $(D_x x)(D_x 1) = (1)(0) = 0$; (b) $D_x\left(\dfrac{x}{1}\right) = 1$, mas $\dfrac{D_x x}{D_x 1}$ indefinida,

desde que $D_x 1 = 0$.

Conjunto de problemas 4 pág. 119

1 $\dfrac{2x + 1}{2\sqrt{x^2 + x + 1}}$ **3** $\dfrac{-20x^3}{(x^4 + 1)^6}$ **5** $-20(5 - 2x)^9$ **7** $\dfrac{-20}{(4y + 1)^6}$

9 $45u^2(u^3 + 2)^{14}$ **11** $-7(5x^4 - 4x + 1)(x^5 - 2x^2 + x + 1)^{-8}$

13 $(3x^2 + 7)(5 - 3x)^2(-63x^2 + 60x - 63)$ **15** $\left(3x + \dfrac{1}{x}\right)(6x - 1)^4\left(126x - 6 + \dfrac{18}{x} + \dfrac{2}{x^2}\right)$

17 $\dfrac{(28y + 38)(2y - 1)^3}{(7y + 3)^3}$ **19** $4\dfrac{(x^2 + x)^3}{(1 - 2x)^5}(1 + 2x - 2x^2)$ **21** $\dfrac{-3(3x + 1)^2(3x + 2)}{x^7}$

23 $\dfrac{14\left(7t + \dfrac{1}{t}\right)^6\left(-7t^3 - 2t + 7 - \dfrac{1}{t^2}\right)}{(t^3 + 2)^8}$ **25** $\dfrac{-1}{2x\sqrt{x}}$ **27** $\dfrac{x + 1}{\sqrt{x^2 + 2x - 1}}$

29 $\dfrac{2t^3 - t}{\sqrt{t^4 - t^2 + \sqrt{3}}}$ **31** $2x - 2 - \dfrac{3}{2}\sqrt{x}$ **33** $\dfrac{(x + 1)^4(6x^2 + x + 10)}{\sqrt{x^2 + 2}}$ **37** $\dfrac{7}{2}$

41 (a) $5\cos 5x$;   (b) $-8\operatorname{sen}(8x - 1)$;   (c) $3\sec^2 3t$;   (d) $-9\csc^2 9x$;

(e) $2\sec(2t + 9)\tan(2t + 9)$;   (f) $-15\csc(15x - 2)\cot(15x - 2)$;   (g) $3\operatorname{sen}^2\theta\cos\theta$;

(h) $\dfrac{\cos\sqrt{\theta}}{2\sqrt{\theta}}$;   (i) $\dfrac{\pi}{90}\operatorname{sen}\dfrac{2\pi x}{360}\cos\dfrac{2\pi x}{360}$;   (j) $\dfrac{-\operatorname{sen}\theta}{2\sqrt{\cos\theta}}$;   (k) 0;   (l) $2\cos 2\theta$ **45** (a) $\dfrac{5t^2 + 3t + 1}{2\sqrt{t}}$;

(b) $\dfrac{1 - t - 3t^2}{2\sqrt{t}(1 + t + t^2)^2}$ **47** $-\dfrac{1}{27}$

Conjunto de problemas 5 pág. 126

1 $\dfrac{1}{5}$ **3** $\dfrac{1}{4}$ **5** $-\dfrac{5}{9}$ **7** $-3^{3/2}$ **9** $\dfrac{\sqrt[5]{x}}{5x}$ **11** $-16x^{-13/9}$ **13** $\dfrac{2}{3}(1 - t)^{-5/3}$

15 $-18s(9 - s^2)^{-1/2}(9 + s^2)^{-3/2}$ **17** $-\dfrac{1}{2}x^{-3/2} - \dfrac{1}{3}x^{-4/3} - \dfrac{1}{4}x^{-5/4}$

19 $\dfrac{1}{5}(t^3 - t^{1/4})^{-4/5}\left(3t^2 - \dfrac{1}{4}t^{-3/4}\right)$ **21** $\dfrac{\sqrt[10]{\dfrac{x}{x + 1}}}{10x(x + 1)}$

23 $\dfrac{1 - 2x}{4}(1 + x)^{-7/4}(2x - 1)^{-1/2}$ **25** $\dfrac{(9t + 33)(t + 2)^{-3/4}(t + 5)^{-4/5}}{20}$

27 $\dfrac{1}{5}(\operatorname{sen} t)^{-4/5}\cos t$ **29** $-\dfrac{3}{4}\cos^{-1/4}x\operatorname{sen} x$ **31** (a), (b), e (c) $\dfrac{1}{4}x^{-3/4}$ **33** $2|x|$

35 $\dfrac{1}{2}$ **37** 7 **39** $\sqrt{2}$ **41** (b) e (c) $\dfrac{-1}{(3x - 2)^2}$ **43** (a) $x = \dfrac{1 + \sqrt{8y - 7}}{4}$;

(b) $f^{-1}(y) = \dfrac{1 + \sqrt{8y - 7}}{4}$;   (c) e   (d) $\dfrac{1}{\sqrt{8y - 7}}$ **45** $\dfrac{2}{3}$

Conjunto de problemas 6 pág. 130

1 Tangente: $y = 8x - 15$; normal: $x + 8y - 10 = 0$
3 Tangente: $y = 3x$; normal: $x + 3y - 10 = 0$
5 Tangente: $x - 12y + 16 = 0$; normal: $12x + y = 98$
7 Tangente: $y = 3$; normal: $x = 0$
9 Tangente: $y = x - 1$; normal: $x + y = 1$

11 Interseção com o eixo x é -3;   Interseção com o eixo y é $\dfrac{3}{2}$.

13 $(8, 72)$; tangente: $y = 16x - 56$ **15** $\left(-\dfrac{5}{6}, \dfrac{47}{12}\right)$

17 $(1, 0)$; tangente: $y = -x + 1$ **19** $(1, 0)$; normais: $= \dfrac{1 - x}{2}$ ou $y = \dfrac{-1 - x}{2}$

21 $(5, 30)$, $(-1, 6)$; tangentes: $y = 10x - 20$ ou $y = 2x + 4$

Conjunto de problemas 7 pág. 136

1 3,01   **3** 6,0083   **5** 0,485   **7** 0,28 **9** (No. 1) estimativa: 3,01; verdade: 3,00998 ...;
(No. 3) estimativa: 6,0083; verdade: 6,008327 ...; (No. 5) estimativa: 0,485;
verdade: 0,48543 ...; (No. 7) estimativa: 0,28; verdade: 0,2849

11 $x^3 - 3x - 2 = 9(x - 2) + \varepsilon(x)(x - 2)$, $\varepsilon(x) = x^2 + 2x - 8$

13 $2x^3 = 54x - 108 + \varepsilon(x)(x - 3)$, $\varepsilon(x) = (x - 3)(2x + 12)$

15 $\dfrac{5}{x} = 2 - \dfrac{x}{5} + \varepsilon(x)(x - 5)$, $\varepsilon(x) = \dfrac{x - 5}{5x}$ **19** (a) $m = 3, c = -2$; (b) $\lim\limits_{x \to 1} (x^2 + x - 2) = 0$;
(c) $m = f'(1)$, onde $f(x) = x^3$

Conjunto de problemas de revisão pág. 137

1 (a) 120 m/s; (b) 136 m/s quando $t = 2$, 104 m/s quando $t = 3$; (c) 625 m   **3** (a) 40,2
cm²/cm; (b) 0,3216 cm²/grau   **5** Tangente: $y = 4x - 14$; normal: $4y + x = 12$
7 Tangente: $72x - 16y = 81$; normal: $144y + 32x = 291$ **9** Tangente: $y = kx + 1 - k$;
interseção com y: $1 - k$ **11** (a) Contínua em 2; (b) $f'_-(2) = -3, f'_+(2) = 4$;
(c) não diferenciável em 2   **13** (a) Contínua em -3; (b) $f'_-(-3) = -1$, $f'_+(-3) = 0$:
(c) não diferenciável em -3 **15** (a) $\lim\limits_{\Delta x \to 0} \dfrac{(x + \Delta x)^{2/3} - x^{2/3}}{\Delta x}$; (b) $\dfrac{1}{3}$ **17** (a) Não;
(b) Não   **19** (b) Em 0 e -1 **21** (a) $\dfrac{89}{30}$; (b) $\dfrac{91}{30}$; (c) $\dfrac{44}{3}$; (d) $\dfrac{46}{75}$; (e) $-\dfrac{23}{50}$; (f) $\dfrac{44}{15}$;

(g) $\dfrac{46}{675}$ **23** $\dfrac{x}{\sqrt{x^2 + 12}}$ **25** $\dfrac{3}{2\sqrt{3x - 11}}$ **27** $\dfrac{4x\sqrt{1 + x^3} + 3x^2}{4\sqrt{1 + x^3}\sqrt{x^2 + \sqrt{1 + x^2}}}$

29 $\dfrac{22x}{3(2 + 3x^2)^{2/3}(3 - x^2)^{4/3}}$ **31** $\dfrac{6t^2 + 2t - 15}{(2t^2 + 5)^2}$ **33** $\dfrac{(u^2 + 7)(-9u^2 + 8u - 7)}{2\sqrt{1 - u}}$

35 $\dfrac{z(z^2 + 3)^3(37 - 9z^2)}{\sqrt{5 - z^2}}$ **37** $\dfrac{2(-17t^2 - 4t + 10)}{3(4t^2 - 3t + 2)^{1/3}(t^2 - 5t)^{5/3}}$ **39** $\dfrac{ad - bc}{(cy + d)^2}$

41 $\dfrac{x(1 - 2x)^2}{2\sqrt{1 - 5x^3}}(130x^4 - 35x^3 - 20x + 4)$

43 $\dfrac{1}{2}[x + (x + x^{1/2})^{1/2}]^{-1/2}\left[1 + \dfrac{1}{2}(x + x^{1/2})^{-1/2}\left(1 + \dfrac{1}{2}x^{-1/2}\right)\right]$

45 $\dfrac{ad - bc}{2\sqrt{(ax + b)(cx + d)^3}}$ **47** $\dfrac{2}{5}$ **49** Coef. angular: $-\dfrac{3}{4}$; tangente: $4y + 3x = 20$

51 Aproximadamente 4.0208   **53** 0, 1, 2, e 3   **55** Coef. angulares são ambos iguais a n

59 $5f(x)[g(x)]^4 g'(x) + f'(x)[g(x)]^5$ **61** $\dfrac{3g(x)[xf(x)]^2[xf'(x) + f(x)] - [xf(x)]^3 g'(x)}{[g(x)]^2}$

65 Seja $f(x) = (1 + x^2)^3$; então $f'(2) = 300$ **67** Sim   **71** (a) $\dfrac{1}{14}$; (b) $\dfrac{1}{14}$

73 $\dfrac{1}{3x^2 - 6x + 1}$ **75** $x(1 + E)$

Capítulo 3

Conjunto de problemas 1 pág. 149

1 $f(1,4) = -0,04 < 0$, $f(1,5) = 0,25 > 0$ **3** $f(1) = -1 < 0$, $f(2) = 11 > 0$ **5** f não
é contínua em 2   **7** $\mathfrak{r} = \dfrac{2}{3}\sqrt{3}$ **9** $c = 1$ **11** $c = \dfrac{\sqrt{2}}{2}$ **13** $c = 3$

15 $c = \sqrt{\dfrac{13}{3}}$ **17** f não é diferenciável em 0 **19** f não é diferenciável em 1

21 (a) Não é diferenciável em (a,b); (b) não é diferenciável em (a,b); (c) não é definida em $[a,b]$ (d) descontínua em a; (e) não contínua em $[a,b]$ **25** $c = \dfrac{3}{2}$ **27** $c = 1 \pm \dfrac{2}{3}\sqrt{3}$

29 $c = \dfrac{4}{9}$ **31** Conclusão: O teorema do valor médio pode ser deduzido do teorema de Rolle.

33 $c = \dfrac{a+b}{2}$

Conjunto de problemas 2 pág. 155

1 $v = 3t^2 + 4t, a = 6t + 4$ **3** $v = 10t + \dfrac{2}{\sqrt{4t-3}}, a = 10 - \dfrac{4}{(\sqrt{4t-3})^3}$ **5** $v = \dfrac{25}{4}t^{3/2} + t^{1/2}, a = \dfrac{75}{8}t^{1/2} + \dfrac{1}{2}t^{-1/2}$ **7** (No. 1) $v = 7$ m/s, $a = 10$ m/s²; (No. 3) $v = 12$ m/s, $a = 6$ m/s²; (No. 5) $v = \dfrac{29}{4}$ km/h, $a = \dfrac{79}{8}$ km/h²   **9** $f'(x) = 15x^2 + 4$, $f''(x) = 30x$ **11** $f'(t) = 35t^4 - 46t + 1, f''(t) = 140t^3 - 46$ **13** $G'(x) = 6x^5$, $G''(x) = 30x^4$ **15** $g'(t) = \dfrac{7}{2}t^{5/2} - 5, g''(t) = \dfrac{35}{4}t^{3/2}$ **17** $f'(x) = 2x + 3x^{-4}, f''(x) = 2 - 12x^{-5}$ **19** $f'(u) = 4(2-u)^{-2}, f''(u) = 8(2-u)^{-3}$ **21** $f'(t) = t(t^2+1)^{-1/2}$, $f''(t) = (t^2+1)^{-3/2}$ **23** $F'(r) = 1 - r^{-1/2}, F''(r) = \dfrac{1}{2}r^{-3/2}$ **25** 0   **27** $\dfrac{736}{3}$

29 (a) $x(x^2-1)^{-1/2}$; (b) $-(x^2-1)^{-3/2}$; (c) $3x(x^2-1)^{-5/2}$ **31** $\dfrac{11}{3}$ **33** (a) Quando $t = 2$; (b) a nunca é 0; (c) a nunca é 0   **35** $\dfrac{d^2s}{dt^2} = a = \dfrac{dv}{dt} = \dfrac{ds}{dt}\dfrac{dv}{ds} = v\dfrac{dv}{ds}$

37 $(-1)^n n! x^{-(n+1)}$ **39** $-\operatorname{sen} x$

Conjunto de problemas 3 pág. 165

1 Crescente: $(-\infty, -2]$ e $[2, \infty)$ decrescente: $[-2,2]$ **3** Crescente: $(-\infty, 0)$ e $[\sqrt[3]{6}, \infty)$, decrescente: $(0, \sqrt[3]{6}]$ **5** Crescente: $[4, \infty)$, decrescente: $(0,4]$ **7** Crescente: $[0,4)$, decrescente: $(-\infty, 0]$ e $[4, \infty)$ **9** Concavidade para baixo: $\left(-\infty, \dfrac{1}{12}\right)$, ponto de inflexão: $\left(\dfrac{1}{12}, \dfrac{611}{432}\right)$; concavidade para cima: $\left(\dfrac{1}{12}, \infty\right)$ **11** Concavidade para cima em $(-\infty, \infty)$, sem ponto de inflexão   **13** Concavidade para baixo em $(-\infty, 0)$ e $(0, \infty)$, sem ponto de inflexão

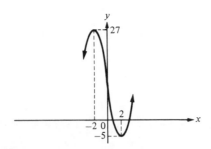

Figura, problema 1

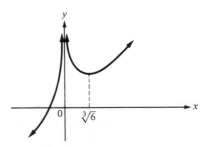

Figura, problema 3

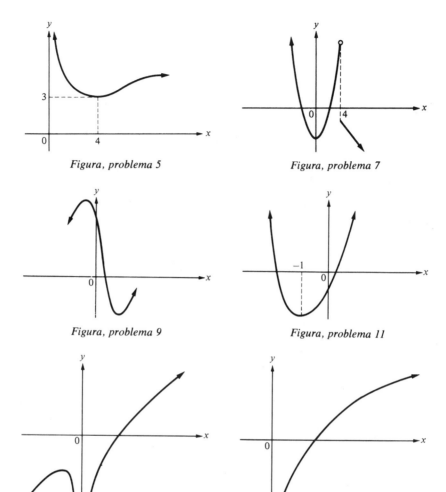

Figura, problema 5

Figura, problema 7

Figura, problema 9

Figura, problema 11

Figura, problema 13

Figura, problema 15

15 Concavidade sempre para baixo para $x > 0$

17 (a) (i) crescente em $[a,b]$ e $[c,d]$, (ii) decrescente em $[b,c]$ e $[d,e]$, (iii) nunca a concavidade é para cima, (iv) nunca a concavidade é para baixo, (v) não possui pontos de inflexão; (b) (i) crescente em $[b, c], [c, d]$ e $[d, e]$, (ii) não decrescente em nenhum dos subintervalos dados, (iii) concavidade para cima em (c,d), (iv) concavidade para baixo em (a,b), (b,c), e (d,e), (v) pontos de inflexão em $(c, f(c))$ e $(d, f(d))$; (c) (i) crescente em $[a,b]$ e $[d,e]$, (ii) decrescente em $[b,c]$; (iii) concavidade para cima em (c,d), (iv) concavidade para baixo em (a,b), (b,c) e (d,e), (v) pontos de inflexão em $(c, f(c))$ e $(d, f(d))$; (d) (i) crescente $[c,e]$, (ii) decrescente em $[a,b]$ e $[b,c]$, (iii) concavidade para cima em (b, c) e (c, d), (iv) concavidade para baixo em (a,b) e (d,e), (v) pontos de inflexão em $(b, f(b))$ e $(d, f(d))$.

19 (a) crescente em $(-\infty, 1]$ e $[3, \infty)$; (b) decrescente em $[1, 3]$; (c) concavidade para cima em $(2, \infty)$; (d) concavidade para baixo em $(-\infty, 2)$; (e) ponto de inflexão em $(2, 3)$.

21 (a) crescente em $[0, \infty)$; (b) decrescente em $(-\infty, 0]$; (c) concavidade para cima em $(-\infty, \infty)$; (d) A concavidade nunca é para baixo; (e) sem pontos de inflexão.

23 (a) crescente em $(-\infty, -\sqrt{6}]$ e $[0, \sqrt{6}]$; (b) decrescente em $[-\sqrt{6}, 0]$ e $[\sqrt{6}, \infty]$; (c) concavidade para cima em $(-\sqrt{2}, \sqrt{2})$; (d) concavidade para baixo em $(-\infty, -\sqrt{2})$ e $(\sqrt{2}, \infty)$; (e) pontos de inflexão em $(-\sqrt{2}, 20)$ e $(\sqrt{2}, 20)$.

25 (a) Crescente em $(-\infty, -1]$ e $[1, \infty)$; (b) decrescente em $[-1, 0)$ e $(0, 1]$; (c) concavidade para cima em $(0,\infty)$; (d) concavidade para baixo em $(-\infty, 0)$; (e) sem pontos de inflexão.

27 (a) Crescente em $\left[0, \frac{6}{5}\right]$; (b) decrescente em $(-\infty, 0]$; e $\left[\frac{6}{5}, \infty\right)$;

(c) concavidade para cima em $\left(-\infty, -\frac{3}{5}\right)$; (d) concavidade para baixo em $\left(-\frac{3}{5}, 0\right)$

e $(0, \infty)$; (e) ponto de inflexão em $\left(-\frac{3}{5}, \frac{18}{5}\sqrt[3]{\frac{9}{25}}\right)$

29 (a) Crescente em $[2, \infty)$; (b) decrescente em $(-\infty, 2]$; (c) a concavidade nunca é para cima; (d) concavidade para baixo em $(-\infty, 2)$ e $(2, \infty)$; (e) sem pontos de inflexão.

31 (a) Crescente em $[-1, 1]$; (b) decrescente em $(-\infty, -1]$ e $[1, \infty)$; (c) concavidade para cima em $(-\sqrt{3}, 0)$ e $(\sqrt{3}, \infty)$; (d) concavidade para baixo em $(-\infty, -\sqrt{3})$ e $(0, \sqrt{3})$; (e) pontos de inflexão em $\left(-\sqrt{3}, -\frac{\sqrt{3}}{2}\right)$,

$(0, 0)$ e $\left(\sqrt{3}, \frac{\sqrt{3}}{2}\right)$ **37** (a) Sim; (b) Não; (c) Sim

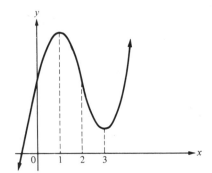

Figura, problema 19

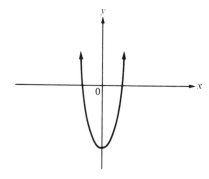

Figura, problema 21

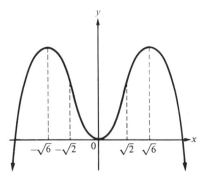

Figura, problema 23

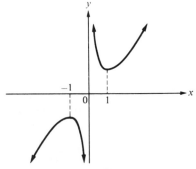

Figura, problema 25

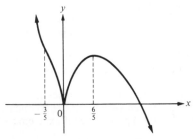

Figura, problema 27

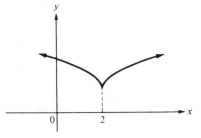

Figura, problema 29

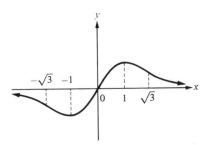

Figura, problema 31

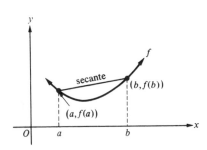

Figura, problema 41

Conjunto de problemas 4 pág. 175

1 (a) número crítico em 3; (b) máximo relativo em 3

3 (a) números críticos em $-\frac{1}{3}$ e 1; (b) máximo relativo em $-\frac{1}{3}$, mínimo relativo em 1.

5 (a) mínimo crítico em 1; (b) mínimo relativo em 1.

7 (a) Número crítico em 0 e 1; (b) máximo relativo em 1.

9 (a) número crítico em 1; (b) máximo relativo em 1

11 (a) número crítico em $\frac{5}{2}$; (b) $f''\left(\frac{5}{2}\right) = 2 > 0$; portanto, máximo relativo em $\frac{5}{2}$

13 (a) Números críticos em $-1 \pm \sqrt{2}$; (b) $f''(-1 - \sqrt{2}) = -6\sqrt{2} < 0$; portanto, máximo relativo em $-1, -\sqrt{2}$. $f''(-1 + \sqrt{2}) = 6\sqrt{2} > 0$; portanto, mínimo relativo em $-1 + \sqrt{2}$.

15 (a) Número crítico em 1; (b) $f''(1) = 2 > 0$; portanto mínimo relativo em 1.

17 (a) Números críticos $\pm \sqrt[4]{5}$; (b) $f''(\pm \sqrt[4]{5}) = 8 > 0$; portanto mínimos relativos em $\pm \sqrt[4]{5}$.

19 Máximo relativo em 1; mínimo relativo em 2   21 $a = -3, b = 5$ 23 $p = 12; q = 3$

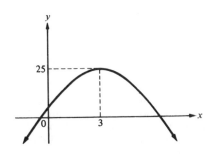

Figura, problema 1

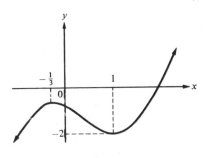

Figura, problema 3

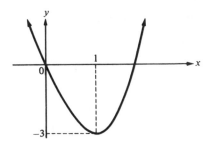

Figura, problema 5

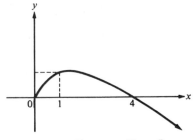

Figura, problema 7

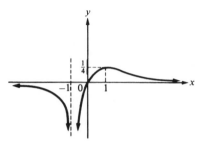

Figura, problema 9

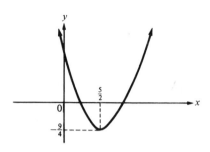

Figura, problema 11

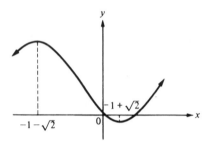

Figura, problema 13

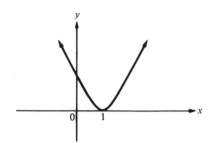

Figura, problema 15

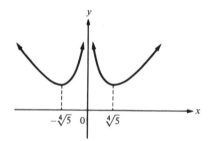

Figura, problema 17

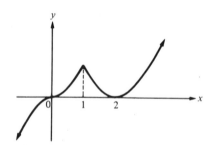

Figura, problema 19

Conjunto de problemas 5 pág. 180

1 Máximo absoluto de 2 em -1, mínimo absoluto de -4 em 2.
3 Máximo absoluto de 4 em 1, mínimo absoluto de 0 em -1.
5 Máximo absoluto de 2 em 0, mínimo absoluto de 0 em -2 e 2.
7 Máximo absoluto de 15 em 5, mínimo absoluto de -4 em -6.
9 Sem máximo e mínimo absoluto
11 Máximo absoluto de $5^{2/3}$ em 3, mínimo absoluto de 0 em -2.
13 Decrescente em $(-\infty, 2]$ e $[1, \infty)$, crescente em $[-2, 1]$; (b) concavidade para cima em $\left(-\infty, -\frac{1}{2}\right)$, concavidade para baixo em $\left(-\frac{1}{2}, \infty\right)$; (c) máximo relativo em 1, mínimo relativo em -2; (d) sem extremos absolutos; (e) ponto de inflexão em $\left(-\frac{1}{2}, \frac{7}{2}\right)$

15 (a) Crescente em $\left[-\frac{\sqrt{2}}{2}, 0\right]$ e $\left[\frac{\sqrt{2}}{2}, \infty\right)$, decrescente em $\left(-\infty, -\frac{\sqrt{2}}{2}\right]$ e $\left[0, \frac{\sqrt{2}}{2}\right]$; (b) concavidade para cima em $\left(-\infty, -\frac{\sqrt{6}}{6}\right)$ e $\left(\frac{\sqrt{6}}{6}, \infty\right)$,

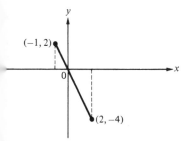
Figura, problema 1

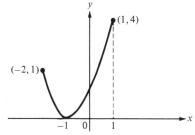
Figura, problema 3

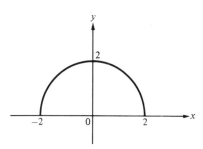
Figura, problema 5

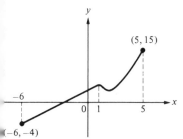
Figura, problema 7

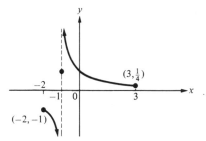
Figura, problema 9

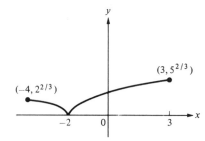
Figura, problema 11

concavidade para baixo em $\left(-\dfrac{\sqrt{6}}{6}, \dfrac{\sqrt{6}}{6}\right)$; (c) mínimo relativo em $\pm\dfrac{\sqrt{2}}{2}$, máximo relativo em 0; (d) sem máximo absoluto, mínimo absoluto de $\dfrac{7}{4}$ em $\pm\dfrac{\sqrt{2}}{2}$;

(e) pontos de inflexão em $\left(-\dfrac{\sqrt{6}}{6}, \dfrac{67}{36}\right)$ e $\left(\dfrac{\sqrt{6}}{6}, \dfrac{67}{36}\right)$

17 (a) Crescente em $(-\infty, 0]$ e $[4, \infty)$, decrescente em $[0, 4]$; (b) concavidade para cima em $(3, \infty)$, concavidade para baixo em $(-\infty, 3)$; (c) máximo relativo em 0, mínimo relativo em 4; (d) sem extremo absoluto; (e) ponto de inflexão em $(3, -648)$.

19 (a) Crescente em $[-3, 3]$, decrescente em $(-\infty, -3]$ e $[3, \infty)$; (b) concavidade para baixo em $(-\infty, -\sqrt{27})$ e $(0, \sqrt{27})$, concavidade para cima em $(-\sqrt{27}, 0)$ e $(\sqrt{27}, \infty)$; (c) máximo relativo em 3, mínimo relativo em -3; (d) máximo absoluto de $\dfrac{1}{2}$ em 3, mínimo absoluto de $-\dfrac{1}{2}$ em -3; (e) pontos de inflexão em $\left(-\sqrt{27}, -\dfrac{\sqrt{27}}{12}\right)$, $(0, 0)$, e $\left(\sqrt{27}, \dfrac{\sqrt{27}}{12}\right)$

21 (a) Crescente em $[-3, -1]$ e $[1, \infty)$, decrescente em $(-\infty, -3]$ e $[-1, 1]$; (b) concavidade para cima em $\left(-\infty, \dfrac{-3 - 2\sqrt{3}}{3}\right)$ e $\left(\dfrac{-3 + 2\sqrt{3}}{3}, \infty\right)$, concavidade para baixo em $\left(\dfrac{-3 - 2\sqrt{3}}{3}, \dfrac{-3 + 2\sqrt{3}}{3}\right)$; (c) máximo relativo em -1, mínimo relativo em -3 e 1; (d) mínimo absoluto de 0 em -3 e 1, sem máximo absoluto; (e) pontos de inflexão $\left(\dfrac{-3 - 2\sqrt{3}}{3}, \dfrac{64}{9}\right)$ e $\left(\dfrac{-3 + 2\sqrt{3}}{3}, \dfrac{64}{9}\right)$

23 (a) Decrescente em $(-\infty, 1]$, crescente em $[1, \infty)$; (b) concavidade para baixo em $(-\infty, 1)$ e $(1, \infty)$; (c) mínimo relativo em 1; (d) mínimo absoluto de 2 em 1, sem máximo absoluto; (e) sem pontos de inflexão.

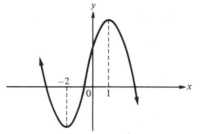
Figura, problema 13

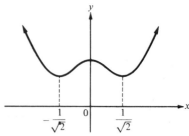
Figura, problema 15

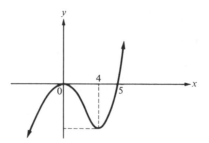
Figura, problema 17

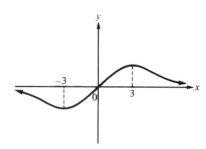
Figura, problema 19

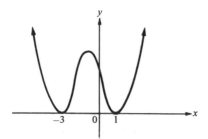
Figura, problema 21

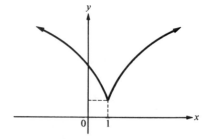
Figura, problema 23

25 (a) Crescente em $[-1, -\sqrt{2}, -1+\sqrt{2}]$, decrescente em $(-\infty, -1-\sqrt{2}]$ e $[-1+\sqrt{2}, \infty)$; (b) concavidade para cima em $(-3, -\sqrt{3})$ e $(\sqrt{3}, \infty)$ concavidade para baixo em $(-\infty, -3)$ e $(-\sqrt{3}, \sqrt{3})$; (c) máximo relativo em $-1+\sqrt{2}$, mínimo relativo em $-1-\sqrt{2}$; (d) máximo absoluto de $\dfrac{\sqrt{2}}{4+2\sqrt{2}}$ em $-1+\sqrt{2}$, mínimo absoluto de $-\dfrac{\sqrt{2}}{4+2\sqrt{2}}$ em $-1-\sqrt{2}$;

(e) pontos de inflexão em $(-3, -1)$, $\left(-\sqrt{3}, \dfrac{1-\sqrt{3}}{8-4\sqrt{3}}\right)$, e $\left(\sqrt{3}, \dfrac{1+\sqrt{3}}{8+4\sqrt{3}}\right)$

27 (a) Decrescente em $\left(-\infty, \dfrac{1}{2}\right)$, crescente em $\left[\dfrac{1}{2}, \dfrac{2}{3}\right)$ e $\left(\dfrac{2}{3}, \infty\right)$; (b) concavidade para cima em $\left(-\infty, \dfrac{2}{3}\right)$ e $(1, \infty)$, concavidade para baixo em $\left(\dfrac{2}{3}, 1\right)$;

(c) mínimo relativo em $\dfrac{1}{2}$; (d) sem extremos absolutos; (e) ponto de inflexão em $(1, 0)$

29 (a) Crescente em $(-\infty, -1]$ e $\left[-\dfrac{1}{7}, \infty\right)$, decrescente em $\left[-1, -\dfrac{1}{7}\right]$; (b) concavidade para cima em $((-2 - 3\sqrt{2})/14, 0)$ e $((-2 + 3\sqrt{2})/14, \infty)$, concavidade para baixo em $(-\infty, (-2 - 3\sqrt{2})/14)$ e $(0, (-2 + 3\sqrt{2})/14)$;

(c) máximo relativo em -1, mínimo relativo em $-\dfrac{1}{7}$; (d) sem extremos absolutos; (e) pontos de inflexão em $((-2 - 3\sqrt{2})/14, f((-2 - 3\sqrt{2})/14)) \approx (-0{,}45, -0{,}23)$, $(0,0)$ e $((-2 + 3\sqrt{2})/14, f((-2 + 3\sqrt{2})/14)) \approx (0{,}16, 0{,}73)$

31 (a) Decrescente em $(-\infty, 0]$, crescente em $[0, \infty)$; (b) concavidade para cima em $(-\sqrt{14}, \sqrt{14})$, concavidade para baixo em $(-\infty, -\sqrt{14})$ e $(\sqrt{14}, \infty)$; (c) mínimo relativo em 0; (d) mínimo absoluto de $\dfrac{1}{2}$ em 0; (e) pontos de inflexão em $(-\sqrt{14}, f(-\sqrt{14})) \approx (-3{,}74, 3{,}54)$ e $(\sqrt{14}, f(\sqrt{14})) \approx (3{,}74, 3{,}54)$

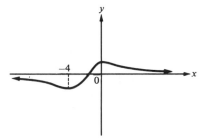

Figura, problema 25

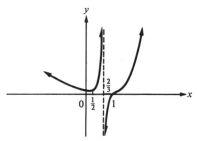

Figura, problema 27

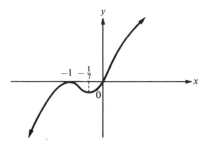

Figura, problema 29

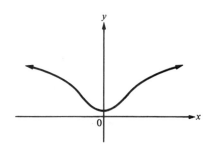

Figura, problema 31

Conjunto de problemas 6 pág. 185

1 10 por 10   **3** 12 por 12   **5** 375 por 375   **7** 300 por 450   **9** 20   **11** 5 por 10   **13** 20   **15** $h = 10\sqrt[3]{\dfrac{18}{\pi}}, r = \dfrac{h}{\sqrt{2}}$ **17** $h = \dfrac{8}{\sqrt{3}}, r = \dfrac{h}{2}$ **19** $h = 16, r = 4\sqrt{2}$

Conjunto de problemas 7 pág. 192

1 $|\overline{PT}| = \dfrac{9}{4}$ km   **3** $\dfrac{3}{4}$ km   **5** $\dfrac{100}{\sqrt{13}}$ km   **7** $m = 1$ **9** $15\sqrt{2}$ metros   **11** $\dfrac{16.000 P}{9\sqrt{3}\, EI}$ **13** (a) 80; (b) $x = 30$ **15** 200 tons   **17** 30   **19** 4   **21** 5 anos

Conjunto de problemas 8 pág. 198

1 $-\dfrac{9x}{4y}$ **3** $\dfrac{y^2 - 2xy - 2x}{x^2 - 2xy}$ **5** $\dfrac{3y - 2x}{2y - 3x}$ **7** $-\sqrt[3]{\dfrac{y}{x}}$ **9** $-\dfrac{8x^3 y\sqrt{xy} + y}{2x^4 \sqrt{xy} + x}$

11 $-\dfrac{2y\sqrt{x}+y\sqrt{y}}{2x\sqrt{y}+x\sqrt{x}}$ **13** $-\dfrac{2(1+y)\sqrt{1+x}+y\sqrt{1+y}}{2(1+x)\sqrt{1+y}+x\sqrt{1+x}}$ **15** $\dfrac{\sqrt{x+y}+\sqrt{x-y}}{\sqrt{x+y}-\sqrt{x-y}}$

17 $\dfrac{y}{x}$ **19** $\dfrac{y}{x}$ **21** $y=-\dfrac{1}{2}x+4$ e $y=2x-1$ **23** $y=-x+5$ e $y=x+1$

27 $-\dfrac{32x}{y^5}$ **29** $\dfrac{-5x}{6x+5y}$ **31** $\dfrac{2y-1}{2x}$ **33** $y=\dfrac{5x-6}{4}$ **35** $y=\dfrac{-x+\sqrt{x^2+4x}}{2}$

e $y=\dfrac{-x-\sqrt{x^2+4x}}{2}$ **37** $y=\dfrac{x+1}{2-3x}$ **39** $y=\sqrt[4]{x}$ e $y=-\sqrt[4]{x}$

41 $y=1+\sqrt[3]{3x+2}$ **43** Todo ponto do gráfico de f está no gráfico se $\dfrac{x^2}{16}+\dfrac{y^2}{9}=1$

45 (a) $\dfrac{-3x}{4\sqrt{16-x^2}}$; (b) $\dfrac{3x}{4\sqrt{16-x^2}}$; (c) $-\dfrac{9x}{16y}$ **47** Coef. angular $=-2$ **49** $\dfrac{-rh}{2r^2+h^2}$

Conjunto de problemas 9 pág. 203

1 $-\dfrac{3}{4\pi}\approx-0,24$ **3** $-0,01224\pi\approx-0,038$ **5** (a) $-12,000$ cm³/min;

(b) -2400 cm²/min **7** $\dfrac{1350}{\sqrt{2089}}\approx29,54$ mph **9** (a) $\dfrac{18}{11}$ m/s; (b) $\dfrac{40}{11}$ m/s

11 $(0,7)\sqrt{3}\approx1,21$ m/s **13** $-(4\pi)^{-1/3}(1,2)^{-2/3}(0,17)\approx-0,06$ m/min **15** $\dfrac{5}{8}$ cm/min

17 $-\dfrac{268}{1750\pi}\approx-0,049$ m/min **19** 480 cm³/min **21** $\dfrac{1}{18\pi}\approx0,02$ m/min

23 $\dfrac{8}{5\pi}\approx0,51$ cm/min **25** $\dfrac{1}{0,93}\approx1,08$ graus C/min **27** $\dfrac{100}{3}$ cm³/s

29 $\dfrac{3}{400}\approx\$0,01$ /alqueire/dia **31** $\dfrac{3613}{9100}\approx0,397$ cm

Conjunto de problemas de revisão pág. 205

1 (a) $f(1,7)<0, f(1,8)>0$; (b) $f(1)<0, f(2)>0$; (c) $f(0)>0, f(1)<0$ (a raiz

entre 0 e 2 está entre 0 e 1) **3** (a) $c=\dfrac{9}{4}$; (b) $c=1$; (c) $c=\dfrac{4}{3}$; (d) $c=$

$4(\sqrt{2}-1)$; (e) $c=\sqrt{2}, c=\dfrac{1}{2}$ **5** (a) $c=-3$; (b) $c=\dfrac{1}{\sqrt{3}}$; (c) $c=0$; (d) $c=$

$\dfrac{27-\sqrt{579}}{6}\approx0,49$; (e) $c=-\dfrac{2}{\sqrt{3}}\approx-1,1$ **7** $\sqrt{1}-\sqrt{x}=\dfrac{1}{2\sqrt{c}}(1-x), 0<x<c<1$

11 (a) -16; (b) 31; (c) -7; (d) -10; (e) 132; (f) $-\dfrac{127}{128}$

15 (a) $f'(x)=3x|x|, f''(x)=6|x|$; (b) $f'(x)=3x^2$ se $x\leqslant1$ e $f'(x)=3$ se $x>1$; $f''(x)$
$=6x$ se $x<1$, $f''(x)=0$ se $x>1$, $f''(1)$ não existe

17 (a) crescente em $(-\infty,-2]$ e $[0,\infty)$, decrescente em $[-2,0]$; (b) crescente

em $(-\infty,-3]$ e $[-1,\infty)$, decrescente em $[-3,-1]$; (c) crescente em $\left(-\infty,\dfrac{4}{7}\right]$

e $[4,\infty)$, decrescente em $\left[\dfrac{4}{7},4\right]$; (d) crescente em $\left(-\infty,-\sqrt[4]{\dfrac{4}{3}}\right]$ e $\left[\sqrt[4]{\dfrac{4}{3}},\infty\right)$,

decrescente em $\left[-\sqrt[4]{\dfrac{4}{3}},0\right)$ e $\left(0,\sqrt[4]{\dfrac{4}{3}}\right]$; (e) crescente em $(-\infty,0]$ e em $(0,\infty)$; (f) decrescente

em $(-\infty,0)$, $[0,1]$, e $(2,\infty)$, crescente em $[1,2]$ **19** (a) $v=12t-6t^2, a=12-12t$;

(b) $v = 24t^2 - 96t + 72$, $a = 48t - 96$; (c) $v = 128t - 64t^3$, $a = 128 - 192t^2$

23 Concavidade para baixo em $(-\infty, 2)$, concavidade para cima em $(2, \infty)$.

25 Concavidade para baixo em $(-\infty, -3)$ e $(0, 3)$ concavidade para cima em $(-3, 0)$ e $(3, \infty)$.

27 Concavidade para cima em $\left(-\infty, \dfrac{1}{3}\right)$, concavidade para baixo em $\left(\dfrac{1}{3}, 1\right)$ e $(1, \infty)$.

29 (a) $\left(\dfrac{2}{3}, \dfrac{167}{27}\right)$; (b) $(-1, -5)$ e $(1, 5)$; (c) $\left(-\dfrac{2}{3}, \dfrac{23}{27}\right)$; (d) $(-3, 18)$;

(e) $\left(-\dfrac{1}{\sqrt{3}}, \dfrac{3}{4}\right)$ e $\left(\dfrac{1}{\sqrt{3}}, \dfrac{3}{4}\right)$; (f) $\left(6, \dfrac{4}{27}\right)$;

(g) $\left(-2 - \sqrt{3}, (-1 - \sqrt{3})/(8 + 4\sqrt{3})\right)$, $\left(-2 + \sqrt{3}, (-1 + \sqrt{3})/(8 - 4\sqrt{3})\right)$, e $(1, 1)$

35 (a) 1 e 2; (b) máximo relativo em 1, mínimo relativo em 2.

37 (a) 1 e 2; (b) mínimo relativo em -2

39 (a) 0; (b) máximo relativo em 0

41 (a) 0; (b) mínimo relativo em 0

43 Máximo absoluto de 5 em 1 e 4, mínimo absoluto de 1 em 0 e 3.

45 Mínimo absoluto de -8 em -1, máximo absoluto de 1 em 2

47 Sem extremos absolutos

49 Decrescente em $\left(-\infty, \dfrac{3}{2}\right)$, crescente em $\left[\dfrac{3}{2}, \infty\right)$; (b) Concavidade para cima em $(-\infty, 0)$ e $(1, \infty)$, concavidade para baixo em $(0, 1)$; (c) mínimo absoluto de $-\dfrac{11}{16}$ em $\dfrac{3}{2}$; (d) pontos de inflexão em $(0, 1)$ e $(1, 0)$

51 (a) Decrescente em $\left(-\infty, -\sqrt{\dfrac{2}{3}}\right]$ e $\left[\sqrt{\dfrac{2}{3}}, \infty\right)$, crescente em $\left[-\sqrt{\dfrac{2}{3}}, \sqrt{\dfrac{2}{3}}\right]$;

(b) concavidade para cima em $(-\infty, 0)$ concavidade para baixo em $(0, \infty)$;

(c) mínimo relativo em $-\sqrt{\dfrac{2}{3}}$, máximo relativo em $\sqrt{\dfrac{2}{3}}$; (d) ponto de inflexão em $(0, 5)$.

53 (a) Decrescente em $(-\infty, -1 - \sqrt{2}]$ e $[-1 + \sqrt{2}, \infty)$, crescente em $[-1 - \sqrt{2}, -1 + \sqrt{2}]$; (b) concavidade para cima em $(-2 - \sqrt{3}, -2 + \sqrt{3})$ e $(1, \infty)$ concavidade para baixo em $(-\infty, -2 - \sqrt{3})$ e $(-2 + \sqrt{3}, 1)$; (c) mínimo relativo em $-1 - \sqrt{2}$, máximo relativo em $-1 + \sqrt{2}$;

(d) pontos de inflexão $\left(-2 - \sqrt{3}, (-1 - \sqrt{3})/(8 + 4\sqrt{3})\right)$,

$\left(-2 + \sqrt{3}, (-1 + \sqrt{3})/(8 - 4\sqrt{3})\right)$, e $(1, 1)$ **59** 3 unidades   **63** $\dfrac{h}{r} = 2$ **65** $\dfrac{8}{3}$ e $\dfrac{4}{3}$

69 (a) Um quadrado $5\sqrt{2}$ por $5\sqrt{2}$; (b) base $r\sqrt{2}$, altura $\dfrac{r}{\sqrt{2}}$; (c) um quadrado 5 por 5; (d) base 6, altura 8

71 (a) 2; (b) $\dfrac{5}{2}$; (c) 0; (d) 5   **73** $\dfrac{32\pi a^3}{81}$ **75** $|\overline{BC}| = \dfrac{5}{4}$ km   **77** $\dfrac{2\pi a^3}{9\sqrt{3}}$

81 $D_x y = -\dfrac{3x^2}{2y^2}$, $D_x^2 y = -\dfrac{3x}{2y^5}$ **83** $D_x y = \dfrac{1}{12y^2}\left(\dfrac{4}{\sqrt{x+1}} - 5x\right)$,

$D_x^2 y = -\dfrac{1}{72y^5}\left(\dfrac{4}{\sqrt{x+1}} - 5x\right)^2 - \dfrac{1}{12y^2}\left[\dfrac{2}{(x+1)^{3/2}} + 5\right]$ **85** Tangente: $2x + 5y = 16$,

normal: $5x - 2y = 11$ **87** Tangente: $y + 2x = 6$, normal: $2y - x = 2$ **89** (a) $-\dfrac{4}{\sqrt{15}}$;

(b) -3 **91** $\dfrac{268}{5}$ mph   **93** $\dfrac{49}{\sqrt{274}}$ m/s

Capítulo 4

Conjunto de problemas 1 pág. 217

1 $x^2 + (y - 2)^2 = 9$ **3** $(x - 3)^2 + (y - 4)^2 = 25$ **5** $(x - 1)^2 + y^2 = 16$

P-20

7 $(h,k) = (-1,2)$, $r = 3$ **9** $(h,k) = (-1,-2)$, $r = 1$ **11** $(h,k) = \left(-1,\dfrac{1}{2}\right)$, $r = 1$

13 $(h,k) = \left(-\dfrac{1}{2},\dfrac{1}{2}\right)$, $r = \dfrac{1}{2}$ **15** $(x-2)^2 + (y-10)^2 = 106$ **17** $(x+4)^2 + y^2 = 17$

e $(x-4)^2 + y^2 = 17$ **19** $(x-1)^2 + (y+7)^2 = 49$ **21** $(x-5)^2 + (y-4)^2 = 4$ e
$(x-1)^2 + (y-4)^2 = 4$ **23** (a) $(1,-2)$; (b) $(-1,-1)$; (c) $(4,-5)$; (d) $(-2,-4)$;

(e) $(6,3)$; (f) $(7,-2)$ **25** (a) $(3,-2)$; (b) $(6,0)$; (c) $(0,2)$; (d) $(3+\sqrt{2},-4)$;

(e) $(3,-2+\pi)$; (f) $(0,0)$ **27** $h = -\dfrac{7}{6}$, $k = \dfrac{5}{6}$ **29** Tangente: $x - 2y = 8$, normal:

$2x + y = 1$ **31** Tangente: $y = 2$, normal: $x = 3$ **33** (a) $(x+2)^2 + (y-4)^2 = 20$

35 Simétrico em relação à origem e qualquer linha reta por O

37 Sim, a distância entre os centros é menor que a soma dos raios.

Conjunto de problemas 2 pág. 224

	a	b	Focos	Vértices
1	4	2	$(-2\sqrt{2},0), (2\sqrt{2},0)$	$(-4,0), (4,0), (0,2), (0,-2)$
3	4	2	$(0,-2\sqrt{2}), (0,2\sqrt{2})$	$(-2,0), (2,0), (0,4), (0,-4)$
5	4	1	$(-\sqrt{15},0), (\sqrt{15},0)$	$(-4,0), (4,0), (0,1), (0,-1)$
7	$\dfrac{2}{3}$	$\dfrac{1}{3}$	$\left(-\dfrac{1}{\sqrt{3}},0\right), \left(\dfrac{1}{\sqrt{3}},0\right)$	$\left(-\dfrac{2}{3},0\right), \left(\dfrac{2}{3},0\right), \left(0,\dfrac{1}{3}\right), \left(0,-\dfrac{1}{3}\right)$

9 $\dfrac{x^2}{25} + \dfrac{y^2}{9} = 1$ **11** $\dfrac{x^2}{36} + \dfrac{y^2}{64} = 1$ **13** $\dfrac{x^2}{16} + \dfrac{7y^2}{64} = 1$

	Centros	Vértices	Focos
15	$(1,-2)$	$(-2,-2), (4,-2), (1,0), (1,-4)$	$(1-\sqrt{5},-2), (1+\sqrt{5},-2)$
17	$(-3,0)$	$(-3,-6), (-3,6), (-6,0), (0,0)$	$(-3,-3\sqrt{3}), (-3,3\sqrt{3})$
19	$(-3,0)$	$(-3-\sqrt{2},0), (-3+\sqrt{2},0),$ $(-3,1), (-3,-1)$	$(-4,0), (-2,0)$
21	$(-5,3)$	$(-5-\sqrt{10},3), (-5+\sqrt{10},3),$ $(-5,5), (-5,1)$	$(-5-\sqrt{6},3), (-5+\sqrt{6},3)$

23 $h = -1$, $k = 1$ **25** $h = 2$, $k = 3$ **27** $\dfrac{(x+2)^2}{25} + \dfrac{(y-1)^2}{16} = 1$

29 $\dfrac{(x-1)^2}{4} + \dfrac{(y+2)^2}{9} = 1$ **31** Tangente: $4y + x = 25$, normal: $4x - y = 32$

33 Tangente: $x + 6y = 15$, normal: $6x - y = 16$ **35** $\left(x_0\left(1 - \dfrac{b^2}{a^2}\right),0\right)$ **37** (b) $\dfrac{9}{2}$ unidades

41 $\dfrac{x^2}{16} + \dfrac{y^2}{7} = 1$ **43** $2ab$ **45** $l = 2a + 2c = 60 + 40\sqrt{2}$, $2c = 40\sqrt{2}$

47 $\dfrac{x^2}{50^2} + \dfrac{y^2}{25^2} = 1$ **51** Tende a um círculo de raio p com centro $(0,p)$.

Conjunto de problemas 3 pág. 232

1 Vértice $(0,0)$, foco $(1,0)$, diretriz $x = -1$, latus rectum 4   **3** Vértice $(0,0)$, foco $\left(0,\dfrac{1}{4}\right)$, diretriz $y = -\dfrac{1}{4}$, latus rectum 1   **5** Vértice $(0,0)$, foco $\left(0,-\dfrac{9}{4}\right)$, diretriz $y = \dfrac{9}{4}$,

latus rectum 9   **7** $y = \dfrac{1}{12}x^2$

	Vértice	Foco	Diretriz	Latus Rectum
9	$(-3,2)$	$(-1,2)$	$x = -5$	8
11	$(4,-7)$	$(4,-4)$	$y = -10$	12
13	$(-3,4)$	$\left(-\dfrac{3}{2},4\right)$	$x = -\dfrac{9}{2}$	6
15	$(3,-1)$	$(3,1)$	$y = -3$	8

17 $(y - 2)^2 = -4(x - 5)$ **19** $(y + 5)^2 = 32(x + 6)$ **21** $(y + 1)^2 = 8\left(x + \dfrac{1}{2}\right)$

23 $\bar{x} = x + \dfrac{1}{2}, \bar{y} = y + 1, \bar{y}^2 = 8\bar{x}$ **25** $\bar{x} = x + 2, \bar{y} = y - 3, \bar{x}^2 = 5\bar{y}^2$ **27** Tangente:

$x + y = -2$, normal: $x - y = 6$ **29** Tangente: $y - x = 3$, normal: $x + y = -9$

31 Tangente: $x = \dfrac{9}{2}$, normal: $y = 1$ **33** $(1,5)$ **35** $(-1,5)$ **37** Altura: 8 unidades,

base: 4 unidades   **39** Fora do centro, comprimentos 4, 10, 28, 58 metros.

41 (a) $f(a) = \dfrac{a^2}{4p} + 2p$; (b) $\lim\limits_{a \to 0} f(a) = 2p$ **43** $-\dfrac{6}{\sqrt{2}}$ unid./s

47 Duas parábolas quaisquer são semelhantes se a "maior" pode ser obtida da "menor" por uma extrapolação

Conjunto de problemas 4 pág. 239

	Vértices	Focos	Assíntotas
1	$(-3,0), (3,0)$	$(-\sqrt{13},0), (\sqrt{13},0)$	$y = \pm\dfrac{2}{3}x$
3	$(0,-4), (0,4)$	$(0,-2\sqrt{5}), (0,2\sqrt{5})$	$y = \pm 2x$
5	$(-4,0), (4,0)$	$(-2\sqrt{5},0), (2\sqrt{5},0)$	$y = \pm\dfrac{1}{2}x$
7	$(0,-\sqrt{10}), (0,\sqrt{10})$	$(0,-\sqrt{46}), (0,\sqrt{46})$	$y = \pm\dfrac{\sqrt{10}}{6}x$
9	$\dfrac{x^2}{16} - \dfrac{y^2}{20} = 1$ **11** $\dfrac{x^2}{16} - \dfrac{y^2}{25} = 1$		

	Centros	Vértices	Focos	Assíntotas
13	$(1,-2)$	$(-2,-2), (4,-2)$	$(1 + \sqrt{13}, -2),$ $(1 - \sqrt{13}, -2)$	$y + 2 = \pm\dfrac{2}{3}(x - 1)$
15	$(-2,-1)$	$(-2,3), (-2,-5)$	$(-2, -1 + \sqrt{41}),$ $(-2, -1 - \sqrt{41})$	$y + 1 = \pm\dfrac{4}{5}(x + 2)$
17	$(2,-1)$	$(0,-1), (4,-1)$	$(2 - \sqrt{5}, -1),$ $(2 + \sqrt{5}, -1)$	$y + 1 = \pm\dfrac{1}{2}(x - 2)$
19	$(-4,-2)$	$(-4,1), (-4,-5)$	$(-4, -2 + \sqrt{34}),$ $(-4, -2 - \sqrt{34})$	$y + 2 = \pm\dfrac{3}{5}(x + 4)$

21 (a) $\dfrac{(x-4)^2}{1} - \dfrac{(y+1)^2}{8} = 1$; (b) $\dfrac{(x+2)^2}{4} - \dfrac{4(y-3)^2}{9} = 1$;

(c) $\dfrac{(y-3)^2}{25} - \dfrac{(x-2)^2}{11} = 1$ **23** Tangente: $4y + 5x = -9$, normal: $5y - 4x = 40$

25 Tangente: $y = -2x$, normal: $y = \dfrac{1}{2}x$ **27** (a) $\dfrac{4x^2}{3} - \dfrac{y^2}{3} = 1$;

(b) $\dfrac{(y-2)^2}{3} - \dfrac{4\left(x - \dfrac{1}{2}\right)^2}{3} = 1$; (c) $\dfrac{(x+1)^2}{9} - \dfrac{(y-4)^2}{9} = 1$ **29** $\bar{x} = x + 3, \bar{y} = y - 1$

31 $\bar{x} = x - 2, \bar{y} = y + 1$ **33** 8 unid/s   **35** $\dfrac{3\sqrt{10}}{2}$ unidades   **37** $\lim\limits_{x_0 \to +\infty} m = \dfrac{b}{a}$

39 $\dfrac{x^2}{a^2} - \dfrac{y^2}{a^2} = 1$ **41** Tende para a interseção das assíntotas

Conjunto de problemas 5 pág. 247

1 $\dfrac{(x-2)^2}{9} + \dfrac{y^2}{5} = 1$ **3** $8(x+2) = y^2$ **5** $\dfrac{(x+4)^2}{4} - \dfrac{y^2}{12} = 1$ **7** $e = \dfrac{5}{3}, D_1 : x =$

$-\dfrac{9}{5}, D_2 : x = \dfrac{9}{5}$ **9** $e = \dfrac{\sqrt{7}}{3}, D_1 : x = -\dfrac{9}{\sqrt{7}}, D_2 : x = \dfrac{9}{\sqrt{7}}$ **11** $e = \dfrac{4}{5}, D_1 : y = -\dfrac{25}{2}$,

$D_2 : y = \dfrac{25}{2}$ **13** $e = 2\sqrt{\dfrac{2}{5}}, D_1 : x = -\dfrac{5\sqrt{2}}{4}, D_2 : x = \dfrac{5\sqrt{2}}{4}$ **15** $e = 1, D : y = -4$

17 (a) $(3,2)$; (b) $(3 + 4\sqrt{3}, 2), (3 - 4\sqrt{3}, 2), (3,4), (3,0)$; (c) $D_1 : x = 3 + \dfrac{24}{\sqrt{11}}, D_2 : x =$

$3 - \dfrac{24}{\sqrt{11}}$; (d) $\dfrac{1}{2}\sqrt{\dfrac{11}{3}}$ **19** (a) $\dfrac{1}{2}$; (b) $2b = a\sqrt{3}, \dfrac{a^2}{c} = 2a$ **23** $D_1 : y = k - \dfrac{a^2}{c}, D_2 : y =$

$k + \dfrac{a^2}{c}$, onde $c = \sqrt{a^2 - b^2}$ **25** $D_1 : x = -\dfrac{a^2 - k}{\sqrt{a^2 - b^2}}, D_2 : x = \dfrac{a^2 - k}{\sqrt{a^2 - b^2}}$

27 A elipse "diminui" e torna-se mais circular.

Conjunto de problemas de revisão pág. 248

1 $(x-2)^2 + (y-1)^2 = 41$ **3** $(x-4)^2 + (y-3)^2 = 25$ **5** $(x-7)^2 + y^2 = 65$

7 $(x-13)^2 + (y+13)^2 = 169$ ou $(x-73)^2 + (y+73)^2 = 5329$

9 $x^2 + y^2 - x + 3y - 10 = 0$ **11** (a) Tangente: $4y + 3x + 25 = 0$, normal: $3y - 4x = 0$;

(b) tangente: $x = 7$, normal: $y = 1$ **13** $\dfrac{x^2}{25} + \dfrac{y^2}{16} = 1$ **15** $\dfrac{x^2}{16} + \dfrac{y^2}{64} = 1$

17 $\dfrac{(x-5)^2}{25} + \dfrac{y^2}{9} = 1$

	Centros	Vértices	Focos	e	Diretrizes
19	$(0,0)$	$(0, 2\sqrt{3}), (0, -2\sqrt{3}),$ $(2\sqrt{2}, 0), (-2\sqrt{2}, 0)$	$(0,2), (0,-2)$	$\dfrac{\sqrt{3}}{3}$	$y = \pm 6$
21	$(-1,1)$	$(4,1), (-6,1),$ $(-1,4), (-1,-2)$	$(3,1), (-5,1)$	$\dfrac{4}{5}$	$x = -1 \pm \dfrac{25}{4}$
23	$(-4,6)$	$(-4,12), (-4,0),$ $(-8,6), (0,6)$	$(-4, 6 \pm 2\sqrt{5})$	$\dfrac{\sqrt{5}}{3}$	$y = \dfrac{30 \pm 18\sqrt{5}}{5}$

25 $\left(3, \dfrac{16}{3}\right)$ e $\left(-3, -\dfrac{16}{3}\right)$ **27** (a) $x = \bar{x} + 1,\ y = \bar{y} - 2,\ \dfrac{\bar{x}^2}{4} + \dfrac{\bar{y}^2}{64} = 1$; (b) $x = \bar{x} - 2$,

$y = \bar{y} + 3,\ \dfrac{\bar{x}^2}{36} + \dfrac{\bar{y}^2}{81} = 1$ **29** $30\sqrt{2}$ ft   **31** $\dfrac{(x-2)^2}{16} - \dfrac{(y-3)^2}{9} = 1$ **33** $\dfrac{y^2}{36} - \dfrac{x^2}{108} = 1$

	Centros	Vértices	Focos	e	Assíntotas
35	$(0,0)$	$(6\sqrt{2},0),\ (-6\sqrt{2},0)$	$(4\sqrt{5},0),\ (-4\sqrt{5},0)$	$\dfrac{\sqrt{10}}{3}$	$y = \pm\dfrac{1}{3}x$
37	$(-2,3)$	$(2,3),\ (-6,3)$	$(-2+2\sqrt{5},3),$ $(-2-2\sqrt{5},3)$	$\dfrac{\sqrt{5}}{2}$	$y - 3 = \pm\dfrac{1}{2}(x+2)$
39	$(1,3)$	$\left(1,\dfrac{7}{2}\right),\ \left(1,\dfrac{5}{2}\right)$	$\left(1,-3-\dfrac{\sqrt{5}}{2}\right),$ $\left(1,-3+\dfrac{\sqrt{5}}{2}\right)$	$\sqrt{5}$	$y - 3 = \pm\dfrac{1}{2}(x-1)$

41 Tangente: $8y - 3x + 1 = 0$, normal: $3y + 8x - 27 = 0$ **43** $-\dfrac{9}{4}$ unid/s

45 $y^2 = -18x$ **47** $y - 3 = \dfrac{1}{2}(x-2)^2$ **49** $x^2 + y^2 = 10x$ **51** $8\sqrt{3}$ por 4

53 $(2,4)$ **55** $20, \dfrac{190}{9}, \dfrac{220}{9}, 30, \dfrac{340}{9}, \dfrac{430}{9}, 60$

Capítulo 5

Conjunto de problemas 1 pág. 255

1 (a) $0{,}63$; (b) $0{,}6$; (c) $0{,}03$ **3** (a) $-1{,}92$; (b) $-1{,}6$; (c) $-0{,}32$ **5** (a) $0{,}18$; (b) $\dfrac{1}{6}$;

(c) $0{,}015$ **7** $(-4 + 3x^2)\,dx$ **9** $\dfrac{-3x}{\sqrt{9 - 3x^2}}\,dx$ **11** $3(x+3)^{-3/2}(x-3)^{1/2}\,dx$

13 $\dfrac{-9x^2 - 4x + 21}{2\sqrt{3x+1}(x^2+7)^2}\,dx$ **15** $10{,}05$ **17** $2{,}03$ **19** $0{,}31$ **21** $0{,}2025$

23 $x\,dx + y\,dy = 0$ **25** $9x\,dx - 16y\,dy = 0$ **27** $x^{-2/3}\,dx + y^{-2/3}\,dy = 0$

29 $(6x^2 - 4y^2 + y)\,dx + (15y^2 - 8xy + x)\,dy = 0$

31 $[9x^2(x+y)^{2/3} - 1]\,dx + [9y^2(x+y)^{2/3} - 1]\,dy = 0$ **33** $10{,}6$ cm³   **35** 6 cm³

37 $0{,}21$ m³   **39** $4{,}41$ cm³   **41** -4%

Conjunto de problemas 2 pág. 263

1 $g'(x) = 12x^2 - 6x + 1 = f(x)$ **3** $x^3 - 2x^2 - 5x + C$

5 $\dfrac{x^4}{2} - \dfrac{4x^3}{3} - \dfrac{5x^2}{2} + 6x + C$ **7** $\dfrac{x^3}{3} + \dfrac{x^2}{2} + x + C$ **9** $\dfrac{t^3}{3} + \dfrac{3t^2}{2} - \dfrac{1}{t} + C$

11 $\dfrac{50}{7}x^{7/2} - 2x^{1/2} + C$ **13** $\dfrac{2}{3}x^{3/2} - 2x + 2x^{1/2} + C$ **15** $\dfrac{(4x+3)^5}{20} + C$

17 $\dfrac{(4x^2+15)^{3/2}}{12} + C$ **19** $\dfrac{3}{20}(5s^2 + 16)^{2/3} + C$ **21** $-\dfrac{1}{4}(1 - x^{3/2})^{8/3} + C$

23 $\dfrac{-1}{72(4x^3+1)^6} + C$ **25** $\dfrac{4}{15}(5t^3 + 3t - 2)^{5/4} + C$ **27** $\dfrac{-2}{9\sqrt{6x^3 - 9x + 1}} + C$

29 $\dfrac{1}{22}\left(x + \dfrac{5}{x}\right)^{22} + C$ **31** $\dfrac{2}{5}(5-x)^{5/2} - \dfrac{10}{3}(5-x)^{3/2} + C$

33 $\dfrac{2}{3}(t+1)^{3/2} - 2(t+1)^{1/2} + C$ **35** $\dfrac{3}{2}(2-x)^{4/3} - 12(2-x)^{1/3} + C$

37 $\dfrac{1}{42}(3x^2+5)^{7/3} - \dfrac{5}{24}(3x^2+5)^{4/3} + C$

39 $\dfrac{2}{5}(t+4)^{5/2} - \dfrac{16}{3}(t+4)^{3/2} + 32(t+4)^{1/2} + C$

41 $\dfrac{2}{125}\left[\dfrac{1}{7}(5x-1)^{7/2} + \dfrac{2}{5}(5x-1)^{5/2} + \dfrac{1}{3}(5x-1)^{3/2}\right] + C$

43 Faça $f(x) = g(x) = x$. **45** $f(x) = \dfrac{2x}{1+x}$

Conjunto de problemas 3 pág. 271

1 $y = x^5 + x^3 + x + C$ **3** $y = -\dfrac{6}{x} + 5x^3 + 10x + C$ **5** $y = \dfrac{2\sqrt{7}}{5}x^{5/2} + C$

7 $y = 5x - \dfrac{3}{2}x^2 + 4$ **9** $y = \dfrac{t^4}{4} - \dfrac{1}{t} - \dfrac{7}{2}$ **11** $y = \dfrac{(x^2-3)^5}{10} + C$

13 $y = \dfrac{2}{3}\sqrt{x^3+7} + C$ **15** $y = \dfrac{-1}{\sqrt{2x+1} + C}$ **17** $15(y^4+7)^{2/3} = 4x^2 + C$

19 $20x - 4x^{5/2} = 5y^2 - 812$ **21** $W = \dfrac{-3(1-t^{1/3})^4 - 1}{4}$ **23** $y =$

$\dfrac{x^4}{4} + \dfrac{x^3}{3} + \dfrac{x^2}{2} + C_1 x + C_2$ **25** $y = \dfrac{9}{448}(4x+5)^{7/3} + C_1 x + C_2$ **27** $y =$

$\dfrac{1}{15}x^6 + \dfrac{3}{2}x^2 + C_1 x + C_2$ **29** $y = C_1 x + C_2$ **31** $y = x^3 + \dfrac{x^2}{2} + 3x + 2$

33 $y = x^2 + 2x - 3$ **35** $y = \dfrac{25}{4}x^4 + 10x^3 + 6x^2 - 68x + \dfrac{191}{4}$ **37** $W = \dfrac{5s^2}{2}$

39 $y = \dfrac{kx^3}{6} + C_1 x + C_2$ **41** 19 m **43** (a) 4,96 s; (b) 158,68 m **45** (a) 2,83 s;

(b) 80,62 m/s **47** $v_0 \geq 5 + 16\sqrt{5} \approx 40{,}78$ m/s

Conjunto de problemas 4 pág. 280

1 $f(x) = x - \dfrac{3}{2}x^2 + \dfrac{13}{2}$ **3** $f(x) = \dfrac{2x}{2+x}$ **5** 24 m-kg **7** $\dfrac{32}{3}\sqrt{2}$ ergs

9 500 m-kg **11** 20.000 ergs **13** 2400 cm-kg **15** $\dfrac{\gamma M}{b(a+b)}$ **17** (a) $C =$

$12x - 16\sqrt{x} + 160$; (b) $P = 9x + 16\sqrt{x} - 160$ **19** \$3300 **21** (a) $R = 13x - \dfrac{x^2}{80}$;

(b) $P = 9{,}5x - \dfrac{x^2}{80} - 100$; (c) \$8,25/mês **23** Quando s é negativo, F puxa *para cima*.

25 $V = \dfrac{ks^2}{2}$ **27** $v = -b\sqrt{\dfrac{k}{m}}$ **29** $v = \pm\sqrt{\dfrac{2}{ms}}$ **31** $s = \left(125 + \dfrac{3}{2}\sqrt{\dfrac{2}{m}}\,t\right)^{2/3}$,

$\lim\limits_{t \to +\infty} v = 0$ **33** $W = \dfrac{1}{r} - \dfrac{1}{10}$

Conjunto de problemas 5 pág. 285

1 8 **3** 4 **5** 4 **7** $\dfrac{16}{3}$ **9** $\dfrac{9}{2}$ **11** 6.75 **13** $\dfrac{125}{6}$ **15** $8\sqrt{3}$ **17** $\dfrac{1}{3}$

19 $8\sqrt{6}$

Conjunto de problemas 6 pág. 292

1 $\dfrac{25}{2}$ **3** $\dfrac{\pi}{2}$ **5** 4 **7** $\displaystyle\int_0^3 (3x - x^2)\,dx$ **9** $-\displaystyle\int_0^{3/2}(2x-3)\,dx$

11 $\displaystyle\int_{-\sqrt2}^{\sqrt2}(2-x^2)\,dx$ **13** $2\left[\displaystyle\int_{\sqrt3}^4\left(\dfrac13 x^3 - x\right)dx - \int_0^{\sqrt3}\left(\dfrac13 x^3 - x\right)dx\right]$ **15** 6

17 $\dfrac{128}{3}$ **19** $\sqrt5 - \sqrt2$ **21** $\dfrac43$ **23** $\dfrac92$ **25** $\dfrac{33}{5}$ **27** $\dfrac{17}{2}$ **29** $\dfrac32$ **31** 8

33 $\dfrac{95}{4}$ **35** $\dfrac73$ **37** 6 **39** $\dfrac{27}{4}$

Conjunto de problemas de revisão pág. 293

1 $\Delta y = 0{,}0401,\ dy = 0{,}04,\ \Delta y - dy = 0{,}0001$ **3** $\Delta y = 0{,}242408,\ dy = 0{,}24,$

$\Delta y - dy = 0{,}002408$ **5** $dy = (3x^2 - 1)\,dx$ **7** $dy = \dfrac{2x^2 + 2x - 10}{(2x+1)^2}\,dx$

9 $\dfrac{dy}{dx} = \dfrac{y - x^3}{y^3 - x}$ **11** 200 m^2 **13** $3x^2\,\Delta x$ unidades cúbicas **15** $2{,}0125$

17 $\dfrac{3x^5}{5} + \dfrac{4x^3}{3} + 11x + C$ **19** $\dfrac97 t^{7/3} + C$ **21** $\dfrac{7}{24}(3t+9)^{8/7} + C$

23 $\dfrac{(x^3+8)^{18}}{54} + C$ **25** $\dfrac{5}{32}(x^8 + 13)^{4/5} + C$ **27** $\dfrac25(7+x)^{5/2} - \dfrac{14}{3}(7+x)^{3/2} + C$

29 $\dfrac{2}{15}(x^3+1)^{5/2} - \dfrac29(x^3+1)^{3/2} + C$ **31** $x^3 - 7x^2 + 8x + C$ **33** $2x^{1/2} + \dfrac23 x^{3/2} + C$

35 $\dfrac43(1 + \sqrt x)^{3/2} + C$ **37** $\dfrac{(1-x)^{-2}}{6} + C_1 x + C_2$ **39** $\dfrac32 x^{2/3} - \dfrac32$

41 $\dfrac{1}{33}[(1+x^3)^{11} + 65]$ **43** $\dfrac{1}{2x} + \dfrac32 x$ **45** $\dfrac13(x^2 + 5)^{3/2} - 3$

47 $\dfrac{x|x|}{2} + (x-1)\dfrac{|x-1|}{2} + (x-2)\dfrac{|x-2|}{2} + \dfrac72$ **49** 1000 cm-kg **51** $3{|}08$ m/s²

53 (a) 2 s; (b) 160 m/s **55** 83.437,5 cm-kg **57** $\dfrac{\gamma Mm}{ab}$ dinas **59** (a) $R =$

$5x - \dfrac{x^2}{50.000}$; (b) $C = 3x + 200$; (c) 125.000; (d) 50.000; (e) \$4 **61** $\dfrac76$ **63** $\dfrac23$

65 26 **67** -12 **69** 10 **71** $b - a$ **73** $\dfrac{\pi}{2}$ **75** $-\displaystyle\int_{-3}^{-2}(1+x)^{-1}\,dx$

77 $\displaystyle\int_{-2}^0 \dfrac{-2x}{1-x}\,dx$ **79** -4 **81** $\dfrac{16 - 6\sqrt3}{9}$ **83** $-\dfrac{32}{5}$

Capítulo 6

Conjunto de problemas 1 pág. 303

1 48 **3** 287 **5** $\dfrac56$ **7** $\dfrac{17}{21}$ **9** 2700 **11** $\dfrac{5^{101} - 5}{4}$ **13** $\dfrac{n(n+1)(n+2)}{3}$

15 $\dfrac{(n-1)n(2n-1)}{6}$ **17** $\dfrac{(n-1)n(2n-1)}{6}$ **25** (a) $\dfrac13 - \dfrac{2999}{6.000.000} \le A \le \dfrac13 + \dfrac{3001}{6.000.000}$;

(b) $\dfrac13 - \dfrac{29.999}{600.000.000} \le A \le \dfrac13 + \dfrac{30.001}{600.000.000}$

Conjunto de problemas 2 pág. 310

1 $\dfrac{75}{4}$ **3** $\dfrac{3776}{3465}$ **5** Existe **7** Existe **9** Não existe **11** Existe **13** 9

15 15 **17** $\dfrac{11}{6}$ **19** 8 **21** 7

Conjunto de problemas 3 pág. 320

1 $63 + 9\pi$ **3** $(1 + \sqrt{2} - \sqrt{3})(0,25)$ **5** 20   **7** 35   **9** $\dfrac{41}{216}$ **11** 12

13 $\dfrac{88}{3}$ **15** 2   **17** Sim   **19** Assegura   **25** 8   **27** 6

29 $\dfrac{A}{3}(b^2 + ab + a^2) + \dfrac{B}{2}(b + a) + C$ **31** $\dfrac{\sqrt{3}}{3}$ **33** $\dfrac{a+b}{2}$ **35** $\dfrac{29}{14}$ **39** $-\dfrac{3}{2}$

41 0   **43** $\dfrac{1}{2}(b^2 - a^2)$ **45** $\dfrac{1}{3}(b^3 - a^3)$

Conjunto de problemas 4 pág. 327

1 $x^2 + 1$ **3** $\dfrac{1}{1 + x^2}$ **5** $|x|$ **7** $\sqrt{x^2 + 4}$ **9** $-(x^{10} + 3)^{25}$ **11** 0

13 $3(135x^3 + 1)^7$ **15** $8(8x - 1)^{15}$ **17** $\sqrt{-x + 2}$

19 $6x\sqrt[4]{(3x^2 + 2)^4 + 17} - \sqrt[4]{x^4 + 17}$ **23** $\dfrac{23}{2}$ **25** 36   **27** $\dfrac{83}{15}$ **29** $\dfrac{16}{5}$

31 $\dfrac{5}{64}$ **33** $\dfrac{4}{3}\sqrt{2}$ **35** $4 - \sqrt{5}$ **37** $\dfrac{1}{4}(9^{4/3} - 1)$ **39** $\dfrac{50}{3}$ **41** $4\sqrt{3}$ **43** $\dfrac{8}{3}$

45 $\dfrac{376}{15}$ **49** 8   **51** $\dfrac{13}{6}$ **53** $x^2 + 7$ **55** $g(x) = \begin{cases} x - \dfrac{x^3}{3} + \dfrac{2}{3} & \text{se } x \leq 0 \\ x + \dfrac{x^3}{3} + \dfrac{2}{3} & \text{se } x > 0 \end{cases}$

57 $g(x) = \begin{cases} -3x - 3 & \text{se } -3 \leq x < -2 \\ -2x - 1 & \text{se } -2 \leq x < -1 \\ -x & \text{se } -1 \leq x < 0 \\ 0 & \text{se } 0 \leq x < 1 \\ x - 1 & \text{se } 1 \leq x < 2 \\ 2x - 3 & \text{se } 2 \leq x \leq 3 \end{cases}$ **61** (a) $c = 5\sqrt[3]{4}$; (b) $c = \dfrac{19}{2}$; (c) $c = \dfrac{8}{5}$

63 Cr$ 1860,00

Conjunto de problemas 5 pág. 337

1 0,783   **3** 1,107   **5** 0,925   **7** 2,050   **9** 0,448   **11** $\dfrac{1}{96}$ **13** Cada

trapezóide está contido na região abaixo da curva.   **15** 1,567   **17** 0,909
19 4,671   **21** 3,653   **23** $n = 4$ **25** 3,08

Conjunto de problemas 6 pág. 343

1 $\dfrac{4}{3}$ **3** $\dfrac{1}{2}$ **5** 8   **7** $\dfrac{3}{2}$ **9** $\dfrac{11}{12}$ **11** (b) $\left(-\dfrac{1}{2}, \dfrac{1}{4}\right)$ e $\left(\dfrac{5}{2}, \dfrac{25}{4}\right)$; (c) $\dfrac{9}{2}$

13 (b) $(2, -8)$ e $(-2, -8)$; (c) $\dfrac{32}{3}$ **15** (b) $(0,0)$ e $(2,2)$; (c) $\dfrac{4}{3}$ **17** (b) $(4,4)$ e

$(1,1)$; (c) $\dfrac{9}{2}$ **19** (b) $\left(-\dfrac{3}{2}, \dfrac{1}{2}\right)$ e $(3, -1)$; (c) $\dfrac{27}{8}$ **21** (b) $(-1, -1)$, $(0,0)$, e $(1,1)$;

(c) 1   **23** (b) $(-1,1)$, $(0,0)$, e $(1,1)$; (c) $\dfrac{4}{15}$ **25** (b) $(2,2)$ e $(2, -2)$; (c) $\dfrac{64}{3}$

27 (b) $(-1, -1)$, $(0,0)$, e $(1,1)$; (c) $\dfrac{1}{6}$ **29** 15   **31** $\dfrac{49}{12}$ **33** $\dfrac{323}{12}, \dfrac{35}{12}$

35 $\dfrac{344}{6}, \dfrac{130}{3}$ **37** $\dfrac{77}{4}, \dfrac{73}{12}$ **39** $\dfrac{7}{2}$

Conjunto de problemas de revisão pág. 344

1 90   **3** $\dfrac{163}{60}$ **5** $\dfrac{n(n+1)(4n-1)}{6}$ **7** $2(3^{n+1}-1)$ **9** 1.001.000   **11** $\dfrac{n}{n+1}$

13 $\dfrac{21}{64}$ **15** $\dfrac{21}{2}$ **17** Existe   **19** Não existe   **21** Não existe   **23** 24

25 24   **29** -30 **31** 8   **33** -14 **39** (a) 2; (b) 2; (c) $\dfrac{1}{n+1}$ se n é par, 0 se n

é ímpar   **41** $(4x+1)^{300}$ **43** $(8x^{17}+5x^2-13)^{40}$ **45** $-\dfrac{x^2}{\sqrt{x^4+8}}$ **47** 0

49 $\dfrac{2x^5}{1+x^4}$ **51** $[(5t^2+t)^5+1]^{17}(10t+1)-4[(4t+3)^5+1]^{17}$ **53** (a) $\dfrac{16}{3}$; (b) $\dfrac{1}{6}$

55 2   **57** 9   **59** $\dfrac{4}{3}\sqrt{2}$ **61** $\dfrac{2}{5}$ **63** 9   **65** $\dfrac{16}{3}$ **67** Falso   **69** Falso

71 Verdade   **73** Falso   **75** 7,012   **77** 68,268   **79** 3,307   **81** 5,892

83 (b) $(0,0)$ e $(2,2)$; (c) 1   **85** (b) $\left(\dfrac{3}{\sqrt{2}},\dfrac{9}{2}\right)$ e $\left(-\dfrac{3}{\sqrt{2}},\dfrac{9}{2}\right)$; (c) $18\sqrt{2}$

87 (b) $(3,18)$ e $(-1,2)$; (c) $\dfrac{32}{3}$ **89** (b) $(1,-1)$ e $\left(-\dfrac{11}{4},\dfrac{3}{2}\right)$; (c) $\dfrac{125}{48}$

91 (b) $(0,4)$ e $(4,-12)$; (c) $\dfrac{32}{3}$ **93** (b) $(3,3)$, $(-3,-3)$, e $(3,-3)$; (c) 30   **95** $\dfrac{81}{2}$

Capítulo 7

Conjunto de problemas 1 pág. 357

1 $\dfrac{2196}{5}\pi$ centímetros cúbicos   **3** $\dfrac{80\pi}{3}$ unidades cúbicas   **5** $\dfrac{20\pi}{3}$ unidades cúbicas

7 $\dfrac{96}{5}\pi$ unidades cúbicas   **9** $\dfrac{64}{5}\pi$ unidades cúbicas   **11** $\dfrac{384\pi}{7}$ unidades cúbicas

13 $\dfrac{64}{15}\pi$ unidades cúbicas   **15** $\dfrac{\pi}{6}$ unidades cúbicas   **17** $\dfrac{99}{2}\pi$ unidades cúbicas

19 $\dfrac{64}{5}\pi$ unidades cúbicas   **21** $\dfrac{1024}{15}\pi$ unidades cúbicas   **23** $\dfrac{29}{30}\pi$ unidades cúbicas

25 $\dfrac{27}{2}\pi$ unidades cúbicas   **27** $\dfrac{288}{5}\pi$ unidades cúbicas   **29** 24π unidades cúbicas

31 8π unidades cúbicas   **33** $\dfrac{768}{5}\pi$ unidades cúbicas

Conjunto de problemas 2 pág. 361

1 $\dfrac{11}{10}\pi$ **3** $\dfrac{38\pi}{3}$ **5** $\dfrac{13.122}{7}\pi$ **7** $\dfrac{8192}{5}\pi$ **9** 8π **11** $\dfrac{29}{30}\pi$ **13** $\dfrac{4}{3}\pi a^3$

15 $\dfrac{16}{3}\pi$ **17** $\dfrac{\pi h}{3}(b-a)(b+2a)$ **19** $\dfrac{512}{3}\pi$

Conjunto de problemas 3 pág. 367

1 $144\,\text{cm}^3$.   **3** $10\sqrt{3}\,\text{cm}^3$.   **5** $\dfrac{\pi}{6}(y_2^3-y_1^3)$ **7** (a) $135\,\text{m}^3$; (b) $\dfrac{325}{6}\,\text{m}^3$ **9** $\dfrac{16}{3}\,\text{m}^3$

11 $\dfrac{4347}{5120}\pi$ **13** $64\sqrt{3}$ **15** $\pi h^2\left(r-\dfrac{h}{3}\right)$ **17** $\dfrac{4}{3}a^3$ **19** $\dfrac{\sqrt{2}}{3}l^3$ **21** 280

Conjunto de problemas 4 pág. 376

1 $\dfrac{1}{27}(40^{3/2}-8)$ **3** $a\sqrt{1+m^2}$ **5** $\dfrac{53}{6}$ **7** $\dfrac{14}{3}$ **9** $\dfrac{59}{24}$ **11** 1,13   **13** 7,08

15 $\displaystyle\int_a^b \sqrt{[f'(t)]^2 + [g'(t)]^2}\, dt$ **17** $\pi r(r + \sqrt{h^2 + r^2})$ **19** $39\pi\sqrt{10}$ **21** $\dfrac{\pi}{27}(145^{3/2} - 1)$

23 $\dfrac{11\pi}{128}$ **25** $\dfrac{\pi}{96}(577^{3/2} - 1)$ **27** $\dfrac{1179}{256}\pi$ **29** $24,06$ **31** (a) $\sqrt[3]{36n\pi}$; (b) $+\infty$

Conjunto de problemas 5 pág. 381

1 (a) $y = \dfrac{1}{40.000}(x - 400)^2$; (b) \$266,67; (c) \$266,67 **3** $y = \dfrac{15.000 - x}{100}$; \$312,50

5 4.320 **7** $33,63$ tons **9** $0,00075$ cm³/s

Conjunto de problemas 6 pág. 386

1 $\dfrac{225}{4}$ cm × kg **3** (a) 5096 dinas; (b) 509.600 ergs **5** Sim a força é constante.

7 20.898π kg-metros **9** $2,77088 \times 10^5$ joules **11** $81.868,8$ m × kg **13** $1,99$ m × kg

15 $428,47$ kg-metros **17** (a) $26.400.000$ m × kg; (b) $94.285.714$ m × kg **19** $\dfrac{\sqrt{5}}{2}$ m

21 $14,88$ kg **23** $6739,2$ kg **25** 540.000 kg **27** $148.262,4$ kg **29** $135.181,64$ kg

Conjunto de problemas de revisão pág. 388

1 $\dfrac{96\pi}{5}$ **3** $\dfrac{16}{15}\pi$ **5** $\dfrac{160}{3}\pi$ **7** $\dfrac{2816}{15}\pi$ **9** $126\pi^2$ cm³ **13** $144\pi\sqrt{3}$

15 (b) $\dfrac{\pi b^2 a}{2}$; (c) $\dfrac{\pi b^2 a}{2}$ **17** $\dfrac{\pi B^2 A}{2}$; O cilindro tem o dobro do volume **19** $\dfrac{8}{3}$

21 $\dfrac{338}{15}$ ft³ **23** $2\sqrt{3}\,a^3$ **25** $\dfrac{686}{3}$ **27** $\dfrac{8}{27}\left(\dfrac{13}{8}\sqrt{13} - 1\right)$ **29** $\dfrac{2}{3}(5\sqrt{5} - 1)$

31 $|x_1 - x_0|\sqrt{m^2 + 1}$ **33** $\dfrac{5}{27}(17\sqrt{85} - 16\sqrt{10})$ **35** $\dfrac{2}{9}(10\sqrt{10} - 3\sqrt{3})$ **37** $3,35$

39 $1,48$ **41** $\displaystyle\lim_{h \to a^-} 4\int_0^h \sqrt{1 + \dfrac{b^2 x^2}{a^2(a^2 - x^2)}}\, dx$ **43** $\dfrac{\pi}{2}(125 - 13\sqrt{13})$

45 $\dfrac{10\pi}{27}(73\sqrt{730} - \sqrt{10})$ **47** $\dfrac{\pi}{9}(82\sqrt{82} - 1)$ **49** $\dfrac{8\pi}{3}(5\sqrt{5} - 1)$

51 $\dfrac{\pi}{6}(37\sqrt{37} - 1)$ **53** \$2,14 **55** Cr\$13.066,67 **57** $21,55\%$

59 $62,4\pi\left(\dfrac{h^2 r^2}{2} + \dfrac{2hr^3}{3} + \dfrac{r^4}{4}\right)$ cm × kg **61** 135 kg-m **63** $3.927.363,64$ cm × kg

65 $\Delta K = -10.000$ cm × kg; $\Delta V = 10.000$ cm × kg **67** $26.956,8$ kg

Capítulo 8

Conjunto de problemas 1 pág. 396

1 $\sqrt{3}$ **3** 0 **5** (a) todos os reais exceto $\dfrac{n\pi}{2}$, $n = \pm 1, \pm 3, \pm 5, \pm 7, \ldots$; (b) nenhum

7 (a) Todos os reais exceto 0 e $n\pi$, $n = \pm 1, \pm 3, \pm 5, \pm 7, \ldots$; (b) nenhum **9** (a) Todos os reais exceto $\dfrac{n\pi}{2}$, $n = \pm 1, \pm 3, \pm 5, \pm 7, \ldots$; (b) nenhum **11** (a) Todos os reais;

(b) nenhum **13** 6 **15** $\dfrac{2}{5}$ **17** 1 **19** 1 **21** -1 **23** 2

25 $\operatorname{sen} 1° \approx 0,01745$ **27** (b) $\cos 1° \approx 0,9998$

Conjunto de problemas 2 pág. 401

1 $35 \cos 7x$ **3** $48x \cos 6x^2$ **5** $\dfrac{\cos\sqrt{x}}{2\sqrt{x}}$ **7** $12 \operatorname{sen}^3 3t \cos 3t$

9 $-\cos x \operatorname{sen}(\operatorname{sen} x)$ **11** $\dfrac{-5\operatorname{sen} 5x}{2\sqrt{\cos 5x}}$ **13** $\dfrac{\cos x + \cos 5x \cos x + 5\operatorname{sen} x \operatorname{sen} 5x}{(1 + \cos 5x)^2}$

15 $70 \sec 2t \tan 2t - 54 \csc 2t \cot 2t$ **17** $-15t^4 \csc^2 (3t^5)$

19 $\dfrac{-u \csc \sqrt{u^2 + 1} \cot \sqrt{u^2 + 1}}{\sqrt{u^2 + 1}}$ **21** $\dfrac{5 \sec 5x \tan 5x}{2\sqrt{1 + \sec 5x}}$ **23** 0

25 $52 \sec^2 13s \tan 13s$ **27** $x^2 \tan^4 2x (10x \sec^2 2x + 3 \tan 2x)$

29 $\dfrac{2 \sec 5x - 10x \sec 5x \tan 5x + 2}{(1 + \sec 5x)^2}$ **31** $\dfrac{2}{3} x + 6 \cot^2 2x \csc^2 2x$

33 $\dfrac{3 \sec^2 3t (2t \tan 3t - 1)}{t^4}$ **35** $10x \sec^2 5x^2 \cos (\tan 5x^2)$ **37** $-77 \operatorname{sen} 11x,$

$-847 \cos 11x$ **39** $-20 \sec 5x \tan 5x, -100 \sec 5x (\sec^2 5x + \tan^2 5x)$
41 $60 \tan^2 4x \sec^2 4x, 480 \tan 4x \sec^2 4x (\tan^2 4x + \sec^2 4x)$

43 $\dfrac{-\csc 3x (1 + 3x \cot 3x)}{x^2}, \dfrac{\csc 3x (9x^2 \csc^2 3x + 9x^2 \cot^2 3x + 6x \cot 3x + 2)}{x^3}$

45 $\dfrac{1}{(x + 1)^2} \cos \left(\dfrac{x}{x + 1}\right), \dfrac{-1}{(x + 1)^3} \left[\dfrac{1}{x + 1} \operatorname{sen} \left(\dfrac{x}{x + 1}\right) + 2 \cos \left(\dfrac{x}{x + 1}\right)\right]$ **47** Para $x \neq 0,$

$f'(x) = 4x^3 \operatorname{sen} \dfrac{1}{x} - x^2 \cos \dfrac{1}{x}; f'(0) = 0.$ **49** Não existe

51 $\dfrac{2 \cos (2x + y)}{1 - \cos (2x + y)}$ **53** $-\dfrac{y}{x}$ **55** $\dfrac{\operatorname{sen} x \cos x}{\operatorname{sen} y \cos y}$ **57** $\dfrac{\cos x}{9 + (\operatorname{sen} x)^2}$

59 $\sec x \tan x (1 + \sec^2 x)^{300}$

Conjunto de problemas 3 pág. 405

1 Máximo em $x = \dfrac{\pi}{4}$ e $x = \dfrac{5\pi}{4}$; mínimo em $x = \dfrac{3\pi}{4}$ e $x = \dfrac{7\pi}{4}$; concavidade para cima

em $\left(\dfrac{\pi}{2}, \pi\right)$ e $\left(\dfrac{3\pi}{2}, 2\pi\right)$; concavidade para baixo em $\left(0, \dfrac{\pi}{2}\right)$ e $\left(\pi, \dfrac{3\pi}{2}\right)$; pontos de

inflexão em $\left(\dfrac{\pi}{2}, 0\right)$, $(\pi, 0)$ e $\left(\dfrac{3\pi}{2}, 0\right)$ **3** Máximo em $x = 0, x = \pi$ e $x = 2\pi$; mínimo em

$x = \dfrac{\pi}{2}$ e $x = \dfrac{3\pi}{2}$; concavidade para cima em $\left(\dfrac{\pi}{4}, \dfrac{3\pi}{4}\right)$ e $\left(\dfrac{5\pi}{4}, \dfrac{7\pi}{4}\right)$; concavidade

para baixo em $\left(0, \dfrac{\pi}{4}\right)$ e $\left(\dfrac{3\pi}{4}, \dfrac{5\pi}{4}\right)$; pontos de inflexão em $\left(\dfrac{\pi}{4}, \dfrac{1}{3}\right), \left(\dfrac{3\pi}{4}, \dfrac{1}{3}\right), \left(\dfrac{5\pi}{4}, \dfrac{1}{3}\right),$

e $\left(\dfrac{7\pi}{4}, \dfrac{1}{3}\right)$ **5** Máximo em $x = 2\pi$; mínimo em $x = 0$; concavidade para cima em $(\pi, 2\pi)$ e

concavidade para baixo em $(0, \pi)$; ponto de inflexão em (π, π) **7** Máximo em $x = \pi$;

concavidade para cima em $\left(0, \dfrac{\pi}{2}\right)$ e $\left(\dfrac{3\pi}{2}, 2\pi\right)$; concavidade para baixo em $\left(\dfrac{\pi}{2}, \dfrac{3\pi}{2}\right)$;

sem pontos de inflexão **9** 18 cm **11** $\dfrac{c\sqrt{2}}{2},$

$\dfrac{c\sqrt{2}}{2},$ e c **13** $\dfrac{-4r\sqrt{b^2 - \dfrac{a^2}{4}}}{2a\sqrt{b^2 - \dfrac{a^2}{4}} + \sqrt{3}\, a^2}$ **15** $\dfrac{\pi}{4}$ **17** 10 ft **19** $\dfrac{2}{3}$ **21** $\dfrac{-4\sqrt{2}}{75}$

23 $\dfrac{\sqrt{3}}{3}$ radiano/ s   **25** $\dfrac{\pi}{40}$ cm²/s   **27** $\dfrac{528}{5}$ radianos/h

Conjunto de problemas 4 pág. 409

1 $-2\cos x + 3\operatorname{sen} x + C$ **3** $-\dfrac{2}{35}\cos 35x + C$ **5** $\dfrac{3}{8}\operatorname{sen}(8x-1) + C$

7 $\dfrac{-\cot 3x}{3} + C$ **9** $\dfrac{1}{11}\tan 11x + C$ **11** $\sec x + \tan x + C$ **13** $\dfrac{1}{2}\sec(2x+1) + C$

15 $-5\sec\dfrac{x}{5} + C$ **17** $\operatorname{sen}(\operatorname{sen} x) + C$ **19** $\dfrac{1}{2+\cos x} + C$ **21** $\dfrac{1}{2\cos^2 x} + C$

23 $\dfrac{-1}{4(3+2\tan x)^2} + C$ **25** $\dfrac{1}{6}\sec^2 3x + C$ **27** $\dfrac{1}{40}\sec 10x^4 + C$ **29** $\dfrac{2}{3}$ **31** $\dfrac{4}{\pi}$

33 $2(\sqrt{3}-1)$ **35** $\dfrac{2}{\pi}(3-\sqrt{3})$ **37** -2 **39** $\dfrac{1}{3}$ **41** 3 **43** $\dfrac{1}{6}$ **45** 2

47 (a) $\dfrac{\operatorname{sen}^2 x}{2} + C$; (b) $-\dfrac{1}{4}\cos 2x + C$; (c) as respostas são idênticas, pois $\operatorname{sen}^2 x = \dfrac{1-\cos 2x}{2}$

Conjunto de problemas 5 pág. 415

1 $\dfrac{\pi}{2}$ **3** $-\dfrac{\pi}{4}$ **5** $\dfrac{\pi}{2}$ **7** 0 **9** $-\dfrac{\pi}{6}$ **11** $\dfrac{3\pi}{4}$ **13** $\dfrac{2\pi}{3}$ **15** $\dfrac{2\pi}{3}$ **17** $\dfrac{\pi}{6}$

19 $\dfrac{3}{4}$ **21** $\dfrac{\pi}{4}$ **23** $\sqrt{2}$ **25** $\dfrac{\pi}{3}$ **27** $-2\sqrt{6}$ **29** (a) $\dfrac{\sqrt{5}}{3}$; (b) $\dfrac{2\sqrt{5}}{5}$;

(c) $\dfrac{\sqrt{5}}{2}$; (d) $\dfrac{3\sqrt{5}}{5}$; (e) $\dfrac{3}{2}$ **31** $\dfrac{24}{25}$ **33** $\dfrac{24}{7}$ **35** $\dfrac{3+\sqrt{105}}{16}$ **45** $\dfrac{\sqrt{2}}{2}$ **47** 1

49 Sim, $x \approx 0{,}92839486$

Conjunto de problemas 6 pág. 420

1 $\dfrac{3}{\sqrt{1-9x^2}}$ **3** $\dfrac{5}{25+x^2}$ **5** $\dfrac{3}{|t|\sqrt{t^6-1}}$ **7** $\dfrac{-2t}{t^4+6t^2+10}$ **9** $\dfrac{2}{\sqrt{9-4x^2}}$

11 $\dfrac{u}{|u|\sqrt{1-u^2}}$ **13** $\dfrac{-2}{|s|\sqrt{s^2-4}} - \dfrac{2}{s^2+4}$ **15** 0 **17** $\dfrac{-3x^2}{\sqrt{1-9x^2}} + 2x\cos^{-1}3x$

19 $\dfrac{-5}{x^2(x^2+25)} - \dfrac{2}{x^3}\tan^{-1}\dfrac{5}{x}$ **21** $\dfrac{-2x - x\sqrt{x^4+2x^2}\,\csc^{-1}(x^2+1)}{(x^2+1)^{3/2}\sqrt{x^4+2x^2}}$

23 $\dfrac{\sqrt{1-y^2}(1-\operatorname{sen}^{-1}y)}{x-\sqrt{1-y^2}}$ **25** $\dfrac{1+y^2}{1+x^2}$ **27** $\dfrac{1}{[5+(\operatorname{sen}^{-1}x)^4]\sqrt{1-x^2}}$

31 $y = \pi - 2x$ para $0 \le x \le \dfrac{\pi}{2}$; $y = 0$ para $\dfrac{\pi}{2} \le x \le \pi$; $y = 2x - 2\pi$ para $\pi \le x \le \dfrac{3\pi}{2}$; $y = 0$ para

$\dfrac{3\pi}{2} \le x \le 2\pi$ **33** $\sqrt{13{,}3438}$ metros   **35** $-\dfrac{1}{3}$ radiano/min   **37** $\dfrac{126}{169}$ radiano/s

Conjunto de problemas 7 pág. 423

1 $\operatorname{sen}^{-1}\dfrac{x}{2} + C$ **3** $\dfrac{1}{2}\operatorname{sen}^{-1}\dfrac{2x}{3} + C$ **5** $\dfrac{1}{3}\operatorname{sen}^{-1}3t + C$ **7** $\dfrac{1}{6}\tan^{-1}\dfrac{3y}{2} + C$

9 $\dfrac{1}{6}\tan^{-1}\dfrac{2}{3}x + C$ **11** $\dfrac{1}{5}\sec^{-1}\left|\dfrac{4t}{5}\right| + C$ **13** $\sec^{-1}\left|\dfrac{x}{4}\right| + C$ **15** $\dfrac{2\pi}{3}$ **17** $\dfrac{\pi\sqrt{3}}{9}$

19 $-\dfrac{\pi}{12}$ **21** $\operatorname{sen}^{-1}\left(\dfrac{\operatorname{sen} x}{6}\right) + C$ **23** $\dfrac{1}{4}\tan^{-1}\left(\dfrac{x^2}{2}\right) + C$ **25** $2\tan^{-1}\left(\operatorname{sen}\dfrac{x}{2}\right) + C$

27 $\dfrac{1}{3}(\tan^{-1}6 - \tan^{-1}2\sqrt{3})$ **29** $3\tan^{-1}2 - \dfrac{3\pi}{4}$ **31** $\dfrac{1}{b}\operatorname{sen}^{-1}\left(\dfrac{bx}{a}\right) + C$

33 $2x - \dfrac{\pi}{2}$ **35** $\dfrac{\pi^2}{4}$ unidades cúbicas

Conjunto de problemas de revisão pág. 424

1 13   **3** $\dfrac{19}{7}$ **5** $(1 + 2x)\cos(x + x^2)$ **7** $(-\operatorname{sen} t)\cos(\cos t)$

9 $[-\operatorname{sen}(x + \operatorname{sen} x)](1 + \cos x)$ **11** $-15 \cot^2(\tan 5u)\csc^2(\tan 5u)\sec^2 5u$

13 $\dfrac{3\sec^3 5x(5x \tan 5x - 1)}{x^4}$ **15** $\dfrac{17 \sec^2 17t}{2\sqrt{\tan 17t}}$ **17** $\dfrac{-3x^2}{5[\cos^{-1}(x^3 + 1)]^{4/5}\sqrt{-x^6 - 2x^3}}$

19 $\dfrac{4u^5}{1 + u^8} + 2u \tan^{-1} u^4$ **21** $\dfrac{-8x(\cot^{-1} x^2)^3}{1 + x^4}$ **23** $\dfrac{-2}{t^3(t^4 + 2t^2 + 2)} - \dfrac{4\cot^{-1}(t^2 + 1)}{t^5}$

25 $(5 + \cos^4 x)^{26}(-\operatorname{sen} x)$ **27** $\left[\dfrac{1 - (\tan^{-1} x)^2}{1 + (\tan^{-1} x)^2}\right]^{14} \cdot \dfrac{1}{1 + x^2}$

29 $\dfrac{\sqrt{1 - (x + y)^2}\cos^{-1}(x + y) - x}{x + 2y\sqrt{1 - (x + y)^2}}$ **31** $\dfrac{3x\cos(x - y) + 3\operatorname{sen}(x - y) - 2xy}{x^2 + 3x\cos(x - y)}$

33 $-\dfrac{1}{2}\cos 6x + C$ **35** $\dfrac{5}{4}(\tan x)^{4/5} + C$ **37** $\dfrac{-1}{27(\sec^3 3x + 8)^9} + C$

39 $\operatorname{sen}(\sec x) + C$ **41** $\dfrac{1}{84(7 + 3\cot 4x)^7} + C$ **43** $2\sqrt{1 + \tan x} + C$

45 $\dfrac{-1}{6(ax + b\operatorname{sen} x)^6} + C$ **47** $-\dfrac{1}{2}\tan^{-1}\left(\dfrac{\cos x}{2}\right) + C$ **49** $\dfrac{1}{2\sqrt{2}}\operatorname{sen}^{-1}\left(\dfrac{\sqrt{2}x^2}{3}\right) + C$

51 $\dfrac{1}{2}\operatorname{sen}^{-1}\left(\dfrac{\operatorname{sen} x^2}{3}\right) + C$ **53** $\dfrac{-(\cot^{-1} v)^2}{2} + C$ **55** 1   **57** $\dfrac{\pi}{20}$ **59** $-\dfrac{3\pi}{2}, -\dfrac{\pi}{2},$

$\dfrac{\pi}{2}, \dfrac{3\pi}{2}$ **61** $\dfrac{\pi}{3}$ **63** $\left(\dfrac{9}{5}, \dfrac{16}{5}\right)$ **65** $\cos^{-1}\sqrt{\dfrac{2}{3}}$ **67** $25\sqrt[3]{\dfrac{7}{25}}$ **69** $\dfrac{1}{250}$ radiano/s

71 $\dfrac{2}{65}$ radiano/s   **73** $\dfrac{0,02xy}{x^2 + y^2}$ **75** $\dfrac{\pi\cos\theta}{10}$ cm²/min

Capítulo 9

Conjunto de problemas 1 pág. 431

1 $\dfrac{8x}{4x^2 + 1}$ **3** $\dfrac{1}{x}\cos(\ln x)$ **5** $1 - 6\cot 6x$ **7** $(\operatorname{sen} t)\left(\dfrac{2t}{t^2 + 7}\right) + (\cos t)\ln(t^2 + 7)$

9 $\dfrac{1}{u\ln u}$ **11** $\ln\left(\dfrac{\sec x}{5}\right) + x\tan x$ **13** $\dfrac{5v + 4}{2v(v + 1)}$ **15** $-2\tan x$ **17** $\dfrac{1 - 2x^3}{3x(4x^3 + 1)}$

19 $\dfrac{t^3 + 5 - 3t^3 \ln t}{t(t^3 + 5)^2}$ **21** $\dfrac{2x\sec^2 x - 2\tan x \ln(\tan^2 x)}{x^3 \tan x}$ **23** $\dfrac{y}{x}$

25 $\dfrac{y^2 - y\cot x}{\ln(\operatorname{sen} x) - 2xy}$ **27** $\dfrac{\cos(\ln x)^2}{x}$ **29** $\dfrac{1}{5}\ln|7 + 5x| + C$ **31** $\ln|\operatorname{sen} x| + C$

33 $\tan(\ln 4x) + C$ **35** $2\ln(x^2 + 7) + C$ **37** $\operatorname{sen}(\ln x) + C$ **39** $\operatorname{sen}^{-1}(\ln x) + C$

41 $\ln\dfrac{1}{5} - \ln\dfrac{1}{8}$ **43** $\dfrac{1}{2}(\ln 9 - \ln 4)$ **45** $\operatorname{sen}(\ln 4)$ **47** $\ln 4$

Conjunto de problemas 2 pág. 437

1 2,3025   **3** 4,6050   **5** 0,9163   **7** $x = 4$ **9** $x = 4$

11 Domínio $(-\infty, 2)$; imagem $\mathbb{R}$: $x = 2$ é assíntota vertical; nem máximo nem mínimo; sem pontos de inflexão.

13 Domínio $(-\infty, -1)$ e $(-1, \infty)$; imagem $\mathbb{R}$; $x = -1$ é assíntota vertical; nem máximo nem mínimo; sem pontos de inflexão.

15 Domínio $(0, \infty)$; imagem $(-a, \infty)$ onde $\ln a = -1$, $a \approx 0,37$; sem assíntotas; mínimo absoluto de $-a$ em $x = a$; sem máximo; sem pontos de inflexão.

17 Domínio $(0, \infty)$; imagem $[1, \infty)$; eixo y é assíntota vertical; mínimo absoluto de 1 em $x = 1$; sem máximo; sem pontos de inflexão.

19 Reta tangente:

$$y - 4\ln 2 = (2 + 4\ln 2)(x - 2) \quad \text{e normal:} \quad y - 4\ln 2 = \frac{-1}{2 + 4\ln 2}(x - 2)$$

21 Quando $\ln x = -\dfrac{1}{2}$, tal que $x \approx 0{,}61$ **23** $\dfrac{1}{ax^2 - b}$ **25** $\ln 7 - \ln 5$ **27** $3\ln 2$

29 $\dfrac{\pi}{2}(\ln 17 - \ln 2)$ **31** $\dfrac{3\pi}{2}\ln 2$

Conjunto de problemas 3 pág. 443

1 (a) 5; (b) $\dfrac{1}{8}$; (c) $16e^3$; (d) $\dfrac{1}{x}$; (e) $x - x^2$; (f) x; (g) $x^2 - 4$; (h) $\dfrac{x^2}{e^4}$; (i) $x - 2$; (j) $\dfrac{x}{y^3}$

3 $7e^{7x}$ **5** $3x^2$ **7** $(-\exp x)\operatorname{sen}(\exp x)$ **9** $e^{-2t}(\cos t - 2\operatorname{sen} t)$

11 $e^{x^2 + 5\ln x}\left(2x + \dfrac{5}{x}\right)$ **13** $(1 + \ln t)e^{t\ln t}$ **15** $\dfrac{3}{\sqrt{e^{6x-1}}}$ **17** $6e^{3s}(e^{3s} - 1)$

19 $\dfrac{-x}{\sqrt{2\pi}}\exp\left(-\dfrac{x^2}{2}\right)$ **21** $e^{-x}(-8x^2 + 19x - 4)$ **23** $\theta^2[\theta e^\theta \cos(e^\theta) + 3\operatorname{sen}(e^\theta)]$

25 $\dfrac{y(y - e^x)}{1 + e^x - 2xy}$ **27** $\dfrac{e^{x+y} - \operatorname{sen} y}{x\cos y - e^{x+y}}$ **31** $\dfrac{e^{3x}}{3} + C$ **33** $\dfrac{1}{5}e^{5x+3} + C$

35 $\dfrac{1}{10}e^{5x^2} + C$ **37** $\tan^{-1}e^x + C$ **39** $6\sqrt{e^x + 4} + C$ **41** $-e^{\cot x} + C$

43 $\dfrac{e^2 - 1}{2}$ **45** $\dfrac{2}{3}e$ **47** 0

49 Decrescente em $\mathbb{R}$; concavidade para cima em $\mathbb{R}$; $y = 0$ é assíntota horizontal; sem pontos extremos; sem pontos de inflexão.

51 Crescente em $(-\infty, 1]$; decrescente em $[1, \infty)$; concavidade para baixo em $(-\infty, 2)$; concavidade para cima em $(2, \infty)$; máximo absoluto de $\dfrac{1}{e}$ em $x = 1$; ponto de inflexão em $\left(2, \dfrac{2}{e^2}\right)$; eixo x é assíntota horizontal.

53 $4\ln 25$ dias **55** $\dfrac{1000}{e^{0{,}5}}$ **57** $-\dfrac{6}{e^4}\dfrac{\text{kg/cm}^2}{\text{min}}$ **59** $\dfrac{e^3}{3} - \dfrac{e^2}{2} + \dfrac{1}{6}$

Conjunto de problemas 4 pág. 451

1 $-3\pi x^{-3\pi - 1}$ **3** $6et(t^2 + 1)^{3e-1}$ **5** $3^{2x+1}(\ln 3)(2)$ **7** $-5(\ln 6)(6^{-5t})$

9 $5^{\sec x}(\ln 5)(\sec x \tan x)$ **11** $2^{-7x^2}[2x - 14x(\ln 2)(x^2 + 5)]$

13 $\dfrac{2^{x+1}[(x^2 + 5)\ln 2 - 2x]}{(x^2 + 5)^2}$ **15** $\dfrac{2}{x\ln 2}$ **17** $\dfrac{e^{\log_4 x}}{x\ln 4}$ **19** $\dfrac{1}{t(\ln 10)(1 + t)}$

21 $3^{\tan u}\left[(\ln 3)(\sec^2 u)\log_8 u + \dfrac{1}{u\ln 8}\right]$ **23** $\dfrac{2x(x + 2) - \log_3(x^2 + 5)(\ln 3)(x^2 + 5)}{(\ln 3)(x^2 + 5)(x + 2)^2}$

25 $\dfrac{1}{x(\ln 3)[1 + (\log_3 x)^2]}$ **27** $x^{\sqrt{x}}\left(\dfrac{2 + \ln x}{2\sqrt{x}}\right)$ **29** $(\operatorname{sen} x^2)^{3x}[3\ln(\operatorname{sen} x^2) + 6x^2\cot x^2]$

31 $(x^2 + 4)^{\ln x}\left[(\ln x)\left(\dfrac{2x}{x^2 + 4}\right) + \dfrac{\ln(x^2 + 4)}{x}\right]$ **33** $(6x^3 + 1)^3(x^2 + 7)(4x)(24x^3 + 126x + 1)$

35 $\dfrac{(\operatorname{sen} x)\sqrt[3]{1 + \cos x}}{\sqrt{\cos x}}\left[\cot x - \dfrac{\operatorname{sen} x}{3(1 + \cos x)} + \dfrac{1}{2}\tan x\right]$

37 $\dfrac{x^2\sqrt[5]{x^2 + 7}}{\sqrt[4]{11x + 8}}\left[\dfrac{2}{x} + \dfrac{2x}{5(x^2 + 7)} - \dfrac{11}{4(11x + 8)}\right]$ **39** $\dfrac{3^{5x}}{5\ln 3} + C$ **41** $\dfrac{7^{x^4 + 4x^3}}{4\ln 7} + C$

43 $\dfrac{-2^{-\ln x}}{\ln 2} + C$ **45** $\dfrac{-4^{\cot x}}{\ln 4} + C$ **47** $\dfrac{12}{25 \ln 5}$ **49** $e^{\pi} > \pi^{e}$ **55** $x = e$ **61** $\dfrac{40\pi}{\ln 3}$

Conjunto de problemas 5 pág. 456

15 $6x \cosh(3x^2 + 5)$ **17** $3t^2 \coth t^3$ **19** $-3e^{3t} \operatorname{csch}^2(e^{3t})$ **21** $-2s \operatorname{sech} s^2$

23 $2x$ **25** $\dfrac{-(\operatorname{csch}^2 x)(x^2 + 3) - 2x[\tan^{-1}(\coth x)](1 + \coth^2 x)}{(1 + \coth^2 x)(x^2 + 3)^2}$

27 $\dfrac{(1 - t^2)e^{\cosh t}\operatorname{senh} t + te^{\cosh t}}{(1 - t^2)^{3/2}}$ **29** $2x \operatorname{sech} y$ **31** $\dfrac{2 \tanh x \operatorname{sech}^2 x}{\operatorname{sech}^2 y + 2 \cosh y}$

37 $\dfrac{\operatorname{senh} 7x}{7} + C$ **39** $\dfrac{\tanh^2 3x}{6} + C$ **41** $-2 \coth \sqrt{x} + C$ **43** $-e^{\operatorname{sech} x} + C$

45 $-\dfrac{1}{10}\operatorname{sech}^2 5x + C$ **47** $\dfrac{\cosh^4 1 - 1}{4}$ **49** $\dfrac{x^2}{4} + \dfrac{1}{2}\ln|x| + C$ **51** $\dfrac{x - 1}{x + 1}$

55 $2a \operatorname{senh} \dfrac{b}{a}$

Conjunto de problemas 6 pág. 463

1 (a) $\ln(3 + \sqrt{10}) \approx 1{,}8184$; (b) $\dfrac{1}{2}\ln\dfrac{1}{2} \approx -0{,}3466$; (c) $\dfrac{1}{2}\ln 2 \approx 0{,}3466$; (d) $\ln(3 + \sqrt{8}) \approx$

$1{,}7627$ **7** $\dfrac{3x^2}{\sqrt{1 + x^6}}$ **9** $\dfrac{5}{1 - 25t^2}$ **11** $\dfrac{-5}{25r^2 + 20r + 3}$ **13** $\dfrac{-1}{\operatorname{sen} x}\left(\dfrac{\cos x}{|\cos x|}\right)$

15 $\dfrac{1}{1 - (\ln u)^2} + \tanh^{-1}(\ln u)$ **17** $\dfrac{xe^x}{\sqrt{e^{2x} - 1}} + \cosh^{-1} e^x$

19 $-\dfrac{e^x + 3 + |x|\sqrt{1 + x^2}(e^x)\operatorname{csch}^{-1} x}{|x|\sqrt{1 + x^2}(e^x + 3)^2}$ **27** $\operatorname{senh}^{-1}\dfrac{x}{3} + C$ **29** $\cosh^{-1}\dfrac{x}{4} + C$

31 $\dfrac{1}{5}\tanh^{-1}\dfrac{x}{5} + C$ para $|x| < 5$; $\dfrac{1}{5}\coth^{-1}\dfrac{x}{5} + C$ para $|x| > 5$ **33** $-\dfrac{1}{6}\operatorname{sech}^{-1}\dfrac{|x|}{6} + C$

35 $-\dfrac{1}{4}\operatorname{csch}^{-1}\dfrac{|x|}{4} + C$ **37** $\ln(1 + \sqrt{2})$ **39** $\ln\left(\dfrac{7 + \sqrt{40}}{9}\right)$ **43** $\dfrac{y}{\sqrt{1 + x^2 y^2} - x}$

Conjunto de problemas 7 pág. 468

1 169.106 **3** $34{,}3\,\text{kg}$ **5** $164{,}49\,\text{min}$ **7** (a) $4\,\text{gm}$; (b) $1{,}72$ anos **9** $21{,}37\,\text{h}$

11 $\$7.233{,}80$ **13** $t_2 = \dfrac{t_1 \ln(q_2/q_0)}{\ln(q_1/q_0)}$

Conjunto de problemas 8 pág. 474

1 $61{,}80\,\text{min}$ **3** $0{,}78\%$ **5** $159{,}5^\circ\text{F}$ **7** $7{,}24$ minutos a mais **9** $15{,}69$ anos
11 $5{,}96$ **13** $34{,}24\%$ **15** (a) $31{,}14\%$; (b) $36{,}33\%$; (c) $21{,}19\%$ **17** $0{,}29\%$
19 $18{,}01\%$ **21** Se $R = r$, $q = (B - AG)e^{-Rt/G} + AG$.
23 O valor do investimento ao fim de 1 ano será maior se os juros forem capitalizados mais freqüentemente durante o ano.

Conjunto de problemas de revisão pág. 475

1 $\dfrac{2x}{x^2 + 7}$ **3** $\dfrac{3r + 4}{2r(r + 2)}$ **5** $\dfrac{x}{1 + (\ln x)^2} + 2x \tan^{-1}(\ln x)$ **7** $\dfrac{(\ln u)(2 - \ln u)}{u^2}$

9 $\cot x - \dfrac{1}{x}$ **11** $-12x^2 e^{-4x^3}$ **13** $\dfrac{-2e^{-2x}}{\sqrt{1 - e^{-4x}}}$ **15** $\dfrac{-4e^t}{e^{2t} - 4}$

17 $\dfrac{-2x}{\sqrt{1 - x^4}} - e^{x^3}(3x^3 + 1)$ **19** $e^x \sec^2 e^x$ **21** $-16e^{4x}(3 - e^{4x})^3$

23 $\dfrac{2(e^x + e^{-x} + 1)}{(e^x + 2)(e^{-x} + 2)}$ **25** $4ex^{4e-1}$ **27** $-(\ln 5)(\operatorname{sen} x)5^{\cos x}$

P-34

29 $(\ln 7)(\cos x^2)(2x)7^{\operatorname{sen} x^2}$ **31** $2^{4x^2}3^{5x}(5\ln 3 + 8x\ln 2)$ **33** $\dfrac{1 - \ln t}{t^2\ln 7}$

35 $\dfrac{1}{4x(\ln 10)\sqrt[4]{(\log_{10} x)^3}}$ **37** $4e^{4x}\operatorname{senh} e^{4x}$ **39** $e^{-t}\operatorname{csch}(e^{-t})\coth(e^{-t})$

41 $-2xe^{\operatorname{sech} x^2}\operatorname{sech}(x^2)\tanh(x^2)$ **43** $\dfrac{\operatorname{sech} t\,(\operatorname{sech} t - \tanh t)}{\tanh t + \operatorname{sech} t}$ **45** $\dfrac{3}{\sqrt{9x^2 + 6x + 2}}$

47 $\dfrac{e^x}{1 - e^{2x}}$ **49** Não, $\dfrac{\ln 4}{4} = \dfrac{\ln 2}{2}$ **51** $(3x)^x(\ln 3x + 1)$

53 $(\operatorname{sen} x)^{x^2}[x^2\cot x + 2x\ln(\operatorname{sen} x)]$

55 $(\tanh^{-1} x)^{x^3}\left|\dfrac{x^3}{(\tanh^{-1} x)(1 - x^2)} + 3x^2\ln(\tanh^{-1} x)\right|$

57 $\dfrac{\cos x\sqrt[3]{1 + \operatorname{sen}^2 x}}{\operatorname{sen}^5 x}\left[-\tan x + \dfrac{\operatorname{sen} 2x}{3(1 + \operatorname{sen}^2 x)} - 5\cot x\right]$

59 $\dfrac{x^2(x + 5)^3\operatorname{sen} 2x}{\sec 3x}\left(\dfrac{2}{x} + \dfrac{3}{x + 5} + 2\cot 2x - 3\tan 3x\right)$ **63** $\dfrac{2}{x^2(\operatorname{sen} y - 4e^{4y})}$

65 $\dfrac{\operatorname{senh}(x - y) + \cosh(x + y)}{\operatorname{senh}(x - y) - \cosh(x + y)}$ **67** $\dfrac{1}{x[5 + (\ln x)^3]}$ **69** $\dfrac{1}{3}\ln|8 + 3x| + C$

71 $\dfrac{(\ln x)^2}{2} + C$ **73** $2e^{\sqrt{x}} + C$ **75** $\tan(e^x) + C$ **77** $\dfrac{10^x}{\ln 10} + C$ **79** $\ln\dfrac{8}{5}$

81 $\dfrac{-\coth^2 x}{2} + C$ **83** $e^{\cosh^{-1} x} + C$ ou $x + \sqrt{x^2 - 1} + C$ **85** $\cosh^{-1} x + C$

87 $-\dfrac{1}{4}\operatorname{sech}^{-1}\dfrac{|x|}{2} + C$

95 Máximo relativo de $\dfrac{1}{e^2}$ em $x = -1$; mínimo relativo de 0 em $x = 0$; crescente em $(-\infty, -1]$ e em $[0, \infty)$; decrescente em $[-1, 0]$; concavidade para cima em $\left(-\infty, \dfrac{-2 - \sqrt{2}}{2}\right)$ e em $\left(\dfrac{-2 + \sqrt{2}}{2}, \infty\right)$; concavidade para baixo em $\left(\dfrac{-2 - \sqrt{2}}{2}, \dfrac{-2 + \sqrt{2}}{2}\right)$; pontos de inflexão em $\left(\dfrac{-2 - \sqrt{2}}{2}, f\left(\dfrac{-2 - \sqrt{2}}{2}\right)\right)$ e $\left(\dfrac{-2 + \sqrt{2}}{2}, f\left(\dfrac{-2 + \sqrt{2}}{2}\right)\right)$; eixo x é assíntota horizontal. **97** Mínimo relativo de 0 em $x = 0$; máximo relativo de $\dfrac{4}{e^2}$ em $x = 2$; concavidade para cima em $(-\infty, 2 - \sqrt{2})$ e em $(2 + \sqrt{2}, \infty)$; concavidade para baixo em $(2 - \sqrt{2}, 2 + \sqrt{2})$; ponto de inflexão em $(2 - \sqrt{2}, h(2 - \sqrt{2}))$ e $(2 + \sqrt{2}, h(2 + \sqrt{2}))$; eixo x é assíntota horizontal. **99** 3π **101** 6,64 h **107** $7,588 \times 10^8$ cm³ **109** 2,42 minutos a mais **111** (a) Ao fim de 12 anos você tem Cr$99.603,51; (b) ao fim de 12 anos você tem Cr$167.772,16. **113** 14% **115** $p = \dfrac{Ae^{kt}}{1 + Ae^{kt}}$, A constante

Capítulo 10

Conjunto de problemas 1 pág. 483

1 $\operatorname{sen} x - \dfrac{\operatorname{sen}^3 x}{3} + C$ **3** $-\dfrac{1}{2}\left(\cos 2t - \dfrac{2}{3}\cos^3 2t + \dfrac{1}{5}\cos^5 2t\right) + C$

5 $\dfrac{\operatorname{sen}^8 2x}{16} - \dfrac{\operatorname{sen}^{10} 2x}{20} + C$ **7** $\dfrac{\operatorname{sen}^3 x}{3} - \dfrac{\operatorname{sen}^5 x}{5} + C$ **9** $\dfrac{2\cos^5 x}{5} - \dfrac{\cos^3 x}{3} - \dfrac{\cos^7 x}{7} + C$

11 $\dfrac{1}{3\cos^3 x} - \dfrac{1}{\cos x} + C$ **13** $\dfrac{8}{5} - 2\sqrt{\dfrac{\sqrt{2}}{2}} + \dfrac{2}{5}\left(\dfrac{\sqrt{2}}{2}\right)^{5/2}$ **15** $\dfrac{32}{65\pi}$

17 $\dfrac{6x - \operatorname{sen} 6x}{12} + C$ **19** $\dfrac{t - \operatorname{sen} t}{2} + C$ **21** $\dfrac{5}{16} u - \dfrac{1}{4} \operatorname{sen} 2u + \dfrac{3}{64} \operatorname{sen} 4u + \dfrac{\operatorname{sen}^3 2u}{48} + C$

23 $\dfrac{3\pi - 4}{384}$ **25** $-\dfrac{1}{14} \cos 7x - \dfrac{1}{6} \cos 3x + C$ **27** $\dfrac{1}{2} \operatorname{sen} x + \dfrac{1}{14} \operatorname{sen} 7x + C$

29 $\dfrac{1}{8} \operatorname{sen} 4u - \dfrac{1}{20} \operatorname{sen} 10u + C$ **31** $-\dfrac{4}{5\pi}$ **37** $\dfrac{\pi^2}{2}$ unidades cúbicas

41 $s = f(t) = \dfrac{2\pi t - \operatorname{sen} 2\pi t}{4\pi}$; quando $t = 8,\ s = 4$

Conjunto de problemas 2 pág. 490

1 $\dfrac{1}{4} \ln |\operatorname{sen} 4x| + C$ **3** $\dfrac{1}{3} \ln |\sec 3x + \tan 3x| + C$ **5** $\dfrac{3}{2} \tan \dfrac{2x}{3} - x + C$

7 $-\dfrac{\cot^3 4x}{12} + \dfrac{1}{4} \cot 4x + x + C$ **9** $-\dfrac{1}{3} \left(\cot 3t + \dfrac{\cot^3 3t}{3} \right) + C$ **11** $\dfrac{1}{10} \tan^5 2t + C$

13 $\dfrac{\sec^7 5x}{35} - \dfrac{\sec^5 5x}{25} + C$ **15** $\dfrac{1}{2} \tan 2x - \dfrac{1}{2} \cot 2x + C$ **17** $\dfrac{2}{5} \tan^{5/2} t + 2 \tan^{1/2} t + C$

19 $\dfrac{\tan^4 7x}{28} + \dfrac{\tan^6 7x}{42} + C$ **21** $\dfrac{-\csc^3 3x}{9} + C$ **23** $\dfrac{\sec^3 5x}{15} - \dfrac{\sec 5x}{5} + C$

25 $\dfrac{1}{5} \sec^{5/2} 2x - \sec^{1/2} 2x + C$ **27** $\dfrac{\sec^{11} x}{11} - \dfrac{2}{9} \sec^9 x + \dfrac{\sec^7 x}{7} + C$

29 $\dfrac{1}{24 \cot^3 8x} + C$ **31** $\dfrac{1}{3} \ln \dfrac{\sqrt{3}}{2}$ **33** $\dfrac{12}{35}$ **35** $2\pi\sqrt{3}$ unidades cúbicas   **37** $5\left(\dfrac{4 - \pi}{2} \right)$

unidades quadradas   **41** $-\ln\left(\sqrt{2} - 1\right)$ unidades   **45** $\dfrac{1}{3} \operatorname{sen} 3x + C$ **47** $\dfrac{\operatorname{sen}^3 \theta}{3} - \dfrac{\operatorname{sen}^5 \theta}{5} + C$

Conjunto de problemas 3 pág. 495

1 $\dfrac{-\sqrt{16 - x^2}}{16x} + C$ **3** $-\dfrac{1}{16} \left[\dfrac{1}{3} \left(\dfrac{\sqrt{4 - t^2}}{t} \right)^3 + \dfrac{\sqrt{4 - t^2}}{t} \right] + C$

5 $\dfrac{2}{27} \operatorname{sen}^{-1} \dfrac{3x}{2} - 3x \dfrac{\sqrt{4 - 9x^2}}{4} + C$ **7** $\dfrac{-\left(\sqrt{7 - 4t^2}\right)^3}{21t^3} + C$ **9** $\sqrt{t^2 - a^2} + C$

11 $\dfrac{-\sqrt{x^2 + 1}}{x} + C$ **13** $\dfrac{1}{\sqrt{5}} \ln \left| \dfrac{\sqrt{t^2 + 5} - \sqrt{5}}{t} \right| + C$ **15** $\dfrac{7}{8} \left(\dfrac{2x^2 + 9}{\sqrt{4x^2 + 9}} \right) + C$

17 $\dfrac{\sqrt{x^2 - 4}}{4x} + C$ **19** $\dfrac{1}{3} \ln \left| \dfrac{3t + \sqrt{9t^2 - 4}}{2} \right| + C$ **21** $-\dfrac{x}{9\sqrt{4x^2 - 9}} + C$

25 $\dfrac{2 + t}{9\sqrt{5 - 4t - t^2}} + C$ **27** $\dfrac{\operatorname{sen}^{-1}(2x - 2)}{2} + C$

29 $\dfrac{1}{3} \sqrt{3x^2 - x + 1} + \dfrac{\sqrt{3}}{18} \ln \left| \sqrt{3x^2 - x + 1} + \sqrt{3}\, x - \dfrac{\sqrt{3}}{6} \right| + C$

31 $\dfrac{4\left(t + \dfrac{3}{2}\right)^2}{7(t^2 + 3t + 4)} - \dfrac{12\sqrt{7}}{49} \tan^{-1} \left(\dfrac{2t + 3}{\sqrt{7}} \right) - \dfrac{6t + 9}{7(t^2 + 3t + 4)} + C$ **33** $\dfrac{1}{2} \ln \dfrac{3}{2}$

35 $\dfrac{1}{27} \left(\dfrac{3}{4} - \operatorname{sen}^{-1} \dfrac{3}{5} \right)$ **37** $3\sqrt{3} - \pi$ **39** $\dfrac{45}{4} \ln \dfrac{7}{5}$ unidades quadradas

41 $\dfrac{\pi}{16} \left(\tan^{-1} \dfrac{3}{2} + \dfrac{6}{13} \right)$ unidades cúbicas   **43** $\dfrac{\pi^2}{2048}$ unidades cúbicas **47** (a) e

(b): $\sqrt{x^2 - 1} + C$ **49** $y = \ln \left| \dfrac{x + \sqrt{x^2 - 9}}{3} \right| - \dfrac{\sqrt{x^2 - 9}}{x} + C$

51 $\ln\left(\dfrac{1}{3}\right) - \ln\left(2 - \sqrt{3}\right)$ unidades

Conjunto de problemas 4 pág. 502

1 $\dfrac{1}{2}x\,\mathrm{sen}\,2x + \dfrac{1}{4}\cos 2x + C$ **3** $\dfrac{1}{3}xe^{3x} - \dfrac{1}{9}e^{3x} + C$ **5** $x\ln 5x - x + C$

7 $-x^2\sqrt{1-x^2} - \dfrac{2}{3}(1-x^2)^{3/2} + C$ **9** $-x\cot x + \ln|\mathrm{sen}\,x| + C$

11 $t\sec t - \ln|\sec t + \tan t| + C$ **13** $x\cos^{-1}x - \sqrt{1-x^2} + C$

15 $\dfrac{-x^2}{3}\cos 3x + \dfrac{2}{9}x\,\mathrm{sen}\,3x + \dfrac{2}{27}\cos 3x + C$

17 $\dfrac{x^4}{2}\mathrm{sen}\,2x + x^3\cos 2x - \dfrac{3x^2}{2}\,\mathrm{sen}\,2x - \dfrac{3x}{2}\cos 2x + \dfrac{3}{4}\mathrm{sen}\,2x + C$

19 $-e^{-t}(t^4 + 4t^3 + 12t^2 + 24t + 24) + C$

21 $-e^{-x}(x^5 + 5x^4 + 19x^3 + 57x^2 + 115x + 115) + C$ **23** $\dfrac{e^{x^2}}{2}(x^2 - 1) + C$

25 $\dfrac{x\sqrt{1+x^2}}{2} + \dfrac{1}{2}\ln\left|\sqrt{1+x^2} + x\right| + C$ **27** $\dfrac{1}{4}(x^8\,\mathrm{sen}\,x^4 + 2x^4\cos x^4 - 2\,\mathrm{sen}\,x^4) + C$

29 $\dfrac{e^{-x}}{5}(2\,\mathrm{sen}\,2x - \cos 2x) + C$ **31** $-\dfrac{1}{2}\csc x\cot x + \dfrac{1}{2}\ln|\csc x - \cot x| + C$

33 $-\dfrac{2}{3}\mathrm{sen}\,x\cos 2x + \dfrac{1}{3}\cos x\,\mathrm{sen}\,2x + C$ **35** $12\pi\sqrt{3} - 2\pi^2 - \dfrac{36}{243}$

37 $3\sec^{-1}3 - \dfrac{2\pi}{3} + \ln\dfrac{2+\sqrt{3}}{3+\sqrt{8}}$ **39** $\sqrt{2}\left(3 + \dfrac{13\pi}{8} - \dfrac{5\pi^2}{32}\right) - 9$

45 $1 - \dfrac{2}{e}$ unidades quadradas

Conjunto de problemas 5 pág. 511

1 $\ln\left(\dfrac{|x-2|^{3/2}}{|x|^{1/2}}\right) + C$ **3** $\dfrac{x^2}{2} + 2x + C$ **5** $\dfrac{x^2}{2} + 2x + \ln|(x+5)^{17/7}(x-2)^{4/7}| + C$

7 $\ln\left(\dfrac{|x-1|}{\sqrt{|x(x+2)|}}\right) + C$ **9** $\ln\left(\dfrac{\sqrt{|x^2-1|}}{|x|}\right) + C$ **11** $x + \ln\left|\dfrac{(x-3)^{9/5}}{(x+2)^{4/5}}\right| + C$

13 $x + \ln\left|\dfrac{(x-2)^{4/5}}{(x+3)^{9/5}}\right| + C$ **15** $\ln\left|\dfrac{(x+4)^{29/5}(x-1)^{6/5}}{x^2}\right| + C$

17 $-\dfrac{3}{z} + \ln\left(\dfrac{4z+1}{z}\right)^{10} + C$ **19** $\ln\left|\dfrac{x+1}{x+7}\right|^{1/9} - \dfrac{1}{3(x+1)} + C$

21 $\ln\left(\dfrac{|x+2|^{5/8}}{|3x-2|^{13/72}}\right) - \dfrac{8}{9(3x-2)} + C$ **23** $\ln\left|\dfrac{z-3}{z-1}\right|^{9/2} + \dfrac{1}{(z-1)^2} + \dfrac{5}{z-1} + C$

25 $\ln\dfrac{27}{20}$ **27** $\dfrac{167}{6} + \ln\dfrac{3}{2}$ **29** $\dfrac{10 + 12\ln 3}{3}$ **31** $\dfrac{ax}{c} + \dfrac{bc-ad}{c^2}\ln|cx+d| + K$

33 $-\dfrac{1}{x-a} + C$ **35** (a) e (b): $\ln|(x-3)^{4/5}(x+2)^{1/5}| + C$ **37** $2 - \ln 3$ unidades

quadradas   **39** $\dfrac{1}{2\sqrt{aq}}\ln\left|\dfrac{q-ax^2}{a}\right| + C$ **41** $x = a - \dfrac{1}{\sqrt[3]{3(kt+c)}}$

43 $C(x) = 100\ln\left(\dfrac{5x^3(x-1)^2}{8(x+3)}\right) + 47$ **45** $q = \dfrac{A}{B - Ce^{At}}$, onde $C = B - \dfrac{A}{q_0}$

Conjunto de problemas 6 pág. 519

1 $\dfrac{1}{5}\ln|x-1|-\dfrac{1}{10}\ln(x^2+4)-\dfrac{1}{10}\tan^{-1}\dfrac{x}{2}+C$ **3** $\ln\dfrac{|x^3|}{(x^2+1)^{3/2}}+\tan^{-1}x+C$

5 $\ln|t^{1/25}(t^2+25)^{49/50}|-\dfrac{1}{5}\tan^{-1}\dfrac{t}{5}+C$ **7** $\ln\left(\dfrac{|x^2-1|}{x^2+1}\right)^{1/4}+C$

9 $\ln[\,|x-2|(2x^2-3x+5)^2]+\dfrac{6}{\sqrt{31}}\tan^{-1}\left[\dfrac{4}{\sqrt{31}}\left(x-\dfrac{3}{4}\right)\right]+C$

11 $\ln\left|\dfrac{x}{\sqrt{x^2+4}}\right|+\dfrac{2}{x^2+4}+C$ **13** $\ln|t^{2/9}(t^2+9)^{43/18}|+\dfrac{1}{9t}-\dfrac{26}{27}\tan^{-1}\dfrac{t}{3}+C$

15 $-\dfrac{4}{x}-6\tan^{-1}x-\dfrac{1}{2(x^2+1)}-\dfrac{2x}{x^2+1}+C$

17 $x+\ln\left(\dfrac{|x|^{1/2}}{(x^2+2)^{1/4}}\right)-\dfrac{1}{x^2+2}-\dfrac{5\sqrt{2}}{8}\tan^{-1}\left(\dfrac{x}{\sqrt{2}}\right)-\dfrac{5x}{4(x^2+2)}+C$

19 $\ln\left(\dfrac{\sqrt{|t|}}{(t^2+2t+2)^{1/4}}\right)+\dfrac{t+2}{2(t^2+2t+2)}+C$ **21** $\dfrac{1}{8}\ln\left(\dfrac{x^2+2x+1}{x^2+2x+5}\right)+C$

23 $\dfrac{9}{2}\ln4-\dfrac{9}{4}\ln10+\dfrac{11}{2}\tan^{-1}3$ **25** $\dfrac{\pi-2\ln2}{4}$ **27** $\ln\dfrac{4}{5}$ **29** Use $t=\operatorname{sen}x$.

31 Use $u=e^x$.   **33** $\dfrac{ax+b}{x^2+1}+\dfrac{(c-a)x+(d-b)}{(x^2+1)^2}$ **35** (a) e (b):

$\ln|x^5+2x^3+x|+C$ **41** (a) $\dfrac{w}{2(w^2+1)}+\dfrac{1}{2}\tan^{-1}w+C$;

(b) $\dfrac{w}{4(w^2+1)^2}+\dfrac{3}{4}\left[\dfrac{w}{2(w^2+1)}+\dfrac{1}{2}\tan^{-1}w\right]+C$

Conjunto de problemas 7 pág. 524

1 $-2\sqrt{x}-\ln(1-\sqrt{x})^2+C$ **3** $\dfrac{3}{2}x^{2/3}-3x^{1/3}+3\ln|1+\sqrt[3]{x}|+C$

5 $\dfrac{2}{3}x^{3/2}-2x+8\sqrt{x}-16\ln|\sqrt{x}+2|+C$ **7** $2\sqrt{x}-4\sqrt[4]{x}+4\ln(1+\sqrt[4]{x})+C$

9 $\dfrac{(2x^2-1)^{5/2}}{20}+\dfrac{(2x^2-1)^{3/2}}{12}+C$ **11** $\dfrac{(3x+1)^{7/3}}{21}-\dfrac{(3x+1)^{4/3}}{12}+C$

13 $\dfrac{(4x+1)^{9/2}}{288}-\dfrac{(4x+1)^{7/2}}{112}+\dfrac{(4x+1)^{5/2}}{160}+C$ **15** $2\sqrt{x+1}-2\ln(1+\sqrt{x+1})+C$

17 $\dfrac{-4\sqrt[4]{2-3x^2}}{9}+\dfrac{2(2-3x^2)^{5/4}}{45}+C$ **19** $-\dfrac{2}{3}(1-e^x)^{3/2}+C$

21 $\dfrac{2(1+\operatorname{sen}x)^{5/2}}{5}-\dfrac{2(1+\operatorname{sen}x)^{3/2}}{3}+C$ **23** $-\dfrac{2}{27}\sqrt{\dfrac{1}{3x+1}}\left(\dfrac{9x+2}{3x+1}\right)+C$

25 $\dfrac{1}{4}\ln\left|\dfrac{3\tan\dfrac{x}{2}+1}{\tan\dfrac{x}{2}+3}\right|+C$ **27** $\dfrac{1}{2}\left(\ln\left|\tan\dfrac{x}{2}\right|-\dfrac{1}{2}\tan^2\dfrac{x}{2}\right)+C$

29 $\ln\left(\dfrac{\sqrt{\left|1+\tan\dfrac{t}{2}\right|}}{\sqrt{\left|1-\tan\dfrac{t}{2}\right|}}\right)+\dfrac{1}{1+\tan\dfrac{t}{2}}-\dfrac{1}{\left(1+\tan\dfrac{t}{2}\right)^2}+C$ **31** $\dfrac{1}{\sqrt{2}}\ln\left|\dfrac{\tan\dfrac{t}{2}-1+\sqrt{2}}{\tan\dfrac{t}{2}-1-\sqrt{2}}\right|+C$

33 $\ln\left|\tan\dfrac{x}{2}+1\right|+C$ **35** $-\operatorname{csch}^{-1}x+C$ **37** $-\operatorname{sen}^{-1}\left(\dfrac{1+x}{2x}\right)+C$

41 $\dfrac{2}{1 - \tanh \dfrac{x}{2}} + C$ **43** $\dfrac{28\sqrt{3}}{5}$ **45** $2\left(-1 + \tan^{-1} 2 - \dfrac{\pi}{4} + 2 \ln \dfrac{5}{2}\right)$

47 $\dfrac{92 - 14\sqrt{2}}{15}$ **49** $\ln \dfrac{3}{2}$ **51** $75 - 10 \ln 4$ unidades quadradas

Conjunto de problemas de revisão pág. 525

1 $\dfrac{\text{sen } 2x}{2} - \dfrac{\text{sen}^3 2x}{6} + C$ **3** $\dfrac{1}{3}\left(\dfrac{\text{sen}^4 3x}{4} - \dfrac{\text{sen}^6 3x}{6}\right) + C$

5 $\dfrac{1}{2}\left[\cos(1 - 2x) - \dfrac{\cos^3(1 - 2x)}{3}\right] + C$ **7** $\dfrac{3}{5}\text{sen}^{1/3} 5x - \dfrac{3}{35}\text{sen}^{7/3} 5x + C$

9 $\dfrac{1}{12}\text{sen}(4 - 6x) + \dfrac{x}{2} + C$ **11** $x + \dfrac{\cos 2x}{2} + C$ **13** $\dfrac{1}{4}\left(\dfrac{x}{2} - \dfrac{\text{sen} 24x}{48}\right) + C$

15 $\text{sen}^{2/3}\dfrac{3t}{2} - \dfrac{1}{4}\text{sen}^{8/3}\dfrac{3t}{2} + C$ **17** $\dfrac{\text{sen } 5x}{10} - \dfrac{\text{sen} 11x}{22} + C$

19 $-\dfrac{1}{16}\cos 4x - \dfrac{1}{8}\cos 2x - \dfrac{1}{12}\text{sen}^2 3x + C$

21 $\dfrac{1}{6}\tan^3(2x - 1) - \dfrac{1}{2}\tan(2x - 1) + x + C$

23 $\dfrac{1}{20}\tan^2 5x^2 - \dfrac{1}{10}\ln|\sec 5x^2| + C$ **25** $2\tan t - t - 2\sec t + C$

27 $\dfrac{2}{3}\tan^3 x + \tan x + \dfrac{2}{3}\sec^3 x + C$ **29** $\dfrac{1}{2}\left[\dfrac{\tan^3(1 + 2x)}{3} + \tan(1 + 2x)\right] + C$

31 $\dfrac{1}{3}\left[\dfrac{\tan^6(2 + 3x)}{6} + \dfrac{\tan^4(2 + 3x)}{4}\right] + C$ **33** $\text{senh}^{-1}\dfrac{x}{8} + C$

35 $\dfrac{1}{3}\left(\dfrac{x}{\sqrt{1 - x^2}}\right)^3 + \dfrac{x}{\sqrt{1 - x^2}} + C$ **37** $\dfrac{1}{3}(x^2 - 4)^{3/2} + C$ **39** $\text{sen}^{-1}(x - 1) + C$

41 $\text{senh}^{-1}\left(\dfrac{x + 3}{2}\right) + C$ **43** $-\dfrac{x^2}{7}e^{-7x} - \dfrac{2x}{49}e^{-7x} - \dfrac{2}{343}e^{-7x} + C$

45 $\dfrac{t^3}{3}\text{sen}^{-1} 2t - \dfrac{1}{24}\left[\dfrac{(1 - 4t^2)^{3/2}}{3} - (1 - 4t^2)^{1/2}\right] + C$ **47** $\dfrac{1}{3}(x + 2)e^{3x} - \dfrac{1}{9}e^{3x} + C$

49 $\dfrac{1}{3}t^3\text{sen } 3t + \dfrac{1}{3}t^2\cos 3t - \dfrac{2t}{9}\text{sen} 3t - \dfrac{2}{27}\cos 3t + C$

51 $x\tan^{-1}\sqrt{x} - \sqrt{x} + \tan^{-1}\sqrt{x} + C$ **53** $-\dfrac{e^{-7x}}{48}(7\cosh x + \text{senh } x) + C$

55 $e^{3x}\left(\dfrac{1}{6} + \dfrac{3}{26}\cos 2x + \dfrac{1}{13}\text{sen} 2x\right) + C$ **57** $\dfrac{-e^{-x^4}}{4}(x^8 + 2x^4 + 2) + C$

59 $\dfrac{x^2 \text{sen} 3x^2}{6} + \dfrac{\cos 3x^2}{18} + C$ **61** $\ln\left(\dfrac{|y - 1|^{3/2}|y + 1|^{5/2}}{|y|}\right) + C$

63 $\dfrac{1}{x} + 3\ln|x - 1| + C$ **65** $\ln\left(\dfrac{t^2 + 1}{t^2 + 4}\right) + \tan^{-1} t + C$

67 $\ln\left(\dfrac{|x|}{\sqrt{x^2 + 1}}\right)^3 - \dfrac{1}{x} - \tan^{-1} x + C$ **69** $\dfrac{(1 + 2x)^{7/4}}{7} - \dfrac{(1 + 2x)^{3/4}}{3} + C$

71 $\dfrac{10}{11}x^{11/10} + \dfrac{3}{2}x^{2/3} + C$ **73** $\ln\left|\dfrac{\sqrt{e^t + 1} - 1}{\sqrt{e^t + 1} + 1}\right| + C$

75 $\dfrac{4}{3}\left(4 + \sqrt{x+1}\right)^{3/2} - 16\sqrt{4 + \sqrt{x+1}} + C$

77 $x \ln \sqrt{x^2 + 3} - x + \sqrt{3}\, \tan^{-1}\left(\dfrac{x}{\sqrt{3}}\right) + C$

79 $-\dfrac{3}{7}\left(1 - x^{2/3}\right)^{7/2} + \dfrac{6}{5}\left(1 - x^{2/3}\right)^{5/2} - \left(1 - x^{2/3}\right)^{3/2} + C$

81 $3x^{2/3}\,\text{sen}\,\sqrt[3]{x} + 6\sqrt[3]{x}\,\cos\sqrt[3]{x} - 6\,\text{sen}\,\sqrt[3]{x} + C$ **83** $\dfrac{1}{\sqrt{21}} \ln \left|\dfrac{\sqrt{21} + \tan\dfrac{x}{2}}{\sqrt{21} - \tan\dfrac{x}{2}}\right| + C$

85 $\tan^{-1}\left(\tan\dfrac{y}{2} + 1\right) + C$ **87** $\ln \left|\dfrac{1 + \tan\dfrac{x}{2}}{1 - \tan\dfrac{x}{2}}\right|^{1/2} + \dfrac{\tan\dfrac{x}{2}}{\left(1 + \tan\dfrac{x}{2}\right)^2} + C$

89 $\dfrac{2}{7}\left(e^{2x} + 1\right)^{7/4} - \dfrac{2}{3}\left(e^{2x} + 1\right)^{3/4} + C$ **91** $-\dfrac{1}{12}$ **93** $\dfrac{1}{6} + \dfrac{1}{4}\ln\dfrac{2}{3}$

95 $2(\ln 2)^2 - 4\ln 2 + 2$ **97** $4\ln 2 - \dfrac{15}{16}$ **99** $\dfrac{1}{2} - \ln\sqrt{2}$ **101** $\dfrac{9\pi}{2} - \dfrac{81\sqrt{3}}{8}$

103 $5\left(\sqrt{3} - \dfrac{\pi}{3}\right)$ **105** $3\sqrt{2}$ **107** $4 + 4\ln 3$ **109** $\dfrac{\pi + 3}{4}$ **111** $\dfrac{\pi}{6}$

113 $\dfrac{3}{2}\ln\dfrac{5}{2}$ **115** 3 **117** $\dfrac{13}{6}$ **119** $3 - \sqrt{3}$

121 $\dfrac{1}{2}\ln\left(\dfrac{\tan\dfrac{\pi}{16}}{\tan\dfrac{\pi}{8}}\right) - \dfrac{1}{4}\left(\tan^2\dfrac{\pi}{16} - \tan^2\dfrac{\pi}{8}\right)$ **123** $A = \dfrac{ce + df}{e^2 + f^2},\ B = \dfrac{de - cf}{e^2 + f^2};$

$\left(\dfrac{ce + df}{e^2 + f^2}\right)\theta + \left(\dfrac{de - cf}{e^2 + f^2}\right)\ln|e\,\text{sen}\,\theta + f\,\cos\theta| + C$

125 $\dfrac{1}{\sqrt{5}}\ln\left|\dfrac{x + \sqrt{x^2 - 2x + 5} - \sqrt{5}}{x + \sqrt{x^2 - 2x + 5} + \sqrt{5}}\right| + C$ **131** $\dfrac{27}{4} - 2\ln 4$ unidades quadradas

133 $\dfrac{4}{3}$ unidades quadradas   **135** $\dfrac{\pi}{2}(9\pi + 16)$ unidades cúbicas   **137** $\ln(2 + \sqrt{3})$

139 $\ln\left(\dfrac{1}{2 - \sqrt{3}}\right)$ unidades

Capítulo 11

Conjunto de problemas 1 pág. 535

1 (a) $\left(-3, \dfrac{5\pi}{4}\right)$; (b) $\left(3, -\dfrac{7\pi}{4}\right)$; (c) $\left(-3, -\dfrac{3\pi}{4}\right)$ **3** (a) Já nesta forma;

(b) $\left(2, -\dfrac{5\pi}{6}\right)$; (c) $\left(-2, -\dfrac{11\pi}{6}\right)$ **5** (a) $(-4, 360°)$; (b) $(4, -180°)$; (c) $(-4, 0°)$

7 $x = \dfrac{7}{2}, y = \dfrac{7\sqrt{3}}{2}$ **9** $x = y = -\sqrt{2}$ **11** $x = \dfrac{1}{2}, y = -\dfrac{\sqrt{3}}{2}$ **13** $r = 7\sqrt{2}, \theta = \dfrac{\pi}{4}$

15 $r = 6, \theta = -\dfrac{2\pi}{3}$ **17** $r = 7, \theta = \dfrac{\pi}{2}$ **19** (13) Mesma; (14) $r = 2, \theta = \dfrac{5\pi}{3}$; (15) $r = 6$,

$\theta = \dfrac{4\pi}{3}$; (16) mesma; (17) mesma; (18) mesma   **21** $\left(-3, \dfrac{7\pi}{6}\right), \left(3, \dfrac{\pi}{6}\right), \left(3, -\dfrac{11\pi}{6}\right), \left(3, \dfrac{13\pi}{6}\right),$

$\left(-3, -\dfrac{5\pi}{6}\right)$ **23** Círculo de raio 1, centro no pólo   **25** Reta pelo pólo perpendicular

ao eixo polar **27** Igual ao problema 25 **29** Círculo de raio 2 passando pela origem com centro no eixo polar **31** $x^2 - 3x + y^2 = 0$
33 $x^2 - x + y^2 - y = 0$ **35** $r = 5$ **37** $r^2(1 + 3\operatorname{sen}^2 \theta) = 4$

Conjunto de problemas 2 pág. 543
1 Simétrico em relação ao eixo polar (círculo). **3** Simétrico em relação ao eixo polar (reta vertical) **5** Simétrico em relação a $\theta = \pm \frac{\pi}{2}$ (círculo) **7** Simétrico em relação a $\theta = \pm \frac{\pi}{2}$ **9** Simétrico em relação ao eixo polar, $\theta = \pm \frac{\pi}{2}$, e o pólo. **11** Simétrico em relação ao eixo polar **13** Simétrico em relação ao eixo polar **15** Simétrico em relação a $\theta = \pm \frac{\pi}{2}$ **17** Simétrico em relação ao eixo polar, $\theta = \pm \frac{\pi}{2}$ e o pólo. **19** 1

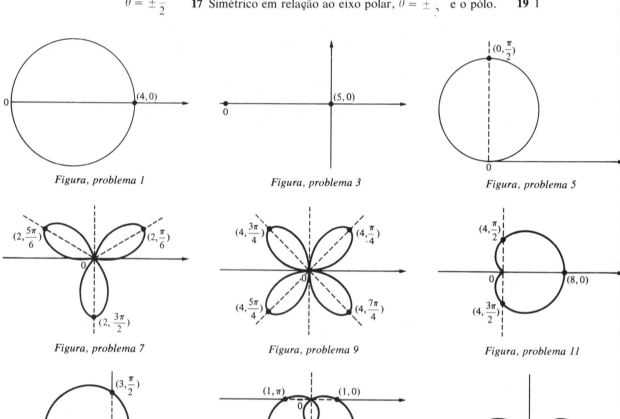

Figura, problema 1   *Figura, problema 3*   *Figura, problema 5*
Figura, problema 7   *Figura, problema 9*   *Figura, problema 11*
Figura, problema 13 *Figura, problema 15* *Figura, problema 17*

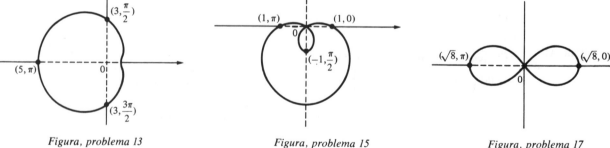

21 0 **23** Horizontal em $\left(7, \frac{\pi}{2}\right)$, $\left(1, \frac{3\pi}{2}\right)$, $\left(2, -\operatorname{sen}^{-1} \frac{2}{3}\right)$, e $\left(2, \pi - \operatorname{sen}^{-1} \frac{2}{3}\right)$; vertical em $\left(\frac{18 + 3\sqrt{22}}{6}, \operatorname{sen}^{-1} \frac{\sqrt{22} - 2}{6}\right)$ e $\left(\frac{18 + 3\sqrt{22}}{6}, \pi - \operatorname{sen}^{-1} \frac{\sqrt{22} - 2}{6}\right)$ **25** $\frac{\sqrt{3}}{3}$ **27** 1
29 Indefinido **31** $a - b$ **35** $r = Ce^{\theta/K}$, C constante (espiral logarítmica)

Conjunto de problemas 3 pág. 549

1 (a) $e = \dfrac{3}{5}$ (elipse); (b) $x = -\dfrac{16}{3}$ e $x = \dfrac{34}{3}$; (c) $(0,0)$ e $(6,0)$ (d) $(2,\pi)$, $(8,0)$, $\left(5, \tan^{-1}\dfrac{4}{3}\right)$, e $\left(5, -\tan^{-1}\dfrac{4}{3}\right)$ **3** (a) $e = 1$ (parábola); (b) $x = -6$; (c) $(0,0)$;

(d) $(3,\pi)$ **5** (a) $e = 1$ (parábola); (b) $y = -10$; (c) $(0,0)$; (d) $\left(5, \dfrac{3\pi}{2}\right)$ **7** (a) $e = 2$

(hipérbole); (b) $y = \dfrac{1}{2}$ e $y = \dfrac{5}{6}$; (c) $(0,0)$ e $\left(\dfrac{4}{3}, \dfrac{\pi}{2}\right)$; (d) $\left(\dfrac{1}{3}, \dfrac{\pi}{2}\right)$ e $\left(1, \dfrac{\pi}{2}\right)$

9 (a) $e = 1$ (parábola); (b) $x = 4$; (c) $(0,0)$; (d) $(2,0)$ **11** $r = \dfrac{5}{3 + \operatorname{sen}\theta}$

13 $r = \dfrac{4\sqrt{5}}{1 + \sqrt{5}\cos\theta}$ **15** $F_1 = (0,0)$, $F_2 = \left(\dfrac{2e^2 d}{1 - e^2}, 0\right)$, $C = \left(\dfrac{e^2 d}{1 - e^2}, 0\right)$,

$V_1 = \left(\dfrac{ed}{1+e}, \pi\right)$, $V_2 = \left(\dfrac{ed}{1-e}, 0\right)$, $V_3 = \left(\dfrac{ed}{1-e^2}, \tan^{-1}\dfrac{\sqrt{1-e^2}}{e}\right)$,

$V_4 = \left(\dfrac{ed}{1-e^2}, -\tan^{-1}\dfrac{\sqrt{1-e^2}}{e}\right)$ **17** (a) Diretrizes tendem a $+\infty$ e $-\infty$; (b)

a elipse tende para o círculo $r = a$. **19** $r = 5\sqrt{2}(\cos\theta + \operatorname{sen}\theta)$

21 $r^2 - 2r(7\cos\theta + 5\operatorname{sen}\theta) + 49 = 0$ **23** (a) $r = \dfrac{d}{\cos\theta}$; (b) $r = -\dfrac{d}{\cos\theta}$

25 (a) $r = \dfrac{d}{\operatorname{sen}\theta}$; (b) $r = -\dfrac{d}{\operatorname{sen}\theta}$ **27** $\left(\dfrac{3}{2}, \dfrac{11\pi}{6}\right)$ e $\left(\dfrac{3}{2}, \dfrac{7\pi}{6}\right)$ **29** $(1,\theta)$ com $\theta =$

$\dfrac{\pi}{9}, \dfrac{5\pi}{9}, \dfrac{7\pi}{9}, \dfrac{11\pi}{9}, \dfrac{13\pi}{9}$, e $\dfrac{17\pi}{9}$ **31** $\left(\dfrac{\sqrt{3}}{2}, \dfrac{\pi}{3}\right), \left(\dfrac{\sqrt{3}}{2}, \dfrac{2\pi}{3}\right)$, e $(0,0)$ **33** $\left(2, \dfrac{3\pi}{2}\right)$

37 $r = -\dfrac{d}{\cos\theta}$ e $r = \dfrac{e^2 d + d}{(1 - e^2)\cos\theta}$ **39** $\left(2, \dfrac{\pi}{2}\right), \left(2, -\dfrac{\pi}{2}\right), (2,\pi), \left(-2 - 2\sqrt{2}, \dfrac{\pi}{4}\right)$,

$\left(-2 - 2\sqrt{2}, \dfrac{5\pi}{4}\right), \left(-2 + 2\sqrt{2}, \dfrac{3\pi}{4}\right)$, e $\left(-2 + 2\sqrt{2}, \dfrac{5\pi}{4}\right)$

Conjunto de problemas 4 pág. 555

1 $\dfrac{31\pi^3}{6}$ **3** $\dfrac{128}{5\pi}$ **5** $\dfrac{9\sqrt{3}}{2}$ **7** 4π **9** π **11** $\dfrac{9\pi}{2}$ **13** 6π **15** $\dfrac{6\pi + 9\sqrt{3}}{2}$

17 $\dfrac{5\pi}{4}$ **19** $12(3\sqrt{3} - \pi)$ **21** $\dfrac{25\pi^3}{24}$ **23** 6π **25** $\dfrac{61}{6}$ **27** $\sqrt{2}(e^{4\pi} - 1)$

29 $\dfrac{5\pi}{2}$ **31** Limites de integração devem ser de 0 a π. **33** 16π **35** 25π

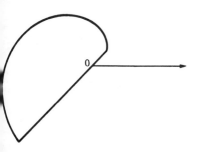
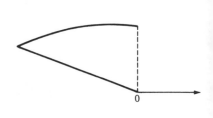

Figura, problema 1   *Figura, problema 3*   *Figura, problema 5*

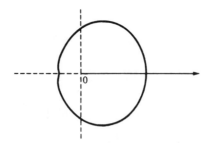

Figura, problema 11

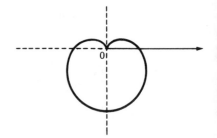

Figura, problema 13

Conjunto de problemas 5 pág. 560

1 $\bar{r} = 5$ 3 $\bar{r} = 4\operatorname{sen}\bar{\theta}$ 5 $r = 3 - 5\operatorname{sen}\bar{\theta}$ 7 $\bar{r} = 3 + 5\cos\bar{\theta}$ 9 $\bar{r} = -25\cos 2\bar{\theta}$ 11 $(-7, -4)$ 13 $\left(\dfrac{3\sqrt{3}-3}{2}, -\dfrac{3\sqrt{3}+3}{2}\right)$ 15 $(1 - 2\sqrt{3}, -2 - \sqrt{3})$

17 $(4, 0)$ 19 $(0, 8)$ 21 $\bar{x}^2 + 2\sqrt{3}\,\bar{x}\bar{y} + 3\bar{y}^2 - 6\sqrt{3}\,\bar{x} + 6\bar{y} = 0$ 23 $x^2 + y^2 = 1$

25 $\bar{x}^2 + \bar{y}^2 = 1$ 27 $\bar{y} = \bar{x}^2$ 29 $\bar{x} = x\cos\phi + y\operatorname{sen}\phi,\ \bar{y} = -x\operatorname{sen}\phi + y\cos\phi$

Conjunto de problemas 6 pág. 566

1 (a) $\phi = \operatorname{sen}^{-1}\dfrac{\sqrt{5}}{5} \approx 26{,}57°$; (b) $x = \dfrac{\sqrt{5}}{5}(2\bar{x} - \bar{y}),\ y = \dfrac{\sqrt{5}}{5}(\bar{x} + 2\bar{y})$; (c) $2\bar{x}^2 - 3\bar{y}^2 = 12$

3 (a) $\phi = 45°$; (b) $x = \dfrac{\sqrt{2}}{2}(\bar{x} - \bar{y}),\ y = \dfrac{\sqrt{2}}{2}(\bar{x} + \bar{y})$; (c) $2\bar{x}^2 = 1$ 5 (a) $\phi = \operatorname{sen}^{-1}\dfrac{3}{5} \approx 36{,}87°$; (b) $x = \dfrac{1}{5}(4\bar{x} - 3\bar{y}),\ y = \dfrac{1}{5}(3\bar{x} + 4\bar{y})$; (c) $25\bar{y}^2 = 144$

7 (a) $\phi = \operatorname{sen}^{-1}\dfrac{\sqrt{10}}{10} \approx 18{,}43°$; (b) $x = \dfrac{\sqrt{10}}{10}(3\bar{x} - \bar{y}),\ y = \dfrac{\sqrt{10}}{10}(\bar{x} + 3\bar{y})$; (c) $\bar{x}^2 + 3\bar{y}^2 = 9$

9 (a) $\phi = \operatorname{sen}^{-1}\dfrac{\sqrt{10}}{10} \approx 18{,}43°$; (b) $x = \dfrac{\sqrt{10}}{10}(3\bar{x} - \bar{y}),\ y = \dfrac{\sqrt{10}}{10}(\bar{x} + 3\bar{y})$;

(c) $3\bar{x}^2 - 7\bar{y}^2 + 9\bar{x} + 7\bar{y} - 16 = 0$ 11 (a) elipse; (b) parábola; (c) círculo;

(d) hipérbole. 13 $\phi = 45°, \dfrac{7}{2}\bar{x}^2 + \dfrac{1}{2}\bar{y}^2 = 4$ (elipse) 17 (a) $\phi = \operatorname{sen}^{-1}\dfrac{\sqrt{10}}{10} \approx 18{,}43°$, $3\bar{x}^2 + 8\bar{y}^2 = 48$; (b) $\phi = \operatorname{sen}^{-1}\dfrac{3}{5} \approx 36{,}87°,\ 16\bar{x}^2 - 9\bar{y}^2 = 144$ 19 $y^2 - 9x^2 = 0$

21 $\phi = \operatorname{sen}^{-1}\dfrac{2\sqrt{5}}{5} \approx 63{,}43°,\ 5\bar{x}^2 = 8$ (duas retas paralelas) 23 $\phi = 45°$, $-\dfrac{7}{2}\bar{x}^2 + \dfrac{11}{2}\bar{y}^2 = 12$ (hipérbole)

Conjunto de problemas de revisão pág. 567

1 (a) $\left(-1, \dfrac{4\pi}{3}\right)$; (b) $\left(1, -\dfrac{5\pi}{3}\right)$; (c) $\left(-1, -\dfrac{2\pi}{3}\right)$ 3 (a) $\left(-2, \dfrac{3\pi}{4}\right)$; (b) $\left(2, -\dfrac{\pi}{4}\right)$; (c) $\left(-2, -\dfrac{5\pi}{4}\right)$ 5 (a) $(-3, 0)$; (b) $(3, -\pi)$; (c) $(-3, -2\pi)$ 7 $(0, 0)$ 9 $(-17, 0)$

11 $\left(\dfrac{-11\sqrt{2}}{2}, \dfrac{11\sqrt{2}}{2}\right)$ 13 $(17, 0)$ 15 $\left(4, -\dfrac{\pi}{3}\right)$ 17 $\left(17\sqrt{2}, \dfrac{3\pi}{4}\right)$

19 $x^2 - y^2 = 1$ 21 $y^2 = \dfrac{1 - x^4}{x^2}$ 23 $r = \dfrac{1}{2\cos\theta - 1}$ 25 $r = 4\cot\theta\csc\theta$

27 Rosa de 3 folhas, simétrica em relação ao eixo polar   **29** Reta, não simétrica

31 Parábola, simétrica em relação a $\theta = \dfrac{\pi}{2}$ **33** $\dfrac{5}{3}$ **35** $-\dfrac{3}{2}$ **37** Horizontal em

$$\left(3 - \frac{3 + \sqrt{137}}{4}, \cos^{-1}\frac{3 + \sqrt{137}}{16}\right), \left(3 - \frac{3 - \sqrt{137}}{4}, \cos^{-1}\frac{3 - \sqrt{137}}{16}\right),$$

$$\left(3 - \frac{3 + \sqrt{137}}{4}, 2\pi - \cos^{-1}\frac{3 + \sqrt{137}}{16}\right), \quad e \quad \left(3 - \frac{3 - \sqrt{137}}{4}, 2\pi - \cos^{-1}\frac{3 - \sqrt{137}}{16}\right);$$

vertical em $(-1, 0)$, $(7, \pi)$, $\left(\dfrac{3}{2}, \cos^{-1}\dfrac{3}{8}\right)$, e $\left(\dfrac{3}{2}, 2\pi - \cos^{-1}\dfrac{3}{8}\right)$ **39** $\dfrac{1}{3}\tan\theta$

41 Parábola, diretriz $x = -17$ **43** Elipse, $e = \dfrac{2}{5}$, diretriz $y = -5$ **45** Hipérbole,

$e = 2$, diretriz $y = 1$ **47** $\left(\dfrac{\sqrt{17} - 1}{2}, \cos^{-1}\dfrac{3 - \sqrt{17}}{4}\right)$, $(1, \pi)$, e

$\left(\dfrac{\sqrt{17} - 1}{2}, 2\pi - \cos^{-1}\dfrac{3 - \sqrt{17}}{4}\right)$ **49** 4π unidades quadradas   **51** $\dfrac{3\pi}{4}$ unidades quadradas

53 $\dfrac{(1 - e^{-6\pi})\sqrt{10}}{3}$ unidades   **55** 2 unidades   **57** $\bar{r}^2 \cos 2\bar{\theta} = 2$ **59** $5\bar{x}^2 - 3\bar{y}^2 = 15$

(hipérbole)   **61** $\left(\dfrac{\sqrt{3} + 2}{2}\right)\bar{x}^2 - \left(\dfrac{2 - \sqrt{3}}{2}\right)\bar{y}^2 = 11$ (hipérbole)   **63** Elipse

65 Elipse   **67** Parábola

Capítulo 12

Conjunto de problemas 1 pág. 575

1 -3 **3** $\dfrac{5}{13}$ **5** 32   **7** 0   **9** $-\dfrac{1}{4}$ **11** $-\dfrac{1}{7}$ **13** $-\dfrac{1}{2}$ **15** $\dfrac{1}{6}$ **17** $-\dfrac{1}{8}$

19 $\dfrac{7}{5}$ **21** 0   **23** 3   **25** $\dfrac{4}{3}$ **27** $\dfrac{e}{e - 1}$ **29** $\sec^{-1}\dfrac{2}{\sqrt{\pi}}$ **31** $a = 4, b = 1$

35 Não, desde que não sabemos $D_x \operatorname{sen} x$.   **37** 0   **39** $\dfrac{ET}{L}$ **41** $\dfrac{-At \cos wt}{2w}$

Conjunto de problemas 2 pág. 581

1 1   **3** 0   **5** $+\infty$ **7** 0   **9** 0   **11** 0   **13** $+\infty$ **15** 0   **17** -2

19 $\dfrac{1}{2}$ **21** $+\infty$ **23** $-\dfrac{1}{2}$ **25** $-\dfrac{1}{7}$ **27** 1   **29** e **31** 1   **33** 1   **35** e^2

37 1   **39** e **41** e^6 **43** e^{-2} **45** e **47** 1   **49** 1   **51** 3

Conjunto de problemas 3 pág. 586

1 2   **3** $\dfrac{\pi}{12}$ **5** Divergente   **7** $\ln 2$ **9** Divergente   **11** $\dfrac{\pi}{8}$ **13** Divergente

15 π **17** -1 **19** $\dfrac{\pi}{2}$ **21** $\dfrac{1}{3}$ **23** π **27** $n = 2, 2\ln 3$ **31** $\dfrac{\pi}{2}$ **33** π

35 $1 - \dfrac{1}{2e^2}$ **37** $(100)^2 Ak^{-2} + 100Bk^{-1}$

Conjunto de problemas 4 pág. 592

1 4   **3** $\dfrac{27}{2}$ **5** $3\operatorname{sen} 1$ **7** $-\dfrac{1}{4}$ **9** $\dfrac{\pi}{2}$ **11** $2 - \dfrac{2}{e^2}$ **13** $\dfrac{7}{5}(\ln 2)^{5/7}$

15 Diverge   **17** 0   **19** Diverge   **21** $-2\sqrt{1 - \sqrt{3}} + 2$

23 $\dfrac{5}{4}\left[\sqrt[5]{(e - 1)^4} - \sqrt[5]{\left(\dfrac{1}{e} - 1\right)^4}\right]$ **27** O teorema fundamental do cálculo não se aplica a integrais impróprias. **29** π unidades quadradas **31** Infinito **33** $\dfrac{\pi}{1-2p}$ para $0 < p < \dfrac{1}{2}$. senão, infinito **35** $\dfrac{2\pi}{2-p}$ para $< p < 2$, infinito para $p \geqslant 2$

Conjunto de problemas 5 pág. 601

1 $\dfrac{1}{2} - \dfrac{(x-2)}{4} + \dfrac{(x-2)^2}{8} - \dfrac{(x-2)^3}{16} + \dfrac{(x-2)^4}{32} - \dfrac{(x-2)^5}{64} + \dfrac{(x-2)^6}{128}; C^{-8}(x-2)^7$

3 $\dfrac{1}{10} - \dfrac{(x-100)}{2(10^3)} + \dfrac{3(x-100)^2}{8(10^5)} - \dfrac{5(x-100)^3}{16(10^7)} + \dfrac{35(x-100)^4}{128(10^9)}; -\dfrac{63}{256} C^{-11/2}(x-100)^{5.}$

5 $1 - 2(x-3) + 3(x-3)^2 - 4(x-3)^3 + 5(x-3)^4 - 6(x-3)^5; \dfrac{7(x-3)^6}{(c-2)^8}$

7 $x - \dfrac{x^3}{3!} + \dfrac{x^5}{5!}; \dfrac{-\cos c}{7!} x^7$ **9** $1 + 2\left(x - \dfrac{\pi}{4}\right) + 2\left(x - \dfrac{\pi}{4}\right)^2 + \dfrac{8}{3}\left(x - \dfrac{\pi}{4}\right)^3 + \dfrac{10}{3}\left(x - \dfrac{\pi}{4}\right)^4;$

$\dfrac{16\sec^2 c \tan^4 c + 88\sec^4 c \tan^2 c + 16\sec^6 c}{5!}\left(x - \dfrac{\pi}{4}\right)^5$

11 $e + 2e(x-1) + \dfrac{3e}{2}(x-1)^2 + \dfrac{2e}{3}(x-1)^3; \dfrac{(c+4)e^c}{4!}(x-1)^4$

13 $2 + 2(\ln 2)(x-1) + (\ln 2)^2(x-1)^2 + \dfrac{(\ln 2)^3}{3}(x-1)^3; \dfrac{(\ln 2)^4 2^c(x-1)^4}{4!}$

15 $x + \dfrac{x^3}{3!}; \dfrac{\cosh c}{5!} x^5$ **17** 0,8415 **19** 2,7183 **21** $-0,0202$ **23** 3,0067

25 $\dfrac{1}{10^{n+1}(n+1)!}$ **29** $\dfrac{1}{2} r^2 s - \dfrac{1}{2} rs + \dfrac{1}{12r} s^3; \dfrac{s^5}{240r^3}$ **31** $I \approx \dfrac{2B}{(n+1)(A+B)}$

33 $T \approx \dfrac{w^2 s^2}{8H} + H$ **35** (d) 0,630

Conjunto de problemas de revisão pág. 604

1 -1 **3** 4 **5** $+\infty$ **7** $-\infty$ **9** -1 **11** 0 **13** 0 **15** a **17** $-\dfrac{1}{2}$

19 $+\infty$ **21** $e^{-1/2}$ **23** $+\infty$ **25** 1 **27** $e^{-1/2}$ **29** 1 **31** 1 **33** 3

35 $\dfrac{1}{3}$ **39** $\dfrac{\pi}{4}$ **41** $\dfrac{e^2-1}{4}$ **43** $\dfrac{2}{3}$ **45** $\dfrac{2}{5}$ **47** $\dfrac{2e^3}{9}$ **49** Diverge

51 $\dfrac{3}{2}(e-1)^{2/3}$ **53** $3\sqrt[3]{a^2}$ **55** $\dfrac{\pi}{6}$ **57** Infinito **59** (a) $\dfrac{3\pi}{4a^5}$; (b) $\dfrac{12\pi}{a^4}$

61 $2x - \dfrac{8x^3}{3!}; \dfrac{2 \operatorname{sen} 2c}{3} x^4$ **63** $1 - x + \dfrac{x^2}{2!} - \dfrac{x^3}{3!} + \dfrac{x^4}{4!} - \dfrac{x^5}{5!} + \dfrac{x^6}{6!} - \dfrac{x^7}{7!}; \dfrac{e^{-c}}{8!} x^8$

65 0,99939 **67** 0,40547 **69** 1,01489

ÍNDICE ALFABÉTICO

Os números em *itálico* referem-se a localizações fora do texto (legendas, quadros, dísticos, notas, etc.).

A

Abscissa de P_1, 11
Aceleração, 152
- centrípeta, 741
- da gravidade, 270
Adição de vetores
- elemento identidade para a, 687
- propriedade
- - associativa, 687
- - comutativa, 687
- regra do paralelogramo para, 687
Álgebra de funções, 39
Altura, 349
Anel de ancoragem, 357
Ângulo
- entre dois planos, 786
- entre duas retas, 791
Antiderivada, 256, 257
- notação para, 258
Antidiferenciação(ões), 257
- com respeito
- - à distância, 278
- - ao tempo, 278
- da função nula, 258
- em um intervalo aberto, 258
- regras básicas, 259
- sucessivas, 267
Ânulo, 256
Aproximação
- linear, 863
- - processo da, 132
- - teorema da, 134
- polinomial de Taylor
- - limite do erro na, 599
Área(s)
- com sinal, 286
- de regiões planas
- - cálculo por divisão em fatias, 339-340
- - - usando a integral definida, 340
- de um triângulo
- - no espaço, 772
- - no plano, 773
- de uma superfície de revolução, 372
- entre dois gráficos, 341
- pela integração dupla, 953
Assíntota(s), 78
- da hipérbole, 235
- horizontal, 79
- vertical, 79

B

B^x
- derivada de, 446
- propriedades básicas de, 445
Base canônica, 693

C

Calor específico, 204
Campo
- escalar, 840, 888
- vetorial, 1018
Cardióides, 540
Casca, 350, *350*
Cauchy, teorema do valor médio generalizado de, 573
Célula(s), 933, 972
Centro
- da elipse, 218
- da hipérbole, 235
- massa, 955, 992
Centróide, 957, 993
Cilindro(s), 808
- circular reto, 808
- diretriz do, 808
- elíptico, 808
- geratriz do, 808
- hiperbólico, 808
- parabólico, 808
- sólido
- - de bases B_1 e B_2, 349
- - reto, 349
Circulação, 1026
Círculo(s), 212
- equação do, 213
- na forma polar, 547
Co-seno hiperbólico, 452
Coeficiente(s)
- angular, 13
- - da reta tangente, 93
- - infinito, 14
- da série de potências, 653
- de expansão cúbica, 205
- linear, 16
Colatitude, 827
Comparação entre um ângulo e seu seno, 393
Componente(s)
- escalar(es), 698
- - aditivas, 699
- normal, 742
- tangencial, 742
- vetorial
- - normal, 799
- - tangencial, 799
Composição de f, 41
Comprimento de arco, 369, 726, 732
Cone
- altura do, 366
- elíptico, 816
- sólido com vértice P e base B, 366
- volume de, 366
Condição(ões)

- de contornos, 265
- de paralelismo, 15
- de perpendicularidade, 17
- iniciais, 265
- - limite, 265
- marginais, 265
Cônica(s), 212, 241
- degenerada, 566
- diretriz da, 241
- equação da, 242
- excentricidade, 241
- foco da, 241
- na forma polar, 544
- teorema das, 243
Conjunto
- aberto, 850
- dos números reais, 2
- fechado, 850
- - solução, 4
Conóide, 389
Constante
- da mola, 275
- de Euler, 428
- de integração, 259
- desvio padrão, 441
- média, 441
Continuidade, 61
- de um produto, 85
- em um intervalo, 69
Conversão de base para logaritmos, 448
Coordenada(s), 10
- cartesianas
- - equações associadas à rotação em, 557
- - cilíndricas, 822
- conversão de, 531
- do ponto P, 10, 11
- polares, 529
- - área de uma região em, 550, 553
- sistema de, 10
- x, 1
- z, 749
Corda focal, 229
Cota
- inferior, 612
- superior, 612
Crescimento exponencial, 464-467
Curva(s)
- catenária, 457
- ciclóide, 714
- de nível do campo, 887
- direcionadas, 999
- fechada, 1004
- - simples, 1004
- orientadas, 999
- polar(es)
- - comprimento de arco de uma, 553
- - pontos de interseção das, 547

I-2

Curvatura, 733
- fórmula para, 735
- K, 798
Custo marginal, 189

D

Derivada(s)
- à direita, 100
- à esquerda, 100
- da(s) função(ões)
- - exponencial, 441
- - hiperbólicas, 454
- - - inversas, 461
- - logarítmicas, 449
- - trigonométricas, 397-400
- - vetorial, 721
- de b^x, 446
- de n-ésima ordem, 153
- de ordem superior, 151-157, *154*
- - regras de, 155
- de quarta ordem, 153
- de segunda ordem, 152
- de terceira ordem, 153
- de uma função, 97-104
- - aplicações da, 143-211
- - continuidade, 100
- - diferenciabilidade, 100
- direcional, 883, 889
- do logaritmo natural, 429
- notações da, 98
- para valores aproximados de funções, 130-136
- - processo da aproximação linear, 132
- - teorema da aproximação linear, 134
- parcial(is), 854
- - cálculo de, 856
- - de ordem superior, 896
- - de segunda ordem, 897
- - e diferenciação implícita, 878
- - interpretação geométrica, 860
- - mistas de segunda ordem, 900
- - - igualdade, 900
- - regra da cadeia para, 857, 872-880
- - taxa de variação, 860
- quarta, 153
- segunda, 152
- terceira, 153
Desaceleração, 270
Desigualdade(s), 2, 3
- estrita, 3
- não-estrita, 3
- regras para, 2
- triangular, 7
Deslocamento, 726
Determinante, 767
Diferenciabilidade, 122
Diferenciação, 90, 99
- da(s) função(ões)
- - exponencial, 441
- - hiperbólicas, 454
- - - inversas, 461
- - trigonométricas inversas, 416-420
- implícita, 194
- - processo, 195
- logarítmica, 447
- parcial, 854
- provas das regras básicas da, 109-113
- regra
- - da cadeia, 115
- - da constante, 104
- - da homogeneidade, 105
- - da identidade, 104
- - da inversa aritmética, 107
- - da multiplicação, 106
- - da potência, 105
- - - para expoentes inteiros, 108
- - da soma, 106
- - de Leibniz, 106
- - do produto, 106
- - do quociente, 107
Diferencial(is), 251
- fórmulas, 253
- total, 866

Dina, 278
- - centímetro, 279
Direção de um gráfico polar, 540
Diretriz, 226, 544
Discriminante, 512
Distância, 726
- de um ponto a um plano, 784
- entre duas retas no espaço, 788
- entre pontos no espaço, 759
- entre um ponto e uma reta, 787
- fórmula da, 11
- orientada, 1, 749
- unitária, 1
Distribuição probabilística de Poisson, 450
Divergência de uma série de somas, 628
Divergente, 1021
Domínio de f, 21

E

Eixo(s)
- coordenados, 10
- da parábola, 227
- de revolução, 809
- de simetria, 227
- dos "x", 10
- dos "y", 10
- maior da elipse, 219
- menor da elipse, 219
- polar, 529
- z, 750
Elasticidade de demanda, 142
Elemento
- oposto, 688
- simétrico, 688
Elevação, 13
Elipse, 212, *212*, 218
- centro da, 218
- focos da, 218
- eixo
- - maior, 219
- - menor, 219
- equação da, 220
- *latus rectum* da, 225
- propriedade refletora da, 226
- vértices da, 219
Elipsóide, 814
- de revolução, 810
Energia
- potencial, 384
- total, 385
Equação(ões)
- associadas à rotação em coordenadas cartesianas, 557
- da cônica, 242
- da curva, 213
- da demanda, 378
- da elipse, 220
- da hipérbole, 235
- da parábola, 227
- - da forma canônica, 227
- da reta L, 15
- de curvas no plano, 714-717
- de planos no espaço, 775
- de reta(s), 775
- - normal, 127-129
- - tangente, 127-129
- de suprimento, 381
- de vínculo, 914
- diferencial(is), 265
- - aplicações, 273-280
- - de segunda ordem, 267
- do círculo, 213
- do movimento, 151, 739
- escalares paramétricas, 782
- geral do segundo grau, 561
- paramétricas, 711
- - escalares, 713
- polar, 532
- - gráfico de, 533
- separável, 266
- simétricas, 781
- vetorial, 706, 707, 776
- - e distância de um ponto a uma reta, 709

- - gráfico, de, 707
- - paramétrica, 711, 781
Erg, 279
Escala numérica, 2
Esferas, 807
Espaço
- curvas no, 796
- equação de movimento, 796
- xyz, 751
Espiral
- circular, 803
- de Arquimedes, 539, *539*
- logarítmica, 539, *539*
Euler, constante de, 428
Exatidão, 285
Excentricidade, 544
Existência das integrais de Riemann, 307
Extremo(s)
- absoluto(s), 175, 909
- - existência de, 176, 909
- - processo, num intervalo fechado, 176
- relativo(s), 168, 905
- - condição para, 168, 907
- - derivada primeira e segunda para, 169
- - processo, 172-174
- - teste
- - - da primeira derivada, 170
- - - da segunda derivada, 171

F

Fatores quadráticos irredutíveis, 512
Fermat, princípio de, 186
Fluxo, 1010
- do campo vetorial, 1018
Foco(s), 226, 544
- da elipse, 218
Força, 381
- causada pela pressão do fluido, 386
- centrífuga, 743
- centrípeta, 742
Forma(s)
- canônica, 223
- de Lagrange, 598
- do ponto coeficiente angular, 15, 16
- escalar
- - não-paramétrica, 714
- - paramétrica, 715
- geral da equação da reta, 17
- indeterminadas, 570
- vetorial, 705
- - não-paramétrica, 715
- - paramétrica, 715
Fórmula(s), 804
- da distância, 11, 12
- de Frenet, 802
- de Taylor, 570-601
- - com o resto de Lagrange, 598
- - extensão do teorema do valor médio, 596
- para as funções hiperbólicas inversas, 460
- para conversão de coordenadas cartesianas para coordenadas polares, 534
- prismoidal, 336
Frações parciais, 504
- cálculo das constantes das, 506
- - igualando os coeficientes, 506
- - substituição, 506
- integração de funções racionais por, 512-518
Frenet, fórmulas de, 802
Função(ões), 21
- a duas variáveis, 837
- - área do gráfico de uma, 1015
- - continuidade, 849
- - derivadas parciais de, 854
- - gráfico, 838
- - imagem, 838
- - propriedades da continuidade para, 850
- a n variáveis
- - derivadas parciais de, 855
- a três ou mais variáveis, 867
- a várias variáveis, 839
- afim, 30

- álgebra de, 39
- algébrica(s), 31
- - elementar, 31
- área sob o gráfico de uma, 286
- co-seno, 118
- - derivada da, 397
- - como conjunto de pares ordenados, 26
- como correspondência, 21
- como regra, 21
- composição de, 40, 41
- concavidade do gráfico de uma, 159
- constante, 30
- contínua(s), 31, 61, 850
- - integral de Riemann, 307
- - propriedades das, 67-71
- continuamente diferenciável, 864
- crescente, 158, 309
- custo marginal, 189
- dada pela equação, 21
- de densidade, 953
- de Gompertz, 468
- decrescente, 158, 309
- definida pela equação, 21
- densidade da probabilidade normal, 441
- derivada de uma, 97-104
- descontínua(s), 31, 62
- diferença de, 40
- diferenciável(is), 101, 200, 864
- - a duas variáveis, 864
- - contínua, 869
- - continuidade de, 102
- domínio de, 22
- elementares, 427
- exponencial, 438, 1037
- - com bases diferentes de e, 444
- - como um limite, 449, 450
- - de um número racional, 440
- - diferenciação da, 441
- - para valores irracionais de x, 440
- - propriedades da, 439
- externa, 118
- extremo(s)
- - absolutos de, 175
- - relativo da, 905
- gráfico de, 21
- hiperbólicas, 452, 1038
- - derivadas das, 454
- - diferenciação das, 454
- - e integrais, 455
- - inversas, 458-463
- - - fórmulas para, 460
- identidade, 30
- imagem de, 22
- ímpar, 29
- implícita, 197
- infinitamente diferenciável, 670
- integrável, 939
- interna, 118
- inversa(s), 43
- - da secante hiperbólica, 459
- - do co-seno hiperbólico, 459
- - do seno, 411
- - regra da, 122
- - teorema, 122
- limitada, 307
- $\log_a$, 448
- logarítmica(s)
- - com bases diferentes de e, 444
- - derivada das, 449
- - natural, 428
- - - gráfico da, 434
- - - propriedades da, 433-437
- maior inteiro, 31
- monótona, 158
- par, 29
- polinomial, 30
- produto de, 40
- propriedades dos limites de, 57-61
- quociente de, 40
- racional(is), 30, 510
- Riemann-integrável, 973
- seccionalmente contínua, 307
- seccionalmente monótonas, 307
- seno, 118

- - derivada da, 397
- - fórmula de adição para, 393
- - soma de, 40
- transcendentes, 31
- trigonométricas, 34-39, 1034, 1035
- - continuidade das, 393
- - de qualquer número real, 34
- - derivadas, aplicações, 402-406
- - e limites especiais, 394
- - - desigualdades fundamentais, 394
- - - fórmula do ângulo-metade, 395
- - gráficos, 37
- - integração de, 406-408
- - inversas, 410-415
- - - definições, 411
- - - diferenciação, 416-420
- - - gráficos, 412
- - - integrais, 421-423
- - - relações básicas, 413
- valor(es)
- - absoluto, 31
- - de máximo e mínimo relativos, 167-174
- - intermediário, 317
- - médio, 317
- - - em um intervalo, 317
- vetorial(is), 718
- - contínua, 720
- - derivada, de, 721
- - limite de, 719
- - - propriedades, 719
- - notação diferencial de Leibniz, 721
- - regra da cadeia para, 724
- zeta de Riemann, 637

G

Gás
- compressão de, 383
- expansão de, 383
Gauss, teorema de, 1022
Geometria analítica e as cônicas, 212-250
Gompertz, função de, 468
Gradiente, 884, 889
Gráfico(s), 21
- da função logaritmo natural, 434
- de equação(ões), 212
- - no espaço xyz, 751
- - polares, 532
- de uma função
- - concavidade
- - - para baixo, 160
- - - para cima, 160
- - - teste para, 160
- - construção de, 161
- polar(es), 536-544
- - direção de um, 540
- - simetria dos, 537
Grama, 278

H

Hélice, 803
Hipérbole, 212, 212, 234
- assíntotas da, 235
- centro da, 235
- eixo
- - de simetria, 235
- - transverso, 235
- equação da, 235
- equilátera, 240
- forma canônica para, 235
- latus rectum da, 239
- vértices da, 235
Hiperbolóide
- de duas folhas, 814
- de revolução, 810
- de uma folha, 814
Hooke, lei de, 275

I

Identidade(s)
- de Lagrange, 770
- do duplo produto vetorial, 770

- trigonométricas padrão, 35
Imagem de f, 21
Inclinação, 13
Índice do somatório, 298
Integração, 258
- aditividade com respeito ao intervalo de, 315
- de e^u, 442
- de funções
- - que possuem potências fracionárias, 520-522
- - racionais de seno e co-seno, 522-523
- - trigonométricas, 406-408
- dupla
- - áreas pela, 953
- - volumes pela, 952
- indefinida, 259
- por partes, 496
- por substituição(ões)
- - especiais, 520-523
- - trigonométrica, 491
Integral(is)
- da co-secante, 486
- da co-tangente, 486
- da secante, 486
- da tangente, 486
- de linha, 998
- - propriedades das, 1002
- de Riemann
- - cálculo das, pelo uso da definição, 308
- de superfície, 1010, 1017
- de uma função constante, 312
- definida(s), 286
- definida, 286
- - aproximação de, 330
- - - limite de somas de Riemann, 330
- - áreas de regiões planas, 338
- - comparação, 314
- - - de Riemann, 305
- - nas ciências econômicas e biológicas, 378
- - - fluxo de sangue no sistema circulatório, 380
- - - poluição, 380
- - - produção num período de tempo, 379
- - - saldo do consumidor, 378
- - positividade, 314
- - propriedade
- - - aditiva, 313
- - - da homogeneidade, 312
- - - do valor absoluto, 314
- - - linear, 313
- - variável de integração numa, 319
- dupla(s), 932
- - aditividade em relação à região de integração, 939
- - comparação, 939
- - em coordenadas polares, 964-970
- - existência, 939
- - interpretação como uma área, 939
- - positividade, 939
- - propriedade
- - - aditiva, 939
- - - linear, 939
- envolvendo
- - funções hiperbólicas, 455
- - logaritmos naturais, 430
- impróprias, 570
- - com integrandos ilimitados, 588-592
- - com limites infinitos, 582-586
- - com um limite superior infinito, 583
- - convergente, 583
- - divergente, 583
- - no limite
- - - inferior, 588
- - - superior, 589
- indefinida, 259
- que envolvem produtos de potências de senos e co-senos, 479-483
- - de funções trigonométricas diferentes de seno e co-seno, 485-489
- que produzem funções trigonométricas inversas, 421-423

I-4

- repetidas, 927-930
- teorema do valor médio para, 317
- tripla(s), 972
- - centro de massa, 992
- - densidade, 990
- - em coordenadas
- - - cilíndricas, 982
- - - esféricas, 985
- - iterada, 979
- - momentos, 991
Integrando, 259, 287
Intensidade da força centrípeta, 742
Interseção de curvas polares, 544
Intervalo(s), 4
- aberto, 4
- - à direita, 4
- - à esquerda, 4
- de convergência, 655
- de integração, 287
- - aditividade geral, 318
- fechado, 4
- infinito
- - negativo, 5
- - positivo, 5
- limitados, 4
- não-limitados, 5
- notação de, 5
Invariante
- algébrico por rotação, 565
- por rotação, 565
Inversa de uma função, 45
- método algébrico para, 46

J

Juros compostos contínuos, 471

K

K-ésimo subintervalo, 304

L

Lagrange
- forma de, 598
- multiplicadores de, 914
Lâmina, 955
Latitude, 827
Latus rectum
- da elipse, 225
- da hipérbole, 239
- da parábola, 229
Lei
- da conservação da energia, 278
- da gravitação de Newton, 276
- da refração de Snell, 193
- da transitividade, 3
- de Hooke, 275
- de Newton para o resfriamento, 470
- do movimento, 151
- - de Newton, 278
- dos expoentes, 445
- natural do crescimento, 465
- - fórmulas da, 465
Leibniz, notação de, 99
- para a regra da função inversa, 121
Lemniscata, 540
Limaçon, 540
Limite(s), 51, 55
- adição de, 83
- à direita, 66
- à esquerda, 66
- de função(ões)
- - a duas variáveis, 844, 848
- - a várias variáveis, 845
- - Riemann-integráveis, 307
- definição formal de, 54
- envolvendo infinito, 71-78
- - definições formais, 77
- inferior de integração, 287
- infinitos
- - pela direita, 77
- - pela esquerda, 77

- lateral, 63
- - definições formais de, 66
- propriedades básicas de, 57
- superior de integração, 287
Linha(s), 998
- de contorno, 842
- eqüipotenciais, 842
Logaritmo(s), 427
- comuns, *1039, 1040*
- conversão de base para, 448
- natural(is), *1035, 1036*
- - de um produto, 433
- - de um quociente, 433
- - de uma potência racional, 434
- - imagem do, 436
- - monotonicidade do, 434
Longitude, 827

M

Mapa de contorno, 842
Massa
- centro de, 955
- homogênea, 957
- uniforme, 957
Máximo
- absoluto, 912
- local, 168
- relativo, 168, 912
Meia-vida, 467
Meridiano(s), 827
- principal, 827
Método
- da iteração, 945
- das cascas cilíndricas, 359
- de divisão em fatias, 361
- de fracionamento, 283
- dos anéis circulares, 353-357
- dos discos circulares, 351, 352
- rápido de substituição, 508
Mínimo
- local, 168
- relativo, 168
Mistura, 469
Módulo do torque, 959
Momento, 955
- de inércia, 959, 994
- - polar, 961
Momentum linear, 278
Movimento, 384
- de um projétil, 279
- linear, 269
Mudança de variável, 261
- processo, 261
Multiplicadores de Lagrange, 914

N

N-ésima derivada, 153
Nabla, 885
Newton
- lei da gravitação de, 276
- notação de, 98
Normal, 972
Normalização, 701
Notação(ões)
- da derivada, 98
- de intervalo, 5
- para integral de antiderivadas, 259
- sigma para somas, 297
- vetorial e trabalho, 1001
Número(s)
- positivos, 22
- real(is), 1-4
- - conjunto dos, 2
- - negativo, 2
- - positivo, 2

O

Octantes, 750
Operador
- derivada parcial, 854

- diferenciação, 99
Órbita, 739
Ordem da equação, 267
Ordenada, 11
- à origem, 16
Origem, 1, 705

P

Par ordenado, 11
Parábola, 24, 212, *212*, 224, 226
- área sob uma, 300
- concavidades, 227
- corda focal da, 229
- eixo da, 227
- equação da, 227
- *latus rectum* da, 229
- na posição geral, 229
- propriedade refletora da, 231
- vértice, 227
Parabolóide
- de revolução, 810
- elíptico, 817
- hiperbólico, 817
Paralelepípedo, 765
Paralelos, 827
Parâmetro, 711
Partição, 304
- estendida, 304, 972
- regular, 933
Passo, 13
Pé-*pound*, 278
Percurso, 739
Peso, 278
Plano(s)
- cartesiano, 11
- coordenado(s), 11, 750
- cortante, 813
- interseção de, 791
- no espaço, 775
- paralelos, 787
- perpendiculares, 787
- tangente, 890
- xy, 11
Poisson, processo de, 472
Polinômio de Taylor, 594
Pólo, 529
Ponto(s), 11
- crítico, 168, 907
- - interior, 907
- de inflexão, 161
- de interseção das curvas polares, 547
- de máximo relativo, 159, 167
- de mínimo relativo, 159, 167
- de sela, 907
- extremo, 4
- focais, 218
- - fronteira, 850, 867
- interior, 850, 867
- mudança de uma função em número finito de, 308
- simetricamente situados em relação ao plano, 751
- unidade, 1
Potência(s)
- da co-secante, 487
- da co-tangente, 487
- da secante, 487
- da tangente, 487
- e raízes, *1041*
- racional
- - logaritmo natural de, 434
Potencial, 278
Pound, 278
Primeiro
- octante, 750
- quadrante, 11
Princípio
- da tricotomia, 2
- de Fermat, 186
Problema de extremos vinculados, 914
Processo
- da aproximação linear, 132

- de Poisson, 472
Produto
- determinante, 763, 765
- escalar, 697
- - aplicações, 701
- - de vetores
- - - do plano cartesiano, 700
- - - no espaço xyz, 758
- - no espaço, propriedades, 758
- - propriedade(s) do, 698
- - - distributiva, 699
- - - homogênea, 699
- externo, 763
- interno, 697
- logaritmo natural de um, 433
- misto, 763, 765
- - fórmula do, 768
- transversal, 763
- vetorial, 763
- - fórmula do, 766
- - lei distributiva para, 766
Projeção escalar, 698

Q

Quadrantes, 11
Quantidades infinitesimais, 251
Quarto quadrante, 11
Quilograma, 278
Quociente
- de diferença, 97
- logaritmo natural de um, 433

R

Radianos, 34, 394
Raio de convergência, 655
Região
- admissível, 339
- do tipo
- - I, 945
- - II, 945
Regra
- da cadeia, 115
- - prova, 135
- da constante, 104
- da função inversa, 120
- - usando a notação de Leibniz, 121
- da homogeneidade, 105
- da identidade, 104
- da inversa aritmética, 107
- da multiplicação, 106
- da potência, 105
- - para expoentes inteiros, 108
- - para expoentes racionais, 123
- da raiz, 123
- da soma, 106
- de L'Hôpital, 570, 571
- - associada à forma indeterminada. 577
- - para a forma indeterminada 0/0, 574
- - para limite no infinito, 574
- de Leibniz, 106
- de Simpson, 334
- - limite superior para, 335
- do paralelogramo, 687
- do produto, 106
- do quociente, 107
- geral de potências, 445
- para translação de coordenadas cartesianas, 215
- parabólica, 334
- trapezoidal, 331, 332
- - limitação do erro para, 333
Rendimento marginal, 190
Resfriamento, 469
Resto de Taylor, 595
Reta(s)
- concorrentes, 18
- geometria das, 784
- no espaço, 779
- normal, 127, 890
- numérica, 2
- paralelas, 788, 791

- perpendiculares, 17, 791
- secante, 94
- tangente, 252
- - a um gráfico, 94
Reversão da ordem de integração, 948
Riemann
- função zeta de, 637
- soma de, 304
Rolle, teorema de, 147-149
Rosácea de três folhas, 539
Rotação, 556
- de eixos cartesianos, 557
Rotacional, 1021

S

Saldo do consumidor, 378
Seções cônicas, 212
Segunda
- diretriz, 243, 244
- lei de Newton, 278
Segundo quadrante, 11
Semi-eixo
- maior, 219
- menor, 219
Seno
- função inversa do, 411
- hiperbólico, 452
Sentido
- anti-horário, 733
- horário, 733
Seqüência(s), 606-616
- convergente, 608
- cota
- - inferior, 612
- - superior, 612
- crescente, 611
- decrescente, 611
- definição, 607
- divergente, 608
- infinita(s), 606, 607
- limitada, 612
- - inferiormente, 612
- - superiormente, 612
- monótona(s), 611
- - convergentes, 614
- n-ésimo, termo da, 607
- não-monótona, 611
- primeiro termo, 607
- propriedades dos limites de, 609
- segundo termo, 607
- termo da, 606
Série(s), 616
- absolutamente convergentes, 647
- alternada(s), 643
- - cujos termos decrescem em valor absoluto, 643
- - teste
- - - da raiz, 651
- - - da razão, 648
- - - de Leibniz para, 644
- binomial, 677
- - expansão de, 677
- condicionalmente convergentes, 647
- cujos termos trocam de sinal, 643-652
- de encaixe, 619
- de Maclaurin, 670
- de potência(s), 606, 653
- - antidiferenciação de, 665
- - - raio de convergência, 666
- - centro da, 653
- - coeficientes da, 653
- - continuidade de, 664
- - diferenciação termo a termo, 667
- - integração termo a termo de, 665
- - pontos extremos, 656
- - provas das propriedades das, 663
- - raio de convergência de, 655
- de Taylor, 670
- - expansão de uma função na sua, 671
- de termos não-negativos, 633-641
- - teste
- - - da integral, 633, 634

- - - de comparação, 637, 639
- geométrica, 621
- - aplicações da, 622-623
- harmônica, 635
- - alternada, 643
- infinita(s), 606, 616
- - condição
- - - de convergência, 626
- - - de divergência, 626
- - convergência de, 617
- - divergência de, 618
- - propriedades. 625-631
- - dominação de, 637
- - n-ésima soma parcial da, 617
- - n-ésimo termo da, 616
- p
- - convergência da, 635
- - divergência da, 635
- propriedades lineares das, 627
- remoção dos primeiros M termos de uma, 629
- seqüência das somas parciais da, 617
- termo geral da, 616
Simetria dos gráficos polares, 537
Sinal de integral, 258, 259
Sistema
- cilíndrico, 822
- de coordenadas
- - cartesianas, 10
- - - no espaço tridimensional, 748-754
- - cartesiano, 751
- - destrógiro, 751
- - esféricas, 826
- - polares, 529
- - retangular, 751
- - tridimensional, 751
Slug, 278
Snell, lei da refração de, 193
Sólido, 349
- de revolução, 350
Solução
- completa, 265
- geral, 266
- particular, 265, 267
Soma(s)
- de Riemann, 304, 932, 935, 972
- notação sigma para, 297-302
Somatório
- índice do, 298
- propriedades do, 299
Stokes, teorema de, 1021
Substituição, 261
- trigonométrica, 492
Subtração de vetores
- equação para, 688
- regra do triângulo para, 688
Superávit do consumidor, 378
Superfície(s)
- cilíndrica, 808
- de nível, 890
- de revolução, 809
- elipsóide, 814
- hiperbolóide
- - de duas folhas, 814
- - de uma folha, 814
- - interseções da, 813
- - quádrica, 812
- - central, 813
- - seções transversais das, 813
- - simétrica, 813
- - traços da, 813

T

Tangente
- hiperbólica, 452
- horizontal, 541
- vertical, 541
Taxa(s)
- de variação
- - cálculo da, 93
- - instantânea, 92
- - - em geral, 91

- - média, 92
- - relacionadas, 200
Taylor, fórmula de, 594
Teorema(s)
- da aproximação linear, 134
- - recíproca, 135
- da divergência, 1010, 1021, 1022
- da função inversa, 122
- - fórmula, 122
- - regra
- - - da potência para expoentes racionais, 124
- - - da raiz, 123
- da limitação, 83
- das cônicas, 243
- de Gauss, 1022
- de Green, 998, 1004
- - demonstração do, 1006
- de Pappus, 958
- de Pitágoras, 201
- de Rolle, 147-149
- de Stokes, 1021, 1026
- do valor
- - intermediário, 143-144
- - médio, 144-147
- - - generalizado de Cauchy, 573
- - - para integrais, 317
- sobre funções diferenciáveis a duas variáveis, 868-870
- fundamental do cálculo, 287, 321-327
- - prova do, 326
Teoria das funções, 20
Terceiro quadrante, 11
Termo(s)
- da seqüência, 606
- da série, 616
Teste da segunda derivada, 907
Tetraedro, 794
Toro, 357
Torque, 959
Trabalho
- no bombeamento de um líquido, 382
- por uma força variável, 382
Trajetória, 739

Translação de eixos, 215
Tricotomia
- princípio da, 2
Trinca
- destrógira, 763
- levógira, 765
Triplo produto escalar, 765

V

Valor(es)
- absoluto, 6
- - propriedades do, 8
- fundamentais, 535
- máximo absoluto, 175, 176, 909
- - aplicações
- - - à física e engenharia, 186-189
- - - ao comércio e economia, 189
- - - geométricas, 181-184
- - processos, 184
- máximo relativo, 905
- mínimo absoluto, 175, 176, 909
- - aplicações
- - - à física e engenharia, 186-189
- - - ao comércio e economia, 189
- - - geométricas, 181-184
- - processos, 184
Variável(is)
- dependente, 21, 837
- independente(s), 21, 837
Velocidade, 152
- média, 91
Vértice(s)
- da elipse, 219
- da parábola, 227
Vetor(es), 686
- aceleração, 727, 796
- - componentes tangencial e normal, 735
- ângulos diretores do, 760
- básicos, 693
- binormal unitário, 801
- co-senos diretores do, 760
- combinação linear dos, 693
- componentes do, 693

- comprimento do, 698
- coplanares, 756
- curvatura, 733, 798
- da base canônica, 756
- de base, 693
- de mesmo sentido, 692
- de sentidos contrários, 692
- direcional, 711
- e coeficientes, 693
- extremidades, 686
- força
- - centrífuga, 743
- - centrípeta, 742
- independência linear de, 692
- linearmente
- - dependentes, 756
- - independentes, 692, 756
- multiplicação de, por escalares, 689-695
- no espaço tridimensional, 755
- norma do, 698
- normal, 708, 732, 775
- - unitário, 732
- - - principal, 799
- nulo, 687
- oposto, 688
- origem do, 686
- paralelos, 692
- ponto
- - inicial, 686
- - terminal, 686
- posição, 705, 757
- produto escalar de, 697
- simbólico, 1021
- simétrico, 688
- tangente
- - e comprimento de arco, 797
- - unitário, 728
- unitário, 701
- velocidade, 726, 796
Vínculos, 914
Volumes
- de sólidos de revolução, 349
- pela integração dupla, 952
- pelo método de divisão em fatias, 361

Pré-impressão, impressão e acabamento

grafica@editorasantuario.com.br
www.graficasantuario.com.br
Aparecida-SP